U0133365

"十二五"国家重点图书规划项目　　第2卷

国际可持续发展百科全书　　主任　倪维斗

可持续发展的商业性

The Business of Sustainability

【美】克里斯·拉兹洛 等 主编

赵 旭 周伟民 译

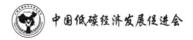

上海交通大学出版社
SHANGHAI JIAO TONG UNIVERSITY PRESS

中国低碳经济发展促进会

内容提要

本书是"国际可持续发展百科全书"第2卷。本书汇集了来自17个国家的100多个专家的研究成果，为想在健康、可回收能源、风险管理、信息科技，以及交通和财政服务领域中开拓革新的广大学生、决策者、企业家、公司行政人员提供了重要的资源。本书为我们讲述了环境运动的历史和绿色消费活动，对于可持续性发展如何在这些行动中实施作了精彩的分析，这些分析通常是围绕着社会所面临的商业挑战进行的。

上海市版权局著作权合同登记章图字：09-2013-911

图书在版编目（CIP）数据

可持续发展的商业性 /（美）克里斯·拉兹洛等主编；
赵旭等译. — 上海：上海交通大学出版社，2017
（国际可持续发展百科全书；2）
ISBN 978-7-313-15854-3

Ⅰ.①可…　Ⅱ.①克…　②赵…　Ⅲ.①可持续性发展
—研究　Ⅳ.①X22

中国版本图书馆CIP数据核字（2017）第165152号

可持续发展的商业性

主　　编：[美]克里斯·拉兹洛 等		译　者：赵　旭 等	
出版发行：上海交通大学出版社		地　址：上海市番禺路951号	
邮政编码：200030		电　话：021-64071208	
出 版 人：谈　毅			
印　　制：苏州市越洋印刷有限公司		经　销：全国新华书店	
开　　本：787mm×1092mm　1/16		印　张：46.5	
字　　数：927千字			
版　　次：2017年10月第1版		印　次：2017年10月第1次印刷	
书　　号：ISBN 978-7-313-15854-3/X			
定　　价：458.00元			

版权所有　侵权必究
告读者：如发现本书有印装质量问题请与印刷厂质量科联系
联系电话：0512-68180638

国际可持续发展百科全书
编译委员会

英文版编委会

主编

克里斯·拉兹洛（Chris Laszlo）　　　　　　　凯斯西储大学

凯伦·克里斯滕森（Karen Christensen）　　　宝库山出版社

丹尼尔·S. 弗格尔（Daniel S. Fogel）　　　　维克森林大学

戈诺特·瓦格纳（Gernot Wagner）　　　　　环境保护基金会

皮特·怀特豪斯（Peter Whitehouse）　　　　凯斯西储大学

咨询委员会

雷·C. 安德森（Ray C. Anderson）　　　　　　英特飞公司

莱斯特·R. 布朗（Lester R. Brown）　　　　　地球政策研究所

罗伯特·科斯坦萨（Robert Costanza）　　　　佛蒙特大学

约翰·埃尔金顿（John Elkington）　　　　　　可持续性战略咨询公司

路易斯·戈麦斯－埃切韦里（Luis Gomez-Echeverri）　联合国开发计划署

丹尼尔·M. 卡门（Daniel M. Kammen）　　　加州大学伯克利分校

阿肖克·寇斯勒（Ashok Khosla）　　　　　　世界自然保护联盟

陆恭蕙（Christine Loh）　　　　　　　　　　香港思汇政策研究所

序　言

随着世界人口膨胀、资源能源短缺、生态环境恶化、社会矛盾加剧,可持续发展已逐步成为整个人类的共识。我国在全球化浪潮下,虽然经济快速发展、城市化水平迅速提高,但可持续问题尤为突出。党中央、国务院高度重视可持续发展,并提升至绿色发展和生态文明建设的高度,更首度把生态文明建设写入党的十八大报告,列入国家五年规划——十三五规划。

如何进行生态文明建设,实现美丽中国?除了根据本国国情制定战略战术外,审视西方发达国家走过的道路,汲取他们的经验教训,应对中国面临的新挑战,也是中国政府、科技界、公众等都需要认真思考的问题。因而,介绍其他国家可持续发展经验、自然资源利用历史、污染防控技术和政策、公众参与方式等具有重要的现实意义。

"国际可持续发展百科全书"是美国宝库山出版社(Berkshire Publishing Group LLC)出版的,由来自耶鲁大学、哈佛大学、波士顿大学、普林斯顿大学、多伦多大学、斯坦福大学、康奈尔大学、悉尼大学、世界可持续发展工商理事会、国际环境法中心、地球政策研究所、加拿大皇家天文学会、联合国开发计划署和世界自然保护联盟等众多国际顶尖思想家联合编撰,为"如何重建我们的地球"提供了权威性的知识体系。该系列丛书共6卷,分别讲述了可持续发展的精神;可持续发展的商业性;可持续发展的法律和政治;自然资源和可持续发展;生态管理和可持续发展;可持续性发展的度量、指标和研究方法等六方面的内容。从宗教哲学、法律政策、社会科学和资源管理学等跨学科的角度阐述了可持续发展的道德和价值所在、法律政策保障所需以及社会所面临的商业挑战,并且列举了可持续研究的度量、指标和研究方法,提出了一些解决环境问题的方法。总而言之,这套书以新颖的角度为我们阐述了21世纪环境保护所带来的挑战,是连接学术研究和解决当今环境问题实践的桥梁。

这套书的引进正值党的十八大召开,党中央和国务院首度把"生态文明建设"写入工作报告重点推进，上海交通大学出版社敏锐地抓住这一时机，瞄准这套具有国际前瞻性的"国际可持续发展百科全书"。作为在能源与环境领域从事数十年研究的科研工作者，我十分欣赏上海交通大学出版社的眼光和社会担当，欣然接受他们的邀请担任这套丛书的编译委员会主任，并积极促成中国低碳经济发展促进会参与推进这套书的翻译出版工作。中国低碳经济发展促进会一直以来致力于推进国家可持续发展与应对气候变化等方面工作，在全国人大财政经济委员会原副主任委员、中国低碳经济发展促进会主席郭树言同志领导下，联合全国700多家企业单位，成功打造了"中国低碳之路高层论坛"、"中国低碳院士行"等多个交流平台，并以创办《低碳经济杂志》等刊物、创建低碳经济科技示范基地等多种形式为积极探索中国环境保护的新道路、推动生态文明建设贡献绵薄之力。我相信有"促进会"的参与，可以把国际上践行的可持续理论方法和经验教训，更好地介绍给全国的决策者、研究者和执行者，以及公众。

　　本系列丛书的翻译者大多来自著名高校、科研院所的教师或者翻译专家，他们都有很高的学术造诣、丰富的翻译经验，熟悉本领域的国内外发展，能准确把握全局，保证了丛书的翻译质量，对丛书的顺利出版发挥了不可替代的作用，我在此对他们表示衷心的感谢。

　　这套丛书由上海交通大学出版社和中国低碳经济发展促进会两单位共同组织人员编译，在中国长江三峡集团公司、中国中煤能源集团公司、神华集团有限责任公司的协助下，在专家学者的大力支持下，历时三年，现在终于要面世了。我希望，该书的出版，能为相关决策者和参与者提供新的思路和看待问题新的角度；该书的出版，能真正有益于高等学校，不论是综合性大学的文科、理科、工科还是研究院所的研究工作者和技术开发人员都是一部很好的教学参考资料，将对从事可持续发展的人才培养起很大的作用；该书的出版，能为刚刚进入该领域的研究者提供一部快速和全面了解西方自然资源开发史的很好的入门书籍；该书的出版，能使可持续发展的观念更加深入人心、引发全民思考，也只有全民的努力才可能把可持续发展真正付诸实施。

（中国工程院院士　清华大学教授）

译者序

从 1972 年斯德哥尔摩举行的联合国人类环境研讨会上提出可持续发展（Sustainable development）的概念以来，人们从自然环境与社会经济关系的角度提出了可持续发展的重要性。1980 年世界自然保护联盟的《世界自然资源保护大纲》，1981 年美国布朗（Lester R. Brown）出版的《建设一个可持续发展的社会》，1987 年世界环境与发展委员会出版的著名的《我们共同的未来》等都深入人心。之后，随着可持续发展概念的普及，人们尝试从资源减量化、减少排放和资源的循环使用，以及生产方式和消费方式的生态化等角度来探讨和推进人类社会的可持续发展。

但是，人们对一个可持续发展的产业体系似乎还缺乏一个全面的认识。技术创新是否真正在推进人类经济社会向可持续发展，还是仅仅是增加财富的一种新工具？人们如何从以经济效率的角度来设计生产活动和日常消费活动转向真正从可持续发展的视角来设计经济运行体系和社会制度？我想这是每一个真正关心可持续发展的人都想了解的问题。

本书邀请了众多的学者、企业家、企业高层管理人员、政府官员参与本书的编撰，涉及几乎所有的工业行业。他们从可持续发展的视角，从自身企业的实践，向我们呈现了可持续发展观指导下的产业与社会间的相互作用和关系，机会大于挑战，利用挑战创造机会。正如通用电气首席执行官伊梅尔特所说，"绿色是绿色的"。英特飞（Interface）公司的创始人、董事长安德森所说："坚持可持续经营不仅对我们的生意有利——它们就是我们的生意。"

本书的最大特点是将可持续发展从概念推向了实践，全面分析了产业构建可持续发展产业体系的途径、方法。通过大量的实例说明，可持续发展视角下的技术进步，在实现技术创新、产业转型升级、企业盈利的同时，是推进社会朝着可持续发展的驱动力；企业价值的提升来源于有可持续发展意识的公众对企业可持续经营商业模式的认可；企业可持续经营模式是规避未来风险和政府监管的一种有效手段；从可持续发展的立场来解决世界的环境与社会问题并不仅仅意味着要加强监管、承担风险，也孕育着很多发展机遇。

如今，中国经济正处于发展新动能、产业转型升级的时机，如何在可持续发展观的指导下，构建中国可持续发展的产业体系，实现环境与经济的协同可持续发展，《可持续发展的商业性》非常值得我们阅读和思考。

前　言

　　本卷《可持续发展的商业性》反映了在全球气候变化、资源枯竭和生态遭遇破坏的时代,产业与社会间的相互作用以及商人、学者和所有公民日益增长的对未来发展的关注。企业领导者站在可持续发展的立场,认识到在面对世界环境与社会挑战时也存在解决的机会,而不仅仅是约束和风险。进入21世纪的第2个10年,世界经济发展并不理想,因此,只要出现机遇就应及时抓住。

　　据2009年一份题为"汇丰股票和气候变化"的报告预测,2020年与气候变化相关的收益预测将超过2万亿美元。收益包括能源效率和可再生能源计划,以及水的控制、废弃物和污染的减排。那些赶在气候问题恶化之前以力究根源代替坐以应对的企业正在为后世创造一个更加健康和可行的未来。面对可持续发展产品快速增长的需求和新商业模式,这些公司正在更广阔的行业领域里应用来自环境的压力创造新的竞争优势。如通用电气首席执行官杰弗里·伊梅尔特(Jeffrey Immelt)

所说:"突然发现'绿色是绿色的'。"英特飞公司的创始人兼董事长雷·安德森(Ray Anderson)[曾与作家怀特(Robin White)合著《一个激进的实业家的自白:利润、人和目标——尊重地球经商》]说道:"对可持续发展的承诺不仅对我们的生意有利——它们就是我们的生意。"

　　为了在新的现实市场上竞争,企业必须要能够处理不同要素的影响,否则会带来隐藏的经营风险,如从失去客户到最早面临政府的监管。相反,对公司利益相关者影响(即一个公司的行为对人们和客户的影响,不仅仅是对公司的股东的影响)的核算,能满足其在健康和环境方面日益增长的社会期望。可持续性发展不只是一个更新版的"拯救鲸鱼"的道德议程。相反,它正在重新架构一个明确的企业经营议程,以创新力为基础,以不对后代造成损害为条件,满足后世的需求。

　　企业价值不再局限于承诺或仅仅是减少能源成本和浪费。新的增长机会在于结合环保又不牺牲性能的产品设计。明尼阿波利斯一家销售工业清洗剂的小公司坦能（Tennant）公司通过电力将普通自来水转换成为一种强力清洁剂。与传统的化学清洗剂相比，这种清洗剂对环境与健康都没有负面的影响。国际商业机器公司（IBM）专注于智能电网，飞利浦（Philips）的"绿色电子产品"在2008年达到总销售额的25%，思科（Cisco）将其产品定位于网真视频会议，以此节约资金，提高协作，同时推动绿色环保运动。本书作者艾西恩·梵西（Asheen Phansey）描述了众多企业通过复制他的文章"仿生"的理念获得盈利的例子。不过，使用更多的计算机和技术并不总是解决问题的办法（更多信息请参见"数据中心"、"信息与通信技术"和"电信业"等词条）。这些例子说明，可持续发展产品不需要消费者支付绿色溢价或在质量与性能上权衡，就可以在不断增长的市场上获得成功。

其他公司正在寻找新的、被称为"金字塔底层"（BOP）国际收支委员会的盈利机会。它指企业可以从未能满足的社会需求中寻找机会。全球有40亿人，其中还有一部分人每天生活费不足4美元。企业未能满足他们对清洁水、营养食品，以及计算机和通信技术等方面的需求。这不能与慈善机构相混淆。一般言之，慈善机构仅将钱投给贫困人群，而不提供长期的解决方案。当穷人有能力帮助自己时，好事情就会出现好结果。

以美国气候行动项目（U.S. Climate Action Project）为例，全球行业领导者们正在游说政府提高环境和卫生标准，这样他们可以满足新标准，而他们的低成本竞争对手却无法达到。

通过努力，新标准可以继续实现环境与21世纪社会、经济和政治的平衡。2006年，中国试图计算其"绿色GDP"，旨在衡量中国快速发展对环境的影响及最低损害成本。本书作者吴建国（Jianguo Wu）和吴通（Tong Wu）在本书"绿色GDP"词条中写道："尽管在中国第一次尝试量化环境退化的代价时有各种不足，但这是一个重要的机会，去获得国家快速发展时的真实成本。"

本卷的重点是获知旧的企业经营方式对环境的"真实成本"。旧的经营方式是利润为上，人类、地球及美丽风景这样的无形资产没有其自身的价值。更先进的企业经营方式在管理界称为"三重底线"的方法。该方法是一种更加综合的经营方式，审查企业如何将经济利益、人类的不同需求、环境三者联系在一起。埃尔金顿（John Elkington）在"三重底线"词条中讨论了这一主题。提出"生态足迹"概念的里斯（William Rees）深入探讨了"真实成本经济学"中的隐性成本和自然价值。斯图亚特（Emma Stewart）在"生态系统服务"和洛文斯（L. Hunter Lovins）在"自然资本主义"中都提及这一观点。

经济衰退时能坚持可持续发展吗

本卷《可持续发展的商业性》反映了一种新的竞争环境。在此环境下，燃料价格波动大，气候变化的影响受到广泛的关注，消费者的全球可持续发展意识不断提高，更不用说企业面临不确定时期下维持经营的挑战。2007年，尚未到来的全球金融危机和经济衰退（有些资料认为发生经济危机的时间更晚一些），没有抑制可持续产品和在交通、能源、食品、零售和农业等部门的相关技术需求的增长。由于气候变化和其他全球大趋势不断挑战企业的创新能力，人们期待可持续发展压力成为今后推动利润增长和经济繁荣的动力。有些行业部门已在这场可持续发展的比赛中领先，并帮助创造一个健康的未来。弗格尔（Daniel Fogel）在"金融服务业"中指出，一些行业例如金融部门，非常庞大和广泛，他们的一举一动对可持续发展有着广泛的影响。其他行业，如建筑和水泥、林业、钢铁和矿业，近年来取得了许多进步，使那些认为改进这些行业环境影响没有什么事可以做的人——或至少认为无论做什么都不会盈利的人——感到吃惊。

本卷的内容为研究人员、读者和企业领导人提供了一些以前从未提及的内容，是由撰写此卷过程中创建的网络所做的，涉及许多行业、问题和方法的全面调查。我们从中可寻找出企业可持续性发展的一个主要问题：在经营和技术环境不断变化的情况下及时发现准确的和访问的信息。转变之风来自各个方面。正如赖恩（Steve Rhyne）在"气候变化披露"中指出，在美国，即使法律尚未通过，或者甚至还未想到，上市企业必须向美国证券交易委员会披露他们企业在气候变化法案下面临的潜在风险。一个国际非营利性组织用60个国家2 500家公司碳披露结果的数据库，完成了碳披露项目，见证了非政府组织可以将事情做得更好的力量。

碳披露与类似火电厂的这类公司特别相关。在立法实施温室气体排放定价时，可能会受到可用性和原材料价格的影响。在德恩巴赫（John Dernbach）的"总量控制与交易立法"词条中可以了解有关这一主题更多的内容。随着公众越来越了解企业界的活动，许多

公司通过抢先披露信息，获得超越竞争对手的优势来保证自己的最佳处境。这一主题在古普塔（Aarti Gupta）的"透明度"中得到进一步探讨。显然，一个公司对环保问题了解越多，这家公司在处理21世纪气候变化和资源枯竭等问题时越处于更有利的位置。雷德科普（Benjamin Redekop）在"领导力"中写道："领导失败的结果是一个食材耗尽而无替代品的原始狩猎社会；同样的，一个现代企业不断亏损，最终破产也是由于其领导人无法预测市场变化的结果。"后代回顾历史时，将会把这个时刻作为一个转折点。

鉴于2010年世界经济的不确定性，从小型企业到大型跨国公司都需要发挥他们的经营优势：这对地球来说是一件好事，通常是有利环境的事，也有利于降低成本。要做到这点有两种方法：精简公司的供应链和运输方式（后者的一个例子是联合包裹服务公司的路线策略，它为司机规定路线，使他们完全放弃低效的左转弯）。在各种新旧设施上、在行将报废的飞机发动机的"再制造"产品上安装可再生能源，都是环境与商业共享利益的例子〔见纳斯尔（Nabil Nasr）"再制造业"，可以获得有关此主题更多的信息〕。

管理的缺陷

据本卷多位作者的观点，当今商业界有一块很大的短板迫切地需要填补：即管理，即对精通多元化的、不断变化的可持续性发展问题的管理。正如阿库特（Nicola Acutt）在"商业教育"中写的那样：有效实施可持续管理实践的基本障碍之一是缺少人力资源——拥有技能的人，他们能帮助重新设计业务流程和标

准,重新考虑系统,再培训员工,与客户进行沟通,或重新评估公司财务和资本管理。简单地说,就是缺乏受过训练且有才能的管理者,他们要有知识、有能力、掌握可持续发展的管理。正如埃尔德(James Elder)在"高等教育"中写的:"那些寻求推动企业走向可持续发展的商业领袖有巨大的劳动力问题。"里特(Arthur D. Little)最近一份对财富 500 强首席执行官的研究报告表明,90% 的人同意"可持续发展对公司的未来十分重要",只有 30% 的人说他们已经拥有"技能、信息和人员来迎接挑战"。……职业发展和技术教育协会确认在 2008 年也面临着同样的挑战,其报告称:"人力资本的需求正在成为能源效率和可持续发展继续增长与扩张的障碍……决策者和企业、行业的领导者必须十分关注提供必要的培训和再培训来帮助形成新的劳动力,并确保熟练工人的持续输出。"

如果想要把当前世界经济从低谷中拯救出来,填补管理缺陷可能是很重要的一个部分。

我们正处在人类历史的转折点上。此时的增长必须以可持续的方式出现,而不仅仅是赚几个钱。人口的增长是不可持续性的,因为它超过了地球的承载能力。未来的繁荣已接近极限,可能会随着富人与穷人文化和经济增长之间的差距加大变得更加困难。因此,毫无疑问,这个时代急需精通可持续性发展问题的领导者。那些经常被环保人士和企业所忽视的穷人也是一个问题,要把他们也纳入"人权"、"企业社会责任和企业社会责任 2.0"、"企业公民权"、"贫困"、"金字塔底层"、"可持续发展"、"社会型企业"、"自然资本主义"及"水资源的使用和权利"等词条所提及的情

景中,环境保护的概念不再只适用于那些能买得起有机、自由放养食物等奢侈品的发达国家。越来越多的证据表明,"聪明"的积极变革能影响消费者和生产者,但愿人们(用这本书的建议)开始抛弃旧的经营生产方式,如旧的农作物喷洒农药的方式,不管农药对土壤和河流冲走土壤后造成的影响,更不用说对收割者的影响。给定一个公平的竞争环境(在运输、补贴和农药费用等方面),穷人将有机会获得与富人一样多的健康食品。鉴于商业环境中权利的变化,健康食品将会成本更低地生长和分配。健康食品的真实成本也会下降。

不仅所有人需要经济实惠和健康的食物,也需要方法来取暖、凉爽、烹饪和经营企业,去他们想去的地方。本书《可持续发展的商业性》的核心部分(占全书的 1/6)集中在能源行业,由来自中国、意大利、英国、美国、比利时和冰岛等国家的专家参与本书撰写,又有主编瓦格纳(Gernot Wagner)关于可再生能源调查文章,使得我们有机会了解现状及世界各地专家为改善现状的努力。如果读者不清楚 1 000 MW 的概念和含义可以参看有关本书"千兆瓦(kMW)和千兆瓦时(kMW·h)之间的区别"。能源主题的范围涵括从生物能到核能、潮汐能、风能、能效以及煤炭、石油、天然气等多方面。我们尽可能客观地显示每种能源形式的积极和消极影响。

由于本卷是关于可持续发展的商业性,因此,这些文章不仅告诉我们各种能源产业是什么,而且还告诉我们如何在未来的好理念和今天的现实之间搭建桥梁的可能。显然,可再生能源是未来的能源,从政策制定者的角度来看,不是随便选个盈利的,而是要让市场做出

决定：如果价格制定是以有污染的化石燃料为基础能源，理论上，通过总量控制引起全球变暖的污染，可创造一个碳市场，然后就可以形成可再生能源投资市场。再强调一下，迫切需要有能力开发这些技术的人。

我们的能源来自哪里？能源是什么？这类问题对地球来说特别重要，在国际辩论中常因此而受挫。2009年底，哥本哈根气候谈判时就出现了这样的情况（这个主题在"国际可持续发展百科全书"第3卷《可持续发展的法律和政治》中有更详细的讨论）。如果国际机构难以想出解决方案来打破气候变化立法的僵局，那么只能由市场来做决定了，至少在短期内只能如此。

不可否认，能源消费者要做出这样的选择是有困难的。原因可追溯到经济学"真实成本"的概念。许多能源消费者（包括相当多的人）都拒绝风能或核能，部分原因是他们没有看到他们目前使用的能源从何而来。变革的需要似乎也没有那么迫切，在人们还没看见正在接近要剥夺煤或抑制建立在石油财富上的社会的发展时，是看不见温室气体的。

中国目前80%的电力来自煤炭，15%来自水力（包括体量巨大的三峡大坝）。核能也得到支持，不过这并不是一种可再生能源。但很多人，包括一些环保人士，已经开始关注可持续发展。可持续性发展百科全书的目标是提供精神食粮，使读者用知识武装自己，做出明智的选择。

可持续发展的商业性包含什么内容

喜欢阅读新闻的人总能看到有关企业在环境恶化方面的负面报道。作为本书编辑，我们做了一个慎重的选择，以促进对企业的作用有积极的看法；本质上并没有体现折中观点的词（如果企业赢了，社会一定会输；反之亦然）。事实上，我们相信，如果企业带头在思想、价值观、态度和行为方面推动必要的变革，人类在未来会做得更好。我们鼓励撰稿人强调各个领域中创造价值的机会。当然，并非所有的领域都能这样做，部分章节如"摇篮到摇篮"、"工业设计"和"自然步骤框架"，是关于可持续性发展的设计而不是提出机会。

我们的一位同事最近说："今天的世界，每一个话题都是关于可持续发展的，这是我们时代的新问题。"这个观点可能是对的，也使选题成为特别具有挑战性的工作。百科全书是综合各种参考著作形成的。第2卷选择了一些发散性的词条。其目的是提供一个有关可持续性发展的较大覆盖面来提供有代表性的主题综述，因为涉及企业这个较窄的选题，读者可以深入地了解他们期待的、来自宝库山出版社的主题。我们邀请读者一起探讨书中的文章。我们希望本书的知识能启发学生、政策制定者、未来的和当前的领导人及普通读者，相信许多人会受益良多。

克里斯·拉兹洛（Chris LASZLO）

凯伦·克里斯滕森（Karen CHRISTENSEN）

丹尼尔·弗格尔（Daniel FOGEL）

戈诺特·瓦格纳（Gernot WAGNER）

皮特·怀特豪斯（Peter WHITEHOUSE）

目　录

A

Accounting

会 计

21世纪，人们都期待会计专业人士在为企业准备报表时要考虑"三重底线"（TBL），即环境、社会和财务三个方面的表现；企业年度报告已逐渐增加了可持续性发展的内容。决策者也依赖于三重底线的分析。虽然还没有正式指南，但在帮助一个组织理解三重底线的效果和利益相关者的责任时，非正式的会计和报告准则尤为重要。

长期以来，会计师的作用是提供必要的财务信息来评估组织如何管理资源，但现在，财务绩效不再仅仅局限于总结、计量、证明其真实性了。由于三重底线可以衡量一个组织环境、社会及经济方面的表现，投资者和其他利益相关者需要在三重底线方面有更大的透明度。因此，专业人员必须提供更多的信息。不过，这个新的责任要求专业人员超越一般的会计准则去考虑问题。

外部报告

在报告组织财务绩效时，为证明其公平，准确报告一直是会计行业的基本工作原则。为了反映利益相关者更大的激进行动和对更透明地披露三重底线的需求，现在许多组织在他们的年度报告中增加了可持续性发展的内容。但鉴于他们现在的处境，一般公认的会计原则并不总是支持或鼓励披露帮助利益相关者评估环境和社会的表现，或帮助管理者平衡三重底线的结果。例如，对劳动力有负面影响的经济决策可能会在短期提升财务表现，但他们可能会对社会产生负面影响。这就为会计行业创造了许多重要的机会。

可持续发展报告和全球报告倡议组织（GRI）

根据2007年社会投资论坛报告，美国11%的专业管理基金将环境、社会和治理因素整合进投资决策。不过，在美国还没有要求企业披露可持续性发展（截至2009年末此事正在讨论之中），这使得很难评估公司三重底线的表现。众多的机构投资者已经向证券交易委员会（SEC）提出请求，要求披露环境、社会和治理（ESG）的风险因素，以及采用全球报告倡议组织的框架。50多家投资集团在2009年7月21日的社会投资论坛上——一个致力于社会责任投资的美国非营利组织——敦促证交会披露环境、社会和治理信息，以促进长远思考问题和重建公众信任。该论坛（2009）声明："由于缺乏全面的、可比较的数据，投资者无法把环境、社会和治理信息纳入投资决策。因为在企业的诸多问题中，可持续发展报告在很大程度上是自愿的还不是一件普遍的事，它经常是不一致的和不完整的。"像这样团体请求披露更完整的、与气候变化相关的风险和机遇的事，已不是第一次了。美国气候行动投资与商务集团在2007年也向总统和国会议员提出了类似的请求。

根据毕马威的一份国际报告，全球250强企业超过80%不仅发布他们的年度报告，还单独发布一个可持续性报告（2008年毕马威国际），包括代表性的环境和社会表现指标，如碳排放（吨）、回收利用的废弃物（磅）、少数民族拥有的供应企业（个数）及这些公司的工作条件。在美国，这是一个正在发展的仍然还是自愿的领域，这类报告通常不被审计。因此，每年公司的报告和跨公司的报告可能会有相当大的变化。这也引出另一个问题，一些企业把可持续性发展报告作为公共关系的工具，而不是有意识地报道企业三重底线的内容。

为了应对这些问题，1997年环境责任经济联盟和联合国环境计划署创建了全球报告倡议组织。全球报告倡议组织框架旨在推进全球适用的可持续性发展报告，从经济、环境、社会三个维度披露组织的活动、产品和服务。全球报告倡议组织采用长期的、多方利益者参与的方法，开发和推广了《可持续发展报告指南》，该《指南》可用在任何规模的组织、部门和地方（GRI 2006）。全球报告倡议组织框架依赖基本会计准则，如时效性、重要性、可验证性和可比性。现在有1 500多个组织使用第3版《指南》。除了推荐在可持续性发展报告中要包括战略、组织概况、报告参数，以及治理、承诺和参与等内容以外，《指南》还建议要包括环境、人权、劳动实践和体面的工作、社会、产品责任及经济6个不同类别的79个绩效指标。

欧盟国家对可持续发展报告表现出了特别强烈的兴趣，如法国、德国、丹麦、瑞典和英国，强制要求企业披露一些环境和（或）社会指标。瑞典要求所有国有企业要独立地提出其确保遵守全球报告倡议组织（Waddock 2004）的报告。欧洲可持续性发展报告协会在他们2009年的报告中确定了要增加提供可持续性发展报告的国家的数量。

2006年，全球报告倡议组织朝XBRL转变，以促进其指标的可比性。XBRL是一个标准化的商业报告，有助于分析企业间和企业内部情况的比较。标准化使得像KLD（一个独立的投资研究公司）这样的研究机构更容易做三重底线的分析。据KLD网站（2009）信息，他们为3 000多家企业分析了90多个积极的和消极的企业社会责任（CSR）指标，并将其提供给了400多家相关企业。KLD是创建"新闻周刊绿色排名"的合伙人之一，美国500强均参与了排名。

温室效应气体报告

21世纪早期的两个事件标志着美国可能

很快实现二氧化碳总量控制与交易计划。首先,加州通过了"全球气候变暖解决方案法案"(Assembly Bill 32, Global Warming Solutions Act of 2006),要求政府到 2020 年达到 1990 年的排放水平。第二,2009 年 5 月总统经济复苏顾问委员会的报告敦促奥巴马总统支持基于市场的总量控制与交易体系,这个体系可实现经济和环境的可持续发展(Doerr 2009)。

温室气体(GHG)的会计和披露标准,有助于企业了解和报道该公司对全球变暖的影响。由于总量控制与交易立法指日可待,公司需要减少排放量及披露对它们的影响。一般来说,温室气体的测量和报告是公司基于《GRI 指南》的可持续性发展报告的一部分。《GRI 指南》也是世界工商可持续发展理事会"温室气体协议:企业会计和报告标准"的指南。该标准的使命是为企业制定国际公认的温室气体的会计和报告标准,并促进其广泛采纳。它包括以下 3 个关键步骤:① 要求公司提交现有的温室气体的排放清单;② 设定温室气体的排放目标;③ 制定减少温室气体排放计划。常用的方法是设定一个最后期限,使温室气体减少到之前曾经的排放水平。例如,英国石油公司(BP)设定的目标是到 2010 年将年排放量减少到 1990 年水平的 90%(Harold & Center 2005)。

该标准不包括验证过程,但如果温室气体排放标准作为全球报告倡议组织报告《指南》的一部分,那么,验证过程就要纳入全球报告倡议组织。类似于基于通行会计原则的财务报表,温室气体的会计及报告标准也是基于相关性、连贯性和透明性的原则,而不是规则。这样,基于原则的会计允许采用判断的方法对三重底线这样的会计新领域是非常有用的。由于全球对气候变化原因的关注不断地增加,企业的计量、报告,以及有计划地减少温室气体都有助于可持续发展的商业性。

有证据表明,这样的信息披露会影响企业的行为。作为 1986 年应急计划和社区知情权法案的一部分,在美国的企业被要求报告约包括 650 种有毒化学物质的位置和数量。这些数据可通过美国环境保护署有毒物质排放清单获得。由于这些数据是由放置地点而不是企业提供的,所以使用这些数据较难,但这些信息常常可以用来评估影响和制定减排目标。另一个例子是,2003 年财务会计准则委员会发布了财务会计准则(SFAS)148,它要求企业认识到基于股票的补偿是一种费用和公允市场价值的负债。其结果是,由于要求披露信息,企业减少了期权的使用,转向发行限制性股票(Carter, Lynch & Tuna 2007)。

未来与温室气体相关的可能计划包括排放权交易项目,如于 2005 年初生效的欧盟温室气体排放配额交易项目。有 3 种方法可用于公司抵消和(或)减少碳排放量:基于配额的交易、基于项目的交易和自愿交易。在基于配额的交易中,要设定一个排放上限,配额由列入法规的监管机构颁发。交易市场的建立,为企业提供了一个基于市场解决它们达到规定的排放水平的途径。如果企业排放超过其配额,它必须购买排放权(记为费用)。基于项目的交易,为企业提供一个投资减排项目的机会,通常在发展中国家投资减排项目[例如,在巴西雨林的生态系统保护和(或)恢复]。不过,这还是一个新兴市场,有许多玩家,非常需要独立进行核实。碳补偿供应商评价矩阵（COPEM）提供了供应商的选择及各种形式补偿机制说明的指导（Carbon Concierge 2008）。许多组织正在尝试自愿减排，比如建立伙伴关系，将废弃物转化为能源，克利夫酒吧公司（Clif Bar & Company）和英特飞公司正在这么做。

排放权的财务报告

排放配额的财务报告与排放交易项目有关：它要确认公司是否持有多余的排放配额，或者是否有责任去购买排放额度。在美国国际财务报告准则和通行会计原则（GAAP）中，排放权的会计问题仍未解决。尽管国际财务报告解释委员会（IFRIC）发布了对排放权的解释IFRIC3，但在企业界和欧洲政治家们的巨大压力下他们撤回了这项解释，因为企业家和政治家们拒绝披露应用这个解释的财务后果（Deloitte 2008）。IFRIC3认为排放配额作为无形资产的最初价值，以公允价值计量，但需要以资产和负债单独列出，确认相应的赔偿责任，而不能相互抵消（Rogers 2005）。

在美国，会计准则制定者不能达成共识，随后，2003年新出现问题工作组（EITF）①去掉了总量控制与交易计划下排放配额的会计［见EITF 03-14（Deloitte 2008）］。不管怎样，根据SFAS②142信誉和其他无形资产，排放额度须符合无形资产的定义。尽管企业的排放额度可以作为一种无形资产，但现实的情况是，提供配额以抵消在一个周期结束时实际排

放量的义务构成了责任（Rogers 2005）。在没有明确的指导和直到正式标准颁布之前，美国财务会计准则委员会（FASB）和美国证券交易委员会已对排放权会计提供了非正式的指导意见（Deloitte 2008）。

环境负债会计

负债被定义为一种经济责任，它产生于过去获得的收益，以及其支付的概率、数量和时间。在环境负债中，过去获得的收益是产品，这些产品生产或销售时产生了环境债务（如有毒废物的产生）。通行会计原则（GAAP）要求在公司年度报告中要披露环境负债和其他债务。

报告最明显的挑战在于环境责任。如果承认责任，但有可能不清楚责任是否可进行计量。研究表明，财务报表披露估算的环境负债的质量有显著的差异。影响这些披露的因素包括可测性、监管执法、诉讼和谈判以及资本市场（Barth, McNichols & Wilson 1997）。在责任不清楚时，管理固有的偏见和低估负债的激励会显示一个较健康的财务状况（Palepu, Healy & Bernard 2000）。如果责任是可以计量的，财务报表可以记录环境的负债。如果责任不能计量，负债将以财务报表的注释给予披露。从管理的角度，披露可作为法律诉讼时承认负债的证据。因此，可能使该企业在法庭上面临更大的风险。

企业有办法更好地了解其对环境的影响。由国际标准化组织（ISO）创建的国际管

---

① 新出现问题特别工作组（EITF: Emerging Issues Task Force）是美国财务会计准则委员会（FASB）1984年成立的一个组织，旨在会计准则编纂的框架内颁布实施指导意见，提供及时的财务报告的援助。译者注
② SFAS: Statement of Financial Accounting Standard，即财会标准声明。译者注

理标准 ISO 14000，专门对如何执行一个环境管理系统并衡量其结果提供指导。如前所述，全球报告倡议组织框架包括 30 个环境指标，如能源消耗、废物产生、温室气体排放、用水量以及生物多样性的影响。披露环境负债，可使企业环境绩效更加透明，可以阻止从事损害环境的经济活动。对于已存在的环境损害，强制性披露可能会迫使企业认识到需要考虑其对环境的损害。披露当前的环境影响，可以阻止破坏环境的经济活动和经营方法。比如，减少能源消费量，实现可持续发展的经营方法，可以减少费用和降低环境风险，从而减少环境负债。

可持续发展的无形资产财务报告

如果通行会计原则（GAAP）允许把可持续发展的实践报告为无形资产，那么，管理层就有动机去增加可反映可持续发展资产的经济活动。比如，可持续发展实践的声誉、可持续发展的智力资本、特定的减少温室气体排放的策略、节能政策、企业品牌中的可持续发展元素以及排放额度等，都可记录为可持续发展的无形资产。一个组织具有上述积极的可持续性发展特征，就能够显著提升其自身的价值（Rogers 2005：174-175）。

如果企业购买的资产能带来可持续发展实践，在资产负债表上是资产，既可以作为有形资产，如改进厂房，也可以作为一种良好信誉的无形资产。但在国际会计准则 38 条和美国通行会计原则，特别是 SFAS 142 条，上市企业通常不能把内部发生的可持续发展实践报告为资产。例如，一个企业重新设计生产过程，使用更少的水或产生更少的废弃物，设计的支出可以按研发成本和费用来处理。相反，投资节能设备，如安装太阳能电池板，将被资本化。开发与这些资产相关的支出通常列为费用，而不是资产。虽然企业在可持续发展实践中创造了价值，但由于会计计量和客观性问题，不能被记录为资产。由于会计师历史评价的可靠性超过财务报表的相关性（Financial Accounting Standards Board 1980），通行会计原则不允许他们记录内部产生的资产。如果一个企业实践可持续发展，被以大于公允市场可辨认的资产价值购买，那么溢价可以记录为无形资产。

截至 2009 年，美国财务会计准则委员会和国际会计准则委员会正在实施同一个项目，其中一个问题就是处理内部产生的无形资产。预计未来的准则（两个委员会联合开发）需要识别内部产生的无形资产。

全成本核算

在传统的产品定价模型中，企业考虑生产商品的直接成本（原材料和劳动力）和间接成本（生产基础设施、销售、开发、管理成本和资本成本）。这种方法抓住了内部产生的成本，却忽视了外部性成本，如在生产过程中产生的与有害废弃物相关的环境成本。从 20 世纪 70 年代开始，美国环境法规，如清洁空气法案、洁净水法案、综合环境应对赔偿和责任法案，以及有毒物质排放清单，都要求企业报告它们对环境的影响。这些规定要求企业考虑它们的生产方式对环境的影响。

1995 年，美国环境保护署（EPA）为如何为"全成本核算"产品提供指导（U.S. EPA 1995）。对消费者提供产品的"全成本核算"

包括环境成本和社会成本,这有助于管理层确定提供何种产品,如何定价。总的来说,从长远来看,可持续产品更便宜,因为它可以减少未来环境和社会监管的成本风险。

在某些国家,企业有责任对其产品在整个生命周期里的环境成本和社会成本负责。例如,欧盟限制有害物质指令(2006年生效)和废弃电子电气设备指令(2003年生效),要求企业在设计/生产阶段消除某些有害物质,并负责产品报废后的处置/回收的费用。欧盟第3个规定是化学品的注册、评估、授权和限制,该规定于2007年生效。它要求公司全面披露其产品生产过程中使用的化学品。

虽然已在理解和报告环境影响方面已经取得相当大的进展,但要评估社会影响已被证明是很具有挑战性的。早期的社会影响,重点在员工的行为方面,如安全记录、遵守职业安全和健康管理局(OSHA)的标准及管理符合标准的比例。全球报告倡议组织框架将其扩展到包括社区、客户和文化敏感性诸多指标,涵盖了整个价值链。随着2010年计划发布ISO 26000,国际标准化组织(ISO)将为公司提供指导,希望衡量和报告他们的社会影响。用三重底线的术语表述,就是ISO 26000系列负责社会方面影响,而ISO 14000系列负责环境方面影响。

越来越多的企业在供应商合同中已经包括这样的标准,并给他们的客户提供相关的数据。例如,2009年7月沃尔玛宣布,计划与大学、非政府组织、政府、供应商和零售商一起开发一项基于可持续性发展的产品指数的研究。这一过程需要沃尔玛所有的10万家供应商评估和报告他们能源、水、资源的消费情况和社会影响。沃尔玛的最终目标是为客户提供它们可持续消费需要的信息。许多企业已经开始努力更好地理解成本报告。例如,福特公司2008—2009年的可持续发展报告提供了一个很好的例子,分析了公司其价值链上的环境和社会成本。英特飞公司,世界上最大的拼块地毯制造商,开发了自己的计量系统:生态计量方法,计量废弃物零排放的进展;社会计量方法,更好地理解公司对人们的影响(Interface 2008)。在英特飞公司的报告中,成本的节约是可持续性发展行动的结果。企业还提供了一个很好的、非常受益的例子,就是借助于独立组织开发标准和计量方法来评估社会和环境影响。英特飞公司与美国国家科学基金会国际(NSF International)合作,用一个多方利益相关者参与的过程制定NSF/ANSI 140标准,给出了可持续发展地毯的定义,建立了认证水平。

最后,丰田生产产品的环境成本和社会成本的方法,说明这一话题可以影响可持续发展的决策。丰田(2008)将环境会计分为环境投资、维护成本和生态效率,以便更好地理解产品成本的计算。这些例子说明了环境会计的广度和深度。

未来的前景

对于外部利益相关者来说,把企业的财务披露扩展到环境和社会表现,可以更多地了解企业管理资源的方式及其造成的影响。对内部利益相关者来说,在进行全面成本核算时,可以更好地分配资源和决定企业的产出如何影响外部利益相关者。

到目前为止,大部分可持续性发展的会计领导来自欧盟组织。如果国际会计师联合会(IFAC)和威尔士王子可持续性发展项目会计(PWAS)这些组织关注的问题是风向标的话,那么,世界将继续关注欧盟未来的指导。为了一个更加可持续的未来,国际会计师联合会已确定了专业会计师在不断变化的企业活动中的5个作用。

- 挑战常规的企业责任
- 重新定义成功
- 建立适当的绩效目标
- 鼓励和奖励正确的行为
- 确保信息流支持决策和监控,并报告突破传统思维方式取得经济成功的绩效

可持续发展要求一个组织充分考虑对地球和对人类的影响。威尔士亲王可持续性发展项目会计(PWAS 2009)的使命提出了类似的焦点:"亲王的可持续性发展项目会计与企业、投资者、公共部门、会计机构、非政府组织和学术界一起,开发实践的指导和工具,将可持续性发展纳入决策和报告过程。"

将评估和信息披露扩展到对环境和对社会的影响,可使企业内外的利益相关者能更好地做出明智的决定。会计专业人士具有绩效计量、分析和用数字表达的专业知识,当我们挑战常规的企业责任,重塑我们的未来,考虑企业和消费决策的环境和社会影响时,他们必须给我们提供更多的帮助。用美国前内政部长斯图尔特·尤德尔1970年演讲时的一句广为流传的话来说就是:"能在这个星球上长期生活的是生态学家,他们是最终的会计师,而不是企业的记账人员。"

道格·瑟夫(Doug CERF)

凯特·兰卡斯特(Kate LANCASTER)

阿利纳·萨维奇(Arline SAVAGE)

加州理工州立大学

参见: 总量控制与交易立法;气候变化披露;生态系统服务;全球报告倡议组织;绿色GDP;绩效指标;利益相关者理论;透明度;三重底线;真实成本经济学。

拓展阅读

Barth, Mary E.; McNichols, Maureen F.; & Wilson, G. P. (1997). Factors influencing firms' disclosures about environmental liabilities. *Review of Accounting Studies* 2(1), 35–65.

Carbon Concierge. (2008). *Carbon Concierge introduces COPEM carbon offset provider evaluation matrix.* Retrieved August 10, 2009, from http://carbonconcierge.com/learn/COPEM–Final.pdf

Carter, Mary Ellen; Lynch, Luann; & Tuna, Irem. (2007). The role of accounting in the design of CEO equity compensation. *The Accounting Review*, 82(2), 327–357.

Deloitte. (2008, February 6). *Accounting for emission rights.* Retrieved June 23, 2009, from http://www.deloitte.com/assets/Dcom-Australia/Local%20Assets/Documents/Deloitte_Accounting_Emissionright_Feb07.pdf

Doerr, John. (2009). Proposed memorandum for the President's Economic Recovery Advisory Board. Retrieved

June 25, 2009, from http://www.whitehouse.gov/assets/documents/PERAB_Climate_Policy_5-19-09.pdf

European Sustainability Reporting Association. (2009). *The state of sustainability reporting in Europe: Commission statement.* Retrieved July 21, 2009, from http://www.sustainabilityreporting.eu/general/downloads/ec08.pdf

Financial Accounting Standards Board. (1980, November). *Financial reporting and changing prices: Specialized assets — timberlands and growing timber (A supplement to FASB statement no. 33).* Retrieved August 11, 2009, from http://www.fasb.org/pdf/fas40.pdf

Financial Accounting Standards Board. (2001). *Statement of financial accounting standards no. 142: Goodwill and other intangible assets.* Retrieved August 11, 2009, from http://www.fasb.org/pdf/aop_FAS142.pdf

Ford. (2009). Sustainability report 2008/9: Our value chain and its impacts. Retrieved June 24, 2009, from http://www.ford.com/microsites/sustainability-report-2008-09/operations-value

Global Reporting Initiative (GRI). (2006). *Sustainability reporting guidelines: Version 3.0.* Retrieved June 24, 2009, from http://www.globalreporting.org/NR/rdonlyres/A1FB5501-B0DE-4B69-A900-27DD8A4C2839/0/G3_GuidelinesENG.pdf

Harold, Jacob, & Center, Rebecca. (2005). *The MBA's climate change primer.* Retrieved June 27, 2009, from http://www.gsb.stanford.edu/PMP/pdfs/ClimateChange_2005PMI.pdf

Interface, Inc. (2008). Metrics: What gets measured gets managed. Retrieved June 24, 2009, from http://www.interfaceglobal.com/Media-Center/Ecometrics.aspx

International Federation of Accountants (IFAC). (n.d.). Sustainability framework. Retrieved June 29, 2009, from http://web.ifac.org/sustainability-framework/overview

KLD. (2009). KLD stats. Retrieved September 2, 2009, from http://www.kld.com/research/stats/index.html

KPMG International. (2008). *KPMG International survey of corporate responsibility reporting 2008.* Retrieved June 25, 2009, from http://www.kpmg.com/SiteCollectionDocuments/Internationalcorporate-responsibility-survey-2008_v2.pdf

McGinn, Daniel. (2009, September 28). The greenest big companies in America. *Newsweek*, 34-54. Retrieved September 27, 2009 from http://www.newsweek.com/id/215577

Palepu, Krishna; Healy, Paul; & Bernard, Victor. (2000). *Business analysis and valuation: Using financial statements, text and cases* (2nd ed.). Cincinnati, OH: South-Western College.

The Prince's Accounting for Sustainability Project (PWAS). (2009). Current activities. Retrieved June 29, 2009, from http://www.accountingforsustainability.org/output/page136.asp

Rogers, C. Gregory. (2005). *Financial reporting of environmental liabilities and risks after Sarbanes-Oxley.* Hoboken, NJ: Wiley.

Social Investment Forum. (2007). *2007 Report on socially responsible investing trends in the United States.*

Retrieved July 27, 2009, from http://www.socialinvest.org/pdf/SRI_Trends_ExecSummary_2007.pdf

Social Investment Forum. (2009). *Letter to SEC Chairman Shapiro*. Retrieved July 21, 2009, from http://www.socialinvest.org/documents/ESG_Letter_to_SEC.pdf

Toyota. (2008). *Sustainability report 2008*. Retrieved June 24, 2009, from http://www.toyota.co.jp/en/csr/report/08/download/pdf/sustainability_report08.pdf

United States Environmental Protection Agency (EPA). (1995). *An introduction to environmental accounting as a business management tool: Key concepts and terms*. Retrieved June 25, 2009, from http://www.epa.gov/oppt/library/pubs/archive/acct-archive/pubs/busmgt.pdf

Waddock, Sandra. (2004). *Social and environmental disclosure: Should there be a mandatory requirement?* Retrieved June 24, 2009, from http://www.bcccc.net/index.cfm?fuseaction=Page.viewPage&pageId=1172&nodeID=3&parentID=1170&grandparentID=885

World Business Council for Sustainable Development. (2004). *The greenhouse gas protocol: A corporate accounting and reporting standard* (Rev.ed.). Retrieved June 25, 2009, from http://www.wri.org/publication/greenhouse-gas-protocol-corporate-accounting-and-reportingstandard-revised-edition

Activism—NGOs

非政府组织

自20世纪中叶以来，非政府组织——促进社区服务和政治改革、没有政府关系的团体，已经成为世界各地活动和宣传的代言人。他们的努力和行为经常影响公众舆论，这常常迫使企业发展需更加可持续地实践和运作。一些非政府组织和企业之间从最初的对抗走向今天更多的合作。

非政府组织（NGO）这个术语是1945年提出来的，当时联合国认定非政府组织的显著特征是非营利、自愿的公民组织，可以是地方、国家或国际层面的组织，这些组织关心和支持公益问题。非政府组织包括各种不同规模和影响力的独立机构（不包括公司或企业、犯罪组织和游击组），其目标是提供社会服务和参与政治宣传，涉及影响到全世界人民的许多问题，诸如可持续性发展、环境保护、经济发展、社会公正及生活质量等（Blackburn 2007）。一些著名的非政府组织已通过不同程度的各种活动和宣传，从事可持续性发展30余年。他们是绿色和平组织、世界野生动物基金会、全球交易所，以及美国环保协会。非政府组织的宣传和活动对企业国内和国际的行为有什么影响呢？

背景：非政府组织及其业务

可持续发展环境的概念首次出现在1972年联合国人类环境会议（Blackburn 2007）上，但直到1979年宾夕法尼亚州哈里斯堡附近的一个商业核电站三哩岛2号机组发生事故，才引起了公众对工业引发的潜在环境成本和人力成本的关注。人们看到对工业行业绝对需要进行监管，需要对厂房设计进行改革，需要承认在工厂运营中可能出现人为的失误，需要更严格地控制许可证发放及采取其他安全措施，以保护人和环境的安全。这种意识帮助推动了环保运动成为要认真对待的力量。

例如,根据绿色和平组织网站的介绍,1971年开始时他们仅是一个活动团队,现在已经发展为一个拥有全球280万会员的组织,在41个国家设有国家和区域办事处。像绿色和平组织这样的活动家,专注于揭露大企业对环境的破坏和损害,使得许多非政府组织成为大企业的"死敌"(Gunther 2007)。非政府组织及其他公民团体,在揭露通用电气、杜邦、陶氏化学和一些其他公司的污染行为中发挥了关键的作用。因此,聚焦环境的非政府组织的目标是对影响环境的企业采取"提出要求、加强规制和提出诉讼"(Gunther 2007)。其中一个较为有效的方法是通过非政府组织的行动一直激励企业,使其"强制执行'认证'的安排——企业要有管理准则、产品指南、监控标准,不仅适用于企业,也适用世界各地的供应商"(Gereffi, Garcia-Johnson & Saasser 2001)。

现在,"环保主义者关注的主要行业,化工、咖啡、森林产品、石油、采矿、核能和运输行业"及"服装、钻石、鞋子和玩具行业等"几乎都要进行认证(Gereffi, Garcia-Johnson & Sasser 2001)。因此,可以说"环保组织能很强烈地影响公众舆论……能对企业的环保努力提供合法性,并协助企业制定有效的环境管理政策"(Milliman, Claire & Mitroff 1994)。事实上,多年来消费者、利益相关者、非政府组织的宣传已使许多企业,如麦当劳、杜邦、3M、宝洁、家得宝、星巴克等,改变了他们的商业行为,同意只使用认证为可持续发展和符合商业伦理的产品(Conroy 2001;Kirkpatrick 1990;Linton 2005;Millian, Claire & Mitroff 1994;International Institute for Sustainable Development 2007)。增加对企业的影响似乎是一件好事,企业和环境都受益,最重要的是环境受益。虽然有人认为,这种联系使非政府组织不那么有效,但在他们看来,他们是社会结构和环境变化的真正代言人。

非政府组织的支持者/企业联盟

《财富》杂志记者冈瑟(Marc Gunther 2007)认为,大企业和环保主义者之间的新合作是双赢的:"今天的大公司和活动家至少很容易在喝完一杯可持续种植的咖啡时敲定合作关系,而不是在法庭上面对面地相互对抗",原因是:"有利可图。"他看到未来的巨大变化,指出"我们正处在一个不同的时代,聪明的公司正在试图找出如何通过解决世界的大环境问题来获利"。在《可持续性发展手册》中,布莱克本(William Blackburn)同意这个观点,认为做到两全其美是有可能的。他为小型企业写的书同样也适合大型企业,旨在帮助商人"彻底理解可持续性发展,用它保值,增值,增强财务绩效,并塑造一个令众人羡慕的组织"(Blackburn 2007)。根据国际可持续发展研究所的在线业务和《可持续发展全球指南》,通过与非政府组织联盟,企业还可以获得信誉、市场、专家、创新和网络(Bendell 2007)。然而问题是,这种新企业/非政府组织联盟和由此产生的认证,提出的行为准则是否"真正帮助工人和环境,还是只是削弱地方政府的作用而给企业底线增加更多的绿色?"(Gereffi, Garcia-Johnson & Sasser 2001)。换句话说,这真的是一个双赢的局面吗? 或者在某些方面受到损害,特别是环境?

非政府组织/企业联盟的评论

企业已经超越了国界，使得越来越多的国家很难控制劳动力和环保措施，数千个非政府组织已经介入国际认证倡导及其实施。这些全球性认证试图改善全球环境和工作条件，而不仅是在一个国家。因此，倡导认证"兴起了在全球范围管制那些躲避国家和国际组织控制的企业行为"（Gereffi, Garcia-Johnson & Sasser 2001）。但根据一些情况来看，"认证对于增强全球性企业的责任来说仍然是一个强硬和不完美的工具"（Gereffi, Garcia-Johnson & Sasser 2001）。理由是，无法保证满足认证设置的标准，因为实施认证是自愿的，实施者可以替代国家的作用。

在自由贸易时代，许多国家还没有规定或不能强制执行规定（如工会）（Gereffi, Garcia-Johnson & Sasser 2001），学者看到了认证安排"正快速成为促进工人权益和保护环境的强有力的工具"。他们也注意到，这样的认证有助于加强而不是削弱主权领土内外"劳工和环境的目标"。因此，日益增加的非政府组织/企业联盟会导致双重认证的危险。首先，非政府组织可能夺走应该由国家提供的服务，如卫生保健、教育、工会、环境法。其次，在与企业的合作中，非政府组织可能对企业的可持续发展和其他社会公正问题的承诺过度妥协，这又是需要解决的问题。非政府组织评论家詹姆斯·佩特拉斯（James Petras）认为，在许多国家，非政府组织已经成为问题的一部分，因为他们支持全球性新自由主义议程，减少各国对公民的责任，拉拢左派活动家，从而阻碍了与改革者妥协所相反的、真正的结构变化（Petras 1997；1999）。资金来源也可能影响非政府组织承诺可持续性发展问题的效率，因为这个承诺可能会触犯公司的底线（Petras 1997；Guldbrandsen & Holland 2001；Edwards 1993）。虽然这种批评是少数人的观点，但引发了一个重要的问题，那就是如何从真正的可持续发展实践和社会公正实践的观点来看企业和非政府组织合作伙伴关系的利益。

未来

无可争辩，"非政府组织网络在影响全球公共政策方面取得了公认的成功"（Maria 2006）。这种影响的正负取决于人们在复杂的全球环境中的定位。如果人们的目标是增加推广可持续发展及其实践，那么当然可以说，世界各地非政府组织的宣传和活动是有益的。而如果人们的目标是从可持续性发展的角度转换企业的生产方式，那么还有很长的路要走，而且还会走得很艰辛（Conroy 2001）。正如环保主义者大卫·奥尔州所说："真实的而不是表面的绿色设计，机构和企业都还没有准备好来对待这个转换"（Dumaine 2001；2002）。他们准备好的最佳机会也许是非政府组织在世界各地的宣传和行动。

菲比·C.戈德弗雷（Phoebe C. GODFREY）
康涅狄格大学

参见：消费者行为；企业公民权；企业社会责任和企业社会责任2.0；漂绿；公私合作模式；透明度；三重底线。

拓展阅读

Bendell, Jem. (2007). Opposites attract. Retrieved May 29, 2009, from http://www.bsdglobal.com/ngo/opposites.asp

Blackburn, William R. (2007). *The sustainability handbook: The complete management guide to achieving social, economic, and environmental responsibility.* Washington, DC: Environmental Law Institute.

Conroy, Michael E. (2001). *Can advocacy-led certification systems transform global corporate practices? Evidence and some theory* (Working Paper Series No.21). Amherst: University of Massachusetts, Political Economy Research Institute. Retrieved July 29, 2009, from http://www.peri.umass.edu/fileadmin/pdf/working_papers/working_papers_1–50/WP21.pdf

Doppelt, Bob. (2003). *Leading change toward sustainability: A changemanagement guide for business, government and civil society.* Sheffield, U.K.: Greenleaf Publishing.

Dumaine, Brian. (December 2001/January 2002). Are you ready for the green revolution? *FSB: Fortune Small Business,* 11(10), 44–51.

Edwards, Michael. (1993). Does the doormat influence the boot? Critical thoughts on UK NGOs and international advocacy. *Development in Practice,* 3(3), 163–175.

Gereffi, Gary; Garcia-Johnson, Ronie; & Sasser, Erika. (2001, July/August). The NGO-industrial complex. *Foreign Policy,* 56–65. Retrieved July 24, 2009, from http://www.soc.duke.edu/~ggere/web/the_ngo_industrial_complex_foreign_policy_2001.pdf

Guldbrandsen, Thaddeus C., & Holland, Dorothy C. (2001, July). Encounters with the super-citizen: Neoliberalism, environmental activism, and the American Heritage Rivers Initiative. *Anthropological Quarterly,* 74(3), 124–134.

Gunther, Marc. (2007, March 22). Green is good. *Fortune,* 55(6), 42–43. Retrieved August 18, 2009, from http://money.cnn.com/magazines/fortune/fortune_archive/2007/04/02/8403418/index.htm

History of Greenpeace. (n.d.). Retrieved July 24, 2009, from http://www.greenpeace.org/international/about/history

International Institute for Sustainable Development. (2007). The rise and role of NGOs in sustainable development. Retrieved July 24, 2009, from http://www.bsdglobal.com/ngo/roles.asp

Kirkpatrick, David. (1990, February 12). Environmentalism: The new crusade. *Fortune,* 121(4), 44–48.

Linton, April. (2005). Partnering for sustainability: Business–NGO alliances in the coffee industry. *Development in Practice,* 15(3), 600–614.

Maria, Catharina. (2006). NGO advocacy: Why the shift, and how it affects NGO programming. *In An exercise in world making: The Institute of Social Studies best student essays of 2005/06* (pp.158–165). The Hague, The Netherlands: Institute of Social Studies.

McDonough, William, & Braungart, Michael. (2002). *Cradle to cradle: Remaking the way we make things*. New York: North Point Press.

Milliman, John; Clair, Judith A.; & Mitroff, Ian. (1994, March 22). Environmental groups and business organizations: Conflict or cooperation? *SAM Advanced Management Journal*, 59, 1–7.

Petras, James (1997, December). Imperialism and NGOs in Latin America. *Monthly Review*, 49(7). Retrieved July 24, 2009, from http://www.monthlyreview.org/1297petr.htm

Petras, James. (1999). NGOs: In the service of imperialism. *Journal of Contemporary Asia*, 29(4), 429–440. Retrieved July 24, 2009, from http://www.neue-einheit.com/english/ngos.htm

Princen, Thomas, & Finger, Matthias. (1994). *Environmental NGOs in world politics: Linking the global and the local*. New York: Routledge.

Agriculture

农 业

可再生能源和生态友好型农业，能保持水土，促进世界人口和环境的持续发展。要使农业可持续性地存在，必须选择摒弃目前的耕种方式，因为现有的方式会继续污染地表水和地下水，耗竭土壤和不可再生资源，使土地退化。

可持续发展的农业能养活世界现有的和未来的人口，保存土地、保护排到土地里的水的质量，前提是只使用肥料和那些不消耗不可再生资源的能源。通过更严格的准则，使其对自然不造成进一步的伤害。无论如何定义，可持续农业都需要摒弃目前的农业生产方式。

当今的食物生产

一个令人鼓舞的现象是当今的收成可以养活两倍的世界人口。食物能量的需求随人年龄、体型和活动的不同而变化。不过，一般平均每天每人需要10.46兆焦（2 500千卡）热量。从2002年以来，平均谷物产量能提供每人13.81兆焦（3 200千卡）热量，加上来自大豆、油菜籽和坚果等产品每人平均2.93兆焦（700千卡）；来自豆类产品（豌豆和黄豆）335千焦（80千卡）；来自糖类作物857千焦（215千卡）；来自土豆和其他块茎作物1兆焦（240千卡）；来自水果326千焦（78千卡）；来自野生海洋鱼类151千焦（36千卡）；小计每人平均热量将上升到19.04兆焦（4 549千卡）。此外，还要考虑大量难以估计的来自蔬菜、淡水鱼、植食性动物的热量。其中，淡水鱼产量的报告差别较大，蔬菜生产信息是可用的，但无法区分不同类别蔬菜的产量及它们所含的热量。从乳制品和肉制品现有的数据中无法知晓有多少是来源于放牧，多少是来源于谷物饲料（FAO 2004）。

现今的收成很丰厚，但为什么仍有数百万人挨饿呢？谷物收成的1/3喂了牲畜，大部分大豆和油菜籽用来萃取食用油。肉类、乳制品、鸡蛋和鱼（来自水产养殖）生产了含有1/3—1/10的原始热量。2008年，乙醇生产用了世界10%的糖（FAO 2009）和4.5%的粮食

（FAO 2009）。

剩下的食物因仓库害虫的侵害而减少，因在运输中的损耗和加工过程中的浪费而减少。粮食经过这个长达数千公里的旅程，最后到达我们盘子时可能就所剩无几了。

未来的需求

2009年底，世界人口已从2008年的67亿上升到68亿，以每年1.2%的速度增长，在过去58年的时间里增长了2倍，116年里翻了4倍。不过近30年人口增长已经放缓，可能还会继续放缓。

尽管受艾滋病病毒/艾滋病的冲击，但人口增长放缓的主要原因是生育率下降。由于趋势的不稳定性和影响因素的复杂性，很难预测按这个趋势下去未来人口会持续多久。在大多数发达国家和东亚大部分国家，生育率下降过低，以至于难以维持人口规模。基于2007年的数据，预计生育率范围从香港的0.98%到尼日尔的7.4%，欧洲国家生育率平均为1.5%，撒哈拉以南的非洲国家平均为5.5%（Census Bureau 2009）。

在决定因素中，控制出生取得了不同程度的成功。教育和收入增加与文化因素相互影响会减少生育；在欧洲和东亚，妇女们达到她们期望的生育数后就会不再生育，而撒哈拉以南的非洲国家推迟成家时间也稍微控制了人口数量。

大多数预测认为，21世纪末世界人口将达到80亿—120亿这个水平，除非有大量的生育转变、战争、传染病和其他意外的因素（O'neill et al. 2001）。该预测几乎没有考虑这些风险。人口总会上升或下降，没有理由认为

出生和死亡将一直完美地平衡与稳定。

粮食需求的增长速度一直比人口增长速度快。如果世界经济继续增长，这个格局仍将继续。发展中国家要达到他们的目标，谷物喂养的猪肉和牛奶的消耗量将会上升。即使石油开采高峰已经过去，政治和经济上也还会继续要求生产生物燃料。

土地和土壤

水土流失和土地盐化威胁着土壤和农业。那些被迫放弃的土地，复苏可能需要几十年甚至无法预估未来。幸运的是，在过去土地退化时，庄稼人又开垦出新的土地，但是今天这种可能性太有限了。市场上几乎已经没有像澳大利亚北部那样广阔的土地和部分亚马孙平原那样未开垦过的土地了。

城市发展需要土地，这是普遍的趋势，但也有例外。在美国，随着城市向郊区扩展，平均住宅地块越来越大，在过去的50年里，城市区域增长是城市人口增长速度的2倍。尽管中国人口密度远高于美国，但中国的产业和城市仍然繁荣。而非洲虽然人口密度较低，但由于其破坏性的农业生产方式和迅速的城市扩张，人口增长已经危及土地。

腐蚀

风和水侵蚀土壤的危险会随淤泥、沙子颗粒量、土地梯度以及土壤在强风和暴雨中暴露程度的增加而增加。半干旱土地特别危险，长期旱季减少地面覆盖，当风吹雨打时，它们会侵蚀暴露在外的土壤。

自然的形成和损失之间的平衡决定了土壤的深度。即使在农业加速土地流失的地方

也会形成补偿点,但土地终究会走向毁灭。因为土壤的形成很大程度上是无形的,科学家们发现很难计算和估算不可持续的损害。正如我们所知,土地破坏性的侵蚀已经持续了很长时间,而且目前仍在继续,在许多区域的情况比以前更糟,甚至还能看见古代文明因土地破坏而付出的代价。中国北方的黄土高原已失去了最初的土壤,地中海和亚洲西南部山地的损害也非常明显。无论如何比较土壤深度的测量和记录提供的基础数据,土地变薄都是必然的。一些农民为此增加了肥料的使用。文献记载深耕也可以提高土地生产力,但只要侵蚀产生的条件没有改变,这些方法与可持续方法相比仅仅是一种补偿。

治理费用一般会随其有效性而增加。用秸秆、树叶或砾石覆盖地面需要劳动力,而且很难有足够的材料可用于大面积覆盖。梯田和稻田是保护土壤的好办法,在也门、爪哇岛和菲律宾的陡峭山坡上,岩石面上的人造梯田保留的土壤已经有很多个世纪了。机械化耕作的农民经常采用局部沿斜坡等高线耕作的措施以减缓土壤流失。草条护坡也有效果,但占用农作物耕种空间。类似地,要想收成最大化,就不鼓励种植防风林,因为树木和灌木会阻挡风的流动。不占用额外空间,还要能适合机械化耕作的管理减少了耕作土地,因为这种管理方式到下一次耕作之前作物残茬一直留在地里。美国23%、澳大利亚41%、巴西50%、阿根廷55%、巴拉圭55%的农田减少了耕种(Smith 2005)。

通常,农民用长且窄的叶片做成犁耙耕地,这样可以为播种开辟一条路,同时还不会影响其他耕地。淤泥或沙质土壤会加速耕地的减少。因此,在这种情况下使用土地需要特别保护。这种耕作方式是有缺点的,减少了耕作面积,而耕作有助于控制杂草,减少除草剂使用量的增加。

盐化

水经土地流入小溪,或经土壤、岩石缓缓滴入地下砂石含水层时,会或多或少地析出盐。当农民用自来水浇灌他们的农田时,水蒸发后,就会在土壤表面和叶子上留下盐,盐分高时会减慢或抑制植物的生长。可以用过量的水来洗土壤盐分,但只有排水良好的土壤用此方法才有效。在很多地方,黏土结块阻碍水向下渗透,灌溉提高附近地表水位,或水无处可流。侵蚀、盐碱化这些老问题,迫使底格里斯河-幼发拉底河低处平原的大部分农民离开那里。

当今盐化危及的土地比过去都多。无论在哪里,灌溉都会在一定程度上导致沙漠化和平原半干旱化。它影响了澳大利亚的内陆和北美的内陆盆地。两个世纪前这里的居民猎杀、聚集,最终离开了这片未开垦过的土地。几千年来,尼罗河沿岸的农民避开了土地的盐化,因为每年洪水冲走了盐,留下了潮湿的土壤。这种状态一直持续到现代埃及建造阿斯旺大坝之前。为了满足人们对粮食和棉花的需求,埃及建造了大坝,并于1970年建成。虽然它提供了全年的用水,但随后的盐化成为下游灌溉的一个问题。而这个问题以前是不存在的,因为每年尼罗河的洪水可以冲走土地上多余的盐。

为此,提出的改进技术方法是栽培耐盐度的农作物。在亚洲西南地区和北非,传统做法是在适度的盐地种植海枣和大麦。现代方法是选育种植与其相适应的小麦、香蕉、番茄等品种。耐受高盐的植物，甚至可以用海水灌溉，如珍珠粟、生产性饲料、油料作物等。如果基因工程师的研究能获得成功，将耐盐性转移到目前敏感作物上，那么农作物的潜在产量将是无限的。

热衷此方法的人声称，耐盐农作物将挽救盐化土地的农业，但极少数人考虑其长期后果。如果产生盐化的条件仍然存在，怎样才能防止盐的进一步积累，达到没有植物能被盐化的水平？至于用海水灌溉干燥的土地，潜在的土壤盐化以及对地表水和地下水的污染是不言而喻的。

高产量和土地退化

通过灌溉、精耕细作的方法提高产量，促进了灌溉的推广，但也增加了这些土地盐化的风险。大投资需要大丰收来补偿，但在某些情况下大投资会导致大规模土地退化。阿斯旺大坝就是这样一个例子。最具灾难性的例子是咸海（Aral Sea）周围的盆地，那里是苏联开发的一个庞大的灌溉项目，从19世纪30年代到80年代生产粮食和棉花。继任国家哈萨克斯坦、塔吉克斯坦、土库曼斯坦和乌兹别克斯坦正在为这些灌溉区域遭受到的严重损害付出代价，其中87%的区域在乌兹别克斯坦（Islamov 1998）。

在发达国家，农民自主种植减少了土地耕种的风险，或当产量下降时他们会放弃耕种，但在许多发展中国家情况则正好相反。在撒哈拉以南的非洲，取消了休耕期，取消了灌木或草生长与农作物生长的交替期，丧失了对

大面积脆弱土壤的保护。过度放牧正威胁着撒哈拉南部半干旱的土地。拉丁美洲农场也出现了破坏性的一面，其耕种已扩散到了陡峭的山坡。

理想情况下，保护土地可与控制耕作方法相结合。在美国，政府和私人团体提供建议，但做决定的是土地所有者或承租人。多数非全部农民都有此需求。作者看到，爱荷华州一个山丘农场曾经有一个土壤保护的模式，农民放弃面积减少的耕地，种植防风林和草条，到处播种玉米。根据邻居介绍，他发现他的儿子不想种植任何东西。

水

1/3的农业生产靠灌溉，2/3水的消费来自地表水或地下含水层。家庭和工业用户正在竞争用水，全球范围内灌溉的增长已经放缓。因为有几条主要河流穿越或跨越国界，水资源已经成为一种国际摩擦因素。

灌溉带来了环境成本，特别是在干旱地区。湖泊萎缩，流入河流和地下蓄水层的水减少，含盐量增加。为了履行有关的水质条约，美国科罗拉多河水在进入墨西哥之前需通过脱盐工厂的脱盐处理。在咸海盆地，灌溉已经减少了咸海昔日储量的1/4，破坏了渔业，并使地下水变咸。

节约用水可以从对运河加覆盖物和维护开始，以减少水输送过程中的损失。滴灌（即定量地将水输送给植物）可节约2/3的水（尽管它可能增加盐的积累），不过这些方法需要大量的初始投资。而这些投资也无助于解决灌溉补贴，全球每年灌溉补贴需要400亿美元才能降低水浪费的成本。

土壤养分

作物收割时去除了植物生长必要的营养物质。闪电、某些非寄生的土壤蓝藻和细菌以及其他集聚在豆科植物（豌豆类）根部的细菌共同凝固了大气中的氮，这意味着它们添加了土壤的可溶性氮化物，植物通过根吸收这些氮化物。逐渐解体的物质和矿物颗粒的分解使其他营养物质也可被利用。工业化前的农民依靠的是最好的土壤自身潜在的肥力，可使土壤肥力恢复的耕种与交替作物休耕、回收利用人畜粪便的营养素，或在土壤中掺入像草和树叶这样的有机物。所以，接近当今最好水平的产量是极其难得的。尽管农民们很努力，但低营养通常会限制产量，而他们种植的许多作物品种，又不能很好地适应高营养水平。

在19世纪和20世纪，科学的植物育种、植物营养物的识别和廉价化学化肥的生产，在大部分水资源丰富的土地上都实现了高产量。首先，化肥补充了原先营养素的来源，在过去的半个世纪里，化肥已经逐步取代了传统的肥料。这既有生态的原因，也有经济的原因。添加化学氮肥抑制了土壤生物氮的凝固。市场因素鼓励农民集中种植单一作物，通常以作物轮作为代价，轮作要添加氮肥或以其他方式增加土壤的肥力。覆盖作物，越冬生长，春天翻耕，已经减少了裸露的土地。最明显的是在美国和加拿大粪肥越来越多地，都弃而不用。尽管饲养场和其他牲畜集中地可以为附近的田地提供大量的粪肥，而且提供的速度是农作物需要的10倍；不过，他们的目的是要处置这些粪肥，而不是把他们当作肥料。粪肥分布较广，能够确保其最理想的使用，但这阻碍了运输成本和应用成本相对低廉的化学肥料的使用。

土壤过剩的养分会流到地下和河流。不论是化学肥料或牲畜肥料，其影响是相同的，而大量的化肥已经扩散并加剧了这种形式的污染。根据中国环保局、美国环境保护署、欧洲环境局和日本环境部广泛传播的信息，地下水中的硝酸盐和亚硝酸盐会威胁婴儿和儿童的健康。而其来源于地下污水和少数工业过程用水，但主要还是来源于农业。因此，污染物在氮肥应用的季节达到了峰值。

在淡水河，磷、氮和铁会刺激藻类大量繁殖，导致氧气消耗和大多数生物枯死，包括鱼。即使海洋的量足够大，研究已经表明氮肥已流经珊瑚礁，并对其产生了破坏（Fabricius 2005）。

来自农业和工业的可溶性铁盐引发赤潮的繁殖，这些赤潮杀死了海洋里的鱼类。虽然支付一定的费用可以除掉水中的营养物，但最有效的办法是限制其使用。

肥料资源

肥料资源是不可再生的，除了植物肥、动物肥、粪肥及化肥中的氮分解后返回到空气中，可以循环，其他肥料都是矿物营养，来自高品位地质沉积。使用它们后最终回到地面，但由于过于分散难以再循环。

农民使用硼、氯、铜、铁、锰、钼、硒、锌的量非常少，曾在少数地方有限地使用过，如用于碱性和沙质土壤的铁，和其他几种元素在西澳大利亚使用过，但现在它们正在被广泛使用，因为含其他元素的肥料和高产量耗尽了曾经足够的营养物质。与农业有关的资源需求非常大，但由于与工业需求竞争，钼、硼可能已经耗竭。少数国家拥有大部分的已知资源，3/4的高质量硼资源位于土耳其，其余大多数在美国。

农作物需要5种大量的矿物营养物。钙和镁无关紧要，它们大量存在于石灰岩中，它们构成了山脉并位于广阔的平原之下；钾和硫，高品位资源正在逐步被开采，其他普通的岩石中含有大量低浓度的钾和硫，海水也包含了一些；磷是农业产业化的致命弱点。它是农业最为稀缺的营养物。分析认为，对所有已知的、可利用的资源考虑后，预计2040年以后磷的产量将下降（White，Cordell 2008）。

使用磷的清算工作将被推迟，包括为避免过度使用而安置田野监测器、从废水中获取磷、有效回收人畜粪便中的磷，以及对下水道污水的处理。目前还没有无磷化肥。

有各种节约肥料的方法，其应用率常常超过植物可以使用的方法。土壤测试可以减少为追求高产量而过度施肥；提高化肥价格将鼓励节约；更激进的策略是提高对树木和其他多年生植物的依赖，它们的深根体系可拦截通过土壤向下渗透的养分。被称为永恒农业①（permaculture）或农林业②（agroforestry）的系统已经相当老化，但目前正在复苏。应予以关注的是——高产的多年生植物容易替代一些一年生植物，特别是油料种子的生产，但世界粮食系统中的主要产品，每年的谷物还没有类似的替代品。

害虫和疾病的控制

杀虫剂和除草剂不使用不可再生的石化燃料以外的沉积物，它们的能源成本相对较小。但是每种杀虫剂和除草剂的作用是有限的，因为它们要除掉的草和虫子会产生免疫性。迄今为止，科学家已经生产了其替代品，但它们的数量是很有限的。使用得最多的杀虫剂是广谱杀虫剂，这意味着它们可以杀死许多不同的物种，而不仅仅是我们的目标害虫。而在杀死害虫天敌时，会有少数害虫留下并繁殖，从而成为问题：食叶红蜘蛛就是一个例子。农业产业化的趋势会增加疾病传播和害虫扩散，包括一种作物的重复种植。动物集中的饲养场，大型奶牛场、鸡蛋工厂。其结果是更频繁地对作物喷洒农药。为了预防疾病，给动物常规地喂养抗生素，这在畜牧业中是很常见的，但也引发了担心。这种做法会增加病原体的抗生素耐药性，如结核分枝杆菌这样的病原体，就使人类非常痛苦。

来自农田的农用化学品进入生态系统，毒害了野生物种及人类。最臭名昭著的例子就是滴滴涕（DDT）。DDT持续存在于环境中，使得南极企鹅都受其毒素之害。有些化学品已经向可以在数天或数周分解的化学品转移，对其的应用管理也在许多国家得到改进。目前，关于低浓度农用化学品对陆地、淡水和海洋生态系统的长期影响还知之甚少。

替代方案是有的。让我们回到旧式方

---

① 永恒农业是指把原生态、园艺和农业及许多不同领域知识相结合，透过结合各种元素设计而成的准自然系统。译者注
② 农林业是一种土地使用管理系统，乔木或灌木围绕作物生长或在作物中间生长。译者注

法——作物轮作和分散畜牧业,以减少对农药的使用。有机农业可以消除对化肥的需求。农业的效率成本是当今农业最大的争论之一,不那么严格的替代方法是综合虫害管理和生物及机械控制的应用,以及选择性地使用化学用品,目标是通过仔细监测和仔细选择农用化学品及应用方法,消灭害虫,并对其他物种造成最小的伤害。

能源与农业产业化

农业产业化依赖石化燃料。石油是农业机械的动力,把商品运送到农场或从农场把商品运送到农产品加工厂,同时几乎所有的杀虫剂和除草剂也被相互转运。天然气是氨生产的基础,也是大部分氮肥的起点,其生产、分配和应用构成了农业产业化的最大能源投入。

各个国家农业能源的消费都在迅速增长。如中国,数十年前还几乎完全依赖于人和动物。其他发展中国家的经济增长可能还将延续这一趋势。技术旨在减少由农业产业化引起的成本和损害。在澳大利亚和伊朗,排水不良的土地,其盐化的解决方法是抽出地下水,以便盐能从土壤中排出。当高品位矿物营养的沉积物耗尽时,低品位沉积物的替代需要额外的能源支出。如果灌溉和城市用水用尽了或污染了附近的河水,可以用泵运送远处河流和湖泊的纯净水。这种方式和淡化海水已经被提议为解决方案,但这是一个耗能的过程。

由于消耗石化燃料,农业对石化燃料的枯竭和全球变暖都有影响,虽然它比工业和交通贡献程度要少。反过来,来自石化燃料燃烧的二氧化碳通过改变气候,增强光合作用和生物量生产也会影响农业。当气候变暖后,降水会产生变化,考虑到二氧化碳的直接效应,政府间气候变化专业委员会预测,全球平均温度将上升1—3℃,会导致中纬度和高纬度的农业生产净增长,热带和亚热带地区农业生产净减少。全球的平均气温较高,所有纬度的产量都会减少。

现在和未来

可持续性发展依赖于预言者的眼光。恣意的乐观主义者描绘出了令人鼓舞的景象:粮食生产量充足,人口增长放缓,许多农民还没有使用最高效的方法。悲观主义者指出土地退化,螺旋式上升的需求,资源转移到靠发展生物燃料生产,以及不可再生资源的减少,生存取决于世界人口和需求的减少。谨慎的乐观主义者相信,可再生能源和可持续的、生态友好的农业形式,可以更好地保护水土资源,综合虫害管理,实现永恒农业和农林业,维持现有的世界人口,也许可以持续数十亿以上。种种迹象表明,世界农业目前遵循的是一条不可持续的道路。问题是,它是继续走进死胡同,还是争取在走到终点前找到一条出路。

丹尼・E.瓦齐(Daniel E. VASEY)
圣言学院

参见:生物技术产业;生态标签;生态系统服务;能源工业——生物能源;健康、公众与环境;发达国家的农村发展;发展中国家的农村发展;水资源的使用与权利。

拓展阅读

Brown, Lester R. (2008). *Plan B 3.0: Mobilizing to save civilization*. New York: W. W. Norton & Company.

Fabricius, Katharina E. (2005). Effects of terrestrial runoff on the ecology of corals and coral reefs: Review and synthesis. *Marine Pollution Bulletin*, 50, 125–146.

Food and Agriculture Organization of the United Nations (FAO).(2004). *FAO statistical yearbook: Country profiles 2004* (Vol. 1/1).Rome: FAO.

Food and Agriculture Organization of the United Nations (FAO).(2005). *The state of food insecurity in the world 2005: Eradicating world hunger — Key to achieving the millennium development goals*. Rome: FAO.

Food and Agriculture Organization of the United Nations (FAO).(2009). The market and food security implications of the development of biofuel productions. Retrieved December 31, 2009, from ftp://ftp.fao.org/docrep/fao/meeting/016/k4477e.pdf

Gillham, Oliver, & MacLean, Alex S. (2002). *The limitless city: A primer on the urban sprawl debate*. Washington, DC: Island Press.

Gliessman, Stephen R. (2006). *Agroecology: The ecology of sustainable food systems* (2nd ed.). Boca Raton, FL: CRC Press.

Islamov, Bakhtior A. (1998). *Aral Sea catastrophe: Case for national, regional and international cooperation*. Sapporo, Japan: Slavic Research Center, Hokkaido University. Retrieved April 20, 2009, from http://src-h.slav.hokudai.ac.jp/sympo/97summer/islamov.html

Jackson, Wes (Ed.); Colman, Bruce; & Berry, Wendell.(1984). *Meeting the expectations ofthe land: Essays in sustainable agriculture and stewardship*. Lincoln: University of Nebraska Press.

Lappé, Frances Moore. (1975). *Diet for a small planet*. New York: Ballantine.

Leopold Center for Sustainable Agriculture. (2008). Retrieved April 20,2009, from http://www.leopold.iastate.edu/

National Research Council. (1990). *Saline agriculture: Salt-tolerant crops for developing countries*. Washington, DC: National Academies Press.

O'Neill, Brian C.; Balk, Deborah; Brinkman, Melanie; & Ezra, Markus.(2001). A guide to global population projections. *Demographic Research*, 4(8): 203–280.

Parry, Martin; Canziani, Osvaldo; Palutikof, Jean; van der Linden, Paul; and Hanson, Clair. (Eds.). (2007). *Climate change 2007: Impacts, adaptation and vulnerability*. Cambridge, U.K.: Cambridge University Press.

Pimentel, David, & Pimentel, Marcia H. (2007). *Food, energy, and society* (3rd ed.). Boca Raton, FL: CRC Press.

Roberts, Neil. (1996). The human transformation of the earth's surface. *International Social Science Journal*, 48(4), 493–510.

Rozema, Jelte, & Flowers, Timothy. (2008, December 5). Crops for a salinized world. *Science*, 322, 1478–1480.

Smith, Darrell. (2005, January 23). World no-till trends. Retrieved December 8, 2008, from http://findarticles. com/p/articles/mi_qn6208/is_20050123/ai_n24395696/pg_1?tag=artBody;col1.

Ucar, Orkun, & Turna, Burak. (2004). *Metal firkina* [Metal storm]. Istanbul: Edition Orient.

United States Department of Agriculture, Foreign Agricultural Service. (2007). Production, supply and distribution online database. Retrieved December 2, 2008, from http://www.fas.usda.gov/psdonline/

U.S. Census Bureau. (2009). International data base. Retrieved November 3, 2009, from http://www.census.gov/ ipc/www/idb/worldpopinfo.php

Vasey, Daniel E. (1992). *An ecological history of agriculture: 10,000 B.C.-A.D. 10,000*. Ames: Iowa State University Press.

White, Stuart, & Cordell, Dana. (2008). Peak phosphorus: The sequel to peak oil. Retrieved April 20, 2009, from http://phosphorusfutures.net/index.php?option=com_content&task=view&id=16&Itemid=30

Willer, Helen; Yussefi-Menzler, Minou; & Sorensen, Neil. (Eds.). (2008). *The world of organic agriculture: Statistics and emerging trends 2008*. London: Earthscan.

Worster, Donald. (1993). *The wealth of nature: Environmental history and the ecological imagination*. New York: Oxford University Press.

Airline Industry

航空业

预计到2050年，航空业将贡献约2%的温室气体排放总量。虽然从20世纪90年代起，燃油效率已增长近16%，未来的技术——包括更好的飞行模式、更高效的发动机和替代燃料，都承诺进一步减排，然而21世纪早期的盈利难题，却影响了行业投资于新技术的能力。

每天都有数以百万计的人乘坐飞机到达世界各地。在2006年，有7.44亿旅客搭乘美国飞机，为美国航空带来约1 640亿美元的收入（Air Transport Association 2008）。空中旅行，曾经被视为19世纪人们的梦想，后来成为富人的奢侈品，如今，有的机票价格却已低至仅40美元，与此同时，世界各地收入和财富却急剧增加。无论是商务还是休闲，空中旅行现在越来越成为人们出行首选，但只有很少的人意识到他们的决定对全球环境的影响。一架波音747-400飞机飞行3 500英里（约5 645千米），每英里燃烧约5加仑的燃料（约19升），所以从纽约飞往伦敦（Boeing 2009b）总计会燃烧17 500加仑（约66 500升）燃料。据航空运输协会2008年统计，2006年，美国共飞行7 970亿乘客里程数（12 850亿客公里）。在全球范围内，航空业在2000年排放约4.8亿吨二氧化碳到大气中（GAO 2009）。随着全球气候迅速变暖，高碳密集型行业（如航空公司）必须找到保持发展和盈利的可持续性战略，否则就要承担进一步损害全球环境的风险。

历史背景

早期航空在19世纪末和20世纪初由许多工程师和业余爱好者的创新创业带动起来。1903年12月17日，威尔伯·怀特和奥维尔·怀特在美国北卡罗来纳州成功地进行了人类第一次有效飞行，在那次知名又意义重大的飞行后，飞机被改进得更坚固，并逐渐可以行驶更远的距离。第一次世界大战时飞机被迅速采用，政府在航空业的投资帮助航空业开发新的载人航空飞机。

尽管获得上述发展，在 20 世纪 20 年代之前，商业飞机制造业并没有出现经济可行性。在那 10 年里，成立了若干个航空公司，却又因为昂贵的票价和坠毁的报告危及旅行需求而倒闭。即使这样，乘客的数量仍从 1926 年的 6 000 人，增长到 1929 年近 173 000 人（U.S. Centennial of Flight Commission 2009）。在 20 世纪 20 年代到 30 年代间，航空旅行不是一件愉快的事：飞机无加压飞行，旅客会感到耳朵疼痛，而低空湍流也往往意味着许多乘客会晕机。但是，乘客依旧趋之若鹜，最终使空中旅行演变为商业交易。1937 年，航空公司旅客运输量突破百万大关。20 世纪 40 年代，飞机拥有了跨大西洋飞行的能力，只是极具限制性。曾经被认为是不安全、不舒服、负担不起的新鲜事物迅速成为这代富人和商人常用的商品。此外，商业飞机准备采取新的创新，以使航空成为出行的主流方式。

20 世纪 50 年代后期，喷气式发动机的推出彻底改变了航空方式。喷气式发动机为乘客提供更快的速度，也更加舒适，而且比起传统活塞发动机，维护费用更少。不过，与传统发动机相比，喷气式发动机需要更多的燃料，以达到更快的速度和空中的飞行高度。由于喷气发动机更易于维护，使长时间飞行更趋可行，还开通了许多短途航线。随着航空业发展，各种机型的飞机成倍增加。小型飞机飞短途航线，波音 747 这种大型宽体机飞行较长的航线。现在有数百个目的地可供旅行者随时选择出行。不久的将来，另一项主要的活动将极大地扩大旅行者目的地的数量。

直到 20 世纪 70 年代末，美国航空旅行仍由政府与六大运营商——联合航空、美国航空、达美航空、东方航空、TWA 航空和 PanAm 航空高度控制，统治航线。但在 1978 年，美国航空取消《管制法案》激活了新航线进入市场，现有航空公司也拓展他们的航线。欧洲紧随美国，以其为榜样，于 1997 年进行改革。在取消航空管制的情况下，航空业竞争迅速加剧，拉低了机票价格，航空公司发现很难维持盈利，东方航空，TWA 航空和 PanAm 航空相继破产。1992 年比 1977 年的平均机票价格降低了近 66%（U.S. Centennial of Flight Commission 2009）。随着票价的降低，航班需求量从 1975 年到 2005 年翻了两番。在全球范围内，航空运输需求现已超过 220 亿人，货运需求超过 4 400 万吨（Bisignani 2009）。尽管从 2007 年下半年开始全球经济衰退，但由于全球人民收入的增加，航空旅行需求却继续增长，人与人之间的"距离"也在继续缩短。

可持续增长的挑战

由于飞机飞行的耗油量很大，温室气体排放量成为航空业的一个突出问题。据估计，商用航空燃油的气体排放占据全球温室气体排放量的 3%，而因航空旅行增加的需求可能会在 2050 年增长到 5%（Milmo 2008）。如今，因为二氧化碳、甲烷和一氧化二氮在大气中的浓度比在工业革命时期任何时候都高，对排放的任何重要气体都必须进行仔细的评估。同时，污染物排放量的上升导致在过去 150 年里全球明显变暖。仅自 20 世纪 70 年代以来，全球平均气温已上升 1 T（或约 0.56℃），这与全球航空业的快速发展密不可分（United States Environmental Protection Agency 2009）。

但是，也不能就此认定航空燃料排放是

温室气体排放增加的主要因素。整个交通运输行业约占据全球二氧化碳排放总量的20%，其中，道路交通占74%，工业排放和航空运输只占13%（United States Environmental Protection Agency 2009）。事实上，飞机通常比很多类别的车辆更省油。一架波音747飞机飞行3 500英里燃烧的燃料约每英里5加仑（或飞行5 632公里，约每公里12升）。波音747可载500余人飞行，这意味着747飞机飞行100英里，每位乘客只耗1加仑（每升42公里）（Boeing 2009b），明显比私家车旅行更省油。总体来说，美国航空公司的燃油效率从1981年的平均48座英里/加仑（20.4公里/升）提升到2008年平均58座英里/加仑（约24.6公里/升）（座英里是航空业运载能力的一种产业计量方法，其大小等于座位数乘以飞行里程数）（GAO 2009）。然而，某些运营的问题降低了改进率。当运营出现可持续发展问题时，航空公司面临着多重挑战。至于财务绩效，从20世纪70年代放松管制以后，航空公司一直在努力赚取利润，美国航空公司在过去15年间，总收入近2万亿美元，但总利润却为负320亿美元。根据2009年美国交通运输统计局统计资料，即使在20世纪90年代经济扩张、盈利能力稳定的时期，航空公司净利润率也只有在1997年达到4.72%。自2001年以来，该行业维持盈利变得更加困难，8年内，只有其中2年是盈利的，而亏损总额竟超过5 500亿美元（Bureau of Transportation Statistics 2009）。在经济扩张时期，高油价对航空公司盈利产生了不利影响；而在经济低迷时期，客户需求又减少。这些结果肯定也与股东有关，他们也对环境提出了挑战。

由于航空公司在微薄利润和现金约束下运行，它们常常很难投资新技术去改造现有的飞机，很难用波音和空客这样的制造商提供的好技术去建设一个新团队，导致许多航空公司经营的机队都是35—40年的旧飞机，如DC-9飞机。这些老化的机队与现代飞机和发动机相比，燃油效率较低。因为财务绩效不佳，航空公司很难从制造商那里定制更轻、更省油、还能运载更多乘客的飞机（Carey 2009）。

始于2007年底的经济衰退导致航空公司的经营更加艰难，预计在2009年将失去近800亿客户收入（Bisignani 2009）。虽然航空公司正在迅速减少航班和载客量，这并不意味着他们能够利用较低的石油价格来提高经营利润。除此之外，航空公司也正采取多项措施，以减少其对环境的影响。

航空业的可持续性发展

因为燃料成本在经济衰退前急剧上升，并且为了减少碳排放总量，几个主要航空公司已采取了一系列措施来减少他们的碳排放足迹。

● 最大限度地提高容载量——主要理由是最大限度地提高容量，以最大限度地提高收益；同时，满载也能减少每个人的碳排放量。2007年底经济衰退期间，航空公司通过减少航班量来确保每架飞机都尽可能满载。

● 引入翼梢小翼——翼梢小翼是机翼末端的垂直附件，最初是由美国国家航空和航天局（NASA）的研究人员为了应付20世纪70年代高燃油价格的冲击，在70年代末和80年代发明的。最近，高油价迫使许多航空公司投资改造其现有机队的翼梢小翼。据2008年美国国家航空航天局评估，小翼可以提高7%的燃料效率。

- 连续下降的方法——利用一种新着陆程序使飞机降落到机场跑道，航空公司只需有较低的发动机功率水平和更少的燃料就能使飞机成功降落。

- 降低飞行重量——航空公司会评估飞机上的所有设施，包括地毯、座椅和所需燃料，以尽可能减去多余的重量。假设多增加相当于6个乘客的重量1 100磅（455千克），可导致一段90分钟的飞行，需要额外消耗燃油66—110磅（30—50千克）。如果每架飞机飞行3 000小时，这就意味着每架飞机需额外支付4—7万美元。

- 地面电源——航空公司曾经使用地面发动机来支持飞行期间飞机的电力系统和空调。现在，航空公司机组人员越来越多地使用"驱动式"地面电源装置，它可以直接由燃料效率良好的发电机提供电力。

- 清洗引擎——航空公司发现，用加压水清洗发动机，可以很容易地去除大量积聚物。

- 排放补偿项目——包括达美、美国航空、联合航空和美国大陆航空在内的许多美国大型航空公司，都已经与自然保护基金会和可持续发展旅游国际等企业合作，推出了自愿补偿碳计划，给客户提供为飞行购买碳补偿的机会。这些航空公司通常会提供激励措施，如额外的经常乘飞机旅客的里程数或匹配客户捐赠的资金。

据国际航空运输协会（IATA）报告，这些措施对燃油消费起到一定的积极作用，燃油效率从2001—2008年提高近16%（IATA 2009）。2008年，航空公司载客量比2000年多了20%，而燃油消耗却减少了3%。不过，许多专家认为，未来较高的需求会导致油耗和排放继续上升。因此，航空公司和航空制造商正在继续寻找更多能提高燃油效率的方法；同时，政府也在考虑制定减少航空排放的新政策。

政府规例与航空

无论过去10年是如何提高燃油效率的，航空公司必须找到新的方法来减少其对环境气候的影响。处理大气中的温室气体排放量需要很长时间，所以未来几年必须更加努力。各国政府也开始以更积极的姿态去管理这些排放，其中有两个最特别的减排机制。

征收碳税

碳税是指对任何含碳元素的燃料征收的税种，如对煤、石油、天然气等燃料征收的税。在采掘等上游生产过程中征收碳税，会导致依赖这些燃料的行业支付较高的价格，这个较高的价格实际上就是征收的税，就像现在的酒精和烟草税。理论上，碳税鼓励企业和消费者使用更少的燃料，并将他们的消费转移到其他商品上。

碳税拥护者认为，须逐步引入碳税，这样不会产生明显的价格冲击。航空公司对增加燃油成本极其敏感，因为它占了其运营成本的30%。而碳税的反对者们指出，由于全球对燃料需求的增加，从2008年夏天起，燃油价格已经上涨。但一些航空公司，如维珍航空，也已经表示只要是公平征收碳税，他们愿意支付（Environmental Leader 2008）。

总量控制与交易的碳交易体系

总量控制与交易体系的工作原理是对高排放的企业（如电力供应商和航空公司）设置一系列的限制。此类公司排放到大气中的每吨碳，都需要有排放许可证。碳排放许可首先拍卖给所有的主要生产企业，给政府创造一个新的收入流。排放低于其限制排放量的企业可以出售他们的额度，卖给那些需要购买更多额度以抵消其排放的企业。从本质上讲，该体系对减少排放总量会产生许多激励，它鼓励大额排放变为更有效的排放或使用更清洁的能源。在20世纪80年代和90年代，这套交易体系为减少二氧化硫和酸雨对美国的影响做出了巨大的贡献。

至2009年，航空业已着手建立总量控制与交易体系。欧盟（EU）已经制定了一套在2012年之前航空公司实施总量控制与交易体系的目标。这个计划预计在2004—2006年的基础上减排3%，并稳步增长减少至15%（EurActiv 2009）。

航空业可持续性发展的前景

提议的法规已使航空公司认识到他们的经营需要变得更加贴近可持续性发展。包括达美航空、美国航空和西南航空等许多美国航空公司，在过去已发表过可持续发展的报告。在这些报告中，他们往往强调为了提高燃油效率提出的新的回收利用倡议和努力。不过，这些努力仍然停留在环境质量的改进方面。UPS（n.d.）是少数几家在美国报告总排放量的公司之一，他们对飞机运行产生的总排放量报告如下：在1 540万吨的二氧化碳排放量中53%是由喷气式飞机燃料产生的。美国航空公司也追踪了他们的总排放量，发现2007年二氧化碳排放量是3 010万吨（AMR n.d., 23）。许多欧洲航空公司的可持续发展报告非常先进，较早就有相关报道。例如，法国—荷兰皇家航空的2009年报告，记录了他们在每公里每位乘客的二氧化碳排放量，从2000年的107克（3.7盎司）降至2008年的95克（3.3盎司）。

在未来，随着排放法规被公众广为知晓，更多的航空公司将需要报告它们总的碳排放量。在欧盟即将施行的总量控制与交易体系法规中，无论从欧洲出发还是抵达欧洲，各航空公司都必须测量每个航班的碳排放量。航空公司还不能确定这个法规会为自己带来什么影响。就像世界上最大的航空公司——达美航空公司，在其2008年的年度报告中所指出的：

我们预计，欧盟的这个体系将明显增加我们的运营成本。美国也提出了类似的总量控制与交易的限制。倘若美国制定了立法或监管，或未来我们飞行或可能飞达的其他司法管辖区也制定了类似的立法或规定，那么，可能会导致航空公司和航空业为此付出巨大的成本。现在，我们尚无法预测是否会有此类法律或法规，让各个司法管辖区分摊航班的成本。这可能会导致重复征税，多个司法管辖区都有其许可要求。为了减少这类法规对消费者的影响，我们可用一定的额度来减少许可证的费用。目前，我们也无法预测航空公司甚至整个航空业是否还能有机会获得补偿或额度。我们正在认真监测和评估这些立法和法规的发展将产生的潜在影响（Delta Air Lines 2009）。

航空业清楚地了解到总量控制与交易体系给其经营带来的风险，但他们也认识到改善可持续性和燃油效率可能带给他们的价值。如果有航空公司能做好创新和减排，那它一定能在潜在成本不断提高的新市场环境中蓬勃发展。

许多技术发展也将有助于航空业减少排放总量。

提高能效

发动机的发展将依赖于美国国家航空航天局和普惠公司开发的齿轮传动涡扇发动机，它可以使燃油消费减少至12%（Pratt & Whitney 2009）。其他潜在的改进包括开放转子发动机和分布式发电系统，但这些技术仍在做可行性研究，需要长期改进。

飞机机架的改进

由于燃油价格居高不下，航空公司采取了多项措施来减轻飞机的重量，如减少目前舱内物品（包括餐饮车，地毯，水和毛毯）的重量，用较轻的座椅取代旧的座椅，增加行李限制等。例如，美国航空公司声称减少100磅飞行重量，将节省近110万加仑燃油（American Airlines 2009）。飞机制造商进一步坚持此理念，用较轻的复合材料建造机体。波音公司的787新型飞机预计将有50%是碳复合材料，这将使它的燃油效率比其他类似体型的飞机提高20%（Boeing 2009a）。此外，新的电动系统即将启用，它将替换液压系统，显著减轻飞机重量。空客目前也正在研究新的机翼，它将能极大地降低与空气摩擦产生的振荡。

飞行运行的改进

美国联邦航空总局（FAA）正在开发名为"下一代"的新空中交通管理系统，使飞行员能采取更有效的飞行路线到达目的地。该系统还可以为飞行员提供实时气象信息，以避免延误，并有效地利用顺风滑行。该系统已显示温室气体排放量显著减少，并为亚特兰大、凤凰城和达拉斯沃斯堡等机场节省了数百万美元的开支（Federal Aviation Administration 2009）。

此外，波音公司已经进行了一些工作，那就是减少机队的航空排放。最近，波音公司新开发了一种特定的进港计划，通过考虑飞机性能、空中交通、领空和天气等因素，为飞机机组人员提供最有效的飞行轨迹。旧金山机场一个一年的飞行计划表明，该计划能减少110万磅（近50万千克）油耗，1.6吨碳排放（Boeing 2008）。

替代燃料

4家航空公司如今已完成了将生物燃料混入标准喷气发动机的喷气燃料的测试。航空公司的生物燃料包括柳枝稷、麻风树油和藻类等。美国大陆航空公司（2009）做了一个测试，一个发动机使用传统燃油，另一个发动机使用的燃料中混入一半麻风树与藻类提取物。结果表明：使用生物燃料的飞机，排放量明显减少了60%～80%，燃油效率也提高了1.1%（Continental 2009）。不过，还需经过几个阶段的测试才能确定生物燃料是否有商业可行性，以及与第2代生物燃料相关的其他环境因素。

展望21世纪

虽然有些创新可能很快地被现代航空公司采纳，但是技术的提高并不容易，必须符合严格的安全标准。由于需求的变化，如加固碳复合材料机翼附近的机身，波音公司多次推迟启用新的波音787的时间，不断推迟交货日期长达2年多。尽管现有的订单数量已超过800份，但目前还不清楚波音公司何时才能发货。在21世纪初期的经济环境里，不管航空公司如何许诺它们的新技术，创新的成本都是昂贵的，老龄化的机队和现有技术也是难以被代替的。

始于2007年年底的经济衰退很难让航空公司承担新的投资风险去创造利润。在票价稳定的情况下，航空公司的运载能力将被继续压缩以保证飞机满员飞行。由于现金余额较少的航空公司寻求被收购或重组，可能会导致行业的进一步合并。无论如何，航空业已深知，即将推出的法规，如欧盟的排放交易计划，

对他们来说面临新的环境预期。航空业通常被认为是发展缓慢且具官僚主义的，但为了在这个新的经济环境下获得成就，航空公司必须加速创新，走在其竞争对手的前面。只有最善于采用新技术、最大限度地提高每个航班的收入，操作具有较低的碳足迹的航空公司才能生存下来！

R. 本杰明·希尔
（R. Benjamin HILL）
北卡罗来纳大学商学院

参见：汽车产业；总量控制与交易立法；工业设计；能源效率；能源工业—油；清洁科技投资；钢铁工业；旅行与旅游业。

拓展阅读

Air France-KLM. (2009). Corporate sustainability report 2008–2009. Retrieved June, 30, 2009, from http://developpement-durable.airfrance.com/FR/fr/common/pdf/af_ra_gb.pdf

Air Transport Association. (2008). 2008 economic report: Connecting/protecting our planet. Retrieved June 8, 2009, from http://www.airlines.org/NR/rdonlyres/770B5715–5C6F–44AA–AA8CDC9AEB4E7E12/0/2008 AnnualReport.pdf

American Airlines. (2009). Fuel smart. Retrieved December 18, 2009, from http://www.aa.com/i18n/amrcorp/newsroom/fuel-smart.jsp

AMR Corporation. (n.d.). 2007 environmental responsibility report prepared by AMR Corporation. Retrieved June, 30, 2009, from http://www.aa.com/content/images/amrcorp/amrerr.pdf

Bisignani, Giovanni. (2009, June 8). State of the air transport industry.Retrieved June 12, 2009, from http://www.iata.org/pressroom/speeches/2009–06–08–01.htm

Boeing (2008). Boeing tailored arrivals ATM concept cuts fuel, emissions in initial deployment. Retrieved June 15, 2009, from http://www.boeing.com/commercial/news/2008/q3/080711a_nr.html

Boeing. (2009a). Boeing 787 Dreamliner will provide new solutions for airlines, passengers. Retrieved June 2, 2009, from http://www.boeing.com/commercial/787family/background.html

Boeing. (2009b). 747 fun facts. Retrieved December 18, 2009, from http://www.boeing.com/commercial/747family/pf/pf_facts.html

Bureau of Transportation Statistics. (2009, June 15). Air carrier financial: Schedule P-11. Retrieved June 15, 2009, from http://transtats. bts.gov/Fields.asp?Table_ID=290

Carey, Susan. (2009, June 4). United plans huge jet order. *Wall Street Journal*. Retrieved September 14, 2009, from http://online.wsj.com/article/SB124408456205084093.html

Center for American Progress. (2008, January 16). Cap and trade 101: What is cap and trade, and how can we implement it successfully? Retrieved June 4, 2009, from http://www.americanprogress.org/issues/2008/01/capandtrade101.html

Continental Airlines. (2009, June 17). Continental Airlines announces results of biofuel demonstration flight. Retrieved June 20, 2009, from http://phx.corporate-ir.net/phoenix.zhtml?c=85779&p=irolnewsArticle&ID=1300025

Delta Air Lines. (2009, March 2). Annual report to the Securities and Exchange Commission for the year ending December 31, 2008. Retrieved June 1, 2009, from http://images.delta.com.edgesuite.net/delta/pdfs/annual_reports/2008_10K.pdf

Environmental Leader. (2008, June 25). Virgin's Branson says airlines, other industries should pay. Retrieved December 18, 2009, from http://www.environmentalleader.com/2008/06/25/virgins-bransonsays-airlines-other-industries-should-pay/

EurActiv. (2009, February 2). Airlines prepare for EU carbon trading scheme. Retrieved November 30, 2009, from http://www.euractiv.com/en/transport/airlines-prepare-eu-carbon-trading-scheme/article-179059

Federal Aviation Administration. (2009, April 24). NextGen goal: Performance-based navigation. Retrieved December 18, 2009, from http://www.faa.gov/news/fact_sheets/news_story.cfm?newsId=8768

Government Accountability Office (GAO). (2009, June). Aviation and climate change. Retrieved June 12, 2009, from http://www.gao.gov/new.items/d09554.pdf

Grant, R. G. (2002). *Flight: 100 years of aviation*. New York: DK Publishing.

Intergovernmental Panel on Climate Change. (2001). Aviation and the global atmosphere. Retrieved June 4, 2009, from http://www.grida. no/publications/other/ipcc_sr/?src=/Climate/ipcc/aviation/094. htm

International Air Transport Association. (2009). A global approach to reducing aviation emissions. Retrieved October 21, 2009, from http://www.iata.org/NR/rdonlyres/DADB7B9A-E363-4CD2-B8B9-E6DEDA2A6964/0/Brochure_Global_Approach_to_Reducing_Aviation_Emissions_280909.pdf

Milmo, Cahal. (2008, May 6). Airline emissions "far higher than previous estimates." Retrieved October 21, 2009, from http://www.independent.co.uk/environment/climate-change/airline-emissionsfar-higher-than-previous-estimates-821598.html

NASA. (2008, March 3). Dryden Flight Research Center fact sheets: Winglets. Retrieved June, 1, 2009, from http://www.nasa.gov/centers/dryden/about/Organizations/Technology/Facts/TF-2004-15-DFRC.html

Pratt & Whitney. (2009). Pratt & Whitney PurePower PW1000G engine. Retrieved December 18, 2009, from http://www.pw.utc.com/Products/Commercial/PurePower+PW1000G

United States Environmental Protection Agency. (2008, December 17). Atmosphere changes. Retrieved May 29, 2009, from http://www.epa.gov/climatechange/science/recentac.html

United States Environmental Protection Agency. (2009, April 15). Trends in greenhouse gas emissions. Retrieved May, 27, 2009, from http://www.epa.gov/climatechange/emissions/downloads09/TrendsGhGEmissions.pdf

UPS. (n.d.). 2008 UPS corporate sustainability report. Retrieved June 25, 2009, from http://www.community.ups.com/docs/2008_CSR_PDF_Report.pdf

U.S. Centennial of Flight Commission. (2009). History of flight. Retrieved May 30, 2009, from http://www.centennialofflight.gov/essay_cat/8.htm

Automobile Industry

汽车产业

长期以来，汽车工业和汽车本身都被认为会造成空气污染、噪声污染和全球变暖的主要元凶，而现在正在发生变化。使用替代燃料和对地球友好的材料，对有环保意识的消费者的回应，以及保持经济稳定的挑战，这些正在改变着这个产业。

有几个因素导致了汽车产业缺乏可持续性发展，其中最显著的就是碳排放对于城市空气质量和全球变暖的影响。通常还注意到制造汽车的技术，当然，这些也很重要。底层的商业模式也是人们关注的一个原因，因为该产业在2007年底全球经济危机之前就已经在为获利而挣扎了。

汽车产业的简史

汽车工业出现在20世纪初期的欧洲工业国家和美国，来自几个不同的前工业部门，包括那些制造铁路设施、武器装备、自行车、纺织机械和马拉厢车部门。汽车产业现在在许多工业国家都是主导产业。

1876年，德国发明家尼古拉斯·奥托发明了四冲程内燃机（汽油动力）。它使人们可以把汽车当作机动的个人交通工具。第1台使用汽油动力的三轮汽车是德国人卡尔·奔驰1885年制造的。不过，现代汽车和汽车产业的商业模式是在美国几个重要创新的结果（Raff 1991；Nieuwenhuis & Wells 2007；Batchelor 1994）。

● 亨利·福特为福特T型车（从1908年起）开发了零部件标准化，劳动分工短工作循环、高水平垂直整合和移动装配线大量生产，为制造业创造了规模经济。

● 爱德华·高恩·巴德创造了全钢结构体架用于车体整个外壳，而且油漆也可以被烘烤到车体上（道奇兄弟于1915年首先使用）。

● 通用汽车从1920年起开发了市场营销创新，包括M型部门结构、一个产品名下多个品牌概念分组、运用信贷融资购买汽车、按每年变化制作的汽车模型等，以满足人们对新车的需求。

以上这些创新共同创造了一个产业，其特点是高资本投入被高产量所弥补，所以在市场中单位价格较低。反过来，它提供了竞争的基础，数百计的低产量生产商被逐出了市场。对低制造成本的关注导致了汽车产业独特的商业模式，在美国尤其明显，市场扩大依靠连续地降低新车价格。工厂变得大而集中，市场空间广阔，大范围分布着大量的特许经销商。

从20世纪20年代初开始，基于核心创新的竞争过程产生了一个具有特色的行业结构，主要有三大类型：

● 主流是产量高的汽车制造商，如通用、福特，以及后来的雷诺、大众、菲亚特、丰田和尼桑。他们占据了市场中心，并有大量的新车。他们寻求通过高产量降低生产成本来获取盈利，每年总产量数百万台；

● 专业化强或声誉良好的汽车制造商，其代表是许多欧洲汽车制造商，如宝马、奔驰、沃尔沃、捷豹、阿尔法罗密欧。他们占据了不同的细分市场，汽车类型较窄。他们通过溢价来补偿缺乏规模经济带来的损失，即允许每年产量为6～50万时收回成本；

● 小型生产厂商，其代表公司如法拉利、莲花、阿斯顿·马丁和劳斯莱斯公司，他们常使用替代品来替换全钢车体，产量较低，每年一般不超过5 000台。

虽然自从20世纪20年代以来，汽车产业提出了许多创新设想，但是其核心技术和商业模式基本保持不变。经济压力导致了汽车行业的兼并与收购，切断和淡化了上述几个主要生产商类别上的区别。无论是在生产设备上还是在产品设计上，汽车产业都需要大量的投资，当然还要有强大的品牌和分销网络。其结果是，新进入者很难打入这一市场。从历史上看，新进入者已经出现了受保护的市场空间（例如，韩国的现代），并预期将来会继续这种情况（例如，印度的塔塔和中国的上海汽车工业集团）。

新的实践和创新

汽车制造业和汽车本身是以多年持续发展的稳定技术为前提的。该行业的主要发展轨迹是一直寻求提高效率，而不是激进的改变（Cusumano 1984）。

自1990年以来，汽车制造业的主要创新在劳动力的组织上。丰田公司生产系统的影响是深远的，不仅仅是因为其公司在市场上持续成功（虽然2010年1月公司旗下的几个品牌的加速器问题导致了全球范围内大规模的召回；在写此书时，这一事件对公司的财务和声誉的损害尚不清楚，但是估计达到了数十亿美元）。因此，许多公司开始调整，通过像团队合作和质量循环这样的活动，以及更广泛地通过如实时（JIT）零件交付系统这样的措施来模仿丰田的生产实践（JIT系统旨在通过减少过高的库存量及其相关的运输成本来增加利润）。把更多的角色分配给关键材料和部件组建的供应商，使得这些供应商有更高水平的创新（Womak, Jones & Roos 1990）。

新的实践方面的主要进展和社会、环境和政治的可持续性发展的创新在主流行业中包括以下内容。

● 基于劳动银行的新的工作实践，借助于劳动银行，工人们可以存储高峰时工作的超额工作小时来弥补低谷时工作小时的不足；

- 从设计到交付,生产流程全自动化；
- 将零件生产和整车装配进行新的地域布局,特别是布局在中国和印度；
- 替代燃料,特别是那些来自生物物质、几乎是碳中性的燃料,如生物乙醇、生物柴油及压缩天然气；
- 改进汽油发动机和柴油发动机的设计。例如,共轨柴油概念、高压燃料喷射、涡轮增压。改进能形成更高效发动机的管理系统；
- 设计混合动力发动机(例如,丰田普瑞斯,本田思域混合)。它将一个内燃机、一个电动机和电池组进行组合,在典型的城市模式下驾驶时,燃料消耗更低和碳排放更少；
- 整车结构轻量化(如奥迪的 A8 和 A2)或者城市小车(如奔驰 Smart)；
- 绿色品牌战略,例如雷诺 Eco2 概念,追求在环境改善中创造市场价值；
- 零排放的氢燃料电池车的长期实验(如加利福尼亚燃料电池合作公司)；
- 纯电池电动车(如 TH！NK,特斯拉)；
- 概念实验,如超级电容器、飞轮、压缩空气发动机。

可持续性发展的挑战

以内燃机和全钢车身为代表的核心汽车技术是汽车在其生命周期内生产、使用和处置的可持续性绩效的主要决定因素。另外,无论何种现行的技术构成汽车或它的燃料,要求根本改变商业模式,以使汽车产业和汽车可持续发展可能是一个有争议性的问题。

自 2007 年底开始的经济危机对于全球的汽车产业影响尤为严重；在这个产能过剩的产业中,大幅度减少新车销售导致了汽车制造商和供应商的亏损和破产。一些评论认为有必要打破产业的路径依赖,把它带向一个可持续发展汽车的新时代或重新考虑整体的移动性(Urry 2007)。其他人,特别是汽车产业的领导者和那些在政府和工会工作的人员认为,如果现有产业要长期生存,则必须帮助它在短期中生存。因此,从 2009 年以来,汽车产业(以及与汽车生产相关的所有企业、行业)面临的基本的可持续发展挑战是单纯的经济生存问题。

以下问题是汽车产业可持续发展重点关注的问题。

- 城市区域的空气质量；
- 碳排放和全球变暖；
- 石油峰值和其他材料的供应问题；
- 报废汽车材料的回收利用；
- 伤亡；
- 拥堵和空间分布；
- 生产过剩；
- 汽车文化,或汽车,与如何在不同地理环境中采用不同的可持续发展的解决方案。

自从加利福尼亚州 20 世纪 60 年代中期开始调节废气排放,对空气质量关心一直是汽车产业的一个问题。从那时起,全球范围内都引入了限制尾气中有毒物质的法规(例如,氮氧化物、硫氧化物、挥发性烃和微粒),而且变得越来越严格。汽油中的铅被逐步排除,因为人们认识到铅对没有采取防护措施的人会造成脑损伤。1998 年,世界卫生组织(WHO)估计在欧盟每年大约有 8 万个早产儿死亡,原因是来自汽车的空气污染,还有因呼吸系统和心血管系统疾病住院治疗所带来的经济负担，以及对慢性支气管炎和哮喘患者的影响。同一资料指出，在欧洲，暴露在超过65分贝的交通噪声中的人口比例从20世纪80年代的15%增长到了20世纪90年代早期的26%。其他资料做出的噪声图也说明此问题在增长。压力、注意力无法集中，睡眠障碍和高血压也与高分贝背景噪声密切有关。

来自汽油或者柴油的碳排放是当下法规关注的重点，因为这些碳排放会导致全球气候变化。高度机动化的美国排放了大约全球碳排放总量的25%，其中41%来自石油产品的燃烧，25%来自汽车。2000年，美国汽车的"碳负担"是3.02亿吨碳（EDF 2002）（碳负担是基于机动车辆燃料效率所计算的二氧化碳量）。在2004年，美国轿车和轻型卡车产生了大约3.14吨的碳；美国有5%的世界人口，30%的世界汽车，产生了45%的世界汽车二氧化碳排放量（DeCicco, Fung & An 2006）。普通的轻型卡车每年排放的二氧化碳相当于其重量的3倍。标准和方法变化很大，很难建立一套可执行的CO_2排放限量标准（ICCT 2007）。1998年，欧盟与欧洲汽车行业达成一致，目标是在2008年之前将每辆新车的平均二氧化碳排放量减少到每公里140克，但是这一目标并没有实现，到2008年，平均每辆车每公里排放157克二氧化碳（Clean Green Cars 2008）。

汽车的生产和使用消耗了数量巨大的原材料和石油，当然还有橡胶、钢、铝、铜、铂和锡。汽车产业消耗了全球25%的板材钢和85%的橡胶。石油峰值的问题（Aleklett 2007）——其中可用的储量和产量都在下降，但是需求却持续增长——从这一意义上讲，汽车具有更普遍的可持续发展问题，这与原料密切相关。

总体来讲，普通汽车含有大约75%的金属成分，这部分材料基本上都能被回收制成其他产品（或者更准确地说是回收后降级使用）。剩余的部分是"汽车粉碎后的残渣"，它早就成了一个处理上的问题。欧盟有项指令，强制要求2015年要达到95%的回收率。汽车轮胎的问题依旧存在，虽然有许多技术创新，但是还没有开发出经济上可行、环境上友好、可以用以解决处理数量庞大的废旧轮胎的办法。

汽车引发的伤亡常常都未被看作是一个可持续发展的问题，但是事实上，这是一个非常值得关注的事，特别是在那些汽车拥有率强劲增长的国家中。世界卫生组织使用一种名为"伤残调整生命年"的方法来计算这一社会成本，并确定了道路交通死亡和受伤是全球第三大健康问题（WHO 2004）。至于车辆本身，已经取得了许多进展，有被动安全措施，如安全带、吸能区；有主动安全性措施，例如防抱死制动系统；有先进的技术，例如防撞雷达。另一方面，在新兴市场国家，大部分受害人不是那些在车内的人，而是那些在道路上行走或者骑自行车的人。

交通拥堵浪费了时间和资源，产生了大量的社会成本，即使对这个成本的计算还有所争议。汽车的普及使得郊区城市化和城市扩张，从而导致基础设施低效的空间分布。从这一方面来说，汽车的使用造成了人类对汽车的依赖，难以扭转。其带来的负面结果包括基础设施的环境成本（洛杉矶被认为是世界上以汽车为中心的城市之最,在那里,70%的土地被车辆占用),以及由社会隔离、肥胖、缺乏空间意识产生的人力成本。在机动化率迅速增长的国家中,各类基础性设施和相关支持性服务在努力地跟上这一增长率,从而加剧了空气质量问题、安全问题,以及拥堵问题。2007年底经济危机时,对世界汽车量的大致估计是2010年达到10亿辆。值得注意的是,城市道路网可能阻碍野生动物的活动,使其活动区域成为生态孤岛,造成其生命力的下降。

生产过剩很少被认为是一个可持续性发展的问题,但实际上,许多关键问题都与现代汽车的模式有关。生产过剩的根源是汽车产业资本密集的商业模式,以及为了降低每单位生产成本而不断追求更高的产量。结果就造成供给过剩,新车实际价格的折旧率高,通常是前3年就失去了50%以上的价值。过量供给的最终结果是汽车被过早地报废,其原因是它们的经济价值变得很低,而不是它们在技术上无法发挥功能了。如果车辆的使用时间较长,那么对新车的需求就会减少,就无法生产更多的新车来替代旧车。

世界各地的汽车文化差异很大,驾驶汽车的方式和对汽车的喜好因人而异,有很大的不同,像气候和海拔这样的地域特征也会对其产生影响。我们比较一下美国轻型卡车和日本轻微型小客车之间的文化联系、驾驶风格以及使用环境。这两种车在其本土市场上都被认为是汽车,而且经常被用于个人运输。但是,这两种车却反映了非常不同的理念,如什么是驾驶或者什么是汽车本身。轻微型小客车适合日本城市狭窄的道路和紧张的车位;

美国轻型卡车的尺寸非常适合美国公路基础设施:道路宽,停车位可以容纳四辆轻微型小客车。另外,美国的驾驶风格发展了自动变速箱、大型低转速V8发动机、动力转向、软悬挂的使用,以及一定程度上在农业、管道、建筑及类似行业的商业应用。这一比较说明了持久的文化差异对世界汽车概念卓越设计的影响,以及汽车行业缺乏真正的国际化。反过来,联系文章后面所提出的观点,在寻找可持续发展的汽车行业时,单一技术的掌握是不可能有效果的。

应对可持续性发展的挑战

汽车产业已经成功地面对了许多可持续性发展的挑战。但从2008年中期开始暴露出了传统战略反应的局限性,特别是依赖兼并和收购形成的大产业集团。之前这一战略有过一些尝试:最著名的例子是戴姆勒与克莱斯勒合并、现代汽车与三菱联盟,他们都试图创造一个真正的全球性品牌的企业集团。

一个成功应对可持续性发展挑战的尝试是奔驰Smart的双人车型,没有采用激进的发动机技术,而是使用了引人注目的新的包装来生产一个非常紧凑的车型,可以搭载两个成年人,排放低于每公里120克二氧化碳。

新科学,如工业生态,以及相关的工具,如生命周期分析,在开发可持续性发展绩效的一致性和可比性指标方面起到了非常重要的作用,并可借助于可持续性发展绩效指标来评估和指导技术的变革(Frosch & Gallopoulos 1989;Graedel & Allenby 1998)。另外,构成汽车的技术不断发展,到了要彻底打破以往渐进式的发展道路的时候了。关键的问题就是转型（Struben & Sterman 2007）：汽车产业如何将新技术引进市场，既可盈利又不扰乱现有产业或依赖汽车的社会（Nieuwenhuis，Wells 2003）？

对为了追求更好的可持续性发展，可能取代汽车核心技术的替代品，有明确的技术和经济限制。这些替代品需要达到多个标准，包括：

- 成本，初次购买和运行成本；
- 可靠性；
- 供应充足（例如，急需解决的问题是锂电池组和燃料电池催化剂所需的铂）及相应的供应产业；
- 配套基础设施（例如，氢储存设施和燃料电池的运送车辆）；
- 在里程、有效载荷、加速度、安全性和舒适性方面与普通汽车相比有旗鼓相当的表现；
- 获得监管部门的许可；
- 满足消费者对于汽车的期望。

这些挑战不仅仅是技术方面的。汽车产业已经开发出多种技术方案来应对可持续性发展的挑战，但在预测今后几年哪种技术会脱颖而出时产生了一些困惑（NAIGT 2009）。针对这样的困惑，更重要的基本主题被忽略了：技术多样性可作为满足汽车业面临可持续性发展挑战的一种手段。

在谈到有必要使新技术在经济上可行时，汽车制造商已经开始采用绿色品牌，或者副品牌战略。一个很好的例子是雷诺的Eco2副品牌。从本质上讲，这个标签可被用于雷诺旗下任何符合3项标准的车：每公里排量低于130克二氧化碳；在国际环保标准ISO14001认证的工厂中生产；具有95%可回收性。

另一个是宝马提出的"高效动力包"，这套高效动力包可帮助多种车厢提高效率，并最终帮助减少二氧化碳排放量。尽管该术语出现在他们的营销中，但是在车辆上并没有被标示出来。

未来的前景

目前，汽车产业乃至汽车本身的经济和环境前景比过去100年内的任何时候都更加不确定。在经济紧缩时代，汽车产业受经济匮乏和日益增加的环境压力的束缚，这个产业再也不能依靠传统的解决方案和战略。一些产业领导者已经预测到仅有6个非常大的汽车集团将在未来主导汽车产业，除了2007年以来证明已经解散了的集团（例如，福特出售了捷豹、路虎、阿斯顿·马丁，现在可能是沃尔沃·马自达也在减持股份）。如果这些大集团出现下面的情况，可以想象：

- 大众-保时捷（大众、保时捷、奥迪、西亚特、斯柯达、布加迪、兰博基尼、斯堪尼亚、宾利）；
- 雷诺-尼桑（雷诺、尼桑、达契亚、英菲尼迪、三星）；
- 丰田（丰田、日野、大发、威尔、赛扬、凌志）；
- 菲亚特-克莱斯勒（菲亚特、蓝旗亚、阿尔法罗密欧、克莱斯勒、阿巴斯、法拉利、玛莎拉蒂）；
- 现代（现代、起亚、亚细亚）；
- 戴姆勒（梅赛德斯奔驰、Smart、迈巴赫、福莱纳）。

企业整合是一个有争议的问题。美国公

司,例如通用汽车、福特和他们组成的品牌的命运仍然不确定,就像印度的塔塔、中国的上汽集团、俄罗斯的伏尔加以及其他世界各地汽车制造商的前景一样。

或许,有两个很重要的主题。第一,汽车产业自己不能解决经济、社会和环境的问题。未来的汽车产业将是一个汇聚风险,与多个合作伙伴共享命运的产业,包括那些早已在产业内的企业和新进入产业的企业。这些合作伙伴,比以往任何时候都更多地直接参与与各级政府的合作,和政府一起起着更多的指导作用(Sperling & Cannon 2007; Ryan & Turton 2007)。

第二,世界各地使用汽车面临的可持续性发展问题是不相同的,解决这些问题的可能性也是不同的。使用汽车所涉及的可持续性发展问题可能对所在地的特性更加敏感。因此,巴西的甘蔗乙醇可能是一个很好的低碳解决问题的方案,就像在马来西亚的棕榈油生物柴油和在冰岛的地热氢燃料电池,但是这些方案中没有任何一个方案适用于所有的地方。

同样,未来汽车的可持续性发展可能会削弱传统的组件部分和监管界限。比如,卡佛(一个带有自动平衡系统来稳定车厢的三轮汽车)和探戈(一个具有优越机动性的城市高速电动车)。汽车设计很可能向着更加有特殊用途的方向演变,而不是当今普通用途的汽车设计。随着专业化发展,市场将会被进一步分化,从而削弱实现规模经济的努力,但是有可能提高车辆拥有的比例。

这种多样化的未来已经开始出现。有个例子是"项目更好的地方"(Project Better Place),由加利福尼亚的一家公司组成的一个高度创新的组合。该公司寻求在不同的地方装配电动汽车及其基础设施,如爱尔兰、丹麦、以色列和加州。该公司引进了汽车制造商,如雷诺-尼桑,政府代理机构、电力供应商、融资专家和企业、生产充电设备公司,而其他人则强力推动电动汽车的所有权和基础设施。

皮特·威尔斯(Peter WELLS)
卡迪夫商学院

参见:航空产业;消费者行为;工业设计;能源工业——生物能源;能源工业——油;清洁科技投资;制造业实践;公共交通;钢铁工业。

拓展阅读

Aleklett, Kjell. (2007, December). *Peak oil and the evolving strategies of oil importing and exporting countries: Facing the hard truth about import decline for OECD countries* (Discussion Paper No.2007-17). Retrieved May 8, 2009, from http://www.internationaltransportforum.org/jtrc/DiscussionPapers/DiscussionPaper17.pdf

Batchelor, Ray. (1994). *Henry Ford: Mass production, modernism and design*. Manchester, U.K.: Manchester University Press.

Clean Green Cars. (2008). CO_2 emissions falling rapidly. Retrieved January 18, 2010, from http://www.

cleangreencars.co.uk/jsp/cgcmain.jsp?lnk=101&id=2966

Cusumano, Michael A. (1984). *The Japanese automobile industry: Technology and management at Nissan and Toyota*. Cambridge, MA: Harvard University Press.

DeCicco, John; Fung, Freda; & An, Feng. (2006). *Global warming on the road: The climate impact of America's automobiles*. Retrieved December 1, 2009, from http://www.edf.org/documents/5301_Globalwarmingontheroad.pdf

Environmental Defense Fund. (2002). *Clearing the air on climate change: Carbon emissions fact sheet*. Retrieved May 8, 2009, from http://www.edf.org/documents/2209_CarEmissionsFactSheet.pdf

Frosch, Robert A., & Gallopoulos, Nicholas E. (1989, September). Strategies for manufacturing. *Scientific American*, 261, 144–152.

Graedel, Thomas E., & Allenby, Braden R. (1998). *Industrial ecology and the automobile*. Upper Saddle River, NJ: Prentice-Hall.

International Energy Agency. (2008). *World energy outlook 2008 factsheet: Global energy trends*. Retrieved May 8, 2009, from http://www.iea.org/Textbase/speech/2008/Birol_WEO2008_PressConf.pdf

International Council on Clean Transportation (ICCT). (2007, July). *Passenger vehicle greenhouse gas and fuel economy standards: A global update*. Retrieved May 8, 2009, from http://www.theicct.org/documents/ICCT_GlobalStandards_2007_revised.pdf

New Automotive and Innovation Growth Team (NAIGT). (2009). *An independent report on the future of the automotive industry in the UK*. Retrieved May 8, 2009, from http://www.berr.gov.uk/files/file51139.pdf

Nieuwenhuis, Paul, & Wells, Peter. (2003). *The automotive industry and the environment: A technical, business and social future*. Cambridge, U.K.: Woodhead Publishing.

Nieuwenhuis, Paul, & Wells, Peter. (2007). The all-steel body as the cornerstone to the foundations of the mass production car industry. *Industrial and Corporate Change*, 16(2), 183–211.

Raff, Daniel M. G. (1991, Winter). Making cars and making money in the interwar automobile industry: Economies of scale and scope and the manufacturing behind marketing. *Business History Review*, 65, 721–753.

Ryan, Lisa, & Turton, Hal. (2007). *Sustainable automobile transport: Shaping climate change policy*. Northampton, MA: Edward Elgar.

Sperling, Daniel, & Cannon, James S. (Eds.). (2007). *Driving climate change: Cutting carbon from transportation*. Burlington, MA: Academic Press Elsevier.

Staley, Sam, & Moore, Adrian. (2008). *Mobility first: A new vision for transportation in a globally competitive twenty-first century*. Lanham, MD: Rowman & Littlefield.

Struben, Jeroen, & Sterman, John. (2007). Transition challenges for alternative fuel vehicle and transportation systems. *Environment and Planning B: Planning and Design*, 35(6), 1070–1097.

Urry, John. (2007). *Mobilities*. London: Polity Press.

World Health Organization (WHO). (1998). Averting the three outriders of the transport apocalypse: Road accidents, air and noise pollution. Retrieved November 30, 2009, from http://www.who.int/inf-pr-1998/en/pr98-57.html

World Health Organization (WHO). (2004). *World report on road traffic injury prevention: Summary report*. Retrieved May 8, 2009, from http://www.who.int/violence_injury_prevention/publications/road_traffic/world_report/summary_en_rev.pdf

Womak, James; Jones, Daniel T.; & Roos, Daniel. (1990). *The machine that changed the world*. New York: Rawson Associates.

Base of the Pyramid

金字塔底层

金字塔底层是指社会中大量处于贫穷的人群，也兼指一类商业策略，其目的是通过不懈努力使这些群体融入全球经济体之中，发展成为消费者、供应者及创业者。

金字塔底层（Base/Bottom Of the Pyramid, BOP）的概念起源于20世纪90年代末期，指在社会经济人口中，世界各地30～40亿最贫困的那部分人口；同时也指解决这些贫困问题的私营商业模式。将金字塔底层发展成商业机会的想法来自两种战略管理思想的相互交融。首先是基于创新与技术管理国际商业中的一种新型全球经济扩张模型。这一想法挑战了传统的关于创新和创造力源头的假设，将技术创新的源头从设在发达国家的总部或母公司，转移至发展中国家的子公司和相关的竞争对手。第二个想法是从企业组织和可持续性发展工作中产生的一个全球经济模型。该模型反映了全球经济体由三类截然不同的跨地域的人口（金字塔的各层面）组成，每一类想法都面临可持续性发展的挑战（Hart, Milstein 1999）。

金字塔中的三个层面

第一类是金字塔顶端，它是由世界上最富有的人形成的"成熟经济"，占世界总人口的15%。这些人有足够的经济能力承担日常所需的商品和服务，以及他们希望得到的一切。这些人群多数分布在发达国家，但也有相当一部分人居住在相对落后的国家。针对这一群体，企业面临的挑战和机遇是要开发商品或者服务，以减少市场消费对环境所造成的严重影响。企业通过可再生能源、绿色建筑和设计，以及其他先进的方法，显著减少能源的使用量，减少有毒物质和有害气体的排放，实现上述目标。

第二类是金字塔中部，它是由胸怀抱负的中产阶级人士组成，占世界总人口的20%。虽然中产阶级遍布世界各个国家和地区，但大多数居住在中国、印度、巴西及其他正在经历飞速经济转型的国家。中产阶层有能力满足他们日常需要的绝大部分商品和服务的需求。针对这一阶层，企业所面临的挑战是要开发创新产品和服务，以阻止经济发展过程中所导致的更进一步的环境退化。这些企业最应做的就是尝试将成熟经济中昂贵的商品和服务以合适的消费水准提供给中产阶级。通常企业会引进上一代使用过的技术或精简的产品生产线放到新兴市场中，如缺少催化转化器的汽车。这些产品在价格上相对低廉，但是会造成更多污染。销售这样的产品所得到的累积利润往往低于预期，并且会对生态环境造成巨大的负面影响。

第三类是金字塔基层。是由占世界总人口近2/3的人形成的"生存经济"，他们生活在世界各地，每天收入仅为1～3美元。这些人很难或者不能满足他们的基本需求，如对洁净水、卫生保健、教育、住房及营养的需求。多数情况下，经济系统会忽略、漠视甚至剥削这一群体。由于他们逻辑的、文化的、科技的和政治的特征与成熟经济的特征形成鲜明的反差，而商品的研发又以成熟经济的特征作为参照，现有的商业模型、产品和服务皆与这一消费群体脱节。金字塔底层的人群可得到的商品通常比面向富有阶层的类似产品更昂贵且质量低下。贫困惩罚这个词被用来描述穷人为水、电、卫生设施等这类基本服务支付的额外的费用，而这些基础服务常常质量低劣，对富人来说往往可以用较低的成本使用（Prahalad，Hammond 2002）。

金字塔底层是一种商业机遇

虽然"金字塔底层"这一概念指的是社会经济人口中世界上最贫穷的群体，但在管理教育中讲授的金字塔底层模型是指当低收入消费市场推动自主创业和企业成长时，可以解决贫困问题的私营企业的活动。用这个观点来解释公司的动机非常有争议。像联合利华和宝洁公司就积极倡导金字塔底层模式。有顾虑的一方认为，这样的倡导实际上是以另一种方式将非必需的商品销售给穷人，从而榨取了这些低收入群体消费市场仅存的财富。还有一些顾虑是，成功的金字塔底层经营战略会导致消费增长，随后会对脆弱的生态系统施加更大的压力，进一步恶化环境。

不过，另一种观点认为，推进金字塔底层是激发非正规市场潜在的活力和创造力的一种方式，从而使贫困人群从经济困局中解脱出来。这一观点推翻了将贫困人群仅仅视作新成长型企业收入来源的观念；相反，将这些穷人看作是科技发展创新过程中的得力助手和资源。金字塔底层不提倡仅作为一种单纯增加销售的机会，以比高端同类产品量小、价格便宜的形式去销售现有的产品和服务（例如，小袋洗发剂和单人使用的产品，像洗发香波和洗涤剂）。相反，金字塔底层可以被概括为商业模式创新中的一个全面而长期的投资过程，它基于贫穷人口之间的相互合作及必需商品和服务的整合，并建立在当地资源存储、基础设施及文化产业之上。金字塔底层商业模型中最具发展性的概念建立在如下的构想上：穷人能够提供新一代的、具有社会、环境和经济价值的科技商业化的市场。举例来说，高科技炉灶让人们可以用太阳能来做饭，人们避免了穷人进一步消耗重要的木材资源或者从粪肥、煤油与煤炭中吸入有毒气味。

马克·B. 密尔斯泰恩（Mark B. MILSTEIN）

埃里克·西玛尼斯（Erik SIMANIS）

邓肯·杜克（Duncan DUKE）

斯图亚特·哈特（Stuart HART）

康奈尔大学管理学院

这篇文章摘自"金字塔底层（BOP）模型"一文, 见韦恩·维瑟（Wayne Visser）、德克·马滕（Dirk Matten）、曼弗雷德·波尔（Manfred Pohl）和尼克·托尔赫斯特（Nick Tolhurst）编著的《企业社会责任词典》（*The A to Z of Corporate Social Responsibility: The Complete Reference of Concepts, Codes and Organisations*）一书（Chichester, U.K.: John Wiley and Sons, 2008）。

参见：企业社会责任和企业社会责任 2.0；可持续发展；公平贸易；社会责任投资；贫困；社会型企业；三重底线；联合国全球契约。

拓展阅读

Hart, Stuart L. (2005). *Capitalism at the crossroads: The unlimited business opportunities in solving the world's most difficult problems*. Philadelphia: Wharton School Publishing.

Hart, Stuart L., & Christensen, Clayton M. (2002). The great leap: Driving innovation from the bottom of the pyramid. *Sloan Management Review*, 44(1), 51–56.

Hart, Stuart L., & Milstein, Mark B. (1999). Global sustainability and the creative destruction of industries. *Sloan Management Review*, 41(1), 23–33.

Prahalad, C. K. (2004). *The fortune at the bottom of the pyramid: Eradicating poverty through profits*. Philadelphia: Wharton School Publishing.

Prahalad, C. K., & Hammond, Allen. (2002). Serving the world's poor profitably. *Harvard Business Review*, 80(9), 48–57.

Prahalad, C. K., & Hart, Stuart L. (2002). The fortunate at the bottom of the pyramid. *Strategy+Business*, 26, 2–14.

Simanis, Erik, & Hart, Stuart L. (2009). Innovation from the inside out. *Sloan Management Review*, 50(4), 77–86.

Simanis, Erik; Hart, Stuart L.; & Duke, Duncan. (2008). The Base of the Pyramid protocol: Beyond "basic needs" business strategies. *Innovations*, 3(1), 57–84.

Bicycle Industry

自行车产业

自行车产业包括设计、制造，以及销售、保养、维修等附属产业。与机动车相比，自行车的制造、分装及使用过程消耗很少的能量，而且产生很少量的有害气体。自行车产业可持续性发展的进步依赖于优化生产过程，以及促进自行车成为机动车的替代品。

两轮的人力运输工具自行车出现在19世纪末期。随后迅速在世界各地普及，既可用于休闲活动，也可以作为实用的出行工具。这两大功能也是自行车现在依然广泛使用的原因。据估计，现在全世界范围内使用的自行车有10亿万辆。

自行车的发明在很大程度上推动了社会和经济的进步。自行车使得长距离的行走变得容易、轻松，人们可以把住所安排在工作城市可达到的近郊区，也促进了近郊化的发展。妇女学习骑自行车，给她们带来了新的行动自由和自力更生能力，在妇女解放运动中起到了重要作用。最初为自行车制造发展的滚轮轴承、充气轮胎、金属加工和大批量生产的模式后来被广泛应用于汽车和飞机制造业。自行车使用者为了有更好的道路，到处游说，由此铺设好的道路很快就成为城市的交通线，同时也可供机动车使用。

现在自行车的用途很多，可用于休闲、运动、旅游、上下班、购物、递送业务、警察巡逻及竞技体育。在很多国家，自行车是主要的交通工具。在中国，超过一半的日常出行依靠自行车（Gardner 2008；IBF 2010）。在印度和其他南亚国家，自行车出行的比例同样很高。在荷兰和丹麦，20%—30%的出行依靠自行车（IBF 2010）。其他国家及地区将自行车作为交通工具的不太普遍，但在英国、德国、意大利和法国的个别城市，近几年在增加自行车出行方面都取得了长足的进步。拉丁美洲的城市，如波哥大和圣地亚哥在推广自行车使用范围方面也取得了成功。

尽管在美国许多大学城里，自行车是主要的出行方式，但从全美国范围来看，自行车出行仅占全国出行方式的约1%（Gardner 2008）。美国的许多城市一直在努力增加自行车作为出行工具的比重。纽约、旧金山、洛杉矶和芝加哥等城市认识到自行车出行有利于市民身体健康和城市环境效益，同时也可提高市内短距离旅行的效率。因此，这些城市已经开始投资建设自行车设施并推广鼓励使用自行车项目。

生产自行车和骑自行车都是一个有重要意义的事情，这涉及自行车的设计者、制造商、生产商与批发商、零售网点以及专门生产头盔等配件和自行车服装的制造商。此外，由于大多数情况下人们是在公共街道、公路和自行车道上骑自行车，因此负责规划、设计和实施自行车设施建设及规范自行车使用的政府机构都是自行车产业的重要参与者。

自行车生产

尽管全球有数百家公司生产自行车，但自20世纪80年代以来，由于股票销售和并购导致企业数量远少于自行车的品牌数量。

例如，Schwinn很多年来一直是美国最大的自行车制造商和零售商，但是经历了两次破产，最终被卖给了GT和Mongoose品牌及自有品牌自行车的分销商Pacific Cycle。2004年，Pacific Cycle又被Dorel Industries收购，Dorel Industries随后又收购了Cannondale的自行车品牌、SUGOI演出服装，最近又收购了英国一些自行车零售专卖店。类似地，Cycleurope（瑞典集团Grimaldi的一部分）旗下的自行车品牌，如Bianchi，Crescent，DBS，Everton，Gitane，Kildemoes，Legnano，Micmo，Monark，Puch和Spectra曾经全部是独立的自行车生产商。

近几年，自行车制造业在少数国家受到了高度关注。几十年前，自行车生产者同时也是自行车制造商，自行车在世界各地许多国家生产，包括美国、加拿大、意大利、法国、西班牙、英国、德国、希腊、奥地利、比利时、俄罗斯、芬兰、捷克、澳大利亚、日本、中国和印度。然而自20世纪80年代以来，许多自行车公司把自行车制造的主要部分转移到了亚洲成本较低的工厂。现在制造业主要集中在中国大陆、中国台湾和印度，这些地方的自行车生产量合计占2007年全球自行车生产总量（124万辆）的82%（NBDA 2008）。

例如，全球最大的自行车制造商，中国台湾公司捷安特（Giant），不仅生产自主品牌的自行车，而且还生产Cycleurope品牌的自行车。美国著名品牌Trek的自行车曾经在威斯康星生产，但现在大部分是在亚洲生产。由意大利公司Sintema创立的Kuota品牌自行车的框架是由中国台湾制造商Martec公司提供的。

一些高端和专业的自行车公司，如意大利公司的Colnago、法国公司Times、美国公司Seven和Litespeed，还是本公司制造大部分甚至所有的自行车框架。还有一些高端自行车公司从亚洲购买框架，自己进行自行车设计和组装工作。例如，西班牙公司Orbea设计框架后交由Martec制造，然后在西班牙完成自行车组装。通常情况下，如果组装的自行车60%及以上的部分是在一个国家制造的，那么它会被标记为该国制造。

自行车的可持续性发展大部分在他们的制造、组装、分销和零售过程。生命周期分析包括从原材料选择、资源开采、到自行车报废后处置的每一步，要分析这些环节在能源，废气排放和其他方面的影响。更加复杂的可持续性发展分析会考虑劳动力分配的合理性和对健康的影响。这种分析在不同国家不同设计中是不相同的，而且现在才刚刚起步；不过显然，在设计和生产过程中考虑可持续性发展因素越多，生产出来的自行车越具有可持续性。

自行车销售

美国一国的自行车购买量年均接近1 900万辆，占全球年生产总量的15%，2007年总售价为61亿美元（NBDA 2008）。所销售的自行车包括儿童玩具车和成人自行车。成人自行车市场包括各种各样的自行车、有特定用途的自行车、地面自行车和骑乘偏好的自行车等。

自行车有巨大的分销网络，包括大卖场的折扣店、国内外玩具销售连锁店和百货公司等大型零售商店，还有运动商品连锁店、硬件商品店，以及独立经营的自行车专卖店，同时还可以通过邮购和互联网订购。儿童玩具车和低端自行车（300美元以下）一般可在大型零售商处购买，价格在300美元到2 000美元甚至更高的高端自行车和专业自行车通常在自行车专卖店和运动商品专卖店购买。

根据美国全国自行车经销协会的数据，2007年美国自行车销售总量的73%来自大型零售商，17%来自自行车专卖店，7%来自运动商品专卖店，3%来自其他销售渠道。但是大型零售商自行车的销售额只占自行车总销售额的36%，主要原因是大型零售商销售的大多是儿童自行车。而自行车专卖店销售额占自行车总销售额的49%，运动用品专卖店销售额占自行车总销售额的9%（NBDA 2008）。

最近，电动自行车越来越流行。2007年，充电的电动力车卖出了2 100万辆，其中大部分集中在中国，美国只销售了120 000辆，不过，预计总销量在未来几年将会增长（NBDA 2008）。电动自行车相比脚踏自行车消耗较少的体力，但可以达到相对更快的速度，行驶路程也更长，不足的是减少了骑自行车带来的运动效果。在中国一些城市，电动自行车和传统自行车的速度不同也存在问题。电动自行车对环境的可持续性的影响也引起了广泛的关注。与传统自行车相比，电动自行车电池的生产、利用和处理增加了环境负担。但是电动自行车远比摩托车、汽车等其他私人机动车辆要环保得多。

自行车在可持续性发展中的作用

自行车不论是用作休闲目的，还是作为出行工具，对经济、社会、环境的可持续性发展都有重大的贡献。其中，自行车对经济方面的贡献不仅来自自行车销售。在许多国家，自行车相关产品及自行车设施的销售对经济的作用都是显著的。例如，美国2007年自行车的销售额是28.6亿美元，但由轮胎、其他部件、骑行服装、鞋等产品额外增加的销售额为32.4亿美元（NBDA 2008）。这些数字还不包括销售和服务。而且在很多国家自行车的维护和维修也是很重要的经济活动。在美国，自行车专卖店一般会提供这些服务，在一些发展中国家，自行车维修通常是独立的、自营的行业。

把自行车作为出行工具对使用者也有经济益处。在一些国家，自行车是最快的出行工具，节省使用者很多时间。使用自行车也比使用机动车辆省钱。例如，在美国或欧盟，用自行车代替汽车 6 英里往返，使用者一天可节省几美元汽车运行成本。按照这个速度，不到 1 年时间节约的钱就可以买一个中等价位的自行车（500 美元左右）。

骑自行车还有间接经济效益。从某种程度上讲，骑自行车出行减少了道路上的机动车辆，为其他机动车辆的使用者节省了时间。此外，骑自行车只需要适度的基础设施投资，自行车占用的道路空间只是机动车的一小部分，而且对自行车停车的要求也不高。中国城市研究表明，一条自行车道可以容纳相当于很多条机动车道的人流数量。美国已经将自行车道建立在一些过宽的街道、公路及废弃的铁路路基铺成的小径上，这同时也是减少汽车拥堵的低成本策略。

自行车也有环境效益。比如，一个骑自行车的人，吃的食物所需要在生产和运输过程的能源只是一辆汽车，即使是低能耗的汽车，所需能源的很小部分。同样的，相比其他车辆，自行车消耗非常少的自然资源，生产过程本身也只需要很少的能源。自行车也只占用很少的城市空间，没有尾气排放，也没有噪声。

骑自行车的障碍

现在对骑自行车的主要担心是在混合车流时的安全问题。大多数国家把自行车划分在车辆一类，要遵守道路交通法规。一些国家和美国的一些州对自行车的交通法规进行微调，以反映其独特的大小、机动性、停车和启动特性，但其他国家都强调自行车和机动车交通分离开来。

自行车是否应直接使用指定的自行车车道或自行车道路，是一个争论很激烈的问题。有人提议使用自行车车道和公路外自行车小道作为安全措施，但骑自行车的人怀疑这项提议究竟旨在帮助提高骑自行车的安全性，还是希望骑自行车的人远离道路以方便汽车出行。一些人认为，独立的车道使得自行车和其他交通道路的交叉不可避免，因此会使得交通变得更加复杂，反而使得骑自行车更加不安全。这个问题涉及一个重要的研究领域，瑞典、丹麦、荷兰、英国和美国的研究中心都在专门研究这个课题。

对其他旨在提高自行车安全性和舒适度的策略争议比较少。其他策略包括交通减速，在单行道设置反向自行车车道，在路口自行车有优先行驶权（自行车优先行驶权包括许多使自行车出行更安全的方法，如实行"红灯不转"限制，实施"优先停车线"，即允许骑车人等红灯时排在队伍最前面）。此外，由政府和社会公益组织共同领导的针对骑自行车人（安全骑行）和机动车驾驶员（在混合的交通中留意自行车及自身安全驾驶）开展的安全教育项目也在进行中。

在包括美国的一些国家，骑自行车出行的第二个潜在的障碍是出行距离。在亚洲和欧洲，许多城市和郊区土地使用密集，人们出行距离较短，因此骑自行车是一个很便捷的选择。如果想要鼓励人们在工作、购物和私人事务中更多地使用自行车，目的地必须设在离住宅区合理的距离内，最好不超过1～2英里。在城市中心发展土地功能混合使用可以为骑自行车创造机会。这些中心可以作为交通中转枢纽，对外开放自行车的存取，为自行车成为长途旅行的中转交通工具提供机会。在商店和中转站附近设置安全的自行车停车场是这一战略的重要组成部分。

瑞典、丹麦、德国和荷兰的研究经验表明，自行车车程10—15分钟是一个有吸引力的距离，在这个时间长度内，各类出行的人都愿意使用自行车。在美国，加利福尼亚州伯克利大学城和马萨诸塞州剑桥大学城非常重视非机动车的出行模式，在购物、上班和上学中自行车的使用率非常高。良好的城市规划，不仅有利于自行车设施的建设，而且能够协调土地利用，并且很有助于推动自行车的使用。

推进自行车的实践

一些创新性的实践可以推进自行车更多的使用。一个已经在许多城市获得显著成效的实践是自行车共享。少数共享方案是基于会员制，最常见的共享方案是任何人都可以支付很少的费用从遍布整个服务区的自行车站得到一辆自行车，使用后将其交回到目的地附近的另一个自行车站。此方案已被地方政府、广告公司及交通运营商等组织实施，并已在哥本哈根、赫尔辛基、蒙特利尔和华盛顿哥伦比亚特区取得了非常大的成功。但在巴黎等一些城市，自行车被盗一直是一个严重的问题。

第二个可以扩大自行车的使用，提高交通可持续性发展的策略是允许自行车在大众运输系统使用，允许自行车在行程起始和结束时存取。例如，加利福尼亚州奥克兰市AC 运输巴士公司，已经在他们的巴士上安装了自行车架，以方便这一策略实施。在旧金山湾地区和洛杉矶的轨道交通系统也有专门的车在一天的某个时段里可以寄存自行车。

第三个策略是设立自行车大道，这是一种自行车和机动车共同使用的道路网络，但优先供自行车使用。自行车大道在次干道交叉口有优先行驶权，在主干道交叉口安装了自行车优先的标志，以帮助自行车横穿主干道和转弯。自行车大道具有自行车优先权是为了让骑自行车的人与机动车驾驶员受到一视同仁的待遇，能安全和便利地到达目的地。此外，还有一个目的，就是提高机动车驾驶员对骑车人的注意。

骑自行车作为一种可持续性发展的措施

骑自行车是一种高效节能、无污染、快捷、低成本的出行方式，绝对适合于希望促进可持续发展的社区。自行车行业的变化是将制造业集中在少数几个国家，同时将零售业务从自行车本身扩大到包括服装和自行车设备在内的一些相关产品。

虽然自行车出行非常环保，但设计、生产和分销过程还有提升的空间。收集和撰写可持续性发展报告的工作目前正在进行中，包括评估对自行车设计时材料的选择，追踪材料生产和制造过程中的排放和能源消耗，检测制造地和组装地的废物管理，记录劳动力的投入和工人的健康和安全，说明自行车零件和成品自行车全球运输对环境的影响，考虑自行车及其部件在使用寿命结束时循环使用的可能性等。全球企业正在寻找制造完全可持续发展的自行车的方法。

政府可与自行车产业合作，提供自行车出行设施。改善自行车安全的措施和创造有利于自行车使用的环境正在帮助更多的人选择骑自行车出行。那些使自行车使用更加便利，交通网络更好的创新举措也能鼓励更多人使用自行车。

伊丽莎白·迪金（Elizabeth DEAKIN）
加州大学伯克利分校

参见：汽车产业；工业设计；健康、公众与环境；生命周期评价；制造业实践；公共交通；智慧增长；供应链管理。

拓展阅读

Bicycle Industry and Retailers Association (2007). 2007 factory and supply guide. Retrieved December 15, 2009, from http://www.bicycleretailer. com/downloads/Factory%20chart%2010-06.pdf

Gardner, Gary. (2008, November 12). Bicycle production reaches 130 million units. Retrieved February 19, 2010, from http://www.worldwatch. org/node/5462

Herlihy, David V. (2004). *Bicycle: The history*. New Haven, CT: Yale University Press.

International Bicycle Fund (IBF). (2010). Bicycle statistics: Usage, production, sales, import, export. Retrieved February 19, 2010, from http://www.ibike.org/library/statistics-data.htm

Krizek, Kevin J. (2006, Summer). Two approaches to valuing some of bicycle facilities' presumed benefits. *Journal of the American Planning Association*, 72(3), 309-320.

League of American Bicyclists. (2009). *Bicycle friendly communities*. Retrieved December 15, 2009, from http://www.bikeleague.org/programs/bicyclefriendlyamerica/communities/

Lindberg, Lynn Andersen, & Vaughn, Donald, with John Moulton (Ed.). (2004). Bicycle shops: Business and industry profile. Retrieved December 15, 2009, from http://sbaer.uca.edu/profiles/industry_profiles/06.pdf

Litman, Todd. (2003, January). *Economic value of walkability*. Paper presented at the Transportation Research

Board 82nd Annual Meeting, Washington, DC. Retrieved December 15, 2009, from http://www.vtpi.org/walkability.pdf

National Bicycle Dealers Association (NBDA). (2008). Bicycle industry facts. Retrieved February 19, 2010, from http://www.interbiketimes.com/pdf/Bicycle_Industry_Facts_Sheet — Fall2008 — Final.pdf

Ni, Jason. (2008). *Motorization, vehicle purchase and use behavior in China: A Shanghai survey* (Research report UCD–ITS–RR–08–27, Institute of Transportation Studies, University of California, Davis). Retrieved December 15, 2009, from http://pubs.its.ucdavis.edu/publication_detail.php?id=1199

Pucher, John; Dill, Jennifer; & Handy, Susan. (2009). Infrastructure, programs and policies to increase bicycling: An international review. Retrieved December 15, 2009, from http://policy.rutgers.edu/faculty/pucher/Pucher_Dill_Handy10.pdf

Sustainable Travel International. (n.d.) Ride local — Sponsorship guidelines and sustainability criteria. Retrieved February 16, 2010, from http://www.ridelocal.org/sustainabilitycriteria.doc

U.S. Department of Transportation. (2002). National survey of pedestrian & bicyclist attitudes and behaviors: Highlights report. Retrieved December 15, 2009, from http://drusilla.hsrc.unc.edu/cms/downloads/NationalSurvey_PedBikeAttitudes_Highlights2002.pdf

U.S. Department of Transportation, Federal Highway Administration. (2009). Pedestrian and bicycle information center. Retrieved December 15, 2009, from http://www.bicyclinginfo.org

Weinert, Jonathan X.; Ma, Chaktan; & Cherry, Chris. (2007). The transition to electric bikes in China: History and key reasons for rapid growth. Retrieved December 15, 2009, from http://ideas.repec. org/a/kap/transp/v34y2007i3p301–318.html

Biomimicry

仿 生

仿生是一种受自然界及生物的启发来设计和解决问题的方法。作为可持续设计理论的一个重要组成部分，仿生利用了自然界极佳的特征，包括了低毒性，能源高效性和生物降解性。"仿生"这一概念始用于1997年，尽管之前很早就有与仿生相关的概念，如广为人知的例子——尼龙搭扣的设计。

仿生是指借用生物或生物系统及生物之间的关系来设计材料、工艺流程或产品的实践。它是利用大自然的灵感来解决问题的工具，包括仿生学和仿生技术。

仿生是可持续设计理念的重要组成部分，它来自自然的设计灵感，常常是材料的低毒性、材料及能源使用的高效性、可再利用性和生物降解性，动力驱动更多地来自太阳。

历史发展

雅尼娜·拜纽什（Janine Benyus）因创造"仿生（biomimicry）"这个词而广受赞誉。在著作《仿生：来自自然的创新灵感》中，她把仿生学定义为："有意识地模仿生活中的天才"（1997，2）。但她并不是第一个把仿生描写为用设计灵感去寻找大自然做法的人，研究人员引用过古代（公元前1000年）中国人制造人造丝的例子（Vincent 2001）。在他早期标记自然设计灵感的记录中，达·芬奇写道："人类的智慧……永远无法比自然界的作品更加美丽、简明和具有目的性"（Leonardo da Vinci 1970）。

美国空军的杰克·斯蒂尔（Jack Steele）在1960年USAF会议上使用了"仿生技术（bionics）"这个术语。他是这样描述的："仿生技术是一门复制自然功能或表现自然系统特征及类似特征的系统科学"（Vincent 2001）。1969年，发明家和生物物理学家奥托·施米特（Otto Schmitt）在他的论文"一些有趣且实用的仿生学变换"（Bar-Cohen 2005）中使用了一个类似的术语"仿生学（biomimetics）"。随后，在1974年"仿生学（biomimetics）"一词的定义出现在了《韦氏词典》中：

仿生学是对生物产生的物质、材料（如酶或丝）和生物学的机制及流程（如蛋白质合成或光合作用）的形成,结构或功能的研究,特别是通过模仿自然界形成的人工机制来合成类似产品为目的的研究。

这些发展表明,创新者已开始设计系统程序来寻找自然界中工艺设计的灵感。

也许仿生创新最值得庆贺的一个例子是瑞士发明家乔治·德·梅斯特拉（George de Mestral）在1941年发明的Velcro钩-环搭扣。一次,乔治带他的爱犬在阿尔卑斯山打猎时发现,自己的衣服和狗毛上附着了一些牛蒡植物的带刺种子。他在显微镜下仔细检查了这些植物的刺钩,发现了这些钩状刺是如何黏附在自己衣服上的,于是决定用这个原理去发明一种新型的黏着装置。他花了十多年的时间成功开发了Velcro尼龙搭扣。从那往后,这种尼龙搭扣被广泛地应用在大到宇宙空间装备、小到儿童服装之中（Velcro 2009；Stephens 2007）。

美国发明家巴克敏斯特·福勒（Buckminster Fuller, 1895—1983）对可持续性发展有着强烈的热情。他是第一个把自然灵感设计的研究与可持续性发展联系起来的人。如今,福勒研究所依然在讲授自然设计的课程。

这项研究为拜纽什搭建了一个整合自然灵感设计理论的平台。实际上,她在书中用了大量篇幅来探索当今跨学科领域的仿生学研究,以及参与此项研究的科学家的视角和价值观。为了进一步发展这些想法,拜纽什和她的同事丹尼亚·鲍迈斯特（Dayna Baumeister）在1998年创办了仿生协会,这是一家致力于帮助企业实现仿生的营利性咨询公司。仿生协会在做此项工作的同时,还致力于使自身成为仿生实践的中流砥柱。它的非营利分支机构仿生研究所,致力于通过教育和自然保护措施来推动仿生研究的进步。

通过她的著作和随后的工作,拜纽什在如下3个仿生领域有极其重要的建树:

1. 她定义仿生为一个独特的设计实践和创新框架,超越了被统称为仿生学的单独的技术研究。

2. 她把这个新设计理念与迅速发展的可持续性发展理念和可持续商业活动紧密联系在一起。

3. 她向主流公众读者普及自然灵感设计。

仿生学方法论

或许由于与仿生相关的想法历史上就有,许多新的发展和已有的概念都被描述为仿生了,否则它可以被定义得更好。

仿生的实践往往被错误地理解为是尝试复制自然,从词的本身（biomimicry）就可看出,该词是由希腊语"*bios*"（生命）和"*mimesis*"（模仿）组成。例如,一个外形设计得类似于活的生物体的产品,往往就被划归为仿生的例子。除非这个外形也激发了设计功能,否则这个生物形态的设计（Fletcher 2008）实际上只是一个热爱生命之天性的例子,即"与生俱来倾向于注重生命和栩栩如生事物的过程"（Wilson 1984）。使用这种人类与生俱来的吸引力来捕获自然的形状、形式和概念是一种市场营销策略，而不是有意识的可持续设计实践。直到拜纽什和 E. O. 威尔逊（E. O. Wilson）一起在 2008 年绿色建筑国际会议和波士顿世博会联合发表主题演讲，才很好地区分了仿生和热爱生命之天性之间的差别。

通过随后的工作，拜纽什等确定了自然灵感设计的两个层次，它是比简单的生物形态的仿造更为深入的设计。设计者在其解决方案中利用了真实生物体的全部或部分，我们称其为生物利用。例如，从蚕那里收获丝绸。在生物援助或者更简单地称之为驯化的过程中，设计者通过控制生物体来达到生产所需的材料或产出，比如，饲养桑蚕来获取蚕丝纤维。尽管两者都是利用自然来解决问题，但它们并不是从生物体或大自然法则中学习到了解决问题的办法（Benyus 2007；Faludi 2005a）。许多形式的生物技术和基因工程都遵循了生物利用和生物援助中的方法（Winston 2009）。

与此相反的是，真正的"仿生学"，对拜纽什这样的仿生相关的从业者而言，不会是盲目地复制生物体的形状、材料、颜色或行为，而是要探寻理解并且适应大自然潜在的原理。所以，拜纽什把仿生定义为**有意识地**对生命才能的效仿。一个富于启发的例子就是人类对飞行的长期探索：一开始，人们把支撑鸟类飞行能力的一切，如挥舞的翅膀和其他东西，按比例放大到人类的大小，做成了早期的扑翼飞机，但却不能产生足够的升力承载人类升空；后来人们理解了空气在鸟类翅膀旁边流动的机制，于是这样的飞行能力就可以被人类生动地模仿到航空运输中（Robbins 2002）。

仿生的设计实践

仿生协会意识到当仿生作为一种创新工具时，有两种独立的路径："挑战生物"和"生物设计"。这两种路径就好比已发展健全的科技商业化的途径："市场拉动"和"技术推动"。

"挑战生物"是指仿生界的"市场拉动"创新路径。当公司或个人发现了一个特定的设计问题，并从自然界中去寻找潜在的解决方法时，就会出现"挑战生物"的创新。这种受大自然启发来找到设计灵感的挑战涉及面很广，包括"自然是怎样储存能量的"，或者详细到"自然是怎样在室温下创造一种无毒性，可水溶解的红色染料的"。

2005 年，梅赛德斯 - 奔驰的仿生概念车就是这种市场拉动创新的实例。设计师们为了能设计出一款更加高效的车，从海洋生物中寻找到了自然的启发。在一次参观水族馆的过程中，他们发现了一种热带浅栖盒子鱼（*Ostracion cubicus*）。这种鱼运动时受到的阻力系数很小，而且有着很坚硬的外骨骼。这些体态特征都是由于它生活在水流变化且"交通拥堵"的条件下。设计师们与生物学家合作，模拟了盒子鱼的空气动力学形态，开发了一种工艺，即在低负荷区尽可能地减少材料的使用，而在高压区加强材料的使用。这样一来，他们就设计出了一种模拟这种鱼骨架结构的车架。这些设计措施使得这辆概念车具有比当时最常见的空气动力学量产车——本田 Insight 低 25% 的阻力系数（Phenix 2007）。这些仿生技术的原理也被用在了 2009 系列混合动力燃料的奔驰概念车中。

"生物设计"是仿生界中的"技术推动"。

当一个生物学家、生态学家、自然学家，或者一个普通的大自然观察者看到了一个自然现象后，想办法去发明一个能利用这种现象的原理的产品。典型的例子是Sto公司生产的Lotusan油漆。一些植物的叶子，如圣莲（学名 *Nelumbo nucifera*），有一个特别的疏水表面，刚下雨时，雨水滚动离开叶面时，可以带走叶面上的尘土颗粒。我们把这个称为莲花效应。Sto公司由此创造了在下雨时可以方便地被清洗的外墙漆（Barthlott & Neinhuis 1997）。

第3种用仿生创新的途径是利用自然界中的模式和系统去启发解决方案。例如，人造科技常常通过调整能量的使用来解决问题，而自然却常常用信息和结构来解决问题（Vincent et al. 2006），自然界中的模式已被运用到了产品设计中。例如，模块地毯制造商英特飞公司开发的Entropy地毯。英特飞公司的首席设计师戴维·奥基，开发了一种将颜色和图案随机装在地毯上的拼片方法，避免了更换弄脏地毯时需要匹配颜色的麻烦。这是他从森林植被借用的特性（Schwartz 2007）。

创新框架

仿生是一个非常有用的创新方式，理由如下。

首先，通过对设计提供不同的视角，可以激励设计团队的创新精神，找到一种新的方法来解决老问题。

第二，必须承认，前卫的设计已经解决了工程、建筑、产品设计和其他领域的某些挑战，认识活的有机体是实现仿生重要的第一步。例如，根据鲍鱼和蜗牛节理的知识制造出的防碎陶瓷，其强度比我们目前的方法制造出的陶瓷更强大，同时也激发了更强的人造陶瓷发展（Lin & Myers 2005）。

第三，寻找自然的解决方案可以帮助解决实际的设计问题。例如，俄勒冈州州立大学的李凯昌（Kaichang Li）博士做了一个关于贝类分泌的蛋白质和它足丝的黏接性能的研究，探讨贝类为什么可以牢固地附着在经受盐蚀和海浪作用常年湿滑或干燥的岩石上。李博士发现大豆蛋白可以被改造为像贝类的足丝那样（Liu & Li 2004）。据此，哥伦比亚森林产品（Columbia Forest Products）公司制造出了一种称为PureBond的无毒黏合剂，取代了传统的、有毒的尿素甲醛。

最后，自然界的解决方法可以在生态系统中发展。很多生物体面临的设计约束与产品设计师面临的类似约束，如生产"成本"（Vincent 2001），通过模仿一种或多种自然界的解决方式，设计者有意或无意地借用生态系统环境中生物体的优势，来实现更高的材料效率和能效，这样的做法比传统的解决方案更廉价且毒性更低。上面陈述的很多例子都证明了仿生的生态高效性。

仿生最后一个好处表明了它在蓬勃增长的可持续发展运动中的地位。

在可持续的商业中扮演的角色

仿生方法论与其之前的仿生技术研究最重要的区别就是仿生方法论为可持续性设计

提供了一个更系统的框架。正如作者保罗·霍肯(Paul Hawken),哈莫里·洛文斯(Amory Lovins)和L.亨特·洛文斯(L. Hunter Lovins)在《自然资本主义》(*Natural Capitalism*)一书中所写:"资源生产的经济学已经在鼓励产业去改造自身以更符合生态系统"(1999)。

拜纽什在她的书中描述了一些她的观察结果,她做的大量的仿生调查有几个共同的线索,显示着极其广阔的普适性:自然的能量来自太阳光,自然中的形态由功能来决定,自然回收一切,而且依赖于多样性(1997)。在接下来的研究中,拜纽什和其他人将这些经验主义的观察结果发展成为一些反映大自然可持续策略的基础原理。仿生协会将这些基础原理命名为"生命原理"。"生命原理"被描述为与地域环境相适应、有恢复力、使用一切可利用的自由能,使用有利于健康的生产、回收所有材料,最优化地利用而非最大限度利用资源(Biomimicry Guild 2009)。提出基于自然、可持续统一设计原则的人还包括斯蒂芬·福格尔(Stephen Vogel)、凯瑟琳·戴维斯(Kathryn Davis 2000)和纳坦·谢德罗夫(Nathan Shedroff 2009a)。

仿生应被归入绿色设计的工具中,它可以与其他工具互为补充,如与绿色化学(Makower 2008)和生命周期评价(Shedroff 2009b)。仿生与一些其他基于可持续价值观的框架[如永续农业运动(Grover 2007)]有着一个共同的理念基础,那就是对大自然的研究。

争执,批评及局限性

仿生依赖进化论。尽管拜纽什在她1997年的著作中多次引述进化适应,仿生学会(2009)还是试图起着不可知论者的作用:"尽管仿生是建立在进化的科学内容上,但你可能会用一个相同的观点或信念来替换进化、'大自然的禀赋'等概念,即当今地球上的生命就像一个解决可持续发展的无限大容器。"在实践中,由于仿生起源于生物学,很少有相关人士可以在提到仿生时,不引述进化适应论和自然选择学说的科学原理。

一些批评家指出,仿生给一些其他显而易见的绿色设计观念加上毫无必要的复杂性。奥登·章德勒(Auden Schendler)援引《产业生态学期刊》迈克尔·布朗(Michael Brown)博士的话,指出仿生"似乎使一些目标简单而直截了当——无毒、争取闭环、能源使用最小化等——成为需要一个顾问来向你解释该如何效仿大自然"(Schendler 2009:188)。

作为仿生学从业人士和讲师的杰里米·法吕迪(Jeremy Faludi)更有力地支持仿生的做法,但(援引Kevin Kelly & Stephen Vogel的研究后)指出了一些使用仿生过程中的战术局限性。举例来说,大自然有着对短期一代偏见的倾向,因为进化不会容忍任何失败的一代;更实事求是地来讲,对大自然解决方案的长期需求或重新要求可以对产品开发形成挑战——尽管实际上是对那些要求生物降解或计划被淘汰的产品有用的(Faludi 2005b)。

仿生的未来前途

迄今为止,仿生作为一种产品研发的框架已经获得了巨大的成功。很多产品都已经被商业化,同时1 000多种潜在的产品在2009年之前已被认定为仿生产品(AskNature 2009)。仿生已越来越多地成为一种产品创新的主流工具,不论是像仿生协会倡导的通过生物学家与设计团队的融合，还是通过给非生物学家传播更多更完整的仿生方法论和生物学知识。

然而，仿生最大的希望，在于在可持续创新（Faludi 2005b）和可持续发展企业（Stroud 2009）中将自然的深层原理转换到商业流程中。这些可以通过基于自然经验主义模型的商业可持续发展的法典式原则来实现（Werbach 2009）。拜纽什曾说过"现在是全球商业去发展来源于自然的理念的好时机"（Benyus & Pauli 2009）；这种转变来源于一些专业人士巧妙地将自然的原则与企业价值主张、商业原则相融合。

仿生框架进化成为可持续商业的原型，已经在很多主流商业期刊中刊登出来。这些期刊包括《经济学人》（2005年6月9日，2007年9月6日）、《华尔街日报》（2008年1月11日）和《商业周刊》（2008年2月11日）。仿生的概念已经被越来越多地列入MBA课程中，去培养未来的商业领袖。比如，亨特·洛文斯和谢德罗夫在普雷西迪研究院教授的课程，汤姆·麦基格（Tom McKeag）在加州大学伯克利分校教授的课程，还有艾西恩·梵西（Asheen Phansey）在巴布森学院教授的课程（Di Meglio 2009）。

基于人类受自然启发来创新的先前的基础，仿生将商业世界改造得更加有可持续化的潜力是在过去的十年中开始显现的。人类在21世纪最主要的挑战——气候不稳定性、能源消耗、生态毒性——会为仿生提供充足的发展环境，不论是在产业实践领域还是在商业创新领域。

艾西恩·A.梵西（Asheen A. PHANSEY）
巴布森学院

参见： 生物技术产业；绿色化学；工业设计；商业教育；清洁科技投资；生命周期评价；自然资本主义。

拓展阅读

AskNature. (2009). Browse biomimicry. Retrieved September 28, 2009, from http://www.asknature.org/browse

Bar-Cohen, Yoseph. (2005). *Biomimetics: Biologically inspired technologies*. Boca Raton, FL: CRC Press.

Barthlott, W., & Neinhuis, C. (1997). Purity of the sacred lotus, or escape from contamination in biological surfaces. *Planta*, 202(1), 1-8.

Benyus, Janine M. (1997). *Biomimicry: Innovation inspired by nature*. New York: Morrow Publishing.

Benyus, Janine. (2007). Janine Benyus shares nature's designs [Web video]. Retrieved August 1, 2009, from http://www.ted.com/index.php/talks/janine_benyus_shares_nature_s_designs.html

Benyus, Janine M., & Pauli, Gunter A. M. (2009). The business of biomimicry. *Harvard Business Review*. Retrieved August 1, 2009, from http://hbr.harvardbusiness.org/web/2009/hbr-list/businessof-biomimicry

Biomimetics. (2005, June 9). *The Economist Technology Quarterly*, 35-37.

Biomimicry Guild. (2009). Biomimicry: A tool for innovation. Retrieved August 1, 2009, from http://www.

biomimicryinstitute.org/about-us/biomimicry-a-tool-for-innovation.html

Biomimicry Institute. (2009). General FAQ. Retrieved August 1, 2009, from http://www.biomimicryinstitute. org/component/option,com_easyfaq/Itemid,94/task,cat/catid,26/

Borrowing from nature. (2007, September 6). *The Economist print edition*, 384(8545), 28.

Buckminster Fuller Institute. (2009). About the Buckminster Fuller Institute. Retrieved August 1, 2009, from http://bfi.org/the_buckminster_fuller_institute

Daimler. (2008, February 21). Design and technology inspired by nature: Mercedes-Benz bionic car at The Museum of Modern Art in New York. Retrieved September 16, 2009, from http://media.daimler.com/dcmed ia/0-921-656548-1-1048489-1-0-0-0-0-0-11701-614316-0-1-0-0-0-0-0.html

Di Meglio, Francesca. (2009, January 19). MBA programs go green. *BusinessWeek*. Retrieved August 1, 2009, from http://www.businessweek.com/bschools/content/jan2009/bs20090119_936863.htm

Faludi, Jeremy. (2005a, October 13). Biomimicry 101. Retrieved September 25, 2009, from http://www. worldchanging.com/archives/003625.html

Faludi, Jeremy. (2005b, October 26). Biomimicry for green design (A how-to). Retrieved September 28, 2009, from http://www.worldchanging.com/archives/003680.html

Fletcher, June. (2008, January 11). Mother Nature, design guru — Owls, sunflowers, sea urchins inspire showerheads, lights; butterfly-drapes get grounded. *Wall Street Journal*. Retrieved September 25, 2009, from http://online.wsj.com/ad/article/acurainnovations-080123. html

Grover, Sami. (2007, April 15). Biomimicry for food explained: Will Hooker's urban permaculture garden. Retrieved August 1, 2009, from http://www.treehugger.com/files/2007/04/biomimicry_for.php

Hawken, Paul; Lovins, Amory; & Lovins, L. Hunter. (1999). *Natural capitalism: Creating the next industrial revolution* (1st ed.). Boston: Little, Brown, & Co.

Kelly, Kevin. (1995). *Out of control: The new biology of machines, social systems, and the economic world.* New York: Basic Books.

Leonardo da Vinci. (1970). *The notebooks of Leonardo da Vinci* (Jean Paul Richter, Ed.). New York: Dover Publications.

Lin, Albert, & Meyers, Marc André. (2005). Growth and structure in abalone shell. *Materials Science and Engineering A*, 390(1-2), 27-41.

Liu, Yuan & Li, Kaichang. (2004). Modification of soy protein for wood adhesives using mussel protein as a model: The influence of a mercapto group. *Macromolecular Rapid Communications*, 25(21), 1835-1838.

Makower, Joel. (2008, September 23). The blossoming of biomimicry. Retrieved August 1, 2009, from http:// www.greenbiz.com/blog/2008/09/23/blossoming-biomimicry

Phenix, Matthew. (2007, March 15). Mercedes'fish-inspired car. CNN.com. Retrieved September 16, 2009 from http://www.cnn.com/2007/TECH/03/08/cars.fish.popsci/index.html

Robbins, Jim. (2002, July). Second nature. *Smithsonian*. Retrieved August 2, 2009 from http://www. smithsonianmag.com/sciencenature/Second_Nature.html

Schendler, Auden. (2009). *Getting green done: Hard truths from the front lines of the sustainability revolution* (1st ed.). New York: Public Affairs.

Schwartz, Bonnie. (2007, December 19). Landscape of the interior. *FastCompany*. Retrieved September 25, 2009, from http://www.fastcompany.com/magazine/44/lookfeel.html

Shedroff, Nathan. (2009a). *Design is the problem: The future of design must be sustainable*. Brooklyn, NY: Rosenfeld Media, LLC.

Shedroff, Nathan. (2009b, March 6). Summarizing sustainability. Retrieved August 1, 2009, from http://www. sustainableminds.com/blog/summarizing-sustainability

Stephens, Thomas. (2007, January 4). How a Swiss invention hooked the world. Retrieved October 28, 2009 from http://www.swissinfo.ch/eng/search/Result.html?siteSect=882&ty=st&sid=7402384

Stroud, Sara. (2009, July 27). Evolution meets creation. *Sustainable Industries*. Retrieved September 29, 2009, fromhttp://www.sustainableindustries.com/technology/51788452.html

Velcro (2009). Velcro USA Inc. celebrates 50th anniversary. Retrieved August 1, 2009, from http://www.velcro. com/index.php?page=pressand-news

Vella, Matt. (2008, February 11). Using nature as a design guide. *BusinessWeek Special Report*. Retrieved September 29, 2009, from http://www.businessweek.com/innovate/content/feb2008/id20080211_074559.htm

Vella, Matt. (2009). Concept of the week: Mercedes-Benz BlueZero E-Cell. *BusinessWeek*. Retrieved September 16, 2009 from http://images.businessweek.com/ss/06/09/concepts/7.htm

Vincent, Julian F. V. (2001). Stealing ideas from nature. In Sergio Pellegrino (Ed.), *Deployable structures* (pp.51–58). Vienna: Springer-Verlag.

Vincent, Julian F. V.; Bogatyreva, Olga A.; Bogatyrev, Nikolaj R.; Bowyer, Adrian; & Pahl, Anja-Karina. (2006, August 22). Biomimetics: Its practice and theory. *Journal of Royal Society Interface*, 3(9), 471–482.

Vogel, Stephen, & Davis, Kathryn K. (2000). *Cats' paws and catapults: Mechanical worlds of nature and people*. New York: Norton Publishing.

Werbach, Adam. (2009, July). Nature's 10 simple rules for business survival. *FastCompany*, 137. Retrieved August 1, 2009, from http://www.fastcompany.com/magazine/137/natures-10-simple-rulesfor-survival.html

Wilson, Edward O. (1984). *Biophilia: The human bond with other species*. Cambridge, MA: Harvard University Press.

Winston, Andrew. (2009, May 7). Use biomimicry to make better products (and companies). *Green Advantage (Harvard Business blog)*. Retrieved August 1, 2009, from http://blogs.harvardbusiness.org/winston/2009/05/ use-biomimicry-to-make-better.html

Biotechnology Industry

生物技术产业

现代生物技术结合了生命科学的知识和创新型的科学技术，并以此来造福社会。核心生物技术学科包括发酵和酶的实际应用，植物细胞培养，植物育种和作物保护，基因工程和药物开发。其优点是有利于一些制造业废物的再利用和基于石油的化学品替换。但这同样会产生废物，例如废水，并且会产生有关其安全性的争议。

生物技术并不是全新的。有人提出人类有关不知不觉地利用微生物来制造啤酒和葡萄酒已经有8 000年左右的历史了。但是现代的生物技术是紧密地建立在生命科学的发展或是生物研究的基础上的。因此，生物技术大体上可被看作是科学技术和与生命科学相关的创新型技术，且其被用来造福社会。但是公众对于生物技术的看法常常被其可能引起的负面影响带来社会成本的担忧所笼罩。例如，对于转基因食品的安全性，一直有持续的公开辩论和担忧（Leung & Alizadeh 2009）。

全球变暖和如石化燃料等不可再生天然资源的枯竭威胁着21世纪及以后的经济增长和发展。帮助寻求可持续经济发展创新的解决方案可以来自生命科学，并可能为生物技术产业带来新的商业机会。在生物的世界里，有许多持续的自然循环和资源再生的例子。例如，秋天的落叶帮助了土壤细菌和真菌的生长，从而使叶片中所含的营养成分分解进入土壤，以供植物之后使用。但是生物技术产业也面临着诸多的挑战，包括需要开发出更多在消费产品的制造时产生更少废弃物和污染的节能工业流程。

关键性特性

关于生物技术产业能否或者能在多大程度上帮助建立可持续发展经济的问题，在更好地了解了生物技术产业的关键特性时，可以被很好地回答。发酵是一项重要的生物技术，这是一种天然的生物过程，其将输入物——原料、复合材料（通常是生物的并且能在自然中可再生的）转化成简单的产物。啤酒是典型的发酵例子，发酵过程中，在一种药剂——啤酒酵母的帮助下，大麦谷物中的淀粉（由数千个葡萄糖分子组成）被转化成了酒精（一种双碳醇）。最后得到的产物乙醇，是啤酒的主要成分。

生物技术机制依靠生物的试剂（例如，有益微生物、酶或基因）来生产产物，这些试剂也是自然的和可再生的。这种用于生产产物的生物装置是环保的，因为生物过程通常不使用有害的化学物，并且它们在生物兼容的条件下通常是有效的。像大多数的工业过程一样，水在生物技术中的使用涉及环境问题，因为清洁的、可饮用的水是有限的自然资源。因此，生物技术产业的一个主要瓶颈是如何解决更加有效地利用水资源的需求：开发出一种更清洁的工艺，以产生更少含有废弃物和被污染的水，并且发明出一种在回收工业过程中产生废水的方法。

生物技术的应用

几个关于生物技术产品的例子将会更好地帮我们评价这个产业与自然资源可持续利用目标的关系（在下面的文章 中列出了关于生物技术产业各种活动更全面的记录）。

发酵

发酵工业或许是世界范围内最古老和最具影响力的生物技术产业之一。生产发酵食品的行业——例如，奶酪、啤酒、葡萄酒、酱油——组成了许多经济体重要的部分。发酵的一般原则也支持许多食品添加剂的商业化生产，例如，柠檬酸（作为防腐剂加入到罐头中）和谷氨酸钠（也被称为MSG，一种流行的

食品风味增加剂）。在1945年获得诺贝尔生理学或医学奖的亚历山大·弗莱明爵士（Sir Akexander. Fleming, 1881—1955）发现了青霉素，一种重要的生物技术产品。从那时起，青霉素就一直是一种对抗细菌感染的武器，主要是因为生产抗生素的青霉素真菌的发酵过程是一个可靠的生产药物技术。在食品和抗生素发酵的过程中，一个关键且必要的输入就是微生物用来生长和生产相关产品所需的糖。由于这种糖不需要是纯糖，于是发酵过程的成本被大大地降低了，人们创新性地使用来自更便宜来源的糖，比如另一个生物处理产业的废弃产物。例如，柠檬酸发酵已经得益于糖浆生产中的废弃糖，其一般使用来自甘蔗处理工厂的糖。

发酵工厂可能对其他产业的废物处理问题有所帮助。当生物技术解决方案被开发以减少或者避免污染问题时，生物技术自身的工业生产过程在生产目标产物的同时，也同样会生产出有害的材料或者废弃物，包括废水。生物技术产业带来另一个重要的废物流向（废物从被产生到被处理的流向），通常包括耗尽了的生物量（已死的微生物）和（或）生物材料（复合有机材料）。例如，部署在城市内的处理原污水的简单生物技术牵涉污水可以渗透的微生物基床。在每年的基础上，全球范围内原污水的处理设施产生了大量以烂泥形式存在的耗尽了的微生物量。这些烂泥是不美观的，有臭味的，而且都形成了一种化合物，这种化合物含有大量危害健康的不同重金属，例如镉和铅。污水衍生污泥的处理和再利用是棘手的，而且在很大程度上是未解决的。这是与生物技术产业相关的问题，绝不是一个独立的问

题；在对未来经济增长的任何规划中，它都更需要引起重视。

酶和微生物技术

正在发展的微生物技术也是一种可再生的生物技术途径，并且是一种有用的酶的可靠来源。这种单独的酶是非常知名的，并对创新性的应用十分重要。一个很好的例子便是生物清洁剂的发展。在一种商业化的加工制剂中，从一种细菌(枯草杆菌)中分离出的一种蛋白酶(一种将蛋白质分解成其可溶组成部分的氨基酸酶)被发现可以在清洁剂类或者碱性(高 pH)的条件下工作。把这种细菌加入到洗衣粉中，可以使洗衣粉具有更好的清洁能力，特别是对于脏衣服上血污的蛋白质残留物。一般情况下，推荐用温水和这种生物清洁剂一起清洗，因为蛋白酶在温度稍高的情况下工作得更好。第 2 代生物清洁剂可能是基于另一种蛋白酶可以在环境(室内)温度下工作被发现的。加入这种生物清洁剂，洗衣服时不需要用温水，可以节约电能消耗，为消费者降低电费开销。

选择性育种

与基于应用微生物的生物技术产业相比，基于应用动植物的生物技术产业，对人类也有同样大的影响。例如，植物育种的目的，是通过有性生殖(一种自然的生物过程)，结合两种不同植物携带的形状(特征)来得到新的、基因改良的植物，以此来达到植物的多样性。基本的植物育种技术，是促进一种含有所需形状植物的雄性性细胞(花粉)和另一种含有别的所需形状植物的雌性性细胞(卵子)结合。结合之后，一个可以发育成整株植物(一种结合了两套所需形状的杂交体)的单个细胞就形成了。

虽然杂交植物的生产无疑有着重要的商业价值，植物育种也已经带来了广为人知的"绿色革命"。遗传学家和植物科学家诺曼·博洛格(Norman Borlaug, 1914—2009)，一个 1970 年的诺贝尔奖得主，进行了创新型的植物育种试验，用以开发可以在同片土地上达到数倍同类小麦产量的小麦品种。这些新的品种在易干旱地区表现得比同类传统的品种好。据美国经济学家罗伯特·埃文森(Robert Evenson)和道格拉斯·高林(Douglas Gollin)估计，从 1960 年到 2000 年，绿色革命成功地提高了 3 200 万至 4 200 万个学龄前儿童的健康状况。如果没有这些农业改良，发展中国家的婴儿和儿童死亡率会远远高于现在(Evenson & Gollin 2003)。绿色革命启示我们，需要在不破坏自然景观的条件下，来得到更多耕地养活世界人口。但是，生产足够的粮食来养活日益增长的全球人口的成功依靠于投入。例如，无机磷酸盐、其他肥料和其他作物保护农药。这不是一个可持续的做法，而且预示了农业生物技术产业在 21 世纪所面临的一些挑战。

基因工程

基因工程师斯坦利·科恩(Stanley Cohen)和赫伯特·博耶(Herbert Boyer)在 1973 年开发的一项操纵 DNA 分子的创新性方式，著名的重组 DNA 技术。该技术使生物技术人员能从任何生物中切出 DNA 片段，然后将其加入到另一个所选生物的 DNA 片段中。1978 年，这项创新第一次被使用在保证世界临床处方人体胰岛素的供应上。用包含制造人体胰岛素的基因信息的DNA片段加入到实验室培养的细菌——大肠杆菌的DNA中，大肠杆菌以惊人的速度繁殖，每20分钟其数量翻倍。在人类胰岛素的基因指令被插入到细菌的DNA后，重组细菌被用于生产人类胰岛素。这标志着生物技术进入了药物和疫苗的生产。据生物技术产业组织（2005）所说，生物技术是一个生产了超过150种药物和疫苗的拥有300亿美元的产业。虽然重组DNA技术已经在医疗保健应用中得以体现，但它应用在寻求可持续发展经济方面的影响仍然有待观察。

1983年，有报道称利用重组DNA技术，从细菌中分离出来的一个抗生素抗性基因，被成功地加入到了烟草植物中，将抗生素抗性这一新性状赋予烟草植物。这种将任何生物（不仅仅是从另一种植物）的基因注射到另一种植物的细胞中，从而创造出一种有新性状的植物（称作转基因植物）的过程并不是自然的生物过程。这是一项被认为是植物转化的生物技术创新。与植物育种不同，这项新技术并没有现成的经验。所以，有了许多关于其安全性和其他问题的公众讨论。

作物的保护

作物植株的产量可以因为杂草、病毒、细菌、真菌和害虫而大幅度减少。化学物质，包括除草剂、杀真菌剂和杀虫剂，已经被广泛应用于现代农业中。其中许多化学品会长期存在于环境中，并且对环境造成不利影响。例如，最有名的关于杀虫剂DDT（一种含氯杀虫剂）的争议。自20世纪40年代起，通过使用

它来杀死蚊子与西方国家因蚊子传染的疟疾有着密切的联系。有关DDT在环境中的持久性及其涉嫌对鸟和其他野生动物的毒素的日益增长的关注，在很大程度上促成了美国自1972年起对DDT的全面禁用。无论这项禁令是合理的，或甚至是令人满意的，像这样的争议为其他灭害方式创造了机会。例如，减少或避免用农药合成剂进行叶面喷洒的作物保护方法，是保护作物植株更加可持续性的做法。

携带赋予植物昆虫抗性基因的转基因棉花、大豆和玉米是一种代替或减少化学杀虫剂保护作物的新方式。对那些以使用杀虫剂避免昆虫伤害作物来保护植物，从而保护农场收入的种植者而言，这至少消除了对他们潜在的健康威胁。一种携带了足够的信息，对棉花、玉米和其他植物的主要害虫有毒的蛋白基因，从一种叫苏云金芽孢杆菌（Bt基因）的天然土壤微生物中被复制出来，并被用于基因改造这些作物。目标昆虫食用了这些转基因作物后，它们的肠壁发生破裂，最终死亡，虽然很多人担心非目标昆虫也会受到不利的影响。2008年，在世界范围内，种植者分别种植了超过1 200万公顷的Bt棉花和超过2 000万公顷的Bt玉米（Naranjo 2008）。估计从1996年到2005年范围内的大规模Bt作物的商业应用在过去的10年内减少了1 015万千克的杀虫活性成分，并同时在全球范围内增加了98.7亿美元的农场收入（Naranjo 2008）。

自第一株准基因作物被培育出25年来，还没有出现由转基因植物造成的对人或者对环境流行危害的任何纪录。但是基因工程作

物的生物安全评估已经证实了一些被关注的问题。例如,实验显示,Bt 水稻植株可以与农田旁边的杂草野生稻形成杂交体。这些杂交体中的一部分类似于杂草本体,但是有更强的适应性,这是由于 Bt 基因计划外的转移导致了其对昆虫更有抗性。对于作物的基因工程,特别是那些增强适应性的基因,例如抗虫性基因,被担心会无意中导致所谓的超级杂草加速进化,超级杂草是非常难被控制的,并且会严重地影响农业的产量。因此,在公众对于转基因作物更广泛的接受前,还需等待有更多的有关转基因作物对人类和环境安全的长期数据。

在转基因作物的研究开发过程中,坚持对其进行周详的生物安全评估,以减少在其开发或使用过程中对环境和人类健康可能带来的负面影响是非常重要的。大多数科学家都已经同意了一点,也就是说,保证转基因作物的开发和使用零风险是不可能的(Lemaux 2008, 2009; Batista & Oliviera 2009)。此外,公众对于转基因植物技术的看法是否会变好,在长期内挥之不去的担忧能否被消除还有待观察。

植物细胞培养

植物转化 1983 年被发明出来之前,植物的生物技术人员使用其他的方法来创造收益、减少自然资源的枯竭和自然环境的退化。许多植物含有有价值的可以用于药物、化妆品或者其他应用的成分。例如,一个被称为紫草素的、天然呈现紫色的色素在成熟的野生植物的根部被发现。这些植物原来生长于远东国家,例如中国、日本和韩国。在民间传说中,它可

以治愈伤口和烧伤,现在其被证实含有抗菌和消炎的特性,在韩国和日本它被用作一种天然的(优先于合成的)口红色素。一种可持续的天然产品的生产策略是克隆目标植物的细胞,然后实施大规模的生物技术细胞培养。植物细胞培养物是可以再生的,按比例增加以满足需求也相对容易,并且对自然植物种群和环境的影响最小。1984 年,一种商业植物细胞培养的生物技术开始用于生产紫草素。在生产效率和减少环境不友好的化学物方面(例如,化学物合成中常用的有机溶剂),这种技术优于化学合成。尽管在商业上是成功的,但人们还需要做更多的研究,来正确地评估植物细胞培养生物技术生产来自植物的其他有价值的天然产品(包括有效的抗癌药物紫杉醇)在经济上的可行性。

药物开发

大多数生物技术产业的劳动力是在生物医学领域的。鉴于医疗无疑是公众关注的主要问题,公众非常期望生物技术能够带来突破性治疗或是对大部分人类疾病和基因紊乱的治愈方法,希望新的药物可以不用现有的化学方法制备。很多人会说生物技术还没有达到这些希望。自 1980 年起,只有几百种生物技术药物(用生物系统制造的药物)被美国食物和药物管理局批准。其中有名的例子仅仅是针对一些高知名度的疾病,包括礼来制药公司的泌林(针对 1 型糖尿病管理的重组胰岛素)、安进公司的红细胞生成素针剂(针对贫血的治疗)、基因泰克公司的阿瓦斯汀(针对直肠癌的治疗)和雅培实验室的阿达木单抗(治疗类风湿关节炎药

物）。许多知名的疾病，例如帕金森病和大多数遗传性疾病，仍需要更好的治疗方法或是治愈的良药。

生物技术产业对全球问题的响应

21世纪早期，关于生物技术产业的研究和发展包括了许多与全球性问题有关的项目，它们阐明了在寻求未来可持续发展经济中，生物技术产业可能的位置和其面对的障碍。

世界经济是依靠于终将要枯竭的石油资源而运转的。我们已经开始在我们的能源消耗中依赖石油，并且依赖石油作为廉价的起始原料化合物（俗称原料）来源用以生产的一系列消费品，例如塑料袋和纤维织物。然而，这些产品一旦被消费者扔掉就会长久地存在于环境中，并且以比我们建造垃圾填埋场更快的速度填满它们。生物技术也许能为这个问题提供创新性的解决方法。这方面的一个研究例子，是利用由基因工程改造的甘蔗或其他草类，将植物的部分碳的新陈代谢用于一种生物可降解塑料的生产。由生物可降解塑料制作的容器和包装袋的使用可以减少垃圾填埋场中废弃物的总量。但是，这项技术仍处在起步阶段，还需要很多的研究来决定其是否能够用来代替基于石油而产生的塑料并被扩展到一定水平，即经济上的可行性和生产上的效率性。

研究人员正在研究将传统意义上不作为人类或动物食物的植物转化成生物燃料的来源和一种可再生的化学品原料以代替基于石油的化工原料。藻类、麻风树和其他含有与柴油相似的植物油的植物，是生物燃料中可再生生物来源的领跑者。

为了更好地对生物物质回收和利用，创新性生物技术的解决方案是依靠从农业加工、木材加工和食物加工设施（包括使用来自微生物和植物中合适酶的酿酒厂）中取得废物，然后将废物分解成糖。这些可以被用来生产乙醇的一种生物燃料，对于化学厂来说或许可用来取代基于石油的化工原料。但是这种植物生物技术产业面临着激烈的可替代的可再生能源的竞争。例如，风力涡轮、全球大湖数据库（hydrolakes）和太阳能的采集。

在2009年9月的联合国大会中，全球气候变暖是一个主要的议题。气候变暖对作物植株的产量构成了潜在威胁，因此对世界食物供给也构成了威胁，许多人因此害怕无法接受的涨价会接踵而至。植物生物技术的研究将会在如何减轻威胁方面带来创新性战略。我们需要培育或者设计更多的可以应对在更高温度和更强紫外线辐射水平下生长的抗旱作物植株。植物生物技术，尤其是植物组织培养，也需要被应用以帮助珍稀濒危植物来面对全球气候变暖的挑战（Leung 2009）。

由人类活动，例如采矿，带来的环境污染必须被减少或被修复。微生物多样性的生化能力可能被用来发展更清洁的开采技术或者实践。应用植物的自然过程（被称作植物修复的绿色过程）同样有可能将重金属从土壤和水路中除去。例如，中国的蕨菜类有能力将被污染环境中多余的砷去除。但是，这些都不是快速解决污染问题的方法，因为自然生物的修复过程一般需要数年才能产生合意的效果。

前景

　　生物技术产业已经解决了人类的各种需求，包括食物（在数量和质量上）、工业化和日用化工品，以及疾病的治疗。政府和企业在生物技术产业中增加投资，特别是在医疗领域中，将会推动其发展。我们可以期待巨大的收益，例如，来自正在进行的干细胞研究中的收益，在 2000 年因人类基因组整个序列未被破译（但没有被完全解释）而对其进行的研究中的收益，和在针对癌症和遗传性疾病的产品和服务开发中收益。如果生物技术产业要满足可持续发展的挑战，且在未来寻求全球环境可持续的生物经济，那么其仍要做大量的研究工作。

梁大卫（David W. LEUNG）
坎特伯雷大学

　　参见：农业；仿生；绿色化学；消费者行为；生态标签；能源工业——生物能源；健康、公众与环境；营销；医疗保健产业；水资源的使用和权利。

拓展阅读

Aguilar, Alfredo; Bochereau, Laurent; & Matthiessen-Guyader, Line. (2008). Biotechnology and sustainability: The role of transatlantic cooperation in research and innovation. *Trends in Biotechnology*, 26, 163–165.

Batista, Rita, & Oliviera, Maria M. (2009). Facts and fiction of genetically engineered food. *Trends in Biotechnology*, 27, 277–284.

Biotechnology Industrial Organization. (2005). *Biotechnology industry facts*. Retrieved January 29, 2010, from http://www.biotechinstitute. org/what_is/industry facts.html

Bourgaize, David; Jewell, Thomas R.; & Buiser, Rodolfo G. (2000). *Biotechnology: Demystifying the concepts*. San Francisco: Addison Wesley Longman.

Chawla, Hemma S. (2003). *Plant biotechnology: A practical approach*. Enfield, NH: Science Publishers.

Chrispeels, Maarten J., & Sadoava, David J. (2003). *Plants, genes, and crop biotechnology*. Boston: Jones and Bartlett.

Evenson, Robert E., & Gollin, Douglas. (2003). Assessing the impact of the green revolution, 1960–2000. *Science*, 300, 758–762.

Jordening, Hans-Joachim, & Winter, Josef. (2005). *Environmental biotechnology: Concepts and applications*. Weinheim, Germany: Wiley–VCH.

Lemaux, Peggy G. (2008). Genetically engineered plants and foods: A scientist's analysis of the issues (Part I). *Annual Review of Plant Biology*, 59, 771–812.

Lemaux, Peggy G. (2009). Genetically engineered plants and foods: A scientist's analysis of the issues (Part II). *Annual Review of Plant Biology*, 60, 511–559.

Leung, David W. M. (2009, January). Plant biotechnology helps quest for sustainability: With emphasis on climate change and endangered plants. Retrieved September 27, 2009, from http://www. forumonpublicpolicy.com/summer08papers/archivesummer08/leung.david.pdf

Leung, David W. M., & Alizadeh, Hossein. (2009). Lessons from evolution of α–amylase inhibitor gene in common bean (Phaseolus vulgaris) for the public concerns about genetic engineering of crop plants. *The International Journal of Science in Society*, 1, 189–194.

Naranjo, Steve. (2008). Integrating insect-resistant GM crops in pest management systems. *IOBC/WPRS Bulletin*, 33, 15–22.

Prakash, Jitendra, & Pierik, Robert L. M. (1993). *Plant biotechnology: Commercial prospects and problems.* Lebanon, NH: Science Publishers.

Rastogi, Sara C. (2007). *Biotechnology: Principles and applications.* Oxford, U.K.: Alpha Science International.

Smith, John E. (1996). *Biotechnology.* Cambridge, U.K.: Cambridge University Press.

Wackett, Lawrence P., & Bruce, Neil C. (2000). Environmental biotechnology: Towards sustainability. *Current Opinion in Biotechnology*, 11, 229–231.

Willey, Neil. (2007). *Phytoremediation: Methods and reviews.* Totowa, NJ: Humana Press.

Xu, Zhihong; Li, Jiayang; Xue, Yongbiao, & Yang, Weicai. (2007). *Biotechnology and sustainable agriculture 2006 and beyond.* Dordrecht, The Netherlands: Springer.

Building Standards, Green

绿色建筑标准

作为评估和改进可持续建筑的方法，全球的绿色建筑标准已经发展起来。这些标准能够解决能源使用，有效的资源利用，生态可持续发展和污染等问题。用于"绿色"建筑的测量评估工具的开发和使用能够帮助从业者达成一致，达到目标和标准，并比较他们的项目成果。

在建设和运营中，建筑物对于一系列环境问题和其他影响都负有责任，例如用于建造建筑的原材料的提取和加工，以及供暖、照明、制冷设备所消耗的能量。但其结果都是为创造安全、健康、能为我们提供避难所的建筑。来自于减少能源消耗日益增加的压力（特别是来自石化燃料的能源），防止资源损耗，以及改善建筑环境的整体可持续发展是迫在眉睫的问题。这意味着我们需要更好地计算我们如何建造和使用这些建筑来降低影响。因此，绿色建筑标准已经发展成为一种基准测试和提高性能的方法。这个词（绿色建筑标准）的定义包含了标准的设定和评估。

制定合适的标准

建筑可以从两方面进行解释。它可以仅仅指环保的建筑，或者可以从社会或其他问题的角度上被理解为在更广泛意义上的可持续建筑，后者的解释更常见。在可持续建筑中和需要解决的标准设置中，通常被认为是最重要的问题如下：

- 在建筑物的建设和运营时能源的使用和二氧化碳的排放。

- 高效的资源利用和处理——包括材料、水、废弃物和可循环再生资源。

- 交通运输时的排放——包括交通工具的燃料排放和污染。

- 生态学和污染——考虑到空气、水、土地生态系统和物种的生物多样性。

- 开发规模——包括对社区的社会和经济影响。

- 健康和生存——包括地点的安全性，室内的空气质量和道德规范。

在任何情况下制定标准的原则通常都是

为了确保一致性、对比性和已建立、维护及监控的质量。在绿色建筑的情况下，制定标准可能是为已经完成的建筑（比如占用后的评估）、建筑产品（例如使用寿命周期评估）或者甚至是进程中的一部分设置适当的完成水平较准。

这（制定标准）可能是对有关上面列出的问题（例如在能源效率、回收内容或者从工厂到建筑工地距离的最低标准）提供依据。在一些国家，这些标准直接以与建筑规范或法规相关的标准如防火安全，建筑结构完整性或者残疾人使用性的形式由政府发布。它（制定标准）也有可能源于法律规划、特定的客户需求或者特定地点的发展条件。

重要的是，在某些情况下这些标准的某些方面可能是强制性的，而在其他方面可能是自愿的。政府可以设置严格的能源消耗目标来作为标准，这项标准已经在欧洲全面实行。因此，建筑许可可以满足并实现这些目标。

"绿色建筑"在不同的情境中有不同的含义，广泛的政治、气候和文化压力都会对此产生影响。因此，很难给出一个整体的、全球性的绿色建筑的标准（即使在能源使用、二氧化碳排放和能源效率方面有共同点）。这个问题已经被国际的标准制定团体认可。比如，欧洲有对于建筑的协调标准，但很明显，各个不同国家和地区都希望能在一个大框架下追求他们自己的优先级。这很恰当，因为可持续发展并不是一个放之四海而皆准的解决方案，而是依据环境而定的。

常用评估工具

作为对于强制性和自愿性的标准设置的回应，范围性的评估工具可以被用来评估可持续性建筑，即使这些建筑都不太相同。比如说不同的权重，国家政策和立法机构可能会有不同的规定。

这些工具的目标是帮助从业者达到一致性，满足目标和标准，以及比较项目的成就。尽管目前存在数以百计，包括绿色之星（澳大利亚）、CASBEE（日本）和GBTool（软件）的评估工具。有两种主要的评估工具被广泛使用：绿色建筑评级系统领先的能源和环境设计（LEED）和建筑研究机构环境评估法（BREEAM）。领先能源和环境设计绿色建筑评级系统是1994年在美国创立的，是基于一个单一方法的测算方法，可以测量一定范围内的各种建筑类型，包括新建筑、内部、家庭、社区和已经存在的建筑。它可以评估一系列的项目（可持续性基地、水效率、能源和大气层、材料和资源、室内环境质量与创新和设计过程，其中包括一些有先决条件的项目），然后绿色建筑评级系统可以给予一个总体的等级评定（无、合格证书、银牌、金牌或者铜牌）。

建筑研究机构环境评估法在1990年由英国开发。它被用来作为面向非住宅建筑类型，如零售、医疗保健、法院、办公室、监狱、工业建筑和学校的基础，它也有一个国际版本。建筑研究机构环境评估法依据一系列条件（管理、健康、能源、交通、水、材料、土地利用及生态和污染）对建筑物进行评分，并会给予一个总体的等级评定（合格、好、非常好、极好的或者杰出的）。在英国，所有新的公共建筑必须达到"极好的"的评级。全世界范围内。大约有 100 000 个建筑符合实业标准认证。虽然这些评估工具成功地帮助管理建筑过程，但是它们也被批评为把可持续建筑减少成一个破坏了这门学科完整性的"标记/核查"法。

未来的前景

建筑规范和标准对能源消耗、资源效率和其他的影响可能会增加，给建筑业在设计建造的新方法方面增加了更多的压力。同时，领先的能源与环境设计和建筑研究机构环境评估法等工具也将继续发展，增加使用，在实践可持续建筑发展中也更加可以令人接受。

杰奎琳·格拉斯（Jacqueline GLASS）

拉夫堡大学

参见：水泥产业；能源效率；设施管理；生命周期评价；大都市；房地产和建筑业；智慧增长。

拓展阅读

BRE (Building Research Establishment). (2009). BreGlobal: The green guide to specification. Retrieved July 28, 2009, from http://www.thegreenguide.org.uk

BRE Global Ltd. (2009). BREEAM: The environmental assessment method for buildings around the world. Retrieved July 28, 2009, from http://www.breeam.org

Cole, Ray. (2005). Building environmental assessment methods: Redefining intentions and roles. *Building Research & Information*, 33(5), 455–467.

Cole, Ray. (2006). Shared markets: Coexisting building environmental assessment methods. *Building Research & Information*, 34(4), 357–371.

Dunster, Bill; Simmons, Craig; & Gilbert, Bobby. (2008). *The ZED book: Solutions for a shrinking world*. Abingdon, Oxon, U.K.: Taylor & Francis.

Kibert, Charles J. (2005). *Sustainable construction — Green building design and delivery*. Hoboken, NJ: John Wiley & Sons, Inc.

Roaf, Susan. (2004). *Closing the loop: Benchmarks for sustainable buildings*. London: RIBA Enterprises.

United States Green Building Council. (2009). LEED rating systems: What is LEED? Retrieved July 28, 2009, from http://www.usgbc.org/DisplayPage.aspx?CMSPageID=222

Cap-and-Trade Legislation

总量控制与交易立法

控制温室气体排放的一个方法是总量控制与交易。它为可容许的排放量设定一个上限（由政府制定），允许参与的机构在公开市场上购买、出售或交易"配额"。美国法律中最突出的例子是1990年《清洁空气法修正案》中的酸雨控制项目。总量控制与交易立法正被用来推进帮助缓和全球气候变化。

总量控制与交易立法旨在直接减少某种特定污染物在环境中的排放量。经济学家和其他人对这项立法的交易特征非常感兴趣，因为它能够有效地降低成本。总量控制与交易是现有的和被提议的为缓解气候变化最有特色的方法。

酸雨控制

在美国，总量控制与交易立法最显著的例子是1990年《清洁空气法修正案》中的酸雨控制。这项立法曾减少了二氧化硫排放，现已用于国际和国内气候变化项目的总量控制与交易的实施。

《清洁空气法》最初于1970年被采用，并有效地减少了大量污染物，包括悬浮微粒、氮氧化合物和铅。其主要关注于确保周围环境或户外空气中这些污染物的含量水平没有超过"保护公众健康所必需的"水平。一旦污染物降落地面或进入水中，它们就不属于《清洁空气法》所关心的内容了。当然，问题是二氧化硫和其他污染物沉淀于地面或水面后会酸化当地的环境，危害鱼类和昆虫的生活，破坏土壤、森林和农作物生产。随后在1990年修改案时，将总量控制与交易条款扩展到了减少排放到环境或由环境承载的全部二氧化硫排放量（不仅仅是那些污染物的大气浓度）。这些条款预期能够尽可能地低成本实施。

1990年修改案要求位于中西部和东北部的燃煤发电厂在1990年至2000年间减少大约50%的二氧化硫排放量（一个燃煤发电厂是指其烧煤用于发电）。这项法案通过对全部的排放物设定一个2 000的上限来达到减少排放的目的。这一上限大致是1990年水平的一半，并被作为私人工厂设定的其他相关额度。

发电厂没有被法律要求用某一特定的方式去满足它们的限额——强制性的更低的排放水平。它们可以安装传统的空气污染控制装置，在烧煤之前"洗煤"（除去杂质）以减少二氧化硫的排放，采用更低含硫量的燃料（比如从煤转化为天然气），安装更有效的锅炉，鼓励它们的用户节约能源，或做一些其他的事情。这些选择完全取决于发电厂的经营者，美国国会希望他们能够选择最便宜的方式来做。

除了这些选择，他们还可以交易、购买或出售配额（配额是指允许排放的量，比如，一年排放1吨的二氧化硫）。这项立法的一个基本前提是二氧化硫控制的成本——按美元每吨无效排放计算——随工厂不同而不同。因此，有些工厂可能比其他工厂减少排放的成本更低，每吨支付较少的美元，而且在将排放量降至低于要求的上限后，这些工厂可能依旧能够完成生产。基于1990年的修改案，有着更低控制成本的工厂可以将它们过量的排放额以配额的形式出售给有着更高控制成本需要的工厂。

比如两个工厂A和B，它们都在现行水平下有个100吨的上限。A工厂的控制成本是每吨30美元，B工厂的控制成本是每吨70美元。在没有交易的情况下，A、B两厂满足上限的成本分别为3 000美元和7 000美元，总共10 000美元。在交易的情况下，A工厂可以减少其排放量200吨，B工厂可以购买A"超额"

减少量100吨（以100配额的形式），成本大大低于7 000美元（在一个运作良好的市场，竞争压力会压低限额的成本）。因此，A工厂通过出售配额抵消了自身的一些成本，B工厂也能获取更低的成本。尽管总量控制与交易项目经常被称作交易项目，但没有总量控制限额的话，也就没有交易的必要或激励。

1990年的修改案已经如预期那样产生了作用。成本现已低于预期的一半，排放物比要求的减少更多。同时期，美国的国内生产总值和发电量也在增长。根据美国环保协会2009年的文章显示，这个项目表明了环境保护并不需要与经济福利竞争。

《京都议定书》

1992年，美国成为世界上批准《联合国气候变化框架公约》的第4个国家。该公约建立了一个国际性的法律结构来应对气候变化，但没有建立任何有约束性的或数字化的排放限制。当缔约方开始谈判设定有约束力的排放限制时，美国依据它在《清洁空气法》中获得的经验，主张将交易机制作为降低成本的一种方式。这份协议最终于1997年在日本京都达成。它要求发达国家在2012年前将温室气体的全部排放量较1990年水平平均降低5%。要求的排放减少量水平依国家不同而变化，美国有义务将其排放量较1990年水平降低7%，西欧国家（包括欧盟）被要求减少8%的排放量。

议定书已正式生效；除了美国（颇具讽刺意味），其他全部发达国家都批准了议定书。2001年，乔治·W.布什明确地拒绝了《京都议定书》，"因为它豁免了世界上80%的国家，包括像中国和印度那样的主要人口大国。服从承诺的话,会对美国的经济造成严重的损害"。

《京都议定书》包括了几项不同的排放贸易条款以降低减排成本。它允许发达国家之间进行排放贸易,缔约方可以利用存在于自身的成本差异来获取优势(条款17)。另一种形式的排放贸易是"联合履行"。在联合履行下(条款6),发达国家之间通过项目级的合作,其所实现的减排单位,可以转让给另一发达国家缔约方,但是同时必须在转让方的"分配数量"配额上减扣相应的额度。《京都议定书》还创建了清洁发展机制(CDM),这是一种创新性的贸易机制(条款12)。清洁发展机制允许发达国家基于发展中国家承担的项目,在两者之间进行减排量抵消额的转让与获取。清洁发展机制的双重目的在于帮助发展中国家实现可持续发展和帮助发达国家完成它们的减排要求。清洁发展机制由于发达国家和发展中国家成本方面的巨大差异而显得特别有吸引力。《京都议定书》的一大成果是欧盟排放贸易系统的发展和完善。

国际环境下贸易机制的使用产生了许多实施及实施方法的问题。

● 对于联合履行和清洁发展机制,减排项目必须是"额外的任何会发生没有认可的项目活动"(12.5c条)。人们常常很难在实践中确定这一点。其结果是,无论怎样的额度最终都会被用于减排。

● 对很多项目来说,直接确定其准确的减排量是很困难的。比如,通过森林来减少二氧化碳排放。减排量是基于模型和项目来计算的,所以可能或不可能被合理地精确。相反在美国,那些服从于交易的发电厂由于受到一系列排放管制,所以确定其实际达到的减排量相对容易。

● 美国法律体系包含许多确保法律协议完整性和可执行性的机制,包括它们基于的法规体系。在许多发展中国家,法律体系发展不完善,贪污腐败处处皆是,其后果是在这些国家,实施减排或保证实现承诺的减排量将很难进行。

2009年底,为了制定《京都议定书》的后续协议,缔约方举行了国际磋商会。因为《京都议定书》将于2012年到期,而且此后并没有其他国际性的减排协议。一种可能性是制定第二份在京都达成的总量管制与交易协议,它将要求进一步的温室气体减排。

欧盟排放交易体系

欧盟已经建立了世界上第一个国际性的碳排放交易体系——欧盟排放交易体系(EU ETS)。该体系建立旨在帮助欧盟成员国履行他们对《京都议定书》的承诺。欧盟排放交易体系分三个阶段或"交易时段"来实施。第一阶段,尝试阶段,从2005年到2007年。此阶段的主要目的不在于实现京都的目标,而是通过排放交易来积累经验。第二阶段从2008年到2012年,此阶段与《京都议定书》的第1个承诺期同步。第三阶段从2013年到2020年。

在欧盟,这个体系产生了很多重要的实施问题。一个问题是欧盟还是成员国是否可以进行排放权分配。在欧盟排放交易体系下，成员国在第一和第二阶段分配排放权，而欧盟将在第三阶段才分配排放权。另一个问题是排放权是免费分配还是通过拍卖分配。尽管大部分的排放权现在仍是免费分配，但拍卖分配的方式使用得越来越多。还有一个问题是由欧盟还是成员国来实施。尽管这个体系是遍及整个欧盟范围的，但实施过程是由成员国来承担。根据欧盟环境署（EEA）的数据，2008年欧盟已经连续第4年降低了排放量。如果计划的和现有的措施能够充分实施，并且成员国能够利用好清洁发展机制及其他《京都议定书》的条款，欧盟环境署预测欧盟将比《京都议定书》中设定的8%的减排目标做得更好。

美国区域性减排倡议

10个东北部和大西洋中部地区参加了区域温室气体减排倡议（RGGI）。该倡议已制定了一套示范规则，用以建立电力部门的总量管制与交易项目。这10个州是康乃迪克州、特拉华州、缅因州、新罕布什尔州、新泽西州、纽约州、佛蒙特州、马萨诸塞州、罗得岛州和马里兰州。

区域温室气体减排倡议的环境总目标是要求每个州使用石化燃料发电厂的排放物采用二氧化碳交易项目，对装机容量≥25兆瓦。这些州一起商议出了一套示范规则，这套规则作为这项目的基础正在每个州实施。发电厂是一个有吸引力的起点，因为它们已经在《清洁空气法》中经历了二氧化硫交易。排放量的减少估计出现在2015—2018年间，以每年2.5%的速度减少。到2018年，每个州基本的年排放量较初始2009年会降低10%。

相似地，西部气候倡议（WCI）包括了针对多个经济部门的区域性排放总量控制和总量控制与交易体系。西部气候倡议由7个西部州（亚利桑那州、加利福尼亚州、新墨西哥州、蒙大拿州、俄勒冈州、犹他州和华盛顿州）和4个加拿大的省（不列颠哥伦比亚省、马尼托巴省、安大略省和魁北克省）组成。西部气候倡议的目标是到2020年温室气体水平比2005年的降低15%。

美国立法

截至2010年1月，基于总量控制与交易的全面的气候变化立法在国会近似通过。2009年6月26日，众议院通过了《美国清洁能源和安全法案》（H.R.2454）。2009年11月5日，参议院环境和公共工程委员会批准了一项有点类似的法案——《清洁能源工作与美国电力法案》（S.1733）。

两项法案的核心都是针对温室气体排放的总量控制与交易项目。众议院的法案要求美国在2050年前将温室气体排放量较2005年水平降低83%（这相当于到2050年削减1990年排放量的69%）。

两项法案可能对涉及的实体产业也建立总量管制与交易项目，包括所有生产25 000吨二氧化碳或二氧化碳等价物（气体，比如甲烷和一氧化二氮）的发电厂、工厂及其他设施。这些设施对美国大约85%的温室气体排放负有责任。

这些减排要求为所涉及的设备制定排放总量或限度，这个总量水平将随时间降低。涉及的设备或多或少能用合适的方式来满足这个限制——比如通过使能源变得更有效,转换使用更低碳密集型燃料(从煤到天然气)或者更多的可再生能源。另一个选择是交易或购买排放权。像《清洁空气法》中的二氧化硫控制,某些设备可能比其他设备能更经济地减少每吨温室气体的排放。具备这种优势的设备能够交易或出售他们"超额"的减排量——以等于1吨二氧化碳或二氧化碳等价物的排放权形式——给那些需要花费更多来控制成本的设备。

在这些法案中的总量控制与交易体系应该导出一个有关碳排放的价格,它将在整个经济中产生涟漪效应(尽管从政治上来看可能性不大,但碳税将有相同的效应)。这个价格应该能反映排放权的市场价格。根据通常的经济知识,由总量控制与交易项目产生的经济压力将导致石化燃料的更少使用,低碳密集型燃料的更多使用和其他可以产生更少温室气体排放的燃料得到更多使用的变化。

当然,众议院和参议院的法案包括了许多其他的条款。部分条款旨在确保排放权交易市场透明、可靠和运作顺畅。另有部分旨在确保排放权的价格不要太高,以至于对很多设施来说这个项目无法承受。一些条款允许涉及的设备去购买"抵消排放权",主要来自林业工作者和农民,以此满足他们的排放上限。"抵消排放权"是指由非涉及的设备通过减少温室气体排放或增加碳吸收或储存的形式产生的排放权。这些法案还建立了一个全国性的排放报告系统。

针对气候变化立法,总量控制与交易条款产生了以下问题。

- 怎样分配排放权。在《清洁空气法》中,排放权是免费分配的。在区域温室气体减排倡议中,许多州拍卖部分或全部的排放权。公用事业公司青睐免费配置温室气体排放权,因为这样可以降低它们的成本。它还能使立法更容易通过。相反,支持拍卖的观点立足于这样一个想法,即政府不应该放弃有价值的东西,且不应该给现存的公司经济优先权。

- 销售排放权的收益分配。在一定程度上,排放权是用于出售而不是赠送的,政府能够利用或分配这些收入出于多种目的,包括提高能源利用率,再培训那些受到不利影响的工人,并且研究和发展。另外,销售排放权的部分或全部的收入也能以折扣的形式一次性或长久性地分配给个别纳税人。

- 怎样对待现存的区域性组织,比如区域温室气体减排倡议和西部气候倡议。尽管通过联邦立法创建了全国性的总量控制与交易体系有着可以理解的利益,但许多人相信联邦立法应该包容那些在组织中已经投入的时间和资源。

- 总量控制与交易方法需要靠其他规则来扩展它的范围。由于市场的不完全性,由总量控制与交易项目所产生的经济压力将不会总是带来期望的结果。根据经济学家罗伯特·斯塔温斯(Robert Stavins 2007)的观点,消费者通常不会购买更节能的产品,因为他们低估了这些产品的经济节约能力。另外，有能力去实现更节能的人（如房东）通常不是为能源账单买单的人（典型的像房客）。换句话说，正如斯塔温斯写到的，这些激励没有指向有能力做出减少温室气体排放决定的人们。除此以外，他说，总量控制与交易或征税行动提供的价格信号，不可能导致对各种不同的用以缓和气候变化的研究和发展活动进行足够的投资。最后，尽管总量控制与交易项目能够确切地降低排放控制的成本，但它不太可能比同等严格程度的绩效标准产生更直接的环境、社会和经济的协同效应。作家及法学教授戴维·德列森（David Driesen）在《京都议定书》时期的经历说明，排放许可权的买者主要关心是否可以降低他们的成本，而不是提高或获得可能来自使用一项特别政策或措施所带来的其他利益（Driesen 2008）。这些独立的总量控制与交易项目中的限制强化了能源效率政策和能够推动更高水平私人投资的措施，以及除了减少温室气体排放之外的能产生大量经济、社会和环境效益的方案。

这些问题在某种程度上用两种方法得到了解决。第一，其他的联邦法已经间接地弥补了联邦总量控制与交易立法的缺陷来解决温室气体排放。比如，2007年的能源独立与安全法案，要求到2020年，机动车和轻型卡车（包括运动型多用途车）实现平均油耗最少为35英里/加仑。第二，尽管全面的气候变化法案包括了总量控制与交易条款，但它也包括了许多其他的条款，其中一些解决了这些问题。比如众议院法案创建了一个全国性的建筑物能源节约计划，将提高对节能灯

和电器的现有要求，并提高交通运输和工业设施中的能源效率。但现在仍不清楚这些条款是否能克服总量控制与交易的局限性。

除了这些问题，还有一个关于征收碳税是否是个更好方法的残留疑问。因为有总量控制，总量控制与交易立法实现了明确的减排。相反，征税的减排效应很难事先确定。但另一方面，因为税收能够应用于所有排放的温室气体种类，而不是那些立法本身识别的种类，所以税收更具备经济有效性。两个方案的比较成本将取决于他们的设计细节——排放权如何分配及相似问题。一份2008年由美国国家审计总署的经济学家实施的调查发现，11位经济学家支持总量管制与交易，而7位支持征税。

启示

总量控制与交易立法使得先前被认为不可能的以更低成本实现更大程度的多种污染物减排成为可能。尽管它作为一种市场机制来提高环境质量是能够被理解的，但认识到旧的"命令—控制"规则——限制每一个涉及的设备排放污染——能为交易提供激励也是很重要的。因此，总量控制与交易立法的最好理解是传统管制和以市场为基础的控制的结合。它是追求可持续发展过程中有效的不可缺少的工具。

约翰·C.德恩巴赫（John C. DERNBACH）
威德恩大学法学院

参见：汽车产业；航空业；气候变化披露；可持续发展；能源效率；能源工业；真实成本经济学。

拓展阅读

Dernbach, John C., & Kakade, Seema. (2008). Climate change law: An introduction. *Energy Law Journal*, 29(1), 12–14.

Driesen, David M. (2008). Sustainable development and market liberalism's shotgun wedding: Emissions trading under the Kyoto Protocol. *Indiana Law Journal*, 83(21), 52–57.

Environmental Defense Fund. (2008). The cap and trade success story. Retrieved July 5, 2009, from http://www.edf.org/page.cfm?tagID=1085

Environmental Protection Agency. (1990). Clean Air Act: Title IV — acid deposition control. Retrieved July 5, 2009, from http://www.epa.gov/air/caa/title4.html

European Environment Agency. (2009). *Greenhouse gas emission trends and projections in Europe 2009: Tracking progress towards Kyoto targets*. Retrieved December 31, 2009, from http://www.eea.europa.eu/publications/eea_report_2009_9

Faure, Michael, & Peeters, Marjan (Eds.). (2008). *Climate change and European emissions trading: Lessons for theory and practice*. Northampton, MA: Edward Elgar.

Government Accountability Office. (2008, May). *Climate change: Expert opinion on the economics of policy options to address climate change*. Retrieved July 5, 2009, from http://www.gao.gov/new.items/d08605.pdf

United Nations Framework Convention on Climate Change (UNFCCC). (1997). Essential background. Retrieved July 16, 2009, from http://unfccc.int/essential_background/items/2877.php

U.S. Senate Committee on Environment & Public Works. (2008). Lieberman-Warner Climate Security Act of 2008. Retrieved July 5, 2009, from http://epw.senate.gov/public/index.cfm?FuseAction=Files.View&FileStore_id=aaf57ba9–ee98–4204–882a–1de307ecdb4d.

Yacobucci, Brent D.; Ramseur, Jonathan L.; & Parker, Larry. (2009). *Climate change: Comparison of the cap-and-trade provisions in H.R. 2454 and S. 1733*. Retrieved December 31, 2009, from http://assets. opencrs.com/rpts/R40896_20091105.pdf

Cement Industry

水泥产业

水泥是世界上第二大消费材料——混凝土的重要成分。全球的水泥产业占所有人为二氧化碳排放量的5%，这主要源于制造过程。尽管对水泥的需求仍会上升，但这个产业正采取措施来减少它的环境足迹，并尽力为社会产生积极影响。

混凝土是第二大消费材料（水之后），它为世界上的每一个国家构建了建筑环境。全球每年制造约2 500亿吨混凝土（WBCSD 2009a），这相当于地球上每个人大约用4吨混凝土。相较于其他任何建筑材料，包括木材、钢铁、塑料和铝来说，混凝土耐用、可靠、万能、耐火、低价，且在使用阶段只需要相对少的养护或维修，因此混凝土被更频繁地用于建设（WBCSD 2009b）。

混凝土生产过程中关键性的成分是水泥。水泥是混凝土中重要的"胶水"，当水泥与聚合物（像碎石或砾石）、沙和水混合时，混凝土也就形成了。为了减少远距离运输既重又廉价的产品而产生的费用，且由于水泥的原材料（石灰）具备无处不在的可用性，水泥产业几乎在各处运营着。任何员工广泛分布且使用能源密集型生产流程的产业——像水泥产业——将会影响当地的环境和社会。所以这些行业必须考虑可持续性的问题以确保长期的成功。水泥产业也不例外。

2008年，全球的水泥产量为280亿吨，其中近50%产自中国（Harder 2009）。到2012年，全球的水泥需求量预计达到360亿吨，印度、印度尼西亚、马来西亚、尼日利亚和越南将有每年7%的收益预期（Cement Americas 2008）。全球水泥产业的几个关键企业有西麦斯（墨西哥）、中国建筑材料集团有限公司（中国）、海德堡水泥公司（德国）、霍尔希姆水泥厂（瑞士）、意大利水泥（意大利）、拉法基（法国）和太平洋水泥（日本）。

水泥产业的可持续性

正如所有产业一样，水泥产业的可持续性是指如何在成功地最大化产品积极作用的同时不断减少运营的环境足迹。在探讨水泥产业的可持续性及其周边环境的过程中,我们需要得出结论。

二氧化碳排放

　　大约5%的人为二氧化碳排放源自水泥产业(Battelle Institute 2002)。根据世界可持续发展工商理事会研究(WBCSD),大约55%的二氧化碳排放发生于在水泥窑中进行的煅烧过程,期间石灰被转化为一种中间物质"熔块"。在这一过程中,温度将达到约1 450℃。随着石灰中的碳酸钙变成氧化钙,二氧化碳作为这一化学变化中的副产品被排出。大约40%的二氧化碳排放物最终变为燃料,燃烧掉以升高水泥窑中的温度,而一小部分二氧化碳产自用电过程,大多是为了将熔块磨成细粉(WBCSD 2009a)。

　　但是混凝土的使用也能对排放物产生积极影响。一个设计良好的混凝土建筑通常比一个等价的轻型结构建筑少消耗5%～15%的能源,且需要更少的内部加热和冷却服务。在混凝土的使用过程中,它慢慢地吸收空气中的二氧化碳(碳封存)。混凝土有高反照率效应,意味着许多太阳光被反射,更少的热量被吸收。这导致了当地的温度变得更低和"城市热岛效应"的下降。"城市热岛效应"是指都市地区比周围的农村或欠发达地区暖和。

其他排放物

　　除了二氧化碳,水泥产业没有产生其他温室气体的大量排放,但像灰尘、有机污染物、氮和二氧化硫等排放物却有必要去处理。大多数国家已针对这些污染物设定了法规限制,且这些限制随着时间的推进变得更为严格,许多排放物不断地受到监管以确保排放限制得到满足。

可替代燃料和原材料

　　水泥产业可以通过使用可替代燃料和原材料来抵偿它的一些碳足迹。工业或家庭废物通常是在焚化炉内燃烧,但若反之将这些废物放在水泥窑中一起加工,可为达到需要的1 450℃窑内温度提供燃料,帮助形成水泥和其他有价值的原材料,比如铁,这就可以减少工业对化石燃料的依赖,并降低相关的开发这些资源的所带来的影响。

对土地和社区的影响

　　水泥厂通常建在靠近采石场的地方,以便获得生产的原材料。当任何石灰采石场开始运作,都会对周围的地形和社区产生显著的影响:噪声、振动和生态系统变化。对大的水泥厂来说(每天制造3 000吨或以上的水泥),石灰石储量需要达到1亿或1.5亿吨。水泥公司将工厂建在远离城市、城镇及具有重要生物多样性或文化价值的地区或保护地区,并通过在采石场工作过程中及停止工作之后实施持续的康复计划来最小化他们的影响。

　　如果公司负责人是个负责任的当地经营者,这将有利于公司获得"经营许可证",许可证是每个公司在采石工作开展之前或延续过程中需要获得的,可以提高员工的忠诚度和自豪感。

　　水泥运作也会给近邻的区域带来积极效益。因为水泥在当地生产和供应，创造了工作岗位，当地的基础建设也得到了发展。这也可以为那些很少有促进经济发展机会的发展中国家的偏远地区带来特别的效益。

行业协作

　　可持续性问题总是跨国界存在着，因此，它们必须通过国际协作来解决。在可持续性问题上的合作对成功非常关键。政策和规章，特别是围绕着气候问题展开的，必须与产业自身结合起来被采用，以确保政策是公平的、行得通的、允许产业发展可持续性的。举个例子，产业中可用来解决二氧化碳排放问题的方式主要有4种，但只有一种——能源效率——主要是由行业控制的。其他方式很大程度上取决于国家政府政策及持续研究与开发的成果。

　　世界可持续发展工商理事会的水泥可持续发展倡议组织（CSI）是一个自发的由行业驱动的组织。它在历经了关于工业对环境和社会影响的3年研究调查后于2002年成立。它对可持续水泥产业有一个20年的愿景，即CEO签署行动议程，让成员们设置目标，并就一系列的可持续问题公开报告进程目标。所有公司每年就他们合作的可持续性问题的不同关键绩效指标（KPIs）做报告。2009年，水泥可持续发展倡议组织有18个成员公司，都是关键性的全球水泥生产商，在超过100个国家经营着水泥产业；他们产量的总和占世界产量的约30%（WBCSD 2009a）。

　　水泥可持续发展倡议组织、行业协会和私人企业（通常与非政府组织或其他合伙人合作）已经制定了许多指导方针，这些方针涵盖了在采石场和水泥厂运营过程中的减排量、燃料和原材料使用、环境和社会关系等问题。

未来前景

　　水泥产业面临着几个关键性的可持续性问题，整个产业将继续致力于最小化它对社会和环境的负面影响。由于对水泥和混凝土的需求不断增长，水泥产业必须致力于将可持续性行动推广进入新兴市场和发展中国家。混凝土在未来仍旧被认为是关键性的建筑材料。水泥产业需要更细致地着眼于其完整的供应链，从原材料的供应到最后的使用、重复利用及混凝土的处理，还要注意水泥产品使用过程中对环境和社会产生的影响。

卡罗琳·特威格（Caroline TWIGG）
罗兰·亨齐克（Roland HUNZIKER）
世界可持续发展事务协会

　　参见：绿色建筑标准；能源工业——煤；设施管理；制造业实践；采矿业；房地产与建筑业。

拓展阅读

Battelle Institute. (2002, March). *Toward a sustainable cement industry*. Retrieved September 14, 2009, from
　　http://www.wbcsd.org/web/publications/batelle-full.pdf

Cement Americas. (2008, July 1). Global cement demand to reach 3.6 billion metric tons in 2012. Retrieved January 10, 2010, from http://cementamericas.com/mag/global_cement_demand_0708/

Cemweek. (2009). Retrieved September 29, 2009, from http://www. cemweek.com

European Aggregates Association (UEPG). (2009). Retrieved September29, 2009, from http://www.uepg. euHarder, Joe. (2009, October 18). An analysis of worldwide cement and clinker trade. Retrieved October 28, 2009, from http://www.worldcement.com/sectors/cement/articles/an_analysis_of_worldwide_cement_and_clinker_trade%20.aspx

International Council on Mining and Metals (ICMM). (2009). Workprograms: Socio-economic development. Retrieved September 29, 2009, from http://www.icmm.com/page/1381/our-work/workprograms/articles/socio-economic-development

Müller, Nicholas; Harnish, Jochen; & WWF International. (2008). *A blueprint for a climate friendly cement industry*. Retrieved September 29, 2009, from http://assets.panda.org/downloads/english_report_lr_pdf.pdf

United States Geological Survey (2009). Mineral industry surveys: Cement in June 2009. Retrieved September 14, 2009, from http://minerals.usgs.gov/minerals/pubs/commodity/cement/mis−200906−cemen.pdf

Wehenpohl, Günther; Dubach, Barbara; Degre, Jean-Pierre; & Mutz, Dieter. (2009). The concept of co-processing waste materials in cement production: The GTZ-Holcim public private partnership, coordinated by the University of Applied Sciences Northwestern Switzerland. Retrieved September 29, 2009, from http://www.coprocem.com

World Business Council for Sustainable Development (WBCSD). (2009a). Cement Sustainability Initiative (CSI). Retrieved September 14, 2009, from http://www.wbcsdcement.org

World Business Council for Sustainable Development (WBCSD). (2009b). Cement Sustainability Initiative: Sustainability benefits of concrete. Retrieved October 28, 2009, from http://www.wbcsdcement.org/index.php?option=com_content&task=view&id=67&Itemid=136

Chemistry, Green

绿色化学

绿色化学的目的在于减少化学品及化工产品在制造、使用和处置过程中产生的危害。在绿色化学研究和应用中领先的是学术界和产业界。尽管"绿色化学"一词要追溯至20世纪90年代，但2005年的诺贝尔化学奖却颁给了3位从20世纪70年代开始致力于减少新化学品形成过程中危害性废物产生的化学家。

化学制造者将原材料转化为化学品，用于许多行业中的多种产品，比如农业化学品、清洁产品、油漆、纺织品、橡胶、塑料和药物。化学制造是一个很重要的工业部门，2007年，全球范围内的化学品销售估计为1.8万亿欧元，即2.6万亿美元（Cefic 2009）。该行业的中心位于西欧、北美和日本，俗称"三足鼎立"，但局面正在发生改变。2007年，先前化学品销售的领跑者欧盟下滑至第2位，位于亚洲之后。究其原因，是由于中国和印度的化学行业已迅速发展起来（Cefic 2009）。2009年，美国的化学产业创造了6 890亿美元的价值，占

美国出口的10%（American Chemistry Council 2009）。

化学制造会产生有害的副产品和废物。随着有先见之明的科学家逐渐意识到应当适当关注最初的分子设计，绿色化学开始出现。它可消除多种现有工业过程中的危害和废物。绿色化学被定义为"有效利用一系列原理以减少或消除化学产品设计、制造和应用中危害性物质的使用或产生"（Anastas & Warner 1998）。随着保罗·T.阿纳斯塔斯（Paul T. Anastas）和约翰·C.沃纳（John C. Warner）的12条绿色化学原则发表，绿色化学在20世纪90年代成为焦点。这些原则包括"最好是防止浪费，而不是事后清理"，"化学品应该明确设计成对人类健康和环境最小化危害"和"能源使用应最小化"。或者，正如研究报告和清洁生产行动组织的宣传组（2009）阐述。"绿色化学的目标是创建更好、更安全的化学品，同时选择最安全、最有效的方式进行合成，并减少浪费。"

起源

"绿色化学"这一术语出现于20世纪90年代的美国。1992年,在宾夕法尼亚州匹兹堡的卡耐基梅隆大学,特里·科林斯(Terry Collins)教授出版了可能是世界上最早的关于绿色化学的教程。说明"绿色化学"这一概念的主要出版物及其应用也被后来就职于美国环境保护署的阿纳斯塔斯和原供职于宝丽来后就职于波士顿马萨诸塞大学的约翰·沃纳发展起来。美国环境保护署致力于执行1990年的《污染预防法》,该法建立了一个全国性的政策,以在任何可行的时候防止或减少源头上的污染。1991年,阿纳斯塔斯引进了美国环境保护署的"绿色化学计划"。随后在1995年推出了总统绿色化学挑战奖,该奖的一个特征是其年度演讲。经过多天的"绿色化学"会议研究,奖品颁给了在研究、开发及新技术工业应用中取得的突出成功。

12条绿色化学原则

1. 防止污染优于污染治理:防止废物的产生而不是产生后再来处理;

2. 设计安全的化学产品:设计的化学产品应在保护原有功效的同时尽量使其无毒或毒性很小;

3. 尽量减少化学合成中的有毒原料、产物:只要有可能,反应中使用和生成的物质应对人类健康和环境无毒或毒性很小;

4. 使用可再生原料:用可再生而不是耗尽型的原材料。可再生原料通常来自农产品或其他加工过程中的废物;耗尽型的原料来自化石燃料(石油、天然气或煤)或采掘得到;

5. 用催化剂,不用化学试剂:通过催化反应使得浪费最小化。催化剂虽用量少,但能进行很多次反应。它们比用量多但只能用一次的化学试剂更受青睐;

6. 减少不必要的衍生化步骤:应尽量避免不必要的衍生过程(如基团的保护,物理与化学过程的临时性修改等),衍生化过程需要额外的反应物,这会产生污染;

7. 提高原子经济性:设计的合成方法能最大比例的将起始物质嵌入到最终产物中去。若有任何浪费的原子,该数值会变少;

8. 使用更安全的溶剂和反应条件:尽量不使用辅助性物质(如溶剂、分离试剂等),如果一定要用,也应使用无毒物质;

9. 提高能源效率:化学反应尽可能地在环境温度和压力下进行;

10. 设计使用后能够降解的化学品及产品:设计化学产品时,应考虑当该物质完成自己的功能后,不再滞留于环境中,而可降解为无毒的产品;

11. 进一步发展分析技术对污染物实行在线监测和控制:包括合成过程中实时监控以最小化或消除副产品的形成;

12. 最小化潜在的意外:化学过程中使用的物质或物质的形态,应考虑尽量减少实验事故的潜在危险,如气体释放、爆炸和着火等。

他们将奖项按学术界、小型企业、新合成路线、可替代化学品制造工艺及设计更安全的化学品进行分类。举个例子，2003年的"设计更安全化学品"奖颁给了乔治亚州的肖·道尔顿产业公司，该公司是美国最大的地面覆盖材料制造商之一。肖因为开发了EcoWorx地毯瓷砖而获此奖。EcoWorx取代了用聚氯乙烯背衬的地毯，聚氯乙烯是一种在使用期间（从制造到处理）对人类健康和环境都造成危害的化学品。正如弗吉尼亚大学达顿商学院和投资者环境健康网络（2010）准备的那份案例分析所描述的一样，肖能够生产一种不仅可重复利用，而且在整个重复利用过程中能以降低的成本维持原始材料性能的地毯。由于产品的重量降低了40%，可以节省制造和运输成本，并进一步促进了投入成本的下降。新产品如此成功以至于它完全取代了肖的PVC型产品。

学术中心

学术界研究绿色化学技术的工作早在术语正式使用前就已展开。2005年，诺贝尔化学奖颁给了法国的伊夫·肖方（Yves Chauvin）、美国的罗伯特·H.格拉布斯（Robert H. Grubbs）和美国的理查德·R.施罗克（Richard R. Schrock），奖励他们在减少新化学品形成过程中危害废物产生方面做出的贡献，该研究从20世纪70年代就已开始。诺贝尔委员会说他们的方法"代表了绿色化学的一大进步，通过更明智的生产来降低潜在危害物的产生"（Nobel Foundation 2005）。

在美国和海外有各种绿色化学的学术研究中心。比如，共同推出12条绿色化学原则的沃纳和阿纳斯塔斯，他们于2001年在波士顿的马萨诸塞大学组织了世界上第一场绿色化学的医学运动。沃纳在马萨诸塞州威尔明顿建立了私人实验室沃纳·巴布科克绿色化学研究所，随后搬到了马萨诸塞州洛厄尔大学。阿纳斯塔斯在与他人合作创建了美国化学学会绿色化学研究所并被委任为董事后，又被任命为耶鲁大学绿色化学和绿色工程中心的首任董事。在英国，詹姆斯·克拉克（James Clark）管理的约克大学绿色化学运动多年来赞助有关绿色化学的消费者时事通讯和年度会议。2007年，北京工业大学在中国举办了第八届绿色化学国际研讨会（耶鲁大学绿色化学和绿色工程中心和中国科学院化学研究所是承办单位），第九届于2008年在合肥举行。国际理论与应用化学联合会赞助了2006年在印度德里大学举行的绿色/可持续化学第二届国际研讨会。印度彼拉尼的贝拉理工大学（BITS）将于2010年2月举办一场关于绿色和可持续化学的全国性会议。

公司利益

绿色化学在主流制药行业里特别活跃，它旨在减少医药产品制造中产生的大量污染。2002年"可替代合成途径"的总统绿色化学挑战奖颁给了辉瑞公司，这标志着减少污染的机会量级，该公司重新设计了制造抗抑郁剂舍曲林的方法。它合成此药时不再需要使用4种毒性溶剂，并减少了每年830吨其他废弃化学品的产生（US EPA 2008）。

制药行业与美国化学学会（ACS）绿色化学研究所一起召开了制药圆桌会议。成员们一同研究议程，把绿色化学原则融入教育，开发促进工业绿色化学和绿色工程实施的工具。

值得注意的是,圆桌会议赞助了一个集中关注"培养新型化学合成途径来替代已有途径"的研究提议。

辉瑞在制药型公司中属于绿色化学的先行者。该公司已经认识到在其管理结构中充分整合绿色化学的重要性,包括规模扩张、研究及制造。辉瑞有对全公司范围负责的全职绿色化学领导者、企业绿色化学政策及负责战略规划、通讯、政策制定、绩效管理的指导委员会。辉瑞还有站点级的绿色化学团队来完成管理目标,并对员工提供奖励。

政府利益

除了美国环境保护署现代绿色化学计划和由美国国家科学基金会(NSF)资助的一些研究外,美国联邦政府并没有给予绿色化学有效的调整与关注。绿色化学提供了带领社会超越20世纪"棕色化学"足迹的希望。老旧的"棕色化学"产生过显著社会效益,但也留下了污染性的制造场所及职业的和环境的健康问题。为了解决投资不足问题,《绿色化学的研究和发展法案》被提出,并于2004年和2006年获得美国国会众议院两党支持得以通过。但由于美国参议院没有采取行动,所以该法案止步于此。该法律的2008年提案版将会授权联邦,3年内花费由美国环境保护署、国家科学基金及两个其他联邦机构资助的16 500万美元来做研究和开发。到2010年2月,国会还是没有批准这项法律。

在缺少有意义的联邦行动的情况下,有些州政府正在推进自己的项目,这与其在气候变化和产品安全问题上采取有意义的行动来弥补联邦政府在这些领域不作为的情形相似。

一些政府由投资绿色化学可产生的经济效益前景推动着,其中加利福尼亚最明显。在那里,加州大学伯克利分校应州议会的要求发表了报告《加州的绿色化学:化学政策领导和创新的框架》(Wilson, Chia & Ehlers 2006)。这篇报告建议加州可以以多种方式来制定全面的化学品政策,将为公司投资绿色化学提供更大的激励。2007年4月,加州有毒物质控制部门发起了"加州绿色化学倡议",即多部门、多方参与一系列专题讨论会和研讨会,最终成为州级绿色化学政策和规划建议。加州立法机构随后立法建立这样一个计划。

2006年10月,密歇根州州长珍妮弗·格兰霍姆(Jennifer Granholm)签署了一份执行命令《促进绿色化学可持续发展和保护公众健康》,指导密歇根环境质量部门建立一项支持绿色化学计划来推进和调整州绿色化学研究、开发、教育及技术传播活动。

缅因州明确地将绿色化学视为经济驱动力。2007年10月,缅因州的经济发展和环境保护机构与州公司及环保积极分子举行了一场"发展缅因州绿色经济:通过绿色化学更好地生活"的会议。他们讨论了用更安全的可替代物来取代消费品中的有害材料,以此来扩张缅因州的经济。参与者主要关注用生物基础的化学品取代石油基础的化学品,包括用缅因州的土豆来制造生物塑料。2008年4月,州长约翰·巴尔达奇(John Baldacci)

签署了相关的法律，即《儿童产品安全法案》。它要求缅因州列出被其他政府机构以一定标准认定为对儿童有害的高度关注的化学品；它还要求缅因州列出受高度关注的两种或两组化学品作为"优先化学品"，因为它们非常可能对缅因州儿童造成伤害或它们已经被其他州禁止了。制造者必须报告在州售卖的产品是否包含"优先化学品"。该法案允许缅因州在可比成本下若有更安全的替代品时，可限制此类产品的出售。会议和法案共同反映出用软硬兼施的方法来减少对人类健康和环境产生的危害：对"已知公害"施加压力，为"更多真品"提供激励。

化学产业三足鼎立的另一成员已经采取相似措施来推动绿色化学。2007年6月，欧盟颁布了EC 1907/2006，《化学物质的注册、评估、授权及限制规则》（REACH）。该规则要求化学产业辨别并在中心数据库中登记其化学品的风险。另外，授权过程要求：为了支持危害性更低的化学品，将逐步停止最有害的化学物质的使用。这项规则的制定时间已超过11年，被应用于欧盟及出口到欧盟国家的化学制造商。

为了达成1995年《科学技术基本法》建立的促进科学和技术发展的目标，日本政府于2001年批准了《第二个科学技术基本计划》，该计划由科学和技术政策委员会实施。这其中的一个使命是解决环境科学和技术问题，主要是回收和环境治理，但有一部分是关于发展技术来安全管理化学的问题。绿色和可持续化学网络（GSCN）是该委员会的一个工作小组，开始于2001年，给为推动日本绿色化学的私人及企业颁发GSC奖（Rubottom 2004）。

实施的挑战

2007年12月，哈佛大学国际发展中心发表了一篇工作文件《克服实施绿色化学的挑战》。这篇论文是哈佛、耶鲁及美国化学会共同项目的研究成果。文章基于访谈和多方参与研讨会，指出了实施绿色化学的障碍和政府、学术界、非政府组织及行业为减轻这些因素的影响可采取的行动。研究者认为影响绿色化学实施的障碍主要有6类：经济、管理、技术、组织、文化、定义和指标。研讨会参与者（包括百科全书此条目的作者）为解决这些障碍明确了6种主要行为主题：

1. 为发展和推进创新创造激励；
2. 考虑用政策来焦点转向减少危害；
3. 促进联系、网络和协作关系；
4. 作为一个多方参与计划的推动者；
5. 推动使环境和健康影响成为决策中重要部分的项目；
6. 支持研究、知识创造和教育成果，以此在一系列学科和问题领域支持绿色化学。

某些更具体的障碍包括缺乏经过恰当培训过的化学家和工程师；缺乏更绿化的可替代品的管理激励；缺乏对销售和市场营销团队的理解；对更大的化学品销售区和更多消费者的认识不足；缺乏能广泛运用于测量"绿色"水平的指标。

一些具体的能用来克服障碍的措施有：为化学工作者和非化学工作者开发具体的课程教材，包括绿色化学的继续教育课程；为替代老旧化学提供税收优惠；降低产品注册费用及缩短绿色创新的审批时限。

展望未来

绿色化学提供了减少环境和人类健康成本的潜在利益。当绿色化学家们能模仿自然的能力，在没有很大压力的情况下生产牢固的、经久耐用的产品时，该能力（比如蜘蛛会结网和海洋动物能脱壳）将节约能源和制造成本。当产品设计成无毒或毒性很小时，这将减少行业用于管理危害性生产及加工的开支费用。绿色化学还能让企业在越来越激烈的全球市场上享有竞争性优势。《纽约时报》的专栏作家托马斯·弗里德曼（Thomas Friedman 2007）在2007年2月14日世界资源研究所的25周年庆典晚宴上提及此事。在暗指绿色技术时，他说："中国正在变'绿'，一旦他们研发出这些技术……他们将会走到我们前面，敲响21世纪下一个伟大产业的钟声，如果我们还在此闷头熟睡的话……与红色中国相比，绿色中国最终将会成为我们更大的挑战。"

理查德·利洛夫（Richard A. LIROFF）
投资人环境健康网

参见：仿生；生物技术产业；工业设计；清洁科技投资；制造业实践；制药业；零废弃。

拓展阅读

American Chemistry Council. (2009). American chemistry is essential. Retrieved January 4, 2009, from http://www.americanchemistry.com/s_acc/bin.asp?CID=1772&DID=6573&DOC=FILE.PDF

Anastas, Paul T., & Warner, John C. (1998). *Green chemistry: Theory and practice*. Oxford, U.K.: Oxford University Press.

Cefic. (2009, January). Chapter 1: Profile of the chemical industry. *In Facts and figures: The European chemical industry in a worldwide perspective: 2009*. Retrieved January 4, 2010, from http://www.cefic.be/factsandfigures/downloads/Facts_and_Figures_2009_Ch1.pdf

Clean Production Action. (2009, August). Why we need green chemistry. Retrieved May 14, 2008, from http://cleanproduction.org/library/cpa%20green%20need%20fact.pdf

Europa. (2008, October 26). Environment: REACH. Retrieved January 4, 2009, from http://ec.europa.eu/environment/chemicals/reach/reach_intro.htm

Friedman, Thomas (2007). Tom Friedman at WRI Anniversary Dinner [Web video]. Retrieved February 12, 2010 at http://www.filmannex.com/movie/independent/documentary/tom_friedman_at_wri_25th_anniversary_dinner/569

Investor Environmental Health Network. (2010). *Shaw Industries: EcoWorx and cradle-to-cradle innovation in carpet tile*. Retrieved May 14, 2008, from http://iehn.org/publications.case.shaw.php

IPC. (2009). *China's newly announced RoHS-type regulations to be discussed at upcoming IPC It's Not Easy Being Green conference.* Retrieved January 4, 2010, from http://www.ipc.org/ContentPage. aspx?pageid=Chinas-Newly-Announced-RoHS-type-Regulations-to-be-Discussed-at-IPC-Its-Not-Easy-Being-Green-Conference

Matus, Kira J. M.; Anastas, Paul T.; Clark, William C.; & Itameri-Kinter, Kai. (2007). *Overcoming the challenges to the implementation of green chemistry* (Working Paper No.155). Cambridge, MA: Harvard University, Center for International Development.

Nobel Foundation. (2005, October 5). *Nobel Prize in Chemistry 2005* [Press release]. Retrieved December 2, 2009, from http://nobelprize.org/nobel_prizes/chemistry/laureates/2005/press.html

Rubottom, George M. (2004, April 6). *Green chemistry in Japan* [Special Report No.04−01]. Retrieved January 5, 2010, from http://www.nsftokyo.org/ssr04−01.html

United States Environmental Protection Agency (US EPA). (2008).2002 Greener synthetic pathways award. Retrieved February 17,2010, from http://www.epa.gov/greenchemistry/pubs/pgcc/winners/gspa02.html

United States Environmental Protection Agency (US EPA). (2010).Green chemistry award winners. Retrieved February 13, 2010, from http://www.epa.gov/greenchemistry/pubs/pgcc/past.html

United States Environmental Protection Agency (US EPA). (2008).Green chemistry. Retrieved May 14, 2008, from www.epa.gov/greenchemistry

Wilson, Michael P.; Chia, Daniel A.; & Ehlers, Bryan C. (2006). *Green chemistry in California: A framework for leadership in chemicals policy and innovation.* Retrieved May 14, 2008, from http://coeh.berkeley.edu/docs/news/06_wilson_policy.pdf

Climate Change Disclosure

气候变化披露

在美国,证券交易委员会要求公开上市交易公司披露的任何有关气候变化的重要信息,包括气候变化的后果可能对公司运营和财务绩效造成的影响。评估气候变化及其后果对公司的重要性是很复杂的,因为政府政策和管制(包括提议的)、法院判决、公众期望和市场竞争都在变化发展,而这个步伐从2009年开始加快。

随着公众对气候变化的关注持续增长及更多的气候变化倡议被提出,商业面临着众多挑战。上市公司面临的一个挑战便是怎么向投资者揭露气候变化及其后果带来的影响。在美国(本文的焦点),负责监管证券行业的证券交易委员会(SEC)管理着上市公司的信息披露义务(私营企业一般没有这样的信息披露义务)。证交会规定除了其他披露要求,上市公司还须披露重大风险和对公司可能很重要的"已知趋势或不确定性"。因此,公司必须考虑披露未来事件,尽管时间和影响尚未确定。公司对气候变化及其后果的考虑极其复杂,因为这是一个快速变化和动态化的领域。2010年1月27日,证交会通过了一项解释,要求将重要的气候变化后果写进提交给证交会的备案文件中,并为增强报告的可读性和一致性提供披露指南。

在提交给证交会的报告中披露气候变化水平的上市公司数量每年都在增加。正如证交会最近的解释和一些2009年的发展状况表明,更多的公司开始考虑是否将气候变化披露包括在他们的证交会报告中。即使那些已经披露了气候变化的公司也需要考虑修订,在某些情况下甚至拓展他们的披露范围。2009年最显著的发展包括:

● 美国众议院通过了《美国清洁能源和安全法案》(也称《瓦克斯曼-马凯气候变化议案》),这是国会第一次通过气候变化法案。参议院的各成员正在讨论各种气候变化立法方案。奥巴马承诺了一个临时的目标,到2020年,将温室气体排放较2005年水平降低约17%——在2009年12月哥本哈根气候变化会议前制定并根据哥本哈根协议确认——应确保2010年参议院对这项法律有足够的关注度。

- 2009年，美国环境保护署发起了一系列重大活动。其中最重要的3个分别是：要求从2010年起由气体排放大户报告温室气体排放；提议允许新设备（或现有正在进行重大修改的设备）每年排放超过25 000吨温室气体；在《清洁空气法》背景下，2009年12月7日的"危害发现"（指温室气体排放危害公众健康和福利）可能预示着美国环境保护署将实行更广泛的温室气体监管。

- 2009年10月27日，与之前职位相反的证交会职员发布公告，期望促进和激励股票持有人向公司提议，要求其更大程度地揭露气候变化风险。员工公告中关于时间的规定意在允许代理陈述在即将到来的代理季中包括更多的股东提案。

- 2009年，消费者导向的公司继续他们的"绿色"声明和宣传。其中最值得关注的是沃尔玛在2009年7月的声明，声明要求它的供应商（全球超过100 000个）提供可持续的报告。那样，沃尔玛就能开始为它的产品开发可持续性评级。

- 2009年，美国法院宣布了有关温室气体排放的重要判决，它与美国第二巡回上诉法院在"康涅狄格州诉美国电力公司"中的判决一起收获了最多的关注。2009年9月21日，第二巡回上诉法院做出判决，这是第1个将与公害有关的联邦普通法用于要求减轻全球变暖。法院重申普通法中妨害公众的要求，表明被告的5家电力公司排放的废物不仅导致了全球变暖，也因此损害了自身的基础设施和低

能的性质。在第二巡回上诉法院判决宣布后不久，美国第五巡回上诉法院在科默上诉美国墨菲石油公司案中也做出了相似的判决。但美国加州北区地方法院却在基瓦利纳原生村和基瓦利纳市诉埃克森美孚公司案中做出了不同的判决。地方法院的判决在康涅狄格州诉讼案之后，但在科默案之前，被认为是为了迎合美国第九巡回上诉法院。

随着这些发展，鉴于证交会最近的解释，上市公司将需要考虑在提交给证交会的文件中披露说明气候变化的发展格局是如何影响环境的。他们将需要评估气候变化及其后果是否代表了对他们的财政和运营来说是非常关键的风险、趋势或不确定性。鉴于这个问题的动态性质，评估需要建立在持续性的基础上，公司也将需要考虑他们是否须让其他上市公司（非证交会成员）也披露气候变化信息，正如许多上市公司正在做的那样，并确保这些公司没有选择性地在公开渠道披露未在年报中披露的重要的气候变化信息。

证交会披露要求

依据证交会规定，确定是否披露的试金石有其重要性：一个理性的投资人在做出他（她）投资或支持的决定时，是否有足够的可能性来考虑其中重要的信息（TSC Industries v. Northway 1976）。像提议气候变化立法这类偶然或投机事件的重要性将通过平衡事件发生的概率和它对公司产生的预期规模来进行评估（Basic Inc. v. Levinson 1988）。

在证交会具体的披露规则中，最关键的是要求公司在他们的年报中描述任何已知的

趋势、不确定性或其他有可能对业务、收入或财务状况产生重要影响的因素。这有利于使投资者通过管理来视察业务，从而增加报告的整体透明度。证交会的规定还要求公司遵守环境方面的法律，披露任何重要的、可能对收入、资本支出和竞争地位产生影响的因素。根据证交会规定，公司在等待行政或司法程序审批他们可能成为证交会成员的过程中，也必须披露相关信息。另外，任何在联邦、州或当地管理环境信息发布时产生的诉讼必须在它与证交会某些规定指标不同时予以说明。

2009 年，一些团体（最出名的是 Ceres，一个投资者网站）向证交会请愿，更早的时候它们还提供了更明确的气候变化披露指导方针。如之前所说，证交会在 2010 年 1 月 27 日通过了一项解释，提供了这类披露指导。在解释里，证交会强调了气候变化及其后果在对公司业务产生重要影响时，如下领域可能引发信息披露的必要：现有和潜在法律规章的影响；国际关于气候变化协议和条约的风险或影响；可能产生新机会或挑战的有关气候变化的合法的、技术的、政治的、科学的及发展的间接后果（比如，由温室气体排放导致的增长或下降的公司产品需求）；实际的和潜在的气候变化对公司业务产生的影响。

披露考虑

公司在衡量是否披露气候变化信息时需要考虑一些能通用于很多公司的因素，以及一些针对公司特别情况应用的因素。其中最重要的就是对政府应对气候变化采取更多行动的需求增长。这包括商讨《京都议定书》

的后续，个别国家或地区独自开展的行动，期望或追求像《哥本哈根协议》那样的国际协议。

对经营和销售主要在美国的上市公司来说，联邦立法的前景及其潜在后果是在评估披露气候变化是否必要时的一个重要考虑。潜在的后果包括对温室气体排放的管制；对能源密集型公司来说，那可能意味着更高的石化燃料成本。同样的，这些立法可能影响原材料的可得性和成本。另外，提案的许多要求远远超出仅仅调节温室气体排放源。悬而未决的立法为建筑规范和设施标准提供并考虑了一种"可再生的组合标准"。它要求电力公司通过风能、太阳能或生物质等可再生的能源来获取一部分电力。该法案会对农业部门产生很大的影响。究其原因是因为它的碳抵消、封存农业津贴及它对谷物价格、能源、化肥成本的影响。

除了预期的立法，公司必须考虑不同的管制行为。比如，那些环境保护署要求的行为。正如前文指出，环境保护署已经规定某些公司必须报告温室气体排放，并提议要求每年排放超过 25 000 吨温室气体的新设施需取得建设和运营许可证。这些许可证要求使用现有的最好的控制技术。环境保护署、美国交通运输署和奥巴马政府的积极参与还加速提高了公司平均燃料经济性（燃料使用效率，CAFÉ）标准，并在 2009 年首次对轿车和轻型卡车实施了温室气体排放标准。

公司还需要考虑他们经营地所在的州所执行的法令法规。在上述的联邦政府关于气候变化的行动之前，一些州已经采取了他们自己针对气候变化的措施（比如，特别积极的加州）。举个例子，6个州和1个地区采用了强制性的温室气体排放限制，29个州采用了可再生能源配额制，23个州采用了资源能源效率标准，要求达到节能项目规定的节能水平。州政府的措施在多大程度上将会因联邦政府的行动而黯然失色、被抢占或不受影响，这尚待确定。

公司需要考虑他们经营地区的气候变化。比如，美国西南地区潜在的更多干旱，这和非常依赖水供应的公司尤为相关。沿海地区海平面上升的威胁可能会对一个公司设备安置的地点选择造成影响，也会造成从飓风发生的高危地区转移的更高保险费用。

当然，公司的产业性质是另一个需要考虑的关键性因素。比如，气候变化对电力公用事业、能源厂商和保险行业来说显然是一个至关重要的问题。零售行业的公司也强调了他们对于气候变化的担心。认识到众多消费者对待这个问题的重要性，许多公司逐渐增加了他们的"绿色"付出。这些公司包括沃尔玛、可口可乐、百事、耐克、富国银行、惠普、戴尔、雅虎、IBM和谷歌。2009年9月，苹果公司宣布了他们基于全生命周期影响（包括使用阶段）的设备的碳足迹。苹果公司的方法与一些用更有限的方法计算碳足迹的许多苹果公司的竞争对手进行了有利对比，包括惠普和戴尔，他们在《新闻周刊》开创的500强公司"绿色得分"排名中分别位列第一位和第二位（McGinn 2009）。

许多公司已经开始审查他们供应链的可持续性能。沃尔玛在2009年7月宣布它的每一个供应商必须提供关于供应产品和供应链的可持续性报告。沃尔玛计划用这些信息来开发销售产品的可持续评级。他们从2007年开始就已努力来监控供应链的可持续性。沃尔玛先前的努力创建了碳披露项目（CDP）中的供应链领导合作（SCLC），当前由吉百利、戴尔、惠普、帝国烟草、欧莱雅、雀巢和百事等28个蓝筹公司组成。

沃尔玛提出的调查问题建议供应商们（包括那些上市公司）所在的一些地区需要给予气候变化一定的关注（Walmart 2009a）。15个问题中的前4个是：

1. 你测量过你公司的温室气体排放量吗？

2. 你选择向碳信息披露项目（CDP）报告过你的温室气体排放量吗？

3. 你最近1年报告的温室气体排放量是多少？

4. 你设定了公众能够接受的温室气体减排量吗？如果是，目标是什么？

向碳信息披露项目报告可能对那些已开始这类报告和可能也承担了证交会报告责任的公司有重要的暗示。碳信息披露项目要求的是关于温室气体排放和相关问题的详细信息，其调查问卷询问了关于公司报告气候变化的风险和机遇的具体问题。它要求将排放分类为"范围1"排放（直接排放）、"范围2"排放（来自消费购买的发电、加热和制冷的间接排放）和"范围3"排放（其他间接排放，包括由于员工商务出行而产生的排放），并将计算的方法也按此分类。问卷还调查了降低温室气体和能源消耗的计划及目标，也询问了避免温室气体排放、排放密度、能源使用和碳交易。如果公司是供应商，它还必须提供另外的详细信息，用于帮助消费者估计供应商"范围1"和"范围2"排放与它提供给消费者的服务和商品的联系程度。

除此之外，碳信息披露项目调查问卷还要求公司描述它为可持续性实行的"治理行动"。特别地，碳信息披露项目调查问卷还问了是董事会，还是行政委员会对公司关于气候变化的决定负全部责任；是否会评价或激励个别员工的努力；公司怎样协调它的气候变化机遇和挑战及可持续努力。

另外，向碳信息披露项目报告的公司应当意识到这样的报告会如何潜在地影响它的竞争地位。2009 年 9 月 24 日，碳信息披露项目宣布报告可以在线获取。升级了的报告系统会促进竞争者们在可持续绩效方面进行比较。这类比较可与多种方式相关。燃气和电力公用公司爱克斯龙在碳信息披露项目的2009 年供应链报告中说："像所有其他平等的事情一样，一个更绿色的供应商会被给予更多的优待"（CDP 2009d：4）。

任何向碳信息披露项目报告的公司需要确保它没有选择性地披露关于气候变化及其后果的材料信息，没有在证交会报告中披露同样的信息。选择性披露信息同样可以从公司的网站、营销或印刷材料和给投资者与分析师的报告或参与调查中获取。如果在非证交会场所公开披露的信息被认定为是重要的，而在提交给证交会的文件中又遗漏了相关内容，这可能会违反禁止选择性披露信息的规定。

在评估信息披露义务时，公司需要考虑许多因素。比如，气候变化及其后果是否代表了机遇。这也许对涉足"清洁技术"（"绿色"技术）、能源效率、能源传递和可持续建筑的公司来说是真的。在某些情况下，优越的可持续性能可能会提供一种竞争性的优势。

展望

与气候变化相关的立法和监管环境正在改变，并已开始加速。另外，许多组织和公司正在推行越来越多的气候变化倡议。美国的上市公司在评估气候变化信息披露时需要注意以下情况：

- 遵守联邦和州信息披露法律法规；
- 管理现有的或在许多情况下采取新的披露控制和程序来确保未来遵守信息披露义务；
- 应对气候变化的利益和投资者的预期；
- 管理有关气候变化问题的客户和供应商关系；
- 维护企业形象与业务战略和核心价值观的一致性；
- 确保识别、适当沟通，且在某种要求的程度上充分披露气候变化所产生的商业机会。

斯蒂夫·赖恩（Steve RHYNE）
高盖茨律师事务所

注：本文摘自一封名为《美国上市公司气候变化披露》的电子邮件提醒（2009 年 12 月）与一份名为《气候变化：累积的披露风险？》的白皮书（2009 年 2 月）。每一份都是受高盖茨律师事务所的委托。该公司希望能让公众知道"该出版物只用于信息目的，不包含或传播合法建议。这里的信息不能在没有事前咨询律师的情况下被使用或依赖于任何特定的事实与环境"。

参见：会计；总量控制与交易立法；生态系统服务；金融服务业；透明度。

拓展阅读

American Clean Energy and Security Act of 2009 (Engrossed as Agreed to or Passed by House), H.R. 2454 [EH], 111th Cong. (2009).Retrieved November 3, 2009, from http://thomas.loc.gov/cgi-bin/query/z?c111: H.R.2454:

Apple Inc. (2009). Apple and the environment. Retrieved November 3, 2009, from http://www.apple.com/ environment/

California Public Employees' Retirement System, et al. (2009,November 23). Supplemental petition for interpretive guidance onclimate risk disclosure [Petition to the U.S. Securities and Exchange Commission]. Retrieved December 15, 2009, from http://www.sec.gov/rules/petitions/2009/petn4−547−supp.pdf

Carbon Disclosure Project (CDP). (2009a). Retrieved November 3,2009, from https://www.cdproject.net/

Carbon Disclosure Project. (2009b). CDP 2009 (CDP7) information request. Retrieved November 3, 2009, from https://www.cdproject.net/CDP%20Questionaire%20Documents/CDP7_2009_Questionnaire.pdf

Carbon Disclosure Project (2009c). CDP 2009 information request (with supplier module). Retrieved November 3, 2009,from https://www.cdproject.net/CDP%20Questionaire%20Documents/CDP_2009_Supplier.pdf

Carbon Disclosure Project (2009d). Supply chain report 2009.Retrieved November 3, 2009, from https://www. cdproject.net/CDPResults/65_329_201_CDP-Supply-Chain-Report_2009.pdf

Clean Energy Jobs and American Power Act (introduced in Senate),S.1733 [IS], 111th Cong. (2009). Retrieved November 3, 2009, fromhttp://thomas.loc.gov/cgi-bin/query/z?c111: S.1733:

Dutzik, Tony, et al. (2009). *America on the move: State leadership in the fight against global warming, and what it means for the world.* Retrieved December 14, 2009, from http://cdn.publicinterestnetwork.org/assets/ 6a1e91dbfae141e88e1cacd49bb6a1fe/America-on-the-Move.pdf

Greenhouse Gas Protocol Initiative. (2009). FAQ. Retrieved November3, 2009, from http://www.ghgprotocol. org/calculation-tools/faq#high_6

Investor Network on Climate Risk. (2009, June 12). [Letter to the U.S.Securities and Exchange Commission]. Retrieved December 15,2009, from http://www.ceres.org/Document.Doc?id=478

K&L Gates LLP. (2009a). Climate change disclosure for U.S. publiccompanies. Retrieved December 15, 2009,from http://www.climatelawreport.com/2009/12/articles/topic-alerts/climate-changedisclosure-for-us- public-companies/

K&L Gates LLP. (2009b). Emissions of greenhouse gases & globalwarming — regulation through litigation? Who is liable for damagesarising from global warming? Retrieved November 3, 2009, from http://www. klgates.com/newsstand/Detail.aspx?publication=5991

K&L Gates LLP. (2009c). Greenhouse gas emission control: BACTto the future. Retrieved December 14, 2009, from http://www.climatelawreport.com/2009/12/articles/topic-alerts/greenhousegas-emission-control-bactto-the-future/

K&L Gates LLP. (2009d). Mandatory reporting scheme for U.S.Retrieved November 3, 2009, from http://www.klgates.com/newsstand/Detail.aspx?publication=5971

McGinn, Daniel. (2009, September 21). The greenest big companies in America. *Newsweek.* Retrieved November 3, 2009, from http://www.newsweek.com/id/215577

Regional Greenhouse Gas Initiative. (2009). Retrieved September 8, 2009, from http://www.rggi.org/home

Regulation FD, 17 C.F.R. § 243. (2009). Regulation for fair disclosure. Retrieved November 3, 2009, from http://www.law.uc.edu/CCL/regFD/index.html

Regulation S−K — Description of Business, 17 C.F.R. § 229.101. (2009).1933, Securities Exchange Act of 1934, and Energy Policy Act of1975. Retrieved November 3, 2009, from http://www.law.uc.edu/CCL/regS−K/SK101.html

Regulation S−K — Legal Proceedings, 17 C.F.R. § 229.103. (2009).Standard instructions for filing forms under the Securities Act of1933, Securities Exchange Act of 1934, and Energy Policy Act of 1975. Retrieved November 3, 2009, from http://www.law.uc.edu/CCL/regS−K/SK103.html

Regulation S−K — Management's Discussion and Analysis of FinancialCondition and Results of Operations, 17 C.F.R. § 229.303. (2009).Standard instructions for filing forms under the Securities Act of1933, Securities Exchange Act of 1934, and Energy Policy Act of1975. Retrieved November 3, 2009, from http://www.law.uc.edu/CCL/regS−K/SK303.html

Rhyne, Stephen K.; Jones, Sean M.; Wyche, James R.; Rhue,Julia R. (2009). Climate change: A mounting disclosure risk?.Retrieved October 16, 2009, from http://www.klgates.com/files/ublication/23667169−8000−4e22−b3500317d2b3b9b1/Presentation/PublicationAttachment/a1b94ed4−d8ec−40b4986011664359c5fa/Climate_Change_White_Paper.pdf

United States Environmental Protection Agency. (2009). Climatechange — state and local governments: State planning and measurement.Retrieved September 8, 2009, from http://epa.gov/climatechange/wycd/stateandlocalgov/state_planning.html#four

U.S. Securities and Exchange Commission. (2005). Shareholder proposals: Staff legal bulletin no. 14C (CF). Retrieved November 3, 2009,from http://www.sec.gov/interps/legal/cfslb14c.htm

U.S. Securities and Exchange Commission (2010). CommissionGuidance Regarding Disclosure Related to Climate Change(CF). Retrieved February 2, 2010 from http://www.sec.gov/rules/interp/2010/33−9106.pdf

U.S. Securities and Exchange Commission. (2009). Shareholder proposals: Staff legal bulletin no. 14E (CF). Retrieved November 3, 2009,from http://www.sec.gov/interps/legal/cfslb14e.htm

Walmart. (2009a). Sustainability product index: 15 questions for suppliers.Retrieved November 3, 2009, from http://walmartstores.com/download/3863.pdf

Walmart. (2009b). Walmart announces sustainable product index.Retrieved November 3, 2009, from http://walmartstores.com/FactsNews/NewsRoom/9277.aspx

Walter, Elisse B. (2009). SEC Rulemaking — "Advancing the Law" to protect investors [Speech by SEC commissioner October 2, 2009]. Retrieved November 3, 2009, fromhttp://www.sec.gov/news/speech/2009/spch100209ebw.htm

Basic Inc. v. Levinson, 485 U.S. 224, 238. (1988). Retrieved November 3, 2009, from http://openjurist.org/485/us/224/basic-incorporatedv-l-levinson

Chiarella v. United States, 445 U.S. 222, 235. (1980). Retrieved November3, 2009, from http://openjurist.org/445/us/222

Comer v. Murphy Oil USA, No.07−60756, 2009 WL 3321493 (2009).Retrieved November 3, 2009, from http://www.ca5.uscourts.gov/opinions/pub/07/07−60756−CV0.wpd.pdf

Native Village of Kivalina & City of Kivalina v. ExxonMobil Corp. et al.,No.C08−1138, 2009 WL 3326113 (2009).

State of Connecticut v. American Elec. Power Co., Inc. and Open SpaceInst., Inc. v. American Elec. Power Co., Inc., Nos. 05−5104−CV and05−5119−CV, 2009 WL 2996729 (2009). Retrieved November3, 2009, from http://www.ca2.uscourts.gov/decisions/isysquery/c666f8c7−e550−4739−95b0−2cd8b3172172/1/doc/05−5104−cv_opn.pdf#xml=http://www.ca2.uscourts.gov/decisions/isysquery/c666f8c7−e550−4739−95b0−2cd8b3172172/1/hilite/

TSC Industries v. Northway, 426 U.S. 438, 439. (1976). RetrievedNovember 3, 2009, from http://openjurist.org/426/us/438

Community Capital

社区资本

社区资本指社区必须有权使用的经济、文化、社会资源，并以此来促进它们的可持续发展。从19世纪的社会主义思想发展而来，包括合作社、信用社与当地的替代货币等的社区资本金融网络使私人和企业都获利，而社交网络则给予了人们幸福感和归属感。社区资本的企业社会责任感超越了企业对边际利润的关注，向可持续的、支持社会活动的方向延伸。

社区资本是一个社区依赖的并能从中获益的不同资本元素的总和。它利用所有领域来支撑社区生活：人类、社会、环境、经济和文化。另外，社区资本包括本土资源、区域设施和当地的技术基础；这些结合了企业和公民的慈善和志愿服务形式后，对一个社区在最大可能范围内实现可持续来说是很有必要的。社区资本包括理论家皮埃尔·布尔迪厄（1986）在《资本的形式》里列出的重要形式的资本：经济的、文化的和社会的。布尔迪厄列出的一系列"相互认识和认可的关系"是理解社区资本的核心。其中，社区资本能被理解成各种经济、文化或社会资本，它们连接了因关心同伴福利而没有立即追索利润或其他补偿的社会群体。

社区资本和网络金融

2007年底开始的全球经济衰退的一个显著结果是社区资本网络的出现，它补充了当地企业的流动资金。在当地或区域范围内，一些举措已随时间被用于扩展社区资本。这些企业包括合作社、信用社和当地的替代货币。社区资本可能也包括为共同利益而由一个社区共有的资产。这类资产包括劳动力、技术、设备、工厂空间或可用于公有地的土地储备等的供应。虽然这种资源池形成的原因有所不同，但最终创建社区资本流动的项目会被设计为对社会有普遍利益的形式。

合作社运动

合作社运动兴起于工业革命，它是为了促使工人的经济困境暴露于变幻莫测的新兴资本主义下。合作社运动最早的倡导者之一罗伯特·欧文（1771—1858）在英国和美国发展了乌托邦式合作村庄的概念。合作经营的劳动和资源的道德规范在农业社会很普遍，合作社运动通过在计划经济中建立一个相互合作的框架来发展这些概念。在18、19世纪，合作社、有意向的社区、工人集体和宗教公社通过促进社区资本道德规范得到了发展。欧文在1825年的印第安纳州创办了理性主义者合作社——新和谐。19世纪40年代在马萨诸塞州进行的布鲁克农场实验经常有空想主义者、先验论者和知识分子光顾，如在傅立叶影响下的霍桑、爱默生和梭罗（Leonard 2007）。

信用社

信用社代表了社区资本的另一种形式。支持信用社的一个关键观念是经营权在集体成员的手中。另外，信用社扩展了金融服务，比如不像主流银行部门一样强调利润，而是以合理的利率贷款给其成员。地方应对企业银行部门崩溃后带来的经济挑战的一个重要方面便是信用社在提供贷款和直接融资方面所起的作用。

在美国，信用社被归为非盈利，而在加拿大，信用社能够自由地给一个公司返回利润。在英国，建立"相互友好社会"是为了向更贫穷的社会部门提供信贷；与此同时，为住房提供贷款的"构建社会"也扩展到了相同部门。信用社董事是志愿者及不强调资产情况民主推举的成员。信用社还基于"给可能没有办法接触到主流银行的低收入客户提供金融服务"的条例提供了小额信贷。合作信用社为广大企业部门提供了结算服务。

合作社和信用社继续在当代社会中扮演重要角色。在许多国家，合作社和信用社自全球"信贷危机"和随后的经济衰退爆发以来，已为经济活动做出了贡献。合作社继续在农村发展中扮演重要角色，而信用社随着新型信用社在世界各地的快速建立，正扩大着它们的影响。

替代货币

替代货币运动通常被概念化为一种抗议的对象或构建替代社区、经济和社会的工具。当代替代货币网络尝试着使用新型钱币作为建立更公平、更平衡经济和社会的工具。传统上，社区资本计划包括像社会信贷或在自由社会支付股利来平衡收入等概念。大萧条以来的宅地运动，替代货币的支持者主张基于物品和服务交换原理的信贷供给（North 2007）。在当代社会，北美的本地交易所交易系统（LETS）或英国的当地通货如"礼物"促进了当地的自给自足。绿党主张用无论是本地或传统货币，能确保接受者基本收入并允许额外收益的计划来代替福利，从而提供工作的激励。

商业的角色

社区资本进一步使得商业与可持续的有利于社会的活动相结合。弗里乔夫·卡普拉（Fritjof Capra）和冈特·保利（Gunter Pauli）指出了商业在创造更多社会和环境的可持续途径中的重要作用。这一角色最好通过企业社会责任（CSR）概念来理解。企业社会责任不仅包括对边际利润的关注，还要求认知业务—客户关系外的世界。

随着跨国公司在全球增强存在感，增加企业和社会的融合更加重要。企业也将通过加大慈善朝着有利于社会的方向发展。为帮助社会进行捐赠的过程被描述为"公益营销"。乔斯林·道（Jocelyne Daw 2006）描述了在国际业务中出现的公益营销现象。市场营销代表一个价值14亿美元的市场，它在企业部门、社区、组织或基金会间创建更深的联系。乔斯林指出导致市场营销成为复杂的当代潮流的原因。

社区文化

社区文化产生自一个社会化过程，借此社会机构向居民灌输不同的价值观，包括父母、学校、同龄人、工作同事、宗教组织、媒体和国家机器。建立这些社会化的纽带是社区资本的核心。布尔迪厄认为，支持社会化社区文化的地方特色是地域的"习性"或源自对当地经验和环境共享形式的认同。社区资本来自一个相互交流的系统，建于布尔迪厄所描述的"所有物品，物质的和象征的，没有差异，反映了自身的稀缺性，值得以特定的社会形式探索"

（Harker，Mahar & Wilkes 1990）。

根据《独自打保龄球：美国下降的社会资本（2000）》的作者罗伯特·普特南（Robert Putnam）所说，社会版的资本"指的是所有社交网络的集体价值和由于这些网络而产生的为他人做事的倾向"。在他关于美国社区的研究中，普特南提出了两种主要社会资本：黏接型社会资本和桥接型社会资本。黏接型社会资本指归因于存在均匀社区中的社会网络的价值，而桥接型社会资本指的是存在于社会异质群体之间的社会网络。普特南用相关的例子来阐述社会资本存在或非存在带来的结果。例如，青少年犯罪团伙可能会带来具有负面影响的黏接型社会资本，而像在普特南标题中提及的保龄球俱乐部等的运动组织可能会带来具有积极影响的桥接型社会资本。桥接型社会资本可能在多个方面对社会有益；民主赤字和社会崩溃可因市政部门加强参与性活动而被解决。另外，社会资本的缺失可能导致公民权利被进一步侵蚀和公共设施亏损，在更广的社会和环境中带来负面影响。

社会资本的形成依赖于"社区意识"的存在，这是一个共享社区的心理体验，而不是有形的或结构性的框架。这样的体验是多方面的，是与他人的体验结合在一起的，它存在于社会资本以初期形态出现的"想象的社会"中（Anderson 1983）。这种社会感产生了共同的归属感，由互相的尊重和承诺来支撑。最终，这种社会凝聚感能够通过检测建立在邻里之间的社会关系来理解，其中社会化形式的影响是规范和价值观形成的关键。共同的价值观，不管是想象的还是实际的，形成了连接社区的社会凝聚力。借助对当代社会扩散概念很重要的创新产生的技术资本，网络社区已经进一步发展了想象型社区。

从社会心理学的角度来看，戴维·麦克米伦（David McMillan）和戴维·查维斯（David Chavis 1986）在社区心理学的领域提出了一套理论；他们认为占主导地位的"社区意识"由以下4个主要因素构成：

- 成员意识。包括界域、安全感、归属和认同感、个人投资及共同的符号系统。
- 影响。影响是双向的，包括个体成员对社区的影响和社区对成员的影响。
- 需求的整合和履行。成员因他们对群体做出的贡献而获得收益或奖励。
- 共同的情感联系。包括共同的事件和经历，以及对群体的义务感。

经典理论和社区资本

从社会理论家们的经典著作中可以进一步理解社会资本。哲学家、社会科学家和革命家卡尔·马克思（1818—1883）赞颂了一个群体汇集"物种"的概念，或者说是通过公共基础熟练指数传递的以群体为基础的技术总量。社会理论家马克思·韦伯（1864—1920）列出了对"地位和联系"的理解，社交网络与流动性可能源自一个人联系的群体。其中，地位是因为对社区做出的贡献而被授予，而不是因为收入或利润。社会学之父涂尔干明确了"有机和社会团结网络"在社会发展中的重要担当，因为不同的社会团结形式会导致不同的社会关联。涂尔干在他的《社会分工论》（1893）中将社会团结分成"机械"与"有机"两种。机械团结来自通过共享的位置或共同的目标

联系起来的私人之间的同质性，它具有传统社会的属性。有机团结来自由现代社会专业化分工导致的相互依赖。因此，这种相互依赖建立在社区组成成分加总的基础上。在现代社会，社会团结通过工业时代的复杂性和相互依赖性带来的相互作用得到发展。

社会学家斐迪南·滕尼斯将像家庭、村庄和城镇等地方的私人纽带形成的社会群体与社会纽带形成的社会群体进行了比较。比如，志趣相投的人与没有人情味的、形式化的但又有魅力的人分享价值观和信仰系统（共同体），像在社会中存在的经济和工业（社会）。多元主义由法国政治思想家托克维尔在《民主与美国》（2000）中提出，多元主义依赖于如社区资本形式存在而创造的公共空间。社区资本通过利用社区里或周边的关键要素和资源，以及在这个过程中加入的价值而形成。这种价值观被在没有依赖于先前存在的调整或联盟的情况下存留下来的公德心推动着，从而避免了托克维尔描述的"大多数人的专制"。从历史学家和哲学家福柯的著作中可以了解到，社会资本可以从区域权力形式中形成的"当地管制"节点去理解。

关键性指标

说明"社区资本的程度是否足够存在于社会群体中"的情况包括：参与性民主制度中的多元化活动、在联合的非政府组织中活跃的公民社会以及能获得互联网资源的社区基础群体。经济资本强化了信用社和

合作社运动形式的社区资本。其中，公司社会责任运动与公益营销、可选择的金融网络结合了起来。文化资本对社区资本的贡献表现在：将"参与的校园"与志愿、知识分享、现有教育资源池、扫盲计划下更小的校园规模及社会各界平等接受教育的机会结合了起来。一个地区的特殊性因素包括行人获取商业的、住宅性的公共建筑及像公园长椅、体育设施、森林、自行车道等设施的便捷性，这些因素在社区资本水平发展与保留的过程中起重要作用。因此，公共空间及环境的空间计划成为社区资本项目的一大重要部分。由于涉及成本，公共/私人伙伴关系已在社区资本项目中显现出来，它加强了公司与公共部门、当地市政的合作。

生态资本可通过如回收、社区农业、合作市场、汇集劳动力及可选择的或绿色生活实践等可持续行为的建立来提供。哈维在《希望空间》（2000）里指出了贫穷的都市计划及其因忽略带来的腐蚀性后果。他认为，优秀的计划行为和公共空间的发展如同"解药"一般，对都市断裂起重要影响。都市断裂是现在如巴尔的摩等主要城市的特征。社会生态和生态资本的发展是可持续发展概念的一个重要内容。绿色加工代替管端处理方法，将可持续操作与生产链结合起来，从产品设计阶段到对使用过的部分的回收，它用整合的管理和生产方式来使环境和更多社区的效用增长。

共同参与的多种形式创造了能通过一系列指标量化生活质量、幸福度、健康、长寿、对未来的乐观、就业和财富、公民参与及睦邻友好的社区资本。宗教参与和家庭互动也能成为社区资本的指标。这些指标可在社会剧变时参考，比如经济衰退、人口结构变化、民族多样性、空间发展，广义上还包括气候变化，以此来对社区资本有更深理解。在追求提高或保持社区资本水平的过程中，纵向的公共网络建立是核心。热心公益是这项运动的关键，比如公民领导、平等的志愿服务、慈善和社会责任。一旦公民道德达到了一定水平，随后的公民参与将在非线性和非关联网络与更多人之间搭建有效桥梁。这份社会网络与社区资本之间的联系已经为失去规范或社会不稳定及个人的不确定性提供了一种当地的、人际关系的解释：这些情况形成于后现代社会特征——全球化和加速变化的潮流中。

在中国文化里，"关系"概念适用于两个人之间的人际网络，不管彼此社会地位，其中一人可能依赖另一人来获取协助、支持或其他形式的社区善行。"关系"也可用于描述在社区里盛行的联系网络。另外，普通商品的影响也能从这种方式中获取。社区资本的这种形式是一项不成文的规定，是社会学家诺伯特·伊莱亚斯（Norbert Elias, 1897—1990）所说的"文明化过程"（2000）中行为或礼仪的一部分。最后，可持续性的一个关键成分是产生自社区话语中的共享行为和知识，创新性解决方案和最好的实践都从中得来。

最近，有关社区资本的讨论解决了人口的多样性问题。种族多样性正在发达国家内增长。新语言和新文化的传播与学习是社区资本发展的　个重要方面。多元文化基础下的社区资本为经济和发展创业精神创造了机会。这也是《更好地在一起：恢复美国社区》

（Putnam & Feldstein 2003）研究的基础。该研究在人口迁移和移民增加的背景下探索了社会凝聚力与公民参与。社区资本构建不同的文化，融合形成基于文化规范和价值观的新身份，并通过如教育追求和志愿等组织及行为来发展联系。

利用公民智慧来解决问题

另一个形成社区资本的要素是公民智慧，或通过组织、公共团体或个人来解决公共或公民问题的集体专业知识。在社区的框架下，公民智慧是指社区所有成员在其决策可能影响社区时，他们做出的决定对社区的贡献程度。根据社会学家贾里德·戴尔蒙德（Jared Diamond）在他的研究《崩溃：为什么有些社会选择失败或成功》（2005）里所指出的，人类需要公民智慧来解决如气候变化或能源危机等重大问题。

从社区发展计划到国际社区，到信用社、合作运动及社会责任，社区资本能运用于许多社会参与和互动中。从社区资本中形成的共享经验和价值观创造了人类和自然资源池，它能被用来实现社区、社会和国家面临的众多挑战，以及在这个不断变化的星球上的挑战。

赖厄姆·莱昂纳德（Liam LEONARD）
斯莱戈工学院

参见：企业公民权；企业社会责任和企业社会责任2.0；可持续发展；生态经济学；企业公民权；公共交通；智慧增长；社会型企业。

拓展阅读

Anderson, Benedict. (1983). *Imagined communities: Reflections on the originand spread of nationalism.* London: Verso.

Bourdieu, Pierre. (1986). The forms of capital. In John G. Richardson(Ed.). *Handbook of Theory and Research for the Sociology of Education* (pp.241–258). New York: Greenwood Press.

Capra, Fritjof, & Pauli, Gunter. (Eds.). (1995). *Steering business towards sustainability.* New York: The United Nations University Press.

Daw, Jocelyne. (2006). *Cause marketing for non-profits: Partner for purpose, passion and profits.* Hoboken, NJ: John Wiley & Sons.

Diamond, Jared. (2005). *Collapse: Why some societies choose to fail or succeed.* New York: Viking.

Durkheim, émile. (1893). *The division of labour in society.* New York: Free Press.

Harvey, David. (2000). *Spaces of hope.* Berkeley: University of California Press.

Harker, Richard; Mahar, Cheleen; & Wilkes, Chris. (1990). *An introduction to the work of Pierre Bourdieu.* London: Macmillan.

Leonard, Liam. (2007, Winter). Sustaining ecotopias: Identity, activism and place. *Ecopolitics Online Journal*

1(1), 105–122. Galway, Ireland: Greenhouse Press.

McMillan, David W., & Chavis, David M. (1986). Sense of community: A definition and theory. *Journal of Community Psychology*, 14(1),6–23.

North, Peter. (2007, Winter). Alternative currencies as localised utopian practice. *Ecopolitics Online Journal* 1(1), 50–64. Galway, Ireland: Greenhouse Press.

Putnam, Robert. (2000). *Bowling alone: The collapse and revival of American community*. New York: Simon & Schuster.

Putnam, Robert, & Feldstein, Lewis M. (2003). *Better together: Restoring the American community*. New York: Simon & Schuster.

Tocqueville, Alexis de. (2000). *De la democratie en Amerique* [Democracy in America]. (Harvey C. Mansfield & Delba Winthrop, Trans. &Eds.). Chicago: University of Chicago Press (Original work published 1835).

Consumer Behavior

消费者行为

研究发现,社会的、经济的和生物的因素促成了消费者行为。消费品的消费从20世纪初便一直增长,很大部分出于社会因素(对社会和性别地位的渴望、财富的炫耀、个人身份和象征意义)。这种增长影响了可持续性消费,政策制定者需要在面对支持环保行为改变时研究社会环境。

理解主流消费者行为是理解怎样刺激或鼓励支持环保消费者行为的前提条件。尽管"可持续消费"的内容在20世纪得到了发展,但关于消费、消费者行为和消费主义的争论更加久远、更加深入。

用社会科学家丹尼尔·米勒(Daniel Miller)(1995)的话来说,消费已经成为"历史的先锋"。在某种水平上质疑消费就是质疑历史本身。尝试改变消费模式和消费者行为就是修改我们社会的基本面。许多思想者认为,不承认其复杂性而工作,就不可避免要失败。

关于消费更广泛的讨论可(至少可)追溯到经典哲学,包括19世纪和20世纪初期的批判性社会理论、消费者心理学和一战后早期的"激励研究"、20世纪60年代和70年代的"生态人文主义"、20世纪70年代和80年代的人类学和社会哲学及20世纪90年代流行起来的现代社会学。每一种探索的不同方法要求对消费和消费者行为提出些许不同的问题。

消费和福利

消费可以看作一种功能性的尝试。它通过提供满足人们需求和欲望的商品及服务来提升个人和集体的福利。这种消费的线性观点通常是传统经济学里的一部分(Mas-Colell, Whinoton & Green 1995;Begg, Fischer & Dornbusch 2003)(图1)。经济强调消费者

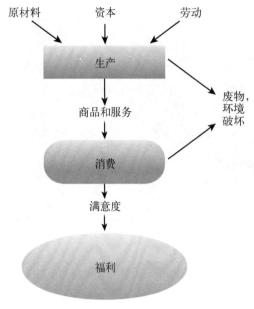

图1　福利的"供应链"视角

　　消费的"供应链"视角阐述了从物质材料获取福利感的内在不可持续性。

欲望的"不知足"和消费者选择的"主权",并利用广泛而实用的方法来评估消费者商品和服务。

　　消费者购买特定的商品,因为它能提供某种有用的性能。一辆新车能比一辆旧车更有效地、经济地和愉悦地将乘客从A地捎至B地。宽银幕等离子体的电视更适于视听。人们愿意花更多的钱在这些购买上,因为他们看重这些额外的服务。但消费者永远不会完全满意,因为一直有新的更好的、满足欲望和更多不同的口味的产品。

　　尽管,基于消费者有特定偏好的假设,消费的经济视角却没有解决潜在的积极性问题。经济视角只用于"揭露"消费者在市场中花钱的方式。经济学里就消费者有能力选择能给他们提供效用的产品的合理性做出了关键假设,这有益于他们的福利。

消费和需求

　　多年来,众多评论家就消费和需求在传统经济学中的地位提出了批评。其中最具有说服力的评论充分利用了人类需求的概念。需求论的理论家们认为,不像欲望的"不可满足性",人类"真正的"需求是有限的、很少的和普遍的(Max & Neef 1992;Maslow 1954,1968)。

　　人类需求的分类偏于在物质需求(像生存和保护)和社会或心理需求(像自尊、自治和归属感)之间区分。他们也在需求本身和满意因子(能产生满足感的事物)之间作区分。他们指出并不是所有的满意因子在满足潜在需求时都能同样成功。比如说食物是生存需求的满意因子。但不是所有的食物都有同样的营养价值,有些甚至只要超过很小的量就会对我们不利。

　　我们消费某些东西,但不能满足我们的需求,这种可能性为长期批判消费者社会提供了基础(Springborg 1981)。社会评论家认为,现代社会的商业利益已经创造了许多"错误的"或"不正常的"需求,远非满足人类需求,使得消费者偏离了自身的福利,且在此过程中危害了环境(Fromm 1976;Illich 1978;Marcuse 1964;Scitovsky 1976)。依此评论,消费者的生活方式已经有很深的缺陷。它既没有服务于我们自身的最大利益,又没有保护环境。这种评论的支持者以所谓的生活满意度悖论为自己做出辩护:过去的30年里,真正的消费者开支已经翻了不止1倍,但是关于生活满意度的报道却几乎没变化(Donovan,Halpern & Sargeant 2002)。

　　人类关于需求的争论已经引发了长期

的、激烈的争执。文化理论家和社会学家趋于对需求的揭露保持怀疑，认为这是幼稚的、夸张的和说教的。然而需求的语言有着公共吸引力，它与可持续发展联系在一起。事实上，消费者社会中以需求为基础的评论好像为实现可持续消费提供了相当大的希望。如果社会和心理需求真的被现代商品恶意利用，那么它应该通过更少的消费来寻求更好的生活，并在此过程中降低对环境的影响。

另一方面，如果消费不能满足需求，那我们为什么要继续消费？关于消费社会的批判倾向于指出商业营销人员的力量——万斯·帕卡德（Vance Parkard 1956）的术语"隐形的说客"——"欺骗"消费者去购买他们并不需要的东西。但对这个问题，还有其他许多回答。

消费和欲望

对"我们为什么要不断消费"的一个回答是人类的需求被过度强调了。据此观点，消费者并没有被清晰明了地企图驱动去满足定义良好的需求和欲望。相反，我们许多的口味和偏好是通过欲望而被得知的。欲望与需求不同。欲望是强有力的情感或性驱动和激励，而不是通过"理性"来将商品的功能特征与特定的人或社会需求相匹配。

人种学的研究支持消费和性欲相关的观点，还认可广告部总监"贩卖性感"的智慧。从香烟到巧克力，从内衣到汽车，性暗示被广泛地运用于广告中，直接或间接地以此来增强对预期消费者的吸引力。但这种与性欲联系在一起的物品并不是由营销人员捏造的、任意的或人造的事物。如果它是，它很可能失败。

广告企图挖掘的是物质商品与性、社会的地位之间的联系。因此，一个多世纪以来，社会学家和心理学家认为消费关注点在财富、收入和地位的彰显。

这也解释了消费者欲望有时利用进化生物学来解释和理解"彰显和地位导向的"消费的原因（Wright 1994；Ridley 1994）。《进化论》指出动物行为是在自然选择和性别选择的压力下进化适应的结果（自然选择是为稀缺资源进行的种内和种间竞争，性别竞争是为性伴侣进行的种内竞争）。这种解释说明了消费者行为是有条件的，至少要通过社会和性别竞争。这也说明了消费的生物学基础，即在消费困境里，行为会发生改变。

普通的、不引人注意的消费

社会学家研究发现人们过度强调消费者行为中引人注意的"（社会）地位追求"。根据这种观点，在成千上万的消费者每天做出的决定里，有大量的消费正作为普通的一部分在不经意地发生。

"普通消费"认为这些研究没有指向个人彰显，而是关注便捷性、习性、惯例及个人对于社会规范和制度约束的回应（Gronow & Warde 2001；Shove 2003；Shove & Warde 1997）。与消费主义过程中的自愿参与相反，消费者被"锁进"不可持续性的消费过程中，他们只有很少的个人控制（Sanne 2002）。

"不经意消费"的概念对理解消费者行为很重要，尤其是它与我们日常的消费经历有联系。在某些特定场合购买时尚精品可能会明确地显示出我们的参与动机。除了冲动的或上瘾的购物者，我们没有将自己的日常生活有意识地与这类消费绑在一起。很多日常消费几乎是不可见的。定期通过银行账户来支付抵押贷款、保险费用、物业账单和地方税,这似乎与彰显或地位没有关系。甚至当我们要更换电力或煤气供应商时,我们很少为提高自己的社会地位而去选择新的供应商。

在这个分析中,消费者在消费过程中很难按自己的意愿来实行。这个过程能够检验在满足消费者需求和欲望时的理性或非理性选择。更多时候他们发现自己通过超越了自身控制的社会规范,或通过个人选择可以谈判的制度约束。被锁进消费的不可持续模式。

消费和特性

在现代社会,消费在某种意义上不可避免地与个人或集体特性连接在一起。根据组织理论教授扬尼斯·加布里埃尔(Yiannis Gabriel)和食品政策教授蒂姆·朗(Tim Lang)的观点,其特性是"现代西方消费研究的根本,不论是马克思主义批评家,还是广告经理、解构主义者或自由改革者、多元文化论支持者或激进女性主义者"(1995:81)。

某些社会学家和社会心理学家相信消费商品对特性创造过程非常重要,这个观点形成了消费社会具体观点的基础。根据这种观点,个人消费是在一个不断再谈判社会和文化象征的空间里不断建立和再建立个人特性的过程。

作者们就特性与消费的关系是好是坏有不同的见解。社会学教授科林·坎贝匀(Colin Campbell 1997)认为消费者商品的公开选择对消费者在现代社会成为自主的个体非常关键。历史学家和精神治疗医师菲

利浦·卡什曼(Phillip Cushman 1990)认为现代消费者的"空虚感"是文化的产物、人造的事物,它源自现代社会商业主义,需要不断地被"填满"。哲学家波德里亚(Jean Baudrillard 1998)批判了消费的"社会逻辑",该逻辑认为人们消费是为了地位,是"奢华的壮观的贫穷"。

尽管有这些差异,物质商品的消费与个人特性的构造及维持之间的联系是在现代理解消费者行为最显著和最重要的因素之一。早先时候,我们所做的(或我们知道的)成就了我们,在现代社会,我们消费的成就了我们。

消费品的象征性角色

用"消费和特性是联系的"理念来挖掘我们与消费品之间的关系:消费品在我们的生活中扮演着重要的象征性的角色。我们因物品所能做的而重视它们,也为它们所代表的而关注它们。没有这种信念,平淡无奇的"事物"能在我们的生活中起如此大的作用的想法就要受到怀疑。这个观点与研究人类与物质财产(工艺品)之间关系的流行心理学产生共鸣。一个受欢迎的泰迪熊,一件婚纱,一套喜爱的高尔夫球杆,一辆加强了马力的运动车:所有这些例子说明了比起简单的功能价值,物质的更多价值将在关键的时刻体现。

20世纪下半叶,这种受欢迎的消费被寄予更多的信任。消费品的象征性重要程度已经被各类知识来源强调;人类学提出的证据可能是最可信的。多年来,社会一直在用物质商品(有价值的东西被交换或出售,像早期社会中的牲畜)作为符号资源,在不同的背景和

环境中表示不同的意思。

从文献一大部分有关物品象征角色中得到的教训是清楚的：物质商品对我们很重要，因为它们能做的和它们显示给他人及我们自己关于我们、我们的生活、爱情、欲望、关系、成功和失败的内容。物质商品不仅仅是工艺品。它们不提供纯粹的功能性利益。他们从思考、交流个人的、社会的、文化的意义过程中形成的象征性角色中获取他们的重要性。

物质商品的象征角色在现代不是唯一的。鉴于人类学的证据，我们必须视象征角色为人类社会中的重要特征，其起源于古代。任何不是建立在这种观点之上的消费者行为的理解，可能低估了消费品及服务的社会和心理学重要性。

消费作为社会沟通

消费品的象征功能使得他们在"社会沟通"中起重要作用，即持续的社会、文化对话和讲述使社会结合并帮助他们运作。人类学家玛丽·道格拉斯（Mary Douglas）和经济学家巴朗·伊舍伍德（Baron Isherwood 1996）认为"忘了那些对饮食、服装和居所有好处的商品"。"忘了他们的用处，尝试接受'商品对思想有好处'的观点；要如人类创造力的非语言媒介来对待它们。"

道格拉斯和伊舍伍德关注了有形物品在提供"标记服务"方面的重要性。这些社会仪式——宴会、工作集会或节日庆典——使得人们在他们的社会群体、巩固的社会关系中尽力保持信息流在社会群体间流动。道格拉斯和伊舍伍德所称的这些信息流远远超过在上面关于"地位——彰显导向的消费"讨论中提及的"显性消费"。信息流对帮助个人在面对文化转变和社会冲击时保持和提高社会弹性起重要作用，可以帮助群体保持它的社会特性，并商讨群组间关系。

消费和意义追求

消费品作为社会沟通的一种形式，其运作能力意味着他们能够嵌入不同的个人、社会和文化讲述中。人类学家格兰特·麦克拉克恩（Grant David McCracken 1990）认为一种文化必须处理的最紧迫的问题之一是"社会'真实'和'理想'生活之间的差距"，我们期望的（为自己、为社会、为人类）和日常现实之间的距离。他认为消费品能帮助克服这一问题。物质产品是代替意义（人们用于维持希望的应对策略）的"桥梁"。设计太阳眼镜、新车、婚礼服装、海边度假不仅仅是功能性需求的满足因子。它们比事物本身更大，甚至比他们的使用价值更大。它们是我们对未来地位期望、应得的舒适、热切盼望的奖品的物质象征。它们是通往我们流离失所的理想的桥梁。

"追求意义"的概念对理解消费很重要。没有纯粹的功能性物质能提供一个稳健的模型来理解消费者行为，因为功能性并不是关键（或绝对的关键）。我们消费不仅是为了获取营养、保护自身或延续生命；我们消费是为了在社会群体中认识自我，为了在社会群体中定位自我，为了与其他的社会群体区别开来，为了对某些信念表达忠诚。我们消费是为了沟通。通过消费，我们不仅相互沟通，还与过去、理想、恐惧和期盼沟通。我们消费是为了追求意义。

行为变化的启示

关于消费的心理学、社会学和人类学的资料非常丰富。在市场营销、消费者研究和激励研究方面，它的丰富性得到了很多认可。商业利益充分利用了资料的丰富来设计产品和策略以说服人们前来购买。重要的是，这些资料对尝试解决不可持续性消费的政策制定者来说也是一种资源。但巨量的资料也伴随着争议和知识的紧张局势，在很长的历史里，对它的理解贯穿了一些根深蒂固而又棘手的争论。然而，总结出有关不可持续性消费的2～3个重要主题还是有可能的。

第一个主题是，我们生活在一个消费社会。从20世纪中期开始，消费品的可得性在发展的经济中得到了巨大的扩展。经济对于消费增长具有结构依赖，先前的公共物品和服务已经被大幅度地商业化了。

现代文化特性的基本面与他们在19世纪时有了很大不同。现代消费社会有自己的逻辑、动力学、认识论和道德、神话和宇宙论。所有这些都与其他时间地点下的形式有很多不同。政策制定者在解决消费模式的大规模转变时应好好研究消费的历史。

但是在某些方面，消费社会更像在它之前的任何其他社会。第二个主题来自消费文学，认为物质产品具有重要的象征作用，因此能够在我们的生活中发挥关键的心理学和社会学功能。用玛丽·道格拉斯的话来说，个

人消费的主要目标是"为了创造社会世界，并将其建在一个可信的地点"。

有人类学的证据表明物质产品的象征作用似乎被每一个社会共有。但现代社会中该象征作用的广泛应用有着关键的社会和心理学目的，这似乎已成为其现代性的一个显著特征。社会心理学和文化的复杂性是分析消费者行为和消费模式的困难的主要原因。

第三个主题同样重要，因为有证据显示消费者激励通常嵌于许多普通的、常规的、习惯的行为中。行为很大程度上被社会规范和条例所深深影响，被制度内容限制。这些因素强调了消费者不能随意选择商品和服务，他们通常发现自己被大量的社会的、制度的和认知的限制锁进具体的消费模式中。

这些解释强调了探讨支持环保行为改变的困难性和复杂性。他们也指出在可商议消费者选择的情况下理解和影响社会背景的重要性。寻求促进支持环保行为改变的政策，需要平等对待形成和限制社会行动的社会背景与个人选择的机制。

蒂姆·杰克逊（Tim JACKSON）

萨里大学

本文基于蒂姆·杰克逊发表的《可持续发展研究网络》报告（2005）第2章《激励可持续消费：消费者行为和行为变化的证据》，从已发表论文《可持续发展委员会》（Jackson & Michaelis 2003）提取而成。

参见：可持续发展；绿色GDP；市场营销；真实成本经济学。

拓展阅读

Baudrillard, Jean. (1998). *The consumer society: Myths and structures*. London: Sage Publications.

Begg, David; Fischer, Stanley; & Dornbusch, Rudiger. (2003). *Economics* (7th ed.). Maidenhead, U.K.: McGraw-Hill.

Belk, Russ; Güliz, Ger; & Askegaard, Sen. (2003). The fire of desire: A multi-sited inquiry into consumer passion. *Journal of Consumer Research*, 30(3), 325–351.

Campbell, Colin. (1997). Shopping, pleasure and the sex war. In PasiFalk & Colin Campbell (Eds.), *The shopping experience* (pp.166–176).London: Sage Publications.

Cushman, Philip. (1990). Why the self is empty: Toward a historicallyconstituted psychology. *American Psychologist*, 45(5), 599–611.

Donovan, Nick; Halpern, David; & Sargeant, Richard. (2002,December). *Life satisfaction: The state of knowledge and implicationsfor government*. Retrieved September 28, 2009, from http://www.cabinetoffice. gov.uk/media/cabinetoffice/strategy/assets/paper.pdf

Douglas, Mary. (1976). Relative poverty, relative communication. In A.H. Halsey (Ed.), *Traditions ofsocial policy: Essays in honour of Violet Butler*. Oxford, U.K.: Basil

Blackwell.Douglas, Mary, & Isherwood, Baron. (1996). *The world of goods: Towardsan anthropology of consumption* (Rev. ed.). London: Routledge.

Fromm, Erich. (1976). *To have or to be?* New York: Harper & Row.

Gabriel, Yiannis, & Lang, Tim. (1995). *The unmanageable consumer: Contemporary consumption and its fragmentations*. London: SagePublications.

Giddens, Anthony. (1991). *Modernity and self-identity*. Stanford, CA: Stanford University Press.

Gronow, Jukka, & Warde, Alan. (2001). *Ordinary consumption*. London: Routledge.

Illich, Ivan. (1978). *Toward a history of needs* (1st ed.). New York: Pantheon Books.

Jackson, Tim, & Michaelis, Laurie. (2003). *Policies for sustainable consumption*. Retrieved September 28, 2009, from http://www.sd-commission.org.uk/publications/downloads/030917%20Policies%20for%20 sustainable%20consumption%20_SDC%20report_.pdf

Marcuse, Herbert. (1964). *One-dimensional man: Studies in the ideology of advanced industrial society*. Boston: Beacon Press.

Mas-Colell, Andreu; Whinston, Michael D.; & Green, Jerry R. (1995).*Microeconomic theory*. New York: Oxford University Press.

Maslow, Abraham H. (1954). *Motivation and personality*. New York: Harper & Row.

Maslow, Abraham H. (1968). *Toward a psychology of being* (2nd ed.).Princeton, NJ: Van Nostrand Reinold.

Max-Neef, Manfred. (1992). Development and human needs. InPaul Elkins & Manfred Max-Neef (Eds.), *Real-

life economics: Understanding wealth creation (pp.197−213). London: Routledge.

McCracken, Grant David. (1990). *Culture and consumption: Newapproaches to the symbolic character of consumer goods and activities*. Bloomington: Indiana University Press.

Miller, Daniel (Ed.). (1995). *Acknowledging consumption: A review of new studies*. London: Routledge.

Packard, Vance. (1956). *The hidden persuaders*. New York: D. McKay.

Ridley, Matt. (1994). *The red queen: Sex and the evolution of human nature* (1st American ed.). New York: Maxwell MacMillanInternational.

Sanne, Christer. (2002). Willing consumers — or locked in? Policies for sustainable consumption. *Ecological Economics*, 42(1−2), 273−287.

Scitovsky, Tibor. (1976). *The joyless economy: An inquiry into human satisfaction and consumer dissatisfaction*. New York: Oxford University Press.

Shove, Elizabeth. (2003). *Comfort, cleanliness and convenience: The social organization of normality*. Oxford, U.K.: Berg Publishers.

Shove, Elizabeth, & Warde, Alan. (1997, April). *Noticing inconspicuous consumption*. Paper presented at the European Science Foundation TERM programme workshop on Consumption, Everyday Life andSustainability, Lancaster University, U.K. Retrieved September 28,2009, from http://www.lancs.ac.uk/fass/projects/esf/inconspicuous.htm

Springborg, Patricia. (1981). *The problem of human needs and the critique of civilisation*. London: Allen & Unwin.

Wright, Richard. (1994). *The moral animal: Why we are the way we are: The new science of evolutionary psychology*. New York: Pantheon Books.

Corporate Citizenship

企业公民权

跨国企业通常只关注利益,而以人类和环境为代价。但他们的能力和影响也使得其成为唯一有资格对贫穷、疾病和环境恶化等21世纪社会严峻挑战做出积极改变的机构。

全球社会的成功正逐渐被跨国企业的行为影响。至2005年,世界100个最大经济组织的一半以上是企业,而不是国家。埃克森美孚2005年收入超过3 410亿美元,利润达360亿美元,比2005年世界银行经济排名的184个国家的1/3(125个)还多(United Nations Conference on Trade and Development 2005)。同样,沃尔玛在全球经济中排名19位,销售收入超过2 500亿美元;它每天的收入比36个独立国家的年GDP还多(Mau, Leonard, Institute Without Boundaries 2004:128)。

如埃克森美孚和沃尔玛等跨国企业的个人或集体所作所为,不仅对顾客、员工和供应商有影响,还对更大的全球经济和社会产生影响[尽管2007年末开始的经济衰退已经影响了企业收入,导致2008年原先位于前100位中的部分跨国企业名次下跌,但企业拥有的能力依旧强大。因此,在本文里所讨论的概念比以往任何时刻都更息息相关(Forbes.com 2008;World Bank 2009)]。

怎样能使企业和社会同时从跨国企业运营方式中获利?企业未来该如何经营才能逐渐有利于社会福利,同时扩大自己的财务绩效?这些问题与企业公民和企业成功有关,这是商业世界必须要学会妥协的地方。

私人部门能否创造潜在的积极结果非常关键。原因是像埃森克美孚和沃尔玛等企业对员工、其他利益相关群体和更广泛的社会及自然环境采取的行为已经频频(且通常是正确地)遭到法院、大众媒体和学术刊物的严厉批评。经济学家安德里亚斯·乔治·谢勒(Andreas Georg Scherer)

和基多·帕拉佐（Guido Palazzo）指出，先前关于企业、社会和自然环境关系的讨论假定了负责任的企业按主要由政府制定的规章制度运营。但是在全球化的背景下，这个假定不再有效："制度的全球框架脆弱且不完善，因此商业企业（大约从 2000 年开始）有额外的政治上的责任来对发展和全球化的适当管理做出贡献"（Scherer & Palazzo 2008：3）。虽然跨国企业的社会、经济、政治影响（MNCs）众所周知，但我们还只是负面且狭隘地关注其经济成就。可能商业世界 21 世纪面对的最重要问题是，我们能从跨国企业的积极影响中学到什么。

在 20 世纪，许多商业领导人认为他们的企业应该与社会分离。美国经济学家弥尔顿·弗里德曼（Milton Friedman，1912—2006）积极地认为只有"企业的社会责任才能增加企业的利润"（1970：122）。越过 20 世纪逻辑，全球卓越的 CEO 们相信商业和社会之间的关系——包括为解决最紧迫的全球需求而做的关于相互有益的、进步的研究——已经成为 21 世纪起决定性作用的问题。

我们应该提出疑问，在一个世纪中，下面情况发生时，商业的影响是什么（Adler 2006b）？

- 全球整合不再是很多企业的选择。
- 改变如之前一样的不连续性是能可靠预测的。
- 透明度更有可能通过曝光企业先前隐蔽的违法行为的单一照片来定义——首先展示在线上视频社区，然后再是晚间新闻——这比通过任何国家法律体系或世界贸易组织的整套制度来定义更常用。
- 资源稀缺性，正如苏丹公开强调那样，恶化了先前平和的经济关系。

- 较政府来说，全球环境危机、人类权力滥用、社会暴力和收入不平等更可能被归咎于私人部门。
- 公众更倾向谴责企业的违法行为，而不愿表扬企业的社会贡献。

超越 20 世纪假设

在我们考虑 21 世纪世界面对的挑战时，最好不要再基于过去的商业经验来做假设。这些假设包括：

- 普遍即正确；
- 环境决定了行为人的可能行为模式；
- 进步来源于解决问题而不是放大优势；
- 已经是的，将来也会是。

这些流行的假设中没有一个支持商业认知——更别说理解——突出的、令人钦佩的和有效率的行为。毋庸置疑，这些假设不能帮助商业理解为什么某些跨国企业（MNC）能同时绩效出色，且作为世界的代理机构也能成功获益，尽管大多数对改善世界仍然无视。大多数仍借外部性（商业行为无意的社会后果）的名义给世界带来有害影响。为了解决跨国企业带来的一系列全球性社会问题，我们有必要超越之前引领学术研究的方法论，去考虑更加令人期待的方式。

在非洲的必和必拓与疟疾

1999 年，前联合国秘书长科菲·安南（Kofi Annan）在瑞士举行的达沃斯世界经济论坛上向商业世界提议："让我们将市场的力量与全球理想的力量结合起米。"跨国企业必和必拓是一家澳大利亚的国际矿业企业，也是世界上最大的铝生产商之一。它作为安南提议的例子成功地改善了所有方的福利。

除了普遍的战争，另一个使非洲一直陷于贫困的原因就是疟疾。疟疾预计每年降低非洲经济增长率1.3%，约为每年120亿美元。每30秒，就有一个非洲小孩死于疟疾。虽然疟疾已经从世界上大多数地方根除，但它在非洲仍然难以控制，每年都夺取许多生命。

必和必拓在20世纪90年代来到莫桑比克。因此，成为莫桑比克21年内战后最早来此国进行大量投资（13亿美元）的跨国企业之一（LaFraniere 2006）。莫桑比克的铝厂简称为"Mozal"，如果不能成功根除疟疾的话，它的经营有很大的风险。经营的头两年，Mozal 6 600个员工的1/3因疟疾生病，13人死亡。在任何时候，Mozal 20%的员工会因为疟疾而旷工。从严苛的绩效角度来看，必和必拓没有能力承担疟疾造成的损失。

为了根除疟疾，非洲已经开展了许多国际的和国内的公共健康运动，但都失败了。必和必拓很快意识到通过依赖他人或只关注自己员工的利益，不能保护它在莫桑比克的投资。所以在1999年，安南同年提出私人部门一起为社会成功努力，必和必拓选择与莫桑比克、斯威士兰及南非的政府合作，来开展一项惠及400万

民众的地域性反疟疾运动。第一次，大规模的疟疾根除行动在非洲得到了成功，也是第一次，它是由企业领导的。仅仅6年，Mozal和3个政府的合作就获得了难以想象的成功。整个地区，1 000个居民中有疟疾的人数就从66人降至少于5人。必和必拓工厂所在区域，感染疟疾的儿童比例从>90%降至<20%。

在Mozal，由疟疾导致的旷工率从高于20%降至低于1%。同时，必和必拓在莫桑比克的投资也成功获得回报。仅仅3年，莫桑比克的工厂就扩张，生产能力也提高了不止一倍。必和必拓不仅响应安南的提议，还远远超过了企业或社会原来猜想的可能情形。外商投资增长、利润增长、就业率增长、就学儿童数增长，而疾病人数与死亡人数却下降。

给成功重新下定义

毋庸置疑，国际化商业的研究学者是理解商业在全球企业财富保障和更广泛社会的成功中所任角色的主要来源。但是这个领域必须继续重新质疑那些内化于概念化和方法论中的基本观点和假设。不是通过接受历史模式而预知的未来，而是国际商业研究学者能为此提供可靠的证据。

南茜·J.阿德勒（Nancy J. ADLER）
麦基尔大学

此文摘自"作为世界获益代理的全球商业：领导积极改变的新型国际商业视角"，《全球企业公民权的研究手册》（2008），由A.G.谢勒、基多·帕佐拉和爱德华·埃尔加（Edward Elgar）编辑。使

用须经使可。该章更早版本出现于2008年米兰国际商业学术（AIB）年度会议，以"国际商业奖学金：对'成功'更广泛定义的贡献"的总结出版（Adler 2008）。

参见：金字塔底层；企业社会责任和企业社会责任2.0；赤道原则；健康、公众与环境；人权；商业促和平：企业的作用；社会型企业；利益相关者理论；联合国全球契约。

拓展阅读

Adler, Nancy J. (2006a). The art of leadership: Now that we can do anything, what will we do? *Academy of Management Learning and Education Journal*, 5(4), 466−499.

Adler, Nancy J. (2006b). Corporate global citizenship: Successfully partnering with the world. In Gabriele Suder (Ed.), *Corporate strategies under international terrorism and adversity* (pp.177−195). Cheltenham, U.K.: Edward Elgar.

Adler, Nancy J. (2008). International business scholarship: Contributing to a broader definition of success. In Jean J. Boddewyn (Ed.), *Research in global strategic marketing. Vol. 14. The evolution of international business scholarship: AIB fellows on the first 50 years*. Greenwich, CT: JAI Press/Elsevier.

Annan, Kofi. (1999, February 1). Press release SG/SM/6881: Secretarygeneral proposes global compact on human rights, labour, environment, in address to World Economic Forum in Davos. Retrieved October 23, 2009, from http://www.un.org/News/Press/docs/1999/19990201.sgsm6881.html

Bartlett, Christopher A., & Ghoshal, Sumantra. (1989). *Managing across borders*. Boston: Harvard Business School Press.

Bies, Robert. J.; Bartunek, Jean M.; Fort, Timothy L.; & Zald, MaynerN. (2007). Corporations as social change agents: Individual, interpersonal,institutional, and environmental dynamics. *Academy of Management Review*, 32(3), 788−793.

Buckley, Peter J. (Ed.). (2005). *What is international business?* New York: Palgrave Macmillan.

Buckley, Peter J., & Casson, Mark. (1976). *The future of the multinational enterprise*. London: Macmillan.

Campbell, John L. (2007). Why would corporations behave in socially responsible ways? An institutional theory of corporate social responsibility. *Academy of Management Review*, 32(3), 946−967.

Cascio, Wayne F. (2006). Decency means more than "always low prices": A comparison of Costco to Wal-Mart's Sam's Club. *Academy of Management Perspective*, 20(3), 26−37.

Den Hond, Frank, & De Bakker, Frank G. A. (2007). Ideologically motivated activism: How activist groups influence corporate social change activities. *Academy of Management Review*, 32(3), 901−924.

Dunning, John H. (Ed.). (2003). *Making globalization good: The moral challenges of global capitalism*. Oxford, U.K.: Oxford University Press. Forbes.com. (2008, December 22). The 400 best big companies. Retrieved

October 26, 2009, from http://www.forbes.com/lists/2009/88/bigcompanies08_The-400-Best-Big-Companies_OperRev_2.html

Fort, Timothy L., & Schipani, Cindy A. (2004). *The role of business in fostering peaceful societies.* Cambridge, U.K.: Cambridge University Press.

Friedman, Milton. (1970, September 13). The social responsibility of business is to increase its profits. *New York Times Magazine*,p. 122.

Friedman, Thomas L. (2005, April 3). It's a flat world, after all. *New York Times Magazine.* Retrieved October 26, 2009, from http://www.nytimes.com/2005/04/03/magazine/03DOMINANCE.html

Friedman, Thomas L. (2006). *The world is flat: A brief history of the twenty-first century.* New York: Farrar, Straus & Giroux.

Hart, Stuart L. (2005). *Capitalism at the crossroads: The unlimited business opportunities in solving the world's most difficult problems.* Upper Saddle River, NJ: Wharton School Publishing.

Hawken, Paul; Lovins, Amory; & Lovins, L. Hunter. (1999). *Natural capitalism: Creating the next industrial revolution.* Boston: Little, Brown.

LaFraniere, Sharon. (2006, June 29). Business joins African effort to cut malaria. New York Times. Retrieved October 26, 2009, from http://www.nytimes.com/2006/06/29/world/africa/29malaria.html

Laszlo, Chris. (2003). *The sustainable company: How to create lasting value through social and environmental performance.* Washington, DC: Island Press.

Mau, Bruce; Leonard, Jennifer; & Institute Without Boundaries. (2004). *Massive change.* London: Phaidon Press.

Molz, Rick, & Tetrault-Sirsly, Carol Ann. (2006, August). Globalization and corporate social responsibility. Paper presented at the Academy of Management Annual Conference, Chicago.

Palazzo, Guido, & Scherer, Andreas Georg. (2006). Corporate legitimacy as deliberation: A communicative framework. *Journal of Business Ethics*, 66, 71-88.

Prahalad, C. K. (2005). *The fortune at the bottom of the pyramid: Eradicating poverty through profits.* Upper Saddle River, NJ: Wharton School

Rugman, Alan M. (1996). *The theory of multinational enterprises.* Cheltenham, U.K.: Edward Elgar.

Sachs, Jeffrey D. (2005). *The end of poverty: Economic possibilities of our time.* New York: Penguin.

Savitz, Andrew W., & Weber, Karl. (2006). *The triple bottom line: How today's best-run companies are achieving economic, social, and environmental success — and how you can, too.* San Francisco: Jossey-Bass.

Scherer, Andreas Georg, & Palazzo, Guido. (2007). Toward a political conception of corporate responsibility: Business and society seen from a Habermasian perspective. *Academy of Management Review*, 32(4), 1096-1120.

Scherer, Andreas Georg, & Palazzo, Guido. (2008). Globalization and corporate social responsibility. In Andrew Crane, Abagail McWilliams, Dirk Matten, Jeremy Moon, & Donald S. Siegel (Eds.), *The Oxford handbook of corporate social responsibility* (pp.413−431). Oxford, U.K.: Oxford University Press.

Scherer, Andreas Georg; Palazzo, Guido; & Baumann, Dorothée.(2006). Global rules and private actors: Toward a new role of thetransnational corporation in global governance. *Business EthicsQuarterly,* 16(4), 505−532.“Ubuntu” university lifts off. (2002, November 18). Retrieved November 21, 2007, from http://www.southafrica.info/ess_info/sa_glance/education/ubuntu.htm

United Nations Conference on Trade and Development. (2005). The largest TNCs. *In World investment report 2005: Transnational corporations and internationalization of R & D* (pp.15−20). Retrieved December 15, 2009, from http://www.unctad.org/en/docs/wir2005ch1_en.pdf

World Bank. (2009). *Gross domestic product 2008.* Retrieved October 26, 2009, from http://siteresources.worldbank.org/DATASTATISTICS/Resources/GDP.pdf

Cradle to Cradle

摇篮到摇篮

"摇篮到摇篮"(有时简称C2C)指的是可持续废物管理和自然资源保护,旨在100%利用所有生产的废物。这个经济概念可以应用于像城市环境、建筑和制造过程等领域。

1987年,沃尔特·斯达黑尔(Walter Stahel)和马克思·博尔林(Max Borlin)出版了《耐用品的经济策略——用废料防止策略来延长产品生命周期》。这篇报告阐述了在重复利用生产材料的循环经济里,公司怎样能比那些依赖丰富的原材料和资源才能使经济持续增长的竞争对手实现更高的收益。有些专家反驳道,"摇篮到坟墓"的概念更符合工业化国家现有的经济模式。"摇篮到坟墓"指出,一个产品会从设计到处理的每一生命阶段被负责任地管理着。建筑师斯达黑尔(Stahel)认为,唯一可持续的解决方案是在从摇篮返回到摇篮的循环过程中使用耐用品。

迈克尔·布劳恩加特(Michael Braungart)和威廉·麦克多诺(William McDonough)开始基于他们供稿给"生命周期评价的技术框架"(1991)的研究来推动"摇篮到摇篮"概念。这是一家由不同背景研究员组成的社会环境毒理学和化学(SETAC)研讨会中成长起来的出版机构。布劳恩加特和麦克多纳同意斯达黑尔的观点,认为自然资源的快速消耗会使摇篮到坟墓的方式变得不可持续。他们还指出摇篮到摇篮的模式能够应用于现代社会的任何体系——都市环境、建筑和制造加工——他们用了许多案例研究来证明他们的观点。

在他们的摇篮到摇篮模型中,制造加工过程中使用的所有材料按技术性成分或生物性成分来分类。技术性成分是指人类制造的非有机或合成的材料(比如,塑料、玻璃和金属)。它们能在没有任何质量损失的情况下,能在循环经济中使用多次。生物性成分是指使用后能在任何自然环境中降解的有机材料。

模型如何工作

有害的物质和化学品继续被用于多种产

品的制造（或出现在成分列表中）。摇篮到摇篮模式寻求从产品循环使用过程中移除掉危险的技术性成分，因为它可能造成不必要的对健康或环境的破坏。这可以通过生产另一种非毒性的有相同功能的产品或用无害的物质来代替有害原材料的方式实现。

耐克认为可以用产品来说明摇篮到摇篮商业模式是怎样减少公司环境足迹的。从设计阶段开始，耐克根据公司指标测算了它认可的生产线——包括服装和鞋袜。该指标评价并预测了产品的可持续水平。比如，鞋类将会被"认可"，基于其在集合（和设计元素的应用）与传统制革法中大幅降低了溶剂和有毒胶水的使用。依照产品必须在使用期的终点回归到摇篮的原则行事，耐克"回收鞋子"项目从各种途径收集了任一品牌的运动鞋——不管是丢弃的、有缺陷的还是假冒的。回收来的鞋子随后用先前耐克制造过程中剩下的材料研磨并净化：这一混合物以"耐克磨碎材料（Nike Grind）"的名义，成为新的循环制造的一部分。

C2C 公司

1995年，麦克唐纳和布劳恩加特成立了一家咨询公司——布朗加化学设计公司（MBDC）。该公司现位于弗吉尼亚州的夏洛茨维尔。布朗加化学设计公司推动了全世界范围内的摇篮到摇篮认证项目，公司因此可以清晰地可信地测算出他们在环境友好设计方面的成就。这个专属项目（比如，它是私人

赞助的和标榜服务的）也帮助顾客来识别购买符合摇篮到摇篮指导理念的产品。布朗加化学设计公司的客户包括耐克、赫曼·米勒（艾伦椅制造商）和美国邮政服务公司。

产品生命组织是另一个非盈利的独立机构。该机构由奥利奥·吉亚利尼（Orio Giarini）和斯达黑尔1982年在瑞士日内瓦成立。该组织作为工业企业、政府部门及大学的顾问来进行合同研究。它推进了与可持续性有关项目的策略和政策。这些研究包括优化商品和服务的使用寿命。通过产品设计延长它们的使用期限来提高商品的经济可行性、再修复和再营销、有选择性地重复利用，以及使用寿命长的成分或产品设计。这个机构的客户有柯达、杜邦和卡特彼勒。

评论

某些评论认为麦克唐纳和布劳恩加特使得C2C咨询和认证只在很小的专属范围存在。他们指出，在只有150个认证的情况下，布朗加化学设计公司的项目目前只取得了有限的效果。评论家建议改变C2C认证封闭而专属的方式，以增强企业竞争及成长。教育方面的努力、公众参与度和国际化合作对这个概念的成功很重要。

环境保护领域的专家对该概念的可操作性提出了质疑。乔治·乔巴诺格洛斯（George Tchobanoglous）、希拉里·塞森（Hilary Theisen）

和萨穆埃尔·维吉尔（Samuel Vigil）在他们1993年的《整合的固化废弃物管理：化工原理与管理问题》中写到，在发达国家，塑料是最难循环利用的材料。不幸的是，此后问题也没有得到改善。回收和再利用仍然是劳动密集型的过程。由于高昂的劳动力成本和发生在发达国家的有影响力的政治游说，回收、再利用和恢复废弃物从20世纪90年代开始并没有得到提高，特别是在美国。C2C实行的另一个阻碍是回收利用方面的现有技术。像塑料，如热塑性塑料PETE、PVC和HDPE在加热过程能够软化，然后可以被回收利用及再塑形。但如热固性塑料等的其他类型塑料由于自身的性质

和关于回收利用它们的有限的研究，就不能被回收利用起来。因为塑料的低成本、轻重量及能被塑成各种形状的性能，它们的使用会更频繁。但在不久的将来，100%回收利用塑料仍然不能实现。在短时间内，且没有足够投资的情况下，C2C仍是不能实现的目标和过程。但长期来看，C2C的概念可能通过对产品发展更多的研究、适当的材料利用率、政府管制、公众参与和废弃物管理等途径来实现。

谢信能（Hsin-Neng HSIEH）
新泽西理工学院

参见： 工业设计；城市发展；能源效率；生命周期评价；制造业实践；自然步骤框架；再制造业；体育用品业；供应链管理；真实成本经济学；零废弃。

拓展阅读

Barnthouse, Larry; Fava, Jim; Humphreys, Ken; Hunt, Robert; Laibson, Larry; Noesen, Scott; et al. (Eds.). (1997). *Life-cycle impact assessment: The state of the art* (2nd ed.). Pensacola, FL: Society of EnvironmentalToxicology and Chemistry.

Borlin, Max, & Stahel, Walter. (1987). Wirtschaftliche Strategien der Dauerhaftigkeit, Betrachtungen über die Verlagerung der Lebensdauer von Produkten als Beitrag zur Vermeidung von Abfallen. Schweizerischer Bankverein-Heft Nr. 32 [Economic strategies of durability — Longer product-life of goods as waste prevention strategy. Swiss Bank Corporation Paper No.32.]. Basel, Switzerland: Schweizerischer Bankverein.

Considered design and the environment. (2009). Retrieved October 15, 2009, from http://www.nikebiz.com/responsibility/considered_design/features/

Cox, Roger, & Lejeune, Bert. (2009, February 23). Cradle to cradle urgently needs a Dutch private partnership. Retrieved October 14, 2009, from http://www.duurzaamgebouwd.nl/index.php?pageID=3946&messageID=1751

Cradle to cradle. (2009). Retrieved October 16, 2009, from http://www.product-life.org/en/cradle-to-cradle

Fava, James; Consoli, Frank; Denison, Richard; Dickson, Kenneth; Mohin, Tim; & Vigon, Bruce (Eds.). (1993). *Conceptual framework for life-cycle impact assessment*. Pensacola, FL: Society of Environmental Toxicology and Chemistry.

Fava, James; Denison, Richard; Jones, Bruce; Curran, Mary Ann; Vigon,Bruce; Selke, Susan; et al. (Eds.). (1991). *A technical framework for life-cycle assessment*. Pensacola, FL: Society of Environmental Toxicology and Chemistry.

Lovins, L. Hunter. (2008). Rethinking production. In Worldwatch Institute (Eds.), *State of the world 2008: Innovations for a sustainable economy* (pp.38–40). New York: W. W. Norton.

McDonough, William, & Braungart, Michael. (2002). *Cradle to cradle: Remaking the way we make things*. New York: North Point Press.

McDonough Braungart Design Chemistry (MBDC). (2009). Cradle to-cradle design certification by MBDC. Retrieved October 1, 2009, from http://www.c2ccertified.com/

Tchobanoglous, George; Theisen, Hilary; & Vigil, Samuel. (1993).*Integrated solid waste management: Engineering principles and management issues*. New York: McGraw-Hill, Inc.

Vogtlander, Joost G.; Brezet, Han C.; & Hendriks, Charles F. (2008). Allocation in recycling systems: An integrated model for the analyses of environmental impact and market value. *International Journal of Life Cycle Assessment*, 6(6): 344–355.

CSR and CSR 2.0

企业社会责任和企业社会责任2.0

尽管有美好意图, 过去的50年里企业社会责任(CSR)在很大程度上没能对世界上最严重的社会、环境和伦理挑战做出显著的积极影响。CSR2.0呈现了CSR概念和操作的进化, 它可连接、可伸缩、可响应——希望能对商业运行产生真正的、重大的影响。

众所周知, 企业社会责任的概念以某种形式已经存在了400余年。多种世界宗教已经说明了高利贷的不道德、收取过度利益和关心那些不幸的人的品德。它的现代概念能够追溯至19世纪的最后几十年, 企业家和慈善家开始树立慈善的先例, 100多年后, 像比尔·盖茨和沃伦·巴菲特纷纷在金额方面响应了先例的号召。

近来的历史

随着美国经济学家和大学校长霍华德·博文(Howard Bowen)1953年出版的里程碑式的著作《生意人的社会责任》, 企业社会责任成为20世纪50年代的流行词汇。随

着美国环境科学家卡森1962年在《寂静的春天》中对化工产业(特别是大范围使用杀虫剂DDT)的批判, 这一概念于20世纪60年代在环境保护运动的诞生下进一步成形。随着美国倡导消费者权益的(和随后的总统竞选者)拉尔夫·纳德(Ralph Nader)的社会行动主义行为(其中最著名的是通用汽车的安全记录), 消费者运动开始成形。

20世纪70年代见证了企业社会责任第一个被广泛接受的定义以美国商业和管理道德家阿奇·卡罗尔(Archce Caroll)提出的四部分概念形式诞生, 它包括经济责任、法律责任、伦理道德责任和慈善责任, 随后被描述为"企业社会责任金字塔"。它也完成了企业社会责任的第一个准则, 即沙利文原则, 它以利昂·H.沙利文教士的名字命名。它成功地应对了美国商业与南非的关系问题, 更有力地应对了南非的种族隔离问题。20世纪80年代将质量管理的应用引入了职业健康和安全, 并引进了像责任关怀等企业社会责任准则, 责任关怀是指全球化

工产业自发改善健康、安全和环境表现。

20 世纪 90 年代,企业社会责任变得制度化,随着 ISO14001(国际标准化组织体系的一部分,为特定的产品和环境管理问题制定的自愿的行业标准)和 SA8000(由社会国际责任监督,是经济优先委员会的非营利性附属机构)标准的颁布。全球报告倡议组织的指导方针和吉百利报告中的公司治理准则(分别从英国和南非)将注意力从其他问题上引到利益相关者的重要性上来(理应说是股东)。

21 世纪产生了大量的企业社会责任指导方针、准则和标准来处理行业部门和气候变化(《企业社会责任的 A 到 Z》George Visser et al. 2007,列出了超过 100 条标准)。

对在 21 世纪的企业社会责任的演进方向和可能发展形势来说,了解企业社会责任从何而来很重要。由于这个术语被人们和组织多次使用,它将面对"不再有意义"的风险,如同每种阳光底下的产品就被视为"绿色"销售一样。"绿色"这个词语失去了它的光泽。

企业社会责任是一个动态的运动,几十年来一直在发展,但尽管有看似令人印象深刻的进步,某些人认为企业社会责任失败了,我们正在看着它衰落。发表这番评论的人认为该概念需要被重生和重新恢复活力。他们这么说是因为尽管企业社会责任对社区和环境做出了不少积极影响,但它应该由商业对社会和整个地球的全部影响来进行评判。按这个思路来看,每一种可行的社会、生态和道德绩效的测量上,商业的负面影响(很少有明显例外)是灾难性的。企业社会责任没有避免或大大减少这些影响。企业社会责任失败的原因有三层:

1. 企业社会责任增量的方法没有对世界面临的大规模可持续性危机做出任何影响,其中许多甚至以远超于企业社会责任领导的任何改善尝试的步伐在恶化。

2. 企业社会责任通常是一个次要的企业功能,甚至在有企业社会责任经理或企业社会责任部门的公司也是这样。股东推动的资本主义很普遍,它短期财政进展措施的目标与长期利益相关者的资本主义方式相背离,企业社会责任需要资本主义方式来产生有意义的结果(在股东推动的资本主义里,一家公司的首要目的是为它的股东创造利润)。

3. 尽管"企业社会责任商业案例"在 21 世纪初期就已实践过,但企业社会责任仍然是不经济性的。大多数企业社会责任转变的困难是对改善贫穷者悲惨处境及大量的物种灭绝需要进行战略调整和大量投资。长期来看这些必要的改变是有利可图的,并且对下一代或下两代都是经济合理的。但金融市场是不会这样运行的,至少现在还不是。

第 4 个观点也是句老话"地狱之路是善意铺成的"。尽管没有人能指责企业社会责任最初筹划者的恶意,但事实是大量的企业用企业社会责任来强调他们的正面观点——为社会提供工作机会或为消费者提供廉价商品——希望能淡化他们的不可取观点:环境退化或促进一种不可持续的基于消费的经济。沃尔玛就是一个典型的例子。它最近刚取得了显著的环境进步,但仍留下了许多有关劳动力和社会的问题尚待解决。另一个是艾克森,它有很坚实的社会事业,但在环境和气候变化问题上却有很差的声誉。企业社会责任新的模式将会真正起作用——可衡量的、基于环境可持续性的——正在被那些想要避免因错误引导使用企业社会责任而产生的问题的人们描绘和发展。

企业社会责任2.0

2008年，商业作家及企业社会责任专家韦恩·维瑟（Wayne Visser）首次提出企业社会责任2.0模式，他提议保留CSR缩写但重新平衡"规模"。在这个新模式里，企业社会责任表示"企业可持续力与责任"。这个转变承认可持续性（扎根于环保运动）和责任（扎根于社会活动家活动）是我们应该关心的两大主要部分。粗看一下公司的非财务报告，我们能很快地确认：他们很多要么是公司可持续性报告（通常采用"三重底线"的方式来报告社会和环境影响及经济绩效），要么是公司责任报告（通常反映相关利益者的方式）。

但企业社会责任2.0也提出了这些术语的新解释。就像两股DNA缠绕在一起，可持续性和责任被理解成虽不同但互补的企业社会责任元素。因此，可持续性被设想为目的地（挑战、愿景、战略和目标。比如我们的主旨是什么），而责任更多的是关于旅途（解决方法、回应、管理和行动。比如我们怎么到达那里）。

如果我们承认先前企业社会责任在解决最急迫的社会、环境和道德难题时的努力失败

了。那么，世界也许会发现自身处于变革的过程中，很大程度上与互联网从静态Web 1.0技术向交互式Web 2.0的过渡相似。如果是重现定义企业社会责任的贡献和其对世界面临的社会、环境和道德挑战做出的重要影响，那么社交媒体网络的出现、用户生成内容和开源方式是CSR将要去经历的改变的恰当比喻。

比如，Web 1.0从单向的、广告推动的方式转变为更协作的Google-Facebook-Twitter模式。同样地，企业社会责任2.0开始超越过时的企业社会责任方式，从慈善事业或公共关系（广泛批评为"刷绿"）转变为一个更互动的、由股东驱动的模式。Web 1.0主要是标准化的硬件和软件，但Web 2.0鼓励共同创造和多样性。企业社会责任也是这样，人们开始意识到在过去十年里激增的一般的企业社会责任准则和标准的局限性（Web 1.0和CSR 1.0的比较见表1）。

如果这就是我们从哪来，那么我们需要往哪去呢？ Web 2.0和CSR 2.0的比较见表2。

拥抱未来

让我们更细致地探索这种变革，如果成功的话，它将改变企业社会责任讨论和实践的方式，最终改变商业运行的方式。5项原则组成

表1　Web 1.0与CSR 1.0的比较

Web 1.0	CSR 1.0
作为公司连接顾客的一种工具，一种呈现信息和广告的新媒介	作为公司建立与社会联系的工具、慈善捐赠的通道，并管理公司的形象
看到了如美国网景公司等创新者的重要性，但这些很快被如微软等公司巨头用IE浏览器超越了	像既是贸易公司又是慈善机构的Traidcraft等许多创业先锋的组成部分，但最终被转变成像荷兰皇家壳牌等大跨国公司的一种策略。
更多的关注作为交付平台的电脑的标准化硬件和软件，而不是多层应用程序	从代码、标准、指南方针到形状遵循"一体适用"的标准化

表2　Web 2.0 与 CSR 2.0 的比较

Web 2.0	CSR 2.0
正被整体智能、合作网络和用户参与等标语定义	正被全球生态系统、创新伙伴关系和利益相关者参与等术语定义
包括社交媒体、知识联合、贝塔测试等工具	包括不同的利益相关者面板、实时的透明报告和新浪潮社会型企业家等机制
是一种国家技术进步吗——是一种新慈善或看世界不同的一种方式	是否认可从权力集中到分散的转变；从一些大机构到许多小型机构的规模转变；从单个排他的应用到多个分享的转变

了企业社会责任 2.0 的 DNA：连接到多个利益相关者；扩大项目的可伸缩性；响应受益人的需求；平衡当地问题与更大原则的双重性；关闭生产循环以致零浪费。表3总结了在企业社会责任 1.0 和企业社会责任 2.0 之间发生的这些原则的某些转变。

表3　企业社会责任原则转变

CSR 1.0	CSR 2.0
家长式	合作式
风险导向	回报导向
形象驱动	绩效驱动
专业化	整合的
标准化	多样的
边缘的	可伸缩的
西式的	全球的

因此，公司和社会之间的基于慈善的家长式关系让位于更平等的伙伴关系。极简主义对于社会和环境问题的回应（比如，只有在气候立法强制执行时才能实现碳减排）被积极主动的策略和在成长型责任市场的投资代替（比如，投资清洁技术，像通用电气正在做的绿色创想计划）。注重个人形象、公共关系的方式对于企业社会责任不再可信，公司依靠真正的社会、环境和道德表现来评判（比如，事物是否在提高绝对的累积条款）。

尽管企业社会责任专家仍然扮演着有用

的角色，但企业社会责任 2.0 表现的每一个维度都被嵌入和整合进公司的核心运营。标准化的方式作为共识的《指南》仍然有用，但企业社会责任只在小范围的当地层面实行。企业社会责任解决方案，包括负责的产品和服务，从利基的"如果有就好了"到大众市场的"必须有"。而且企业社会责任整个概念丢掉了它西式的概念和运营优势，成为一个文化多样性、能应用于国际的概念。

这些变化的原则是怎样随着企业社会责任实行而显现的呢？表4总结了一些企业社会责任被实施过程中的关键性转变。

表4　企业社会责任操作转变

CSR 1.0	CSR 2.0
升水市场	"金字塔底层"（比如穷人）市场
慈善项目	社会型企业
CSR 指标	CSR 评级
CSR 部门	CSR 激励
良知消费	选择编辑
产品责任	服务协议
CSR 报告周期	CSR 数据流
利益相关者群体	社交网络
流程标准	绩效标准

企业社会责任不再是随着奢侈性的产品和服务而是随着那些最需要改善生活质量的人可承担的解决方法而显现。投资于自我持续的社

会型企业会更喜欢捐赠或"支票簿慈善"。企业社会责任指数，对相同的大公司反复排名（通常揭露指数之间的矛盾），为企业社会责任评价系统让路。这些系统将社会、环境、道德和经济表现转化成公司比分（A+、B-等，与信用级别相似）。那样，分析师和其他人可以用公司比分来比较并将其整合进他们的决策。

随着企业绩效评价和市场激励系统逐渐建立了责任性和可持续性，对企业社会责任部门的依赖会消失或分散。不管是消费者选择的还是自我选择的，道德产品将会变得不相关，因为企业社会责任2.0公司将会开始"选择编辑"。在选择编辑里，公司将停止提供暗含"较少道德"的产品系列，因此允许了"无罪购物"。产品生命周期最后的负债将会变得过时，因为出租服务和回收经济成为主流。年度企业社会责任报告将被线上的实时的企业社会责任绩效数据流取代。适合这些生活通讯的将是企业社会责任2.0——连接了社会网络，而不是周期性的与难处理的利益相关者会面。像ISO14001等典型的企业社会责任1.0管理系统与新的绩效标准相比起来将更不可信，新的绩效标准设置了绝对的限制和阈值。比如，那些出现在气候变化中的数值。

商业的目的

企业社会责任2.0落实了一件事：商业目的的澄清和重新定位。相信商业的目的是获利或服务股东是不准确的。这些仅仅意味着结束。商业的最终目的是通过提供安全的、高质量的产品及服务来服务社会，从而在没有侵蚀生态和社会生命维持系统的情况下增加大众的福利。

为社会做出积极的贡献是企业社会责任2.0的本质——不仅做为一种边际的事后想法，而且作为经商的一种方式。它不是关于用一茶匙水来救助泰坦尼克——这是企业社会责任1.0的效果，而是关于改变整艘船的航向，回到港口进行结构性的检查。企业社会责任2.0是关于设计、采用一种内生性的可持续且负责任的商业模式。那种商业模式得到了改革后的金融和经济系统的支持，使得创造一个更好的世界成为最简单、最自然和最有回报的事。

韦恩·维瑟（Wayne VISSER）
CSR 国际

参见：非政府组织；气候变化披露；公平贸易；全球报告倡议组织；漂绿；信息与通信技术；清洁科技投资；社会责任投资；利益相关者理论；联合国全球契约。

拓展阅读

Achbar, Mark; Abbot, Jennifer; & Bakan, Joel. (2009). *The corporation [Video clip]*. Retrieved September 3, 2009, from http://www.thecorporation.com/

Bakan, Joel. (2004). *The corporation: The pathological pursuit of profit and power*. New York: Free Press.

Benyus, Janine M. (2002). *Biomimicry: Innovation inspired by nature*. New York: Harper Perennial.

Biomimicry Institute. (2009). Retrieved September 3, 2009, from http://www.biomimicryinstitute.org/

Bowen, Howard Rothmann. (1953). *Social responsibilities of the businessman; with a commentary by F. Ernest Johnson*. New York: Harper.

Carroll, Archie B. (1979). A three-dimensional conceptual model of corporate social performance. *Academy of Management Review*, 4, 497–505.

Carroll, Archie B. (2008). A history of corporate social responsibility: Concepts and practices. In Andrew Crane; Abagail McWilliams;Dirk Matten; Jeremy Moon; & Donald S. Siegel (Eds.), *The Oxford handbook of corporate social responsibility* (pp.19–46). Oxford, U.K.: Oxford University Press.

Carson, Rachel. (1962). *Silent spring*. New York: Houghton Mifflin.

CSR International. (2009). *Welcome to CSR International — the incubator for CSR 2.0*. Retrieved September 3, 2009, from www.csrinternational.org

Elkington, John, & Hartigan, Pamela. (2008). *The power of unreasonable people: How social entrepreneurs create markets that change the world*. Boston: Harvard Business School Press.

Hawken, Paul; Lovins, Amory; & Lovins, L. Hunter. (1999). *Natural capitalism: Creating the next industrial revolution*. Boston: Little, Brown.

Henriques, Adrian. (2003, May 26). Ten things you always wantedto know about CSR (but were afraid to ask): Part 1: A briefhistory of corporate social responsibility (CSR). RetrievedNovember 4, 2009, from http://www.ethicalcorp.com/content.asp?ContentID=594

Leon H. Sullivan Foundation. (2005). *The global Sullivan principles*. Retrieved November 11, 2009, from http://www.thesullivanfoundation.org/gsp/principles/gsp/default.asp

McDonough, William, & Braungart, Michael. (2002). *Cradle to cradle: Remaking the way we make things*. New York: North Point Press.

McDonough Braungart Design Chemistry. (2009). *Transforming industry: Cradle to cradle design*. Retrieved September 3, 2009, from http://www.mbdc.com/c2c_home.htm

Natural Capitalism Solutions. (2009). Retrieved September 3, 2009,from http://www.natcapsolutions.org/

Skoll Foundation. (2009). Retrieved September 3, 2009, from http://www.skollfoundation.org/

United States Environmental Protection Agency. (2009). *Voluntary environmental management systems/ISO 14001*. Retrieved November 11,2009, from http://www.epa.gov/OWM/iso14001/isofaq.htm

Visser, Wayne. (forthcoming). CSR 2.0: The evolution and revolution of corporate social responsibility. In Manfred Pohl & Nick Tolhurst(Eds.), *Responsible business: How to manage a CSR strategy successfully*. Chichester, U.K.: John Wiley & Sons.

Visser, Wayne. (forthcoming). *The age of responsibility*. London: John Wiley & Sons.

Visser, Wayne; Matten, Dirk; Pohl, Manfred; & Tolhurst, Nick (Eds.).(2007). *The A to Z of corporate social responsibility: A complete referenceguide to concepts, codes and organisations*. Chichester, U.K.: JohnWiley & Sons.

Visser, Wayne, & McIntosh, Alastair. (1998). A short review of the historical critique of usury. *Accounting, Business & Financial History*, 8(2), 175–189.

Yunus, Muhammad, & Weber, Karl. (2007). *Creating a world without poverty: Social business and the future of capitalism*. New York: PublicAffairs.

Data Centers

数据中心

21世纪信息技术将继续占主导地位。存储在日益增多的电脑和服务器里的数据中心将可能会使能源变得紧张。不仅电力供应的充足性及可持续性是个问题,而且为了冷却设备对水日益增长的需求也同样成为一个问题。

如果你使用Facebook、MySpace、YouTube、iTunes、Google、网上银行、在线游戏、在线天气预报、发邮件或者阅读及写博客,你所有的这些活动都是被储存在数据中心里。数据中心就像一个里面装满电脑(或服务器)的房间,有序地运行着软件及应用程序,让你能够在网上做任何事情。小型的数据中心只有几个服务器,但是那些让我们在网上能做如此多事情的数据中心可能需要成千上万个服务器。有人估计在谷歌上应用的服务器数量超过40万个。

想象一个地板上全是一排排金属架建筑,每个金属架上面有一堆服务器。所有服务都是一周7天、一天24小时的运行着。当它们运行的时候,散发出大量的热量(把正在运行的电脑放在膝盖上,你就会有这种感觉)。为了防止空间过热影响服务器的性能,空气必须保持凉爽。所以除了一排排的服务器,数据中心需要有基础设施,包括供应电源(不间断电源)和避免数据中心空气太热的冷却设备。

数据中心也包含网络和存储设备,在公司内部或公司之间或消费者之间保存和传输信息。服务器和设备经常处于数据中心的中央,而基础设施是在四周环。

数据中心以不同方式被衡量。大约在2002年,开始用面积单位衡量。100平方米数据中心可以运行一个小律师事务所、会计事务所、房地产公司,或者其他类似的公司。现在的数据中心常常用电力需求来进行描述,需要多少千瓦电力去供应这些基础设施和信息技术(IT)设备本身。

数据中心的类型

数据中心有四种不同的类型。不同的服

务器特征满足不同的商业模式的需要。

互联网服务器农场

像亚马逊、谷歌、微软、雅虎等公司使用这种类型的数据中心，因为互联网服务器农场很大，容纳有大量的服务器。它们必须被很好地规划和建造在一个能够提供特殊条件的地点，包括充足的电力供应及有吸引力设施价格，充足的水，靠近互联网数据线，并且能够避开恐怖主义的威胁和气候地理等方面的灾难。

搭配服务

搭配服务是指数据中心被Savvis、Equinox和Switch & Data等公司建设和运营的为一个地区或更多地区的公司管理服务项目。它们出租空间，有时还有一些设备。在这些数据中心中，别的公司能够把它们的应用和数据放在这些租来的服务器上。这些公司小心地运行着这些服务器。一项搭配服务可能是同一栋建筑里的不同公司运行数据中心。

公司选择使用搭配服务基于很多原因。主要可能有以下若干种：

- 节约自有和运行数据中心的成本；
- 专注于核心企业，而不是那些需要在内部运行数据中心的企业；
- 依靠配套服务带来的高水平的安全性与稳定性；
- 计划用一个相对合理的费用去扩展空间；
- 快速增加数据中心的容量。

企业数据中心

一个企业数据中心控制着企业和企业运行。通常数据中心建立在企业的办公楼里。因为这个空间是先于数据中心存在的（平均在465—1 900平方米），对于数据中心的使用来说，它可能不是很理想。因此，它得经常翻新以适应数据中心的使用。随着公司成长，对数据中心的需求也在扩大。这些公司可能不得不处理一些与供应额外的空间、电力设备及冷却设备相关的问题。

服务器壁橱

规模更小的商业用服务器壁橱来满足它们对数据中心的需要，这些服务器壁橱就是一些小房间（在一些情况下，就是字面意义上的壁橱），面积$<465\ m^2$。这些空间包含较少的基础设施，但必须要有冷却设施去防止温度升高损坏服务器。所有的这些服务器有时需要停工去维修。这种情况在上面提及的那些大型数据中心中很少发生。

数据中心的构造

服务器农场、搭配数据中心和企业数据中心都包含一系列复杂的构造。数据中心越可靠，即它能够不中断地持续提供服务，它所需要的设施就越多。这些设施包括电力设备、冷却设备、能够把所有设备连在一起的卷缆柱，能够把所有服务器彼此连起来和把服务器连接到因特网的设备、存储设备、安全设备、防火设备等。

多年以来，服务器的计算能力和用在数据中心的服务器数量迅速增加。这驱使服务中心所需要的冷却设备的数量增加，反过来它也使数据中心消耗的电力数量迅速增加。所有这些都增加了数据中心对设施的需求量。

例如,持续给数据中心的设备供电,决不允许服务有任何的中断,甚至在公用事业公司供电出现脱机的情况下。因此,设备也要包括供应应急电力的发电机,能够保证电力持续流动地不间断电源,有备用电源等。所有这些增加了数据中心的成本和空间需求。这些设备都需要安装、检测及维修,这意味着费用不仅要用在计算机及这些基础设施上面,而且还要用在安装及检测这些设备的人力上。每一个数据中心的扩展需要安装更多的设备,需要占用更多的空间及人力。

一个直接影响是自从2000年以来数据空间的需求增加了两倍。根据托尼·尤里克尼(Tony Ulichnie)(计算机咨询师,正常运行时间协会代理会长)的统计,10年前一个100平方米的数据中心额外需要30平方米的空间去容纳这些电力和冷却设备,这几乎占去了数据中心1/3的空间。到20世纪90年代末,一个同样的100平方米的数据中心额外需要50平方米的空间去容纳这些电力和冷却设备。在现在,一个100平方米的数据中心需要同样大小的空间去容纳这些电力和冷却设备。

考虑到这些基础设施的需求,对于数据中心的管理者来说最大化地利用每1平方米的设施和每千瓦的电力是更合理的。但是实际上这些常常并没有发生。

数据中心的能源危机

数据中心有一个令人惊奇的弊端:数据中心的电力和冷却设施每年浪费了6 000万兆瓦时的电力,这些电力并没有有效地给这些计算机设备供电。对于这些产业来说这是一个巨大的经济压力,同时这也是一个值得注意的公共环境政策问题(Rasmussen 2008:2)。

美国电力转换公司(APC)的首席创新官尼尔·拉斯姆森(Neil Rasmussen)根据美国电力转换公司对全球数据中心所安装的操作系统耗电的估计来计算出这些数据。这是数据中心浪费多少电力的最好估计,意味着由于设备定位、扩展及不当的设置和调整,数据中心并没有得到最大化利用。美国电力转换公司进一步发现典型的数据中心浪费了它电力耗费中的20%。

根据麦肯锡公司分析师的报告,到2020年数据中心行业将比航空业贡献更多的二氧化碳排放量(Haskins 2008)。美国环境保护署的一份报告表明,按照目前数据中心电力消耗增长速度来计算的话,到2011年美国需要10多个核电站或煤电站来满足这些需求(2007,58)。

遗憾的是,数据中心没有有效的管理模式或节能的技术。事实上,它们是两个危机的贡献者,一个正在进行,一个即将呈现。

正在进行中的危机:电力

就像大多的家庭和企业,数据中心从公用事业公司购买电力。但是数据中心是一个非常大的能耗者。在美国环境保护署同一篇报告中引用上面的声明"数据中心的能源密集度比传统办公大楼的40倍还多"(EPA 2007:17)。当一个数据中心的经营者决定把数据中心建在公用事业单位供应区域内时，这些公用事业单位必须迅速计算出在提供给其他能耗者电力时数据中心需要多少电力。

随着数据中心对电力需求的增加，运营数据中心的成本飞涨。计算机组织习惯性认为服务器是便宜的，这是因为他们的思维习惯于更早期，那个时候当电力成本超过服务器本身时需要二三十年。如果一个服务器价值2 500美元，在服务器的使用寿命内，电力成本的增量增加就像是搭便车。在现在，将用不到2年的时间，电力成本就会超过服务器的成本（Brill 2008）。因此，服务器一点都不便宜。一个2 500美元的服务器在它报废前的3年使用期内将带来7 500美元的电力成本。

这种情形将由于许多原因给数据中心行业带来危机。在目前的需求率情况下，只要到2011年电力供应将不能够满足这个行业的电力需求（Brill 2008）。同时随着使用服务器数量的增加，相关的供电成本就会增加，数据中心盈利能力将会受到很大的挑战。

即将带来的危机：水资源

水是空气有效散热的27倍，因而它在数据中心里很常用。水在数据中心的管道中循环或者通过机框的管道直接输送到服务器。管道把热量从服务器送到冷却罐，使热量消失。

根据罗伯特·苏利文（Robert Sullivan）教授（正常运行时间协会的制冷专家和咨询师）的研究，如果一个数据中心在行业平均效率下运行，它将需要109 000升的水去散发这些由1兆瓦特计算机工作量（计算机设备的耗电量）产生的热量。在此背景下，大的数据中心需要比1兆瓦特更多的电力。例如，在2007年建立的一个空军数据中心被设计的工作量是50兆瓦特（Miller 2007）。微软在芝加哥的一个数据中心是60兆瓦特的工作量（Josefsberg 2009）。如果这些数据中心用水冷却而不是空气冷却，那么水的需求量将是非常惊人的（Fonteccio 2008）。

目前，大多数数据中心运营商认为用相对较低的价格和唾手可得的水进行冷却是理所当然的。根据环境智库太平洋研究所的研究，"世界将面临水资源的缺乏，而且各种迹象表明这种情况在未来更严重。可用性的减少、质量下降和不断增长的水资源需求给那些认为采取清洁、可靠、廉价的水是理所当然的企业和投资者带来重大挑战。这些问题已经引起公司水配额的减少，转向对全成本水定价，更严格的水质法规，不断增长的社会反对，和对企业用水的公众监督增加"（Pacific Institute 2009，1）。

管理数据中心

数据中心效率的一个障碍是在一个企业内数据中心通常被两个分开的部门管理：IT部门和设备部门。

IT部门通常是在公司首席信息官下管理，主管服务器、在服务器上运行的应用程序以及互联网设备和数据存储设备。对于这个组织，可用性（计算机正常运行时间）具有最大的价值。IT部门想要这些服务器尽可能多地运行，因为IT部门的薪酬激励是基于阻止或最小化服务器的中断。

设施部门通常是由公司不动产部门的副总经理管理，主管电厂机械设备、冷却装置和向数据中心供电的所有设施。本来这个部门为 IT 运行输送电和冷却水。通常，整个数据中心运行的电力账单（包括 IT 部门的那部分）是由设备部门支付。实际上，大多数首席信息官看不到账单。设施部门支付水电账单，它们有经济激励机制去控制成本，首席信息官在此账单上没有体现激励机制，因此节约能源不是他们最优先考虑的事情。

旧习惯和过时的运作程序使设备部门和 IT 部门不能够有效地一起工作。他们利益和职责有分歧，这使公司高管们收到的关于数据中心的意见相左。由于对整个数据中心缺乏一个完整的了解，公司高管们一直在寻找导致过去可靠性和成功的事情（如裁员），同时却忽视了这些事实：电力成本在稳步上升，二氧化碳排放迅速增加。如果这些不能够得到控制的话，这些都将威胁到数据中心的成本效益。

为了纠正这种情形，威尔·弗罗斯特（Will Forrest）（麦肯锡管理咨询公司的行业分析师和负责人）主张这两个部门的合作是必需的。实际上，他建议设备部门放在首席信息官的管理下，这样电力账单和每个部门的关注点将被整合在一起（Kaplan, Forrest & Kindler 2008）。

数据中心的未来

由于多种原因，数据中心行业正处于转变时期。它们都有短期和长期的一些影响。对于这些转变最直接的原因包括：

- 经营数据中心日益增加的复杂性和困难；
- 来自政府和咨询机构的基础设施指南

的不确定性；
- 建立新数据中心的过高成本及融资难题；
- 用搭配设施管理基础设施去替代数据中心的可行性；
- 改善数据中心的冷却技术。

推动数据中心转变的长期因素有：
- 在冷却水可获得性方面的更多竞争；
- 在更具有成本竞争力的不同数据中心所有者之间进行替代；
- 半导体芯片和操作系统的软件编码更具有节能意识和高效；
- 政府监管的碳排放限额和交易激励或监管。

为什么这些影响正在引导着数据中心行业呢？一些专家预测，一些企业会选择在互联网上购买数据中心提供的服务而不是拥有数据中心，就像现在的云计算（想象一下谷歌是如何在互联网上提供它所有的服务）。很可能这种云计算的形式会被一些提供者如谷歌、亚马逊、雅虎或谷歌拥有并运营。

一些专家预测设备的搭配使用将会变得频繁。根据这些专家的预测，由于数据中心的运营和拥有将变得更加昂贵和复杂，公司将把精力更加集中在它们的核心业务而不是数据中心。同时考虑到计算能力需求的增加，这些具有成本-效益的搭配设备将对公司更有吸引力。

另一个趋势也很明显。一些大公司,像太阳微系统公司和戴尔公司,和一些小型新公司,正在创建一些模块化的方法设计数据中心。通过创造内置冷却和基础设施的"豆荚",这些公司能够实现更高效能和安全的数据中心,同时能够使数据中心的扩展没有那么昂贵。这些豆荚能够被集装箱或者更小的个体管理单元进行运输,同时比起传统的数据中心,安装更快捷。

数据中心行业为商业和贸易提供了支柱。因为它使企业之间和个体之间需要完成的迅速交易成为可能。它在传递数据文件上更具有经济意义,而不是去使用联邦快递。

但是我们需要传递的信息越多,我们越需要依赖数据中心。实际上,数据中心行业被看成是整个经济的支柱。如果没有高效和经济上的可行性,它将对经济的其他领域产生消极影响。这个行业面临的挑战是消耗最少的电力和自然资源去提供更高的计算能力。

德波拉·普勒兹·格罗夫（Deborah Puretz GROVE）

戴维·罗森堡（David ROSENBERG）

格罗夫咨询事务所

参见: 能源效率; 能源工业; 设施管理; 信息与通信技术; 供应链管理; 电信业; 水资源的使用和权利。

拓展阅读

Brill, Kenneth G. (2008, June 16). Moore's Law economic meltdown.Retrieved August 28, 2009.http://www.forbes.com/2008/06/16/cio-moores-law-tech-cio-cx_kb_06 16moore.html

CB Richard Ellis. (2008) *Viewpoint European data centres Q4 08*. Retrieved August 28, 2009. http://www.cbre.co.uk/uk_en/services/global_corporate_services/data_centres_networks/research

Fonteccio, Mark. (2008, November 24). Experian drills backup watersupply to cool data center. Retrieved August 28, 2009. http://searchdatacenter.techtarget.com/news/article/0,289142,sid80_gci1339996,00.html

Haskins, Walaika. (2008, May 1). Data centers may spew more carbon than airlines by 2020. Retrieved September 13, 2009. http://www.crmbuyer.com/story/62840.html?wlc=1252880067

Josefsberg, Arne. (2009, June 29). Microsoft brings two more mega data centers online. Retrieved July 25, 2009. http://blogs.technet.com/msdatacenters/archive/2009/06/29/microsoft-brings-twomore-mega-data-centers-online-in-july.aspx

Kaplan, James M.; Forrest, William; & Kindler, Noah. (2008, July). *Revolutionizing data center energy efficiency*. Retrieved August 28,2009, from http://www.mckinsey.com/clientservice/bto/pointofview/pdf/Revolutionizing_Data_Center_Efficiency.pdf

Miller, Rich. (2007, November 9). 50 megawatt data center in Sacramento. Retrieved August 28, 2009. http://www.datacenterknowledge.com/archives/2007/11/09/50-megawatt-datacenter-in-sacramento/

Pacific Institute. (2009, February). *Water scarcity and climate change: Growing risks for businesses and investors*. Retrieved August 28, 2009. http://www.ceres.org/Document.Doc?id=406

Rasmussen, Neil. (2008). *An improved architecture for high-efficiency, high-density data centers* (APC White Paper #126). Retrieved August28, 2009, from http://www.apcmedia.com/salestools/NRAN6V5QAA_R0_EN.pdf

U. S. Environmental Protection Agency (EPA). (2007, August 2). Report to Congress on server and data center energy efficiency public law 109–431. Retrieved August 28, 2009. http://www.energystar.gov/ia/partners/prod_development/downloads/EPA_Datacenter_Report_Congress_Final1.pdf

Design, Industrial

工业设计

工业设计把美观和实用性结合到产品设计中。生态设计,工业设计的一个分支,把环境影响因素和产品的生命周期因素考虑到产品中去。延伸出来的生产者责任就是在产品生命周期内最小化产品对环境带来的影响。立法因地区而异,目标是把电气电子和化工装备产业。

工业设计适用于批量生产的产品美观和实用性,尤其是那些能够影响产品市场的特征。根据美国工业设计协会,工业设计是创造和发展的概念和规格的专业化服务,它能够优化产品和系统的功能、价值和外观,给用户和制造商带来互利(2006)。产品范围很宽,从牙刷到涡轮机。

随着全世界环保意识的增强,生态设计这一单词已收入到了词汇表中。这种设计理念意味着设计者考虑到了在产品生命期内对环境的影响,从制造到包装、到运输、到使用、到清理这整个流程中。带来环境影响如能源和水资源的消费、二氧化碳的排放及其他造成温室效应的气体、材料和自然资源的消费、废物产生、有害物质的排放等。欧盟预测产品对环境的影响程度中超过80%是由产品设计决定的。

延伸的生产者责任

生态设计主要被延伸的生产者责任(EPR)和附带的立法所驱动。它真正的形式是延伸的生产者责任把生产者的责任扩展到产品链的整个生命期,从生产到废弃的整个生命期的管理。因此,延伸的生产者责任解决了环境问题的根本原因,引导产品和产品系统的生态设计。产品生命期的最后阶段成为大部分延伸的生产者责任产品法规关注的焦点。这是因为废物管理的责任从政府转移到了单个企业。延伸的生产者责任法规迫使生产者、进口商及消费者把他们的废物管理成本也加入了产品价格中,以确保他们剩余的产品能够得到可持续及安全的管理(Hanisch 2000)。欧盟引领延伸的生产者责任产品法规的发展,其他的国家已经接受并且适应它。

延伸的生产者责任法规

在整个欧洲、北美和亚洲，生产者对电池、包装、交通工具及所有的电气电子产品的回收和循环利用负有经济责任。截止到2009年，产品生产者责任法规中最大的关注目标是电子电气产品部门。这是由于这些产品部门的规模和它带来的重大环境影响。交通工具和包装行业也受到欧盟指令的影响。

2003年1月，欧盟通过了废旧电气和电子设备（WEEE）的指令及它的合作伙伴的指令，即电气电子设备某些有害物质的使用的限定（ROHS）。废旧电气和电子设备指令管理历史上所有的电子垃圾的收集和回收（在2005年8月份之前生产的电气和电子垃圾），使各个生产者对截至2005年投入到市场中的产品负责。ROHS指令管理这些新产品的某些重金属和溴化阻燃剂的停止使用。

截至2010年，美国一半的州通过或正准备通过电子废弃物回收法。在加拿大，许多省份正在通过油漆、电池、轮胎、包装和电子产品方面的回收法。日本的生产者为汽车和电子产品的回收负责（Ministry of Economy, Trade and Industry 2004）。 新的法规将不可避免地逐渐覆盖到几乎所有对环境产生重大影响的部门。

欧盟法规

欧盟废旧电气和电子设备指令（2002/96/EC指令）意在"鼓励电子电气产品的设计和生产，充分考虑并帮助它们的修复、可能的升级、再利用、拆卸和回收"。指令的目标是减少产品及它的组成部分和物质对环境的有害

性。它使用于所有销售给欧盟的电气和电子设备（EIATRACK & TIA 2009）。对于那些历史废弃物和"孤儿"产品（市场上已经没有这个生产者），责任共同分担。生产者根据他们的市场份额支付一定量的收集和回收费用（Clean Production Action 2007）。

废旧电气和电子设备指令使生产者独自对从2005年8月以来投向市场的电子产品负责（IPR）。IPR是一项政策工具，它使生产者从经济上或从物理上对他们自己生产的产品在整个生命期内负责（Clean Production Action 2007）。

ROHS指令（2002/95/EC指令）旨在确保2006年7月1号之后，"新投向市场的电气电子产品不包含铅、汞、镉、六价铬、多溴联苯（PBB）或者多溴二苯醚（PBDE）"。欧盟希望能够全面禁止这些材料的使用，但是对于现在的技术来说是不切实际的。这导致了这些材料使用的一些例外情况和条件（EIATRACK & TIA 2009）。

北美法规

在北美市场上销售的电气和电子设备从属于不断扩大混杂的延伸的生产者责任立法。在美国和加拿大的省州已经通过了很多的环境和安全法规。很多立法者建议对新产品进行收费，用来支付历史和未来的废弃物的回收成本（Clean Production Action 2007）。

美国近12个州和加拿大限制或者禁止那些含有铅、镉及溴化阻燃剂的产品生产。美国一半以上的州和加拿大联邦政府同样限制或禁止含汞产品的生产。例如，加利福尼亚州已经禁止了那些没有通过ROHS认证的

一些电子产品的销售,新泽西州和明尼苏达州在2008年也采用了类似ROHS法令对一些材料的限制。继2007—2008年美国的立法会,超过20个州的立法机关考虑材料限制法案(EIATRACK & TIA 2009)。

生态设计和能源标准

已经提议的生态设计正在使用产品法令(2005/32/EC指令),这是对欧盟日益增加的国家法规的回应,这些法规为使用完的设备(EUE)指定环境标准,定义为依赖能源(电力、化石与可再生燃料)输入而工作的设备,用来生成、转移和测量这种能源的设备。它也指即将成为EUE的那部分及被投放在市场上作为终端消费者使用的个别部分(European Parliament and Council 2001: 2-3)。

这些法规在不同国家是不同的。这些指令的目标是使整个欧盟的产品环境要求标准化,同时也鼓励在设计上面的高环境标准。这些指令主要运用在电气和电子设备上,也适用于非电气产品,如天然气为动力的割草机、吹叶机和无线电遥控车;然而它排除了机动车辆(Clean Production Action 2007)。为满足这些指令的要求,这些制造商们必须评估在产品整个寿命期内的环境影响和评估可选择的设计方案。这些评估应该以降低产品的环境破坏为目标。当销售时,应该附加产品环境方面的信息,让消费者能够在知情的情况下做出选择。

美国能源部继续为一些产品和电气用具制定能效标准。这些建议的措施包括能效标准、促进提高能源效率的方案、对节能产品和设备的税收优惠、某些照明设施的限制销售或制造(EIATRACK & TIA 2009)。

启示

对于公司及其设计者来说,了解相关法规并且知道怎样满足这些要求是很重要的。但是法规的数量在不断增加,但EPR相关法规适用的产品范围也在不断扩大。这就是说,公司应该在法规实施之前尽可能地去降低他们的产品对环境的影响。来自私营企业和公共部门不断增加的咨询和顾问服务使公司能够应对这一系列的法规。

企业应该从计划和设计的早期阶段就应该保证产品的成分、材料、标签及包装都符合各种法规,这是成功的关键。这些设计同时也要根据产品的目的考虑法规的变化。因此,公司将不仅要避免惩罚,也要避免因为不能遵守法规而带来的负面宣传。对于公司来说,为了获得成本节约和争取到客户的其他附加激励,使用一种负责任的行为去处理这些高能效产品。

安妮·奇克(Anne CHICK)
金斯顿大学

参见:仿生;摇篮到摇篮;生态标签;能源效率;能源工业;集成产品开发;生命周期评价;产品服务系统;再制造业;零废弃。

拓展阅读

Bhamra, Tracy, & Lofthouse, Vicky. (2007). *Design for sustainability: A practical approach*. Aldershot, U.K.: Gower.

Charter, Martin, & Tischner, Ursula. (Eds.). (2001). *Sustainable solutions: Developing products and services for the future*. Sheffield,U.K.: Greenleaf Publishing.

Clean Production Action. (2007, March 2). How producer responsibility for product take-back can promote eco-design. Retrieved November 15, 2009, from http://www.cleanproduction.org/pdf/cpa_ecodesign_Apr08.pdf.

EIATRACK & Telecommunications Industry Association (TIA). (2009,March). *How to ensure your products meet environmental requirements in North America: A white paper developed for electronics companies*. Retrieved November 15, 2009, http://www.tiaonline.org/environment/EIATRACK_North_America_White_Paperfinal.pdf

Electronics Product Stewardship Canada. (n.d.). Retrieved January 21,2010, from http://www.epsc.ca/

Electronics TakeBack Coalition. (n.d.). Retrieved November 19, 2009, from www.electronicstakeback.com

El-Haggar, Salah. (2007). *Sustainable industrial design and waste management: Cradle-to-cradle for sustainable development*. Boston: Elsevier Academic Press.

ESP Design. (2009a). EuP — Eco-design of energy using products.Retrieved August 19, 2009, http://www.espdesign.org/sustainable-design-guide/regulations/eup/

ESP Design. (2009b). RoHS — restriction of hazardous substances.Retrieved August19,2009,http://www.espdesign.org/sustainable-design-guide/regulations/rohs/

European Parliament and Council. (2001). Draft: Proposal for a directive of the European Parliament and of the Council on establishing a framework for eco-design of end use equipment. Retrieved January 12, 2010, from http://www.wko.at/up/enet/stellung/eeeueentw.pdf

Foo, Dominic C. Y.; El-Halwagi, Mahmoud, M.; & Tan, Raymond R.(Eds.). (2009). *Advances in process systems engineering: Vol. 2. Recent advances in sustainable process design and optimization*. Hackensack,NJ: World Scientific Publishing

Hanisch, C. (2000). Is extended producer responsibility effective.*Environmental Science and Technology*, 34(7), 170A–175A.

Industrial Designers Society of America. (2006). ID defined. Retrieved November 15, 2009, from http://www.idsa.org/absolutenm/templates/?a=89&z=23

McDonough, William, & Braungart, Michael. (2002). *Cradle to cradle: Remaking the way we make things*. New York: North Point Press.

Ministry of Economy, Trade and Industry. (2004, October 1). 3R policies: Legislation(recyclingrelated laws).Retrieved November 19, 2009.http://www.meti.go.jp/policy/recycle/main/english/law/legislation.html

NetRegs. (2009). What are the WEEE Regulations? Retrieved August 19, 2009, from http://www.netregs.gov.uk/netregs/topics/WEEE/63047.aspx

Shedroff, Nathan, & Justak, Marta (Ed.). (2009). *Design is the problem: The future of design must be sustainable*. Brooklyn, NY: Rosenfeld Media

景观设计

可持续的景观设计的双重目标是不仅要创造一个功能完善、宜居且美观的室外环境，而且要加强和保护健康的自然环境。这个行业有三个分支：绿色屋顶、草坪的替代品和天然植物，它们注重可持续和展示出持续的增长，就像行业自发、图书出版、会议出席及客户从景观专业人士那里寻求关于可持续发展的实践。

景观设计是整形地面、布置植物、结构及它们之间的空间来创建能够满足人类多种活动的户外环境。传统的景观设计是为了达到吸引人的视觉效果，这种景色对社会规划整体来说也显得很美丽。

可持续景观设计在这个过程中增加了这个目标，即让自然环境更加健康，同时能够满足人类和其他物种从当下到未来的活动。可持续景观设计者的工作是通过减少空气和水的污染及保护水源来改善环境卫生；保护土壤质量和减少水土流失；提高能源效率和使用更少的燃料；管理雨水的最大吸收和最小径流；优化野生动物栖息地和生物多样性。

在可持续景观设计的实践中，提高环境卫生的理想被认为至少和创造美同样重要。一些实践者把这个新的目标放在比传统美学更高的价值上。大量证据表明，越来越多的公众认同这个观点。

景观设计是一个多层面的行业，包括几十个特色、观点和市场利基者。这个行业有三个部分——绿色屋顶、草坪的替代品和天然植物——重点明确地放在可持续发展这个目标上。虽然每部分只代表较大的领域的一小部分，但这三个部分呈现出不断发展，及其复合增长率证实了可持续景观设计业务正稳步扩大。

绿色屋顶

绿色屋顶也被称为"活屋顶"。这些花园包括为这个目的专门建造（或改造）的屋顶。除了植物，它们包括一个轻量级的生长介质（土壤矿物或非有机填料混合），一个排水层

（捕获淤泥的织物），一个根屏障（箔或塑料薄膜，以防止植物的根穿透屋顶）和一个防水膜（通常是一种合成材料，例如橡胶或液体沥青）以保护屋顶。

屋顶绿化在以下几个方面有利于环境。其隔热效应直接降低建筑物的热量和冷却成本，这不仅节约能源和资源，而且减少了与能源有关的污染。因为在夏季绿色屋顶仍比传统屋顶更凉爽，它们共同减轻城市热岛效应。通过上面的植物氧气生产，有助于改善空气质量。雨水落在绿色屋顶被植物吸收和使用；大部分雨水蒸发以对空气无害的形式返回空气中，可以显著减少径流，减少对城市下水道系统的需求。绿色屋顶的植物有利于鸟类和其他野生动物。最后，绿色屋顶使城市更有活力，提升建筑物里的居民和其他用户的体验。

绿色屋顶在欧洲流行了几十年，而北美需求直到21世纪初才缓慢发展。在美国和加拿大，从2004年到2008年之间绿色屋顶的建设稳步增长。据非营利性组织的调查，2004年和2005年间313个项目，2006年中362个，2007年中367个。2008年，安装的绿色屋顶数目急剧飙升到532个，比2007年增加了45%（Green Roofs for Healthy Cities 2009：4）。

随着市民表现出对绿色屋顶的进一步支持，在美国和加拿大的许多城市最近通过税收政策和其他激励措施来鼓励绿色屋顶的安装和技术研究。这些城市中最显著的是美国的芝加哥、纽约、费城、波特兰、西雅图和华盛顿特区，以及加拿大的多伦多。例如，在纽约市，有效期自2009年1月1日至2013年3月15日，占现有屋顶空间至少50%的绿色屋顶有资格获得为期1年的抵免4.50美元每平方英尺的税收优惠政策。像这样的政策成为绿色屋顶在2008年经济下行时能够继续增长的原因（Green Roofs for Healthy Cities 2009）。

草坪的替代品

传统的草坪出现了许多环境问题，可持续景观设计旨在缓解这种问题。草坪建设可能需要大量进口的土壤和修整，如化肥、石灰和有机补充物，并且是一个消耗能源和自然资源的过程。草坪保养需要水、肥料、除草剂和高耗油量、喷涌污染物的割草机。当存在大量草坪的地区缺乏足够的降雨时，这些环境成本变得更加严重。

作为替代草坪，野花草地（也称为草原）提供了一个优雅的解决方案。尼尔·迪博尔（Neil Diboll 2004），威斯康星州西田集团草原苗圃的所有者，在他的文章"创建草原草甸生态系统作为新的美国草坪"中描述了草原草甸具有以下好处：

一个被正确建立和维护的草原草甸是一个自我维持的植物群落，将为即将到来的几十年提供美丽景观。这些草地和鲜花为鸟类、蝴蝶和其他野生动物创造了高品质的栖息地。这些盘根错节的植物使雨水渗透到土壤，从而减少雨水径流和洪水。一旦建立，这些草原只需要每年割草（或燃烧）。草原和草甸已成为企业总部和大型景观包括高尔夫球场未使用部分的优先选择。专业的草坪管理者不能拒绝这个事实,即草甸带来的大量节省超过了维持广袤草原的成本。越来越多的公众也开始领会到野花草的美丽、低维护成本、环保等优点,特别是随着越来越多的设计师创造性地把具有吸引力的"袖珍大草原"融进到传统的风景地貌中。

一个更有吸引力并在全社会广受欢迎的选择是"无割"或"低生长"草坪。这种草坪是由能够在干燥土壤中繁荣生长并且不需要灌溉的草组成,且每年只需要切割 1～2 次。一旦种植,这种草坪的草既不需要化学剂,也不需要花费时间去把它培育成标准化的草坪。草原苗圃老板内尔称,自从该产品在 1994 年首次引入,该公司的无割混合草圃的销售已经"每年稳步增长"(2009 年 8 月 20 日,电话采访)。

天然植物

原生植物是自然力量的产物,如竞争和自然选择。它们的形状、颜色和生长习性是千百年来生存、繁殖及进化的结果。一般来说,"原生"也意味着尚未为了满足人类口味和欲望而被刻意改变(例如,杂交或克隆)。

天然植物是数百万昆虫和幼虫最主要的——在某些情况下,是唯一的——食物来源(Tallamy 2007:42–57)。这些小生物可以大家喜喂鸟,或变成爱的蝴蝶。它们在食物链中的位置使天然植物成为野生动物栖息地和生物多样性——健康环境的两大支柱——的一个重要组成部分。如果使用得当,原生植物也可以帮助降低景观的浇水量与物质/能源需求,这能满足可持续景观设计的两个

更远的目标。

把天然植物融到人工景观的行为自 20 世纪初已经存在。第一本花园设计方面的书《美国植物为美国花园》,根据天然植物的生态群来描述它们,最初发表于 1929 年。(由于这本书的观点仍然有意义,它于 1996 年再次出版)在 20 世纪 30 年代和 40 年代,景观设计师简斯·简森(Jens Jensen)推广在公园和家中景观中使用天然植物。从 20 世纪 70 年代随着环境意识的增长,天然植物出现了另一个激增,从那时起天然植物在景观行业中占据着越来越大的位置。以下报告是在对苗圃的抽样代表访谈的基础上说明这种扩张:

在新罕布什尔州迪尔菲尔德的 Van Berkum 苗圃在 1998 年把天然植物介绍给那里的林区居民。根据 Leslie Van Berkum 所有者的统计,这一系列中的 3 种(野姜、草茱萸及泡沫花——那些普通的、非天然的地被植物的天然替代品)平均销售量从 1999 年到 2009 年这 10 年期间内增加了将近 275%(2009 年 8 月 17 日)。

马萨诸塞州北镇的 Bigelow 苗圃的总裁帕特·比格洛(Pat Bigelow)报道:"我们出售天然植物已经有 30 年了,最近这些年内,天然植物的需求呈指数向上增长。我们卖出成千上万的天然植物。景观专家在他们的工作中指定出越来越多的天然植物。因此,公众能够看到越来越多的天然植物,同时公众对天然植物的需求也增加。更妙的是,随着需求的增加,调色板也在变大,质量也变得越来越好"(2009 年 8 月 27）。

在宾夕法尼亚的北溪苗圃,天然植物占业务量的 70% 左右。斯蒂夫·卡斯特拉尼

（Steve Castorani）阐述："在经济下行时，传统植物销量呈下降趋势，而天然植物的销量仍然在增长。"公司数据显示，从2005年到2009年，野花草地常用的6种植物的销售平均增长244%（这6种植物是大须芒草、扫帚草、小须芒草、草原鼠尾粟、菊花、金光菊）（2009年8月25）。

在马萨诸塞州惠特利的Bay State Perennial农场的所有者皮特·弗林（Peter Flynn）叙述："天然植物是我们苗圃中不可缺少的一部分。客户不仅专门购买天然植物，而且希望我们能够为他们提供更加多样的选择。天然植物的销售量在过去5年来增加了1倍"（2009年9月2日）。

关于增长的进一步证据

绿色屋顶、草坪替代品和天然植物的销量不断攀升，并不是能够表明公众对可持续景观设计的兴趣正在上升的唯一迹象。注重可持续发展在行业自发、图书出版、会议出席及客户需求等方面也很明显。

可持续景观行动

在2005年，美国景观设计师协会和伯德约翰逊夫人野花中心合作开始发展一个可持续景观行动（SSI）。在2006年美国植物园也加入到这个活动中，这个组织的目标是"为可持续的土地设计、施工和维护实践建立一套国民指南和执行基准"（SSI 2008）。SSI文件的终稿——SSI：指导方针和执行基准——是基于行业对一稿的反馈情况在2009年末出版的。一个相关的参考指南即将在2013年发布，它将对指导方针和在全国各地试点方案的

排名系统的有效性进行报告。

书籍

关注于可持续景观和天然植物的新出版物数量的增加表明公众对它们的兴趣和需求在增加。网上书店亚马逊追踪它自身的图书在TitleZ.com网站上销售情况。截止到2009年8月，在这个网站上输入关键字"可持续景观"可以搜索到22个书名。最新的这些书中，有11本在20世纪90年代出版，另外11本在2000年和2004年之间出版。在2005年到2009年之间，新出版的书籍数目迅速增加到28本（Amazon.com 2009）。

在同一个网站中，输入关键字"天然植物"可以搜索到1 842个书名。在销售量排名前100的书籍中，在1974年到1999年的25年间出版了38本，在随后10年内（2000—2009）出版了62本新书。

行业会议

园艺和贸易会议同样显示出可持续景观设计在社会影响地位的上升。生态景观协会（ELA），一个旨在促进环境美化的非营利组织，自从1994年以来都为专业人士和业主召开年度会议，到2009年会议出席人数翻了两番。生态景观协会的执行董事佩妮·刘易斯（Penny Lewis）报告："是可持续设计、安装及维护服务驱使了参会人数的增加。由于传统景观实践活动的消极影响已经众所周知，受过教育的消费者开始去寻找能够带来健康可持续

景观的专业服务（或产品）"（来源于2009年8月18日和作者的交流）。甚至一些主流景观会议已经开始关注可持续性方面的问题。一个典型的例子是2010年美国中部园艺贸易展,命名为"为更绿的明天,走可持续发展道路。"

顾客需求

景观设计师协会2007年对其成员公司进行季度调查,通常包括300至600个调查对象。这些调查追踪关键统计数据,如计费时间、招聘趋势以及当前关注的其他议题。整个2008年,调查结果表明客户对可持续景观设计有很大兴趣。

- 在2008年第1季度,大约72%的客户对可持续话题表现出了高度兴趣。最热门的话题依次是:生态湿地(宽浅水沟充满了植被、堆肥或岩石,设计从地表径流水中除去泥沙和污染)和雨水管理、能源效率、栖息地和生物多样性、绿色屋顶及绿地。

- 第2季度的调查显示,近80%的企业报告他们的客户兴趣在天然或抗旱植物,接近一半的企业报告他们的客户想要减少草坪。将近88%的公司报告他们的客户在某种程度上对节水设计感兴趣。

- 第3季度调查显示,87%的客户同意,如果他们更了解它们的话,他们将"使用更多的绿色庭院的做法"。

这些数据表明,越来越多的客户了解到可持续景观相关方面,同时他们也希望能够从景观专家那里获得和可持续实践方面的服务。

发展障碍

使公众能够广泛接受和增加对可持续景观需求的最大障碍可能是美学和情感的问题。很多人想要的是那些常见的和社会可接受的,或者更引人注目,久负盛名的。目前,景观设计可以带来健康的环境和美观的观念还没有被大多数人认识到。

另一个就是成本,更精确地说是显性成本问题。绿色屋顶比普通屋顶需要更多的建造成本。创建草甸比简单地播种草坪更昂贵。一些天然植物的成本可能会比传统的园林植物稍微更高(就像所有价格,天然植物的成本几乎全部取决于它们的生产成本。许多天然的植物可能比常规园林植物需要同样或者更少的繁殖成本)。

然而,假设景观得到适当的施工和保养,这些初始成本可以全部被后来长期节省的成本所抵消。绿色屋顶能削减电费和雨水基础设施的成本。一年一次的割草几乎没有消耗任何燃料,能够产生最少的污染。当正确挑选和种植出来后,天然植物除了偶尔除草之外,需要很少照顾。可持续景观在后来过程中带来更多的节省额超过了它们初始的投入成本。

展望未来

可持续景观设计产业在景观行业中仍然只占一个相对小的位置。许多植物苗圃少量或不提供天然植物。大量的景观承包商仍然使用传统做法,他们的客户并没有对此提出不同的要求。尽管从本质上改变传统习俗受到挑战,但是可持续景观设计仍然在繁荣发展着。绿色屋顶、草坪替代品和天然植物的需求增加只是整个故事的一部分。也可以做这种类似的报道，即有助于可持续景观设计的无数其他产品和实践的需求也在不断扩大，包括以下。

- 生态湿地（设计排水方式吸收径流）；
- 生态园林；
- 河岸生物工程（利用植被稳固侵蚀的河道）；
- 旱生园艺（园艺方法，以减少水的需求）；
- 复垦棕色地带（整治污染或工业用的土地）；
- 透水路面（允许雨水渗透到土壤下面）；
- 灰水灌溉（洗涤和洗浴产生的废水再利用）；
- 永续农业（园林景观设计，强调关爱地球，复制的自然生态系统和最大限度地提高生产力）；
- 回收的铺路材料。

然而可持续的景观设计还处于早期阶段，这是很明显的。成千

上万具有前瞻性的市民——景观专家、园艺大师、环境工程师、城市规划者、苗圃所有者、设计教育者、书和杂志出版商、那些每天拥有在微风中轻轻飞舞的郁郁葱葱的草地野花的房主——已经证明了他们的景观可以而且应该被设计成可持续性的。

在苏·里德（Sue Reed）（2010）《明智的景观设计》这本书的结论中写道："现在是时候为我们的园林规划一个新的景象，在这里，美不仅仅指熟悉的画面、童年记忆，邻里规范或一个社会的期望。在这新的设想中，美也是我们知识和价值观的表达。现在，在21世纪，我们知道如何构造我们的景观，这样除了看起来不错，它们也会为我们自己、为环境的健康和更大的世界带来更多好处。"

苏·里德（Sue REED）
马萨诸塞州《景观建筑》

参见：农业；绿色建筑标准；设施管理；智慧增长。

拓展阅读

Amazon.com. (2009). TitleZ. Retrieved September 9, 2009, from http://www.titlez.com/

American Society of Landscape Architects (2007). *ASLA Business Quarterly* Retrieved September 10, 2009, from http://archives.asla.org/businessquarterly/

Diboll, Neil. (2004). Creating prairie meadow ecosystems as the new American lawn. In Junge-Berberovic, R.; Baechtiger, J. B.;& Simpson, W. J. (Eds.), *ISHS Acta Horticulturae 643: Proceedings of the International Conference on Urban Horticulture*. Leuven, Belgium: International Society for Horticultural Science. Retrieved September 9, 2009, from http://www.actahort.org/books/643/643_7.htm

Ecological Landscaping Association. (n.d.). Retrieved September 9, 2009, from http://www.ecolandscaping.org

Green Roofs for Healthy Cities.(2009).2008 Green roof industry survey results.

Retrieved September 9,2009 http://www.greenroofs.org/resources/GRHC_Industry_Survey_Report_2008.pdf

Mid-America Horticult ural Trade Show. (n.d.). Retrieved September 9, 2009, from www.midam.org

North Creek Nurseries, Inc. (2009). Retrieved September 9, 2009, from http://www.northcreeknurseries.com/

Reed, Sue. (2010). *Energy-wise landscape design.* Gabriola Island, Canada: New Society Publishers.

Roberts, Edith, & Rehmann, Elsa. (1996). *American plants for Americangardens.* Athens: University of Georgia
   Press.

Sustainable Sites Initiative (SSI). (2008). Retrieved September 9, 2009,from http://www.sustainablesites.org

Sustainable Sites Initiative (SSI). (2009). *The Sustainable Sites Initiative: Guidelines and performance
   benchmarks 2009.* Retrieved January7, 2010, from http://www.sustainablesites.org/report

Tallamy, Douglas. (2007). *Bringing nature home: How native plants sustain wildlife in our gardens.* Portland,
   OR: Timber Press.

发达国家的农村发展

在发达国家,农村长期发展是指创造和维持一些资源,能够给农村居民提供经济机会和社区服务。持续发展的范例包括一些如种植有机农作物等农业措施,以及如风力发电场和生物燃料等可替代能源项目。旅游业为农村地区提供经济利益,但农业旅游和自然旅游的形式,比别的形式更环保。

农村发展是指创建和支持一些资源去改善农村居民经济和社会生活条件。虽然有时这个概念既可以用于发达国家,也可以用于发展中国家,但发展中国家农村居民的生活和发达国家农村居民生活还是有很大的不同。在发展中国家,农村居民的经济生活可能只是围绕农业,无论是生存还是贸易,而在发达国家农村居民的生活和城市居民生活很相似。因此,在发展中国家,农村发展往往关注在水电等基础设施的建立;在发达国家,农村发展往往是为农村居民提供经济机会和社区服务。在发达国家农村发展常常会关心自然资源的

保护上,如水域生态系统和生物的多样性。因此,在经济资源存在的地方,他们也会确保空气和水的清洁、物种多样性和如沼泽地等独特系统的保护。

农业

在发达国家,农村可持续发展经常涉及去寻找对环境更敏感,及对现代农业经营技术更不依赖的农业。这些现代农业经营技术虽然能够提高生产率及可靠性,但是它们是以土壤、空气、水甚至人类健康为代价的。可持续农业的目标是鼓励和支持农场能够无限期地生产粮食,而无须使用外剂,如化肥、转基因植物和动物。要解决的挑战包括在农业周期中,营养物质如氮返回到贫瘠的土壤,以及使水不随时间流失的令人满意的灌溉方法。应对这样挑战的措施包括使用动植物废料制作土壤肥料,增加如风力发电等可再生能源的使用。此外,政府鼓励农民从单一种植的做法(同一时间每块土地只种植

一种作物)转移到混合种植的做法(在同一时间每块土地种植超过一种作物)。混合种植已经显示出可以降低植物病害或疫病的可能性,并且当正确的植物组合被种植,诸如稻科植物和豆科植物混合种植,它可以改善土壤条件。已被证明能使氮碳比最大化的组合是豇豆(豆科)和高粱(稻科)(Treadwell, Creamer & Baldwin 2009)。在美国和其他一些工业化国家,有机食品的认证项目能够鼓励可持续农业发展。有机食品产业可以使近城市农业社区能够和来自其他地区低成本产品竞争。

旅游

在许多发达国家,农民纷纷转向农业旅游,把农业旅游作为补充他们收入和保持业务的一种方式。在过去30年普通旅游业增加的推动下,农业旅游涉及的业务包括向那些想体验农场或牧场生活的游客开放农牧场,让游客能够学习食品生产,或亲自去采摘食品。农业旅游包括相对较小型的活动如草莓采摘或骑马等,或较大型活动地有酒庄及牧场观光。农业旅游也可能包括那些工艺商品,如家居装饰和羊毛处理。因此,农业旅游包括很多种活动,但并不是所有的活动都符合环境的可持续发展观。尽管如此,农业旅游利用了游客对产品生产学习的兴趣及对购买当地产品的欲望。一些组织,如当地丰收公司,经营着一个网站,目的是把农业旅游者和销售当地产品的农场联系起来,尤其是那些有大蒜、新鲜水果、蜂蜜和乳制品产品的农场。

旅游业已成为许多农村社区越来越重要的经济活动。文化旅游发展了区域的文化资源,如历史遗址、博物馆、艺术社区和设施。在北美地区,文化旅游常常显示边境、美洲原住民或移民人口的历史,而在世界上其他地方的文化旅游业可能集中在土著文化或考古遗址。通过创建一个市场去了解受到潜在威胁的文化遗址,文化旅游被认为有助于保护它们。在农村地区,这往往包括当地的民间艺术和博物馆文物的展览或以表演艺术的形式。

像农业旅游一样,文化旅游包含各种旅游活动,其中有些活动更环保。文化旅游的一些形式是相对具有积极意义的。比如,那些强调土著文化的贡献和充分考虑可持续性。在某些情况下,一个地区的旅游业发展可能会引起汽车使用的增长,这将导致石化燃料的排放和污染;由于人群增长,旅游业也可能扩大生态足迹,这使遗址的完好保存变得困难。在某些情况下,土著居民和其他当地居民可能会觉得自己的遗产已被"商品化",因此对于把它作为旅客娱乐的一种方式会感到很轻视。由于社区规划,当地居民也可能认为他们对某些事物已经"失去控制"。因为游客人数不断增加导致物价上升,长住居民和在旅游行业工作的其他人,可能会发现,他们必须前往较便宜的社区,以便找到就业机会和买得起房。

乡村旅游也可以采取自然旅游的形式,促进该地区的风景或野生动物等自然环境。自然旅游往往是可持续的,由于注重了对旅游业依赖的环境上的保护。这种发展包含的活动具有多样性,包括对环境相对较少侵入性的活动,如登山、露营及打猎,也包括对环境更具侵入性的活动，如滑雪和水上运动。然而与文化旅游一样，一些负面影响已经被引起注意，如汽车交通的增加，以支持旅游业的商业发展和污染。

可再生能源

可再生能源项目也是发达国家农村发展的一部分。在过去，这些项目包括用于电力生产和灌溉的大型水坝建设，如位于内华达州的胡佛水坝和田纳西流域管理局保存好的水坝系统。虽然这些工程减少了石化燃料的使用和温室气体的排放，但一些环境科学界同时质疑这些工程给生态系统带来了永久改变和风景优美的峡谷及山谷的消失。作为回应，被称为"微水电"的小型发电机已经在发展中国家产生，而在发达国家发展很缓慢。例如，在加拿大及英属哥伦比亚的莫尔黑德谷海德鲁公司，在莫尔黑德溪小厂生产了110千瓦电力（Williams 2009）。

自1990年起，在美国农村和其他发达国家风电场得到了加速发展。风力发电在2005年和2008年之间翻了一番，主要集中在发达国家。尽管在2008年风电占全球总能量的只有1.5%，但在丹麦它占能源使用量的19%，西班牙这个比例是10%，德国是7%。在实际产能方面，美国超越德国，成为全球领先的国家，在2008年有超过25 000兆瓦的产能（World Wind Energy Association 2009）。风能不会产生任何温室气体，也不会产生和石化燃料相关的环境问题。风力发电的主要环境影响来自涡轮机的生产。另一个已被证明的不利影响是导致蝙蝠和鸟类在迁徙中的死亡。关于风电场对动物生活带来的危害这方面的研究千差万别，

但是这种观点得到普遍认同，即对沿海和迁徙地区的鸟类危害更大。对比利时佛兰德斯风电场的一项研究发现，一个给定的风力涡轮机每年平均杀死1～44只鸟；在欧洲其他地区的研究得到了类似的结论（Everaert & Kuijken 2007）。与此相反，据估计，有57万只禽鸟死于与汽车擦撞和97.5万只死于与平板玻璃碰撞（American Wind Energy Association 2009）。

风力发电的一个主要批评是，涡轮机的高度和他们在农村的位置对农村的美观造成不利影响。由于很多风电场拥有多台涡轮机，并且分散在一个相当大的区域，因此，居民普遍对视野受到影响而抱怨。在发电方面，农村社区并未直接受益于风电场，因为他们大部分电力直接进入电网。随着在21世纪初的世界油价的飙升，人们再次对生物燃料产生兴趣，这同样影响到了农村社区。虽然生物燃料通常来自各种废弃物，在许多农村地区，与农村养殖相关的燃料，如乙醇和生物柴油的发展似乎在农村可持续发展中最具有潜力。许多发展中国家的植物如甘蔗、北美的玉米和欧洲的小麦被当作是糖的来源，在这个过程中可以产生燃料。对这类染料生产的批评主要包括投资于这类植物生产的边际回报率，植物种植在能源生产和食品消费之间的竞争。

展望未来

由于许多农村社区目睹了他们的经济基础往往在于制造业、农业及互联网的兴起和日显重要的旅游业已成为在农村发展主题。互联网不仅允许远程办公，而且它也让一度依赖于城市的企业搬迁到农村社区。同样，娱乐和

旅游日显重要，这成为保护历史和独特的环境
的一种激励。

波利·J.史密斯（Polly J. SMITH）

犹蒂卡学院

亚历山大·R.托马斯（Alexander R. THOMAS）

格里格利·M.福克森（Gregory M. FULKERSON）

纽约州立大学昂尼昂塔分校

参见：农业；发展中国家的农村发展；可持
续发展；城市发展；能源工业——可再生能源概
述；信息与通信技术；贫困；旅游业。

拓展阅读

Adams, Barbara B. (2008). *The new agritourism: Hosting community and tourists on your farm*. Auburn, CA: New World Publishing.

Altieri, Miguel A. (1995). *Agroecology: The science of sustainable agriculture* (2nd ed.). Boulder, CO: Westview.

American Wind Energy Association. (2009). *Facts about wind energy and birds*. Retrieved January 12, 2010, http://www.awea.org/pubs/factsheets/avianfs.pdf

Everaert, Joris, & Kuijken, Eckhart. (2007). *Wind turbines and birds in Flanders (Belgium): Preliminary summary of the mortality research results*. Retrieved January 12, 2010, http://www.wattenrat.de/ files/ everaert_kuijken_2007_preliminary.pdf

Jackson, Dana, & Jackson, Laura. (2002). *The farm as natural habitat: Reconnecting food systems with ecosystems*. Washington, DC: Island Press.

Local Harvest, Inc. (2009). Retrieved March 15, 2009, http://www.localharvest.org

Netting, Robert. (1993). *Smallholders, householders: Farm families and the ecology of intensive, sustainable agriculture*. Stanford, CA: Stanford University Press.

Organization for Economic Cooperation and Development/International Energy Agency (OECD/IEA). (2007). *Renewables in global energy supply: An IEA fact sheet*. Retrieved August 28, 2009, http://www.iea.org/ textbase/papers/2006/renewable_factsheet.pdf

Ringholz, Raye, & Muscolino, K. C. (1992). *Little town blues: Voices from the changing West*. Salt Lake City, UT: Peregrine Smith Books.

Rohde, Clifford C. (2009). Wind power law blog. Retrieved August 28, 2009, from http://windpowerlaw.info/

Treadwell, Daniel; Creamer, Nancy; & Baldwin, Keith. (2009). An introduction to cover crop species for organic farming systems. Retrieved October 5, 2009, from http://www.extension.org/article/18542

Williams, Ron. (2009). Morehead Valley Hydro Inc. Retrieved November 3, 2009, from http://www. smallhydropower.com

World Wind Energy Association. (2009). World wind energy report 2008. Retrieved August 28, 2009, http:// www.wwindea.org/home/images/stories/worldwindenergyreport2008_s.pdf

Development, Rural—Developing World

发展中国家的农村发展

在第二次世界大战后的几十年里，自上而下的方法来解决发展中国家农村发展常常会对社会弱势成员周围的生态系统产生不利影响。自从20世纪90年代中期，在规划过程中涉及农村居民的几个项目已导致更加可持续的发展。

对于发展中国家，最为理想的农村发展形势是用一种方式去改善经济和社会条件，这种方式对最脆弱群体的需求是敏感的，如弱势群体、穷人和社会弱势成员。目标是创造更公平和可持续的政策和实践，能够最大化每个人在社会中（Sen 2001）的能力，而不仅仅是那些拥有特权或精英成员。但是这些政策和实践面临很多挑战。这些围绕着在以下几个方面之间如何找到一个恰当的平衡点，一个特定的政府如何嵌入社会中——政府官僚和公民之间的社会关系，这样的政府如何能足够保持自治以避免被强大的商业利益和自我发展的欲望腐蚀（Evans 1995）。在最坏的情况下，如扎伊尔（刚果），成为掠夺性的政府，这意味着以

牺牲集体目标为代价来满足政策制定者个人的自我发展。虽然每个国家的经验都是独一无二的，但在分析过去和现在的发展实践中，可以为未来的可持续发展发现重要的经验和想法。

历史研究法

第二次世界大战以后，自上而下的研究方法被用于发展中国家的农村发展研究。在期初这主要是面向发达国家建立的"绿色革命"农业技术的传播与扩散，当时的重点放在出口量的提高、高产种子、化学合成的农药和化肥，以及新的灌溉策略（Humphrey, Lewis & Buttel 2002）。这些努力的结果是喜忧参半。在一些国家，粮食净生产效率大幅提升，而其他国家的生产力在下降。更令人不安的是那些意想不到的负面后果，其中包括传统的耕作方法的损失，当地生态知识的流失，温饱型农业的衰落，转变为一个不太平衡的谷物为主的饮食习惯，以及污染当地水道。这些结果被

21 世纪的发展实践者作为在发展中国家发展农村不应当采用这种方法的有利证据。

现在研究法

针对在农村发展中采用历史自上而下研究法带来的弊端,农村社会学家和其他发展专家转向了自下而上研究方法。社会学家和研究人员约翰·加文塔(John Gaventa)(2009)提出了一个行动参与研究方法,让农村居民自己参加问题提出及解决方案的建立、实施和维护。从 1994 年到 2004 年,人类学罗伯特·罗兹(Robert Rhoades)教授和同事在可持续农业和自然资源管理(SANREM)项目中用到了类似的研究和开发过程,运用一个多学科成果,检验在厄瓜多尔安第斯山脉高地的一个偏远农村景观发展和环境的问题。重要的是,这项研究的焦点放在研究本身,作为参与活动,它在每一个阶段都涉及当地人。这种自下而上的研究法对过程(如果不是更多)和结果关注程度一样。例如,可持续农业和自然资源管理研究结果比一些地方的战后开发项目显示出更大的希望,如在泰国,在那里长期发展传统的耕作方式被忽略,且被现代耕作方法所替代,这种现代耕作方法严重依赖使用化学农药和化肥,对环境造成破坏。21 世纪的许多发展问题在很大程度上是由于过去自上而下开发项目的直接结果,过去的这些项目是采用"绿色革命"农业技术。因为现在耕作方法

在世界上很多地方的应用失败,现在当地农民对与外界合作以"开发"新农耕方法变得更加谨慎。

在 21 世纪的第一个十年,许多欠发达国家的政府(LDCs)——现在越来越多地被称为"新兴"国家,在政策上继续推进大规模,出口导向型商品农业,同时对合成肥料和农药、机械、拖拉机和灌溉设备的使用进行补贴,尽管在上文历史研究法中已证实这会带来很多负面作用。要理解为什么欠发达国家政府继续选择这条道路,就要考虑更广泛的全球体制框架和国际资金机构如世界银行和国际货币基金的影响(McMichael & Raynolds 1994; McMichael 2008)。这些机构通过结构调整贷款来行使权力,作为规定要求国家对全球经济开放来接收急需的财政援助。因此,当欠发达国家政府接受贷款时,它们基本上是别无选择,只能继续推动这些全球贷款机构要求的政策。

21 世纪的相关问题

过渡到外向型农业的主要缺点之一是越来越多的土地用于出口导向型农业,更少的土地用于满足那些弱势农民的需要,这些农民为生计依赖公共土地的耕作与放牧。普遍的饥饿和营养不良是最直接的后果。实际上,在现代大多数饥荒发生在那些粮食净出口国家(Sen 2001)。失去土地的长期结果是很多农村农民群众搬迁到城市,在那里他们被迫成为雇佣劳动力——被称为无产阶级化过程(Paige 1997)。大量的新迁入者无论是在就业,还是在基础设施方面都给城市地区带来了很大压力。大量农村移民给城市的基

础设施带来很大的冲击，导致安全饮用水及卫生设施不足。反过来，这些情况导致可预防的疾病蔓延，如疟疾、黄热病和腹泻，从而增加婴儿死亡率和整体寿命预期下降。

农村的这些变化也不成比例地地影响到女性。例如，当印度开始工业化和收割自然资源，从森林获取木材，女人发现她们可能不再履行例如捡柴做饭传统的角色。这种特殊的危机最终导致了开始于1973年在西部喜马拉雅山普通民众的"契普克（抱树）运动"（Humphrey, Lewis & Buttal 2002）。在这次抗议政府批准的森林商业化开采活动中，妇女起到了决定性作用，最终她们的行动在印度次大陆引发了大范围的造林活动。反之产业化的主要受益者是拥有土地的人，他们能够坐享其成。国家资助的发展政策导致了"抱树运动"，它表明妇女应该如何为自己因家庭和社会角色变化带来的独特挑战而抗衡；同时她们也发现她们在家庭、教育、工作场所中面临着新的不公平待遇。

生态旅游和生态系统

由于环境问题已成为可持续发展的基石，发展开始与保护当地生态系统的方法合二为一。生态旅游提供了一些承诺：可同时实现生态系统的保护与经济增长。正如任何形式的发展，过程是至关重要的。在对中国台湾当地居民的一项研究中，但只有在当本地投入被考虑的时候，他们才对生态旅游的概念持积极态度（Po-Hsin & Nepal 2006）。在最坏的情况下，对当地生态系统的保护可能导致一些被迫的行为。这是发生在肯尼亚南禁猎区的一个例子，当地的马赛居民被迫迁离他们居住了几千年的土地，只为了把这块土地搁置起来让付钱的游客观赏犀牛和大象。马赛人通过杀害更多的动物和进行非法象牙贸易来进行报复（Peluso 1996）。

组织和援助

针对这些新出现的问题，成立了一个成功的农村发展组织是格莱珉基金会。该组织提供了一个高度创新的贷款工具，称为小额信贷，其中包括提供小额贷款给农村穷人，其中大部分是妇女（Grameen Foundation 2009）。人们通常使用这些资金创办小企业，或资助他们的教育或者为了找工作或将来创业进行专门培训。这个组织的创办者穆罕默德·尤努斯（Muhammad Yunus）在2006年获得诺贝尔和平奖。

有女权主义倾向的人口统计学家开始注意到了像格莱珉这种组织和把性别平等作为发展战略所带来的利处。真正的转折点是1994年在埃及开罗召开的联合国国际人口会议，在那里女性观点被表达出并被纳入。这和世界上农村人面临的另一个地方病问题高度相关：人口迅速增加。从历史上，人口增长被框定为计划生育的问题（没有使用避孕措施或推迟性行为）。然而女权运动者如约尼·西格尔（Joni Seager 1993），计划生育是操纵女性生活的另一种形式，降低人口增长的最佳战略是促进性别平等。按照同样的思路，联合国人口基金（2009）报道，就缓解人口增长、提高经济和社会整体福利来说，妇女参与到发展过程中是一个成功的政策。因此，农村的发展是从一个遥远的富余国家的专家带来的狭窄的、片面的、自上而下的技术开始展开的，发展成为具有广泛包容性，促进社会公正和可持续发展。此外，发展中国家农村发展应努力强调激励自主和自力更生，而不是形成对发达国家和全球机构的技术和财政支持的依赖。然而一些大问题依然存在，如社会不平等、饥饿、疾病、人口增长，我们有充分的理由相信，现代的发展方式能够提供发展中国家的农村居民一个更加光明的未来。

格里格利·M. 福克森（Gregory M. FULKERSON）
亚历山大·R. 托马斯（Alexander R. THOMAS）
纽约州立大学昂尼昂塔分校
波利·J. 史密斯（Polly J. SMITH）
犹蒂卡学院

参见：金字塔底层；可持续发展；发达国家的农村发展；城市发展；人权；贫困；社会型企业；旅游业；水资源的使用和权利。

拓展阅读

Altieri, Miguel A. (1995). *Agroecology: The science of sustainable agriculture*(2nd ed.). Boulder, CO: Westview.

Evans, Peter. (1995). *Embedded autonomy: States and industrial transformation*. Princeton, NJ: Princeton University Press.

Gaventa, John. (2009). States, societies, and sociologists: Democratizing knowledge from above and below. Rural Sociology, 74(1), 30–36.

Grameen Foundation. (2009). What we do. Retrieved March 19, 2009, from http://www.grameenfoundation.org/what_we_do/

Humphrey, Craig R.; Lewis, Tammy L.; & Buttel, Frederick H. (2002).*Environment, energy, and society: A new synthesis*. Belmont, CA: Wadsworth Group.

McMichael, Philip, & Raynolds, Laura T. (1994). Capitalism, agriculture, and the world economy.InL. Sklair (Ed.),*Capitalism and development*(pp.316–338).New York: Routledge.

McMichael, Philip. (2008). *Development and social change: A global perspective*(4th ed.).Los Angeles: Pine Forge Press.

Paige, Jeffrey M. (1997). *Coffee and power: Revolution and the rise of democracy in Central America*. Cambridge, MA: Harvard University Press.

Peluso, Nancy. (1996). Reser ving value: Conser vation ideology and state protection of resources. In Melanie Dupuis & Peter Vandergeest (Eds.), *Creating the countryside: The politics of rural and environmental discourse* (pp.135–165). Philadelphia: Temple University Press.

Po-Hsin,Lai, & Nepal, Sanjay K. (2006). Local perspectives of ecotourism development in Tawushan Nature Reserve, Taiwan. *Tourism Management*, 27(6), 1117–1129.

Seager, Joni. (1993). *Earth follies: Coming to feminist terms with the global environmental crisis.* New York: Routledge.

Sen, Amartya. (2001). *Development as freedom.* New York: Oxford University Press.

United Nations Population Fund (UNFPA). (2009.) *State of world population 2008. Reaching common ground: Culture, gender and human rights.* Retrieved on August 28, 2009 http://www.unfpa.org/swp/2008/presskit/docs/en-swop08-report.pdf

Development, Sustainable

可持续发展

20世纪末期由某些西方政府和金融机构（即华盛顿共识）提出的"可持续发展"概念挑战了原有的经济发展政策——譬如说全球化，出口导向型发展及新殖民主义。找到这样一种提供食物、水、能源、居所和交通的可持续发展途径，将可以更好地服务落后国家发展经济。

1987年，联合国世界环境与发展委员会（俗称布伦特兰委员会）提出可持续发展的定义："既满足当代人的需要，又不对后代人满足其需要的能力构成危害的发展。"（WCED 1987）通过这一定义，世界急切需要一个新的发展模式。当前世界上有很多人深陷于贫困，而所有主要的生态系统正处于衰退——不可持续性。一个新的模型可以创造这样一个世界：人们不再饥饿，不再需要燃烧熏黑的粪或者油灯来获得光明；完整的生态系统支撑着不断增长的财富，而不是日益扩大的贫穷；提高人力资本成为发展战略的基本要素。

花钱本身并不能解决这些问题。这个答案必须包括一个新的适用于全球发展的最佳实践方法，以可持续的方式部署能够促进创造真正就业机会和由本地控制的可行的私营部门来提供所需的食物、水、能源、居所和交通等。

发展带来的挑战

2000年，联合国千年发展目标（MDGs）成员国为消除极端贫困和饥饿设定了量化目标：普及初等教育，推进两性平等和赋予妇女权力，改善孕产妇健康，减少儿童死亡率，防治艾滋病、疟疾和其他疾病，确保环境可持续性，到2015年发展一个全球伙伴（2006年千禧年计划）。

根据为完成千年发展目标而设立的联合国千禧年计划（2006），一些进展已经发生。自1990到2002年，平均工资增长了近21%，处于极度贫困的人数减少了大约1.3亿，儿童死亡率从103人每千人每年降低到88人每千人每年，全球平均寿命从63岁增加到近65岁，发展中国家中能够接触到水源的人新增了8%，获得改善卫生环境的人口更是增加了15%。

尽管数据多而令人振奋，但很多分析人士认为世界将无法履行承诺。2009年《千年发展计划报告》指出，距离最初定下的2015年期限只有不到6年时间，大多数目标的进程太过缓慢以至于届时无法按预期完成。报告认为由于全球经济和粮食危机的原因，与贫困和饥饿斗争的胜利开始变缓甚至逆转。联合国粮食和农业组织（FAO）估计，由于粮食价格高涨，大约10.2亿人长期处于营养不良状态，全世界饥饿人口在2007年和2008年分别增加了7 500万和4 000万。粮食和农业组织在《2002世界食物危险状态》（*The State of Food Insecurity in the World* 2002）指出："相比于富饶国家超过70岁的健康寿命，在情况最糟糕的国家里，一个新生儿只能期望拥有平均38岁的健康寿命。"

2005年，作为千年发展计划负责人，杰弗里·萨斯（Jeffrey Sachs）把项目目标描述为"在我们的时代终结贫困"。他写道："我们的任务是帮助人们爬上发展的阶梯，让他们至少处于最底层还能继续向前攀登。"

萨斯提倡一种他称之为"临床经济学"的方法。这个概念立足于当坚持让贫穷国家自己改革经济系统时，提供能够匹配提出这些主张的发展专家所拥有相同热情水准的洁净水、健康的土壤和运转良好的卫生保健系统。他呼吁向那些贫困人口供应基础的生活必需品来作为发展的基础。他是正确的，但是他达到目标的方法——仅仅让发达国家履行诺言援助更多的资金——使得这项工作无法完成。问题不在于缺少资金，而是如何使用用于发展

的资金及如何发展进行。发展中国家不能再通过西方国家以前那种缺少效率的方法来摆脱贫困，这将需要3倍或更多倍于现有地球的资源以满足需求全球的消费。

海因伯格（2007）在《直面衰竭世纪》一书中描述了中国和印度对所有资源的"饥渴"将如何引领一个不可能的未来。环保组织的创始人，地球政策研究所的莱斯特·布朗（Lester Brown），指出，造成世界石油价格创下历史最高水平的部分原因是中国进入世界石油市场。如果中国人达到美国人对石油的使用率，到2031年将需要每天9 900桶原油。现在全球每天开采8 500万桶原油，并且可能无法开采更多；如果中国煤炭人均燃烧量与美国持平（大约每年每人2吨），中国每年将需要消耗28亿吨煤——大于目前全球总共消耗的25亿吨煤（Brown 2005）。

气候变化挑战

对可持续发展最严峻的一个挑战是气候变化。2005年1月，担任政府间气候变化委员会（IPCC）主席的拉简维拉·帕楚尤里（Rajendra Pachauri）博士，在一个114个国家出席的国际会议中指出气候变化所带来的影响将不成比例地由穷人承担。"气候变化是真真实实发生的，"博士说道，"留给我们机会的窗口很小，且正在迅速地关闭……我们正在冒人类生存能力的险（Lean 2005）。"从那时开始，许多观察家发表了类似甚至更严峻的论点，最终收集在IPCC的《气候变化第四评估报告》（*Fourth Assessment Report: Climate Change* 2007）里。IPCC已经开始第5次评估的工作，这项工作将在2014年完成

（IPCC 2009）。

　　然而与此同时，专家们也阐述了如何利用可持续技术迅速崛起以满足全世界人类基本需求的最佳实践方法，回报最大。这些方法可以减少碳排放，并解决这个星球所面临的大部分环境问题（Hargroves & Smith 2005；Hawken，Lovins & Lovins 1999）。

阿富汗案例研究

　　在阿富汗西部的中央高地，一个小型水电站自从苏联数十年前将涡轮从它拆下后就一直遗弃到现在，重建它将可以为巴米亚安（Bamiyan）城及数千没有电力的城市居民提供100万瓦的电力。到目前为止，援助的官员们都未曾对这一设施感兴趣。

　　遗弃沟渠是很好的一个全球发展机会和挑战并存的例子。它可以持续地为非洲以外的其他最贫困的国家提供关键的动力。2004年，美国总统小布什和阿富汗总统哈米德·卡扎伊完成了一项数百万美元的交易，从阿富汗北部到喀布尔建造一个大型的能源线。2008年，这条线路完成，现在已经为这个首都城市提供动力，但是其他地区却没有类似待遇。在这之前很早的一项倡议要求花费27亿美元（占保证发展基金的20%）在这个国家的北部建造火电站为其他城市提供动力；另外一项交易建议建造一条从土库曼斯坦经由阿富汗到印度的天然气管道。

　　这些计划本身有很多的瑕疵。考虑到这一地区持续不断的冲突及条令的现实可行性，这些线路需要多久才能运转并不明晰。建造合同都被西方国家垄断，并没有给当地创造工作机会，也不为当地所有。任何产生的动力都输送给了首都和其他的一些城市。谁也不能肯定那条提议的天然线路能造福阿富汗人民，还是仅仅经过他们的土地而已。的确，环顾全球，25%的发展资金都被用来建造基本不会给穷人带来福利的大型中央发电站（Lovins 2005：81）。

　　在建造有利可图的当地经济、净化环境、创造就业和减少对这些慈善和人道主义援助依赖的同时，即使利用这些资金的一小部分为当地商业安装有效的电源，为他们提供太阳能电力，也能达到相同的成本，提供更有效动力的目的。这位作者和其他人为以安装太阳能源替代借用柴油发动机而进行的努力被援助专家所回避，这些专家们更倾向于进口柴油发动机而不是清洁技术。

　　与其他许多发展中国家相似，阿富汗必须全部重建：房屋、能源供应、食物、卫生设施、交通、健康护理，还有安全。官员们所推崇的重建并没有利用可持续的先进技术，而这恰恰可以更好地运行，更适合广泛分布的穷困人民。

大型发电厂和小的太阳能

　　2008年4月，所谓的超大型发电站——印度400 000瓦级火电站，计划花费至少40亿美元，它得到了世界银行、国际金融公司和亚洲开发银行的援助资金。如果这个发电站建成，它将每年排放2 300万吨的二氧化碳，比北美最严重的碳排放体还多50万吨（Revkin 2008）。

相反，集中太阳能发电（CSP，一项通过集中太阳能使水沸腾进而发电的技术）花费相同的费用——如果考虑到煤炭价格的上涨可能还会更少些，并且不会有碳排放。村镇规模的太阳能光伏发电或其他技术会带来更多的发展效益，创造10倍于发电厂的就业机会。因为这些优势，2009年11月，印度宣布计划到2020年建造20亿瓦的太阳能光伏（Romm 2009）。传送这种对可再生能源技术发展必不可少的动力是很好的，但至关重要的是它不能仅仅是从一种形式的依赖变为另一个。

在印度各地，当地企业家发明的提供可再生能源的方法也能提供真正的发展。与传统低效率的来源相比，SELCO印度（太阳能照明公司）销售的太阳能电板能为贫困村民提供只需每月缴费的照明和电。通过其横跨印度的25个中心网络，SELCO为缺少服务的家庭和企业提供基础设施解决方案，从1995年起，它为35 000个家庭和企业带来可靠的、价格实惠的、环境上可持续的电力（World Bank 2009）。通过提供打包式的产品和服务——包括太阳能照明和电力、清洁水及无线通信——SELCO旨在帮助它的客户生活的可持续性。由于太阳能发电，村民们可以使用通信技术、清洁的饮用水、制冷、电源诊所和其他发展技术。SELCO表明，拥有光能甚至是一个灯泡，村民可以为蚕和织机提供光。这给他们提供了一个收入来源，使他们可以开始攀登发展的阶梯。SELCO的系统是完全基于市场的，不需要政府补贴或大量外国贷款，比起世界各地大多数的援助方案，它能更有效地使数千人摆脱贫困。从1995

年至2009年它成立以来，超过15万人从SELCO购买了电灯和电力，年销售收入300万美元（World Bank 2009）。SELCO提供家庭和企商业先进的廉价照明、电力、水泵、热水器、通信设备、计算机和娱乐设施。他们的系统不需要连接到一个更大的网络。SELCO和村镇银行、租赁公司和小额信贷组织合作以获得必要的信贷。

该公司的创始人和常务董事哈里什·汉德（H. Harish Hande）建议发展研究专家重新思考下穷人的购买能力。他认为实际上穷人花了大量的钱在煤油灯、柴油发电机组以及手电筒电池。如果机构在他们能够偿还起的贷款利率下为他们提供贷款，他们还是能够支付得起太阳能装置，进而去替代那些更加浪费的能源（Dowerah 2007）。国际企业发展组织（IDE）将在亚洲、非洲和拉丁美洲使用类似的可持续发展战略，以帮助在世界20亿贫困人口中占70%的小农户（IDE 2009）。国际企业发展组织设计技术和网络帮助了那些竭尽全力维持却仅仅能够维持生计的小农场创造收入的机会。为了生产更高价值、更大销售市场的农作物，国际企业发展组织为小农户提供了灌溉系统、优质的种子、养殖技术、储存、加工、包装设备及市场推广策略，把这些小农户转变成企业家。自1982年成立以来，该组织已经帮助1 900万人摆脱贫困，使他们总收入超过10亿美元（IDE 2009）。

国际企业发展组织的发展模式是从下往上。它包括农民必须花多少钱,一个产品如何帮助他们谋生,然后帮助他们摆脱贫困等。虽然国际企业发展组织的创始人保罗·波拉克建议世界上最好的规划师要把重点放在农村贫困人口的问题上,但是他认为这个问题只是现在面临的挑战中的1/4。他认为真正的工作是在市场营销这一块,对于那些能够买得起工具的人来说,合适的、可获得的技术实际上越来越多了(2015年3月16日,与作者交流)。

实地发展

在全球最贫困地区的几个非政府组织用他们的专有技术取得了成功。中间技术发展集团在一些"绝望的"情况下工作了数年,如在苏丹提供灌溉和能源技术,开发地方融资计划,并协助村民通过蒸发冷却使食品保存时间比以前长10倍。无国界工程师带来了西方工程专业的学生,与村民一起工作;一起决定采用实施何种可持续技术。然后他们规划建设能源、水、卫生、学校或桥梁工程。在中国,生态设计师约翰·托德(John Todd)的生态机(植物、微生物和其他生物的生态工程系统)用于清洗被污染的运河,同时创造栖息地和美丽的社区公园大道。埃及的SEKEM利用民营企业使成千上万的人摆脱了贫困,提供高品质的有机食品到欧洲市场,并建立一所大学。但一些组织很少被选择去对发展研究机构提建议,也很少接受援助合同。这些交易在所谓的"环城公路强盗"(命名为华盛顿特区的首都环城公路)上进行,成立一个行业去申请政府和援助机构的合同。如果资金援助是成为解决方案的一部分,就需要有大量的资金和机构能力的大捐助机构与实地开发技术组织相结合。

或许阿富汗仍然可能存在最紧迫的例子。自20世纪70年代末起,国内外冲突不断。大部分基础设施已是一片废墟,或未曾完成。在9·11事件之后,国际社会组织认识到一个满目疮痍的阿富汗对世界和平带来的危险,他们承诺将重建这个国家。这为使用最佳可持续发展技术创造了一个独特而又狭窄的机会之窗。成功不仅对阿富汗重要,而且对世界安全同样重要;当务之急是阿富汗需要重新建造一个强大的基础设施,这带来了稳定的、有利可图的商业机会,因为它将重建整个经济。阿富汗没有钱,但是它拥有丰富的风力、阳光与水。使用这种广泛分布的可再生资源是满足分散村庄的需要的唯一办法。阿富汗能源部官员已表示对可再生能源具有极大兴趣,但该国缺乏可供咨询的专业知识和资源去追求一个更合适的能源战略。

展望

可再生能源不仅对于发展中国家来说是最好的选择,而且它们在世界能源中增长最快,同时在许多情况下它们比传统的能源更便宜。太阳能热利用超越全球所有传统能源供应技术。现代风力机排第二,提供全球超过100万千瓦容量电力,即使在核电普及的高峰期,其增长速度也要快于核电。增长次快的能源供应技术是太阳能发电,即使在目前的价格,这些也正在迅速下降（LaMonica, 2009）。这一系列可持续实践——高效和可再生能源供应，绿色建筑技术，高效水处理和输送系统，提供食物和医疗保健的可持续方法——对于阿富汗和其他发展中国家来说，比美国国际开发署（USAID）与西方咨询公司签署的传统方法更好。

对于当地小企业来说，相比美国国际开发署的承包商一贯青睐的传统方法，可持续的解决方案更容易。如果把用在传统解决方案的一些钱转到资助、培训和支持当地的企业家，那么发展中国家就可以满足人民的基本需求，而且还可以保护和优化他们的"自然资本"和社会结构。

L. 亨特·洛文斯（L. Hunter LOVINS）

自然资本咨询事务所

这篇文章改编自洛文斯2005年发表的《论大发展》（*Development as if the world mattered*）2009年10月29日提取于http://www.rightlivelihood. org/fileadmin/Files/PDF/Literature_Recipients/Lovins/Lovins_H_-_Developments_as_if_the_world_mattered.pdf.

参见：金字塔底层；发展中国家的农村发展；能源效率；能源工业——太阳能；绿领工作；清洁科技投资；社会责任投资；自然资本主义；贫困；社会型企业；联合国全球契约。

拓展阅读

Bread for the World Institute (BFWI). (2009). Retrieved July 2, 2009, from http://www.bread.org

British Wind Energy. (2009). Retrieved July 2, 2009, from http://www.bwea.com

Brown, Lester. (2005). Learning from China: Why the Western economic model will not work for the world. Retrieved July 2, 2009, From http://www.earthpolicy.org/Updates/2005/Update46.htm

Connor, Steve. (2005, March 30). The state of the world? Is it on the brink of disaster? Retrieved November 9, 2009, http://www. commondreams.org/headlines05/0330-04.htm

Dowerah, Simantik. (2007). An entrepreneur's crusade in lighting up India's villages. Retrieved January 21, 2010, http://www.khemkafoundation.org/newsroom/press-clips/an-entrepreneur2019s-crusade-in-lighting-up-india2019s-villages

Engineers Without Borders. (2009). Retrieved July 2, 2009, from http://www.ewb-international.org

Food and Agriculture Organization of the United Nations (FAO). (2002) *Undernourishment around the world: Hunger and mortality*. Retrieved November 10, 2009, from http://www.fao.org/docrep/005/Y7352e/y7352e03.htm#P1_34

Global Footprint Network. (2009). Retrieved July 2, 2009, from http://www.footprintnetwork.org

Hargroves, Karlson, & Smith, Michael H. (Eds.) (2005). *The natural advantage of nations: Business opportunities, innovation and governance in the 21st century.* London: Earthscan Publications.

Hawken, Paul; Lovins, Amory; & Lovins, L. Hunter. (1999). *Natural capitalism.* London: Little, Brown.

(Available for download from http://www.naturalcapitalism.info)

Heinberg, Richard. (2007). *Peak everything: Waking up to the century of declines.* Gabriola Island, Canada: New Society Publisher.

Intergovernmental Panel on Cl imate Change (IPCC). (2009). Retrieved November 10, 2009, from http://www.ipcc.ch/index.htm

International Development Enterprises (IDE). (2009). Retrieved November 10, 2009, from http://www.ideorg.org/

John Todd Ecological Design. (2009). Retrieved November 9, 2009, from http://www.toddecological.com

Kirby, Alex. (2004, October 20). Aid agencies' warning on climate. Retrieved July 2, 2009, from http://news.bbc.co.uk/1/hi/sci/tech/3756642.stm

LaMonica, Martin. (2009, Februar y 24). Solar-power prices sl ide toward "grid parity." Retrieved January 21, 2010, http://news.cnet.com/8301–11128_3–10170650–54.html

Lean, Geoffrey. (2005, January 23). Global warming approaching point of no return, warns leading climate expert. Retrieved November 12, 2009 http://www.commondreams.org/headlines05/0123–01.htm

Lovins, Amory B. (September 2005). More profit with less carbon. Retrieved November 12, 2009 from http://www.scientificamerican.com/media/pdf/Lovinsforweb.pd

Millennium Project. (2006). About MDGs: What they are. Retrieved July2, 2009, from http://www.unmillenniumproject.org/goals/index.htm

Natural Capitalism Solutions. (2009). Retrieved July 2, 2009, from http://www.natcapsolutions.org

Organization for Economic Co-Operation and Development. (2009). Retrieved July 2, 2009, from http://www.oecd.org

Peters, Gretchen. (2004, Januar y 27). Egyptian firm is clean, green, and in the black. Retrieved July 2, 2009, from http://www.csmonitor.com/2004/0127/p01s03–wome.htm

Polak, Paul. (2005, March 16). Entrepreneurship education for a sustainable future. Retrieved January21,2010, from http://www.paulpolak.com/

Polak, Paul. (2008). *Out of poverty: What works when t raditional approaches fail.* San Francisco: Berrett-Koehler.

Qayoumi, Moh' d Humayon. (2004, August). Afghanistan electricity sector reform: Road map. Paper presented at the annual meeting of the Society of Afghan Engineers.

Revkin, Andrew C. (2008, April 9). Money for India's "ultra mega" coal plants approved. Retrieved January 21, 2010, http://dotearth.blogs.nytimes.com/2008/04/09/money-for-indias-ultra-mega-coalplants-approved/

Romm, Joseph (2009, November 29). India aims for 20 gigawatts solar by 2022 — but is it set to announce emissions targets? Retrieved on January 21, 2010, from http://theenergycollective.com/TheEnergyCollective/52429

Sachs, Jeffrey. (2005, March 14). The end of poverty. Retrieved November 12, 2009, from http://www.time.com/time/magazine/article/0,9171,1034738,00.html

SEKEM. (2006). Retrieved July 2, 2009, from http://www.sekem.com

SELCO. (2008). Retrieved July 2, 2009, from http://www.selco-intl.com

United Nations. (2009). *The Millennium Development Goals report 2009*. Retrieved January24,2010, http://www.un.org/millenniumgoals/pdf/MDG_Report_2009_ENG.pdf

United Nations World Commission on Environment and Development(WCED). (1987). *Our common future.* Oxford, U.K.: Oxford University Press.

U.S. Agency for International Development (USAID). (2009).Guidel ines, section 204. 2. Retrieved July 2, 2009, from http://www.usaid.gov/pubs/ads/500/578.pdf

World Bank. (2009). REToolKit case study Solar Electric Light Company (SELCO). Retrieved January 21, 2010, http://siteresources.worldbank.org/INTRENENERGYTK/Resources/SELCO0credit0sale0model0.pdf

Development, Urban

城市发展

企业可以在城市可持续发展中扮演至关重要的角色。它们可以定位现有的城市附近的交通,建设绿色建筑,保护和恢复生态功能属性,学习交通工具需求管理。他们还可以使用可再生能源,减少能源和资源的使用,并有助于其经营点所在社区的社会福利。

城市化的过程对企业具有巨大的影响,反过来,企业的行为深刻地影响着社会的可持续发展。企业、城市化和社会可持续发展之间的关联被一些城市发展主题所检验,如土地使用、交通、能源系统、建筑管理、城市设计、环保和人类福利。

土地使用

土地开发是城市化最基础的方面之一。它起源于19世纪末期的欧洲和北美,一直是现代城市规划领域的一个主要焦点。在大多数国家历史上,力求规范土地利用,以促进社区健康、安全和幸福(例如,从居民区分离污染生产行业)。近几十年来,其他的与可持续发展相关的目标已被添加到土地利用目标中,如保护栖息地、物种和农田;减少车辆使用、排放和拥塞;有效利用在交通系统和其他基础设施方面的公共投资。许多国家土地调控的主要形式包括规范分区,其中规定允许的用途、密度及对给定的土地地块的建筑结构和细分的条例,对大型地块划分成许多较小的地块进行监管。分区程序通常也需要大项目开发人员在土地上增加街道、公园、学校、下水道和排水系统。改变这些土地使用条例,可大大提高城市可持续发展,如果他们要求开发商保留河流和野生动物栖息地;混合商业、住宅和办公的发展,以减少居民的驾驶距离;或者使行人出行和公共交通成为可能。

建筑本身是一个重要的经济部门,它带来大量的就业机会、投资机会和资源流动性。其他和土地开发相联系的企业包括建筑和景观设计事务所、律师事务所、工程和环境分析公司、房地产企业、营销和销售业务及银行。

建筑和土地开发行业，包括二级金融市场，可以反过来极大地影响经济的其他部分的可持续性。如始于2007年下半年的金融危机是因为按揭借贷市场的崩溃。

公共部门对土地利用的监管经常引起争议，它会影响到其他许多类型的业务。理想的情况是土地的使用是受当地，区域和（或）国家规划引导。在实践中，这个过程远不够完善。在全球范围内的社区中，因为和政治相关的开发者产生了很多例外。在美国，地方政府拥有土地使用的完全控制权。在其他国家包括法国、英国、瑞典、日本和中国，国家、州或省级政府在审查开发决策/或建立整体土地利用政策框架中扮演强大的角色。例如，自20世纪70年代以来，英国政府已制定国家和区域规划文件，以指导当地政府在土地使用中的决策。在20世纪90年代中期的布莱尔政府对这些规划文件进行了修订，将可持续性问题纳入到文件中。在中国，有关所有权和土地使用权的国家决策导致了在不同的历史时期完全不同的土地开发模式。在中国，20世纪90年代和21世纪初城市及附近的土地私有化的改革，有助于加快中国的城市化进程。

在许多国家，土地开发在过去的一个世纪已经越来越具有不可持续性，作为结果，社区消费大量的农田或开放空间，需要使用高档的机动车辆。郊区蔓延是指具有以下几个特点的开发：低密度土地使用、单一开发（单一用途的地区，如住宅、工业或商业领域，导致住所、工作场所和购物三者区域分离），不连接的街道模式、"跨越式"发展，跳过毗邻现有城区的可用土地和寻找更便宜更远的土地，形成对高档汽车的依赖。过度驾驶产生二次影响，包

括当地空气污染增加，石化燃料的消耗和温室气体排放。不规则的土地利用模式侵蚀了以居所为基础的人类共同体意识，在景观建设中减少行人为主的公共空间，使步行和公共交通使用变得更加困难。

虽然经常被看作是北美或澳大利亚的现象，但郊区蔓延发生在世界各地。2006年，欧洲环境局的研究发现，欧洲城市的土地面积自20世纪50年代增长78%，而人口增长只有33%。如西班牙南部海岸地区蔓延特别迅速，部分原因是第二家乡的建设。在亚洲，许多新近开发的中国城市，由于高人口密度，建筑群为10—12层有一些蔓延的特性：他们通常使用"超级板块"的模式与窄窄的街道连接，并且塞满了机动车辆。在20世纪50年代和60年代的美国城市重建中使用超级板块的效果较差，通常与中到高层建筑一起构成非常大的城市街区，并且在街区中心建造绿地。问题是规模和连接中的其中之一；每个板块的距离很长，行人出行选择很有限，城市失去了传统城市的多样性。

土地开发修订后的模式坚持了更大的可持续性的承诺。从20世纪90年代中期起，"精明增长"的运动试图通过专注于在现有市区范围内"填充"发展来限制城市扩张。精明增长通常是指紧凑、高密度及混合用途开发来有效地利用公共基础设施。填充常发生于空置或未充分利用的土地，或清理污染的工业用地。"交通导向发展"集群围绕公共交通站点，或在城市和郊区的交通中心，创造适宜步行的混合使用场所。"新都市主义"始于20世纪80年代末，在郊区和城市中强调以行人社区为导向的设计理念。这种哲学的要素包括有吸引

力的人行道环境、商厦间的街头零售、房前有走廊房后有车库,社区内增加了小公园和公共空间,并创造街道连接网络用来疏散交通。

企业选址决策对土地可持续利用起到非常重要的作用。在过去的50年或更长时间,商家已经离开市中心的位置在郊区的边缘沿动脉条或商业园区选址,但可持续发展的倡导者试图吸引企业重新回到更中央的位置和交通便利的位置。合适的选址已经成为绿色发展评级系统的主要标准,更深入的描述见"建筑设计和监管"这一章节。有效地使用土地(例如,通过利用多层建筑和减少地面停车场的大小)也是可持续发展的一个重要的考虑因素。如果企业选择一个地点,他们要保护该地方现有栖息地和湿地(后者往往是根据法律的规定),或者他们可以做得更多,为他们的选址或景观价值去恢复绿地。

交通

交通系统的建立是城市化的另一个主要元素。机动车使用的增加造成的污染,即温室气体排放量和对石油的依赖,是需要首要关注的可持续性问题。政府官员主要采取3种方式以寻求减少驾驶量:通过提供诸如公共交通、自行车和行人基础设施的替代运输方案;通过提高油费、路桥费、停车价格及提供其他奖励如价格降低的过境通行证,以吸引人们少开车,并通过改变土地用途,使就业、住房、购物及其他目的地紧密连接起来。

企业在减少机动车辆使用方面发挥着重要的作用。诚如上文"土地使用",选址决策是非常重要的。企业可以通过选择靠近公共交通和住宅区的中央位置降低员工驾驶。"交通需求管理"(TDM)领域利用了多种策略来降低单乘员车辆,如共乘方案、拼车服务、免费或减价的过境通行证、更高的停车费及为放弃有限停车权的员工提供财政激励。为员工提供安全、充足的自行车停车场,甚至为那些骑自行车长途跋涉来上班的员工提供淋浴设施,也能帮助鼓励职工不开车。在空气污染严重的大城市,区域空气质量管理机构要求许多雇主去指定内部协调者开始制定"交通需求管理"方案。20世纪90年代初,"交通需求管理"方案已经在目标地区减少10%—30%机动车出行,如旧金山湾区、洛杉矶、多伦多、珀斯及澳大利亚。

另一种减少员工坐车上班的策略是采用第一来源雇佣政策,即优先雇佣当地居民。美国一些当地政府要求他们的承包商这样做。例如,俄勒冈州波特兰市,1978年设立与经济发展相挂钩的政策激励优先雇佣当地居民,每年招聘700多名当地工人。这种策略往往可以惠及附近低收入群体,并且它对减少长距离交通具有实质性的好处。许多大公司采用的另一种方法是为员工在工作地附近建立适当价格的住房。"公司城镇",如伊利诺伊州的普尔曼(最初由普尔曼卧车公司拥有)和印第安纳州的加里(最初由美国钢铁公司建造),有时被批评为有过度控制和同质的特点。但是,在工作点建设少量的保障性住房可能是有意义的,尤其是那些在昂贵房价地区工作的低薪员工。这可以减少员工长距离坐车上班,从而减少交通拥堵、资源消耗及废气排放。当公司购买车队时,公司也可以做出绿色选择,特别是当他们购买高燃油率的汽车和卡车,还是使用压缩天然气或清洁柴油技术的车辆。通过更高效的运营来降低总行驶里程也很重要。最后,使用当地供应商可以帮助降低与长途货运特别是航空运输有关的空气污染和温室气体排放,因为它会产生高浓度的温室气体。

能源系统

为了使城市更加具有可持续性,社区和公用部门正在开发各种各样的方案,以减少能源使用,同时开发可再生能源替代石化能源。其中一些方案直接瞄准商业化。例如,在20世纪90年代和21世纪初,加州太平洋天然气和电气公司的"快速高效"项目已经给那些安装节能照明、制冷、空调、农业和燃气技术的企业提供回扣。在21世纪初,这个项目每年节省300 000兆瓦小时的电力。对企业本身来说,企业可以通过追求可持续的能源战略来降低成本和提高其环境绩效。

虽然公众的注意力往往集中在这些技术如光伏(使用太阳能电池产生能量)和风能,但是效率改善通常是指用最便宜和最快捷的方式减少能源使用。这些策略包括选择高效率的电器,汽车和工业机器,御寒的建筑物,减少不必要的出行,使用低能耗的材料,以及用于供暖、通风、制冷和工业流程安装的更高效系统。一种特别有希望使用的策略是热电联产,即把工业生产过程或供热厂产生的废蒸汽用来发电。区域供热系统,其中集中整个区或附近提供加热,也可以提高能源使用效率。简单的方法如加装高反射及浅色材料的屋顶,或安装一个"绿色屋顶"土壤和植被,可以降低建筑能耗,提高效率。

使用可再生能源系统以产生能量是另一种策略。风力发电通常在远离城市的多风地区表现最好,而太阳能光伏发电和热水系统,非常适用于屋顶。根据地理位置和材料成本,燃烧植物物质和加热水的生物质锅炉对于集中供暖和加热水也可能是有用的。同一些可获得个人受益的企业一样,能源效率和可再生能源带来许多商业机会。安装或投资光伏(PV)太阳能应用就是一个成长领域。可再生能源投资有限责任公司是一个新成立的公司,它已与一些如加州伯克利签约,用市政债券的钱在居民楼安装光伏电池板。业主通过财产税账单的增量来支付费用,这样可以避免支付的太阳能成本上升。

建筑设计和监管

绿色建筑是全世界设计方面的一大重点。由地方政府管理的建筑法规规定能效的基本水平,这些法规最近几十年代码已被修改,以强调更有效地利用能源和水资源。20世纪90年代以来,许多国家的组织机构都制定了更具体的绿色发展的评级系统,如美国的领先能源与环境设计在绿色建筑评估体系,英国和欧洲的建筑研究机构环境评估法,以及加拿大的绿色地球系统。这些系统通常设置奖励积分。这些奖励积分适用于各种绿色建筑元素,包括位置和站点设计、能源效率、用水效率、符合环保要求的建筑材料使用和室内环境质量。不同层次的建筑是依据它们对这些标准的执行效果如何来认证的。例如,领先能源与环境设计绿色建筑评估体系设置了金银铂3个评级水平。

绿色建筑的建设或使用给许多企业带来好处,包括减少能源和水的成本,以及对未来能源价格上涨一定程度的规避。一个更舒适、美观、健康的工作环境,也能使员工受益(例如,工作空间在白天可以自然采光,用户可操作的窗户和气候控制,以及油漆和地毯不释放挥发性有机化合物到空气)。另一个潜在的好处是一个积极的公众形象,特别是对于那些被官方认证为绿色建筑企业。

城市设计

许多地方政府、企业和开发者都意识到了街道、公共场所及整个社区设计的重要性,它有益于环保健康和社会活力。取代20世纪中期城市中贫瘠、空旷,或满是车辆的空间,景观建筑师和城市设计师在商业区中添加了行人设施、植物和树木、公共艺术、公共空间、店面、餐厅甚至住房。在某些情况下,这些措施明显地改善环境的可持续性,如利用植被洼地(低的地方)从街道或酒店内的停车场吸收径流。在其他情况下,城市设计方案有助于创造一个更多采多姿的城市生活;反过来也有利于社会和经济层面的可持续发展。

公司地点的选择可以支持或削弱地方政府的城市设计和社区的发展目标。在一个正在振兴的城市或城镇选址有助于建立更繁荣的街区和更可持续发展的社会。相反,从现有的社区搬迁到遥远的城市边界会削弱城市的活力和可持续性,因为它带走税基及就业机会的同时,也会带来其他影响。

从它们自身的性能来说,通过环境友好的城市设计和绿色建筑,企业能够巩固社区的可持续性。沿着街道安置建筑物,同时这些建筑物的后面或下面有停车场,这比起充满大型停车场的郊区景观,将创造一个更加有趣和更以行人为本的街道环境。添加小公园、广场、艺术作品或在建筑物的前面种植植物同样有利于社会。通过咨询邻居,并与他们一起工作,企业和开发人员可以根据街坊需求来进行设计(通过降低住宅区旁边的建筑物高度或者通过以保存古树木或历史建筑细节或通过增加街头零售空间等)。

环境保护和还原

可持续社区工作的一个主要重点是清理的脏水、污浊的空气和污染的场所。城市和乡镇也要注重保护和恢复地貌特征,如海岸线、湿地和野生动物栖息地。公民的积极性源于对社区的自豪,它们可以与新的经济发展战略相吻合。英属哥伦比亚的温哥华,先后承担了对福溪地区污染工业用地几十年的修复工程,创造了一系列新的居民区、商业区及绿道。田纳西州的查塔努加和宾夕法尼亚州的匹兹堡也都因清理工业污染和在以前污染的水道周围创造民用设施而闻名。

企业在启动或支持环保项目方面可以起到一个带头作用。例如,总部设在曼彻斯特且在英国拥有170万消费者的合作社集团,经营校园绿色能源项目,它已在英国100多个学校免费安装太阳能电池板。该公司还被评为英国最环保的杂货商,因为它为几十个当地社区提供可持续生产的食品。作为企业对可持续发展承诺的一部分,汇丰银行为有分支机构的86个国家的环境和社会组织捐款。2005年,它是世界上第1个成为碳中性的银行,这意味着其全球业务贡献了零净的二氧化碳到大气中。

人类的福祉和公平性

社会公平和人类福祉是可持续发展的基本要素,而企业在帮助社区实现这些目标中发挥重要作用。虽然人类福祉和社会公平并不一定是他们商业使命一部分，但这种努力同样往往有利于企业。历史上，许多地方和区域的企业在社区中扮演重要的角色，它们支持当地的慈善事业、提供公民领导、开展青少年培训，并鼓励员工参加志愿者活动。在商业全球化的今天，对当地居民参与的激励很少，但积极参与社区福利建设是很重要的。塔吉特公司（原代顿-哈德森公司）在明尼苏达州的明尼阿波利斯及其他经营地区有百年公民领导和慈善历史。塔吉特公司的章程要求捐献税前收入的5%，它为美国学校的捐献额度已经超过了1.5亿美元。

维持生活的工资、医疗和保障性住房代表特定社会可持续性问题，企业在每一领域都可以做出自己的贡献。虽然只需要支付由政府设定的最低工资，企业可以做出道德选择并创建一个工资结构，使员工在当地社区拥有体面的生活。在如美国等没有国有化的医疗保健的一些国家，企业还可以确保他们的员工获得健康保险。他们可以为员工提供的一些服务如托儿所和娱乐设施，在缺乏一个强有力的老人社会保障体系的国家中，他们还可以确保员工有足够的退休金。

展望未来

如果城市走可持续发展道路，企业必须发挥不可或缺的作用。在未来几年，可持续发展的挑战如气候变化将使企业行动变得日益迫切。减少温室气体排放的需求将不仅仅影响到相关的行业，但也影响到所有类型业务的地理位置、旅游和运营决策。石油生产的增加和下滑也将对经济决策具有广泛的影响。企业可以对城市化的可持续性做出贡献，通过厂址选择、交通需求管理、绿色建筑建设、保护和恢复它们的生态功能、提供公共设施和服务、提升社会环境及捐助其经营社区的社会福利。

斯蒂芬·M.惠勒（Stephen M. WHEELER）
加州大学达维斯分校

参见：绿色建筑标准；社区资本；可持续发展；设施管理；当地经济生活；市政公债；房地产和建筑业；公私合作模式；公共交通；智慧增长。

拓展阅读

Barnes, Peter. (2006). *Capitalism 3.0: A guide to reclaiming the commons*. San Francisco: Berrett-Koehler Publishers.

Beatley, Timothy, & Manning, Kristy. (1997). *The ecology of place: Planning for environment, economy, and community*. Washington,DC: Island Press.

Benfield, F. Kaid; Terris, Jutka; & Vorsanger, Nancy. (2001). *Solving sprawl: Models of smart growth in communities across America*. New York: Natural Resources Defense Council.

Calthorpe, Peter, & Fulton, Will iam B. (2001). *The regional city: Planning for the end of sprawl*. Washington,

DC: Island Press.

Cervero, Robert. (1998). *The transit metropolis: A global inquiry*. Washington, DC: Island Press.

Congress for the New Urbanism. (1999). *Charter of the new urbanism.* New York: McGraw-Hill

European Environment Agency. (2006). *Urban sprawl in Europe: The ignored challenge.* Retrieved January 12, 2010, http://www.eea.europa.eu/publications/eea_report_2006_10/eea_report_10_2006.pdf

Evans, Peter B. (Ed.). (2002). *Livable cities? Urban struggles for livelihood and sustainability.* Berkeley: University of California Press.

Ewing, Reid; Pendall, Rolf; & Chen, Don. (2002). *Measuring sprawl and its impact.* Washington, DC: Smart Growth America.

Farr, Doug. (2007). *Sustainable urbanism: Urban design with nature.* Hoboken, NJ: John Wiley & Sons.

Hack, Gary; Birch, Eugenie; Sedway, Paul; & Silver, Mitchell. (Eds.). (2009). *Local planning: Contemporary principles and practice* (4th ed.). Washington, DC: International City/County Management Association

Hawken, Paul; Lovins; Amory & Lovins, L. Hunter. (1999). *Natural capitalism: CreatingThe next Industrial Revolution.* London: Earthscan.

McDonough, William, & Braungart, Michael. (2002). *Cradle to cradle: Remaking the way we make things.* New York: North Point Press.

Newman, Peter, & Jennings, Isabelle. (2008). *Cities as sustainable ecosystems: Principles and practices.* Washington, DC: Island Press.

Portney, Kent E. (2003). *Taking sustainable cities seriously: Economic development,Quality of life, and environment in American cities.* Cambridge, MA: MIT Press.

Roseland, Mark. (2005). *Toward sustainable communities: Resources for citizens and their governments.* Stony Creek, CT: New Society Publishers.

Shoup, Donald C. (2005). *The high cost of free parking.* Chicago: Planners Press.

Shuman, Michael. (2000). *Going local: Creating self-reliant communities in a global age.* New York: Routledge.

Shuman, Michael. (2006). *The small-mart revolution: How local businesses are beating the global competition.* San Francisco: Berrett-Koehler.

Wheeler, Steven Max. (2004). *Planning for sustainability: Toward livable, equitable, and ecological communities.* New York and London: Routledge.

Wheeler, Steven Max, & Beatley, Timothy. (Eds.). (2008). *The sustainable urban development reader* (2nd ed.). New York and London: Routledge.

Ecolabeling

生态标签

自1978年起,各个国家开始了自发性的基于环境影响评估标准的国家产品生态标签项目。为增强欧盟国家的统一性,欧盟在20世纪90年代批准了一项旨在保证优质环境的自愿性生态标签制度。为了给环境标签体系设立全球化标准,国际标准化组织对ISO 14020系列条例中的环境标签体系和相关声明做出了解释。

生态标签既是评估企业可持续发展表现的标杆,也是在有关生产过程、产品及服务的生态效率方面,供消费者做选择时使用的基础向导。生态标签不仅是推动环境和社会层面管理战略一个公认的交流工具,同时也是用于市场营销的工具。

社会环境问题的复杂性和迅速散播,在充分发展策略去推进生态及社会产品的兼容性,鼓励更多地促进购买意识的商业模型这些方面,都给生产及消费板块造成了新的挑战。生态标签这一解决途径促成了从经济、环境和道德角度,在国际和欧美促进可持续发展倡议的工具大量涌现(如由约翰·埃尔金顿于1994年提出的三重底线理论)。

背景信息

20世纪80年代早期,在欧洲创立的与非强制性生态标签体系第一个相关的倡议,最开始是那些试图模糊它们产品生态特征的公司的自主声明,同时也是宣扬产品某种特质私营行业颁发的认证(例如,宣称某种产品不含氟利昂);或者是涉及某一类别商品的环境兼容性令人质疑的声明(如绿色环保的清洁剂,可回收纸)。这一类的生态标签被用作市场营销的工具,通常并不是建立在有效的科学标准之上。最终还会引起截然相反的影响和市场误导。

为了抑制那些含糊说辞的非官方标签的扩散,很多国家推出了自愿性质的国家生态标签评测项目。此类项目以严格的标准衡量环境影响,同时与生产环节、责任制度相结合的评估标准为基础。这一举措保证了精准信息的传播,更为重要的是,这一体系是公司用以衡量生产过程完善中的生态效率及产品表现的重要手段。

不同的国家层面上的环境标签体系逐渐相继成立,包括于1978年在德国成立的"蓝天使(Blauer Engel,Blue Angel)",对之后的项目起到带头作用。除此之外,还有加拿大的"生态标志(EcoLogo 1988)"、日本的"生态标记(Eco Mark 1989)"、斯洛文尼亚的"白天鹅(White Swan 1989)"、法国的"环境(NF——Environment 1991)",美国的"绿印章(Green Seal 1992)",以色列的"绿色标签(Green Label 1993)",泰国的"绿色标签(Green Label 1994)",香港的"绿色标签(Green Label 2000)"及澳大利亚的"环境选择(Environmental Choice 2001)"。

在20世纪90年代,欧盟批准了具有EEC 880/92 Ecolabel I(生态标签I)监管条例的自愿性生态标签计划,之后生态标签I被修改为EC 1980/2000(生态标签II),被称作欧盟之花。这一计划解决了欧洲范围内大量不同的国家非强制性生态标签所带来的监管难题,通过成立了"优质环境"这一欧盟商标,那些严格遵守欧共体依照生命周期评价(LCAs)所设立标准的产品会被授予这一商标。

生命周期评价以其全面的"从生到死"的评估手段为特点,并将量化思考中的生命周期这一概念应用到与产品生产过程和产品本身相关的环境概述分析活动中。根据生命周期评价,资源的使用,原材料、能源和电力被视为投入,而向大气、水体和土地排放的废物和副产品被记作产出。生命周期评价程序共有4个相互联系的阶段、目标、范围、生命周期储备分析,影响评估和结果分析。

最新规章

描述现有生态标签某一门类的特性是十分复杂的。每一分支体系都有其特定的项目,且用以衡量产品和生产过程一致性的生态标准上也有所不同。除此之外,生态标签评鉴过程在很多产品及服务领域仍在不断改进。因此,辨别出足够的系统化的指标用来评估一个产品对环境造成的真正的影响并非易事。

尽管如此,在已有的各种的生态标签体系范围内,需要一个独立机构依据是否符合标准来颁发认证的体系与那些仅仅涵盖了企业自主认证和非强迫性项目的体系有很大的差异,同时也和比如那些需要能源标签的公文强制性项目有所不同。考虑到不同的认证和标签发布程序,另一种由基于公开或私有性质的认证机构的多种体系组成的分类方法可用作代替。生态标签体系可以从国际、共同体以及国家层面进行区分。

在国际范围内有很多非强制性的生态标签体系。为了将这些体系中的流程标准化,国际标准化组织(ISO)已经定义了一套受到ISO 14020系列条例(环境标签及相关声明)管控的标准。ISO于2009年这一条例中定义了3种不同的标签类别:ISO 14024为优质环境商标(种类一);ISO 14021为有关环境的自主声明(种类二),ISO 14025为环境产品宣告。

第1类标签

在第1类环境标签体系中,欧盟之花——生态标签的标志——代表着"卓越"。从中受益的产品必须能够代表广泛的市场领域,展现对全球或某地区的正面环境影响,支持有利于制造商间竞争的相关研究,并且满足真正的消费者的期待。现今欧盟生态标签覆盖了广泛的产品和服务,其中包括清洁产品、家用电器、纸制品、纺织品、家居及园艺产品、润滑剂及类似旅客住宿和露营地等服务。

虽然近年来欧盟生态标签计划一直朝正面方向发展,但无疑为将个中步骤流线化,需要努力的方面还有很多。2008 年 7 月的针对欧盟生态标签监管体系提出的倡议介绍了具有重要意义的改变,包括简化评估流程,扩大产品组群,减少年费,鼓励与其他国家生态标签议案之间的整齐度和协和度的新举措的引入。

第 2 类标签

第 2 类环境标签项目是建立在 ISO 14021 标准之上的,包括有关环境声明的自主宣称。除了需要假设一系列的前提条件能够确保该声明的有效性之外,生产者(或者是进口商、发行方和任何可以盈利的一方)个人的诚信是此类生态标签唯一的保障。为了避免过多的个人声明过程中可能造成消费者困惑的差异性,ISO 14021 标准规定了针对产品表述时具体的必要条件和条例,解释了企业可参考的评估过程,并设定了具体的可以确保制造商声明的有效指导方针。自我声明所需条件包括可核查性、精确性、有效性、细节、引用内容的清晰性及简明扼要的语言。自我宣布的环境声明范围从“降低能源(或水资源)消费”到“可循环利用”或从“按照可循环利用标准设计”到“可再造的”再到“可恢复的”

和“资源节约”。

第 3 类标签

环境产品声明(EPD)即为第 3 类环境标签,它受 ISO 14025 条例的监管,建立原则并且阐明了产品发展遵循的相关步骤。环境产品声明是产品的附着文件,概述了与环境影响相关,被生命周期评价体系量化并且被一个独立机构核准的产品特征。声明中的信息应当是客观的、量化的、可验证、可被比较的和可信的,并且主要是用于企业间的交流。此外,环境产品声明并不是一个经过预先定义的,传达交流某种产品或服务的环境绩效的指示工具。

隐含意义

当现存的(负面的)决定性因素被清除时,生态标签项目可能成为在朝着生态可持续发展转型过程中的有效助力。最主要的关键因素毋庸置疑是由于市场上大量环境标签体系的涌现而导致的消费者困惑。不幸的是,这一因素影响了众多产业板块,其中包括在近年来见证了生态标签认证项目的相关程序的泉涌之势,这些程序在世界很多区域有不同的内容和影响。

除此之外,因为理解需要特殊的能力,故考虑到消费者并不总是能够充分理解标签上的信息,(这一消费者困惑)负面因素会进一步凸显。原因是不同标签项目所使用的标准并不统一,且经常变得过于复杂或是过于肤浅。

这些元素与价格因素的结合会限制与生态相兼容的产品和服务的传播,尤其是当消费者并不总是愿意出更高的价格来购买这些对环境影响较小的产品,而这一结合通常会进一步升级。

另外一个需要考虑的元素是衡量使用生态标签项目所带来的"真正"影响的困难程度。就拿2009年来说，当时并没有官方发布的数据能够提供关于销售量和市场份额的信息，也没有定性和定量的指标能够表示环境影响的减少。毫无疑问的是生态标签项目所使用方法的规范性能够帮助落实更有效的标准和相关措施。这样一来，通过最终结果得到的相关数据，环境保护的有关信息连同反馈就能够被流线化。

为了根据不同程度的可持续性来建立一个多层次的基本框架，众多参与者的全力付出是需要的，他们共同发展以协调不同的自发性，而这个框架应当是支持国际生态标签系统中的评级活动的。

马里亚普罗托(Maria PROTO)
萨勒诺大学

参见：消费者行为；全球报告倡议组织；漂绿；生命周期评价；营销；绩效指标。

拓展阅读

Harrington, Lloyd, & Damnics, Melissa. (2004). Energy labelling and standard programs throughout the world. Retrieved November 13, 2009, from http://www.energyrating.gov.au/library/pubs/200404-internatlabelreview.pdf

Italian National Agency for New Technologies, Energy and Sustainable Economic Development (ENEA). (2004). *L'etichetta energetica* [Energy labeling]. Rome: Edition ENEA.

Malandrino, Ornella, & Roca, Emmanuele. (2005). L'evoluzione dell'energy labelling: Analisi delle dinamiche a livello internazionale [The evolution of energy labeling: An overview of the international trend]. *Ambiente Risorse Salute, 104*(IV), 38–56.

Nebbia, Giorgio. (1998). *Il sogno della merce* [The dream of commerce]. Rome: Zephiro Licorno Edition.

Proto, Maria. (1994). Ambiente, innovazione ed eco-management [Environment, innovation, and eco-management]. *Esperienze d'impresa, 2*(II), 7–15.

Proto, Maria, & Supino, Stefania. (1999). The quality of environmental information: A new tool in achieving customer loyalty. *Total Quality Management, 4/51*(10), 679–683.

Proto, Maria; Malandrino, Ornella; & Supino, Stefania. (2004). I sistemi di gestione per la qualità [Quality management systems]. In V. Antonelli, & R. D'Alessio (Eds.), *Casi di Controllo di Gestione, Metodi, Tecniche, Casi Aziendali di Settore*. Milan: Editions IPSOA, 41–69.

Proto, Maria; Roca, Emmanuele; & Supino, Stefania. (2005). Ecolabelling: Un'analisi critica delle recenti dinamiche evolutive [A critical analysis of recent evolutionary dynamics] *Ambiente Risorse Salute, 102*(2), 25–39.

Proto, Maria; Malandrino, Ornella; & Supino, Stefania. (2007). Ecolabels: A sustainability performance in benchmarking? *Management of Environmental Quality, 18*(6), 669–683.

Supino, Stefania. (2000). L'ecolabel: Il marchio europeo di qualità ambientale. Uno strumento per la diffusione di stili di produzione e di consumo sostenibili [Ecolabel: The EU environmental label. A tool for sustainable consumption and production diffusion]. *Esperienze d'impresa, 2*(VIII), 85–96.

United States Environmental Protection Ageny (EPA). (2004). *Protecting the environment — together. Energy Star and other voluntary programs. 2003 Annual Report.* Washington, DC: Environmental Protection Agency.

Ecological Economics

生态经济学

生态经济学模型把自然资本、社会资本以及金融资本作为衡量GDP的因素(自然资本是我们生态系统的资源资产,社会资本是个人之间的信任关系的价值)。它建议,我们从承认人类福祉、社会公平、生态可持续发展和真实的经济效益等方面来衡量发展。

自由市场资本主义的意识形态和无限的经济增长是基于对世界真实状态的某些假设。金融世界是现实世界中的商品、服务和风险的一组指标。但是,当这些指标偏离现实太远时,就必须进行"调整",危机和恐慌可能随之发生。生态经济学试图通过提出两个关键问题将这些指标与现实联系起来:我们的真实资产是什么,它们有多宝贵?答案在于获得一个新视野来解释经济是什么和经济为了什么,并建立新的体系。

目前经济模式

我们对经济的主流观点基于许多在所谓的前沿时期创造的假设,当时世界还相对缺乏人力及其建造的基础设施。在这个"空的世界"环境里,建造资本是经济发展的限制因素,而自然资本和社会资本丰富("建造资本"包括支持社会经济的基础设施,例如机器、工厂、建筑物和道路;"自然资本"指土地及其自然资源的储备,包括生态系统;"社会资本"指个人之间信任网络的价值,由体系、规则和文化规范促进)。在这种情况下,不要过分担心经济的环境和社会因素,因为这些可以假定相对没有问题,最终都可以解决。有意义的是,专注由GDP来衡量的市场经济增长,把它作为改善人类福利的主要手段。由此认为经济只是销售商品和服务,认为增加生产和消费的商品和服务的数量是最终目标。

但现在的世界已经发生了巨大的变化,人力和他们建造的基础设施相对充足。在这个新的背景下,许多人认为经济的目标是可持续地改善人类福祉和生活质量,物质消费和GDP只是达到这一目的的手段,而不是目的。

事实上，古老的智慧和新的心理研究表明，超过真实需求的物质消耗实际上可能降低幸福感。坚持这种观点需要审视真正有助于人类福祉的可持续发展是什么；它要求承认自然资本和社会资本的实质性贡献，而这些现在是许多国家的限制因素。它要求我们区分由低生活质量评估的贫困和仅是低货币收入定义的贫困。为了根据这些原则建立可持续经济，我们必须创造一种新的发展模式，承认新的"世界"背景和愿景。这种新的发展模式将用进步的措施，明确承认可持续的人类福祉的目标以及生态可持续性，社会公平性和实际经济效率的重要性。

一个新的经济模型

生态可持续性意味着认识到建造资本和人力资本（知识和体力劳动）不能无限地替代自然和社会资本，而且市场经济的扩张存在着真正的生物物理学限制。

社会公平的概念意味着我们认识到财富的分配是社会资本和生活质量的重要决定因素。传统模型给这个概念带来了一个假设，即改善福利的最佳途径是通过按GDP衡量的市场消费增长。这种对增长的关注并没有改善社会的整体福利，迫切需要对分配问题给予明确的关注。罗伯特·弗兰克在他2007年的书"落后：越来越多的社会不平等如何损害中产阶级"提出，经济增长超过某一点，设置一个"位置军备竞赛"，改变了消费环境，迫使每个人过度消费位置商品（如房屋和汽车），耗尽非市场化的、非位置产品和服务的自然和社会资本。例如，消费更多位置产品的动力导致许多人超过自己的能力购买更大和更昂贵的房子，这种情况加剧了2007年房屋泡沫的爆发。这种总体经济增长的概念加剧了不平等的收入，实际上降低了整体社会福利，不仅是对穷人，而是所有的人。

真实的经济效率意味着在分配制度中包括影响可持续人类福祉的所有资源，而不仅是市场商品和服务。我们目前的市场分配制度不包括大多数非市场化的自然资本资产、社会资本资产及其服务，这些资产和服务是对人类福祉至关重要的贡献者。一个新的、可持续的生态经济模式将考虑和测量这些因素，并包括自然资本和社会资本的贡献，以更接近真实的经济效率，而这正是当前经济模型缺乏的。

新模式还将涉及一系列复杂的财产权制度，以充分管理有助于人类福祉的全面资源。例如，大多数自然资本和社会资本资产是公共产品。使它们私有化是不行的。另一方面，也无法将它们作为开放资源（没有产权）。需要的是第三种方式来"合理化"这些资源，而不是将其私有化。已经提出了几个新的（和旧的）共同财产权制度来实现这一目标，包括各种形式的共同财产信托。

政府在管制和监管私营市场经济方面的作用也需要重新建立生态经济学。政府在扩大合理管理非市场化自然资本资产和社会资本资产的"公共部门"方面可以发挥重要作用。政府在促进可持续的发展愿景与合意的未来社会起着重要的作用。正如汤姆·普鲁夫（Tom Prugh）、罗伯特·科斯坦萨（Robert Costanza）和赫尔曼·戴利（Herman Daly）在"全球可持续发展的地方政治"中所说，基于发展共同的理想，强大的民主是建立一个可持续的、合意的未来的必要先决条件。

建议的解决方案

因此，生态经济学家认为，金融危机的长期解决方案是超越"成本增长"经济模式，转变为一种能够识别增长的实际成本和收益的模型。必须被打破我们现有经济模式支持的对化石燃料的依赖性和过度消费；必须创造一个更可持续和更合意的未来，其重点是关注生活质量而不是消费量。这不容易，它需要新视角、新措施和新体制。这将需要重新设计整个社会。但是打破这种依赖并不等于牺牲"生活质量"。生态经济学家认为恰恰相反：不打破依赖才是真正的牺牲。

罗伯特·科斯坦萨（Robert COSTANZA）
佛蒙特大学

参见：可持续发展；生态系统服务；金融服务业；绿色GDP；自然资本主义；社会型企业；可持续价值创造；真实成本经济学。

拓展阅读

Boyd, James. (2007). Nonmarket benefits of nature: What should be counted in green GDP? *Ecological Economics*, 61(4), 716–723.

Frank, Robert H. (2007). *Falling behind: How rising inequality harms the middle class*. Berkeley: University of California Press.

Hahn, Robert W. (1989). *A primer on environmental policy design*. Chur, Switzerland: Harwood Academic Publishers.

Hawken, Paul; Lovins, Amory B.; & Lovins, L. Hunter. (1999). *Natural capitalism: Creating the next Industrial Revolution*. New York: Back Bay Books.

Prugh, Thomas; Costanza, Robert; & Daly, Herman E. (2000). *The local politics of global sustainability*. Washington, DC: Island Press.

Victor, Peter A. (2008). *Managing without growth: Slower by design, not disaster*. Cheltenham, U.K.: Edward Elgar.

Ecosystem Services

生态系统服务

从碳存储和废弃物分解,到授粉、种子传播和娱乐,生态系统服务的关键功能是人类生活所依赖的自然环境。到目前为止,这些福利和服务通常是免费的或低估的,但新的金融机制正在保护它们。

2005年,经过95个国家4年的工作,1 300名科学家发表了"千年生态系统评估",全面调查了全球生态系统服务状况,社会所依赖的环境所执行的关键职能,如防洪,气候调节和水净化。这份报告的结论是,这些功能的60%至70%的退化速度比恢复它们的速度快("千年生态系统评估"2005,6)。与传统上在市场上被赋予价值的生态"商品"(如食品和燃料)不同,生态系统服务似乎已经免费提供给了社会。然而,许多将是昂贵的,或在某些情况下是不可能通过技术复制的。

市场机制与坏境

20世纪90年代初,美国开始将市场机制应用于环境系统(市场机制调节波动市场中的供给、需求和价格)。根据美国"清洁空气法案",建立了总量控制与交易的制度,提供了交易二氧化硫污染物的配额(二氧化硫是导致酸雨的气体之一)。根据酸雨计划,美国最大的公用事业公司的二氧化硫排放量要在1980年水平上减少50%以上。真正的突破是,交易带来了排放跳跃式减少,降低了成本收益。"未来资源"(一个非营利、无党派的研究组织)计算,与统一排放率标准相比,配额交易每年节省700美元至8亿美元(Burtraw 1998,5-6)。

在这种情况下,政府和市场机制同步工作。政府维持财产权并对排放设定了明确的限制,而市场确定了可以实现这些限制的最低价格。二氧化碳在大气中的二氧化碳水平在二十年内下降了大约50%,加利福尼亚南部酸化的湖泊和河流恢复的迹象明显(EPA 2004)。

这个早期模型展示了市场如何具有创造改善价值的优势。与传统的命令——控制规则比较，创造了达到某一点的价值（如排放量减少20%），但超过这一点没有激励。如果设计得好，市场将奖励那些超越规则、不断有更好结果的行动。

以市场为基础的政策机制往往导致遵从更廉价的经营规定，而不是强调技术或其他规范性的规定。为遵守这些规章制定的管理做法确保其确定性；这些做法在未来的监管目标或行动中被忽略的风险很小。

企业依靠生态系统服务来解决其运营的最基本问题，包括防范严重暴风雨和疾病，可预测的清洁水的流动，病虫害控制和二氧化碳的长期存储（称为碳封存）。生态系统服务构成了经营所依赖的自然基础设施。然而，迄今为止，企业环境管理关注的许多问题依赖于简单的输入/输出模型。公司跟踪他们的材料和能源投入以及它们废弃物和污染排放。企业运营如何影响生态系统服务功能，或如何受到生态系统服务功能的影响，则很少考虑。

如果"千年生态系统评估"所描述的趋势继续下去，以前为企业提供"免费"服务的生态系统将很快需要大量投资用于恢复和保护。这方面的证据可以从基础原材料的价格上涨看出，这是由自然系统的衰退引起的，比如在美国授粉蜜蜂减少；或在突发和严重的经济损失时，自然系统也会衰退，如2006年12月马来西亚和泰国海啸的影响，加剧了沿海湿地的退化，这些湿地曾是东南亚的防风林。

私营部门也可能受到社会对生态退化的反应的影响，例如保险费率上涨，调整监管框架，增加股东期望，或缩小对自然资源或廉价资本的获取。那些生活在生态制约地区的人们倾向于责怪商业，是否超过了他们的自然系统负荷（一个熟悉的例子是，2003年印度喀拉拉的可口可乐公司被指控滥用当地水资源）。

这些费用需要由公司自己内部化，但其他成本可通过价值链传递，可能到达最终消费者。地理上分散供应链的公司，或那些销售给南亚、非洲和中东不稳定地区的公司，可能会看到与环境资产冲突加剧的不成比例的影响，导致公司对进入该地区、成本和政治风险的担忧。保护生态系统服务的市场机制的出现为这些多方面的问题提供了新的商业方法。

生态系统服务交易

一系列政策工具已经开发，以利用市场和全球经济的力量来保护生态系统服务。生态系统服务付费（PES）是一个总括的术语，覆盖全部保存生态系统服务的经济激励计划，从全球市场交易可互换商品，如碳信用，到保存本地物种非常本地化的努力，如保护美国南部的象牙嘴啄木鸟。为了更好地理解不同类型的生态系统服务付费计划，将其分为三大类：公共支付计划，自组织交易计划和公开交易计划。

公共支付计划

许多环境市场，包括碳市场，已经启动使用公共钱包，以产生初始需求，并帮助市场达到足以让私人参与者参与的流动性水平。

业主同意采用与生产生态系统服务相关的土地管理办法，政府给业主付费，这是最普遍的直接环境服务支付方式。例如,美国的保护储备方案每年支付农民在耕地上种植植被。政府减免税收以鼓励养护生态系统服务也是常见的。例如,所谓的保护地役权的税收抵免(以某种方式销售一种财产的权利)是用来保护某些生态功能的。

根据直接 PES 模型,世界各地建立了慈善保护计划。世界上最大的环境组织大自然保护协会通常向土地所有者支付其土地的发展权,以保护与未开发的栖息地相关的生态系统服务。

自组织交易计划

在自组织交易中,生态系统服务的个人受益者与这些服务提供者直接签订合同,这种方式正变得越来越普遍。这种类型的交易是两个或多个人之间的交易,例如非政府组织(NGO)或企业,可能随着生态系统服务退化变得稀缺,并影响企业的供应链。这些计划为所有各方提供互惠互利,而不需要广泛的市场结构。

一项针对三十三个国家森林生物多样性保护服务的自组织交易的研究发现,主要买家是私人公司、国际非政府组织、研究机构、捐助者、政府和个人。最普遍的卖家是社区、公共机构和个人(Landell-Mills & Porras,2002:216)。

公开交易计划

公开交易计划也开始在世界各地出现。这些 PES 计划是自组织交易的逻辑

延伸,需要正常功能属性市场,包括充足的流动性、可转移性、低交易成本和良好的信息获取。有两种公开交易计划:自愿市场和合规市场。

自愿市场

生态系统服务的自愿市场通常由慈善或公共关系动机驱动,但它们通过确定低效率,获得早期优势和预期监管来惠及企业。自愿交易对企业有用,因为他们可以提供先发优势(作为参与市场的第一家重要公司获得的好处),特别是在资产密集型行业的大型技术投资方面。自愿交易通常具有较低的官僚成本,因此使信贷生产成本更低。许多企业正在从事自愿交易,希望在公共政策表中获得一席之地,或者通过未来对其行动的监管得到奖励。20世纪90年代的酸雨计划没有意识到早期行动,不过有迹象表明,监管机构现在认为这是一个错误。

然而,自愿交易和信贷可能很难保证,因为在非管制体系中核查是各自为政和昂贵的。这样高的交易成本阻碍了许多自愿的生态系统服务交易,碳交易就是一个代表,其交易严重受阻。以下事实可以说明:2007年在自愿市场上交易的3.3亿吨二氧化碳当量(CO_2e)仅占合规市场交易量的0.5%(New Carbon Finance and Ecosystem Market Place 2008,6)。随着自愿市场验证系统的成熟和各种标准的统一,这些交易成本应该减少。

虽然自愿市场能够为创新的新项目融资,并为小众购买者提供定制的产品,但是它们从未达到与生态退化规模相伴的规

模。为此,他们通常伴有一个合规市场。

合规市场

生态系统服务的合规市场是由监管要求驱动的,监管要求通常采取环境退化上限的形式。欧盟排放交易计划是碳封存服务中以合规为基础的市场。在美国,"濒危物种法"的规定使得保护银行协议的信贷价格从每英亩3 000美元到125 000美元不等(Fox & Nino-Murcia 2005)。

与任何其他市场一样,生态系统服务市场需要在足够数量的买家和卖家之间重复交易,及时和可信的信息,公平竞争和信任。对于新兴市场的规模化,监督和监管将是确保市场信誉和防止意外后果的重要早期要素。独特的这些市场,生物和经济科学必须提供给定交易的基本组成部分。现在正在开发包含生物动力学模型的多种工具,使潜在的市场参与者能够识别给定土地上的生态系统服务,评估他们对这些服务的健康状况的依赖,然后为它们赋予货币价值以实现交易。

生态系统服务：农业

农业产业依赖并影响许多生态系统服务,包括供水和过滤,生物多样性(有益的昆虫和传粉媒介,种质),土壤更新,碳封存和气候调节。

该行业面临着许多与生态系统服务相关的挑战,包括与水的生态系统服务的竞争。降雨,地表水或地下水从生态系统向雨水灌溉或灌溉农业的每次转移都是其他生态系统服务与粮食或生计效益之间的权衡。因此,水资源短缺导致更高的投入和基础设施成本。此外,密集的生产系统和过度使用边缘和脆弱的生态系统已经导致土壤质量和生产力的退化。对可用土地的需求增加,特别是由于城市化和蔓延,导致土地和运输成本增加。地表水和土地的污染正在污染作物,并可能影响公共卫生。管理受到外部驱动因素的强烈影响,如土地权属,生产补贴,市场和消费者的偏好,以及获得技术,投入和信贷。一系列可能的基于生态系统服务的解决方案正在出现。在估价专家的帮助下,农业公司现在可以权衡其土地提供的生态系统服务的好处。然后,他们可以使用这些信息向保险公司证明,良好的土壤和水管理导致一致的产量,因此应该降低保险费率。农业企业,与木材投资管理组织(TIMO)类似,可以选择在土地所提供的生态系统服务变成现金后保留土地,因为它可以提供新的收入来源。

提高生态系统服务也可能有传递效率的好处(水和能源),干旱和耐盐性,害虫和疾病的抵抗,减少浪费,更高产量和更有营养的食物。由于消费者日益关注径流和农药在产品上的残留问题,考虑生态系统服务的方法也可以获得信誉和品牌效益。

生态系统服务：能源和提炼

能源和采掘业(石油,天然气,采矿)取决于和/或影响碳封存、供水和过滤、气候调节、生物多样性。该行业负责生产世界上大部分碳密集的产品,这些产品在其整个生命周期中对气候变化贡献较大。大多数设备生产需要以每天千吨的速度使用大量淡水。生产通常导致当地供水退化,因此工业界越来越多地看到其获得水供应的权利受到挑战，这会推高成本。从沙漠到热带雨林，从苔原到海洋，四分之三的活跃矿山和探索场地与保护价值高的地区重叠。不幸的是，许多能源和采掘业企业租赁的土地开发，长期没有动力去保护它。

基于生态系统服务的解决方案也在能源行业中出现。能源和采掘项目的项目经理可以将生态系统服务框架纳入先前存在的环境影响评估中。公司政府事务部门可以利用生态系统服务作为一个动力，澄清地下产权和地面系统负责的各方。自然土地管理者可以用生态系统服务审计来建立全面环境管理的记录，这可以为在环境历史中有污点的产业提供各种好处。

生态系统服务：公用事业

公用事业行业取决于并影响缓慢和不变的水流，蓄水和避洪，碳循环，在本地和全球吸收排放，上游土地管理，防止沉积和保护水质，湿地雨水和污水处理。

发电需要大量的清洁水用于冷却或驱动涡轮机。污水处理正在成为一个越来越大的挑战，特别是由于人口增长和蔓延，这限制了喷涂污泥可用的土地。输送水的能量成本高并且不断增加。贫乏的山坡管理和砍伐森林导致大坝淤泥的沉积。

在公用事业行业中出现的基于生态系统服务的解决方案为改善环境提供了广阔的可能性。公司房地产开发人员可以利用建设的湿地进行雨水和废水管理和处理，从而避免传统的基础设施成本。公用事业可以通过重新造林或森林维护为公司财产提供碳存储。非政府伙伴可以测量和监测公司土地储存的碳。公司还可以通过向当地机构开放土地用于休闲，来积累生态系统服务产品。可以指导景观承包商通过通行权的土地、缓冲区和迁徙走廊来优化保护野生动物。

生态系统服务：制药

水过滤（特别是在发展中国家），废物同化（特别是属于生物活性的废物），以及生物多样性是制药行业的重要考虑因素。药物中的活性药物成分可以从患者和牲畜排泄物释放到环境中，并进入污水处理厂或化粪池系统，从那里它们可以通过渗漏或污泥应用渗透到土壤。通常世界上生物多样性高的地区大多数医疗化合物来自天然产品，但是维护进入这些地区变得越来越困难，特别是由于来自发展中国家"生物剽窃"的指责。

应对生态系统服务挑战的可能解决方案可以包括与当地土地和资源所有者合作的公司，以避免进入受限，并获得对潜在医疗福利的本地动植物群的知识。那些销售给发展中国家药物可以将生态系统服务看作是减轻潜在客户贫困的"金字塔底层"战略。生态系统服务的崩溃与贫困密切相关。

未来趋势和挑战

这里提到的所有市场——农业、能源、采矿、公用事业和制药——代表了生态系统服务的卖方和买方的新机会。最有效的用户可以向需要高水平相同服务的买方出售剩余服务，经营其业务。

作为生态系统服务的有形价值，企业将通过探索潜在投资以及与其相关的风险而受益。可能在可预见的未来，对这些服务的关注将类似于企业对其他公司资产（如基础设施）的关注。在这种情况下，基础设施是公司所依赖的生态系统服务。

爱玛·斯图亚特（Emma STEWART）
企业环境战略咨询

参见：农业；总量控制与交易立法；生态经济学；能源效率；能源工业；绿色GDP；清洁科技投资；采矿业；制药业；可持续价值创造；真实成本经济学；水资源的使用和权利。

拓展阅读

Bayon, Ricardo. (2004). *Making environmental markets work: Lessons from early experience with sulfur, carbon, wetlands and other related markets.* Retrieved August 25, 2009, from http://ecosystemmarketplace. com/documents/cms_documents/making_environmental_markets_work.pdf

Boyd, James, & Banzhaf, Spencer. (2006). *What are ecosystem services? The need for standardized environmental accounting units.* Retrieved July 9, 2009, from http://www.rff.org/Documents/RFF–DP–06–02.pdf

Burtraw, Dallas. (1998). *Cost savings, market performance, and economic benefits of the U.S. Acid Rain Program* (Discussion Paper 98–28–REV). Retrieved December 11, 2009, from http://www.rff.org/rff/Documents/RFF–DP–98–28–REV.pdf

Costanza, Robert; D'arge, Ralph; De Groot, Rudolf; Farber, Stephen; Grasso, Monica; Hannon, Bruce; et al. (1997). The value of the world's ecosystem services and natural capital. Nature, 387, 253–260.

Daily, Gretchen, & Ellison, Katherine. (2002). *The new economy of nature: The quest to make conservation profitable.* Washington, DC: Island Press.

Fox, Jessica, & Nino-Murcia, Anamaria A. (2005). Status of species conservation banking in the United States. *Conservation Biology,* 19(4), 996–1007.

Hamilton, Katherine; Bayon, Ricardo; Turner, Guy; & Higgins, Douglas. (2007). *State of the voluntary carbon market 2007: Picking up steam.* Retrieved July 9, 2009, from http://www.kfoa.co.nz/PDF/State%20of%20the%20Voluntary%20Carbon%20Market18July%2007_abstract.pdf?StoryID=790

Irwin, Frances, & Ranganathan, Janet. (2007). *Restoring nature's capital: An action agenda to sustain ecosystem services.* Washington, DC: World Resources Institute.

Landell-Mills, Natasha, & Porras, Ina. (2002). *Silver bullet or fool's gold? A global review of markets for forest environmental services and their impact on the poor.* London: International Institute for Environment and Development.

Millennium Ecosystem Assessment. (2005). *Ecosystems and human wellbeing: Synthesis*. Washington, DC: Island Press.

National Research Council of the National Academies. (2004). *Valuing ecosystem services: Toward better environmental decision-making*. Washington, DC: National Academies Press.

New Carbon Finance and Ecosystem Marketplace. (2008). *Forging a frontier: State of the voluntary carbon markets 2008*. Retrieved December 4, 2009 from http://www.ecosystemmarketplace.com/documents/cms_documents/2008_StateofVoluntaryCarbonMarket2.pdf

Pagiola, Stefano; von Ritter, Konrad; & Bishop, Joshua. (2004). *Assessing the economic value of ecosystem conservation*. Retrieved July 9, 2009, from http://www.cbd.int/doc/external/worldbank/worldbank-esvalue-02-en.pdf

Salzman, James. (2005). Creating markets for ecosystem services: Notes from the field. *New York University Law Review*, 80(600), 101–184.

Scherr, Sara J.; White, Andy; & Kaimowitz, David. (2004). *A new agenda for forest conservation and poverty reduction: Making markets work for low-income producers*. Washington, DC: Forest Trends.

United States Environmental Protection Agency (EPA). (2004). Cap and trade: Acid Rain Program results. Retrieved December 11, 2009 from http://www.epa.gov/airmarkt/cap-trade/docs/ctresults.pdf

Waage, Sissel, & Stewart, Emma. (2007). *The new markets in environmental services: A corporate manager's resource guide to trading in air, climate, water and biodiversity assets*. Retrieved July 9, 2009, from http://www.bsr.org/reports/BSR_environmental-services.pdf

Wunder, Sven. (2005). *Payments for environmental services: Some nuts and bolts*. Retrieved July 9, 2009, from http://www.cifor.cgiar.org/publications/pdf_files/OccPapers/OP-42.pdf

商业教育

为了满足管理人员在可持续管理能力方面的缺失，商学院必须设计和实施各种方案，使学生能够处理他们作为21世纪管理人员将面临的环境和社会问题。商学院及相关组织和机构在其课程、项目、会议和行动计划中正表现出越来越重视可持续发展。

商学院在2007年底开始的金融危机和全球经济衰退期间受到质疑和牵连。尽管长期以来人们认为商学院是学术自由的中心，但如亨利·明茨伯格（Henry Mintzberg 2004）和学者拉什·库拉纳（Rash Kuraner）指出，把专一追求利润和股东价值作为资本主义的主要模型已经破坏了商业目的。与此同时，其他学者如安东尼·科特斯（Anthony Cortese 2003）和安德鲁·霍夫曼（Andrew Hoffman 2009）强调，商学院的优先事项（如科学和理论研究）与管理者面临的关键的现实问题之间缺乏联系，包括日益相互依赖的社会和环境问题。在这种批评下，重要的是质疑管理教育的目的和审查在商学院中可持续发展的作用。

可持续管理教育

可持续管理教育不仅仅是在校园里改换灯泡或改用再生纸。它是关于教什么和如何教的重新思考，重新评估在课堂上学的东西和现实经理人行动的影响之间的联系。它是教育环境、学习过程和学习内容的结合，旨在装备商学院学生参与21世纪的管理问题。可持续管理教育扩大了"资本主义"的现有范式，包括了"自然资本主义"的元素、原则和价值观，这是由环保人士保罗·霍肯（Paul Hawken）、哈默里·洛文斯（Amory Lovins）和L.亨特·洛文斯（L. Hunter Lovins 1999）创造的概念。从根本上来说，可持续管理教育是传授知识、教授技能、开发管理者，鼓励管理者、企业家和领导创造未来，为后代创造一个生态良好、社会公正和经济可行的未来。

对可持续发展问题的回应

21世纪，越来越多的公司日益关注社会和环境问题，并且看到一个令人信服的付诸行动的商业案例。许多人正在迅速尝试将可持续管理理论付诸实践。根据全球最大的公司的可持续发展报告目录(CorporateRegister.com 2009),截至2009年9月,5 600多家公司登记的22 700多份报告引证了环境和社会责任实践。

虽然这一势头令人印象深刻,但是有效实施可持续管理实践的一个基本障碍是缺乏人力资源,缺乏有技能人,他们可以帮助重新设计业务流程和标准、重新思考系统、培训员工、与客户沟通和/或重新评估财务和资本管理。简单地说,就是缺乏训练有素、有可持续管理知识和能力的优秀人才。根据麦肯锡公司对高管的调查,首席执行官(CEO)将不适当的教育系统,以及由此造成的人才缺乏,新兴市场的运营排在未来环境和社会问题约束的首位(Oppenheim et al. 2007)。

高等教育在可持续发展问题上落后于商业部门,但自20世纪90年代以来出现了显著的变化。一旦把在管理研究和教学中有可持续发展内容的认为是新颖的,在课程和项目中包含了可持续发展的学校的数量就会变化。1998年,世界资源研究所编制了一份名为"灰色地带与绿领"的报告,审查了37个工商管理硕士(MBA)学校包含的环境议题。后来,阿斯本商业教育研究中心的商业和社会项目(Business and Society Program of the Aspen Institute Center for Business Education)接管了这项工作,更名为"超越灰色地带",标杆报告扩大到包括与影响社会管理的相关教学。阿斯本商业教育研究中心2008年的报告提供了130多个全球MBA项目的信息(虽然本文的主要重点是美国商学院,但编辑们在作者的指导下,已委托撰写全球商业教育的文章。)

学生可能是学校和学院解决可持续发展问题的最主要的倡导者。根据2009年普林斯顿评论调查,美国68%的学生表示,他们会重视获得有关大学对环境承诺的信息,几乎三分之一的受访者表示,这些信息将"非常"影响他们决定申请或加入的学校。这个重大的改变来自15年前一小群MBA学生创建的一个名为净影响(Net Impact)的组织,该组织的使命是教育和装备个人,用商业的力量创造一个更加社会和环境的可持续发展世界。今天,该组织有跨6大洲200个协会的15 000个成员,它可能是最具影响力的商业学院学生、商学院毕业生和专业人士关注可持续发展的网络。2008年,成员们为名为"不寻常的商业"的研究生项目创建了指南,以便为寻求可持续商业项目的潜在学生提供信息。该指南已成为事实上的标杆清单,世界各地87所有特色的学校已列入2009年报告(Net Impact 2009)。

除了学生和企业部门的压力,更广泛的组织和机构网络有助于推进可持续管理教育向前发展。管理研究院(The Academy of Management)拥有近两万名成员,是世界上最古老和最大的学术协会，它在促进和传播关于管理和组织方面的知识发挥着重要作用。1991年，一小部分教师在研究院内创建了组织和自然环境（ONE）特别兴趣小组，以促进和合法化与环境问题有关的管理研究。今天ONE被公认为一个正式部门，在2009年年度学术会议的重点是"绿色管理"的主题。同样，管理中的社会问题（SIM）部门成立于20世纪80年代，该部门成员股东理论、企业公民和可持续发展的社会纬度方面有重大的影响。研究院的部门和兴趣小组为个别教师提供重要渠道，以共享研究，开展专业会议，并为将可持续发展教学纳入课程和研究提供支持。

教师和管理者还在学院之外形成网络。提高高等教育可持续发展协会（AASHE）授权学校和学院，通过提供资源、专业发展、和支持营运、教育和研究部门，领导可持续发展倡议。1990年，大学领导人促进可持续未来协会（ULSF）制定了"Talloires宣言"，有十点行动计划，要将可持续发展体系和环境素养融入教学和实践中。截至2009年，全世界有四百多所大学校长和校长签署了这份宣言。联合国还召集了一组学者和领先的学术组织，在2007年7月的一次峰会上阐述了一套责任管理教育的原则。截至2009年9月，244个机构通过了由此产生的六项责任管理教育原则（PRME 2009）。

另一个好消息是最近认证机构对可持续性感兴趣，这些机构目前的工作是确保学校遵守高质量的教育标准（除了要求证明持续改进之外，美国教育部需要认证机构有资格获得联邦和州的财政援助）。最负盛名以商学院为中心的认证机构是精英商学院协会（AACSB）。2008年，精英商学院协会将其年度会议更名为可持续发展大会。超过200名院长，副院长，教师和管理员参加这个年度活动。同样，作为区域认证机构的西部学校和学院协会（WASC）将在2010年学术资源会议上召开关于可持续发展的第一次对话，该会议专门讨论该专题。精英商学院协会和西部学校和学院协会都是高等教育系统中的关键角色，因为它们可以对学校和学院的优先级和实践产生深远的影响。虽然认证机构实际上要求学校表现出对可持续发展的承诺的程度仍有待观察，但这个问题显然已经列入许多教育者和管理者的议程。

正在致力于在大学系统内创建可持续发展对话的其他组织包括：

第二自然（Second Nature），旨在服务和支持学院和大学领导；

高等教育协会可持续发展联盟，一个非正式的网络，其"研究员计划"支持旨在加速全国可持续发展项目个人的工作；

美国学院和大学校长气候变化承诺，专注于减少温室气体排放；

美国教育可持续发展伙伴关系，重点是制定国家可持续发展标准；

多学科可持续发展网络协会，为专业发展、教育和跨学科项目提供资源，以及获得关于高等教育和可持续发展相关政策的立法。

这些努力背后的驱动力显然是多样的；然而，很明显，商学院系统的利益相关者（学生、教师、毕业生、资助者、供应商、公用事业、政府机构、招聘者和认证机构）越来越期望看到学校是否明白关于可持续发展的问题。

新兴的创新

可持续发展融入商学院的深度是多种多样、不一致的。仔细观察"超越灰色地带"和"净影响"排名显示的方法。MBA项目使用五种不同的方法。

除了传统的MBA，第一种方法包括增加可持续性课程作为选修课。在MBA课程中提供的可持续性选修课的数量从2001年的13个增加到2007年的154个（Wankel & Stoner 2009，345）。虽然这是一个重要的进步，不过，选修课的可选性限制了管理学生对可持续发展概念的了解。

除了提供选修课，一些学校已开始要求将与可持续发展相关的课程作为MBA核心课程的一部分，如科罗拉多大学利兹商学院。利兹商学院也将伦理课程和全球化课程作为MBA核心课程的一部分。

下一步是设计集中课程或辅修课程。这些课程与一系列和可持续发展相关的课程一起，作为MBA学位核心课程的补充。

在这个领域有一些先进的项目，如杜克大学，俄勒冈大学和哥伦比亚大学都提供这些课程。提供双学位也是一个选择。密歇根大学是这一战略的典范，学生可以同时完成罗斯商学院的工商管理硕士学位和自然资源学院的科学硕士学位。许多学校已开始尝试使用与双学位类似的模式——用另一种证书来补充核心学位。这种模式比双学位模式更集中、更不正式。最近亚利桑那州立大学，约克大学和波特兰州立大学提供了这类项目。

虽然前三种方法是一个重要的进步，但可持续发展教学仍然处在运营，金融，资本管理，营销和战略等核心学科的边缘。如何将可持续性纳入管理教育？模型课程是什么样的？核心学科如何能够帮助学生创造和管理财富，同时为环境健康和公平的社会做出贡献？

少数机构正尝试回答这些问题，并提供可持续管理课程。两个MBA项目宣布了他们的做法：Bainbridge研究生院于2002年启动了可持续经营MBA，Presidio研究生院随后于2003年推出了可持续管理MBA。两所学校都有一个类似的、根植于跨学科整合可持续发展的教育理念。他们还共同致力于高度相关的、实用的教学，重点解决现实世界的问题。这两所学校在"净影响"和"超越灰色细地带"报告中得到认可。这些例子的重要之处是，他们不再是高等教育边缘的有趣的实验。2009年，至少有12个类似的可持续发展MBA项目，以及在美国小型、大型、公共和私人机构中出现的新的本科和博士课程。

改变的障碍

很明显，管理教育正在发生转变。虽然商业部门和学生是变革的主要驱动力，但个人、组织和网络正在越来越多地致力于重新定义管理教育及其与人类和自然系统的一致性。商业学校教育工作者和管理人员仍然面临基本的结构性问题。也许最复杂的紧张关系在于管理教育的传统方法（注重严格的研究和理论探究）与朝着更实际的、问题导向的教学转移，这是实践管理者面临的挑战，包括可持续发展和社会责任。

另一种新出现的紧张关系是经济本身的状态。美国对教育公共资金预算的削减程度将阻碍在可持续发展方面的进展，2009年这是争论的主题。许多学校和管理者认识到对可持续发展做出承诺是一个明智的选择。如商业部门所示，采取行动应对气候变化，减少了能源和公用事业成本，这可能成为面临重大预算削减的高等教育可持续发展计划的强大驱动力。

展望

虽然上面提到的商学院探索的方法获得了声誉，并带来了传统教育模式的变革，但下一个创新还有待观察。为了真正改变经济和社会，需要的是商学院培养的毕业生是系统思考者和解决方案为导向的问题解决者。条件是创建一个完全整合的管理教育系统，其中学习的内容，过程和环境是相关的和可持续的。这个愿景包括：

学校，重新设计具有可持续发展的功能，对气候变化等问题采取行动

承担能源、水和物质流负责任的消费，并支持当地社区和地区的可持续发展

教学方法，强调高度相关、经验性、实际学习和解决现实问题，创建一个捕捉和培育可被评估和复制的最佳实践的环境

学校，作为理论与实践之间的桥梁，聘请企业经理和领导者在具有真正价值和影响的动态学习实验室参与教学

课程，超越多学科和课程整合可持续发展，将其整合到总体战略规划中，即设计管理项目，由技能、知识和管理学生需要具有的特质，以及在商界转型的影响来衡量学术的卓越

商学院对可持续管理教育的需要反应迟缓，不过，这个趋势已经开始好转。商学院可持续发展最好在系统环境中来理解，虽然在一系列创新发展方面取得了进展，但是必须注意到在较大的系统内存在一些基本紧张关系。尽管有这些紧张关系和当前的经济前景，可持续管理领域不断创造动力。可持续发展是管理教育的下一个前沿，商学院将重新获得教育的目的，并培养具有勇气和能力的毕业生，创造恢复生态系统和培育社会结构的市场。

尼古拉·J. 阿库特（Nicola J. ACUTT）
Presidio 研究生院

注：本文中关于商学院课程和计划的信息截至2009年为止。

参见：企业公民权；高等教育；金融服务业；领导力；自然资本主义；利益相关者理论。

拓展阅读

Acutt, Nicola J. (2009, July). *Alternative approaches to sustainability curriculum: The case of Presidio School of Management.* Paper presented at the AACSB Sustainability Conference, Minneapolis, MN.

American College & University Presidents' Climate Commitment. (2009). Retrieved August 18, 2009, from http://www.presidentsclimatecommitment.org/

The Aspen Institute. (2009). Retrieved August 18, 2009, from http://www.aspeninstitute.org

The Aspen Institute Center for Business Education. (2008). *Beyond grey pinstripes.* Retrieved August 18, 2009, from http://www.beyondgreypinstripes.org/index.cfm

Association for the Advancement of Sustainability in Higher Education. (2009). Retrieved August 18, 2009, from http://www.aashe.org/

Association of University Leaders for a Sustainable Future. (2001). Talloires Declaration. Retrieved August 18, 2009, from http://www.ulsf.org/programs_talloires_td.html

Association of University Leaders for a Sustainable Future. (2008). Retrieved August18, 2009, from http://www.ulsf.org/Association to Advance Collegiate Schools of Business. (2009). Retrieved August 18, 2009, from http://www.aacsb.edu/

Barlett, Peggy F., & Chase, Geoffrey W. (Eds.). (2004). *Sustainability on campus: Stories and strategies for change.* Cambridge, MA: MIT Press.

Bielak, Debby; Bonini, Sheila M. J.; & Oppenheim, Jeremy M. (2007, October). CEOs on strategy and social issues. *McKinsey Quarterly*, 8–12.

CorporateRegister.com. (2009). Retrieved September 9, 2009, from http://corporateregister.com

Cortese, Anthony D. (2003). The critical role of higher education in creating a sustainable future. *Planning for Higher Education*, 31(3), 15–22.

Disciplinary Associations Network for Sustainability. (2008). Retrieved August 18, 2009, from http://www2.aashe.org/dans/

Environmental Association for Universities and Colleges. (2009). 2009 Green Gown Awards. Retrieved September 2, 2009, from http://www.eauc.org.uk/2009_green_gown_awards

Green, Chris. (2009, April 9). Are business schools to blame for the credit crisis? Retrieved September 2, 2009, from http://www.independent.co.uk/student/postgraduate/mbas–guide/are–businessschools–to–blame–for–the–credit–crisis–1665871.html

Hawken, Paul; Lovins, Amory; & Lovins, L. Hunter. (1999). *Natural capitalism: Creating the next industrial revolution.* Boston: Little, Brown, and Co. Higher Education Associations Sustainability Consortium. (2007). Retrieved August 18, 2009, from http://www2.aashe.org/heasc/

Hoffman, Andrew. (2009). Deconstructing the ivory tower: Business schools' reliance on theory-driven research ignores pressing needs of real-world managers. Retrieved August 17, 2009, from http://www.thecro.com/node/786

Khurana, Rakesh. (2007). *From higher aims to hired hands: The social transformation of American business schools and the unfulfilled promise of management as a profession.* Princeton, NJ: Princeton University Press.

M'Gonigle, Michael, & Starke, Justine. (2006). *Planet U: Sustaining the world, reinventing the university.* Gabriola Island, Canada: New Society Publishers.

Mintzberg, Henry. (2004). *Managers not MBAs: A hard look at the soft practice of managing and management development.* New York: Financial Times Prentice Hall.

Net Impact. (2009). Business as unusual: 2009 student guide to graduate business programs. Retrieved September 2, 2009, from http://www.netimpact.org/displaycommon.cfm?an=1&subarticlenbr=2288

Oppenheim, Jeremy; Bonini, Sheila; Bielak, Debby; Kehm, Tarrah; & Lacy, Peter. (2007, July). *Shaping the new rules of competition: UN Global Compact participant mirror.* Washington, DC: McKinsey & Company.

Organizations and the Natural Environment: Academy of Management Division. (2009). Retrieved August 18, 2009, from http://one.aomonline.org/

Orr, David W. (1994). *Earth in mind: On education, environment and the human prospect.* Washington, DC: Island Press.

The Princeton Review. (2009, July 7). The Princeton Review gives 697 colleges "green" ratings in 2010 editions of its annual college guides and website profiles of schools. Retrieved August 17, 2009, from http://www.princetonreview.com/green/press-release.aspx

Principles for Responsible Management Education (PRME). (2009). Retrieved August 18, 2009, from http://www.unprme.org/

Rappaport, Ann, & Creighton, Sara H. (2007). *Degrees that matter: Climate change and the university.* Cambridge, MA: MIT Press.

Second Nature, Inc. (2007). Catalyzing sustainable strategies for higher education. Retrieved August 18, 2009, from http://www.secondnature.org/

Social Issues in Management Division of the Academy of Management. (2009). Retrieved August 18, 2009, from http://sim.aomonline.org/

Timpson, W. M. (2006). *147 practical tips for teaching sustainability: Connecting the environment, the economy, and society.* Madison, WI: Atwood Publishing.

U.S. Partnership for Education for Sustainable Development. (2009).Retrieved August 18, 2009, from http://www.uspartnership.org/main/view_archive/1

Wankel, Charles, & Stoner, James A. F. (2009). *Management education for global sustainability*. Charlotte, NC: Information Age Publishing.

Western Association of Schools and Colleges. (2009). Retrieved August18, 2009, from http://www. wascweb.org/

World Commission on Environment and Development. (1987). *Our common future*. Oxford, U.K.: Oxford University Press.

Education, Higher

高等教育

随着企业领导人逐渐认识到可持续发展对于他们的公司未来的重要性，他们遇到的最大的障碍就是缺少有可持续发展知识和接受过相关培训的劳动力。高等教育在提供培训课程中起至关重要的作用，而这些课程帮助毕业生将企业的目标和行为与可持续发展的价值观和实践相对应起来。

随着商业部门逐步地着手寻找可持续未来的挑战，公司首席执行官都开始认识到："我们遇到了敌人，而敌人就是我们自己。"可持续发展的障碍往往来自内部，而不是外部。如果企业领导层可以把握可持续性的价值和基础，那么中层管理人员和前线员工便需要承担起寻找解决方案和执行新政策的任务——但是往往他们不具备可持续性的基础知识和来改变他们做生意的方式的培训。

简言之，那些试图带领他们的企业走向可持续发展的企业领导人面临着一个劳动力的巨大问题。最近，亚瑟·利特尔（Arthur

D. Little）一个关于世界500强的研究显示，虽然90%的人同意可持续发展对于他们公司的未来是重要的，但是只有30%的人表示他们有"技能，信息和人员来迎接挑战"（Weeks 2009）。

企业领导人越来越相信一个受过可持续性教育的劳动力对他们长期的成功和盈利的重要性，有更好的、可持续发展的实践做法和提高的效率正面影响底线，且将有助于更好的位置和帮助公司为未来做准备。杜邦公司董事长兼首席执行官查尔斯·小赫利迪（Charles O. Holliday Jr. 2006）在2006年向参议员爱德华·肯尼迪（Senator Edward M. Kennedy）写信并对其越来越多的同行称，"面对美国范围内对于环境日益增长的担忧，一个在环保方面可持续的企业是良好的企业。环保方面可持续的企业的一个重要组成部分就是受过高等教育的劳动力，特别是涉及环保原则的。"职业与技术教育协会（The Association for Career and Technical

Education, ACTE）在2008年确认了同样的挑战，其报告称：对于人力资本的需求已经被证实了是阻碍能源效率和可持续性的不断发展和扩张的一个障碍……决策者和商业与产业的领导人必须更加注重提供培训和再培训，用来帮助塑造这种新的劳动力，并确保技术工人的持续供应。作为管理层和绝大多数商业员工的主要学习来源，高等教育在帮助企业变得更可持续方面起到至关重要的作用。每年，美国的高等教育向劳动力中输出300万毕业生，这些毕业生具备态度、技能和知识，而这些将会推动可持续性或继续"正常的营业"。这300万人的正负面影响，都将持续一生。为了使这个转变成功，各级与各部门的工人，管理者和专业人士必须理解绿色经济的基础。正如老话所说，高等教育如果不是解决方案的一部分，就是问题的一部分。

必须明确的是，挑战并不是帮学生为未来越来越多的"绿色"工作做准备。美国已拥有系统和流程来帮助发展新职业培训计划，这些计划一般都是有效地解决劳动力短缺（尽管人们可以去合法地争议企业和政府需要帮助高等教育来加速绿色职业的培训计划）真正新的绿色就业机会。例如，太阳能和风能安装员，虽然在逐步增加，但是永远只是总就业市场的一小部分。

我们面临的挑战反而是帮助下一代准备所承诺的劳动力市场，在这个市场中，每一个工作都是"绿色的"。可持续发展的范围远不止于太阳能电池板和风力涡轮机；可持续发展是一种理解商业和商业与环境、社会的关系的新途径，而这一新途径最终需要被劳动力市场中的每一个成员所共享。

可持续发展在高等教育中

2009年8月，以下的指标体现了美国校园内对可持续发展日益增加的兴趣：

● 超过650所学院和大学校长签署了美国学院与大学校长气候承诺（ACUPCC 2009），并且承诺在一个固定的时间段内使他们的校园气候保持中立。

● 几十个主流高等教育协会将可持续发展包含在了他们的议程和核心方案内。

● 当已举行4年的在高等教育推动可持续发展的协会（AASHE）举办其2008年的会议，有1 700人参加。

● 超过300个校区已经进行了校园可持续发展评估，并且聘请了可持续发展协调员或董事（大部分从2004年开始），还有数百个校区计划进行可持续性评估。

● 超过500所学校拥有机构范围内的可持续性发展或者环境委员会。

● 根据可持续发展研究所基金会学院2010可持续报告（2009），在300所收到最多基金的学院和大学里，83%至少从本地农场购买了部分食物，44%有高性能的绿色建筑项目，58%致力于减少碳排放，77%至少在交通工具中使用一些混合动力或电动车，40%购买了可再生能源或再生能源信用度，45%在一定程度上生产他们自己的可再生能源。

● 自2006年以来，几十个较大的大学因为他们在可持续发展方面的努力吸引了数百万美元的捐款；几所大学收到了超过2 000万美元的资助用以建立可持续发展中心或研究所。

● 在2009年3月，12 000名来自美国各地的学生前往参加了在华盛顿特区外举行的为期3天的PowerShift 2009年会，来学习全球变暖和游说美国国会。

● 在2008年1月，关注国家，一个美国的非营利组织，组织了一场历史上最大的全国宣讲会，并吸引了来自超过1 900个机构的约50万的学生参加了为期一天的关于全球变暖的宣讲会。

美国联邦政府也开始逐步认识到他们正面临着类似的问题。将国家的经济、能源和环境系统转型并走向一个清洁的、绿色的经济，就像由奥巴马政府呼吁的一样，需要一定程度的专业知识、创新和自20世纪40年代战争努力后再也没有出现过合作努力。自上而下的和监管的方式，例如总量交易气候法案是不够的。建筑师、工程师、规划师、科学家、企业经理、金融专家、律师、企业家、政治领导者、资源管理者和工人都是需要的——更不用提有环境素养的消费者——来推动绿色经济。

结果，美国联邦政府已经开始支持在高等教育中的可持续发展。例如，2008年的高等教育机会法案在教育部授权了一个大学可持续发展计划，这一计划向机构和高等教育协会提供有竞争力的捐款使他们可以制定、实施和评估可持续发展课程、时间和学术计划。2007年的能源独立和安全法案授权了每年2.5亿的赠款和另外5亿美元的直接贷款，以用于给高等教育机构、公立学校和当地市政府的可再生能源和节能项目。奥巴马总统的FY2001预算提出了两个附加的计划。关于可持续发展的科学、工程和教育（SEES）是一个新的7.65亿美元的国家科学基金会（NSF）提出的倡议，旨在整合国家科学基金会在气候、能源科学和工程中的工作来产生发现和工具，这些发现和工具在"告知可通向环境和经济可持续发展的社会行为中是所必需的"（NSF 2010：29）。该重新获得我们的能源科学与工程优势（RE-ENERGYSE）计划是一个全面的7 500万美元的联邦教育计划，其侧重于大学、社区、技术学院以及K-12学校中对于清洁能源的教育（NSF 2010，25）。

在美国校园内迄今为止最大的可持续发展的收益已经在校园运作中显示出来了，特别是在节能减排和可再生能源、可持续建筑设计、节水、采购、运输和化学品与废弃物的管理中。大部分这些改变的发生是因为同意大规模碳减排的学校数量激增了，代表了超过1/3的全国全体学生（ACUPCC 2009）。

考虑到美国一共有大约4 200所的高等教育机构，有关可持续发展的教育和学习进度是较慢的。在2008年，至少有12门新的研究生学位课程，20门本科生课程和24个持续教育和技术培训计划陆续启动了。至少13个以可持续发展为主题的研究中心在2008年开始了，另有33个的计划已被公布，这些新的中心主要集中在例如对社会负责的企业、纤维素乙醇、社会创业、绿色材料和绿色汽车技术这些主题上。另外，还有10个以可持续性发展为主题的研究中心在2007年成立，其中7个重点放在可再生能源的发展上（AASHE 2008）。

2007年和2008年，企业在以下的美国大学和学院中资助了新的中心（AASHE 2008）：

- BP资助5亿美元给美国加州大学伯克利分校及其合作伙伴的大学；伊利诺伊大学香槟分校和劳伦斯伯克利国家实验室开展一个联合研究计划，用来探索怎样运用生物科学来增加能源生产，减少能源消耗对环境的影响。

- 罗切斯特理工学院的戈利萨诺（Golisano）可持续发展研究所得到来自施乐公司的200万美元的捐款，用以深化对新的可持续发展技术的研究。

- 加州大学伯克利分校的化学学院得到来自威廉和弗洛拉·休利特基金会和陶氏化学公司基金会的200万美元捐款，建立陶氏化学公司基金用以环境研究化学。

- 威尔向哥伦比亚大学提供150万美元用以建造可持续国际投资中心，这一中心将促进在外国直接投资领域内的学习、教学、政策性研究和实践性工作，并将特别注重可持续投资的发展维度。以萨卡学院收到来自美国汇丰银行的50万美元的捐款，用以支持在校园内的可持续发展教育。

- 阿肯色州大学的应用可持续发展中心获得来自沃尔玛150万美元的捐款，用以资助在温室气体排放、农业和环境教育方面的更深层研究。

- 康菲公司捐赠100万美元来支持杜克大学的气候变化政策伙伴关系（CCPP），一个致力于开发应对全球气候变化政策的产业－大学合作关系。

这些企业的赞助资金看起来令人鼓舞，但是这需要在美国拥有约4 200所高等院校的背景下考虑。在个别机构这样的投资是令人称道的，但是这不会带来系统性变革。

虽然个别公司偶尔采取措施来推动个别校园的持续性发展，企业还没有作为一个整体联手促进并协助高等教育，以解决由企业寻求更加可持续性而带来的对劳动力不断增长的需求。

商科专业提供了一个例子。据阿斯本研究所中心商业教育2007—2008年的关于美国113所商学院的调查，关于可持续发展的实验和选修课正在增多。此外，30%的学校提供了一个特殊的侧重点或专业来允许工商管理（MBA）的学生把重点放在社会和环境问题上。对于那些要求学生必须选修一门关于商业与社会的课程的学校，他们在所有学校中的比例，已经大幅提升到了63%。

然而，要求核心课程中包括主流企业应对社会和环境挑战的方式的学校在所有学校中的比例是很低的，而这些课程是决定多少商科学生能了解可持续发展的关键。这是决定很多企业的学生如何才能成为有可持续发展知识的关键因素的核心课程。作为部分结果，3个新的学校成立了以提供更综合的可持续发展商业教育的途径：普雷西迪奥世界学院（旧金山，1993年成立），班布里奇岛研究所（华盛顿州，2002年成立）和加利福尼亚多明尼加大学的绿色MBA项目（加利福尼亚州圣拉斐尔市，1999年创建）。这3所大学均提供关于可持续发展商业的MBA项目，每一个都由独特的专业领域，但是所有都将可持续发展融入到了核心商业课程中。

在很多的文科院校中，学生已经成为促进商学院改变的最大力量。因为他们理解危险狭隘的关注于股东价值已经严重破坏了人们、环境——而且常常与企业的利润。例如，在最近的一个对于12个国际商学院的学生的研究中，"一半的受访学生承认，MBA课程传达的重点可能已经成为企业不正当行为的一个因素"（阿斯本研究所商业与社会项目2003年4月）。

下一步

当然，商业是对高等教育的最大外部影响因素之一。例如，自20世纪90年代末其起，在所有对校园的捐款中，企业的捐款（不包括研究合同，这些合同会明显提高这一比例）构成了大约15%—20%（Jaschik 2008）。在不同的历史时刻，商界领袖号召高等教育来改变（由不同程度的成功），并在最近来加强科学、技术、工程和数学（STEM）的教育。

商业拥有日益明显的影响力和可持续发展的支持者，其中包括来自财富100强的成员。这些公司的领导者逐步认识到，在变得更加可持续中的最大障碍中，其中一个便是他们的员工，他们大部分都不了解可持续性发展。将这些公司联合起来相对简单，因为他们可以共同帮助改善高等教育来为自己获得更多的利益。

但是，商业还需被组织，来帮助推动或者支持在高等教育中的可持续发展运动。一个有发展前景的例外和有可能的模型是一个可持续发展的新联盟，这一联盟由沃尔玛、亚利桑那州立大学和阿肯色大学共同组织，来让领先的学术研究人员和公司共同工作来设计和开发消费品的可持续发展指标。

一个可能性是建立一个"高等教育中的可持续发展商业联盟"，也许可以基于甚至联合商业圆桌会或者商业-高等教育论坛，这两个组织都是由美国优秀公司的总裁们组成的。这样的一个致力于可持续发展的团体可以采取许多措施。例如，集中的广告或公关活动，用以号召由可持续性知识的毕业生和重点示范学校，并且努力在不同的行业和领域建立可持续性的知识。

另一种可能性是一项倡议，以使那些同意雇佣有可持续发展知识的员工和真正实践的总裁们签署"绿色招聘承诺"。这将完成一系列3个的连续且互补的承诺，包括"绿色毕业誓言"（毕业生承诺在接受一份工作时将考虑这家公司的环保方面的表现）和ACUPCC（校长们承诺他们的学院和大学将成为气候无损型院校）。

无论选择哪一种策略，直到企业组织好自己、并共同认识到且激活那些启动元素来帮助整个高等教育系统走上可持续发展道路为止前，企业是不可能得到它所需要的劳动力的。

詹姆斯·L. 埃尔德（James L. ELDER）

环境素养运动①

参见：企业公民权；商业教育；绿领工作；能源效率；能源工业——可再生能源概述；清洁科技投资；领导力；零废弃。

---

① 这是一个组织。译者注

拓展阅读

American College and University Presidents' Climate Commitment (ACUPCC). (2009). Retrieved August 24, 2009, from http://www.presidentsclimatecommitment.org

The Aspen Institute Business and Society Program. (2003). Where will they lead? 2003 MBA student attitudes about business & society. Retrieved November 4, 2009, from http://www.aspencbe.org/documents/ Executive%20Summary%20-%20MBA%20Student%20Attitudes%20Report%202003.pdf

The Aspen Institute Center for Business Education. (2008). Beyond grey pinstripes 2007–2008: Preparing MBAs for social and environmental stewardship. Retrieved November 4, 2009, from http:// beyondgreypinstripes.org/rankings/bgp_2007_2008.pdf

The Aspen Institute Center for Business Education. (n.d.). Retrieved October 28, 2009, from http://www. aspencbe.org/index.html

Association for the Advancement of Sustainability in Higher Education (AASHE). (2008). *AASHE Digest 2007*. Retrieved November 4, 2009, from http://www.aashe.org/documents/resources/pdf/aashedigest2007.pdf

Association for the Advancement of Sustainability in Higher Education (AASHE). (2009). Sustainability in business education. Retrieved October 28, 2009, from http://www.aashe.org/resources/business.php

The Association for Career and Technical Education (ACTE). (2008). ACTE issue brief: CTE's role in energy and environmental sustainability. Retrieved November 4, 2009, from http://www.acteonline.org/ uploadedFiles/Publications_and_Online_Media/files/Sustainability.pdf

Galea, Chris. (Ed.). (2004). *Teaching business sustainability: From theory to practice*. Sheffield, U.K.: Greenleaf Publishing.

Holliday, Charles O. (2006, October 19). [Letter to Senator Edward M. Kennedy.] Retrieved August 26, 2009, from http://www.cbf.org/Document.Doc?id=288

Jaschik, Scott. (2008, February 20). Donations are up, but not from alumni. Retrieved November 4, 2009, from http://www.insidehighered.com/news/2008/02/20/gifts

Net Impact. (2009). Retrieved October 28, 2009, from http://www.netimpact.org/index.cfm

National Science Foundation (NSF). (2010). FY 2010 support for potentially transformative research. Retrieved February 16, 2010, from http://nsf.gov/about/budget/fy2011/pdf/23-NSF-Wide_Investments_fy2011.pdf

Sustainable Endowments Institute. (2009). The college sustainability report card 2010: Executive summary. Retrieved November 4, 2009, from http://www.greenreportcard.org/report-card-2010/executivesummary

Weeks, Alison. (2009). Business education for sustainability: Training a new generation of business leaders. Retrieved November 4, 2009, from http://www.greenmoneyjournal.com/article.mpl?newsletterid–29&articl eid=309

Energy Efficiency

能源效率

能源效率包括减少能源消耗的技术和减少温室气体排放的技术,而同时要保证实现与效率较低技术相同的功能。能源效率被认为是减缓气候变化最具成本效益的方法;建筑和交通是提高效率的关键领域。提高效率需要消费者,企业和政府的投资。

能源效率的重要性往往被忽视。麦肯锡公司(2009,i,iii)的一份报告预测,到2020年,美国的综合能源效率计划将使美国能源消耗减少23%,每年减少温室气体排放量9.97亿吨,每年可为美国节省1 300亿美元的能源成本。该研究认为,提高能源效率的重要障碍包括初始投资成本和潜在的分散在数百万建筑物和"数十亿设备"的节能机会(McKinsey & Company 2009,10)。全球范围内,在消费习惯不发生任何改变的情况下,21世纪的能源效率技术有可能将能源消耗降低18%—26%,减少二氧化碳排放18亿到25亿公吨(International Energy Agency 2008b)。

让终端用户消耗较少能源而实现同样的结果的技术被认为是能源有效的。例如,关闭恒温器,靠近工作地居住,使用调光灯泡,这些都能节能,但是它们本身并不被认为是能源有效的。另一方面,安装更好的保温材料,保持车辆的引擎调谐,使用紧凑型荧光灯,这些是节能措施。因为能效技术是指在不降低个人生活水平或企业生产力的情况下减少消费(从而降低能源成本),这才是解决世界能源短缺最有吸引力的方法之一。

气候变化的部分解决方案

能源使用产生了66%以上的全球温室气体排放,进而影响了气候变化(World Resources Institute 2005)。能源效率被普遍认为是缓解气候变化最具成本效益的方法,因为它可以长期产生积极的投资回报。但能源效率本身不能将能源相关的温室气体排放量减少到目前水平的50%,这是政府间气候变化专门委员会制定的目标,也是得到2008年在日本北海道召开的 G8 峰会上世界领导人支持的目标（Houser 2009，2）（另一方面，2009 年 "哥本哈根协议" 要求限制变暖 2℃，但没有提及具体目标）。在国际能源机构（2008a）制定的碳减排计划中，具有较好能效的末端使用燃料和电力大约占温室气体减排量的 36%（"末端使用" 是指燃料在消费时的能量含量，不反映加工过程中发生的能量损失）。数百万的个人和企业必须采取能效措施，才能使其成为减少温室气体产生的有效战略。

当前能源效率计划

世界各地的工业化国家都有能源效率计划，包括美国、欧盟、日本、加拿大和澳大利亚。这些计划虽然还有改进的余地，但已取得适度成功。在美国，能源之星等节能项目将住宅单位面积的能耗降低了 11%，商业建筑的能耗降低了 21%（McKinsey & Company 2009，11）。2006 年，欧盟委员会通过了一项计划，预期到 2020 年将能源消耗降低 20%。不过，计划进展在 2008 年评估时，消费量就已经减少了 11%（ECDGET 2009，5）。2009 年，欧洲委员会要求对修订计划提供反馈，在对企业，公职人员，非政府组织和公民进行调查时，大多数人都支持对建筑师和工程师提供更好的效率教育，更加注重提高建筑能效，更多的前期资金以及与当地公职人员更多的合作（ECDGET 2009，5）。

更好的建筑物

效率措施的关键是提高建筑能效

的计划。根据世界可持续发展工商理事会（WBCSD 2009b）数据，建筑物消耗了世界能源的 40%，占世界温室气体排放的 33%（Houser 2009）。然而，如彼得森（Peterson）国际经济研究所在基于世界可持续发展工商理事会的 "建筑节能" 项目的研究中所说的那样，到 2050 年将能源使用量减少 50% 是完全可行的（Houser 2009，1）。彼得森研究所的研究估计，每年需要 1 万亿美元的全球投资才能实现这一目标，不过它预测，83% 的成本将在未来 20 年内得到回收（Houser 2009，7）。

根据美国能源部（2009）的数据，制热占建筑平均能源消耗的 23%，制冷 16%，水加热 11%。照明占能源成本的 16%。更高效的加热、通风和空调（HVAC）系统以及更好的绝缘只是减少建筑物能量负荷的两个重要步骤。另一个步骤是更高效的照明，超越更好的灯光。智能控制，可以随着技术进步轻松升级，可以确保建筑物以最佳能源水平运行。例如，用运动检测器系统可以减少未使用区域的制热，制冷或照明。节能窗户——让更多的光和太阳能进入，减少热量泄漏——在住宅建筑中可降低照明和 HVAC 成本高达 50%，在商业结构中高达 40%。太阳能可用于加热水，地热热泵可用于减少制热和制冷负荷。建筑物能源使用的剩余部分主要来自提供更高能量效率的设备。例如，装备有光伏（太阳能）电池的建筑物可以被设计成消耗 "负" 或 "零" 能量，这意味着剩余电力可以卖给当地电网，从而将成本转化成收入。

改善交通

地面、天空和水上的运输占世界能源消耗的四分之一和二氧化碳排放的四分之一（International Energy Agency 2008b，17）。个人车辆消耗美国60%的运输能源（USEIA n.d.），个人车辆的使用预计在发展中国家会增加。因此，提高汽车和轻型卡车的平均燃料效率对于提高运输部门的能源效率至关重要。混合技术仅仅是提高燃料经济性的许多方法中的一种：其他是直接燃料喷射，可变气门正时，集成起动器系统（其在车辆停止时关闭发动机），无级变速器，涡轮增压器和增压器（USDOE & USEPA 2010b）。火车比卡车运输货物更有效；联邦铁路局（FRA）的一项研究发现，与同样路线上的卡车相比，火车每吨运输效率约高2.5倍至1.5倍（FRA 2009，8）。根据美国航空运输协会（ATA 2010）数据，美国航空运输燃料效率的最大增长将来自国家过时的空中交通管制系统和程序的改革。其他改进的机会包括现代化车队，规划飞行路线以提高效率，并使用小翼减少阻力（ATA 2010）。提高运输效率有大量的机会，但是需要消费者，企业和政府的大量投资。

提高能源效率的挑战

尽管能效技术广泛普及，并为消费者提供潜在的节约能源成本的机会，但大多数家庭和企业并没有充分利用它。能效技术未能利用的原因是由于相对于效率较低的设备和过程来说，它的初始成本较高。例如，14瓦的紧凑型荧光灯灯泡比同等的60瓦白炽灯泡少75%的用电量，并且寿命长达十倍，在灯泡的生命周期可节省30美元

（USDOE & USEPA 2010a）。但是，紧凑型荧光灯的成本是白炽灯泡的三倍以上，许多消费者不知道潜在的节约，不愿意支付较高的前期成本。如果消费者购买的产品，从产品的整个生命周期来看能源消费更便宜，则需要更好的产品标签和更严格的标准。同样地，企业可能无法证明投资节能措施所需的资本支出，特别是这些节约难以衡量，难以分摊到几年（McKinsey & Company 2009，12）。

前期成本和缺乏认识不是提高能效的唯一障碍。许多情况下，这些措施所实现的节约很难预测。与荧光灯不同，一些节能措施没能广泛提供，实际的前期成本很难以评估。有些情况下，节能无法通过投资方实现。例如，当公用事业费在租户之间分配时，房屋业主几乎没有动力去购买更高效的热水器。即使节能措施的货币成本较低，也可能不足以吸引消费者做出改变。通过项目来解决这些障碍可以大大提高能源效率。

克服障碍

2009年麦肯锡公司的研究发现，如果没有政府机构精心策划的干预，节能的潜力很大程度上无法开发。世界可持续发展工商理事会（2009b，56）的研究表明，即使是排放交易计划，碳排放量超过100美元/吨排放碳，在许多情况下也不能提供足够的市场激励。需要改变替代驱动力。比如建筑物节能，可以改

变国家法规和规范的形式。这种变化需要地方和国家政府采取协调一致的行动,而不是依靠全球的激励协议。

企业在决策和制定政策过程中考虑实施能效技术非常重要,因为决策者是主要的投资者和企业所有者。对任何一家公司来说,开发和部署新的和现有技术的财务负担可能非常大,企业自己无法承担,需要企业和政府一起来做,需要史无前例的公私合作才能取得成功。世界可持续发展工商理事会研究(2009b,56—62)建议,广泛使用补贴或减税来实施能源效率、促进专业人员和公民的节能意识、支持能源效率技术的研究和改变能源消费结构,那么,能源效率大规模的改善是有可能的,但需要政府、企业和个人的参与。

马修·贝特森(Matthew BATESON)
世界可持续发展工商理事会
戴维·加涅(David GAGNE)
宝库山出版社

参见:航空业;汽车产业;绿色建筑标准;消费者行为;能源工业——可再生能源概述;能源工业;设施管理;信息与通信技术;清洁科技投资;大都市;房地产和建筑业;公共交通;公私合作模式;供应链管理。

拓展阅读

Air Transport Association of America (ATA). (2010). *Fuel efficiency: U.S. airlines.* Retrieved January 25, 2010, from http://www.airlines.org/economics/energy/fuel+efficiency.htm

European Commission, Directorate General for Energy and Transport (ECDGET). (2009). *Evaluation and revision of the action plan for energy efficiency.* Retrieved January 25, 2010, from http://ec.europa.eu/energy/efficiency/action_plan/doc/final_report_of_the_public_consultation.pdf

European Commission, Directorate General for Energy and Transport (ECDGET). (2010). *Intelligent energy Europe.* Retrieved January 25, 2010, from http://ec.europa.eu/energy/intelligent/index_en.html

Federal Railway Administration (FRA). (2009). Preliminary national rail plan: The groundwork for developing policies to improve the United States transportation system. Retrieved January 27, 2010, from http://www.fra.dot.gov/Downloads/RailPlanPrelim10—15.pdf

Houser, Trevor. (2009, August). *The economics of energy efficiency in buildings* (Peterson Institute for International Economics Policy Brief No. publications/pb/pb09—17.pdf

International Energy Agency. (2008a). *Energy technology perspectives 2008: Executive summary.* Retrieved January 22, 2010, from http://www.iea.org/techno/etp/ETP_2008_Exec_Sum_English.pdf

International Energy Agency. (2008b). *Worldwide trends in energy use and efficiency: Key insights from IEA indicator analysis.* Retrieved January 21, 2010, from http://www.iea.org/papers/2008/Indicators_2008.pdf

Langston, Craig, & Ding, Grace. (2001). *Sustainable practices in the built environment.* Oxford, U.K.:

Butterworth Heinemann.

McKinsey & Company. (2009, July). *Unlocking energy efficiency in the U.S. economy.* Retrieved January 26, 2010, from http://www.mckinsey.com/clientservice/electricpowernaturalgas/downloads/US_energy_efficiency_full_report.pdf

National Institute of Building Sciences. (2009). *Whole building design guide: Optimize energy use.* Retrieved January 22, 2010, from http://www.wbdg.org/design/minimize_consumption.php

Odyssee Project. (n.d.). *Energy efficiency indicators in Europe.* Retrieved January 25, 2010, from http://www.odyssee-indicators.org/

The Pew Charitable Trusts. (2009). *The clean energy economy.* Retrieved November 6, 2009, from http://www.pewcenteronthestates.org/uploadedFiles/Clean_Economy_Report_Web.pdf

United States Department of Energy (USDOE). (2009). Buildings energy data book. 1.2.4 2006 buildings energy end-use expenditure splits by fuel type. Retrieved January 25, 2010, from http://buildingsdatabook.eren.doe.gov/TableView.aspx?table=1.2.4

United States Department of Energy (USDOE) & United States Environmental Protection Agency (USEPA). (2010a). About compact fluorescent light bulbs. Retrieved January 21, 2010, from http://www.energystar.gov/index.cfm?c=cfls.pr_cfls

United States Department of Energy (USDOE) & United States Environmental Protection Agency (USEPA). (2010b). Energy efficient technologies. Retrieved January 25, 2010, from http://www.fueleconomy.gov/feg/tech_adv.shtml

United States Energy Information Administration (USEIA). (2009a). *Energy efficiency: Energy consumption savings: Households, buildings, industry & vehicles.* Retrieved November 6, 2009, from http://www.eia.doe.gov/emeu/efficiency/

United States Energy Information Administration (USEIA). (2009b). Chapter 8 — Energy-related carbon dioxide emissions. *International energy outlook 2009.* Retrieved January 21, 2010, from http://www.eia.doe.gov/oiaf/ieo/emissions.html

U.S. Energy Information Administration (USEIA). (n.d.) Energy kids: Using and saving energy for transportation. Retrieved February 15, 2010, from http://tonto.eia.doe.gov/kids/energy.cfm?page=us_energy_transportation-basics-k.cfm

Von Paumgartten, Paul. (2003). The business case for high-performance green buildings: Sustainability and its financial impact. *Journal of Facilities Management*, 2(3), 26–34.

World Business Council for Sustainable Development (WBCSD). (2009a). *Energy efficiency in buildings: Transforming the market.* Retrieved November 6, 2009, from http://www.wbcsd.org/templates/TemplateWBCSD5/layout.asp?type=p&MenuId=MTA5NQ&doOpen=1&ClickMenu=LeftMenu

World Business Council for Sustainable Development (WBCSD). (2009b). *Towards a low-carbon economy*. Retrieved January 26, 2010, from http://www.wbcsd.org/DocRoot/d47ffN9eloTinVhOed1S/TowardsLowCarbonEconomy.pdf

World Resources Institute. (2005). *World greenhouse gas emissions in 2005*. Retrieved January 21, 2010, from http://pdf.wri.org/world_greenhouse_gas_emissions_2005_chart.pdf

能源工业——可再生能源概述

可再生能源是指天然存在，并且丰富的各种能源，例如太阳能、风能、水能、生物质能、潮汐能和地热能。因为许多形式的可再生能源可以广泛使用，并且它们不依赖化石燃料（因此被认为是"更清洁的"），所以很吸引人，但它们对于生产者和消费者来说还是很贵的。不过，碳排放定价可能会平衡可再生能源和化石燃料的使用。

可再生能源的快速增长是显而易见的。灾难性气候变化，以及许多其他环境，经济和社会因素，需要改造每年5万亿美元的化石燃料能源部门（Stuebi 2009）。

这种转变首先涉及用更清洁的方式来使用化石燃料；其次，要求做任何事都要更有效率地使用能源；第三是行为变化，旨在减少需求或限制需求增长；第四是进一步改变整个系统，如运输、我们的通勤方式和旅行；第五，也许最重要的，是可再生能源，以更清洁的方式生产急需的能源。

本章重点讨论如何实现电力部门变革的政策问题。答案是双重的：价格起着一个重要的作用，另一个是一种旨在鼓励大规模改变电力生产，交付和使用的监管方法。

快速增长

许多可再生能源技术已经以两位数的速度增长多年，预计在未来将继续以类似（甚至更快）的速度增长。

本章各节将描述每种可再生能源的发展及其未来前景。图1是2020年风能、太阳能和生物质的增长趋势，这些趋势都预计将继续快速增长。

成本快速下降

可再生能源技术发展的一个重要因素是其相对于传统燃料的成本。安装风力、太阳能、生物质或水电站的费用通常比生产相同电量的煤或天然气工厂更昂贵。然而，一旦安装，可再生能源厂几乎免费提供电力，不过，煤炭的平均电价仍然比大多数清洁能源更便宜。

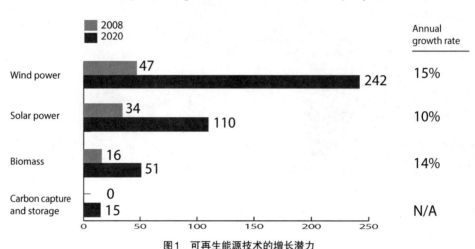

增长中心的发展，每年数十亿美元
Development in growth centers, billions USD per year

图1　可再生能源技术的增长潜力

资料来源：麦肯锡（2009a,41）.

注：数字表示每年以C（€）表示的数十亿。

低排放能源技术市场预计到2020年每年增长13%，风电费用预计增长最快，到2020年将增至1 650亿欧元（约2.25亿美元）。

然而，后者的成本已经迅速下降。

圣杯（译者注：梦寐以求的东西）是"电网平价"——可再生能源与煤炭和天然气价格相等的点。一些陆上风电已经实现了。其他可再生能源正快速接近这个点。

未来事物的状态

历史表明，引进新技术通常是爆炸性的而不是线性的。技术的增长通常遵循S形曲线：慢启动，快速加速，然后最后下降，因为前面的创新变得无所不在。当成功时，市场通常比预期更广泛和更便宜地传播这些新技术。

可再生能源通常清晰地遵循这种模式。一个标志是欧洲清洁技术专利的增加，1997年至2007年之间每年以大约10%的速度增长。由于2010年初美国和澳大利亚没有强制执行气候政策，因此没有经历这样的增长。可

以肯定的是，受到国家层面一些排放总量政策和国家层面控制预期的刺激，低碳创新（技术）已经在美国开始。但只有当长期经济信号到位，创新明显付出，企业家和投资者才能达到进入高潮。

改变监管方法

实现电力部门变革的关键是确保电价包括碳污染的社会成本。没有适当的监管，排放全球变暖的污染就会是免费的，甚至还会通过化石燃料的补贴得到支持。对碳定价，将使可再生能源技术与传统燃料相比更具吸引力，并加快向低碳经济的转型。

碳市场是实现这一目标最直接的方式，但是创造一个碳市场需要限制碳排放——总量控制。尽管对每个企业单独实施碳的上线控制非常复杂和昂贵，但将减少碳排放的义务

转化为机会则相对简单和便宜。基本工作是以最灵活的方式奖励减排。

这个方法被称为"总量控制与交易"。实际上，它应该被称为"奖励创新"。总量控制与交易是一个巨大的、公开结构的罗宾汉计划，从无效率和无创新的地方收取钱，支付给高效的和创新的地方。它将成为能源部门变革的根本驱动力。

价格解耦和完全拆分

另一个重要的监管机制是电力销售与公用事业的利润脱钩。传统公用事业与所有其他行业一样，产品销售越多，收益越多。只是他们的产品是电。因此，他们几乎没有任何经济激励去更有效地分配它或激励客户保存它。

导致电力公司改变的一个方法是设定可再生电力标准或能效要求。有时这些措施是

合理的，但是与任何经济标准一样，这是一种低效的经营方式。公用事业满足法规，但仅此而已。标准胜过创新和适应。它们不限制碳排放总量或任何其他形式的污染。

相反，公用事业利润应该与他们的销售脱钩。打破利润-收益联系，确保符合公用事业的利益，激励客户使用较少的产品。正如加利福尼亚在20世纪80年代采用解耦时所显示的那样，打破这个联系的同时，还支持了另一种最重要联系的解耦，即经济增长和碳排放之间的联系（Sudarshan & Sweeney 2008）。

为了实现完全分类定价，解耦只是一个中间步骤。每个人要为电力公司提供的精准服务付费，所有的服务都会清楚地列在账单上。传输不再是使用费的一部分，而要单独列出，根据需要评估附加服务和维护，而不集中到电费价格里。

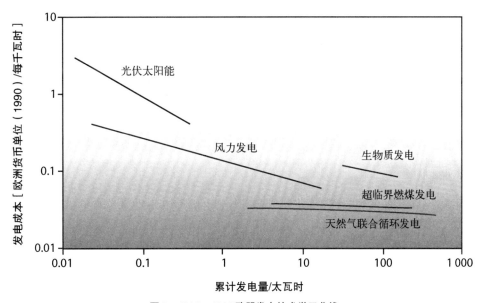

图2　1980—1995欧盟发电技术学习曲线

从1980年到1995年，可再生能源发电成本下降了，而再生能源的产量不断增加。到1995年，风力发电的成本低于每千瓦时0.1欧元（欧洲货币单位），而欧盟已经生产了超过10太瓦时的风力（1999年欧洲货币单位被欧元替代，比价1～1）。

千兆瓦和千兆瓦时之间的区别是什么?

这两个术语常常一起出现,看起来很相似。但是了解这两个术语的区别可以帮助理解发电和用电的论述。例如,听到这句话,一个新的核电厂有4千兆瓦容量,如果没有其他可以比较的数字,这句话是没有意义的。

首先要知道,能量被定义为做功的能力,而功率是每单位时间消耗的能量。无论你驾驶是油老虎车还是轻便摩托车,使用每升或每加仑的汽油都具有相同的能量。不过,跑车会使用更多的能量,比更高效的车辆的能量还要多很多,这才能使它以更快的速度从点A到点B。

什么是千兆瓦

瓦特是功率的度量单位,功率是能量转换成电的速率。100瓦的白炽灯泡使用100瓦特来照明房间,而节能灯或灯(CFL)仅使用25瓦特就可以提供同样量的光。10亿瓦特等于1千兆瓦(GW);2006年,这足以满足美国平均78万家庭某一给定瞬间的平均功率[此计算基于美国能源信息署(EIA)报告的数据]。

它代表多大的功率?

一千兆瓦在给定瞬间的电力,足以满足:

● 1 000万个100瓦灯泡

● 相对温暖的田纳西州平均56.1万户家庭

● 佛蒙特州125.7万户家庭(主要是由于东北部寒冷地区相对缺乏空调)

● 英国平均196.7万户家庭

● 北京平均329万家庭(或北京平均720万低收入家庭)

● 中国西部地区超过5 000万个家庭

为什么变化?

当地气候,家庭的物理空间,家用电器(数量、类型和效率)以及电力多大程度用于加热、冷却、加热水和烹饪(即消费者行为)都可以影响一个家庭的需求。估计值是根据每个家庭类型的平均每月或每年的用电量计算的。有三个卧室的美国家庭的功率消耗可以从0.5千瓦(在夜晚)至4千瓦或更多(在高峰时间);这可能导致需求量的大幅波动。例如加拿大安大略省,2010年3月4日需求量的变化,从上午3点的约1.4千兆瓦,到下午8点1.9千兆瓦。该省27千兆瓦创纪录的高峰发生在2006年夏天,约为平均水平的15倍(IESO 2010)。

因为电力公司需要建设足够的容量来满足高峰需求(大多数时间未使用的容量)或者从其他公司以高价购买电力,这些波动意味着对消费者有更高的成本。智能仪表(跟踪实时消费的仪表)允许生产商为高峰消费收取更高的价格,并允许消费者跟踪他们使用多少能量。目前仍然广泛使用的传统仪表只能跟踪总消费,这意味着生产者必须将峰值功率的成本平均到基本价格中,消费者不知道在任何给定时间消耗了多少能量。通过在高峰时间减少用电量(例如在夜间做洗衣)，消费者可以帮助降低发电成本。

什么是千兆瓦时

1千兆瓦时(GWh)是一小时产生一千兆瓦的能量的量度。一般来说，使用千兆瓦时(以及兆瓦时和千瓦时)，不是实际测量在给定一秒时间使用多少能量。如上所述，1千兆瓦时是指足以为561 000个田纳西家庭供电一小时。

以下相当于1 GWh；对于燃料(如下表中的汽油和液体丙烷)来说，假定100%转化为能量[当燃料燃烧时，由燃烧产生的热能必须用涡轮机、蒸汽机或其他装置转换成电能。热传递和摩擦使得不可能完全转换。典型的现代燃料发电系统，可用热能转化为电的转换率是38%(USEIA 2010a,54)]。

一千兆瓦时等效于：

- 1 000兆瓦时(MWh)
- 100万千瓦时(kWh)
- 34.1亿英国热量单位(Btu)
- 3.6万亿焦耳(J)
- 8 604亿卡路里(Cal)
- 86吨油当量(toe)
- 123吨煤当量(tce)
- 141立方米液体丙烷
- 97 124立方米天然气
- 103 866升汽油
- 30 000立方米氢

也就是说，如果你消耗了一个特别大的汉堡包(含调味品)，其中包含8 600亿卡路里(约15亿倍的典型汉堡包大小)，那么你需要燃烧掉一千兆瓦时的能量——大量的时间在健身房。假设你可以每分钟跳跃七十次跳跃，这将需要大约17万年。

戴维·加涅(David GAGNE)和
比尔·斯沃尔(Bill SIEVER)

资料来源：

Department for Business Enterprise and Regulatory Reform. (2007). Energy trends December 2007 (p. 24). Retrieved January, 15, 2010, from http://www.berr.gov.uk/files/file43304.pdf

Fit Watch (2010). Fast foods, hamburger, regular, double patty, with condiments. Retrieved March 11, 2010, from http://www.fitwatch.com/phpscripts/viewfood.php?ndb_ no=21111&descr=Fast%20foods,%20hamburger,%20regular,%20double%20patty,%20with%20condiments

Gao, Peng, & Luo, Guoliang. (2009). Problems in development of electrical power in rural china. Retrieved March 5, 2010, from http://www.ccsenet.org/journal/index.php/ass/article/viewFile/4545/3878

Gong, John. (2010, January 5). Hike power prices for business, not families. Retrieved January 15, 2010, from http://www.shanghaidaily.com/article/print.asp?id=424713

International Energy Agency. (2010). Unit converter. Retrieved January 15, 2010, from http://www.iea.org/stats/unit.asp

Independent Electicity System Operator (IESO). (2010). Ontario demand and market prices. Retrieved March 5, 2010, from http://www.ieso.ca/imoweb/siteShared/demand_price.asp

National Energy Board, Canada. (2010). Energy conversion tables. Retrieved January 15, 2010, from http://www.neb.gc.ca/clf-nsi/rnrgynfmtn/sttstc/nrgycnvrsntbl/nrgycnvrsntbl-eng.html#s4ss3

United States Department of Energy (USDOE). How compact fluorescents compare with incandescents. Retrieved March 11, 2010, from http://www.energysavers.gov/your_home/lighting_daylighting/index.cfm/mytopic=12060

United States Energy Information Administration (USEIA). (2009). Table 5: U.S. average monthly bill by sector, census division, and state 2006. Retrieved January 15, 2010, from http://www.eia.doe.gov/cneaf/electricity/esr/table5.html

United States Energy Information Administration (USEIA). (2010a). Electric power annual 2008. Retrieved March 3, 2010, from http://www.eia.doe.gov/cneaf/electricity/epa/epa.pdf

United States Energy Information Administration (USEIA). (2010b). Table 5: U.S. average monthly bill by sector, census division, and state 2008. Retrieved February 12, 2010, from http://www.eia.doe.gov/cneaf/electricity/esr/table5.html

Zhang, L. X.; Yang, Z. F.; Chen, B.; Chen, G. Q.; Zhang, Y. Q. (2009). Temporal and spatial variations of energy consumption in rural China. Communications in nonlinear science and numerical simulation, 14(11), 4022–4031.

　　这些非常显著地改变了电网平价方程。由于单个太阳能电池板避免了使用电网传输的成本,太阳能电池板变得更具有成本效益。完全拆分使传统能源的成本一目了然,使分布式发电更具吸引力。

　　分布式发电使家庭不仅是消费者,也是能源的供应商——如果消费者生产的电多于他们的使用量,可以将电卖回给电网。解耦和完全拆分将有助于促进大规模在屋顶开发太阳能电池板等可再生能源技术或小型地热设施。这种分布式发电系统的电力常常就近使用。这将节约传输过程中10%的电量,通常从工厂到终端用户,数百英里的高压电在传输过程中会产生电的损失(USDOE 2009)。

智能电网

　　碳价格,即使价格解耦或完全拆分,不足以引起生产电力的可持续性、系统性的变化。我们生产、分销、存储和交付能源的复杂性需要更全面的方法。

　　在许多方面,电力行业最令人兴奋的变化不是来自太阳能、风能、生物质能、水电和其他方面的技术突破——尽管它们可能是重要的,而是整个系统的转型。电网本身,即所谓的不久的将来的智能电网，将成为整个电力行业创新和发明的引擎。

　　智能电网一词包括电力分配和消费的许多不同方面。其范围可以从实时电表，到真正的革命，像遥控空调和其他电器一样，可以允许电力公司通过电网控制客户的需求。

　　甚至可以不是全年用电。根据气候，用电高峰要么在夏季，由于用空调，要么在冬季，由于用加热器，或者两季都出现用电高峰。每天使用也不同。在家里，用电高峰通常在早上和傍晚，夜晚下降。但是，公用事业公司必须安装足够的容量来满足峰值需求，而且大部分容量在大多数时间都不会使用。（关于这个经常被误解的话题，请参见"千兆瓦与千兆瓦时之间有什么区别？"）智能电网技术和整个能源系统的综合视图可以确保客户有效用电，公用事业公司不需要过度建设来满足高峰需求。关键是保持系统尽可能灵活和开放，同时保持关键的监督和中央，长期的规划功能。

　　监管机构需要帮助规划，资助甚至建设智能电网。最后，这里的监管任务类似于定价。政策制定者不是试图设计新的电网并选择获胜的技术，而是应创造一系列条件和激励措施，激励企业和企业家为以前被认为棘手的问题找到创新的解决方案。

未来

　　可再生能源是未来的能量。这将使我们从当今的高碳，低效率世界转变为一个低碳，高效率经济发展的新世界。智能监管可以加速这一转变，通过限制全球变暖污染和创造一个碳市场来提供激励，建立一个新的能源系统。对监管机构来说，实现这一愿景的关键是要让市场挑选和选择成功的技术，并保持灵活性。本节中的后续条目提供了可能的选项菜单。

戈诺特·瓦格纳（Gernot WAGNER）

环境保护基金会

　　参见：总量控制与交易立法；能源效率；能源工业——可再生能源概述；清洁科技投资；可持续价值创造；真实成本经济学。

拓展阅读

Dechezleprêtre, Antoine; Glachant, Matthieu; Hascic, Ivan; Johnstone, Nick; & Ménière, Yann. (2008). Invention and transfer of climate change mitigation technologies on a global scale: A study drawing on patent data. Retrieved November 5, 2009, from http://www.cerna.ensmp.fr/Documents/Invention_and_transfert_of_climate_mitigation_technologies_on_a_global_scale:_a_study_drawing_on_patent_data.pdf

International Energy Agency. (2009). *World energy outlook 2009.* Paris: Organisation for Economic Co-Operation and Development.

Krupp, Fred, & Horn, Miriam. (2008). *Earth, the sequel: The race to reinvent energy and stop global warming.* New York: W. W. Norton.

McKinsey & Company. (2009a). *Energy: A key to competitive advantage — New sources of growth and productivity.* Retrieved February 24, 2010, from http://www.mckinsey.com/clientservice/ccsi/pdf/Energy_competitive_advantage_in_Germany.pdf

McKinsey & Company. (2009b). *Unlocking energy efficiency in the U.S. economy.* Retrieved November 5, 2009, from http://www.mckinsey.com/clientservice/ccsi/pdf/US_energy_efficiency_full_report.pdf

Stuebi, Richard. (2009). Money walks, fossil fuel talks. Retrieved March 3, 2010, from http://www.huffingtonpost.com/richard-stuebi/money-walks-fossil-fuel-t_b_300924.html

Sudarshan, Anant, & Sweeney, James. (2008). Deconstructing the "Rosenfeld Curve." Palo Alto, CA: Stanford University.

Tam, Cecilia, & Gielen, Dolf. (2007). *ETP 2008: Technology learning and deployment.* Retrieved November 6, 2009, from http://www.iea.org/textbase/work/2007/learning/Tam.pdf

United States Department of Energy (USDOE). (2009). *How the smart grid promotes a greener future.* Retrieved November 5, 2009, from http://www.oe.energy.gov/DocumentsandMedia/Environmentalgroups.pdf

能源工业——生物能源

生物能源源自自然资源，是全世界杰出的一种可再生能源。最简单的例子是木材，可用于做饭和取暖；较复杂的例子包括热化学转化生产生物燃料。尽管相关技术存在（并且将继续发展），但许多技术尚未具有成本效益，对行业的长期环境影响仍然存在疑问。

生物能源是来源于生物质或植物物质的任何能量或用于产生能量的燃料。根据美国能源信息管理局（2009），2008年美国消耗的生物能源比风能、太阳能和地热能更多。尽管它在世界各地广泛使用，但该术语常常被误认为是液体生物燃料，如乙醇和生物柴油。生物燃料——固体、液体或气体——实际上是唯一能替代运输用油的液体燃料；它们不仅可用于给车辆加油，而且可用于加热，冷却和发电。

在世界许多地方，生物能源仍然是取暖和做饭的主要能源，但生物能源远远超过家庭中使用的木材或液体生物燃料如乙醇。生物能源生产包括沼气和发电，主要来自食品加工废物和牛粪的厌氧消化等。（厌氧菌在没有氧气的情况下消化物质，产生富含甲烷和二氧化碳的沼气。）生物能源正在用于区域供热系统；例如在明尼苏达州的圣保罗，利用废木加热的水用于城市中央商务区取暖。

对生物能源兴趣的增长有几个原因。经济开发者和农村社区认为它是一个增长的行业，可以创造就业机会和振兴当地经济。农业和林业的支持者认为它是一个工具，可用来保护生产性工作景观，并为这些不稳定的行业提供新的市场。环保人士认为生物能源是一种减少温室气体排放的手段。在这种背景下，政策制定者正在寻找方法来保证农村社区能够充分利用可持续生物能源生产（Radloff & Turnquist 2009）。

生物能源作为一种可再生资源

来自生物质的能量被认为是可再生的，因为生物能源是简单存储的太阳能。其生产可以来自各种不同的生物质类型，包括植物、动物和动物废物。生物质包括常规作物如玉米、大豆和植物油,农业残留物如玉米秸秆、稻草,木材和森林残留物,以及碾磨残留物。也称为原料的其他类型的生物质,包括建筑废物,多年生牧草,如柳枝稷和短周期木本作物(包括柳树和杂交杨树)。动物尸体和粪便是生物质的另外的例子(Biomass Research & Development Board 2008)。

因为生物能源的分类方式不一致,本文基于生物质能量的使用,确定了三大生物能源“类型”:生物加热/生物冷却,生物发电和生物燃料。

生物加热/生物冷却

生物加热/生物冷却是全世界生物质最普遍的使用方式,特别是在部分发展中国家,他们是做饭的主要能源。在像尼泊尔,苏丹和坦桑尼亚这样的国家,约80%—90%的能源来自生物质(Rosillo-Calle et al. 2007)。在美国,住宅家庭供暖市场是木材燃料的最大用户。其他生物加热/生物冷却的例子包括学校和商业建筑,他们也用木材来加热和冷却,还有集中供热系统,通过相互连接的运送热水或蒸汽管道系统向多个建筑提供加热和冷却。

生物电力

生物电力是由生物质产生的电,通常通过生物质与煤的共燃来发电。由燃烧过程产生的热量驱动蒸汽涡轮机来发电。生产生物电力的替代方法包括气化,这是一种将高温下的生物质转化为“合成气”的技术。使用比常规蒸汽涡轮机更有效的技术可将合成气转化为电能。还有几个额外的生物电力技术。热

电联产(CHP)技术通过发电和捕获、使用发电过程中产生的多余的热量提高了能效。

生物燃料

第三类生物能源是生物燃料,包括液体和固体。常规的液体生物燃料(如乙醇)来自现有的粮食作物。更先进的液体生物燃料可来自纤维素,如木材和多年生草。固体生物燃料(包括木屑)目前来自木材废料和磨料残留物。随着对生物能源的需求的增长,可以从另外的来源(包括多年生草、建筑废物和其他废物流)制造更多的固体生物燃料。

生物能源在两个关键方面不同于其他可再生能源资源。首先,生物能源不是间歇性能源。与风和太阳能不同,风和太阳能分别依靠有风和晴天来发电,生物能源是一种按需提供的可再生能源,可以在需要时调度。只要原料供应足够,生物能源是一种可靠的,持续的能量源,可以按需在一天的任何时间发电——不依赖每天的天气。

其次,生物质作为能源是一个各部分相互依赖的复杂系统。根据美国环境保护署(US EPA 2007),在经济和技术上可行的生物能源项目需要足够的原料供应,有效的转化技术,可靠的市场和可行的分配系统。而确保充足原料供应的问题特别具有挑战性。

将生物质转化为能源可能是一个复杂的过程,但它可以分为三个主要阶段:生长和运输原料,将原料转化为生物能源,营销生物能源。

生物质供应链

原料种植和运输被称为生物质供应链。

该过程的第一步是种植和/或收获可利用的生物质和非农业废物。生物质原料可以合并成三大类：传统原料，专用原料和废料或未充分利用的原料。

传统原料包括木材废料、谷物和其他常见形式的生物质。这些类型很容易转换为生物能源，因为系统成熟，可以用现有的技术种植、收获、加工它们。玉米（用于乙醇）和树（用于做成木块或直接燃烧）就是其中的例子。

专用原料是专门为生物能源种植的作物，包括短周期木本植物（例如杂交杨树），几种多年生的牧草（包括芒草和柳枝稷），以及藻类和麻风树。每英亩地专用原料能够生产大量的生物质。

废料或未充分利用的原料是指被认为是废弃物的那些生物质，例如食品加工的废弃物、刷子、树梢、装饰、建设和拆迁的残留物，叶子和庭院废物，动物尸体和粪便。这些原料中的一些变得越来越有价值，显然，它们根本不是真正的"废物"，而是以前未被充分利用，在许多情况下可以成为良好的生物能源原料。生物质供应链的第二步是将可用的生物质加工成原料。例如，最近砍伐的木材可能需要捆扎、运输。然后将原料集中，并运送至某类生物精炼厂进行处理。

将生物质原料转化为能量

生物能源生产过程的下一步是将原料转化成中间产物，例如可燃气体、二氧化碳、油、焦油和液体。然后，用五种基本转化技术之一将这些中间产物转化为最终的可用能源产品，

如，从简单到复杂，依次是电、热、固体燃料和液体燃料。

（1）物理转换。这是将生物质转化为可用能源的最简单的方式。做木块是一个例子，直植物油[①]（straight vegetable oil, SVO）生产是另一个例子。直植物油生产，油可简单地通过压榨种子获取。压榨的植物油可作为一种运输燃料用于拖拉机和柴油发动机。在木块和植物油两个例子中，生物质原料通过力做的物理改变，生产可以用于运输的燃料，或通过下面讨论的其他转化技术转化为另一种能源产品。

（2）燃烧。燃烧技术将生物质转化为热空气、热水和蒸汽。其范围从小型家庭技术，如木材炉，到大型商业和工业技术，包括固定床燃烧和流化床燃烧系统。较大的商业和工业燃烧系统依赖于木片、玉米秸秆、树皮和其他较少加工的原料，而较小的家庭技术需要较高质量的燃料。

（3）化学转化。通过化学转化，原料被分解成液体生物燃料（US EPA 2007）。化学转化的一个实例是酯交换，用于生产生物柴油，在生产过程中油、脂肪、用过的烹饪油，以及其他脂肪废物与催化剂如甲醇相结合。最终产品是生物柴油和甘油，他们通常用于制造肥皂。

[①]　直植物油可作为柴油的替代燃料。译者注

（4）生化转化。通过生化转化,酶和细菌将原料(如牛粪和多年生牧草)分解成中间产品如沼气。沼气与天然气类似,但它含有硫、二氧化碳、氮和氢等杂质,沼气过滤后可以与天然气类似的方式使用。燃烧它可以发电或把它压缩后用于其他用途,包括运输。生化转化技术的实例包括简单的堆肥、填埋场的生物反应器,以及农场和废水处理设施的厌氧消化器。

（5）热化学转化。热化学转化方法类似于生化转化方法,它先生产中间产品,然后进一步精制成有用的终端产品。然而,利用热化学转化,生物质原料分解通过使用热而不是用酶和细菌。由生物质的热化学转化得到的中间产品包括可燃气体、液体、焦油和木炭。这些产品可以进一步精炼成许多不同的终端产品:乙醇、柴油、汽油、氢气和生物油。热化学技术的实例包括气化和热解(使用热化学分解有机物)。

生物能源机会

制造生物能源相对比较容易;使生物能源生产能盈利经营则不容易。为了使生物能源产业蓬勃发展,需要一个可靠的市场。生物能源可以现场使用,在当地社区使用,或出口到另一个地区。现场使用生物能源对许多能源生产商具有吸引力,因为现场使用可以直接替代以零售价购买的场外能源。另一个有吸引力的是在当地卖生物能源,因为它减少了运输成本。

有一些社会、经济、环境和技术的机会与更多的使用生物能源有关。在农村社区,增加使用生物能源可刺激经济,并创造与种植、运输、精制和生物量销售相关的合作机会和地方所有权机会。增加生物能源使用也可以使生物质丰富的社区能源独立,不受能源价格波动的影响。在扩大社会和经济机会的同时,生物能源也有助环境。生物能源可以由原料生产,例如多年生牧草,这种草可以通过庞大的根系将碳封存在地下。它还可以用动物粪便生产,否则这些动物粪便有可能对水资源产生负面影响。为了最大化增加生物能源使用的益处,有几个必须采取的优势技术。

纤维素乙醇

大幅增加液体生物燃料生产来满足运输需求需要纤维素乙醇技术的进步,纤维素乙醇由不可食的植物部分生产的,如叶和茎。纤维素乙醇目前需要太多的热量、酶和细菌,以至于其不具有成本效益。同时,如果要扩大常规乙醇,则需要实施新技术或技术组合,才能使过程更有效率。除了乙醇以外,随着热解,直接催化转化和先进气化等技术的进步,有很大的机会来扩大液体生物燃料生产。除了改进转化技术,还必须在原料开发领域取得进展。

藻类

藻类常被称为生产生物柴油的潜在原料。与纤维素乙醇一样,可能以这种方式生产生物燃料还不具有成本效益。为了成功地开发藻类作为生物燃料原料,需要进行研究和开发。例如,有数千种藻类,它们中的一些比其他更适合生物燃料生产。

生物能源的挑战与未来

增加生物能源使用的潜在优势众多，但也存在扩展生物能源生产和消费的几个障碍。扩大利用生物能源面临的最大挑战是可持续性问题。尽管它是世界上最大的可再生能源资源之一，但在许多国家没有关于生物质供应和需求的良好数据。由于缺乏良好的基准数据，很难得出可持续的生物能源政策来指导该产业（Rosillo-Calle et al. 2007）。需要在许多层面制定有效的政策，以确保长期生物质资源的可持续性。这些政策将需要解决土壤和水的健康，空气排放和生物质能源本身的可持续性。还需要解决对各种类型的生物能源净能量平衡和温室气体排放的关注，特别是液体生物燃料。

运输和储存生物质是该行业面临的另一个非常大的挑战。生物质具有相对低的能量密度和高的水分含量。这些特征使得移动和存储生物质成为挑战——从技术和经济的角度。因此，许多观察家认为，生物能源生产将基于分布式，许多小型生物炼制厂生产能源和其他生物产品将遍布整个农村地区。这种情况表明农村社区多个设施选址将面临土地利用的挑战。

最后，生物能源必须能够与化石燃料和其他形式的可再生能源经济竞争。如果，同2009年的情况一样，传统能源价格下降，那么，生物能源工业将停滞或下降。要使生物能源与化石燃料竞争，需要价格支持，如货币化减碳的价值，提高化石燃料的价格。

乙醇价格的波动和对玉米衍生乙醇的环境可持续性的争论已经证明，生物能源并非没有挑战。生物质是在各种土壤上生长的植物；如果生物质不是可持续生长和收获，土壤资源将会耗尽。随着生物质从食物链转移到能量链中，可持续性问题也出现了。批评者认为，这种转移有助于提高粮食价格，对世界穷人造成负面影响。这些同样的声音认为，生物能源发展给发展中国家造成了间接压力，要求清除更多的原生林和草地种植粮食作物，从而加速毁林和对环境的不利影响。

生物能源行业面临的其他挑战包括成功的、本地的生物质供应链的发展。发展生物能源工业取决于生物质供应链的发展，供应链可以有效地以合理的价格向生物精炼厂提供足够的生物质。这一过程将需要形成新的商业模式，安排种植、收获、储存、交付、精炼和市场，使生物质能转化为生物能源。

尽管生物能源行业面临着相当大的挑战，但也有许多重要的机会。新的专用作物如芒草和柳枝稷，以及短周期木本作物如杨树和柳树，有望提供如碳封存那样的环境效益，此外，它们也是极好的原料。纤维素乙醇等新兴技术，有望彻底上提高生物质转化为乙醇的效率，扩大生物能源生产的潜在原料的范围。如果可以利用这些机会，生物能源将对全世界可再生能源的发展做出重大贡献。

安德鲁·戴恩（Andrew DANE）

威斯康星大学-分校

参见：农业；汽车产业；生物技术产业；发达国家的农村发展；发展中国家的农村发展；能源效率；能源工业——可再生能源概述；设施管理；清洁科技投资；供应链管理。

拓展阅读

Biomass Research and Development Board. (2008). *The economics of biomass feedstocks in the United States: A review of the literature.* Retrieved October 29, 2009, from http://www.usbiomassboard.gov/pdfs/7_Feedstocks_Literature_Review.pdf

Biomass Research and Development Technical Advisory Committee & Biomass Research and Development Initiative. (2007, October). *Roadmap for bioenergy and biobased products in the United States.* Retrieved October 29, 2009, from http://www1.eere.energy.gov/biomass/pdfs/obp_roadmapv2_web.pdf

Crooks, Anthony. (2008). Ownership manual: Bioenergy study assesses four primary ownership models for biofuels. *Rural Cooperatives*, 75(1), 10–14.

Farrell, John, & Morris, David. (2008). *Rural power: Community-scaled renewable energy and rural economic development.* Retrieved October 29, 2009, from http://www.newrules.org/sites/newrules.org/files/ruralpower.pdf

The Minnesota Project. (2009, August). *Transportation biofuels in the United States: An update.* Retrieved October 29, 2009, from http://www.mnproject.org/pdf/TMP_Transportation-Biofuels-Update_Aug09.pdf

Prochnow, A.; Heiermann, M.; Plöchl, M.; Linke, B.; Idler, C.; Amon, T.; & Hobbs, P. J. (2009). Bioenergy from permanent grassland — A review: 1. *Biogas. Bioresource Technology*, 100(21), 4931–4944.

Radloff, Gary, & Turnquist, Alan. (2009). *How could small scale distributed energy benefit Wisconsin agriculture and rural communities.* Retrieved October 29, 2009, from http://www.pats.wisc.edu/pubs/97

Rosillo-Calle, Frank; de Groot, Peter; Hemstock, Sarah; & Woods, Jeremy. (2007). *The biomass assessment handbook: Bioenergy for a sustainable environment.* London: Earthscan

Schwager, J.; Heermann, C.; & Whiting, K. (2003). Are pyrolysis and gasification viable commercial alternatives to combustion for bioenergy projects? *In Renewable Bioenergy — Technologies, Risks, and Rewards* (pp.63–74). Bury St. Edmonds, U.K.: Professional Engineering Publishers.

Tilman, David; Hill, Jason; & Lehman, Clarence. (2008). Carbon negative biofuels from low input high diversity grassland biomass. *Science*, 314(5805), 1598–1600.

United States Energy Information Administration (USEIA). (2009, July). Renewable energy consumption and electricity preliminary statistics 2008. Retrieved November 6, 2009, from http://www.eia.doe.gov/cneaf/alternate/page/renew_energy_consump/rea_prereport.html

United States Environmental Protection Agency (US EPA). (2007). *Biomass conversion: Emerging technologies, feedstocks, and products.* Retrieved October 29, 2009, from http://www.epa.gov/Sustainability/pdfs/Biomass%20Conversion.pdf

能源工业——煤

煤炭仍然是一个重要的能源和工业资源。为了使煤炭行业可持续发展，新技术必须解决在采矿，运输和转化为电力和化学品过程中发生的排放和煤炭利用率低的问题。潜在的可持续发展技术应该改善煤的转化；再利用副产品和废物；开发高效的燃烧、发电和气化技术；并实施碳捕获、存储和利用战略。

煤炭广泛应用于电力、钢铁、化工、建材等行业和人们的日常生活。但煤炭行业消耗资源，并以许多负面的方式影响环境。煤炭的使用导致酸雨、重金属、颗粒物和二氧化碳排放量的增加。不过，从历史上看，它的使用阻止了森林被砍伐用于柴火和木炭，这期间一种技术取代了另一种技术。尽管煤的使用很普遍，但是对于普通消费者来说，通常几乎看不到它，因为它主要在大型发电厂中燃烧（尽管在中国通常用它来做饭和取暖）。

持续的经济发展需要可靠和安全的能量支持。煤炭，约占世界总的主要商业能源供应量的30%，可能仍然是21世纪中期的重要能源资源。煤炭行业的主要挑战是采矿、运输和煤炭转化时的利用效率和各种污染物的排放。虽然已经开发和部署了许多先进技术来解决这些问题，但是煤炭利用工业仍然还是低效率和高污染的。

煤炭使用和加工

煤是一种"脏"的固体能源和碳资源，比天然气和石油更难使用。它含有灰分和许多污染物元素，例如硫、氮、卤素和重金属（例如汞，砷和铬）。与由植物制成的生物质燃料相比，煤不是可再生的，并且不是碳中和的，因为没有抵消燃烧时释放的碳。尽管如此，煤炭在世界能源消费中的份额占据第二位，仅次于石油（BP 2009, 5, 42）。

煤主要用作能源，通过燃烧产生热和电。在中国，每年消耗的煤50%以上是用来燃烧发电的（Market Avenue 2008）。用粉碎后的煤粉烧锅炉，锅炉的水转化成蒸汽，蒸汽推动汽

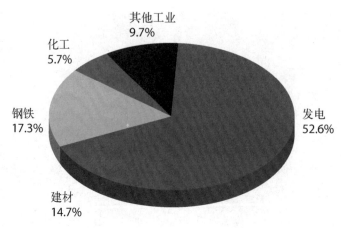

图1   2007年中国主要工业用煤的份额

资料来源：Market Avenue（2008）.

在中国，一半以上的煤的消费用于发电（中国是世界上最大的煤消费国）

轮机旋转，汽轮机使发电机产生电力。尽管该方法的热力学效率已经提高，但是具有最先进技术的常规蒸汽涡轮机在整个过程（燃烧加发电）中的效率最多也只能达到37%—38%。超临界涡轮机（在极高的温度和压力下运行锅炉，使锅炉中的水保持液态）可以实现42%的热效率，而超超临界涡轮机（具有甚至更高的温度和压力）可以实现45%或更高的热效率（World Coal Institute 2009）。

煤炭可以作为原料来生产焦炭。焦炭是一种固体的、从烟煤中除去那些挥发性组分（在低温下燃烧或蒸发）之后留下的富含碳的残留物。焦炭有许多工业用途；例如在冶金过程中，焦炭被用作燃料或还原剂，提供热量和在高炉中熔炼铁矿石。

煤也可以作为化学生产中的原料，或炭资源。煤气化将煤转化为由氢气、二氧化碳、一氧化碳、甲烷和其他碳氢化合物组成的气态产物。煤可以被气化生产合成气，一种一氧化碳和氢气的混合物。合成气可以合成转化为化学品如甲醇、二甲醚（DME）或氨，或转化为

运输燃料如汽油或柴油。或者，从气化获得的氢气可用于各种目的，如操作联合循环发电设备，驱动燃料电池和更新化石燃料。

有三种主要的气化技术：移动床气化、流化床气化和气流床气化。但是，这些技术几乎不能处理低品位煤。因此，气化技术的进一步发展是高需求。煤气净化、二氧化碳捕获、硫回收、微粒去除、过程强化和节能等新技术对于煤气化技术的清洁发展也是重要的（Chang 2005）。

在建筑材料行业，煤炭主要用于两个领域。一是，将粉煤与水泥材料混合，提供窑生产水泥所需的热量。二是，通过低成本煤气化，工业炉产生工业燃气。在中国，燃气生产是一个大行业，每年消耗4 000多万吨煤（Wang & Guo 2008, 7）。这些煤的利用过程具有成本高，效率低和污染严重的缺点。由于煤炭仍然是一种重要的资源，需要清洁的煤炭技术来确保能源安全，并提高煤炭行业的可持续性。先进的煤炭利用技术也需要满足快速增长的能源需求和成本有效地减少温室气体排放（主要

是二氧化碳）。在采煤、运输、煤炭转化为电力或化学品，以及钢铁、建筑材料生产中，都可以找到支持行业可持续发展的技术机会。

采矿

煤炭开采又脏又危险。它扰乱了土地的地面和地下水，给地区的商业和公共生活带来破坏或负面影响。亚太清洁开发与气候合作（Asia-Pacific Partnership on Clean Development and Climate）煤炭开采工作组（2006, 54）估计，每年仅在中国大约新增4万公顷土地受到煤矿开采活动的干扰。虽然大多数采煤国家都有土地开垦的规定，但在发展中国家，这些规定通常是"零敲碎打，效率较低"（Xia 2006）。即使在发达国家，复垦过程——特别是从土壤中去除污染物——在现有技术下也是长期和昂贵的；联合国环境规划署估计每年用于土地恢复需花费100亿至220亿美元（Xia & Shu 2003）。

为了应对煤矿事故中每年成千上万矿工的死亡，中国国家发展和改革委员会于2006年开始发布了该国煤炭工业的五年计划，该计划对安全、有效、清洁、煤炭勘探的环境影响，采矿和输送作业提出了更严格的要求（Blueprint for coal sector 2007）。中国煤工死亡人数从2005年的5 986人下降到2009年的2 631人；相比之下，2009年美国只有34起采矿死亡（Associated Free Press 2010；Alford 2010）。

除了安全问题，煤矿业也可以解决可持续性和资源利用问题。例如，可以开发在建筑和道路建筑材料中使用煤矸石的技术（煤矸石是一种在煤和矿物中没有商业价值的岩石）。在开采前提取煤层气将减少甲烷的温室气体排放。进一步进展需要提取和使用煤层气中的甲烷，以捕获在通风空气中甲烷的能量，空气和甲烷的混合物，其浓度对于天然气的常规使用而言太低（Luo & Dai 2009）。另一个很少受到关注的重要问题是煤炭从采矿地点运输到发电厂。目前正在努力使这种运输更具可持续性，例如将加工设施置于更靠近矿址的地方。

将煤转化为电力

自2007年以来，中国燃煤发电的煤炭消费总量已达到70%，约为世界平均水平的两倍（Huang 2007）。燃烧煤的污染物排放量远远高于燃烧油和天然气（USEIA 1999, 58）。因此，主要污染物和二氧化碳的排放基本上来自烧煤（见表1）。潜在的清洁燃煤发电技术包括超超临界发电，整体煤气化联合循环（IGCC）系统和基于整体煤气化联合循环的多联产系统。

表1 燃烧煤、石油和天然气的污染物排放（千克/每十亿焦）

污染物	煤	油	天然气
二氧化碳（CO_2）	99 500	78 500	56 000
一氧化碳（CO）	99.5	15.8	19.1
一氧化氮（NO）	218.7	214.4	44
二氧化硫（SO_2）	1 240	537	0.48
水银（Hg）	0.01	0.0035	0

来源：美国能源信息管理局（1999）。
煤炭燃烧产生的污染物排放明显多于石油和天然气。

超超临界发电

如前所述，传统的亚临界发电厂的效率为37%—38%。超超临界（USC）发电厂可以达到44%—45%的效率。由于效率较高，超超临界发电厂每单位电力的二氧化碳排放量约为传统发电厂的五分之一。超超临界发电厂具有高可靠性，类似于超临界和亚临界发电厂（Cao et al. 2007）。许多超超临界示范工厂在世界各地运行，并且都有脱硫、反硝化和除尘部分，可以降低排放以满足严格的环境监管标准。超超临界发电厂显示出热效率得到提高。控制再热器出口温度，在正常操作中不用喷雾水注入，也能减少相应的用水量。

21世纪初燃煤火电厂的一个主要方向是进一步开发超超临界发电技术，同时控制烟气污染。这些努力旨在实现高效率、高经济收益和保护环境（Cao et al 2007）。

整体煤气化联合循环系统

整体煤气化联合循环系统减少排放并提高煤炭效率。这些系统使用煤的气化，合成气净化，以及燃气－蒸汽联合循环发电涡轮机。它们从合成气和产品气体中集中并除去各种污染物。现有的整体煤气化联合循环系统发电厂表明硫、氮和二氧化碳的去除率分别高达99%、90%和30%，效果与天然气联合循环系统相同。整体煤气化联合循环系统技术也能清洁和有效地使用高硫煤和一些低品位煤。但是，与不使用碳捕获和存储（CCS）技术的常规亚临界和超临界发电厂相比，整体煤气化联合循环系统发电厂2010年用于生产1千瓦电力（称为资本支出，即CAPEX）的金额更高；这就是整体煤气化联合循环系统没有得到广泛应用的原因。进一步开发高效关键技术和设备对于实现整体煤气化联合循环系统技术非常重要。当与碳捕获和存储技术和应用相结合

时，整体煤气化联合循环系统发电厂的成本将低于传统燃煤发电厂。这表明，一旦先进技术到位，整体煤气化联合循环系统将在未来煤电市场中发挥重要作用。

基于整体煤气化联合循环系统的多联产

多联产是指整合各种煤转化和合成技术的清洁高效的生产工艺。这些工艺创造各种清洁的二次能源（如，油、气）和有价值的化学产品。兖矿发电厂是中国第一个多联产工业示范厂（Xiao 2007）。它于2005年开始运行，并成功实施了电力和化工产品的多联产。

多联产降低了资本支出和运营支出（OPEX）成本，并降低了硫、氮、颗粒物和其他污染物的排放。这些系统灵活，并具有商业竞争力，因为它们能提供多种多样的产品，能调节波动的电力需求。与传统发电和单一产品合成技术相比，基于煤的多联产系统的优点是效率高，成本低，排放低。在升级系统所有相关技术中，包括气化，气体清洁，燃气轮机和化学合成，有很多提高整体煤气化联合循环系统的机会。

未来可持续产业的战略

可持续的煤炭利用战略和使用技术有很多可改进的余地。研究人员应寻求环境可持续的、可负担得起的、高效率转换技术，以及适应性广的清洁技术。或者他们可以寻求一个综合全面的解决方案来提高效率和降低环境损害。

具体行动包括监测煤矿安全和效率，改善先进电厂、焦化厂和其他煤化工设施的建设和运行的投资环境。煤炭工业的主要任务

包括：

（1）加快煤矿转换产业，开发新的煤炭利用模式

（2）促进煤层甲烷和煤矸石的有效利用，减少高品位煤资源消耗，控制污染

（3）提高煤矿的土地复垦，利用煤矿水保护煤矿生态环境

（4）开发先进的燃烧技术来发电和产生热

（5）应用更多的超临界和超超临界发电技术，提高电力行业的效率

（6）为低品位煤开发大规模、先进的气化技术，以扩大资源可用性，并创造合成气或燃料气

（7）推进低成本清洁技术，碳捕捉、储存和利用战略，以控制污染，净化产品，实现清洁煤炭工业

此外，过程集约化和规模化技术可以最大限度地提高系统效率，最大限度地减少污染排放。从长远来看，可持续煤炭工业可以通过促进与可再生能源，二氧化碳捕捉和封存相结合的多联产技术系统来实现。

赵宁，宋全滨，连明

上海碧科清洁能源技术有限公司

徐光文

上海碧科清洁能源技术有限公司；

中国科学院过程工程研究所

作者感谢中国科学院过程工程研究所的李静海和张锁江对本文的内容和组织的技术建议。

参见：总量控制与交易立法；绿色化学；能源效率；能源工业——可再生能源概述；清洁科技投资；采矿业；钢铁工业。

拓展阅读

Alford, Roger. (2010, January 1). US mine deaths hit record low of 34 in 2009. Retrieved January 20, 2010, from http://abcnews.go.com/Business/wireStory?id=9459833

Asia-Pacific Partnership on Clean Development and Climate, Coal Mining Task Force. (2006). Action plan. Retrieved January 18, 2010, from http://www.asiapacificpartnership.org/pdf/Projects/Coal%20Mining%20Task%20Force%20Action%20Plan%2020030507.pdf

Associated Free Press. (2010, January 20). China says coal mine deaths fall in 2009. Retrieved January 20, 2010, from http://news.yahoo.com/s/afp/20100120/wl_asia_afp/chinaminingaccidentindustrytoll

Blueprint for coal sector. (2007, November 30). Retrieved January 18, 2010, from http://www.china.org.cn/english/environment/233937.htm

BP. (2009). Statistical review of world energy: June 2009. Retrieved January 19, 2010, from http://www.bp.com/liveassets/bp_internet/globalbp/globalbp_uk_english/reports_and_publications/statistical_energy_review_2008/STAGING/local_assets/2009_downloads/statistical_review_of_world_energy_full_report_2009.pdf

Cao, Yuchun; Wei, Xinli; Wu, Jinxin; Wang, Baodong; & Li, Yan. (2007). Development of ultra-supercritical power plant in China. In Kefa Cen, Yong Chi, and Fei Wang (Eds.), *Challenges of power engineering and environment: Proceedings of the International Conference on Power Engineering 2007* (pp.231–236). Berlin: Springer.

Chang, Cheng-Hsin. (2005). Coal gasification. Retrieved January 10, 2010, from http://apps.business.ualberta.ca/cabree/pdf/2005_Winter/BUEC%20560/Cheng-Hsin%20Chang-Coal%20Gasification.pdf

Freese, Barbara. (2003). *Coal: A human history*. Cambridge, MA: Perseus.

Huang Qili. (2007). Status and development of Chinese coal-fired power generation. Retrieved January 10, 2010, from http://www.egcfe.ewg.apec.org/publications/proceedings/CFE/Xian_2007/2–1_Qili.pdf

The International Iron and Steel Institute. (2005). *Steel: The foundation of a sustainable future: Sustainability report of the world steel industry 2005*. Retrieved January 19, 2010, from http://www.worldsteel.org/pictures/publicationfiles/SR2005.pdf

Kong, Xian. (2002). Developmental direction of energy saving for industrial furnace. *Ye Jin Neng Yuan* [Energy for the Metallurgical Industry], 22(5), 36–38.

Luo, Dongkun, & Dai, Youjin. (2009). Economic evaluation of coalbed methane production in China. *Energy Policy*, 37(10), 3883–3889.

Market Avenue. (2008). 2008 report on China's coal industry: Description. Retrieved November 27, 2009, from http://www.marketavenue.cn/upload/ChinaMarketReports/REPORTS_1004.htm

United Nations Environment Programme. (2006). Energy efficiency guide for industry in Asia: Furnaces and refractories. Retrieved January 19, 2010, from http://www.energyefficiencyasia.org/docs/ee_modules/Chapter%20–%20%20Furnaces%20and%20Refractories.pdf

United States Energy Information Administration (USEIA). (1999). Natural gas 1998: Issues and trends. Retrieved January 19, 2010, from http://www.eia.doe.gov/pub/oil_gas/natural_gas/analysis_publications/natural_gas_1998_issues_trends/pdf/chapter2.pdf

United States Environmental Protection Agency. (2009a). Effluent guideline: Coalbed methane extraction detailed study. Retrieved January 20, 2010, from http://www.epa.gov/guide/cbm/#background

United States Geological Survey. (n.d.). Coal-bed methane: Potential and concerns. Retrieved January 20, 2010, from http://pubs.usgs.gov/fs/fs123–00/fs123–00.pdf

Wang, Fuchen, & Guo, Xiaolei. (2008). Opposed multi-burner (OMB) gasification technology — New developments and update of applications.

Presentation at the Gasification Technology Conference, Washington, DC. Retrieved February 5, 2010, from http://www.gasification.org/Docs/Conferences/2008/37WANG.pdf

World Bank; China Coal Information Institute; Energy Sector Management Assistance Program. (2008).

Economically, socially and environmentally sustainable coal mining sector in China. Retrieved January 19, 2010, from http://www-wds.worldbank.org/external/default/WDSContentServer/WDSP/IB/2009/01/15/000 333037_20090115224330/Rendered/PDF/471310WP0CHA0E1tor0P09839401PUBLIC1.pdf

World Coal Institute. (2009). Improving efficiencies. Retrieved February 5, 2010, from http://www.worldcoal. org/coal-the-environment/coaluse-the-environment/improving-efficiencies/

Xia, Cao. (2006). Regulating land reclamation in developing countries: The case of China. *Land Use Policy*, 24(2), 472−483.

Xia, Hanping, & Shu, Wensheng. (2003). Vetiver system for land reclamation. Retrieved January 20, 2010, from http://vetiver.org/ICV3−Proceedings/CHN_Land_reclam.pdf

Xiao, Yunhan. (2007). The evolution and future of IGCC, co-production, and CSS in China. Retrieved January 19, 2010, from http://www.iea.org/work/2007/neet_beijing/XiaoYunhan.pdf

Xie, Kechang; Li, Wenying; & Zhao, Wei. (in press). Coal chemical industry and its sustainable development in China. Retrieved January 25, 2010, from http://www.sciencedirect.com

Zhang Cuiqing; Du Minghua; Guo Zhi; & Yu Zhufeng. (2008). Energy saving and emission cutting for new industrial furnace. Energy of China, 30(2008), 17−20.

能源工业——地热能

地热能来自地球内发现的自然热。它直接用作加热源——用于家庭，洗澡和温泉——已经使用了数千年，并且自20世纪初以来已经被用作发电的来源。其优点是清洁、可再生、丰富。使用地热国家的数量正在不断增长。

地热这个词字的字面意思是"地球的热"，据估计地球核心的温度为5 500℃——与太阳表面一样热。地热能的利用可来自含有饱和水和/或蒸汽的地下地热岩石的储层。钻井通常两公里深或更深，钻入储层。然后将热水和蒸汽用管道输送到地热发电厂，在那里它们被直接用于加热或驱动发电机，为企业和家庭产生电力。地热能是一种可再生资源，因为它利用了丰富的地球内部热量，以及在使用和冷却之后又被返回到储层的水。地热能已被许多国家发掘，特别是世界各地那些地质条件良好的地方—— 一般是沿着地球表面主板边界的火山区。

地热能的利用

地热能可以直接用于加热、食品加工、养殖鱼、沐浴、农业，以及其他需要热量的用途。地热能也可以通过使用蒸汽或热来间接地用于发电。在这方面，地热与其他可再生能源技术相比是独一无二的。它不仅提供了发电实际的基本负荷能力（几乎可以连续地产生功率输出），而且提供了一种用于产生热的更干净的化石燃料替代物。

直接使用

最古老的，也许是最著名的地热能应用是洗澡、温泉和取暖，可以追溯到罗马时代。当今地热能源还有许多其他的应用：集中供热系统，包括冰岛，世界上最大的集中供热系统之一，那里大约90%的家庭用地热能取暖（Orkustofnun 2009）；温泉浴和温泉；地热加热的养鱼场；食品加工和脱水。此外，利用地源（地热）热泵直接给家庭供暖或通过能源效率项目节省能源成本，用于个人或工业使用都具有巨大的可能性。

　　所有这些"直接使用"的应用，利用的是从较低温度的水（小于150℃）产生的地热能，其来源于100—1 000米深的井。截至2005年，73个国家直接利用地热能，每年总能源输出为75 900千兆瓦时（GWh）热（Glitnir Geothermal Energy Research 2008）。使用地热的国家正在不断增加。

发电

　　利用地热能发电是当今最突出的应用。这个应用是一种成熟的技术，始于1904年意大利拉尔代雷洛（Larderello）的小型发电设施。直到今天，地热能仍被用于发电，并在Larderello直接供热。

　　虽然通过地热能发电的国家正在增加，但2009年仅有大约24个国家从中发电。根据国际地热协会（2009），总装机容量约为10吉瓦（GW）。

　　从1 000—3 000米深，热的、可渗透的水的岩石井里，大于150℃的中、高焓流体来发电。来自这些井的水要么直接用于蒸汽轮机，要么用于加热具有较低沸点的辅助工作流体。

　　表1中提及的所有应用，都可以用水作为地热能的载体。这项技术已经数百年证明，但它需要现存的地面水流。电力生产需要高温，但是新技术使用具有在较低温度下沸腾的流体的二元循环系统。这使得在低温区域发电成为可能，进一步扩展了地热能发电的利用前景。

　　地热具有巨大的优势，因为与"许多其他电源相比，它有更高的容量因子（容量因子是设备实际使用时间的量度）"（Kagel, Bates & Gawell 2007, i）。不像其他可再生能源，如风能和太阳能发电，依赖于天气波动和气候变化，只有20%—30%的容量因子，地热资源每天24小时，每周7天都可用。在现实生活中，基于Glitnir（2008）的估算，这意味着安装50兆瓦的地热能可为约38 000美国家庭提供电力，而安装相同的风力，仅能为约15 000美国家庭提供电力，而光伏太阳能仅能为约10 000户家庭提供足够的电力。这还也表明了基于个人来说地热的有用性。对于任何工业用户，每周7天，每天24小时都需要电力、风能和太阳能根本就不可能替代它。

　　包括工程地热/热干岩石系统在内的新技

表1　地热能应用

电力生产——热水法	钻井至地热储层，深度3公里以上，引出热水和蒸汽
	在发电厂，地热转换成电能或电力
	热水和蒸汽地热能的载体
直接使用	直接使用地热资源热水的应用包括空间加热，农作物和木材
	干燥，食品制备，水产养殖和工业过程
	历史追溯到古罗马时代洗澡和温泉
地热泵	利用地球温度相对稳定的优势作为用于加热和冷却的热量的源和汇，以及热水供应
	最有效的、可用的加热和冷却系统之一
干热岩深部地热/EGS*	通过创建地下断裂系统提取热量，通过注水井向其中添加水
	水通过与岩石接触而被加热，并通过生产井返回到地面
	然后，在电厂能量转化为电能，与热水地热系统一样

来源：Glitnir 地热能源研究（2008）.

　　地热能——以热量的形式，以水为载体——有许多潜在的用途，直接的（加热）和间接的（发电）。

术处于不同的发展阶段,可为地热能工业提供进一步的发展。它们旨在通过人工创建热水储层,利用来自不可渗透岩石的热量。虽然这些系统还不具备商业可行性,但他们可能大幅扩大地热能源利用率,允许世界各地发电,而不仅仅是在"地质上有利的地区"。进一步改进钻探技术和更深钻探的经济性也为进一步发展热能开发和利用提供了巨大的希望。 对于电力生产,进一步的技术发展将对该行业的整体发展产生巨大影响。虽然地热电力的载体介质——水——必须得到妥善管理,但地热能的资源——地球的热量——将可以无限期使用。

21 世纪的展望

不论是发电还是直接使用,地热能利用的整体前景非常好。虽然在很大程度上依赖于政治和财政支持,地热能代表了唯一能真正替代如煤和石油的化石燃料的基本负荷能力。 短期的最大潜力和前景是直接使用地热能,特别是用于加热和其他直接应用。随着二元系统和工程地热系统的技术发展,全世界的地热都可以提供电力。

截至2009年底,仅美国正在开发的项目超过120个,总计可将该国目前已安装的地热能力提高一倍以上,到2020年总计将增加到10吉瓦。全球范围内,预计到2020年地热发电能力将增加三倍,达到30吉瓦以上(Geothermal Energy 2008；International Geothermal Association 2009；Islandsbanki 2009)。发电将是气候变化辩论中的一个突出问题,地热能直接用于加热和其他基于热的应用可能发挥更重要的作用,这使得地热有可能替代与污染相关的化石燃料。

地热直接使用的潜力巨大,不可量化,特别是新技术的应用,如增强的地热系统(EGS)。同时,还有地方对地震和污染排放担忧。关于增强的地热系统如何工作或者是否可能引起地震活动存在着持续的争议；虽然地震的可能性有限,但一般公众的关切需要在开发过程早期由公司部门加以解决。这同样适用于可能的排放,虽然地热发电厂具有较小(或没有)排放,被认为是其他热电厂更清洁的替代。

亚历山大·里克特(Alexander RICHTER)
Islandsbanki,地热能源团队；ThinkGeoEnergy

注:作者写这篇文章的身份,既是促进地热能源的银行(Islandsbanki)地热能源团队的雇员和成员,同时也是ThinkGeoEnergy的一位作家。

参见:能源工业——可再生能源概述；设备管理；清洁科技投资；水资源的使用和权利。

拓展阅读

Aabakken, Jorn. (Ed.). (2006, August). *Power technologies energy data book* (4th ed.). Retrieved September 14, 2009, from http://www.nrel.gov/analysis/power_databook/docs/pdf/39728_complete.pdf

Australian Geothermal Energy Association. (2009). Retrieved September 14, 2009, from http://www.agea.org.au/

Bertani, Ruggero. (2003). What is geothermal potential? *International Geothermal Association News*, 53, 1–3. Retrieved September 19, 2008, from http://iga.igg.cnr.it/documenti/IGA/potential.pdf

Bertani, Ruggero. (2007). World geothermal generation in 2007. Retrieved September 19, 2008, from http://geoheat.oit.edu/bulletin/bull28-3/art3.pdf

Bertoldi, Paolo; Atanasiu, Bogodan; European Joint Research Commission; & Institute for Environment and Sustainability. (2007). *Electricity consumption and efficiency trends in the enlarged European Union: Status Report 2006*. Retrieved January 14, 2010, from http://re.jrc.ec.europa.eu/energyefficiency/pdf/EnEff%20Report%202006.pdf

Bundesverband Geothermie E. V. (2009). Retrieved September 14, 2009, from http://www.geothermie.de/

Geothermal Energy Association. (2009). Retrieved September 14, 2009, from www.geo-energy.org

Geothermal Resources Council. (2009). Retrieved September 14, 2009, from www.geothermal.org

Glitnir Geothermal Energy Research. (2008, March). *Geothermal energy*. Retrieved October 15, 2009, from http://www.islandsbanki.is/servlet/file/FactSheet_GeothermalEnergy.pdf?ITEM_ENT_ID=5415&COLLSPEC_ENT_ID=156

Green, Bruce D., & Nix, R. Gerald. (2006). *Geothermal — The energy under our feet: Geothermal resource estimates for the United States* (NREL Technical Report 40665). Retrieved September 14, 2009, from http://www.nrel.gov/docs/fy07osti/40665.pdf

International Geothermal Association. (2009). Retrieved September 14, 2009, from http://www.geothermal-energy.org/index.php

Islandsbanki. (2009). *Financing geothermal projects in challenging times.* Retrieved September 14, 2009, from http://www.islandsbanki.is/servlet/file/Financing%20geothermal%20projects.pdf?ITEM_ENT_ID=38517&COLLSPEC_ENT_ID=156

Kagel, Alyssa. (2006). Socioeconomics and geothermal energy. Retrieved September 14, 2009, from http://www.geo-energy.org/publications/power%20points/SocioeconomicsKagel.ppt

Kagel, Alyssa; Bates, Diana; & Gawell, Karl. (2007). *A guide to geothermal energy and the environment.* Retrieved October 16, 2009, from http:// www.geo-energy.org/publications/reports/Environmental%20Guide.pdf

Lund, John W.; Freeston, Derek H.; & Boyd, Tanya I. (2005a). Direct application of geothermal energy: 2005 worldwide review. *Geothermics*, 34(6), 690–727.

Lund, John W.; Freeston, Derek H.; & Boyd, Tanya I. (2005b). Worldwide direct uses of geothermal energy 2005. *In Proceedings of the World Geothermal Congress* 2005 [CD-ROM]. Reykjavik, Iceland: International Geothermal Association.

Massachusetts Institute of Technology. (2006). *The future of geothermal energy: Impact of enhanced geothermal systems* (EGS) on the United States in the 21st century. Retrieved September 30, 2008, from http://www1.eere.energy.gov/geothermal/pdfs/future_geo_energy.pdf

North Carolina Solar Center. (2008). Renewable energy portfolio standards. Retrieved September 29, 2008, from http://www.dsireusa.org/documents/SummaryMaps/RPS_map.ppt

Orkustofnun (National Energy Authority). (2009). Retrieved October 17, 2009, from http://www.os.is/page/english/

Petty, S., & Porro, G. (2007, March). *Updated U.S. geothermal supply characterization.* Paper presented at the 32nd Workshop on Geothermal Reservoir Engineering, Stanford, CA. Retrieved on September 30, 2008, from http://www.nrel.gov/docs/fy07osti/41073.pdf

Slack, Kara, & Geothermal Energy Association. (2008). *U.S. geothermal power production and development update: August 2008.* Retrieved September 19, 2008, from http://www.geo-energy.org/publications/reports/Geothermal_Update_August_7_2008_FINAL.pdf

Think GeoEnergy. (2009). Retrieved September 14, 2009, from www.thinkgeoenergy.com

United States Energy Information Administration (USEIA). (2009). Table 5: U.S. average monthly bill by sector, census division, and state 2007. Retrieved January 14, 2010, from http://www.eia.doe.gov/cneaf/electricity/esr/table5.html

United States Geological Survey. (2008). Assessment of moderate-and high-temperature geothermal resources of the United States. Retrieved September 29, 2008, from http://pubs.usgs.gov/fs/2008/3082/pdf/fs2008-3082.pdf

Western Governors' Association Clean and Diversified Energy Initiative. (2006, January). *Geothermal task force report.* Retrieved September 29, 2008, from http://www.westgov.org/wga/initiatives/cdeac/Geothermal-full.pdf

World Wide Fund for Nature International. (2007). *Climate solutions: WWF's vision for 2050.* Retrieved September 14, 2009, from http://assets.panda.org/downloads/climatesolutionweb.pdf

能源工业——水力发电

水电是世界电力供应的一种重要的可再生资源，尽管它的技术相对成熟，但仍具有相当大的开发的潜力。创新包括能保护产卵鱼和更适合农村地区的小水电站的新涡轮的开发。水电具有社会、经济和环境的优点和缺点，但水力发电的平均成本仍具有吸引力。

人类利用水来工作已有数千年历史。大约公元前2000年，波斯人，希腊人和罗马人开始使用由河流驱动的原始水轮机用于简单的应用，如灌溉和磨谷物；中国四川省今天仍在使用具有2 300年历史的都江堰灌溉系统。但是这种装置的效率非常低，仅使用了河流可用能量的一小部分，这部分能源主要来自水的速度和运动，也称为速度头（水落下的垂直高度称为头；头越高，水落在水轮或水轮机上的动能越大，工程师用头和水流的体积来计算一个水电项目可以产生的能量，也称为潜在功率）。

水电的演变

随着前冲和回转水轮的使用，水车效率大大地提高，当水落在水车上时，前冲和回转水轮可分别逆时针或顺时针转动。这些用水的重量来转动轮子，并将水能转化为功。涡轮机是水电的一个主要发展方向。它们由附接到旋转轴的弯曲叶片组成，并被封闭或浸没在水中。当水通过旋转叶片时，它便释放能量。与水轮不同，涡轮机可水平或垂直安装。

现代水电涡轮机在17世纪中期开始演变，当时法国工程师贝利多尔（Bernard Forest deBélidor）（1698—1761）写了四卷建筑水力学。1869年，比利时电工格拉姆（Zénobe Gramme）安装了第一台原型发电机——一台产生直流电的发电机——和一台电动发动机。到1881年，一台与面粉厂涡轮机相连的刷电机为纽约的尼亚加拉瀑布提供了路灯。

自19世纪80年代以来，水电的主要应用就是发电。到1925年，世界上40%的电力生产来自水力发电（Lejeune & Topliceanu 2002，3），而到2006年已经减少到17%（USEIA 2008a）。这种下降趋势不是由于水力发电的全球电能产量的变化,而是因为1980年至2006年世界总能源产量翻了一番,事实上这段时间水电还增加了74%(USEIA 2008a)。

重要性

2006年,世界水电发电占全球发电量的百分比(17%)占全世界可再生能源发电量的近90%(Pew Center n.d.)。因此,它是可再生能源发电的最普遍的形式。

自1965年以来,来自石油、天然气、煤炭、核电和水电(它是唯一的可再生资源)的全球总能源消耗从4 400万千兆瓦小时(GWh)增加到1.31亿千兆瓦小时(GWh)(BP 2009)。截至2007年,全球一次能源消费石油(35.6%)、煤炭(28.6%)。他们的消费一直在增长,不过受到可再生能源消费增长的影响,包括水电(6.4%; BP 2009),其增长有所减缓。

水电消费和生产因国家而异。4个国家已成为世界上最大的水电消费国和最大的生产国。2008年,消费量依次是:中国154万GWh,占世界总量的18.5%;加拿大97.2万GWh,占11.7%;巴西95.7万GWh,占11.5%;美国65.9万GWh,占7.9%(BP 2009, 38)。根据美国能源信息管理局(USEIA 2008b)的数据,生产水电最多的国家分别是中国(521 000 GWh)、加拿大(378 000 GWh)、巴西(361 000 GWh)、美国(259 000 GWh)。降雨量和干旱等条件可能影响水电生产;受干旱的影响,美国水电生产从2007年到2008年减少。但政府投资水电的政策,如中国的三峡工程,可大大提高产量。从2007年到2008年,中国的生产(20.3%)比其他国家增加了很多,扭曲了世界生产的净增长(BP 2009)。

虽然水电是可再生能源的重要来源,但对它也是有争议的。主要好处是,它产生极少量的二氧化碳(主要来自电厂建设和生长在电厂蓄水池中的腐烂的有机物);其数量小于风能、核能和太阳能的能源。另外,水电的供应一般是稳定的,因为水在许多地方是丰富的。

最大的缺点是成本。水电站的大坝和电厂建设的初始投资成本相对较高(部分原因是许多地理的可变性使项目规划地点特殊)。其他费用包括安装(或接通)输电线路,设施的运行和维护,以及安置因大坝和水库而迁移的人的财政和社会成本。农田损失和对生态系统的潜在损害也是很重要的缺点(Williams & Porter 2006)。

不过,水电的长期成本往往很低,因为能源(流水)是可再生的和免费的。在美国,生产1千瓦小时的水电,平均花费85美分,比核电便宜50%,比化石燃料便宜40%,比天然气便宜25%(威斯康星谷改良公司,未注明出版日期)。千瓦时是电力公司用于为住宅客户提供能源使用的一个单位。2009年发电成本数据汇编表明(USEIA 2009a, 89; 2009b),水电发电的平均成本仍然具有吸引力(见图1)。2016年能源研究所(2010, 1)的成本估算表明,水电成本和生物质发电成本在同一水平,比风力发电成本低,比太阳能发电便宜得多(参见图2)。

水电和水坝

大多数21世纪的水力发电厂包括蓄水水库,可以打开或关闭以控制水流的水坝,以及当水流过旋转发电机的水轮机时产生电力

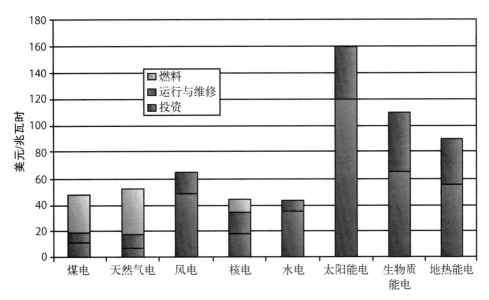

图1 2009年不同能源的平均发电成本(单位:美元/兆瓦时)*

来源:USEIA(2009a,89;2009b).

水电是发电最便宜的能源。

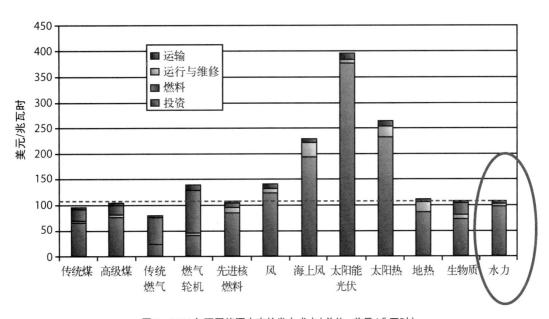

图2 2016年不同能源未来的发电成本(单位:美元/兆瓦时)

来源:Institute for Energy Research(2010,1).

2016年在可再生能源中水力发电的成本有望保持低位,并其他能源竞争。

的发电厂。一些发电厂,被称为控制河流的工厂,沿河而建,以稳定或控制水流,需要大坝。不是所有的水坝都有发电厂;估计美国75 000—79 000 个大坝中只有 3% 可以发电(Pew Center,未标明出版时间)。美国能源部(2005)估计,剩余的 97% 代表 21 000 多个未使用的兆瓦级(MW)的水电站。

经济和安全是规划水力发展的基本考虑因素。工程师必须考虑以最低成本获得最大的输出功率,建设安全和适当的设施,以控制和操纵变化的和不确定的自然力量的水。他们必须考虑自然灾害、洪水和冰的危害,以确保安全,减少电厂运行中的干扰。

因为水力发展经常遇到自然力,工程师们以前认为蒸汽厂是最可靠的原动机。("原动机"是将自然能源转化为功的机器;水电蒸汽动力厂将落下水的能量转换成为蒸汽,推动涡轮机运转。)但是,有时只是燃料来源短缺,蒸汽厂的服务中断,就会改变消费者对蒸汽厂的看法,尽管他们对水电仍然感兴趣,因为化石燃料成本高。水电站设计的趋势是简单有效的布局,更多地使用储存的水。(大型水库可让工厂稳定运行,同时减轻洪水和在干旱期储存水。)这个趋势增加了水电的可靠性,提高了公众对水力发电的认识。

气候变化的可能性及其后果将导致发电的变化和对水电的需求。但大多数"容易"的潜在坝址已经被开发。由于水力发电取决于自然条件(水和水头的可用性),每个电站都有独特的设计和施工问题,没有两个水电站的建设是一样的。某些电站布局对应的最重要的场地特征是:头,可用流量和河流地形。这些特征基本上相互依赖并影响大坝的开发,市场特性(例如,当前技术和监管政策)和负载类型(即,工厂是否在高峰时间不断地或按需地生产电力)。这反过来影响工厂的规模和发电单元的数量。未来水电站的发展需要降低成本(例如,在大坝中使用低成本的辊式压实混凝土),并增加对项目环境和居住环境的保护。

集中瀑布水坝

中国的三峡发电厂有一个集中瀑布水坝的布局。这些大坝将水集中,并将水直接供给大坝附近或在大坝的电站。它们通常建造在具有缓坡的窄谷中,集中流向单点,而不需要特别大、特别昂贵的坝,溢洪道就在坝上。

三峡大坝建在中国湖北省西陵峡的尽头。截至 2009 年,它是世界上最大的水电站,水坝高 185 米,宽 2 309 米;预计将在 5 年到 8 年内产生足够的电力来支付其 300 亿美元的建设成本。其输电和配电系统加入三个区域电网,形成一个网络,为从中国东部海岸到西部西藏边界提供电力。大坝也将为下游提供防洪。

分离瀑布水坝

位于瑞士瓦莱州的迪克桑斯大坝(Grande Dixence)是一个分离的水坝,水坝和电站位于不同的位置。这些坝通常建在崎岖的地形,集中水流的大坝建设非常昂贵。迪克桑斯大坝的隧道和泵站收集从冰川来的水,重力将储存的水移动到大坝下面的四个地下电站。它是世界上最高的重力坝,高 285 米。虽然分流瀑布坝利用的水流比集中瀑布坝小,但是转向流可以分散到低于坝基底的发电站,从而提供更大的头。此外，分离瀑布水坝典型的发电方式是使用较高的头和较小的流，导致每千瓦发电成本较低（Lejeune & Topliceanu 2002，8）。

这些水坝布局的环境影响尚未评估。它们的影响取决于特定参数，例如人和动物的因素、位置和集水区、排放值和变化，以及河床地貌。

规模经济

水力发电厂可以按头或生产能源的能力来分类。每类别分为三个范围：低、中、高头或小、中、大型发电厂。低头电厂，头低，没有水存储，能量容量低（电厂容量指电厂在给定时刻可以提供的最大功率）。加拿大马曼托巴省温尼伯河（Winnipeg River）上的麦克阿瑟（McArthur）发电站是最大的低头电厂，发电容量54兆瓦（马尼托巴水电公司，没有出版时间）。中型发电厂头30—300米高，水库大；三峡大坝是一个例子，最大头高113米（Bridle 2000）。高头电厂有的头300多米高，坝很大，可以不间断发电。迪克桑斯大坝（Grande Dixence）的Fionnay电厂接收的水来自874米净高，具有294兆瓦容量（Alpiq集团，没有出版时间）。小型、中型和大型发电厂的定义各不相同，但大小表示发电厂可生产的兆瓦数。例如，美国能源部（2005）将小型水电站定义为容量在100 kW和30 MW之间。

小水电站：优点

一种水力发电厂表现突出，它就是小水电站（SHP）。小水电站收集和引导水，是一种适合农村和发展中地区的低功率的水力发电站。工程师计算出1.5—300米高，从每秒几百升到每秒几吨立方米流量的瀑布，小水电站可发电5—8 000千瓦。大多数小水电站基于径流式电站建设，可以有或没有储水的小调节罐。工程师通常需要知道河流的条件（例如，旱季潮湿季节），以便确定涡轮机的大小并控制生产。小水电站可以连接到其他电站或为远离主要电网的村庄、小城市或复杂的医疗设施、工业设施或农业设施提供电力。此外，他们只需要一个小型建筑物和一个没有特别训练工作人员。与其他类型的电站相比，小水电站通常建造成本低，运行预算低，非常适合农村社区，并且容易保持人员配备齐全，这在农村地区有优势。最后，他们是自治的，不需要使用燃料，可以自己启动和操作。

小水电站通常是独立电网，由社区或私人个人或集体管理。然而，因为社区的社会活动或需求，能源生产可能是不间断。但如果中断发生得太频繁（由于缺水，干旱，故障，维护不善等），人们可能会变得沮丧，而使用来自其他破坏环境的燃料（如煤炭）或来自森林砍伐地区的树木（这在发展中国家经常发生）。总的来说，与大型项目相比，小水电站对环境的负面影响更小。小水电站环境破坏少，又使用可再生自然资源，因此，与其他任何其他形式的电能生产相比，对自然环境的影响更小（国际能源机构，没有出版日期）。

小水电站：缺点

规模经济对确定水电项目的盈利能力很重要。小水电站的负面影响是建设成本为每千瓦装机容量1 200美元至6 000美元（Minister of Natural Resources Canada，2004），通常是大、中型水力发电厂的三倍,尽管小水电站每个项目的成本较低,运营成本较低。由于缺乏有资质人员的持续维护,事故风险也较高。

尽管 2007 年底开始了全球金融危机,但是新建水力发电厂或对其的研究一直在进行中,特别是小型和大型项目[如刚果民主共和国(DRC)的 Inga 大坝,加拿大的 Romaine 大坝]。许多中型项目被推迟或取消(例如,喀麦隆的 Memve'ele 项目)。中国继续开发大坝高度超过 300 米的非常大型的水电工程,每个电厂的功率约为 6 千兆瓦(GW)。中国的水电装机容量约为 15.5 亿千瓦,目标是到 2020 年将其增加到 3 亿千瓦。2009 年估计,可开发的总的水电潜力约为 542 千兆瓦,居世界第一位(陈 2009)。巴西继续实施坝高约 100 米的项目,主要是沿河的发电厂,功率约 3 千兆瓦。其最大的水电厂与 2009 年 5 月运行,装机容量为 50 千兆瓦;其他小型电厂额外提供 19 千兆瓦(Brazilian Committee on Dams 2009)。

经济学

发达国家和发展中国家的条件影响水电项目的经济性。美国不同发电系统的成本分析表明,水力发电厂是最经济的。这些工厂的平均发电成本仅仅是燃料油发电成本的 40%[威斯康星谷改良公司(Wisconsin Valley Improvement Company),没有出版时间]。

在非洲,坦桑尼亚于 2006 年关闭了水电站;肯尼亚 2009 年由于反复发生的干旱,关闭了其 14 兆瓦的 Masinga 大坝(Browne 2009);由于维护不善,刚果民主共和国的 Inga 1 和 2 大坝的发电能力下降。不过,几个大型水电项目正在计划或建造:在刚果民主共和国,计划的 Grand Inga 综合设施预计产生的电力是三峡工程的两倍(Wachter 2007);在喀麦隆,建造 Lom Pangar 大坝;在赞比西河,赞比亚和津巴布韦之间的卡里巴水坝的恢复和升级;以及埃塞俄比亚 Gibe III 水电站的建设;尼日利亚古拉拉(Gurara)的调水工程项目的建设。2008 年,世界银行向发展中国家的小型和微型水电项目投资超过 10 亿美元,这些项目比大型项目用的人少,还能降低向农村地区、超远距离和如撒哈拉沙漠这种有天然障碍的地方输电的成本(Browne 2009)。

印度电力供应不足阻碍了经济增长,降低了生产率。2009 年,印度水电发电量近 37 千兆瓦,占印度总容量的 25%。印度二十八个州(即将成为二十九个州)和七个中央直辖区都有自己的电力公司,通过州、地区和国家的输电网相互连接。截至 2009 年,正在讨论两个新的主要水电项目:412 兆瓦 Rampur 水电项目和 444 兆瓦 Vishnugad Pipalkoti 水电项目。2008 年 4 月,工人抗议 Rampur 建筑工地不安全;附近的村民们也加入他们,抗议隧道建设会威胁他们唯一的饮用水水源(Asia News International 2008)。2009 年 9 月,居民和农民再次抗议,声称该项目将扰乱该地区的生态平衡(Asia News International 2009)。

新型涡轮发展

环境和技术因素影响水电站使用的设备类型。例如,涡轮机可能会危及通过它们鱼;对鱼群的影响是低头水电站选择涡轮机最重要的标准之一。由水电涡轮机引起的鱼的伤害通常是由模型预测的,而不是实际测量的。

直接通过大型现代涡轮机的鱼的存活率为88%—94%。相比之下，通过旁路系统的鱼的存活率通常为95%—98%，溢出道系统的鱼的存活率为95%—99%。没有旁路系统的鱼的净存活率基本上较低，因为每条鱼在其到达海洋的途中必须通过几个涡轮机。

鱼友好的涡轮机设计对水电的未来至关重要，允许鱼直接通过涡轮机而不受伤，就不需要单独的鱼旁路系统。（鱼旁路系统，例如安装在华盛顿州的冰港水坝上的鱼梯需要额外的施工，增加了工厂的初始成本。）涡轮机的主要制造商，如阿尔斯通（Alstom）、奥尔登（Alden）、福伊特水电（Voith Hydro），已经识别出引起鱼受伤详细的机理，他们设计和提供的涡轮机能弥补这些问题。

对于小型水电发电，阿基米德螺旋涡轮机推动水上坡，是一种有前景的技术。阿基米德螺旋（以希腊科学家阿基米德命名）自古以来就用来帮助灌溉作物。20世纪，德国制造商Ritz-Atro发现，通过逆转，使水的重量转动螺旋，用螺旋产生水电。它的工作原理与自行车车轮上的发电机相同。像骑自行车的人转动车轮一样，水转动螺旋。沿着坝或河堰安装螺旋。水在堰上转道，然后沿螺旋流下，再回到河中。

优点和缺点

水力发电的积极的社会方面包括防洪（如，三峡大坝）；增加娱乐设施（如，美国内华达州和亚利桑那州之间的米德湖）；以及建筑施工和电厂运营提供的就业机会，主要是为当地民众。有时，水电建设创造的条件提高了所在水体的航行能力（如，三峡大坝）。

从经济角度看，水电生产节省了可能来自碳源的燃料。它提供可靠和稳定的电源，加上低的长期运行和维护成本，并且水库能灵活地满足负荷。它还能为国家提供能源独立。

关于环境影响，水电站不产生废物和大气污染物。它们避免消耗不可再生燃料资源，产生极少的温室气体排放。

不过，水电许多积极的方面也可以被视为消极的方面。水电站的实施常常涉及安置，修改当地土地利用模式，管理竞争性的水使用和水源性疾病病媒。用于水电的水，常常同样用于农业、渔业、航行、防洪、防旱和旅游（Truchon & Seelos 2004, 2）。如果对受影响的人民生计和文化遗产的影响没有得到适当的处理和管理，水电项目就可能产生不利的社会影响，特别是对弱势群体。许多项目对最贫困群体的补偿不足（Maldonado 2009, 1-3），或者根本就没有，如巴西的Cana Brava水坝（BIC 2003, 2）。此外，蓄水水库增加了水源性疾病的风险，特别是在热带地区（Truchon & Seelos 2004, 3）。负面经济影响包括对降水的依赖；泥沙沉淀减少水库存储容量；需要多学科参与、长期规划、外国承包商和大量资金。负面环境影响是陆地栖息地的淹没，水生栖息地和水文制度的改变（例如，阿斯旺大坝下游的尼罗河）。水质、污染物、物种的活动和数量都需要监测和管理。

水电站是鱼类移徙的障碍,特别是鲑鱼。计划不好的项目可以像化石燃料源一样促进全球变暖;巴西 Balbina 水坝在运行的前三年,其水库释放了四倍于产生相同功率的煤电厂的温室气体(Kozloff 2009)。

三峡大坝的争议凸显了世界各地水电项目的许多问题。截至 2008 年,三峡项目生产能力为 18.2 千兆瓦(2011 年为 22.5 千兆瓦),取代了燃烧 3 600 万吨煤炭提供的电力,还防止了洪水造成的数千人死亡。但大坝工程也有负面影响。其水库迁移了超过 100 万公民,淹没了 1 300 个考古遗址,并永远改变了生态系统。虽然水库可能沿其河岸形成可耕地,但是中国粮食生产十分之一的土地被淹没(Allin 2004)。由此产生的水道为中国内陆的商业提供了更大的通道,每年河运量从 900 万增加到 4 500 万公吨(熊猫旅行和旅游顾问,无出版时间)。但河流每年把平均 480 万吨的淤泥带到水库,要确保水库泄洪和运输的价值需要有冲洗下游淤泥的闸门系统。大坝的设计还要能抵御里氏 7.0 级的地震(与 2010 年 1 月 12 日海地摧毁太子港的地震强度一样)。

没有系统可以量化地比较水电工业的优点和缺点。必须进行科学研究和多标准分析以备评估,这些分析要权衡不同的影响。权重的值取决于谁做评估,评估的时间和地点等;谁做评估也决定了评估的重点是水电项目的经济、社会方面,还是环境方面。最终评估应结合所有方面。

评估水电工业的工程项目、实施、运行和相关问题不变的、通用的标准是它们的可持续性,即它们在平衡人类对能源的需求的同时制止不可逆转的环境退化的能力。水电工业不能危及自然的未来。即使在生物学、社会学和经济学等领域的知识和人类行为在进步,相关数学模型也在发展,但评估仍然是不可靠,不准确或不足的。

安德烈·勒热纳(André LEJEUNE)
比利时列日大学

参见:可持续发展;能源效率;能源工业——可再生能源概述;清洁科技投资;水资源的使用和权利。

拓展阅读

Allin, Samuel Robert Fishleigh. (2004). An examination of China's Three Gorges dam project based on the framework presented in the report of the World Commission on Dams. Retrieved January 10, 2009, from http://scholar.lib.vt.edu/theses/available/etd-12142004-125131/unrestricted/SAllin_010304.pdf

Alpiq Group. (n.d.). Grande Dixence. Retrieved January 12, 2010, from http://www.alpiq.com/what-we-offer/our-assets/hydropower/storage-power-plants/grande-dixence.jsp

Asian News International. (2008, April 17). Rampur labourers, residents demand protection of their rights. Retrieved January 14, 2010, from http://www.thaindian.com/newsportal/india-news/rampur-labourersresidents-demand-protection-of-their-rights_10035323.html

Asian News International. (2009, September 18). Farmers protest against hydro power project in Himachal. Retrieved January 14, 2009, from http://www.thefreelibrary.com/Farmers+protest+against+Hydro+Power+Project+in+Himachal.–a0208182537

Bertoldi, Paolo, & Atanasiu, Bogodan. (2007). *Electricity consumption and efficiency trends in the enlarged European Union: Status report 2006.* Retrieved January 14, 2010, from http://re.jrc.ec.europa.eu/energyefficiency/pdf/EnEff%20Report%202006.pdf

BIC. (2003). BIC factsheet: The IDB-funded Cana Brava Hydroelectric Power Project. Retrieved January 13, 2010, from http://www.bicusa.org/Legacy/Cana%20Brava%20PPA.pdf

BP. (2009). *BP statistical review of world energy: June 2009.* Retrieved October 8, 2009, from http://www.bp.com/liveassets/bp_internet/globalbp/globalbp_uk_english/reports_and_publications/statistical_energy_review_2008/STAGING/local_assets/2009_downloads/statistical_review_of_world_energy_full_report_2009.pdf

Brazilian Committee on Dams. (2009). Main Brazilian dam design III: Construction and performance. In 23rd *Congress proceedings of the International Commission on Large Dams [ICOLD].* Paris: ICOLD.

Bridle, Rodney. (2000). *China Three Gorges project.* Retrieved January 12, 2010, from http://www.britishdams.org/current_issues/3Gorges2.pdf

Browne, Pete. (2009, September 30). The rise of micro-hydro projects in Africa. Retrieved January 14, 2010, from http://greeninc.blogs.nytimes.com/2009/09/30/the-rise-of-micro-hydro-projects-inafrica/

Chen, Lei. (2009, May 11). *Developing the small hydropower actively with a focus on people's well-being, protection & improvement: Keynote speech on the 5th Hydropower for Today Forum.* Retrieved December 21, 2009, from http://www.inshp.org/THE%205th%20HYDRO%20POWER%20FOR%20TODAY%20CONFERENCE/Presentations/Speech%20by%20H.E.%20Mr.%20Chen%20Lei.pdf

Institute for Energy Research. (2010). *Levelized cost of new generating technologies.* Retrieved February 10, 2010, from http://www.instituteforenergyresearch.org/pdf/Levelized%20Cost%20of%20New%20Electricity%20Generating%20Technologies.pdf

International Energy Agency, Small-Scale Hydro Annex. (n.d.). What is small hydro? Retrieved January 13, 2010, from http://www.smallhydro.com/index.cfm?fuseaction=welcome.whatis

Kozloff, Nikolas. (2009, November 22). Blackout in Brazil: Hydropower and our climate conundrum. Retrieved January 13, 2009, from http://www.huffingtonpost.com/nikolas-kozloff/blackout-in-brazilhydrop_b_363651.html

Lejeune, André, & Topliceanu, I. (2002). *Energies renouvelables et cogeneration pour le development durable en Afrique: Session hydroelectricite* [Renewable energy and cogeneration for the development of sustainable development of Africa: Hydroelectricity session]. Retrieved January 13, 2010, from http://sites.uclouvain. be/term/recherche/YAOUNDE/EREC2002_session_hydro.pdf

Maldonado, Julie Koppel. (2009). Putting a price-tag on humanity: Development-forced displaced communities' fight for more than just compensation. Retrieved January 13, 2010, from http://www.nepjol.info/index.php/ HN/article/view/1817/1768

Manitoba Hydro. (n.d.). *McArthur Generating Station.* Retrieved January 10, 2010, from http://www.hydro. mb.ca/corporate/facilities/gs_mcarthur.pdf

Minister of Natural Resources Canada. (2004). Small hydro project analysis. Retrieved January 14, 2010, from http://74.125.47.132/search?q=cache:u_dTQTzJtyYJ:www.retscreen.net/download.php/ang/107/1/Course_ hydro.ppt+canada+minister+of+natural+resources+average+small+hydro+power+construction+cost+2004 &cd=4&hl=en&ct=clnk&gl=us

Panda Travel & Tour Consultant. (n.d.). Some facts of the Three Gorges dam project. Retrieved January 12, 2009, from http://www.chinadam.com/dam/facts.htm

Pew Center on Global Climate Change. (n.d.). Hydropower. Retrieved December 18, 2009, from http://www. pewclimate.org/technology/factsheet/hydropower

Truchon, Myriam, & Seelos, Karin. (2004, September 5–9). Managing the social and environmental aspects of hydropower. Paper presented at the 19th World Energy Conference, Sydney. Retrieved January 13, 2010, from http://www.energy-network.net/resource_center/launch_documents/documents/Managing%20the%20 social%20&%20environmental%20aspects%20of%20hydropower%2020.pdf

United States Department of Energy. (2005, September 8). Types of hydropower plants. Retrieved December 18, 2009, from http://www1.eere.energy.gov/windandhydro/hydro_plant_types.html

United States Energy Information Administration (USEIA). (2008a). Table 6.3: World total net electricity generation (billion kilowatthours), 1980–2006. Retrieved December 23, 2009, from http://www.eia.doe.gov/ iea/elec.html

United States Energy Information Administration (USEIA). (2008b). World's top hydroelectricity producers, 2008 (billion kilowatt-hours). Retrieved December 23, 2009, from http://www.eia.doe.gov/emeu/cabs/ Canada/images/top_hydro.gif

United States Energy Information Administration (USEIA). (2009a). *Assumptions to the annual energy outlook 2009.* Retrieved February 10, 2010, from http://www.eia.doe.gov/oiaf/aeo/assumption/pdf/0554(2009).pdf

United States Energy Information Administration (USEIA). (2009b). Figure ES4: Fuel costs for electricity generation, 1997–2008. Retrieved February 10, 2010, from http://www.eia.doe.gov/cneaf/electricity/epa/

figes4.html

United States Energy Information Administration (USEIA). (2009c). Table 5: U.S. average monthly bill by sector, census division, and state 2007. Retrieved January 14, 2010, from http://www.eia.doe.gov/cneaf/electricity/esr/table5.html

Wachter, Susan. (2007, June 19). Giant dam project aims to transform African power supplies. Retrieved January 14, 2010, from http://www.nytimes.com/2007/06/19/business/worldbusiness/19ihtrnrghydro.1.6204822.html

Williams, Arthur, & Porter, Stephen. (2006). Comparison of hydropower options for developing countries with regard to the environmental, social and economic aspects. Retrieved December 17, 2009, from http://www.udc.edu/cere/Williams_Porter.pdf

Wisconsin Valley Improvement Company. (n.d.). Facts about hydropower. Retrieved December 27, 2009, from http://new.wvic.com/index.php?option=com_content&task=view&id=7&Itemid=44

Energy Industries — Hydrogen and Fuel Cells

能源工业——氢与燃料电池

自20世纪后期以来，氢和燃料电池已经发展成为过渡到更可持续经济的有希望的手段。氢气是一种无污染的能量载体，几乎可以从所有的能源生产；燃料电池是使用氢气或其他燃料产生能量和热量的技术装置。它们比燃烧系统清洁，安静和更有效。

在过去十年中，氢和燃料电池已经成为可持续的低碳经济的可能资源。这些技术在减排和能源安全方面具有实质性的好处，因此"氢经济"是有吸引力的（McDowall & Eames 2006; Rifkin 2002）。一些国家，如美国、欧盟、德国、斯堪的纳维亚地区（包括冰岛）和日本已经实施了政策和研发计划，以推进和促进相关技术，不过还需要有显著的技术突破和成本降低，才能支持实际的工业和市场发展（Pogutz, Russo & Migliavacca 2009）。

氢工业

许多世纪以来，氢气由于其天生的性质吸引了许多科学家。它是宇宙中最丰富的化学元素，无臭、无味、无色、无毒，当其燃烧时产生能量但没有废气排放。另一方面，在自然界中不发生游离氢。因此，它不是主要能量源，而是需要通过其他能量源提取的载体。

氢气行业分为三个主要阶段：生产、配送和储存，以及最终应用。氢气的产生主要来自化石燃料，如天然气（48%）、石油（30%）和煤（18%），通过成熟和高效的技术，如蒸汽转化和煤气化（IEA 2007a, 1）。4%的氢气生产可通过水电解获得，水电解是用电将水分裂成H_2和O_2。其他创新技术，如热化学、生物和发酵过程、光电解已经在实验室中得到证实，但这些解决方案都没有一个在经济上有效或可行。

关于配送，可以在管道中输送氢。几千公里的氢气管道叮在世界各地运行，尽管这种方法仅对于大量的氢气有效。由于氢的体积能量密度低，泵送这种气体所需的投资和能量高于天然气(IEA 2007a, 1)。液态氢可以通过卡车、火车和船舶运输,但是液化所需的能量使得这些溶液比管道更昂贵。这两种配送模式任一种都比较贵。

氢的存储也比较复杂,因为其在环境条件下具有作为气体的非常低的能量密度。因此,氢必须被加压或液化,这需要大量的能量。目前,有两种商业上可行的方法:350—700巴的气体压缩和−253℃的液体储存。还有一些创新的解决方案仍在开发中,例如固体材料的储存。其中,金属氢化物(氢与金属或金属元素化学键合的化合物)可能是已经可适当应用的最好的选择,而更先进的替代物是复合氢化物和碳纳米管(圆柱形纳米结构的碳或碳同素异形体)。所有这些技术可能会在未来带来相关的突破,但他们仍然需要非常大的研发投入,才能用于市场,并具有经济竞争力。

最后,关于市场应用,在化学和炼油工业中需要大量的氢,但氢也在食品工业中用作添加剂,食品包装,航空航天和电信。每年全球产生6 500万吨以上的氢(IEA 2007a, 1)。新的氢气市场继续出现,在运输舰队、公共交通、分散电厂和辅助动力装置中的使用已迅速增加。

自20世纪90年代末以来,已经广泛地讨论了在运输中使用氢气以解决与烃相关的负面影响的建议。一方面,与其他更成熟的技术相比,氢作为载体的效率较低,科学家和学者对引入氢技术来减少二氧化碳的观点是有争议的(Hammerschlag & Mazza 2005)。一个主要的考虑因素与使用可再生能源生产无碳氢的效益和效率有关,无碳氢主要用于运输,而不是替代煤和油发电。

在实践中,氢动力能源系统的排放取决于"轮"能源链(用于道路运输的燃料的效率的生命周期分析),包括主要能源、氢气生产和用于运输的基础设施,存储和最终使用技术(Simbolotti 2009)。如果用可再生能源和核能制造氢气,或者在氢气生产现场使用碳捕集和封存技术,则可以获得二氧化碳排放的净减少。最后,一个可持续发展的交通系统需要一个创新的市场扩散和高效能量转换技术:燃料电池。

燃料电池工业

燃料电池是电化学能量转换装置,它通过将来自空气的氧和燃料(通常为氢或富含H_2的燃料)组合而产生电和热。燃料电池类似于电池,但它们只要供应燃料就工作。转化过程也发生而不燃烧。氢用作燃料时,水和热是唯一的副产物,这意味着燃料电池是环境清洁的,并且比其他燃烧系统更有效。燃料电池的结构简单,由通过电解质(导电物质)分开的两个电极——阴极和阳极组成。电解质将带电粒子从一个电极携带到另一个电极。另一个关键因素是催化剂,例如铂,其促进和加速电极之间的反应。燃料电池可以结合到燃料电池"堆"中,它是燃料电池系统的核心(Hall & Kerr 2003)。

燃料电池由英国科学家威廉·R.格罗夫爵士于1839年发明,只是从20世纪90年代以来,作为一个潜在的解决环境污染的方法,才引起了决策者和工业界的注意。

燃料电池可以以多种方式生产,取决于电解质的性质和所使用的材料,适用于特定的应用市场：固定发电，运输和便携式装置（Lipman，Edwards & Kammen 2004）。在燃料电池中主要使用四种不同的技术。

质子交换膜（PEM）用高分子膜作为电解质（酸性），并在低温（80℃）下操作，在将燃料转化为动力方面的电效率为40%—60%，是传统内燃发动机的两倍（USDOE 2009a）。PEM燃料电池主要用于电力汽车和生产住宅能源。

熔融碳酸盐燃料电池（MCFC）用固定的液体熔融碳酸盐（碱性）。工作温度高（650℃），效率约为46%，但如果回收废热，则该效率可以提高到80%（USDOE 2009a）。由于其特性，熔融碳酸盐燃料电池通常用于发电站。

固体氧化物燃料电池（SOFC）用固态陶瓷电解质（碱性），并在非常高的温度（1 000℃）下工作，电效率为约35%—43%（USDOE 2009a）。该技术用于辅助动力装置，电力公司和大型分布式发电。

燃料电池技术的最后一个例子是直接甲醇燃料电池（DMFC）。这是一种使用高分子膜为电解质的相对新的技术。工作温度在50℃和120℃之间，效率约为40%（Fuel Cell Markets 2010）。直接甲醇燃料电池可以用纯甲醇作为燃料，通常适用于便携式应用（如，手机和笔记本电脑）。

有几个理由认为燃料电池作为一种颠覆性技术，具有很强大的潜力（Nygaard & Russo 2008）。首先，与用于内燃机的其他动力系统相比，它们产生具有更高效率和几乎零环境影响的动力。第二，它们的灵活性和模块化可以有效地产生各种系统尺寸的电力。

另一方面，燃料电池是新兴的技术，它必须应对不同的技术障碍以达到市场的可接受性。同时，他们不得不与成熟的技术（如内燃机或涡轮机）和其他替代设备（如电池）竞争。两个具体的障碍降低了燃料电池性能的有效性：它们的可靠性和成本。燃料电池的可靠性受几种偶然因素的影响，包括启动温度、燃料纯度、材料和部件的耐久性，以及加湿程度。无论如何，这项技术需要大量的研发投入才能与其他可行的解决方案竞争。

为了改善运输中的燃料电池功能，必须显著降低每千瓦（kW）的成本（竞争性成本为每千瓦约60—100美元，而PEM堆的当前成本超过每千瓦1 000美元）。然而，在固定的应用领域，燃料电池的成本预计将在几年内变得富有竞争力；而当前燃料电池堆的成本约为每千瓦5 000美元，目标是每千瓦安装成本为1 500美元（IEA 2007b；Simbolotti 2009）。为了达到这些目标，可以通过规模经济和学习曲线（从原型到连续生产）减少制造成本。

截至2009年，在世界各地的运输业，有几百辆燃料电池动力汽车和公共汽车。美国有两百辆燃料电池车和二十辆氢公交车。2008年小型发电燃料电池的生产约4 000台，其中95%是PEM（Adamson 2009）。安装的大型电力系统的数量已经达到20兆瓦（MW），这些技术的平均规模已经增加到每单位一兆瓦（Adamson 2008）。此外，诸如海洋应用和辅助动力装置等特殊运输市场的数量正在增加。特别是，仓储汽车的销量和叉车的应用刺激了早期市场的增长，包括在北美和欧洲的大量的示范单位。

未来的展望

为了实现环境可持续、安全和有竞争力的能源系统的目标，需要迅速转向新的技术模式。氢作为载体和燃料电池作为转化技术在清洁能源和运输系统中具有独特的位置。

根据HyWays（2008），一个在欧盟开发氢能的综合项目，如果80%的汽车使用氢气，到2050年，石油消耗可以减少40%。然而，过渡将需要很长时间。对主导市场解决方案的路径依赖和技术障碍需要巨大的公共和私人投资。根据美国能源部（2002）实施的美国路线图，只有协调的议程才能允许真正地向氢变化。

一些国家和政府制定了实施氢和燃料电池技术的政策和路线图。欧盟氢燃料战略于2003年发布，其中报告了氢能和燃料电池——我们未来的愿景（European Commission 2003）。 2004年，启动了一个正式公共和私人网络——欧洲氢和燃料电池技术平台（HFP），目的是准备和指导实施氢能源经济的有效战略（HFP 2005）。2007年，HFP批准了一项发展战略和实施计划（HFP 2007），为运输和固定能源系统的氢和燃料电池技术确定了2020年的具体场景和目标。美国能源部启动了一项广泛的氢气计划，这些技术被认为是该部门能源技术组合的重要组成部分，用于解决关键能源挑战，如减少二氧化碳排放和终止对进口石油的依赖（USDOE 2006；USDOE 2009b）。该计划包括研发支持活动，示范项目和技术验证，规范和标准定义以及国际合作。其他国家如英国、加拿大、德国、斯堪的纳维亚地区（包括冰岛）、日本和新西兰已经确定这些技术是创造低碳，可持续经济可取的选择，并正在开发类似的路线图，政策和计划。

氢和燃料电池行业看起来很活跃：现在世界各地有200多个氢气加油站（在美国有60个），而2003年只有50个，中央和地方政府与工业协会和企业合作推出了许多示范项目。从1996年到2008年，发布了一万多个燃料电池专利，并且注册的战略联盟也在稳步增长（Pogutz，Russo & Migliavacca 2009）。

目前，向基于氢的能源系统过渡必须解决四个主要的科学和技术挑战（Blanchette 2008；Edwards et al. 2008）：将氢气生产成本降低到与石油相当的水平，以具有竞争力的成本从可再生能源开发无二氧化碳的氢生产技术，开发用于车辆和固定应用的配送和可行存储系统的基础设施，并显著改善燃料电池效率和成本。"氢经济"是否会发生不确定，但氢和燃料电池行业肯定会促进更可持续能源系统的革命。

斯特凡诺·博古兹（Stefano POGUTZ）和保罗·米利亚瓦卡（Paolo MIGLIAVACCA）（意大利）博科尼大学
安吉洛安东尼奥·鲁索（Angeloantonio RUSSO）（意大利）帕耳忒诺珀大学

参见： 汽车工业；能源效率；能源工业——可再生能源概述；清洁技术投资；公共交通；智慧增长；信息与通信技术。

拓展阅读

Adamson, Kerry-Ann. (2008). 2008 large stationary survey. Retrieved December 14, 2009, from http://www. fuelcelltoday.com/media/pdf/surveys/2008–LS-Free.pdf

Adamson, Kerry-Ann. (2009). Small stationary survey 2009. Retrieved December 14, 2009, from http://www. fuelcelltoday.com/media/pdf/surveys/2009–Small-Stationary-Free-Report–2.pdf

Barbir, Frano. (2005). *PEM fuel cells: Theory and practice*. Burlington, MA: Elsevier Academic Press.

Blanchette, Stephen, Jr. (2008). A hydrogen economy and its impact on the world as we know it. *Energy Policy*, *36*(2), 522–530.

Edwards, P. P.; Kutznetsov, V. L.; David, W. I. F.; & Brandon, N. P. (2008). Hydrogen and fuel cells: Towards a sustainable energy future. *Energy Policy*, *36*(12), 4356–4362.

European Commission. (2003). *Hydrogen energy and fuel cells: A vision of the future. EUR 20719*. Retrieved December 14, 2009, from http://ec.europa.eu/research/energy/pdf/hlg_vision_report_en.pdf

European Hydrogen and Fuel Cell Technology Platform (HFP). (2005). *Deployment strategy*. http://ec.europa.eu/ research/fch/pdf/hfp_ds_report_aug2005.pdf#view=fit&pagemode=none

European Hydrogen and Fuel Cell Technology Platform (HFP). (2007). *Implementation Plan — Status 2006*. http://ec.europa.eu/research/fch/pdf/hfp_ip06_final_20apr2007.pdf#view=fit&pagemode=none

Fuel Cell Markets. (2010). DMFC: Direct methanol fuel cell portal page. Retrieved February 25, 2010, from http://www.fuelcellmarkets.com/fuel_cell_markets/direct_methanol_fuel_cells_dmfc/4,1,1,2504. html?FCMHome

Hall, J., & Kerr, R. (2003). Innovation dynamics and environmental technologies: The emergence of fuel cell technology. *Journal of Cleaner Production*, *11*(4), 459–471.

Hammerschlag, Roel, & Mazza, Patrick. (2005). Questioning hydrogen. *Energy Policy*, *33*(16), 2039–2043.

Huleatt-James, Nicholas. (2008). 2008 hydrogen infrastructure survey. Retrieved August 4, 2008, from http:// www.fuelcelltoday.com/media/pdf/surveys/2008–Infrastructure-Free.pdf

HyWays. (2008). *European hydrogen energy roadmap. Action plan: Policy measures for the introduction of hydrogen energy in Europe*. Retrieved November 12, 2009, from http://www.hyways.de/docs/Brochures_ and_Flyers/HyWays_Action_Plan_FINAL_FEB2008.pdf

International Energy Agency (IEA). (2007a). *IEA energy technology essentials: Hydrogen production & distribution*. Retrieved February 5, 2010, from http://www.iea.org/techno/essentials5.pdf

International Energy Agency (IEA). (2007b). *IEA energy technology essentials: Fuel cells*. Retrieved February 25, 2010, from http://www.iea.org/techno/essentials6.pdf

Lipman, Timothy E.; Edwards, Jennifer L.; & Kammen, Daniel M. (2004). Fuel cell system economics: Comparing the costs of generating power with stationary and motor vehicle PEM fuel cell systems. *Energy*

Policy, 32(1), 101–125.

McDowall, William, & Eames, Malcolm. (2006). Forecasts, scenarios, visions, backcasts and roadmaps to the hydrogen economy: A review of the hydrogen futures literature. *Energy Policy, 34*(11), 1236–1250.

Nygaard, Stian, & Russo, Angeloantonio. (2008). Trust, coordination and knowledge flows in R&D projects: The case of fuel cell technologies. *Business Ethics: A European Review, 17*(1), 24–34.

Pogutz, Stefano; Russo, Angeloantonio; & Migliavacca, Paolo O. (Eds.). (2009). *Innovation, markets and sustainable energy: The challenge of hydrogen and fuel cells.* Cheltenham, U.K.: Edward Elgar.

Rifkin, Jeremy. (2002). *The hydrogen economy: The creation of the worldwide energy web and the redistribution of power on Earth.* New York: Putnam.

Simbolotti, Giorgio. (2009). The role of hydrogen in our energy future. In Stefano Pogutz, Angeloantonio Russo, & Paolo Ottone Migliavacca (Eds.), *Innovation, markets and sustainable energy: The challenge of hydrogen and fuel cells* (pp.3–19). Cheltenham, U.K.: Edward Elgar.

Solomon, Barry D., & Banerjee, Abhijit. (2006). A global survey of hydrogen energy research, development and policy. *Energy Policy, 34*(7), 781–792.

United States Department of Energy (USDOE). (2002). N*ational hydrogen energy roadmap. Toward a more secure and cleaner energy future for America.* Retrieved December 12, 2009, from http://www.hydrogen. energy.gov/pdfs/national_h2_roadmap.pdf

United States Department of Energy (USDOE) and United States Department of Transportation. (2006). *Hydrogen posture plan: An integrated research, development and demonstration plan.* Retrieved May 10 2008, from http://hydrogen.energy.gov/pdfs/hydrogen_posture_plan_dec06.pdf

United States Department of Energy (USDOE). (2009a). Comparison of fuel cell technologies. Retrieved January 26, 2010, from http://www1.eere.energy.gov/hydrogenandfuelcells/fuelcells/pdfs/fc_comparison_ chart.pdf

United States Department of Energy (USDOE). (2009b). Multi-year research, development and demonstration plan: Planned program activities for 2005–2015. Retrieved December 14, 2009, from http://www1.eere. energy.gov/hydrogenandfuelcells/mypp/

能源工业——天然气

天然气,不可再生但相对清洁的化石燃料,占全球能源消耗的近25%。最近的技术进步使得来自非常规来源的气体更加经济。通过适当的立法,发电行业用天然气替代煤炭可以促进更可持续的能源经济。

天然气是化石燃料,因此其供应是有限的。使用天然气来发电也产生导致全球变暖的碳排放。此外,天然气不受控制地释放到大气中也有助于全球变暖,因为天然气的主要成分甲烷本身是温室气体。然而,由于天然气是最清洁的化石燃料,比以前认为的更丰富,天然气可以促进更可持续的能源经济。

环境影响

环境后果与天然气资源的开采和利用有关。从井,管道和处理设施无意中排出的天然气会直接导致全球变暖,因为甲烷的全球变暖潜能值约为二氧化碳的二十一倍(USEIA 2008b)。天然气资源的开发也可能对水源和野生动物栖息地产生不利的后果。

用天然气作为燃料的排放,虽然低于燃烧煤产生的排放,但仍然是非零的。平均来说,使用天然气作为燃料的传统蒸汽涡轮机每发电一千瓦时(kWh)释放0.54公斤二氧化碳;这比蒸汽轮机通过使用煤作为燃料发电约低43%(USEIA 2010a,54,106)。当使用现代天然气联合循环发电单元产生电力时(在该技术下,用于产生电力的涡轮机产生的废热被捕获并用于产生蒸汽并产生更多的电),每kWh的碳排放比使用煤作为燃料时低约57%(见表1)。

在天然气用作燃料时,螯合大部分碳排放在技术上是可行的。根据美国能源信息管理局(2009b,108),与煤炭相比,当天然气为燃料提供燃料时,捕获和隔绝其碳排放的电厂的资本成本降低约50%。

在天然气用作燃料时,捕获相当比例的二氧化碳排放在技术上是可行的。根据美国能源信息管理局(2009b,108),与煤炭相比,当天然气作为燃料时,捕获碳排放的电厂的资本

表1 二氧化碳(CO_2)排放因素

燃 料	二氧化碳/每千兆焦耳（公斤）	二氧化碳/每千瓦小时（公斤）*	可能的转换技术	典型的功率转换效率的因素	燃料和电力转换技术的二氧化碳/每千瓦小时（公斤）
烟煤	97.65	0.31	蒸汽	34	0.94
馏出燃料油	76.76	0.23	联合循环	31	0.81
残余燃料油	82.72	0.27	蒸汽	33	0.82
天然气	55.68	0.18	联合循环	45	0.40

*假设100%的能量转化效率

来源：基于美国能源信息管理局报告的数据（USEIA 2010a, 54, 106）.

用于发电的化石燃料所排放的二氧化碳的量因燃料和功率转换技术的类型不同而变化。技术效率越高，每生产一千瓦时产生的二氧化碳越少（最右列）。

成本降低约50%。

消费

2006年是可获得数据的最近一年，天然气占全球能源消耗的约23%（USEIA 2009a，307）。与电力行业中的煤炭相比，人们越来越欣赏天然气的环境效益，使天然气成为新发电设施的"先进"资源。2009年，在美国计划的所有新发电厂中，超过50%，即12.3千兆瓦（GW）是燃气发电机组（USEIA 2010b）。美国能源信息管理局认为，这些电厂的每单位容量的成本是新核电厂或煤电厂成本的三分之一到一半（2009b，108）。此外，与煤炭相比，如果通过总量控制和交易立法，碳排放受到惩罚，新发电厂的所有者的状况更好。

在美国，天然气发电量的增加与20世纪70年代的情况形成鲜明对比，当时为了回应对充足的天然气供应的担忧，联邦政府颁布了动力装置和工业燃料使用法（FUA）。动力装置和工业燃料使用法限制建造使用天然气的发电厂和在大型工业锅炉中使用天然气。但在2010年，大多数学者都认为，20世纪70年代的天然气供应问题主要是由于价格监管阻碍了天然气钻井和生产。动力装置和工业燃料使用法于1987年被废除，因此，在1988年至2002年期间，美国电力和工业部门的天然气消费量增加了大约45%（USEIA 2008a）。

在电力部门中额外使用天然气的主要障碍是其通常具有相对于煤的溢价。例如，美国能源信息管理局报告说，2008年美国电力公用事业的平均煤炭成本为每千兆焦耳1.94美元，而天然气的平均成本为每千兆焦耳 8.74美元（USEIA 2010a, 39; USEIA 2010c）。虽然生产电力的技术优于煤（该技术更有效，并且还允许电力生产商在电力需求变化时更快地改变产量），但燃料成本的差异是天然气在电力行业渗透的主要障碍。

毫无疑问，有人会反对使用任何化石燃料来发电。一些人认为，电100%应该来自风能和太阳能。现实是，电力系统的稳定性要求需求在任何时候都等于供给。与太阳能和风力发电机组不同，由天然气驱动的发电机组具有保持这种平衡的灵活性。

天然气丰富吗？

天然气是一种不可再生资源。美国地质

调查局（USGS 2000）在最近的全球能源评估报告中估计，世界上剩余的未发现的常规天然气资源约为147万亿立方米（5 200万亿立方英尺）。全球年度天然气消费量约为3万亿立方米。一种被广泛接受的观点是，即使发现新的资源，天然气资源是固定的，随着时间的推移将会枯竭（Dahl 2004，336–337）。例如，研究者 R. 本特利（R. Bentley）表示，常规天然气生产将在约2030年达到峰值，然后由于耗尽而快速下降。随着产量的下降，"需求"将不能满足，用户可能需要配给；价格将会上涨；有可能出现通货膨胀，经济衰退和国际紧张（Bentley 2002，203）。

另一种观点

在21世纪，天然气资源固定的观点已受到质疑。研究人员越来越认识到，将资源视为固定的，忽略了其在成本方面的异质性。在这种观点下，资源基础被认为是一种金字塔，相对少量的高质量资源，在金字塔顶部，开发和提取是便宜的。以下是越来越多的低质量资源，由于现有技术开发成本较高（见图1）。资源基础有三个量度：经济可回收部分，技术可回收部分和"就地"估量。资源基础的就地估量是资源的总量。技术上可收回部分是利用当前技术可利用的数量。经济上可回收的部分是在当前市场条件下利用技术可回收的那部分。不能被经济上利用的资源被称为亚经济。

资源基础金字塔视图的一个重要含义是，未来石油和天然气供应严重依赖于引入新技术，新技术可以将金字塔的亚经济部分"移动"到经济部分。

天然气资源基础的异质性说明了金字塔

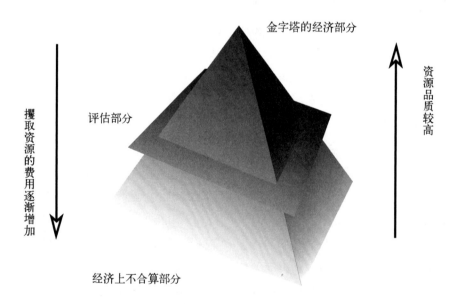

图1 能源资源金字塔

来源：美国地质调查局，Ahlbrandt & McCabe（2002）.

资源基础金字塔：金字塔中间部分是技术上可回收的部分，可利用当前技术开发；金字塔顶部部分是经济上可回收的部分，是在当前市场条件下，利用现有技术可回收的那部分。

概念的有效性。自从天然气工业成立以来，主要的天然气被困在多云岩层中。这种气体称为常规气体。来自这些储层的天然气可以经济地生产，而不需要大规模的刺激来释放气体或精密的生产设备。来自常规矿床、深度超过4 500米的天然气被认为是非常规气，但随着油井平均深度的增加，该划分已经没有什么意义了。

非常规气源

其他天然气来源——如煤层甲烷（在煤层内捕获的气体），致密气体（气体在非常不可渗透的储层中具有非常低的孔隙率）和气页岩（在泥盆纪期间产生的页岩岩石古生代时代）——被称为非常规气体。与20世纪60年代在美国的代表性常规气井相比，来自这些气源的气体具有较低的最终回收率和低的平均生产速率。生产取决于水平钻井技术的应用和人工破裂甲烷岩。对于水平井，操作人员垂直钻孔达数千米，然后操纵钻头，直到它与岩石的含甲烷层侧向。在环境方面，水平钻井可以通过从在一公里或更远的位置钻井来利用可能位于环境敏感位置下方的能量资源。

关于压裂技术，如果用于帮助破碎页岩的化学品进入水位，则存在环境风险。一口井可以使用200万至400万加仑的水，其通常含有盐、烃和压裂液（Groat 2009, 20）。虽然这些不利影响可以减轻，但根据美国现行政策，水力压裂不受安全饮用水法规定的限制（Groat 2009, 21）。

世界剩余天然气资源的很大一部分被认为是非常规天然气。据美国地质调查局和内政部矿物管理处称，截至2007年1月1日，美国技术上可回收的天然气资源约为49万亿立方米（USEIA 2009b, 115）。从这个数字来看，这个数量约是当时国内生产水平的85倍。这些资源约18万亿立方米来自非常规资源，如来自紧密地层、气页岩和煤层气的天然气。这些资源历来被认为相对于常规气体是昂贵的，因此有时被认为是资源金字塔的中间水平。金字塔底部的资源包括天然气水合物，它是甲烷分子被捕获在冰的分子结构中。这些水合物的团块看起来像一个雪球，如果燃烧，将发出干净的蓝色火焰。

与传统的石油和天然气相比，世界天然气水合物资源在地理上较分散（见图2）。它们也很大。世界现有天然气水合物资源估计从大约2 830万亿到7 640 000万亿立方米（Collett 2009, 1, 2）。这些值是当前世界天然气生产水平的1 000倍和6 400倍之间。虽然大，但它们没有解决可恢复性的问题，也就是说，可以期望产生多少气体。水合物生产天然气有潜在的危险（USEIA 1998, Chapter 3）。这些风险包括无意中释放大量的甲烷。在这个问题上有趣的发展是报告在阿拉斯加北坡存在大约2.4万亿立方米未发现、技术上可回收的天然气水合物（USGS 2008, 3）。2009年美国地质调查局报告说，美国墨西哥湾含有可使用现有技术生产天然气的天然气水合物。这可能是一个重要的发现，因为该区域已经具有生产气体所需的基础设施（例如，管道和钻井平台）。尽管有这些发展，最早可能在2020年商业化水合物气体。

页岩气革命

页岩气主要由被捕获在页岩中的甲烷组

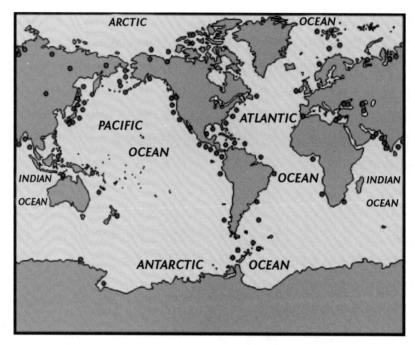

图2 全球天然气水合物的可能位置

来源: 美国地址调查局,天然气水合物,2010.2.2 检索自 http://energy.usgs.gov/other/gashydrates/

天然气水合物,由水和天然气组合形成的固体,在世界上非常丰富。然而,经济上可行的萃取目前还难以实施。

成。当岩石断裂时,气体从岩石释放并且将流过井眼或钻孔,到达地面。它不同于非常规油源,例如油页岩和油砂,两者在提取方面都是碳密集的,因为它们都需要热来提取资源。页岩气被认为是一种边缘供应源,因为页岩的低渗透只能有助于亚经济生产水平。正因为如此,美国能源信息管理局直到2007年才报告页岩气储量。自1989年以来,重点是常规天然气和煤层气的储量。这种观点在20世纪90年代末开始改变,当时德克萨斯州的天然气生产商通过使用水平钻井和水力压裂技术开发了巴尼特页岩油田。水平钻井,提取速率较高,因为岩层也是水平的。

水力压裂技术使用高压水或化学物质在岩石中引发裂缝。气体从这些岩石裂缝中释放出来,提高了产量,证明这种高成本钻井是合理的。这些技术的进步显著改变了美国和全世界生产页岩气的经济性。

截至2010年,马塞勒页岩地层是美国页岩气活动的中心。2002年,美国地质调查局认为,马塞勒页岩的未发现天然气资源在226亿到1 019亿立方米之间,平均为566亿(USGS 2003,1)。到2008年,一些人认为大约1.4万亿立方米的页岩气可以回收,根据技术,可能有更高的数量(Messer & Fong 2008)。

与常规气体不同,页岩气的勘探风险(钻出"干孔"的金融风险)很少或没有,页岩沉积物是已知的,唯一的问题是定位。除了位于阿拉斯加北坡的天然气(一种"常规但偏远的气体",由于缺乏管道基础设施,尚不具备经济可行性),大部分页岩气资源都位于美国东北部的市场中心附近。

全球影响

美国能源信息管理局认为，非常规天然气技术的进步对天然气的供应具有全球的影响。例如，欧洲和亚洲都相信有大量的可以开发的页岩气资源（Sweetnam & USEIA 2009）。根据国际能源机构（2009）执行董事田中伸男（Nobuo Tanaka）说，"北美的非常规天然气的改变，无疑对世界其他地区具有潜在的重大影响。"BP首席执行官托尼·海沃德（Tony Hayward），世界上最大的能源生产商之一，表示BP正在将气页岩技术应用于其他地区，包括北非、中东、欧洲、中国和拉丁美洲；他进一步指出，非常规天然气资源可以在未来几年为储量贡献额外的4 000万亿立方英尺（Watson 2009）。BG，Petronas，StatoilHydro，Shell & ConocoPhillips已经扩大了他们在非常规天然气发电的活动。

埃克森也在积极应用该技术，并获得德国、匈牙利和波兰的预期页岩气地层租赁权（Gold 2009）。如果这些前景得到发展，欧洲对俄罗斯天然气供应的依赖可以大大减少。因此，也并不奇怪，亚历山大·梅德韦杰夫，俄罗斯天然气工业股份公司（世界上最大的天然气开采商）的副首席执行官，已经驳斥了非常规资源的重要性（Watson 2009）。他的怀疑有一些道理：对钻井的限制和缺乏有吸引力的财政条件可能成为发展的障碍，另外，压裂水供应对环境会产生影响。

最近，智库"未来资源"分析了天然气供应增加对碳排放的影响。它的结论是，额外的天然气供应和钻井技术的改进使天然气成为一种重要的桥梁燃料（低碳替代煤，而可再生能源正在开发中），但前提是实现碳税或总量控制与排放交易计划（Brown，Krupnick & Walls 2009）。

天然气是不可再生的化石燃料，对其使用有助于全球变暖。然而，因为它是最清洁的化石燃料，相对于煤炭具有更低的封存成本，并且比以前认为的更为丰富，在电力部门用天然气代替煤炭可以为更可持续的世界做出重大贡献。这种转变已经开始，不过，只有当征收碳税或总量控制与排放交易通过立法后，它的发展才会加速。

凯文·福布斯（Kevin F. FORBES）
美国天主教大学能源和环境管理研究中心
阿德里亚安·迪奇亚诺·内瓦尔
（Adrian DiCianno NEWALL）
能源咨询（Energy Consultant）

参见：总量控制与交易立法；能源效率；能源工业——煤；能源工业——可再生能源概述；采矿业；真实成本经济学。

拓展阅读

Ahlbrandt, Thomas S., & McCabe, Peter J. (2002, November). Global petroleum resources: A view to the future. Retrieved February 2, 2010, from http://www.agiweb.org/geotimes//nov02/feature_oil.html

Bentley, R. W. (2002). Global oil & gas depletion: An overview. Retrieved February 1, 2010, from http://www.peakoil.net/publications/globaloil-gas-depletion-an-overview

Brown, Stephen P. A.; Krupnick, Alan J.; & Walls, Margaret A. (2009, December). *Natural gas: A bridge to a low-carbon future?* (Issue Brief 09–11). Retrieved February 1, 2010, from http://www.rff.org/RFF/Documents/RFF-IB–09–11.pdf

Collett, Timothy S. (2009, July 30). *Statement of Dr. Timothy S. Collett, research geologist, U.S. Geological Survey, U.S. Department of the Interior, before the House Committee on Resources, Subcommittee on Energy and Mineral Resources, on unconventional fuels II: The promise of methane hydrates* [Transcript]. Retrieved February 1, 2010, from http://resourcescommittee.house.gov/images/Documents/20090730/testimony_collett.pdf

Dahl, Carol A. (2004). *International energy markets: Understanding pricing, policies, and profits.* Tulsa, OK: PennWell Books.

Gold, Russell. (2009, July 13). Exxon shale-gas find looks big. Retrieved February 3, 2010, from http://online.wsj.com/article/SB124716768350519225.html

Groat, Chip. (2009). Groundwater and unconventional natural gas development: Lessons from the Barnett and Haynesville shales. Retrieved February 16, 2010, from http://www.epa.gov/region6/water/swp/groundwater/2009–gws–presentations/06–gw–and–unconventionalnatural–gas–development_groat.pdf

International Energy Agency. (2009). Press release (09)16: The time has come to make the hard choices needed to combat climate change and enhance global energy security, says the latest IEA World Energy Outlook. Retrieved March 5, 2010, from http://www.iea.org/press/pressdetail.asp?PRESS_REL_ID=294

McNulty, Sheila. (2009, June 10). Unconventional sources promise rich natural gas harvest. Retrieved February 1, 2010, from http://www.ft.com/cms/s/0/bb637bde–5556–11de–b5d4–00144feabdc0.html

Messer, Andrea, & Fong, Vicky. (2008, January 17). Unconventional natural gas reservoir could boost U.S. supply. Retrieved February 1, 2010, from http://live.psu.edu/story/28116

Sweetnam, Glen, & U.S. Energy Information Administration (USEIA). (2009). *International gas outlook.* Retrieved February 2, 2010, from http://csis.org/files/attachments/091028_eia_sweetnam.pdf

United States Energy Information Administration (USEIA). (1998). Natural gas 1998: Issues and trends (DOE/EIA–0560(98)). Retrieved February 16, 2010, from http://www.eia.doe.gov/oil_gas/natural_gas/analysis_publications/natural_gas_1998_issues_and_trends/it98.html

United States Energy Information Administration (USEIA). (2008a). Annual energy outlook retrospective review: Evaluations of projections in past editions (1982–2008). Retrieved March 6, 2010, from http://www.eia.doe.gov/oiaf/analysispaper/retrospective/retrospective_review.html

United States Energy Information Administration (USEIA). (2008b). Emissions of greenhouse gases in the United States 2007 (DOE/EIA–0573(2007). Retrieved February 2, 2010, from http://www.eia.doe.gov/oiaf/1605/archive/gg08rpt/index.html

United States Energy Information Administration (USEIA). (2009a). *Annual energy review 2008*. Retrieved February 2, 2010, from http://www.eia.doe.gov/aer/pdf/aer.pdf

United States Energy Information Administration (USEIA). (2009b). *Assumptions to the annual energy outlook 2009*. Retrieved February 2, 2010, from http://www.eia.doe.gov/oiaf/aeo/assumption/pdf/0554(2009).pdf

United States Energy Information Administration (USEIA). (2009c). *Table 5: U.S. average monthly bill by sector, census division, and state 2008*. Retrieved January 14, 2010, from http://www.eia.doe.gov/cneaf/electricity/esr/table5.html

United States Energy Information Administration (USEIA). (2010a). *Electric power annual*. Retrieved February 2, 2010, from http://www.eia.doe.gov/cneaf/electricity/epa/epa.pdf

United States Energy Information Administration (USEIA). (2010b). *Electric power annual, table 2.4: Planned nameplate capacity additions from new generators, by energy source, 2008 through 2012*. Retrieved February 2, 2012, from http://www.eia.doe.gov/cneaf/electricity/epa/epat2p4.html

United States Energy Information Administration (USEIA). (2010c). *Electric power monthly, table 4.2: Receipts, average cost and quality of fossil fuels*. Retrieved February 2, 2010, from http://www.eia.doe.gov/cneaf/electricity/epm/table4_2p2.html

United States Geological Survey (USGS). (2000). *U.S. geological survey world petroleum assessment 2000 — Description and results: World assessment summaries*. Retrieved February 2, 2010, from http://pubs.usgs.gov/dds/dds−060/sum1.html#TOP

United States Geological Survey (USGS). (2003, February). *Assessment of undiscovered oil and gas resources of the Appalachian Basin Province, 2002* (USGS Fact Sheet FS−009−03). Retrieved February 1, 2010, from http://pubs.usgs.gov/fs/fs−009−03/FS−009−03−508.pdf

United States Geological Survey (USGS). (2008, October). *Assessment of gas hydrate resources on the North Slope, Alaska, 2008* (Fact Sheet 2008−3073). Retrieved February 1, 2010, from http://pubs.usgs.gov/fs/2008/3073/pdf/FS08−3073_508.pdf

United States Geological Survey. (2009). *Significant gas resource discovered in U.S. Gulf of Mexico* [Press release]. Retrieved February 2, 2010, from http://www.usgs.gov/newsroom/article.asp?ID=2227&from=rss_home

Watson, N. J. (2009). Unconventional gas could add 60−250% to global reserves. Retrieved March 5, 2010, from http://www.petroleumeconomist.com/default.asp?page=14&PubID=46&ISS=25487&SID=722880

能源工业——核能

核电行业从第二次世界大战期间使用的原子弹的相同技术演变而来。虽然一些倡导者支持其丰富、清洁、经济和可持续的性质，但其他人质疑发电厂的安全和乏核燃料的储存和处置。核技术的研究和创新将继续激发双方的辩论。

粒子物理学大约五十岁，在1939年1月，迈特纳（Lise Meitner）和弗里施（Otto Frisch）使用词裂变（fission）描述一个新的过程，其中一个原子的核分裂成两部分，释放大量的能量。研究人员了解到，铀同位素235（U-235）将产生链式反应，爆炸的爆炸力比任何化学炸药强几千倍。1941年2月，科学家西博格（Glenn Seaborg）和同事报道了一种新元素钚，它是在其他铀同位素（U-238）吸收中子时形成的。钚像铀那样裂变，但制造一个炸弹只需要较少的钚金属。

美国于1941年12月7日加入第二次世界大战，由"曼哈顿地区项目"开发的一切核都被归类为最高机密。1945年8月6日，铀炸弹在广岛爆炸，1945年8月9日，钚炸弹在日本长崎爆炸，令全世界震惊（Rhodes 1986）。

当海军上将里科弗（Hayman Rickover）的小组开发了一个核反应堆做潜艇动力时，核能被驯服（Bodansky 2004, 31）。鹦鹉螺号核潜艇（USS Nautilus）于1954年11月9日启动。在同一时间框架内，建造美国海军反应堆的工业公司（包括通用电气和西屋）也建设了家用电厂。一些海军的核技术被解密，联邦资金用于发展核反应堆以产生商业公用电力。

今天的核电站

核电站取代了炉燃烧煤、石油、天然气、垃圾，或其他燃料，核反应堆设计控制裂变速率以产生热和蒸汽，从而使涡轮机发电。截至2009年，美国的104个核电站生产了全国约20%电力（WNA 2009a）。这些工厂使用沸水反应堆（BWR）或压水反应堆（PWR），后面将描述核反应堆如何工作（Cochran & Tsoulfanidis 1990, 84-95）。

铀矿为0.71%U-235和99.29%U-238。铀金属被回收为"黄色饼"（U_2O_8），其转化为六氟化铀（UF_6），在室温下在64.6℃熔融的固体。它在低压下形成蒸汽，其通过一系列高速离心机，将更轻重量的U-235富集到PWR燃料组成为3.75%的U-235和96.25%的U-238。这种机械分离不能从矿石级铀中去除所有U-235。为制造一吨浓缩铀燃料，需要约7吨天然铀。这余下约6吨"贫化"的UF_6，其含有约0.2%的U-235。不被使用的贫化的UF_6，储存在不锈钢圆筒中（Bodansky 2004, 208）。

燃料级UF_6转化为压制成粒料的氧化铀粉末。将粒料烧结（形成类似细瓷的固体），并将每个粒料精确研磨至直径为0.8厘米，长度为1.35厘米。将粒料装载到直径为1.0厘米，长3.7米的薄壁合金管中，每个管填充氦气并密封。管中的额外空间允许燃料球粒膨胀。当铀原子裂变时，它形成两个裂变产物原子，占据更多的空间。氙和氪是收集在燃料棒中的裂变产物。

17×17燃料棒阵列形成压水反应堆燃料组件。有分布循环水的顶板和底板，位于两端板之间的几个隔板将燃料棒保持在固定位置，一些管位置辐射和温度测量探针，控制棒维持裂变速率保持恒定或关闭反应器。反应堆芯包含约190个燃料组件（约50 000个燃料棒），约125吨的铀氧化物燃料芯块。

反应器的核心放置在大约12米高，直径为4.5米的大型圆柱形钢压力容器中，墙30厘米厚。

水在约15.5 MPa（2 250 psi）压力下保持液体，同时将其从约290℃加热至325℃，并连续泵送通过反应堆芯。高压热水通过蒸汽发生器循环，以产生旋转涡轮以产生电力的蒸汽。液态水还用于"减慢"中子，以增加裂变发生的概率。

核反应堆，水泵和蒸汽发生器放在被密封的钢筋混凝土建筑（反应堆容器）中。将反应堆与反应堆运营商和公众隔离。

每个燃料组件在反应堆中大约保持三年。作为燃料组件中的U-235，一些U-238捕获中子并转化为钚。得到的钚也是一种核燃料，它会产生大约40%的三年燃料循环中产生的能量（Bodansky 2004, 212）。在18个月的加油计划中，反应堆关闭，新燃料组件更换一半核心组件。

乏燃料元件是非常放射性的并且自发地释放辐射和热。它们储存在含有溶解的硼的水池中，其吸收释放的中子。水收集放射性衰变热并用作屏蔽以阻止穿透性γ辐射（高能X射线）。每个核电厂都有一个储存池，用于在发电厂的设计寿命内累积乏燃料。最近，美国核管理委员会（NRC）已经批准将一些较旧核电厂的运行许可证从四十年延长到六十年的申请。在这些地点，"旧"乏燃料被转移到发电厂现场的干燥存储容器中。

核电厂安全

安全是核能讨论中的主要关注点。核电厂安全有两个组成部分：① 保护工人和公众免受辐射；② 尽量减少使用重型设备造成的伤害风险。在美国和联合王国过去四十多年的核反应堆运行中，报告了许多职业安全统计数据。世界核协会（2008）收集了1970年至1992年期间死亡人数（不包括电厂建设）的数据。每个能源产生相同电力时的死亡人数，如表1所示。

表1   在一次能源生产中事故统计数据的比较

能 源	死亡数／每TWy电力	谁受影响
煤	342	工人
天然气	85	工人和公众
水电	8	公众
核能	8	工人

TWy：一万亿（一百万）瓦为一年或876 600 千兆瓦–小时
来源：世界核协会（2008）.
　　与发电相关的死亡人数在核能工业大大小于煤、天然气、水力发电行业。

　　核电行业谨慎地保持低的员工暴露于辐射。在美国，美国核管理委员会制定了对工人辐射照射的限制。操作发电厂反应堆和处理放射性物质的所有程序必须符合美国核管理委员会指南。每个人（工人或访客）在工厂现场必须携带辐射剂量计，健康物理工作人员保存每个人累积的辐射照射的记录（健康物理学被定义为人类健康和辐射暴露的科学）。美国核管理委员会有权关闭许可持有或处理放射性物质、但不遵守批准的程序的任何设施。

　　2009年全球核设施工人的职业辐射暴露量约为1990年暴露量的一半（IAEA 2009，17）。由于在医疗程序中使用辐射的增加，总人口暴露继续增加。

　　民用核电厂运行了五十年，在三十二个国家有超过12 700个累计反应堆，发生两起重大事故。在1979年，宾夕法尼亚州哈里斯堡附近的三里岛反应堆堆芯熔毁，造成了经济损失，但辐射照射仅限于反应堆安全壳建筑，基本上没有健康或环境后果（WNA 2008）。1986年，在切尔诺贝利，乌克兰反应堆发生了蒸汽爆炸，反应堆堆芯中有一吨由石墨（纯碳）燃烧，造成的火灾，由于没有反应堆安全壳建筑，造成广泛的辐射中毒。官方报告了56例死亡（尽管实际数字被认为高得多），并且仍在监测重大的健康和环境后果。这两起事故对核电计划造成了重大打击（Bodansky 2004，436）。

　　辐射无处不在，在海平面暴露的是每年约300毫米（mrem，亚原子粒子和辐射的能量标度）（Idaho Department of Environmental Quality 2009）。然而，当遵循适当的程序时，核电厂呈现给外部公众的放射性负荷几乎为零。核电站运行许可证要求保持这种低辐射照射，以保护核电厂工人和公众免受辐射。

核电厂经济学

　　当需要电厂增加供应电力时，需要考虑两个重要的问题："计量"电力成本有多少，以及电力公司（通常是投资者所有的公司）如何覆盖电厂建设成本？

　　所有的电厂都是昂贵的。估计建造核电厂的成本和40年—60年寿期内的电价是非常复杂的。马萨诸塞理工学院（2009）的一个专家小组估计建造化石燃料电厂和核电厂的成本，如表2所示。

　　"隔夜成本"是每千瓦装机容量（$／kW）的资本投资，假设所有资金用于一天（无现场开发，施工延误或建筑贷款成本）。"基础情况"（基于今天"每个能源的最佳可用"发电厂技术的工程估计）假定核电厂投资是有风险的，需要10%的利息费用；煤炭和天然气的利息设定为7.8%。当核电厂的利息下降到7.8%时，估计显示核电在煤电和天然气方面具有成本竞争力。唯一的真正考验这些估计是建立发电厂和电厂运营多年来销售电力。

表2 发电成本的选择

电厂类型	隔夜成本 ($/kW)	燃料成本 ($/million Btu)	成本基本情况 （¢/kWh）	瓦/碳收费25美元/吨CO$_2$ （¢/kWh）	w/相同的兴趣 （¢/kWh）
核　电	4 000	0.67	8.4		6.6
煤　电	2 300	2.60	6.2	8.3	—
天然气	850	7.00	6.5	7.4	—

来源: 麻省理工学院（2009,6）.

美国大多数州都有一个公共服务委员会,批准建造发电厂计划,他们审查(通常每年或当公用事业公司要求增加费率时)电力零售价格,控制过度"自由市场"。

可用的核燃料铀

在未来三十年内建造的所有新的核电厂将是基于最佳可得技术的水冷堆。任何新的反应堆技术不会准备用三十年。反应堆设计为使用"一次通过"铀燃料循环,其仅提取燃料中可用的能量的3%—4%。废燃料被移除,储存并由新燃料替代。

需要大约7吨天然铀(0.71% U–235)才能生产1吨压水堆(PWR)燃料(3.75% U–235)。这将留下约6吨贫化铀(0.2% U–235)。美国的燃料浓缩产生了约48万吨贫化铀的重金属(MTHM)。全世界的数字约为1 189 000 MTHM(2008年贫化铀)。每年美国库存增加大约12 600 MTHM。

为国会准备的报告指出,2002年美国乏核燃料库存约为47 000 MTHM,每年104个运行的商业反应堆又增加2 150 MTHM乏燃料(Andrews 2004, 3–5)。根据这些数字,目前美国乏核燃料库存估计约为64 200兆瓦时。

目前的乏燃料清单存在一个非常长期的处置问题,也是反对核电的那些人提出的问题。乏燃料在数万年内保持放射性,因为除了铀和钚之外,还包含重金属镎、镅、锔。可以化学分离这五种元素,留下裂变产物将被废弃处置(Bodansky 2004, 213–222)。周期表中超过铀的所有元素(包括上面列出的所有重金属)在正在开发的下一代快中子反应堆中将变成燃料(Bodansky 2004, 186–190)。

全球核反应堆

截至2009年,31个国家拥有436个核反应堆,装机容量约370吉瓦。十五个国家有五十三个工厂正在建设中,最大额定输出为47 GW。表3列出了拥有大量核电运行和正在建造新反应堆的国家(European Nuclear Society 2010; WNA 2010)。新工厂应在2015年—2017年期间投入运行。新的反应堆建设基本都在美国之外。

未来

美国所有的未来能源选择都需要长期(30年至50年)政治上两党的能源政策,为研究提供资金,并允许运营工厂规模比较所有能源选择,以

表3 全球核反应堆

国 家	在运行的反应堆	目前的产出 (GW)	建设中的反应堆	增加的产出 (GW)
中 国	11	8.4	16	15.2
法 国	59	63.2	1	1.6
德 国	17	20.5	0	0
印 度	17	20.5	6	2.9
日 本	53	46	2	2.2
俄罗斯联邦	31	21.7	9	6.9
韩 国	20	17.6	6	6.5
乌克兰	15	13.1	2	1.9
英 国	19	10.1	0	0
美 国	104	100.7	1	1.1
其他国家	90	48.3	10	8.8
合 计	436	370.2	53	47.2

来源：欧洲核能协会 (2010).

2010年及以后的新核电设施建设主要集中在美国以外的国家，目前世界核能发电输出领导人最多的国家是中国，它也是目前世界上最大的煤炭消费国

产生可持续的商业电力。目前全球反应堆已证明了核电的安全性和竞争性成本。自从20世纪80年代美国停止发展核能系统以来，核能已经在全球发展（见表3）。到22世纪，核能发展必须遵循以下战略要素（Lister & Rosner 2009）：

● 所产生的能源必须"具有成本效益"。

● 安全必须是主要的设计目标。

● 设计必须尽量减少核偷窃和恐怖主义（武器扩散）的风险。

● 规模必须适合匹配国家配电网。

● 新系统开发应该是"进化"而不是"激进"。

在过去二十年中，BWR和PWR核反应堆技术"微调"已在美国境外完成。这些是将在未来三十年内世界核能新增的反应堆。

当"全吨"铀用作燃料时，核能在长期中变得可持续。核能反对者认为，乏核燃料库存特别危险，因此，化学应该继续努力将重金属燃料与裂变产物分开。这种再循环燃料是不能用作核武器的可裂变金属的混合物。此外，贫化铀中的所有U-238都可用于"核燃料循环"（Stacey 2007, 244）。这种策略产生的能源是每吨天然铀的大约六十倍（MacKay 2009, 162）。

在国内核能发展早期，人们担心铀的短缺。钍被认为是一种好的核燃料，因为地壳中钍是铀的三倍多（Lide 2005, 14-17）。天然钍是纯Th-232，因此压水反应堆铀燃料所需的同位素富集是不必要的。

当Th-232被放置在反应堆中并且钍原子核接受中子时，在短时间内它变成U-233，将像U-235一样裂变。补充铀燃料的钍燃料选

择可以满足日益增长的世界能源需求数千年（MacKay 2009, 166）。

未来的可持续能源选择将包括太阳能，风能，生物燃料和核能。今天，核电厂在美国提供20%的电力，在全球使用20世纪60年代技术的增量改进提供约16%的电力。可持续性取决于核燃料循环。已经确定了开发"新反应堆技术"和使用这些燃料所需的化学和物理学。但科学技术是第四位：必须有国家政治意愿，必须提供资金，舆论必须支持，才能展示新的核技术。

能源基础设施是巨大的，增加以满足需求将是昂贵的，所以任何变化将是增量。这为分析所有能源选择，选择可持续能源路径，开展基于科学的研究和展示商业规模的先进技术提供了时间（Peters 2009）。核能大约50岁，这里描述的发展可能需要另一百年。还有足够的时间。

杜鲁门·斯托维克（Truman STORVICK）
密苏里大学

参见：消费者行为；能源效率；能源工业——可再生能源概述；采矿业；真实成本经济学。

拓展阅读

Andrews, Anthony. (2004, December 21). Spent nuclear fuel storage locations and inventory (CRS Report to Congress). Retrieved October 30, 2009, from http://ncseonline.org/NLE/CRSreports/04Dec/RS22001.pdf

Benedict, Manson; Pigford, Thomas H., & Levi, Hans Wolfgang. (1981). *Nuclear chemical engineering*, (2nd ed.) New York: McGraw-Hill.

Bodansky, David. (2004). *Nuclear energy: Principles, practice, and prospects* (2nd ed.). New York: Springer-Verlag.

Cochran, Robert G., & Tsoulfanidis, Nicholas. (1990). *The nuclear fuel cycle: Analysis and management (2nd ed.).* LaGrange Park, IL: American Nuclear Society.

Depleted Uranium Inventories (2008, April 21). Retrieved October 30, 2009, from www.wise-uranium.org/eddat.html

European Nuclear Society. (2010). Nuclear power plants world-wide. Retrieved October 14, 2009, from http://www.euronuclear.org/info/encyclopedia/n/nuclear-power-plant-world-wide.htm

Idaho Department of Environmental Quality. (2009). INL oversight program: Guide to radiation doses and limits. Retrieved October 15, 2009, from http://www.deq.state.id.us/inl_oversight/radiation/radiation_guide.cfm

International Atomic Energy Agency (IAEA). (2009). *Nuclear safety review for the year 2008*. Retrieved November 5, 2009, from http://www.iaea.org/About/Policy/GC/GC53/GC53InfDocuments/English/gc53inf-2_en.pdf

Lide, David R. (2005). *CRC Handbook of Chemistry and Physics* (86th ed.). Oxford, U.K.: Taylor and Francis.

Lister, Richard K., & Rosner, Robert. (2009). The growth of nuclear power: Drivers & constraints. *Daedalus, 138*(4), 19–30.

MacKay, David J. C. (2009). *Sustainable energy: Without the hot air.* Cambridge, U.K.: UIT Cambridge.

Meitner, Lise, & Frisch, Otto R. (1939). Disintegration of uranium by neutrons: A new type of nuclear reaction. *Nature, 143*, 239–240.

Massachusetts Institute of Technology. (2009). *Update of the MIT 2003 future of nuclear power study: An interdisciplinary MIT study.* Retrieved October 15, 2009, from http://web.mit.edu/nuclearpower/pdf/nuclearpower-update2009.pdf

Peters, Mark T. (2009, June 17). Testimony to U.S. House Committee on Science and Technology on advanced nuclear fuel cycle research and development. Retrieved December 2, 2009 from http://www.anl.gov/Media_Center/News/2009/testimony090617.pdf

Rhodes, Richard. (1986). *The making of the atomic bomb.* New York: Simon & Schuster.

Seaborg, Glenn T. (1972). *Nuclear milestones: A collection of speeches.* San Francisco: W. H. Freeman.

Stacey, Weston M. (2007). *Nuclear reactor physics* (2nd ed.). Weinheim, Germany: Wiley–VCH GmbH.

United States Energy Information Administration (USEIA). (2009). Table 5: U.S. average monthly bill by sector, census division, and state 2007. Retrieved January 14, 2010, from http://www.eia.doe.gov/cneaf/electricity/esr/table5.html

World Nuclear Association (WNA). (2008) Safety of nuclear power reactors. Retrieved February 10, 2010, from http://www.world-nuclear.org/info/inf06.html

World Nuclear Association (WNA). (2009). Nuclear power in the USA. Retrieved January 15, 2010, from http://www.world-nuclear.org/info/inf41.html

World Nuclear Association (WNA). (2010). Plans for new reactors worldwide. Retrieved January 15, 2010, from http://www.worldnuclear.org/info/inf17.htm

Energy Industries — Oil

能源工业——油

全球消耗的能源超过三分之一由石油工业提供的，由于石油开采、运输（包括石油泄漏）和碳排放造成的对环境损害，石油工业饱受批评。行业对气候变化责任的反应各不一样，一些公司已在全世界努力改善其环境影响和人道主义贡献。

有一天，历史学家可以叫20世纪下半叶和21世纪初为石油时代。石油是世界上最常用的燃料，2008年估计占世界能源消耗量的35%（BP 2009b, 42）。虽然这种能源丰富，便携式混合物已被用于加热建筑物、发电和（短暂）提供光，是陆地、空中和海上运输的主要燃料。对石油精炼的非燃料产品（如润滑油，沥青和塑料原材料）的需求也在世界各地上升。2008年，从地球中提取了超过290亿桶——每日8 100万桶原油，使其生产成为世界上最大的工业之一（BP 2009b, 8）（一桶油含有相当于1 700千瓦时的能量）。2009年，"财富"全球500强榜单上排名世界前10强的公司中有七家是石油生产商，该杂志还将原油生产列为最赚钱的业务，收入回报率约为20%（CNN 2009）。

石油工业对世界产生了巨大的影响，但这种影响并不总是积极的。原油的开采和运输破坏了环境，改变了自然景观，有时还会改变周围水源。如1989年埃克森美孚巴尔德斯的石油泄漏，对周围的生态系统产生了非常不利的影响。石油生产造成了空气污染，石油燃烧是世界上主要的温室气体排放源之一。由于石油本质上是一种有限的资源，人们普遍担心，大量短缺时，可能导致经济崩溃。六个"超大型"石油生产商（埃克森美孚公司、荷兰皇家壳牌公司、英国石油公司、雪佛龙公司、ConocoPhillips公司和Total SA公司）每个都被指控参与侵犯人权，政治腐败（Erman 2008；Kahn 2009；Reilly & Decker 2009；Rose 2004；Stancich 2003）。1988年，北海海上石油钻井平台爆炸造成167人死亡，这个事故和其他事件导致了对工人安全的关注。这些问题导致一些石油生产商为了长期生存，尽量减少其活动的负面影响，或对环境、经济和社会产生积极影响。

石油时代结束了？

没有精确的方法来测量地球的油量，因此，世界何时会用完石油是不确定的。由于资源在能源市场和能源需求不断增长中占据首要地位，因此围绕这个主题始终有辩论和投机。最终可回收量的估计随着发现新的储量而改变，并且改进的钻探技术（例如定向钻井）允许石油生产商挖掘以前不可接近的储量。根据世界能源理事会，已经提取了超过1万亿桶油，其中大部分是过去25年完成的，仍然少于3万亿桶（World Energy Council 2007, 55）。然而，美国地质调查局（2000）估计全球预期的最终采收量（产量加上剩余数量）仅为3万亿桶。

油从多孔或破碎岩石的储层中提取，需要压力流入井眼；当已经开采了大于10%的储层时，流体静压力使油进入井中的速率急剧下降，这一过程被称为"初级提取"（US DOE 2008）。之后，石油生产商需要将水泵送到岩石周围，将油推入井筒中，以这种方式提取（称为"二次提取"）另外10%—20%的油。根据美国能源部的一份报告，提高石油采收技术，如二氧化碳注入和蒸汽注入，允许石油公司在油层中提取30%—60%或更多的石油，但这些措施的成本往往很高。自2005年以来，二氧化碳捕获技术的改进将允许在不可行的地区加强提取，这意味着仅在美国就可能回收8 900亿桶原油（US DOE 2008）。随着全球需求的增长促使石油公司开发更好的提取技术，预计最终可开采量将增加。

常规油井不是世界上唯一的石油来源。合成原油可以从油砂（沥青），油页岩和超重油沉积物中提取。根据世界能源理事会2007年能源资源调查，沥青（油砂）和超重油的总量估计接近5.7万亿桶，另有28亿桶的油页岩，虽然估计最终开采的量变化很大（110,133）。

更高的开采率和这些新的来源可能不足以维持石油工业。不幸的是，油砂和油页岩的提取，加工和运输成本（以美元和能量）高于常规油的。捕获这些资源会造成毁林和水，土地和空气污染。阿尔伯塔省的油砂作业比一些欧洲国家产生更多的温室气体（LaForest 2009）。一些组织，如石油和天然气峰值研究协会预测，由于中东许多油井的主要产出时间结束，即使有额外的资源，世界石油生产将在2020年之前开始下降（World Energy Council 2007, 63）。虽然美国能源信息管理局（2009）预测全球石油产量将从2010年到2030年增加20%，但该报告预测，世界能源需求在同一时期将增长30%以上。

正如沙特石油部长谢赫扎基亚米尼在20世纪70年代指出的那样（自此以来一直被广泛引用的声明）："石器时代并没有因为缺乏石头而结束，石油时代将在世界石油耗尽之前结束。"只有在技术改进（内燃机，柴油机，滚动岩石切割机钻头，海上钻井和催化裂化）之后，油才替代煤炭作为世界能源，使得油动力运输比煤炭运输更经济。1866年，英国经济学家威廉·斯坦利·杰文斯的"煤炭问题"预测英国帝国的崩溃，因为其煤炭储量枯竭；但他未能认识到石油将在世界能源市场的未来发挥的作用。同样，在世界石油枯竭时预测危机的人认为，由于替代品在经济上更可行，它不会被其他燃料来源替代。很少有人会认为石油将在未来几个世纪继续满足世界日益增长的能源需求。

从石化公司到能源公司

为应对能源赤字的威胁，一些世界上最大的石油和天然气生产商已经将自己重新定义为"能源公司"。例如，2007年BP太阳能宣布计划在其位于西班牙特雷斯·坎托斯（Tres Cantos）的总部建设一座300兆瓦（MW）的太阳能发电厂，以及在印度班加罗尔也建设一座类似的工厂。作为与西班牙政府签订的二十五年合同的一部分，BP太阳将特雷斯·坎托斯工厂的电力以生产成本的575%卖给西班牙电力公司（2008年外交政策）。雪佛龙能源解决方案公司在洛杉矶都市交通局等公共设施安装了屋顶太阳能系统，并开发了一种将废水污泥和厨房油脂中的甲烷转化为电力，而无须燃烧系统（Chevron Corporation 2009b）。雪佛龙（2009a）声称是世界上最大的地热能源生产商，壳牌（2009a）参与了在荷兰海岸附近建设108兆瓦的风电场。虽然这些项目表现出致力于促进固定的可再生能源，但它们对解决世界能源需求还是微乎其微。

替代燃料

从21世纪开始，大型石油公司已经拨出了数十亿美元来寻找汽油、柴油和航空燃料可行的替代品（Krauss 2009）。推动力来自州和联邦政府的授权。例如，2007年，美国国会通过了"能源独立和安全法案"后，壳牌公司将其可再生燃料部门的投资增加了两倍，该法案要求2009年在美国总共需要340亿升的可再生燃料添加到化石燃料中，2022年为1360亿升。但制裁并不是石油公司寻找可再生燃料来源的唯一激励措施。BP公司生物燃料部门总裁Phil New说："我们可以看到生物燃料是一个真正巨大的潜在储备。"（Krauss 2009）现有的制造生物燃料的方法，如木材、玉米或植物废弃物的生物来源生产碳氢化合物燃料，比生产等能量的化石燃料的费用高，一些生物燃料的生产需要使用特殊的修改工具和设备。例如，乙醇已经以高达15%的浓度用作汽油添加剂，但是在更高的浓度下，其引起燃料管线的腐蚀并且需要另外的措施以防止意外燃烧。

减少排放

石油工业对气候变化和温室气体（GHG）排放的反应是混在一起的。1989年，埃克森，荷兰皇家壳牌，BP和德士古成为全球气候联盟的成员，该组织的主要目标是反对限制温室气体排放。但1997年BP第一个退出联盟，表示支持设立全球碳价格。而埃克森美孚，直到2005年还在继续反驳二氧化碳排放和全球变暖之间的相关性，并资助了"竞争企业研究所"，该研究所运用广告宣传二氧化碳的好处；石油巨头还公开反对美国参与"京都议定书"。然而，在2009年初，埃克森公司执行董事（Rex Tillerson）宣布该公司支持碳税

（Johnson 2009）。尽管石油行业已经公开温和其对温室气体立法的立场，但一些非营利组织，如绿色和平组织声称，石油公司仍继续秘密地反对排放限制（Davies 2009）。

　　根据美国石油协会委托进行的一项研究，在2000年至2008年间，美国石油和天然气公司投资超过500亿美元用于减少石油生产过程中排放碳，开发低排放车辆和低排放燃料（Bush 2009）。皇家荷兰壳牌的 Quest 项目，2009年底收到加拿大和阿尔伯塔政府的资助，预计将使用碳捕获和存储技术将其油砂的二氧化碳排放量减少40%（Taylor 2009）。该系统收集排气并将其储存在地下油层深部，或者将气体用于增强常规油的开采。其他温室气体减排的努力包括热电联产。一些石油巨头也投资研究从甲醇、天然气或气化煤合成更清洁的燃料的更有效的方法。美国环境保护署温室气体排放和沉积清单显示：1990年—2007年美国燃烧石油是二氧化碳排放最主要的来源，用于发电的煤的燃烧位居第二（US EPA2009a, 95 ）。

清理行动

　　埃克森·瓦尔德兹（Exxon Valdez）事件引起了公众对石油释放到海洋环境中的关注（1989年3月，埃克森·瓦尔德兹在阿拉斯加的威廉王子湾泄漏了4 160万升原油，这是美国历史上最大的泄漏原油事件）。1990年，美国国会通过了"油污染法"，该法创建了一个油溢出清理基金，增加溢油设施和船舶的所有者责任，并要求石油生产商为溢出事件制定应急计划（US EPA 2009b）。意外泄漏占每年释放到海洋中的石油约10%，正常的海洋运输占大约四分之一，但近一半的进入海洋的石油来自自然渗透（Woods Hole Oceanographic Institution 2009）。埃克森美孚在2008年报告了52亿美元的环境支出，BP在2006年报告了40亿美元的支出（Exxon Mobil Corporation 2009b, BP 2009a）。这些数字包括增加的运营成本，补救努力和清理成本，还包括维护和更换设备的成本（BP 2009a）。

社会责任感

　　石油行业也受到了玷污人道主义的形象，但近年来一直在努力消除其影响。2001年，印度尼西亚工人起诉埃克森美孚公司，控告该公司雇用的保安部队实施的侵犯人权行为，但2009年该案被驳回，因为工人不是合法的美国居民（O'Reilly & Decker 2009）。同样，荷兰皇家壳牌因涉嫌与1995年尼日利亚环境保护主义者死亡有关而被起诉，并在案件到达美国地方法院之前解决（Kahn 2009）。六个超级石油公司各自都有支持社区发展的计划。2009年，壳牌获得了全球商业理事会的一项奖，旨在支持治疗和减缓尼日利亚 HIV/AIDS 的传播（Shell 2009b）。自2000年以来，埃克森美孚公司承诺向安哥拉和尼日利亚防治疟疾计划投入5 000万美元，称为"非洲健康倡议"（ExxonMobil 2009a）。美国劳工统计局（2009）报告说，2008年美国石油工业的死亡率是全国死亡率的六倍以上，但低于伐木、捕鱼和作物生产行业，与水上运输和卡车运输的水平一致。

石油（能源）产业的未来

　　石油和天然气巨头的可持续性努力是真

实的还是仅仅是绿色清洗，仍有待观察。尽管石油行业在2008年盈利最高（埃克森美孚公司报告了450亿美元的利润），但与汽车、餐厅、无线、制药和其他行业相比，它在广告上的花费较少（Nielsen 2009）。可持续发展努力的支出可以被解释为公共关系的一种形式。2009年，除了生物燃料研究，壳牌削减了其可再生能源计划的资金，BP股东投票反对进一步资助可持续发展努力。埃克森美孚的"能源展望"预测，石油将在2030年提供世界能源需求的34%，比2009年略有下降（2008, 15）。

一些石油公司可能正准备在未来50～100年内向可再生能源转型，但石油和天然气公司可能仍然主要是石油和天然气公司，只要石油产品的销售仍然具有高利润。

戴维·加涅（David GAGNE）
宝库山出版社

参见：汽车产业；航空业；总量控制与交易立法；企业公民权；能源工业——可再生能源概述；人权；营销；旅游业；真实成本经济学。

拓展阅读

BP (2009a). Environmental expenditure. Retrieved October 16, 2009, from http://www.bp.com/sectiongenericarticle.do?categoryId=9027868&contentId=7050826

BP (2009b). *Statistical review of world energy 2009*. Retrieved October 15, 2009, from http://www.bp.com/liveassets/bp_internet/globalbp/globalbp_uk_english/reports_and_publications/statistical_energy_review_2008/STAGING/local_assets/2009_downloads/statistical_review_of_world_energy_full_report_2009.pdf

Bush, Bill. (2009, June 15). Oil and gas industry leads investments to cut greenhouse gases. Retrieved October 9, 2009, from http://www.api.org/Newsroom/t2_study.cfm

Chevron Corporation. (2009a). Geothermal: Creating renewable energy for power generation. Retrieved October 8, 2009, from http://www.chevron.com/deliveringenergy/geothermal

Chevron Corporation. (2009b). Solar: Capturing the sun's light to achieve energy efficiency. Retrieved October 8, 2009, from http://www.chevron.com/deliveringenergy/solar

CNN. (2001, March 20). Major oil industry accidents. Retrieved October 8, 2009, from http://archives.cnn.com/2001/WORLD/americas/03/20/oil.accidents/index.html

CNN. (2009, July 20). Global 500: Our annual ranking of the world's largest corporations. Retrieved October 7, 2009, from http://money.cnn.com/magazines/fortune/global500/2009/index.html

Davies, Kert. (2009, May 26). Revealed: Exxon secret funding of global warming junk scientists. Retrieved October 9, 2009 from http://members.greenpeace.org/blog/exxonsecrets/2009/05/26/exxon_admits_2008_funding_of_global_warm

Erman, Michael. (2008, April 29). Watchdog group says Chevron complicit in Myanmar. Reuters. Retrieved October 12, 2009, from http://www.reuters.com/article/ousiv/idUSN2850022820080429?sp=true

ExxonMobil. (2008). The outlook for energy: A view to 2030. Retrieved November 18, 2009, from http://www.exxonmobil.com/corporate/files/news_pub_2008_energyoutlook.pdf

ExxonMobil. (2009a). Africa health initiative. Retrieved November 16, 2009, from http://www.exxonmobil.com/Corporate/community_health_malaria_ahi.aspx

ExxonMobil. (2009b). Regulatory and compliance expenditures. Retrieved October 16, 2009, from http://www.exxonmobil.com/Corporate/energy_impact_regulatory.aspx

Foreign Policy. (2008, March). The list: The world's largest solar energy projects. Retrieved October 8, 2009, from http://www.foreignpolicy.com/story/cms.php?story_id=4239

Hunt, John M. (1979). *Petroleum geochemistry and geology.* San Francisco: W. H. Freeman.

Jevons, William Stanley. (1866). *The coal question: An enquiry concerning the progress of the nation, and the probable exhaustion of our coal-mines.* London: MacMillan.

Johnson, Keith. (2009, January 8). Exxon's Tillerson: Give me a carbon tax, not cap-and-trade. Retrieved October 12, 2009, from http://blogs.wsj.com/environmentalcapital/2009/01/08/exxons-tillersongive-me-a-carbon-tax-not-cap-and-trade

Kahn, Chris. (2009, June 8). Nigeria: Shell agrees to pay $15.5M in landmark human rights case. Retrieved October 12, 2009, from http://www.huffingtonpost.com/2009/06/09/nigeria-shell-agreesto-p_n_213009.html

Krauss, Clifford. (2009, May 26). Big oil warms to ethanol and biofuel companies. *The New York Times.* Retrieved October 9, 2009, from http://www.nytimes.com/2009/05/27/business/energyenvironment/27biofuels.html

LaForest, Mary Jo. (2009, September 13). Oilsands greenhouse gas emissions higher than some countries: Report. Retrieved November 16, 2009, from http://www.edmontonsun.com/news/canada/2009/09/13/10876441.html

McCarthy, Shawn. (2009, March 30). Looking for solutions to the carbon conundrum. Retrieved October 7, 2009, from http://www.theglobeandmail.com/archives/article664154.ece

Nielsen (2009, March 13). U.S. ad spending fell 2.6% in 2008, Nielsen reports. Retrieved October 9, 2009, from http://en-us.nielsen.com/main/news/news_releases/2009/march/u_s__ad_spending_fell

Oak Ridge National Laboratory (ORNL). (n.d.). Bioenergy conversion factors. Retrieved February 11, 2010, from http://bioenergy.ornl.gov/papers/misc/energy_conv.html

Odell, Peter R. (1999). *Fossil fuel resources in the 21st century.* London: Financial Times Energy.

O'Reilly, Cary, & Decker, Susan. (2009, September 30). Exxon suits over human rights in Indonesia dismissed (update 2). Retrieved October 7, 2009, from http://www.bloomberg.com/apps/news?pid=20601127&sid=a0

ZVIG3V64aM

Rogner, H.-H. (2000). Energy resources. In J. Goldemberg (Ed.), *World energy assessment* (pp.135–171). New York: UNDP.

Rose, James. (2004, March 4). ConocoPhillips embroiled in legal battle over East Timor concession rights. Retrieved October 12, 2009, from http://www.ethicalcorp.com/content.asp?ContentID=1741

Shell. (2009a). European wind projects. Retrieved October 12, 2009, from http://www.shell.com/home/content/aboutshell/our_business/previous_business_structure/gas_and_power/wind_solar/european_wind_projects/

Shell. (2009b, July 6). SPDC gets global award for HIV/AIDS initiative. Retrieved November 16, 2009, from http://www.shell.com/home/content/nigeria/news_and_library/press_releases/2009/hivaids_award.html

Smil, Vaclav. (1994). *Energy in world history.* Boulder, CO: Westview.

Smil, Vaclav. (2003). *Energy at the crossroads.* Cambridge, MA: MIT Press.

Stancich, Rikki. (2003, May 21). BP accused of compromising human rights. Retrieved October 12, 2009, from http://www.ethicalcorp.com/content.asp?ContentID=621

Taylor, Phil. (2009, October 9) Canada, Alberta fund Shell's CCS project for oil sands. Retrieved October 9, 2009, from http://www.nytimes.com/gwire/2009/10/09/09greenwire–canada–alberta–fundshells–ccs–project–for–oil–85992.html

United States Bureau of Labor and Statistics. (2009). Fatal occupational injuries, total hours worked, and rates of fatal occupational injuries by selected worker characteristics, occupations, and industries, civilian workers, 2008. Retrieved October 15, 2009, from http://www.bls.gov/iif/oshwc/cfoi/cfoi_rates_2008hb.pdf

United States Department of Energy. (2005). Project injects CO_2 to boost oil recovery; Also captures emissions. Retrieved February 11, 2010, from http://fossil.energy.gov/news/techlines/2005/tl_kansas_co2.html

United States Department of Energy (US DOE). (2008). Enhanced oil recovery / CO_2 injection. Retrieved October 7, 2009, from http://www.fossil.energy.gov/programs/oilgas/eor/index.html

United States Energy Information Administration (USEIA). (2009a). International energy outlook 2009. Retrieved October 7, 2009, from http://www.eia.doe.gov/oiaf/ieo/world.html

United States Energy Information Administration (USEIA). (2009b). Table 5: U.S. average monthly bill by sector, census division, and state 2007. Retrieved January 14, 2010, from http://www.eia.doe.gov/cneaf/electricity/esr/table5.html

United States Environmental Protection Agency. (US EPA). (2009a). *Inventory of U.S. greenhouse gas emissions and sinks: 1990–2007.* Retrieved October 9, 2009, from http://www.epa.gov/climatechange/emissions/downloads09/InventoryUSGhG1990–2007.pdf

United States Environmental Protection Agency (US EPA). (2009b). Oil Pollution Act overview. Retrieved

October 16, 2009, from http://www.epa.gov/emergencies/content/lawsregs/opaover.htm

United States Geological Survey World Energy Assessment Team. (2000). U.S. Geological Survey world petroleum assessment 2000. Retrieved November 11, 2009, from http://energy.cr.usgs.gov/WEcont/world/woutsum.pdf

Woods Hole Oceanographic Institution. (2009). Image: Mixing oil and water. Retrieved October 16, 2009, from http://www.whoi.edu/page.do?pid=12467&tid=441&cid=5632&ct=61&article=2493

World Energy Council. (2007). *2007 survey of energy resources*. Retrieved October 7, 2009, from http://www.worldenergy.org/documents/ser2007_final_online_version_1.pdf

能源工业——太阳能

随着技术的不断进步,太阳能有潜力成为一种重要可再生能源的来源。目前绝大多数使用的是太阳热能系统,即用太阳的能量来加热水直接使用或发电。光伏技术太阳能还较少,其生产电需要来自特定光频率的太阳。

在某一时刻,地球接收来自太阳的能量比人类使用一年的能量还要多。由于可用表面积和技术效率的限制,这种能量只有一小部分是可用的,而太阳能有可能满足人类的能源需求。21世纪初,太阳能发电用于手持设备、玩具、徒步和野营设备、街道和景观照明,公用事业的太阳能发电厂等。随着太阳能技术和制造业的不断发展,太阳能有能力成为社会日益不可分割的一部分的。

太阳能发电有各种形式,太阳能技术可以被分成几类来比较,包括太阳热能与光伏太阳能,集中太阳能与平板太阳能。

太阳热能技术

太阳热能系统使用太阳光作为热源,可用于提供温水,发电或其他应用。根据政策网REN21(2009,9),全球已安装了大约145千兆瓦(GW)的太阳能热容量,占太阳能总装机容量的90%以上(见表1)。

常见的太阳热装置由填充有传热流体(HTF)的封闭管组成。阳光照射管子并加热传热流体,然后加热供水。太阳能热水系统可以在漫射的阳光下和水的凝固点以下工作。它们减少了通过其他方式加热水的需要,这些系统构成了超过145千兆瓦的装机容量,为数千万人提供了热水(REN21 2009,9)。

其他太阳热能系统使用热来产生电,通常被称为集中太阳能发电(CSP)。在一些集中太阳能系统中,反射面排列聚集太阳光,加热传热流体。在槽系统中,反射材料的抛物线槽将太阳光聚焦在同轴的油管上。在塔系统中,反射面大面积排列,将阳光聚焦到塔上,可能填充一些熔盐。在槽和塔两个系统中,传热

表 1   主要统计数据

技　　术	安装容量（2008.12）	容量（CAGR）（2002～2008）	市场潜力，全部太阳能技术（占全球能源使用的百分比）
热能	146		估值差别很大。
加热水	145	17%	联合国：到2040年为30%；
集中太阳能	0.5		USEIA**：到2030年为2%
光伏太阳能	13		埃克森美孚：到2030年<1%
平板太阳能	13	55%	

CAGR：复合年增长率

** USEIA：美国能源信息管理局

　来源：安装容量来自 REN21（2009,23），CAGR 来自 REN21（2009,9）and REN21（2005,9），市场潜力来自 Resch and Kaye（2007,63），美国能源信息管理局（2009a,109），埃克森美孚（2008,38）.

　大多数已安装的太阳能容量（近90%）使用太阳热能系统，虽然光伏技术在2002年至2008年期间的百分比增长较大。

流体将热量传递到发电机，例如蒸汽轮机。集中太阳能系统可以用作独立的电源，或它们也可以用于煤或天然气发电厂的加热以减少化石燃料的使用。

集中太阳能有许多优点。因为热量从传热流体储层缓慢释放，系统操作者可以全天捕获热量，然后使用捕获的热量基于消费者需求生产电力。这些系统需要的材料相对便宜，降低了成本，并且热发电技术很好理解。集中太阳能系统目前全球的安装能力不足1千兆瓦，尽管其技术优势，使它可能成为一个有前途的未来能源。

然而，太阳热能系统不是没有缺点。为了有效运转，每个反射面必须精确地遵循太阳的路径。太阳热能系统在连续的、直接的阳光下表现最好，这使得集中太阳能在世界上许多地方不切实际。太阳热能系统需要水来冷却和清洁反射面。现有的集中太阳能工厂位于低纬度沙漠，以利用丰富的阳光，但水在沙漠中是有限的资源。

不是所有的太阳热能系统都使用传热流体。抛物面盘可以用于集中太阳光，作为斯特林发动机的热源，斯特林发动机是一种封闭系统发动机，其工作气体（通常是空气，氦或氢）被交替地加热（膨胀）和冷却（收缩），推、拉活塞发电。斯特林系统得益于其部件非常便宜，不需要昂贵的传热流体。因为没有特殊的流体或单独的蒸汽轮机，斯特林系统的工程比一些集中太阳能技术更简单。最后，斯特林系统可以比其他太阳热能系统更易于扩展，因为可以简单地增加斯特林的抛物面盘。

太阳能热能也可用于太阳能对流塔或太阳能上升气流塔。在这种系统中，大片面积被中间有高烟囱的温室覆盖。阳光温暖温室中的空气，暖空气被吸入结构的中部，通过烟囱上升。一个或多个涡轮机位于烟囱的底部或烟囱中，随着空气冲击，涡轮机产生电力。

太阳能上升气流塔使用的材料廉价，且丰富，还能够双重使用土地：温室保持空气和土壤中的水分，土地用于农业。太阳能上升气流塔既能提供电力，又能提供食物，在干旱气候地区特别有吸引力。不过，公用事业规模的设施将需要覆盖数百公顷，将需要数百米高的烟囱。

光伏太阳能技术

当光伏（PV）材料暴露在特定频率的光下，光伏材料产生直流（DC）电。当光子撞击光伏材料时，光子可以激发电子并将其从其原子释放。在光伏电池中，半导体的一侧是N型（具有大量自由电子），另一侧是P型（具有大量可用于电子的空穴）。制造N型和P型半导体可以通过添加诸如磷或硼的杂质来实现。当N型和P型材料结合在一起，便形成电场。电场为从N型移动到P型的电子提供电阻，并且它促使电子从P型移动到N型。结果是，进入的阳光在材料的一侧产生正电荷的稳定积聚，而在另一侧产生负电荷。正确的连接便形成带有电流的电路。

光伏材料通常被划分为晶体硅（c–Si）或薄膜。晶体硅包括单晶和多晶技术。薄膜包括各种材料，包括非晶硅（a–Si）、碲化镉（CdTe）和铜铟镓硒（CIGS）。从2004年到2008年光伏市场平均年增长率约为55%，c–Si和薄膜部门迅速增长（REN21 2009, 9; REN21 2005, 9）。

结晶硅的高效率使得它成为一个吸引人的技术，它面积非常重要，如安置在卫星和屋顶上。薄膜光伏材料及其制造成本可以比用于c–Si的材料便宜，但是薄膜光伏在将太阳光转换为电时效率较低。因此，在大型地面安装的阵列中薄膜是最常见的，例如公用事业大规模发电厂。

在20世纪下半叶，因为硅的半导体特性，被广泛用于电子工业。光伏工业早期使用的许多硅都是来自半导体工业的废料，这降低了初级光伏材料的成本。精炼和制造工艺仍然是昂贵的，硅占c–Si PV系统的总成本的一半。

为了制备单晶硅，使用化学方法纯化原料硅，然后熔化。熔融的硅缓慢冷却，同时与"籽晶"接触，然后得到非常纯的硅锭，其然后被切成不超过几毫米厚的薄晶片。处理这些晶片以添加所需量的特定杂质以产生N型和P型硅。

生产硅电池的一个替代方法是"丝增长"工艺。在该工艺中，熔融硅在两个籽晶之间通过时形成薄片。丝增长明显减少了将硅锭切割成晶片所产生的浪费，尽管丝增长的晶片一般比来自锭的晶片质量低。

生产多晶硅通常涉及将熔融硅浇注到模具中，硅在模具中冷却，形成锭。与单晶晶片相比，多晶晶片的生产成本更低，因为该工艺更简单并且可以利用较低质量的原料。代价是多晶晶片比单晶效率更低。

完成的晶片制造太阳能电池，其被分组以形成具有保护涂层和导电条的模块（有时称为"面板"）。模块成条布置，条组合形成太阳能电池阵列，我们经常在屋顶上就能看到。

薄膜电池不需要晶片和电池，它使用沉积在基板上的光伏材料均匀层。沉积方法、光伏材料和基板有多种选择，这为薄膜市场创造了大量的多样性。对薄膜特别感兴趣的是能使用柔性基板材料，例如塑料或薄金属。由此得到的光伏材料可以快速在平面展开，也可以适合曲面形状。

非晶硅是商业上使用的第一种薄膜技术，目前仍然是常用的材料。另一种薄膜光伏材料是碲化镉（CdTe），其在21世纪中变得越来越常见。与c–Si相比，CdTe已经获得了应用，因为它制造更便宜，而特别在2006年—2008年期间，晶体供应问题导致c–Si价格既高又波动。最近，铜铟镓硒（CIGS）技术已经出现作为另一种选择，并且实验表明CIGS可能能够实现比 CdTe 更高的效率。（效率是衡量一个给定量的太阳光产生多少电量。）但是 CdTe 有先进入市场的优势，CIGS 和 CdTe 使用的制造方法类似，都从低边际成本中获利，但第一个薄膜公司建立大容量、高品质的产品使用的是 CdTe。

阳光包含一个宽的电磁频谱，但是给定的材料仅只有一个有限的光谱带的光伏。

提高太阳能光伏效率的一种方式是使用多结电池，这些电池基本上是光伏材料层，每个材料层捕获不同频率的光子。

生产多结电池是复杂且昂贵的工艺，这使得这些电池比其他光伏材料更昂贵。多结电池的一个重要应用是集中光伏（CPV）系统。CPV 系统使用透镜或反射，将阳光聚焦在小面积的高效光伏材料上。CPV 系统比其他光伏系统需要少得多的光伏材料。材料减少，降低了系统成本，就可以使用昂贵、高效率的光伏材料。但是 CPV 系统不适合许多地区，因为集中技术需要连续，直接的阳光。CPV 系统需要精确的跟踪机制来跟随太阳的日常和季节性运动。此外，极端温度会降低光伏效率，有损坏光伏电池的风险，因此必须特别注意冷却光伏材料。

光伏技术能提供充足的效率和成本组合以满足给定应用的需要。单结单晶硅电池实验室实验已实现约 25% 的效率；工业生产的电池可达到 20% 的效率；较低质量的 c-Si 电池效率低于 15%。薄膜电池的实验室实验已实现了接近 20% 的效率。市售的最高效率的薄膜效率在 10% 以上，也有较低成本的薄膜可用，效率低于 8%。多结电池在实验室实验中的效率超过 40%，生产线电池的效率高于 35%。

光伏材料，特别是薄膜的优点是它们在直接和漫射日光下都起作用，并且新材料可以利用红外或其他频率。光伏系统可以针对特定的功率需求定制，并且随着需求的变化而扩展。构建大型光伏系统可能需要几个月，而其他技术可能需要多年才能开发出同样规模的系统。光伏材料的一个关键缺点是对太阳光的持续需求，这使得无法在有云的情况下和夜间运行。光伏系统的另一个缺点是成本。虽然材料和制造工艺的改进带来成本的大幅度降低，但是光伏系统仍然是昂贵的电力来源。

太阳能的未来

集中太阳能技术不断推进，导致对集中太阳能项目的投资增加：集中太阳能占不到 5% 的全球太阳能发电装机容量，但集中太阳能的太阳能发电项目计划超过了四分之一。随着技术的进一步改进，集中太阳能可以提供按需电源。持续的成本降低可能使集中太阳能与其他形式的公用事业规模的电力相比具有成本竞争力。热能存储系统可允许集中太阳能提供从头一天日落到第二天日出的电力。

太阳能光伏技术通常分为三代，大多数情况下，该行业正在完成从第一代向第二代的过渡。第一代包括最基本的材料和技术，如硒和硅，但太阳能电池还非常昂贵。目前使用的 c-Si 电池仍然被认为是第一代技术，尽管在过去五十年中效率和制造工艺都已经大大改善。

第二代技术的特点是材料、效率和成本的提高。多结电池和薄膜太阳能都代表了第二代太阳能光伏电池随成本/能量输出的改进而进步。

第三代太阳能电池将以材料和制造进一步进步为特征,可以接近植物光合作用的性质。

石墨烯（仅一个原子厚的单片石墨）或量子点（另一种非常薄的半导体）技术可以用作太阳能半导体,或者可以通过聚合物（合成物）或有机物的进步来消除半导体。在第三代太阳能技术中,光伏设备可能与今天的布料或油漆一样普遍,任何人造表面都可以发电。

另一种方法是用轨道卫星作为大型太阳能阵列,使用低强度微波辐射将能量传输到地球表面。这项技术最重要的优势是能够在一天中的所有时间、所有天气条件下发电。从卫星传输太阳能看起来像科幻小说,但正在进行严肃的研究。在2009年初,一家加利福尼亚公用事业公司宣布从2016年开始就从这种基于太空的太阳能电池阵列购买电力的协议（Riddell 2009）。2009年晚些时候,一个日本制造公司联盟宣布计划开发大规模应用技术（Sato & Okada 2009）。

创新和技术进步将继续在太阳能发电的发展中发挥重要作用。新材料、改进的制造工艺和使用太阳能发电的创造性方法都将是至关重要的。太阳能发电有可能成为人类文明能源生产的一个组成部分。

迈克尔·戴尔·哈克尼斯（Michael Dale HARKNESS）

康奈尔大学

参见：总量控制与交易立法；可持续发展；能源效率；能源工业——可再生能源概述；设施管理；清洁科技投资。

拓展阅读

American Solar Energy Society. (2009). Retrieved September 2, 2009, from http://www.ases.org/

Erwing, Rex A. (2006). Power with nature: Alternative energy solutions for homeowners (2nd ed.). Masonville, CO: PixyJack Press.

ExxonMobil. (2008). The outlook for energy: A view to 2030. Retrieved November 18, 2009, from http://www.exxonmobil.com/corporate/files/news_pub_2008_energyoutlook.pdf

International Energy Agency. (2009). Renewable Energy. RetrievedSeptember 2, 2009, from http://iea.org/Textbase/subjectqueries/keyresult.asp?KEYWORD_ID=4116

International Solar Energy Society. (2009). Retrieved September 2, 2009, from http://www.ises.org/

Marshall, J. M., & Dimova-Malinovska, D. (Eds.). (2002). *Photovoltaic and photoactive materials: Properties, technology, and applications.* Boston: Kluwer Academic.

Martin, Christopher L., & Goswami, D. Yogi. (2005). *Solar energy pocket reference.* London: Earthscan.

Martinot, Eric; REN21; & Worldwatch Institute. (2007). Renewables 2007: Global status report. Retrieved September 2, 2009, from http://www.worldwatch.org/files/pdf/renewables2007.pdf

Masters, Gilbert M. (2004). *Renewable and efficient electric power systems*. Hoboken, NJ: John Wiley & Sons.

National Renewable Energy Laboratory. (2001, March). Concentrating solar power: Energy from mirrors. Retrieved September 2, 2009, from http://www.nrel.gov/docs/fy01osti/28751.pdf

National Renewable Energy Laboratory. (2009). Solar research. Retrieved October 27, 2009, from http://www.nrel.gov/solar/

Navigant Consulting. (2009). *Solar outlook* [Newsletter]. Retrieved September 2, 2009, from http://www.navigantconsulting.com/industries/energy/renewable_energy/solar_outlook_newsletter/

Patel, Mukund R. (2006). *Wind and solar power systems: Design, analysis, and operation* (2nd ed.). Boca Raton, FL: Taylor & Francis

REN21. (2005). *Renewables 2005: Global status report*. Retrieved November 18, 2009, from http://www.ren21.net/pdf/RE2005_Global_Status_Report.pdf

REN21. (2009). *Renewables global status report: 2009 update*. Retrieved November 18, 2009, from http://www.ren21.net/pdf/RE_GSR_2009_Update.pdf

Renewable Energy World. (2009). Solar energy. Retrieved September 2, 2009, from http://www.renewableenergyworld.com/rea/tech/solarenergy

Resch, Rhone, & Kaye, Noah. (2007, February). The promise of solar energy: A low-carbon energy strategy for the 21st century. Retrieved November 18, 2009, from http://www.un.org/wcm/content/site/chronicle/cache/bypass/lang/en/home/archive/issues2007/pid/4837?ctnscroll_articleContainerList=1_0&ctnlistpagination_articleContainerList=true

Riddell, Lindsay. (2009, April 13). PG & E to source solar from outer space. Retrieved November 18, 2009, from http://sanfrancisco.bizjournals.com/sanfrancisco/stories/2009/04/13/daily10.html

Sato, Shigeru, & Okada, Yuji. (2009, September 1). Mitsubishi, IHI to join $21 Bln space solar project (update1). Retrieved November 18, 2009, from http://www.bloomberg.com/apps/news?pid=20601101&sid=aJ529lsdk9HI

Scientific American. (2009). Alternative energy technology. Retrieved September 2, 2009, from http://www.scientificamerican.com/topic.cfm?id=alternative-energy-technology

Solar Electric Power Association. (2009). Retrieved September 2, 2009, from http://www.solarelectricpower.org/

Solar Energy Industries Association. (2009). Retrieved September 2, 2009, from http://www.seia.org/

Solar Industry. (2009). Retrieved September 2, 2009, from http://www.solarindustrymag.com/

Solar Today. (2009). Retrieved September 2, 2009, from http://www.solartoday.org/

U.S. Department of Energy / Energy Efficiency & Renewable Energy. (2009). Solar energy technologies program. Retrieved September 2, 2009, from http://www1.eere.energy.gov/solar/

U.S. Department of Energy / Energy Information Administration. (2009). Renewable & alternative fuels. Retrieved September 2, 2009, from http://www.eia.doe.gov/fuelrenewable.html

U.S. Energy Information Administration (USEIA). (2009a). Appendix A. In Annual energy outlook 2009 (p. 109). Retrieved November 18, 2009, from http://www.eia.doe.gov/oiaf/aeo/pdf/appa.pdf

United States Energy Information Administration (USEIA). (2009b). Table 5: U.S. average monthly bill by sector, census division, and state 2007. Retrieved January 14, 2010, from http://www.eia.doe.gov/cneaf/electricity/esr/table5.html

Willett, Edward. (2005). *The basics of quantum physics: Understanding the photoelectric effect and line spectra.* New York: Rosen Publishing Group.

能源工业——波浪和潮汐能

在20世纪中叶，研究人员开始研究如何开发具有成本效益的方法来从潮汐和海浪中产生能量。海洋能源来自水的运动，这是由风和水、地球、月亮和太阳之间的重力相互作用引起的。各种技术、方法和装置是否能够有效地从水中产生能量仍未得到证实。

显然，在世界海洋里有巨大的能量。不那么清楚的是能否以成本有效的方式利用这些能源。从波浪的运动和潮汐的变化捕获能量的前景已经受到了极大的关注趣。很难量化确切的波浪和潮汐能对可持续能源产生的贡献。目前一个潮汐能项目在引进商业规模装置的头五年内产生了1千兆瓦（GW）。例如朝鲜半岛、新西兰、英国和美国东北海岸都有相当大的潜力。同样，波浪能可以在有大片海洋的海岸生成盛行风。世界海岸波浪总功率潜力估计可以高达1太瓦，或1 000 GW（Falnes 2007），这个量与现有所有发电站的量相似同。

潮汐能已经使用了几个世纪，用来研磨面粉。在20世纪中叶，研究人员进行了关于使用潮汐发电的研究，并在世界各地实施了一些计划，特别是在法国布列塔尼北部的兰斯（La Rance）的240兆瓦（MW）大坝。（潮汐坝跨越河口和潮汐通道，潮汐流入和流出时发电厂发电。）自2000年以来，还研究了利用潮汐流发电。在20世纪70年代初的石油供应恐慌之后，开始了重要的波浪能量提取研究，尽管还没有产生商业电力的重要方案。

海洋能源

两个不同的机制产生海洋的运动，并提供可再生能源。第一是风的运动。这是由太阳辐射、内部热和地球的旋转引起的。随着风吹过海洋表面，一小部分能量被转移到水中。风吹过海面的距离越长，传递的能量越大。在较长距离上产生的波还将具有较宽的波长谱（波峰之间的距离），具有较大的幅度（或波峰的最大高度）。这些波长距离传播，被土地屏障和海洋深度的变化反射、辐射和折射。因此，在波环境中任何给定的位置，将包含一个不同波长的光谱。波幅越大，能量越大。

波能量提取的挑战是"调谐"波能装置，以便最佳地捕获能量。一般来说，波浪能量的最佳位置在陆地附近，那里海洋仍然还很深，盛行风可以传输能量数千公里。好的例子是西班牙和葡萄牙的西海岸和苏格兰西北海岸的外赫布里底。

虽然潮汐能也是波浪运动的一种形式，但它能量的起源是地球、月亮、太阳和海洋中的水之间的复杂引力相互作用。水被这些引力有效地"拉"起来，把能量转化成海洋的波动。产生运动的第二原理的规律性是能量产生的关键。在任何给定位置，潮汐高度（或相应的电流）由每日两次最大（或高）潮汐组成。潮汐高度每两周变化一次，产生所谓的大潮（高潮和低潮水平之间有最大范围）和小潮（潮汐水平之间范围最小）。这些能够高精度预测，并确保一个已知数量的能源供应。

潮汐能在深海中处于低密度，因此需要海岸线或岛屿的适当组合与海洋深度的变化才能产生大的潮汐范围和/或强电流。随着高潮时间沿着给定的海岸线变化，如果一系列地点连接到区域电网，则该滞后可以用于进一步平滑电力的产生。不过，大潮和小潮之间可用

能量的差异，通常可导致功率减少八倍。

波能装置

尽管有四十年来捕获波能不断发展的技术，但是成功地产生可行量的电力已被证明是很难的。设备从概念如苏格兰教授斯蒂芬·萨尔特的"点头鸭"到蛇形波能量转换器，甚至更激进变形的蟒蛇橡胶管。不过，波能装置有两个基本概念：

1. 波浪打破封闭的浮动或固定屏障，从而产生水高度的差异。然后，水高度或头部的这种差异可以用于驱动连接到发电机的低头涡轮机。

2. 与摆锤端部的重量相当的振荡装置响应于波的周期性运动，并且其运动用于泵送液压流体或直接移动线性感应发电机。一个例子是Pelamis装置，由与波浪方向一致的一系列相互连接的气缸组成。气缸之间的接头挠曲用于泵送液压流体以驱动涡轮。

在这些系统上存在许多相关变形，包括悬崖室，它用海洋表面的运动来迫使空气连续地进出适当的涡轮机。这种系统的操作者只有很少的实际经验。因此，很难评估这些系统发电的成本效益。

潮汐能系统

在利用波浪的能量中存在两个符合自然法则的原则：捕获潮汐范围以产生合适的水头以驱动涡轮发电机组，或者使用潮汐流本身来直接驱动涡轮机。

第一个原则用于潮汐拦阻计划。通常这些计划都有一个横跨河口建造的障碍。它可以在潮汐的输入，输出或两个周期上产生电

力。闸门和涡轮机的组合限制了流速,从而确保了足够的水头来驱动涡轮机。这些计划需要大量投资建造障碍所需的土木工程,并将改变拦河坝两岸的海洋环境和上游的距离。但是有优点:在可预测的时间产生大量的功率,并且如果涡轮机可以用作泵,则该方案可以用于能量存储,以使来自更多可变的可再生能源(例如风)的能量正规化。

潮汐流或其他海洋环流的使用相对较新。随着 2003 年安装示范系统以来,设备开发迅速。2008 年冬天,在北爱尔兰的 Strangford Lough,最大的单个设备产生 1.2 兆瓦。这些系统基于修订的海中使用的风力涡轮机概念,成功的装置具有围绕与主潮汐方向一致的水平轴线旋转的叶片。理想地,涡轮机需要能够通过采用偏航机制或双向叶片来产生用于潮汐流的两个方向的动力。变化使用加速管道来捕获更多的流动,但缺点是所产生的额外能量需要克服增加的结构成本,并且管道的设计不能阻塞通过涡轮机的流动。当许多这样的系统被定位为阵列或围栏时,局部流的显著变化将确定能量获取的最大。

未来的挑战

波浪能和潮汐能系统面临许多障碍,然后才能确定这些方案是否能够获取足够规模的能源,为可持续的能源未来做出重大贡献。主要障碍是经济障碍,这些方案的安装和运行必然会影响当地环境。一个相当大的挑战是,当经济与使用环境能源的好处对立时,评估这种影响是否显著。

潮汐坝计划需要大量投资,投资回收期可达几十年,它们还会导致河口环境的显著变化。它们的风险相对较低,因为它们使用的技术成熟可靠。

波能仍然是一种未经证实的技术。设计能够在最严酷的风暴中生存,但仍然具有成本效益的设备是一个难以克服的难题。

潮汐流系统受益于远离最差波浪负载,但是这是以安装和维护困难的成本为代价的。

这些系统可能会逐渐改善,成为可再生能源的可行替代来源。不幸的是,其商业化阶段是开发周期中最昂贵的部分,并且需要积累多年的运营经验,然后才能安装具有成本效益和可靠的系统。

斯蒂芬·特诺克(Stephen TURNOCK)
南安普敦大学

参见:能源效率;能源工业——可再生能源概述;能源工业——风能;清洁科技投资;水资源的使用和权利。

拓展阅读

Baker, A. Clive. (1991). *Tidal power*. London: Peter Pereginus.

Charlier, Roger H. (2007). Forty candles for the Rance River TPP tides provide renewable and sustainable power generation. *Renewable and Sustainable Energy Reviews, 11*(9), 2032–2057.

Douglas, C. A.; Harrison, Gareth P.; & Chick, John P. (2008). Life cycle assessment of the Seagen marine current turbine. *Proceedings of the Institution of Mechanical Engineers, Part M: Journal of Engineering for the Maritime Environment, 222*(1), 1–12.

Falnes, Johannes. (2007). A review of wave-energy extraction. *Marine Structures, 20*(4), 185–201.

Fraenkel, Peter L. (2007). Marine current turbines: Pioneering the development of marine kinetic energy converters. *Proceedings of the Institution of Mechanical Engineers, Part A: Journal of Power and Energy, 221*(2), 159–169.

Garrett, Chris, & Cummins, Patrick. (2008). Limits to tidal current power. *Renewable Energy, 33*(11), 2485–2490.

International Ship and Offshore Structures Congress. (2006). Specialist Committee V.4: Ocean, wind and wave energy utilization. *Proceedings of the 16th International Ship and Offshore Structures Congress, 2,* 165–211.

International Ship and Offshore Structures Congress. (2009). Specialist Committee V.4: Ocean, wind and wave energy utilization. *Proceedings of the 17th International Ship and Offshore Structures Congress, 2,* 201–258.

Nicholls-Lee, Rachel F., & Turnock, Stephen R. (2008). Tidal energy extraction: Renewable, sustainable and predictable. *Science Progress, 91*(1), 81–111.

United States Energy Information Administration (USEIA). (2009). Table 5: U.S. average monthly bill by sector, census division, and state 2007. Retrieved January 14, 2010, from http://www.eia.doe.gov/cneaf/electricity/esr/table5.html

能源工业——风能

在21世纪初,世界范围内风力发电的供应量占总发电量的百分比还非常小。但作为一个没有碳排放的可再生能源,全球有兴趣增加它作用。它的主要缺点是风力涡轮机的成本高,不可预测性和实际风速的变化(不是理论容量)。

2008年美国大约50%的电力是用煤炭作为燃料生产的。根据美国能源信息管理局,美国能源部独立统计机构数据,2006年世界电力供应燃煤发电占41%(USEIA 2009e, 74)。根据政府间气候变化专门委员会(2007)和其他组织记录的科学证据,这显然是不可持续。根据能源信息管理局报告的数据,使用煤炭生产每千瓦时电力,约1公斤有害二氧化碳释放到大气中(USEIA 2009c, 106)

一种可持续的替代煤的能源是风能。根据能源信息管理局的资料,在2008年,美国风力发电机在发电量中所占的比例为1.3%(USEIA 2009c, 11)。2007年,欧洲3.7%的电力需求由风力发电满足(European Wind Energy Association 2009)。因为风能没有碳排放,所以增加其在发电量中的份额颇受支持。

美国能源部表示,在2030年美国20%的电力消耗由风能提供是可行的(US DOE 2008)。欧盟制定了一个有约束力的目标,风能和其他可再生能源的电力供应达到20%(European Wind Energy Association 2009)。这些目标的实现取决于风力发电的成本,能源监管政策,传输途径,气候立法以及电力系统经理成功将风能整合到其运营中。

风能成本

能源信息管理局报告说,一个新的风电项目的资本成本可能是同等规模常规电厂资本成本的两倍以上(USEIA 2009a, 93)。在全球范围内,这些资本成本主要是涡轮机的价格(European Wind Energy Association 2009),尽管不需要购买燃料(如传统发电厂那样)。但这种资本成本的缺点往往阻碍了对风能的投资。克服这个缺点面对的事实是,风速变化不定,意味着年度风能产量水平仅为理论容量的40%（USEIA 2009a, 161）。

政府干预以及高化石燃料价格使得一些国家的风能接近实现所谓的"电网平价"（Komor 2009）。当可再生能源产生的电力与传统的能源（如煤和天然气）产生的电力具有成本竞争力时，发生电网平价。美国政府干预风电成本的一个例子是生产税收抵免（PTC），这为可再生能源项目的开发商提供10年每兆瓦小时（MWh）成本的十年信贷（US DOE 2008, 28）。最初作为1992年能源政策法案的一部分通过，PTC三次失效后被反复延长。当美国国会允许这种信贷到期时，风能的发展已经大大减少，表明了政策对行业激励的重要性。

补贴是欧洲风能发展的重要驱动力。在德国，1991年通过的电力馈送法（STREG）规定，公共事业公司必须根据电力公司的平均收入千瓦时（kWh），按照年度固定费率从风能、太阳能、水电、生物质能和垃圾填埋气源购买可再生发电的电力。对风力发电厂的补贴设定为平均零售电费的90%（Runci 2005）。这大大高于传统发电机的批发价格。虽然这种可再生能源支付方式（上网电价补贴）已经被修改，但二十一个欧洲国家都已引入了某种形式的上网电价补贴（Crystall 2009）。

风能间歇现象

在当前的技术下，存储大量电能在经济上是不可行的。此外，电网的稳定性要求，发电的数量在给定的区域，几乎每个瞬时，要准确地匹配系统负载、损耗净损和电流。不幸的是，使用风力涡轮机的电力生产在一天的过程中表现出极大地不可控的变化性。如图1所示，德克萨斯州的ERCOT电网，在2009年9月以十五分钟为间隔的风能生产水平（ERCOT占德克萨斯电力负荷的大约85%）。检查其他区域的数据，如丹麦西部和东部，世界上风能最密集的两个电力系统，揭示了类似水平的变化（Energinet.dk 2009）。生产中的这种变化性需要通过调度常规能量和/或从其他地区输入功率来补偿。电网运营商试图通过使用气象数据预测一天前的风能产量水平来适应这种生产变化。

传输接入

在美国，风力资源通常在偏远的内陆地区（如大平原和落基山脉），而大多数人口居住在东部和西部海岸（American Wind Energy Association 2009）。由于资源与需求中心不匹配，美国能源部认为电力输送是风能资源开发的最大障碍。突出的挑战是，当忽略电力传输的成本时，相信美国有超过8 000千兆瓦（GW）的风力资源，行业估计开发成本可能小于或等于大约每兆瓦时80美元（US DOE 2008, 8）。从这个数字来看，美国目前拥有约1 000千兆瓦的常规发电能力。如果考虑传输成本，大约只有600千兆瓦的风能资源，可交付的开发成本可能小于或等于每兆瓦时大约100美元（US DOE 2008, 9）。以每兆瓦时100美元的价格计算，2009年输电网的状态不足以支持大量风力资源的开发。美国的基础设施已经过时，这会导致容量问题和互连积

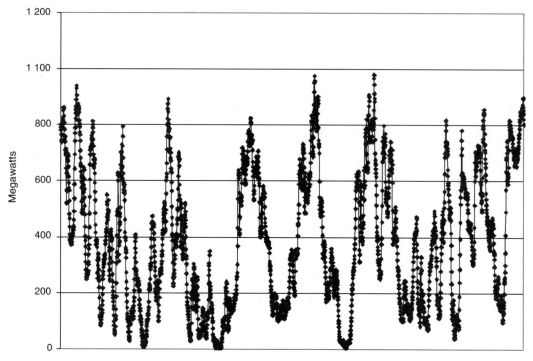

图1 德克萨斯州的ERCOT电网,在2009年9月以十五分钟为间隔的风能生产水平

注意:数据以十五分钟为间隔报告

来源:Forbes,Stampini & Zampelli(2010).

作为能量源,风是可变的、不可控制的和不可预测的,这影响其发电的可靠性。

不幸的是,难以在一天前准确地预测风能生产水平。最近的一项研究(Forbes,Stampini和Zampelli 2010)表明,2009年6月15日至2009年11月30日期间ERCOT的平均日前风能预测误差率是平均风能产量的50%以上。当实际风能的水平低于预测时,使用大量存储电能,是解决这一挑战的一种可能方案。幸运的是,在美国有几个能源基金项目正在进行中,旨在推进这一解决方案(US DOE 2007)。

压。此外,来自风力资源最好的地区的传输容量不足(Komor 2009)。必须解决传输问题,才能使风能在美国与其他能源供给成为整体。

根据欧洲风能协会,在欧洲必须建立输电电网改进和公平互连规则,以实现风能渗透的目标量。据估计,在欧洲的许多地区,由于漫长的规划和许可过程,可能需要10年到12年才能建造一条新的输电线路(EWEA 2009)。然而,像丹麦这样的国家能够实现对风能的高度依赖,部分原因是它们一致努力将其传输系统与其他国家的传输系统连在一起(Komor 2009)。

能源监管政策

监管政策曾经并将继续是可再生能源发展的主要驱动力(Wiser & Barbose 2008)。自20世纪90年代以来,风能工业已经获得了特别的发展势头,因为欧洲和美国的监管任务已经通过。在一些国家,包括美国,已经建立了强制性目标,要求公用事业在其能源供应组合中必须包括一定百分比的可再生能源,这通常被称为可再生能源组合标准(RPS)。百分比通常每年增加,如果目标没有达到,相应的法规通常包括惩罚。截至2009年7月,29个州和哥伦比亚特区已经制定了RPS政策(North Carolina Solar et al

2009）。此外，2009年6月，美国众议院通过了人力资源2454，美国清洁能源和安全法案2009（ACESA），它要求到2020年零售能源供应商的投资组合至少20%源于可再生能源。丹麦、荷兰、奥地利、意大利、比利时和英国，这些国家都具有显著的、更高的风能水平，已实行或提出了RPS计划（Geller 2003）。例如，2008年丹麦约20%的电力消耗是风能产生的（Energinet.dk 2009）。这一成就是政府干预增加风能利用的一个明显例子：丹麦通过补贴和对研究与开发的强有力的财政承诺，比其他任何欧洲国家投资了更多的风能。

虽然很难肯定地说，RPS政策是可再生能源项目在某些地区建设的主要原因，但很明显，实施RPS政策的国家和美国国家的可再生能源发展有所增加（Wiser & Barbose 2008）。强有力的可再生能源政策（如RPS）信号刺激了市场和资本投资。项目通常由独立电力生产商建造，电力生产商将与项目相关的电力和相关环境属性出售给有RPS义务的公用事业公司。随着RPS的普及，风力发电量增长最快（Geller 2003）。特别是从1998年到2007年，在美国93%的非水力可再生能源，都来自风力发电（Wiser & Barbose 2008）。虽然美国风电行业在2009年享有强大的政策支持，但它仍然敦促联邦政府采用国家RPS，从而为资本投资提供广泛的信号（American Wind Energy Association 2009）。欧盟制定的有约束力的可再生目标，预计将刺激在整个欧洲的持续投资（EWEA 2009）。

在美国的一些州，电力公司可以使用可再生能源信用（RECs）来履行其RPS义务。一个可再生能源信用是一份可单独交易的证书，证明1兆瓦时的电力来自可再生能源。当RPS计划允许可再生能源信用用于合规时，风能的卖方能够获得两个不同的收入流，一个是可再生能源信用，另一个是能量本身。虽然可再生能源信用价格因州而异，但可再生能源信用销售的收入可能相当可观。例如，宾夕法尼亚州风可再生能源信用的价格在2008年为10美元到13美元之间，而同一地区的日均批发能源价格约为70美元。

未来

风能的技术潜力很大，有潜力开发数千兆瓦的风能容量。由于有利的政府政策，风能是目前世界上增长最快的电力供应之一。全球风能会议（GWEC）预测，2009年风能容量将增长119%，到2013年将达到332千兆瓦装机容量（GWEC 2008, 15）。然而，风能的经济性具有挑战性，因此，为了使风能超过利基来源，需要对碳排放设置上限，这会使风能更具经济吸引力。此外，需要对传输进行大量投资以将风能转移到需求中心，并且需要加速储能的研究和开发以解决间歇性问题。

凯文·福布斯（Kevin F. FORBES）
美国天主教大学
阿德里亚安·迪奇亚诺·内瓦尔
（Adrian DiCianno NEWALL）
能源咨询

参见：总量控制与交易立法；气候变化披露；能源效率；能源工业——可再生能源的概述；能源工业——煤；能源工业——波浪和潮汐能；清洁科技投资。

拓展阅读

American Wind Energy Association (AWEA). (2009). *Windpower outlook 2009.* Retrieved October 8, 2009, from http://www.awea.org/pubs/documents/Outlook_2009.pdf

Bertoldi, Paolo; Atanasiu, Bogodan; European Joint Research Commission; & Institute for Environment and Sustainability. (2007). *Electricity consumption and efficiency trends in the enlarged European Union: Status report 2006.* Retrieved January 14, 2010, from http://re.jrc.ec.europa.eu/energyefficiency/pdf/EnEff%20 Report%202006.pdf

Crystall, Ben. (2009, September 15). Better world: Generate a feed-in frenzy. Retrieved Ferburary 5, 2010, from http://www.newscientist.com/article/mg20327251.900–better–world–generate–a–feedinfrenzy.html

Energinet.dk. (2009). *Annual report 2008 of Energinet.dk.* Retrieved October 8, 2009, from http://www. energinet.dk/NR/rdonlyres/876A786B–4646–4FB0–8C0E–D367D6274F90/0/Annual_Report_2008.pdf

European Wind Energy Association (EWEA). (2009). *Wind energy — The facts: Analysis of Wind Energy in the EU–25.* Retrieved February 5, 2010, from http://windfacts.eu/

Forbes, Kevin; Stampini, Marco; & Zampelli, Ernest M. (2010). *Do higher wind power penetration levels pose a challenge to electric power security?: Evidence from the ERCOT Power Grid in Texas.* Unpublished manuscript.

Geller, Howard. (2003). *Energy revolution: Policies for a sustainable future.* Washington, DC: Island Press.

Intergovernmental Panel on Climate Change. (2007). *Climate change 2007: The physical science basis: Working Group I contribution to the Fourth Assessment Report of the Intergovernmental Panel on Climate Change, 2007.* New York: Cambridge University Press.

Global Wind Energy Conference (GWEC). (2008). *Global wind: 2008 report.* Retrieved February 9, 2010, from http://www.gwec.net/fileadmin/documents/Global%20Wind%202008%20Report.pdf

Komor, Paul. (2009). *Wind and solar electricity: Challenges and opportunities.* Arlington, VA: Pew Center on Global Climate Change. Retrieved February 5, 2010, from http://www.pewclimate.org/docUploads/wind-solar-electricity-report.pdf

North Carolina Solar Center; Interstate Renewable Energy Council; United States Department of Energy, Energy Efficiency and Renewable Energy; & National Renewable Energy Laboratory. (2009). *Database of state incentives for renewables & efficiency: Rules, regulations & policies for renewable energy.* Retrieved December 8, 2009, from http://www.dsireusa.org/summarytables/rrpre.cfm

Runci, Paul J. (2005). *Renewable energy policy in Germany: An overview and assessment* (Pacific Northwest National Laboratory technical report PNWD–3526). Retrieved February 9, 2010, from http://www. globalchange.umd.edu/data/publications/PNWD–3526.pdf

United States Department of Energy (DOE). (2007). Basic research needs for electrical energy storage. Retrieved October 8, 2009, from http://www.sc.doe.gov/bes/reports/abstracts.html#EES

United States Department of Energy (DOE). (2008). 20% wind energy by 2030: Increasing wind energy's contribution to U.S. electricity supply. Retrieved October 8, 2009, from http://www1.eere.energy.gov/windandhydro/pdfs/41869.pdf

United States Energy Information Administration (USEIA). (1999). Natural gas 1998: Issues and trends. Retrieved January 19, 2010, from http://www.eia.doe.gov/pub/oil_gas/natural_gas/analysis_publications/natural_gas_1998_issues_trends/pdf/chapter2.pdf

United States Energy Information Administration (USEIA). (2008). Federal financial interventions and subsidies in energy markets 2007. Retrieved October 8, 2009, from http://www.eia.doe.gov/oiaf/servicerpt/subsidy2/index.html

United States Energy Information Administration (USEIA). (2009a). Assumptions to the annual energy outlook 2009. Retrieved October 8, 2009, from http://www.eia.doe.gov/oiaf/aeo/assumption/index.html

United States Energy Information Administration (USEIA). (2009b). Energy market and economic impacts of H.R. 2454, the American Clean Energy and Security Act of 2009. Retrieved October 8, 2009, from http://www.eia.doe.gov/oiaf/service_rpts.htm

United States Energy Information Administration (USEIA). (2009c). Electric power annual. Retrieved February 5, 2010, from http://www.eia.doe.gov/cneaf/electricity/epa/epa.pdf

United States Energy Information Administration (USEIA). (2009d). Electric power monthly. Retrieved October 8, 2009, from http://www.eia.doe.gov/cneaf/electricity/epm/table1_1.html

United States Energy Information Administration (USEIA). (2009e). International Energy Outlook 2009. Retrieved January 27, 2010, from http://www.eia.doe.gov/oiaf/ieo/electricity.html

United States Energy Information Administration (USEIA). (2009f). Table 5: U.S. average monthly bill by sector, census division, and state 2007. Retrieved January 14, 2010, from http://www.eia.doe.gov/cneaf/electricity/esr/table5.html

Wiser, Ryan, & Barbose, Galen. (2008). *Renewable portfolio standards in the United States: A status report with data through 2007.* Retrieved October 8, 2009, from http://eetd.lbl.gov/ea/ems/reports/lbnl-154e.pdf

Equator Principles

赤道原则

赤道原则由十个国际私营银行于2003年创建,作为"金融业在项目融资中管理社会和环境问题的基准"。自成立以来,超过六十五个世界各地的金融机构已经成为修订原则的签署国。这是第一个全球的、行业的自愿行为守则。

2003年6月4日正式启动金融机构赤道原则(EPs),10个主要的国际项目融资银行(由ABN AMRO、巴克莱、花旗和west LB领导的)通过了十项原则作为框架,以确保参与者资助的项目使用社会和环境责任的做法。2006年7月6日公布了执行委员会第一次修订本之后,21个国家55家银行和金融机构(包括两个出口信贷机构)都签署了此原则。这代表了世界上超过85%的项目融资机构,表明赤道原则已经成为被银行应用的真正的全球标准,认真考虑他们的客户,积极监督,并不时接受领先的非政府组织的挑战。银行已经开始认真地对待这些问题,并加强了与非政府组织的对话。此外,越来越多的银行开始制定

内部政策,其中包括赤道原则在其非项目相关贷款和咨询业务中的许多原则。因此,赤道原则规模和范围上已经产生了相当大的影响。

此外,"赤道原则"作为一项企业发起的、从业者撰写的自愿倡议,旨在建立一个共同的全球基准。它已经是其他行业主要公司类似部门项目的催化剂和标杆。它提出的竞争条件是价格、结构和服务质量的竞争,但不是某些基本价值或原则。赤道原则通常被视为在金融部门应用可持续发展的转折点。2006年由联合国全球契约和联合国环境规划署(UNEP)融资倡议赞助的长期资产所有者(如养老基金)和投资经理的责任投资原则(PRI),其灵感来自赤道原则。

赤道原则的起源

根据赤道原则的前言,项目融资是"一种出资的方法,贷款人主要将由单个项目产生的收入作为偿还来源和作为安全风险的担保"。项目融资在资助全球发展中起着重要的作用。

赤道原则是由于银行在项目融资实践中日益面临的信用和声誉风险所引发的：自身利益是一个驱动因素。在项目融资中，银行被民间社会组织（受影响社区、劳工组织、环境和社会团体）认为同谋的原因与这些项目规模庞大有关（5000万美元到几十亿美元）、公共性质和显而易见的影响（采掘业，基础设施）、高贷款成本比率（有时高达90%）、工业项目赞助商的资源有限。因此批评不断上升，在2002年，主要的国际非政府组织通过"金融机构群众宣言"采取了更广泛的可持续金融愿景。这些因素导致银行改善其尽职调查，收紧信贷要求，而不仅仅是金融/经济问题，要求更广泛、更严格地监测社会和环境因素。

ABN AMRO的国际金融公司（IFC）的赫尔曼·马尔德（Herman Mulder）和皮特·沃伊克（Peter Woicke）于2002年10月采取主动行动，在伦敦召开了十二个主要项目融资银行的会议，讨论他们面临的挑战。在会议开始时（来自银行的贷款官员，不是公共关系官员），提出了十二个不同的成因，在一天会议结束时只有一个共同的目的。最初称为格林尼治原则，后来被更名为赤道原则，反映了参与银行的全球野心。它只花了九个月的时间与主要工业公司、官方发展机构和非政府组织密切合作和协商，以同意赤道原则。

赤道原则的实施需要培训和工具包的支持。虽然银行的承诺是个体的，但参与银行每年至少举行两次会议，以分享经验和审查赤道原则。采取轮值领导委员会制度。

赤道原则的内容

赤道原则是基于国际金融公司的社会和环境可持续性绩效标准（IFC是世界银行集团的一员）。2006年7月出版赤道原则的第二版时考虑到了这些标准的修订，以及2003年初来自一些非政府组织的评论，这些非政府组织积极参与起草和执行该文件。赤道原则的范围是全球的，它们适用于成本超过1 000万美元所有部门的项目，包括新项目，升级或扩建现有项目。赤道原则涵盖咨询、安排和贷款业务。

每个参与银行承诺遵守以下原则：

● 审查和分类。 项目按社会和环境影响和风险分类，A类表示影响或风险最高，C类表示最低。

● 社会和环境评估。对于A类和B类的每个项目，借款人必须进行社会和环境评估。

● 适用的社会和环境标准。评估过程必须符合相关东道国法律、法规和许可。

● 行动计划和管理系统。对于A类和B类项目，借款人必须准备一个解决评估中提出的问题的行动计划，包括减缓措施、纠正措施、监控措施以管理影响和风险，以及退出。

● 磋商和披露。对于所有A类项目和许多B类项目，借款人必须在项目建设开始之前披露项目计划并与受影响人员协商（以当地语言和文化上适当的方式）。

● 申诉机制。对于A类项目和许多B类项目，借款人在整个建设和运营过程中要确保持续的咨询、信息披露和社区参与，允许便利化，解决不满。

● 独立审查。融资银行将由独立于借款人的专家建议，遵照评估、计划和咨询的过程去评估。

● 契约。借款人保证纳入与遵守"行动

计划"相关的若干社会和环境契约,如果他们不这样做,根据这种协议可能构成违约,并导致取消贷款。

● 独立监测和报告。借款人应保留外部专家验证其监测信息,并与银行分享。

● 赤道原则金融机构(EPFI)报告。银行将至少每年公开报告其实施的EP。

问题和关注

有一些与EPs相关的问题和批评,很多来自不同的非政府组织:

● 虽然参与银行的数量正在增加,但仍有一些银行缺席(非参与),其中许多来自亚洲。

● 非政府组织批评赤道原则模糊;缺乏执行机制;银行间协调有限;间接(或不)覆盖项目债券;与受影响社区只咨询,不达成共识;含蓄的、间接的提及人权(只是"社会责任")。非政府组织也有银行("免费搭车")可能自称是赤道银行或EPFI。

● 因为赤道原则是个人对原则的承诺,每个银行按自己的判断选择项目。可能一个银行认为项目符合EP,而另一个银行可能认为不符合。

● 并非所有银行都应用相同的标准,而且一些银行的政策甚至比EP更加严格,尤其是在农业、渔业、林业、自然资源、水坝、生物多样性、气候变化、人权、有毒物质和税收等领域。

● 随着新兴国家重要的本地资本市场的重要性日益增加,问题是如何使这些原则适用于国内基础设施项目。

影响

赤道原则是一个很好的例子,说明即使在竞争激烈的、多样化的金融部门中,主要的竞争实践者也能够同意以有效和可信的方式坚持共同的基准,并提高整个行业的标准。它还表明,外部压力可能符合行业的利益,因为挑战者对所有银行造成的初始"痛苦"可能成为遵守EP的银行的"收益";政府、合作伙伴和受影响的社区更喜欢已经做出某些公共承诺的银行。

然而,2007年开始的金融危机清楚地表明了商业原则、良好治理和透明度的重要性。此外,环境——社会治理议程越来越重要。政府和社会越来越坚持公司和银行对传统自愿主义(如赤道原则)做出更大的承诺,更有力的强制性自我监管,以及更多地公开环境、社会和道德问题,包括标准、目标和绩效。

赫尔曼·马尔德(Herman MULDER)
独立的环境、社会和治理顾问和董事会成员

参见:行动主义——非政府组织;企业公民权;企业社会责任和企业社会责任2.0;金融服务业;全球报告倡议组织;透明度。

拓展阅读

BankTrack. (2007). The silence of the banks: An assessment of Equator Principles reporting. Retrieved October 30, 2009, from http://www.banktrack.org/download/the_silence_of_the_banks_1/0_0_071203_silence_of_

the_banks.pdf

BankTrack. (2008). Retrieved June 18, 2009, from http://www.banktrack.org

Baue, William. (2004, June 4). Are the Equator Principles sincere or spin? Retrieved October 30, 2009, from http://www.socialfunds.com/news/article.cgi/1436.html

The Equator Principles. (n.d.). Retrieved June 18, 2009, from http://www.equator-principles.com

Esty, Benjamin C. (2005). The Equator Principles: An industry approach to managing environmental and social risks. HBS publishing case No.9–205–114; Teaching note No.5–205–115; Technical note No.205–065. Retrieved October 30, 2009, from http://ssrn.com/abstract=759985

Forster, Malcom; Watchman, Paul; & July, Charles. (2005a). The Equator Principles — Towards sustainable banking? Part 1. *Journal of International Banking and Financial Law*, *46*(6), 217–222.

Forster, Malcom; Watchman, Paul; & July, Charles. (2005b). The Equator Principles — Towards sustainable banking? Part 2. *Butterworths Journal of International Banking and Financial Law*, *46*(7), 253–258.

Leading banks announce adoption of Equator Principles. (2003, June 4). Retrieved October 30, 2009, from http://www.equator-principles.com/pr030604.shtml

Watchman, Paul. (2006). Banks, business, and human rights. *Journal of International Banking and Financial Law*, 46(2). Retrieved October 30, 2009, from http://www.equator-principles.com/documents/IB_02.2006_Paul%20Watchman.pdf

Watchman, Paul; Delfino, Angela; & Addison, Juliette. (2007). EP 2: The revised Equator Principles: Why hard-nosed bankers are embracing soft law principles. *Law and Financial Markets Review, 1*(2), 85. Retrieved October 30, 2009, from http://www.equatorprinciples.com/documents/ClientBriefingforEquatorPrinciples_2007–02–07.pdf

F

Facilities Management

设施管理

设施管理是一个快速变化和多样化的领域,旨在将一个组织的二级支持需求无缝地链接到其核心业务,以最大限度地提高业务的有效性。许多设备管理涉及规划,构建和维护建筑资产——可持续性和产品生命周期已成为行业的重要主题。

为了了解什么是可持续设施管理(FM),首先必须了解什么是设施管理以及它相对简短的历史。

设施管理没有一个明确和普遍接受的定义。大多数解释通常涉及一个共同的目标。各种机构和组织有他们自己的定义,他们主要关注设施管理做什么,如何做,或它有什么不同。设施管理的第一个定义是由学者富兰克林·贝克尔(Franklin Becker)于1990年提出的。他描述了设施管理负责协调与规划,设计和管理建筑物及其系统(包括设备和家具)。目的是提高组织在一个快速变化的世界中竞争的能力(Becker 1990,8)。

英国设施管理研究所(2009)正式采纳了欧洲标准化委员会的定义,该定义已被BSI英国标准批准:

设施管理是一个组织内流程的整合,以维护和发展已商定的服务,支持和提高其主要活动的有效性。

皇家特许测量师学会(2006)简明地将设施管理定义为"支持组织核心业务的所有服务的总体管理"。20世纪90年代产生了基于成就和目标的定义:

[设施管理]是维持、改善和调整一个组织的建筑物的综合办法,以便创造一个强烈支持该组织主要目标的环境(Barrett & Baldry 2003,xi)。

人们可以假设一下设施管理行业,在现实中,设施管理行业比建筑行业更统一和单一。既缺乏一个公认的设施管理,又缺乏行业统一的定义,设施管理行业从混乱开始。设施管理作为一个概念始于20世纪80年代初在美国。在1982年,英国没有听到"设施管理"这一术语,国际设施管理协会(IFMA)刚刚在美国成立。1985年,在英国对设施管理的研究发现,设施管理功能之间缺乏协同作用和整合,忽视长期规划,对空间规划采取自由放任的方法。总体上来说,建筑物是未充分利用的资源。

由于广泛缺乏整体的商业思维,早期的设施管理举措缺乏使设施管理有效的战略重点。这种想法使得设施管理成为维护管理的延伸,也是设施导向的。许多业务经理不了解主要(或核心业务功能)和次要(或支持)业务流程之间的联系。最近的主题集中在需要同时理解设施管理的战略和操作方面。最终,客户正在寻求支持服务(非核心活动)和设施的有效性。当设施管理与一个组织的核心操作无缝集成时,设施管理的全部价值被释放,但是它需要保持足够的清晰度,使得它是可测量的,并且其价值被欣赏。

可持续设施管理的定义应包括可持续性的目标以及设施管理的战略和业务的重要性。根据联合国世界环境与发展委员会(1987)对可持续发展的原始定义,设施管理可以被描述为设计、建造和管理建筑物和资源,以满足建筑物居民的需求,又没有过度使用能源和资源,以便为子孙后代提供充足的供应品。

设施管理的社会、经济和环境可持续性的关键在于用平衡的方法来设计建设物、整修、运营和维护,同时最大限度地提高生产力和最小化能源消费、资源消耗和浪费。

设施管理和可持续发展

设施经理在一个组织内处于良好的位置,以了解保持核心业务有效性运行的日常业务活动以及长期规划决策的战略影响。他或她了解员工的满意度和效率如何影响生产力,以及如何适当使用能源、材料和资源。接下来的小标题讨论了一些促进可持续能源管理的举措、工具和计划。

环境管理系统

环境管理系统(EMS)是企业为管理其环境影响而采取行动的总体框架。环境管理考虑了组织对其周围环境响应的政策、战略、程序和做法。

环境管理系统保证立法符合目前的限制和预期未来的限制。制定管理制度和立法,以尽量减少环境对雇员、周围居民和动物栖息地健康的影响风险和责任。为此,减少原材料和一次能源的使用将有助于生产率和资源效率的提高。改善废物处理设施的决定将影响所产生的废物数量和相关的处理费用。通过提高效率,提高生产力和提高环保意识,可以提升企业形象,吸引更高质量的员工。

根据ISO 14000[由国际标准化组织(2004)制定的环境管理系统的全球标准],一个组织的环境政策应包括对持续改进环境绩效的承诺,也应该可用于公共咨询,并让组织内的所有员工了解。ISO 14000要求在产品设计方面采用整体方法,涵盖整个生命周期,以确保新产品的开发带来的环境负担最小。改进公共形象,增加资产价值,提高客户满意度,以及增加投资者对企业活动的信心都源于良好的环境管理系统的管理。对环境影响负责并随后采取行动的组织能够在全球经济中确保更加繁荣的地位(Roper & Bear 2006)。5个重要因素支持建筑设计和运营中的可持续性:资源效率、能源效率、污染防治、与环境协调以及综合和系统方法,包括环境管理系统。

建筑能源使用

建筑环境是温室气体（GHG）排放的最大贡献者，占全球二氧化碳排放量的50%（DTI 2002）。建筑行业消耗了全球经济所有材料的40%，并产生了50%全球温室气体排放量和酸雨（CEPA 2000，2）。在建筑物的建设和使用期间，英国家庭要对31%的一次能源使用负责（DTI 2002）。从社会和经济角度看，建筑业是全球最大的工业雇主，占总就业的7%和工业就业的28%（Sustainable building and Construction 2003，5）。建筑业对高能耗、环境影响和资源消耗都是有责任的。根据《京都议定书》，大多数欧洲国家政府采用了新的政策手段来减少建筑部门的负面影响。欧洲共同体关于建筑能效指令就是一个例子。

建筑能效指令（EPDB）

欧洲议会和理事会关于建筑能效指令2002/91/EC于2003年1月4日生效，目的是增加和影响建筑物能源使用意识。这样做的目的是要大幅增加对建筑物节能措施的投资。2008年12月，英国政府承诺在1990年二氧化碳排放的基础上减少80%。加热的贡献最大（占57%的国内能源消耗，52%的非物质能源消耗）。水加热约占国内能源消耗的25%，非物质能源消耗的9%，照明占商业建筑能耗的四分之一（DTI 2002）。建筑能效指令于2006年4月开始为新建和修缮的建筑物引入更高的节能标准，并且在出售或租赁时要求对所有建筑进行能源性能认证。此外，它还对大型空调系统进行定期检查，建议商业地产采用更有效的锅炉。

能效证书（EPCs）和显示能源证书（DECs）

建筑能效指令在英国建立了两个性能认证系统：一是能效证书，它给出了一个能效等级性质，类似于白色家电能源等级；建议进一步成本效益改进；用标准的方法使用能源，以便一个建筑物的能源效率可以容易地与另一个相同类型的建筑物进行比较。允许潜在的买家、租户、业主和购买者能看到他们建筑物的能源效率和碳排放的信息，以便他们可以将能效和燃料成本视为他们的投资的一部分。

能效证书附有一份建议报告，其中列出了具有成本效益的措施和方法（如低碳和零碳发电系统），以提高能源评级。还给出了评级，显示如果所有建议都得到实施，便可以实现目标。能效证书只能由经认证的能源评估者提供。

自2008年10月起，所有新建和现有的500平方米以上的商业建筑在建设、销售或租赁时都需要能效证书。从2008年4月开始，所有超过1 000平方米的公共建筑也需要一份显示能源证书（Display Energy Certificate，DEC）。显示能源证书是一份基于三年的实际能源消耗报告（如果可用）。建筑根据其过去的表现给予运营评级，并且评级每年更新。公共建筑出售或租赁时，除了显示能源证书外，还需要能效证书。

建筑研究机构环境评估法（BREEAM）

由于认识到在经济活动中建造、使用和拆除建筑物会产生较大的环境影响，建筑研究机构环境评估法于1990年发起了英国的环境评估方法，并被广泛采用，在美国、澳大利亚和法国也有类似的系统。它提供了一个建筑环境标志的计划,并为一些关键绩效指标制定成就目标。这是一项自愿和自我资助的活动,对全球、地方和室内影响进行评估。建筑研究机构环境评估法(2008)旨在:

- 鼓励设计师,工程师和建筑师对环境更敏感
- 使开发商、设计师和用户能够响应对环境更友好的建筑物的需求,然后刺激这样的市场
- 提高对建筑物对全球变暖、酸雨和臭氧层消耗潜力的巨大影响的认识
- 制定独立评估的目标和标准,有助于尽量减少虚假声明
- 减少建筑物对环境的长期影响
- 减少使用日益稀缺的资源,如水和化石燃料
- 提高建筑物室内环境的质量,从而提高居住者的健康和福利

位于苏格兰因弗内斯的苏格兰自然遗产总部(Scottish Natural Heritage HQ)是一个商业项目的例子,该项目由开发商设计和建造,并在预算紧张的情况下建成。它在英国的办公室取得了最高的建筑研究机构环境评估法评分,年度碳足迹比传统最佳实践(每平方米26.3公斤二氧化碳)低30%(Carbon Trust 2007)。该建筑受到居住者的好评,他们报告说,他们在一个轻松通风的开放式环境中更有效地工作,促进了创造性思维。内部布局旨在激发休闲工作对话,并允许居住者在工作空间周围自由移动。这是一个很好的例子,说明如何在没有过高成本的情况下建造绿色建筑,同时提高生产率,支持居民满意度,降低碳排放。

领先的能源与环境设计(LEED)

美国领先的能源和环境设计领导类似于英国的建筑研究机构环境评估法。它基于0到100点的系统和认证,银、金和白金级的奖励证书。它们只能由领先的能源与环境设计认证的个人授予,并且是美国的行业标准。按照LEED标准建造的建筑物在四十年的可用生命周期里可以节省超过250%的预付成本。领先的能源与环境设计评级系统可以授予各种类型项目,包括:

- 新建筑、设计,旨在区分高性能建筑
- 现有建筑物,旨在为建筑物和设施管理人员提供操作基准
- 商业内部,旨在赋予租户做出可持续选择

此外,还有项目设计核心和壳系统,学校、家庭、零售和保健的计划。位于马萨诸塞州剑桥的Genzyme中心是新建筑中有最高(白金级)领先的能源与环境设计评级的一个例子,拥有一个高性能幕墙玻璃窗系统,允许在其12层楼的每一层开窗。几乎三分之一的建筑围护结构是双面皮革,在夏季阻挡太阳能的增加,而在冬季则捕获太阳能。建筑物的中央中庭允许日光渗入,并且还充当大的回风管道。负责任的采购确保了使用本地资源和/或回收的材料(USGBC 2003)。

碳与成本

如果设施管理者的角色是无缝地协调所有支持核心业务功能的活动,并以可持续的方式实现这一目标,纳入并采纳上述举措,那么,很明显,设施管理者(或管理团队)的角色既不受位置抑制,也不受时间限制。

设施经理有足够的责任认可对环境有益的组织变革,并有权在董事会一级做出决策。通常,设施管理者具有独特的定位,以了解建筑设计和操作方面如何正面或负面地影响核心业务功能,以及核心业务需求如何推动建立资产获取和处置的需求。同时,设施经理负责创造一个生产性和舒适的工作环境。马萨诸塞技术协作组织(Gregory Kats 2003)报告的作者认为,工人舒适度/生产率与建筑设计/操作之间的关系是复杂的,但是结论是绿色建筑提供更好的照明质量以及改善的热舒适度和通风。因此,报告建议,生产力和健康的1%增长归功于领先的能源与环境设计银建筑,以及1.5%增益归功于领先的能源与环境设计黄金和白金建筑。三重底线(社会、经济和环境可持续性)被描述为将可持续性带入会议室的机制。这突出了改善环境保护的经济重要性。事实上,良好的环境管理对组织的好处众多,包括:

- 通过降低能耗降低运行成本
- 提高生产率和员工保留率
- 改善社区地位
- 增加市场价值
- 减少对环境的影响
- 减少健康责任风险

通常,设施管理者在建筑物移交时承担了房产的责任,负责房屋高效和有效的运行和管理、能源报告、维护和占用问题。这些压力中最小的是实现现有成本的有效性。设施经理在建筑的设计和采购阶段就介入时,这些责任更容易完成。没有充分满足客户业务需求的新设施不能帮助优化客户的核心业务功能。

建筑环境和建筑行业的一个主要争议本质上是一个金融问题。有两个方面:第一是相信一个可持续或环保的建筑将花费更多,并且与第一个不相关的是,强调最低的现有成本而不是最低的生命周期成本。

凯斯(Kats)(2003)根据美国绿色建筑委员会 E 分析(Green Building Council E Analysis),报告了绿色建筑的二十年财务净效益。与传统建筑相比,领先的能源与环境设计级建筑消耗的能源减少25%—30%,特点是峰值能量水平较低,更有可能在现场产生可再生能源,更有可能从电网购买可再生能源电力。每平方英尺节能的二十年净现值(NPV)平均约为5.80美元,减排1.20美元,节水0.50美元,操作和维护节省8.50美元,生产力和健康福利36.90美元至55.30美元。绿色建筑的相关平均额外成本估计在每平方英尺3美元到5美元之间。每平方英尺的二十年净现值为52.90美元至71.30美元。改善工作环境的直接经济利益是主观的,并依赖对缺勤和员工流失率的诚实和客观分析。然而,如果分析是基于什么是真正可衡量的,那么仍然有一个明确的论据支持绿色建筑。从分析中消除生产力和健康益处仍然显示出每平方英尺的二十年净现值在11美元到13美元之间。

构建可持续建筑的总体决策由许多较小决策组成,如,占有者的舒适度、能源使用、建筑物的物化能、运输、维护、客户需求和预算等相关问题。一开始就需要提高设计团队对绿色建筑的认识,这点至关重要。可持续设计的一些最强大的方面是被动:地点选择,建筑朝向,内部布局,热质量,建筑构造,太阳能收益,采光和服务。一个好的设计团队可以兼顾节能设计策略和旨在提高生产力的设计策略。

有个例子是关于这种好团队的。苏格兰自然遗产总部有一个中央中庭，与建筑物一样长。它提供自然光，减少了对人工照明的需要，带来了明亮、通风的工作环境，并通过在顶部产生的热量驱动通风系统。该系统有烟囱效应，由此逃逸空气的速度增加并且驱动自然通风。建筑物的几何形状和结构被设计成深度促进自然交叉通风，而高的建筑物热量通过混凝土地板和墙壁来存储并限制过热。一天中存储的多余的热可以用冷空气排出或"夜间散发"，从而不需要空调。这种类型的"真空管太阳能热系统"可满足65%—85%的热水需求（Carbon Trust 2007）。

绿色产品的市场比以往任何时候都更广泛：设计师可以指定使用低U值的木窗，低能耗，高能效的电梯，不含聚氯乙烯（PVC）的地毯，低挥发性有机化合物（VOC）漆等。制造商之间存在更多的竞争，竞争已经降低了与低能耗，高效率回收商品的相关成本。这种包含更多竞争的市场不断扩大，有助于降低与绿色建筑相关的成本。

资本与运行成本

北欧人90%的时间在室内（Weir 1998）。大多数组织将总成本的约80%归于工资，显然，建筑物的生命周期至关重要。办公室员工的年度劳动力成本远远高于那些与他们所占据的楼宇的相关成本，即使每年能源、维护、公用设施或运营节省25%，但抵不上如果由于疾病导致的缺勤率增加，每名雇员每年三天，或人均每天损失约2分钟—6分钟（Woods 1989）。已经发现，员工达到最大效率可能需要大约一年时间，而更换熟练员工所涉及的行政费用和中断的费用，可能高达其年薪的1.5倍（Philips 1990）。

这并不是说，能源、维护、运营和公用事业的节约不能作为健全的管理决策和相关的操作行动，而是说应该以占用者的舒适度和生产率为主。随着关于办公环境的立法和举措（如EPBD，EPCs，ISO14000，BREEAM & LEED），不考虑建筑物居民福利的成本节约方法被进一步质疑，还常常有被诉讼的风险和专业疏忽的指责。

因此，实现有效的三重底线依赖于许多因素。使用两个免费工具——生命周期评价和生命周期成本计算——有助于实现这一点。

生命周期评价（LCAs）

生命周期评价是一种方法，用于评估产品在其整个生命周期中对环境的影响。评估包括整个生命周期，包括原材料的提取和处理、制造、运输和分销、使用、再利用、维护、回收和最终处置。设施经理不期望部署完整的生命周期评价法或其他任何衍生品（如生命周期能量分析或生命周期碳分析）。但是，材料和服务有附加的历史的增值，材料和部件选择是服务寿命、建筑的物化能、碳、使用效率和可能的未来回收/再利用的复杂组合的增值，可以显著改变任何组织的三重底线。

生命周期成本计算（LCC）

在不考虑其预算的情况下，不可能判断

任何建筑项目。生命周期成本计算涉及投资决策产生的所有成本,可用于评估完整建筑物、主要部分、系统或部件、材料。生命周期成本计算跨越所有专业界限,可供建筑业主、测量师、建筑师、工程师、设施经理、承包商和材料制造商使用。在每种情况下,生命周期成本计算用于帮助和改进决策过程。

生命周期成本计算被定义为资产的总成本在其使用寿命期内的现值,包括初始资本成本,占用成本,运营成本以及在其使用寿命结束时最终处置的成本或收益,也就是说,是项目将在整个生命周期的总成本。如图1所示,大多数建筑物的初始资本成本小于总成本的25%。所有未来的成本和收益都通过贴现方法,贴现到现值,由此评估一个项目的经济价值。

设施经理需要满足能源和碳减排的要求,提供健康和好的工作环境,还要以最低的总成本实现这些要求。

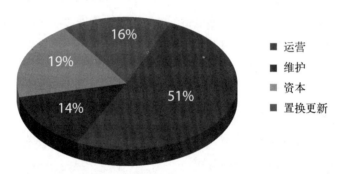

图1　对于大多数建筑物的初始资本成本小于总成本的25%

来源: RLB 建筑质量评估.Rider Levett Bucknall, www.rlb.com/life, accessed 24 Nov 2009.com/life/oceania/pdfs/ Life%20Cycle%20Cost%20Modelling.pdf

21世纪的设施经理

工作环境迅速变化。员工越来越成为知识型员工,他们的技能不容易转移,他们的知识和经验难以取代,而工作场所越来越朝着24/7发展,越来越多的专业员工在自己的家里工作或移动办公。设施管理也在发展以跟上这些变化。一个组织必须致力于所有员工的健康、安全和福祉,而不论工作地点在哪里。

理想的设施经理能够了解建筑设计和材料选择如何影响工作环境、能源的使用和碳排放,负责建筑资产日常运行的设施管理人员需

要有效地了解这些建筑物的建造及其运行方式。这些了解需要伴随对建筑物居住者对工作职能、满意度、沟通、工作生活平衡、未来前景以及工作环境控制的需求的良好了解。有了这种心态,建筑物就是一种应该有效利用和有效维护的资产,应该减少那种把建筑物作为消耗资源的观点。

有可能构建有助于任何组织三重底线的低成本、可持续的建筑。包括从建筑构想阶段到建设和运营阶段的设施管理,应确保更低的环境影响,提高生产力,更好的公司形象和更大的投资潜力。上述工具和方法应指导设施

经理做出正确的决定，或提出正确的问题。有效的设施管理包括成为协调团队的一部分，对董事会有一定的影响力。

随着全球政府努力满足"京都议定书"规定的议程，设施经理在可持续管理建筑物中的作用可能会增加。非常需要专业人员不仅了解如何建立低碳和可持续的新结构，而且还知道如何管理现有的建筑，并能建议如何减轻他们的环境负担。

吉莉安·F. 孟席斯（Gillian F. MENZIES）
赫瑞瓦特大学

参见：会计；绿色建筑标准；景观设计；能源效率；生命周期评价；自然步骤框架；房地产和建筑业；智慧增长。

拓展阅读

Aronoff, Stan, & Kaplan, Audrey. (1995). *Total workplace performance: Rethinking the office environment.* Ottawa, Canada: WDL Publications.

Barrett, Peter, & Baldry, David. (2003). *Facilities management: Towards best practice* (2nd ed.). Oxford, U.K.: Blackwell.

Becker, Franklin. (1990). *The total workplace: Facilities management and the elastic organization.* New York: Van Nostrand Reinhold.

British Institute of Facilities Management. (2009). Facilities management introduction. Retrieved August 20, 2009, from http://www.bifm.org.uk/bifm/about/facilities

Brown, Andrew; Hinks, John; & Sneddon, John. (2001). The facilities management role in new building procurement. *Facilities, 19*(3/4), 119−130.

Building Research Establishment Environmental Assessment Method (BREEAM). (2008). BREEAM offices. Retrieved January 11, 2010, from http://www.breeam.org/page.jsp?id=17

California Environmental Protecton Agency (CEPA) Integrated Waste Management Board. (2000, July). *Designing with vision: A technical manual for material choices in sustainable construction.* Retrieved October 21, 2009, from http://www.ciwmb.ca.gov/Publications/GreenBuilding/43199009A.doc

Carbon Trust. (2007, March 31). Low carbon headquarters for Scottish Natural Heritage. Retrieved July 9, 2009, from http://www.carbontrust.co.uk/Publications/publicationdetail.htm?productid=CTS034&metaNoCache=1

Department of Trade and Industry (DTI). (2002). *Energy consumption in the United Kingdom.* Retrieved October 21, 2009, from http://www.berr.gov.uk/files/file11250.pdf

European Commission. (2006). Enterprise and industry: Construction (the European construction sector). Retrieved October 21, 2009, from http://ec.europa.eu/enterprise/construction/index_en.htm

Hodges, Christopher. (2005). A facility manager's approach to sustainability. *Journal of Facilities Management*, *3*(4), 312–324.

International Organization for Standardization (ISO). (2004). ISO 14000. Retrieved on July 9, 2009, from http://www.iso.org/iso/iso_14000_essentials

Kats, Gregory H. (2003). *Green building costs and financial benefits*. Retrieved September 9, 2009, from http://www.cap-e.com/ewebeditpro/items/O59F3481.pdf

Langston, Craig, & Ding, Grace. (2001). *Sustainable practices in the built environment*. Oxford, U.K.: Butterworth Heinemann.

McGregor, Wes, & Then, Danny. (1999). *Facilities management and the business of space*. New York: Arnold.

Phillips, D. J. (1990). The price tag on turnover. *Personnel Journal*, *69*(12), 58–61.

Rogers, Peter; Jalal, Kazi; & Boyd, John. (2008). *An introduction to sustainable development*. London: Earthscan.

Roper, Kathy O., & Bear, Jeffrey L. (2006). Justifying sustainable buildings — championing green operations. *Journal of Corporate Real Estate*, *8*(2), 91–103.

Royal Institution of Chartered Surveyors. (2006). Pathway guide: Facilities management. Retrieved August 21, 2009, from http://www.rics.org/Networks/Faculties/Facilitiesmanagement/pathway_facilities_management0207.htm

Shah, Sunil. (2007). *Sustainable practices for the facilities manager*. Oxford, U.K.: Blackwell Publishing.

Society for Environmental Toxicology and Chemistry (SETAC). (1993). Guidelines for life-cycle assessment: A code of practice. Woluwe, Belgium: Author.

Sustainable building and construction: Facts and figures. (2003, April-September). *UNEP Industry and Environment*, *26*(2–3). Retrieved January 12, 2010, from http://www.uneptie.org/media/review/vol26no2–3/005–098.pdf

Thomas, Randall. (Ed.). (1999). *Environmental design: An introduction for architects and engineers* (2nd ed.). New York: E & FN Spon.

Von Paumgartten, Paul. (2003). The business case for high-performance green buildings: Sustainability and its financial impact. *Journal of Facilities Management*, *2*(3), 26–34.

United Nations Environment Programme (UNEP). (n.d.) Sustainable building and construction. Retrieved December 21, 2009, from http://www.unep.or.jp/Ietc/Activities/Urban/sustainable_bldg_const.asp

United Nations World Commission on Environment and Development (WCED). (1987). *Our common future*. New York: Oxford University Press. Retrieved October 21, 2009, from http://www.un-documents.net/wced-ocf.htm

United States Green Building Council (USBC). (2003). Certified projects list: Genzyme Center. Retrieved

September 9, 2009, from http://leedcasestudies.usgbc.org/overview.cfm?ProjectID=274

Weir, Gillian Frances. (1998). Life cycle assessment of multi-glazed windows. (Doctoral dissertation, Napier University, 2001). Retrieved October 21, 2009, from http://researchrepository.napier.ac.uk/2747/1/WeirPhDDX212540.pdf

Woods, J. E. (1989). Cost avoidance and productivity in owning andoperating buildings. *Occupational Medicine, 4*(4), 753–770.

Fair Trade

公平贸易

公平贸易运动始于20世纪中叶，非营利组织从贫困地区购买纺织品和手工艺品，并将其卖给发达地区。到2000年，农产品占大多数产品。最近跨国公司采用的公平贸易模式包括与生产者的直接贸易，长期贸易关系，标准化标签和定价，环境可持续发展和可持续生产。

与全球贸易体系的"不公平"做法形成对照的公平贸易一词，历史上指的是涉及政府干预市场的各种倡议。正如21世纪所理解的那样，公平贸易运动是一个旨在促进小规模生产者发展的生产者–消费者伙伴关系网络。这些公平贸易伙伴关系的标志是公平的价格和工资。

公平贸易网络是基于英国的牛津饥荒救济委员会（现在的Oxfam）和加拿大的门诺中央委员会在20世纪中叶发起的一个原型发展而来的。这两个组织都独自从世界贫穷地区购买商品，在工业化地区和国家出售。最初，他们为发展中国家的生产者提供生活工资和

公平价格主要是慈善性质。

由于新自由主义经济思想的广泛接受，公平贸易运动在20世纪80年代变得更加市场化。国际公平贸易标签组织（FLO）所描述的这一运动是由标签组织、零售商、进口商和有组织的公平贸易生产者组成的组织，其目的是告知消费者道德贸易货物。主要的国际公平贸易组织是国际公平贸易标签组织、世界公平贸易组织（以前称为国际公平贸易协会）、欧洲世界商店网络和欧洲公平贸易协会（均设在欧洲），以及美国公平贸易联盟。每个公司为公平贸易生产者、进口商和零售商提供资源，研究、开发和网络。

公平贸易，经济和环境

四个原则塑造了公平贸易模式：进口商和生产者之间的直接贸易，建立长期贸易关系，最低定价以及添加到商品的价格溢价（Nicholls & Opal 2005, 33）。这些原则是公平贸易认证所需的基本标准的基础。直接贸易

增加了生产者的市场准入,部分原因是通过提供信息和信贷来改善他们的业务。长期贸易关系确保生产者和进口商对可持续生产实践有兴趣。最低价格在建立公平的价格和工资方面发挥着最直接的作用。它包括生产成本,生活成本,以及遵守公平贸易标准所产生的任何额外成本,鼓励贫困生产者保持贸易,而不是偏向于自给农业和失业者。进口商必须向生产者支付社会保险费,并将其加到每个公平贸易产品的基本价格上。保费是指定用于社区的社会发展项目和业务发展。在某些情况下,农场使用公平贸易保费来获得有机生产认证,这是迈向环境可持续性的一个步骤。

环境可持续性和可持续生产是公平贸易运动的特征。每套公平贸易标准都包含一个关于环境发展的章节,该章节需要资源管理系统,对环境影响的认识以及遵守所有当地法律法规。该运动还促进非合成肥料和生物害虫控制的使用,鼓励有机农业。最后,公平贸易模式的支持者主张将生产环境和社会成本纳入产品价格。

影响和公司回应

公平贸易市场集中在两个部门:农业和纺织/工艺品。虽然最初大部分公平贸易产品是工艺品和纺织品,但现在食品占了80%。主要作物包括咖啡、茶、可可、糖和香蕉。自1988年,当第一个公平贸易组织 Max Havelaar(以19世纪荷兰小说 Max Havelaar 命名和标签)在荷兰建立以来,全球公平贸易产品销售爆炸式增长。在20世纪90年代,这些产品在欧洲的价值增长了400%以上,在英国,在1994年—2003年之间增长了3 000%(Fridell

2007,64;Nicholls and Opal 2005,192-193)。但自2003年以来的研究显示,瑞士、德国和荷兰等国家的增长放缓,甚至出现下降,这些国家自从公平贸易运动开始以来就有公平贸易产品(Fridell 2007,64)。

虽然公平贸易自20世纪80年代后期开始显著增长,但2001年全球贸易中仅占0.01%。然而,公平贸易运动的价值不能用美元和美分来衡量。该运动传统上涉及小生产者向相对边缘化的替代性贸易组织销售。现在,大约二十年后,大型跨国公司(MNC)开始投资公平贸易产品。Dole(香蕉)和 Starbucks(咖啡)等公司进入公平贸易市场,将其总销售额的小部分用于公平贸易。公平贸易运动的"主流化"将重点转移到消费者需求,增加了公平贸易市场中公司的盈利能力(Nicholls & Opal 2005,100)。

消费者需求促使许多公司推动基于市场的伦理消费。最著名的例子是星巴克承诺购买"负责任地成长,伦理交易"的咖啡(Starbucks Coffee Company 2009),并且从2009财年开始与 TransFair USA 和国际公平贸易标签组织合作帮助小规模咖啡种植者开发可持续的生产实践。同样,位于美国的全球基金会通过与发展中国家的全食品市场供应商建立经济伙伴关系,致力于伦理交易的商品。有趣的是,证据表明,无论公平贸易是否有效,它产生了更大的消费者意识运动,这正在改变农业贸易的面貌(House of Commons International Development Committee 2007,9)。

未来的挑战和争议

公平贸易运动并非没有批评。尽管有

许多成功的轶事，但也有一些争论认为，公平贸易，在最好的情况下，无效，在最坏的情况下，经济萎缩。正如上文关于公平贸易影响和公司应对讨论中所提到的，公平贸易商品只占全球市场的小部分。最多的是，公平贸易咖啡量达到消费经济中咖啡销售的5%（Sidwell 2008）。此外，公平贸易生产集中在较富裕的发展中国家。51个世界公平贸易认证的生产者组织位于墨西哥，平均年收入为 9 000 美元。在埃塞俄比亚，平均公民每年赚取 700 美元，只有四个这样的组织（Sidwell 2008，10-11）。然而，公平贸易者指出，与传统的全球市场相比，公平贸易运动是相对较新的。每个运动都从底部开始，公平贸易增长模式表明，即使增长放缓，增加新市场可能使运动在未来几年内继续扩大（Fridell 2007，65）。

对运动的另一个批评指出，价格下限可能使人们在经济上不可持续的农业工作，而不是提高生产效率或提高其产品的质量（Sidwell 2008）。公平贸易倡议者认为，最低价格实际上提高了市场效率，允许人们继续耕作，否则只能从事自给自足的农业（Nicholls & Opal 2005）。截至2009年，没有任何研究证明或反驳观点。最好的结论是，公平贸易政策在每个地点可能不会有相同的效果，而积极的影响可能会被其他地方的负面影响抵消。

尽管在公平贸易模式中存在潜在的弱点，但过去二十年表明，消费者意识和道德消费计划仍然存在。公平贸易运动及其产品将可能继续增长，尽管速度减慢，公司将继续寻求新的方式来促进可持续地、负责任地和道德地交易商品。

雷切尔·D. 思拉舍（Rachel Denae THRASHER）
波士顿大学 Pardee 长期未来研究中心

参见：农业；消费者行为；企业公民权；企业社会责任和企业社会责任2.0；生态标签；赤道原则；全球报告倡议组织；人权；社会责任投资；可持续价值创造。

拓展阅读

Brown, Michael Barratt. (1993). *Fair trade: Reform and realities in the international trading system*. London: Zed Books.

Fairtrade Labelling Organisations International. (2009a). Generic Fairtrade standards for small producers' organizations. Retrieved September 30, 2009, from http://www.fairtrade.net/fileadmin/user_upload/content/2009/standards/documents/Aug09_EN_SPO_Standards.pdf

Fairtrade Labelling Organisations International. (2009b). Our vision. Retrieved September 30, 2009, from http://www.fairtradc.nct/our_vision.html

Fridell, Gavin. (2007). *Fair trade coffee: The prospects and pitfalls of marketdriven social justice*. Toronto: University of Toronto Press.

House of Commons International Development Committee. (2007). *Fair trade and development: Seventh report of session 2006–07*. London: Parliamentary House of Commons.

Nicholls, Alex, & Opal, Charlotte. (2005). *Fair trade: Market-driven ethical consumption*. London: Sage Publications.

Sidwell, Marc. (2008). *Unfair trade*. Retrieved September 29, 2009, from http://www.adamsmith.org/images/pdf/unfair_trade.pdf

Starbucks Coffee Company. (2009). Ethical sourcing: Sustainable prices for quality coffee. Retrieved October 1, 2009, from http://www.starbucks.com/SHAREDPLANET/ethicalInternal.aspx?story=pricesAndQuality

Stiglitz, Joseph E., & Charlton, Andrew. (2005). *Fair trade for all: How trade*

Fast Food Industry

快餐行业

在过去五十年里,快餐店已经成为一种国际存在,但自从20世纪80年代以来,许多问题,包括环境影响,动物治疗和就业,已经面临越来越大的压力。因此,出现了新的趋势和替代的商业模式,传统快餐试图采取更多的"绿色"做法。

快餐或快速服务行业标准是在三分钟或更短时间内提供一顿餐或其他食品。这个行业在美国过去半个世纪的影响令人吃惊。在这段时间里,快餐从几家餐馆开始,发展到美国境内的无所不在,以及国际上有越来越多的快餐馆。在美国,快餐随着州际公路系统的发展而发展,遍布全国各地,并融入日常生活的各个方面。今天,快餐在各个地方都有,从餐馆和加油站到医院和学校。2009年,快餐行业预计将超过1 630亿美元的销售额,使其成为比高等教育,新车或计算机

更大的行业(Schlosser 2001)。除了数字,它扩大了范围,将家庭农场改造为工业企业,并压低最低工资。也许其最大的影响是推出已经渗透到每个行业的特许经营业务模式。国际上(这是今天增长的焦点)最大的快餐连锁店,如麦当劳、星巴克和肯德基是美国文化的象征,在不同的时代被称赞或侮辱。

新模式出现

自20世纪80年代初以来,快餐一直在越来越大的压力下改变方式。快速服务行业由于其对环境影响,在工业饲养中对待动物的方式,以及就业等问题一直被受到攻击。一个变化的前兆发生在1989年,当时麦当劳与对他最激烈的批评家之一——环境保护基金会合作,用未漂白的纸制品替代消耗臭氧层的聚苯乙烯泡沫容器。但直到十多年后,快餐行业才发生转向可持续经营的情况。在20世纪90年代末和21世纪初,一系列的力量结合在一起,创造了传统快餐的系统替代品。文化

上，如，书《快餐国家》和《杂食者的困境》，电影《超码的我》提高了快餐对文化、健康和社会的影响。由于这些转变，以及有机食品和美食的合并以及美国农业部在2000年建立统一的有机标准，消费者需求导致了有机产品十多年来爆炸性的20%的年增长率（Organic Trade Association 2009a）。虽然美国食品的销售总额保持平稳，但有机产品的销售额从1997年的约40亿美元产业增长到2008年的230亿美元（Organic Trade Association 2009b）。在过去十年中，有机食品已经在社会各阶层中流行。折扣零售连锁店沃尔玛是今天美国有机产品的顶级供应商。

这些有着忙碌生活方式的有机消费者也是快餐的重量级用户。他们开始要求改变快速服务体验。因此，在快餐行业中出现了一个被称为"休闲快餐"的新领域。例如，Panera Bread，其平均单位销售额比快餐店巨头Wendy's和Burger King（Nation's Restaurant News 2009）的平均销售额高出近50%。到2006年，休闲快餐是快餐行业增长最快的部门之一，销售额超过110亿美元（Business Wire 2006）。

一些小型私营公司决定将有机食品与新兴的快速休闲合并。第一家餐厅是O'Naturals，2001年在缅因州的法尔茅斯开业。商店努力超越当地的服务，尽可能提供野生的和有机的食品。该公司严格遵守指导方针，禁止含有人工色素、香料成分的食品。更重要的是，可持续商业实践被纳入从建设到就业企业运营的每个方面。O'Naturals没有遵循支付最低工资和依赖兼职员工的行业惯例，而是支付了生活工资、健康福利和休假时间。准备和烹饪都在商店进行，替代购买冰冻食品进行

加工，既降低了食品的成本，也给工人提供了一个全职就业的机会。O'Naturals和其他早期创新者，如Chipotle，Better Burger，Organic to Go和Pret A Manger，正在推动可持续快餐实践。通过收购和扩大选择，保持了更大的供应链。例如，麦当劳买下Chipotle和Pret A Manger的30%股权。他们还有选择地在他们的菜单上放置有机物品，并与像"纽曼有机物"这样的有机品牌合作，以获得可信度。作为行业领导者，麦当劳已经稳步采用更多的绿色建筑和采购。这些趋势并没有丢失休闲快餐人员。Panera Bread不断添加产品以满足这一新群体的消费者的需求。例如，在2007年，他们开始为儿童餐添加有机牛奶，并将鸡肉添加到菜单中。

采用这些新做法有财务、运营和营销方面的好处。财务上，公司通过应用可持续发展理念节省资金或增加销售。例如，减少能源需求或消除包装节省成本；堆肥食物垃圾减少垃圾运输费。在销售方面，新创公司和麦当劳等行业巨头开设新市场，或通过将新客户或流失的客户带入店铺，重新振兴店堂销售。今天，根据杂货店的天然和有机产品的销售，估计对天然和有机餐厅产品的需求超过120亿美元（Natural Food Merchandiser 2009，Organic Trade Association 2009a，Schlosser 2001）。

在营销方面，创业公司迅速建立自己的品牌，并在行业内外获得国际认可。甚至像O'Naturals这样的小公司也在从Vogue和Inc.到纽约时报和CNN的媒体上报道。可持续企业也经常受到规划委员会和当地社区的热烈欢迎。这与社区对大型企业和外部活动家的抗议相去甚远，抗议从动物饲料中的抗生素的

使用到全球化。这些新公司不是通过作为最大的大众媒体购买者来追随快餐市场营销模式，而是通过更高的工资和培训投资于服务体验，并运行基于社区的营销计划，支持当地学校和组织以及建立销售。

国际运动

快餐行业对于建设经济、环境和社会可持续运营的关注是一个全球现象。从欧洲到日本，公司正在响应客户对有机成分和没有转基因生物食品的新兴需求。英国的 Pret A Manger 成立于1986年，由190个单位组成，是行业领导者。他们的网站声称："我们避开那些晦涩难懂的化学品、添加剂和防腐剂，这些都是'准备好'和'快速'食物共有的。"（Pret A Manger 2009）Le Pain Quotidien（每日面包）于1990年在比利时布鲁塞尔成立，已经在十三个不同的国家增加到八十个地点。每个商店的核心是一个公共桌子，客户们共享硬皮乡村面包、糕点和地中海有机和天然成分制成特色菜。为应对日本有机需求的激增，加利福尼亚州的 sno：la 最近在京都开设了冷冻酸奶概念。他们采用可持续建筑做法，使用可生物降解的包装，并向联合国世界粮食计划署捐赠特定产品的销售收入。

挑战和争议

建立可持续餐馆的国家品牌有很多挑战，其中最大的是产品选择和分销。虽然有机和本地产品的分销有惊人的增长，但该行业仍然主要面向超市部门。正因为如此，餐馆的产品选择有限，但随着有机产业的大规模整合，配送问题和相关的价格溢价应该放松。不幸的是，这种合并也可能会稀释有机的意义，使其不再象征着可持续性。行业的另一个障碍是缺乏明确的标准来判断餐厅的绿色凭证。虽然有一些政府的努力，如缅因州环境领袖计划或美国农业部的国家有机计划，没有标准来检查从食品和废物到能源使用和员工做法的整个操作。最后，虽然有机工业正在增长，但它仍然只占美国食品销售的3.5%。这么小的渗透，概念需要确保他们能够交叉到主流消费者。

可持续发展趋势保持强劲

2009年经济下滑使得一些客户回归到传统快餐店的低价，不清楚这些收益是否以可持续餐馆为代价。 2009年3月，由哈里斯互动公司（2009年绿色餐厅）和公司活动（Chiu Yu-Tzu 2009）进行的全国民意调查显示，绿色餐馆仍然给公司带来优势。所有规模的公司都明白这一点，并继续推出多个环保项目。他们知道，客户越来越多地要求环境和社会有益的做法。客户越来越苛刻，甚至有机食品也不再被视为足够好。2009年影响餐厅的最大的趋势之一是当地的食品运动。根据美国国家餐厅协会（National Restaurant Association 2008a），近30%的快餐店经营者提供本地采购的产品，近50%的人认为这些产品将来会更受欢迎。这些运营商倾听了他们的客户反馈：70%的餐厅顾客说，他们更有可能访问使用本地商品的餐厅。

此外，随着其他投入的增加，更多的餐馆正在通过减少能源和水的使用来降低成本。在同一项调查中，约30%的快餐公司计划将更多的资源用于绿色倡议。随着越来越多的餐馆尝试遵循这些趋势，诸如绿色餐厅协会等

团体正试图通过制定新的严格指南来解决标
准问题，成为一家绿色餐厅。随着环境和传统
绿色需求得到满足，客户可能开始向这些公司
要求不同的社会契约，特别是当生活工资和医
疗保健覆盖变得更加普遍时。

杰·弗里德兰德（Jay FRIEDLANDER）
亚特兰大学院

参见：农业；生态标签；健康、公众与环境；公
平贸易；酒店业；地方生活经济；营销；包装业。

拓展阅读

Business Wire. (2006). Fast casual dining shows explosive growth; Mintel reports identifies segment as one of the restaurant industry's fastest growing sectors. Retrieved July, 22, 2009, from http://findarticles.com/p/articles/mi_m0EIN/is_2006_August_7/ai_n16610465

Chiu Yu-Tzu. (2004, January 2). Restaurants set the new recycling trend. Retrieved December 10, 2009, from http://www.taipeitimes.com/News/taiwan/archives/2004/01/02/2003086025

Green restaurants might have an edge — even in the recession. (2009, April 17). Retrieved June 9, 2009, from http://www.qsrmagazine.com/articles/news/story.phtml?id=8491&microsite=green

Hilmantel, Robin. (2009, April). New green certification guidelines. Retrieved June 9, 2009, from http://www.qsrmagazine.com/articles/exclusives/0409/greenrestaurant-1.phtml?microsite=green

Hoback, Jane. (2009, May 5). Organic sales reach double-digit growth in 2008. Retrieved June 10, 2009, from http://naturalfoodsmerchandiser.com/tabId/119/itemId/3878/pageId/2/Organics-sales-reach-doubledigit-growth-in-2008.aspx

Industry overview: Fast food and quickservice restaurants. (2008). Retrieved June 9, 2009, from http://www.hoovers.com/fast-foodand-quickservice-restaurants/—ID__269—/free-ind-fr-profile-basic.xhtml

Maine's environmental leader certification restaurants. (2009). Retrieved June 9, 2009, from http://www.maine.gov/dep/innovation/greencert/restaurant.htm

McDonald's & Environmental Defense Fund mark 10th anniversary of landmark alliance. (1999, December 21). Retrieved June 9, 2009, from http://www.edf.org/pressrelease.cfm?contentID=1299

National Restaurant Association. (2008a, December 18). Industry forecast predicts trends in healthier options and "greener" restaurants in 2009. Retrieved June 9, 2009, from http://www.restaurant.org/pressroom/pressrelease.cfm?ID=1726

National Restaurant Association. (2008b, December 19). 2009 restaurant industry forecast. Retrieved June 9, 2009, from http://www.restaurant.org/pressroom/social_media_forecast.cfm

Nation's Restaurant News. (2009, June 29). Top 100, p. 46. Retrieved December 28, 2009, from http://www.nationsrestaurantnews-digital.com/nationsrestaurantnews/20090629/?pg=40

Natural Foods Merchandiser. (2009). *2008 market overview*. Boulder, CO: New Hope Natural Media.

Organic Trade Association. (2009a). Industry statistics and projected growth. Retrieved October 21, 2009, from http://www.ota.com/organic/mt/business.html

Organic Trade Association. (2009b). Organic industry survey, May 2009. Greenfield, MA: Organic Trade Association.

Pollan, Michael. (2006). *The omnivore's dilemma: A natural history of four meals*. New York: Penguin.

Schlosser, Eric. (2001). *Fast food nation: The dark side of the all-American meal*. New York: Houghton Mifflin Company.

Pret A Manger. (2009). Retrieved December 30, 2009, from http://www.pret.com/our_food/

Seshagiri, Ashwin. (2009, March 17). Does green fast food signal a shift in the way we eat? Retrieved June 11, 2009, from http://www.triplepundit.com/pages/does-green-fast-food-signal-a-shift-in-t.php

Spurlock, Morgan. (Director). (2003).

Financial Services Industry

金融服务业

金融服务业的环境影响主要与碳足迹,通过贷款的覆盖面以及其他行业的金融标准制定相关。尽管如此,该行业在减少环境足迹方面做的出乎意料地少。为了改变这种情况,最重要的潜在行动采取预防原则,包括定义的环境可持续性标准,集体行动和投资者决定的环境要求。

金融服务业是各种类型公司的广泛组合,涵盖保险,商业银行,投资公司和资产管理。为了分析行业的可持续发展方法,全球报告倡议组织(2009)将行业分为四个部分:

• 零售银行包括向个人提供私人和商业银行服务。它包括更富裕客户的银行业务,如财富管理和投资组合管理服务。此外,零售银行业务包括对个人的其他服务,如交易管理、工资管理、小额贷款、外汇服务、衍生品和类似类型的工具。

• 商业银行和公司银行包括各种规模的组织和企业的交易,包括商业和公司银行、项目和结构融资、与中型企业的交易,以及向政府和政府部门提供金融服务。服务包括咨询服务、兼并和收购、股权/债务资本市场服务和杠杆融资。

• 资产管理涉及代表投资于各种资产类别(包括股票、债券、现金、财产、国际股票和私人对冲基金)的第三方处理资金池。此类包括股票和股票衍生工具交易的投资银行,固定收益交易和信用衍生工具交易。

• 保险包括直接提供的养恤金和人寿保险服务,或通过独立财务顾问向公众和公司雇员提供。此类别包括针对企业和个人的保险产品或服务以及再保险服务。

一些金融服务组织试图提供全部服务,通常被称为普遍银行。其他人试图专业化,如投资银行和对冲基金。每个国家颁布的条例规定什么机构可以提供哪些金融服务,哪些不能做。然而,不管这些限制,这个巨大的行业已经对经济产生重大影响。例如,2008年美国商业银行作为金融服务的一个部门,其收入估计为6 950亿美元(IBIS "2008年世界工业报告"）。

由于世界经济形势，从2008年9月至2010年初，世界目睹了对金融服务组织的大量补贴，包括根据陷入资产救助计划（TARP）向美国银行强制提供资金。任何关于金融服务的评论都不能忽视这些组织对世界经济的巨大力量，如在经济衰退期间在各种政府救助中的主要作用所证明的（US Government Accountability Office 2009）。21世纪早期的危机显然是金融市场以及政府政策和金融部门监管的集体失败。

金融服务业对个人财富的组织、通过贷款获得教育、社区生存能力、甚至政府实施政策的能力，有着巨大的影响。鉴于其规模和对世界经济的巨大影响，该行业必须在改善环境方面发挥重要作用。当贷款不能用于资助创新以减少企业的环境足迹时，这些影响被放大。本文介绍了金融服务行业在环境可持续发展方面所做的工作以及行业部门将面临的挑战。

可持续发展的实践和创新

关于可持续性发展有许多不同的表达，定义术语较困难，相关公司的实践同样困难（Dryzek 2005；Gray 2006）。学者阿里耶·厄尔曼（Arieh Ullmann）（1985）是第一个分析金融服务可持续性的人之一，他认为社会报告的理论通常较混乱，概念和功能术语不一致。最近的数据和改进的理论表明，环境绩效和公司可持续发展实践之间的关系很弱（McCammon 1995）。然而，市场表现和社会公开之间的关系还没有结论（参见 Gray 2006 的文献综述）。

因此，当我们讨论金融服务行业的绩效与环境可持续发展的关系时，我们应该记住目前定义和关系的混乱状态，以及缺乏对社会责任活动投资的激励。我们无法得出结论，行业是不是对此不感兴趣，或者不愿意做。我们可以得出这样的结论，投资目标尚不清楚；社会指出行业对环境的影响的数据越多，企业就会有更多的改变。显而易见的影响将影响组织声誉，感知的管理能力和风险管理（Orlitsky & Benjamin 2001）。鉴于对理论和度量的混乱，我们可以指出一些行业发展方向。

把可持续性作为政治约束与政治可能来比较和对比，进行定义，是一种观点：

环境主义提供了对美国和世界非常重要的东西。它激发了对非人类世界的美丽和威严的欣赏和敬畏。但环境主义也使我们感到信仰（我们称之为极限的政治），这种信仰追求的是限制人类的野心、愿望和力量，而不是释放和指挥他们（Nordhaus & Shellenberger 2007, 16–17）。

政治约束期望采取某些行动，限制我们对资源的使用，并关注人类环境退化的主要原因。保存、保护和更激进的"增的极限"的方法指的是生存的巨大需求（Meadows, Randers & Meadows 2004）。环境团体应对商业组织对我们的社会，如金融服务中的社会的影响，并在各种社会利益相关者之间创造对抗性气氛。这种类型的话语将可持续性定义为至少保留我们今天没有进一步恶化的经济、环境和社会，这是布伦特兰（Brundtland）委员会关于可持续发展的评论的经典参考（UNWCED 1987）。

这种观点与生态现代化和世界各地绿党的观点形成鲜明对比。后者强调了平衡三重底线方法的积极行动，即，鉴于我们的世界面临的不可避免的增长。它将可持续性问题视为通过创新和新方法解决棘手问题来支持人类增长的合作努力。这种话语受到女性主义者或生态主义者拥护（Dryzek 2005）。

这两种观点对金融服务行业定义了最多的解决环境可持续发展的方法。无论行业对环境可持续发展采取何种方法，都导致人们得出结论，预防原则是谨慎的行动方针。这个原则规定，无论关于环境可持续性的知识、状态如何，我们都应该采取行动，以抵消环境退化的不良影响（Gollier, Jullien & Treich 2000）。这一原则要求金融服务组织采取有意的行动来抵消碳排放，并以增加我们环境的有益结果的方式采取行动。

然而，我们注意到，关于可持续发展的观点与对风险和金融服务行业的观点相匹配。许多关于最近金融风暴的评论家指出，金融市场在心理上影响着人们，人们的反应又影响行业。这些影响源于公众对投资的不安全性，对企业管理者缺乏信任，以及政府惩罚企业亏损的愿望。因此，对可持续性的关注，以及行业是否遵循政治约束或可能的政治，可能受到社会对金融服务行业的看法的影响。

什么组织正在做

金融服务部门对社会和环境的影响主要来自其所雇佣的资本——从发展中国家的基础设施项目融资到为企业提供贷款——这些影响可以改变借款人和贷款人的风险状况（Pricewaterhouse Coopers 2009）。该行业有一个巨大的建筑环境，如银行分支机构，大型办公楼，以及巨大的能源基础设施，以支持与各种市场和信息交流相关的交易和通信。

与过去一样，该行业面临着无数的挑战和机遇，影响环境的可持续性。如果人们对包括环境和社会的可持续性有广泛的看法，金融服务组织面临的一些主要问题是品牌和声誉管理，项目融资的环境和社会影响，获得服务不足的市场（Yunus 2003），与气候变化有关的贷款的环境和社会风险管理（以及对借款人，保险公司，金融市场的影响），社会责任投资、贷款和营销，遵守监管要求，和设施的环境足迹。

一些作者指出，金融服务组织，特别是欧洲的金融服务组织，有将经济可持续性融入商业的经济动机（Russo & Fouts 1997）。学者奥拉夫·韦伯（Olaf Weber）（2005）坚持认为，将可持续发展实践纳入银行业务的动机是哲学背景，如人类主义或个人关注，如公共银行业主的议程。这些战略导致了新的可持续产品，例如风险资本基金和小额信贷基金或绿色抵押贷款，所有这些都是促进可持续发展所必需的。韦伯（2005）还发现，金融机构使用五种方法（他称之为"模型"）将可持续性成功地整合到银行业务中：可持续性，可持续性作为新的银行战略，可持续性作为价值驱动因素，可持续性公共使命和可持续发展作为客户的要求。其中几个挑战可以在两个标题下讨论：气候变化举措，包括与运营和建筑环境相关的举措，以及环境影响投资，包括对社会负责任的投资和市场。

气候变化举措

向低碳经济转型已经在进行,企业,特别是能源、运输和重型制造商,发现他们必须做好相应准备。尽管在他们开展工作时创造了相对较低的排放,但金融服务并不能免除回应的需要。

21世纪全球气候系统的变化预计会对世界产生巨大影响,包括温度上升、海平面上升、剧烈的降水和湿度变化、极端风和暴风雨以及相关事件(Sussman 2008,5)。

如果当前的气候科学理论成立,我们采取平均预测,到2050年全球温室气体理想排放应比当前水平减少90%,全球变暖低于2℃(IPCC 2007)。为了实现这一目标,经济的碳生产率必须每年增加5%至7%,而历史速度仅为1%。碳生产率表明随着时间推移经济发展的排放绩效,以每单位温室气体排放的GDP来衡量。该规定使经济增长与排放增长脱钩(Enkvist, Nauclér & Oppenheim 2008)。

如果人类已经拥有了解决下个半世纪碳和气候问题的基本科学、技术和工业技能,那么我们期望金融服务业有一套技术来应对我们面对的气候挑战。金融服务业与许多行业不同,在这些领域的活动显然没有多少证据。一些企业自愿减排,签署协议,如美国大学校长的气候承诺(2010)。其他碳减排战略包括购买碳信用、投资新技术和改变产品设计等。这些战略在金融服务行业中并不明显(Hoffman 2006)。

许多公司描述了气候变化如何在功能区域(如环境事务)中开始,但是从外围扩散到核心,并在此过程中成为对公司具有战略重要性的问题,金融服务行业没有这样的证据。事实上,通过类比,财务和会计领域被视为对气候相关战略最有抵抗力。

瑞士再保险公司是世界第二大再保险公司,为保险公司提供保险 。它是金融服务行业首批宣布将消除或补偿其所有温室气体(GHG)排放的公司之一,其目标是到2013年成为碳平衡公司。瑞士再保险认为,全球温室气体排放量的减少可以通过能效措施和购买高价值排放证书来实现。它声称自2003年至2007年其自身的二氧化碳排放量减少了25%以上,并通过核证的减排证书抵消了剩余排放量,自2003年10月以来宣布成为一家温室气体平衡的公司(Swiss Re 2007)。

瑞士再保险是使用预防原则的典型例子。瑞士再保险公司首席执行官雅克·艾建郡(Jacques Aigrain)表示"在分配全球变暖可能的未来产出时,有一条明显的尾巴代表了非常严重的后果。对于保险的常规做法和金融稳定问题,谨慎的做法要求我们现在就采取行动,以减缓全球变暖和适应其后果"(SEC 2007)。

不管气候变化是否重要,行业观点各不相同。在最近的一项调查中,查尔斯·施瓦布(Charles Schwab)对关于气候变化的物理风险的问题回答"N/A",而雷曼兄弟则表示"物理风险对所有金融服务公司的运营以及整体金融市场构成威胁"(Sussman & Freed 2008,10)。旅行者是美国最大的个人和商业财产保险产品提供商之一,它采取了几个显著的行动:使用广泛的风险建模，包括气候变化作为主要风险因素，提供风险控制服务，以及从事广泛的社区和政府外联，以提高对这一风险的认识。

同样在美国，旧金山湾区的新资源银行（newresourcebank）（2006）提供了广泛的绿色资源。劳埃德银行集团（Lloyd's Banking Group）赞助气候变化企业领导小组［这是威尔士亲王商业与环境计划（2009）的一部分］，该计划是一项集体商业计划，旨在思考、挑战和辩论企业可持续发展问题。

金融服务部门几乎没有证据对我们的环境可持续性产生积极影响。这个行业部门与其他几个行业部门不同，没有任何协调的努力来减轻气候变化影响，似乎没有系统地关注气候变化，似乎没有将环境可持续性置于其组织战略的前列。不过，在以环境为重点的投资方面取得了一些进展。

环境投资

政治可能性采取具体形式的地方是投资和创新的交汇点。金融服务组织的一些投资策略不是针对污染控制工作，而是基于过去在基础设施（如铁路和公路）上的投资和新业务的创新解决方案。

金融部门开始考虑环境风险，优化自身的环境绩效（Weber 2005），有两个主要原因。首先，银行希望通过减少能源、水和材料的使用来降低成本（McCammon 1995）。第二，他们想向客户展示"绿色环保"。下一步，他们将环境风险管理流程引入信用管理，主要针对那些由环境风险造成的信用业务的损失。同时，银行认为社会环境态度的增加是一个商业机会。他们随后创造了专门的信贷产品和抵押贷款，以及"绿色"或社会责任基金，投资于环保或可持续的公司。

然而，越来越难以确定的是哪些措施或产品可贴上"绿色"、"社会责任"或"可持续"的标签，他们对银行和可持续发展有哪些影响。此外，很难确定哪些银行和金融机构是行业的"可持续发展领导者"。

金融服务行业影响可持续发展努力的一种方式是通过公布有关公司的气候变化努力的信息。这些出版物主要针对投资者。欧洲人是第一个进行这种信息交流的国家，例如欧洲的公用事业部门出版了一本出版物，其中有几个新变量使得可以根据生产和收入来衡量碳排放。高盛能源环境与社会指数（2004），是美国这类出版物的一个例子，该书是基于对八个类别的三十个环境和社会指标做出的分析。

碳披露项目（CDP）是一个更加雄心勃勃的努力。它是一个独立的非营利组织，拥有世界上最大的企业气候变化信息数据库。总部设在英国，它与股东和公司合作，披露主要公司的温室气体排放。碳披露项目包括一个代表机构投资者，管理10万亿美元资产的集团，向五百家世界上最大的公司(主要是航空公司、汽车、零售、钢铁、电力、保险和技术行业的公司)发出问卷，要求他们解释公司的排放政策和战略。该项目公布了投资者在未来投资决策中关注的结果(碳披露项目，没有出版日期)。自2000年成立以来，碳披露项目已经成为碳披露方法和过程的主要标准，向全球市场提供主要气候变化数据。

签署碳披露项目信息请求的机构投资者(如银行、养老基金和保险公司)被称为签约投资者。碳披露项目目前有475个签约投资者，包括巴西银行、巴克莱银行、汇丰银行、高盛、美林、三菱UFJ、摩根士丹利、澳大利亚国民银行、Nedbank和三井住友金融集团等全球投资/融资银行。为碳披露项目研究被采访的签约投资者，约60%的人能识别出其投资组合中的哪些公司既没有回应碳披露项目，也没有提供贫乏或微不足道的答案（Riddell & Chamberlin 2007）。然后，投资者利用这些信息进一步与这些公司在气候风险问题上进行接触。26%支持股东决议，更好地披露一些不遵守碳披露项目披露的公司的气候风险。

在受访的签约投资者中，13%鼓励他们的投资银行家在做出新的贷款决定时使用碳披露项目数据。一个养老基金确定将气候风险评估标准纳入其向基金经理提出建议的请求中，指出那些能够向碳披露项目表明其签署地位的基金经理更有可能被授予合同。所有接受采访的投资者都认为，碳披露项目数据是一种宝贵的资源，并将其纳入其在某些层面的决策过程（碳披露项目，没有出版时间）。

随着企业内部基础设施的建立，可以更好地了解温室气体排放核算，数据质量也有望得到改善。审查过去五年来对碳披露项目的回应，证明企业正在倾听他们的投资者应对气候变化威胁的反应。

Calvert是一家具有社会责任感的投资公司，它展示了用碳披露项目数据循序渐进实施以下最佳实践：

● 用碳披露项目数据，逐个部门定性分析评估公司。公用事业部门是主要目标，另外的重点领域是石油和天然气、汽车、金融、保险和制造部门。

● 在对碳披露项目问卷回应中，Calvert专门查找公司的公共政策前景，缓解策略，轨迹信息，管理机会和定性信息的级别。

● 通过碳披露项目提供的信息为领导者和落后者提供了一个平台，然后将其纳入决策过程，Calvert随后投资管理完善的公司。

● Calvert参与未回应的公司，在某些情况下促使股东决议，而在其他情况下，促使改变对碳披露项目的回应状态。

涉及金融服务行业的另一项努力是形成"赤道原则"。"赤道原则"是确定、评估和管理项目融资中社会和环境风险的金融行业基准（EPs 2009）。

另一个综合项目是联合国环境规划署金融倡议（UNEP FI），一个银行、保险和投资社区的全球签署者和伙伴组织网络，重点关注金融和可持续发展方面的最新发展和新出现的问题。环境规划署金融倡议与170多个金融机构密切合作，这些金融机构是环境署金融倡议报告的签署国和一系列伙伴组织，以发展和促进环境、可持续性和财务业绩之间的联系。通过区域活动，全面工作方案，培训方案和研究，环境署信托基金执行其任务，以确定、促进和实现在各级金融机构业务中采用最佳环境和可持续性做法。

在美国，环境责任经济联盟（CERES）是一个由投资者、环境组织和其他公共利益团体组成的国家网络，与公司和投资者合作，应对全球气候变化等可持续发展挑战。它的使命是将可持续发展融入资本市场，为地球及其人民的健康服务。环境责任经济联盟启动并指导气候风险投资者网络（INCR），该网络是一个由超过七十家领先的机构投资者组成的、资产超过7万亿美元的集团。另一项工作是气候变化机构投资者小组（IIGCC），这是养老基金与其他机构投资者就气候变化相关问题进行合作的论坛。他们力求促进更好地理解成员和其他机构投资者对气候变化的影响。气候变化机构投资者小组还鼓励其成员投资公司和市场，以解决与气候变化相关的企业的任何重大风险和机遇，并向低碳经济转型。

瑞士再保险公司在1994年出版的"应对气候变化"的出版物中排名前列。瑞士再保险试图将气候变化纳入政策和投资决策，认识到气候变化的物理影响比许多组织更容易受到风险。总的来说，由于气候相关影响的增长，包括自然灾害、疾病和死亡率在未来十年中可能会增长，保险业可能会大幅增加成本（UNEP FI 2002）。例如，2004年，该行业登记了约400亿美元的天灾相关的自然灾害损失，这是历史上最大的保险。

1996年，瑞士再保险公司开始建立支持可持续发展公司的可持续投资组合，特别强调有效的资源利用。目标投资主要关注替代能源、水和废物管理以及回收利用。投资从基础设施/项目融资型投资到"清洁技术"风险资本。2006年，投资组合价值大幅增长至3.76亿瑞士法郎。2007年4月，瑞士再保险宣布成功完成了3.29亿欧元的欧洲清洁能源基金，这

是欧洲最大的基金之一（Swiss Re 2007）。该基金是联合国认可的投资工具，为欧洲清洁能源项目提供资金，这些项目对环境有益，并产生碳信用或可交易的可再生能源证书。瑞士再保险公司是基金的主要投资者，并作为选定项目的碳顾问（Swiss Re 2007）。该基金由瑞士再保险的关联公司康宁研究和咨询公司（Corning Research and Consulting）在欧洲设立。其他保险公司已经跟随瑞士再保险公司的领导，许多保险公司一直在开发更准确的承保工具，如灾难模型，以建立适当的基于风险敞口的保险费率。

一些金融服务公司将现有产品与环境可持续性相联系，包括补充产品和排放抵消（van Bellegem 2001）。例如，GE的Money Earth Rewards铂金万事达卡使用胶印产品链接采购，类似于英国石油公司的全球选择计划（Deutsch 2007）。巴克莱提供巴克莱卡呼吸（Barclaycard Breathe），将客户花费在卡上的0.05%转到英国的PURE（清洁之星信托基金），以资助政府批准的环保项目。

日本有一个小而有趣的创新（2004年可持续发展日本）。2003年，三位受欢迎的日本音乐家——小林小林，樱井和一和坂本龙一在日本建立了一家AP银行公司（AP代表"艺术家力量"和"替代能力"）。它基于Mirai银行（未来银行），该银行由环境活动家和作家于田中启动和领导的。未来银行接受公民投资的资金，并为环境项目或银行希望鼓励的公民活动提供低息贷款。因此，受到未来银行的启发，小林、坂本、樱井决定成立一个自己的银行，为可再生能源、节能和环保相关活动提供低息融资。

美林（2009）已经采取了大胆的举措，尽管它的财政困难。作为资本提供者，公司为可再生能源和清洁能源投资提供融资。美林公司声称，作为一个自主投资者，它将促进对可再生和清洁技术的投资；作为一个全球财富管理机构，它提供解决方案，将环境投资整合到客户投资组合中，并通过全球研究，发布报告，突出与可再生能源相关的风险和机会，以及清洁能源产业。

在印度尼西亚 Aceh 的 Ulu Masen 生态系统融资中，美林公司与碳保护（代表亚齐省长）合作，为世界上第一个独立验证的避免森林砍伐项目提供碳融资，其符合社区、气候和生物多样性联盟（CCBA）标准（2008）。气候和生物多样性联盟是领先的公司，非政府组织和研究机构之间的合作伙伴，旨在促进全球土地管理的综合解决方案。气候和生物多样性联盟制定了自愿标准，以帮助设计和确定土地管理项目，同时尽量减少气候变化，支持可持续发展和保护生物多样性。它可能不是第一个避免砍伐森林的计划，但它第一个利用国际投资银行的力量，并将环境效益与公司产品供应联系在一起。

美林公司使用信用为那些想为零售客户提供道德产品的机构客户创造包装产品。例如，一个电力公司希望提供碳平衡电价，航空公司想提供碳平衡航线，汽车制造商想要碳平衡他的汽车，都可以使用美林的产品。

富国银行（Wells Fargo & Company）2008年宣布，它已经提供了超过 30 亿美元的环境融资，超越了其提供 10 亿美元环境融资承诺的目标。富国银行的环境融资包括为满足美国绿色建筑委员会领先的能源和环境设计认证要求的建筑项目提供 20 亿美元的融资；投资和承诺超过 7 亿美元支持全国的太阳能和风力发电项目，以产生足够的清洁能源，可再生能源为约 475 000 户家庭供电，提供 5 亿美元支持将环境可持续性作为其使命的关键部分的客户，并提供 5 000 万美元用于支持改善低收入和中等收入社区环境的非营利组织。富国银行 10 亿美元的贷款目标是其十点环保承诺的一部分，旨在帮助将环境责任纳入其业务实践（CSWire 2006）。

惠普、百事公司、宝洁公司和其他八家全球性公司将测量其供应链的碳排放，作为减少温室气体和告知投资者碳足迹的努力。数据将提供给银行和基金，如高盛、美林和汇丰控股，以帮助指导他们的贷款和投资决定（Morales 2008）。

2007 年，摩根士丹利与挪威一个独立的风险管理和咨询基金会——挪威船级社（Norwegian Det Norske Veritas, DNV）合作，启动了一个碳银行（Environmental Leader 2007）。汇丰银行（世界上最大的银行集团）制定了气候信心指数，旨在衡量公众对气候变化态度的趋势，并向公众提供（HSBC 2007）。汇丰气候信心指数的推出是汇丰银行推动应对气候变化的更广泛战略的一部分。其他举措包括全球环境效率方案，9 000 万美元的承诺，以减少其自身的直接环境影响；碳融资战略，帮助客户应对创造低碳经济的挑战和机遇；以及汇丰气候伙伴关系（HSBC Climate Partnership），一个 1 亿美元的项目，涉及四个环保团体和汇丰的员工，以帮助减少全球气候变化的影响。

这些项目让我们看到了这个行业正在做什么。然而，与其他行业和对环境影响的需求相比,这些努力相对较少。与其他部门不同,金融服务业没有关注环境可持续性方面的挑战以及在应对这些挑战方面发挥重要作用的必要性。下一节将讨论行业如何应对这些挑战。

行业做什么?

如果只从短期来看,金融服务业要支持和成为环境可持续发展倡议的一部分,前景是暗淡的。对生存的关注,缺乏证据表明他们的努力产生了任何影响,以及缺乏对环境可持续性的关注,都将会减少在这一重要领域的活动。

然而,金融服务业可以发挥重要作用。该行业可以继续发展投资指标。最重要的是核实那些支持和实现气候减缓的组织的投资回报,而不是那些不支持和实现气候减缓的组织的投资回报。例如,汇丰银行,联合国环境规划署金融倡议,瑞士再保险公司和其他机构的努力可能对公司的估值产生重大影响。如果这些金融服务公司可以产生投资者信任的数据,那么可以进行大量投资以减少世界的环境足迹。然而,很可能为了产生这些数据,金融服务组织将需要与其他组织合作,如全球报告倡议组织或独立的评级机构,如英格兰和威尔士特许会计师协会或美国财务会计准则董事会(Gray 2006)。

银行应该共同采取一套原则用于负责任的和可持续的银行,该原则应与各国政府密切协商起草。根据赫尔曼·马尔德(Herman Mulder 2009)(一名独立顾问,1998年至2006年ABN AMRO的集团风险管理负责人)和赤道原则的发起者的建议,这样的一套原则可能包括以下公共承诺:

- 在自己的影响范围内,纳入并积极促进主流银行业务的企业社会责任(CSR)和可持续发展(SD);在年度基础上,在标准化业务中投入明确的资本百分比;为可持续发展业务创造收入设定明确的目标;将可持续发展目标纳入业务目标和绩效考核;提高工作人员的意识,并通过特别方案提高造工作人员参与的积极;

- 发布经营原则、政策、分析、风险管理程序、工具包、运营绩效;定义清晰和一致的干预措施;提供独立的"申诉"程序,使利益相关者能够挑战个别机构的绩效;

- 将可持续发展问题纳入其公共和私营部门客户的研究、咨询和贷款业务;需要来自主要客户(包括供应链和分销链的材料供应商)特定部门的科目;强调产品和服务的核查和认证的重要性;

- 要求和可持续发展具有明确的欧洲管理委员会成员或美国董事会成员的责任;任命欧洲监督委员会成员或美国董事会成员,具有强大的企业社会责任和可持续发展证书;创建一个独立的董事会,重点在企业社会责任和标准。

该行业可以做的另一件事是通过对其建筑物和劳动力活动实施高环境标准,来清理"自己的房子"。美联银行在北卡罗来纳州夏洛特的主要项目是一个典范(Charlotte Observer 2009)。它计划根据金级领先的能源环境设计与认证标准建造其办公楼,与维克森林大学共享空间,以创建一个既可持续又高效的文化校园。美国银行在布莱恩特公园的纽约办公大楼申请了白金认证,这是美国另一个典型。

美国银行、汇丰银行、花旗集团和瑞士再

保险曾经是金融服务行业的可持续发展领导者,但他们最近很困难,尤其是花旗集团,这将会削弱他们的大部分努力。规模较小、更多样化和负担较轻的金融服务组织可能会为可持续发展工作提供资金。例如,在美国,区域性银行如北卡罗来纳州的BB&T可能是可再生能源项目融资的领导者。

银行管理钱和贷款。大多数金融服务组织都有资本要求,并鼓励人们和公司与他们做生意。然而,很少有人监控客户如何实施和遵守协议或交易中的环境和社会需求。

有必要进一步分析,以衡量将可持续实践纳入金融部门商业战略的影响;满足这种需要的初始方法已经存在,如可持续性平衡记分卡,其显示了企业经济、环境和社会绩效之间的关系(Figge et al. 2002)。

展望

金融服务业可以通过提供气候交换市场来帮助实施可持续的商业实践。这将涉及促进碳信用市场的贸易,帮助公司参与市场,以及开发在这种交易中需要的金融安全工具。金融组织如芝加哥气候交易所、欧洲气候交易所、保险未来交易所、蒙特利尔气候交易所和天津气候交易所的目的是通过总量控制和交易系统,应用金融创新和激励措施来促进社会、环境和经济目标。还计划提供关于排放配额和其他环境产品的标准化和清算期货和期权合约的衍生品交易所。与其他金融交易所一样,这些金融机构需要得到支持和监管。

总而言之,该行业在短期内不会在环境可持续性领域取得重大进展。然而,随着一些政治意愿和客户压力,行业最终可能会增加对环境可持续发展的支持。

丹尼尔·S. 弗格尔(Daniel S. FOGEL)
维克森林大学

参见:会计;气候变化披露;企业社会责任和企业社会责任2.0;赤道原则;绿色GDP;清洁科技投资;社会责任投资;风险管理;社会型企业;可持续价值创造;透明度;联合国全球契约。

拓展阅读

American College & University Presidents' Climate Commitment (ACUPCC). (2010). Retrieved January 20, 2010, from http://www.presidentsclimatecommitment.org

The Banker. (2008, October). The Banker investment banking awards 2008. Retrieved August 15, 2009, from http://www.ml.com/media/112394.pdf

Callens, Isabelle, & Tyteca, Daniel. (1999). Towards indicators of sustainable development for firms — a productive efficiency perspective. *Ecological Economics, 28*(1), 41–53.

Carbon Disclosure Project (CDP). (n.d.). Retrieved March 23, 2009, from http://www.cdproject.net/

Charlotte Observer. (2009, February 27). Duke energy to move HQ to tower built for Wachovia. Retrieved March 10, 2009, from http://www.newsobserver.com/business/story/1421353.html

Climate, Community, & Biodiversity Alliance (CCBA). (2008). CCB standards. Retrieved February 18, 2009, from http://www.climatestandards.org/

Coulson, Andrea, & Monks, Vivienne. (1999, April). Corporate environmental performance considerations within bank lending decisions. *Eco-Management and Auditing*, *6*(1), 1–10.

CSRWire. (2006, April 6). Wells Fargo invests $5 million in renewable energy fund. Retrieved March 23, 2009, from http://www.csrwire.com/News/5357.html

Deutsch, Claudia H. (2007, July 25). G.E. unveils credit card aimed at relieving carbon footprints. Retrieved March 15, 2009, from http://www.nytimes.com/2007/07/25/business/25card.html?_r=2

Dryzek, John S. (2005). *The politics of the Earth: Environmental discourses* (2nd ed). Oxford, U.K.: Oxford University Press.

Edwards, Pamela; Birkin, Frank; & Woodward, David. (2002). Financial comparability and environmental diversity: An international context. *Business Strategy and the Environment, 11*(6), 343–359.

Enkvist, Per-Anders; Nauclér, Tomas; & Oppenheim, Jeremy M. (2008, April). Business strategies for climate change. *The McKinsey Quarterly*, *2*, 24–33.

Environmental Leader. (2007, August 14). Morgan Stanley's carbon bank to provide offset services. Retrieved March 22, 2009, from http://www.environmentalleader.com/2007/08/14/morgan-stanleyscarbon-bank-to-provide-offset-services/

Equator Principles. (2009). Retrieved March 10, 2009, from http://www.equator-principles.com/principles.shtml

Figge, Frank; Hahn, Tobias; Schaltegger, Stefan; & Wagner, Marcus. (2002). The sustainability balanced scorecard — Linking sustainability management to business strategy. *Business Strategy and the Environment*, *11*, 269–284. Retrieved August 15, 2009, from http://www.sustainabilitymanagement.net/public/04%20The%20Sustainability%20Balanced%20Scorecard.pdf

Gibbs, Richard. (2007, October).The economics of sustainability risk reporting (SRR). *inFinance*, *121*(4), 39–40.

Global Reporting Initiative. (2009). Sustainability reporting guidelines & financial services sector supplement. Retrieved August 15, 2009, from http://www.globalreporting.org/NR/rdonlyres/46FAAF92–F39D–44D4–8EFE–0276FB34A0FC/0/ReportingGuidelines andFSSSFinal.pdf

Goldman Sachs. (2004, February 24). *Global energy: Introducing the Goldman Sachs energy environmental and social index*. Retrieved April 27, 2009, from http://www.pewclimate.org/docUploads/Goldman%20EESI%20Index.pdf

Gollier, Christian; Jullien, Bruno; & Treich, Nicolas. (2000, February). Scientific progress and irreversibility: An economic interpretation of the "precautionary principle." *Journal of Public Economics*, *75*(2), 229–253.

Gray, Rob. (2006). Does sustainability reporting improve corporate behaviour? Wrong question? Right time?

Accounting & Business Research, 36, 65–88.

Hoffman, Andrew. (2006). *Getting ahead of the curve: Corporate strategies that address climate change.* Retrieved August 15, 2009, from http://www.pewclimate.org/docUploads/PEW_CorpStrategies.pdf

HSBC. (2007). HSBC launches international survey of public attitudes towards climate change. Retrieved March 24, 2009, from http://www.hsbc.com/1/2/sus-index

IBIS World Industry Reports. (2008). Commercial banking in the U.S., December 4. Retrieved January 11, 2010, from http://www.mindbranch.com/about/publisher_info.jsp?pubcode=538

Investor Network on Climate Risk (INCR). (2007). Retrieved March 20, 2009, from http://www.incr.com/Page. aspx?pid=198

Intergovernmental Panel on Climate Change (IPCC). (2007). *Climate change 2007: Synthesis report.* Retrieved January 18, 2010, from http://www.ipcc.ch/pdf/assessment-report/ar4/syr/ar4_syr.pdf

Japan for Sustainability. (2004, July 29). Japanese musicians establish eco-friendly bank. Retrieved March 29, 2009, from http://www.japanfs.org/en/pages/025659.html

Knecht, Frans. (1997). Relevance of environmental performance to corporate value. Paper presented at the Environment and Financial Performance, New York. Cited in Rob Gray (2006), Does sustainability reporting improve corporate behaviour? Wrong question? Right time? *Accounting & Business Research, 36,* 65–88.

Louche, Céline. (2001). The corporate environmental performance-financial performance link: implications for ethical investments. In Jan Jap Bouma; Marcel Jeucken; & Leon Klinkers (Eds.), *Sustainable banking: The greening of finance* (pp.187–200). Sheffield, U.K.: Greenleaf.

McCammon, A. L. T. (1995). Banking responsibility and liability for the environment: What are banks doing? *Environmental Conservation, 22*(4), 297–305.

Meadows, Donella; Randers, Jorgen; & Meadows, Dennis. (2004). *Limits to growth: The 30-year update.* White River Junction, VT: Chelsea Green.

Melnyk, Steven; Sroufe, Robert; & Calantone, Roger. (2003). Assessing the impact of environmental management systems on corporate and environmental performance. *Journal of Operations Management, 21,* 329–351. Retrieved August 15, 2009, from http://www2.bc.edu/~sroufe/jom2003.pdf

Merrill Lynch. (2009). Environmental sustainability. Retrieved April 14, 2009, from http://www.ml.com/? id=7695_8134_13653_71406

Morales, Alex. (2008, January 21). Eleven multinationals to assess their "carbon footprint." *The Washington Post,* A16. Retrieved August 15, 2009, from http://www.washingtonpost.com/wp-dyn/content/ article/2008/01/20/AR2008012002319.html

Mulder, Herman H. (2009). Values-based, sustainable, responsible, banking. Retrieved December 11, 2009, from www.worldconnectors.nl/upload/cms/252_SUSTAINABLE_BANKING.doc

newresourcebank. (2006). Green resources. Retrieved March 23, 2009, from http://www.newresourcebank.com/community/resources.php

Ng, Serena, & Mollenkamp, Carrick. (2009, March 7). Top U.S., European banks got $50 billion in AIG aid. *Wall Street Journal*. Retrieved August 12, 2009, from http://online.wsj.com/article/SB123638394500958141.html?mod=rss_Today%27s_Most_Popular

Nordhaus, Ted, & Shellenberger, Michael. (2007). *Break through: From the death of environmentalism to the politics of possibility*. Boston: Houghton Mifflin.

Orlitsky, Marc, & Benjamin, John D. (2001, December). Corporate social performance and firm risk: A meta-analytical review. *Business & Society*, *40*(4), 369–396.

PricewaterhouseCoopers Global. (2009). Financial services. Retrieved March 15, 2009, from http://www.pwc.com/extweb/industry.nsf/docid/79508408741F5B78852570D20076B902

Prince of Wales's Business & the Environment Programme. (2009). Retrieved January 11, 2010, from http://www.cpi.cam.ac.uk/our_work/executives_seminars/bep.aspx

Randjelovic, Jelena; O'Rourke, Anastasia R.; & Orsato, Renato J. (2003). The emergence of *green* venture capital. *Business Strategy and the Environment*, *12*(4), 240–253.

Repetto, Robert, & Austin, Duncan. (1999, September 22). Estimating the financial effects of companies' environmental performance and exposure. *Greener Management International*, *27*, 97–110.

Riddell, Zoe, & Chamberlin, Brittany. (2007). *Carbon disclosure project — Investor research project*. Retrieved August 13, 2009, from http://www.google.com/search?hl=en&q=Investor+research+project+Riddell+and+Chamberlin&aq=f&oq=&aqi=

Russo, Michael, & Fouts, Paul. (1997). A resource-based perspective on corporate environmental performance and profitability. *Academy of Management Journal*, *40*(3), 534–559.

Schaltegger, Stefan, & Figge, Frank. (2000). Environmental shareholder value: Economic success with corporate environmental management. *Eco-Management and Auditing*, *7*(1), 29–42.

Schaltegger, Stefan, & Figge, Frank. (2001). Sustainable development funds: Progress since the 1970s. In Jan Jap Bouma; Marcel Jeucken; & Leon Klinkers. (Eds.), *Sustainable banking: The greening of finance* (pp.203–210). Sheffield, UK: Greenleaf.

Schmidheiny, Stephan, & Zorraquin, Federico. (1996). *Financing change: The financial community, eco-efficiency, and sustainable development*. MIT Press: Cambridge, MA.

Schmid-Schöbein, Oliver, & Braunschweig, Arthur. (2000). *EPIfinance 2000: Environmental performance indicators for the financial industry*. Zurich: E2 Management Consulting AG.

Scholz, Roland; Weber, Olaf; Stünzi, J.; Ohlenroth, W.; & Reuter, A. (1995). *Umweltrisiken systematisch erfassen. Kreditausfalle aufgrund okologischer Risiken — Fazit erster empirischer Untersuchungen* [The systematic measuring of environmental risk. Credit defaults caused by environmental risk — results of a first study]. *Schweizer Bank, 4,* 45–47.

Securities and Exchange Commission (SEC). (2007). Petition for interpretive guidance on climate risk disclosure (p. F–5). Retrieved December 11, 20009, from http://www.sec.gov/rules/petitions/2007/petn4–547.pdf

Sharma, Sanjay, & Ruud, Aundun. (2003). On the path to sustainability: Integrating social dimensions into the research and practice of environmental management. *Business Strategy and the Environment, 12,* 205–214.

Siddiqul, Firoze, & Newman, Peter. (2001). Grameen shakti: Financing renewable energy in Bangladesh. In Jan Jap Bouma; Marcel Jeucken; & Leon Klinkers (Eds.), *Sustainable banking: The greening of finance* (pp.88–95). Sheffield, U.K.: Greenleaf.

Stigson, Bjön. (2001). Making the link between environmental performance and shareholder value: The metrics of eco-efficiency. In Jan Jap Bouma; Marcel Jeucken; & Leon Klinkers (Eds.), *Sustainable banking: The greening of finance* (pp.166–172). Sheffield, U.K.: Greenleaf.

Sussman, Francis G., & Freed, J. Randall. (2008). *Adapting to climate change: A business approach.* Arlington, VA: Pew Center on Global Climate Change.

Swiss Re. (2007). Swiss Re announces final close of EUR 329 million European Clean Energy Fund. Retrieved March 24, 2009, from http://www.swissre.com/pws/media%20centre/news/news%20releases%202007/swiss%20re%20announces%20final%20close%20of%20eur%20329%20million%20european%20clean%20energy%20fund.html

Ullmann, Arieh. (1985). Data in search of a theory: A critical examination of the relationship among social performance, social disclosure and economic performance of US firms. *Academy of Management Review, 10*(3), 540–557.

United Nations Environmental Programme (UNEP). (1992). Statement by banks on the environment and sustainable development. UNEP: Rio de Janeiro.

United Nations Environment Programme Finance Initiative (UNEP FI). (2002). CEO briefing on climate change. Retrieved April 27, 2009, from http://www.unepfi.org/fileadmin/documents/CEO_briefing_climate_change_2002_en.pdf

United Nations World Commission on Environment and Development (WCED). (1987). *Report of the world commission on environment and development: Our common future.* Retrieved April 27, 2009, from http://www.un-documents.net/wced-ocf.htm

United States Government Accountability Office. (2009, March 31). Troubled asset relief program: March 2009 status of efforts to address transparency and accountability issues. Retrieved April 27, 2009, from http://

www.gao.gov/products/GAO-09-504

van Bellegem, Theo. (2001). The green fund system in The Netherlands. In Jan Jap Bouma; Marcel Jeucken; & Leon Klinkers (Eds.), *Sustainable banking: The greening of finance* (pp.234-244). Sheffield, U.K.: Greenleaf.

van den Brink, Timo, & van der Woerd, Frans. (2004). Industry specific sustainability benchmarks: An ECSF pilot bridging corporate sustainability with social responsible investments. *Journal of Business Ethics*, *55*(2), 187-203.

Weber, Olaf. (2005). Sustainability benchmarking of European banks and financial service organizations. Retrieved August 15, 2009, from http://www.cleanerproduction.com/Training/Banks/Refs/Sustainability%20 benchmarking%20in%20Euro%20banks.pdf

Wells Fargo. (2008, December 22). Wells Fargo exceeds $3 billion in environmental financing: Issues progress report on environmental finance activities. Retrieved April 4, 2009, from https://www.wellsfargo.com/ press/2008/20081222__Enviromental_Funding

Yunus, Muhammad. (2003). *Banker to the poor: Micro-lending and the battle against world poverty*. New York: PublicAffairs.

Forest Management Industry

森林管理业

森林枯竭是一个会带来环境和经济后果的全球性问题，包括资源和地方经济的损失，植物和动物物种的灭绝，土壤侵蚀和温室气体排放的增加。从可持续森林中识别资源的认证计划正在增加其在世界范围内的存在和影响，尽管欧洲和北美在解决森林砍伐方面非常成功。

在1992年地球问题首脑会议之后，森林可持续发展和认证成为重要的全球问题，从原来仅关注森林，迅速扩大到温带和寒带森林。今天，几个领先的认证集团对森林工业和投资土地有巨大的影响。森林可持续发展将是未来几十年影响森林工业的一个根本问题，有许多需要解决的问题。

随着人口增加，对食物、燃料、木材和其他森林产品的需求也增加。增加粮食供应通常需要为作物生产和牲畜放牧进行土地清理。如果收获的森林不被重新造林，就会发生森林耗竭。这发生在古希腊和罗马帝国，以及美国19世纪后期，木材在全国各地遭到砍伐。今天，森林枯竭是一个全球性问题，特别是在热带雨林地区，甚至一些北方森林。

森林枯竭会引起生态和经济问题。消失的森林提供的木材和其他产品，是许多经济的基础；森林是提供支持生物多样性的栖息地，并作为全球气候变化的监管者。砍伐森林导致土壤侵蚀和水文循环（地下水）的变化。树木作为碳的仓库，森林的流失可导致更多的温室气体排放。砍伐森林甚至可能导致动植物物种灭绝。在森林工业经济部门较强的国家，非法伐木和森林覆盖的丧失可能会影响生活质量。

持续收获

林业是可持续发展的基础。持续收获的概念起源于18世纪欧洲，为了确保木材、燃料、游戏和其他森林产品的稳定供应。城堡的主人需要他森林创造的年收入来维持庄园，或者一个城镇可能需要一个当地森林来供应稳定的木柴。木材饥荒可能导致社会和经济破坏，制定森林管理规则，以控制生长、死亡率和收获水平,保证产生稳定的流量。

19世纪的铁炉提供了一个持续收获的好例子。每年需要一定量的木炭燃料,如每年9 000根木材（32 621立方米）的木炭。典型地,周围的森林在30岁时可能产生30英尺（109立方米）至英亩（4 047平方米）,这意味着每年必须切割300英亩（1.2平方千米）的成熟森林。在每次收获后,硬木林被允许自然再生,并且三十年后,可以从这些林地收获另外的三十根。每年从9 000英亩（36.4平方千米）的森林中收获30英亩（0.12平方千米）的森林,随着时间的推移,森林将发展成30拼块。每年必须生产9 000根是持续收获的底线。

持续收获是工业和投资林地管理的标志,以保证木材最大限度地均匀流动。在过去的四分之一世纪,森林可持续发展性的概念已经演变为将森林视为一个自然运作的生态系统;生态系统生产力的维持取决于所有组成部分和自然过程。这一概念被称为"生态系统管理"。今天,森林可持续发展具有广泛的意义,包含的不仅仅是生态系统的功能,而是生态、经济和社会价值整合,形成可持续发展的基础。

森林可持续发展

1992年在里约热内卢举行的联合国环境与发展会议,编写了一份"森林原则声明",成了第一个关于可持续森林管理的全球协定。2000年,成立了联合国森林问题论坛,以促进"所有类型森林的管理,养护和可持续发展"。2007年,联合国大会通过了"森林文书",成为国家行动和国际合作的框架,以促进可持续森林管理。里约会议一年后,1993年在蒙特利尔举办了一次北方和温带森林可持续发展问题国际专家研讨会。这导致了蒙特利尔进程的发展,该进程确定了可持续森林管理的标准和指标。

蒙特利尔进程使用七个关键标准,现在七个类似的专题领域被认为是可持续林业的基本要素。它们为认证森林可持续发展的系统提供了一个结构,现在作为持续森林管理的定义,被普遍接受。这七个专题领域是:

（1）森林资源的范围。指拥有大量的森林覆盖和增长的储备量,以支持林业的所有方面的发展,包括减少毁林,恢复退化的森林,以及储存碳以缓和全球气候变化。

（2）生物多样性。指保护和管理生态系统中的生物多样性、物种和遗传水平,包括保护脆弱的生态系统和基因改良,以提高森林生产力。

（3）森林健康和活力。指尽可能减少不必要的干扰（如野火、入侵物种、昆虫和疾病）的风险和影响。

（4）森林资源的生产功能。指为后代保持高价值和有价值的原始森林产品供应。

（5）森林资源的生产功能。指保护土壤、水文和水生系统。这些系统提供清洁的水,健康的鱼群,减少的土壤侵蚀和生态系统的保护。

（6）社会和经济功能。指的是森林资源在就业、加工林产品和木材投资方面的经济贡献。保护文化、精神和娱乐的价值也很重要。

（7）法律,政策和体制框架。指支持上述六个主题的框架,包括参与性决策,治理和执法,监测和评估,以及更广泛的社会方面,如公平利用森林资源。

可持续森林管理是森林资源可持续发展的两种方法之一。第二个是"生物多样性公

约"(2008)制定的生态系统方法,被定义为
"以公平方式促进保护和可持续利用的土地,
水和生物资源综合管理战略"。有三个目标:
保护、可持续利用和公平分享利益。维持充分
运作的生态系统带来可持续发展。生态系统
方法的关键是管理对森林的各种要求。自适
应管理是一项要求,因为生态系统尚未完全了
解。第二个要求是森林生态系统的内在价值
和有形惠益应以公平和公平的方式分享。这
些方法促进环境、社会和经济一致性的实践。

森林可持续发展认证计划

在20世纪80年代和90年代,森林可持续
发展成为全球性问题的前沿。特别是热带雨
林的大规模毁林和生物多
样性的迅速丧失吸引了公
众的注意。1988年,若干环
境组织敦促国际热带木材组
织开发一个标识项目,以确定根
据可持续林业原则生
产的热带木材。这
引起对"生态标签"需
求的增加。生态标签是附在产
品上的指示其环境特性的认证
(或标签)。消费者可通过标签
识别环保产品,并引导购
买这些产品。

森林认证是一种生
态标签过程,用于识别源自可持续管
理森林的森林产品。这是试图利用市
场而不是政府监管来确保林产品采用
可持续性标准收获。概念是消费者愿
意为使用可持续林业做法生产的林产品

支付溢价。

欧洲、美国和加拿大有大量环境法规,涵
盖私人和公共林地。但并不是所有的消费者,
特别是与环境组织有关的消费者都相信政府
的监管是有效的。这为环境团体和森林工业
贸易协会提供了一个机会,制订认证森林产品
满足特定森林可持续性要求的计划。森林认
证确保客户进入其产品的木材得到正确管理。
即使伐木组织也设立了认证计划,以确保收获
系统支持可持续发展目标。

一些认证森林产品的压力来自对认证建
筑产品的间接需求。美国绿色建筑委员会引
入了领先的能源和环境设计,以改善建筑物的
环境绩效和经济回报。领先的能源环境设计
的建筑设计条件建议使用经认证可使用可持
续性标准生产的回收或本地材料和林产品。
这样的要求通常是领先的能源环境设计对公
共建筑的投标要求。森林认证必须使所有利
益相关者都有效,包括消费者、零售商、生产
者、工厂、环境组织、贸易团体、专业协会和认
证体系。它涉及一套标准,它是评估的基础,
一个规范使用"标签"的认证过程,以及一个
管理系统的组织,通常最好由第三方或独立组
织来处理。

评估的完整性和产品来源的质量保证决
定了认证计划的可信性。消费者通过提出以
下问题来评估可信度:计划如何评估可持续
森林管理的质量?该计划提供了多少保证,监
管链有没有被打破(商店中的产品确实是在
森林中评估的产品)?是否存在利益冲突?
所有利益相关者是否认为这一过程公平地衡
量可持续性并有效地实现计划目标?

里约会议后,一些环境小组开会建立了一

个独立的全球组织，以核证在可持续基础上生长的森林产品，并于1993年成立了森林管理委员会（FSC）。森林管理委员会不自行认证森林，但它认证其他做的实际认证组织（被称为认证机构）。森林管理委员会认证涵盖超过八十二个国家的超过1亿公顷的林地（一公顷等于10 000平方米）。森林管理委员会认证标准基于十个主要原则，并且具有强大的监管链程序。

1999年，建立了认可森林认证计划（PEFC），作为独立的第三方组织，承认当地的森林认证计划。最初在欧洲，但现在是全球性的，涵盖了2亿公顷的林地。森林管理委员会和认可森林认证计划之间的根本区别是利益相关者。森林管理委员会主要由环境团体成立，而认可森林认证计划创始人有强大的森林工业和贸易团体的背景。

美国树农场系统（The American Tree Farm System）可追溯到1941年，是最古老的认证机构之一。最初它定向供应木材，但它一直在促进可持续林业。其认证基于一套标准和指南，并为同一管理地区提供集体认证。这些森林大多是小型的，由家庭和个人拥有。目前，该项目涵盖了约1 000万公顷森林。

1994年，一个工业贸易组织美国森林和纸协会（American Forest and Paper Association）建立了可持续林业倡议（Sustainable Forestry Initiative），为森林工业用地提供可持续林业认证。它是一个独立的组织，目前认证大约7 000万公顷的北美林地。参与者主要是林业企业或木材投资管理组织。与其他认证机构一样，它采用一套可持续性标准。

各认证组织使用的目标、标准和评级指标比较相似。差异往往来自创始团体关注的

重点。例如，美国树木农场系统是由以木材生产为重点，因此，认证体系也以此为重点。由环境组织创立的森林管理委员会强调基本目标是减少森林转换，尊重国际工人权利，尊重人权，特别关注土著民族，有限使用有害化学品，不腐败，特别保护特殊文化领域。FSC的十项原则说明了构成所有森林认证系统的规则和政策的类型：

- 遵守所有适用的法律和国际条约
- 示范和无争议的土地所有权和使用权
- 尊重土著人民的权利
- 维护和提高森林工人和当地社区的福祉
- 公平利用和分享森林利益
- 最小化伐木的环境影响和维持生态功能
- 适当和持续更新的管理计划
- 对森林状况和影响进行适当的监测和评估活动
- 保持重要或关键的高森林
- 减少自然森林的使用和恢复自然森林

世界上约10%的森林面积现在已经获得森林认证。这似乎是一个小数额，但它代表了巨大的进步。环境团体日益增长的需求对森林工业产生了巨大的压力，他们通过自己的可持续发展计划进行了调整。有一点是肯定的：森林可持续性的作用将继续提高森林工业和木材投资土地的重要性。

展望

自20世纪90年代以来，可持续森林管理和森林认证得到了广泛的接受。在认证可持续林业下管理的森林面积稳步增长，这一概念得到了环保团体、非政府组织甚至林业/木材投资集团的大力支持。虽然增加森林可持续

性和最初的认证动力是热带森林砍伐,但目前大多数管理和认证的增长在北美和欧洲。预计热带雨林获得森林认证的环境压力很大。

环境团体对公共和私有林地的环境可持续发展的影响已经进入市场。他们对销售林产品的零售商施加压力,限制他们对认证产品采购,许多主要的连锁公司同意这个限制。加强森林认证的主要手段之一是通过市场,但消费者尚未向供应商发出强烈的市场信号,要求认证森林产品,愿意为认证木材支付溢价。大多数市场对认证的压力一直是"买家群体",比如家居装修链。

所有认证系统都有成本。必须改变森林管理活动和计划,可能需要特别盘存,并可能需要跟踪系统。生产成本有时可以增加25%。特别是在发展中国家,这些成本可能会高得令人不敢问津。主要的森林产品净进口国,如东亚,最可能受到影响。认证的成本将继续是其增长的一个因素。

到目前为止,大多数认证的森林都属于工业和投资,但世界森林的很大一部分是私人持有的。这些所有权将随着认证的增长而被解决,并且可能需要采取措施来帮助这些所有者。

各种认证计划是从森林工业和森林所有者的愿望发展而来的。一些认证系统在未来将获得全球接受,而一些认证系统可能会半途而废。森林工业面临着他们的认证体系可能无法获得长期可信度的风险。避免这个问题的一种方法是通过某种水平的相互识别系统,这种系统已经出现了。

托马斯・J. 斯特拉卡(Thomas J. STRAKA)
克莱姆森大学

参见:绿色建筑标准;可持续发展;生态经济学;生态系统服务;设施管理;信息与通信技术;包装业;房地产和建筑业。

拓展阅读

Convention on Biological Diversity. (2008). The ecosystem approach e-newsletter. Retrieved September 23, 2009, from http://www.cbd.int/ecosystems/newsletters/ea-2008-12.htm

Dana, Samuel T., & Fairfax, Sally K. (1980). *Forest and range policy: Its development in the United States* (2nd ed.). New York: McGraw-Hill.

Davis, Lawrence S.; Johnson, K. Norman; Bettinger, Peter S.; & Howard, Theodore E. (2001). *Forest management: To sustain ecological, economic, and social values* (4th ed.). New York: McGraw-Hill.

Durst, P. B.; McKenzie, P. J.; Brown, C. L.; & Appanah, S. (2006). Challenges facing certification and eco-labelling of forest products in developing countries. *International Forestry Review, 8*(2), 193-200.

Floyd, Donald W. (2002). *Forest sustainability: The history, the challenge, the promise.* Durham, NC: The Forest History Society.

Forest Stewardship Council. (2009). Retrieved September 4, 2009, from http://www.fsc.org

Lindenmayer, David B., & Franklin, Jerry F. (Eds.). (2003). *Towards forest sustainability*. Washington, DC: Island Press.

Maser, Chris. (1994). *Sustainable forestry: Philosophy, science, and economics*.

Boca Raton, FL: St. Lucie Press.

Maser, Chris, & Smith, Walter. (2001). *Forest certification in sustainable development: Healing the landscape*. Boca Raton, FL: CRC Press.

Montréal Process. (2009). Retrieved September 4, 2009, from http://www.rinya.maff.go.jp/mpci

National Geographic Society. (2009). Eye in the sky: Human impact: Deforestation and desertification. Retrieved September 4, 2009, from http://www.nationalgeographic.com/eye/deforestation/deforestation.html

Perera, Priyan, & Vlosky, Richard P. (2006). *A history of forest certification* (Louisiana Forest Products Development Center Working Paper No. 71). Retrieved September 8, 2009, from http://www.lfpdc.lsu.edu/publications/working_papers/wp71.pdf

Sample, V. Alaric, & Sedjo, Roger A. (1996). Sustainability in forest management: An evolving concept. *International Advances in Economic Research, 2*(2), 165–173.

Schelhas, John, & Greenberg, Russell. (Eds.). (1996). *Forest patches in tropical landscapes*. Washington, DC: Island Press.

Sustainable Forestry Initiative. (2009). Retrieved September 4, 2009, from http://www.sfiprogram.org/

United Nations Forum on Forests. (2009). Retrieved September 4, 2009, from http://www.un.org/esa/forests/about.html

Viana, Virgilio M.; Ervin, Jamison; Donovan, Richard Z.; Elliott, Chris; & Gholz, Henry. (Eds.). (1996). *Certification of forest products: Issues and perspectives*. Washington, DC: Island Press.

Von Gadow, Klaus; Pukkala, Timo; & Tomé, Margarida. (Eds.). (2002). *Sustainable forest management*. Dordrecht, The Netherlands: Kluwer Academic Publishers.

Washburn, Michael P.; Jones, Stephen B.; & Nielsen, Larry A. (1999). *Nonindustrial private forest landowners: Building the business case for sustainable forestry*. Washington, DC: Island Press. Retrieved September 8, 2009, from http://sfp.cas.psu.edu/nipf.htm

Williams, Michael. (2006). *Deforesting the Earth: From prehistory to global crisis: An abridgement*. Chicago: University of Chicago Press.

World Commission on Forests and Sustainable Development. (1999). *Our forests, our future*. Cambridge, U.K.: Cambridge University Press.

Free Trade

自由贸易

自由贸易是货物、服务、劳动力和资本在国家之间的移动，没有政府强加的贸易壁垒。它也指世界贸易组织和各种国际协定为自由化或减少贸易壁垒所做的努力。自由贸易对经济和环境可持续性的影响尚不清楚，贸易自由化方法必须平衡发达国家和发展中国家的需求，以实现可持续发展。

自由贸易一词通常是指货物、服务、劳动力和资本在国界之间的自由流动，而不受政府施加的经济或监管障碍的干扰。虽然它经常被认为是对可持续性目标的一种抵抗，许多经济学家和决策者认为充分实施的自由贸易是国际经济关系的最终目标。但是，最纯粹的自由贸易不现实，特别是在全球范围。

自由贸易更具体地是指世界贸易组织通过减少全球进口税（关税）和消除非关税壁垒来实现贸易自由化的多边努力。也指开放贸易伙伴之间贸易的双边和区域协定。一些批评者指责这些具体的贸易自由化努力加剧了国家之间的不平等，并通过快速工业化给环境带来了额外的压力（Stenzel 2002）。其他人声称，只有自由贸易才能促进全世界的可持续增长和发展。

自由贸易的起源

经济学家亚当·史密斯在1776年写道："每一个精明的家庭，从来不会在家做比买花费更多的事……每个私人家庭的行为都是谨慎的，只有伟大的王国会错。"（Smith 1904，2：11-12）这种逻辑成了19世纪经济学家大卫里卡多的比较优势理论的基础，鼓励各国专注于某些产品，和他人交易。到20世纪30年代，经济学家开始接受自由贸易，作为促进和平与繁荣的一种方式（Bhagwati 2008）。

第二次世界大战后，经济学家和决策者重建全球经济体系，提议建立国际贸易组织（International Trade Organization, ITO）来规范国家之间的贸易。由于国际贸易组织未成立起来，临时的关税及贸易总协定（General Agreement on Tariffs and Trade, GATT）成为战后管理国际贸易的"事实机构"，直到世贸组织（WTO）取代它（Bhagwati 2008, 8）。

这些早期的贸易自由化努力寻求促进发展和经济增长。他们反对20世纪30年代"以邻为壑"的经济政策。在此期间，各国贬值其货币，增加进口关税，使本国货物比其他国家货物具有价格优势。部分经济学家指责这种保护主义政策加剧了大萧条，并由此造成的全球经济衰退。在关贸总协定的各种谈判下，越来越多的国家在20世纪后半叶开始了贸易自由化。

1995年，123个国家组成了世界贸易组织。世贸组织管辖服务、货物、知识产权、农业、纺织品以及与贸易有关的许多其他问题的贸易。此外，世贸组织成立了贸易和环境委员会（CTE），以审查贸易和环境政策之间的关系。委员会建议修改在贸易自由化措施中不促进可持续发展和保护环境的地方。

世贸组织多哈回合谈判（以卡塔尔多哈为名，第一次会议的地点）标志着第一次开始谈判环境承诺。多哈发展议程（Doha Development Agenda, DDA）雄心勃勃地主张在敏感领域贸易自由化，如农业和知识产权方面，同时促进可持续发展和增加欠发达国家的收入（WTO 2001）。尽管2001年多哈回合谈判开始时很乐观，但许多假开始导致了世贸组织未来的不确定性。

越来越多的国家正在转向双边和区域协议，以消除贸易壁垒。

贸易自由化的目标

自20世纪80年代以来，各国对贸易与可持续发展之间的关系日益感兴趣。虽然贸易的可持续发展主要是间接的，但世贸组织认为，自由贸易通过经济发展、制度稳定性和可预测性，增加创新，更有效地分配资源，增加收入，可促进环境可持续发展（WTO 2006）。然而，贸易自由化没有对环境（甚至经济和社会）可持续发展产生积极的影响。

自20世纪90年代中期以来，当双边和多边贸易自由化增加时，由此产生的工业化往往导致环境退化。例如，北美自由贸易协定（NAFTA）通过鼓励建立数百个家出口导向型边境加工厂（在墨西哥的外资企业雇用低薪工人，Stenzel 2002），使空气和水污染恶化。此外，富国和穷国之间的差距自那时以来实际上已经扩大。然而，许多决策者认为零碎的双边和多边协议是实现充分实施自由贸易的承诺的好处的基石。

大多数国家将自由贸易提供的市场准入看作是对其公民的一种利益。市场准入包括获得货物，跨境服务，资本和知识产权（例如商标或专利）。不幸的是，促进一个国家市场准入的条款可能会阻碍另一个国家。即使全面实施自由贸易，也不能同时改善每个人或每个国家的福利。相反，在理论上，它将重新分配资源，使"赢家"获得的比"输家"损失的更多，从而导致全球福利总体平均增加。

由于没有一个国家，部门或行业想成为失败者，每个经济行为者（即卖方、消费者、工人或投资者）都有不同的贸易自由化目标。例如，农业进口商推动取消对发达国家农产品的补贴（政府财政支持），以降低进口成本。美国工业部门的成员寻求增加和协调监管健康、安全和环境标准，部分是因为发展中国家的竞争性行业不能低成本地创造同样的产品。制药行业希望加强对知识产权(即药品专利)的保护,使其对研究和开发成本得到适当的补偿,并且不会立即被对药物进行仿制生产。

　　正如感兴趣的经济参与者优先考虑自由化议程上的某些项目一样,他们仍然对其他人的优先事项保持警惕。发展中国家希望贸易自由化最终导致更可持续的经济和社会发展,但它们抵制环境承诺。与此同时,发达世界推动了环境保护,但是他们担心,如果为较不发达国家提供灵活性,那么发达国家可能无法与符合较低环境标准的国家竞争。

对可持续发展的影响

　　经济学家认为自由贸易通常对贸易流动产生积极影响。一项研究表明,2000 年贸易量增长了 120%,主要是由于世贸组织的贸易自由化。同样的研究表明,在制造业,贸易壁垒下降,贸易量增加;而贸易壁垒很高,贸易量则很小甚至产生不利影响(贸易量是根据在给定时期内交易商品和服务的数量来衡量的)。例如,近年来服装、鞋类和农业的贸易变化不大,因为发达国家对这些部门保持了保护(Subramanian & Wei 2007)。

　　虽然贸易自由化在少数情况下导致贸易量增加和经济增长,但这种增长的可持续性及其对环境的影响尚不清楚。在签署 NAFTA 之后,墨西哥北部的收入和就业大幅增加。同样,制造业的出口迅速增长。但这种改善大部分归因于边境加工,这在很大程度上与墨西哥其他经济体是断开的(Salas 2001)。除非自由贸易政策鼓励转让有价值的技术,并通过向前和向后的经济联系帮助建立地方经济,否则

这种经济收益可能不会持续下去。(前向联系是生产者与其客户之间的分配链,后向联系是生产者与其供应者之间的分配链。)

　　经济可持续性不是唯一的关注。随着贸易流量增加,运输商品和服务的需求也随之减少,消耗不可持续的化石燃料。因此,环境问题已经开始在国际贸易谈判中发挥更为核心的作用。除了贸易和环境委员会的工作外,世贸组织还从事涉及环境利益集团的问题。世贸组织认为,它的作用是继续使贸易自由化,同时确保环境保护不干扰贸易,贸易规则不干涉国内环境规定(WTO 2006,6)

　　除了世贸组织之外,双边和区域协定还解决了环境保护在贸易自由化中的作用。北美自由贸易协定(NAFTA)是第一个包括环境规定的"重大贸易协议"。随后也有其他具有更强制性规定的协议(Gallagher 2009)。

平衡经济和环境的可持续发展

　　可持续发展原则已成为全球贸易谈判的一个优先事项。然而,对促进这种发展的具体方法和可持续发展优先还存在意见分歧。主要争议涉及发展中国家符合发达世界所要求的环境承诺的能力。

　　许多人认为,尽管发展中国家需要进入世界经济市场,但它还需要建立国内工业和机构的具体政策,以便具有全球竞争力。这些政策可以为发展中国家提供灵活性,以控制资本流动,鼓励技术转让,"创造保护环境所需的资源"(WTO 2006,7)。对于低收入国家,减少贫困是主要优先事项。但是,应对环境利益集团压力的发达国家,坚持环境保护必须伴随减贫和经济发展。一些世贸组织成员认识到,环

境承诺必须考虑到发展中国家接受和执行这些承诺的能力。但是,在多边贸易谈判之外,发展中国家往往必须默许发达贸易伙伴的要求,以获得市场准入。

增长和变化

尽管自由贸易和可持续发展之间存在着对立关系,但贸易自由化背后的理论与环境意识相结合,让我们看到了希望。随着各国继续消除贸易壁垒,所有部门的全球竞争在增加。结果应是发展中国家有更有效的市场、更多的技术和经济发展机会。有效市场可以允许环境友好型技术跨国界转移。由于贫困被确定为环境破坏的主要原因,自由贸易带来的经济发展可能对未来的环境产生积极影响。

对世贸组织、区域或双边协定等贸易自由化方法的主要批评是,发达国家要求欠发达国家自由化,而不消除自身扭曲贸易的壁垒。例如,发展中国家必须降低纺织品和敏感农产品的关税,但美国和欧盟对农业保持大量补贴(World Bank 2007, 40)。因此,许多人认为,只有在我们消除这些障碍并充分实施自由贸易之后,我们才能实现全球可持续发展。

许多人怀疑自由贸易的基本原则。2007年末开始的金融危机突出了市场缺陷,引起人们质疑市场是否应该保持没有政府干预。

各国重新采取保护主义措施,以防止其经济陷入更深的衰退。多哈发展议程自成立以来已停滞不前,许多国家的谈判者不再期望通过世贸组织实现多边贸易自由化。与此同时,随着许多国家形成双边和区域贸易集团,获得市场准入,小规模贸易协定激增。

自由贸易对可持续发展没有明确的积极影响。不断增长的贸易量增加了全球运输,空气和水污染加剧,自然资源枯竭。墨西哥和中国等地的快速工业化已经破坏了环境。在经济上,贸易自由化已经使一些人摆脱了贫困,但总体上还不能缩小贫富之间的差距。

然而,自1992年联合国地球峰会以来,可持续发展问题的重要性显著增加。双边或多边贸易协定不能再忽视可持续经济和环境发展的问题。如果日益扩大的双边和区域协定网络成为全球自由贸易的一个组成部分,而且这些协定包含有关环境保护和经济发展的灵活规定,那么今后的自由贸易可能证明是可持续的。

雷切尔·D. 思拉舍(Rachel Denae THRASHER)
波士顿大学 Pardee 长期未来研究中心

参见:农业;金字塔底层;消费者行为;可持续发展;赤道原则;金融服务业;全球报告倡议组织;信息与通信技术;贫困;真实成本经济学;联合国全球契约。

拓展阅读

Ackerman, Frank, & Gallagher, Kevin P. (2008). The shrinking gains from global trade liberalization in computable general equilibrium models: A critical assessment. *International Journal of Political Economy*, *37*(1), 50–77.

Adler, Matthew; Brunel, Claire; Hufbauer, Gary Clyde; & Schott, Jeffrey J. (2009). *What's on the table? The Doha Round as of August 2009* (Working Paper Series 09–6). Retrieved October 13, 2009, from http://www.iie.com/publications/wp/wp09–6.pdf

Baker, Dean. (2008). Trade and inequality: The role of economists. *Real-World Economics Review, 45*, 23–32. Retrieved September 22, 2009, from http://www.paecon.net/PAEReview/issue45/whole45.pdf

Baldwin, Richard, & Low, Patrick. (Eds.). (2009). *Multilateralizing regionalism: Challenges for the global trading system.* New York: Cambridge University Press.

Bhagwati, Jagdish. (2008). *Termites in the trading system: How preferential agreements undermine free trade.* New York: Oxford University Press.

Folsom, Ralph H. (2008). *Bilateral free trade agreements: A critical assessment and WTO regulatory reform proposal* (Legal Studies Research Paper No. 08–070). Retrieved September 22, 2009, from http://papers.ssrn.com/sol3/papers.cfm?abstract_id=1262872

Gallagher, Kevin P. (2009, November). NAFTA and the environment: Lessons from Mexico and beyond. In Kevin P. Gallagher, Timothy

A. Wise, & Enrique Dussel Peters (Eds.), *The future of North American trade policy: Lessons from NAFTA* (pp.61–69). Retrieved December 11, 2009, from http://www.bu.edu/pardee/files/2009/11/Pardee-Report-NAFTA.pdf

Mol, Arthur P. J., & van Buuren, Joost C. L. (Eds.). (2003). *Greening industrialization in Asian transitional economies: China and Vietnam.* Lanham, MD: Lexington Books.

Salas, Carlos. (2001). The impact of NAFTA on wages and incomes in Mexico. In Bruce Campbell, Carlos Salas, & Robert Scott, *NAFTA at seven: Its impact on workers in all three nations* (pp.12–20). Washington, DC: Economic Policy Institute.

Smith, Adam. (1904). *An inquiry into the nature and causes of the wealth of nations* (Edwin Cannan, Ed.) (Vols. 1–2). London: Methuen.

Stenzel, Paulette L. (2002). Why and how the World Trade Organization must promote environmental protection. *Duke Environmental Law and Policy Forum, 13*(1), 1–54. Retrieved October 13, 2009, from http://www.law.duke.edu/shell/cite.pl?13+Duke+Envtl.+L.+&+Pol%27y+F.+1

Subramanian, Arvind, & Wei, Shang-Jin. (2007). The WTO promotes trade, strongly but unevenly. *Journal of International Economics, 72*(1), 151–175.

Thrasher, Rachel Denae, & Gallagher, Kevin. (2008). *21st century trade agreements: Implications for long-run development policy* (Pardee Paper No. 2). Retrieved October 13, 2009, from http://www.bu.edu/pardee/files/documents/PP–002–Trade.pdf

World Bank. (2007). *World development report 2008: Agriculture for development.* Retrieved September 22,

2009, from http://siteresources.worldbank.org/INTWDR2008/Resources/WDR_00_book.pdf

World Trade Organization (WTO). (1994). Relevant WTO provisions: Text of 1994 decision [Decision on trade and environment]. Retrieved October 13, 2009, from http://www.wto.org/english/tratop_e/envir_e/issu5_e.htm

World Trade Organization (WTO). (2001). Doha WTO ministerial 2001: Ministerial declaration. Retrieved October 23, 2009, from http://www.wto.org/english/thewto_e/minist_e/min01_e/mindecl_e.htm

World Trade Organization (WTO). (2006). Trade and environment at the WTO. Retrieved September 18, 2009, from http://www.wto.org/english/tratop_e/envir_e/envir_e.htm

World Trade Organization (WTO). (2009). Trade and environment. Retrieved September 21, 2009, from http://www.wto.org/english/tratop_e/envir_e/envir_e.Htm

Global Reporting Initiative, GRI

全球报告倡议组织

对于企业社会责任和可持续发展报告制度来说，需要构建一套评估和监控商业活动的体系。尽管从20世纪90年代末至今已经建立起了众多度量标准，但全球报告倡议仍是全球范围内得到最广泛运用的自愿报告协议。该协议由大家一致认可的标准构成，用这些标准来衡量企业的"三重底线"。

在如今这样一个企业毫不掩饰其贪婪，因而导致各利益相关者迫切需要更全面、覆盖面更广的问责制的时代，企业伦理和环境监管的标准理念已经成为企业社会责任和可持续发展报告制度（又被称作CSR）更为有力的标签。统一《指南》现已被制定出来并定期更新和完善，以提高企业运营的透明度并消除信息报告制度中的不对称性。投资者和受企业运营影响的其他实体，其需求和期望成为发展和实施一套普遍公认的、用来建立企业绩效标杆的催化剂。该监控体系用于衡量道德、社会和环境等方面的绩效，即大家所熟知的"三重底

线"。这个报告不仅包括投资收益（传统报告模式），还包括了环境和社会价值。而这些信息亦可以帮助潜在投资者做出投资决策。

这个自愿报告协议的一个例子，是国际上运用最为广泛的全球永续性报告（GRI）G3纲领。该纲领由一组独立的标准组成，这些标准为可持续发展提供了通用的报告方法。那些接受该报告制度监督的企业需要把他们企业的财务绩效、环境绩效和社会表现报告整合成为一份出版物，供公众公开评议。

GRI报告的演化

全球报告倡议组织最早由波士顿环境负责经济体联盟（Coalition for Environmentally Responsible Economies，CERES）于1997年创建，部分原因是回应1989年在阿拉斯加的埃克森瓦尔迪兹号（*Exxon Valdez*）石油泄漏事故。之后迅速发展成一个独立的部门（Buchanan, Herrrcmans & Westwood 2008）。2002年，联合国环境规划署（UNEP）为全球报

告倡议组织提供全球信誉支持,其随即成为一个非营利组织,并且把总部搬到了阿姆斯特丹。经过多方利益相关群体的努力,对全球报告倡议组织衡量标准进行了大量修改,最终形成了《第三版指南》,即 G3,并于 2006 年 10 月启用。目前,全球报告倡议组织被认为是最广泛采纳和公认的可持续发展报告的方法之一,而且被全球 1 000 个强大公司中 60% 余个的公司、众多的非政府组织 (NGOs),包括联合国及成千上万中小企业 (SMEs) 所采用。

GRI 报告体系

全球报告倡议组织的报告框架包括指导原则和有关报告实体运营的问题。这些衡量标准经过来自 60 多个国家的学界、商界、业界、公民组织、劳动工会、公共和政府机构的个人代表的不断沟通和讨论得到发展和完善。

《指南》为各种规模、地域和类型的组织提供了核心内容。包括几大项:"指标"用于衡量绩效;"协议"用于解释指标的使用方法;"部门补充条款"用于通过增加特定行业特定部门的内容来补充《指南》。更具体地说,指标包含了关于公司运营如何影响经济、环境、人权、劳动、产品责任和社会事务等一系列问题。协议定义了各个指标使用的关键术语和解释指标的适用范围。协议作为指标的"配方",反映了报告的实施方法。部门补充条款基本上相当于报告《指南》的定制部分。特定部门补充条款所涉及行业包括汽车业、建筑和房地产业、电力设施、物流和媒体业、非政府组织、原油和天然气行业,以及电信业等。

G3 报告的要素被分为以下几个类别:经济类 (EC)、环境类 (EN) 和社会责任类 (SR)。每一个类别又被细分为独立的几个模块,如"核心模块",为主要要素;"附加模块",为补充要素。根据报告涉及的模块数量、材料的质量和准确度为报告评分,从 A 到 C 不等。这些衡量模块又被分成:"如何"呈现报告 (比如,清晰度、保证的水平、和及时性);依照全球报告倡议组织的经济、环境和社会责任指标,报告应该包含"什么";"谁"会受到所提供材料的影响 (企业的利益相关方)。因此,该报告期望的效果是揭示公司行为对地球、人和经济的影响程度。全面透明的报告制度使公司能够重新评估其优势,提供影响市场关系的信息,设定可持续发展的标杆或展示好的实践,并且能和其他报告公司的绩效作横向对比。报告组织可自行发布报告,不需要进一步评估;可选择由全球报告倡议组织内部人员审计,或聘请私人第三方审计机构做认证服务。

除了字母打分之外,全球报告倡议组织同样会用到 "+"。A+ 显然代表了整体绩效的最高等级。与综合质量报告 CSR 并列的是财务记录。由于数字 (数量报告) 不太会存在多重解释,所以审计财务记录比较简单。这些独立的审计,亦称认证报告,必须在企业决定了其应用水平后由报告企业申请才能提供。如果公司在其报告中注明使用了第三方审计机构,那么认证报告通常将会和公司其他材料一并提交。全球报告倡议组织不会检查第三方审计的真实性。因此,报告机构可以特别请求全球报告倡议组织(通过其董事会,秘书处和技术咨询委员会)来完成认证过程。尽管全球报告倡议组织的评估确保已就取样样本进行了研究,证实企业确实按标准进行了披露,且妥善使用了《指南》,但其结论并不能衡量企业报告内容的质量或价值。如果聘用了独立审计机构,全球报告倡议组织仅核查该机构是否有外部认证声明。

股东与利益相关者

如今公司和政府面临的冲突远超内部欺诈和渎职行为。随着国内市场日趋国际化,人们关注的焦点已从个别"股东"转向了各类"利益相关者"。全球报告倡议组织也注意到了这种改变:要想使得报告有最高程度的透明性,辨识公司利益相关者至关重要。在最近的文献中,利益相关者被定义为包括"可以影响或者被组织的行为、决策、政策、实践或者目标所影响的任何个人或团体"(Carroll & Bucholtz 2006:67)。因此,在这个宽泛的定义下,利益相关者也代表了公司的其他爱批评的选民,包括雇员、工会代表、媒体、政治团体、受产品制造或服务影响的地理区域、相关市场、不发达和发展中国家、大生态系统,以及消费者等。全球报告倡议组织在制定《指南》时考虑了所有这些利益相关方。

根据公共定义和历史沿革,股东是指那些投资于公司,换取投资所代表的显性资产——通常是以股票证券的形式——并且期望快速和丰厚投资回报的人。随着全球市场的共生性,个人利益不得不服从更清晰的集体

利益。随着二氧化碳排放威胁到生态平衡,并置所有生物于危险中时,透明的报告和全面的会计责任制成为亡羊补牢的首选。因此,现在产品制造和服务创新必须被衡量监控,使其不对"利益相关方"造成负面影响。全球报告倡议组织通过其《G3 指南》,提供了一套全面衡量这些影响的方法。

国际报告纲领

全球报告倡议组织的《可持续发展指南》被认为是披露企业社会绩效和环境绩效最完整的框架,整合了非常多的绩效衡量模块。其他社会报告体系包括 ISO 14000 系列、ISEA Standard AA1000,哥本哈根宪章和 SAI 8000。国际标准组织(ISO 14000 系列)是一个全球公认的环境认证体系,被认为囊括了更多的社会和环境利益相关者,超越了仅仅制订持续发展政策的范畴;社会和道德会计责任协会(ISEA Standard AA1000)主要关注社会和道德核算;哥本哈根宪章,这项国际标准包括了与利益相关者的交流,以及提交关键管理数据用于与明确的利益相关方的公开对话;国际社会责任(SAI 8000),是一个主要关注组织的劳工的会计系统;还有欧洲管理审计系统(EMAS),其衡量指标主要定位于执行环境支持政策的欧盟企业。

自愿报告的内在缺陷

显然,包含有任何主观性的报告都必然存在着不足。如果没有强制报告制度,基于自愿的报告又有多少有效性呢?如果没有通行的强制社会责任报告,这个问题就无法被避免。比如,企业自愿揭示其优点和缺

点，以及全面定义企业运营对于利益相关方的后果到底有多少真实全面性？组织的相互制衡机制是什么？是暂时还是永久实施的？有什么措施来保证报告是真实的，而不是花言巧语？

人们自然会认为，为了吸引潜在的投资者和抵制正在进行调查的消费者维权团体或政客，报告存在一定程度的"漂绿"和粉饰真相的行为。如果利益相关者在报告公司中被给予更重要的地位，那么利益相关者是否应该参与企业策略、成长、目标的发展和制定呢？向非传统的利益相关者报告或者报告有关利益相关者的情况，符合逻辑的前提是这些利益相关方与报告方应该保持持续对话。

自我报告制度假定报告方讲的都是事实，而且，也不可能去确认发布的这些信息的内容。通常，首席官挑选出可以被披露的信息，材料在技术上可能是正确的，但呈现出的公司运营状况可能是不真实的。商业秘密——包含从产品配方到消费者清单的各种信息——被给予专门的保护，但缺少了这方面信息可能就违背了可持续发展进行全面透明报告制度的初衷。

虽然全球报告倡议组织列明了详细的报告标准，但定义其特定利益相关方仍旧是报告方的特权。

GRI 的未来

全球报告倡议组织是一个动态组织，它必须持续对快速发展的科技做出回应，同时还要根据公司及其大量利益相关者的需求，就其对《指南》进行增补、修改或删除的反馈做出回应。认证报告、《指南》分类和数字化报告

"语言"是全球报告倡议组织致力于提供最全面最透明的报告制度的关键要素。

部门补充条款

由于没有一套通用的体系来充分评估所有行业，全球报告倡议组织为之前提到过的特定企业类型创造了单独的分类，建立了这些行业的独特指标。全球报告倡议组织已经意识到这些部门需要特定的指导来补充而非代替这些指南。

媒介项目

全球报告倡议组织在启动 G3 协议时创办了一个"媒介"的项目，旨在为高等教育机构提供一个能够使其参与报告、核实和评判这 3 个层级流程的机会。

企业自愿提交其有关运营、性质、产品构成、商业影响和经营范围以及员工和管理层互动（报告要素）的信息。发布的信息随后由独立机构审计，该独立机构有权调取其公司资料以验证、跟进并核实发布的信息。最后，作为对审计过程的确认，会邀请一家高等教育机构来复审和评估双方准备的报告。这 3 家机构的报告汇总后，对公司进行评估。这份评估和 G3 协议的结论将被全球报告倡议组织存放在网上，为公众提供更多的关于利益相关者的作用的详细信息。

通用标签

为了统一区分和识别企业运营的要素、特点和影响，同时方便企业和财务报告的电子化沟通，全球报告倡议组织正在参与开发"eXtensible（sic）商业报告语言"（XBRL），并

在推进全球统一报告制度和能兼容财务报告要求的数字化数据配置格式。其组织方法是为特定数字和定性材料贴上可以被电脑识别、下载、分析和储存的"标签"。这个过程可以对变量和标签进行有效的过滤，从而帮助投资者根据可持续发展的信息来制定决策，同时帮助研究者把需要的信息存贮到数据系统中。举例来说，"GHG"代表温室气体，该标签能提醒研究者或潜在投资者有这方面特定的数据。用这种方式可以开发一套全面的分类系统在全球使用。

国家附件

由于特定地区和国家有独有的特征，全球报告倡议组织正尝试修正《指南》来反映这些差异对报告过程的影响。特定的国家和地区独有的文化差异常常会从不同的角度来看对报告方的运营如何影响他们的社区。这种情况下，全球报告倡议组织面临着识别和标记这些社区影响的指标，以及评估遵循建议的做法。

毫无疑问，全球报告倡议组织是世界上最全面、运用最广泛的可持续报告协议的创始者。作为一个不断对变化的全球动态做出回应的框架协议，全球报告倡议组织致力于相应的应对，通过其寻求共识的过程，来吸引全球的贡献者，代表性行业，治理机构，劳动力和专业机构。全球报告倡议组织认识到商业秘密保护的缺陷和自我评估的潜在问题，因此将继续致力于不断完善，以实现可持续发展报告最高水平的透明度。

伊丽莎白·F. R. 金格里奇（Elizabeth F. R. GINGERICH）
瓦尔帕莱索大学工商管理学院

参见： 会计；企业社会责任和企业社会责任2.0；生态标签；赤道原则；绩效指标；利益相关者理论；透明度；三重底线。

拓展阅读

Bartiromo Maria. (2008, May 8). Bill Joy on going green, Google, Apple, and Microsoft. *BusinessWeek*, 19–20. Retrieved September 29, 2009, from http://www.businessweek.com/magazine/content/08_20/b4084019471312.htm

Buchanan Mark, Herremans Irene, Westwood Joanne. (2008). Student engagement and sustainability reporting: The Global Reporting Initiative Matchmaker Program. Retrieved September 29, 2009, from http://www.globalreporting.org/NR/rdonlyres/C6864151-9DAC-4EC1-B8F9-96B7F8B7824C/0/GRIMatchmakerProgram_MarkBuchanan2008.pdf

Carroll Archie B, Bucholtz Ann K. (2006). *Business and society: Ethics and stakeholder management*. 6th ed. Mason, OH: Thompson Southwestern Publishing.

Global Reporting Initiative. (2009). Retrieved September 29, 2009, from http://www.globalreporting.org

Habermas Jürgen (1990). *Moral consciousness and communicative action* (Christian Lenhardt & Shierry Weber

Nicholsen, Trans.). Cambridge, MA: MIT Press. (Original work published 1983)

Ord Gavan (2008). Major changes in the air. *Intheblack*, 78(2): 13.

Pulver, Simone. (2007). Making sense of corporate environmentalism. *Organization & Environment*, 20(1): 21−25.

Reynolds MaryAnn, Yuthas Kristi (2007). Moral discourse and corporate social responsibility reporting. *Journal of Business Ethics*, 78(1−2): 47−64.

Stern Nicholas (2007). *The economics of climate change: The Stern Review*. Cambridge, U.K.: Cambridge University Press.

XBRL could push sustainability reporting into the realm of the CFO (2007, December 21). *The Environmental Leader*. Retrieved September 29, 2009, from http://www.environmentalleader.com/2007/12/21/xbrl-could-push-sustainability-reporting-into-the-realm-of-the-cfo/

Green GDP

绿色GDP

类似国内生产总值(gross domestic product, GDP)这样的传统评价绩效的方法,关注的是经济发展,但不能准确反映人与环境的关系。从20世纪90年代起,一些新的评价指标被推荐使用,包括绿色GDP。绿色GDP试图提供一种更为准确的会计方法,既考虑有利于人类福祉的积极活动,也考虑削减它的负面经济活动。

"绿色GDP"的概念起源于20世纪90年代早期,是对传统GDP评价方法缺点的回应,加入考量了损耗自然资源和导致污染而后又反过来影响人类福利的经济成本。GDP通常被定义为国家领土内特定时间段(通常是1年)所有最终商品和服务的市场价值,其中包括出口减进口(净出口)。在国际会计上是用来衡量一个经济体规模的标准方法,并且在公众讨论中经常被错误地认为是经济发展的代理变量。另一个密切相关的词是国民生产总值(gross national product, GNP),

是GDP加上国际收入转让。"gross"这个词意味着排除了资本折旧。比如,技术设施的磨损就不计入GDP中。当需要计入这些项目时,就需要用到国内净产值(NDP)和国民净产值(NNP)。

传统GDP的局限

如气候控制、碳隔离、营养物循环等的生态系统服务,尽管是人类生存不可或缺的,但都不是传统经济核算的部分。有人估算出平均每年全球生态系统服务的经济价值在33万亿美元,绝大部分来自市场外,并且几乎相当于全球GDP总和的2倍(Costanza et al. 1997)。然而,由于核算方法和其他原因,生态系统服务的价值评估在经济学家和生态学家当中饱受争议。GDP忽略了许多来源于自然的重要产品和服务,因为GDP的范围完全由市场界定。因此,尽管GDP在经济分析和公共政策中发挥着显著作用,但近几十年间依然备受诟病。在GDP的计算中,并不区分该项活动对生态有益还是有害。最典型的例子就是漏油事件被算作是对GDP的增加项，因为该事件保证了清除活动的支出。从这方面讲，许多损害环境的事件却被认为是对经济活动的贡献。从环保意识上，这是对人类直觉和道德的冒犯，因为污染（特别是对于这种级别的污染）无论对人类健康还是环境健康都是有害的。

而且，GDP也不能很好地反映人类真实的福利水平，因为它不曾考虑社会可持续发展性或者现行行为对未来造成的后果。事实上最近的研究表明，在许多国家中人类福利和GDP的正相关关系在GDP值达到特定阈值时就会瓦解——这被称为"阈值假设"（Max-Neef 1995）。GDP的上升仅仅表明市场交易水平的上升，而不考虑这些活动对人类和自然来说在长期是否有益。因此，如今固定的狭隘的传统经济会计方法会造成一些可怕的急功近利的政策。货币估价中不考虑生态系统服务和环境破坏（经济学术语叫"外部性"）加速了经济短视的恶性循环和环境滥用。如今人们普遍接受说GDP显著低估了自然对人类福利的贡献，并且不适于衡量可持续发展。因此，人们建议绿色GDP（还有绿色NNP）要明确地估算这些遗漏的成本，即从国民收入和生产核算中减去由于破坏和污染自然资源带来的经济惩罚。由此，绿色GDP意味着推进更广义的"自然资本"视角，促进更可持续发展的管理实践。

GDP的替代项

从20世纪90年代早期开始，GDP"绿色运动"的概念就在学术界和政界有所发展。

其中最为引人注目的一项旨在实施此概念的活动在中国展开。2006年，中国政府发布了环境调整后的GDP——绿色GDP，由国家环保局和国家统计局共同完成（SEPA & NBS 2006）。此项计算包括了对空气、水和固体废弃物污染的估算，还有各种自然资源的损耗成本。该报告得出的结论是，2004年环境破坏所造成的经济损失占到了当年国家GDP的3%。然而报告发布不久，就发现在核算过程中仍然存在许多缺点。大量关注的东西没有被纳入分析中，并且由于许多方法上的制约阻碍了对环境破坏的全面经济分析。比如，20多项污染成本可能只有一半在中国绿色GDP报告中被估算。诸如土壤和地表水污染，以及所有自然资源的耗减和生态的破坏，都没有被纳入。因此，许多分析师认为实际成本远不止3%。显然，对于中国或者其他地区来说，绿色GDP仍然处于理论可行但实践起来困难的境地。

另外，许多其他和绿色GDP类似的发展指标也被作为可持续性发展指标大类的一部分。例如，80年代末制订出来的可持续经济福利指数（ISEW），该指数纠正了GDP的一些缺陷。可持续经济福利指数既考虑了传统的经济活动，又考虑了非市场的自然和社会利益，通过平衡对人类福祉有益的积极活动和不利的负面经济活动来决定估值。1994年末由国际发展重新定义组织（Redefining Progress）（一个关注于公共政策的非政府组织）制定的真实发展指标（GPI）包括了与可持续经济福利指数相同的核算方法。两者的主要区别与估值方法的数据的可用性和用户的偏好相关。可持续经济福利指数和真实发展指标被国际组织、政府机构和学术研究机构广泛运用。另一个通行的标准是由世界银行在1999年提出的真实储蓄（GS）。由于考虑了自然和人力资本，真实储蓄估算国内储蓄时扣除了资源的耗损和环境恶化。新经济基金会（NEF）于2006年提出一个相对较新的标准，即地球幸福度指数（HPI）。地球幸福度指数忽略了传统的货币化方法，转而关注国家把自然资源转化为人类和社会福利的效率。具体来说，地球幸福度指数比率的计算是快乐生活年数（生活幸福度和预期寿命的乘积）除以环境影响（通过生态足迹衡量）。

境因素必须纳入国民收入和生产核算中。联合国已经在其《国民收入和生产核算手册：环境和经济综合核算》（又被称为SEEA 1993和SEEA 2003）一书中发布了一整套核算《指南》，为评估环境对经济的贡献，以及经济对环境的影响提供了通用的框架。这些努力推动了方法的标准化，又促进了应用和国家间的比较。他们也代表了对绿色GDP理念的持续实施（把严格定义的变量转变为可度量因素的过程）。虽然很快取代GDP作为经济好坏特征的指标不太可能，但尝试将其"绿色化"，意味着向环保意识的方向迈出了积极的一步，尽管它还存在各种缺点。那些补充的指标和指数同样也是必需的，这些保证了我们准确衡量真实经济福利和健康：人类—环境系统的可持续性。

绿色GDP的未来

尽管GDP饱受诟病，也出现了替代标准，但其深植于主流舆论中的地位还是确保它在经济和公众观念中的威望。因此，重要的是要搞清楚GDP到底衡量什么，又不能衡量什么。与此同时，评估自然资源的损耗、污染的影响、污染的缓解的工作仍将继续进行。环

吴建国（Jianguo WU）
亚利桑那州立大学
吴通（Tong WU）
北亚利桑那大学

参见：可持续发展；生态经济学；生态系统服务；自然资本主义；真实成本经济学。

拓展阅读

Abdallah Saamah, Thompson Sam, Michaelson Juliet, et al., (2009). *The happy planet index 2.0: Why good lives don't have to cost the Earth*. Retrieved October 1, 2009, from http://www.happyplanetindex.org/publicdata/files/happy-planet-index−2−0.pdf

Boyd James. (2007). Nonmarket benefits of nature: What should be counted in green GDP? *Ecological Economics* 61(4): 716−723.

Cobb Clifford, Goodman, Gary Sue, Wackernagel Mathis. (1999, November). *Why bigger isn't better: The genuine progress indicator — 1999 update.* Retrieved October 1, 2009, from http://www.rprogress.org/publications/1999/gpi1999.pdf

Costanza Robert et al., (1997). The value of the world's ecosystem services and natural capital. *Nature*, 387: 253–260.

Costanza Robert. 2008. Stewardship for a "full" world. *Current History*, 107(705): 30–35.

Max-Neef Manfred. 1995. Economic growth and quality of life. *Ecological Economics* 15(2): 115–118.

Qiu Jane. 2007, August 2. China's green accounting system on shaky ground. *Nature*, 448, 518–519.

State Environmental Protection Administration of China (SEPA) and the National Bureau of Statistics of China (NBS). 2006.

China's green national accounting study report 2004. Retrieved November 25, 2009, from http://www.gov.cn/english/2006–09/11/content_384596.htm

United Nations; European Commission; International Monetary Fund; Organisation for Economic Co-operation and Development; &World Bank. 2003. *Handbook of national accounting: Integrated environmental and economic accounting 2003.* Retrieved August 11, 2009, from http://unstats.un.org/unsd/envaccounting/seea2003.pdf

Green-Collar Jobs

绿领工作

如果一个经济体在创造就业的同时还能保护自然资源，这样的前景是很诱人的。根据社会对可持续发展投入的不同，到2030年，仅在美国就可能创造800～4 000万的绿领工作岗位。绿领工作岗位可大致定义为那些有助于提高环境质量的工作岗位。

由于越来越多的人意识到必须要关心对我们环境造成的大量威胁，企业也在重新思考他们的核心商业模型，以反映消费者偏好的变化，更倾向于使用对环境危害较少的产品。同样，企业家正在抓紧开发新的绿色产品和服务。除了气候变化外，如今商业活动面临的重要环境问题包括能源、水资源、生态多样性和土地利用、化学产品、有毒产品、重金属、空气污染、废物管理、臭氧层空洞、海洋和渔业，以及森林滥伐等（Esty & Winston 2009）。应对这些挑战必须有创新的解决方案，这导致许多评论家认为，就就业增长和经济机遇而言，我们正处在"绿色浪潮"的浪尖上。理论上说，

将有数百万计的新型绿色就业岗位被创造出来，从可再生能源安装工到公共交通员工，从可持续发展研究员到水资源技术人员。由于许多工作的本质是蓝领工人，这些岗位为那些低技能、低收入人群提供了脱贫的路径（Jones 2008）。

除了创造就业岗位，绿色经济还有望提供其他方面的经济利益。比如说，家庭、企业和政府会变得更加重视节约能源，因此也节省了开销。这些节约的钱再循环进入当地的经济，为当地企业成长创造机会。绿色产品和服务带来的新市场同样支持新产业，并且潜在地增加了当地税基。一个更为绿色的经济体，由于对绿色建筑的重视，会创造更为健康的工作环境，不仅可以提高员工的效率，员工还可以有更多的机会接触到新鲜空气和阳光，更少接触有毒、有害物质。

除了经济上的好处之外，随着绿色产品和服务被带入市场，绿色经济也将提高环境质量。电动汽车的碳排放较少，绿色建筑用水更

少。公共交通促进了密集发展模式，可以减轻把生产性农场和林地转化为城市用地的压力。

绿领工作为社区提供了加强当地经济发展和提高环境健康的机会。当绿领工作变得和白领或蓝领工作一样平常后，会迫使我们重新思考当前仅关注于肆意增长和无视环境的经济发展方式。在绿色经济中，经济发展与环境质量密切相关。企业将变得更为高效，几乎没有废弃物的排放。只有健康的环境才能支持长期可持续发展的经济，这一观点将成为决策制定的基础（Hawken，Lovins & Lovins 1999）。

定义绿领工作

在文献中如何定义绿领工作还没有达成共识。宽泛的绿领工作一个定义包括所有对环境质量有益的现有的和全新的工作。可能最简洁的一般的定义是："那些直接有益于保护或提高环境质量、报酬优厚的工作"（Apollo Alliance，2008：3）。这个定义说明绿领工作直接有益于提高环境质量，而不包括那些几乎没有流动性的低工资工作。大多数的绿领工作不需要有大学文凭，但必须要有高中以上的培训经历。许多岗位与有经验的蓝领工人比较相似，如电工、焊工和木工等。雇佣拥有这类技能工人的绿色产业有智能电网建设，客运和货运铁路拓宽，风能、太阳能和生物能生产，以及能源能效产业等。

如同准确定义绿领工作一样，估计现存的和潜在的绿领就业岗位的数量很困难。因此到目前为止，研究报告中出现的绿领工作岗位的估计数量相差很大。保守估计，仅包括可再生能源产业和节能产业，在美国有850万个

就业岗位。这些估计关注的是特定活动，而不是传统的职位或者产业特征（Pinderhughes 2007）。根据美国太阳能协会估计，到2030年，这个数字将达到4 000万。

对绿领工作岗位数量估计值的不同可归因于几个方面。第一，有一小部分分析囊括了与促进绿色经济有关的所有工作。因此，他们会把在塑料和钢材行业的工人也包括在内，因为这些原料将被用于制作诸如风力涡轮机和太阳能电池板等产品。这些报告高估了绿领工作的数量，因为绝大多数此类工作并不能被视为是绿色的。第二，就算这些相关工作被考虑在内，也不能用全工时，因为大多数情况下他们的产出可能不会流向绿色活动。一个更为准确的核算方法是仅计入对改善环境质量有贡献的那部分产品。第三，一些分析试图考虑绿色经济的乘数效应。这些分析通过计算投资绿领工作创造的岗位数量和回报来反映对区域经济的直接或者间接影响（Pollin & Wicks-Lim 2008）。这些估算一般包括服务性岗位，大多数从事这些岗位工作的人不会把这种工作当成是职业生涯规划的岗位工作。最后，通过人口调查局和其他官方渠道收集的数据，没有收集让研究人员确定有关哪些是绿领工作的信息。

推进绿领岗策略

社区促进绿领工作的首要任务是识别它们的目标。这不一定非要是个很烦琐的过程，但必须以当地的优势和机会为基础（Green & Haines 2007）。其次，地方部门需要制定适当的公共政策来实现他们的目标。与此同时，还必须为绿领岗位预备劳动力储备。项目应该

与当地的机会相结合,为工人提供技能,让他们能沿着职业生涯规划发展(Apollo Alliance 2008)。最后,社区应该监控和评估增加绿色工作的进展。考虑到现在的经济和不断发展的技术,很有可能随着绿色经济日趋成型,有必要在其发展过程中进行重大修正。通过把绿色工作政策和环境目标相结合,社区可能为以下讨论的几种策略类型找到广泛的支持。

许多这里列出的绿色工作战略都是需求驱动型的。这几种策略被视作绿色经济成功发展的关键因素,因为他们提供了一个稳定的、安全的资金支持环境,使得企业能够扎根生长。可能还有其他许多策略我们这里没有讨论到,但这几种策略对绝大多数社区来说是需要考虑的核心内容。

节能和绿色建筑

美国能源效率委员会(ACEEE)的一份报告发现,美国还有大量的节约能源的潜能。比如,研究表明从所有部门来看,电力平均还有33%的技术节能空间(Nadel, Shipley & Elliot 2004),另外,我们使用的能源大约有40%是与建筑有关的。节能被视作是增加绿领工作就业岗位的有效策略,因为在美国的各处住宅区、学校、企业都需要大量人员进行能源审计和建筑翻新。社区可以通过制定相关政策创造与能效和绿色建筑相关的绿领工作来改善自己的设施。与能效相关的工作通常集中在传统的建筑和工程施工产业。与绿色建筑相关的工作不仅包括绿色施工,还包括可持续性分析师、专业从事污染区重新开发的城市规划师和其他在绿色设计方面有经验的专业人员。据估计,高性能建筑每投入100万美元将会创造大约10个就业岗位(Center on Wisconsin Strategy 2007)。通过与经济活动有关的建筑翻新和绿色工程,以及这些活动节省下来的能源,可以创造出新的工作岗位(Goldstein 2007)。

可再生能源

可再生能源作为化石能源的替代品发展迅猛。无论是从生产方面,还是从系统自身的设计、安装和服务方面,它都被看作是绿领工作的重要创造者。社会可以通过传统的诸如提供税收优惠、信贷和其他方式来鼓励当地的可再生能源生产。也可以开发创造性的融资机制来鼓励家庭和企业在当地开发可再生能源。许多国家、地区,甚至是一些城市通过可再生能源组合标准(RPS)来有效推进可再生能源发展,这些组合标准要求要购买一定比例的可再生资源。全世界范围内,可再生能源就业岗位数量最多的部门是生物质能。3个国家(巴西、美国和中国)占据了生物质能方面绝大多数工作岗位。太阳能行业的工作岗位数量位居第二,其中的大部分岗位在中国。总的来说,可再生能源发展迅速,特别是在发展中国家(Renner, Sweeney & Kubit 2008)。在包括生物质能、太阳热能、风能、太阳能电池板、水电和地热能等可再生能源行业中有着大量的、各种各样的工作机会。其中一些可再生能源工种包括涉及太阳能原件的电子机械工程师、太阳能安装人员,还有地热能与热泵系统工程师、安装人员和操作人员。

交通运输

交通运输占了全球能源使用量的约1/4。

这方面的绿领工作岗位大多与燃料效率和公共运输有关。交通运输领域工作岗位数量可信的估计很少。人们关注的焦点在如何通过绿色汽车生产和公共交通增加绿领工作岗位。绿色汽车包括电混合动力、压缩天然气、低含硫柴油动力汽车和多生物燃料混合型汽车。到2009年为止，生产绿色汽车的工作岗位数量还相对较少，其中大多数集中在欧洲。然而，在许多发达国家公共交通的就业需求量很大，其中许多包括了传统的基于石油的公共交通系统。

智能电网

目前普遍认为电网系统阻碍了节能和可再生能源的发展。例如，这套系统完全阻碍了风能的发展，因为没有能够连接乡村高平原地区的风能资源和城市人口中心的传输线缆。电网系统也是高度本地化和不连通的，这就阻碍了当特定区域的需求大于供给时有效的全国电力运输。一套更新更现代化的智能电网系统可以利用最新的信息科技成果更好地管理电力负载。一份关于美国智能电网系统就业岗位的报告估计新电网系统能创造约280 000个工作岗位（The Gridwise Alliance 2009）。其中包括诸如系统设计师、项目开发员、市场营销人员、公共关系、供应链经理和许多类型的现场技术人员等工作岗位。

环境管理

该策略通常不等同于绿领工作，但它太宽泛了以至于有巨大的发展潜力。它包括许多直接有益自然环境的技术，包括水、固体和有害垃圾处理技术，空气质量技术等。尽管许多州和地方在促进再循环项目上非常成功，但我们不太愿意把再循环产业包括在内。这个部门中的大多数工作都是低薪，并且几乎没有流动的机会。再循环市场对经济状况相当敏感。其中吸取的教训是绿色产业仍然是市场主导的，在其成熟过程中会遇到许多波折。这也表明，并非所有的绿色产业都会为工人提供好的工作岗位。要估算这个领域的绿领工作岗位数量十分困难，因为这一类别太广泛了。其工作类型可能包括空气质量专业人员、温室气体经理和会计，还有水资源专业人员（Lewellyn, Hendrix, Golden 2008）。

通过采纳这些广泛的策略，社会可能实现包括环境质量提高和创造就业等多重目标。其中有许多策略特别具有吸引力，因为他们是需求驱动的。这意味着当地当选的官员可以通过简单地改变体制和购买政策来创造对绿色产业的需求，以实现他们增加绿色就业岗位和改善环境的目标。就创建鼓励绿色产业发展的商业环境来说，那些能够在得到广泛支持基础上编织起一套政策框架的社区可能具有显著优势。

挑战和解决方案

创造绿领工作岗位需要面临许多挑战，包括劳动力队伍建设、政策制定、技术壁垒、地理问题、环境问题和财务限制等。面对绿领工作岗位挑战的解决方案许多是与政策相关的。比如，联邦政策的非连续性导致风能产业增长混乱。税收减免政策使得风能产业享有资金方面的竞争优势，但该政策每次仅授权两年。因此，这个产业常处于一种不断变化的状态。前一阶段项目快速增长，后一阶段投资就急剧减少,完全取决于联邦政策制定者两年到期时的兴致。对当地政府来说,其挑战是要关注那些他们有控制权的方面,但同时又要尽量减少他们无法控制的州和联邦政策的负面影响。

劳动力队伍建设是一个主要的挑战。许多绿领工作不需要对培训项目进行大的变革,因为它们可以建立在贸易和高级制造产业项目的基础上。这些项目仍旧面临一些和以往劳动力发展所经历的相同的困难。尽管这些工作有高工资和良好的发展前景,但却很难能够招募到年轻人。另外,对小型社区来说,开发专门针对绿领工作的培训项目其成本过高。一个更为可行的策略是,绿领工作将需要更密集地使用学徒式的实习,以及校企合作项目,提供在职培训。另一个解决办法是为年轻人提供绿色创业项目。

可再生能源领域的许多工作在短期内将和地理区域挂钩,这些区域有可观的可再生能源资源,如生物质能、风能、甚至太阳能。例如,中西部地区拥有大量生物质能可被用来做成生物燃料;超过八成的生物燃料设施目前位于中西部地区。很多沿海社区可以利用风能。西南部地区有可观的潜在太阳能。这些地区为可再生能源的生产提供了可能。但地理位置并不会制约一个社区创造可再生能源工作岗位。地方可再生能源政策会为绿领工作岗位增长释放的强烈信号。那些激励力度大的州,包括新泽西和加利福尼亚,在可再生能源部署上跃升到前列。很自然,他们也从新创建的绿色产业中,特别是在零售、服务和安装可再生能源系统方面得到很多好处。社区可以制定政策来增加居民、商业和政府对于可再生能源项目的需求。

创建绿领工作岗位同样面临许多技术挑战。由于多种原因,很有可能可再生能源部门会变得比较分散,并且拆分为比现有系统更小的单位。这项技术挑战有可能通过开发小型智能电网系统来克服,这套系统将创造更多的机会来开发当地分布的可再生能源资源为电网供电。克服这个挑战需要相当大的公共和私人投资,不可能一蹴而就。

财务约束是创造绿色工作岗位的另一大挑战。例如,绿色建筑包括了能源效率和可再生能源。一般来说,翻新现有建筑和提高能源效率可以为环境和就业岗位提供巨大的潜能,至少短期如此。这可能是能增加就业机会的最具挑战性的部门。翻新的成本对大多数国家的低收入人群来说已经超过了他们的承受能力,需要大量政府补贴(Jones 2008)。对个人来说,在家庭安装光伏太阳能、热水和太阳能采暖等可再生能源设备,其成本也是一大挑战。美国人的流动性极大,他们可能不愿意在这些方面花钱,他们可能担心在卖掉房子之前收不回投资。一个应对这种问题的可行解决方法现在在全国范围内被采纳:各地方政府紧密合作,用基金以很低的利率借款给家庭安装可再生能源系统。然后通过财产税账单在10—20年时间内还清这些系统的费用。偿付责任与房子相连,如果房主搬走了,由新的房主继续偿付。

绿色汽车持续受到环保主义者的青睐。然而,仅有很小一部分比例的劳动力从事绿色汽车的生产。虽然在汽车技术领域已经有重要的突破,能够显著增加绿色汽车的潜在需求,但是把这项科技运用于大规模生产可能需要花费大量时间和金钱。绿色汽车发展的主要障碍是电池技术，如果没有合适的蓄电池，可充电汽车的概念将受到制约。目前正在努力减小蓄电池的尺寸。随着电池的改进，绿色汽车可以利用晚上较低的电价时段充电；白天使用电池能源用以驾驶或者为家用电器提供电力。当与诸如太阳能等可再生能源相结合后，绿色汽车能对碳排放产生巨大的影响。

最后，大量环境问题可能制约着诸如生物燃料等行业的绿领工作岗位的发展。目前许多文献关注于玉米乙醇的困境（即食物成本和燃料成本之间的抉择）。而纤维素乙醇的研究为避免权衡食物与燃料之间的抉择提供了可能，也解决了许多由玉米乙醇带来的经济和环境的成本。其他解决方法包括发展水藻生物燃料和利用其他类型的非食品原料生产生物燃料。

未来

增加绿领工作岗位需要依靠社会就解决气候变化和其他威胁环境的问题做出持续的努力。如果这种努力承诺是长期的，那么我们必须改变目前的经济系统，把关注点放在其他经济指标上，而不是仅仅关注国内生产总值和无控制的增长，必须考虑环境因素。当新兴企业和现有企业寻求产品和服务的绿色化时，会为经济的所有部门创造巨大发展机遇。向绿色化转变对许多地区来说是很困难的。促进绿色产业的发展将会导致一些传统产业的失业率上升。因此，需要对劳动力的培养有更多的投资，以帮助工人实现转变。

总而言之，绿领工作岗位正在扩张，但还不够迅速。全球范围内，绿色工作岗位被集中在了一小部分发达国家中。美国在绿色产业上的科研投入不像许多欧洲国家那样多。研发的投入在下个十年间对绿色工作岗位的增加至关重要。政府对公共和私人采纳新科技的支持同样也是新经济转变过程中的一项重要因素。最后，教育项目被证明是在提升公众环境意识和转变态度行为上的关键因素。

加利·保罗·格林（Gary Paul GREEN）
威斯康星大学麦迪逊分校
安德鲁·戴恩（Andrew DANE）
威斯康星大学拓展学院

参见：商业教育；高等教育；能源工业——可再生能源概述；清洁科技投资；自然资本主义；社会型企业。

拓展阅读

Apollo Alliance. (2008). *Green-collar jobs in America's cities: Building pathways out of poverty and careers in the clean energy economy*. Retrieved January 20, 2009, from http://apolloalliance.org/downloads/greencollarjobs.pdf

Audirac Ivonne. (Ed.) (1997). *Rural sustainable development in America*. New York: John Wiley and Sons.

Center for American Progress. (2008, September). *Green recovery: A program to create good jobs and start building a low-carbon economy.* Retrieved January 28, 2009, from http://www.americanprogress.org/issues/2008/09/pdf/green_recovery.pdf

Center on Wisconsin Strategy. (2007). *Milwaukee retrofit: Capturing home energy savings in Milwaukee.* Retrieved January 20, 2009, from http://www.cows.org/pdf/bp-milwaukeeretrofit_050807.pdf

Esty Daniel C, Winston Andrew S. (2009). *Green to gold: How smart companies are using environmental strategy to innovate, create value, and build competitive advantage.* Hoboken, NJ: John Wiley and Sons.

Friedman Thomas. (2008). *Hot, flat, and crowded: Why we need a green revolution — and how it can renew America.* New York: Farrar, Straus,and Giroux.

Goldstein David B. (2007). *Saving energy, growing jobs: How environmental protection promotes economic growth, competition, profitability and innovation.* Berkeley, CA: Bay Tree Publishing.

Green Gary Paul, Haines Anna. (2007). *Asset building and community development.* 2nd ed. Thousand Oaks, CA: Sage Publications.

The Gridwise Alliance. (2009). *The U.S. smart grid revolution: KEMA's perspectives for job creation.* Retrieved February 10, 2009, from http://www.gridwise.org/pdf/KEMA_SmartGridJobsCreation_01-13-09ES.pdf

Hawken Paul, Lovins Amory, Lovins L Hunter. (1999). *Natural capitalism: Creating the next Industrial Revolution.* New York: Back Bay Books.

Jones Van. (2008). *The green collar economy: How one solution can fix our two biggest problems.* New York: HarperCollins Publishers.

Lewellyn A Bronwyn, Hendrix, James P, et al., (2008). *Green jobs: A guide to eco-friendly employment.* Avon, MA: Adams Media.

Mazmanian Daniel A, Kraft Michael E. (Ed.). (1999). *Toward sustainable communities: Transition and transformations in environmental policy.* Cambridge, MA: MIT Press.

McKibben, Bill. (2007). *Deep economy: The wealth of communities and the durable future.* New York: Henry Holt and Company.

Nadel Steven, Shipley Anna, Elliot R Neal. (2004) *The technical, economic and achievable potential for energy-efficiency in the U.S. — A meta-analysis of recent studies.* Proceedings of the 2004 Summer ACEEE Summer Study on Energy Efficiency in Buildings. Retrieved February 9, 2009, from http://www.aceee.org/conf/04ss/rnemeta.pdf

Ong Paul M, Patraporn, Rita Varisa. (2006, June 30). *The economic development potential of the green sector.* Retrieved January 20, 2009, from http://repositories.cdlib.org/lewis/pb/Policy_Brief_06-06/.

Pinderhughes Raquel. (2007). *Green collar jobs: An analysis of the capacity of green businesses to provide high quality jobs for men and women with barriers to employment: A case study of Berkeley, California.*

Retrieved January 20, 2009, from http://www.greenforall.org/resources/An-Analysis-of-the-Capacity-of-Green-Businesses-to/

Pollin Robert, Wicks-Lim Jeannette. (2008, June). *Job opportunities for the green economy: A state-by-state picture of occupations that gain from green investments.* Retrieved March 8, 2009, from http://www.bluegreenalliance.org/atf/cf/%7B3637E5F0−D0EA−46E7−BB32−74D973EFF334%7D/NRDC_report_May28.pdf

Renner Michael Sweeney Sean, Kubit Jill. (2008). *Green jobs: Working for people and the environment.* Worldwatch Paper 177. Washington, DC: Worldwatch Institute.

Shuman Michael H. (2000). *Going local: Creating self-reliant communities in a global age.* New York: The Free Press.

Speth James Gustave. (2008). *The bridge at the edge of the world: Capitalism,the environment, and crossing from crisis to sustainability.* New Haven, CT: Yale University Press.

Greenwashing

漂　绿

　　漂绿是指在做公共宣传和市场宣传时,欺骗性地宣称自己的产品是所谓的环保产品,当然这一行为并非总是故意的。这是一种较为突出的做法;绝大多数绿色产品是某种漂绿的焦点。这些误导行为导致了消费者的不信任,威胁到了绿色产品的发展。

　　绿色产品市场越来越受到如今这个商业世界的关注。最近的调查显示,在美国超过9成的消费者说他们参与过可持续发展计划(Hartman Group 2007),还有一大部分人(37%)高度关注环境问题(California Green Solutions 2007)。

　　预计2010年,美国消费者在绿色产品(包括有机的、天然的或者有益环境的)上的消费将达到420 00万美元(Mooth 2009)。

　　不幸的是,并非所有迹象都是令人欢欣鼓舞的。许多情况下,消费者仍旧没有从绿色化中受益。尽管49%的人认为公司的环境记录很重要,但只有21%的人认为环境记录影响了他们的选择(Wasserman 2008)。许多消费者不仅继续质疑绿色产品溢价的合理性,而且他们也怀疑此类产品对环境的保护作用;很少一部分——只有10%——的人信任他们从企业和政府那里获取的有关环境保护的信息(Futerra 2009:1)。消费者、政府机构和消费者权益组织关于漂绿的指控层出不穷。

什么是漂绿?

　　漂绿通常是指广告、公共宣传或产品包装说明不经意或者某些情况下故意地误导消费者,说该公司、产品或服务对环境有益。一些团体宽泛地把这个词运用到了任何夸大运营对环境益处而忽视对环境破坏性的公司身上。例如,壳牌公司最近撤回了一项对野生动物展览的赞助,因为它被投诉用这种手段漂绿其环境证书。也有人试图通过提供漂绿的类别提供指导其中最著名的是 TerraChoice Environmental Marketing 公司（2009）。该公司最近发现超过98%的绿色产品犯了"漂绿行为七宗罪"中的至少一条。

1. 隐匿正负数据。73%的公司都是有问题的，他们关注于一个有限领域的贡献而忽视其他环境问题。比如说，某洗衣机促进了节能，但同时消耗大量的水；

2. 缺乏证据。某家纸巾公司宣称其产品含有80%的再循环物质。这就是这种错误的一个例子。59%的公司承诺，这个提法"不能被容易获取的支持信息证实或者被可信赖的第三方认证证明"；

3. 文案模糊。"对地球和环境有益"是很泛泛的说法，很难解释。调查显示56%的产品犯了此类错误；

4. 标签错误。许多公司聘请合法的第三方机构（如美国和欧盟的能源之星组织）测试和提供其要求的绿色认证。一个公司采用了自己的内部认证，而不附加说明，就是一例。24%的公司会运用错误的标签来误导用户；

5. 无相关性。许多宣传是真实的但无相关性。一些纸巾公司打出了百分百纤维素的广告。这是真实的，但所有纸巾都是由纤维素做成的。8%的公司犯了此类错误；

6. 避重就轻。环境友好的杀虫剂就是该类错误的一个例子。这些言论使得消费者忽视了产品造成的潜在的更大范围的环境影响。只有4%的公司犯了这样的错误；

7. 欺骗。不到1%的产品会有完全欺骗行为。比如宣称拥有一项特别证书（如，美国农业部有机产品标识）。

漂绿与杜撰

这"七宗罪"显示，大多数漂绿并非恶意欺瞒消费者。特别是对于新商品，消费者普遍依靠产品自身的沟通信息来做出购买决策。误导的信息会伤害消费者，并且对那些拥有合法绿色资质的企业不利。消费者可能最终会支持那些几乎没有真实绿色特征的企业。如果消费者不能信任企业提供的绿色信息，那么企业将不再有动力去开发安全的绿色产品。这个市场还没有成长起来就会消亡。

消费者对绿色产品的兴趣和需求的增长，使得企业一个诱人的目标就是要突出公司或其产品所能找到的任何绿色元素。这就导致了消费者对许多环保宣传的抱怨增加；从2006年开始，此类抱怨在英国已经增长了5倍（Wilson 2008：1）。一些行业比别的行业会更容易漂绿。例如，在英国漂绿大多发生在旅游和汽车行业，而在美国多发生在玩具、清洁剂和化妆品行业（Futerra 2009）。

避免漂绿

尽管国际标准组织（ISO）开发的全球标准为环境标签认证提供了全面的《指南》，但许多国家还是因为不同的消费者认知和文化差异最后采用了自己制定的标准。包括英国、法国和美国在内的国家正在开始重新审视那些诸如可再生能源、可持续性和碳补偿这些词提出之前的《指南》。消费者维权组织，如 Greenpeace 和 Co-op America 也一直在调查和报道企业漂绿事件，还有那些诸如 greenwashingindex.com 的网站也允许消费者搜寻并且报告漂绿活动。

超过60%的消费者把可持续发展视作另一

种营销手段。这造成了巨大的障碍,所有销售绿色产品的企业必须克服它。虽然目前还没有完全的绿色产品,但企业可以借助于使用《指南》来帮助发展绿色市场,如七宗罪或漂绿的十个标志等都是可借鉴的《指南》(Futerra 2009)。

和其他产品相似,消费者必须是受过教育的消费者。他们需要提防非可持续性的宣传及仔细鉴别标志和标识。不要被漂亮的外观和夸大的言词所误导。最后,如果绿色产品产业要生存下去,消费者必须要舍得通过他们的购买,支持正规产品。

诺姆·博林(Norm BORIN)
加州理工州立大学欧法利商学院

参见: 消费者行为;生态标签;营销;包装业。

拓展阅读

California Green Solutions. (2007, August). Green consumer research outlines the challenge. Retrieved October 12, 2009, from http://www.californiagreensolutions.com/cgi-bin/gt/tpl.h,content=688

CBS Interactive, Inc. (2008, May 18). A closer look at "green" products: Manufacturers are making more environmentally friendly products, but not all stand up to the test. Retrieved March 24, 2009, from http://www.cbsnews.com/stories/2008/05/18/eveningnews/main4105507.shtml

Futerra Sustainability Communications. (2009). *The greenwash guide*. Retrieved June 22, 2009, from http://www.futerra.co.uk/downloads/Greenwash_Guide.pdf

Hartman Group. (2007, April). *The Hartman report on sustainability: Understanding the consumer perspective*. Bellevue, WA: Author.

International Institute for Sustainable Development (IISD). (1996). *Global green standards: ISO 14000 and sustainable development*. Retrieved June 24, 2009, from http://www.iisd.org/pdf/globlgrn.pdf

Kanter James. (April 30, 2009). Study: For consumers, green is greenwash. *New York Times*. Retrieved June 23, 2009, from http://greeninc.blogs.nytimes.com/2009/04/30/study-for-consumers-greenis-greenwash/

Mooth Robert. (2009). Winning at green innovation. Retrieved November 2, 2009, from http://en-us.nielsen.com/main/insights/consumer_insight/issue_16/winning_at_green_innovation

TerraChoice Environmental Marketing. (2009). Seven sins of greenwashing. Retrieved June 20, 2009, from http://sinsofgreenwashing.org/

Wasserman Todd. (2008, May 20). Mintel:"Green" products top 5,933 in 2007. Retrieved March 24, 2009, from http://www.brandweek.com/bw/news/packaged/article_display.jsp?vnu_content_id=1003805821

Wilson Matt. (2008, June). Is green a grey area? How the Advertising Standards Authority rules on environmental marketing claims. Retrieved December 14, 2009, from http://www.warc.com/LandingPages/FeaturedContent/EnvironmentalClaims/ASAEnvironmentalClaims.pdf

H

Health Care Industry

医疗保健产业

虽然环境对我们的健康极为重要,但医疗保健行业的承诺已经落后于环境的可持续发展。不过,随着医疗保健部门开始评估环境成本,例如能源消耗和有毒物质的处置等,这一趋势正在发生改变。为了激发更迅速的进步,医疗保健组织需要把环境问题作为其核心任务,而不是单纯的节约成本的措施。

每一个社会的医疗保健部门的活动,都或好或坏地反映了其历史或地理所定义的人群的文化、优先权、资源和价值观。国家-州发展医疗系统,以不同的方式进行组织,将不同的职责分配给地方、区域和国家各级代理机构。在很多社区,医疗保健系统被认为是一个行业,其组成机构织成了复杂的、营利性和非营利性企业共存的网络。政府和非政府组织(NGO)总是扮演着重要且复杂的角色。例如,供应商、出资人和监管方。一般情况下,医疗系统包括两种机构。一种提供急症护理,例如医院和门诊诊所;另一种提供长期护理,例如养老院和临终关怀项目。

健康概念因文化而异。健康可以指疾病的消除,可以指对体格、精神和社会福祉的维护,也可以说是适应社会和环境变化的能力。医疗保健系统的形成和发展与受一些观点的影响有关。如,地区生物、心理和社会对于健康的影响因素;包含精神方面的健康信念;以及应该由谁来管理医疗保健,是公立管理还是私营管理的看法。谁应该承担医疗保健的首要责任——个体、医生、当地社区,还是更大的社会——这也是个重要的问题。不同的社区群体对于医疗保健环境成本的认知与意识,和他们致力于社会公正的程度都不相同。所有这些因素作用的共同结果是,医疗保健系统在生态、社会和经济方面上可能是可持续的,也可能是不可持续的。

自19世纪70年代中期起,全球人口过剩等大规模社会趋势已开始越来越严重地挑战着医疗保健系统。老年人口的数字不断攀升,他们的人均医疗保健成本最高;同时,生育年龄人群也在不断地为蓬勃增长的全球人口做着贡献。人口增长加剧了能源的消耗；化石燃料的燃烧增加了引起气候变化的工业活动。这些都会反过来影响疾病的分布。由气候变化引起的洪水、干旱、水质不良和不稳定的粮食供应，将持续影响人类疾病的模式和提升疾病的严重程度。

与生态力量一样，经济力量也在改变着医疗保健行业。许多国家的经济趋势正使得非营利医疗组织愈发像营利机构一样运作。临床研究成果要量化统计，并与工资挂钩（医疗保健行业中的这一趋势，同样也在教育及其他领域不断蔓延，它被称为"绩效工资"）。一个主要的问题是要创建金融激励措施，以改善医疗保健服务，而不是设计一个医疗保健提供者的底线。保险公司更愿意为急症护理服务，而非长期护理，向医院和医生提供更高的报销比率，尽管不断增长的老龄人口意味着更多的人群将会需要长期护理。

此外，医疗保健系统一般不会以最佳效率运作，部分原因是行政浪费和信息系统有缺陷。复杂的行政程序造成了收费系统混乱，使提供者和患者感到很不方便。2003年发布的一项研究表明，1999年美国约有31%的医疗保健花费是行政成本，而加拿大则只有16%；这意味着人均分别为1 059美元和307美元（Woolhandler et al. 2003）。

教育和财富极大地影响着健康和生活质量。社会不公平降低了医疗保健的可利用性，降低了人口健康的平均水平。不过，在医疗保健上花费更多的钱，并不能完全保证获得更好的效果。例如，美国2008年将国内生产总值的16%花在了医疗保健上，这几乎是全世界医疗保健支出的40%（WTO 2007）。不过，尽管美国在医疗保健方面的支出属于全球最高的几个国家之一，其婴儿死亡率却高于其他许多国家，2005年排名第30位（CDC 2009）。与此同时，其2007年人口预期寿命与许多在医疗保健方面花费甚少的国家相差无几，如波多黎各（人均779美元）、智利（689美元）和古巴（674美元）（WHOSIS 2009；美元数字根据2006年的购买力平价计算）。

当高昂的财务费用正成为一些发达国家有效、普及的医疗保健系统的负担时，穷国甚至往往不能够提供维系最低医疗保健标准的资金（WHO 2003）。从历史上看，环境成本被排除在医疗保健预算之外，因此若将其包括进预算，预示着消费者需要承担更高的成本。

环境因素

希波克拉底医疗实践的格言——"首先，不伤害"——反映了一个重要的，但常常被忽视的环境预防原则：在化学药物和生物制品被释放到自然环境里之前，我们不应该先假设它们是安全的。世界医疗保健的提供者理应带头保护环境和保护人类的生存，这似乎是显而易见的，但事实并非如此。医疗保健往往被认为是一个应对的解决方案，解决由环境引起的健康问题，而不是普遍认为的环境本身的问题。此外，抢救生命急症和紧急护理的情感力量会减少社会对于那些更广泛、更复杂的长期问题的关注。如，早孕、吸毒、增加的抗生素的抗药性，以及20世纪后期与气候变化相关人口的健康问题。它也趋于减少人们对不断增长的、在社区提供对环境负责的慢性护理和长期的护理机构挑战的关注。

然而，相比改善营养和戒烟计划等公共健康措施，以医院为基础的医疗服务成本更高。例如，一个需要行心脏搭桥手术的超重患者，其医疗保健花费会远高于那些生活方式相对更健康的人；健康的生活方式帮助降低需要昂贵的紧急治疗的可能性。

现代医学是基于两方面建构的：一方面是不断发展的功利主义（成本-效益）；另一方面是科学成果（研究和治疗疾病）。因此，它不会轻易地把环境成本纳入其中。被普遍认为"最好"的医疗保健往往是在媒体和市场上最常见的，这意味着是采用技术和药物的医疗保健体系最能打动消费者。从文化和心理角度来看，现代医药似乎在环境成本最高时最有效。

医药行业从最生产到废物的处理，整个供应链都在向环境投放大量的有毒物质。医院和其他医疗系统的各个部门为每天24小时的供电、供暖、通风和空调系统消耗着高水平的能源。美国环境保护署估计，医疗保健行业的用电量在每年增长的医疗成本中占了6亿美元，包括不断增长的哮喘病、呼吸系统疾病，以及急诊病例（GHSI, Practice Greenhealth & Health Care Without Harm 2009：2）。患者和供应商，包括非政府组织捐助者，都喜欢最新的基因疗法和昂贵的诊断设备。当今社会关注繁华都市生活和最新医疗工具的较多，却往往忽视社区的医疗健康，缺乏对环境造成的疾病和治疗这些疾病的环境成本的考虑。

从历史和区域的角度看，有一些形式的医疗更多地考虑到了环境因素，并且对于环境的负面影响比较小。这些医疗通常称为CAM，即"补充和替代医疗"，与传统的西方对抗疗法相反。随着医疗保健融合模式的出现，CAM越来越多地被贴上了"整体医疗"的标记；也常常被叫作"健康"和"整体健康"。在世界各地，特别是在中国和印度，人们投入了大量的资源在整体医疗上。整体医疗对于环境的影响仍然是一个需要研究的领域。但是本文的关注点是对抗医疗对环境的影响。

医疗保健系统会产生各种环境成本，涉及从设施、交通和食品到能源消耗和废弃物的各个方面。此外，医疗保健系统还会雇佣大量的人，这些人自己的健康、生活方式及对可持续发展的态度对于他们的社区都十分关键。

生态足迹

"生态足迹"是一个有望能重新构建医疗保健行为的概念。大不列颠哥伦比亚大学的威廉·里斯（William Rees）和马西斯·瓦克纳格尔（Mathis Wackernagel）在他们开创性的著作《我们的生态足迹：减少人类对地球上的影响》（1996）中创建了这个模式，以此来帮助人类离开过度消费的红色区域，进入可持续发展的绿色区域。

生态足迹是一种核算方法，根据地球再生能力来确定某项特定活动大约占用了多少地球资源。足迹用于测量一些部门的年人均使用率，如粮食和肉类生产、捕鱼、化石燃料、建筑物和道路占用的土地。根据全球足迹网络（Global Footprint Network）（2009），人类每年约使用1.4倍地球的承载能力来生产商品和吸收废物。该网络提出了"地球超量日"，将每年的这一天定义为人类生活超出其生态承载力的日子。2009年的地球超量日为9月25日。

生态足迹能否被运用于医疗保健呢？全球健康和安全倡议组织（GHSI），是一个医疗保健利益相关者多样化的一个组织，其目标在于改善患者和医疗工作人员的安全与环境可持续性。他们建立了《生态健康足迹指南》，用来帮助医疗保健机构应用这一概念。这份文件是最早将宽泛的概念细化，使生态足迹应用到医疗保健行业的文件之一。在黎巴嫩，新罕布什尔州的达特茅斯—希契科克医疗中心开发了一种会计工具，可用于测量相关参数，如碳排放、废物产生及能源使用。其指导原则是任何可以被测量的东西都是可以被管理的。

环境责任

国际会计师联合会发布了"可持续发展框架"（2008），以此来鼓励其成员接受可持续性发展，并建立指标来帮助客户理解这一概念，以包含环境成本的方式组织经营。这些方法正在越来越多地应用于医疗保健领域，以"绿色化"他们的工作。这样，他们可以和其组织中的首席财务官一起，帮助他们扩大问责制。

医疗保健行业需要持续发展类似于生态足迹这样的指标，来计量日常工作和耗材。例如，制造、采购、洗涤天然纤维床单的成本和制造、丢弃、处置合成纤维床单的成本哪个高？这些成本和一次性使用的纸制罩袍和床单的成本相比又如何？这些成本应该如何衡量才能更好地反映实际的环境成本？

有很多原因可以解释为什么除了生态足迹以外，我们还需要其他的方法来衡量医疗保健的环境成本。相比于一家医院日常食物消费，以及能源、运输上的总的生态足迹，用于医疗保健服务的环境成本相对比较小。此外，生态足迹，正如其最初的定义，没有考虑到其他一些因素，如有毒化学品的使用。它也没有直接计量使用不可再生的化石燃料产生的环境成本，而且，相比于许多行业，医疗保健是化石燃料的消费大户。对医疗保健行业来说，有毒化学品和生物制品有显著的环境问题。因此，足迹的概念必须做出相应的调整，以应对这些缺陷。

由于环境活动组织的努力，如"无害医疗保健"组织，人们越来越多地意识到医疗保健对环境的影响。通过该组织和美国环境保护署、美国医院协会、美国护士协会的努力，1998达成了一份谅解备忘录，形成一个非营利性的组织——健康环境医院。其最初的使命涵盖了多项环保目标，其中包括到2010年医院废弃物总量要减少50%，到2005年医院要基本消除汞的使用。在这个组织的努力下（该组织2007年创立，命名为Practice Greenhealth），数百家医院开始认真考虑他们的运营，并开始了减少环境成本的活动。一些团体采购组织、供应商及企业卫生系统成为这些实践和CleanMed的热情支持者，CleanMed是"无害医疗保健组织"的一个非盈利分支机构，无害医疗保健组织是医疗保健可持续发展年会的赞助者。

废弃物管理

对自然环境保护最看得见的一项工作就是管理 "后消费" 商品，也就是废弃物。在医疗保健领域管理废弃物流是一个新的前沿领域，备受关注。如 "实践绿色健康" 和环保局资助的 "医疗保健环境资源中心"（HERC）这样的网站将医疗保健废弃物流分成几类，如固体废弃物、管制类医疗废弃物、医药废弃物（危险和非危险）、实验室废弃物（危险的管制类医疗物品）、放射性废弃物和建筑垃圾。随着人们越来越强调再利用和循环使用产品，购买一次性用品的观念正受到重新评估。

医疗废弃物管理是医疗保健废弃物管理中新出现的一个领域，它的意义已超出医院的围墙。以前处理废物的方法，如粉碎、冲洗或填埋，已被公认是对环境有害的。医护人员普遍不知道到已有 30 年历史的环保局法规，已经将一些常用药物指定为危险废弃物，如华法林是一种抗凝血剂，也用于毒鼠药。环保局和国家环保机构已对此加强巡查和执法。因此，对这些药物的不适当处置可能导致大量罚款。除财务上的风险以外，把用于人类的药品给动物使用后会产生意想不到的后果：含有雌激素的化合物能引起鱼的雌性化，而抗抑郁药物可能破坏两栖动物的蜕变（Orlando et al. 2004）。这些及类似的发现也引发了一场禁止把药物排入下水道中的运动。

在医疗保健的消费端，随着对环境问题的关切，年轻人滥用处方药的增多，已经导致了一系列药物回收计划，包括社区回收活动、邮寄回收计划及药店回收。社区医疗基金会为了患者安全，减少药物的浪费量，已经开发了中央数据库来跟踪这些药物回收计划。这些努力正在产生影响：2009 年 8 月，MaineCare 根据消费者药物回收的数据分析，决定将初次处方用药供应限制在 15 天，取代了原先的 90 天。

潜在地、更有效地提升医疗保健可持续性的方法是防治污染，即从源头避免和减少废弃物的产生。对环境最好的医疗保健服务显然是那些产生零浪费的服务。前文提到的一些整合医疗方法就属于这一类：物理治疗、脊椎护理、按摩、灵气疗法（reiki）、指压、甚至针灸（虽然针会产生少量管制类医疗废物）。基于说话和故事的疗法，如催眠、辅导、指导和耐心教育，也属于这一类。但是，没有任何形式的治疗可以真正地不产生任何环境成本；进行治疗所使用的建筑物、人员的培训、毛巾、照明、教育小册子等都会产生环境成本。

价格昂贵的、长期的医疗，如养老院院提供的医疗，其生态足迹要比急性医疗产生的生态足迹要低，前者使用的医疗技术较少。但是从生活质量来看，支持老年人继续留在自己家里和社区更好。还有文化活动，如伊甸园模式和其他 "绿色" 养老院，给入住者引入了一些更自然的东西，如动物和植物、日光浴、健康的当地食物和园艺。防治污染的第 2 个领域是要减少所谓 "上游" 的废弃物，也就是在制造生产、包装和运输医疗保健材料、工具、设备时产生的废弃物。一般情况下，行业中上游废弃物的环境成本是最终用户环境成本的许多倍。以复杂设备为例，上游生产所产生废弃物的环境成本是临床应用这些设备和材料产生的环境成本的几百倍或几千倍（Layke et al. 2000）。例如，取代水银温度计的电子温度计的制造很复杂,包括金属、塑料和硅酸盐的制造。包装、运输这些温度计,以及处置这些温度计附带的无数小型塑料片都会增加环境成本。这些环境成本表现为这些复杂生产和处理过程时产生的大量能源消耗,进而在一定程度上加速了气候变化。

药品同样有上游成本。例如,提纯需要重复使用挥发性有机溶剂和能量。化学合成中许多步骤是通过有毒催化剂来加速的。加工设备可能需要控制温度水平和还原稀有贵重合金。只是对整合医疗感兴趣的人更喜欢原生态、未加工、更"自然"的药品的一个原因。但即使这样,我们必须谨慎理解药物对环境的影响,不要做出笼统的判断。例如,最好、最常用的药物之一阿司匹林,能简单地从化石燃料中提取化学成分生产出来。但为了制出相似量的天然止痛药,必须大片种植所需树种和灌木,然后将它们砍伐、收集、干燥、储存、包装和运输。

对于重大高科技的干预方法,如手术和化疗又是怎样的呢?尽管涉及的设备及附带的服务都很昂贵,如通风设施、康复室、考究的材料、独特的修复学和全面的实验室测试,但在这些方面同样有降低环境成本的空间。放射技术的变革就是其中一个例子,从采用银盐膜和化学剂技术转变成为数字成像技术。实验化学家专业协会在减少实验成本方面一直处于领先地位,如减少使用汞造影剂,使用更灵敏的测试方法来减少所需的材料和试剂量。

神秘的手术室使得其减少废弃物特别困难。不过,首创的尝试表明,通过仔细规划和培训,可以减少或循环使用过度的产品包装;未使用过的仪器可以被重新消毒使用,而不是被扔掉;可以限制使用药物。许多医院都正在努力,力争将未使用的化疗药物和其他一些药物分类为危险废弃物,从而确保通过最好的技术将它们销毁。

人们正在考虑将许多在医疗保健中使用的东西进行回收。例如,一次性电池可以被更换成可充电的电池。循环使用一些常见材料,如玻璃、纸、铝及建筑和拆建材料。医疗保健设施增长的方向包括使用有机的、当地种植的天然食品,以及用堆肥的方式处理剩余食物(Kulick 2005)。曾十分受人们欢迎的一次性用品,对医疗保健设备的生态足迹有显著的贡献。人们正在评估回归可重复使用的物品,如床单和手术用品等。其他一次性用品也正在越来越多地被再加工和再利用。

那些建立各种指标来衡量生态足迹的医院正在进行各方面研究,以确保产生最少量的废弃物。人们越来越多地使用基于电脑的信息系统,它们可以帮助改进废弃物管理,但这些系统在医疗保健行业中的运用远落后于其他行业。

尽管减少废弃物看上去是医疗保健可持续性发展中最受关注的领域,但它可能是整个组织产生生态足迹最少的。达特茅斯·希契科克医疗中心是生态足迹的先驱者,根据他们的研究,以下领域有助于他们计算生态足迹。这些领域的生态足迹大约是其在全球范围的物理足迹的200倍(2009 GHSI)：

- 产品（40%）；
- 交通运输（31%）；
- 能源（22%）；
- 食品（6%）；
- 建筑场地（0.5%）；
- 废弃物（0.2%）；
- 水废弃物（0.2）。

这个计算一目了然。产品（包括制造业）、运输（患者、员工、产品等）和能源占到生态足迹的93%。此数据告诉我们，要努力实行环保采购，包括采购本地和本区的产品；鼓励拼车；员工使用公共交通；使用节能的供暖和空调系统等。根据这类数据，医疗保健机构可以把注意力投到那些投资回报率最高的领域。

但在减少总体生态足迹，同时确保遵守州和联邦政府各项法律之间必须达成平衡，这些法律包括《医疗保险流通与责任法案（HIPAA）》、危险废弃物处置、消防法规、建筑法规和承包商准则等。同时，最重要的问题仍是护理的质量和效果、患者的满意度，尤其是员工和患者的安全。一个真正的可持续的医疗保健体系将提高它为之服务的人们的生活质量。

建筑

2003年，当科罗拉多州博尔德市的博尔德社区山麓医院成为第一家获得领先的能源与环境设计（一家国家绿色建筑项目）的认证时，医疗废弃物和供应链的法规已经到位。大约一半的医疗保健环境成本与建筑物及其维护有关。因此，一个精心设计的绿色建筑可以尽可能多地降低医疗保健的生态足迹，正如临床实践的变化一样。建筑改善包括：通过最小限度破坏绿地和水域（保留原生植物和动物的栖息地）的方式来建造建筑，减少停车区域并连接公共交通系统，使用透水的路面新材料，安装高效能的绝缘层和低耗能的加热、冷却、过滤系统。回收和再利用旧的建筑材料有助于减少生态足迹，尽管一些残留毒素，如汞和铅，还是可能造成问题的。绿色改造和重塑也应当跟进。美国绿色建筑委员会（2009）认为，领先的能源与环境设计的标准正被应用于越来越多的医疗保健建筑。《医疗保健绿色指南》（2009）也提供了类似的标准。建立新的绿色医疗保健建筑的规划正在迅速增加。根据某项调查，新的绿色建筑意想不到的好处之一，使该医院的员工感到在追寻理想主义方面得到了支持，并会承担新的绿色环保倡议（Guenther, Vittori, Attwood 2006）。

文化和行为

建筑师们可以通过认真考虑什么时候医疗保健有必要介入及介入的程度，从而使绿色医疗保健设施的设计任务变得容易一些。比如，大多数传染性疾病，尤其是病毒性疾病，都是自限性的而且很快会过去。因此，只需要临床观察和最小剂量的药物，而不是大量的抗生素和昂贵的设备。通过技术来延伸结束生命的自然过程常常受到基于经济原因的批评（大量的花费并没有大幅度提高剩余生活质量）；对环境的关注给了"绿色死亡"这一概念更多的支持。可以制定一个类似"俄勒冈计划"的项目，列出各种医疗保健干预措施，平衡好患者护理需求与环境成本之间的关系，并成为所有医疗保健的标准（Bodenheimer

1997a，1997b；Pierce，Jameton 2004）。

公众的接受度和行为上的改变对医疗保健绿色改革的成功十分重要。这些都需要公众对医疗保健可以提供什么，以及对于那些可以导致健康生活的广泛传播的选择和决定有适度的期望。众所周知，营养咨询、改变饮食和锻炼习惯能够促进健康。

但是如果不处理好文化价值观、制度变迁、管理和经济学问题，我们无法做重大改变。比如，患者同意书在过去几十年来一直是医疗保健伦理中的核心道德话题。但是如果急诊科的患者家属可以决定使用绿色产品，还是常规产品，那么供应链的成本会急剧上升（这两种产品都需要被提供），而且环境方面的节约会无法实现。最"绿色"的决定需要由机构，而不是由患者做出。在理想情况下，临床医生会给患者讲解如何用健康的方式来节约资源。医生，护士和管理人员要担当其这一角色，表明他们应该住在工作单位附近，短距离驾车或搭乘公共交通，居住在小房子里等。否则，医生将无法以身作则，因此违反医疗保健在"不伤害"后的第二个原则，即"医生，医治自己"。

对未来的展望

医疗保健系统在使其自身更环保和鼓励他人减少生态足迹方面正面临着巨大的挑战。环境污染和因气候变化而产生的灾害正变得越来越普遍，但环境通过自然循环来改善水质，以满足人类和其他生物需求的能力正在减弱。与此同时，世界人口持续增长。对于基础医疗保健和可应付环境灾害的急救服务的需求将会增加，而对应的资源却在减少。例如，21世纪初人们致力于改革美国医疗保健系统，但"绿化"这

个词几乎从来没有在官方文件中出现过。

仍有很多途径可以用于改善医疗保健行业的可持续性。首先，技术、理念和医疗保健系统的行为往往取决于其存在的区域和经济体的基本特征。在某种程度上，如果行业普遍变得更加绿色，那么医疗保健也会如此。

其次，一些先进的环保活动正在绿化街道、社区和城镇。我们可以预料，这些活动会很快被用于医疗保健，还可能会发现一些新的模式和有创新性的解决方案。

第三，在医疗保健领域最有力的创新往往产生于基础研究。毕竟文化和医疗保健伦理学倾向于跟随而不是引领医疗保健技术的创新。在大多数情况下，医疗保健的基础科学是建立在拯救生命和改善健康的目的上的。如果基础研究的目的调整为以最小的环境代价来拯救生命（甚至提升其质量）（以个人和集体），那么卓有成效的新方向可能会在医疗保健技术被发现。这也可以激发以健康为导向的生态技术和传统的生物技术的发展。

第四，公共卫生项目需要改革，它对健康的影响远远多于对医疗保健的影响。大约一半的公共卫生项目都是直接让患者看大夫。另一大部分资金用于社区教育，但不会致力于建立和产业之间的密切联系。如果公共卫生计划能推动更根本的变化，将会更多地改善居民的健康，从而创建起一个可负担的绿色医疗保健系统。这也会涉及很有挑战性的区域和全球收入不平等问题，这是一项艰巨的任务。此外，环境改革也需要非医疗部门的介入。比如，农业、交通和电力生产。对此，我们寄予希望。因为许多需要绿色医疗保健和改善人类健康的改变也是与这些部门本身的目标、价值

观和技术是一致的。

　　一个更有持续性的医疗保健系统是怎样的？正如任何一个健康的组织，它要有清晰的预期和目标，要能鉴别其局限性，以及共同承担的责任。要评估结果，报酬要能反映可测算目标的完成情况。但是金钱不会是衡量成本的唯一方法。每个人都会接受一些给他们启发和激励的教育项目培训，让他们懂得如何更好地照顾自己的健康。资源的分配将倾向于给一些弱势群体，特别是孩子和老人，以及穷人。社区将会被（重新）设计为更健康的社区，鼓励步行和发展当地粮食的生产。没有一个制度或社区是完美的，但一个环境可持续的系统将会获得大众的持续性支持。

　　从历史来看，社会所支持的是那些能反映它们价值观的医疗保健体系。现代系统大多是受个人主义、焦虑、消费主义、技术、利润和物质增长推动的。要实现可持续发展，医疗保健体系必须彻底理解它对当前环境的危害，并深刻意识到，如果要让它能为子孙后代服务，现在的医疗保健体系必须加以限制。"定量配给"是一个政治上敏感的词汇，但在今天，使用限度在每个国家或多或少都存在。决定限定提供给患者的服务范围和材料类型必须基于疗效的科学证据和道德感、支持同情，而不是坚持不切实际的治疗尝试。最终达到整个社区的健康而不是个人的健康。必须以能具体反映生活质量的方式来衡量医疗保健及其他对环境的影响，而不仅仅是数量。医疗保健行业好的商业行为要求它不能以过量的环境和财务成本来削弱其他企业的可持续发展，并且还要求它像其他企业一样，用进步的自然资本理念投资于健康的未来。

　　医疗保健系统在环境健康问题上的意识落后于其他行业。如果人类文明要蓬勃发展，医疗保健的工作者和医疗保健系统必须要走在变革的前沿。

皮特·怀特豪斯（Peter WHITEHOUSE）

杰弗里·萨宾斯基（Jeffrey ZABINSKI）

凯斯西储大学

安德鲁·詹姆顿（Andrew JAMETON）

内加拉斯加大学医学中心

PharmEcology 服务社，

夏洛特·史密斯（Charlotte SMITH）

WM 医疗解决方案公司

参见：生物技术产业；绿色建筑标准；绿色化学；设施管理；健康、公众与环境；信息与通信技术；制药业；供应链管理；水资源的使用和权利；零废弃。

拓展阅读

Bodenheimer Thomas. (1997a). The Oregon Health Plan — Lessons for the nation (Part Ⅰ). *New England Journal of Medicine*, 337(9): 651–655.

Bodenheimer Thomas. (1997b). The Oregon Health Plan — Lessons for the nation (Part Ⅱ). *New England Journal of Medicine*, 337(10): 720–723.

Centers for Disease Control. (CDC). (2009, November). NCHS data brief no. 23: Behind international rankings of infant mortality: How the United States compares with Europe. Retrieved January 10, 2009, from http://www.cdc.gov/nchs/data/databriefs/db23.htm

CleanMed. (2009). Retrieved October 21, 2009, from http://www.cleanmed.org

Collaborative on Health and the Environment. (2009). Retrieved October 21, 2009, from http://www.healthandenvironment.org

Community Medical Foundation for Patient Safety. (2009). Retrieved October 21, 2009, from http://www.communityofcompetence.com

Frumkin Howard, Hess Jeremy, Luber Gordon, et al. (2008). Climate change: The public health response. *American Journal of Public Health*, 98(3): 435−445.

Global Footprint Network. (2009). World footprint: Do we fit on the planet? Retrieved September 20, 2009, from http://www.footprintnetwork.org/en/index.php/GFN/page/world_footprint.

Global Health and Safety Initiative (GHSI). (2009, May). *The ecohealth footprint guide: Measuring your organization's impact on public health and the environment (version 1.2)*. Retrieved October 6, 2009, from http://www.globalhealthsafety.org/resources/library/GHSI_EcoHealthFootprint_Guide_v1−2_June2009.pdf

Global Health and Safety Initiative (GHSI), Practice Greenhealth, Health Care without Harm. (2009, January). *Health care renewable energy and green jobs initiative: Health care leadership national action plan*. Retrieved January 14, 2010, from http://www.globalhealthandsafety.org/resources/library/2009−01−13_RenewableEnergyGreenJobsInitiative.pdf

The Green Guide for Health Care. (2009). Retrieved October 21, 2009, from http://www.gghc.org

Guenther Robin, Vittori Gail, Atwood Cynthia. (2006). Valuesdriven design and construction: Enriching community benefits through green hospitals. *Designing the 21st century hospital: Environmental leadership for healthier patients and facilities* (15−52). Retrieved October 6, 2009, from http://www.rwjf.org/files/publications/other/Report%20−%20Designingthe21stCenturyHospital-September2006.pdf

Health Care Without Harm. (2009). Retrieved October 21, 2009, from http://www.hcwh.org

Healthcare Environmental Resource Center. (2009). Retrieved October 21, 2009, from http://www.hercenter.org

International Federation of Accountants (IFAC). (2008). Sustainability framework. Retrieved October 6, 2009, from http://web.ifac.org/sustainability-framework/overview

Kulick, Marie. (2005). *Healthy food, healthy hospitals, healthy communities: Stories of health care leaders bringing fresher, healthier food choices to their patients, staff and communities*. Retrieved October 21, 2009, from http://www.hcwh.org/lib/downloads/food/Healthy_Food_Hosp_Comm.pdf

Layke Christian, Matthews Emily, Amann Christof, et al., (2000). *The Weight of nations: Material outflows from industrial economies*. Retrieved January 14, 2010, from http://www.wri.org/publication/weightnations-material-outflows-industrial-economies

McMichael Anthony, Woodruff Rosalie E, Hales Simon. (2006). Climate change and human health: Present and future risks. *The Lancet*, 367(9513): 859–869.

Mollison Bill C. (1990). *Permaculture: a practical guide for a sustainable future*. Washington D.C.: Island Press.

Orlando Edward F, Kolok Alan S, Binzcik Gerry A et al. (2004). Endocrine-disrupting effects of cattle feedlot effluent on an aquatic sentinel species, the fathead minnow. *Environmental Health Perspectives*, 112(3): 353–358.

Pacala S, Socolow R. (2004). Stabilization wedges: Solving the climate problem for the next 50 years with current technologies. *Science*, 305(5686): 968–972.

Pierce Jessica, Jameton Andrew. (2004). *The ethics of environmentally responsible health care*. New York: Oxford University Press.

Practice Greenhealth. (2009). Retrieved October 21, 2009, from http://www.practicegreenhealth.org

Rockstr Li, Johan. (24 September 2009). A safe operating space for humanity. *Nature*, 461: 472–475.

Teleosis Institute. (2009). Retrieved October 21, 2009, from http://www.teleosis.org/index.php

Transition Towns. (2009). Retrieved October 21, 2009, from http://transitiontowns.org

U.S. Green Building Council. (2009). Retrieved October 21, 2009, from http://www.usgbc.org

Wackernagel, Mathis, Rees William E. (1996). *Our ecological footprint: Reducing human impact on the Earth*. Gabriola Island, Canada: New Society Publishers.

Woolhandler Steffie, Campbell Terry, Himmelstein David U. (2003, September 21). Costs of health care administration in the U.S. and Canada. *New England Journal of Medicine*, 349(8): 768–775. Retrieved January 13, 2010, from http://www.pnhp.org/publications/nejmadmin.pdf

World Health Organization (WHO). (2003). *The world health report 2003: Shaping the future*. Retrieved October 6, 2009, from http://www.who.int/whr/2003/en/whr03_en.pdf

World Health Organization (WHO). (2007). Spending on health: A global overview (fact sheet no. 219). Retrieved January 14, 2010, from http://www.who.int/mediacentre/factsheets/fs319.pdf

World Health Organization (WHO) and Health Care without Harm. (2009). Healthy hospitals, healthy planet, healthy people: Addressing climate change in healthcare settings. Discussion draft. Retrieved January 14, 2010, from http://72.32.87.20/lib/downloads/energy/Healthy_Hosp_Planet_Peop.pdf

World Health Organization Statistical Information System (WHOSIS). (2009). *World health statistics 2009*. Tables 1 and 7. Retrieved January 18, 2010, from http://www.who.int/whosis/whostat/EN_WHS09_Table7.pdf and http://www.who.int/whosis/whostat/EN_WHS09_Table1.pdf

World Resources Institute. (2000). *The weight of nations: Material outflows from industrial economies*. Retrieved October 21, 2009, from http://pdf.wri.org/weight_of_nations.pdf

Health, Public and Environmental

健康、公众与环境

公众健康和医疗保健系统对于21世纪的可持续发展企业来说是至关重要的问题。今天,许多疾病是直接由不健康的陆地环境所导致的,而每一个个体的健康,客户、员工或利益相关者的健康,有助于企业获得成功。

健康不仅仅是没有疾病。世界卫生组织将其定义为一个与个体和社会福祉有关的宽泛的概念(集生物的、心理的和社会的因素于一体)。健康应该被视为一个整体或综合的能够适应环境和社会变化的功能。商业活动中,个体的健康,无论他们是客户、员工或是利益相关者,显然都会对企业的成功起作用。因此,公众健康也显然有助于企业的可持续发展。

全球的生态系统正在恶化。其结果是全球气候变化,水质和水分布出现问题,各种毒素出现在我们环境中,新型传染病原体的分布影响着公共健康。由于发达国家和发展国家的人口老龄化,疾病的人口分布也在发生变化。因此,慢性疾病变得越来越普遍,治疗成本越来越高。

疾病的复杂性

疾病通常被界定为自然界中发现的一种生化过程。事实上,疾病的概念和标识是被发明和创建出来的,而不是被医疗企业简单发现的。疾病是一个词,用来描述一个人正经历由于生理、心理、社会关系的干扰带来的不和谐。通过环境和进化的医学视角,人们可以最好地了解疾病的生物学方面的知识,其中基因和环境的相互影响可以被长期观察。尽管疾病取决于基础生物学,因社会形成的文化表述也建立了人们对疾病的共同理解(Kleinman 1988)。例如,癌症不只是被理解为我们身体内细胞的分裂,通过基本的文化语言,它同样可被理解为"入侵"和"战争"。而且,如老年痴呆这样的情况,不仅仅被认为是神经元的退化,它也被看作是对一个人基本做人的能力的挑战。诊断首先是对健康状况给出一个社会认同的标签,医生们头脑中发明的健康状况与自然界中发现的一样多。在每个社会,对疾病都有个占主导地位的描述,通过它个人可以解释他们的患病经历。

我们现在把标签应用到疾病上会带来什么影响?关于这些标签的来龙去脉会给我们个人生活和社区带来什么影响?叙事医学补充了一个进化的视角来理解基因和文化基因(信息的文化单位)是如何存在并改变环境和社会,以及我们对疾病的体验。

精神健康对个体和群体的重要性常常被人们忽视。宗教会影响健康的理念,也会在实施医疗保健时发挥作用。整合医学是科学的对抗疗法和其他治疗方法的融合,这些方法范围很广,从土生土长的地方传统方法到亚洲的医学体系。从全球来看,越来越多的人认识到西医的局限性,我们需要考虑这些系统对于健康的贡献。

健康是一个关键系统

企业倾向于雇佣那些在企业岗位上起积极作用的员工。员工的健康保险费用是一笔很大的企业支出。室内健身计划变得越来越普遍。员工有时会因为个人健康或需要照顾亲人,尤其是年老的家庭成员而缺勤,这对企业是一个很大的负担(也是一个机会),这也证明了给员工的健康服务和给他们家人的健康项目可以帮助留住有价值的员工。同样的,消费者也需要保持健康,才能有收入来购买产品和服务。有些人可能会提出明显的问题,认为当生态环境恶化(或)灾难发生时,我们将面临在世界各地区人口减少或"资源配置减少"的风险,从而减少消费者。各种利益相关者群体对企业非常关键,包括企业的领导层、管理层董事会和企业重要组成部分——供应商。因此,对于企业来说,没有比拥有在健康的环境中的健康的人更重要了。

现有的医疗保健系统

全世界范围内许多医疗保健系统都是非常零散的,它们甚至不能被看作是系统。缺少各部分之间的信息和财务整合是很多系统的特点,尤其是在美国。循证医疗已经增加了我们关于干预治疗有效性的知识,但我们高估了随机对照实验,对将新设备、诊断技术和药物引入自由市场还不够严谨。

健康基本上不是通过外部的设备和药丸开始的,而是要靠个人的自我保健责任。自我保健很可能在未来会增加,因为护理的成本和所谓的共付额(将经济负担加于消费者)正在逐步增加。预防医学常被广泛谈论,但通常没有被实施。通过系统尝试协助人们戒烟、运动和减肥,可以减少很多在医疗上的开支。

急救医疗很贵,而且通常用于那些无法用其他手段治疗的患者。对于那些需要较少紧急护理的人,门诊设施和诊所可以为他们提供一些服务。住院护理很贵,而且可能有危险,因为有可能在医院里被感染,或者用药错误或治疗失误;给患者提供了错误的药品或者不正确的剂量,或者很重要的药没给患者用。慢性疾病的长期护理的负担是很昂贵的,如老年痴呆症的护理。在生命的尽头,临终关怀可以提高生活质量,节省资金,尽管它现在尚不发达,还没有被充分利用。

世界的医疗保健系统在不远的将来将

面临可怕的和不断增长的挑战。许多医疗保健系统没有充分照顾我们社会中最脆弱的群体——孩子和老人。由年长者把持的政权会带来不好的潜在后果，即儿童的需求没有被充分体现。儿童和老人都在环境恶化过程中遭受很多的痛苦。正如我们看到的新奥尔良卡特里娜飓风造成的悲剧，温暖的海水促使了暴风雨的出现，全球变暖引起的海平面上升（大部分水来自融化的极地冰盖），淹没了大量社区，尤其是那些居住着儿童和老人的贫困地区。缺乏足够的清洁水和上升的温度影响那些老人或尚未发育成熟的儿童的自我平衡机制（自我调节机制是一种功能，能保持系统处于生存所需要的稳定状态，如呼吸和心跳频率、温度控制、血糖调节）。在法国和其他地方很多老人因为近期的热浪死亡。环境毒素（如铅）对发育中大脑的影响比对老化的大脑的影响要严重得多，但也可能导致晚期老年痴呆（Stein et al. 2008；Wu et al. 2007）。也许医疗保健中无效率的一个主要标志是成本。随着人口老龄化，医药产品增加了医疗的成本。尽管成本上升，制药行业并没有能快速地制造出针对常用疾病的更有效的药物，即使出现了基因医学。主要的利益冲突存在于制药行业和医疗界之间。有人称这种关系是当今医疗面临的最麻烦的问题。人们并没有充分考虑如何衡量药物的长期安全性及它在实践中的有效性。人们不太重视衡量生活的质量，经济研究又很难衡量新干预政策对社会带来的好处。药物经济学，关于药物使用与健康财务状况之间关系的研究（如成本-效用分析），是一个未开发的领域，比较缺乏数据，模型也不充分。因此，

夸大了药物的有效性。

典型病例

由于社会和环境的变化，疾病的生态性会产生很大的变化。在本节中我们将回顾4类疾病，它们都将极大地影响企业的未来：慢性疾病如老年痴呆症；传染病如疟疾；与战争有关的伤害，如创伤后应激障碍；以及毒物暴露。选取这些疾病是因为它们在流行病学方面的变化及它们对于社会和企业的影响。

慢性疾病：阿尔茨海默症和老年痴呆

随着人口的老龄化，更多的时候人们不会受到直接的生命威胁，而更有可能的是在较长的一段时间里，由于疾病，生活质量受到影响。这些疾病变得越来越普遍，费用随着人口年龄而增高，不仅仅在西方国家，在发展中国家也是这样。

一个典型的会引起巨大恐慌和担心的疾病是所谓的阿尔茨海默病，老年痴呆是最常见的形式。老年痴呆症是一种全面的术语，指的是影响认知能力在多个领域的任何疾病。它可以是静态的或渐进的。不同于其独特的名字"阿尔茨海默症"，其实不是一个单一的身体状况，它明显与正常脑老化有关。由于这种复杂性，为阿尔茨海默症寻找生物治疗方法（特别是"治愈"）可能会是相当有限的。一般来说，慢性病无论它们影响的是心脏、肾脏或其他器官，实际的老化过程和那些可能会被视为独立的病症之间没有明确的区别。慢性病对于医药行业来说是个诱人的目标市场，因为有大量受影响的人和发达国家要提供承担的社会资源。慢性疾病也吸引企业尝试出售

那些不属于主流食品与药物管理局（FDA）批准的药物，如辅助和替代药物（现在通过综合健康，越来越多地与主流西药联系在一起）。这其中的一些方法可能被证明是有效的，但其中也有很多炒作和伪科学在推动这一领域。例如，美国抗衰老医学学院声称，老龄化本身是一种慢性疾病，是可以被逆转的。

传染病：疟疾

全球变暖导致了气候温度的变化，这使得疟疾的传病媒介蚊子的分布有所扩展。这种地理上的变化可以跨越大陆，因为有些以前蚊子难以生存的寒冷地区正在变温暖。温暖的气候增加了蚊子的数量，减少了它们造成传染性需要的天数。人们寻找疟疾疫苗的尝试至今无果而终。尽管其中最有效的干预是试图减少蚊虫滋生地和减少与人类的接触。例如，在晚上使用杀虫剂和蚊帐来保护人类。尽管人类已经做了这些努力，疟疾的经济和社会影响正在增长。因为它扩散到了那些没有进行流行病预防的区域。我们气候的变化导致了很多流行病分布的变化，疟疾只是其中一个例子。其他传染病，如河盲症、黄热病、脑炎、汉坦病毒和裂谷症都随着气温的上升正在发生迁移，其分布有可能增加。

战争相关的伤病

由于社会的不公和资源冲突在持续并有可能增加，与战争相关的伤病和其他健康问题将会引起更多的关注。仅举一个例子，看看最近中东战争的影响。许多从这些地区撤回的部队的士兵都产生了神经和心理的问题。在最近伊拉克和阿富汗的战争中，精良的盔甲和可以迅速获得的紧急医疗服务相结合，使很多在以前战争中可能死亡的士兵存活了下来。但是，我们技术的一个后果是增加了创伤性脑损伤（TBI）。

不幸的是，创伤性脑损伤正在成为被称为伊拉克战争的"标志性伤口"，就像二战后由于原子弹而增加的辐射诱发癌症，和在越南战争时导致美国人产生的创伤后应激障碍（PTSD）和接触橙剂对身体的物理影响。

由于简易爆炸装置和火箭爆炸的震荡力，大约30万美军人员受到创伤性脑损伤的困扰。这些悲惨的伤病使家庭和我们的医疗保健系统产生改变，并继续使我们的士兵不只是容易患上短期的神经和心理损伤，也导致了晚年老年痴呆症的高风险（Guo et al. 2000；Lye & Shores 2000；Plassman et al. 2000）。

一些严重的创伤性脑损伤涉及头骨的破裂或破损。这些情况对于神经系统有明显的和即时的影响，即使是轻微的脑损伤也是会有问题的。一篇发表在《新英格兰医学》杂志的文章，调查了2 525名在伊拉克长达1年后回来3—4个月的美国陆军步兵发现，部署在伊拉克的士兵即使是轻微的创伤性脑损伤（如脑震荡）与回家后的创伤后应激障碍（PTSD）和身体健康问题有强烈的相关性（Hoge et al. 2008）。

毒素

很多关于未来医学的猜测都集中在基因革命及通过基因操作改善我们健康的努力。然而，越来越明确的是，企业——包括与健康相关的企业，如医院和制药公司——都要对那些危害整体人群健康的环境污染的散布负有责任。孩子们特别容易受到危害，尤其是工业毒素，不过农业毒素也会引起显著的后果。几百年来我们已经知道了铅的破坏性影响，但我们仍然有这些问题。如近期出现的，在2008年中国出口的玩具涂料中铅含量超标。许多工业废物，如农药和汞也是有毒的，特别对正在生长的神经系统有严重的影响。

在我们的水中，药物和内分泌干扰物的分布是毒素中一个尤其需要得到关注的。人类每年消耗数以亿计的药丸，这些药物的残留物会在污水处理厂原本应该是清洁的出水中被发现。最近，美联社调查报告得出的结论是，药物，包括抗生素、抗惊厥药、情绪稳定药物和性别激素，已在24个大城市至少供应41万美国人的饮用水中被发现（Donn, Mendoza & AP 2008）。科学家了解神经毒素的作用机制，如铅、多氯联苯（PCB）和汞，但药物可能带来特别的危险。因为，不同于大多数的污染物，这些药物都通过经过精心设计作用于人体的。药物也可能产生不良反应及与其他在正常的医疗剂量下的药物产生相互影响。

已经有证据表明，水路中的药物正在伤害全国和全世界的野生动物。值得注意的是，生活在污水处理厂下游水域的雄性鱼类经常遭受生殖方面的影响，如精子数量减少，这样会减少物种存活率。有些人猜测是否人类也有类似的结果，微量药物如雌激素（广泛使用避孕药的副产品）或其他药物可能与世界各地的人类男性的精子数量减少有关。

根据相同的AP报告，最近的实验室研究发现，少量的药物会影响人类胚肾细胞、人血细胞和人乳腺癌细胞。癌细胞的增殖速度太快；肾细胞生长过慢；并且血细胞显示出与炎症相关的生物活性。

上述4种典型疾病例子只代表了由于疾病的变化，医疗保健所需要做的一系列变化，这只是冰山一角。这些趋势将对企业和社会产生深远的影响。

解决方法和未来想法

健康是一个关键系统，需要经历对于其价值和方法的根本研究。医疗支出确实是不可持续的，特别是在发展中国家，老年人口是由高科技来服务的。利润导致了医生和医疗行业之间严重的利益冲突。这些损害了我们医疗保健系统的价值，并且增加了成本，减少了获得合理成果的可能性。随着人口的增长，我们必须谨慎，不要以我们的后代为代价，在老年人身上使用不合比例的医疗保健资源。这个所谓的几代人之间的伦理问题，或者一代人对另一代人的责任问题，需要社会进行更多的讨论。很明显，我们已在进入了一个医疗需要从不同角度思考它的基础科学和过程的时代。例如，还原基因方法并没有被证明像人们希望的那样充满成果，而环境问题正越来越多。利用基因疗法和干细胞治疗法来治疗从糖尿病到老年痴呆症的做法是两个被大肆宣传但未经科技证明的例子。医疗必须基于一种渐进的手段。这种手段可以帮助理解基因和环境是如何长时间相互作用的。此外，健康不只是一个生物学过程。叙事医学，就是通过讲述的力量来治疗个体和社区健康的医学，值得在未来获得更大的重视。这些新的医疗和健康手段会创造商业机会，尤其是在信息科技上。社区需要被设计/重新设计以促进健康的,对环境负责的行为,如散步和生产当地的食物。

我们的医疗保健系统需要对那些现在居主导地位的科技进行变革。对患者不利的是,信息科技在医疗保健体系中被严重忽视了,因为患者的陈述和病史是诊断和提供护理的最主要依据,了解一个患者的背景病史通常比给予他最新的诊断测试更重要。医疗保健系统同样需要纳入整体质量管理。越来越多的证据把矛头指向医疗保健系统,指出是该系统的功能混乱,而不仅仅是个体医生和医疗专业工作者的不胜任,导致了过量的医疗事故和死亡。循证医学希望我们能在做出如何增加医疗保健成果的决定时更加系统化。但是我们必须认识到,我们无法承担所有的随机控制研究,虽然这些研究对决定医疗时使用的每个干预的有效性非常必要;通常很难将这些研究推广到临床实践。未来将需要我们用不同的方法来提供医疗服务。随着人口老龄化,随着更严重的疾病威胁到不只是健康,还有患者的生命,我们应该增加对缓和治疗的重视。缓和治疗的理念强调医疗保健中更注重生命的质量而不是生命的长度,如晚期癌症患者。同时,我们要关注临终关怀,我们需要强调对疾病的预防。我们应该致力于健康的基本方面,如保持认知活力的重要性、体育锻炼和健康饮食。这些预防方法需要和另一个重要的医疗手段相联系:让患者和社区居民为他们自己的健康负责而不是过多地依赖于医疗保健系统。我们要使用更多综合性和整体性的方法来保持健康。

最终,医疗保健系统要负责任地将自己定义为可持续发展的行业,这点很重要。大型医疗保健系统通常有很多生态足迹,这些是由医疗废弃物、建筑物施工和能源使用造成的。现在是检查可持续发展原则和实施的情况的时候了,包括发展可持续发展的绿色诊所、医院和长期护理机构和全面推进我们的医疗保健系统。

我们还必须挑战企业,让它们直面有关公共健康这样的重大问题,改变自己的经营模式。可以推测,那些对紧迫的医疗问题负责的企业会在市场中获得可持续发展的竞争优势,吸引到新的客户群,提高现有客户的忠诚度,并帮助企业建立稳固的市场份额。正如麦当劳的执行副总裁兼首席营销官玛丽·狄龙(2006)所说,现在的消费者通常会根据他们对一个公司在社会责任表现上的印象来做选择。事实上,企业的人道主义精神将建立起消费者的忠诚度和信任,并在许多人都质疑美国企业诚信、正直和企业原则的时候帮助其增加销售额。这给企业带来的好处将是多方面的。除了通过自己的商品来提升公众的健康之外,企业还可以加强它们自己内部的精神风貌,这将有助于员工拥有更好的士气和健康。

皮特·怀特豪斯(Peter WHITEHOUSE)
凯斯西储大学
丹尼尔·乔治(Daniel GEORGE)
宾州州立大学医学院

参见:发达国家的农村发展;发展中国家的农村发展;城市发展;医疗保健产业;人权;大都市;制药业;贫困;水资源的使用和权利。

拓展阅读

Committee on Assuring the Health of the Public in the 21st Century; Board on Health Promotion and Disease Prevention; & Institute of Medicine. (2002). *The future of the public's health in the 21st century*. Washington, DC: National Academies Press.

Debomoy K, Zawia Nasser H. (2005). The fetal basis of amyloidogenesis: Exposure to lead and latent overexpression of amyloid precursor protein and beta-amyloid in the aging brain. *The Journal of Neuroscience*, 25(4): 823−829.

Donn Jeff, Mendoza Martha, Associated Press. (2008, March 8). AP probe finds drugs in drinking water. Retrieved October, 22, 2009, from http://www.newsvine.com/_news/2008/03/09/1354263−approbe-finds-drugs-in-drinking-water

Global Action on Aging. (2002). *International Plan of Action on Ageing, 2002*. Retrieved October 22, 2009, from http://www.globalaging.org/waa2/documents/international_plan2002.doc

Gollub Edward S. (1994). *The limits of medicine: How science shapes our hope for the cure*. Chicago: The University of Chicago Press.

Gore Albert. (2007). *An inconvenient truth: The crisis of global warming*. New York: Viking Press.

Guo Z, Cupples L A, Kurz A. et al. (2000). Head injury and the risk of AD in the MIRAGE study. Neurology, 54(6): 1316−1323.

Hoge Charles W, McGurk Dennis, Thomas Jeffrey L, et al. 2008. Mild traumatic brain injury in U.S. soldiers returning from Iraq. *New England Journal of Medicine*, 5(358): 453−463.

Kleinman Arthur. (1988). *The illness narratives: Suffering, healing, and the human condition*. New York: Basic Books.

Lye Tanya C, Shores E Arthur. (2000, June). Traumatic brain injury as a risk factor for Alzheimer's disease: A review. *Neuropsychology Review*, 10(2): 115−129.

McDonald's Corporation. (2006). *McDonald's 2006 worldwide corporate responsibility report*. Retrieved October, 22, 2009, from http://www.crmcdonalds.com/publish/etc/medialib/mcdonalds_media_library/report/archived_reports/Worldwide_CSR_Report_2006_English.Par.0001.File.tmp/McDonalds_Worldwide_CSR_Report_2006_English.pdf

Morteza Honari, Boleyn Thomas. (1999). *Health ecology: Health, culture and human-environment interaction*. New York: Routledge.

Plassman B L, Havlik R J, Steffens D, et al. (2000). Documented head injury in early childhood and risk of Alzheimer's disease and other dementias. *Neurology*, 55(8): 1158−1166.

Stein Jill, Schettler Ted, Rohrer Ben, et al. (2008). *Environmental threats to healthy aging: With a closer look at Alzheimer's & Parkinson's diseases*. Retrieved October 22, 2009, from http://www.agehealthy.org/pdf/

frontmatter_1017.pdf

Turnock Bernard J. (2009). *Public health: What it is and how it works.* (4th ed.) Sudbury, MA: Jones and Bartlett.

Whitehouse Peter J, George Daniel R. (2008). *The myth of Alzheimer's: What you aren't being told about today's most dreaded diagnosis.* New York: St. Martin's Press.

Wu Jinfang, Basha M Riyaz, Brock Brian, et al., (2007). Alzheimer's Disease (AD)-like pathology in aged monkeys after infantile exposure to environmental metal lead (Pb): Evidence for a developmental origin and environmental link for AD. *The Journal of Neuroscience*, 28(1): 3–9.

Hospitality Industry

酒店业

通过节能、节水和有责任的废弃物管理，降低了运营成本，创造了市场竞争优势，这为酒店业的领导们提供了重要的、去实施环境可持续发展的动机。可持续认证项目，目前主要侧重于环境指标，同样需要呼吁社会责任去涵盖可持续发展的各个方面。

狭义上讲，酒店业包括商业旅游住宿和为那些不在家吃、住的人提供的餐饮服务。各种各样的酒店业服务涵盖的范围很广，从私人的、自炊式住宿设施、分时度假、私人游艇、房车，到提供全面服务的商业设施，如度假胜地、酒店、汽车旅馆、农舍、油轮等。

在过去的50年里，提供食品、饮料和住宿的企业数目和结构都大大增加，酒店业已经成长为一个全球性的行业。尽管如此，多数酒店企业都是小型或中型的，它们分布在很有自然或文化吸引力，但是敏感的地方。旅行者和酒店的运营管理能极大地影响自然环境、当地经济及当地社区和文化。负面的影响包括过度使用自然资源，如水源和能源；污染自然环境、排放废弃物和温室气体；产生以及利用当地社区，这可能会破坏当地的文化。另一方面，酒店业可以创造就业机会，有助于当地经济的发展。在发展中国家，旅游业可能有助于减少贫困。为了防止酒店业运营的负面影响，并促进所在社区的可持续发展，非常需要可持续发展的酒店管理及运营的原则和行动纲领。

障碍和激励

为了在酒店业中进行可持续发展的实践，领导者、管理者和决策者必须克服一些障碍，包括高投资和运营成本，以及需要实现这些举措所投入的大量必需的时间和努力。领导者缺乏可持续发展的意识和了解，缺乏政府的支持，也是实践可持续发展的障碍。

只有酒店业的领导者被说服，相信这些环境可持续发展的实践能够减少运营成本并能在市场创造竞争优势时，他们才会有动力。

提升形象、公共宣传和促销的机会也是主要需求。除了这些动机以外，当领导者考虑将可持续发展实践运用到他们所在的酒店行业时，其个人的价值观，像健康的生活方式、意识和知识水平，也会对他们产生影响。

可持续管理实践

在酒店业，可持续发展的管理和以下几个商业领域有关：项目规划，包括选址、建筑、施工、外部设施、能源和供水系统、垃圾处理系统；房间打扫；食品和饮料服务；客人的流动性计划；通信；市场营销以及客户服务（预约和接待办公室）。根据一项关于欧洲酒店经营者对环境态度的研究，"近85%的酒店经营者表示，他们已经实践了一些以环境为导向的活动"（Bohdanowicz 2005）。实施的主要领域是节能、节水和负责任的废弃物管理。所有这些都会显著降低成本。连锁酒店从事可持续性发展实践的程度比独立酒店要高，这说明在企业集团层面关于可持续发展的承诺可能导致其连锁的各独立酒店的可持续发展行为。可持续发展的酒店管理涉及的活动范围包括能源和水管理、废水和废弃物管理、化学品的使用、对生物多样性和自然保护的贡献、对地区发展（例如购买行为）和工作场所的社会问题的贡献。

酒店行业最有效的一项可持续发展实践是能源管理，其目的是减少能源消耗并强制使用可再生能源。酒店业是能源消耗大户，因为许多娱乐设施，如游泳池、桑拿浴室和按摩浴缸，以及中央供暖或空调这样的基础设施，所有这些是非常重要的，他们使客人感到舒适。但这些需要大量的能源来维持营运，还主要是

化石燃料能源。据估计，一个"典型的酒店每年平均每件房间的面积要释放160—200千克的二氧化碳"（Bohdanowicz 2005）。降低能耗的有效做法包括：

用可使用可再生能源的现代技术替换低能效的暖气和空调系统及其他低效的食品，饮料和内务设备（如冰箱、烤箱、洗碗机、洗衣机）；

用节能紧凑型荧光灯泡来替换普通灯泡，并使用传感器和定时器来关闭不必要的灯；

鼓励客人和员工节约能源，降低暖气或空调的温度，关掉不需要的灯具，使用满负荷的干衣机和洗碗机；

给建筑隔热，转换使用可再生能源，如风能、太阳能或地热，减少使用会导致空气污染和气候变化的化石燃料。

水是一种在世界很多地区都稀缺的资源，水被广泛应用于酒店浴室（私人和公共的）以及其他配套设施，如厨房、洗衣房和游泳池。可持续发展的实践包括减少水的使用和保护水资源的质量。节水包括安装有关设备，如低量冲水马桶和低流量的淋浴喷头和水龙头，持续检查和维修损坏的设备（例如，漏水的水龙头），使用循环水，培训客人和工作人员节水意识（如不要每天更换床单和毛巾，刷牙时不要让水继续流着）。减少水的使用可以减少废水的产生，这些水是由客人和酒店运营（厨房、洗衣房和房间打扫）产生的。如果没有适当的污水处理系统可用的话，含有化学品及粪便的废水可能污染地下水和地表水。为了改善废水水质，可以采用一些做法，如在厨房安装脂/油分离器，使用

可生物降解的清洁剂和清洁用品，以及利用活性氧来清洗游泳池。酒店业应确保采取适当的污水处理，并尽可能再次利用处理过的水来冲洗厕所和浇灌花园。

固体废弃物是酒店行业另一个重要的污染因素。首要目标是减少废弃物，其次是合理的废弃物管理和处置。一个有效的废物管理系统建立在"三R"原则上：即减少（reduce）、再利用（reuse）和回收（recycle）。好的实践包括购买包装较少的产品（例如，避免自助早餐时的分份包装，或者购买个人量包装的肥皂和洗发水）以及收集、分离和回收废弃物。

就可持续发展的社会层面而言，当地社区可能会受益于酒店业务。良好做法包括雇佣当地居民，提供公平和安全的工作条件，提供培训课程，以发展当地的劳动力，购买本地供应商提供的商品和服务，与当地供应商合作，并支持社会项目以增强社区的福祉。对于他们自己的员工，酒店业必须尊重员工的人权，着重关心工作条件、童工、性骚扰、公平和平等的待遇、公平的工资，要特别关心妇女和本地人。

行业对可持续行为的支持

鼓励酒店行业进行可持续发展的实践，可以通过国际的、区域的准则及各种自愿方法，如认证、行为守则、指南、手册和培训计划等来实现。认证或标签可以表明企业的质量和（或）标准，特别能激励企业去实施并持续改进其公司生态和社会责任的实践。认证可以是动态的，以过程为导向的。由此，认证的目的是不断提高公司可持续发展的表现，而没有确定的具体目标值或者认证也可以是静态的，以成果为导向的。由此，将会根据预定指标来衡量成果。

目前，有大量、复杂的可持续发展的旅游产品的认证和生态标签可供选择（在20世纪90年代初最早引入）。大多数生态标签存在于欧洲，主要在住宿行业。在1993年，世界旅游和旅行业理事会（WTTC）建立了绿色地球。这是第1个国际化运作的认证项目，它不仅包括了生态，也包含了社会经济和文化方面。通过与各大洲组织的国际合作，绿色环球认证的全球网络已遍布到了50多个国家。

可持续发展认证项目大部分集中在环境指标方面。社会责任系统整合方面仍然很少。不过这正处于变化过程中，因为可持续性发展指标正考虑到社会经济和文化方面日益增加的相关性。最终会形成一个涵盖可持续性发展各个方面的认证计划。

达格玛·朗德－德拉切尔（Dagmar Lund–DURLACHER）

维也纳模都尔大学旅游和酒店管理系

参见： 生态标签；设施管理；旅游业；水资源的使用和权利。

拓展阅读

Beeton Sue, Bergin-Seers Suzanne, Lee Christine. (2007). *Environmentally sustainable practices of victorian tourism enterprises*. Retrieved September 11, 2009, from http://www.linkbc.ca/torc/downs1/BeetonPracticesVictorianTourism.pdf

Bohdanowicz, Paulina. (2005). European hotelier's environmental attitudes: Greening the business. *Cornell Hotel and Restaurant Administration Quarterly*, 46: 188−204.

Font Xavier, Harris Catherine. (2004). Rethinking standards from green to sustainable. *Annals of Tourism Research*, 31(4): 986−1007.

Green Globe Certification. (2009). Retrieved December 22, 2009, from http://www.greenglobe.com/

Holloway J Christopher. (2006). *The business of tourism*. (7th ed.). London: Pearson Education Limited.

Jamieson Walter, Kelovkar Amit, Sunalai Pawinee, et al. (2003). A manual for water and waste management: What the tourism industry can do to improve its performance. Retrieved September 14, 2009, from http://www.unep.fr/shared/publications/pdf/WEBx0015xPA−WaterWaste.pdf

Lund-Durlacher Dagmar, Zins Andreas H. (2008). Certification schemes and ecolabels as tool for sustainable tourism development: Trends and outlook from a European perspective. Alamapay R B, Chartrungruang B, Mena M, et al., *Management of sustainable tourism in the next decade: Prospects and challenges* (p.83). Chiang Mai, Thailand: School of Tourism Development, Maejo University.

Middleton, Victor T. C. (2002). *Sustainable tourism — A marketing perspective*. Oxford, U.K.: Butterworth-Heinemann.

Newsome David, Moore Susan A, Dowling Ross K. (2002). *Natural area tourism: Ecology, impacts and management*. Clevedon U.K., Channel View Publications, Swarbrooke John. 2005. Sustainable tourism management. Wallingford, U.K.: CABI Publishing.

Sweeting, James A N, Sweeting, Amy Rosenfeld. (n.d.). *A practical guide to good practice: Managing environmental and social issues in the accommodations sector*. Retrieved December 10, 2009, from http://www.toinitiative.org/fileadmin/docs/publications/HotelGuideEnglish.pdf

World Tourism Organization. (2004, October). *Public private partnerships for sustainability certification of tourism activities*. Retrieved December 10, 2009, from http://www.world-tourism.org/sustainable/conf/certczech/fin-rep.pdf

Human Rights

人　权

　　近几年多家跨国企业已开始研究它们在人权方面的影响。正如越来越多的企业了解到的，环境健康和人类福祉息息相关，评估在特定国家或行业开展业务的潜在风险对企业经营本身是有好处的。随着消费者越来越清楚地意识到这些问题，企业运作过程中是否尊重人权，对于其作为跨国企业来说能否生存下去变得至关重要。

　　公司涉及人权问题已经多年了，最早可追溯到现代化企业的创建。目前普遍承认，企业能影响其所身处社会的环境、社会以及经济结构。

　　2009年，有70 000多家公司是跨境经营的（因此被称为跨国公司），而他们中700 000多家子公司及数以百万计的供应商增加了全球贸易的复杂性。哈佛大学肯尼迪政府学院人权与国际事务教授、联合国秘书长商业与人权问题特别代表约翰·鲁吉（John Ruggie）在其2006年2月的中期报告中写道："跨国公司的权利——它们在全球范围内经营和扩张的

能力——在过去一代中已经大大增强，这些都归功于各项贸易协定、双边投资协定，以及国内自由化。"鉴于世界经济制度特征的这种转变，跨国企业部门——甚至推广到整个商业社会——吸引了越来越多到其他社会参与者（包括民间团体和国家政府）的关注也不足为奇了。

　　企业不仅需要对自己的行为负责，往往还必须为其供应链中其他公司的行为负责。对于大型零售商来说很重要的一点是，要保证其供应商遵守国际标准，以确保销售的最终产品在生产过程中没有侵犯人权。在这种情况下，对于企业来说，一个关键问题是要确定，他们究竟要为其供应链上的公司担负多少责任。

　　企业在人权记录糟糕的国家经营时，也会牵涉侵犯人权的行为，例如当国家安全部队在公司所在地残酷镇压示威者时。虽然当事国家才应直接为侵犯人权的行为负责，但该企业也同样会受到牵连。

自 21 世纪伊始, 为调和迅速扩张的全球经济与国际人权保护体系的各种活动显著增加。非政府组织(NGO)、工会、政府和联合国已经制定了若干倡议, 以鼓励在世界各地改善商业的运作方式。类似地, 责任感强烈的企业已经率先制定了可以应对人权挑战的创新商业模式。

尽管取得了进展,"为防止并修复那些至今仍在发生的商业相关的侵犯人权行为, 我们还需要更多的努力, 并必须采取更多措施, 以最大化企业能够为世界各地的人权做出切实的贡献。毫无疑问, 近年来在商业和人权议程上, 许多已经取得了进展, 我们应该庆祝; 但同时也要再加倍努力, 以确保吸取的经验教训成为更广泛的良性循环, 并确保问责制度的执行。"[实现人权及伦理全球化倡议组织(Realizing Rights: The Ethical Globalization Initiative)总裁、企业领袖人权组织(Business Leaders Initiative on Human Rights)名誉主席玛丽·罗宾逊(Mary Robinson)在 2008 年 12 月巴黎国际商业与人权研讨会上的讲话]

有兴趣更好地理解其业务可持续性发展的公司, 往往会探讨环境和社会(人权)对于其经营的影响。环境与尊重人权之间互相联系, 例如, 健康的权力和用水的权力都有明确的环境成分, 且他们彼此相互依存。

全球人权保护

人权包括隐私权、生命权、言论自由权, 享有足以促进健康和福祉的生活标准权、安全权、工作权以及投票权。人权体系决定了各个国家有责任满足在国际条约和其他国际法来源中说明的人权义务。这也使得个体能够控告一个国家涉嫌对其造成了人权侵犯。

国际人权制度的核心是构成国际人权法案的 3 项协议:

- 世界人权宣言(1948);
- 国际公民权利和政治权利契约(1966);
- 国际经济、社会和文化权利契约(1966)。

世界人权宣言是唯一全球公认的划定人类权利的文件。在某种程度上, 它是为了应对二战期间犯下的暴行而制定的。在 1993 年维也纳世界人权会议上, 所有 171 个与会国家都重申了他们对于世界人权宣言的承诺。构成国际人权法案的 3 项协议, 启发了许多人权条约和有关妇女、儿童、残疾人、移民工人、土著人民和其他人的权利更具体的文件。完整的列表可以在联合国人权事务高级专员办事处的网站(2009)上查到。

企业可以影响国际体系内任何公认的人权。以世界人权宣言为核心, 国际人权制度已成为研究企业、个人、社区和各国政府之间权力平衡的关键工具。

企业与人权

在商业与人权资源中心(2009)的网站上, 报道企业涉及违反人权的新闻包括以下: 强迫用工、童工、水资源不当利用、社区搬迁、征用土地、污染相关的健康问题、暴力对待公司工会代表或员工自杀事件。这些问题有可能涉及任何一家公司, 任何一个行业, 任何一个国家。

虽然在有些情况下, 是某些企业直接侵犯了人权, 但更为常见的是企业与其他组织——多半是其他国家——实施的人权践踏相关联。在这种情况下, 企业被视为践踏人权行为的共犯。一些矿业公司面临的指控称，他们的行为帮助了反叛团体攻击和杀害平民，因为叛乱集团能够利用公司拥有的车辆或直升机起降场。类似地，一些私营航空公司被控告犯有转移被指控的恐怖分子出国的罪行。因此，它们也要部分对平民遭受的磨难负责。

自21世纪初以来，企业对人民生活造成的影响，不管是正面的还是负面的，已经受到越来越密切的关注。律师和人权活动分子有时求助于法律并向法院提起诉讼，以使企业为其牵涉的侵犯人权行为负责。

2004年，优尼科（Unocal）是美国一家大型石油公司，被指控协助缅甸军方强迫利用劳工修建管道，最后庭外和解。这场针对优尼科的诉讼，控方是由国际非政府组织支持的一群来自缅甸的居民，这一形式在当时非常罕见，因为它引用的是美国1789年出台的法律，《外国人侵权索赔法》。这一案件为之后非常多的美国庭审案件开了先河。

2007年，雅虎公司被一群持不同政见者告上美国加利福尼亚州法庭；他们控诉，雅虎香港子公司提供资料致使一名记者被逮捕。这一案件也达成了庭外和解。雅虎、谷歌和微软为了解决这些问题，为其相关部门制定了一项新举措，专门处理那些涉及隐私权和言论自由权的困境。

全球网络倡议（Global Network Initiative）的设计初衷是为信息与通信技术（ICT）行业就保护言论自由和隐私权提供指导。该倡议与非政府组织、学者和投资者合作实施。所有成员都承诺共同努力推进这两项基本人权，尤其是在面对政府要求审查或交出用户信息时。

2009年，壳牌公司，一家全球化能源和石化集团公司，与其在尼日利亚的尼日尔三角洲的营业公司，被指控参与了严重的侵犯人权行为，在纽约的一家法庭接受庭审。这一案件可以追溯到1990年时就开始的对该公司的抗议活动，当时社区领袖肯·萨罗-维瓦（Ken Saro-Wiwa）和其他8人被军政府审判并处决。该案件于2009年6月由壳牌同意以1 550万美元和解而告终。

2009年，英国法庭审理了一个案件，托克（Trafigura），一家跨国石油贸易公司，被控涉嫌卷入2006年在科特迪瓦倾倒有毒石油的事件；来自科特迪瓦的超过3万名原告遭受了有毒石油泄漏引发的严重健康问题。这一案件达成了庭外和解，但和解费用高达3 000万英镑（约合4 850万美元）。另一项控告雪铁龙石油公司（Chevron）倾倒有毒废物进入亚马孙河的案件也于2009年开庭审理。在这一案件中，要求赔偿费用高达270亿美元。

国家联络办公室（欧盟国家成立的国家性机构）已经接到多次投诉，有关在经济合作与发展组织（OECD）跨国公司行为准则框架下，在经合组织国家经营或设立总部的企业的人权问题。这些准则虽不具备法律约束力，但它们的目的是通过企业的母国来使其承担责任。在这些准则下，个体可以直接投诉至他们国家的联络办公室，因而这些准则已经引起了企业对自身在海外行为的关注。

联合国响应

2003年，联合国人权委员会（现人权理事会）制定了名为"关于跨国企业和其他工商企业在人权方面的责任规范"文件。该文件的出现第一次尝试阐述企业在人权方面的义务。当时该规范引发了在非政府组织和企业内的大量辩论。

经过多轮咨询和联合国级别的深入研究后，决定该规范不形成法律文件。取而代之的是，联合国创建了一个企业和人权特殊代表的职务；2005 年，约翰·鲁吉（John Ruggie）被任命为该代表。

2008 年 6 月，鲁格提出了一个关于企业和人权的框架，并得到人权理事会的一致同意。该框架由 3 部分组成：国家保护人权的义务；企业尊重人权的责任；受人权侵犯的受害者，包括企业，获取赔偿的需要。

通过核准此框架，人权理事会第一次承认企业有尊重个人人权的责任。该框架适用于所有企业，不论其业务部门的种类和运营所在的国家。为了让企业能够履行尊重人权的责任，要求它们必须采取措施开展"人权尽职调查"。该尽职调查取决于具体营业所在国家的人权状况、企业所经营的业务可能会带来的人权影响及该企业和其他企业、供应商、客户或政府的关系。

该框架提供的指导是向澄清企业人权责任的辩论迈出的重要一步。在鲁格 2011 年的最终报告中，详细说明了定义企业在人权方面的责任义务的整个过程。

企业响应

许多跨国企业已着手考察他们全球业务运营在人权方面的影响。一方面，评估在特定国家或特定行业开展业务的潜在风险对企业经营是有好处的。同时，因涉嫌所谓的

侵犯人权而使企业声誉受损也是开展这种调查的驱动力。一些公司审视他们的人权影响是因为某项特定的人权与他们所在行业密切相关。例如，医药行业在承认健康权方面发挥着重要作用，还可以通过放弃昂贵的品牌药专利，允许生产价格低廉的非品牌药物来维护健康权。类似地，移动通信公司可以通过实现社区间的互联互通来确保个人更好地沟通和获取信息。此外，为偏远地区提供电力的公司可以在社会发展中扮演重要角色，而且这与他们的核心业务完全一致。截止至 2009 年，242 家企业拥有人权政策；如果劳动权政策包括其中，那么这个数字将会显著增加。此外，超过 5 000 家企业已经签署了联合国全球契约，该契约是世界上最大的履行企业责任的倡议。在联合国全球契约的十大原则中，六条原则是基于人权的。

人权是所有企业关心的问题。所有行业都会被以各种方式牵连到践踏人权问题中，许多企业正身陷其中。此外，就企业为何应该尊重人权，这方面已有很多详细的阐述，说明如果企业决定评估其人权记录并采取积极措施对其进行改善将能获得很多优势［参见，联合国全球契约（n.d.）和人权纳入《企业管理指南》（企业领导发挥人权主动权等，2009）］。企业调查其人权影响的一些优势包括：声誉风险管理、留住和激励员工、保持经营的社会许可、管理法律和财务风险、追随投资者的预期及领导力和竞争优势。

此外，还开发了许多工具来帮助企业将人权转化成操作术语和指南。精选一些工具列于下表。

表1 联合国关于人权的商业工具

工 具 名 称	具 体 描 述
人权融入企业管理的指南（商业领袖人权倡议、联合国高级人权专员办事处、联合国全球契约）	企业将人权纳入业务管理系统各方面的《通用指南》
冲突敏感型商业行为（国际警戒）	该工具可以确保在冲突地区经营的公司的商业行为不会导致冲突或侵犯人权，并且它能对社会和经济发展做出贡献
人权影响评估和管理指南（国际商业领袖论坛、国际金融公司、联合国全球契约）	该工具可以为企业提供评估潜在人权影响和制定相应的管理决策的过程
尊重人权评估（丹麦人权研究所）	诊断性自我评估的工具，帮助企业监测由公司业务对员工、当地居民和其他利益相关者产生影响所引发的侵犯人权的风险
社区人权影响评估（权利与民主）	该工具可以开发出一个流程，通过该流程，受到影响的社区可以理解外国投资在人权方面的影响
人权矩阵（商业领袖人权倡议）	该工具可以根据世界人权宣言内容为公司绘制政策和实践的内容为企业制定，并根据必要性和超必要性进行优先排序

资料来源：联合国全球契约（2007）.

行业倡议

从2003年到2009年，14家跨国企业作为商业领袖人权倡议（BLIHR）的成员一起努力寻找行之有效的方法将世界人权宣言引入到商业环境中。其中涉及企业来自各行各业，包括零售、银行、基础设施、信息技术、食品饮料及石油和采矿。他们与人权顾问专家密切合作，共同解决此辩论带来的各方面的挑战并代表众企业发声。

BLIHR项目的前3年致力于对联合国人权委员会2003年所制定的标准进行实地测试（参见上一节，联合国响应）和对他们的实际执行情况给予评价。随后的3年主要聚焦于工具的开发，这些工具帮助公司将人权转换为商业语言。BLIHR项目于2009年3月结束，产生了两个新的重要组织：人权和企业研究所和全球企业人权组织。

另外也设计了几个特定行业的倡议，以应对人权挑战，其中一些主要是为了解决不同行业部门内的人权困境，选取几个如下。

零售业

20世纪80年代和90年代期间，许多公司根据国际劳工组织的实际指导原则建立了行为准则，禁止使用童工和强迫劳动，并确保工会的结社自由和禁止歧视。反血汗工厂运动领导各方力量鼓励企业去评估其人权记录，该记录影响到服装、鞋类和其他纺织品的主要品牌生产厂商。这一运动汇集了公司、政府、工会和非政府组织，也产生了一些新的组织，包括公平的劳工协会，该协会专注于终结血汗工厂劳工和改善全球工厂的工作环境；道德贸易组织，该组织与企业、工会和志愿性组织一起合作，致力于改善全球工人的生存环境；国际劳工组织，特别是它的"更好的工作"项目，聚焦于改善供应链中的劳动环境，尤其是在柬埔寨、越南、约旦和莱索托等国。

采掘业

那些有大量环境足迹的行业,例如石油、天然气和采矿业,已经就其人权影响进行了检查,大部分与社区(包括本地的群体)和政府有关。例如,矿业公司可能需要与当地的居民进行磋商,因为他们对矿业公司想要使用的土地有所有权;如果这些谈判取得成功,他们会帮助,并确保企业获得社会对其经营的许可。但若谈判不成功,可能会出现严重的问题,甚至导致国家安全部队和社区成员之间发生冲突。涉及采掘业企业的主要倡议包括:采掘业透明化倡议,该倡议与各国政府、企业和民间社会团体合作,通过提倡公司付款透明化和公布政府来自石油、天然气和采矿活动的收入来改善管理;人权和安全的自愿原则,该原则着眼于为石油、天然气和采矿业提供指南,指导它们,无论是公办还是私营,让其安全运营符合人权的要求;金伯利进程,其目的是防止冲突,为进入市场的钻石建立产品认证程序。

金融业

根据银行和其他投资机构为公司人权风险项目提供贷款所发挥的作用,有两个独立的、专门针对金融部门的倡议。赤道原则(n.d.)为项目融资提供社会和环境方面的指南;联合国环境计划署融资计划(2009)创建了为贷款经理服务的人权工具包。

信息与通信技术业

最近,在企业、民间社会组织、投资者和学术界的通力合作下制定了全球网络倡议。该倡议针对信息与通信技术行业,因为这些公司正面临着遵守当地法律法规,但与国际公认的言论自由和隐私权等人权相冲突的挑战。

与此相关,电子行业也面临类似于零售行业的问题,例如对工作环境、工作时间和使用童工的指控。电子行业公民联盟(2009)的建立一定程度上是想通过为该行业提供一个共同的行为准则来解决这些问题。

未来在哪里?

对企业人权责任下一阶段的讨论将聚焦于诸如信息与通信技术这样新兴和扩张型业务部门所面临的人权困境的探索。此外,由于获取自然资源难度增大,跨国公司应在开发给予他们参与水和(或)土地使用权的解决方案中发挥关键作用。同样,随着不断扩张的全球经济,增加了对外来劳动力的需求,企业可以在工人运动和确保他们人权得到尊重方面发挥关键作用。

由于人权辩论继续不断发展,同时企业运营继续影响世界上每一个人的生活,企业应发掘自身潜在的和实际的人权影响,作为企业整体可持续发展战略的一部分。

凯瑟琳·多维(Kathryn DOVEY)
全球企业人权倡议组织

参见:非政府组织;企业公民权;企业社会责任和企业社会责任2.0;赤道原则;公平贸易;信息与通信技术;社会责任投资;风险管理;社会型企业;透明度;联合国全球契约组织。

拓展阅读

Action Aid International. (2006). Retrieved October 8, 2009, from http://www.actionaid.org

Amnesty International. (n.d.). Retrieved October 8, 2009, from http://www.amnesty.org

Business & Human Rights Resource Centre. (2009). Retrieved October 8, 2009, from http://www.business-humanrights.org

Business Leaders Initiative on Human Rights. (n.d.). Retrieved October 8, 2009, from http://www.blihr.org

Business Leaders Initiative on Human Rights. (2009). Policy report 4. Retrieved October 8, 2009, from http://www.blihr.org/Legacy/Downloads/BLIHR%20Report%202009.pdf

Business Leaders Initiative on Human Rights; the United Nations Global Compact; & the Office of the United Nations High Commissioner for Human Rights. (2009). *A guide for integrating human rights into business management*. Retrieved October 5, 2009, from http://www.integrating-humanrights.org

Castan Centre for Human Rights Law; International Business Leaders Forum; Office of the United Nations High Commissioner for Human Rights; & the United Nations Global Compact. (2008). *Human rights translated: A business reference guide*. Retrieved October 5, 2009, from http://human-rights.unglobalcompact.org/doc/human_rights_translated.pdf

Clapham, Andrew. (2006). *Human rights obligations of non-state actors*. New York: Oxford University Press.

The Danish Institute for Human Rights. (n.d.). The human rights and business project. Retrieved October 8, 2009, from http://www.humanrightsbusiness.org

Electronic Industry Citizenship Coalition. (2009). Retrieved October 5, 2009, from http://www.eicc.info

Equator Principles. (n.d.). The equator principles: A benchmark for the financial industry to manage social and environmental issues in project financing. Retrieved October 5, 2009, from http://www.equatorprinciples.com

Ethical Trading Initiative. (2009). Retrieved October 8, 2009, from http://www.ethicaltrade.org

Extractive Industries Transparency Initiative. (2009). Retrieved October 8, 2009, from http://www.eitransparency.org

Fair Labor Association. 2008. Retrieved October 8, 2009, from http://www.fairlabor.org

Global Business Initiative on Human Rights. (2009). Retrieved October 8, 2009, from http://www.global-business-initiative.org

Global Network Initiative. (2008). Protecting and advancing freedom of expression and privacy in information and communications technologies. Retrieved October 8, 2009, from http://www.globalnetworkinitiative.org/

Global Policy Forum. (2006). Promotion and protection of human rights. Retrieved October 8, 2009, from http://www.globalpolicy.org/component/content/article/225/32262.html

Global Witness. (n.d.). Retrieved October 8, 2009, from http://www. globalwitness.org

Human Rights Watch. (2008). Retrieved October 8, 2009, from http://www.hrw.org

Institute for Human Rights and Business. (2009). Retrieved October 8, 2009, from http://www.institutehrb.org

International Alert. (n.d.). Retrieved October 8, 2009, from http://www.international-alert.org

International Alert & Fafo Institute. (2008). Red flags: Liability risks for companies operating in high-risk zones. Retrieved October 5, 2009, from http://www.redflags.info

International Business Leaders Forum. (2009). Retrieved October 8, 2009, from http://www.iblf.org

International Business Leaders Forum & Business for Social Responsibility (BSR). (n.d.). Voluntary principles on security and human rights. Retrieved October 8, 2009, from http://www.voluntaryprinciples. org

International Commission of Jurists. (2008). Report of the expert legal panel on corporate complicity in international crimes. Retrieved October 5, 2009, from http://www.business-humanrights.org/Updates/ Archive/ICJPaneloncomplicity

Kimberley Process. (n.d.). Retrieved October 8, 2009, from http://www.kimberleyprocess.com

Kinley, David. (2009). *Civilising globalisation: Human rights and the global economy*. Cambridge, U.K.: Cambridge University Press.

Office of the United Nations High Commissioner for Human Rights. (2009). International human rights law. Retrieved October 5, 2009, from http://www2.ohchr.org/english/law/index.htm#charter

Ruggie, John. (2009). Business and human rights: Towards operationalizing the "protect, respect and remedy" framework. Retrieved October 5, 2009, from http://www2.ohchr.org/english/bodies/hrcouncil/ docs/11session/A.HRC.11.13.pdf

Sherman John, Pitts Chip. (2008). Human rights accountability guide: From laws to norms to values. Corporate Social Responsibility Initiative Working Paper No.51. Retrieved October 5, 2009, from http://www.hks. harvard.edu/m-rcbg/CSRI/publications/workingpaper_51_sherman_pitts.pdf

United Nations Commission on Human Rights. (2003). Norms on the responsibilities of transnational corporations and other business enterprises with regard to human rights. Retrieved October, 8, 2009, from http://www.unhchr.ch/huridocda/huridoca.nsf/%28Symbol%29/E.CN.4.Sub.2.2003.12.Rev.2.En

United Nations Environment Programme Finance Initiative. (2008). Human rights guidance tool for the financial sector. Retrieved January 20, 2010, from http://www.unepfi.org/humanrightstoolkit/

United Nations Environment Programme Finance Initiative. (2009). Innovative financing for sustainability. Retrieved October 8, 2009, from http://www.unepfi.org

United Nations Global Compact. (n.d.). The ten principles. Retrieved January 20, 2010, from http://www. unglobalcompact.org/AboutTheGC/TheTenPrinciples/index.html

United Nations Global Compact & the Office of the United Nations High Commissioner for Human Rights. (2007). *Embedding human rights in business practice II*. Retrieved October 5, 2009, from http://www. unglobalcompact.org/docs/news_events/8.1/EHRBPII_Final.pdf

I

Information and Communications Technologies, ICT

信息与通信技术

可持续发展的努力从信息与通信技术中获益良多,预计这种趋势未来仍将继续。目前,计算机系统已渗透到公司业务的各个领域。计算机硬件和软件的创新使得工业系统的设计能够更有效地利用能源和原材料,帮助追踪有毒的物质和资源,鼓励遵守环保法规的行为,并通过人们的远程办公而减少排放。

当今互联网高度发展,环境规划专家内文·科恩(Nevin Cohen 1999)曾预测电子商务的增长将导致包装材料的消失和美国购物中心的消亡。虽然这些预测迄今为止已证明是错误的,但科恩准确地捕捉到了电子商务的发展趋势,感觉到新技术的出现可能使我们的世界大幅度去物质化。包装物的减少和去商场次数的减少意味着在生产和运输中将消耗更少的原材料和能源,这是一个有利于环境的好消息。

然而,对于电子商务能自然而然地造福于环境的想法和希望受到质疑,因为对许多

人来说,如何借助信息与通信技术(ICT)为环境问题提供可持续的解决方案依旧不甚明朗(ICT这个术语越来越多地应用于"信息技术"领域,"通信技术"成为该领域中不可或缺的一部分)。信息与通信技术正在使绿色生活和绿色公司业务变为可能,并帮助我们的世界去物质化。虽然有许多文章记录了电子垃圾问题,并且这个问题迫切需要制造商和消费者去解决,但信息与通信技术行业也担负着许多凭借技术来实现的绿色解决方案:节省能源的远程办公,一些可行的可再生能源项目背后的技术,这都是显而易见的例子。这些技术为新的商业模式提供了支持,改变着我们的工作方式,使自然资源能够得到更有效地利用,环境法规能被更好地遵守,消费者更满意。

创新和新商业模式

信息与通信技术的创新已变得如此普遍,以至于在某些方面很难去衡量我们的生活到底多大程度依赖于他们,又有多少企业

因为它们而变得更有效益。这些创新包括管理水消耗量的软件工具，帮助企业符合新的环境法规的工具，以及会带来崭新商业模式的信息通信技术的颠覆性创新应用。在人们寻觅可持续利用自然资源、减少产品所需的原材料和能源的方法及与具有环保意识的年轻一代消费者沟通的过程中，这些商业模式逐渐显现。

例如，来自加州的软件产品，数码雨（Cyber Rain），可以帮助业主在维护绿色草坪的同时节约用水。数码雨程序使用无线技术检查当地的天气预报，从而根据当天的天气情况调整喷灌浇水的时间表。因此，土地在准确的时间里得到适度适量的雨水浇灌，相比于在固定时间表下的传统喷水系统，数码雨节省了高达40%的用水和花费（Cyber Rain 2009）。

一种欧洲人称之为"消费而非所有"的新的可持续的商业模式已经迎头赶上（Behrendt et al. 2003）。这种模式允许人们在不怎么破坏自然环境的前提下使用或消费；信息与通信技术行业在确保现有的技术发挥其最大优势上扮演着重要的角色。例如，汽车共享服务，人们短时间内租用汽车前往杂货店或看医生，这需要信息与通信技术的工具来达到网上预订、安全的电子取车、通过全球定位装置追踪汽车的使用，以及人性化有序的用户账户。INVERS移动解决方案正是这样的一个服务供应商。该公司是一家国际化的创业型企业，专为汽车共享业务设计软件程序，让环保服务成为可能。2009年，世界汽车共享协会确定全世界已有1 000个城市可享用汽车共享服务（World Carshare Consortium 2009）。

另一种新的商业模式特别依赖于信息与通信技术的发展，这其中涉及企业从销售产品到提供服务的转变，因为越来越多的企业发现，由于其产品的利润空间缩水，转变为服务模式更加有利可图。例如，施乐（Xerox）开发的作为全球服务咨询事业部一部分的办公文档评估（ODA）工具帮助客户更为有效地处理文件。施乐作为服务提供商分析了在办公室里的工作流程，并为客户实现高效管理提供建议。这些建议经常是更少地使用施乐设备（Rothenberg 2007）。在这种情况和许多其他情况下，信息与通信技术带来的服务为公司创造竞争优势；与此同时，为公司带来更高的客户满意度（继而带来更高的利润），并更利于环境保护。

环保智能

许多工业系统是在能源和自然资源丰富且廉价的时代构建起来的。当时，加热系统、灌溉系统、自动喷水和能源系统的设计者并没有过多考虑到节约和效率。然而现在，信息与通信技术的应用正将更多的环保智能融合进这些工业系统，使得资源能够得到更有效的利用。

2009年7月，IBM和思科宣布了一项联合试点项目。该项目将"智能"电表安置在阿姆斯特丹500个居民的家中，帮助业主削减能源开支并减少二氧化碳的排放量

（IBM 2009）。业主可以通过智能电表看到他们的用电量及其相应的费用。通过将电表安装在厨房或其他方便的地方，而不是业主很少去的房屋外面，业主们能及时掌握电表提供的数据并减少能源的使用。

家庭智能电表通过提供所需支付的电费信息而非千瓦时使用量来影响人们的行为。这种采用当地货币并反映资源用量的度量方式显然更容易被人们所接受，尤其是对于一些并不能准确理解什么是"千瓦时"的人们来说。

环保智能的另一个例子是一家名叫 Metrolight 的以色列公司，该公司采用镇流器专利技术和软件程序设计智能照明系统。Metrolight 系统允许用户个人或集体控制照明开关、监控照明状态、建立调光和维护的时刻表等一系列能高效利用能源和进行成本控制的活动。该系统可以通过无线连接或笔记本电脑进行远程控制，并已销售到仓库、商场、加油站、配送中心、城市和其他需要大量使用照明设施的地方（Metrolight 2007）。

使可再生能源成为可能

信息与通信技术让可再生能源系统成为可能。在北海，一个名叫 Hywind 的巨大的漂浮式风力发动机在风塔受滚动波影响而转动时，能通过电脑系统来保持它的转子叶片指向最佳方向。这样的调整增加了发电量，并使发动机可以在恶劣天气条件下进行工作，而且叶片和风塔不会因此而被损耗。该软件还可以评估每次尝试抑制气流波所触发运动的成功率，以便它可以在未来得到改进（Tilting in the Breeze 2009）。

2009 年 8 月，eSolar 公司建造了 Sierra 太阳塔，一个位于加利福尼亚州 Lancaster 的 5 兆瓦太阳能发电厂。该发电厂能够以极具竞争力的价格为 4 000 户人家提供电力。他们的网站这样介绍该系统的工作原理：

eSolar 的发电厂技术利用小型平面镜精确追踪太阳轨迹并将太阳的热能反射给塔顶接收器，从而将水煮沸产生蒸汽。这些蒸汽为一个传统的涡轮机和发电器提供电力，进而产生太阳能电力。（eSolar 2009）

该系统运作的关键是指挥 24 000 面能够"精确追踪太阳轨迹"的平面镜的能力，这一切由距离该平面镜安装地 75 英里的 eSolar 公司员工开发的软件实现的。

绿色供应链

绿色行业的战略之一是限制有害物质的使用。2003 年，欧盟通过了有害物质限制令（RoHS），2006 年生效执行。有害物质限制令限制在电子产品中使用的有害物质，包括铅、汞和镉（Europa 2009）。遵守该限制令是一件很复杂的事，包括对笔记本电脑、手机和其他电子产品中数千个零件和原材料的管理。Synapsis 科技有限公司开发了一种符合环保要求的软件，该软件主要帮助制造商来"了解和控制其产品的材料构成，并遵守环境法规"（Synapsis Technology Inc. 2009）。

另一个绿色战略的重点是供应链，要求零售商和制造商不仅要了解他们产品的原材料，并使其更透明，而且也要了解原材料的来源。信息灵通的消费者不希望他们的衣物是由童工缝制的或是被烟雾危害到健康的工人生产的；如果消费者知道马来西亚热带雨林的树木因为制造草地上的家具而遭到了破坏，那么，这些家具对他们来说是缺乏吸引力的。在某种意义上，整个供应链上的产品都会影响消费者的选择（Peattie 1999）。

在这里，软件解决方案正在帮助公司完成追踪其产品所有原料来源这项艰巨的任务。例如，咨询公司历史期货有限公司（HF），通过其在线服务 String，帮助制造商和零售商"可视化他们整条供应链"。它通过收集和管理原产地（COO）的数据做到这点。这些数据包括性能指标，如产品里程（从原产地到消费地的距离）、水的使用和能源的消耗（Historic Futures Limited 2009）。

遥控工作，远程办公和交通运输

信息与通信技术实现可持续发展解决方案的另一种方式是创建远程会议技术。商务航空旅行每年约向大气排放 2 400 亿磅的二氧化碳（Westervelt 2008）。不过，对环境更具破坏性的是商务公路旅行。据了解，81% 的商务旅行都是使用的私人轿车（Baniewicz, Walker & Angeles 2009）。因此，通过视频和电话会议技术创建虚拟会议是一种更环保的解决方案。

酒店也正在往这一趋势发展。万豪国际集团和喜达屋酒店正在帮助企业客户租用配有"远程呈现设备"的会议室来避免商务旅行。这种信息与通信技术通过在大屏幕上创建真人大小的图像，让参与者（他们可能在地球的另一边）感受到如同面对面开会的效果（Stellin 2009）。同样，允许员工在家工作并利用信息与通信技术进行"远程办公"可以减少公司的碳足迹。拥有 40 000 员工的加拿大贝尔公司，有一半的员工在家办公，每年减少了该公司约 7 395 吨由通勤和办公室暖气引起的二氧化碳排放（Adams 2007）。虚拟专用网（VPN）技术和"桌面共享"技术连接着相隔千里的员工，并使他们能够如在办公室里一般安全地合作与办公（Baniewicz, Walker & Angeles 2009）。

对于那些必须每天到公司上班的工人来说，雇主们开始利用信息与通信技术来尽量减少单人驾驶汽车，增加他们对公共交通的使用和拼车。斯坦福大学用 GIS 技术来分析员工生活和他们出行的方式。他们利用这些信息和当地的公共交通代理商合作，将"单员工汽车驾驶率"减少了 20%（Herrera 2008）。

第 2 个"e"

在互联网热潮中，第 1 个 e 商务改造浪潮（e 代表的是电子）将信息与通信技术彻底地融入到了企业运营的 DNA 中，以至于曾被单独称作"电子商务"的概念，已经被并入一般的"商务"中了，"电子"二字现在就被拿掉了。

e 商务的第 2 个浪潮（e 代表的是环境）则是潜在地将环境智能融合到企业运营的 DNA 中。早前对于美国"去商铺化"和无纸化的预测可能不太准确，但本次第 2 个 e 商务浪潮正通过以下及几种方式改善企业的环保表现：① 开发注重企业服务功能的模式

并建立减少使用产品和有效使用资源的激励
机制；② 开发支持可再生能源技术的应用；
③ 提供工具，使制造商在供应链中能够减少
有毒物质的使用和控制对环境的破坏；④ 彻
底改变商务和休闲的交通和旅行方式。应用
信息与通信技术，已经建立了持续绿化产业
的创新平台。

特鲁迪·赫勒（Trudy HELLER）
环境高层教育培训组织

参见：消费者行为；数据中心；能源效率；能
源工业——可再生能源概况；设施管理；清洁科技
投资；公共运输；供应链管理；电信业；水资源的
使用和权利。

拓展阅读

Adams, Sharon. (2007, February 9). Telework is a winning business initiative. *Business Edge News Magazine, 7(3).* Baniewicz J, Walker L, Angeles M. 2009. ECO Inc.: Sustainable business transportation. Unpublished paper, University of Pennsylvania, Philadelphia.

Behrendt Siegfried, Jasch Christine, Kortman Jaap, et al,. (2003). *Eco service development: Reinventing supply and demand in the European Union*. Sheffield, U.K.: Greenleaf Publishing.

Cohen, Nevin. (1999). Greening the Internet: Ten ways e-commerce could affect the environment and what we can do. *Environmental Quality Management*, 9(1), 1–16.

Cyber Rain. (2009). Retrieved December 4, 2009, from http://www.cyber-rain.com/Products/XCI.aspx

eSolar. (2009a). Retrieved October 3, 2009, from http://www.eSolar.com

eSolar. (2009b). Sierra SunTower: A new blueprint for solar energy. Retrieved October 3, 2009, from www.esolar.com/sierra_fact_sheet.pdf

Europa. (2009). Recast of the WEEE and RoHS directives proposed in 2008. Retrieved November 16, 2009, from http://ec.europa.eu/environment/waste/weee/index_en.htm

Herrera, Tilde. (2008, September 12). Driving a low-carbon commute. Greenbiz.com. Retrieved December 7, 2009, from http://www.greenbiz.com/print/18855.

Historic Futures Limited. (2009). Retrieved October 3, 2009, from http://www.historicfutures.com

IBM. (2009, July 14). IBM and Cisco collaborate on City of Amsterdam Smarter Energy Project. Retrieved October 3, 2009, from http://www~03.ibm.com/press/us/en/pressrelease/27995.wss

Metrolight. (2007). Monitoring and control systems. Retrieved October 26, 2009, from http://www.metrolight.com/Templates/monitoring.asp

Peattie, Ken. (1999). Rethinking marketing: Shifting to a greener paradigm. Martin Charter & Michael Jay Polonsky. *Greener marketing: A global perspective on greening marketing practice* (57–70). Sheffield, U.K.: Greenleaf Publishing.

Roos D. (2009). How desktop sharing works. Retrieved December 6, 2009, from http://communication. howstuffworks.com/how-desktopsharing-works.htm

Rothenberg, Sandra. (2007, January 1). Sustainability through servicing. *MIT Sloan Management Review*, 48(2): 83–91.

Stellin, Susan. (2009, November 10). The non-travel business: Hotels are embracing the virtual meeting. *New York Times*, p. B8. Retrieved December 20, 2009, from http://www.nytimes.com/2009/11/10/ business/10telepresence.html

Synapsis Technology Inc. (2009). Company fact sheet. Retrieved October 3, 2009, from http://synapsistech. com/resources/fact-sheets/synapsis-company-fact-sheet.pdf

Tilting in the Breeze. (2009, September 3). *The Economist*. Retrieved October 26, 2009, from http://www. economist.com/sciencetechnology/tq/displaystory.cfm?story_id=14299644

Westervelt, Amy. (2008). Green options for business travelers. *ExecutiveTravel*. Retrieved December 7, 2009, from http://www.executivetravelmagazine.com/page/Green+options+for+business+travelers

World Carshare Consortium. (2009). Retrieved December 1, 2009, from http://ecoplan.org/carshare/general/ cities.htm#latest

Integrated Product Development, IPD

集成产品开发

从20世纪90年代开始, 可持续发展的理念已经融合到企业产品开发的实践中, 产品的设计已扩展至整个产品生命周期, 包括采购、制造、分销、支持和报废。这演变成了集成产品开发, 具有跨功能的团队以平行和协调的方式, 快速开发出具有可持续性和可营利性的产品。

产品开发, 也被称为"产品实现"或"产品引进", 是制造企业一个已建成的业务流程。将可持续发展的理念融合到产品开发的过程中这一举措可以追溯到90年代中期, 当时许多企业为了加快产品上市, 同时不断提高产品质量和客户满意度, 采取了正式的"平台-门槛"流程。该流程包括一系列的步骤, 如概念发展、初步设计和详细工程设计, 还需满足特定的要求(或"门槛"), 才能进入下一步骤。

产品开发中的一个重要原则是"生命周期理念"——设计一个产品及其制造过程需要充分考虑产品的整个生命周期, 包括分销、

支持、维护、回收和处置(National Research Council 1991)。该理念已经演变成现代实践中的"集成产品开发"(IPD), 跨功能团队需参与到从产品概念生成到商业化的整个过程中(Rainey 2005)。集成产品开发通常被定义为一个过程, 在这个过程中, 涉及产品生命周期的所有功能小组(工程设计、制造、市场营销等)作为团队参与早期的产品理解以及和影响产品成功的关键问题的解决。

传统产品开发方法是"连续"工程, 产品设计在连续的阶段中被不同的工程组设计开发并进行完善。例如, 材料工程、包装工程和生产工程。而集成产品开发使用的是被称为"并行工程"或"同步工程"的方法。在这些工程中, 不同的工程目标在一个平行的、协调的环境下相互糅合, 从而满足产品生命周期的要求。这些目标包括高质量、可制造性、可靠性、可维修性、安全性, 以及最重要的, 可持续性。并行工程更快捷、更具有成本效益, 因为当产品从概念阶段进入到大规模生产阶段后,

设计的更改会变得更加昂贵。通过预测潜在的问题或机会，设计团队能够避免因重复设计而产生的费用变化和延误。这有助于加快产品进入市场的速度，缩短推出一个新产品从开发到进入市场之间的时间间隔，这通常能使产品夺得更大的市场份额。

可持续性发展的设计

可持续性发展的设计简单来说就是在集成产品开发中融入对于可持续性发展的考虑，并将其作为并行工程的目标之一。可持续性发展是一个广泛的主题，涉及各种各样的问题，如环境质量、自然资源保护、人类健康和安全、人格尊严、经济繁荣、伦理道德和正义。所有这些问题都会影响早期产品概念的设计，就像它们在计划给贫困乡村建造水净化系统一样。

继最初的概念阶段之后，影响产品的工程设计和详细设计的主要可持续发展问题是它的有形资产——材料的选择；资源需求；物理尺寸和结构；健康，安全和环境问题；当然还有成本。将这些问题融入集成产品开发的实践，有各种描述：环保设计（DFE）、生态设计或生命周期设计（Fiksel 2009）。比较有代表性的是环保设计，其范围包括以下目标：

环境保护——保证空气、水、土壤和生物有机体不会因污染物或有毒物质的释放而受到影响。

人类的健康和安全——保证人们在其工作环境和个人生活中不会接触到有安全隐患或诱发慢性疾病的药物。

自然资源的可持续性——保证人类对自然资源的消耗或使用不威胁到子孙后代对这些资源的使用。

环保设计起源于20世纪90年代初，当时全球企业开始逐渐意识到他们的产品和产品的设计过程对环境的影响。一些驱动力影响着对环保设计的采用：消费者对环保产品越来越感兴趣，国际标准化组织正在制定环境管理体系的ISO 14000标准，同时，政府机构，尤其是欧盟，正在颁布让制造商对整个产品生命周期负责的指令，其中包括在产品完成其使用寿命后回收废弃产品。

意识到可持续发展的商业实践可以建立良好的声誉和产生潜在的成本优势，许多企业开始采纳自发的行为准则。例如，克瑞斯原则（Ceres principles）和联合国全球契约，两者均包括开发可持续发展的产品和生产工艺的承诺。超过50%的美国大企业都在发布可持续发展报告。由于日益增长的股东压力，以及公众对气候变化的忧虑和实现能源独立的诉求，这一趋势在21世纪初进一步加速发展。一个产品的节能和环保性能是影响其在市场上成功与否的重要因素，这个观点已被广泛接受。即使是沃尔玛这样的零售巨头，也在2009年宣布它正在采取果断的措施制定"可持续发展指数"，以告知消费者其店内销售的所有产品具有节能和环保性能。

发展原则

产品开发团队需要考虑环保设计的7项基本原则（Fiksel 2009）。

生命周期思维（LCT）

集成产品开发的方法需要设计团队超越成本、科技和设计的功能思考问题，并要考虑价值链或产品生命周期的每个阶段可能会产生的更为广泛的后果。产品生命周期涉及供应链管理的 5 个主要阶段：原材料、制造、运送、支持和回收。每个阶段在财务表现、人类健康和安全及对环境的影响等方面都可能会产生有利的或不利的后果，如温室气体排放、生物多样性和自然资源枯竭在产品生命周期有几个废弃物产生的结点，为企业提供回收和再利用废弃物的机会，这被称为"从摇篮到摇篮"的方式（McDonough & Braungart 2002）。企业在考虑环境后果时，不应只考虑其自身资产会产生的潜在影响，还应考虑利益相关者他们对经济、环境、健康和安全的关注，这些利益相关者包括员工、客户、供应商、承包商和当地社区。

系统层资源生产力

环保设计（DFE）的一个基本挑战是考虑如何将产品嵌入整个系统和确定如何使利益相关者的需求能在资源最有效利用和对环境友好的方式下得以满足。生态效率是一个很有用的概念，该概念被世界商业可持续发展理事会（2000）定义为："提供具有价格竞争力的商品和服务，在满足人类需求和提高他们生活质量时，逐步减少整个产品生命周期中产品和资源消耗强度对环境的影响。"

从本质上讲，生态效率是指用较少的不利于生态的影响产生更多的价值。它用两个指标的比率来衡量资源生产率：经济价值的创造和环境资源的消耗（例如，每丁瓦时能源使用的美元收入）。但是企业必须注意避免因生态效率逐步改善而产生的自满。为了给可

持续发展做出有意义的贡献，企业需设计创新的、改变游戏规则的、能够明显改进生活质量和（或）环境足迹的产品。

绩效指标

绩效评估在新产品开发中是至关重要的，因为它的目的是确立要求和目标，并据此评估产品。可持续发展指标可以反映客户和利益相关者的各种期望及反映企业的优先事项和监管约束。当绩效目标由具体指标来反映时（如固体废物减少 50%），这些绩效目标可以被翻译成预测或跟踪某一特定产品设计的定量指标。环境绩效指标的例子包括，有毒物质的使用（每单位产量所需购买的溶剂总千克数）、资源利用（产品生命周期中所消耗的总能量）、大气排放（每单位产量所排放的温室气体和臭氧层损耗物）和废物最小量化（产品寿命末期材料的回收百分比）。其他的可持续发展绩效指标则与社会经济效益有关，可能包括创造就业机会、减少贫困和改善健康。

可持续的设计策略

为确保一个可重复的和不断地创新过程，企业应开发一个设计策略组合和适合他们的产品，工艺和技术的指南。下面总结了基于全球最佳实践的 4 个主要策略（Fiksel 2009）。

去物质化设计——在产品生命周期的每个阶段最大限度地减少原材料及相关能源和资源的消耗量。这可以通过以下技术来

实现，如延长产品寿命、减少污染源、工艺简化、使用可回收的投入物，以及用服务代替产品。

解毒设计——在产品生命周期的每个阶段尽量减少对人类或生态会产生不利影响的可能性。这可以通过替代有毒或有害物质来实现，如采用减少废物、减少排放，或废物处理的洁净技术。

重新估算价值——收回已被使用的资源的残值，由此降低开采原始资源的需求。这可以通过以下方式来实现：例如，寻找废弃产品的二次使用机会、对已达使用寿命的产品及其组成部分进行翻新、促进耐用品的拆卸和材料分离，以及寻找经济有效的方式来回收和再利用废物流。

资本保护和更新设计——保证用于实现未来人类繁荣的各类生产资本的可获得性和完整性。人力资本包括员工、客户、供应商和其他利益相关者的健康、安全、保安和幸福。自然资本是指可以使所有经济活动成为可能的资源和生态系统服务。经济资本是指企业的有形资产，包括设施和设备，以及知识产权、信誉等其他无形资产。因此，资本的更新可以包括吸引新人才、振兴生态系统和建立新工厂。

多标准决策

设计团队需要严格的、量化的工具来分析或预测产品性能及权衡取舍各种设计方案。每个产品的要求可以被看作是一个"标准"，该标准具有相应的涉及物理实验或数值计算的验证方法。有许多决策方法可以运用到这些多重标准中去，从筛选的方法（如材料清单）到先进的方法，比如风险评估、产品生命周期评价、成本−效益分析、质量与功能的发展，以及其他六西格玛工具的设计（Yang 2003）。六西格玛，一个从统计术语衍生出的词汇，是20世纪80年代发展起来的企业管理系统，它为企业提供了可以提高他们具体实践和流程能力的工具；六西格玛设计是一种方法，指在设计阶段早期采用六西格玛方法，以提高产品质量。

信息技术基础设施

除非将环保设计指标、指导方针和分析方法融入设计团队经常使用的可计算环境中，否则不可能实现基于上述原则而进行的系统化应用。这就需要进一步开发用于需求管理、产品数据管理、计算机辅助工程和设计（CAE/CAD）及性能仿真的商业软件工具。还有一些有用的工具包括"专家系统"，该工具用于可持续发展设计，以及对产品的生命周期经济和环境影响进行计算机建模。

从大自然中学习

自然系统可以给我们永无止境的设计灵感，因为在那里可持续发展和灵活的解决方案已经经历了数百万年的进化。许多重要的技术源于"仿生学"（Benyus 1997），即研究自然并在设计和工艺流程中对它进行模仿。例如，维可牢（Velcro，一种尼龙搭扣）受植物毛刺的结构所启发，涡轮叶片的新设计则是模仿鲸鱼的鳍状肢。自然系统能够通过优雅简洁的方式来完成物理任务及化学变化，无须过度的工业供应链辎重。更广泛地说，人类可以从大自然中学习如何组织生产过程中的复杂网络，却零排放的方式。正如食物链已经进化成每一单位生物量都被占据特定生态龛（niche）的一些生物体消耗。因此，工业网络将废物流转化为原材料或能源生产的"食物"也是有可能的。

可持续产品开发的例子

许多在不同行业的一流全球性公司已经应用了上述有关可持续发展的设计原则，并在市场上取得了相当大的成功。在许多情况下，这些成功公司凭借的是广泛的合作，和与客户、供应商及外部利益相关群体进行的有效沟通。下面是选择的一些例子。

陶氏益农（Dow AgroSciences）的蚁巢灭系统获得了总统绿色化工大奖，该系统在消除白蚁群的同时替代了广泛使用的杀虫剂。用蚁巢灭技术，害虫防治公司监测检验白蚁是否存在，然后插入附有缓慢发挥作用的白蚁生长抑制剂的诱饵。在这种技术下，所需的杀虫剂数量是传统熏蒸工艺需要的杀虫剂数量的万分之一。

惠普推出的 Pavilion dv6929 笔记本电脑包装于一个可回收的电脑包中，与传统笔记本电脑的包装相比，该包装减少了97%的原材料。这个电脑包内不含泡沫，只有一些可被消费者处理掉的塑料袋。电脑包除去搭扣、带子和拉链，是100%用再生面料制成的。惠普在一个盒子里放3个这样的电脑包，将产品运送至专卖店，从而减少了能源消耗和相关的物流成本。

施乐的 iGen3 商业印刷系统97%以上的组件可回收和可再制造；与此同时，其产生的废弃物高达80%（以重量计）可以回收、重复使用或循环利用。它发出的噪声比一般的胶印机少80%，并使用无毒的油墨，这些油墨装在封闭的容器里，几乎不会释放任何化学物质，且不需要任何防护设备或减排成本。

福特汽车公司的研究人员已经开发出灵活的、包含大豆油的聚氨酯泡沫，取代传统石油衍生的多元醇。自2007年以来，福特便推出了用大豆泡沫制成的座椅靠背和垫子，用于野马、福克斯、翼虎、F-150、探险者、导航者和水手号，每年约减少530万磅的二氧化碳排放。福特汽车公司正在进行的可持续性材料的研究还包括替代玻璃纤维和聚合物树脂（从高糖含量的植物中提取）的天然纤维增强塑料。

通用电气公司正在设计一款混合柴油电力机车，该机车能捕捉制动过程中消耗的能量，并将其存储在一系列精密的电池中。这些储存的能量可以供乘务员需要时使用，与当今使用的大部分货运机车相比（General Electric 2010），它能降低高达15%的燃料消耗和高达50%的排放量。除了环境优势，混合动力机车能在高海拔地区和陡峭的斜坡上更有效地运行。

美国庄臣公司（SC Johnson）在20世纪90年代早期便将生态效益融入其产品开发的工作中，并制定了绿色清单过程，以便根据原材料对环境和人类健康的影响对原材料进行分类。结果，庄臣公司几乎所有的产品线都以拥有环境效益而自豪。例如，通过对 Windex 玻璃清洗剂的重新配方，庄臣公司避免了每年180万磅（Ib）（816 480千克）挥发性有机化合物（VOC）的排放；与此同时，实现了30%以上的清洁力（Fiksel 2009）。

耐克基于生命周期的角度设计鞋和服装产品，采用可持续发展的材料，尽量减少使用黏合剂，减少供应链中的包装环节，并在产品寿命结束时能够回收。例如，耐克的Trash Talk运动鞋，其上部和鞋底夹层完全由工业废料制成，外底则采用耐克的Nike Grind，该材料是由再加工后的废料制成的。

欧文斯·科宁（Owens Corning）的Atticat玻璃纤维绝缘材料因其环保智能的设计被"摇篮到摇篮"（Cradle to Cradle）表彰。该玻璃原料的60%为可再生材料，且该产品采用"无黏结松散填充"，因此它不需要黏合剂化学品。此外，它也是高度可压缩的，从而增加了运输效率，与传统的黏结绝缘材料相比，它更容易回收和再熔化。

3M公司设计了一款"有利气候"型灭火剂，Novec 1230消防液，来替代哈龙灭火剂，它采用的是基于氟化酮的新技术平台。其灭火效率出众，和其他所有哈龙灭火剂相比，它对全球变暖的潜在影响最小，其全球变暖潜能值最低（这是一个用于比较大气中各种温室气体捕捉热的能力的指标）。此外，Novec 1230消防液的大气寿命很短、剧毒性低、不导电，且在常温下下是液体，因此更安全、更方便。

未来发展方向和挑战

迄今为止的经验表明，将环保设计理念引入到集成产品开发的流程中能够为企业带来降低产品生命周期成本、提高产品的整体质量和盈利能力的新机遇；与此同时，帮助企业确保它们满足其可持续发展的承诺。现代通信技术可以使虚拟设计团队跨时间、跨空间分享信息。因此，可持续发展的专业知识可以在一个全球性的公司中利用。许多龙头公司充分发挥由公司员工组成的专家小组的作用，为其他不同部门的跨功能团队提供支持。采取可持续发展目标的动力通常自上而下从各级管理层向下传递；同时，可持续发展专家作为改革的推手，与企业领导和功能部门会面，制定战略并协调实施。为把机会型设计理念推进为更系统的实践，公司正在建立组织目标、激励机制和不断提高产品生命周期中性能的问责制，此外，企业还对其业务流程和信息系统进行调整，使这些目标能够顺利实现。

诚然，许多遗留的障碍依旧存在，这其中包括资源的有限性、相互冲突的目标、文化抵制及缺乏足够的培训。然而，1990年至2010年间，私营部门通过产品创新和工艺过程创新，在降低产业供应链的资源密集程度方面取得显著进步。不幸的是，这些收益被长期的经济增长所否定。因此，能源需求、全球温室气体排放及环境退化的整体速率仍在不断提高。个别企业自愿的、渐进的环境改善不足以抵消经济增长负面影响的现象越来越明显。此外，中国、印度及其他新兴经济体快速工业化将加剧这一现象也愈发明显。事实上，位于"金字塔底层"的大型新兴市场已察觉到可持续发展的潜力，并已经产生了一系列特别为减轻贫困和改善人们生活质量而设计的创新产品和服务。

当前，产品开发的专业人士所面临的挑战是如何通过资源利用率和排放量大幅减少整体产品的环境足迹，来实现可持续增长。取得突破性的创新需要行业、立法者、监管者和非政府组织间的通力合作。也许最大的障碍

是环境、能源及经济制度的复杂性和它们之间
相互依存的关系。因此，新技术的长期影响很
难被评估。集成产品开发需要极大地拓宽其
边界，使其包括基础设施的设计、环境建设、生
态系统改造，甚至是企业及其客户在其中经营
的社会结构的设计。

约瑟夫·菲克塞尔（Joseph FIKSEL）
俄亥俄州立大学

参见：仿生；工业设计；生态标签；生命周期
评价；制造业实践；绩效指标；再制造业；供应链
管理。

拓展阅读

Benyus, Janine. (1997). *Biomimicry: Innovation inspired by nature*. New York: William Morrow.

Fiksel, Joseph. (2009). *Design for environment: A guide to sustainable product development*. New York: McGraw-Hill.

Ford. (n.d.). Sustainability report 2008/9: Choosing more sustainable materials. Retrieved January 2, 2010, from http://www.ford.com/microsites/sustainability-report−2008−09/environment-productsmaterials-sustainable

General Electric Company. (2010). Evolution hybrid locomotive. Retrieved January 2, 2010, from http://ge.ecomagination.com/products/evolution-hybrid-locomotive.html

McDonough, William, Braungart, et al,. (2002). *Cradle to cradle: Remaking the way we make things*. New York: North Point Press.

National Research Council. (1991). *Improving engineering design: Designing for competitive advantage*. Washington, DC: National Academy Press.

Rainey, David. (2005). *Product innovation: Leading change through integrated product development*. Cambridge, U.K.: Cambridge University Press.

Schmidheiny, Stephan, the World Business Council on Sustainable Development. (1992). *Changing course: A global business perspective on development and the environment*. Cambridge, MA: MIT Press.

Supply Chain Council. (2006). Supply chain operations reference model (SCOR). Retrieved on July 27, 2009, from www.supply-chain.org

Yang, Kai. (2003). *Design for six sigma: A roadmap for product development*. New York: McGraw-Hill.

World Business Council for Sustainable Development (WBCSD). (2000). Measuring eco-efficiency: A guide to reporting company performance. Retrieved October 22, 2009, from www.wbcsd.org/newscenter/media.htm#2000

Investment, CleanTech

清洁科技投资

清洁技术是指那些能提升产品或服务表现，提升生产力或效率，同时降低成本，使用更少的能源和原材料，以及减少对环境破坏的科技和商业模式。各个不同领域的清洁技术投资，包括能源、水和废水处理、生产制造、先进材料、交通运输、农业等，为投资者和客户提供了有竞争力的回报。标准化、立法、长期规划和激励机制可以缓解它的风险。

自2004年以来，投资于清洁技术的风险投资已经成为一种新的趋势，这种趋势从根本上改变了可持续发展的企业的面貌。这种技术，如太阳能发电、燃料电池、养殖业，促进了创新，因为它有潜力成为企业价值链的一部分（一条"价值链"是一个系列活动，其目标是创造超过所提供的产品或服务成本的价值，从而产生边际利润）。清洁技术是指"清洁"的科技和商业模式，解决由产品或服务的生产或开发过程引起的源头上的生态问题。它能改善产品或服务的性能，提高生产率，同时减少成本，使用较少的能源和材料，并且产生较少的

环境破坏。这些技术集中在不同的行业领域，包括能源（有大约2/3的总投资）、水和废水处理、生产制造、先进材料、运输和农业。产品或服务的涵盖范围广泛，包括：节能照明、风能和太阳能、水过滤、下一代电池、使产品更、轻更强和（或）更便宜的先进材料，无毒农药；以及改进提高智能网电的性能的技术。

公司正在意识到，将清洁技术解决方法整合到其运营中可以"绿色"它们的供应链。这也将减少它们受气候变化、水资源的短缺和污染等方面的不确定性所带来的风险，增加市场估值（消费者愿意支付的金额），特别是，在新市场中获得额外的收入来源。对于企业的挑战是去衡量对于清洁技术解决方案的投资——这种投资往往是资本密集型的——和这些解决方案的潜在长期商业价值。例如，企业和投资者需要面对技术在可拓展性或可靠性方面存在的不确定性所带来的挑战，还需要制定新的商业模式，以使他们获取投资的价值。他们还需要考虑会阻碍债务融资和公募

的金融市场的不确定性,石油价格的波动,以及旨在适应气候变化和减少碳排放而提出的一系列政策。

清洁术技投资的特点是,对于投资者来说资本投入高,技术开发周期长,对政府政策的依赖程度高,以及(如早期阶段的)不确定的退出策略。这些特征不同于典型的信息技术要素(如,太阳能价值链中的原材料和能传输可替代能源电力的智能电网)、生物技术(如藻类生物燃料)及其他一些比较成熟的投资领域。因此,清洁技术需要新的商业模式,因为那些从信息技术和生物技术转换到清洁术技的投资者和企业已经经历了显著的学习曲线,特别是因为它涉及公司的估值,各轮投资的规模,以及潜在的退出战略(收购或首次公开募股)。2009年,制造可用于智能电网的锂离子电池的A123系统公司(A123 Systems)首次公开发行募股,这为营利性企业进入公共服务市场开启了一扇窗口。不过,它最有可能的退出策略仍是被收购。

有证据表明,为了实现差异化战略和收入增长,公司正越来越多地投资于清洁技术的创业型企业、合资企业,以及收购这类企业,尤其是在能源、生物燃料和水处理技术领域。比如,埃克森美孚在2009年向合成基因组学公司投资6亿美元,以开发生产生物柴油所需的优良藻菌;通用电气公司在2009年向A123系统公司投资,沃尔玛公司对节能节水公司投资,都是为了减少二氧化碳和水足迹(Cleantech Group 2009)。碳足迹和水足迹分别衡量生产商品和服务中产生的温室气体或在日常活动中使用的淡水排放量。这些技术的市场不断扩大,越来越多的投资者和企业意识到通

过投资清洁技术而产生的可持续创新能够更好地利用自然资源来实现经济价值。是什么促进了这种趋势,为什么公司会投资于清洁技术,以及它与企业环境可持续发展方面的重大创新技术有何联系?

增长和扩张

在美国,清洁技术可追溯至20世纪70年代,在环境保护署成立以后,开启了环保运动的时代。当时,国会通过立法,如清洁空气法、清洁水法等来回应公众对环境污染、到处存在的环境危害和公众健康危害的不满情绪。这些事件和1973年的石油危机促使一些研究和技术不断发展,如新能源发电、水处理工艺及用于处理已发生污染的环境处理技术。然而许多这样的技术,在发展的早期阶段都很昂贵,并且没有得到广泛的政治支持;很少有大企业支持这个领域的创新潜力。在某种程度上是因为这些解决方案的成本高,以及这些方案缺乏商业模式来使得投资者和企业获得有吸引力的回报。因此,环保技术往往只能通过由条例规则驱动的小市场来实现。由于这些事件,清洁科技集团(他们创造了清洁科技这个词,并获得专利)认为,清洁技术不应该与在70年代和80年代常用的环保技术和绿色技术这两个词混淆。

迄今为止,很多在美国和欧洲的公司和组织在推动清洁技术的发展,并帮助投资者和企业物色投资及收购机会。这些公司包括Clean Edge,一家投身于清洁技术领域的研究和出版公司,它面向的群体是投资者和企业家;LuxResearch是一家独立的研究和咨询公司,为企业和投资基金提供战略建议和相关的

新兴技术信息；Cleantech Europe 是一家针对创业者和投资者的咨询公司，覆盖整个清洁技术领域。除了这些商业情报公司，金融服务行业也已经进入了清洁技术领域，并关注于能源领域，它们要么在公司建立新的专业部门，要么成立独立的精品店来运作。

即使在21世纪初，清洁技术这个术语也不收录在金融或商业界的词典里。但自2004年以来，该行业已经成熟并获得了认可，因为它将新的清洁技术产品或服务与能够提供给投资者和客户有竞争力回报的新商业模式联系在了一起。近年来，出现了很多金融创新来推动企业和消费者采用清洁技术。例如，屋顶的太阳能技术可通过长期租赁和采购程序来实现。在这些方案中，太阳能公司拥有并维护技术，公司与公共部门协商电价返利给消费者。这些方案对消费者来说风险低，有价值；对公用事业部门来说，能缓解高峰时段的电力需求，它们正成为民用和商用能源生产的主流，并在垃圾发电领域采用。许多战略驱动，决定着一个公司经营策略成功或方向，刺激了清洁技术的快速增长。这些驱动因素包括私人和公共资本的可获得性；技术成本的下降；政府创造绿色经济就业岗位的竞争；气候变化的确定性，它会影响公司披露和减轻他们暴露出来的风险；一个不断变化的、要求提供可持续产品和服务的消费者；以及新兴经济体，如印度和中国对资源的需求。

最能体现清洁技术已经进入主流的证据是，世界各国政府已经将绿色化经济作为它们刺激经济的核心，其投入估计超过了5 000亿美元（Edenhofer & Stern 2009）。政府资金的注入增加了投资者和公司的兴趣，并促成了

2009年第2季度绿色科技市场反弹36%。当时，全球在运营的有3 000多家由风险投资支持的清洁技术公司。还有更多的是通过企业投资、债务－股权融资、个人投资及政府补助资金来资助的。因此，清洁技术及基于清洁技术的企业由于他们的商业价值，其目的是要通过提高效率或其他手段来减轻碳足迹或水足迹。然而，当市场以外的其他力量来选择哪些措施是成功的或失败的，则会导致意想不到的后果。美国关于乙醇生物燃料的法令和欧洲太阳能和风能补贴电价政策就是这方面的例子，结果是农田让位给能源，食品价格飙升。因此，整合这些政策和清洁技术解决方案是比较棘手的。事实也正是这样，由于联合国2009年哥本哈根会议没有就气候变化（COP-15）达成确定的结果，风险投资公司和创业者给自己的定位是尽可能减少对环境政策的依赖，它们可能有意想不到的后果或决定商业价值。

对于可持续发展的影响

财团在企业内部研发、合资企业和收购使用颠覆性技术的公司进行针对性的投资，（颠覆性技术是指用市场未曾意想到的方法来改善产品和服务的先进技术），正在创造有效的、创新的清洁技术解决方案，同时还能为其运营创造价值。这就是清洁技术和可持续发展目标的交汇之处。其合理性在于，科技投资可以帮助解决由于气候变化和水资源风险对公司长期成长战略（及由此产生的市场估值）带来的潜在影响。自2004年以来，在财务金融市场中披露企业经济、环境和社会方面的做法已经越来越多地出现在了财务报告里，这对

企业成功非常重要。这可以从企业提交给证券和交易委员会（SEC）的文件中体现出来。这些文件阐述了气候变化对它们的运营和供应链可能产生的风险，以及它们可用于降低这些风险的创新方法。

自 2000 年以来，道琼斯可持续发展指数（DJSI）一直在跟踪全球以可持续发展为导向的一些大公司的财务表现。许多组织，如 Ceres 公司、Risk Metrics 集团，以及碳信息披露项目公司，都在分析可持续发展指标。例如，Ceres 公司是一个国家层面的联盟，由投资者、环保组织和公益组织组成，这些公益组织与其他公司一起合作来应对可持续发展方面的挑战。Ceres 公司管理着气候风险投资者网络，这是一个由来自美国和欧洲的超过 70 个机构投资者组成的组织，管理着超过 7 万亿的资产。2008 年，Ceres 公司发布的报告描述了所有行业部门中最大的 63 家消费者和科技公司的自身定位，以应对气候变化对其大规模运营和供应链产生的影响（Risk Metrics 2008：3）。在这些回应中，公司计划减少他们的碳足迹和水足迹。但由于可持续发展将逐渐成为公司战略和差异化的驱动因素，公司需要有能改变现有商业模式的新一代实践。为了开发引领新一代实践的创新，高层管理者必须质疑他们现有实践背后隐藏的一些问题。Ceres 公司

的报告建议采取的手段包括改变薪酬奖励结构、治理系统和供应链管理；制定可再生能源采购目标；以及对颠覆性技术的策略性投资。清洁技术允许企业改变他们的运作方式，因为技术差异可以导致自行业内部和外部竞争的战略差异。

许多公司关注其供应链中产生的大量碳足迹和水足迹。许多引领性公司开始管理其风险，制定标准来衡量其排放，并进一步寻找和确认容易实现的变革及适合进行投资的清洁技术种类。比如耐克，其庞大的连锁制鞋基地占总碳足迹的 60%。由于测控原料加工、零部件供应商及货物运输中排放的温室气体非常困难，这些基地必须相互合作并与供应商一同合作。在 2009 年前后，可口可乐和莫尔森库尔斯（Molson Coors）开始实施一个共同的行业标准来衡量产品生命周期的排放量，主要聚焦于管理其整个供应链中产生的水足迹。戴尔、沃尔玛和其他几家公司在中国直接经营供应商，以确保他们的温室气体排放得到评估和汇报。

但许多公司走得更远。沃尔玛投资了那些能够为绿化其运营过程提供解决方案的清洁科技公司和技术。例如，沃尔玛安装了节能的供暖和照明系统，以及使用透水的屋顶和停车场地表，来恢复水、土地、海洋和大气之间的液态循环。沃尔玛甚至正在探索如何将其仓库和垃圾填埋汽化项目配置在一起来制造一个离网电源。埃克森美孚和雪佛兰这样的能源公司（以及风险投资公司）在藻类生物燃料创业公司中投入了巨资，因为他们认识到藻类生物柴油技术可能可以规模化并替代石油。因此，他们探索了如何绿化自己的产品结构，

并进军新的市场。这些公司特别专注于价值链的早期阶段。例如，高效藻类的隔离、选取和基因工程，以及相关的提取工艺。工程制造公司，如博世和西门子，通过投资太阳能、风能价值链上的初创企业，以及通过收购，来使其绿色科技更加多元化。完善公司价值链的支持者们相信，核心工程技术的关键技术能直接改进替代能源和其他技术。这使得公司能够进军新的市场，同时将创新的举措整合进其运营和供应链之中。

风险和争议

对清洁技术公司增长和机会的投资正处在"风暴"中心：政府为了绿化经济，正在开放前所未有的刺激基金的数量。有些人认为，道琼斯可持续发展指数上的那些公司，与那些不在名单上的公司相比，市盈率高出了15%，这表明市场认为这些公司比那些不符合可持续发展标准的公司更具价值。市场正在关注各个公司在美国证交会文件中关于气候风险的披露。此外，气候政策正在影响着产业价值链、碳排放交易市场和消费者的行为。然而，风险、意想不到的后果及其他争议都可能会影响清洁技术创新的未来发展。这些影响包括："漂绿"，或不正确地陈述产品、技术或实践的环境效益；政府风险，政府基于公司大规模投资有针对性的创新项目而设立的奖励资金和政策；公司未作长期计划带来的风险；以及绿色悖论，某些政策为了遏制排放却导致石油生产加速。

企业和政府如何能解决这些问题？首先，一些绿化供应链和运营过程的报告标准正不断涌现，而且分析师们正开始采用这些

标准。在21世纪初，公司是自愿出具气候和水风险的报告，而且对各种产品和服务的度量也很随意。提升报告的标准及持续进行报告披露有助于消除这些风险。如果公司的气候风险报告及其缓解策略建议的报告，无论什么行业，都可以标准化，那么公司在面对气候变化和水资源风险的不确定性时就可以对冲其金融风险。例如，瑞士再保险公司（Swiss Re，一家全球领先的再保险公司）及其他公司正在试点天气保险产品，这将减少农作物价格波动（影响食品、饮料和服装行业），并将风险转移给金融参与者（再保险人或投资者）。

其次，政府资金的注入有可能改造替代能源和其他绿色科技企业，影响投资回报和影响行业价值链。例如，美国2009年的"绿色"经济刺激计划投入了1 172亿美元，也即总计7 872亿美元计划的12%（Edenhofer & Stern 2009），旨在创造一个清洁能源的未来。它通过发展插电式混合动力汽车和可再生能源技术、投资能源效率，和减少温室气体排放的排污权交易额度来达到这一目标。中国政府致力于循环经济的概念，通过拨发2 180亿美元，即其总预算的33.4%，以期在制造运输和消费过程中减少、再利用并再循环资源。这项法规将使得中国汽车制造商超越汽车科技整整一个时代，并引领绿色汽车革命。这一法规还确定了一个远超美国的太阳能和风力发电设备安装总量的官方目标。但历史已经证明，让政府而不是市场做什么，可能会成功，也可能有风险。例如，美国政府给予生物燃料种植户的利好推高了大宗商品价格，导致了粮食换石油的交易，影响了贫困人口，并增加了生物燃料

行业的水足迹。对于混合动力或全电动汽车的重点推广，却不顾其对锂离子电池这样稀缺物资的依赖，使得公司不得不暴露在政治风险和不可持续的开采行为之下。

第三，企业必须对其清洁技术投资方面的机会和可持续性建立长远的规划。有种目光短浅的看法认为清洁技术仅仅是一个拥有良好成本效益率的附加品。这些短视的看法可能会导致企业在市场或政策刺激改变的时候抛弃清洁技术，这意味着科技社会和环境的影响将会变小。将清洁技术融入企业的价值结构中去，将会有更多的潜力来提升企业的竞争策略，并长远影响可持续发展的商业性。

最后，所谓绿色悖论指的是，随着政府和企业努力减少化石燃料消耗以降低排放（通过在替代能源、提高建筑保温和节能汽车方面的清洁技术创新），全球煤炭、天然气和石油的开采会增加。这一观点的论据是，随着企业不断绿化经济，它们对未来的化石燃料价格施加了下行的压力（因为需求在减少）。为了维持利润，石油和天然气田拥有者将增加产量，从而加剧气候变化。言下之意是，政策需要给矿产所有者提供激励措施，引导他们将供给留在地上，而不是试图去抑制需求。而矛盾在于，对需求的抑制已经刺激了相当多的清洁技术创新。对所有者征税，政治上不可行。因此，全球碳排放交易体系可能限制燃料消耗，并减缓开采率。这将进一步推动碳金融的创新，并使金融和保险服务在绿色价值链中上移。碳金融，作为京都议定书的一部分，指对温室气体减排项目投资和在碳市场创造可交易的金融工具。这一价值链基本上包括3个主要相关者：项目所有者、贸易商或经纪人及碳抵消的购买者。尽管并非所有温室气体减排项目都能实现相同的价值，碳市场及其金融服务参与者仍会尝试通过金融工具鉴定并核实碳抵消的价值。

未来展望

可行的商业模式正在给投资者和公司产生可观的回报。这一事实表明，清洁技术将在此驻留，尽管清洁技术可能会给企业运营和价值链带来市场、政策和技术方面的挑战。虽然美国2009年的经济刺激资金将持续2年，但它的绿色投资对市场的影响需要更长的时间才会体现。美国证交会文件的牵引作用将会持续，因为越来越多的企业参与到对气候风险的披露中，或参与到碳披露的项目中来。随着测量标准化的日渐成熟，企业将更容易地衡量其碳足迹和水足迹，并识别出规避风险的机会。项目融资和保险定价也越来越多地与企业的气候风险联系在一起，因此未来的有利费率可能会引导企业采用碳和水的管理策略，并考虑将清洁技术解决方案整合到他们的竞争策略中去。清洁技术行业2004年以来主要在风险投资和私募股权投资的驱动下不断成熟，21世纪前期将受主流经济增长和扩张的驱动，这主要靠政府项目的推动。不过，根据科技领域的不同来区分未来前景是非常重要的。

能源会持续成为投资的主要领域，尤其是交通运输（电池和燃料电池）、生物燃料（藻类和非作物植物）以及太阳能和风能的持续扩张。在2009年的第三个季度，清洁能源投资首次超过了在软件、生物医学设备和生物技术方面的投资，占美国产生的总风险投资的25%（Clean-tech Group 2009, 13）。太阳能是最热门的领域，占了28%的投资，紧随其后的是交通运输（25%）和生物燃料（9%）（Clean-tech Group 2009, 10）。在短期内，分析师们估计，这些行业的价值链会发生重大的整合。其原因是政府的作用，民营资本的短缺，产能过剩、较低的能源需求，以及整合技术的价格不断降低。这种整合会刺激对能源企业的投资，因为投资者可以控制整个供应链，并根据刺激计划对美国政府的要求做出反应。这种趋势在太阳能行业已经十分明显，并且有可能在风电行业被效仿。我们将会需要新的财务模式和激励机制来确保清洁技术行业的稳定性。例如，采用电力收购补助，或制定价格以支付给为电网提供太阳能的终端用户。将所有的太阳能项目的税费率保持一致（如在中国所被建议的那样）可以降低成本，并使得项目可行，从而使企业可以计算风险和回报。虽然很难预测投资者未来的投资方向，德勤全球（Deloitte Touche Tohmatsu）《2009年全球投资趋势》报告显示，63%的全球各地的风险投资家打算在未来3年内，增加他们对清洁技术领域的接触，这一比例远远高于其他任何行业。这种趋势看起来将会稳定持续一段时间。

公用事业对可再生能源的需求不断增长，因为它们必须符合州（最可能是联邦政府）到2020年的可再生能源组合标准（RPSs）。不过有些疑虑，在可再生能源组合标准中对于太阳能的广泛和整体的使用正在逐渐减弱（甚至在石油和天然气密集的城市，如得克萨斯州的休斯敦，公用事业正在购买太阳能技术）。全球竞争也正在发挥作用，在中国安装替代能

源系统的目标迅速超过了美国。除了政策刺激以外，有一个主要的挑战是创造一个可以处理高度可变的来自可再生能源电力的智能电网，这个电网可以存储并且跟踪"绿色"和"棕色"的电子。智能电网将来自中央（如燃煤电厂）和分散源头（如风电场或电动车）的电力生产、传输和配送，与消费者的需求联系在一起。电力通过传统的煤，石油植物（棕色电子）及风力，太阳能，生物燃料和电池（绿色电子）所产生，因此需要开发一套精细复杂的管理系统。在美国，许多盘踞在价值链各处的初创企业，正在共同致力于开发可行的技术和管理方式以符合联邦政府对于创建智能电网的要求。考虑到当前电网的固定基础设施，企业很可能会将绿色智能电网建在走廊沿线（例如，在亚利桑那州和加利福尼亚州），以测试其可行性。工程很可能会得到债券市场的零散融资，其他商业模式也会逐步被开发出来，并以可观的回报将其货币化。

在其他领域，锂电池以外的其他电池技术创新，将会为推动21世纪第2个10年的汽车开发。但首先，电池成本必须降下来，它们的效率也必须提高。由混合动力技术和通用汽车公司的Volt电动车获得的经验对于评估这项技术的市场需求，以及对于推动电网基础设施的创新来说，都是非常宝贵的。在混合动力和电力科技上的经验有可能同样影响到关于电力系统购买、维护和后续保养的商业模式。公司可能会非常积极地朝着这个方向努力，因为他们已经对燃油效率进行了投资，无论是以所有权、租赁或合资企业的方式。在采用这项技术时，未来燃油的价格、技术成本及政府的激励措施将会发挥重要的

作用。考虑到较长的开发周期和行业的分割性，这些创新在市场上发挥作用前仍将需要很长一段时间。

最后，水行业部门保守的去管制化，已经看到了许多创新、投资或收购的活动。例如，通用电气公司收购了加拿大的 Glegg 自来水公司，后者为超净水处理开发出了卓越的电去离子技术和产品（E-cell）。针对高价值客户，如医药和半导体行业，通用电气的水与工艺技术部门将这看作是一个收购和开展业务的机会。两个主要的战略驱动将会增加公司在水资源技术方面的投资：一是证券交易委员会对企业水足迹的披露，另一个是能源与水关系的披露。能源与水关系包括清洁技术的创新，用于解决输水和处理水的能源问题（例如，操作过滤系统、微型燃气轮机和燃料电池）。其他的创新解决能源生产过程中水的使用问题，包括煤炭、天然气、核能、生物燃料和公用事业规模的太阳能的生产。受许多因素的影响，水行业部门的价值链不断上移。首先，气候变化影响着企业在获取水资源和水质方面的风险。其次，企业用户开始谈判他们的用水成本。最后，用水的多方利益相关者正开始推动新的立法。

皮特·阿德里亚恩斯（Peter ADRIAENS）
密歇根大学罗斯商学院

参见： 仿生；总量控制与交易立法；能源工业——可再生能源概况；绿领工作；社会责任投资；产品服务系统；风险管理；供应链管理；真实成本经济学。

拓展阅读

Alter, Alexandra. (2009, February 17). Yet another footprint to worry about: Water. Retrieved November 16, 2009, from http://online.wsj.com/article/SB123483638138996305.html

Carbon Disclosure Project. (2009). Retrieved November 16, 2009, from http://www.cdproject.net/

Clean Edge. (2009). Retrieved November16, 2009, from http://www.cleanedge.com/

Cleantech Group. (2009). *Cleantech investment monitor: Third quarter 2009.* Retrieved November 16, 2009, from http://www.deloitte.com/view/en_US/us/Services/additional-services/Corporate-Responsibility-Sustainability/clean-tech/article/46dd16e228725210VgnVCM100000ba42f00aRCRD.htm

Deloitte Touche Tohmatsu. (2009, June). *Global trends in venture capital 2009 global report.* Retrieved December 8, 2009, from http://www.deloitte.com/view/en_GX/global/article/e79af6b085912210VgnVCM100000ba42f00aRCRD.htm

Edenhofer, Ottmar, Stern, et al,. (2009). *Towards a global green recovery: Recommendations for immediate G20 action.* Retrieved December 14, 2009, from http://www2.lse.ac.uk/granthamInstitute/publications/GlobalGreenRecovery_April09.pdf

Esty Daniel C, Winston Andrew S. (2006). *Green to gold: How smart companies use environmental strategy to *innovate, create value, and build competitive advantage*. New Haven, CT: Yale University Press.

Kammen, Daniel M. (2006). The rise of renewable energy. *Scientific American*, 295(3), 85–93.

Metcalfe, Robert M. (2008), September. Learning from the Internet. Retrieved November 16, 2009, from http://www.sciamdigital.com/index.cfm?fa=Products.ViewIssue&ISSUEID_CHAR=7642E940–3048–8A5E–103FDB5762BAF1D5

Pernick Ron, Wilder Clint. (2008). *The clean tech revolution*. New York: Harper Collins Business.

The power and the glory. (2008, June 19). Retrieved November 16, 2009, from http://www.economist.com/specialreports/displaystory.cfm?story_id=11565685

RiskMetrics Group, Ceres. (2008, December). *Corporate governance and climate change: Consumer and technology companies*. Retrieved November 16, 2009, from http://www.ceres.org/Document.Doc?id=398

Investment, Socially Responsible, SRI

社会责任投资

社会责任投资(Socially Responsible Investment, SRI)是一个将环境、社会和社区关心的问题整合到传统金融投资框架的过程。社会责任投资市场的增长，特别是在发展中国家，取决于新型研究方法的开发，鼓励进一步提高企业透明度和问责制的市场压力，以及社会责任投资是否纳入国民经济体系。

社会责任投资是一种投资过程，它在传统财务分析的范畴内考量社会和环境方面的结果。投资者，包括个人、机构和企业，不仅用社会责任投资来实现传统的财务回报，还用来实现社会、环境和社会的回报。他们通过将这些维度整合到传统的金融投资框架中去来实现这一目的。社会责任投资的一个重要目标是促进企业将社会和环境风险纳入主流的金融实践中，并广泛呼吁公司改进它们在环境和社会责任方面的实践。

现代社会责任投资的起源

现代社会责任投资的起源可以追溯到20世纪60年代的动荡时期，强大的社会暗流，包括环保和反战行动，促使社会对信念、价值观和商业的看法从根本上发生了改变。社会责任投资曾经一度被认为就是"道德基金"，不过鉴于社会责任投资有着很强的犹太-基督教背景，这不足为奇。道德商业的概念建立在犹太-基督教传统之上；有关例子记载于《圣经·申命记》中，可以追溯到2 500多年以前。但在现代，把商业活动和道德价值联系在一起，对此影响最大的可以说还是贵格会（Quaker）的信仰。贵格会教徒是最早实践就投资项目进行"负筛选（negative screening）"的一群人，他们忠实地将自己和平的传统融入商业活动，避免在军事领域进行投资。一个也许可以被称得上是类似社会责任投资行为的早期例子是，20世纪60年代卫理公会教堂成立的投资基金，该基金拒绝投资于武器、酒精、赌博和烟草。由于卫理公会所管埋的基金并不对外人开放，所以我们现在所谓社会责任投资基金的第一个现代的例子，是由两位卫理公会牧师创办于1971年的美国派克斯世界基金（Pax World Fund）。第一家专门致力于解决生态问题的投资基金是由梅林／朱庇特（Merlin/Jupiter）公司于1988年成立的生态基金（Kreander 2001）。

20世纪60年代和70年代南非的政治动乱为另一重大政策创造了条件，该政策推动了社会责任投资的发展，并且成为道德和商业之间的重要联系。牧师利昂·H.苏利文（Leon H. Sullivan）参与起草了一部行为准则（后来被称为"苏利文原则"），用于规范在南非开展业务的公司。到了20世纪80年代初，苏利文原则成为反种族隔离运动的战斗口号。1982年，康涅狄格州通过了苏利文原则和其他一些社会性标准来指导投资决策。仅仅两年后，加州公务员退休基金（CalPERS）——世界上最大的公共养老基金，以及纽约市雇员退休系统在南非建立了他们自己的投资准则。在21世纪针对从达尔富尔、苏丹的种族屠杀，到埃克森美孚公司的环境政策等一系列问题出现的企业撤资和抵制活动，在很大程度上是受到南非反投资活动家所获成功的影响（IFC 2003）。

全球社会责任投资市场

到2010年，在经济合作与发展组织（OECD）的富裕国家中的全球社会责任投资市场已经建立完善，以欧洲为例，其社会责任投资市场正进入一个重要的发展阶段。在美国，有27 000亿美元，也即26万亿美元的总投资资产中的约11%，投资于三个社会责任投资策略之——筛选，股东请愿和社区投资。虽然欧洲社会责任投资市场的规模小了很多，但在最近几年发展迅速，目前估计为27 000亿欧元，占据资产管理行业的份额高达17.5%（SIF 2008）。即使是在日本和亚太地区，尽管其对于社会责任的关注意识落后于北美和欧洲地区，但社会责任投资依然代表着少数在市场发展方面充满活力的金融细分市场之一。此外，澳大利亚的社会责任投资市场仅在2003—2004年就增长了41%，两倍于该国的零售和批发投资市场（Eurosif 2008）。

重大的全球问题和趋势

随着社会责任投资进入到全球金融和商业环境，我们可以描绘出三个重要的发展趋势。首先是投资团体的出现，由个人和机构投资者组成，它们在全球经济和可持续治理方面扮演着一个全新又重要的角色。第二个趋势试图确定社会责任投资的商业和可持续发展效益。第三个趋势着重于社会责任投资在位于经济发展金字塔基层的主流新兴市场和发展中经济中的潜在作用。

投资社区的角色

自20世纪70年代，投资者的出现，他是金融业的一个重要角色；同时，责任投资也迅速崛起，凸显了当代全球治理的复杂性。例如，国内和国际之间的界限已经模糊（因为投资资金越来越多地尝试将当地的企业活动与国际责任联系起来）。其他的例子包括，以往为数不多的几家专有共同基金（主要在美国），扩张到了世界范围内几百家共同基金；全球机构投资者逐渐兴起，通过自己的行动，涉足并推进社会责任投资原则；试图影响金融资本的全球性公民社会的出现；以及各种激励资本市场的跨国问题(从人权相关的问题,如南非种族隔离,到环境的可持续发展及相关问题)。

虽然从技术上讲,社会责任投资者可以是社会上任何拥有投资资金的人,但是机构投资者——包括养老基金、投资公司、保险公司,或者那些将资金交付于专业管理机构的投资者,他们占据了整个社会责任投资最大的一部分。个人或散户投资者,在1950年时曾经拥有整个美国股票市场高达93%的份额,在20世纪70年代仍高达75%,但到如今,其股票份额仅为34%,为史上最低点。与此相反,机构投资者迅速在资本市场上获得更大的控制权,其所持有的股票份额从1987年的47%,增长到2007年的76%以上。1985年,没有一家公司由机构持股60%或以上的股份,然而到了2007年,有17家公司持有60%或以上股份,其中6家公司甚至持有70%或以上的股份(Conference Board 2007, 2008)。

就社会责任投资而言,这种趋势的意义在于,机构投资者透过他们在某些公司所拥有的股份,也开始拥有实质性的,虽然更微妙的,经济商业可持续发展影响力。股权投资使得机构投资者拥有了股东决议权,并对其不拥有股权的公司施加影响。他们可以通过为未来潜在的股权收购指定标准或筛选条件来实现这一点。

可持续发展的影响和效果

即使不能算作是最重要的,但也是最常被问到的一个问题是,社会责任投资的投资组合筛选和股东倡导/股东参与的做法对企业的可持续行为是否产生了积极的影响。虽然很

难确定社会责任长期对可持续发展的影响和效果,但一些初步证据表明,社会责任投资确实对商业行为产生了可持续性的影响。加州公务员退休基金2001年宣布,该公司将开始在其投资管理决策中采用社会责任投资原则时,这一政策的实际结果起初是不明确的。1年后,加州公务员退休基金决定撤出其在泰国、印尼和马来西亚的投资,因为这几个国家的劳动标准、政治稳定程度及财政透明度排名之低让人无法接受。至此,这些国家的财政和股市官员开始争相采纳可持续发展政策,以改善这些地区的商业实践方式(Aguilera et al. 2006)。

英国富时集团(FTSE Group)是全球指数提供商和富时社会责任系列指数(FTSE4Good Index Series)的母体,该指数旨在衡量企业社会责任投资方面的表现。2007年,作为其5年期回顾的一部分,富时社会责任系列指数宣布,它已对富时公司在世界各地投资的企业产生了非常多的积极影响,尤其是在这些公司的环境和社会责任实践方面(FTSE Group 2007)。通过在供应链管理、贿赂、气候变化及其他诸多方面颁布并实施各种标准和协议,富时社会责任系列指数已促使企业除了达成基本的合规之外,还进一步采用或至少考虑采用企业环境和社会责任表现的测评指标。

至少在北美、欧洲、日本和亚洲的某些市场上,有一个趋势愈发明显,即主流的个人和机构投资者逐渐开始相信,社会、环境和公司治理是制定投资决

策过程中一些非常重要的因素。2009年，美世投资咨询公司（Mercer Investment Consulting）在对36项研究财务表现与环境、社会和治理因素（ESG）之间关系的学术研究综述中，发现其中20项研究显示了正相关的关系（也即，财务与环境、社会和治理因素是正相关的），8项研究显示了中性相关的关系，以及6项研究显示了中性/负相关的关系。美世2006年对183家大型金融机构投资者进行了调研，结果表明高达75%的受访者（其中22%是社会责任投资者）相信社会因素、环境因素和公司治理因素对于投资表现有着重大影响（MIC 2006）。虽然36项学术研究中的20项研究发现财务表现与环境、社会和治理因素之间正向相关，但问题是，这一事实是否能代表确凿的证据（MIC 2009）。比较保险的结论也许是，有强有力的证据表明财务表现和环境、社会和治理因素之间存在着正相关关系，不过还要加上一条通常常用的附加条件，即还有待做进一步研究。

社会责任投资和新兴经济体

北美、欧洲和一小部分亚洲市场上社会责任投资的健康发展，掩盖了新兴和发展中经济体中几乎完全缺乏社会责任投资活动的事实，而世界上超过2/3的人口在这些地区生活和工作。最新的国际金融公司（IFC）的调查（2009）中，研究了公司高管和投资专业人士对于新兴市场上ESG因素的态度，并比较了他们对经济危机前（2007）和经济危机中（2009）全球金融形势的看法。46%的受访投资人强烈同意环境、社会和治理因素是他们在研究、投资组合管理和管理人员选择过程中的重要考虑因素，这一结果相比2007年上升了36%。

大多数资产所有者（78%）同样认为，经过最近2007—2009年的金融危机，环境、社会和治理因素的重要性不断增强，并且随着时间的推移，可能会导致在新兴市场上更广泛地应用环境、社会和治理标准（IFC 2009）。

据国际金融公司称，社会责任投资资产在新兴市场的总和大约是27亿美元，或者说是2.7万亿美元的全球社会任投资市场的0.1%。根据最新的统计数据，由工业化国家的社会责任投资者持有的新兴市场资产值大概在15亿美元—20亿美元之间；而在新兴资本市场上的社会责任投资资产，即使是最乐观的估计，也仅有0.1%，也即50亿美元。虽然新兴市场上的社会责任投资资产值最可靠的数据来自国际金融有限公司2003年的一项研究，但值得一提的是，无论用哪一个基准来进行比较，新兴市场中估计的社会责任投资资产都非常小。虽然富裕工业化发达国家和发展中国家之间的经济差距一直很大，但是看到在可持续投资方面，富裕国家和发展中国家/新兴国家之间的这种差距鸿沟仍然非常惊人。如果社会责任投资不想仅局限为一个利基市场，并在金字塔底层实现其可持续发展潜力，这显然是社会责任投资需要跨过的许多体制性障碍之一。

未来发展

社会责任投资会充分发挥其潜力成为全球性的可持续发展企业机制，并推进可持续战略管理吗？这个问题的答案可能部分取决于未来社会责任投资研究方法论的质量和精密程度。没有自己研发人员的小型社会责任投资公司,大部分的研究需求都依赖于类似美国KLD研究分析(KLD Research and Analytics)或英国伦理投资研究服务(Ethical Investment Research Service)这样的独立研究机构。较大的社会责任投资基金公司依靠自身的内部人员进行研究,实施股东倡导,并且(或)与企业接洽。虽然更简单明晰的从投资组合中筛选公司的方法仍在使用,但社会责任投资的研究,整体上已经朝着更加先进的技术迈进。例如,包括成千上万的定量分析。此外,类似位于英国地Trucost公司这样的可持续发展商业研究公司,已经开始使用复杂的经济模型来评估那些可能在原本传统财务账目中难以被捕获的外部环境因素。例如,道琼斯可持续发展指数和富时社会责任指数系列这样的全球可持续发展指数,已经成为社会责任投资资本市场上急需的投资指数,而且它们已经给公司造成更大的压力,迫使其披露相关环境和社会指标。

确定社会责任投资未来发展的另一个因素是对于企业的透明度和问责制市场压力的程度,特别是来自机构投资者的压力程度。2007年下半年开始的金融危机引发了全球一致呼吁加强金融业的透明度,但目前还不清楚这是否会导致全球金融市场,包括社会责任投资,治理方式的根本改变。然而很明显的是,对于要求透明度和问责制的压力越大,全球社会责任投资市场的未来增长就会越好。2009年,一场运动开始迫使美国证券交易委员会要求公司披露其气候变化商业风险,作为其10–K表和其他报告要求的一部分。其他诸如全球报告倡议组织(GRI)之类

的国际政策举措和国家/地区政府项目,都在加大监管的力度,以促进企业环境和社会数据的披露。

确认社会责任投资发展在世界范围内增长的最重要标准是,在新兴和发展中经济体中,社会责任投资成为主流投资策略的程度。仅两个国家(中国和印度)就构成了40%的世界人口,而且中国已不再被视为一个新兴的市场。中国将成为世界出口国,并且预计到2030年将取代日本成为世界第二大经济体。虽然当前在新兴经济体中社会责任投资的总资产占据的比例很小(依然不到1%),但有明显迹象表明,机构股东的积极行动和愈发紧张的环境和社会监管压力,将成为若干特定的新兴市场上的商业规范力量。举一个案例:2003年,南非的约翰内斯堡证券交易所开始要求所有在该所上市的公司遵守公司治理守则,并使用全球报告倡议组织(GRI)的指南,披露社会和环境绩效。实际美元数也许并不像创建"正确的"制度基础及发展公私合作关系那样重要,这些才能够在工业化国家和新兴/发展中经济体中推动社会责任投资向下一阶段的发展绿色企业和实施可持续战略管理方向前行的基础。

雅各布·帕克(Jacob PARK)
美国绿山学院

参见:非政府组织;金字塔底层;企业公民权;企业社会责任和企业社会责任2.0;赤道原则;公平贸易;金融服务行业;人权;清洁科技投资;公私合作模式;风险管理;供应链管理;可持续价值创造;透明度;三重底线;联合国全球契约。

拓展阅读

Aguilera, Ruth V, Williams Cynthia A, Conley John M, et al., (2006), May. Corporate governance and social responsibility: A comparative analysis of the U.K. and the U.S. *Corporate Governance: An International Review*, 14(3): 147–158.

Conference Board. (2007). *U.S. institutional investors continue to boost ownership of U.S. corporations*. New York: Conference Board.

Conference Board. (2008). *Institutional investment report*. New York: Conference Board.

European Sustainable Investment Forum (Eurosif). (2008). *European SRI study 2008*. Retrieved February 3, 2010, from http://www.eurosif.org

FTSE Group. (2007). *Adding values to your investment: FTSE4Good index series — 5 year review*. Retrieved February 3, 2010, from http://www.ftse.com/Indices/FTSE4Good_Index_Series/index.jsp

International Finance Corporation (IFC). (2003). *Towards sustainable and responsible investment in emerging markets*. Washington, DC: IFC.

International Finance Corporation (IFC). (2009). *Sustainable investment in emerging markets*. Washington, DC: IFC.

Kreander N. (2001). Occasional research paper no. 33: An analysis of European ethical funds. London: Certified Accountants Educational Trust.

Mercer. (2006). *Perspectives on responsible investing*. Toronto: Mercer Investment Consulting.

Mercer. (2009). *Shedding light on responsible investment: Approaches, returns, and impacts*. Toronto: Mercer Investment Consulting.

Social Investment Forum (SIF). (2008). *2007 report on socially responsible investing trends in the United States*. Retrieved February 3, 2010, from http://www.socialinvest.org/pdf/SRI_Trends_ExecSummary_2007.pdf

Social Investment Forum (SIF). (2009). *Socially responsible investing facts*. Retrieved November 15, 2009, from http://www.socialinvest.org/resources/sriguide/srifacts.cfm

L

Leadership

领导力

　　如果人类想成功建立一个更加可持续发展的世界,大家对领导力的普遍理解——那种受现代工业影响的理解——必须改变。这种新的富有远见的领导力范式将追求更高的目标,反映共同的利益和价值观,培养团结合作网而非相互竞争。不过,在社会各阶层实行的多种形式和风格的领导力都需要实现可持续发展。

　　实现环境的可持续性发展将成为21世纪面临的最重要的领导力挑战之一。这将使领导力以许多不同的形式和方式在社会各个阶层得到锻炼,以实现为达成这个目标所需要进行的改革。相较于以前的大型挑战,可持续发展显得尤为艰巨,因为可持续发展不是要领导者承诺实现某些直接且容易观察到的利益(如公民权利、经济繁荣、民族自决权),而是要达成一个更合适、更切实可行的目标——避免社会和生物灾难。使问题更复杂的是,这样做将对现有的行为和实践产生深远的变化,而这可能会在某些情况下被认为

是牺牲生活方式。这种变化的好处并不总是立即显现,而且前期成本可能会很高。环境问题往往采取的"社会困境"形式,即个人必须为了更广泛和更深远的社会利益而放弃自己的切身利益。然而有些人天生是富有合作精神和远见的,有些人没有。领导者就必须劝服跟随者为共同的利益而努力,而不顾个人认知成本。

　　而且,人类和赖以生存的生态系统之间的关系是复杂的,多方面的,需要新的和更微妙的领导方式,使企业和社区来养育自然环境而不是破坏生态系统。领导力的指挥和控制形式(更独裁或管理化),将越来越需要被有利于适应构成生物圈的复杂的生态系统的领导力所取代。可持续发展面临的挑战是包罗万象的,没有一个领导范式或方法能"解决"问题:唯一可以确定的是,领导力不经过社会各个阶层的锻炼,就不可能达到可持续发展。

　　在本篇文章中,领导力被定义为达到共

同目标的影响，关系或者过程。因此，它更多的是一个新兴的品质而不是某个人或某种地位——领导力可以通过同一个群体的不同个体在不同时间行使，它可以是先天的特征或后天学习得到，通常需要有见解和预见性。区分领导者和管理者的一种方法是时间的长度：管理意味着此时此地的活动，领导则意味着空间和时间上向前推进。管理通常包括短期规划，日常员工监督和现存制度的执行情况。相比之下，领导需要制定或促进一个共同的愿景，并使其他人接受和执行这个设想，即使这个设想本质上是后瞻性的（例如，有人可能会说："我们需要回到我们的生活与地球和谐共处的时代，就像我们的祖先一样"，但仍然可以发挥领导作用）。

在自然资源日益减少和环境逐渐恶化的世界，领导力显然承担着环境问题。任何健康组织或机构的首要目标必须是自身的生存和蓬勃发展，这就需要更大的生物圈的健康来维持它。

在这种情况下，领导力将包括确保群体生存和繁荣的条件保持不变或增强。没有食物的狩猎－采集社会必然是领导失败所导致的，就如一个现代化的企业持续亏本最终破产，这是因为它的领导人无法预见市场变化。虽然社会学家不喜欢进行价值评价，从生物学的角度看，"生存"和"繁荣"也并没有那么多像基本监督原则那样的值，但是所有行为都必须进行最终衡量。因此，领导者必须会协调它们。

我们现在需要提醒的事实是，在一个更加丰富的时代会出现对领导力不同的理解，和对领导力理解的下降。

产业领导范式

领导模式往往反映出对时代的担忧和理想。因此，工业革命之后出现的领导范式主要是展示技能，行为和适合现代工业要求的特征。学者兼作家约瑟夫·罗斯特（Joseph Rost）认为，产业领导范式可以理解为"合理，管理导向，男性，技术统治，定量，目标主导，成本－效益驱动，人格化，等级体系，短期，务实主义，唯物主义"（1991：94）。从这个角度来看，领导力的同义词是"良好的管理"，很明显，就是专注于企业短期经济上的成功，而很少关注其活动的更大的社会和环境成本。在自然资源似乎用之不竭，人口数量较少，经济发展足以带领人类走出贫穷，迎接新生活的情况下，领导力的这种观点就开始盛行了。它反映了美国梦的乐观主义，只要自主个体足够努力，他们就能取得成功。这是基于一个假设，即对自然的技术控制是件纯粹的好事，它可以解决任何问题。产业范式的领导力是通过长期的信念，即有些个体和（或）社会阶层天生就适合统治他人，所形成的专制假设和等级社会结构来加强的。托马斯·卡莱尔（1795—1881）的"伟人"历史理论就表达了这种理念，即强调识别与生俱来的领导特质，这种思想统治了20世纪上半个世纪的领导力研究。产业领导范式在今天的商业文化里仍然常见，即颂扬首席执行官为"企业救世主"，并采用领导力作为激励工具来提高员工的工作效率和企业利润。通过给企业领导者压力和现代公司的等级性质，即首席执行官和董事会可以通过法令对企业运营做出根本性的改变，来实现公司的短期盈利的目标。

相比于更可持续的"莱茵兰利益相关方

法"模式,学者和作家盖尔·埃弗里(Garle Avery)把领导力定义为是一种不可持续的"盎格鲁/美国股东价值"模式。前一个模式在欧洲大陆公司中较普遍,领导力较为分散,不是注重公司等级最高的个人,有更长远的观点,更加关注和考虑企业行为对社会和环境的影响。它较少注重股东价值的短期利益最大化,而是更看重满足一系列持股者的需求,包括员工、当地社区和自然环境。埃弗里认为,可持续领导力的需求不断增加驱使企业自愿或非自愿地遵循欧洲模式的领导原则(2015:xiv)。

然而,产业领导范式在企业和领导力研究中仍然根深蒂固。在这个模式下,如果处于领导地位的是一个有远见的人,并擅于使追随者们采取可持续的心态和行为,那么,可持续发展的运动就会发生。国际可持续发展研究中心名誉主席吉姆·麦克尼尔(Oim MacNeil)有力地阐明了这一观点:"如果领导者没有打算让制度化的可持续发展实现的话,那么它肯定不会以任何方式发生。"(MacNeil 2007:21)同样,作家托马斯·弗里德曼认为,在这个越来越"热,平,挤"的世界里,政府和企业的最高领导人需要回归到基础层面——将可持续发展作为首要目标,而美国需要在这个努力中作为一个全球性的领导角色。"现在,我们没有专注力和耐力承担很重大的事业,因为利益要长远才能体现出来。但我相信在正确的领导下,一切都可能改变,即地方、州县和联邦正确指导这样做我们将取得利益,而不遵循的话就会有很大损失"(Friedman 2008:7)。

这些呼吁承认在现代西方社会里权利的嵌入和等级关系及这样的事实,那就是,如果得不到有权势人员的支持,变革就不可能发生。因此,领导力总是意味着某种程度上的地位、权力和某些个人成为社会的卓越角色。《领导季刊》1994年专刊致力于环保领导力的统一主题是"建立领导者的价值观和信仰重点在于发起并实施现代组织和社会的根本性改变"(Egri & Frost 1994:196)。过去,在主要领导人强大的势力影响下,通常会发生快速而大量的政治、社会和经济变化,因此,未来促进向可持续发展至少部分的发生会源于私营和公共部门高层领导的共同努力。

生态领导范式

另外一个问题是,独裁形式的领导是否可以自己产生真正的可持续发展社会,不过,因为它们表达的领导力的机械模式更适用于工厂和温顺的下属,而不是复杂的生态系统和后工业社会中自主生存的人类。因此,对比于工业领导范式,一种新的生态领导范式开始在学生和从业者领导中出现。作家西蒙·维斯顿(Simon Western)甚至暗示"未来领导话语权将是生态领导人"(2008:184)。在这种模式下,由皮特·森奇(Peter Senge)创造的术语——系统思维和"智能系统"将统治领导行为,这将分散在整个组织而不是停留在个体,并能使组织更好地适应不断变化的环境条件。

生态领导范式采用生态模式和隐喻概念化领导力，这种模式的优点在于考虑到现代组织的复杂性及其与所处的大环境和系统（包括生态系统）的关系。它强调整体论（整体大于其他部分的总和）、连通性（一切都是互相连接的）和相互依存（一切都是相互依赖的），并假定实现长期可持续性将涉及模仿和适应自然界和自然过程，而不是战胜他们。这种范式下的领导包括促进企业内部和企业与社会部门之间的合作网络，在组织间构建反馈环路，帮助他们学习和适应他们所处的变化的外部系统（包括生物圈）。

如果把早期领导力研究人员观察到的灵长类社区作为领导力"自然性"的证据，那么，致力于生态领导力范式的思考者们可以把有机和进化过程作为概念化领导力的"自然"标准。在这个模式中，领导力包括推进自治系统的操作，而非控制它们，它旨在服务于在这个过程或系统中尽可能多的利益相关者，这是建立在任何一部分出故障可能会导致整个系统瘫痪的认识上的。在这个范例中，中央计划将被地方领导人许可的根据外围需要做出改变所取代，重要领导人也必须寻找"相互依存格局"，并能够"洞察未来"（Senge 2006：40）。也就是说，他们必须把组织当成一个复杂的生命体，为了使它茁长成长并且认识到即将来临的更大的系统变化，必须使它与周围环境保持良好的关系。用航海来比喻，领导者更像是一个瞭望员，监察船舶的正常运作，在甲板上望风，并根据需要发出信号，而不是站在桥梁上（或坐在机舱里）对船员颐指气使。

新兴的生态领导范式不仅是对逐渐增长的生态危机的响应，同时也是对深刻持续的社会和经济变化的响应。自20世纪70年代崛起的"后工业社会"的概念已经变得越来越流行，这标志着从重工业和制造业向商品、服务和信息技术及"知识经济"的广泛转变。这一转变发生的同时，人口和污染程度急剧增加，自然资源和非人类生物群落也被迫严重减少。在世界各地，民主化和反独裁主义同时呈上升趋势（某些特殊情况例外）。此外，也越来越强调个人权利、平等和多样性的价值观。因此，正如现代工业产生了工业领导范式，后工业社会也产生了后工业模式。在每种情况下，各种因素的结合会产生适应其时代和地点的领导价值观。

变革性领导

一个适用于可持续发展的有影响的领导力模型是变革性领导力，由詹姆斯·麦格雷戈·伯恩斯（James MacGregor Burns）1978年首先提出。该模型随后自20世纪80年代由伯纳德·巴斯（Bernald Bass）修改和扩展，现已成为领导力研究领域中较好的研究理论。很多证据证实了这种模型有效促进了企业和社会的深刻改革，并提高了跟随者的满意度。伯恩斯最早提出，变革型领导者扮演的是一个教学者，团结追随者追求更高的目标，即追求领导者和追随者的共同利益和终极价值观，如自由、正义和平等。变革型领导者可以使追随者的道德水平提高，"领导作用就是通过他们对改变和衡量共同目的和价值观所做的贡献来检测的"（Burns 1978：426）。

在伯恩斯的理论上，巴斯和罗纳德·里吉奥（Ronald Riggio）归纳了变革性领导力的

4个部分：理想化影响力、感召力、智能启发和个性化思考。首先，变革型领导者充当的是被推崇和尊敬的榜样；其次，领导者们"通过给追随者的工作提供意义和挑战来激励和鼓舞他们"（Bass & Riggio 2006：6）；第三，变革型领导者通过"质疑设想，处理问题，以新方式解决老状况"（Bass & Riggio 2006：7）的方法激励追随者用新的和创造性的方式思考和行动；最后，变革型领导者紧密关注追随者的个人需求，相应地调整自己的领导行为。因此，变革型领导者担任的是导师或教练的角色。

考虑到所有生物的生存和蓬勃发展是基本的终极目标，因此变革型领导力对可持续发展来说是一个强大的经过证实的领导形式，它侧重于对领导者和追随者的最高理想制定根本性的变化，并且规范那些在可持续发展目标中热衷于充当领导者的行为。

要实现可持续发展，我们的思想和行为需要做出深刻而持久的改变，而变革性领导力的本质就是领导者如何促成这种变化。伯恩斯的变革领导力模型旨在更广泛的社会和政治变革，而巴斯的理论使它更适用于特定的组织（包括企业）。因此，以可持续发展为目标，这个模型可以适用的范围更广。

其他观点

实现可持续发展将会对我们的生活产生深远的社会、文化、心理、经济、技术甚至是精神上的变化，领导力的可持续性发展也将会有足够的空间和多种方式。最近关于这个话题的研究，包括历史学、社会学、宗教学/精神、商业、文学、传播学、心理学、政治和艺术等方面的观点，将会在由本杰明·雷德科普（Benjamin Redekop）和斯蒂芬·奥尔森（Stenven Olson 2010）主办的《环境可持续发展的领导力》的下一卷中刊登。例如，领导的叙述能力研究表明，对可持续发展有兴趣的领导者有必要提高他们的讲故事的能力，因为讲故事是人际交流中最强大和引人入胜的形式之一。在实现可持续发展前，我们必须假设一个可持续发展的未来作为前提，而领导者使成员们设想未来的有效方法就是讲故事。

其他人则认为走向可持续发展需要有精神上的改变，即从唯物主义和消费精神转向与其他人和生物圈有一个更深刻的精神联系。从这个角度来说，可持续发展领导力涉及精神上的改善，以达到更持续发展的行为和更令人满意的精神需求。历史学家会告诉我们过去的环境领导人的成功和失败经验，而社会学家则会分析在当时的领导下阻碍或者促进可持续发展的行为和社会制约因素。领导力研究中的一个令人困惑的问题是"归因错误"，即成功和失败都归因于领导者，而不是其他社会、经济和环境因素。社会学观点可以帮助理清超出领导人控制的社会因素，并为领导人制定可持续发展的社会条件提供见解。

环境心理学是一个越来越热门的研究领域，它为那些有志于领导可持续性发展的人提供了很多信息。例如，自我决定理论表明,内部动机是促进环境友好行为的最好的方式之一。部分原因是因为它会产生将这样的行为主动散播给他人的级联效应。自主支持请求,即领导者认可追随者的观点,满足他们的可能选择,并且为这样的请求提供理由,可能比强制措施要更有效。也有研究表明,如果恐惧诉求要有效果的话,必须伴随着希望的表达和对成员可以高效解决问题的直觉。研究人员已经确定了一个可以预测领先的环境友好行为的人格变量,叫作"考虑未来后果（CFC）",他们也提供证据表明了人群根据意愿团结合作解决社会困境的不同。根据这项研究,大约20%的人群是"合作者",60%是"个人主义者",还有20%是"竞争者"。合作者和个人主义者可以被劝说投入到可持续发展行动中,而竞争者们绝不愿意合作,因为他们衡量胜利的标准是个人利益大于其他人。完善这些数据并把它运用到我们对可持续发展领导力的理解中还有许多工作要做（Joireman 2005；Osbaldiston & Shelton 2002）。

可持续发展的商业领导力的展望

很多企业领导人开始在这个问题上创造影响力。除领导者们自己建造的可持续发展行为模型外,学者们认为,成功的可持续发展的企业领导力需要将可持续性的观点、过程和行为在嵌入组织的各个层面。第一步很重要,要规划能深层次反映关注自然环境和可持续发展的公司愿景和使命,同样至关重要的是制定教育倡议,为员工提供技能和资源来实现企业愿景,并形成强大的环境责任制的商业模式。提高效率可以显著节省成本,前瞻性的企业领导者可以把节省的成本落到未来可持续性发展的措施中。在许多可圈可点的商业领袖中,Interface公司（世界上最大的商业地板覆盖物和地毯生产商）的雷·安德森尤其杰出,成为这个领域中最突出和最有影响力的商业领袖,他的书《中途修正》被广泛认为是环境可持续发展主题中由企业领袖自己撰写的非常具有吸引力的个人见证。"环境领导力模型"（ELM）,由学者布伦达·弗兰纳里和道格拉斯月在1994年首先提出,他们对于企业环境策略的形成过程列举了4个重要的变量,包括道德准则和环境责任价值观的存在,最高企业领袖的环境态度,持股人的影响力,对环境友好行为的监管、财务和技术制约的认知程度。这个模型有助于概念化企业和其他组织如何规划可持续性发展战略,强调企业领导者在管理一个较大系统时既鼓励又制约领先环境的行为,这也就是说,领导力是实现环境的可持续性发展的必要条件,但不是充分条件。模型也有助于转换领导任务的规模和复杂性,以及工业和后工业时代领导力对多方面可持续性发展挑战的需要。企业和其他领域的领袖为了有效地领导这个主题将需要吸取很多学科知识和观点。领导力的学者们如果想在可持续发展日益迫切需要的情况下发挥高校作用的话,就必须推进现在处于"起步阶段的"环境领导力的研究（Egri & Herman 2000,599）。

本杰明·W.雷德科普（Benjamin W. REDEKOP）
克里斯托夫纽波特大学

参见：企业公民权；商业教育；高等教育；利益相关者理论。

拓展阅读

Allen Kathleen E, Stelzner Stephen P, Wielkiewicz Richard M. (1998). The ecology of leadership: Adapting to the challenges of a changing world. *The Journal of Leadership Studies*, 5(2), 62–82.

Anderson Ray C. (1998). *Mid-course correction: Toward a sustainable enterprise: The interface model.* Atlanta: Peregrinzilla Press.

Avery Gayle C. (2005). *Leadership for sustainable futures: Achieving success in a competitive world.* Cheltenham, U.K.: Edward Elgar.

Bass Bernard M, Riggio Ronald E. (2006). *Transformational leadership*. Mahwah, NJ: Lawrence Erlbaum.

Berry, Joyce K, Gordon John C. (1993). *Environmental leadership: Developing effective skills and styles.* Washington, DC: Island Press.

Burns James M. (1978). *Leadership*. New York: Harper Perennial.

Carlopio James. (1994). Holism: A philosophy of organizational leadership for the future. *Leadership Quarterly*, 5(3/4): 297–307.

Egri Carolyn P, Frost Peter J. (1994). Leadership for environmental and social change. *Leadership Quarterly*, 5(3/4): 195–200.

Egri Carolyn P, Herman Susan. (2000). Leadership in the North American environmental sector: Values, leadership styles, and contexts of environmental leaders and their organizations. *Academy of Management Journal*, 43(4): 571–604.

Flannery Brenda, May Douglas. (1994). Prominent factors influencing environmental activities: Application of the environmental leadership model (ELM). *Leadership Quarterly*, 5(3/4): 201–221.

Friedman, Thomas. (2008). Hot, flat, and crowded: Why we need a green revolution — and how it can renew America. New York: Farrar, Straus and Giroux.

Gordon John C, Berry Joyce K. (2006). *Environmental leadership equals essential leadership: Redefining who leads and how.* New Haven, CT: Yale University Press.

Hazlitt Maril. (2004). Rachel Carson. In George R. Goethals; Georgia J. Sorenson, James MacGregor Burns. *Encyclopedia of Leadership* (Vol. 1, 146–149). Great Barrington, MA: Berkshire/Sage Reference.

Heifetz Ronald. (2006). Anchoring leadership in the work of adaptive progress. Frances Hesselbein & Marshall Goldsmith. *The leader of the future 2: Visions, strategies, and practices for the new era* (73–84). San Francisco: Jossey-Bass.

Joireman Jeff. (2005). Environmental problems as social dilemmas: The temporal dimension. Alan Strathman, Jeff Joireman, *Understanding behavior in the context of time: Theory, research, and application* (289–304). Mahwah, NJ: Lawrence Erlbaum.

MacNeill Jim. (2007). Leadership for sustainable development. *Institutionalising sustainable development* (pp.19–23). OECD Sustainable Development Studies. Paris: Organisation for Economic Co-operation and Development.

Osbaldiston Richard, Sheldon Kenneth M. (2002). Social dilemmas and sustainability: Promoting peoples' motivation to "cooperate with the future." Peter Schmuck & Wesley P. Schultz. *Psychology of sustainable development* (37–57). Boston: Kluwer Academic Publishers.

Redekop Benjamin W, Olson, Steven. (2010), forthcoming. *Leadership for environmental sustainability*. New York: Routledge.

Rost Joseph C. (1991). *Leadership for the twenty-first century*. New York: Praeger.

Senge, Peter. (2006). Systems citizenship: The leadership mandate for this millennium. Frances Hesselbein, Marshall Goldsmith. *The leader of the future 2: Visions, strategies, and practices for the new era* (31–46). San Francisco: Jossey-Bass.

Shrivastava Paul. (1994). Ecocentric leadership in the 21st century. *Leadership Quarterly*, 5(3/4): 223–226.

Steinberg Paul F. (2001). *Environmental leadership in developing countries: Transnational relations and biodiversity policy in Costa Rica and Bolivia*. Cambridge, MA: The MIT Press.

Western Simon. (2008). *Leadership: A critical text*. Thousand Oaks, CA: Sage Publications.

Wielkiewicz Richard M, Stelzner Stephen P. (2005). An ecological perspective on leadership theory, research, and practice. *Review of General Psychology*, 9(4): 326–341.

Lifecycle Assessments, LCAs

生命周期评价

生命周期评价与生命周期思想、生命周期管理一起，是从资源开采到废弃物管理整个产品链来系统解决环境问题的方法。生命周期评价用于企业和政策制定，可以促进可持续消费和生产。该方法替代了点源策略，点源策略只能减少源头污染。

生命周期评价是一种分析跟产品或服务相关的环境影响的方法。该方法研究贯穿整个产品或服务系统的物质流和能量流，即从原材料的采掘、生产、使用、到最终的处置。

生命周期评价的研究就是对产品生产体系和产品使用过程两个方面的研究，包括几个步骤。研究人员首先要确定目标和定义范围，要明确提出拟研究的产品和生命周期评价研究的目的。其次是库存分析，构建产品的生命周期模型系统，并计算产品的排放量及在产品系统中使用的资源，如原材料和能源。第三是影响评估，研究人员通过分类和描述环境影响，将排放和资源使用与潜在的环境问题联系起来（如资源损耗和全球变暖）。第四是加权，根据影响的相对重要性，添加不同环境的影响因子，然后计算出研究的产品系统的总的环境影响。第五是说明，这是评估产品系统建模的迭代过程。在这一步中，研究人员调整方法的选择，以适合于目标、利益相关者的研究和评价结果的质量。

生命周期评价的定义可以在如《环境毒理学和化学（SETAC）指南》（Consoli et al. 1993）和生命周期评价国际标准化组织标准（ISO 2006）等刊物上找到。关于生命周期评价发展、方法和应用的详尽描述出现在恩里克·鲍曼（Henrikke Baumann）和安妮-玛丽·蒂尔曼（Anne-Marie Tillman 2004）教授编写的教科书及ISO标准中《生命周期评价操作指南》内。

当研究结果表现为每功能单元的污染量和资源使用量时，我们称其为生命周期库存（LCI）研究。通常生命周期库存能识别大量的污染物和资源，有时超过200个参数，这时总结结果就很困难了。结果也能以不同级别的集合来呈现：库存结果，可以确定生产过程中排放的气体和化学物质；特征结果，可以确定像酸化、富营养化和全球变暖之类的环境影响；或加权结果，可以将总的环境影响组合成一个一维的指标，或一个数字。通过将库存结果归类分成为各种影响类别，研究人员可以计算特征结果，从而减少参数（Guineé，2002）。可以通过各种方式的加权方法进一步整合结果。不同的加权方法对环境问题优先表达的方式不同。例如，德尔菲小组建议（专家共同预测和修正的结果），可以通过带有环境目的的政策设置优先级，或鼓励"支付意愿"经济政策来避免环境问题。

方法论

　　生命周期评价是比较相同产品系统的主要方法，虽然一个独立的生命周期评价比较也是可能的。在一个独立的生命周期评价，研究者比较一个产品系统的不同部分。在所有类型的生命周期评价中，通过有关将环境影响与表达产品系统的功能单元联系在一起进行比较。例如，在饮料包装系统，可以比较每升饮料的包装对环境的影响。比较的单位称为功能单元，其定义对进行公平比较来说是非常必要的。影响比较质量的其他方法包括系统边界定义法（如，决定是否在系统中包含的项目如资本设备生产），环境影响类型（如，目的是环境影响综合评价 vs 把研究限制在一个或两个影响类别的），研究细节层次（如，决定用特定生产点的数据还是大量生产点的平均数据）。

　　有不同类型的生命周期评价是可能的，这取决于如何进行比较。在定量生命周期评价研究中，研究人员计算出产品系统的环境影响，而在定性生命周期评价研究中，他们通过用清单推理来识别和评估对环境的影响。另一个区别与比较与前瞻性还是回顾性有关。在前瞻性研究中，研究人员调查改变现有产品系统的建议的环境结果。例如，改变现有包装系统可能的废弃物管理替代方案（例如，回收和焚烧）重要性的研究。前瞻性的研究，也被称为变革导向的生命周期评价或间接的生命周期评价。回顾性生命周期评价，通常称为会计生命周期评价，也就是研究人员比较现有的产品系统。比较有生态标签的产品通常是建立在会计制度生命周期评价的方法之上（生态标签是一种自愿程序，在这个程序中制造商和服务提供商可以认证他们的产品和服务的环境绩效）。

　　变革导向/间接生命周期评价和会计/回顾生命周期评价的区别是：其一，是现有的情况与未来的情况（变革导向/间接生命周期评价）相比，另一个是对现有的两个备选方案进行比较（角度/会计生命周期评价）。此外，生命周期评价的这两种研究类型的系统边界定义和数据选择实质上不同。研究变化后的结果是通常会导致只关注系统建模统受到变化的影响和使用边缘数据的那部分。但对现有产品的比较通常会导致只关注如何完成产品系统模型和平均数据的使用。

　　摇篮到坟墓，摇篮到大门，大门到大门是生命周期评价的其他条款。他们表示在一个生命周期评价中产品系统建模的程度，从原材料的提取到废物管理，或到工厂大门，或分别在大门之间。

　　生命周期评价也与生命周期思维（LCT）的哲学和生命周期管理（LCM）的实践相关。生命周期思想的表达如下：如企业的环境政策。生命周期管理是源自生命周期的思想的管理实践和组织安排。生命周期管理的目标是协调环境问题和在产品系统中参与者的工作,而不是在每个公司制定独立的措施(Remmen, Jensen & Frydendal 2007)。

历史

在1969年和1989年之间开发的早期生命周期评价与它后来的发展完全不同。自1990年以来,系统的描述和研究方法的发展已经脱颖而出,成为学术研究的课题。直到20世纪90年代初期,生命周期评价才开始普遍使用。早期的研究被称为生态平衡、资源和环境分析或摇篮到坟墓的研究。

美国中西部研究学院从1969年到1970年在美国境内对可口可乐进行了研究,该研究被普遍认为是第一个生命周期评价研究。在英国(史伊恩宝德)和瑞典(利乐包的古斯塔夫)也进行了早期的独立研究。1969年和1972年之间的所有早期的生命周期评价,都研究了包装和废物管理。那时正值与浪费资源和在一次性社会使用一次性包装有关的环境争论(Meadows et al. 1972)。把这些研究确定为生命周期评价是因为他们同时注重物质流和能量流,从原材料开采到产品的废物处理系统,以及与之关联的污染和资源的使用。这与关注能源的系统研究是不同的,在1973年石油危机之后能源研究变得非常普遍。然而,石油危机引发了生命周期评价的兴趣,世界上为数不多的咨询公司进行了小规模的生命周期评价研究。

在1970年至1989年之间,咨询专家威廉·富兰克林(William Franklin)和罗伯特·亨特(Robert Hunt)在美国进行了大约200个研究,咨询专家古斯塔夫(Gustav Sundström)在瑞典进行了约100个研究,其中许多是私人公司。在20世纪80年代中期,在关于环境利益浪潮的公共辩论中,生命周期评价重新浮出水面,再次与包装相关。1984年,瑞士环保机构进行了一项大型包装研究(Bundesamt für Umweltschutz 1984),受到了广泛的批评。这项研究5年后被更新(Bundesamt für Umwelt, Wald und Landschaft 1989)。批评者反常地加大了对生命周期评价可能性的关注,并鼓励在其他欧洲国家进行包装研究(例如,1990年在丹麦,1991年在瑞典和1992年在荷兰)。许多包装研究表明不同的结果和部分不同的方法论,开启了方法论的讨论和发展的新时代。

对生命周期评价兴趣的增加,可以解释为产业对环境工作重点的转变。20世纪90年代初以来,制造商们越来越多地支持这一想法:环境保护应超越末端治理策略,即对污染发生之后进行处理。许多行业将环境优化(明确减少是最有效的,像废物最小化和材料替换)产品看作是走向可持续发展的有效途径。生命周期评价的吸引力在于它是系统地、综合地处理环境问题,在一个时间上同时对各种环境问题开展超出控制排放点源的坏境分析。这样,在工业系统环境管理中生命周期评价有助于避免次优化,或得到一个较差的结果。

指导方针、标准和发展

环境毒理学和化学学会（SETAC）提供了一个论坛讨论生命周期评价的经验和发展"和谐生命周期评价方法"的国际共识（Consoli et al. 1993）。在1990年到1993年期间，召开了7次国际研讨会及会议后，出版了关于生命周期评价实践准则的第一个国际准则（Consoli et al. 1993）。还建立了一些工作组，以加快发展标准化方法的流程。1997年，国际标准化组织发布的生命周期的第一个国际标准，提供了其主要的原则和框架。

此后，陆续发布和更新了一系列生命周期评价标准。其他组织也努力推进生命周期评价的发展，如，通过生命周期倡议，联合国环境规划署和环境毒理学和化学学会之间开展了协作。这个倡议目标包括传播被广泛接受的、可靠的、容易使用的生命周期评价方法，首先向发展中国家传播，然后扩展到更广泛范围（Life Cycle Initiative n.d.）。欧盟委员会（European Commission）通过制定政策和商业实践来支持生命周期评价的传播（European Commission — Joint Research Centre 2009）。

生命周期评价的核心是流（物质流和能源流）的建模，从开始以来一直都是这样，而在20世纪90年代看到的是最先进的影响评估方法。自2000年以来，已开发的方法包括生命周期影响评估的社会方面和产品链上的经济成本—收益分析。这些发展更好地使生命周期评价与可持续发展结盟，使生命周期评价对商界更具吸引力。但是，这样的方法成为惯例之前还有很多工作要做。大量的工作也进行了软件开发，发展了相应的数据库和数据交换的标准格式：因为任何生命周期评价的研究都需要大量的数据，因此简单的数据管理对促进计算和数据的可用性是至关重要的。探索可选择的数据源，如经济投入产出表（Input-Output），产生了新的生命周期评价类型：IO–LCAs（投入–产出生命周期评价）（Hendrickson, Lave & Matthews 2006）和混合生命周期评价，结合了标准生命周期评价和IO–LCAs（Suh et al. 2004）。这些方法使研究人员能用新类型的研究方法（Tukker & Jansen 2006）探讨消费活动，包括社会上产生的污染最严重的产品流（如交通、住房和食品）。由于这些研究包括生产的影响，而很多产品生产是外包给发展中国家的，因此，这些研究有助于消费的作用和全球产业可持续性发展的讨论（Hertwich 2005）。

生命周期评价领域学术期刊是生命周期评价国际期刊，1996年开始出版。生命周期管理的第一次会议于2001年举行，欧洲IO–LCAs网络在2001年举行了第一次会议。简而言之，与生命周期评价、生命周期思想和生命周期管理相关的研究主要是与指定的与方法的发展有关。而研究探讨生命周期评价和生命周期管理实践的并不多。

应用

生命周期评价、生命周期思想对企业和政策制定都是有吸引力的。政策制定者使用生命周期评价的研究指导政策从点源控制和转向以产品为导向的决策。例如，上面历史部分讨论的包装研究，通常经常用于确定材料应该回收政策。生命周期思想催生了扩大生产者责任的概念，产品生命周期结束后，许多公司要一起对他们的产品的环境成本负责。其结果是制定了生产者回收政策，要求制造商支付的收集、处理和回收产品。其他生命周期影响政策包括生态标签。不过，生命周期思想对政策制定的应用是一个挑战：全球商业的性质决定了物质流和能源流不在政府政策制定者的控制范围内。

20世纪90年代以来，生命周期评价已经应用于企业和社会的几乎所有领域。在交通运输领域，生命周期评价的研究通常被称为油井到车轮的研究。生命周期评价关注的是产品，特别适合产品开发、生态设计及环境标志。生命周期思想主要用在产品和服务可持续设计方面，例如从摇篮到摇篮设计模型（McDonough & Braungart 2002）。基于生命周期评价的环境标志计划已经由政府组织（如，欧盟"Flower"生态标签）和工业联盟推进（如，国际环保协会的环境产品声明方案）。生命周期评价还被应用到制造和生产系统的绿色控制方法。上游的应用领域，主要在制造和生产阶段，包括绿色供应链管理和采购。下游的应用领域，主要在产品的销售阶段，包括废物回收管理。不同的生命周期评价工具，特别适合各种应用领域的需要。

尽管它的使用和应用很广泛，但生命周期评价在商业中的使用还是相对有限的。很少有企业采用生命周期评价的调查。2002年，在欧洲工作的最大的公司10%以某种方式应用生命周期评价。与此相比，在同样的调查中通过环境管理体系的企业比例几乎

有2/3（Hibbitt & Kamp-Roelands 2002）。造成这种差异的其中一个原因是，生命周期评价涉及公司的责任范围之外。这使得生命周期评价在有些人眼中不相关或多管闲事；相反，也有人认为它为商业运作提供了一个新颖和有用的角度。大部分为公司做的生命周期评价是由咨询专家安排的，或者通过与研究机构、部门组织或院校的合作。公司的生命周期过程已经内在化，它是一个典型的由环境或研发部门完成的实验活动（Frankl & Rubik 2000；Rex & Baumann 2007）。分析表明，生命周期评价的研究往往导致组织学习，对企业运营的新的和广阔的视角，并且经常有令人惊讶的洞察力。有这样的一个例子，一家造纸厂通过国家投资末端技术来减少他们的点源污染，但他们意识到通过生命周期评价可以节省资金和减少10倍的排放量，而这只需要简单地改变从森林到工厂的物流（Baumann & Tillman 2004）。

鲜为人知的是，企业推进生命周期评价的理由是企业内部支持者的推动而不是生命周期评价的工作。但研究表明，进行生命周期评价实践的公司正在被制度化，风险规避或与供应链中的参与者构建互信增进信任，这是企业采用生命周期评价的理由（Rex & Baumann 2007）。在这些公司中，特别适合生命周期评价工具并考虑在企业经营过程中实施。如，在产品开发或采购阶段。同样的研究还表明，生命周期评价实践在不同企业之间有很大的差异，甚至同一或相似行业的公司也不同。例如，欧洲卡车公司生命周期评价在产品开发范围从使用简单生命周期评价扩展到了与生命周期评价结合的战略规划。

意义

关于生命周期评价方法有许多争议。特别是，担心生命周期评价在美国使用不当，导致美国各州检察官联合决定直到统一方法形成之前，生命周期评价技术不应该被宣传或推广特定产品的开发（ENDS 1991）。这种担忧是标准化努力的坚强理由。因为生命周期评价是定量描述物质流的科学方法。它通常被认为是一个客观的方法，产生的结果通常是科学的。但这远非如此。许多方法的选择取决于生命周期评价的目的和类型。方法的选择也是一种选择。最终，差距和疑点未解决在方法论上的发展。同时，这些问题导致类似的生命周期评价研究会有不同的结果的可能性。这样的结果对生命周期评价的ISO标准带来的特殊问题，因为它的目的是成为所有类型的生命周期评价的综合性的标准。

争论尤为激烈和持久的两个问题是：如何分配多个产品环境负荷，以及如何进行影响评估。自生命周期评价关注单一产品，不同产品的物质流被连接到对方库存分析复杂化。当在生产的过程生产多个产品时，在生命周期评价中就出现了分配问题。它也出现问题，当许多产品在相同的废物处理过程被集中处理时和当一个产品原料从另一个产品中回收时。分配问题涉及在环境过程如何划分不同过程中的产品。处理这种问题存在几种方法，包括应用各种原则来把环境负荷分配到

产品中，可以基于的物理关系、重量、体积或经济价值应用。另一种方法是系统扩张，包括周边的工业系统及对研究对象产生变化影响的部分。有些人主张严格地区分环境负荷，一些人主张更加开放，这取决许多研究者根据研究的目的选择的研究方法。ISO标准是矛盾的，因为它承认需要选择基于目标和规定的方法分配过程，但却忽略了目标相关方法。

许多关于影响评估的争论涉及什么是环境影响，在哪里建立排放和结果之间因果关系链影响模型。包括其他影响类型的方法论正在被开发，这些影响包括一些社会和经济的影响。有些影响是难以描述的。例如，生态毒性和土地利用对生物多样性的影响导致生命周期评价研究强调容易的建模的影响。一些研究者争论是否通过端点或中点评估来描述影响，也就是说，方法论是否应该描述实际或潜在的影响。其意义在于实际的影响取决于影响的位置，这又增加了建模的地理复杂性。因此，存在几种影响评估的方法。一些方法会与工作的潜在影响冲突，从而使其普遍适用，但不精确。

进行生命周期评价研究所花费的时间和资源一直是一个有争议的问题，很多人声称执行生命周期库存的成本太高了。努力简化进行生命周期评价研究所采取的各种执行路径。一种是发展筛查和简化的方法，以大大减少所需的数据量。另外一种是替代路径的

方法,通过建立和维护数据库增加数据的可用性以供研究人员使用。

　　研究活动也反映了如何从不同的角度进一步使用生命周期评价。占主导地位的方法试图解决在生命周期评价的方法论问题,它导致了许多规定和关于生命周期评价的应用的比较现实建议。少数但越来越多的知识团体致力于培养企业和政策制定者对与生命周期评价、生命周期思想和生命周期管理有关的实践的理解。这个更具描述性的研究表明,许多生命周期评价建议的应用程序的太一般化,以至于不适合多元化的商业社区。

　　许多人发现生命周期评价复杂和费时,但这更多的是在生命周期评价反映我们世界复杂性的情况下。生命周期评价提供了一个系统化的方法来描述综合的生产方式和消费的环境后果,来沟通关于庞大并且复杂的环境问题。生命周期评价的发展主要集中发生在工程领域中,但是跨学科整合社会、经济和管理科学的应用正在增加。这种集成可以修正生命周期评价技术方法,使之在企业和社会的其他方面更有用。

恩里克·鲍曼(Henrikke BAUMANN)
瑞典查尔姆斯理工大学

　　参见:仿生;摇篮到摇篮;工业设计;环境标签;能源效率;集成产品开发;生产实践;自然步骤框架;产品服务系统;再制造;零废弃。

拓展阅读

Baumann Henrikke, Tillman Anne-Marie. (2004). *The hitch hiker's guide to LCAs: An orientation in life cycle assessment methodology and application*. Lund, Sweden: Studentlitteratur.

Bundesamt für Umweltschutz. (1984). Eco-balances of packaging. *Report series environment* (No.24). Bern, Switzerland: Bundesamt für Umweltschutz.

Bundesamt für Umwelt, Wald und Landschaft. (1991). Eco-balances of packaging: Status 1990. *Report series environment* (No.132). Bern, Switzerland: Bundesamt für Umwelt, Wald und Landschaft.

Consoli F, et al,. (1993). *Guidelines for life-cycle assessment: A "code of practice."* Brussels: Society of Environmental Toxicology and Chemistry(SETAC).

Environmental Data Services (ENDS). (1991). Curbs urged on use of life cycle analysis in product marketing. ENDS report 198. London: Environmental Data Services.

Environmental Product Declaration (EPD). (n.d.) The international EPD system: A communication tool for international markets.Retrieved July 9, 2009, from http://www.environdec.com

European Commission — Joint Research Centre. (2009). Life cycle thinking. Retrieved July 9, 2009, from http://lct.jrc.ec.europa.eu

Frankl Paolo, Rubik Frieder. (2000). *Life cycle assessment in industry and business: Adoption patterns, applications and implications*.Berlin: Springer-Verlag.

Guinée, Jeroen B. (2002). *Handbook on life cycle assessment: Operational guide to the ISO standard.* Dordrecht, The Netherlands: Kluwer.

Hendrickson Chris T, Lave Lester B, Matthews H Scott. (2006). *Environmental life cycle assessment of goods and services: An input-outputapproach.* Washington, DC: Resources for the Future.

Hertwich Edgar G. (2005). Life cycle approaches to sustainable consumption: A critical review. *Environmental Science and Technology*,39(13): 4673‒4684.

Hibbitt Chris, Kamp-Roelands Nancy. (2002). Europe's (mild) greening of corporate environmental management. *Corporate Environmental Strategy*, 9(2): 172‒182.

Hunt Robert G, Franklin William E. (1996). LCAs — how it came about: Personal reflections on the origin and the development of LCAs in the U.S.A. *International Journal of LCAs*, 1(1): 4‒7.

International Organization for Standardization (ISO). (2006). *ISO 14040: 2006: Environmental management — life cycle assessment — principlesand framework.* Geneva: ISO.

The Life Cycle Initiative. (n.d.) The Life Cycle Initiative: International life cycle partnership for a sustainable world. Retrieved July 9, 2009,from http://lcinitiative.unep.fr

McDonough William, Braungart Michael. (2002). *Cradle to cradle: Remaking the way we make things.* New York: North Point Press.

Meadows Donella H, Meadows Dennis L, Randers Jørgen, et al., (1972). *The limits to growth.* New York: Universe Books.

Remmen Arne, Jensen Allan Astrup, Frydendal Jeppe. (2007). *Life cycle management: A business guide to sustainability.* Retrieved July 9,2009, from http://www.unep.fr/shared/docs/publications/LCM_guide. pdf?site=lcinit&page_id=F14E0563‒6C63‒4372‒B82F‒6F6B5786CCE3

Rex Emma L C, Baumann Henrikke. (2007). Individual adaptation of industry LCAs practice: Results from two case studies in the Swedish forest products industry. *International Journal of Life Cycle Assessment*, 12(4): 266‒271.

Suh Sangwon, Lenzen Manfred, Treloar Graham J, et al,. (2004). System boundary selection in life-cycle inventories using hybrid approaches. *Environmental Science and Technology*, 38(3): 657‒664.

Tukker, Arnold, Jansen Bart. (2006). Environmental impacts of products: A detailed review of studies. *Journal of Industrial Ecology*,10(3): 159‒182.

Local Living Economies

地方生活经济

社会、环境和经济的基本构建模块能够稳定全球经济，地方生活经济根植于更小、更负责任的当地企业，而不是跨国企业和购物中心。当地的独立的企业通过提高经济乘数，使社区更繁荣、更自力更生、更强的劳动力、生态和社会标准。

成立于2001年底的非营利组织——地方生活经济联盟（BALLE），通俗地称为地方生活经济。地方生活经济联盟是目前在北美当地商业联盟的主要组织者，有60多个官方网络存在（2009年初）和数十个其他网络在形成中。地方生活经济联盟（n.d.）的使命是，地方生活经济"确保经济实力驻留在本地，维持健康的社会生活和自然生活以及长期的经济活力"。

概述

地方生活经济这个词的出现源自两次知识潮。第一次在戴维·科尔顿（David Korten）的著作中。科尔顿是全球化挑战的主要思想家和一个多产的作者，其出版的书籍包括最畅销的《当企业统治世界》（*When Corporations Rule the World*）（1995）。科尔顿认为我们现在依赖于一个"自杀式经济"，通过不可持续的经济增长、环境破坏、不平等、社会动荡、镇压、军国主义和战争播下了自我毁灭的种子。他认为，其核心问题是强大的全球企业的出现，它们对社区和生态系统是不负责任的。他呼吁选择"生活经济"，植根于更小、更负责任的地方企业。

第二次知识潮与地方主义有关，出现在E. F. 舒马赫（E. F. Schumacher）的早期著作《小就是美》（1973）和简·雅各布斯（Jane Jacob）的《城市和国富论》（1985）中。迈克尔·舒曼（Michael Shuman）的《到地方去》（1998）和《小集市革命》（2006）用实例说明了具有地方所有权的工商业是地方经济繁荣的主要原因。地方所有权意味着控股公司与其运营公司在地理位置上非常接近地方。例如，小型家族企业、非营利组织、合作社、市政公用事业，一般都是地方所有权企业。全国或全球的公司，如连锁零售商或综合生产商，通常不被视为地方所有权企业。

地方企业通常小，但并非总是如此。在美国密歇根州安娜堡市的 Zingerman，开始时只是一个小小的熟食店，但是现在已经成长为雇佣超过500人的6个连锁企业。它被认为是地方生活经济企业的一个最好的例子。

使命

地方生活经济概念有三大目标：企业所有权、社区自主权和较好的社会表现。

地方所有权

地方所有权关系到社区商业的繁荣。一个重要的原因是具有地方所有权的企业在当地花费他们的收益比非本地企业要多。这会给地方经济带来乘数效应，1美元在社区循环流动多次的收益。在2002年，经济咨询公司"市民经济学"分析了非地方的、德克萨斯州奥斯汀 Borders 书店和两个当地的连锁书店的相对影响。研究人员发现，100美元花在 Borders 书店将在奥斯汀经济中产生13美元的流通经济，而将同样的100美元花在这两个当地书店的任何一家，便可以产生45美元的流通经济（Civic Economics 2002：14）。研究表明，大体上，在当地商店花1分钱比在非当地商店花1分钱多贡献3倍的工作、3倍的收入和3倍税收利益。

随后的研究也证实了这些结果。2004年，"市民经济学"改进了他们的研究方法，将其研究扩展到了附加的企业类型的分析，完成对芝加哥附近的安德森社区的研究（Civic Economics 2002：2，8）。主要研究结果是，相比连锁企业，在当地的一家餐馆里花1美元可以产生25%以上的经济乘数。当地的优势是63%是零售业，90%是当地服务业。2007年，"市民经济学"对旧金山城区和南旧金山周边的科尔马和戴利两个城市做了一项最深入的研究。调查内容包括：书籍、玩具、体育用品和快餐食品。研究人员发现，如果旧金山市民将花在连锁商店1美元中的10美分花费在当地的零售商，他们可以为城市的经济添加近1 300多个工作岗位和每年20亿美元的年产量（Civic Economics and San Francisco Locally Owned Merchants Alliance 2007：27）。

一个经济体由大量的、会给社区经济带来好处的本地所有权企业组成，而没有地方所有权的企业搬迁到墨西哥或中国，可能会给社区经济造成衰退。因此，通过保持所有权和多年创造的财富，常常可将企业很多代固定在本地。因为当地企业倾向于留在原地，社区与当地主要企业可以提高与企业相适应的劳工和环境标准。当地企业的稳定也有助于社会稳定和较高的政治参与。地方企业规模小、有特色及有活力，使他们更好地具备了促进地方智慧发展，吸引游客，吸引有才华的年轻人，和形成自我强化的企业文化的能力。

许多观点认为，所有地方企业效率低下，家族零售商不合规。事实上，零售行业只占整个经济的7%，和所有部门的小企业（美国小企业管理局的定义下）构成了大约一半的整个私营部门。1993—2008年间，那些员工少于500人的小企业，创造的新工作岗位几乎是大企业的2倍，每个员工取得的专利是大企业的13倍（SBA 2009）。

还有很多人怀疑地方企业的竞争力。认为我们不是处于大企业能够更好地实现规模经济的时代吗？事实上，在所有北美产业分类体系1 100个工业大类行业（NAICS）中，有很多小企业在各行业的竞争比大型企业竞争力强的例子。另一方面，美国经济充满了小规模企业成功的例子，甚至可以在很小的社区指导企业活动。

考虑到所有这些优势和机会，地方生活经济的倡导者一直在寻求当地企业数量和竞争力的最大化，并提高当地企业在社区经济中的相对地位。

社区自主权

地方生活经济的第2个特性是经济自主的程度较高。在这里，程度是一个重要的，因为几乎没有拥护者能想象或希望社区从国家经济或全球经济完全自给自足的状态下退出。集中在当地市场的经济相对比例日益增加有以下几个非常重要的原因。

当一个社区进口那些自己生产可能是有成本效益的商品或服务时，美元流出去了，同时也失去了与生产这些产品和服务可以带来的至关重要的经济增长乘数，这就是所谓的进口泄漏。例如，不必要的石油进口，会给社区主要商品带来价格上涨的风险，以及本地控制之外的商品中断的风险。进口否认一个社区多元化的商业基础及其在全球经济下应对未来未知（和不可知）的机会具有的优势。不必要的对外界粮食或其他容易生产的物品的依赖，增加货物配送系统（运输、包装、冷藏、中间人和广告商）的负担对环境造成影响，特别是每一环节的能源消耗和气候破坏，其二氧化碳都会释放到大气中。

一些经济学家也批评进口替代政策，指出在20世纪60年代和20世纪70年代这些政策在拉丁美洲往往意味着更高的关税和非关税贸易壁垒，增加了国内价格，阻挡了外国技术和投资，抑制了经济发展。但进口替代可以教育消费者（公民、企业和政府用户）成本-效益地进行当地购买，并鼓励他们利用这些机会。这样重构为需求驱动而不是贸易限制，正如简·雅各布斯所认为的那样，进口替代实际上转变成了发展出口导向企业最有效的方式。

雅各布斯的论点本质上是：设想在北达科他州想用本地风力发电机替换进口电力发电机。这里曾经建造过风车，它依靠外部供应的风车生产了本地的电。如果它建立自己的风车工业，它会依赖外部提供的机器配件和金属用品。这个替换过程永远不会结束，但它可以留给北达科他州几个新的、强大的电力、风车、机器零件和金属制造工业，这不仅能满足当地需求，还有出口的机会。

理论上，最强的地方经济不仅能饱和当地市场，还能最大限度地提高全球市场。地方生活经济的倡导者认为，主流经济发展的错误在于一直专注于全球市场，而低估了地方企业所能带来的益处。越来越多的证据表明，因果关系在相反的方向起作用。相反，社区把所有的鸡蛋放在一个出口型篮子里，那么，社区应该开发无数小企业，与当地市场衔接（至少最初），满怀信心。这样，许多企业会自然渐渐变为出口企业。最终，当地经济和与全球经济有多个点联系，而不仅仅是一个比较优势，提供更好的保险来对抗全球市场的自然起伏。

社会绩效

地方生活经济的最终目标是增加地方企业在非经济领域的表现。如社会责任、三E(效率、公平、环境)和三重底线(利润、人、地球)。事实上,社会表现远不止这三种维度,要考虑所有的企业利益相关者:工人、消费者、供应商、承包商、业主(被动和主动)、附近的工厂居民、当地的慈善机构等。

地方生活经济运动寻求代表各利益相关者示范企业,将这些成功模型传播给其他公司和社区。可持续的商业网络公司,地方生活经济联盟隶属于宾夕法尼亚州费城,正在尝试通过在食品、能源、金融、服装、住房等领域构建模块组织改进当地经济每个部门的社会表现。

然而,地方生活经济支持者相信有很多本地企业能够从典型的非本地企业的表现中学习,像本和杰里的和贝纳的通世界。他们也相信,友好的、温和的、互助的、环保的非本地企业只有在残酷的全球化到来之前进行自身改革才能走得更远。如果今年你给你的工人更高的工资和更好的医疗保健福利,而且关掉下一个工厂,你能得到多少信用?如果你像沃尔玛一样减少能源的使用,同时鼓励数以百万计的买家不去市中心附近的商店,而是每年驾车数十亿英里(1英里≈1 609米)去特大购物中心吗?地方生活的经济活动家认为,任何一个以责任名义而牺牲其底线的企业容易受到另一个全球公司的恶意收购,只有全球性公司有勇气做出这样的"艰难选择"。有机酸奶制造商石原农场被达能集团收购,之后成为沃尔玛的主要供应商,结果成为本地化拥护者的眼中钉。这些都是基于强调社会责任必须包括当地所有权这样的信念的。

履行

当地的生活经济运行的一个基石就是到底什么被认为是大部分经济发展适得其反的做法。当今的传统范式是一个地区应该吸引和留住全球公司,扩大现有业务,允许一个社区实现一个或两个全球性的比较优势。虽然经济开发者常常赞美本地企业,事实上,大部分支出,有人认为90%的支出都用于了吸引或留住非本地企业的公共激励政策。每年国家和地方政府所用的补贴年度成本估计达500亿美元,联邦机构的支出至少也有这么多。越来越多的证据表明,这种经济发展是无效的,浪费了大量的资源和机会。

地方生活经济的倡导者力求关注稀缺的公共资金和私人资金的一系列措施,而这些措施往往是经济开发者最容易最小化或完全忽略的。有几个目前缺乏重视的关键问题。

(1)地方规划——在可以插入新的或扩大本地企业的地方经济中有哪些值得注意的进口漏洞的?

(2)地方企业家——如何培养新一代的企业家和训练领头的地方企业?

(3)地方企业组织——现有的当地企业如何一起工作(如通过采购合作)来提高他们的竞争力?

(4)地方投资——当地储蓄银行,无论是银行的现金还是养老基金,如何投向新的或扩大的当地企业?

(5)地方采购——当地企业如何通过消费者、企业和政府的"地方优先"采购,取得更大的成功?

(6)地方公共政策的制定——如何彻底整顿对抗当地企业的种种偏见,如安全法,使地方企业可以在一个公平竞争的环境中与非本地企业公平竞争？现有的安全法对"未经认可的投资者"（98%的美国民众）来说，是投资当地企业望尘莫及的。

这些问题引发了在60个社区新一代的经济发展计划，其中地方生活经济联盟非常积极。这些计划包括披露研究，当地企业孵化。总体来说，地方生活经济运动仍然相对较新较小，但几乎每个社区在阅读当地的银行、当地的食物和当地的工艺品刊物时都能看到受其影响的迹象。2007年3月，《时代杂志》封面刊登了"忘掉有机，吃地方"。许多经济发展的趋势，如油价上涨和家庭支出都已经从全球商品转到本地服务，几乎保证，这个运动将在可预见的未来不断发展。

迈克尔·舒曼（Michael H. SHUMAN）
地方生活经济联盟

参见：农业；社区资本；企业公民权；企业社会责任与企业社会责任2.0；快餐行业；社会责任投资；大都市；智慧增长；三重底线；真实成本经济学。

拓展阅读

Alperovitz Gar, Faux, Jeff. (1984). *Rebuilding America: A blueprint for the new economy*. New York: Pantheon.

Business Alliance for Local Living Economies (BALLE). (n.d.) Mission,vision, and principles. Retrieved May 20, 2009, from http://www.livingeconomies.org/aboutus/mission-and-principles

Civic Economics. (2002). *Economic impact analysis: A case study — Local merchants vs. chain retailers*. Retrieved November 18, 2009, from http://www.liveablecity.org/lcfullreport.pdf

Civic Economics. (2004). *The Andersonville study of retail economics*.Retrieved November 18, 2009, from http://www.civiceconomics.com/Andersonville/AndersonvilleStudy.pdf

Civic Economics, San Francisco Locally Owned Merchants Alliance. (2007). *The San Francisco retail diversity study*. Retrieved November18, 2009, from http://www.civiceconomics.com/SF/SFRDS_May07.pdf

Daly Herman E, Cobb John B Jr. (1989). *For the common good*.Boston: Beacon.

Douthwaite, Richard. (1996). *Short circuit*. Devon, U.K.: Resurgence.

Florida, Richard. (2002). *The rise of the creative class*. New York: Basic Books.

Gunn Christopher, Gunn Hazel Dayton. (1991). *Reclaiming capital: Democratic initiatives and community development*. Ithaca, NY: Cornell University Press.

Hawken Paul. (1993). *The ecology of commerce*. New York: Harper Collins.

Imbroscio David L. (1997). *Reconstructing city politics*. Thousand Oaks,CA: Sage.

Jacobs Jane. (1985). *Cities and the wealth of nations: Principles of economic life*. New York: Vintage Books.

Kinsley, Michael. (1996). *Economic renewal guide: A collaborative process for sustainable community development*. Snowmass, CO: Rocky Mountain Institute.

Korten David C. (2001). *When corporations rule the world*. 2nd ed. Bloomfield, CT: Kumarian Press.

LeRoy Greg. (2005). *The great American job scam*. San Francisco: Berrett-Koehler.

Mitchell Stacy. (2006). *The big box swindle: The true cost of mega-retailers and the fight for America's independent businesses*. Boston: Beacon Press.

Peters Alan, Fisher Peter. (2004). The failures of economic developmenti ncentives. *Journal of the American Planning Association*, 70(1): 28.

Polanyi Karl. (1944). *The great transformation*. Boston: Beacon Press.

Power Thomas Michael. (1998). *Environmental protection and economic well-being*. Armonk, NY: M. A. Sharpe.

Sale Kirkpatrick. (1980). *Human scale*. New York: J.P. Putnam.

Schumacher Ernst Friedrich. (1975). *Small is beautiful: Economics as if people mattered*. New York: Harper & Row.

Shuman Michael H. (2000). *Going local: Creating self-reliant communities in a global age*. New York: Routledge.

Shuman Michael H. (2006). *The small-mart revolution: How local businesses are beating the competition*. San Francisco: Berrett-Koehler.

Small Business Administration Office of Advocacy (SBA). (2009),September. Frequently asked questions. Retrieved November 18,2009, from http://www.sba.gov/advo/stats/sbfaq.pdf

Williamson Thad, Imbroscio David, Alperovitz Gar. (2003). *Making a place for community: Local democracy in a global era*. New York: Routledge.

M

Manufacturing Practices

制造业实践

自从20世纪80年代以来,一些制造公司采取实践的方式来强调可持续制造。可持续制造这个概念的部分是减少或消除浪费。减少能量和水的使用经常是第1步,但是可持续制造也包含标准和执行框架。可持续制造除了环境之外还必须兼顾社会和经济的可持续性。

可持续制造实践主要基于资源生产率这个概念,它是指促进提升资源的利用效率达到减少浪费。这些实践寻求创造使用更少资源(能量、水以及材料)的产品。因为,这些实践,供应链中使用的材料应该有低的嵌入式能量和水(供应链中使用能量和水来准备材料)。这些做法有利于可再生能源和材料的再生含量。公司正在修改的生产实践,以降低排入所有环境介质(空气、水和土地)的废物总量。虽然许多公司有一些减少废物的程序到位,合理使用资源生产率是越来越重要。

发生在20世纪80年代晚期的一些独立事件触发了一个帮助形成我们所知道的可持续生产实践的定向运动。来自这五个事件的许多公司开发了单独的可持续的方法。这些方法的组合或整合,是可持续制造的中心。

1987年,美国国会修改1980年"史蒂文森·怀德勒(Stevenson-Wydler)技术创新法"来建立"马尔科姆·鲍德里奇(Malcolm Baldrige)国家质量奖",提升了对性能卓越的认识和认可。当时,外国竞争挑战着国家制造的质量和成本。在美国的20年里,制造业生产率增长低于其他国家。国会认为品质低劣使企业成本高达产品销售收入的20%,提高制造产品和服务的质量将会带来生产率提高,成本降低以及盈利能力增加。该奖项提供了进程管理类别能够调用制造流程的最佳实践。可持续发展和企业社会责任被明确包含在其最新说明中。

世界环境与发展委员会在1987年《我们共同的未来》(*Our Common Future*)一书中发表了其研究成果。这本书作为可持续发展原始定义的资源被广泛引用——经济和生态的紧密结合——鼓励政府和他们的人民要为环境破坏负责,并制定造成这种损害的政策。联合国在1983年设立该委员会来重新审视被全世界公认的环境和发展的关键问题。联合国寻求现实的建议来解决这些问题,以确保人类的进步将在不破坏子孙后代资源的前提下通过发展得到持续。已实行可持续性发展的公司特别注意生态效率这个术语。这是上述资源生产率术语的先行者。

同样在1987年,国际标准化组织对制造公司发布了由三部分组成的质量管理系统（ISO 9000）：

该质量模型保证设计、开发、生产、安装以及服务适用于研发新产品的公司；

该质量模型保证生产、安装及服务和第一条基本相同,但是不包括新产品的研发；

该质量模型保证最终检验和测试仅涵盖完成产品的最终检查。

尽管标准强调程序的一致性而不是整体的管理过程,它的确是制造中更好地控制过程中的重要一步。在2000年,相关的ISO 9001做出改动强调过程的重点和运用系统的方法来管理。这是企业涉及将资源生产力作为可持续发展实践一部分的基础。

美国环境保护署在1988年公布了《废物最小化机会评估手册》(*Waste Minimization Opportunity Assessment Manual*)。该手册来源于一组由加利福尼亚州制作的制造业报告,讨论"源头减量"和检验陈品和工艺的变化作为在生产过程中促进明智使用资源、能源利用效率、投入材料的再利用的一种手段,并减少能源和水的消耗。

这些变化将包括以下的收益：

（1）降低刑事和民事处罚风险；

（2）减少运营成本；

（3）提升员工士气与参与度；

（4）增强公司在领域内的形象；

（5）保护公共健康与环境。

该手册建议的废物层次管理是赞成废物消除高于废弃物再利用与再循环。废物处理及出售将被视为最后的手段。这是对制造业的一个重大思维转变。

最后,人们认识到在全面质量管理（TQM）中不断增长的利息和污染防治（Pojasek 1987）利益之间的联系。质量管理工具（例如,根源分析、流程映射、头脑风暴、冒泡排序和行动规划）可系统地用于涉及员工和供应商在所有制造过程中减少或消除各种废物。这就是"过程改进的系统方法"的诞生。制造方法的广泛部署如精益管理和紧随其后的六西格玛流程。

工业和环境工程领域的不同专业独立地使用这些努力。最终人们将用管理系统来整合绩效框架及使用过程改进来推动必要的升级换代以实现可持续生产实践。

何时可持续生产是可持续的？

术语"可持续生产"对于不同的人意味着不同的事情。很多这样的差异来源于制造专业的规则和偏见。人们经常会被定义上不必要的纠纷牵制。然而,在任何企业实现可持续生产是一个过程而不是一个静止的状态。可持续生产是经营一家可持续发展企业的一项重要的组成部分。制造业部门对于可持续生产非常感兴趣,并且世界已经经历了在哲学方面的重大转变,从它微小的开始就接受并且重视它。

成为可持续生产通常始于一家企业采用一个正式的程序来推动资源生产率。许多公司使用ISO 9001：2008标准作为基础。他们整合了 ISO 4001、风险管理(ISO 31000草案)、社会责任(ISO 26000草案)及一个卓越经营架构(Baldrige 卓越绩效计划)的要素。这些集成管理系统可帮助实现公司部分日常运作的可持续生产。以这种方式制造的产品可以被认证为由美国国家标准学会(ANSI)和类似的标准制定机构发布的可持续产品标准。

制造过程必须以一个高效节能的方式操作。公司分析直接和间接使用的所有资源(能源、水和材料)及在制造过程的各个环节的资源损失。资源的直接使用和损失来自支持流程和设备基础设施(空气压缩机、空气和水污染控制设备,锅炉、制冷机及加热通风和空调)。公司使用过程映射和资源计算以确保他们遵循ISO 9000：20000要求的过程聚焦和管理的系统方法(Pojasek 2005)。

对可持续生产的兴趣不会自动转化为改变产品工艺的保证。许多企业担心这条道路的成本和收益。许多制造业高管认为这是一个在对环境负责和让员工保住自己饭碗之间的一个选择。但是这些高管正在慢慢意识到获得来自有环保意识客户的积极反馈的商机可能造成销售额的增加。

减少能量和水的使用量是最常见和最简单的转化为可持续制造工艺的方法。

在所有的商业行为中消除一切浪费是一个重要的中点目标。从长远来看,能够发展可持续的制造技术和提高可持续发展水平的产品。在生产中的环境和社会责任包括促进公司的可持续发展及能够生产供应,这将促进其他部门的工作能力实现可持续发展。这涉及生命周期管理,它是基于对材料和工艺的相互联系。

成功转变到可持续生产要求企业从愿景、任务和核心价值观来调整其生产计划(Pojasek 2007)。对于企业来完成此过程所需的管理支持只能通过完全整合可持续生产的努力与核心业务来获得。员工和利益相关者需要参与该方案的规划和实施。员工是转变知识的主要来源。和供应商、客户及主要利益相关方的互利关系也很重要。

成功通常取决于绩效框架的综合运用,管理制度和流程的改进。可持续生产使用这些行之有效的方法,以满足客户和市场的需求,同时提供高效节能的过程及对环境、关键利益相关者和社会的益处。可持续发展来自商业价值的顶线(品牌)和底线,因为它有助于建立一个强大的地方经济。这可能是为可持续生产过程寻求高级管理人员的支持时使用的最好论据。

创新性实践

警惕性和规则导致资源生产力的初步改善。员工的参与计划带来了许多关于使用更少的和失去更少资源的建议。偶尔的创新简单地通过改变机械发生。例如，如果一个工业洗衣机放置其传入的自来水管于废水排出管内，排出废水的热量能够加热进入端的水。这降低了锅炉需要加热洗涤水所耗费的燃料。对于一个低技术含量的企业而言，这就是创新（后来该公司能够投资于一个更高效的热交换器）。

在涂料领域已经看到许多创新。新的更加有效的技术提高了涂料和胶粘剂的应用。绘画经历了从含有许多挥发性溶剂的液体涂料的喷涂，到含有少得多的挥发性有机溶剂高固体涂料的应用。此举对完全没有携带剂的粉末型涂料最为重要，因此没有挥发性有机物这点紧随其后。

即使是很平常的事，比如清洗混合容器已经通过喷球技术得到提高。以前技术人员清洗容器是使用清洁溶剂注入油舱，打开调音台与排水槽，并重复这个过程。在表面有许多小孔的"球"，可以通过小孔射出高压喷雾，使用清洗液的一小部分。其他清洗装置采用了气刀——压缩空气在材料表面吹打——在使用液体去除残留的污染物之前。

有些创新遵循一个名为"服务化"的新方法：一个企业或供应商从卖产品到提供售后服务的重新聚焦。例如，地毯公司租赁地毯及服务它，而不是取代它。因为在欧洲的立法，企业回收其产品，并再利用部分新产品。可回收和可重复使用的碳粉盒是一个例子，还有从旧的阴极射线管（CRT）电脑显示器得到的塑料外壳被转换为屋顶纸板。

一个产品的设计及其生产工艺的设计影响资源的使用和损耗。一些公司要求他们的专业设计人员在车间工作学习如何对新产品提高资源生产率。同样的，设计师们开始使用仿生学开发新产品。仿生学通过模拟自然的设计和流程来寻求可持续的解决方案。例如，驼背鲸鳍状肢的结节，保证其在水中的快速移动，启发了 WhalePower 公司的结节技术。采用结节技术的产品，如风力涡轮机、风扇和压缩机，通常是比常规技术提高至少 20% 的能量使用效率（WhalePower 2009）。

创新不是由于偶然或者美好的意图而发生。它可以通过采取简单的方法挑战提高资源生产率来激发。一个可持续发展的制造企业可能涉及员工和供应商是否处在一种提倡开发流程和方法并鼓励创新的文化之中。提高资源生产率的推动力能够创造充满激情的内部冠军，或者专注于使程序成功的员工（与必须兼顾许多责任的经理相比）。通过提高资源生产率的创新宣传手段及定期与有关人士的交流，冠军为进一步创新奠定了基础。使用可持续生产工艺的企业，无论它们的来源是什么，在它所有的努力中都保持过程聚焦，这被定位为高度创新。

争议

在可持续生产过程的讨论中存在很多争议。一些争议如下。

绿色 vs 可持续生产

术语"绿色"通常局限于生产充分降低

了能源消耗或废物的产品,或者使用含再生成分高的材料。但是可持续生产寻求的是超越"绿色"。我们必须研究三种产出——环境、社会和经济——来考虑做法是否是可持续的。这是有争议的,因为很多制造商限制了对"环境可持续性"的所谓可持续性努力。其他制造商宁愿选择"绿色"生产或"倾向于绿色"生产。如果我们将这三种产出适用于可持续生产,那么绿色生产或倾向于绿色生产就不符合这个定义。

利益相关者参与

很多可持续生产企业向他们的利益相关者展示关于企业活动、产品和服务的核心进程的详细信息。这样的做法消除了利益相关者的一些关注并且提供透明度和问责制。他们往往有实现进一步创新的一些好建议。

如上所述,利益相关者参与包括提高员工在过程的参与度,并询问供应商们如何制作他们的产品及别人如何使用它们。周边领域的利益相关者在生产过程中可以讨论他们的"兴趣"。一些利益相关者的参与工具非常易得(AccountAbility 2007);这些工具可在长期内使用,一旦公司逐渐熟悉它们并且看到了它们在生产过程中能增加可持续性的价值。

管理系统

一个管理系统被定义为决策质量、可持续性和企业经营环境和社会责任的一部分。使用管理系统的公司通常要求他们的客户采用ISO标准,这使很多生产经理感到不舒服。因此,他们采用最低限度责任计划来满足该要

求,因此从中也没有得到什么好处。虽然ISO版本有这些问题,但是关于ISO标准缺乏灵活性和用无用的文书程序埋没公司的争论是不真实的。ISO修订其标准:ISO 9001:2000认可过程聚焦和系统管理方法;ISO 9001:2008使标准更容易与ISO 14001的整合;ISO 14001:1997更新至ISO 14001:2004;ISO 26000(社会责任)将在2010年发行。这些标准帮助很多公司转变为可持续性生产。即使是最低限度责任版本也可以改进来完成所需要达到的目标。

筒仓内操作

许多制造企业独立地实施运作流程改进方案和管理措施方案。独立的方案被称为"筒仓"(Pojasek 2008)。每个筒仓往往是由公司的精英管理的,他在公司的价值某种程度上通过方案(或筒仓)活动的成功得到确定。精英们往往不愿意将方案(如,管理系统、业务卓越框架、风险管理,和工艺改进技术比如Six Sigma);他们觉得这很具有威胁性。员工们因为他们之间的方案和竞争而感到困惑,方案发起的精英无法帮助员工更有效地完成他们的工作。但是如果整合的重点是为员工提供一个单一的、集成的工作方法,有些威胁可以得到缓解。通过这种方式,筒仓不会被破坏——它们得到协调以此来帮助员工转向可持续生产过程。

生态标签和绿色营销索赔

如果一家企业已经开发可持续生产实践,营销专业人士将会区分在市场上产生的产品。关于生态标签的ISO标准(ISO 2009A)

由厂家识别3项要求：

（1）批准收到的符合ISO标准的密封件；

（2）在产品宣传材料中添加条款如可生物降解或有机的特定要求；

（3）构成一个等级的标签，如"美国农业部选择牛肉"或"五星级酒店"。

最有效的标签是特定部门的、准确的，以及第3方验证的。但对于标签仍有很多争议。美国联邦委员会一直在审查其生态标签指引，来帮助企业避免"漂绿"，是指"误导消费者关于一个公司的环保措施或一项产品及服务的环保效益的行为"（Terra Choice Environmental Marketing 2009）。一家企业如果夸大其优势，并且没有将它们同可论证的可持续性优势联系在一起，这将可能被消费者监督团体查证"漂绿"。

成就和影响

尽管存在与可持续性生产实践相关的争议，很多大公司都已经实施了成功的方案。许多较小的和中等大小的公司从这些例子中受益。

杜邦公司

多年来，杜邦公司的"零目标"一直保持其核心方向朝向可持续增长。其官网定义这个目标为"为股东和社会创造价值的同时沿着我们经营的价值链减少环境足迹"。它进一步解释："我们将尊重和顾虑环境开展我们的业务；我们将实施那些建立成功业务的战略，在不损害后代人满足其需求能力的前提下实现所有股东的最大利益。"杜邦公司（2009）明确指出，所有的伤害、职业病、安全和环境事故都是可以预防的，对它们的目标是零。

杜邦公司还通过查看每类废物的来源和在通过过程变化的首要位置防止浪费来向零废弃推动。它甚至表明其推动零排放的愿景。他着眼于有效地使用化石燃料和原料、土地、水、矿产和其他自然资源："我们将寻求保存和保护自然资源多样性并且管理我们的土地以保护野生动物栖息地。"杜邦公司（2009）也将其承诺延伸至其产品："我们将继续分析和改进我们的方案、过程及产品来降低它们在产品生命周期中的风险和影响。"杜邦公司的责任关怀管理体系可以帮助落实这些主张及帮助他们如何做部分的业务。

施乐公司

施乐公司（2009）长期以来一直致力于生产"在零废弃的设施中生产零废弃的产品……他的目的是设计产品、包装和物料，能够有效地利用资源，最小化浪费，再利用可行的材料及回收不能再利用的材料。"由于这一计划在1991年开始，它已经阻止了超过20亿磅的潜在废弃物进入垃圾填埋场和焚烧炉的处理。施乐公司使用ISO 14001来将这一计划纳入其业务单元的实施。通过员工的参与，他在其产品中未使用的所有无毒害材料中享有92%的回收率。公司年度非财政报告中提供了该项目的进展情况。

印第安纳州的斯巴鲁公司

印第安纳州的斯巴鲁公司在其生产过程的改进使它从根本上消除被送往堆填区

的废物——同时每年生产超过 110 000 辆汽车（Subaru 2009）。一些回收系统（如涂料溶剂回收系统）实施起来非常昂贵，而且要超过 7 年才能有回报。但是斯巴鲁管理层认为这笔钱是用得其所，而且他们已经向着可持续生产的目标行动。很多想法来自有激情的员工。斯巴鲁向其他的汽车制造商、其他的制造业设施，以及许多主张零废弃的组织分享他的想法。

21 世纪的展望

构成可持续生产实践的许多不同元素这点可容易理解。但它需要专注并坚持建立这些元素并且开始最终导致可持续生产的持续改进过程。很多人说过这完全是个"好商机"，但是似乎很多制造企业没有时间处理这样的好商机。当生产总量高的时候，很多企业就会太忙没时间处理这些流程和项目。当生产总量低的时候，他们削减计划和实施所必需的资源。相比之下，上一节列举的案例一直维持在牛市和熊市。如果我们回顾上述 3 家公司的年度可持续性报告，我们就会看到，他们每年在他们的官方网站上提供收益的核算。这些公司也在大型可持续性发展会议上介绍论文，并且展示了如何坚持获得相当大的节约。

规范增加了废物管理的成本，包括空气和水的污染成本。为了减少废物产出，花在管理废弃物的钱就更少了。但是一些东西被返工，更多的资源将被使用。因此，公司将会继续对计算和能源利用、碳足迹、再利用和再制造有关的"嵌入式成本"感兴趣。他们的动机是对于包括在其生产成本中生产产品的真实

成本的需求，从资源开采到生命的尽头及再使用或再回收。真正的成本超过了这些阶段的"增值"；它也是与产品生命周期有关的环境和社会成本。但确定真正的成本是不容易的，因为我们往往没有很好的数据。然而美国国家标准学会（ANSI）有需要测量这些价值的可持续产品标准。

加利福尼亚州可能要求投标人整合所有能源的成本，包括嵌入的能源、材料和其他资源、劳动力、环境的影响及相应的社会需求和对产品价格的影响。国家（2007）已经明文规定地毯为了被售出国家代理必须评分达到"白金"级（ANSI NSF 140 可持续地毯标准）。沃尔玛要求他的 65 000 个供货商回答 15 个问题，并且为他们出售的东西提交一个可持续发展指数。

美国是否实现了碳税和总量管制与交易制度，专家预计将会对经济有 1 万美元的影响。开始将"环境经济学"纳入设计和生产产品中的公司很可能在竞争中处于领先地位。一旦他们认识到这些成本，他们将会不惜一切代价来消除它们，这就是在 21 世纪可持续的生产。在沃尔玛将会为零售商品推动这一做法的同时，其他人也会为其他的制成品推动这一做法。

罗伯特·B. 波亚赛克（Robert B. POJASEK）
哈佛大学

参见：仿生；绿色化学；工业设计；生态标签；能源效率；集成产品开发；生命周期评价；产品服务系统；再制造业；利益相关者理论；供应链管理；零废弃。

拓展阅读

Account Ability. (2007). *Stakeholder engagement and facilitation*. Retrieved September 19, 2009, from http://www.accountability21.net/default.aspx?id=256

Baldrige National Quality Program. (2009). *The Malcolm Baldrige National Quality Improvement Act of 1987 — Public Law 100–107*. Retrieved September 3, 2009, from http://www.quality.nist.gov/Improvement_Act.htm

Benyus, Janine. (1997). *Biomimicry: Innovation inspired by nature*. New York: William Morrow.

Biomimicry Institute. (2009). Retrieved September 3, 2009, from http://biomimicryinstitute.org

DuPont. (2009). *The DuPont commitment*. Retrieved September 3, 2009, from http://www2.dupont.com/Sustainability/en_US/Performance_Reporting/commitment.html

International Organization for Standardization (ISO). (2009a). *ICS 13.020.050: Ecolabelling*. Retrieved September 3, 2009, from http://www.iso.org/iso/products/standards/catalogue_ics_browse.htm?ICS1=13&ICS2=020&ICS3=50&

International Organization for Standardization (ISO). (2009b). *ISO 9000 and ISO 14000*. Retrieved September 3, 2009, from http://www.iso.org/iso/iso_catalogue/management_standards/iso_9000_iso_14000.htm

Pojasek, Robert B. (1987, January). Improving operations through waste minimization. *Journal of the American Institute of Plant Engineers*, 11–15.

Pojasek, Robert B. (2005). Understanding processes with hierarchi-cal process mapping. *Environmental Quality Management*, 15(2): 79–86.

Pojasek, Robert B. (2007). Winter. A framework for business sustain-abilit y. *Environmental Quality Management*, 17(2): 81–88.

Pojasek, Robert B. (2008). Energy and water management systems: Building more silos? *Environmental Quality Management*, 18(2): 79–87.

State of California/Green California. (2007). Standards & specifications. Retrieved February 1, 2010, from http://www.green.ca.gov/EPP/standards.htm

Subaru. (2009). *Environmental policy*. Retrieved September 3, 2009, from http://www.subaru.com/company/environmental-policy.html

TerraChoice Environmental Marketing Inc. (2009). *The seven sins of greenwashing*. Retrieved September 3, 2009, from http://sinsofgreenwashing.org/

WhalePower. (2009, May 22). *WhalePower finalist for major international award*. Retrieved September 21, 2009, from http://w w w.whalepower.com/drupal/Xerox. (2009). Prevent and manage waste. Retrieved September 3, 2009, from http://www.xerox.com/about-xerox/environment/recycling/enus.html

营　销

营销的4个要素——价格、产品、地点和推销——在可持续的业务发展中起到关键的作用。可持续的营销人员考虑环保消费者的需求和学习从资源的使用生产到产品的使用处理这一过程对产品的影响。他们面对很多挑战包括消费评估，提高消费者对绿色产品质量的认知，在标签和广告上做出准确、可持续性的说明。

营销在企业可持续发展中的作用有着悠久、丰富的历史。它从20世纪60年代就已经对于消费者观念和行为的变化、企业内部战略及政府规章在广度和深度上有了很大发展。戏剧性的环境影响已经发生在全世界的国家——中国采取西方工业化的做法和消费者导向型社会的举动——已经造成很多影响。早期的绿色营销本质上是一个边缘策略，一部分个人或者小公司过去常常用没有吸引主流客户的产品来瞄准一小群活跃的环保消费者。这些产品往往价格很高，不能很好工作，不得不夸大其性能。例如，早期的绿色洗涤剂往往不能产生足够多的泡沫，并未能充分清洁东西。可降解塑料袋（由美孚制造）的大品牌提供了另外一种不符合期望的绿色产品的例子。因为，它们只能在填埋区不常见的露天条件下得到降解。

短语"可持续性营销"已经被与"生态"、"环保"或"绿色"营销互换使用，但是根据2009年的可持续性管理的词典，它通常被定义为一种强调"改进环保性能，长远生态原因，或者解决环境问题的产品和生产方法"（Presidio，n.d.）。

研究人员贾格迪什·N.谢斯（Jagdish N Sheth）和阿图尔·帕瓦蒂亚（Atul Parvatiyar）将可持续性营销描述为一种通过一个对产品和系统的新认识来协调经济和生态目标的方式（Fuller 1999）。其他人则认为社会影响必须是任何关于可持续性的决策过程中的一部分。

作为一项为客户提供价值的负责创建、沟通、传递和交换产品或者服务的活动，营销在可持续的商业实践中起到关键的作用。环保影响中日益增加的社会利益为企业开发新战略创造了机会。这些新战略使用营销的"4P"——价格、产品、地点和宣传，来关注于可持续性发展。为了制定有效的策略，营销人员花了大量时间研究消费者在这些领域的需求和期待。

绿色消费者

很多描述环保消费者的研究已经开展。这些分析的主要目的是开发能被公司独特瞄准的独立群体。这些群体也可以随时间跟踪以确定他们对公司必须相应的需求的变化。其中一种最常用的关于市场细分研究是由 GfK Roper 咨询公司开发的绿色指标研究。这个报告是唯一的针对消费者关于环境的态度和行为的全国性的、长期的联合研究。它将消费者分为以下几个部分（GfK 2007）：

● 冷漠派：这组是最不关心环保问题而且也不太可能做出回应。这组人数在规模上从2000年美国消费者的28%降到了2007年的18%。"冷漠派"往往收入更少，受教育程度更低，以及相比其他消费者国际影响力更低。

● 抱怨牢骚派：这些消费者在从2000年占美国消费者的20%降到了2007年的15%，他们一般对环保问题没有兴趣，认为它太复杂、太庞大，以至于无法有任何作为。

● 环保新生派：他们是典型的骑墙派，从2000年占美国消费者的34%下降到2007年的26%。他们会购买绿色产品，但是评估的问题一个接一个，并且只有当其价值超过成本时，他们才会购买绿色产品。

● 钞票绿色派：这个组别的人数已经从2000年美国消费者的5%增长到2007年的10%。他们对环保问题感兴趣，但是他们只会购买不损害他们的舒适及便利的产品。

● 忠实环保主义派：这个组别的人数最戏剧性地从2000年美国消费者人数的12%增加到2007年的30%。他们对于环保问题非常感兴趣。相比较其他消费者，他们是受过良好教育的，拥有更高收入，而且更有可能影响他人。

营销人员往往对调查消费者购买绿色产品的原因很感兴趣。他们可以使用这些信息来制定战略来吸引消费者的需求与欲望。对于一些消费者来说，比如"忠实环保主义者"，购买绿色产品的主要动机是减少对环境的影响——不考虑价格和质量。例如，这些消费者会愿意为一个对环境无害的清洁剂支付溢价，即使它清洁效果不好。其他绿色产品备受青睐，因为它们在影响环境的一个关键属性上确实更优。混合动力的丰田普锐斯是被公认的一辆"更好的车"，因为它每加仑跑的公里数优于其他车辆。消费者不仅可以节省天然气的钱，也可以减少对环境的影响。营销人员还发现，消费者可能会基于降低风险的差异性来购买绿色产品。哈特曼集团（2007）分析了1 500位消费者后发现风险降低是可持续性产品消费背后的一个主要动力。在本研究中为消费者认定的不同风险水平始于个人和家庭风险，然后是基于社区的风险，最后是全球性风险，结果显示52%的消费者寻求环保信息来保护他们的个人和家庭健康。因此，消费者经常购买有机食品不是因为它们的绿色因素，而是因为它们减少了农药和化肥造成的潜在健康风险。同样地,一辆丰田普锐斯被购买不仅仅是因为更优秀的油耗,也因为它降低了全球变暖的风险。

营销策略和创新

营销的"4P"——价格、产品、地点和推销——提供了一个有用的框架来描述公司在可持续营销方面的方案。虽然这些将会作为独立活动被讨论,但值得注意的是真正的可持续营销考虑所有的因素包括公司的战略及它们在产品/服务生命周期中的影响,这一点是很重要的。因此,营销人员必须思考原材料的提取,产品的生产、运输、消费和最终处理。在每个阶段对废弃物的消除也必须是可持续性计划的一部分。

产品

有很多方法来开发可持续性产品。产品的关键属性可以用考虑环境来开发,或者产品的其他方面可以被设计成减少对环境的影响。公司已经研究方法来建立能够可循环或再翻新或需要更少材料的产品。

如上所述,营销人员必须了解相关的重要性即消费者对帮助确定哪些功能试图使之可持续的产品功能及是否作为一种通信策略而聚焦于这些功能。有些产品,比如Clorox公司的绿色工程天然清洁剂,把所有的关键属性和通信聚焦于可持续性。丰田混合动力车普锐斯相对于大多数的汽车来说比较省油,但是该产品最初的吸引力是基于和技术一样多的环保方面。对驾驶最新技术感兴趣的消费者被普锐斯采取制动时产生的能量,并将其存储在电池中的能力所吸引。在仪表盘上显示的

每加仑汽油的英里数只增加到"cool";增加的油耗是额外的好处。最后,还有一些产品包含环保因素,但是这些不是主要的消费决策标准。一个例子就是瓶装水或苏打水——瓶装水通常是由回收材料制作的,但是人们更多的出于方便大于环保。

电子产品、纸张、玻璃和金属是被再循环的例子,因此可以减少浪费和资源需求(很多产品的通用三角符号表示它们可以被回收)。有的时候,这些产品可以再循环到相同的产品(比如,玻璃容器),而其他时候,它们必须被转化为更低质量的产品。例如,每一次纸张的回收,都会造成质量的下降。

再翻新或再制造的产品是那些客户可能已经返还的,并在某些情况下,生产商必须修理的。这种策略延长了产品的使用寿命。摩托罗拉的一部翻新手机就是一个例子。一些产品被设计用于重复使用,比如可被用做饮水杯的Welch's果酱和果冻罐子。

公司已经成功开发了在产品中减少材料使用的方法。例如,饮料公司已经显著减少在水和苏打水容器中塑料的使用量。Arrowhead的"生态形"瓶使用相比同类塑料瓶少30%的塑料。延长产品使用寿命的另外一种方法是减少材料的使用。另一种是允许产品进行升级或仅仅使其更耐用。尽管它看起来不利于开发一个持续很长时间的产品,消费者都愿意为这些类型的产品支付更多(例如,本田汽车)。

今天创新的可持续性的营销人员考虑从资源利用到生产,使用和处理的产品影响,目的是设计最小化这些影响的产品和过程,这个过程被称为环境设计或DFE。日立公

司在其洗衣机中采用这种方法：产品的最终设计仅仅要求6颗螺丝，这导致了生产时间减少33%及库存量的减少。更少的服务和更高的客户可靠性也是这种方法的好处（Esty & Winston 2006）。汽车行业提供了另一个例子——这一次由于社会和政府的要求，以及产品废弃可用土地的限制所致。欧洲汽车制造商必须说明至少85%的可重用性和（或）可回收性，以及至少95%重量的可重复性和（或）可恢复性。很多汽车制造商将这些规则纳入他们的产品设计，拆卸金额处理。

推销

随着近一半美国市场表明他们没有足够的信息来提高他们的环保行为，沟通需要在可持续性的市场中起到至关重要的作用。营销者利用广告、公共关系、人员推销和促销活动通知市场。其中一个可持续性营销者必须要做的主要决定是他们的沟通策略如何应该聚焦于产品的环保方面。尽管对低环境影响的产品的兴趣增加，但消费者仍然主要对产品的特定属性感兴趣。例如，事实上一台打印机由100%消费后废弃物制造这一点对于消费者来说可能不如纸张的容量或打印速度重要。如果一个产品对于竞争者来说在关键属性上被积极看好，那么这可能是一个机会来强调积极的环保因素。另外，产品的基本需要集中在传统采购者的决策标准。

产品通信的另外一个重要部分是包装标签。虽然在标签中有一系列的词语、符号、标志和徽标，但国际标准化组织（ISO）确定3种类型的"生态标签"：

（1）Ⅰ型是标签的最常见类型。虽然Ⅰ型通常是自愿的，但是如果有毒成分存在的话，它们也可能是强制性的。如果该陈品符合任何特定或多个条件，这些标签是由第三方组织提供允许使用他们的标志。例子如，包括德国的蓝天使，加拿大的环保选择计划，以及美国森林管理委员会。Ⅰ型标签不要求公开建立标准的具体细节。

（2）Ⅱ型标签不要求第三方的认证及包括由任何级别的分销渠道制作的任何类型的环保宣言。术语"生态安全"或"生物可降解性"被归入这个标签类型。如果集合定义能够商定的话，这个类型的标签的信心能够得到改善。

（3）Ⅲ型标签是和营养标签相类似的，并要求对一个产品在其生命周期对环境的影响做一个分析。对于这些标签一项公开的咨询过程是需要的，而且最终产品应该易于被消费者比较。

由于"漂绿"的影响，即聚焦于不完全绿色产品制造的积极方面及淡化它们的消极影响，越来越多的指导方针在产品的包装标签上注重环保功能的通信。具体的措辞是很重要的。标签应该表明"包装包含20%的消费后的成分"而不是声称产品"包含回收成分"。营销人员应该确保消费者能够理解该说明是针对产品、包装、过程，还是公司。应避免使用模糊的、未经证实的条款。"环境安全的""生态友好的"及"基本无毒的"是骗人的描述，特别是后面没有鲜明而突出的限定语来限制一个产品能够被证实的特定属性的安全描述（前提是没有其他误导性的说明）。营销人员还应该关注那些有显著影响的相关利益。很多公司仍然促进他们的产品不含有氯氟碳化合物的事实。这种成分在20年前就被禁止使用。因此，这不再是一种需要传达的特征。标签还需要包括更多的信息。最近的研究，例如GfK Roper与耶鲁大学对环保问题的研究（2008：12），表明消费者想要能够描述产品生产过程中对环境的影响的标签（73%的受访者）、产品的使用（73%的受访者）和产品处理的影响（79%的受访者）。Patagonia是一家对于其各种产品提出详细的环境影响的信息的公司。

立法规范绿色营销要求已经难以跟上不断被引入的大量的新的绿色产品和要求。很多国家正在重新审视他们的初步指导方针。例如，美国联邦贸易委员会（FTC）目前正在修改他们的名单包括碳交易和普通术语可持续发展的概念。目前的《指南》提供了关于术语如堆肥、可回收、可降解、源头削减、可二次填充的使用。虽然《指南》是为自愿遵守而开发的，但是如果某个产品是不合法的话委员会可以采取行动。例如，美国联邦委员会宣称Kmart公司、Tender公司和Dyna-E国际公司各做了虚假的和未经证实的标识即他们的产品——一次性盘子、纸巾和毛巾——是可降解的。根据美国联邦贸易委员会的说法，他们的产品在正常的处理条件下不会自然分解（大部分都放在堆填区或被焚化或被回收）。截至2009年末，Kmart和Tender公司同意解决他们的标识，而Dyna-E的案件正在执行审判。

价格

类似于任何其他产品，在设定环保产品的价格时，营销人员需要考虑成本、消费者和竞争。

不断争论的一个关键定价问题是使用生命周期分析来得到产品的最终成本的想法。绿色产品的很多倡导者不觉得这些产品的定价过高，而是认为传统产品的价格没有反映它们真实的环境成本。因此，如果公司生产的一瓶瓶装水的价格不得不考虑资源开产对环境的影响（例如，水的使用和所有原材料），生产中有毒化学物质的排放，垃圾在环境中的视觉冲击，并最终在填埋处理或焚烧处理的成本，那么价格会大幅上涨和竞争性产品的价格相对就会变低。如果生活在冬天美国寒冷天气的消费者想要吃生长在南美洲的水果，那么该产品实际上应该反映真实的环境成本。随着软件的可用，采用生命周期分析来制定价格，评估可选择性的生产及分销策略越来越多。

竞争产品的价格可以为价格底价和顶价作为一个很好的基准价格。但是营销人员还必须考虑不同层次的消费者对环保与传统属性的重视。如果传统的属性被认为是更重要的，那么环保价格溢价可能不会被保证。

在确定最终的价格时，必须要评估消费者的价值。关于消费者是否愿意为可持续性产品支付溢价存在有点相互矛盾的信息。虽然绿色评估报告（2007年GfK）发现40%的消费者愿意为了对环境更好的产品支付溢价，而74%的消费者认为绿色产品太贵了。家得宝公司发现，消费者只愿意为环保产品多支付2%。一些学术研究也调查了这个课题。一项研究发现，消费者相对于普通的桌子而言，愿意为打上环境友好型标签的桌子多支付

2%—16%（Veisten 2007）。消费者的类型也在其中起到一定作用。另一项研究（Vlosky, Ozanne & Fontenot 1999）发现，具有更高环保意识水平的消费者愿意为环保产品支付更多。绿色评估研究的消费者群体对于额外支付的意愿也更不相同，其中钞票绿色派和环保忠实主义派愿意支付更多。产品的原产地也会影响消费者对支付溢价的意愿。例如，相比美国人而言，更多的加拿大人愿意为绿色产品支付溢价。65%的加拿大人愿意为环保型洗涤剂支付溢价，而美国只有51%；56%的加拿大人会为生态环保的电脑纸张支付更多，而美国只有40%（GfK 2008）。

地点

一个营销人员必须对关键的地点或分销渠道做出的决策有：① 产品是供消费者购买或是企业购买；② 如何到达它的位置，以及③ 它在那里被制造或生产。随着产品从原材料的提取到最终处理的进程，可持续性的市场分布不断检测该通道产生的废物的量。从历史上看，聚焦于社会和环保问题的零售商开展或推广环境友好的产品或者传达他们操作的其他环保方面（例如，The Body Shop, Whole Foods, Patagonia）。但是由于增加了的消费者意识和兴趣，预期的政府监管，以及新的竞争，很多历史上的非环保公司已经转变为环保公司。这可能对他们的建设和运营，或者产品的组合上产生一定改变。家得宝公司拥有超过2 500项获得环保选项标签的产品，包括全天然的驱虫剂、紧凑型荧光灯泡、纤维素绝缘材料、前负荷洗衣机以及认证的可持续林业产品。到2009年，家得宝公司预计获得生态选

项标签的产品将增长到6 000项。沃尔玛的官方网站列出了很多可持续发展举措，但是简单来说，沃尔玛希望其门店可获100%的可再生能源，能创造零浪费以及出售能够保护资源和环境的产品。美国联合包裹服务公司（UPS）对加利福尼亚州的设施通过购买接近300万千瓦时的绿色电力来降低温室气体的排放；它在该行业内（全球19 647这类车辆）也有最大的替代燃料和低排放的机队，并精简运输路线，消除近3 000万公里的行驶距离（Galehouse 2007）

有一些交通方式比其他的更破坏环境。巴塔哥尼亚发现使用陆地运输比空中运输破坏更小（他们的网站公开了一些其被世界各地采购的产品的对环境的影响）。企业还可以通过最小化传送旅途和失误次数的减少来提高其可持续性。

可持续营销的许多主张促进了购买当地种植和生产的产品的优势。倡导者宣称，当地种植的农产品有较少的化学物质和使用更少的燃料。其他人则认为高效的配送系统降低了化学物质的需要和比很多本地卡车过去运输当地产品确实使用更少的燃料。

可持续营销的争论

营销人员必须考虑如何将可持续发展和消费结合起来。如果营销的主要目的是创造消耗地球的资源，导致全球气候变暖，越来越多的环境毒素，以及水源枯竭的消费，那么如何能使可持续性发展和营销保持一致呢？在这场讨论中有一个复杂的因素是不是所有的团体认为消费是错误的。一些人认为市场导向型的消费加速了经济的发展及提高

了所有人的生活质量——尤其是那些贫困的社会。对于生态足迹的研究表明，当前的消费已经超过了地球能够提供可持续资源来支持消费的容量。富勒（Fuller）（1999）认为营销人员需要把重点放在能自我更新的生产—消费系统。产品被设计成能最小化资源利用率和能被反复的反馈到这个系统。考虑产品从摇篮到坟墓或者从摇篮到摇篮的设计和创新将会在不降低环境质量的前提下维持消费的水平。楼房正在被设计为能源的净生产者；正在生产的餐具补充营养素回到土壤，因为它们可以分解。

环保产品的质量遇到了另一个挑战。截至 2007 年，美国消费者 61% 的人认为环保产品不是跟传统产品一样好（Bonini & Oppenhelm 2007）。这可能是由于不良的新闻报道和消费者的自身经历。不幸的是，早期的绿色环保产品第一次进入市场不是像宣传的那样表现良好。早期的紧凑型荧光灯在使用的时候有刺目的眩光和刺激性的噪声。即使是备受赞扬的丰田普锐斯也经历过加速不良和缺乏动力的形象。营销人员能够通过传递他们的承诺，以及确保他们的产品在所有的关键常规属性上都表现良好来帮助提高消费者对质量的感知。

术语"漂绿"有很多定义，但一般是指广告、公关或包装的信息突出一个公司、产品，或服务的积极环保方面而忽视了其对环境的消极影响。一台促进减少能源的使用量而忽略它的高耗水量的洗衣机就是一个例子。一种声称完全不含使水体产生藻类的磷酸盐的餐具洗涤剂，却用小字列出了有毒化学品氯化物是主要成分，这也是"漂绿"的罪证。能源生产商 BP 和 Shell 已经从事了很多环保活动，比如投资可替代性能源和建造屋顶拥有植被的服务站。事实上，大多数的能源生产商仍然聚焦于化石燃料，但是，已经对他们开始收取企业漂绿费用。企业可以通过使用政府机构提供的《指南》来减少"漂绿"事件。例如，英国的环境、食品、农村事务部门及贸易和工业部门，美国联邦贸易委员会的部门或关于环保营销的私人咨询团体如 TerraChoice 或 Futerra 可持续性通讯。

可持续性营销的未来

从 20 世纪 60 年代到 90 年代的可持续市场除了几家公司之外没有扩大，并且因为于产品质量差，有限的产品选择和可用性，不良媒体报道，和消费者不感兴趣而造成消费群体的数量有限。截至 2009 年，该市场已经吸引了很多企业和消费者。在 2009 年，消费者被预期对环保产品的消费增加 1 倍到 5 000 亿美元。自封环保产品在美国公布的数目在 2005 年和 2007 年翻了 1 倍由 2 607 种产品增加到 5 933 种产品（Wasserman 2008）。

一项研究（Esty & Winston 2006）确定了一系列可能会显著影响公司的关键自然问题，包括气候变化、能源、水资源、生物多样性、土地利用、化学物质、有毒物质和重金属。成功的可持续营销人员将会认真研究这些问题如何影响其经营和制定利用机会的计划的行业，以及最小化由这些因素造成的问题。例如，荷兰政府禁止索尼游戏机的销售因为在电线中有少量的非法有毒元素镉。这个问题花了他们 1.3 亿美元（Esty & Winston 2006：1）。另外一方面，英国石油公司确定了减少温室气体排放的方法并且已经节省了超过150亿的费用（Esty & Winsto 2006：2）。

随着可持续产品数量的激增，营销人员将会有越来越具有挑战性的时间差异化的产品。一些专家认为，不用过很久"环保"将不会是产品的主要推销重点。但是，可持续性营销人员将仍然在可持续产品和服务领域内辨识消费者的需求和期望，以及在帮助设计合适的价格及质量水平，无漂绿的宣传，并且容易进入目标市场的绿色产品。

诺姆·博林（Norm BORIN）
加州理工州立大学欧法利商学院

参见：消费者行为；生态标签；漂绿；包装业；电信业。

拓展阅读

Bonini Sheila M, Oppenhelm Jeremy M. (2007). Helping "green" products grow. Retrieved July 6, 2009, from http://www.mckinsey.com/clientservice/ccsi/pdf/helping_green_products_grow.pdf

Davis, Joel J. (1993). Strategies for environmental advertising. *Journal of Consumer Marketing*, 10(2): 19–36.

Department for Environment, Food, and Rural Affairs. (2003). Green claims — Practical guidance: How to make a good environmen-tal claim. Retrieved June 1, 2009, from http://www.defra.gov.uk/environment/business/marketing/glc/pdf/genericguide.pdf

Esty, Dale C, Winston Andrew S. (2006). *Green to gold: How smart companies use environmental strategy to innovate, create value, and build competitive advantage*. New Haven, CT: Yale University Press.

Federal Trade Commission. (1998). Guides for the use of environmental marketing claims. Retrieved February 1, 2009, from http://www.ftc.gov/bcp/grnrule/g uides980427.htm

Fuller, Donald A. (1999). *Sustainable marketing: Managerial-ecological issues*. Thousand Oaks, CA: SAGE Publications.

Futerra Sustainability Communications. (n.d.). The greenwash guide. Retrieved June 1, 2009, from http://www.futerra.co.uk/downloads/Greenwash_Guide.pdf

Galehouse, Maggie. (2007, November 29). Top 10 green retail-ers. Retrieved January 6, 2010, from http://blogs.chron.com/livinggreen/

Gf K Custom Research North America. (2007, August 21). Americans reach environmental turning point: Companies need to catch up according to GfK Roper Green Gauge(R) study. Retrieved May 22, 2008, from http://www.csrwire.com/News/9473.html

GfK Roper Yale Survey on Environmental Issues. (2008). *The GfK Roper Yale survey on environmental issues: Summer, 2008: Consumer attitudes toward environmentally-friendly products and eco-labeling*. Retrieved August 27, 2009 from http://environment.research.yale.edu/documents/downloads/a-g/GfK-Roper-Yale-

Survey.pdf

The Hartman Group Inc. (2007). *The Hartman report on sustainability: Understanding the consumer perspective*. Bellevue, WA: Hartman Group.

McDonough, William, & Braungart, Michael. (2002). *Cradle to cradle*. New York: North Point Press.

Ottman, Jacquelyn A. (2004). *Green marketing: Opportunity for innova-tion*. Charleston, SC: BookSurge Publishing.

Patagonia Inc. (2009). *The footprint chronicles*. Retrieved March 1, 2009, from http://www.patagonia.com/web/us/patagonia.go?assetid=23429&ln=66

Peat tie, Ken, Crane, Andrew. (2005). Green marketing: Legend, myth, farce or prophesy? *Qualitative Market Research*, 8(4): 357−370.

Polonsky, Michael Jay, Mintu-Wimsatt, et al., (1995). *Environmental marketing: Strategies, practice, theory, and research*. New York: Haworth Press.

Presidio Graduate School. (n.d.). The dictionary of sustain-able management. Retrieved July 3, 2009, from http://www.sustainabilitydictionary.com/e/ecological_marketing.php

Schaefer, Anja, Crane, et al., (2005). Addressing sustainability and consumption. *Journal of Macromarketing*, 25(1): 76−92.

TerraChoice Environmental Marketing Inc. (2009). The seven sins of greenwashing. Retrieved June 1, 2009, from http://sinsofgreenwashing.org

Veisten Knut. (2007). Willingness to pay for eco-labelled wood furni-ture: Choice-based conjoint analysis versus open-ended contingent valuation. *Journal of Forest Economics*, 13(1): 29−48.

Vlosky, Richard P,Ozanne, et al., (1999). A conceptual model of U.S. consumer willingness-to-pay for environ-mentally certified wood products. *The Journal of Consumer Marketing*, 16(2), 122−140.

Wasserman Todd. (2008, May 20). Mintel:"Green" products top 5,933 in 2007. *Brandweek*. Retrieved March 24, 2009, from http://www.brandweek.com/bw/news/packaged/article_display.jsp?vnu_content_id=1003805821

Mining

采矿业

任何开采金属或其他资源的采矿业实际上都是不可持续的产业,但该产业可以采取一些措施来改善其对环境和社会的影响,比如:减少资源(包括水资源)的消耗以及副产品和残留物的产生;设计节能型矿井;改进技术;以及消除健康和安全隐患。另外,一定要控制好会引发国内地区间矛盾的"冲突"矿产的开发。

很多人觉得在同一个句子中同时使用采矿和可持续性这两个词非常不合适。因为采矿发生在地壳富含特有矿物质或金属的区域,而具有经济开采价值的资源——即大家所称的矿石——是有限的,因此是不可持续的。可持续开采这个术语虽然被学者和其他人广泛使用来强调这个概念在采矿业的重要性,但显然是不准确的,甚至是矛盾的。

世界经济要能持续发展,必须有可持续的原料供应。但仅从供应角度来定义还比较有局限性,另外一个更合适的指标是这些原料或其替代品所提供的服务。比如,铜是高性能的导电体,但是如果其他材料可以替代铜,并且能以更有利于经济、环保和社会可持续发展的方式提供同样的导电服务,那么这也算达到了目标。目前很多这类服务都是由从地壳中提取的矿物质提供的。循环利用应是总的矿物质(或服务)供应的一个重要组成部分,但是目前的矿产,除了某些金属合金的循环利用部分可达70%以外,其他只占不到30%(Ashby 2009)。因此要让社会持续发展下去,就必须不断对地壳中的矿物和金属进行原始开采;只要周围地区的利益相关者接受采矿对环境和社会的影响,并有经济开发价值,采矿业就会一直成为富含矿物和金属地区的重要经济活动。

过去十年来,我们已经明确,正确表述可持续性这个概念在采矿行业重要性的说法是"采矿对于可持续性和可持续发展的贡献"(MMSD & IISD 2002)。从全球角度来说,采矿对于可持续性和可持续发展的贡献是通过提供矿产为个人和国家提供重要的服务。单

个特定矿场对可持续性和可持续发展的贡献
要从它对地方、区域和国家各个层面的影响来
分析。采矿和可持续发展的关系其重要分析
因素是环境、经济、社区、治理和技术。

　　一个大型的现代矿场是一个巨大的工业
生产基地。它不仅需要具备用于采矿作业和
提炼矿石中金属的复杂技术,还需要对采矿产
生的固液体残留和废弃物进行妥善管理。计
算机技术和持续监测在采矿流程中广为应用。

采矿的生态影响

　　如果任其发展,采矿活动对周围生态系
统可能造成大范围的破坏。从地球中提取原
材料需要耗费能源、水,并对周围挖空的部分
进行大量回填。从矿石中分离出一种矿物或
金属的过程需要使用很多试剂,其中有些是有
害物质,如氰化物。例如,估计要获取 1 千克
纯金,一家采矿公司平均需消耗 143 焦耳的能
量、691 000 升的水和 141 千克的氰化物,并会
向大气释放 10.4 万吨二氧化碳(Mudd 2008)。
矿石纯度(或等级)越低,这些方面的要求越
高;随着最高等级(最纯净的)资源被开采殆
尽,后续采矿作业将对环境产生更大的危害。
露天采矿需要去除植被、表层土、覆盖层,并建
造可供重型车辆运输的道路。这些活动改变
了当地的生态系统并会导致水土流失。地下
开采则会造成开采地周围土地下沉,即地表
沉降。另外,来自废石和尾矿的径流(金属或
矿物转移之后遗留下来的物质)会夹带金属、
酸、残留试剂(如氰化物)和沉积物渗漏或流
入附近水道,在某些情况下,会危害周边的鱼、
水生生物、植物和人群。这种污染的影响在矿
井关闭后可能还会持续很多年。爆破、碎石以

及储存和运输矿物都可能把粉尘(可能含重
金属)扬撒到周围的大气中,然后凭借风的输
送把它们从矿井带到千里之外。

　　很多由于采矿引起的生态破坏可以通
过精心的规划、充分的安全保障和审慎的关
闭矿井行动,以及现代复垦技术来防止或修
复。保护生态的做法会增加采矿运营的成
本。在像美国这样的发达国家,在颁发采矿
许可证之前,政府会要求采矿企业必须采取
尽可能不破坏环境的作业方式,并确保提供
资金让采矿土地复垦,监管机构在企业开采
前、开采中以及开采后一直会监督其作业对
生态的影响。采矿公司在计算成本时应把保
护环境和复垦考虑在内。在欠发达地区,可
能规定的是同样的标准,但实施和执行的能
力较弱。采矿企业如果在生态保护方面做得
不好,即使是在法规较为宽松的国家,也可
能会影响它未来对矿产开采权的获取。就拿
2003 年发生在阿根廷一个社区的故事为例,
该社区居民就决定在当地进行公民投票,不
允许 Meridian Gold 公司在当地开采一处矿井
(Turner 2005),这导致该公司的股价大幅下
降。同样,Vedanta Resources 公司也出现过股
东由于担忧其在印度奥里萨省的铝土矿开采
而抛售股份的事情,因为当地村民不断抗议
该公司扩展开采业务对维持他们生活方式的
森林形成了威胁(Jena 2010)。

　　为减少采矿对生态的影响,有多项措施
已经在许多地方广为应用(Spitz & Trudinger
2009),比如水资源的循环利用和尾矿(或残
留物)脱水。前者能降低水资源的消耗,对
南美和非洲一些水资源稀缺的干旱和半干旱
地区尤为重要;后者采取降低尾矿中的水分

含量，让沉积物变成糊状或较为干燥的滤饼的做法，有利于减少污水对深层土壤的渗透。但问题是，采取这项措施比把尾矿用作泥浆回填入矿坑尾矿管理设施的成本高很多。但这些设施可能会发生泄漏，这些年来出现过多起尾矿存储事故，造成了严重的人员伤亡和环境破坏。

废矿石可以被覆盖隔离以防止污水渗透，造成金属和其他化学成分流入土壤。尾矿和废矿石也可以用于对矿井部分区域的回填，在某些情况下还可以和水泥混合来加固地下矿井。

按照高效利用能源的原则设计的矿井有利于减少燃料和电力的消耗和运营成本；在很多情况下，合理设定泵、电机和管道的尺寸就能节省很多能源（Southwest Energy Efficiency Project 2010）。对粉尘控制设备的仔细规划和使用可以减轻爆破、矿石加工以及运输对生态的影响。矿井关闭后的处理措施，比如复垦，就是恢复土地的原本农牧功能（如放牧），在矿井设计和开发的初始阶段就必须规划好。

最近采矿业有一些很有前景的新技术和方法，不仅可以降低运营成本，还也可以减少对生态的破坏。通过使用诸如遥感这样的先进探矿和勘探技术，采矿公司可以更好地探明矿床的位置，最大限度地减少地表扰动量对勘探的影响。生物学处理技术有望清除有害化学物质的使用，同时提高矿物提取率。

采矿的社会经济影响

尽管采矿业可能会给周边社区带来物质财富，但它们也会造成一些社会和经济方面的危害。如果没有充分的安全措施，矿场——特别是处于地下的——对工人的危害非常大。虽然在美国因为采矿造成的死亡人数在20世纪大幅减少，但在全球来说并非如此。2002年，中国有多名矿工死于煤矿事故（China Labour Bulletin 2006）。由于采矿需要昂贵的设备和/或大量的劳动力，不道德的矿主会剥削工人以减少成本。有时会调集到武装安全部队来保护矿场的利益，发生侵犯人权的行为。矿场的利润部分被用于为寻求这些武装支持提供资金。比如，在刚果民主共和国，东部地区的激进组织依靠开采钶钽铁矿得以壮大（钽资源，几乎每一个电子设备中使用的电容器的重要成分）。这些武装人员攫取来自矿场的一切，并暴力侵害当地民众，使用通过非法售卖钶钽铁矿和其他"冲突"矿产所得的资金来继续与政府进行对抗（Allen 2009）。

采矿作业应为矿场所在国家创造收入和就业机会来惠及当地居民。矿税在地方当局的再分配是实现这个目标的机制之一。但是，这些机制可能在矿场所在国没有得到妥善的执行，因此大部分的财富没有惠及矿井周边社区。2007年对加纳社区的调研表明接近矿场的城镇普遍比远离的城镇更为贫穷（Akabzaa 2009）。大规模的露天开采作业依靠重型设备，这意味着它们比小规模矿场创造的工作机会要少，不仅如此，这些工作机会所需的技能往往当地工人并不具备。比如，在加纳，适龄工人中只有0.7%能得到在大型采矿公司工作的机会（Akabzaa 2009）。采矿利益还可能会影响其他资源（如土地），并限制其他行业（如农业）对这些资源的使用。

个体矿，一般都是小规模的地方或区域性的作业，可能为成千上万的当地工人提供维持温饱水平的工作机会。在全球范围内估计有几千万工人在从事黄金、钻石、宝石和其他矿物的开采工作。但许多矿场的作业方式非常简单，而且风险性很大，因为它们没有经营许可，也没人监管。在开采黄金过程中，混汞法被广泛使用，这种方法会对人类健康和环境造成极大的危害。个人采矿和大规模采矿之间的关系往往很紧张，因为个体矿场可能会占据大型采矿公司想要的土地。大多数大型矿场的矿石等级比个体采矿者开采的地区要低得多，但这些较小的区域不具开发经济性，所以大公司不愿意开发。

其实，采矿并不一定非得造成很高的社会和经济成本。事实上，通过和社区成员合作以确保满足他们的需求，采矿业还是可以对社区有所贡献的。比如，科罗拉多州的纽蒙特矿业公司就开展了一个项目，来确保其在北美、南美、非洲和亚洲/太平洋地区与社区保持良好的关系。该项目成员会对社区成员、工人和其他利益相关者进行访谈，来评估和改善公司对社会的影响。这个项目还帮助印度尼西亚铜矿和金矿周围十五个村庄的农民学会种植多种农作物，提高了他们的生活水平（Newmont 2009）。

历史遗留问题

纵观全球，我们会发现很多与采矿有关的环境和社会遗留问题。比如矿井遗留点（也被称为废弃或遗弃矿井），这些遗留点是因为当初没有相应法规约束，运营结束关矿后没有被妥善处理的一些矿井。目前的法规程序和其他监管活动的重点是确保不出现更多的遗留点。比如，单单在美国，据估计就有19 300公里的河流和溪流以及730多平方公里的湖泊和池塘受到废弃煤矿酸性废水的危害（Montana State University 2004）。

在废弃的矿区，治理环境的成本通常由政府承担，在很大程度上依赖国家的经济状况。废弃矿区的首要任务是确保可能进入该地区的民众的安全。有一小部分废弃矿区需要大量的环境修复工作，往往耗资巨大。

加拿大实行的一项综合考虑多利益相关方（multistakeholder）的项目在处理废弃矿区问题上制定的战略和处理流程非常成功。国家遗弃/废弃矿山组织（NOAMI 2009）也就这些主题开展了一系列研讨会，并发布了一系列报告。

可持续性的评估框架

在全球层面上，采矿通过供应生产原材料为个人和国家提供重要的服务，为维护可持续性和可持续发展做出了贡献。2001年，包括学术界的、非政府组织的代表、采矿企业的代表以及监管机构在内的各方利益相关者参加了在北美召开的一系列研讨会和报告草拟会——这些会议是"采矿、矿物和可持续性发展"项目的一部分内容，其目的是建立对特定采矿企业——现存的或拟建的——在其设计、操作、关矿和关矿后各阶段对可持续发展贡献的评估方法，并提出了有效实施这种测试/指南的方法或策略（MMSD & IISD 2002）。该项目的成果——又被称为"可持续发展的七大问题"——目前被研究人员和从业人员广泛用于各种评估（Hodge 2004；Van Zyl, Lohry &

Reid 2007）。这七个被提到的问题或主题是参与、人、环境、经济和非市场活动、制度安排和治理、协同和持续学习（见表1）。

表1 可持续发展的七大问题

项目是否明确了有哪些利益相关者，是否让他们参与了从设计到关闭所有阶段？

在该项目或作业开展期间以及结束之后，人们的生活水平是否得到保持或改善？

在该项目或作业开展期间以及结束之后，环境的整体性和健康状况是否得到保持或改善？

公司的经济运行是否得到保证；社区和区域经济在项目运行期间和项目结束后是否变得更好？

社区和周边区域的传统和非市场活动的活力是否得到保持或提高？

目前规则、激励机制和处理能力是否到位，其时效是否可以足以覆盖对项目或作业后果的监管？

综合评估结果显示该项目对人类和生态系统的总体影响是正还是负；可用于不定期重复评估的系统是否到位？

资料来源：Hodge 2004；Van Zyl, Lohry & Reid 2007。

研究人员、业内专业人士以及其他利益相关者提出了七个问题来考虑评估采矿活动对环境和社会经济的影响。

材料的可用性

在《增长的极限》(*The Limits to Growth*)中（Meadows et al. 1972），一个被称为罗马俱乐部的全球性非政府组织发布了一个关于物质潜在稀缺性的报告。尽管对于这个话题已经出现了很多讨论，也有证据表明该预测是不成立的，这个主题目前正在重新受到关注（例如，"防护和太阳"即将出版）。这个问题大体上有两个评估模型。"固定库存"模型把地球上的资源可供性看成是有限的，并假定需求最终将耗尽可用供给。"机会成本"模型的分析角度是通过衡量每多生产一单位的矿产（如一吨铜）社会所需放弃的其他产出来评估资源的可供性。随着时间的推移，逐渐趋于枯竭的资源使矿产的机会成本不断增加，但新技术和其他因素可以抵消成本上升的压力（Tilton 2003）。比如，矿石加工技术的改进就可以把无利可图的矿藏转化为可用的资源。在矿物质循环利用方面的技术进步也可以减轻一些需求压力。随着矿物质供应的减少，经济压力可能促使人们寻找其他替代原料。总之，矿产资源的突然枯竭或总体枯竭是不太可能发生的。

二十一世纪展望

来自股东、社区、政府和原材料买家的压力将会推动采矿企业不断自我完善。2010年，英国教会和其他投资者抛售他们在全球金属和采矿集团——韦丹塔资源公司的股份，就是因为围绕该公司在印度的业务出现了大量负面报道，在危地马拉的采矿作业也遭到42个市的公民投票禁止其继续采矿。2007年，几内亚的劳工组织爆发抗议活动，迫使政府重新评估其采矿合同（Campbell 2009）。像美国乐施会这类组织一直在致力于保护矿区周围社区的权力。沃尔玛和蒂凡尼这样的大型零售商也承诺不会从侵犯人权和破坏环境的供应商那里进货。

一些最大型的采矿公司已经在改变它们的做法以确保未来业务的开展。2001年，国际采矿和金属委员会（ICMM）成立，"为改善采矿和金属行业充当催化剂"。如今，该组织已经汇集了19家采矿和金属公司，30个国家和地区的矿业协会和全球商品协会，来解决行业面临的核心可持续发展的挑战（ICMM 2005）。国际采矿和金属委员会的可持续性框架由三部分组成：十大原则、可持续经营报告以及对报告的确认。国际采矿和金属委员会还出版了大量的指导性文件（如社区发展工具包），被各种利益相关者广泛采用。

采矿也可以对可持续发展做出一定贡献，这种日益增加的意识促使很多采矿公司承担起改善环境的社会责任。虽然该行业很明显有一些企业走在可持续发展的前列，但行业的总体表现仍然受制于那些落后企业。

德克・范齐尔（Dirk VANZYL）
温哥华大学
戴维・加涅（David GAGNE）
宝库山出版社

参见：金字塔底层；水泥产业；发达国家的农村发展；能源效率；能源工业——煤；人权；清洁科技投资；贫困；钢铁工业；电信业；水资源的使用和权利。

拓展阅读

Akabzaa, Thomas. (2009). Mining in Ghana: Implications for national economic development and poverty reduction. In Bonnie Campbell (Ed.), *Mining in Africa*. Retrieved February 24, 2010, from http://www.idrc.ca/en/ev-141150-201-1-DO_TOPIC.html

Allen, Karen. (2009, September 2). Human cost of mining in DR Congo. Retrieved March 1, 2010, from http://news.bbc.co.uk/2/hi/8234583.stm

Aryeetey, Ernest; Bafour, Osei; & Twerefou, Daniel Kwabena. (2004). *Globalization, employment and livelihoods in the mining sector of Ghana* (ISSER Occasional Paper). Accra: University of Ghana.

Ashby, Michael F. (2009). *Materials and the environment: Eco-informed material choice*. Oxford, U.K.: Butterworth-Heinemann.

Campbell, Bonnie. (2009). Guinea and bauxite-aluminum: The chal-lenges of development and poverty reduction. In Bonnie Campbell (Ed.), *Mining in Africa*. Retrieved February 24, 2010, from http://www.idrc.ca/en/ev-141151-201-1-DO_TOPIC.html

China Daily. (2007, November 30). Blueprint for coal sector. Retrieved January 18, 2010, from http://www.china.org.cn/english/environment/233937.htm

China Labour Bulletin. (2006). Deconstructing deadly details from China's coal mining statistics. Retrieved February 24, 2010, from http://www.clb.org.hk/en/node/19316

Engels, J., & Dixon-Hardy, D. (2010). Tailings.info. Retrieved February 24, 2010, from http://www.tailings.info/index.htm

Gordon, R. B.; Bertram, M.; & Graedel, T. E. (2006). Metal stocks and sustainability. *Proceedings of the National Academy of Sciences*, 103(5), 1209-1214.

Hodge, R. Anthony. (2004). Mining's seven questions to sustainability: From mitigating impacts to encouraging contributions. *Episodes*, 27 (3), 177–184.

International Council on Mining and Metals (ICMM). (2005). Community development toolkit. Retrieved March 10, 2010, from http://www.icmm.com/page/629/community-development-toolkit-Jena, Manipadma. (2010, February 23). India: Indigenous groups step up protests over mining projects. Retrieved February 26, 2010, from http://ipsnews.net/news.asp?idnews=50429

Li, Ling. (2007). China's largest coal province launches sustainable mining fund. Retrieved February 24, 2010, from http://www. worldwatch.org/node/4992

Meadows, Donella H.; Meadows, Dennis L.; Randers, Jorgen; & Behrens, W. W. (1972). *The limits to growth*. New York: Universe Books.

Millennium Ecosystem Assessment. (2005). *Ecosystems and human well-being: Current state and trends*, Vol. 1. Washington, DC: Island Press.

Mining, Minerals and Sustainable Development. (2002). *Breaking new ground: The MMSD final report*. Retrieved October 1, 2009, from http://www.iied.org/pubs/pdfs/9084IIED.pdf

Mining Minerals and Sustainable Development North America (MMSD) & International Institute for Sustainable Development (IISD). (2002). *Seven questions to sustainability: How to assess the con-tributions of mining and minerals activities*. Winnipeg, Manitoba: IISD.

Montana State University, Bozeman. (2004). *Environmental impacts of mining: Acid mine drainage formation*. Retrieved February 24, 2010, from http://ecorestoration.montana.edu/mineland/guide/problem/impacts/amd_formation.htm

Mudd, Gavin. (2008). Gold mining and sustainability: A critical reflection. *In the encyclopedia of Earth*. Retrieved February 24, 2010, from http://www.eoearth.org/article/Gold_mining_and_sustainability~_A_critical_reflection

National Mining Association. (1998). *The future begins with mining: A vision of the mining industry of the future*. Retrieved February 26, 2010, from http://campus.mst.edu/iac/iof/industies/MINING/mining_vision.pdf

National Orphaned/Abandoned Mines Initiative (NOAMI). (2009). *Performance report 2002–2008*. Retrieved March 10, 2010, from http://www.abandoned-mines.org/pdfs/NOAMIPerformanceReport2002–2008–e.pdf

Newmont Mining Company. (2009). Batu Hijau, Indonesia: Helping farmers transition from subsistence to surplus. Retrieved February 27, 2010, from http://www.newmont.com/asia-pacific/batu-hijau-indonesia/community/farmers-subsistance-surplus

Rajaram, Vasudevan; Dutta, Subijoy; & Parameswaran, Krishna. (2005). *Sustainable mining practices: A global perspective*. London: Taylor & Francis.

Shields, D., & Šolar, S. (forthcoming). Responses to alternative forms of mineral scarcity: Conflict and cooperation. In S. Dinar (Ed.), *Reflections on resource scarcity and degradation: Conflict, cooperation and the environment*. Cambridge, MA: MIT Press.

Southwest Energy Efficiency Project. (2010). Energy efficiency guide for Colorado business, recommendations by sector: Mining. Retrieved February 26, 2010, from http://www.coloradoefficiencyguide.com/recommendations/mining.htm

Spitz, Karlheinz, & Trudinger, John. (Eds.). (2009). *Mining and the environment: From ore to metal*. London: Taylor & Francis Group.

Tilton, John E. (2003). *On borrowed time?: Assessing the threat of mineral depletion*. Washington, DC: Resources for the Future Press.

Tribal Energy and Environmental Energy Clearinghouse. (n.d.). Coal mining: Decommissioning and site reclamation impacts. Retrieved February 27, 2010, from

Turner, Taos. (2005). South America mining industry sees invest-ment boom. Retrieved February 26, 2010, from http://www.minesandcommunities.org/article.php?a=485

Van Zyl, D.; Lohry, Jerome; & Reid, R. (2007). Evaluation of resource management plans in Nevada using seven questions to sustainability. In Z. Agioutantis (Ed.), *Proceedings of the 3rd International Conference on Sustainable Development Indicators in the Mineral Industries* (pp.403–410). Milos Island, Greece: Milos Conference Center-George Eliopoulos.

Municipalities

大都市

20世纪90年代以来,世界上很多城市和城镇已经对可持续发展做出了自己的承诺;作为一个社会对气候变化的应对措施已经形成了市级的可持续发展运动。地方政府通常将可持续发展理念融入他们的计划,处理老化的基础设施、能源效率、公共交通和过时的土地使用政策。大都市可能会提供很多方案来应对环境挑战。

自从20世纪90年代初以来,各大都市对于可持续发展的全球性运动已经形成了一股力量、聚焦点。大型和小型城市已经接受了可持续发展的基本原则来指导他们长期的规划流程和集中行动,以改善社区的健康和福祉。可持续发展的征程不再是其中一些人的选择。城市、城镇和郡县发现自己处于当今最具紧迫性的全球挑战的第一线,从气候变化和能源需求到经济的稳定及获得高质量的医疗保健和教育。

当地政府专注于可持续性发展并认识到环境、经济和社会挑战的复杂性和关联性。他们明白这些挑战最好是从整体上而不是零碎的解决。他们也认识到其广泛的权力,可以通过渠道如土地利用规划、基础设施建设、环保法规、在职培训来解决这些问题。

定义大都市可持续发展

1987年联合国世界环境与发展委员会(又称为布伦特兰委员会)发布了《布伦特兰报告:我们共同的未来》。它首次提供了可持续发展的定义:"可持续发展是既满足当代人的需求,又不损害后代人满足其自身需求的能力。"

虽然这个基本定义影响了政府的各级的规划者和政客,但是仍然缺乏可持续发展对于大都市的一致认识。相反,对于可持续性和其原则有无数的定义。语言的多样性来源于两个因素:直至最近,大多数大都市(尤其是在美国)有几个例子遵循或通过框架来指导自己的努力,很多已经建立了他们自己的可持续性举措;第二,广泛的社区参与进程根据社区成员的需求产生出可持续的定义。这个进程中早期的创新者和领导者中有几个例子。

加利福尼亚圣莫尼卡

"可持续性城市发展计划的建立是为了提高我们的资源,防止损害自然环境和人类健康,造福社区的当前和未来几代人的社会和经济福祉。"(Santa Monica Sustainable City Plan n.d.,1)

华盛顿西雅图

"从促进整体规划的许多讨论和争论中,一组简单的4项价值——西雅图的核心价值——已经出现。这些核心价值是社区、环境管理、经济机会和安全性,以及社会公平。"(City of Seattle Compreheosive Plan 2005:5)

澳大利亚墨尔本

"城市是经济机会和社会联系,以及文化和精神充实的基础。然而,城市也破坏自然环境和不可持续的开发自然资源,这危及长期的社会繁荣和社会福祉……城市可持续发展的转型,需要各级政府、资源管理者、工商界、社会团体金额全体公民的合作……我们的愿景是创建环保健康的、充满活力的和可持续发展的城市,其尊重每一个个体和自然,惠及所有成员。"(UNEP 2002:2)

加拿大温哥华

"一个可持续发展的温哥华是既满足当代人的需求,又不损害后代人满足其自身需求的能力的社区。这是一个人们生活、工作和繁荣的充满活力的社区。在这样的社区里,可持续发展是通过社区参与调和长期和短期的经济的、社会的及生态的福祉。"(Sustainable Vancouver 2002)

背景和发展历程

城市、城镇和郡县长期以来依靠城市规划者管理其土地使用和交通规划的过程。在出现"可持续发展"是一个时髦词汇之前,城市规划者正在努力通过解决问题,如安全、交通、环境质量,使他们的城市成为更适宜居住的地方。但随着时间的推移,可持续发展的原则已经得到更好的定义,城市规划的专业化已经将理论和实践整合起来。以2008年为例,波特兰市、俄勒冈州合并了其规划委员会主席团和可持续发展办公室,以此来确保可持续发展原则是所有规划决策的核心。

当今存在的市政可持续运动可以追溯到1990年。当时来自43个国家的超过200个政府参加了联合国总部纽约的旨在地方政府的可持续发展未来的世界大会。为期4天的议程产生了一个新的组织:地方环境行动国际理事会(ICLEI)。

地球环境行动国际理事会将会成长促进和引导地方政府采取措施应对气候变化,一个已经被定义的问题及与众不同的大都市可持续发展行动。然而在2003年,该组织修订了其使命和章程,已解决当地政府面临的一系列更广泛的可持续发展问题,以及改变其官方名称为"地方政府促进可持续发展环境行动理事会"。

大都市的可持续发展举措在1992年里约热内卢的关于环保和发展的联合国地球峰会（1992）已经成型，一个"在联合国系统、政府及有关人类影响环境各个领域的主要团体的组织下的全球性的、全国性的、当地性的全面规划"。

21世纪议程呼吁各国政府采取可持续发展战略，地方政府在世界范围内接受了他们的关键作用。从1992年到1996年，来自64个国家的1 812个地方政府参与了"地方21世纪议程"的规划活动，包括气候和热带雨林保护的措施和计划，以解决空气和水的质量、回收、贫困和一系列其他问题。

在地球峰会和21世纪议程之后，国际社会认识到涉及地方政府在其讨论和方案中的需求——地球环境行动国际理事会成为代表他们在联合国的指定机构，承认城市可持续发展的主要责任在地方政府手中。

气候变化推动可持续发展

在美国，尤其是气候变化的地方响应，如前面提到的，促进和定义大都市的可持续发展运动。在与美国市长会议（USCM）的伙伴关系中，西雅图市长格雷格·尼科尔斯（Greg Nickels）在2005年推出了美国市长会议气候保护协议，与全国各地的市长们签署协议，并承诺在自己的社区内达到或超过京都议定书的减排目标。到2009年，已经有944位美国市长签字。

在同一时期，国际地方环境理事会会员爆炸式增长，到2009年，该组织称全球有超过1 100个成员（600多个在美国）。这些成员转向国际地方环境理事会寻求技术支持和指导来开展温室气体清单，制定减排目标，制定气候行动计划，并采取有效措施和政策来实现其目标。

2005年，一个叫C40的全球伙伴关系组织，包括全球40个最大的城市，认识到城市和市区约占75%的全球温室气体排放量，努力制定政策加快行动（C40 Cities 2009）。无论大小，最进步的城市都致力在2050年减少80%的温室气体排放量由忧思科学家联盟（the Union of Concerned Scientists）制定的被广泛接受的目标（Frumhoff et al. 2007, xii），来阻止气候变化的最坏影响——未来几十年的部分目标是实现碳中和。

可持续发展目标

减缓气候变化是全球地方政府间最常见、最惹人关注的可持续发展目标之一。其他目标可能变化很大。对于一些人来说，可持续工作的范围是仅限于环保措施。例如，水和雨水管理，空气质量，公共交通，绿色建筑和船队，能源效率和环境公平。其他可持续计划以更平衡的方式来解决三大可持续发展支柱，包括围绕经济发展目标、当地食物、享受医疗保险和经济适用住房、卓越教育、公共安全以及艺术和文化。

有一个很好的理由来解释这种多样性。在很多情况下，一个社会的可持续发展目标并非是由一个积极的市长或专业的可持续规划者制定的——或者是由国家政府往下传递的。地方可持续发展规划的一个特点是社区成员的参与和利益相关者群体确认他们的需求和优先事项。地方民选官员了解到为所有

的选民而不仅仅是一些人开辟更可持续发展
的未来,他们的可持续发展规划过程中必须
建立伙伴关系,并向社区团体、企业、学术专
家、专业团体、工会和非政府组织(NGO)咨
询。这个参与的过程,很明显,在各个地方之
间有所变化。

一个最好的关于全面可持续发展目标的
例子是纽约市的纽约计划(2009),它在 2007
年发布并被广泛认为是可持续发展计划的
"黄金标准"。由迈克尔·布隆伯格(Michael
Bloomberg)市长领导力的驱动,并在广泛的
社区参与过程中产生的纽约计划解决了 10 个
方面的目标:

(1) 住房:为近 1 000 多万纽约市民建立
家园,同时使房屋更加实惠和可持续发展;

(2) 开放空间:确保所有纽约市民有可以
在公园中步行 10 分钟的生活;

(3) 棕色地带:清理纽约市所有污染土地;

(4) 水质:通过减少水污染和保护自然区
域来打开用于休闲的 90% 的水道;

(5) 水网:为老化的供水网络开发关键的
备用系统以确保长期可靠性;

(6) 交通:通过为居民、游客和工作人员
提高运输能力来增加旅行时间;

(7) 交通网络:历史上第一次对纽约市公
路、地铁和铁路进行完全"状态良好的修复";

(8) 能源:通过提升能源基础设施来为纽
约市民提供更清洁、更可靠的电力;

(9) 空气质量:在美国所有的大城市中达
到最干净的空气质量;

(10) 气候变化:减少 30% 的全球温室气
体排放。

加利福尼亚州圣何塞市的目标是有所不

同的。作为一个长期和高科技相关的城市中
心,城市寻求在振兴其经济发展的同时成为更
加环保的城市。根据市长查克·理德(Chuck
Reed)的"绿色视角"(Green Vision)(2007),
在未来 15 年,圣何塞市将联合其公民和企业:

(1) 作为清洁技术创新的世界中心,将创
造 25 000 个清洁技术就业机会;

(2) 降低 50% 的人均能源使用量;

(3) 从清洁的可再生能源中获得 100% 的
电力;

(4) 建造或改造 5 000 万平方英尺(1 平
方英尺 ≈ 0.092 平方米)的绿色建筑;

(5) 从填埋场转移 100% 的垃圾和将废弃
物转化为能源;

(6) 100% 回收或再利用污水(每天 100
万加仑,1 加仑 ≈ 3.785 立方分米);

(7) 对可持续发展采用有可衡量标准的
总体规划;

(8) 确保 100% 的公共汽车使用可替代的
燃料运行;

(9) 种植 100 000 棵新的树木,以及 100%
使用智能的,零排放的路灯照明;

(10) 创造 100 英里的相互关联的足迹。

纽约和圣何塞市的目标都有几个显著的
特点。首先,它们是具体的,可衡量的。在可
持续规划者之间有一句流行语,借用于商业
界,就是说:"你不能管理你不能衡量的东西。"
(Reh 2009)。为了使市政可持续发展的努力
能够成功,规划者必须专注于持续测量和监测
可持续发展的指标和措施。其次,这些城市的
可持续发展目标覆盖一系列更为广泛的问题,
也就是说,这些商业企业比一般企业设定更为
长远的目标,领先 5—30 年。

可持续发展规划

为了达到他们的可持续发展的目标，大都市通常发展3种长期计划中的至少1种。一个全面的计划或总体规划是社区发展最广泛的，最完整的路线图，它定义了市政政策和周围土地使用和建设的目标。一个可持续发展计划是行动导向性的计划，围绕可持续发展的三大支柱（环境、经济和社会）和可以补充和更换一个全面的计划。气候行动计划更具有针对性，通过概述多个减少温室气体排放的行动来减缓气候变化。

开发一个可持续发展计划的过程通常是冗长和复杂的。收集研究，制定计划，得到批准，及公布可能花费数年。到达这个终点的具体步骤可能有所不同，这取决于城市的大小及政府的结构——例如，强势的市长和弱势的市长/城市管理设置。

然而，除去这些变量，可持续发展计划成功的几个关键都是适用的。任何可持续发展目标的努力都需要一个"冠军"——一个高层次的民选官员，无论是市长或是市议会议员——可以支持可持续发展的计划并帮助推动其在政治上的进步。决策者如议员的正式支持也是必不可少的，还有从大都市各部门员工的非正式支持（谁将负责实施这个计划）及重要的社会利益相关者。

大都市和市政工作人员委员会及外部利益相关者的跨部门团队的建立可以促进买入并帮助每一步的收集输入。这整个规划过程最好也是由一个人管理——如可持续发展协调员或城市规划师——或部门。

大都市通常遵循一个相似的可持续发展规划过程。一个5步的过程被概括如下

（ICLEI 2009b）：

（1）进行可持续发展评估，收集数据，并确定主要的挑战和机遇；

（2）设定可持续发展目标，以解决最紧迫的挑战；

（3）开发一个包括政策和举措的可持续发展计划；

（4）实施可持续发展计划；

（5）使用一系列可持续发展的指标来监控和评估过程，并在内部和对公众汇报进展。

在这个循环过程的每一阶段的关键是从政府内部和外部的利益相关者中征求意见，并向公众汇报有关进展。

成功案例

一个主要的成功例子来自俄勒冈州波特兰市，它一直被认为是美国最可持续发展的城市之一。早在1980年，城市增长边界是围绕波特兰地区建立的，以促进高密度开发市区并防止宝贵的农业用地流失到郊区发展。这迫使该市和3个郡县适应他们的土地利用和交通运输政策。规划者促进良好的城市规划和可持续发展的社区设计和创建高密度，混合用途的发展，这是行人和自行车友好型的，也是一条广泛的公交线路和广受欢迎的轻轨交通系统（有轨电车、火车和电车）。

对于土地使用金额公告交通的可持续发展的好处是巨大的。根据CEOs for Cities（可持续发展导向的城市规划者的美国网络）的这个报告，"波特兰的绿色股息"（Cortright 2007），波特兰大都市在减少运输费用上节省11亿美元，以及由于减少通勤和旅行时间而节省15亿美元。这使他们能够再投资26亿美元在当地经济上而不是用来购买汽油。该城市已经开发了一种可持续发展的文化———一种户外活动的热爱，一个当地食品运动———并成为对年轻专业人士的吸引力，这反过来又吸引了大型企业如耐克、IBM和英特尔定位于波特兰，并充分利用当地的劳动力。尽管波特兰的人口在增长，人均温室气体排放量已经大幅减少到低于1990年京都议定书的水平，并且人均车辆行驶路程已经下降超过10%（Cortright 2007：4）。

瑞典城市维克舍也常被视为成功可持续发展规划的一个有力例子。全市已经努力创造可持续的能源、水和废物管理系统，以减少温室气体排放。自从1993年以来，维克舍在经济增长50%的同时将人均温室气体排放量减少了30%。一个更大的目标是到2050年成为无化石燃料的城市（Enviommental Programme for the City of Växjö 2008：2）。

对于这个成功的一个关键是专门致力于效率以及周边自然资源的创新和重新使用。例如，对二氧化碳排放量的最大减少已经通过用当地森林工业木材废料更换市政集中供热系统的机油得到实现。甲烷气体从废物管理系统中获取，并用做燃料和在污水处理厂得到处理，污泥和生物气体被用来对工厂加热和供电。全市能源超过50%以上来自可再生资源，如生物气体、沼气和太阳能。

维克舍贵社会公平和生活可持续的质量也做了承诺。维克舍的所有公民可以获得高质量的医疗保健，学前教育及福利安全网络。

世界各地的其他很多城市可以指向成功的个人可持续发展的举措。最流行的举措通常带来多种益处。例如，解决能源效率，降低温室气体的排放也可以节省地方财政数千或数百万美元，多少取决于项目的范围；设计适合步行的社区，改善公共交通提高社区成员的整体生活质量。下面有几个例子。

- 在2005年，华盛顿西雅图市通过了一项回收条例禁止处理特定的回收物，以防止它们进入垃圾填埋场。新条例预计居民和企业每年将节省200万美元，每年的二氧化碳排放量减少26万吨。

- 巴西的库里蒂巴，被誉为巴西的生态首都，已经开发了28个公园网络并通过综合规划的树木繁茂地区。在1970年，人均绿地不足1 m^2；在2002年，人均绿地有52 m^2。居民沿着城市的街道种植了150万棵树木。如果项目包含绿色用地，建筑商们还可以得到税收优惠。洪水涌入新公园的湖泊中从而解决了水灾的危险，并为成千上万的游客提供审美和娱乐价值（ICLEI 2002）。

- 在2008年，加利福尼亚州的洛杉矶市，通过了严格的绿色建筑条例，除去其他措施，要求所有新项目超过50个单位或5万平方英尺（4 645平方米），以表明符合领先的能源与环境设计认证，这使他们的能源使用效率远远高于传统建筑。该条例预计到2012年将会减少碳排放量超过8万吨，相当于15 000辆汽车的排放量。它也将会为纳税人省下高达600万美元。通过节约能源，推动建立地方绿色就业机会，特别是对于低收入和弱势人民，进行改造及在低收入社区振兴公共建筑。

挑战与创新

随着越来越多城市寻求实现可持续发展的措施，并制定自己的可持续发展的计划，主要的挑战已经出现。可持续发展规划过程对于一个地方政府是个艰巨的开始，特别是有限的资源和内行专家拥有较小的管辖权。他们是从哪里开始的呢？

很多非营利组织已经采取行动来促进目标的最佳实践的分享。例如，在2009年，环境倡议理事会为他的成员建立了一个可持续发展规划工具包，是基于纽约市的纽约计划的模型典范。在欧洲，成立于2003年的世界卫生组织健康城市计划参与地方政府推动城市综合规划和解决健康不平等和城市贫困的系统政策措施。可持续发展城市和城镇运动中40多个欧洲国家的2 500个地方政府签署了承诺21世纪计划的举措及帮助分享策略。在美国，非营利性的全国污染防治圆桌会议帮助地方政府了解减少上游污染的途径，而不是传统的处理和处置。

另一个对于地方政府可持续发展规划的主要障碍是缺乏可持续社区的通用国家框架。可持续发展的努力迄今已经以不同的措施和目标实现高度个性化。没有国家框架的实施将会出现以下的后果：

- 可持续发展没有公认的标准和指标，没有简化的评级系统，没有标准的报告机制。

- 在大都市之间没有共同的语言、视角或定义，创建苹果与橘子之间的比较。

- 没有标准流程来验证大都市提出的要求，这使它们的有效性差一点。

社区星级指数，是解决这些问题的国家可持续发展框架，将会在2010年出现。社区星级指数是环境倡议理事会、美国绿色建筑委员会（USGBC）和美国进步中心之间合作的结果。它的目的是提供一个全国的、以共识为基础的评价体系和衡量标准，这将有助于地方政府确定重点，落实政策和做法，以及衡量进展情况。同样，美国绿色建筑委员会领先的能源与环境设计是一个建筑物的评级系统，社区星级指数将会成为社区的一个评级系统和证明社区成就的方式。希望这个评级系统的标准化和完整性的新水平将会帮助地方政府更加有效、更加迅速地改善其可持续发展的表现。

社区星级指数的另一个好处可能是，城市更加充分地将经济发展和社会倡议纳入其可持续发展的计划中，这往往是以环保措施为主。更加充分的联合经济发展和环境可持续性的其中一项努力使气候繁荣工程，这是由非营利组织全球城市发展推出的。

该项目的核心主题是在21世纪使经济繁荣的唯一途径是可持续发展；地方政府可以通过投资节省资金的项目（能源效率和公共交通），抓住当地的绿色机遇（当地大学的电动汽车的研究，太阳能光伏制造），以及发展当地的环保工作来做到这点。当然，这些行动的一个重要结果是通过减少温室气体的排放来减缓气候的变化。波特兰市的可持续发展的努力完美地说明了这个概念。

在2008年，美国的试点城市和地区开始发展气候繁荣战略，将可持续发展放在它们长期经济发展计划的中心位置。这些试点地区包括硅谷/圣何塞、丹佛市、路易斯市、国王郡/西雅图以及蒙哥马利郡。

最后一个创新是由可持续发展协调员运行的大都市可持续发展部门的出现。当城市开始开发一个可持续发展的计划，他们常常发现各部门应对可持续发展——公共卫生，公共设施，能源管理——在筒仓中操作及没有整合他们的努力或沟通他们的做法。但是，一个大都市可持续发展协调员可以带领和协调各部门的努力，以更全面、更有效的方式解决可持续发展问题。虽然许多地方政府正在创造一个"可持续发展办公室"，可持续发展计划的工作可以通过策划部门工作人员得到解决。

未来的道路

随着全球人口的增长，金额自然资源的日益稀少，可持续发展正在迅速成为大都市，尤其是城市的卓越挑战。越来越多的人正在走向城市地区。联合国预测，到2050年，将近3/4的世界人口将以城市为家。因此，地方政府有必要管理和规划这一增长，尤其是在南半球——特大城市继续扩大，并设计包容所有民族的城市。

几十年前，城市是被认为是许多环保主义者的问题——负责空气和水的污染，考虑过度消费自然资源和社会不公平。但是城市地区现在被认为是解决这些问题的方法，由于其紧凑的土地利用模式和便利公共交通。在他们最好的可持续发展的城市可以是充满活力的地方，人们可以互相联系，玩耍，生活在一个更小的环境足迹，找到高质量的就业机会，并获得关键的社会服务。

不是所有的地方政府领导，特别是在美国，是可持续发展原则的热衷者，尤其是因为环保运动是政治左翼和反商业的。市长和他们的社区成员可能也会犹豫过。他们认为通过当地措施解决气候变化会导致经济增长的停滞，提高能源价格，并要求更高的税收来实施这些措施。当地可持续发展支持者的一个主要努力是传播消息称可持续发展举措可以节省资金，创造就业机会，以及刺激经济。

为了解决这个世纪挑战，越来越多的地方政府将需要参与可持续发展的举措。一些对于所有大都市，包括一些城市的最紧迫的挑战是重建和重塑旧而低效的基础设施，最大限度地提高能源利用效率，尤其是对建筑，节约能源，减少温室气体的排放，修改过时的土地使用政策，以促进智慧增长，减少车辆行驶里程，适应气候变化的影响，以及改善教育和可持续的就业机会。这些挑战是巨大的，但主要的大都市已经开发了创新实践并集中于其他目标的成功复制。

唐·纳普（Don KNAPP）

（美）地方政府促进可持续发展环境行动理事会

参见：社区资本；城市发展；能源效率；绿领工作；领导力；地方生活经济；公私合作模式；公共交通；智慧增长。

拓展阅读

Agenda 21. (1992). Retrieved July 6, 2009, from http://w w w.un.org/esa/dsd/agenda21/index.shtml

Birch Eugenie L, Wachter Susan M. (2008). *Growing greener cities: Urba sustainability in the twenty-first century*. Philadelphia: University of Pennsylvania Press.

Bulkeley Harriet, Betsill Michele. (2005). *Cities and climate change: Urban sustainability and global environmental governance*. London: Routledge.

C40 Cities. (2009). C40 Cities: An introduction. Retrieved January 13, 2010, from http://www.c40cities.org/

City of Portland [Oregon] Bureau of Planning and Sustainabilit y. (2009). City of Portland and Multnomah County 2009 climate action plan. Retrieved November 2, 2009, from http://www.portlandonline.com/bps/index.cfm?c=49989&a=240682

City of Seattle comprehensive plan. (2005, January). Retrieved July 6, 2009, from https://www.seattlechannel.tv/DPD/cms/groups/pan/@pan/@plan/@proj/documents/Web_Informational/cos_004485.pdf

City of Växjö. (2009). Sustainable development. Retrieved November 2, 2009, from http://www.vaxjo.se/VaxjoTemplates/Public/Pages/Page.aspx?id=1661

Cortright, Joe. (2007, July). Portland's green dividend: A white paper from CEOs for Cities. Retrieved July 6, 2009, from http://www.ceosforcities.org/files/PGD%20FINAL.pdf

Environmental Programme for the City of Växjö. (2008). Welcome to Växjö: The greenest city in Europe. Retrieved November 2, 2009, from http://www.vaxjo.se/upload/3868/V%C3%A4xj%C3%B6%20Greenest%20city.pdf

Friedman, Thomas. (2008). *Hot, flat, and crowded: Why we need a green revolution — and how it can renew America*. New York: Farrar, Straus & Giroux.

Frumhoff, P.C.; McCa r t hy, J.J.; Mel i l lo, J.M.; Moser, S.C.; & Wuebbles, D.J. (2007, July). *Confronting climate change in the U.S. Northeast: Science, impacts, and solutions. Synthesis report of the Northeast Climate Impacts Assessment* (NECIA). Retrieved January 13, 2010. from http://www.climatechoices.org/assets/documents/climatechoices/confronting-climate-change-in-the-u-s-northeast.pdf

Greenprint Denver. (2009). Retrieved November 2, 2009, from http://www.greenprintdenver.org

ICLEI. (2002). Orienting urban planning to sustainability in Curitiba, Brazil. Retrieved January 13, 2010, from http://www3.iclei.org/localstrategies/summary/curitiba2.html

ICLEI-Local Governments for Sustainabilit y. (2009a). Local Agenda 21 (LA21) campaign. Retrieved November 2, 2009, from http://www.iclei.org/index.php?id=798

ICLEI-Local Governments for Sustainability U.S.A. (2009b). Five mile-stones for sustainability. Retrieved November 2, 2009, from http://www.icleiusa.org/programs/sustainability/five-milestones-for-sustainability

ICLEI-Local Governments for Sustainability U.S.A. (2010). STAR community index. Retrieved January 13,

2010, from http://www.icleiusa.org/star

LeGates Richard T, Stout Frederic. (2003). *The city reader* (3rd ed.). London: Routledge.

Lindstroth Tommy, Bell Ryan. 2007. Local action: The new paradigm in climate change policy. Lebanon: University of Vermont Press.

Mayor Reed's green vision for San José. (2007). Retrieved July 6, 2009, from http://sanjosecal.gov/mayor/goals/environment/GreenVision/GreenVision.asp

Peirce Neal R, Johnson Curtis W. (2008). *Century of the city: No time to lose*. New York: Rockefeller Foundation.

Peterson Thor. (2008). A comparative analysis of sustainable community frameworks. Retrieved November 2, 2009, from http://www.icleiusa.org/action-center/affecting-policy/Sustainability%20Framework%20Analysis.pdf

PlaN YC. (2009). The plan. Retrieved on July 6, 2009, from http://www.nyc.gov/html/planyc2030/html/plan/plan.shtml

Reh F John. (2009). You can't manage what you don't measure. Retrieved December 22, 2009, from http://management.about.com/od/metrics/a/Measure2Manage.htm

Santa Monica sustainable city plan. (n.d.). Retrieved July 6, 2009, from http://www.metro.net/about_us/sustainability/images/Santa%20Monica%20Sustainable%20City%20Plan.pdf

Sustainable Vancouver. (2002). Retrieved July 6, 2009, from http://vancouver.ca/sustainability/about_principles.htm

United Nations Environment Programme (UNEP). (2002). Melbourne principles for sustainable cities. Retrieved July 6, 2009, from http://www.iclei.org/fileadmin/user_upload/documents/ANZ//WhatWeDo/TBL/Melbourne_Principles.pdf

World Commission on Environment and Development. (1987). *Our common future*. Retrieved November 2, 2009, from http://www. un-documents.net/wced-ocf.htm

Natural Capitalism

自然资本主义

当今实行的资本主义并不看重让所有生命和由此产生的经济成为可能的完好的生态系统。一种新的方法——自然资本主义——向企业展示了如何通过提高资源使用效率、因循自然规律开展业务，和管理业务来提高盈利能力，这样可以同时恢复人类和自然资本。

知名环保主义者大卫·布劳尔（David Brower）（1912—2000）曾说过："你不能在一个死亡的星球上做事情，可是我们现在做事情的方式正在测试这条格言。"

人类面临的挑战是严峻的：地球上的每一个主要的生态系统都在衰退；全球气候危机迫在眉睫；能源价格飙升，这也许是因为世界石油产量已达到峰值；人口持续增长；可能比能源短缺更难解决的水资源短缺；中国及紧随其后的印度实际上已进入世界各个领域的市场。同时，公司、社区和国家正面临着"可持续发展的当务之急"。显然，我们需要一种新的经济发展方式。

生态系统服务损失

目前实行的工业资本主义，没有办法评价，但是确实清算资本的最重要形式，尤其是我们所生活的世界的资源和生态系统服务功能使所有生命成为可能的自然资本。作为头条新闻报道的食品危机、水资源短缺、能源价格飙升、由气候变化引起的战争（如在达尔富尔），中国、印度、美国及其他国家对世界资源的贪婪，日益恶化的生活系统不能维持不断增长的人口的现状越来越明显。自然资本的短缺限制了经济增长。

2001联合国委托的"千禧年生态系统评估"是一个关于人类活动对全球生态系统的影响的综合研究。这份报告由22个国家的科学院的95个不同国籍的1 360位专家参与编写，出版于2005年。报告表明，过去50年增长的人口已经污染或过度开发生命所依赖的生态系统的60%（MEA 2005a：1）。

该评估主要警示："人类活动给地球的自然功能带来很大的压力，地球生态系统维持后代的能力不再是理所当然的"（MEA 2005 b：5）。时任联合国秘书长安南称报告显示"地球上生命的根基在以惊人的速度下降"（Doyle 2005）。

有时候完整的生态系统服务的价值只有当失去才变得明显。例如1998年中国长江流域洪水带来的巨大损失，这迫使有关部门重新制定造林计划。

2007年由政府间气候变化专门委员会（IPCC）发布的，实质上是世界上所有的气候科学家制定的第四次评估报告表明，人类已经改变了全球的气候，并且要在未来几年内立刻采取行动，到2050年必须使温室气体至少减少90%。自20世纪50年代以来全球极端天气造成的经济损一直在上升，10年间发生了20个"大灾难"（那些需要国际和区际援助的灾难）。20世纪70年代以来形式变得更为严峻，发生过47个这样的大灾难。在20世纪90年代需要支出6 080亿美元来应对87起与气象有关的灾害。与2007年的820亿美元相比，2008年与天气有关的损害保险成本超过2 000亿美元（Environmental Leader 2009）。据称现在天气相关的灾难增长速率是所有其他事故增长速度的2倍。现在把应对气候变化纳入其预测的慕尼黑再保险公司，用大气变暖引起的天气变化高度吻合"运行在顶部齿轮"（Environmental Leader 2009）表明了损失的统计符合气候模型的模式。

自然资本主义/绿色资本主义

正如企业和社区努力设法寻找办法解决自身需要面对的挑战一样，越来越多转向一种在1999出版的《自然资本主义概述》一书里提出的方法：创造下一次工业革命。它提出一个更有利可图的做生意的方式，但相反的是行星毁灭现在正在进行中。自然资本主义有3个原则：

- 通过从根本上提高资源效率购买时间来解决世界面临的挑战。
- 重新设计经济使交付所有的产品和服务，以大自然的方式做运作。
- 管理所有机构恢复的自然资本的方式以逆转生态系统服务的损失。

提高资源效率

现在通过更有效地利用资源来获得利润是相对比较容易的，因为当前资源使用十分浪费。全球经济资源流动约为1万亿吨/年。大约只有1%成为并体现在产品中，并且一直是在销售后6个月，其他99%被浪费掉。减少这种浪费是一个巨大的商机。

建筑师威廉·麦克多诺（William McDonough）批评道，如果效率只是仅仅少做坏事，那仍然不够完美（McDonough & Braungart 2002）。很明显，生态效益不足以提供一个可持续发展的社会，但批评忽略了更有效地使用资源的重要性。建筑的地基显然不是一个完整的房子，但没有坚实的地基，没有建筑物能保持太久。没有生态效益，可持续发展是无法实现的。更重要的是，使用更少的资源购买关键时刻来解决日益严峻的挑战,如气候变化和生态系统的损失,系统地制定和实施更可持续的方案。生态效率是过渡到可实现的可持续发展的最简单的组件。它通常是有利可图的,是工业工程师所熟悉。

建造绿色建筑和设计更好的社区是提高效率的关键。货架技术可以在相差不多的花费下使旧建筑的利用效率提高至原来的3—4倍,新的建筑的利用效率为原来的10倍,并且可以使建筑具有更好的性能。美国绿色建筑委员会领导的能源与环境设计标准正在被采用的许多社区,并且纳入了规范和体现在政府的规定中。生产操作所需的能量,甚至可以想电网输出电力,现场使用生态机器等生物处理系统(设备使用藻类、细菌等来分解有机污染物)来治理他们的废水的建筑物不再是罕见的。典型的美国家庭式的排雨水使用了昂贵的地下管道。在加利福尼亚州萨克拉门托附近,乡村的家庭房屋,早期发展的太阳能房不安装自然集水通道,而是让雨水浸泡,补给地下水。消除雨水渠每间房子可以节省800美元,投资可食用的景观和以人为中心点的计划(如行人/单车园林道路在房子前面,绿树掩映的街道),并可节省更多的土地和金钱。这些特点使在房子周围的地方的空气变得冷却、凉爽,在很少或没有空调的情况下也可以很舒适,并且消减了90%的犯罪率,创造了一个安全和孩童友好睦邻的环境。这种发展仅仅只是提供了一个更好的居住的地方。同样,改善环境、资源和人类表现的一体化的设计业可以改善市场和金融绩效。市场平均价值每平方英尺9美元,高于正常值,售房速度是平时的3倍。

重新设计经济

资源效率是自然资本主义的基石,但它仅仅是开始。自然资本主义不仅意味着减少低效,而且是通过采用生物模式,流程和常用材料消除浪费的整个概念。实际上,当今世界工业生产的每个产品都以需要化石燃料、有毒化学物质、蛮力和不可再生资源等不可持续的方式生产。

仿生学,有意识的模拟生命的本质,是实现可持续性的一个具有深远意义的方法。仿生学的作者詹妮·拜纽什说:"创新的灵感来自自然,问一个简单的问题:'大自然如何做事?'"例如,大自然在阳光下运行,而不是高通量的化石能源。它在室温下生产一切,自然也会生产危险物质,但没有物质像核废料一样,几千年来仍然是致命的。它不会产生废物,使用过程所有的输出是其他过程的输入。大自然自产自销,同时创造美。

然而,仿生学只是需要重新设计经济的一半,另一半是"从摇篮到摇篮的生产制造,再利用,并返回产品使用而不是进入垃圾填埋场"。1976年瑞士的产品生命研究所所长沃尔特·斯达黑尔(在欧洲广泛公认的可持续性运动的创始人)提出延长产品的生命来提供更好的价值和替代人对资源如能源的使用。分析了汽车和建筑物后斯达黑尔得出结论,认为每个产品寿命延长可以保存大量的资源,创造就业机会。

斯达黑尔讲述:"在1993年美国很多公司处于困境,企业界出现了很多英雄,如以重组出名的邓拉普(Al Dunlap)和杰克·韦尔奇(Jack Welch)。"邓拉普,以创造股东价值的名义获得外号"链锯艾尔",在史古脱纸业担任首席执行官的20个月里，他通过裁员11 000人，或35%的劳动力瓦解了一家115年的公司，被裁人员中包括71%的公司总部员工。与他极为相似，通用电气（GE）公司被称为中子的杰克·韦尔奇（Jack Welch）将通用电气员工从38万人裁至20.8万人。

作为对比，斯达黑尔也描述了："在20世纪90年代初，本田员工维护和修复自己的机器，而不是受到裁员，这样会损害工人的士气，最终导致停工。"为了走向生态效率，欧洲和日本越来越多的政策制定者考虑税收转移，消除就业和收入税收，增加污染税和消耗的源税。例如，荷兰的重金属排放税减少在乡村了水污染的同时，为收入和工资税削减铺平了道路（Worldwatch Institute 1997）。

资本主义的逻辑是在已知系统里最大的创造人类历史上的财富，并没有改变：节约你的稀缺资源。但地球上的每一个小时就10 000人出生，并且每一个生态系统都在衰减，当今的繁荣的秘诀是重组经济，如斯达黑尔概述的，鼓励对人才的使用和惩罚浪费资源。

为生态修复的管理努力

自然资本第三原则是管理机构通过再投资的利润，从消除浪费到恢复自然和人力资本来扭转全球生态系统的破坏。例如，野生动物生物学家艾伦·萨弗瑞（Allan Savory）的整体管理已经展示了如何使用更多的生态智能放牧方式，增加放牧群的同时能改善甚至干旱甚至退化的牧场，并增加农场的利润。加州大米行业协会与环保团体合作（Savory, Butterfield 1999），从燃烧稻草切换到淹水加州年代收割后，水稻种植面积的30%。其商业模式为一个更为有利可图的混合的狩猎许可证，免费的栽培，数以百万计的野鸭和野鹅施肥，高硅的稻草和地下水补给，所有大米相关的都可以作为一个可盈利的副产品（Ralph Cavanagh, National Resources DefenseCouncil 1999）。

这种方法在工业如林业、农业和渔业，显然是必不可少的，它的成功取决于他们自己所处的自然系统的健康，但它正在迅速蔓延到其他行业一样。

也许企业运动向绿色生产的关键点是通用电气宣布的"绿色创想"。作为该计划的一部分，通用电气董事长杰弗里·伊梅尔特（Jeffrey Immelt）承诺通用在环境技术的投资翻倍，到2010年达到15亿美元。伊梅尔特还宣布，到2012年通用电气将会减少公司排放的温室气体的1%；若不采取行动，排放量将上升40%。伊梅尔特在乔治·华盛顿大学演讲中说："我们相信，我们可以帮助改善环境，并从中获利"（Bustillo 2005）。

批评者指控，通用电气是"刷绿（假冒环保产品）"，一些现有的产品标记的为绿色，但实际几乎没有改变。然而，虚伪往往是真正改变的第一步。

第一项宣布不到1年，伊梅尔特称他的绿色标志的产品的销售量比前2年里翻了一番，并获得了500多亿美元的订单，这远远超过他最初预测的到2010年销售额达到120亿美元。在同一时间,通用电气的其他产品只增加了20%的销售额。通用电气还宣布,它已在2006年将温室气体排放量减少4%,高于2012年的1%的目标。

提高资源生产效率和实行可持续策略如仿生学和摇篮到摇篮的工业循环模式,尤其是在更广泛的全系统企业可持续发展战略的背景下的企业,可以全方位提高股东的价值。

近年来,公司的利润和市值要求每个季度增加,否则公司会被认为是不稳定的。这种高度可疑的指标是不符合管理一个企业的长期价值的,甚至是财务会计准则委员会(FASB)已承诺修改财务报告鼓励替代这种短视行为。

可持续发展的倡导者们呼吁,公司应有"三重底线"的管理:获得利润,但也保护人类和地球。而这种吸引人的构想,可以迫使企业通过增加生产成本,减少以传统的方式获得利润来关心环境和增加会福利。

一个更有用的方法是"综合底线"。它认为利润是一个有效的度量,但只是评定公司具有持久价值的许多指标中的一个。聪明的行事和负责任的行为仍可以提高盈利能力。当股东价值的其他方面都包括在内,商业就彻底实现了可持续发展。综合的底线有三大衡量标准:

(1)通过节约能源和原材料成本提高财务绩效

①工业过程;

②设施的设计和管理;

③车队管理;

④操作流程。

(2)通过以下措施增强核心业务价值

①行绩效的领导;

②获得更大的资本;

③"先到优势",也就是在一个细分市场获得的第一个实体进驻的优势;

④改善公司管理制度;

⑤驱动创新和保持竞争优势的能力;

⑥提高声誉和品牌发展;

⑦增加市场份额和产品差异化;

⑧能够吸引和留住最优秀的人才;

⑨提高员工生产力和卫生健康环境;

⑩提高工作过程中的沟通能力、创造力和鼓舞员工们的士气;

⑪改善价值链管理;

⑫股东之间关系融洽和和谐。

(3)通过以下措施减少风险

①加入保险和成本控制;

②遵守法律;

③减少暴露在增加碳法规下和降低价格;

④减少股东个人行动主义。

在技术改革的时代商业成功需要革新。第一次工业革命以来,已经有至少六波的革新浪潮,每一转变技术都是支撑经济繁荣的基础。在18世纪末,纺织、钢铁制造、水力和机械化使现代商业发展。第二次革命浪潮引入了蒸汽动力、火车和钢。在20世纪初,电力、化工、汽车开始占据主导地位。在20世纪中叶，石油化工和太空竞赛和电子技术占主导地位。最近的一次创新浪潮带来了计算机，并使我们迎来了数字信息时代。当我们进入下一个工业革命和经济超越苹果公司，老的产业将面临脱节的危险除非他们加入到越来越多地使用可持续发展技术的企业，这就形成了新的工业浪潮。这是"可持续发展"的当务之急。

L. 亨特·洛文斯（L. Hunter LOVINS）
自然资本咨询事物所

这篇文章改编自亨特·洛文斯编写的《自然资本主义：可持续发展之路？》一书。于2009年10月23日检索自http://www.natcapsolutions.org/publications_files/PathToNatCap.txt.

参见：仿生；气候变化披露；摇篮到摇篮；可持续发展；生态系统服务；能源效率；能源工业——可再生能源概述；能源工业——太阳能；设施管理；绿领工作；清洁科技投资；社会责任投资；再制造业；社会型企业；透明度；真实成本经济学。

拓展阅读

Benyus, Janine M. (2002). *Biomimicry: Innovation inspired by nature*. New York: Harper Perennial.

Brown, Lester. (2009). *Plan B 4.0: Mobilizing to save civilization* (Rev.ed). New York: W. W. Norton.

Bustillo, Miguel. (2005, July 3). Turning warming into cash. RetrievedOctober 29, 2009, from http://seattletimes.nwsource.com/html/businesstechnology/2002356266_warming03.html

Doyle, Alister. (2005, March 30). Human damage to Earth worsening fast-Report. Retrieved January 29, 2010, from http://www.planetark.com/dailynewsstory.cfm/newsid/30136/story.htm

Environmental Leader. (2009, January 6). Weather-related catastrophes push insurance losses to new heights. Retrieved February 4, 2010, from http://www.environmentalleader.com/2009/01/06/weatherrelated-catastrophes-push-insurance-losses-to-new-heights/

Hawken Paul, Lovins Amory B, Lovins L Hunter. (1999). *Natural capitalism: Creating the next Industrial Revolution*. New York: BackBay Books.

Intergovernmental Panel on Climate Change (IPCC). (2007). Fourth assessment report (AR4): Climate change 2007. *Synthesis Report*.Retrieved January 29, 2009, from http://www.ipcc.ch/pdf/assessment-report/ar4/syr/ar4_syr.pdf

Laszlo, Chris. (2008). *Sustainable value: How the world's business leaders are doing well by doing good*. Stanford, CA: Stanford BusinessBooks.

Lockwood Charles. (2006, May). Building the green way. Retrieved on April 25, 2009, from http://summits.ncat.org/docs/HBR_building_green_way.pdf

Lovins Amory B, Lovins L Hunter, Krause Florentin et al., (1982). *Least-cost energy: Solving the CO_2 problem*. Amherst,NH: Brick House.

McDonough William & Braungart Michael. (2002). *Cradle to cradle: Remaking the way we make things*. New York: North Point Press.

Millennium Ecosystem Assessment (MEA). (2005a). *Ecosystems and human well-being: Synthesis*. Retrieved January 29, 2010, from http://www.millenniumassessment.org/documents/document.356.aspx.pdf

Millennium Ecosystem Assessment (MEA). (2005b). *Living beyond our means: Natural assets and human well-being. Statement from the board*. Retrieved January 29, 2010, from http://www.maweb.org/documents/document.429.aspx.pdf

Rocky Mountain Institute, Wilson Alex, Uncapher Jenifer L, et al., (1998). *Green development: Integrating ecologyand real estate*. New York: John Wiley & Sons.

Sant Roger W. (1980, May). Cutting energy costs: The least-cost strategy. *Environment*, 22(4): 14–20, 42.

Savory Allan, Butterfield Jody. (1999). *Holistic management: A new framework for decision-making*. Washington, DC: Island Press.

Weizsäcker Ernest U von, Lovins Amory B, Lovins L Hunter. (1997). *Factor four: Doubling wealth, halving resource use*. London: Earthscan.

Wilhelm Kevin. (2009). *Return on sustainability: How business can increase profitability & address climate change in an uncertain economy*.Indianapolis, IN: Dog Ear Publishing.

Winston Andrew. (2009). *Green recovery: Get lean, get smart, and emerge from the downturn on top*. Cambridge, MA: Harvard Business Press.

Worldwatch Institute. (1997, May 8). Shifting tax burden to polluters could cut taxes on wages and profits by 15 percent. RetrievedFebruary 4, 2010, from http://www.worldwatch.org/node/1609.

The Natural Step Framework, TNSF

自然步骤框架

可持续发展的自然步骤框架是科学家创建的一个模型,并由环保非营利性组织国际自然步骤组织(TNS)实施,是国际上许多不同类型的组织的可持续发展计划。以科学为基础为框架,采用倒推的方法与原则,以一个预期的目标,然后确定需要达到目标的步骤。

国际自然步骤组织是一个致力于可持续发展,集研究、教育和咨询与一体的国际非营利组织机构。它于1989年在瑞典组办;到2009年它在11个国家有办事处。这些办事处通过推广系统的对话和决策与企业、政府、社区和世界各地的学术机构建立伙伴关系。

肿瘤学家博士卡尔-亨利克·罗伯特成立了国际自然步骤组织,开始在瑞典作为一种广泛的运动促进可持续发展。认识到当时这颗星球的争论和混乱的状态时,罗伯特博士领导了一个在科学家间基本了解细胞和生命延续的一个共识过程。多年来,以科学为基础原则的可持续性和可持续为发展战略的

规划框架已经出现。

这种方法建立在方法论的推演上,演变成为自然可持续发展框架(相反的预测,反推设想一个理想的未来目标,然后确定需要达到这一目标的战略步骤)。自然步骤框架是一个开放源框架,由它的用户添加和发展,不断修改、应用,致力于与学术、商业和社区组织合作。

什么是自然步骤框架

自然步骤框架是一个可以帮助人们为向可持续性发展做出切实可行决策的模型。自然步骤框架为可持续性提供了一个结构化的系统规划方法并允为可持续发展做出有效的选择和使用许多其他所需的工具。

自然步骤框架依赖5个相互联系的水平:系统、成功、战略方针、行动和工具。

系统

自然步骤框架首先阐明系统关注维持的

是人类社会。此外, 自然步骤框架认识到, 人类社会是依赖于生物圈, 所以生物圈也必须是持续的。然后自然步骤框架标识了在科学界广泛达成一致共识的关于生态系统是如何工作的 4 个基本原则:

（1）根据物理守恒定律, 物质和能量不能被创造或毁灭。这意味着在孤立系统中, 能量和物质可能转换为不同的形式, 但能量和物质的总量保持不变。然而, 地球, 是一个对能源开放的系统, 因为能源来自太阳, 并能被辐射回太空。和能源不同, 地球是一个对物质封闭的系统; 基本上都是地球上的物质是在地球上, 基本上没有新的物质是来到地球。

（2）根据热力学第二定律, 能量和物质往往自发传播; 一切都倾向于分散。这意味着引入社会的所有问题（天然或人造）最终会释放到自然系统。

（3）材料的质量是物质的结构和浓度的特点。社会不能消耗能量和物质, 但他们确实消费物质的质量、纯度和结构, 而不是它的分子。

（4）光合作用中, 绿色植物细胞捕获来自太阳的能量, 它是允许动物, 包括人在内的间接使用来自太阳的能量。地球上净增加的物质几乎完全由光合作用生成的。

成功

简单的理解人类和生态系统, 自然步框架随后明确维持这些系统意味着什么。但很难确切地说可持续性是什么样子: 在可持续的未来社会只使用太阳能发电? 人们是否开车? 没有定义什么是可持续, 但自然步骤框架定义了什么是不可持续的, 任何可能破坏人类社会或它所依赖的生态系统。因此, 只要人们不做下列一些破坏系统的事情, 人们可以做任何他们想要的别的事情。

在生态圈中人类社会的可持续性的条件中包括 3 个生态系统的处理和第 4 个对社会系的处理（Holmberg & Robèrt 2000; Ny et al. 2006）。在一个可持续发展的社会, 自然不受系统增加的影响。

（1）从地壳中提取的浓聚物质（如, 化石燃料或稀有金属）;

（2）人类社会生产的浓聚物质（如, 不能快速分解的化学物质）;

（3）在那个社会因物理手段造成的退化（如, 采矿、砍伐森林、湿地消失、矿产破坏或土壤退化）;

（4）为了满足自己的需求, 人类不受自然能力受到系统地破坏的影响。

在一个组织的计划中很难使用这些条件。所以自然步骤框架将这些条件重新分为 4 个相应的可持续性原则, 为一个组织如何走向可持续性提供明确的指导（The Four System Conditions 2009）。要成为一个可持续发展的社会我们必须:

（1）消除我们从地球的地壳提取物质的渐进积累的贡献;

（2）消除我们社会进步所产生的化学物质和化合物的积累的贡献;

（3）消除我们物理退化, 破坏自然和自然过程进行的贡献;

（4）消除我们为了满足人类基本需求条件而破坏了人的能力的贡献（例如, 不安全的工作条件和低工资）。

战略方针

曾经成功被定义为允许人们在战略计划和优先行动，一步一步走向成功。开始记住成功这种方法规划过程被称为反推。反推经常应用上下文中的一个特定的场景，如"我们希望我们的公司/产品/城市（例如）将来看起来像什么？"这些与目前的趋势无关受限于当今而创造的场景，或成功的愿景，未来的机会不受约束。

通常很难让一群人更不用说社会达成特定场景的未来应该是什么样子，未来可能发生在许多不同的方式，目前的技术和想象力可能会限制人们能够想象的可能场景。因此，自然步骤框架使用基本的科学概念到达成功的原则，描述人类社会必须满足的基本条件是可持续的。因此，该框架是基于反推从可持续发展原则的概念。

一旦这些条件是已知的，那么在这些基本约束全球生态可持续性下，它就有可能为个人，组织和社会计划成功。

行动

通过使用战略方针，一个使用自然步骤框架做直接规划的组织，可以优先考虑其行为。自然步骤框架利用了3个首要问题来引导优先级：

（1）行动是否朝着正确的方向，即，是否符合可持续发展原则？

（2）行动是否是一个能为以后的进一步行动奠定基础的灵活平台？

（3）行动能提供足够的投资回报吗？

工具

最终，用这种结构方法可以明确工具和在朝向目标的过程中所需的概念，以及在计划过程中何时何地部署他们可以达到最高的效率。

自然步骤框架的应用

自然步骤框架已被世界各地成千上万的组织使用。自然步骤组织已使用该框架帮助和支持许多致力于寻求更加可持续的组织，包括像宜家、耐克、斯堪迪克酒店、伊莱克斯、松下、麦当劳、海德鲁化学公司、罗门哈斯和英特飞等大型公司。例如，在2008年，耐克推出了考虑设计方案（性能前提下可持续性），十年之后自然步骤框架帮助该公司解决其最初的可持续发展目标。许多中小企业也使用了框架。位于加拿大不列颠哥伦比亚省的旅游胜地的惠斯勒黑梳山，是2010年冬奥运会多个滑雪赛区，使用自然步骤框架作为其战略发展计划指南，同时在加拿大、瑞典、爱尔兰和美国的其他地区也使用自然步骤框架作为其战略发展计划指南。

自然步骤框架已经被用于评估有关可持续发展的几种方法、工具和概念的优点和缺点，如生态足迹法、四因子法、戴利原则、ISO 14001（国际标准化组织制定的环境准则）、生命周期评价、工业生态学、产品开发的方法。例如，生命周期评价的强度研究是系统的已知环境影响的量化研究。然而，从一个完整的可持续发展的角度来看，对生命周期评价的用户来说重要的是知道它不能明确未知的（潜在的）环境影响，而这正是自然步骤框架发挥作用的地方。

瑞典布京理工学院的走向可持续发展战略领导计划的研究生们已将自然步骤框

架应用在各种各样的主题上，例如生物燃料、企业孵化器、食品系统、摇滚音乐会、解决冲突。该框架也是由自然步骤和布京理工学院共同发起的一个国际科研合作的基础，隆德大学(瑞典)称之为真正的改变，并将会有越来越多的世界各地的大学参与进来。

　　该框架在各种科学论文、书籍和其他出版物中被广泛讲述。此外，在瑞典、英国、澳大利亚、美国已经成为众所周知科学的共识声明。

安东尼·汤普森(Anthony THOMPSON)

(瑞典)布京理工学院

理查德·布卢姆(Richard BLUME)

国际自然步骤组织

参见：工业设计；可持续发展；生态系统服务；集成产品开发；生命周期评价；制造业实践；大都市；绩效指标；再制造业；智慧增长。

拓展阅读

Broman Goan, Holmberg John, Robèrt Karl-Henrik. (2000). *Simplicity without reduction: Thinking upstream towards the sustainable society*. Retrieved June 11, 2009, from http://www.naturalstep.org/sites/all/files/3a-Simplicityreduction.pdf

Cook David. (2004). *The natural step: Towards a sustainable society*. Dartington, U.K.: Green Books.

Holmberg, John.(1998, September).Backcasting: A natural step in operationalising sustainable development. *Greener Management International*, 23: 30−52.

Holmberg John, Robèrt Karl-Henrik. (2000). Backcasting from non-overlapping sustainability principles — a framework for strategic planning.Retrieved June 11, 2009, from http://www.ima.bth.se/data/tmslm/refs/Backcasting_0013.pdf

James Sarah, Lahti Torbjon. (2004). *The natural step for communities: How cities and towns can change to sustainable practices*. Gabriola Island, Canada: New society.

Nattrass Brian, Altomare Mary. (1999). *The Natural Step for business: Wealth, ecology and the evolutionary corporation*. Gabriola Island, Canada: New Society.

Nattrass Brian, Altomare Mary. (2002). *Dancing with the tiger: Learning sustainability step by natural step*. Gabriola Island, Canada: New Society.

The Natural Step. (n.d.).Retrieved June 11, 2009, from http://www.thenatural step.org/

The Natural Step. (n.d.). The four system conditions.Retrieved June 19, 2009, from http://www.thenaturalstep.org/en/the-system-conditions

The Natural Step. (n.d.) Whistler Blackcomb, British Columbia, Canada.Retrieved June 23, 2009, from http://www.naturalstep.org/en/canada/whistler-blackcomb-british-columbia-canada

Ny Henrik, MacDonald Jamie P, Broman Goan, et al., (2006). Sustainability constraints as system boundaries: An approach to making life-cycle management strategic. *Journal of Industrial Ecology*, 10(1): 61–77.

Robèrt Karl-Henrik. (2000). Tools and concepts for sustainable development, how do they relate to a general framework for sustainable development, and to each other? *Journal of Cleaner Production*, 8(3): 243–254.

Robèrt, Karl-Henrik. (2002). *The Natural Step story: Seeding a quiet revolution*. Gabriola Island, Canada: New Society.

P

Packaging

包装业

产品包装是反映经济发展的一个重要的标志。因此,它经常成为环境保护者批评的对象。不论是生产者自愿,还是政府规定,包装业在整个产品生命周期里的设计方式、使用方式和管理方式都在发生着改变;包装业越来越趋向于使用高效节能、无危害和无毒物质,并且在产品的生命周期末端可回收。

首先,有必要说明我们必须对产品进行包装的几个重要原因:即保护产品、延长产品保存期限和确保产品的完整性。此外,对产品包装还要考虑到市场的因素,一个产品所呈现出来的外观常常成为决定该产品成败的一项重要原因。因此,包装业也是属于现代生产和消费的体系中不可或缺的一种行业。

20多年来,包装业一直面临着降低产品对环境产生影响的压力之下。从那之后,包装业的侧重点已经从单纯地考虑废弃物掩埋转移到21世纪所强调的降低二氧化碳排放上来。包装业常常处于环境问题舆论的风口浪尖,这是因为它显而易见地成为工业发展对环境所产生影响的一项标志。这也导致了政府采取各种不同的措施,从严格的规定到与利益相关者签订自愿协议。其中大部分措施围绕着传统的废弃物管理制度制定,即减少排放、再利用、再循环和废品回收。

环境管理规范

包装业对环境所产生的影响要遵从各国政府日益增多的规章制度和合作规范协议。由于这些规定形式多种多样,生产企业或者包装企业必须要及时地掌握这些规定的发展趋势。事实上,这些行业规范决定了包装业在产品的设计方式、使用方式和管理方式上的变化,当然要符合相关法律的要求。

其中一项重要的变革在于"产品管家",即企业需要分担责任,降低其产品在整个生命周期内对环境造成的影响。按照规定,厂家需要监督其生产环节,并与供应商紧密合作以制定环境改进方案。厂家也需要尽量高效地使用原材料和能源来设计产品，并避免在产品中使用有毒有害的物质。企业也必须设计出可回收的产品。

在美国和澳大利亚以其他国家，它们比较倾向于"责任共担"的规制模式。美国并没有专门制定针对包装业及其对环境造成影响的联邦立法，但从国家层面和地区层面上都加强了对包装废弃物的关注。例如，美国的加利福尼亚州、俄勒冈州和威斯康星州在2009年都出台了塑料制品中的最低回收含量标准，加利福尼亚州、俄勒冈州还出台了玻璃罐的最低回收物含量标准，加利福尼亚州出台了塑料废弃物袋的最低回收物含量标准，并且在美国的27个州内实行了报纸的最低回收物含量标准。最近，西雅图、华盛顿及加利福尼亚州等30个城市（包括旧金山）都禁止或者限制使用泡沫聚苯乙烯（EPS）为原料的容器。

澳大利亚的《全国包装业行业规定》（NPC）在包装业供应链上采用了"产品管家"的行业规范，形式上使用了自愿协议和行动计划的方式。其最新的规定着重于使用可持续、可循环的理念和产品的生命周期分析方法来确保可持续发展的实践在生产链条上得以有效实施。

欧洲则更多采用"广义生产者责任（EPR）"的方法，即由生产者来承担废弃物管理上的物质或财力投入责任。"广义生产者责任"要求品牌拥有者或进口商优先考虑产品包装的可回收性。从20世纪80年代末至90年代初，欧洲许多国家陆续使用了"广义生产者责任"的方法。为统一规范，欧盟于1994年出台了《包装及包装业废弃物指导规范》（并于2004年修订），这个指导规范设定了统一的标准，即"基本要求"（ERs）。因此，在欧盟成员国内售卖商品的企业必须遵照以下五项规定。

● 从源头减少：企业必须证明自己已经把产品包装的使用量降到了最低，并要指出不能进一步减少包装物的重量或体积的关键方面（比如，产品保护、安全及消费者接受度等）；

● 回收标准：包装物至少可以通过以下3种方式之一进行回收（能源、有机物或者原材料），并且满足该回收路径的特定要求；

● 再利用：这条标准作为可选项目，但是一旦声明可以再利用，产品的包装必须满足再利用标准；

● 重金属含量：设定包装业中使用铅、镉、汞及6价铬的浓度限制，其标准与美国19个州的指标相似；

● 减少包装物中的有害成分：如果包装物被填埋或焚烧后，可以通过排放、焚烧或过滤，把它含有的有害化学成分（比如锌）必须减少到最低用量。

欧盟市场使用的所有包装物都要符合这五项"基本要求"，而对于不遵守"基本要求"的产品必须要退出欧盟的市场。所有企业必须将"基本要求"纳入到他们的包装设计体系当中，并用正式的文件来说明他们在产品包装的设计上如何考虑了每一项标准。证明符合"基本要求"的评估流程类似于ISO14000的要求,建立了一个框架来根据法律要求评价包装系统的属性(并指出需要改进的方面)。制定欧洲标准的目的是提供一套评估和记录厂商合规行为的通用流程。

部分亚洲国家和地区,包括中国、日本、韩国和中国台湾也制定了许多不同的包装业规范。日本 1995 年颁布的《包装业资源和分离法》中选择了"广义生产者责任"的方法,规定了厂商有义务回收塑料容器、玻璃制品、纸质包装箱和纸质包装盒。中国许多城市已经对一些食物包装材料实施回收的相关法令。

除了通过调整收费结构来实施激励外,还有旨在通过特定要求来防止过度包装浪费的各种规定。一些国家的包装业对产品的空白区域和允许的包装层数制定了规范。澳大利亚、比利时、荷兰、希腊、斯洛伐克、西班牙和韩国等国家都要求企业必须提交一份减少包装物的详细方案,这些方案必须注明企业减少包装计划的长期目标。

许多国家针对宣传为"环境友好型"产品的误导性广告、有欺诈行为的环境标识等制定了法规,并要求企业采取合理的物料代码。2005 年以来,30 多个国家引入了环境友好型包装设计要求,包括对包装产品有毒物、减少产品空白区域和材料、可回收物含量、环境标识和降低包装计划等方面的规定。

何为"可持续发展的包装业"

包装的高度可见性及其作为消费品和其他产品在分销、市场营销和安全使用方面的必要支持要素对加强包装业的可持续发展提出了重大挑战。消费者的行为和支出趋势、市场细分和分销渠道的发展等都是促使新包装模式和包装技术的产生,但是这些常常与可持续发展的原则相悖(James, Fitzpatrick, Lewis & Sonneveld 2005)。

虽然世界范围内存在关于包装业相关环境的许多规范,然而并没有形成明确的国际公认的对可持续包装业的理解。可持续发展包装业联盟(SPA)认为上述问题是包装业领域可持续发展面临的最紧迫、最重要的挑战之一

许多包装业的组织包括澳大利亚的可持续发展包装业联盟、美国的可持续发展包装业联合会(SPC)等,都尝试定义何为可持续发展的包装业,他们制定了可引导企业实施决定的一系列原则或战略。

可持续发展包装业的四项基本原则

澳大利亚的"可持续发展包装业联盟"通过研究总结出四项基本原则,旨在整合并引导其在商业系统内的包装实践和产品管理(Lewis, Fitzpatrick, Varghese, Sonneveld & Jordan 2007: 16-18)。其中,每一项特征都要根据企业的特定要求做适当调整,而且不是每项都要做到,也不是所有项都和每个企业相关。

有效性:社会效益与经济效益

包装业通过产品在生产链流转过程中有效封套和安全防护来为社会增加价值。包装业还应该鼓励有序和负责的使用包装材料。为了获得这种效益,商业必须要满足以下条件:

(1)减掉一切多余的包装;

(2)确保供应链上的包装满足对保护产品、盛装产品、产品流通、产品销售和产品使用的要求;

（3）在设计包装系统时要尽量降低其产品在生命周期内对环境的影响；

（4）减少供应链的总成本；

（5）向消费者提供产品包装对环境影响方面的信息；

（6）向消费者提供正确处理包装品的指导信息。

高效性：用更低的成本办更多的事

包装系统的设计旨在在产品的整个生命周期内更加高效地使用原材料和能源，高效的定义应以包装生命周期每个阶段的最佳实践作为参考，包括以下主要步骤：

（1）将产品包装的数量和重量降低到保护产品、产品安全、产品卫生和为消费者所接受的基本需求程度；

（2）通过改变产品来增加产品-包装系统的高效性；

（3）减少产品浪费；

（4）在生产和回收系统内提高能源和水的使用效率；

（5）提高运输效率。

循环性：最佳的回收使用

在自然系统和工业系统内都要循环利用包装产品的材料，并让它们自然降解。我们应当通过改善材料的循环利用率来最大限度减少制造这些材料过程中所消耗的能源及排放的温室气体。商业中有许多机遇来实现这个原则：

（1）确保包装材料在认可的循环系统内可被回收和处理；

（2）使用回收的包装品，进而通过提高回收比率来降低对环境带来的影响；

（3）尽量使用单一材料，或者使用消费者容易分离且不污染循环系统的材料；

（4）使用可堆肥降解而不是Oxo降解的材料，并确保整个系统可以实现收集和处理。Oxo降解是指生产出来的塑料制品可以加速降解，理想条件下，可以被分解为构成产品的基本元素。但是这个过程尚且存在争议。一些批评者指出这种技术对环境的危害比普通塑料更严重；也有批评者指出这个降解的过程并不符合规范（Smith 2009）；

（1）指定对环境损害最小的可再生材料；

（2）使用对环境影响最小的可再生材料（包括稳定的和可运输的品种）；

（3）生产者使用更清洁的生产技术、最佳的材料和能源消费技术。

安全性：无污染且无毒

包装业在系统内的组成部分（包括原材料、抛光漆、墨水、色素和其他添加剂）不可对人类或生态系统带来任何风险。安全性将通过以下方面来消除或降到最低：

（1）含有重金属的添加剂；

（2）可以转移到食物内，并对生命体产生影响的材料或添加物；

（3）再利用或清理阶段对人类或生态系统产生危害的材料或添加物；

（4）运输业过程对环境带来巨大影响（考虑距离、运输方式和燃油的种类）。

对21世纪的展望

如何将可持续化和产品包装业联系起来是一个抽象且复杂的概念，而且很大程度上取决于个人对它的理解。为了实现包装业的可持续化发展，需要对利益相关者就如何把此理念纳入到其日常商业活动中进行特定的引导。可持续发展的包装业需要一个协作的、多学科融合的过程。这个过程包含了许多专业人士，如设计师、技术专家、市场参与者和环境管理者。一些大品牌和大公司已经或正在开发一些框架来支持包装业可持续发展战略。沃尔玛公司的目标是在2013年以前将供应商的包装减少5%。为实现这个目标，零售店推出了一种记分卡系统，他们将给生产者目前使用的包装品进行排序。这个系统将用于一些与品质相关的商品，包括的内容有：每吨包装品的温室气体排放量、原材料的使用量、包装品的尺寸、再利用的项目、原材料的回收价值、再生能源的使用量、运输的影响和创新。自2008年初，沃尔玛公司已经开始根据记分卡的结果来决定他们的采购策略。

一些新方法已经被用来评价产品的包装品在其生命周期内对环境的影响。全球温室效应的争论已经鼓励越来越多的企业使用包装业这项显著而简易的碳足迹方法来探索对环境影响。

可持续发展的包装业亟待利益相关者们对定义和关键指标上形成统一的意见。其中一个例子是，有关部门需要统一协调好消费者期望（例如，更便利、更安全和更长的产品寿命）和他们对产品包装预期的关系（Sonneveld, James, Fitzpatrick & Lewis 2005）。

安妮·奇克（Anne CHICK）
金斯顿大学

参见：消费者行为；摇篮到摇篮；工业设计；生态标签；生命周期评价；制造业实践；营销；供应链管理；零废弃。

拓展阅读

European Organization for Packaging and the Environment. (2009). Retrieved October 1, 2009, from http://www.europen.be/

Industry Council for Packaging and the Environment (INCPEN). (2009). Retrieved October 1, 2009, from http://www.incpen.org/

International Association of Packaging Research Institutes. (2009). Retrieved October 1, 2009, from http://www.iapriweb.org/

James Karli, Fitzpatrick Leanne, Lewis Helen et al., (2005). Sustainable packaging system development. William Leal Filho. *Handbook of sustainability research*. Frankfurt: Peter Lang Scientific Publishing.

Lewis Helen, Fitzpatrick Leanne, Varghese Karli, et al., (2007). Sustainable packaging redefined. Retrieved September 17, 2009, from http://http://www.sustainablepack.org/default.aspx/database/files/newsfiles/Sustainable%20Packaging%20Redefined%20Nov%20%202007.pdf

PIRA International. (2009). Retrieved October 1, 2009, from http://www.pira-international.com/

Smith Chris. (22 July 2009). Bioplastics industry joins oxo-degradable debate. *European Plastic News*. Retrieved 28 December 2009, from http://plasticsnews.com/headlines2.html?id=1248283104

Sonneveld Kees, James Karli, Fitzpatrick Leanne, et al., (2005), April. *Sustainable packaging: How do we define and measure it?* Paper presented at the 22nd International Association of Packaging Research Institutes (IAPRI) Symposium, Campinas, St. Paul, Brazil. Retrieved October 2, 2009, from http://http://www.sustainablepack.org/default.aspx/database/files/SPA%20paper%2022nd%20IAPRI%20Symposium%202005.pdf

Sustainable Packaging Alliance. (2007). Retrieved October 1, 2009, from http://www.sustainablepack.org/default.aspx

Sustainable Packaging Coalition. (2007). Retrieved October 1, 2009, from http://www.sustainablepackaging.org/

SustainPack. (n.d.). Retrieved October 1, 2009, from http://www.sustainpack.com/index.php

World Packaging Organisation. (2007). Retrieved October 2, 2009, from http://www.worldpackaging.org/default.asp

Peace Through Commerce: The Role of the Corporation

商业促和平：企业的作用

贸易可以促进和平——"商业促和平"——的理念早已是老生常谈，但是要实现可持续的和平，企业必须注意他们做生意方式。为了帮助实现和平，企业可以做的是提供就业机会和经济发展、遵守法律规定、树立社区意识和公民意识以及增进工作环境的和谐。

企业利用加强贸易的做法来促进和平的这种想法由来已久，但也一直备受争议。国与国之间经常贸易往来，但也时常打仗。例如，第一次世界大战的交战国之间战后几乎都开展了贸易往来；德国和苏联在第二次世界大战之前一直在进行贸易活动。相互开展贸易的国家之间不太可能杀戮对方国家的人民，但是贸易的分歧却也可能造成一场战争的导火索或者借口：如美国切断了对日本的原油出口后，日本偷袭了珍珠港。然而，"商业促和平"的概念（实现世界各国和平的概念）却拥有着光荣的使命。20世纪的一位诺贝尔和平奖得主、经济学家和哲学家哈耶克赞同18世纪哲学家康德和孟德斯鸠对于强化贸易可以带来和平利益的观点：康德的和平理论当中"三条腿"中一条即自由贸易；孟德斯鸠认为和平是贸易带来的自然效应。因此，哈耶克指出如果世界各国更加支持国际的贸易，那么也可以带来更多的世界和平。事实上，强大的经济体获得合作伙伴和平关系的看法至今仍然可以得到印证。

但是，我们为何要信任贸易呢？牛津大学的经济学家保罗·科利耶（Paul Collier）教授（曾任世界银行发展研究组织主任）却认为一场战争的导火索最可能源于一个国家主要出口的货物是否属于大宗商品。比如，原油、宝石和木材。但是，这种殖民主义孕育贸易的形式能否带来可持续的和平呢？有人认为贸易常常对它侵占地的文明带来威胁，恐怖分子在一些伊斯兰国家寻求避难的真正原因就是美国的外交政策和经济政策侵占了这些人传统的生活方式。

由此可见，贸易并不总是带来和平，世界

贸易也不能保证稳定性。贸易的结果反而事与愿违：它播种了怨恨与敌意，甚至给一些国家带来了战争和种族冲突。造成这样的结果正是因为贸易不局限于宏观层面上所产生的作用。不同国家推行他们的贸易政策时在宏观层面上带来争论，比如贸易是否能增加GDP。贸易也会在微观层面上发挥作用。企业开展商业业务时可能会带来积极或消极的影响，他们之间容易引发怨恨甚至暴力。即使在非殖民体系中，这种情况也依然存在。

维多利亚的秘密（Victoria's Secret）、哈罗德百货企业（Harrods Department Store）和美鹰傲飞（American Eagle）发售印有印度教和佛教人物的女士泳衣和内衣后都遭到了抵制。类似的商业活动都面临着抗议；正如2006年掀起的抵制狂潮源于一幅讥讽穆罕默德先知的漫画。

《外交政策》杂志的首席编辑莫伊塞斯·纳伊姆（Moisés Naim）提出利用全球化消除国家之间的界限，这种观点更为敏感且令人不安。这限制了各国控制奴隶、毒品贸易、军火交易和洗钱日存长久且异常暴力的商业行为。

时至今日，关于"商业促和平"的说法，越来越多的运动到了一个新的转折点。这种皱纹思想认为贸易并不一定促进稳定，但这里却有一种贸易可以带来稳定，它注重个人和集体的具体行为。大部分针对商业如何促进和平的研究侧重于宏观经济层面的问题。正如哈耶克认为，越支持国际贸易，国际关系越趋于和平。可以肯定的是，汇总各国的GDP或许在一定程度上与稳定有关，但是在宏观和中观上仍然会探索找寻出商业会加强和平的可能

性。例如，在宏观层面上，我们将关注各国在贸易支付上的均衡情况，但在中观或微观层面上，我们将更加关注一项特定的行业或者特定的贸易。

"商业促和平"的新见解并未回避宏观层面的视角，相反，它更注重商业的过程中所采取的各种特定的方式。不同行业如何对待他们的员工？不同世界中谁会出现并生存下去？商业如何对待他们工作地所在国家的人民？这些属于文化敏感事件，还是属于帝国主义掠夺？他们符合生态化，还是将有毒的废品排放到人们饮水的河流中？他们是否勾结腐败的官员，还是在避免贿赂？他们如何在工厂鼓舞人心，或者如何保护人权和妇女的权利？他们如何影响人们的宗教信仰？

学校的教育体制里也实行了"商业促和平"的新见解。事实上，高级商学院联盟（AACSB）作为22个国家商学院的评审委员会，制定了一项"商业促和平"的任务并发布了商学院相关内容的报告。一些学校开展了积极、有针对性的相关课题。其他院校虽然不了解商业促和平的目的，但是他们也赞同伦理商业行为是文化交流和发展的动力，并将国际化的焦点结合在社会责任和公民项目中。我们将"商业促和平"定义为一场"运动"或许有些夸大，但是，越来越多的学者们逐渐开始认识宏观层面下特定的商业行为如何在微观和中观层面发挥作用。

其中一个领域是商业如何在"冲突地区"发挥作用。例如，《联合国全球契约》认为易冲突的敏感地区中的企业有助于缓和矛盾，或者至少缓解紧张局势。这些企业需要更加公

开、透明地开展业务。施行风险分析、与利益相关者开展对话、公开说明利益的保障方式和去向、投入时间或金钱等慈善活动来支持当地社会,这些都是让企业在敏感地区更好地创造和取得理解的方法。

有用的实践

更广的层面则强调企业在没有冲突的直接威胁下,商业如何有助于实现可持续和平。大多数商业活动在和平稳定年代中比战争年代更容易赚钱。冲突地区的商业必须强调做生意的重要性,然而,非冲突地区的商业合作更加体现维持商业贸易兴趣的和平因素。除此以外,在没有冲突暴力袭扰的地区,所有商业活动更加关注的核心问题在于对公正的担忧。

在2004年出版的《商业角色与促进和平社会》(*The Role of Business in Fostering Peaceful Societies*)一书中,作者蒂莫西·福特(Timothy L. Fort)和辛迪·斯基帕尼(Cindy Schipani)阐述了企业促进和平的四个方面。首先,他们可以做到企业能做的最好事情:刺激经济发展。联合国和世界银行对于贫困和暴力关系的研究显示,企业除了产生收益之外,还可以提供就业机会和发展经济。不仅生产了产品,而且还提供了产品以外的附加值,进而让国家的经济产生差异化。效益好的企业为新兴国家提供了另一种产品附加值:如何成功运行一家企业。这种知识转化将产生巨大的溢出效用,受益者包括在这些国家

企业的工人、企业的合作者(例如,遵守企业的特定标准进而成为跨国企业的供货商)以及那些掌握了如何运行企业后离职并独立创业的人们。

其次,法治政府与和平有清晰的关联。腐败与暴力有关,就如法律效应、居民纠纷决议、强制执行和合同权利都与和平有着密切的联系一样。事实上,这些联系现在被经济合作与发展组织(OECD)、世界银行和其他组织视为不可或缺的责任。这就是致力于消除腐败的原因,也是索托(Hernando de Soto)(1941)等经济学家拥护贫困国家进行财产权改革的重要起因。这样的话,人们就可以发现造成贫困的原因(比如,原本允许穷人使用他们的资本,却因为土地所有权问题而不能使用)。

第三,企业可以实践一种制度化市民的公民身份。这体现在两个方面。外部方面在于大部分人看待合作市民或者经典合作社会的职责:生态职责、文化敏感度和慈善活动。或许更有趣的方面在于企业如何凭借自身的合作资源创造一种附属品。

一些新型国家出现了传统民主化,然而许多研究显示民主化国家之间并不会发动战争。民主的一个核心特征就是声音。一些合作组织却与专制政府里的领导者同样专横,但是许多管理战略却需要个体工人在发现产品缺陷时直言不讳。这就是所谓"声音"的一个例子。如果没有工作地的民主化,企业也不会发展这么好,因此探讨这些发声的管理实践是否对其他发声的员工存在溢出效应是有意义的。类

似的研究同样表明性别平等和暴力、集团大小（因集团的相对规模而存在一种发声权）和暴力之间都呈现负相关性。

第四个方面被简单概括为：双轨外交。多种外交源自非政府角色与其他人之间的相互影响以给人们带来紧张的气氛。为了达到这个目的，它们会为非政府角色的领导利用平台交换意见。因此，尼克松总统在20世纪70年代同中国的乒乓外交就是借助文化交流与另外一组人缓和，并最终让领导人与他国举行谈判的例子。在这样交流的铺垫之后，谈判就显得不那么令人紧张了。与此相似，商业也可以借鉴这两种外交方式来改善他们在工作地点的和谐度和友谊度。企业处理这件事的办法就是实践我们刚才解释的三个方面：孕育经济发展、支持法制化结构及做好公民化。

商业和平：法人的职责

人类学家、政治科学家和经济学家已经证明了企业属性和暴力之间的关系。福特和斯基帕尼在前书中称之为"统治与和平"的过程，原因在于这个概念是指企业可以按照一定的方式管理非暴力事件。此外，福特和斯基帕尼所阐述的特定意义仅仅针对那些商业伦理循环大多数显著性通胀的情况。股东及其权利是一个标准的委托关系。不论股东是属于保守派还是自由派，企业在许多行为上都是一致的，如遵守法律制度、遵照合同和财产权利、支持人们交流不同意见和避免受贿行为。另外一种争辩则来自社区的角度。意见、性别、权利、生态管理和文化敏感度很容易成为政治谈判和机构管理的导火索。然而这些导火索会在企业鼓励员工发表意见，这在做出最终决定之前会反复出现。如果人们抛开道义论，仅仅指出意见、性别、权利、生态管理和文化敏感度与和平有关，相反的决定会与暴力相关，那么他就可以将正确的决定存而不论。换言之，更具有说服力的是，企业义务地为和平添砖加瓦的原因在于这么做能取得好结果。

认清了冲突和管理和平的过程后，美国外交部门承认企业的工作可以改善美国与他国的关系。从1999年的玛德琳·奥尔布赖特（Madeleine Albright），到后来的科林·鲍威尔（Colin Powell）和康多莉扎·赖斯（Condoleezza Rice），"杰出企业奖"在本质上都授予了为他国市民传授知识和技术的企业（例如，摩托罗拉企业得奖的原因是其对马来西亚和中国的工作），以及通过慈善行为帮助受灾国家进行重建的企业（如向F.C. Shaffer颁奖的原因是因为它帮助竞争者在埃塞俄比亚重建糖厂），还有为员工提供教育和健康项目的企业（如福特汽车企业在南非开展预防艾滋病的项目）。

贸易企业是现今国际舞台上的主要活动者。它们不仅仅可以反映出一个国家的雄心，而且他们跨越许多界限并且拥有他国都没有的利己主义立场。站在历史长河当中，它们拥有与政府面对面沟通的能力并承担着独立的政治角色，它们可以通过自己事业来完成政府做不到的事情。大部分企业并没有武器来部署一场真正的射击战（尽管一些企业拥有武器，或者可以拥有雇佣兵），但是它们并不会依靠拥有武器装备对政治产生深远的影响。企业的行为按照一种独特的方式开辟了一个不同的世界。

但究竟有什么不同呢？怎么诠释企业的

行为？为何它们要被优先考虑？难道企业自身不会存在丑闻、贪污、独裁和利己主义吗？

解决的办法并非商业促进了和平，应该更清晰地归结为商业行为和实践推动了稳定的进程。迄今为止，学术工作都比较有建设性且似乎合乎情理，但却没有起到决定性和令人叹服的地步。现实中还有更多的领域需要被探索。特别地，企业本身多方面的职责很有必要加以研究，如商业伦理学、企业社会责任、企业公民责任和企业的管理。尽管这些多维度的不同点难以真正地维持下去，但是推动企业这些不同职责是既是合法的、管理（规范且实证性）的过程，也是审美学上甚至心灵上追逐完美的过程。

这些过程不尽相同，但很少相互交叉。正如管理学方面的文章所讨论的那样，管理代码非常流行的原因在于其市场优势，它们不必得到《美国联邦量刑指南》和《萨班斯-奥克斯利法案》（也称为"美国 2002 年公有企业会计改革和投资者保护法"）的授权。这些立法要求企业创造并"有效果"地管理企业，遵守道德标准的体系的规定。法学方面的学者们常常意识不到实证研究反映出影响企业遵从行为的因素，满足了《美国联邦量刑指南》对企业的要求的项目常常被要求发展"有效果"的项目。很少有学者从所有合法的规范、财政的推想和哲学的角度来强调将道德伦理学置于首位的原因。

政府部门也同样对这种企业职责存在各种困惑。政府经常吹嘘用经济发展来弥补许多社会疾病，但是耶鲁大学的蔡美儿（Amy Chua）教授和经济学家玛丽·安德森（Mary Anderson）分别在她们的书《起火的世界》（*World on Fire*）和《援助：和平还是战争？》（*Do No Harm: How Aid Can Support Peace — or War*）中阐述了经济发展有时候会适得其反，经济发展带来的不公平待遇也会引起人们的抗争。与艾滋病抗争的健康问题是企业一项值得尊敬的工作。然而，真正做好这些事要比一次性工作、自我感觉良好、大力宣传公共关系等行为要好得多，这必须要整合到企业的战略当中。事实上，商业行为转移了和平的旗帜，并导致了非和平；企业在优先顺序上的艰难决策为商业促和平做出了贡献。当决策者意识到许多事情需要整合到企业的责任当中的时候，这些决策变得异常艰难；企业已经意识到选择商业促和平的重要性比盲目想象的兜售行为更加有效。总而言之，和宗教主义一样，原教旨主义者对于商业与和平的理解可能存在许多潜在的风险。

这里所讲的诚信概念是相对而言的。诚信不仅仅指诚实，它指的是道德高尚之人的整体美德，它融合了一些重要的美德，包括在特定的情况下呈现应有美德的智慧。类似地，尽管这些要素都是很好的美德，但是企业的诚信也不单单指透明度和诚实；企业的诚信更强调适合法律标准、道德美好的商业行为、深入身心的管理者以及股东和员工在生理上和个人能力上都能胜任工作。这是企业在责任上一种策略性的、整体性的过程：企业在构筑稳定发展过程中的一项必不可少的内容。

质量也有相当关联。几十年前，质量理论指出如果完成生产过程之后的检查不合格，就无法确保产品和服务的质量。但这为时已晚。如果产品通过了检查还好，但如果没有通过检查的话，企业将遭遇困境：这个企业在生产的过程中带来了缺陷的产品吗？企业是否侵吞了再制造的费用？这些困境所表现出来的问题不好解决。确保产品质量的方法是在生产过程当中设立质量检查和测量的步骤。这在道德标准上也说得通。要想让伦理道德常态化、正规化和值得信赖，人们需要将合法的、管理的和精神上多角度的道德集于一体。就像是"整体质量管理"通过整体的过程来确保质量一样，"整体信用管理"融入了合法的、管理的和精神上的道德维度来确保企业在道德方面的行为。

"商业促和平"在道德方面与福特和斯基帕尼的三个建议是一致的，即经济发展、法律规范和建设共同体。他们最终反映出目前企业责任的三个过程：合法的、管理的和精神的。这种三重的构想反映出企业与生俱来的"商业促和平"，而单一的过程无法完成企业的团体责任。仅仅依靠法律规范的企业将失去一些激励员工柔软的方式，因此很有可能摧毁对精神维度的考量。仅仅依靠财政来管理的企业很可能失去社会上的认可。以降低精神的考量且仅仅依靠财政来衡量的企业，将用暴力来侵占理想。而仅仅用精神来定义各项事务的企业，很可能最终退出商业市场。

总之，商业通过贸易活动来促进和平的方式在于整合企业已有的商业道德活动，并且具备合法性、管理性和审美学或精神性。达到此目的既要通过广泛的学术理论说明，也需要商人推动企业的责任的行为。好消息是已经开展了一些显著的工作，它们告诉商业该如何合法的、管理的、精神的开展业务，这些建议都毋庸置疑。反而，这些实践都易于被接受。但更加谨慎、全面、严肃地来探讨这些实践的时候，商业伦理可能会得出意料之外的结果，而这些恰恰是商业带来和平的成果。

蒂莫西·福特（Timothy L. FORT）
乔治·华盛顿大学商学院

参见：金字塔底层；企业公民权；企业社会责任和企业社会责任2.0；可持续发展；赤道原则；人权；领导力；贫困；社会型企业；联合国全球契约。

拓展阅读

AACSB International: Peace Through Commerce. (n.d.). Retrieved July 3, 2009, from http://www.aacsb.edu/resource_centers/peace

AACSB International Peace Through Commerce Task Force. (2006). *A world of good: Business, business schools, and peace*. Retrieved July 3, 2009, from http://www.aacsb.edu/Resource_Centers/peace/finalpeace-report.pdf

Anderson Mary B. (1999). *Do no harm: How aid can support peace — or war*. Boulder, CO: Lynne Rienner Publishers.

Chua Amy. (2003). *World on fire: How exporting free market democracy breeds ethnic hatred and global instability*. New York: Doubleday.

Fort Timothy L. (2007). *Business, integrity, and peace*. Cambridge, U. K.: Cambridge University Press.

Fort Timothy L. (2008). *Prophets, profits, passions, and peace*. New Haven, CT: Yale University Press.

Fort Timothy L, Schipani Cindy. (2004). *The role of business in fostering peaceful societies*. Cambridge, U.K.: Cambridge University Press.

Hayek Friedrich A. (1948). *Individualism and economic order*. Chicago: University of Chicago Press.

Hayek Friedrich A. (1973). *Law, legislation and liberty: A new statement of the liberal principles of justice and political economy*. University of Chicago Press. United Nations Global Compact. (n.d.). Retrieved July 3, 2009, from http://www.unglobalcompact.org

Yunus Muhammad. (2008). *Creating a world without poverty: Social business and the future of capitalism*. New York: PublicAffairs.

绩效指标

在股东的影响下，"绩效指标"现在不但用于分析企业或者组织的经济价值，而且也用于评价环境和社会的影响。越来越多的组织开始汇报这方面的信息，但数据的质量却各不相同。组织为其内部和外部的决策而改变了报告数据的质量，这点是需要给予批评的。

对一个组织而言，一种可持续使用的评价框架（包含评价并管理社会、环境和经济上的指标）能为股东提供多重的价值。促使企业得以发展的方法是更加广泛地检测他们的产品、服务、过程和其他行为。企业将更加全面地看到在社会、环境和经济上的结果，并借此在更大范围上标记和度量持股者的效应。随着企业在社会和环境方面的预算迅速增加，改进标记和对这些影响进行管理的必要性变得十分关键。

然而，设计并实施这个框架也同时给管理者带来了挑战，包括经济、环境和社会方面的内部关系，以及不同股东集团之间的内部联系。这些信息在财务上或者成本核算体系中不能被发现，然而，管理者可以通过将可持续指标整合到内部决策从而掌握企业的主动权。

内部问责制和决策工具

《企业可持续发展手册》（*Making Sustainability Work*）（Epstein 2008，127）中提到，能够在企业内部传递正确信号并归结出正确决策的指标需要具备以下特征：

（1）联系战略目标；

（2）注重核心跨职能的过程；

（3）确定成功的关键变量；

（4）向潜在问题发出信号；

（5）确定关键的错误因素；

（6）与回报挂钩。

企业的持续性绩效模型由投入、加工、产出和结果共同构成。模型由这四种存在因果关系的因素构成（参见表1）。这种方法可用来测量投入对加工的影响，以及分析加工过

表1　用评分积分卡度量可持续性的实例

财　政		客　户	
环境方面	**社会方面**	**环境方面**	**社会方面**
"绿色"产品的产值占销售额的比重	慈善捐资	与市场相关的成本(慈善或其他合算的原因)	客户的百分比
回收收益	员工赔偿支出	"绿色"产品的数量	受支持时间的数量(如乳腺癌和艾滋病)
罚款	员工利益	产品的安全型	对社区的贡献
环境方面的健康和安全成本(占销售额的比重)	法律诉讼成本	召回的数量	社区会议的次数
资本投资	培训预算	客户的收益	客户满意度
能源成本	社会交往占销售额的比重	使用后产品召回的数量	社会报告的要求
清理成本	好名声带来的销售额	产品的寿命	召回产品的数量
环境行动的成本规避		功能产品的生态有效性(如洗衣机的能源成本)	客户团体人口统计
			健康活动的推行

内部商业过程		学习与成长	
环境方面	**社会方面**	**环境方面**	**社会方面**
材料的回收比率	员工事故的次数	培训员工的数量	劳动力多样化(年龄、性别、种族)
填埋废弃物的比率	工作日中缺失的次数	培训项目的次数或时间	内部晋升的次数
认证供应商的比率	加班时间	每次调查的声誉	员工的志愿活动时间
事故或损益的次数	保证期索赔的成本	员工投诉的次数	员工解聘的次数
能源消费量	少数业务进货成本	社区投诉的次数	报酬率(最高工资/最低工资)
认证设施的比率	认证供应商的数量	利益相关者投诉的次数	员工教育的成本
产品再制造的比率	设备的环境质量	不利的新闻报道	员工利益的成本
能源节省量	国际劳动力的遵守情况	与环境目标相符的员工数量	员工满意度"生活质量"项目(如职业咨询、压力管理和资产咨询)
包装的数量	安全改进项目的次数	与环境责任一致的功能数量	不利的新闻报道
非产品产出	当地投入的资源	使用汽车的数量	员工抱怨的次数
供应商每年审核的次数			劳动力的平等性
自然资源消费量			工资培训
排放的减少量			
有害次材料的产出			
运营过程带来栖息地的改变			

资料来源: 作者搜.

　　"平衡计分卡"是一项帮助企业分析是否达到其特定目标的工具,本例为环境的可持续性。解决问题的第一步是确定缺点和优势。

程对企业目标的影响。许多企业采用"平衡记分卡"作为战略管理系统,将典型的绩效评价分为四个板块:财政、客户、内部商业过程以及经验和增长点。每一项指标都全局性的考虑到公司的战略性目标。表1就是一个用于测量可持续性且包含了四个要素的记分卡例子。

认证和外部报告工具

　　企业日益加强对环境和社会方面责任的需求,报告框架也比原来变得更好。因此,公司对环境和社会方面的报告也有望增加。这方面的需求主要来自许多利益共享者,特别地,它们包括投资者和股东、政府部门、公众利润部门、地方社区和消费者。

环境管理体系已经取得了两个初级标准的认证：国际标准化组织（ISO）14000系列和欧盟生态管理审计计划（EMAS）。ISO 14000系列的标准已经迅速成为国际认证环境的初级标准；在过去的几十年里，ISO 14000标准通过了数十倍的认证量，2007年起已有154 572家单位通过了认证。欧盟1993年开始在欧盟范围内引进的EMAS标准是企业以自愿认证的性质来考核环境绩效。ISO 14000认证属于以过程为导向的认证标准，而EMAS标准更加强调针对环境影响或产出的绩效考核。ISO 26000标准发布于2010年，它更注重企业责任中更大层面的事件。

社会问责制（SA8000）标准则是一项针对工资地点价值并确定了基准要求的评价体系，包括评价童工、强制劳动、健康和安全、组织的自由度、歧视、培训实践、工作时间、赔偿金和管理系统。2009年3月21日，65个国家里的66个行业中，1942家企业于通过了SA8000的认证。

社会与伦理责任研究所（ISEA）也出台了1000系列标准责任，这些标准更加强调责任的法则、保险和股东的约定。

在过去的几十年里，企业针对环境责任和社会责任发布了大量的外部报告。目前，成千上万的企业发布了企业的环境报告，有的企业发布含有社会指标和经济指标的可持续发展报告。在这些发布社会和环境指标报告的企业的发布频率及信息的深度和广度上都有所区别。许多企业仅仅发布认证机构要求的数据，几乎没有公司在社会和环境方面的战略，以及如何实现战略和怎样有效实施。

人们逐渐认识到外部的社会和环境报告应当包含更多认证机构要求以外更加综合的信息。公司汇报的这些信息应该包括：

（1）管理系统和政策，包括目的、目标和责任系统；

（2）投入，包括原材料、能源和其他自然资源；

（3）产出，包括废物和排放；

（4）加工管理，包括风险管理方法、事故和安全性数据以及管理工作实践；

（5）产品数据，包括生命周期分析、产品包装的更改和再制造的产品；

（6）财政数据，包括主动和被动的花费、资金和运作预算、慈善事业的花费和节省的花费；

（7）股东的认证和关注点。

《全球报告倡议组织（GRI）可持续报告指南》帮助公司更加清晰地评价公司的环境战略和操作目标和具体措施，同时也为同股东提供了交流的框架。《GRI指南》主要识别可持续绩效报告的6个初级领域：即经济、环境、劳动力活动、正常工作指标、人权、社会和生产责任（GRI 2007）。

实施绩效考核

上文所提到的实践已成功被许多组织内推广使用，进而可以在社会和环境方面更好地测量和管理企业影响的决策。例如，威斯康星能源公司测量员工的失误率和多样化率，进而评价企业人力资源的效果。英国合作银行测定了分行的交通便利性和社区服务来评价社区对银行的参与性。通过测量和管理可持续的效果可以实施一项政策并改善绩效。这一过程具体可以通过以下8个步骤（或者其中的一部分）得以实现。

（1）研发一项社会和环境方面的政策，然后组织企业进行有效实施，并评价政策的成败。

（2）确认和测量社会和环境方面的收益和成本。在公司和社会的角度采用完整的股东分析的方法广泛地考虑对现在和未来的影响。

（3）准备一份社会和环境方面现有的库存单，追踪并累计企业在社会和环境方面的成本和收益。

（4）将已有和将来社会和环境方面的所有成本和收益计算在公司决策内，包括产品设计、产品花费和资本投资。

（5）整合包括风险评价等会计和财政分析方法，用来评价企业决策在社会和环境方面的影响。这将有助于分析产品改进、改善加工过程、资本投资，也可以更好地分析规则和技术发生改变所带来的不确定性。

（6）将企业的社会和环境方面的绩效整合到绩效考核体系当中。将可持续性绩效作为变量来评价整个企业、不同部门及个人的绩效。

（7）收集并提供企业对不同决策效果的反馈，便于持续更新社会和环境方面的战略，可以更好地参考决策。在实际操作当中确认搜集到的信息并进行标准化。

（8）制定一套让内部和外部的股东和决策者都可以使用的报告战略。

马克·J. 爱泼斯坦（Marc J. EPSTEIN）
莱斯大学
普丽西拉·S. 温斯纳（Priscilla S. WINSNER）
蒙大拿州立大学

参见：会计学；社会型企业；企业社会责任和企业社会责任2.0；赤道原则；设施管理；金融服务行业；全球报告倡议组织；绿色GDP；集成产品开发；制造业实践；利益相关者理论；供应链管理；可持续价值创造；透明度；三重底线。

拓展阅读

Epstein Marc J. (1996). *Measuring corporate environmental performance: Best practices for costing and managing an effective environmental strategy*. Chicago: Irwin Professional Publishing.

Epstein Marc J. (2008a). Implementing corporate sustainability: Measuring and managing social and environmental impacts. *Strategic Finance*, 89(7), 24–31.

Epstein Marc J. (2008b). *Making sustainability work: Best practices in managing and measuring corporate social, environmental and economic impacts*. Sheffield, U.K.: Greenleaf Publishing.

Epstein Marc J, Hanson Kirk O. (2006). *The accountable corporation* (Vols. 1–4). Westport, CT: Praeger Publishing.

Epstein Marc J, Roy Marie-Josée. (2001). Sustainability in action: Identifying and measuring the key performance drivers. *Long Range Planning*, 34(5): 585–604.

Epstein Marc J, Wisner Priscilla S. (2001a). Good neighbors: Implementing social and environmental strategies with the balanced scorecard. *The Balanced Scorecard Report*, 3(3): 3–6.

Epstein Marc J, Wisner Priscilla S. (2001b). Increasing corporate accountability: The external disclosure of balanced scorecard measures, part 2. *The Balanced Scorecard Report*, 3(4): 10–13.

Epstein Marc J, Wisner Priscilla S. (2001c). Using a balanced scorecard to implement sustainability. *Environmental Quality Management*, 11(2): 1–10.

Epstein Marc J, Wisner Priscilla S. (2006). Actions and measures to improve sustainability. Marc J Epstein, Kirk O Hanson, *The accountable corporation* (Vol. 3, 207–234). Westport,

CT: Praeger Publishing. Global Reporting Initiative (GRI). (2007). Reporting framework overview. Retrieved on July 30, 2009, from http://www.globalreporting.org/ReportingFramework/ReportingFrameworkOverview/

Institute for Social and Ethical Accountability. (2007). Retrieved on July 30, 2009, from http://www.accountability.org.uk

Institute of Management Accountants. (2008). Statements on management accounting 67: The evolution of accountability — Sustainability reporting for accountants. Retrieved November 3, 2009, from http://www.eduvision.ca/uploadfiles/SMA_Sustainability_062708.pdf

International Organization for Standardization (ISO). (2009). Retrieved on July 30, 2009, from http://www.iso.org

Social Accountability Accreditation Services (SAAS). (2009, March 31). Certified facilities list. Retrieved August 19, 2009, from http://www.saasaccreditation.org/certfacilitieslist.htm

Social Accountability International. (n.d.). Retrieved on July 30, 2009, from http://www.sa-intl.org

World Business Council for Sustainable Development. (2009). Retrieved on July 30, 2009, from http://www.wbcsd.org

Pharmaceutical Industry

制药业

对个人和公众来说，强健的体魄是可持续发展的一项必备条件，而制药业对实现并维持这个目标至关重要。但是，它的商业模式包含提升所有利益相关者法律义务，增加环境意识对生态的影响（包括化学污染），以及实现健康的不同方法。在这种商业模式没有改变的前提下，制药业无法遵循可持续发展的道路。

制药业在任何对于健康和可持续发展的讨论中都十分重要。然而，到目前为止，人们还未能解决许多问题的相关性。它构成了一个巨大的经济部门，全球客户都遇到不平等的市场准入和重要的生态足迹。可持续的制药业可以创造一个健康的世界；反之，不可持续的医药业却能产生巨大的伤害。

下面的分析表明，制药业正处于一个不可持续的发展轨道上。避免这些灾难，需要对健康及与自然环境的关系潜在的业务模型和方法都进行深刻的变化。但这种产业转型的可能性（存在于技术条件和思维模式的商业实践）将由单一部门升级为一个可持续发展的世界。

可持续性影响

制药业通过几种形式深远地影响着国际社会。在本节中，我们首先考虑该行业的经济影响，然后再讨论其对健康和环境的影响。

经济影响

全球制药销售的总收入将近达到3/4万亿美元，并在2007年底全球经济衰退以前达到了更高的销售量（FierceBiotech 2009）。尽管2008年美国的卫生保健支出占国内生产总值的增长比例达到17%，但是处方药上升的更快。1999年—2010年，处方药占总医疗费用的比重从8%增加到14%（Reinhardt 2001：136）。作为世界经济不断增长的大型行业，制药业提供了就业机会并带来了经济的发展。另一方面，如果不对药品支出进行保护的话，它将面临很大的破产风险。当前的支出水平

（由药物增长数量、使用量和单价所驱动）占世界平均国内生产总值的比例继续上升，这也加重了政府、家庭及企业的负担（American Benifits Council 2009）。

制药业面临着可持续发展的挑战，包括竞争动力和主导的商业模式。企业以前能否取得成功取决于他们发现新分子的能力，在临床试验中测试后以"弹球向导"的方式进行销售：从一个医生的办公室跳跃到另一个医生的办公室，以影响那些药物处方（Elling et al. 2002）。这种模式导致了成本的上升和激烈的竞争。直销广告的费用也变得昂贵，且日益受到营销的挑战。据说平均研发（R&D）费用可以占销售额的18%（高于其他行业的标准），而其年销售额则达到10亿美元或更多（Pharmaceutical Research and Manufacturers of America 2008）。花时间和心血来发展药物已经成为市场潜在的可能性，但这并非健康方面的需求。因此，这反而也毁掉了公众的信任度（Future Pharmaceuticals 2008）。与此同时，新药的渠道继续被削弱，原因在于行业缺乏推广新的产品。最新的化学物质在开发的早期阶段就被淘汰，因为他们在临床前模型中缺乏疗效，或出于安全考虑而阻断了公司的长期金融投资。然而，产业的财务长期有保障取决于越过这个难题并进一步尽可能多地发展备选药物，并在后期临床中最大限度地发现机会，从而最终成为被批准的产品。但这个数字仍然继续下降。整个产业来说，2000年后期被批准的产品占所有新产品的比例为40%，2004年降为36%，而2008年则下降至29%（Booz & Co. 2009：8）。

另一个问题是对知识产权的保护。目前，很多药物迫在眉睫的问题是专利到期。随着非专利型药物越来越普遍，企业必须时常保持警惕来确保他们的专利不被侵犯；同时，他们也要面对不公平的策略。印度和中国等新兴市场的增长将带来更复杂的管理保障措施。说服政府采取保护医药产业的规范成本很高，而且常常收效甚微。

2009年，制药业的经济挑战带来了行业内整合与并购的浪潮，比如默克收购了先灵葆雅公司，辉瑞公司收购了惠氏公司。当企业们缺乏真正的研究生产力或创新的时候，强强联合被视为利润驱动的削减成本和协同效应的一种手段。生物技术公司已经变为比研发项目更有创新力，但是，他们被医药公司收购也成为一项高风险的赌博，原因在于初期产品最终出现在市场上的可能性很小。虽然许多观察人士质疑这样的产业战略，但这是一种合理尝试的创新（Pierson & Hirschler 2009）。

健康方面的影响

然而，与人类健康方面的挑战相比，制药业在经济可持续上的挑战显得不值一提。医药产品之所以对我们的健康至关重，就是因为它们可以治疗疾病。经过一些措施，制药行业在重大疾病的药物治疗中取得了长足的进步。疫苗有助于控制白喉、猩红热、百日咳和麻疹的病情。20世纪流行的"一生病就吃药"概念表明有效的药物治疗惠及每个人的看病就医的过程。最近，生物医学研究、临床方法和信息技术的进步开启了药物开发的新进展。基因组药物可以在早期阶段干扰疾病的发病机制。干细胞研究有潜力改变药物的开发,甚至可以治疗生物学疾病。组合化学和高吞吐量放映(用于加速研究和测试新药物的两种方法)使新一代化学体应用于测试动物疾病的生物学细胞培养模型。计算机建模使制药公司将疾病机制,甚至产生后果的原因与具体的治疗方法相联系。所有这些进步带来的结果可能是大范围地开发药物,帮助减少患者的医疗费用,帮助患者变得更加健康,降低他们昂贵的住院或做手术费用。

然而,事实也并非一切尽如人意。制药业的分子还原论逐渐受到抨击。用分子干预的方法来减少复杂疾病的目标也十分有限。许多观察人士认为,这种方法不能生产与高投入所匹配的高质量临床替代物(Hajduk 2006:266–272)。那些化合物未能成功地产生所需要的生物机制。最近,葛兰素史克制药公司(GSK)一位资深高管称绝大多数(超过90%)药物只有在30%～50%的人口当中发挥作用(Connor 2003),这只接近于安慰剂的比率。药物基因组学(研究个体遗传特性药物有效性和安全性的联系)提倡个性化的治疗方法,但在实践中遭遇科学、政治和经济上的障碍。例如,使用易感性基因ApoE4的(也许是最终可以治疗所谓的“阿尔茨海默症”患者的药物)受到许多阻碍,包括理论建模风险的问题、缺乏足够的不同人口的数据、基因多效性的影响(单个基因影响多个条件)及缺乏对科学和临床重要意义理解的消费者测试体(许多专家认为阿尔茨海默症是多个条件形成的严重的脑老化)。

在某些情况下,药物实际上已被证头促使疾病恶化。例如,最近的研究声称阿尔茨海默氏患者在接受抗精神病药物治疗时会有许多

严重的不良反应[比如,认知能力下降、增加脑卒中(中风)的风险甚至导致死亡的风险增加2倍](Ballard et al. 2009:151–157; Ray et al. 2009:225–235)。此外,1999年医学研究所的报告显示,10万多美国人死于医疗事故,其中许多案例与药物有关(Charatan 1999)。

制药业因为扩展诊断的界限,甚至创造了新疾病的种类来开放和推动药物市场而受到广泛的批评。据《科学和医学公共图书馆》的报道,制药公司为了他们的销售数据竟然正在发明疾病(Nordqvist 2006)。

他们尝试创造一种被称为“女性性功能障碍”的新疾病,这是通过由辉瑞公司等赞助的研究会议定义的披露的。辉瑞公司是“伟哥”的制造商。可以说“伟哥”本身是药物延伸技术一个巨大的新市场:使健康人功能更好,而不是帮助患者恢复健康。同样,批评者称虽然许多人患有膀胱过动症,但是医药营销大大夸大了问题的严重程度为的是出售Detrol(膀胱解痉剂)等药物。就其本身而言,制药业试图通过聘请专家来教育潜在的用户,并转移这些批评,他们还通过在更广泛的范围内赞助资金的形式量化的社会问题。然而,人们逐渐意识到专家学者在行业研究中的利益冲突和偏见是一个问题。

此外,研究早期疾病诊断或识别患病“前兆”的扶持项目,最近创造了一个名为“轻度认知障碍”(MCI)的疾病(老年痴呆症的前兆),并在没有明确其对患者益处的情况下,其药物销售量得到增加。还有人召集具有行业影响力的专家小组随心所欲地制定新的前期疾病种类(比如,血管前期疾病、糖尿病前期病症、高血压前期疾病和骨质酥松症前期症

状），他们的目的是拓展有潜力的药物市场用户（Brownlee 2007）。当疾病状态和正常功能之间的界限变得模糊时，潜在的用户群将以指数的形式扩大（Katz Peters 2008：348-355）。除提高道德和政治经济问题以外，这种行为也是文化的问题，它反映出一个社会应该在多大程度上允许制药业使用医学方法来延续人类健康和创建疾病特定的阈值，特别是树立社会耻辱观与药物的标签具有如此破坏性的时代，针对痴呆症和所谓的阿尔茨海默病非常重要。进一步的问题在于，制药公司因非处方标签而被罚款数亿美元，也就是说，这鼓励了医生使用没有获得批准的药物进行治疗。

人们认为制药业导致了全球疾病负担（GDB）的分配不均。即使药物治疗疾病的可能性存在，但是贫穷市场的药品销售量仍旧在下滑（Komesaroff 2008）。疟疾、肺炎、腹泻和结核病（肺结核）占全球疾病负担的比重超过20%，但是他们却收到小于1%的科研资助（WHO 2003）。世界上只有10%的人口生活在非洲，但其中40%死于传染性疾病（许多疾病其实是可预防的）。艾滋病药物只能卖给极少数有支付能力的患者。

曾为健康事业做出贡献的制药业正在遭受质疑：越来越多的医学历史学家认为20世纪传染病减少的原因并不在于疫苗和药物，但是因为改善了卫生保健、公共环境卫生和提高了营养（CDCP 1999；Compaign Against Fraudulent Medical Research 1993）。制药业异常火爆的发展趋势源于市场的驱动和潜在的高回报，比如所谓的"富裕国家生活方式的疾病"：心血管疾病、2型糖尿病和癌症。然而，治疗这些疾病极其困难。

环境方面的影响

和其他许多产业一样，制药业的未来正迅速被环境因素所掩盖。与之并行的是能源行业，主要的环境风险因素是其历史依赖的化石燃料（煤、天然气和石油），燃烧产生的能量是导致气候变化和空气污染的主要因素（二氧化碳、氮氧化物、硫氧化物、汞和微粒）。能源行业的未来日益取决于减少碳强度并过渡到清洁的、可再生的燃料。

制药业的主要环境风险因素是化学污染及从制造业废弃物到处理未使用药物的供应链。作为生产药物的化学品，活性药物成分（API）可以进入地表水，在某些情况下，它还将进入地下水和土壤。医药产品由于处理不当而进入环境（例如，将药物冲入马桶或倒入下水道），也可以通过人类和动物产品的排泄物或排泄的活性代谢产物来污染环境。不当焚烧未使用的药物和浪费的样品药物也可以造成空气污染（Kaiser, Eagan & Shaner 2001：205-207）。医药包装是环境污染的另一种来源。一项研究表明，88%的药品样品的材料重量来自材料，而非药物本身（Wolf 2009）。

散装药品制造业的API浪费可能会上升，原因在于其生产转移到中国和印度。2005年，这两个国家的生产总量占API市场的5%，这个数字在2010年预计将上升到的60%；许多研究资料显示，这些国家生产设施排放的药物废水浓度比欧洲和美国的工厂高出许多（Larsson & Fick 2009：161-163）。

这些药物通过地表水、地下水和土壤进入食物链系统，造成了生态系统的潜在的全面污染（Wisconsin Department of Natural Resources 2009）。大量的研究（Desbrow et al. 1998：1549）

描述了许多严重的负面影响,包括:

(1)促进细菌耐药性,尤其是抗生素三氯生等释放到生物媒体(如废水含有人类粪便),增加耐药细菌的生长和传播的风险。

(2)改变生态系统生存能力,通过危害物种的繁殖和性别比例,比如青蛙和其他水生生物。例如,包括类固醇雌激素口服避孕药物会导致雄鱼雌性化。

(3)在人类身体积累有害化学物质包括:

① 难以分解的生物累积性的有毒物质(PBTs),比如硒等重金属;

② 致癌物质,比如镉、多环芳烃(PAHs)和铅;

③ 内分泌干扰物,如多氯联苯(PCBs)危害生殖系统;

④ 诱变剂,如苯并芘可以破坏 DNA 和细胞结构;

⑤ 致畸剂,如汞可以导致出生缺陷性疾病。

生态污染的一个关键问题是饮用水中的药物残留,全球地下水和地表饮用水都检测到了低浓度的药品含量(Fick et al. 2009)。美国和欧洲最近一项对水渠的研究发现了超过100 种药物和个人保健品的成分呈现显著的浓度,包括阿司匹林、他汀类药物、高血压药物、抗生素、心境稳定剂、抗痉挛药物和雌性激素化合物(Hemminger 2005)。此外,美联社最近估计5 700所美国医院和45 000个长期护理中心每年排放2.5亿磅的药品和受污染的包装品,包括排放未使用的药物或者把污染物注向美国的饮用水(Donn, Mendoza & Pritchard 2009)。还有许多其他的资源浪费途径,包括兽医医院、诊所和惩教机构。

正如上面提到的那样,这个问题在发展中国家可能甚至变得更糟。位于印度制药工厂的下游的废水中发现含有美国最高水平150倍的药物含量,导致前所未有的药物污染的地下水和地表饮用水(Fick et al. 2009)。这给生产者和监管机构带来了重大挑战,因为目前的饮用水条例只规定了保护消费者免受病原体和工业化学品的威胁,而不是药物及其代谢物(Kreisberg 2007)。美国环境保护部门(2009)在出台了废水指南,指出目前还没有专门消除药物的污水处理系统,传统饮用水处理厂普遍添加氯的过程,反而可以放大一些药品的毒性。

另一个问题在于难以评估多种化学物质毒性给整个生态系统带来的影响。传统的毒理学测试只关注单一的化学物质及如何影响一个物种。人们还不清楚混合污染物对生态系统的复杂影响。出于这个原因,许多人认为政府和行业监管机构在科学证据论证有毒之前应该采取预防原则(目前已有的关注点和预计行动的后果)。最近,这种行动的一个例子是全美不动产协会县(NACo)作为在美国最大的地方政府机构一致实施生产者责任的药物的政策(Environmental Leader 2009)。根据该决议,在没有国家或地方补助金的情况下,制药业负责支付未使用的处方和非处方药物的回收费用。

最新趋势带来的启示

在未来几年内,制药业将需要采取一种恢复公众信心的商业模式,并同时为投资者、社会和环境问题创造持久的价值。放弃出售药品为目的,它需要贡献积极健康的成果。放弃成本上升且不断升级的研发支出率和较低的产出率的行为,它需要一个以促进健康为目的、融合治病救人措施的成本–效益模型,而不是背离了生态、文化和患者。

市场将变得更加透明。公司不再将负面的外部性效应推到社会当中。表1描述了制药行业的生命周期价值链及其相关的负外部性。未能减轻这些负面影响的公司将日益被客户所淘汰,他们将失去声誉、受到监管、并受到罚款和处罚。

价值链透明度表明一个新的水平的监察手段,它将迫使制药公司重新思考如何创造价值。患者将获得更加对称的信息。非政府组织正在跟踪制药业和产品的使用过程中化学污染所带来的生态破坏,他们正在采取补救行动来防止进一步的伤害。政府、企业和家庭每年的支出更加昂贵,他们想要更多地控制他们获得的回报。简而言之,制药行业的角色正面临着一个以新股东为中心的市场,在这个市场中,股东的回报无法在不承担巨额的商业风险的情况下牺牲相关者的利益。

创造可持续价值

商业活动中的可持续性是企业为股东和利益相关者创造持续价值的动态过程。它有时被称为"可持续价值",这个术语来源于克里斯·拉兹洛2008年出版的同名著作。当杜邦公司使用更少的能源、产生"零浪费"、建设和运营成本降到更低、更安全地设计制造设备的时候,它已经创造了可持续价值。新的设计直接影响到成本,有助于杜邦员工安全的工作,并减少了污染环境。联合利华公司提供较小包装的液体洗涤剂也是同样的道理。客户喜欢这样的产品是因为它们在效果不变的情况下更为轻便,而零售商喜欢这样的产品的原因在于他们提高了货架的利用率,环境利益相关者也对其加以赞赏的原因是减少了对塑料树脂的利用并节省了水和柴油。可持续价值的一个重要方面是通过对社会和环境的"行善"行为,让公司也更好地为

表1 制药业生命周期分析显示其对环境、健康和社会的影响

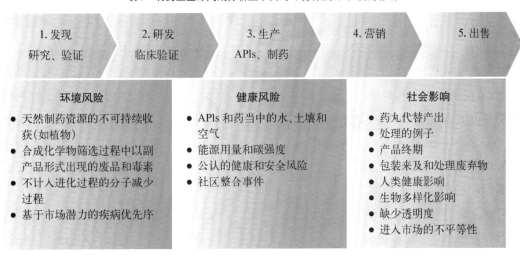

医药产品的大型生态足迹有许多改进的空间,从最初的原材料收集营销处理到结束时产品的使用寿命,都大有文章可为。

客户和股东服务。

在制药业,葛兰素史克公司(GSK)投资了 3 亿美元来开发疟疾疫苗,解决了在全球范围内每年造成超过 100 万人死亡并折磨穷人的疾病,这也维护了葛兰素史克公司的声誉,确保了它市场的经营许可证。同时,针对富人的药物和针对穷人的抗病的药物产品组合帮助葛兰素史克公司创造了与公共卫生领导人和政府监管机构之间更好的关系。它有助于吸引和留住有才华的员工。简而言之,它的做法无疑是明智之举。

可持续价值只存在于企业积极为股东和利益相关者创造价值的情况下。以支持业务优先级来创造利益相关者的价值(强调盈利之上的责任,并充分考虑各个参与者的想法)的方式可以凸显出企业未来几年的竞争优势(Laszlo 2008)。公司创造股东的价值(站在组织者的角度来强调盈利)为利益相关者代价,实际上从利益相关者向股东转让价值,与之相伴的是存在着竞争风险。可持续性并不意味着环境活动家和社会活动家一时心血来潮,他可能没有理解业务或者在无意中让公司承担了亏损的压力。当慈善事业和捐赠事业与商业利益无关的时候,价值便从股东向利益相关者价值发生了转移(尽管改善形象很可能会间接地影响商业活动)。慈善事业和捐赠事业是公司获得利润之后产生的行为,然而,可持续价值更加强调公司如何赢利。

越来越多的制药公司发现自己处于"不可持续"的状态。因为表 1 中描述的负外部性,人们认为公司也创造股东价值凌驾于患者、政府、企业和生态系统之上。

慈善活动不足以解决这个问题。一个唯利是图的、破坏了利益相关者价值和企图通过慈善来解决问题的制药公司并不能实现可持续发展。制药公司需要开发以环境、健康和经济效益作为核心活动的可持续的商业模式。

核心和次要的可持续发展战略

每个产业都要区分可持续发展战略的核心行为和次要行为。能源产业的可持续性战略核心是减少对碳和不可再生的化石燃料的依赖。烟草产业则是减少产品带来的危害。企业的可持续性只关注一个问题非常不可靠,诸如废纸回收和混合动力汽车。这样的行为只能解决能源和烟草行业的周边问题。

制药企业需要认清那些核心的、提供了最大的利润和可持续增长的机会可持续性策略。药品可持续性策略一般需要如下的步骤进行确认,即每一种都需要根据制药企业特定的需求来量身定做。每个领域的进展将带领制药业创造可持续价值。表 2 所列出的核心策略和次要策略并不是非常全面的。它表明制药企业创造可持续的价值需要采取行动的方向和活动。综上所述,这些策略代表着一个具有颠覆性的创新产业的潜在商业模式。

表2 制药业的可持续发展战略

可持续发展战略的核心
基于经济和卫生标准的优先级疾病
贫困疾病及富贵病的药物组合
基于进化的全系统研发方法
发展新的监管模式（例如，长期的数据收集）
将绿色化工原则融入药物研发和生产中，如美国化学学会（2009）绿色化研究所的制药圆桌会议
营销和销售更关注健康结果（如改善生活质量的），而不是售卖药品
鼓励发展更好运用（比较另一种药物治疗的价值）的模型和研究
公司每一个阶段业务更多的信息技术（研发、临床试验、开发产品）和上市后收集安全数据
灵活的定价策略，考虑资金效益和竞争优势（如专利保护）及卫生负担和目标市场的发展水平
创新和市场开发的均衡增长
与其他利益相关者的合作，包括生物技术公司、医院、医生、患者、学者、政府监管、非政府组织和卫生保健提供者，关注营养和锻炼的预防项目和自然疗法
生命周期内价值链上的透明度和信息
使用市场营销专业知识来促进健康
避免医生和卫生保健组织利益冲突，用更严格的营销准则来禁止影响医疗决策者面向消费者的营销的行为
闭环的生产制造工艺，消除活性药物成分（API）和大部分药物的浪费
回收未使用药物的治疗方案（产品样本、处方和非处方药），使其得到安全处理
向中国、印度和巴西开拓新兴市场，他们拥有不断壮大的中产阶级和增加的政府医疗性支出；可持续增长进入这些市场时需要融入文化、社会和生态环境
提供艾滋病、疟疾和结核病等主要疾病医药产品的普及

外围可持续发展策略
节约能源和降低二氧化碳排放量
减少用水量
减少包装浪费（药品安全之间的平衡和生态足迹）
材料回收（瓶、处方瓶、纸、塑料、铝罐）
绿色建筑
绿色汽车
员工健康的行为
鼓励第三方承包商的绿色过程

　　实现未使用药物的"回收"计划等可持续发展战略，属于制药行业的特定行业（此表中的"核心"策略）；绿色建筑规范等其他策略适用于许多行业（底部的"外围"策略）。

替代利润模型

　　可持续实践领域内成功实例之一是化工产业及其责任的关怀模式：化学制造商与客户签订协议，利润部分从成本节约的角度派生出使用更少的化学物质。制造商与客户重新设计制造过程来增加对化学物质的回收或减少化学物质的使用量。通过设定合理的利润方程来激励化学生产者根据客户的意愿进行持续的创新，并通过这些努力来赚取利润。它的结果是更高效的流程、降低了对客户的运营成本，并且激励化工制造商持续对研发散装化学品的投资。

　　制药业的负责人需要扪心自问以下问题：如果制药厂商的利润部分基于患者实际

的病症，不仅在于药物影响，更加在于对生活方式干预支持，该怎么办？如果修正治疗疾病的医疗模型，其中许多是与患者的生活方式相关，是否应该鼓励提供健康的行为模型？如果制药厂商不认为自己是"生物活性化学物质"开发人员或卖家，但是否认为是针对疾病管理的企业，抑或更重要的疾病预防者？如果制药厂商因为成功而被得到奖励，他们该怎么办？为了真正地实现可持续发展，制药公司需要运用其强大的资源把自己放在一个更广泛的社会的角色当中：与医疗保健行业、他们的最终客户——患者——真正地融为一个整体。

利益相关者协作

与利益相关者的合作可能是核心可持续性策略当中最重要的部分。有力的合作将帮助制药企业应对其他复杂的挑战，比如使用改进的全体系统健康模型。

同利益相关者的合作是所有产业的竞争格局的一个初期的特性。互联网和社交网络平台已经启用了新层次的合作。信息的即时性和全球可用性引发了公众对环境、健康和社会问题的关注；解决这些议题的复杂性在于迫使企业与带来新的知识，并与更强可信度的外部利益相关者进行合作。

患者、政府卫生提供者、卫生保健专业人士、纳税人和保险公司越来越希望健康的成果是物有值的。他们想要政府更好地控制药品的活动。美国政府和英国国家临床优化研究所及公司健康计划和环境非政府组织，都成为制药行业领域内监管和实践的主要参与者（博斯公司，2009：1，4；普华永道，2009）。

未来

个人卫生和公共卫生在更可持续的世界当中都是至关重要的。非健康的有机体和组织不但过早死亡，也可能对他人或更大系统的健康带来伤害。可持续性有责任地使用稀缺资源，以便将来的人能够生存下来并茁壮成长。这是我们这个时代的道德和商业问题。没有行业比健康护理行业（特别是制药业）更能直接地创造健康可持续的社区。但是，大多数国家的卫生保健系统在经济上和生态上都是不可持续的。制药行业发现展示全球领导地位自己的巨大契机，并寻求其可持续性的实践。

如果制药业基于创造可持续价值来为股东和利益相关者开发商业模式，那么它就有机会扭转螺旋式下降价值破坏的现状，从而带来一种螺旋式上升的新价值，并让他们的产品恰如其分地为我们的健康服务。

克里斯·拉兹洛（Chris LASZLO）
凯斯西储大学可持续价值合作伙伴组织
皮特·怀特豪斯（Peter WHITEHOUSE）
凯斯西储大学
丹尼尔·乔治（Daniel GEORGE）
宾夕法尼亚州州立大学医学院

感谢夏洛特·A. 史密斯（Charlotte A. Smith） 对本文的贡献。

参见：生物技术产业；绿色化学；健康、公众与环境、医疗保健产业；生命周期评价；营销；包装业；利益相关者理论；供应链管理；可持续价值创造；水资源的使用和权利；零废弃。

拓展阅读

American Benefits Council. (2009). Fast facts on health care reform: 2008 survey results. Retrieved September 14, 2009, from http://www.americanbenefitscouncil.org/documents/condition_critical_fastfacts.pdf

American Chemical Society. (2009). ACS GCI pharmaceutical roundtable. Retrieved September 15, 2009, from http://portal.acs.org/portal/acs/corg/content?_nfpb=true&_pageLabel=PP_TRANSITIONMAIN&node_id=1422&use_sec=false&sec_url_var=region1&__uuid=8224b763−06f7−4c27−a4c1−30c8c79efaf9

Ballard Clive, Hanney Maria Luisa, Theodulu Megan et al., (2009). The dementia antipsychotic withdrawal trial (DART−AD): Long-term follow-up of a randomised placebo-controlled trial. *The Lancet Neurology*, 8(2): 151−157.

Booz & Co. (2009). 2009 pharmaceutical industry perspective. Retrieved September 14, 2009, from http://www.booz.com/media/file/Pharma_End-of-Year−08.pdf

Brownlee, Shannon. (2007). *Overtreated: Why too much medicine is making us sicker and poorer* (1st U.S. ed.). New York: Bloomsbury.

Campaign Against Fraudulent Medical Research. (1993). The pharmaceutical drug racket — Part 1. Retrieved September 15, 2009, from http://www.pnc.com.au/~cafmr/online/medical/drug1a.html

Centers for Disease Control and Prevention. (1999, July 30). Achievements in public health 1900−1999: Control of infectious diseases. *Morbidity and Mortality Weekly Report*, 48, 621−628. Retrieved September 15, 2009, from http://www.cdc.gov/mmwr/preview/mmwrhtml/mm4829a1.htm

Charatan Fred. (1999, December 11). Medical errors kill almost 100,000 Americans a year. *British Medical Journal*, 319(7224): 1519. Retrieved January 11, 2010, from http://www.ncbi.nlm.nih.gov/pmc/articles/PMC1117251/

Connor Steve. (2003, December 8). Glaxo chief: Our drugs do not work on most patients. Retrieved September 15, 2009, from http://www.independent.co.uk/news/science/glaxo-chief-our-drugs-donot-work-on-most-patients−575942.html

Desbrow C, Routledge E J, Brighty G C, et al., (1998). Identification of estrogenic chemicals in STW effluent. 1: Chemical fractionation and in vitro biological screening. *Environmental Science and Technology*, 32(11): 1549−1558.

Donn Jeff, Mendoza Martha, Pritchard Justin. (2009, April 14). AP Impact: Health care industry sends tons of drugs into nation's wastewater system. Retrieved September 15, 2009, from http://hosted.ap.org/specials/interactives/pharmawater_site/sept14a.html

Elling Martin E, Fogle Holly J, McKhann Charles S, et al., (2002). Making more of pharma's sales force. *McKinsey Quarterly*, 2002(3): 86−95.

Environmental Leader. (2009, July 30). Group wants pharma firms to take back unused meds. Retrieved

September 15, 2009, from http://www.environmentalleader.com/2009/07/30/group-wants-pharmafirms-to-take-back-unused-meds/

Fick Jerker, Soderstrom Hanna, Lindberg Richard H, et al., (2009). Environmental toxicology and chemistry: Contamination of surface, ground, and drinking water from pharmaceutical production. Retrieved May 18, 2009, from http://www.setacjournals.org/perlserv/?request=getpdf&doi=10.1897/09−073.1

FierceBiotech. (2009, April 23). IMS Health lowers 2009 global pharmaceutical market forecast to 2.5−3.5 percent growth. Retrieved January 11, 2009, from http://www.fiercebiotech.com/press-releases/ims-health-lowers−2009−-global-pharmaceutical-market-forecast−2−5−3−5−percent-growth

Future Pharmaceuticals. (2008). The public perception of pharma. Retrieved September 14, 2009, from http://www.futurepharmaus.com/?mc=Public%20Perception&page=ct-viewresearch

Hajduk Phillip. (2006). SAR by NMR: Putting the pieces together. *Molecular Interventions*, 6(5): 266−272.

Hemminger Pat. (2005, October). Damming the flow of drugs into drinking water. *Environmental Health Perspectives*, 113(10), A678−A681. Retrieved September 15, 2009, from http://www.ehponline.org/members/2005/113−10/spheres.html

Kaiser Barb, Eagan Patrick D, Shaner Hollie. (2001). Solutions to health care waste: Life-cycle thinking and "green" purchasing. *Environmental Health Perspectives*, 109(3): 205−207.

Katz, Stephen, & Peters, Kevin R. 2008. Enhancing the mind? Memory medicine, dementia, and the aging brain. *Journal of Aging Studies*, 22(4): 348−355.

Komesaroff Paul. (2008). Ethical issues in global health research. Retrieved September 15, 2009, from http://74.125.93.132/search?q=cache: yHdHfemqnwIJ: www.endo-society.org/about/ethics/upload/Komesaroff-Paul-Ethical-issues-in-global-healthresearch-Nov−2008.ppt+Komesaroff+Ethical+issues+in+global+health+research&cd=1&hl=en&ct=clnk&gl=us

Kreisberg Joel. (2007), Spring/Summer. Pharmaceutical pollution: Ecology and toxicology. *Teleosis: The Journal of Ecologically Sustainable Medicine*, 5−13. Retrieved September 15, 2009, from http://www.teleosis.org/pdf/symbiosis/Pharmaceutical_Pollution_Ecology_Toxicology.pdf

Larsson D G Joakim, Fick Jerker. (2009). Transparency throughout the production chain — A way to reduce pollution from the manufacturing of pharmaceuticals? *Regulatory Toxicology and Pharmacology*, 53(3): 161−163.

Laszlo Chris. (2008). *Sustainable value: How the world's leading companies are doing well by doing good.* Stanford, CA: Stanford University Press.

Nordqvist Christian. (2006, April 11). Are pharmaceutical companies inventing diseases, new study suggests they are. Retrieved September 15, 2009, from http://www.medicalnewstoday.com/articles/41427.php

Pharmaceutical Research and Manufacturers of America. (2008, March 24). R&D spending by U.S.

biopharmaceutical companies reaches record $58.8 billion in 2007. Retrieved September 14, 2009, from http://www.phrma.org/news_room/press_releases/us_biopharmaceutical_companies_r&d_spending_reaches_record_$58.8_billion_in_2007/

Pierson Ransdell, Hirschler Ben. (2009, January 8). Big pharma mergers/acquisitions outlook: Glaxo CEO sees more bolt-on acquisitions in 2009. Retrieved September 14, 2009, from http://www.natap.org/2009/newsUpdates/010909_05.htm

PricewaterhouseCoopers. (2009). Pharma 2020: Challenging business models. Retrieved August 6, 2009, from www.pwc.com/pharma2020

Ray Wayne A, Chung Cecilia P, Murray Katherine T, et al., (2009). Atypical antipsychotic drugs and the risk of sudden cardiac death. *New England Journal of Medicine*, 360(3): 225−235.

Reinhardt Uwe E. (2001). Perspectives on the pharmaceutical industry. *Health Affairs*, 20(5), 136−149. Retrieved September 14, 2009, from http://content.healthaffairs.org/cgi/reprint/20/5/136.pdf

United States Environmental Protection Agency. (2009). Chlorine and chlorinated hydrocarbon (CCH) manufacturing guidelines. Retrieved September 15, 2009, from http://www.epa.gov/guide/cch/

Wisconsin Department of Natural Resources. (2009). Pharmaceutical waste. Retrieved August 6, 2009, from http://dnr.wi.gov/org/aw/wm/pharm/pharm.htm

Wolf Bruce. (2009, June 9). The ecology of sampling: A call to action. Retrieved September 15, 2009, from http://pharmexec.findpharma.com/pharmexec/Web+Exclusives/The-Ecology-of-Sampling-ACall-to-Action/ArticleStandard/Article/detail/602530

World Health Organization. (2003). *IPR, innovation, human rights and access to drugs: An annotated bibliography*. Health Economics and Drugs EDM Series No.14. Retrieved September 15, 2009, from http://apps.who.int/medicinedocs/collect/medicinedocs/pdf/s4910e/s4910e.pdf

Poverty

贫　困

　　"贫困"是一个多维的概念，这个词通常意指缺乏财政资源。但是它的定义尚存争议，不同的观点使贫困包含了复杂的社会、政治和经济的概念。按照属性、穷人在扶贫中的作用和贫困的干预措施的性质来看，贫困分为有形和无形两方面。

　　贫困的主要概念是经济手段（尤其是金钱）不足或缺乏而不能实现所需要的福利水平。然而，贫困是一个饱受争议的概念，其含义、原因、影响和解决办法广泛地跨越了不同的学科和不同的领域。多种视角使贫困成为一个复杂的社会、政治和经济的概念。虽然许多人认为贫困是完全客观的事物，但它也有主观的一面。人们对"贫困"还有很多争论，这个词是究竟什么意思，谁被贴上了"贫穷"的标签，谁来决定贫困的"解决方案"，以及上述说法在多大程度上可信。

　　贫困概括为一个需要被理解的过程或一个需要被解决的问题。这种概括至关重要，原因在于贫穷的定义和操作决定了发展机构（例如，美国国际开发署、世界银行、亚洲开发银行）和其他以提供援助、协助和其他形式的调停组织所拥有的资源的流动方向。我们通过考虑三个关键的维度来更好地理解贫困：贫困的属性、穷人在扶贫中的作用及通过干预的方式来解决贫困的本质。

贫困的属性

　　贫困包含有形和无形两个方面：它可能由有形的因素所决定，如缺乏卫生保健、营养、住所、教育、技术或环境资源，或者它可能区分为存在通信与否、交通、废弃物服务和金融基础设施。一些人批评基于原材料或基于消费的角度来定义贫困（特别是那些依靠单一指标如人均收入），但是西方经济发展的理解与实际生活经验根本不一致。使用金钱或收入来定义贫困也存在问题，因为其物质文化的没有被当作是一个社会目标，而外部压力除外，否则人们对贫困的自我认知并不存在。

无形的因素包括权力、社会排斥、社会流动、影响力、经历和知识。在这种情况下，贫困被视为从属于个人和团体的社会关系的结果，这种关系按照牲畜、性别、种族、民族、宗教和（或）年龄作为剥夺自由、机遇、尊严、社会整合或选择的基础。贫穷也被表述为缺乏同理心，这也表达了麻木不仁的含义，或以精神或道德的丧失作为其重要的手段。因此，在一个过路人蔑视一个在城里无家可归的人的情况当中，两个角色都可以被定义为贫穷（无家可归的人在财产方面，无形因素贫困产生了一个更全面的理解也会导致争议，因为这些因素根据定义很难衡量）。

贫困从个人、社区、地区、国家、大洲和全球水平多角度来分析问题。因为贫困表现为本地化，并且高度依赖一些有形或无形的指标来纠正对贫困不准确的概括。城市的贫困与农村的贫困有很大的区别。贫困在高度发达的工业化国家与农业社会也显著不同。

人们感觉贫困有形的指标更加准确，但是这些指标掩盖了贫困的一些性质。例如，造成贫困的原因、贫困引起的效果和解决贫困的决议。使用特定的收入水平设定的贫困线的方法（比如1美元/天、2美元/天或者3美元/天）明确提出了衡量是否贫困的指标。然而，这些数字掩盖的各种可能情况和影响人类的生活条件的无形元素。例如，国内生产总值、预期寿命、儿童死亡率、营养的卡路里值及收入分配等被用来确定一个国家是否贫穷的指标。但总体依据这些指标掩盖了经历和条件的多样性，并且忽略了更多无形的指标，比如人们所感受的生活质量。"国民幸福总值"的概念及其他相关的概念（Brooks 2008）表明金钱不能作为衡量是否富有的替代品。

综合考量有形因素和无形因素在不同时间和不同地域内之间的关系可以更加深入地了解贫困是如何产生的。贫困的根源在于权力和影响力加剧了腐败、带来了疾病、自然灾害、政治剥削、人口过剩和地理资源。因此，知识、权力和选择等无形因素影响着收入等有形指标因素。有形因素和无形因素之间的关系决定了贫困性质，也决定了选择适当的干预措施来解决这个问题。除非贫困的本质在给定条件中明确定义，否则扶贫的措施可能达不到的预期的效果。

穷人的作用

穷人在扶贫的作用是第二个重要的方面。扶贫的干预措施经常把穷人是看作是被动接受工作或帮助康复的对象，或者看作有能力的个人和社区改变一些方法的过程。当穷人被归结为被动接受者的时候，他们将被假定为需要康复和援助的受害者。如果穷人拥有一些资源，他们则被归结为通过外部干预让那些能够并且愿意花必要的时间和专业知识的人们进行"保护"的对象。这种高人一等的观点制造了穷人更深层次的依赖性和无助感。因此，这种观点饱受诟病。

另外一种观点则将穷人视为有创造性的和资源性人群，他们掌握着有价值的能力、技术和知识，并凭此来追逐他们自己的利益。在这种条件下，穷人被看作天生的创业者，他们能够利用所掌握的有限资源来改善他们的生活。穷人在创新和创造当中被视作是驱动非正式经济体的催化剂。自我引导式的、积极的扶贫行为成为扶贫长期效果和影响的先决条件。这种视角的批评者声称，这种观点不承认明显地、较为容易地解决物质剥削（比如，饥饿和可治愈的疾病），这些扶贫工作也不能及时地大范围实施或被复制。然而，穷人究竟应该被列为积极参与者还是被动接受者，这不仅影响贫困的概念，而且也影响着使用何种干预措施来缓解贫困。

干预行为

想要理解贫困的本质，就要弄清贫困的第三个特性，即干预。干预行为可以分为两类：首先，直接的干预行为旨在缓解贫困。这种干预通常是采用让甚至自己也不清楚贫困概念的外部专家来提供解决办法的形式。这些干预措施常常在多边机构和政府援助项目的传统的扶贫方法中实施。企业通过援助和慈善事业努力应对贫困也常常模仿这些方法。大多数此类干预措施都是假设扶贫的办法是提高穷人生活水平和消费水平，使之与发达国家的水平相一致。这些扶贫工作中的大多数都采用了大范围实施，并且用了"一刀切"的方法。随后，减少贫困的目的仅仅注重单个事物，比如物质消费、医疗护理或者营养，但是这些方面在一个特定的社会、文化、政治或者宗教领域内也许可有可无。

商业一直被视为一项重要的扶贫工具，其通过大规模投资于工厂设施，从而可以创造就业机会和收入。然而，批评者认为穷人是仅有的生产要素，获得的低工资不足以承担必须的产品和服务。他们认为，不断寻找廉价劳动力和原材料迫使工业开展"竞赛"，开发人力资源和自然资源引起了贫困和不平等，但这确实是他们想要极力避免的。加速的城市化进程使得农民处于更加困难的境地，他们缺乏法律地位，成为他们所寻求收益所在系统的俘虏。

第二种类型的干预措施是指在穷人中培养他们的能力。这种干预措施认为穷人不是生产要素，而是作为创新与创业来推动经济增长的引擎。这些方法通过私人部门和市场机制来减轻贫困的影响。这些方法将穷人的概念定义为有能力的、有用的人。

致力于能力培养的干预措施已产生了越来越多的混合实体经营的组织，但最终确定其成功与否需要基于社会目标。这些逐利的、服务业、社会创业或金字塔基层（BOP）的投机者的组织依靠微型企业来利用当地资源满足文化上合适的目标。这个以利润为基础私人部门将贫困视为业务增长的潜在来源，贫困的结果是提供了新的产品和服务。通过理解和满足个人和社区的尚未满足的需求，这些干预措施取决于创业者、非政府组织和社区负责人这个复杂的网络，促进创新意味着为社区和公司都谋取了利润。

对能力培养方法的批评者质疑许多规模小和高失败率的企业，他们指出在全球范围内解决贫困问题有必要考虑规模和行业因素。此外，对这种方法的批评也取决于公司说服穷人支付他们不需要的产品和服务的能力。这里面可能存在风险，因为这些措施在地方非正式经济体变得更加正式化和体制化的时候，可能仅仅让穷人之间原本就为数不多的财富发生转移。

然而，与大型的救助行为相比，以增加收益为目标的干预措施承诺将商业与贫困相连接，这种方式可以实现它以多种形式和达到穷人自身的重要作用。

这个过程当中，实验和创新使得市场竞争降低了贫困，这种方式对当地的利益和需求非常敏感。成功的例子可以被效仿和传播，它可以对贫困的有形因素和无形因素产生长期积极的影响。

马克·B. 米尔施泰因（Mark B. MILSTEIN）
埃里克·西玛尼斯（Erik SIMANIS）
邓肯·杜克（Duncan DUKE）

斯图亚特·哈特（Stuart HART）
康奈尔大学约翰逊管理学院

本文改编自韦恩·维瑟、德克·马滕、曼弗雷德·波尔和尼克·托尔赫斯特所编著的《企业社会责任词典》（*The A to Z of Corporate Social Responsibility: The Complete Reference of Concepts, Codes and Organisations, Wiley 2008*）一书中的《贫困》（*Povercty*）一文。

参见：金字塔底层；企业社会责任和企业社会责任2.0；可持续发展；发达国家的农村发展；发展中国家的农村发展；城市发展；高等教育；公平贸易；绿色GDP；健康、公众与环境；医疗保健产业；人权；社会型企业；水资源的使用和权利。

拓展阅读

Brooks Arthur C. (2008). *Gross national happiness: Why happiness matters for America — and how we can get more of it*. New York: Basic Books.

Danziger Sheldon H, Haveman Robert H. (2001). *Understanding poverty*. Cambridge, MA: Harvard University Press.

De Soto, Hernando de. (2000). *The mystery of capital: Why capitalism triumphs in the West and fails everywhere else*. New York: Basic Books.

Fort Timothy L, Schipani Cindy A. (2004). *The role of business in fostering peaceful societies*. Cambridge, U.K.: Cambridge University Press.

Payne Ruby K. (2005). *A framework for understanding poverty*. Highlands, TX: Aha! Process.

Polak Paul. (2008). *Out of poverty: What works when traditional approaches fail*. San Francisco, CA: Berrett-Koehler.

Sachs Jeffrey D. (2005). *The end of poverty: Economic possibilities of our time*. New York: Penguin.

Sen Amartya. (1999). *Development as freedom*. New York: Knopf.

Yunus Muhammad, Weber Karl. (2007). *Creating a world without poverty: Social business and the future of capitalism*. New York: Public Affairs.

Product-Service Systems, PSS

产品服务系统

产品服务系统（PSS）结合了实体产品与服务的设计来满足消费者的需求。PSS通常按照它主要的着重点进行区分，分别以产品、用户或职能为出发点。PSS通常都更多关注实体产品在完整生命周期内的经济利益。经过削减产品在生命周期内的成本，这些公司通常可以提高其利润并减少对环境的负面影响。

产品服务系统（PSS）通常结合了一个有形的（实体）产品和产品的一些互补服务以满足用户的需求。产品服务系统的核心包含了广泛的产品组件或服务组件。在一些产品服务系统内，产品提供了大部分的价值，但是服务只是作为其次要的价值。在另外的情况下，服务作为其主要提供的价值。产品服务系统可以对可持续商业活动产生积极的影响，原因在于其销售收入模式从实体产品销售（公司因为出售更多的"东西"而取得收益）转向了产品服务或产品功能的销售。比如，通过使用寿命长的产品或回收的旧产品，公司可以使用相同的材料由于不需要对原材料市场内发愁而获取有竞争力的优势。所以不通过使用更多的材料（因购买、处理和运输这些材料而对可持续性发展产生消极的影响）而盈利，公司将有效地使用材料，从而减少了对可持续性发展消极的影响。

类型和实例

人们对产品服务系统提出了许多分类的方法。他们普遍使用的是将"单一产品"系统和"单一服务"系统连接起来。但是从高端产品／低端服务到低端产品／高端服务当中，其典型的区别集中在3个主要领域。以下的描述改编自阿诺德杜克（2004）的《商业战略和环境》一文。

● 以产品为导向的服务。产品销售是公司的重点和收入来源。附加服务的目的在于提高销售量或补充解释产品的用途。例如，保修合同、相关的主要耗材产品的供应协议（比如，复印机的碳粉或墨水）和培训或软件支持。

- 以用途为导向的服务。在产品发挥核心作用的同时，产品的所有权仍然属于公司，其收益通过租赁、租赁/套餐或产品联营的方式来取得。这方面的例子包括：汽车租赁项目中加入了公寓内洗衣机或自助洗衣设施的套餐服务，或者在同一台服务器上托管多个低流量网站。产品服务系统能将其产品最大化地满足客户的需求（用更少的产品来需要满足同样的需求或相同的产品来需要满足更多的需求），而且产品服务系统也可以鼓励公司延长产品的使用寿命（越长的使用寿命意味着有更多的时间来通过租赁产品产生更多的收益）。

- 以功能为导向的服务。这样的方式以产品的功能而不是产品本身作为重点。公司通过服务管理或外包服务而获取产品的功能收入，其盈利方式来自每一项服务或功能的收费。这种服务的例子包括办公室清洁或餐饮服务；复印服务（有些业务需要使用复印机，但是支付的费用而不仅仅是机器的租金，还包括复印机供应商或制造商负责保持机器运作的费用），和（及）语音邮件（一些公司提供无须客户购买电话应答机的语音邮件功能）。

概念的由来

由于商业一直以来都通过提供附加的产品和业务来满足客户各种各样的需求，因此其实很难确定产品服务系统概念的起源。目前，对产品服务系统的理解源于一项封闭的系统。在这个系统内，公司可以重新利用或回收材料和产品。因此，不需要引进任何新的原料，并

且通过改善耐久性、维护或再制造的想法来延长产品的寿命。20世纪90年代以前，这些想法仍主要集中在将实体产品作为公司提供主要的价值上（实体产品是指有形的产品，通常简单地称为"产品"；它表明公司也可以出售有形产品和服务捆绑在一起的商品）。

20世纪90年代起，公司的重点发生了变化，从关注将服务附加于实体产品转移到专注于提供服务来满足客户的特定需求。这种变化体现在两个方面：商业和环境。从商业的角度来看，公司致力于满足那些特定需求（而不是产品本身）的解决方案意味着公司可以改善其在价值链中的地位，可以增强产品的差异化，并为创新和创造了一系列新的机遇。这种变化意味着公司的收入来源（公司投入而追求的目标）不是唯一的，或者说不单单是实体产品本身，而是在多大程度上客户的需求得以满足。环境的角度在于：公司可能会因为降低物理产品的生命周期成本而增加利润，这种假设的前提在于降低生命周期的成本（例如，通过延长实体产品的寿命来减少产品在全部生命周期阶段的能源和材料的消耗量），这显著地减少了对环境产生负面影响的机会，并可以证明可持续的商业实践如何引起经济增长的。

产品服务系统和可持续发展

产品服务系统究竟在多大程度上可以减少或消除环境恶化？这是一个值得研究和引起讨论的话题。在某些情况下，一些有力证据说明企业更关注产品的整个生命周期（例如，汽车套餐计划或洗衣机的按次收费）。便捷的汽车套餐计划（例如，存车时需要从中央办公

室取车钥匙），或按次收费的洗衣机服务（比如，将衣服从一个地方运输到另一个地方），少量增加这些服务可能会在某种程度上降低产品服务系统的使用，而他们只是从环境的角度来看变得更好。但是，当公司承担运营产品的成本时，他们更可能使用较低的运营成本和预期使用寿命更长的产品（这两者常常与减少环境影响都有联系）。例如，荷兰政府一项由可持续技术的发展项目资助的洗衣服务研究指出，规模经营的洗衣服务目前使得能源消耗减少了33%，进一步的研究显示到2025年可以减少90%的用水量，同时减少94%的洗涤剂使用量（van den Hoed 1997）。

在其他情况下，产品服务系统对整体环境的影响可能是难以评估的。例如，附加服务可能需要额外的能源或材料。此外，在其他情况下也可能导致"反弹效应"（降低成本导致了更高的需求，从而从总体上对可持续发展产生更大的负面影响）。从理论上来说，产品服务系统为减少环境的可持续性发展的问题提供很大的机会。但是从实际上来看，现实中经常存在明显的障碍。

产品服务系统的动力和障碍

使用产品服务系统的动力是源于多方面的：社会、市场、企业和客户。从社会层面上来看，日益增强的环境问题意识可以直接导致客户需求的变化，并可以间接地影响往往有利于产品服务系统带来的环境收益的立法。例如，消费者对电子废弃物的意识已经让法律规定制造商需要在产品的生命寿命之后进行回收；产品服务系统的方法使得公司能够更好地控制材料的流动。市场驱动的因素在不同行业之间相差很大，尤其是在成熟市场的竞争和较低的利润率中，产品服务系统常常提供带来差异化的机会，而不是降低成本的机会。在公司层面，使用产品服务系统的驱动力常常涉及资源管理[例如，通过维护产品和（或）材料的使用权而使得增加材料成本的影响最小化]和降低风险（例如，企业在生产者责任立法强行要求之前解决他们产品的使用寿命问题）。从客户的角度来看，对更直接提供的服务来满足他们的实际需要的产品服务系统可以因此而降低成本和提高性能。

在广义的层面上来说，产品服务系统的障碍是成本相对较低的能源和原材料，这也是实体产品的基础。与之相对应的是至少在发达国家作为服务业基础的高成本的劳动力。

公司经常面临对产品服务系统市场需求的缺乏，特别是在大容量、低价值产品市场内，其主导观念植根于"一次性社会"和计划内报废的观点。此外，同一价值链上的企业往往缺乏一起完成产品服务系统产品的牢固关系；他们可能不知道如何开发一个产品服务系统；或者可能存在与成本或组织结构相关其他内部壁垒。客户方面的障碍在于包括产品服务系统提供条款的不确定性、缺乏总生命周期成本的知识以及不真正地想获得真实性的或知识产权。例如，需要复制机密文件的客户可能不会选择使用离线复制服务，因为公司中的其他人可能会看到这些文档。

相关概念和未来的焦点

对未来产品服务系统部门可能产生影响的一些相关概念也存在，如与产品服务系统全部或部分概念类似的目标或用途，包括服务二手产品的经济、汇集了清洁生产和工业生态概念的循环经济、要求能源服务对社会的总成本最低的最低成本计划以及按照客户需求明确定制的功能性产品的开发。

产品服务系统极有可能造就一个更加可持续发展的社会，它将公司的盈利模式从实体产品的销售（与资源和能源流动相关）调整为基于销售服务或功能收入模式。这种转变可以帮助社会朝着可持续性方向发展，它将按照消费者们的需要和欲望显著减少物质和能量流动，并且提高更好地满足消费者们需求的能力。从产品导向性迈向服务导向性的商业模式，通过向市场提供差异化的新机遇和提供创新性，从而在企业层面上提高经济的可持续发展。产品服务系统在全球层面上鼓励经济增长和生态限制脱钩，从而可以促进经济的可持续发展。

安东尼·汤姆森
（Anthony THOMPSON）
布京理工学院

参见： 工业设计；能源效率；信息与通信技术；集成产品开发；生命周期评价；制造业实践；自然步骤框架；绩效指标；再制造业；供应链管理；零废弃。

拓展阅读

Cook Matthew, Bhamrab Tracy, Lemon Mark. (2006). The transfer and application of product service systems: From academia to U.K. manufacturing firms. *Journal of Cleaner Production*, 14(17): 1455–1465.

Manzini Ezlo, Vezzoli Carlo. (2002). *Product-service systems and sustainability: Opportunities for sustainable solutions*. Paris: United Nations Environment Programme.

Mont Oksana. (2004). Product-service systems: Panacea or myth? Retrieved August 24, 2009, from http://www.iiiee.lu.se/Publication.nsf/$webAll/D375F6813A2C460CC1256EF9002D15C0/$FILE/mont.pdf

Tukker Arnold. (2004). Eight types of product-service system: Eight ways to sustainability? Experiences from SusProNet. *Business Strategy and the Environment*, 13(4): 246–260.

Tukker Arnold, Tischner Ursula. (2006). Product-services as a research field: Past, present and future. Reflections from a decade of research. *Journal of Cleaner Production*, 14(17): 1552–1556.

Tukker Arnold, Tischner Ursula. (2006). *New business for old Europe: Product-service development, competitiveness, and sustainability*. Sheffield U.K. Greenleaf Publishers.

van den Hoed, R. (1997, July). A shift from products to services: An example of washing services. Proceedings "Towards Sustainable Product Design," 2nd International Conference, London.

Waage Sissel A. (2007). Re-considering product design: A practical "road map" for integration of sustainability issues. *Journal of Cleaner Production*, 15(7): 638–649.

房地产和建筑业

房地产和建筑行业面临着非常大的挑战，即解决在房屋交付过程中土地收购设计、施工、拆除或重新利用的"三重底线"问题（例如，环境、经济和社会的问题）。但是效果好的实践活动形色各类，而企业也基于可持续发展背景、实现新技术和进入新市场而被定位。

房地产和建筑行业通常与责任对环境的影响有关。城镇、城市及其基础设施的建造和运行过程需要使用原材料和消耗能源。在某些情况下，这会导致污染和浪费。但作为回报，建筑环境可以带来积极的贡献：提供工作、建造房屋以及保障人们安全、健康的生活。因此，所需的投入和产出或福利之间形成了一个微妙的平衡。因为这个平衡在过去的几十年中，特别是在工业化国家中并不总能实现，所以它给房地产和建筑行业带来的变革压力越来越大。

在可持续发展的背景下，建筑行业在利用现有资源且不影响后代使用其需求来创造

建筑环境当中起着重要的作用。例如，应按规定负责任地采购原材料、应该有效地使用能源、避免污染和浪费。但这种精神需要应用于各个环节中（可持续发展的规划、可持续发展的设计、可持续发展的建筑和可持续发展的房屋），但实践中证明这项要求是一项重大的挑战。

面临的问题

（1）在土地收购、设计、施工，拆除或重新利用的整个房屋的交付过程中，都应该考虑所有的"三重底线"问题（即环境、经济和社会问题）。这些问题迅速成为广泛争辩的一部分，包括土地利用规划、架构、建设和设施管理。这其中几个主要的、横向的问题（或影响）通常被认为与最重要的、最相关的房地产和建筑的发展有关。

（2）能源和二氧化碳（CO_2）：采暖、照明、建筑物冷却通常占每个工业化国家能源消耗的主要比例高达50%。目前已明确的立法中

关注动态能源和蕴藏能量能源的减少（即与建筑材料生产相关的能源）。

（3）资源效率：建筑业是一个显著消耗原材料和水的产业，所以它必须为有效的、负责任的利用地球有限的资源而承担责任。一些国家在激励和财政处罚中面临着逐渐增长的压力：减少主要资源消耗、寻找替代品、增加再利用和回收以及减少浪费。

（4）交通排放：材料提取、加工、生产和运输带来每年数百万英里的里程，这导致化石燃料的消耗和有害物排放的产生。其他形式的运输和更高效的物流产业成为一个新的研究领域。

（5）生态和污染：在工厂和建筑工地建造房屋的过程产生了噪声和空气污染（主要是粉尘）；他们也可以影响水质和生物多样性（一个地区内物种的范围和健康）。在大多数国家都已明显覆盖了环境保护方面相关的法律，但在一些局部地区问题仍然存在。

（6）发展规模：建筑环境发展的规模对社区具有明显的影响。它可以影响到生活质量、社会公正和生活机会。虽然这些社会和经济问题有时会因为他们很难理解和衡量而被忽视，但事实上他们不容小觑。

（7）健康和福祉：与其他工作地点一样，健康和安全在建筑业是至关重要的，但是每年很多人因此死亡。众多的法律、立法和公众压力为了确保员工的安全而继续给建筑行业提出更高的要求。其他方面的管理不善，比如人权也是大众的焦点。社会福祉也在施工过程中受到影响。在这种情况下，个人的健康和舒适受到温度、相对湿度和建筑材料排放的空气污染物的影响。质量差室内空气通常是引起哮喘和其他呼吸道疾病的原因。因此，构建安全、健康的、通风良好的建筑也面临着压力。

上述所有问题的相对重要性取决于政治压力、地理位置、建筑类型和提供服务或产品组织的性质：即在这种情况下"一刀切"的想法根本不适用。

创新

建筑业通常被认为是保守的、某种程度上不愿做出改变的，其可持续发展的地位也是如此。那种概括并不能准确地描述该行业的现状，原因在于它在实践中发展的较好。

首先，技术的发展导致了提供各种环境效益新产品，如低能源制造业、低运行能源和利用，更高比例的回收品或次品。尽力保证其他产品满足相关的建筑标准或法规。相关例子如下：

（1）微型能源的新技术，如风力涡轮机、生物质锅炉、太阳能光伏板，越来越规范化和更具成本竞争力；

（2）新类型的墙面板（其材料在一定温度下从固体到变为液体，并能存储和释放能量）、地板结构（用孔机制造空心来减少重量）、窗户和包层外墙（具有集成阴影）以及暖通空调（采暖、通风和空调空气调节）系统（低能量的冷却器和叶片）；

（3）常用的、比例高的可二次利用的建筑产品，如瓷土废弃物、粉煤灰或矿渣；

（4）稻草包、羊毛绝缘体和麻布类的混凝土，其一度被视为基础的建筑产品，而现在仍被商用。

消费者现在面对大量被认定为"可持续"的产品，但并不是所有的标签都与其意义相符。出于这个原因，人们一直尝试为建筑业编制新形式的生命周期分析数据，与使用传统的方法一起帮助人们理解他们选择地板或墙壁的详细影响：一个例子就是由建筑研究机构（BRE）开发的"绿色指南"。通过这种方式，产品的可持续的好处是可以做成透明化、可对比，且通俗易懂。

其次，在房地产和建筑行业中，可持续发展的服务和管理实践采取一种积极的、但稍有不同的路径。虽然顾问和专业承包商获取了专业知识获得认证（例如，国际标准组织制定标准最高的环境管理标准：ISO 14001 认证）或使用如暖通空调、地热取暖或稻草建筑等某些产品类型，但是很多可持续发展的做法已经很普遍和稳定了，其实并不需要这种程度的专家建议。废物管理就是一个很好的例子。其在许多建筑工地上大量使用材料隔离、循环利用和回收。这种做法特别是在制定了相关立法的国家中比较常见。应用这种实践的是行业的一个轻松盈利的好主意，原因在于承包商和客户可以很快地感受到防止材料浪费、节约资金成本以及减少诉讼的风险所带来的经济利益。

作为有效管理与建筑相关的社会和环境问题的一个例子，灰尘和噪声已经广泛地使用于英国的"体贴型建筑业计划"等项目当中。在这个计划中，承包商因为保护他们的员工、环境和公众保持良好的记录而被授予证书。最近，提高材料和产品供应链方面的发展前沿中使用责任制的供货项目来确保保管链、减少环境影响、改善工作条件、维护管理标准，并消除童工、腐败和糟糕的做法。不过，要改善工作和福利条件方面的工作还任重道远。

最后，尽管他们工作方式略有不同，但是还是开发了许多用于测量可持续建筑的评估工具。例如，可以适用按照国家政策或立法的优先事项上有一定的权重。虽然存在许多评估工作，但是世界各国主要使用两个评估工具。

领先的能源与环境设计绿色建筑评级系统是由美国开发的，并在目前广泛地使用的工具。它可以基于单一的方法来评估许多建筑类型。

建筑研究机构环境评估法是由英国开发并在国际上广泛使用的方法。建筑研究机构环境评估法已扩展成一个大套几个版本，每一个版本专门为特定的建筑类型而设定。

这些评估工具的出现对管理建设过程非常有帮助，并且也取得了极大的成功。他们并非为提供解决方案而开发，但是，他们已经对可持续建筑业提供备选的实践显示出至关重要的作用。

可持续发展建筑业的壁垒

虽然许多创新不断发生和继续发展（特别是在低碳技术领域），广泛采用房地产和建筑行业的可持续发展实践往往面临一系列的障碍，包括技术、管理、商业和结构性挑战。尽管一些地区或建筑类型较为特殊，但是一些普遍的障碍还是屡见不鲜。

首先，许多工业化国家的建筑库存变化较为缓慢；也就是说，每年只有一小部分新建筑可以完工，这意味着当前的建筑环境多数是由几十甚至上百年历史的建筑而构成。这个问题也应运而生。因为在大多数情况下现有的库存量（特别是在能源消耗方面）非常匮乏。此外，大多数提高能源性能的立法仅适用于新建筑和大规模的翻新,所以现有那部分欠佳的建筑仍然是一个问题,除非立法做出必要的改变而升级。假使没有立法,任何这样的改变都是自愿的。因此,除非以一个地方或个人来衡量,这种情况不太可能发生;事实上,人们通常认为建筑规范和标准是主要的障碍。

其次,在计算可持续性建筑的过程中也存在一个问题:如何评估商业建筑公司创新的成本,以及建筑商如何评价它带来的附加价值。尽管人们各抒己见,但是实现建筑业可持续发展实践的资本成本似乎略高于"普通的建筑"。相比之下,这可能会高几个百分点,通常认为是10%—15%。这些数据差别很大;个别产品成本达到普通的产品10倍。尽管其资本成本较高,大多数数据都认可长期的运营节约能获得更大的收益。这带来的结果就是,人们开始关注能源投资回收期(例如,与轻质的木材相比,重量级的砖石房子可能在大约10年内有效的操作条件下再偿还其最初的能源赤字),但是这些经验法并非适用于全部情况。考虑环境影响也会遇到类似的问题。比如,选择建筑材料。一个比较常见的例子是再生聚合物;这可以理解为如果破碎和重新利用多余的混凝土或石头,就可以避免进一步提取未利用的原材料。这么做是值得的,但是所需的额外的能源处理过程需要将回收材料转换为一个合适的组成成分,而且加工场所和回收站点带来的额外的运输排放可能大于其带来的任何好处。这些困难被称为"权衡",可以给实际问题的解决带来相当大的挑战性。

最后,行业本身的结构也被证明存在问题。这一类情况下综合起来阻止可持续发展

在实践上的广泛采用。专业组织和工地上的工人们常常被视为缺乏对新设计标准、建筑材料和能源技术方面的技能和知识,但这种情况正在随着教育课程的进步得以改善。此外,当需要做出艰难的决定的时候,不同的专业技能参与的建设项目可以带来挑战(例如,对风力涡轮机操作知识的匮乏会导致误放在建筑上不正确的位置,从而不能实现发电)。

通常来说,专家顾问的确有正确的专业知识,但有些客户并不打算为他们的服务买单。的确,能力仍然是服务提供和产品供应当中的一个问题:创新产品在市场中缺乏充分的竞争。这可能导致的情况是一个供应商主导市场并控制价格。对一个供应商到另一个供应商的供应链的监管也存在一定的难度。责任制供货项目(例如,国际上非政府组织设立的所谓"林业管理委员会")解决了这个问题,但伦理和人权等更广义的问题也往往被完全忽视,特别是从偏远地区或一些规则不太完备的地区采购材料。

针对整个行业内更高层次变化需求方面的诸多讨论也是为了克服这些缺点。这就需要引进更加合适的会计处理方法、改善的技能和专业知识和更合适的采购实践。其中一些改进措施可以在组织层面实现,但是还有一些措施则更需要在结构或法律上做出改变。

可持续发展的成功尝试

尽管在房地产和建筑行业采用可持续发展的实践存在诸多障碍,但是对可持续发展议程越来越多的认识和熟悉程度,加上一些国家切实的改变传统的做法的紧迫感与日俱增,这些原因已经在完工的建筑或从管理实践上引

起了许多好的做法。

首先,建筑或开发一些特定的项目论证了绿色实践的成功。以伦敦的贝丁顿零能源开发(BedZED)为例,它包含了一系列广泛的可持续技术,如地源热泵、现场能源、风力涡轮机和太阳能光伏板。然而,它的成功也一直取决于可持续设计项目、施工和环保标准的综合方法,即发展电动汽车。洛杉矶德布斯公园的奥杜邦中心是美国第一座铂制的领先的能源与环境设计建筑,并完全由太阳能现场发电。环境教育中心使用回收材料,并且50%的建筑材料购自当地。

在欧洲,类似的重大发展项目甚至不到100项,但成千上万的单个建筑在某些方面可以视作可持续发展的建筑。最成功大范围宣传的项目都源于众多的公共或私人客户,往往将高技能顾问(通常国际知名的人员)作为项目团队的一部分,而且在大多数情况下对用户和其他利益相关者开展参与式设计过程。这些项目也许并非完全在各个方面都出类拔萃;比如其中的一些项目可能包含更有效的技术创新,而另一些项目则可以促进居民高水平的积极行为变化。可以肯定的是,目前部分业主在"绿色"建筑或最少使用能源方面有真正意义上的竞争的意识。许多客户现在都坚持荣获值得公众信赖的成就,比如使用领先的能源与环境设计或建筑研究机构环境评估方法。一些特定示范项目的例子也开始往往专注于研究热点问题(例如,分析能源消耗或测试新设备),或专注于产品制造商的营销功能。它的一个好处是许多这类建筑可以实地探访,比如建筑研究机构的一些示范房屋、诺丁汉大学的"创造力的房屋"和英国的霍克顿住房项目。世界各地还有更多的例子,比如瑞典马尔默市的"明日绿城"、阿拉伯联合酋长国的马斯达尔城以及与加利福尼亚州夫勒斯诺市"绿色建筑示范项目"类似的个别项目。

其次,它可以成功解释行业内部各个级别管理案例的改变。大多数主要建筑公司的可持续性或环境主任/副主席是一项显示其行业层次的指标,涵盖了行业内众多最佳可持续性实践奖励。建筑公司和第三方机构或世界野生动物基金会这样的相关施压组织的合作也越来越普遍,因为公司每年选择报告其在可持续性方面的工作,比如经常使用外部审计公司来发布公司在浪费或能源利用方面可靠的数据。建筑和土木工程及特定建筑产品供应链等领域的行业可持续性策略的发展是欧美所重视的另一个有用的步骤。这些承诺政策发展变化和对政策有帮助的态度可以确保整个行业真正地发展提供可持续建筑的能力。

最后,我们必须考虑到这些建筑物和实践带来的影响。诚然,人们现在对行业内可持续发展的基本概念有了更深层的认知和熟悉。贸易杂志经常发表关于最新的具有典型特点的项目的文章,可持续性相关的会议吸引了大量的观众,存在许多专用的对等网络,而且专业机构公开表示支持。常见的术语通常很好理解(尤其是在专业团体之间),而且在某些情况下深厚的专业学科知识正随着新兴技术而不断发展。公共研究经费水平的增加也反映了行业的变化。行业能力的成熟水平在于处理困难的权衡能力稳步提高,但许多从业者对可持续性方面快速变化的政策和环境的立法甚为抱怨。

小企业一般都发现很难跟上步伐。作为

一个有着自己权利的实体,他们在建筑环境方面的改变很难带来整体的影响,特别也因为建筑物库存的周转率如此之低。一些评价性的研究确实存在,它们通常针对个别建筑物的性能或对不同的项目进行比较。尽管也许只是针对目前的发展趋势管中窥豹,但是分析这个行业中个别公司的操作行为也是富有成效的。

行业展望

在建筑业和经营业相关的环境影响下,同时也因为建筑业对运输业的成败和可持续发展的建筑业当中的重要性,这个行业无疑会继续面临压力。这种压力将主要通过立法体现,但也通过市场需求而越来越多,特别是在能源的成本持续上升的情况下。无论法律上是否真正地对大量不良的旧库存发生改变,脱碳的建筑仍将是建筑业和客户一项沉重的负担。

提到可持续性的成本与核算,可持续性同商业考量的紧密关系将继续维持下去。各种组织即将面临的更大压力在于使用全生命周期成本技术来权衡初始资本支出和运营成本。这意味着更多的从业人员需要熟悉生命周期评价方法,它也将在新兴标准和标准的评估工具当中扮演重要的角色。虽然这些工具已经被广泛接受,但是到目前为止一旦出现过度追求的情况,市场上就可能遇到反对。

可持续发展的内容的本质虽然复杂,但房地产和建筑业不应该只关注环境保护;可持续发展的社会性不能再被忽视。事实上,成功的公司维护高伦理和人权标准来证明自己的做法将被证明是一个市场优势。例如,ISO 14001是环境管理的基准,而且在不久的将来,ISO 26000等社会责任方面的新标准将被用于建筑和其他行业。企业的社会责任意识不断上升,他们在行业需要改进之处大有可为。在房地产和建筑行业中成功的企业将因此而受到评价,这些评价的内容包括他们适应可持续发展的要求、采用新技术以及通过展示其领导力的可持续发展实践活动和对人们的影响力来进入新市场的能力。

杰奎琳·格拉斯〔Jacqueline GLASS〕
拉夫堡大学

参见:绿色建筑标准;水泥产业;景观设计;城市发展;能源效率;设施管理;酒店业;大都市;智慧增长;三重底线;水资源的使用和权利。

拓展阅读

Adetunji Israel, Price Andrew, Fleming Paul, et al., (2003). Sustainability and the U.K. construction industry — A review. *Proceedings of the Institution of Civil Engineers — Engineering Sustainability*, 156(1): 185−199.

Birkeland Janis. (2002). *Design for sustainability: A sourcebook of integrated ecological solutions.* London: Earthscan Publications. BRE (Building Research Establishment). 2009a. BreGlobal: Green guide to specification. Retrieved July 28, 2009, from http://www.thegreenguide.org.uk

BRE (Building Research Establishment) Global Ltd. (2009b). Building research establishment environmental assessment method (BREEAM). Retrieved July 28, 2009, from http://www.breeam.org

Cole Ray. (2005). Building environmental assessment methods: Redefining intentions and roles. *Building Research & Information*, 33(5): 455–467.

Dunster Bill, Simmons Craig, Gilbert Bobby. (2008). *The ZED book: Solutions for a shrinking world.* Abingdon, U.K.: Taylor & Francis.

Edwards Brian. (2005). *Rough guide to sustainability.* (2nd ed.). London: RIBA Enterprises.

Fewings Peter. (2009). *Ethics for the built environment.* Abingdon, Oxon, U.K.: Taylor & Francis.

Draper Stephanie, Staafgard Lenam, Uren Sally. (2008). *Leader business 2.0 — Hallmarks of sustainable performance.* London: Forum for the Future.

Glass Jacqueline. (2002). *Encyclopedia of architectural technology.* London: Wiley-Academy.

Glass Jacqueline, Dainty Andrew R J, et al., (2008). New build: Materials, techniques, skills and innovation. *Energy Policy*, 36(12): 4534–4538.

Halliday Sandy. (2008). *Sustainable construction.* Oxford, U.K.: Butterworth-Heinemann, an imprint of Elsevier.

Kibert Charles J. (2005). *Sustainable construction: Green building design and delivery.* Hoboken, NJ: John Wiley & Sons.

Kibert, Charles J (2007). The next generation of sustainable construction. *Building Research & Information*, 35(6): 595–601.

Murray Mike, Dainty Andrew R J. (2009). *Corporate social responsibility in the construction industry.* Abingdon, U.K.: Taylor & Francis.

Office of the Deputy Prime Minister. (2004). *The Egan review: Skills for sustainable communities.* London: RIBA Enterprises.

Roaf Susan. (2004). *Closing the loop: Benchmarks for sustainable buildings.* London: RIBA Enterprises.

Sassi Paola. (2006). *Strategies for sustainable architecture.* Abingdon, U.K.: Taylor & Francis.

The Forestry Stewardship Council. (n.d.). Retrieved July 28, 2009, from http://www.fscus.org/

United States Green Building Council. (2009). Leadership in energy and environmental design (LEED). Retrieved July 28, 2009, from http://www.usgbc.org/DisplayPage.aspx?CategoryID=19

Williams Katie, Dair Carol. (2006). What is stopping sustainable building in England? Barriers experienced by stakeholders in delivering sustainable developments. *Sustainable Development*, 15(3): 135–147.

公共交通

　　运行良好的公共交通系统比汽车带来的污染小，但在美国等人口分散的国家，汽车的使用成本低、低密度结算模式以及不稳定的资金等是公共交通在可持续发展方面的障碍。在发展中国家，交通系统有时会被步行和骑自行车等更为"绿色"的出行方式所取代。中国许多城市中几乎50%的交通方式都采用公共交通。

　　公共交通有时被称为大众交通，是指可以被普遍使用的大范围交通服务。一般来说，这个术语是指公共地面交通服务，如公共汽车、电车、轻轨、地铁、通勤火车和渡轮。许多国家也在使用摩托出租车、三轮车和由人类和动物驱动的运输工具。作为补充交通系统的专业服务，货车和其他小型车辆也经常被用于"辅助客运系统"。的士和其他出租车也在一些地方起到公共交通的功能，比如提供公共乘坐服务。

　　公共交通行业因其提供服务的差异而不同。这个行业包括生产交通基础设施的公司（如，汽车制造商、燃料生产商、设计和建造铁路系统的工程公司、建筑公司和设计站），还包括在运输建筑、操作和维护过程中所需原材料的供应商。运输业要包含许多要素，包括计划实施运输服务的组织、预测需求并设计路线和日程的系统分析师、服务操作者（比如，司机、维修技术员、调度员）及管理和财务专家。运输业还将城市规划和房地产发展，与特别是对那些在街道和高速公路的发展、设计、运行和维护过程其他运输团体相联系起来。

　　公共运输业为农村地区与不同城市之间提供服务，但是它在住着大部分人的大都市地区的出行服务当中起着更加重要的作用。发展中国家对公共运输业的投资极大地促进了交通使用，以及工人阶级对工作和住房的可能性。中国的许多城市中，大约50%的出行方式通过运输业来完成（Ng，Schiller 2006：4），交通客流量在其他的发中国家中也在快速增长。在发达经济体中，城市出游的运输业通常占比小得多，通常在地区内总出行方式中不超过 2～20 个百分点（National Research Council 2001b：28）。不过，即便是适度的运输份额也可以在减少拥堵方面产生重大影响。例如，汽车沿着街道行驶与走走停停的延误、沉重但流动的交通相比，可以减少 5% 的份额。此外，运输业是在城市"绿色"迁移当中是一个至关重要的元素，它有助于减少能源消耗并降低对环境的影响。

运输业是一个相当庞大的行业。例如，美国的公共运输是一个 484 亿美元的行业，它涉及大约 7 700 种服务提供者和超过 38 万雇佣劳动者。2008 年，美国的公共交通系统中共有近 110 亿次的运输记录。2009 年，虽然由于严重的衰退这个数字有所下降，但在其过去几十年的增长已很稳定；从 1995—2008 年，公共交通客流量增加了 38%，超过同期人口增长率的 2 倍，比汽车交通的增长高出 80%（APTA 2009）。

大多数国家中，政府在提供公共交通的每一个环节都起着主要的作用：计划、设计、建造、运作、维护、监督和评价。政府可能直接通过公共代理机构（在美国大多如此）或间接与私人部门签订合同（欧盟通常采取这种方式）来发展并运作交通系统。在高收入和中等收入国家，运输业的资本投资通常被政府主要涵盖在直接支付或促成联合运输和土地开发的机会，而从后者的收益中来支付运输费用。在发展中国家和一些中收入国家中，运输业的资本主要来源于国际发展银行的贷款。

各级政府（国家级、州级、地区级和地方级的代理机构）因为都是私人企业，不少都投入到公共交通当中。美国交通部的联邦运输管理局资助了全国约一半的公共交通的资金成本（在农村和小城市中占比更大），并提供了一小部分的运营成本。国家、地区、市和县级的政府也为交通财政和计划、规范运输操作而出力。大多数国家内，国家级的政府提供资金支持（特别对铁路系统进行资助）。大多数国家或者直接地通过税收的方式，或者间接地通过赞助过境通行证等授权和激励措施的方式来对运营成本进行补贴。

但是，各国提供交通资金的特定机制差别非常大。英国和法国分别由位于伦敦和巴黎的中央政府提供交通资金，但是对其他城市的资助非常有限。除了一些有限的社会化服务，伦敦以外地区的服务大部分都是私人的、不正规和不受补贴的。在法国，巴黎除外的地区是由地方政府通过工人税收进行补贴的。与此相反，荷兰在全国范围内对交通系统提供了资金补贴和运营资助。德国采用的另一种方法则是向州政府和地方政府的运输服务提供一揽子拨款。时至今日，加拿大联邦几乎没有参与交通系统。

公共交通正在欠发达地区发挥越来越重要的作用。拉丁美洲各国不断地对交通业进行重大投资，并且在公交车创新系统，尤其是快速公交系统（BRT）方面发展为创新的最前沿。随着城市人口的增长和收入增加，中国一直在一些大城市中建设地铁系统和轻轨交通，并且在大都市圈内快速公交系统和其他的公交系统方面也做出了重大投资。随着城市化进程的加快，中国 125 个城市的人口数超过百万，中国承诺在未来几十年的发展中成为交通投资方面的巨大市场。

正是由于财政上的安排各异，其在运营责任上也千差万别。美国交通业的运营者可以是特殊地区、城市办事处、县办事处、州办事处和私人承包商。欧洲的交通服务则普遍使用通过私人承包商的竞争性投标来提供。中国在铁路和快速公交系统方面的运营是国企来完成，但是许多公交车却由私立雇佣者来运行。

可持续性发展和公共交通

公共交通系统被广泛视为通过一个高度可持续的、让人们从一个地方迁移到另一个地方的方式。设计和运行良好的公共交通系统可以带来重要的经济和环境效益。

交通系统的经济激励措施是难以量化的，原因在于交通项目通常是与房地产的发展相关。项目偿还时间的长短取决于所使用的技术和单位成本等因素。然而，设立交通系统的经济效益可以通过各种各样的方式来度量，他们可以获得众多的交通用户和社会。用户利益包括节省旅行时间及获得更多的就业、教育、医疗、购物和娱乐的机会。这些反过来对更广泛的公众有好处。例如，交通增加在就业和支持更高水平的经济参与性的程度上，有助于向经济注入资金，并将广泛传播和体现积极的乘数效应。此外，运输使用为那些不使用它的人可以减少成本。选用公共交通的人比选择继续开车的人更降低了街道的拥挤程度。

公共交通可以有助于产生城市群的权益。交通业能够促进城市活动的聚集，并因其高产性和低成本而有助于实现规模经济。运输投资也可以降低包括运输成本本身及公共设施或私有设施的成本，这也使得运输成本更为简洁，并因此而减少了对街道、水管和下水道的需求。

较低的汽车拥有量和使用量意味着可以减少土地的数量和停车建筑。此外，由于公共交通有效地利用了城市空间，使用公用交通出行的社区可能会减少城市交通的用地量。地铁等交通系统可以在地下运行，与地表的街道或在建筑下方的交通有着相同的地位。即使在地表上的街道运行，公共交通系统体现出更高的效率，也许是个人车辆每小时的乘客数量的3—4倍。最后，与其他机动模式相比，由于公共交通可以降低能耗、空气污染、噪声带来的低水平的环境破坏，因此可以节省成本。

公共交通可以带来大量的环境效益。一种设计较好的交通系统比乘坐汽车和摩托车等私人机动车辆更能降低能源使用量和温室气体排放量。此外，通过降低交通堵塞的办法，公共交通减少了走走停停的驾驶方式带来的多余能量和空气污染量。而且，交通系统比高速公路的规模更小，因此可以降低对自然系统和城市环境的影响。

美国公共交通协会（2009）估计，以现有的载客运输水平计算，公共交通每年为美国节省了42亿加仑（159亿升）的汽油，且每年减少3 700万吨的碳排放量。此外，美国公共交通协会测算出从通勤汽车转为公共交通上班的方式可以减少10%的家庭二氧化碳排放量；如果减少一半的汽车，这个减少量则高达30%。由于公共交通的安全记录远比汽车要好，因此公共交通还可以改善安全的状况。

挑战

尽管拥有巨大的潜力，但是公共交通还是面临诸多挑战，而解决这些问题或许成为将来的目标。这其中最重要的三个要素是融资、汽车的竞争和郊区的道路。

融资

对公共交通进行融资是一个世界范围内的关键问题。如上所述，交通系统的资本成本通常由政府资助，而许多交通系统的运营成本通过车费、其他收入和政府补贴的形式来支付。政府发放补贴的诸多原因包括环境和能源方面的好处。但是，人们对补贴也存在争议，而且在许多情况下他们的实施远非十拿九稳。现在不同地区已经出台了各种融资方案。美国的地方政府经常采用特定的房产税、消费税或燃料税的方式对公共交通进行补贴。尤其是香港特别行政区和日本等一些国家和地区，运输站点周围土地的开发是运输系统一个主要的收入来源。欧盟和美国的一些城市已经成功地对交通站及其周边，尤其是重轨站，进行联合开发，并且使用一些特殊评估的地区来带动周围的房地产的价值。因为涉及对特定的就业中心的服务志愿性型项目进行补贴，雇主税收和效果费用也资助了交通系统。

资金的不确定性使得服务的维护非常，他们阻碍了创新的发展，特别是需要承担风险的创新。如果继续保持行业的竞争力，非常有必要想办法让交通财政的基础更加稳定。

竞争

对世界大多数的公共交通系统来说，汽车行业的竞争也是一个重要的挑战。随着汽车所有权的增加，在欧盟和美国的许多大城市里交通业的总客流量一直保持稳定或有所增加，但自 20 世纪后期起已经失去了市场份额。在 21 世纪，公共交通在发达经济体中的整个出行方式当中只占一小部分的份额；美国的公共交通模式的份额上升到两位数，且只在少数城市中作为上班交通工具。欧盟和日本的公共交通占有更高的份额，但其使用汽车也已经成为主要的交通方式。

在拉丁美洲、中国和印度，非机械化的出行方式仍占主导，但公共交通的应用和汽车的所有权和使用目前正在随着收入的提高而快速增加。这就为公共交通提出了一个双管齐下的挑战。首先，随着交通主体多数从曾经的非机械化模式（如，自行车、三轮车或步行）转化而来，从而对环境可能产生负面影响（尽管公共交通可能在省时、舒适和可能性的方面提供显著的收益）。其次，公共交通与汽车相比，其运输服务为基础的评判中产阶级地位的一项指标。

目前尚不清楚这些领域的新兴中产阶级更愿意接受公共交通，还是越来越选择比如摩托车、特别汽车等个人交通的方式。汽车的优势并不明显，尤其是在街道和公路的严重拥挤的情况。另一方面，即便速度比较慢，汽车业却可以提供上门服务，而且汽车本身就是一个舒适、可控的环境。相比之下，交通业（即便采取了高进措施）可以涵盖远距离散步、等待、搬家、堵车的车站、拥挤不堪的车辆（许多发展中国家中每平方米 6 名以上乘客的情况是司空见惯的）。因此，在很多情况下，汽车的吸引力和交通服务的负面效应对那些有选择的模式来说是至关重要的因素。

政府

政府针对汽车使用的全部成本而出台的政策不是非常到位，这些成本包含拥堵和环境破坏等外部性因素。然而，随着汽车更节约能源和并带来更少的污染，一些受到批评的汽车用途已经被减少，而且公共交通的环境优势已经缩小。

此外，尤其是随着柴油燃料等排放有害健康证据逐渐增加，人们对公共交通系统污染物的排放的关注与日俱增。此外，包括美国在内的许多国家的交通补贴非常明显，而对汽车的补贴（如停车补贴）在很大程度上是隐性的；这使得公共交通的经济效益不明显。同样，公共交通对缓解交通堵塞方面的贡献也很难看到，特别是当公共汽车与单个汽车一样遇到堵车的情况。因此，交通运营商在改进车辆、燃料和操作方面的可持续性改善措施变得越来越重要。

郊区

公共交通的第三个主要挑战是全球所面临的郊区化所造成的。美国和欧盟的一些地区，交通间存在许多问题，原因在于低密度和汽车为基础的街道设计使得交通服务的成本变得昂贵的和不切实际。在公共交通要在经济、能源或环境上比私人汽车更有竞争力，那么它就要有更好的用途。就像美国有时遇到的那样，上座率很低的公共汽车或火车的经济效率，而且并不比单个运行的汽车更节省

能源，其环保性能也可能会更糟（公共汽车都必须尽可能很好地使用和维护进而来减少排放。在许多发展中国家存在一个常见的问题在于维护不善的公共汽车队可以成为严重的污染源）。

在土地使用规划较差的边远地区，公共交通系统会让城市导致向郊区公路同样的方式扩张。例如，在美国的一些郊区，交通服务只吸引了通勤交通，但其他所有的交通都是通过汽车实现的。

对于拉丁美洲和亚洲选择大众交通，郊区几乎总是保持着有效的密度，但是到城市中心工作的距离阻碍了行人和自行车前往交通站，而且长时间、缓慢的长途运输造成了利用人们很难选择公共交通。因此，许多这样的地区出现了快速增长的使用助力车、摩托车和电动自行车来代替公共汽车和铁路系统的现象。

创新

公共交通机构寻求改善服务、提高可持续性，并通过各种各样的方式来变得更具竞争力，其中许多直接面对着来自环境绩效、市场和成本的挑战。三个重要的创新在于绿色的汽车和燃料、快速公共汽车系统，以及公共交通理念的发展。

绿色汽车和燃料解决了排放柴油燃料和减少温室气体排放的担忧。新的车辆不仅更加节能，而且还将设计与减少噪声和提高寿命的材料相结合，否则不能避免对生命周期环境成本减少的顾虑。清洁燃料可以用于现有的和新的汽车，涵盖了天然气到电力推进的汽车；它们拥有不同的燃料类型，大幅减少了污染物和温室气体的排放。

快速公交系统是最初在库里提巴和巴西出现的一类服务创新,随后在波哥大、波士顿和北京等其他城市大量推广。这些系统实现了公共汽车在十字路口的专属车道,可以让公共汽车优先使用。在公共汽车、车站和票价收集系统中也设计了快速登机服务(如在登机前支付)和快速下车服务(如底盘低的汽车或升降台)。

因为行为较好的行人、自行车和支线公交汽车相结合,高质量的车站、汽车和信息系统为用户提供了舒适和便捷。这些特性共同带来了具有成本-效益和为顾客服务的结果。这提高了公交车的速度和可靠性,提供类似于轻轨系统那样低成本、高质量的服务。

快速公交系统可以作为在波哥大和哥伦比亚那样在一个城市或地区主要长途运输的中转服务,也可以像波士顿、北京和旧金山那样用来补充和连接铁路的服务。快速、安全、高效的运输服务已经吸引了包括拥有汽车的许多乘客。例如,波哥大的系统显示每天18小时中运行850辆大容量公交车,每日达到140万客流量;尽管他们拥有私人机动车,但他们最终选择乘公共汽车(C40 Cities 2009)。

公共交通发展(TOD)理念在城市和郊区通过在步行距离内交通站和车站来创建高密度混合用途的活动区域的方式创造了市场。公共交通发展也可以通过提供合作发展机会、增加当地房地产及增加消费税收益的方式为公共交通增加效益。它可以坐落在高速或传统的铁路车站,或快速公交走廊,它可以包括住房、工作和服务不同的收入群体。为在一个特定的区域内实施政策。公共交通发展可以通过支持高水平的交通使用、自行车和散步的方式帮助大都市发展。

综上所述,这些创新方法可以保障公共交通未来的安全。他们也可以帮助城市规划者建造更经济、环保和社会公平和可靠城市,而这些城市中公共交通正在发挥着关键的作用。

公共交通的未来

公共交通是一项重要的可持续发展战略,在拥有绝大多数的世界人口的城市地区尤为如此。公共交通提供了流动性和交通便利性,而且如果没有公共交通的话,世界上最大的城市在形式上不能发挥作用。

公共交通在中国、印度和拉丁美洲快速增长,它为城市工作和更好的住房需求而提供服务。在美国和欧盟,公共交通集中在大城市,但是许多中小城市也依靠公共交通来满足那些不能开车的基本迁移需求,并有助于减少交通拥挤和排放。

世界范围内公共交通的运营商稳定融资、提供环保服务、响应社会需求以及与汽车竞争方面接受着挑战。但所有方面这些都有着较好的前景。新技术、新经营策略和新城市的发展为公共交通为克服当前的困难、实现今后的发展壮大从可持续发展的角度创造了机遇。

伊丽莎白·迪金(Elizabeth DEAKIN)
加州大学伯克利分校

参见:汽车产业;航空业;自行车产业;城市发展;地方生活经济;大都市;公私合作模式;智慧增长;旅游业;真实成本经济学。

拓展阅读

American Public Transportation Association (APTA). (2009, April). *2009 public transportation fact book.* 60th ed.. Retrieved February 18, 2010, from http://www.apta.com/gap/policyresearch/Documents/APTA_2009_Fact_Book.pdf

C40 Cities. (2009). *Transport: Bogota, Columbia.* Retrieved February 18, 2010, from http://www.c40cities.org/bestpractices/transport/bogota_bus.jsp

Cervero Robert. (1998). *The transit metropolis: A global inquiry.* Washington, DC: Island Press.

Commission of the European Communities. (2007, September 25). *Green paper: Towards a new culture for urban mobility* (COM[2007] 551 Final). Retrieved February 18, 2010, from http://eur-lex.europa.eu/LexUriServ/site/en/com/2007/com2007_0551en01.pdf

National Research Council, Transportation Research Board. (2001a). *Contracting for bus and demand-responsive transit services: A survey of U.S. practice and experience* (Transportation Research Board Special Report 258). Washington, DC: National Academies Press.

National Research Council, Transportation Research Board. (2001b). *Making transit work: Insight from western Europe, Canada, and the United States* (Transportation Research Board Special Report 257). Retrieved February 22, 2010, from http://onlinepubs.trb.org/onlinepubs/sr/sr257.pdf

National Research Council, Transportation Research Board. (2009, October 1). *Economic impact analysis of transit investments: Guidebook for practitioners* (Transportation Cooperative Research Program Report 35). Retrieved November 17, 2009, from http://onlinepubs.trb.org/onlinepubs/tcrp/tcrp_rpt_35.pdf

Ng Wei-Shiuen, Schipper Lee. (2006, December). Rapid motorization in China: Policy options in a world of transport challenges. Retrieved February 24, 2010, from http://www.cleanairnet.org/caiasia/1412/article-71604.html

Parry, Ian W H, Small Ken. (2007, July). *Should urban transit subsidies be reduced?* (RFF Discussion Paper 07-38). Washington, DC: Resources for the Future.

United States Department of Transportation & Federal Transit Administration. (2009, February). *Characteristics of bus rapid transit for decision-making* (Project No.FTA-FL-26-7109.2009.1). Retrieved February 19, 2010, from http://www.nbrti.org/media/documents/Characteristics%20of%20Bus%20Rapid%20Transit%20for%20Decision-Making.pdf

Public-Private Partnerships

公私合作模式

政府作为公共部门并不总能成功地提供足够的服务,尤其是在那些贫穷和更偏远的地区。20世纪90年代以来,私人部门与公共部门一直通过公私合作的关系来提供融资机会和改善服务。在世界范围内,水利部门和环境卫生部门采用了不同类型的合作模式。

发展中国家的公共部门主要负责供水和卫生服务,管理着超过90%的管道系统。然而,总体来说,世界上许多地方的公共部门并没有成功地改善供水和卫生设施的实施和质量,特别是穷人和更偏远的地区。这些运营机构通常遇到各种各样的问题,包括服务范围小和服务质量低、人为的低关税、计费和收费困难、缺乏能力、缺乏资本投资,运营和维护不当及较差的消费者关系。20世纪90年代,公私合作模式(PPP)开始被当作是一种投资提供融资和有效地改善问题的手段。从1990—2003年,发展中国家中的一般的基础设施(通信设施;电的生产、转化和传输设施;天然气的转化和传输设施;运输设施;水

设施)都采用私有化或公私合作模式的过程(ADB 2008)。到2000年为止,私人运营商服务在发展中国家为9 300万人提供服务(Marin 2009);在拉丁美洲以阿根廷的布宜诺斯艾利斯、菲律宾的马尼拉和印度尼西亚的雅加达等大城市一些工程也在发挥重要的作用。

什么是"公私合作模式"?

虽然有大量的文献涉及公私合作关系,但是似乎没有对公司合作模式简单迅速的定义。人们通常对公私合作关系主要理解如下:公私合作关系有助于公共部门和私营部门之间以某种形式的合作来实施项目;他们还为了扩大功能向部门提供筹款或增加资源(资源包括人、技能、专家指导、知识、技术、设备、设施和备用产能)。

一般来说,公私合作关系具有许多共同的特征:

(1)正式或非正式的协议。大多数的公私合作模式是通过一个正式合同的形式来管理的,这通常被理解为一项具有法律约束力的

书面协议。但是公私合作也用来表述政府和私人组织之间其他类型的非正式协议。这些"协议"阐明每一方的责任，但弥补了不具有法律约束力协议的缺点。

（2）公私合作的本质。缺乏对PPP体制中私营部门构成形式的定义。共识的定义什么是在购买力平价的背景下安排。例如，私营合作伙伴可能是由私营公司（国际或本地的）、非正式的服务提供者（国际或本地的）、非政府组织（NGO）或以社区为基础的组织（CBO）组成。这种合作关系可能建立在双边合同协议或多边安排形式的基础上。

（3）产出。公私合作模式的一般动机在于通过联合来以最有效率和有效果的方法提供服务。例如，私营部门通常提供设计、施工、操作、维护、金融和风险管理技能，而政府负责战略规划、监管等。这使公私合伙制有别于其他形式的公私互动，比如私营部门运营商或非政府组织本质上已经可以独立承担提供某项服务（或一些服务）。

（4）由私营部门实体承担一定程度的风险。大部分公私合伙制的定义通常是指由私营部门承担一定程度的风险。公私合作模式的模型与较低的私营部门的风险是有区别的，比如服务和租赁合同与私营部门那些重要的风险，比如特许合同（Sohail 2003）。

公私合作模式的模型

现实中存在诸多公私合作模式的例子。下面将列举私营部门参与不同合约的一种典型分类方法。但是，一些变相的形式也可存在。

服务合约

在服务合约中，政府向企业实体一项特定的任务而付款。在日常的实际操作（仪表读数或泄漏检测）、工程工作和铺设管道中，服务合约由来已久。

管理合约

管理合约是政府和私营伙伴之间签署的契约，在这个合约下，私营合作伙伴因负责企业日常的管理而获得费用；但是政府在实施服务的过程中担负财务上和法律上的责任。这种合作由基层政府或当地政府为公司的管理服务来埋单。

出租或租借

这个模型中，政府代表公司来管理公共服务以获得特定的费用，通常基于销售量。但是资产的所有权仍属于政府控股的公司。

授权

这种形式的合作通常在一段固定的期间内对特许者（所有者或经营者）授予一项专属权，在这期间内特许者同样也要承担明显的投资风险。大范围的特许者模型已经在一些地区实施，但在多数发展中国家的可持续性也备受质疑。

为何使用公私合作模式？

公私合作关系是一种利用知识、资源和能力来实现公共目标的方式。公私合作模式通常被用来解决非税收入的减少（在抵达客户和付费之前减少水"损失"）、账单收集和劳动生产率的问题。而早期的合作关系模型着眼于从私人融资中获得收益，在水利和卫生部门中最成功的公私合作模式在很大程度上基于有效结合公共资金（租赁或混合项目）和私营部门。因而，公私合作模式通过服务质量、扩张到达地和增加现金流和信誉的投资等方式用来改善水利和卫生设施运营商的财务可行性，而不是改善私人融资。从长远来看，这些改进措施应该转化为更广泛、更公平、更高效、更便宜的和更有效交付的服务。然而，公私合作模式可能不会被用来改善意识形态背景或公共服务精神思想的服务（Sohail 2002a）。

具有创新性的解决方案

交通已经通过向从未接受服务的贫困地区扩大水网络的方式得到改善。比如，南非的昆士城、玻利维亚的埃尔阿托、马尼拉和布宜诺斯艾利斯。在昆士城一个较小的公私合作模式系统覆盖了 22 000 人口，还另外包含了主要低收入地区的 17 万名居民（Sohail 2005）。在马尼拉和布宜诺斯艾利斯启动对现有特许权合同的重新谈判使得低收入消费者付得起连接费用，并分别让马尼拉的 40 万人和布宜诺斯艾利斯的 26 万人受益。

布宜诺斯艾利斯采用了交叉补贴连接费用的方式；马尼拉通过遥距离测算和使用社区劳动力来降低连接成本的方法导致使得穷人的水费降低了 90% 的成本（Nickson, Franceys 2001）。然而，几乎没有证据表明公私合作模式中大规模的、正式的私营企业可以为城市贫困人口可以带来同样的结果，至少在合同的最初阶段并没有覆盖城市低收入人口（Sohail 2004）。

2000 年，发展中国家中 80% 的水利公私合作模式市场由 5 个国际水务公司所占据。然而，自 2001 年以来，发展中国家中私人运营商签订了大多数的新合同（这些合同占 PPP 项目所覆盖增长总人数的 90%）。到 2007 年为止，地方性的私营供水商为超过 6 700 万人提供服务；一些国际运营商也将他们现有的合同转移到地方性投资（Marin 2009：9）。

自 2006 年以来，水运营商合作伙伴（WOP）一直由联合国来通过分享专业知识培训和技术援助的方式推出。水运营商合作伙伴被定义为基于"非营利"基础上的"水运营商之间的合作"（UNSGAB 2006：3）。人们也许并不将这些合作归为公私合作模式合作，但是他们确实属于一种合作的方式：接受的合作社总是公共事业（水和卫生设施、排水和污水公司或废水组织），但是他们的合作伙伴可能是良好的公共（国外公共事业或本地公共事业）或私人运营商（国际私人运营商或当地私人运营商）、小规模供水和卫生服务提供者或者社区类组织。

小规模且非正式的服务提供者经常在填补服务空白中扮演重要的角色。然而，这些服务提供者往往没有正式承认或参与公私合作制。这些小规模的服务提供者实行公私合营的潜力尚未被准确地评估。

争议

发展中国家的 PPP 还没有实现其最初的期望：许多高调宣传的合同被取消，主要集中在非洲撒哈拉以南和拉丁美洲中的特许项目。在那些尚未被服务的发展中国家中，针对提高供水利设施的性能和扩展饮用水和卫生设施的交通两个方面，公私合作模式可持续性的质疑仍然存在

公私合作模式系统在筛选的过程是非常危险的，也就是说，那些对私人投资者来说最有吸引力的地区（存在大量经济体和中产阶级的大型城市）将被选中，而不是需求最大的区域。贫困地区和那里的人们通常被认为没有利润并难以服务，这就意味着连接服务和扩展服务通常不向资金不足、缺乏安全感、和那些比如农村等交通不便的地区的居民开放（Sohail 2002b）。

一般来说，服务的定价和税率是一个特别重大的问题。在大多数情况下，公私合作模式项目都伴随着提高税率（由于取决于人们更现实的定价或贪婪），这使得不能穷人享受服务。公私合作模式也可能伴随着大规模的裁员，这取决于"超编"的程度。

还有一些服务因其复杂的性质而不能引起私营投资商的兴趣；卫生领域对公私合作模式忽视是一个重要的趋势。这种情况可能存在很多原因：卫生设施往往比水设施更复杂和昂贵；接受服务的需求往往不存在；用户不愿支付；或不必要的官僚机构或监管可能约束服务实施（Sohail 2002c）。

公私合作模式要求政府具备有效的管理能力，但是这种能力往往显得不足。地方政府的官员不但需要学习如何制定策略来管理公私合作模式，而且还要学习如何在完成目前的过程中重新协商和实施这些公私合作模式。

公私合作模式的成功之处

公私合作模式并不总是有效的，但是对成功的例子的宣传比失败的例子要少很多。公私合作模式往往最适合那些可以有能力支付的人和居住地总体需要这项服务的人。如果公私合作模式是为了改善穷人的交通和服务，那么也必须在合同文件中指定，这也是与私营部门合作的最终基础。很少有合同包含首要为穷人服务的条款。投标程序和合同设计应该针对供应水和卫生设施创新的解决方案允许足够的灵活性，比如低成本或替代技术（如低深度或公用排水的管道）和灵活的计费方法及付款方式，尤其是在贫困社区（Hemson & Batidzirai 2002）。多用途的连接方式，比如卡萨布兰卡的水电特许相结合的方式提供了优化需求和资源的机会，并且应该在今后继续进一步探索。卡萨布兰卡的大规模的电力服务正在为较小规模的水利部门补贴投资（Hall, Bayliss & Lobina 2002）。

综上所述，发展一个长期的公私合作模式的商业模型是一项具有挑战性的活动，人们需要对它进一步加以探索。

M. 苏海尔（M. SOHAIL）

苏·卡维尔（Sue CAVILL）

拉夫堡大学水工程开发中心

参见： 可持续发展；发达国家的农村发展；发展中国家的农村发展；城市发展；健康、公众与环境；大都市；公共交通；水资源的使用和权利。

拓展阅读

Asian Development Bank (ADB). (2008). Recent experience with infrastructure privatization and PPPs. *Public-private partnership* (PPP) handbook. Retrieved November 2, 2009, from http://www.adb.org/Documents/Handbooks/Public-Private-Partnership/Chapter2.pdf

Gassner Katharina, Popov Alexander, Pushak Nataliya. (2009). *Does private sector participation improve performance in electricity and water distribution?* (International Bank for Reconstruction and Development/The World Bank Trends and Policy Options No.6). Retrieved November 2, 2009, from http://www.ppiaf.org/documents/trends_and_policy/PSP_water_electricity.pdf

Hall David, Bayliss Kate, Lobina Emanuele. (2002). Water in Middle East and North Africa (MENA) — trends in investments and privatisation. Retrieved November 2, 2009, from http://www.psiru.org/reports/2002-10-W-Mena.doc

Hemson David, Batidzirai Herbert. (2002). *Public private partnerships and the poor. Dolphin Coast water concession: Case study: Dolphin Coast, South Africa.* Retrieved January 11, 2010, from http://www.ucl.ac.uk/dpu-projects/drivers_urb_change/urb_infrastructure/pdf_public_private_services/W_DFID_WEDC_HemsonPPP_and_Poo_Dolphin_Coast.pdf

Marin Philippe. (2009). *Public-private partnerships for urban water utilities: A review of experiences in developing countries* (International Bank for Reconstruction and Development/The World Bank Trends and Policy Options No.8). Retrieved January 5, 2010, from http://www.ppiaf.org/documents/trends_and_policy/PPPsforUrbanWaterUtilities-PhMarin.pdf

Nickson Andrew, Franceys Richard. (2001). Tapping the market. Can private enterprise supply water to the poor? Retrieved January 11, 2010, from http://www.eldis.org/id21ext/insights37Editorial.html

Sohail M. (2002a). *Public private partnerships and the poor. Private sector participation and the poor, part 1: Strategy.* Longborough, U.K.: WEDC, Loughborough University.

Sohail M. (2002b). *Public private partnerships and the poor. Private sector participation and the poor, part 2: Implementation.* Loughborough, U.K.: WEDC, Loughborough University.

Sohail M. (2002c). *Public private partnerships and the poor. Private sector participation and the poor, part 3: Regulation.* Loughborough, U.K.: WEDC, Loughborough University.

Sohail M. (2003). *Public private partnerships and the poor: Pro-poor longer term contracts.* Loughborough, U.K.: WEDC, Loughborough University.

Sohail M. (2004). *Tools for pro-poor municipal PPP.* Weikersheim, Germany: UNDP, Margraf Publishers.

Sohail M. (2005). *Public private partnership and the poor. Case study: Revisiting Queenstown, South Africa.* Loughborough, U.K.: WEDC, Loughborough University.

United Nations Secretary General's Advisory Board on Water and Sanitation (UNSGAB). (2006). Hashimoto action plan: Compendium of action. Retrieved November 2, 2009, from http://www.unsgab.org/docs/HAP_en.pdf

R

Remanufacturing

再制造业

目前，我们面临的大多数环境问题的挑战都与生产和消费方式的不可持续有关。所谓的"闭环产品系统"（产品废料可用做其他用途）在应对这些挑战时可以提供重要的价值，但除非存在以一种经济的方式来解决回收产品的技术，否则他们对制造商的成本来说是昂贵的。再制造业提供了再利用和资源化选项之间的最大净效益。

再制造业是这样一个工业过程：处理已退役或丧失功能的产品或模块，并使之回到"如新"的状态。然而，在许多情况下，再制造的产品或模块可以比新产品更好，这是因为在产品的使用过程中反映出来的问题在再制造过程中不会被重复。比如，那些被证实使用寿命比需求短的零件将被替换为寿命更长的零件。再制造业需要修理或更换磨损或过时的组件和模块。因为性能退化而影响性能和预期寿命的零件将被取代。再制造业与其他恢复过程的不同之处在于其完整性：再制造业的机器或组件应该与新机器一样满足相同的

客户期望、性能、可靠性和生命周期。

在一个典型的产品生命周期内，产品始于原材料。原材料通过一系列的制造和装配操作，被加工、精炼和制成为一个有用的产品。然后，产品被投入使用。在这种线性模型中产品的末端，产品将被处理。在大多数的处置阶段中，一个产品返回地球生态系统的形式完全不同于其组成部分。例如，塑料部件开始为液体石油；这些部分可以回收来制作新的部件，通过焚烧处理为气态的副产品释放到大气中，或者只是简单地返回到废弃物填埋场，而填埋的过程将需要几十年（或更长时间）降解。

另一种产品生命周期模型（如图1所示）可以被描绘成相连接的链条，其每个链接代表一代产品。这种可持续发展的生命周期方法最初处理并加工原材料，从而开启其产品生命周期的引擎，但随着产品多代的更迭，最终却很少依赖这些原始的材料。每一项环节都被产品自身产品末端的组件、零件和回收物所内

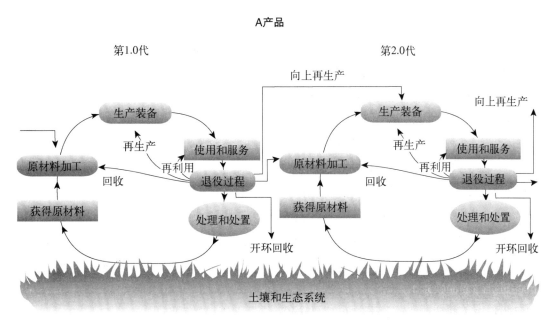

图1 第二类产品生命周期模型使用更少的原材料

第二类产品生命周期模型通过多代产品发展，使用（再利用）与最初相同的原材料，因此比典型的制造方法更少地依赖原材料。使用更少的原材料显然拥有经济效益和环境效益。

部供应，使用新的原材料来组成再生原料。随着产品创新的发展，每个环节都为下一代的产品生命周期提供产品。

图1的产品生命周期显示了6项处理生命周期末端产品的特点：

（1）再利用：从一个系统中移除组件或产品，再将其安装在另一个系统使之执行其原始功能。一个例子是将汽车的引擎去除并后续组装，经过轻微的清理或翻新后变成另一辆车。

（2）再制造：经过对产品的部分或全部组织拆卸、清洁、检查、修复、更换和重新组装，从而使其变为看起来新的状态。然后，系统中投放使用的零件或产品与其最初使用时类似。如发动机、发电机、水泵等汽车零部件通常在寿命快完成时进行再制造，因此还可继续使用。

（3）升级再制造：经过对产品的部分或全部组织拆卸、清洁、检查、修复、更换和重新组装，从而使其变为看起来新的状态，将其合并在一个升级的系统或新的模型当中。这可能需要在生产过程中加入新的特征。

（4）闭环回收：回收部分或整个产品的材料，并使用该材料制造相同类型的零件或产品。例如，塑料胶卷罐有时被放在地面上来补充原始材料，从而生产出新的胶卷罐。

（5）开环回收：回收部分或整个产品的材料，这些回收物用于制造其他产品。例如，从市政收集回收的塑料牛奶罐流转换为包括地毯和绝缘材料等许多不同的产品。

（6）处理和处置：由于没有可行的市场，将零件、产品或其副产品返回至生态系统。这种方法的两个例子就是焚烧和填埋处置。

当代全球商业化的再制造行业主要应用

于汽车行业。但是,现在的再制造活动也包括墨盒、办公家具和设备、交通、建设、和电气设备、医疗设备、机床、压缩机和其他重型机械。

虽然意指全球范围和意义的企业,再制造业(通常缩写为"reman")可能是最容易被研究人员忽视的产业。只有两个主要针对美国再制造业的调查(Lund 1996;Lund & Hauser 2003),他们评估有限数量的广泛指标,包括公司的数量、年度销售总额、总直接就业人数和产品领域的数量。朗德(Lund)在1996年的研究预测美国再制造业价值为530亿美元,包含73 000个企业以及48万直接劳动力,但是也指出这些预测"远远不够精确"(Lund 1996)。

最近对再制造业广泛的研究发现,从事再制造业公司在位置、产品和市场上多样化;与相关业务活动进行再制造时体现为多方面化;规模特别小、独立和私有化;与原始设备制造商(OEM)竞争,但也非常依赖他们(Lund & Hauser 2003)。

这些研究还只反映出整个再制造产业的一小部分,尤其是独立的再制造厂商和一些原始设备制造商,这些原始设备制造商生产销售采购公司旗下的产品。作为世界上最大的再制造部门,美国国防部和其他政府部门与领先的原始设备制造商再制造厂商并未完全在这些研究中得以解决。

任何试图调查再制造业完整程度的研究必然受到这些现实的制约。

再制造业的历史

19世纪初的工业革命之后,当企业逐渐意识到许多机器因为日常磨损无法使用时简单丢弃的成本太高,再制造业就出现了。铁路设备制造商非常拿手按照新标准对磨损的蒸汽机车进行再制造,然后转售给负担不起最新的动力的铁路线。汽车行业也是再制造业的最早实践者之一。到1910年为止,汽车轮胎方面的再制造业(轮胎翻修)已经发展为一个行业。福特汽车公司在20世纪30年代初开始将再制造的原则和实践应用于重建汽车发动机。第二次世界大战后的几十年里,再制造的概念被卡特彼勒公司(未注明日期)、施乐公司(King, Miemczyk & Bufton 2006)及其他跨国公司、连同众多的较小规模(一个或两个员工)的运营商所采用。

再制造业从20世纪70年代初的环保运动起进入了一个新时代,其导火索是包括化石燃料的消耗、引起气候变化的有限的资源等工业需求对世界所带来的环境后果。再制造业作为一项可持续的、低废物排放的经济,被视为一种预防性措施。

在认识到需要控制资源消耗和废物产生的背景下,美国总统的可持续发展委员于1999年建议将再制造业作为一种潜在的手段来"关闭物质和能量流动的循环",援引自产品在其生命周期的结束时其成本和能源的高效性(PCSD 1999)。制造商对再制造过程回收的固有好处也日益升值。回收减少了产品对可以再次使用的原材料的需求,再制造保留了产品的几何形状,所以原来产品的材料本身和增值(包括劳动力、能源和制造过程)都得以体现。

再制造业带来的好处

再制造业的存在是为了取回嵌在一个产

品的增值价值，这具有重要的环境效益和经济效益。再制造业通常被称为"回收的最终形式"，这是因为它保留了产品蕴藏的能量。再制造业的策略不仅避免了（金融上和环境上的）处理成本，而且还可以收回产品蕴含的价值，并更有效地使用资源（Nasr 2008）。

经济上的好处

再制造业的经济收益是可以量化的。假使每一个零件都被看作是一项资产，那么恢复价值（通过再制造、回收或者能量恢复的过程）可以计算为任何零件在其产品末期的价值减去恢复其价值的成本（所有成本的总和需要去掉服务和处置的过程）。

对消费者来说，再制造业的产品平均以一半的成本提供了与品牌新品相同（或更好）的性能和寿命。所谓的新生品失败，是指那些通常与缺陷相关的新零件已经被淘汰，而且那些已经使用的零件也已经开始被淘汰了。因此，所生产的产品已经被打破、现场证明和翻新（Nasr 2004）。

环境上的好处

通过减少废物方式的再制造业存在切实的生态效益。2004年，柯达公司改制1/10亿的一次性相机。他们将相机设计成为产品的77%—90%（按重量计算）可再制造且多数不可在制造的组件是可回收的。这减少了1 600万磅的混合塑料和900万磅的电路板进入废物流（Eastman Kodak 2004：15，23）。

再制造业回收了许多原始的增值（包括能源、劳动力和原材料）的产品。例如，与原来生产一个新的轮胎需要近9加仑（26升）相

比，一个典型的乘用车轮胎翻新仅需要2.3加仑（9升）的石油；翻修时更大的规模更大的重型轮胎时可以省下更多的石油。因为再制造业创建新产品时省下了85%的物质和能量，所以再制造商们在许多市场中的新产品竞争中具有内在的有利的经济条件。

通过减少废弃材料的数量，再制造业也减少了其操作过程中带来的温室气体排放量，原始生产所需的总能量与再制造业相比大约是6∶1（即每千瓦时的能源用于再制造约等于避免了6千瓦的普通生产过程）。

因此，再制造业有助于可持续发展的实践。再制造由于增量升级延长了产品的生命周期。例如，破损的自动售货机可以按照实际需求更换磨损部件或配备最新的电路板和硬币识别技术，或在外观图形面板重组价格，通过这些过程，重新制造的自动售货机达到比新机器更好的条件。这个过程可以根据需要和实际情况进行重复。

再制造业实际上可以在任何位置利用其环境友好型的品质。这些品质在发达和不发达地区同样适用，也使得再制造业成为一项全球范围内有意义的活动。

因为再制造业生产出与新产品在功能上一致的产品，业内通常使用与新设备制造商相同的标准。举一个例子，2007年美国环境保护署对机车和船用柴油发动机提出了更严格的排放标准："除有限数量

的例子外，这项（这些）规定将适用于所有长途运输、旅客和在美国广泛使用的开关机车，包括新机车制造和再制造机车。"（EPA 2007）

再制造业概览

美国的再制造业务大致分为两个主要部分：军用和民用（即非军事）。非军事部分进一步分成许多的主要工业产品产业和子产业。

军用（车辆、飞机和设备）

美国国防部是世界上最大的再制造部门。军方再制造业包括地面车辆、飞机、武器系统、船舶和固定设备。这一领域的活动包括翻新、升级、转换并完成再制造。完成再制造的过程通常被称为"将里程表归零"。

非军事用再制造业

与国防部无关的再制造业越来越受关注，其成功之处（虽然绝不仅限于此）在于以下产业和子产业：

（1）汽车：内燃机（柴油）、流体动力缸和制动器、马达和发电机、汽车零部件和配件以及运输设备；

（2）电气：蒸汽、天然气、水利涡轮机；农业机械和设备；电动手动工具；电气焊接设备；水泵和抽水设备；配件；电子医疗和电子治疗装置；

（3）家具：木质办公家具和非木质办公家具的子产业；

（4）机械：工业阀；蒸汽、天然气、水利涡轮机；内燃机（柴油）；机床（刀具类型）；机床（锻压类型）；纺织机械；印刷业机械设备；食品机械；

（5）医疗：电脑周边设备、外科手术和医用的器械和仪器；X射线机和管；电子医疗和电子治疗装置；

（6）轮胎：轮胎翻修和修理店，以及汽车零件和配件；

（7）成像产品：打印和复制设备、调色剂和墨盒、外围设备和加载模块。

再制造业的产品

再制造业的产品包括CAT扫描仪、印刷机和船用发动机、轮胎、燃料泵、健身器材、邮戳机和墨盒。在21世纪，再制造业已经扩展到以前由新生产领域占据的领域，例如医疗设备："再制造医疗设备在医疗行业是一个日益增长的现象。目前的设备类型（再制造的）范围涵盖了从新生儿监视器和麻醉喷雾器等设备到钳、内视镜、膀胱内部检验镜等外科手术的设备。许多公司也正在再制造用过的一次性设备，如导管、外科手术切割工具及配件"（Basile & Quarngesser 2007）。

行业的地理调查

再制造业定位于在任何位置使用或利用其环境友好型品质。这些品质在发达国家和发展中地区也同样适用，这使再制造业成为一项全球意义上的活动。地理调查将再制造业的地区分为4个主要区域：美国、欧洲、亚洲和澳大利亚。

当代美国的再制造业成为一项主要的业务，涵盖了大约73 000个再制造企业，其年销售额近530亿美元。仅汽车零部件市场的年销售额就接近370亿美元（Lund & Hauser 2003）。

欧盟各国通常由欧盟立法来积极促进再制造行业。由欧洲议会2002年通过的《废弃电气和电子设备的指导（WEEE）》设定了欧盟成员国电气和电子设备制造商收集、回收和恢复所有类型电器的目标；它也影响任何同欧盟成员国做生意的团体。这个指导通过实践激发了提高再生率和回收率的兴趣。

印度、中国、日本、澳大利亚和其他亚洲国家的再制造活动欠发达。诸如卡特彼勒等大型公司在新加坡和中国专门投资了先进的再制造设施。亚洲还拥有许多较小的回收运营商，尤其是碳粉匣的再制造商和供应商。

再制造业经济

再制造业的影响远远超出了实际的再制造过程。如罗伯特·朗德（Robert Lund）（1996）所说："再制造行业的销售量大于整个耐用消费品行业出货量的价值（电器、家具、音频和视频、农场和花园设备）。""售后市场汽车配件和轮胎翻新是两个主要的再制造产业领域。"

售后市场汽车零部件行业属于规模最大、最繁荣的再制造领域之一。"北美有将近6 000家再制造发动机的机器商店，他们以一种或另一种形式存在。拥有25亿美元，发动机再制造产业每年在北美再制造了大约220万台发动机"（PERA 2007）。

在轮胎翻新再制造行业，"翻新轮胎持有飞机起落架80%的替代市场份额，因为几乎所有的航空公司在需要的时候都采购翻新轮胎。土地挖掘机等越野机器是轮胎翻新的另外一个大用户。知识渊博的翻新轮胎客户包括美国邮局（20%的更换轮胎）、法国的法国邮政、其他快递公司（联邦快递、UPS等）和公

交车队运营商"（Ferrer 1997）。

研究和教育

历史上，再制造行业一直缺乏同行业研究组织的可见性和有力联系。因此，只有有限的相关研究推进再制造行业今天的状态；然而，这预示着行业和学术合作具有丰富、未开发的机会和对两者互惠互利的前景。

美国主要的再制造研究中心位于纽约罗彻斯特市的罗彻斯特理工学院（RIT）。这些中心包括国家再制造和资源恢复中心（主要是致力于研究和开发）和位于罗切斯特理工学院校园的戈利萨诺（Golisano）可持续发展研究所（致力于可持续发展教育和包括经济学在内的学术研究）。

与再制造业相关的研究在过去的十年里持续增长。澳大利亚的新南威尔士大学、柏林技术大学和宾州州立大学等高校也在开展再制造业方面的研究工作。

趋势和未来的方向

在未来几十年里，再制造行业将在许多领域面对条件的变化。这些新的经济条件将迫使再制造业适应现有的工业实践，并学习和采用新的实践来保持可行性和竞争力。

随着汽车和卡车市场从传统内燃机由替代能源（如氢气、混合动力系统、燃料电池、乙醇）取代化石燃料，再制造产业将出现新的机会，比如再制造燃料电池组件、混合动力汽车电池组件和其他相关的核心技术（National Center for Remanufacturing and Resources Recovery 2008）。

新军事硬件成本的增加将进一步促使再

制造部件、系统和整个车辆延长他们服役寿命。较强的环境立法和上升的废弃物填埋场成本可能会使以前被视为不够划算的消费者产品通过再制造过程变得十分重要。这将为再制造业形成新的根基和现有公司发现新的增长潜力带来机遇。

研究员罗伯特·朗德（Robert Lund 1996）将再制造行业的特点认定为"隐藏的巨人"，因为它保留了现存货物的当前价值，而不是创造引人注目的新价值。未来环境法规更加严格，原材料价格和使用寿命到期产品的处理费用也会上升，但是希望再制造行业在全球经济

和环境可持续性方面最终被认可为具有主要推动力的一个关键因素。

戈利萨诺（Golisano）
罗切斯特理工学院
纳比尔·纳斯尔（Nabil NASR）
可持续性研究所

参见：汽车产业；摇篮到摇篮；工业设计；绿领工作；集成产品开发；清洁科技投资；生命周期评价；制造业实践；自然步骤框架；产品服务系统；钢铁工业；供应链管理；零废弃。

拓展阅读

Basile E M, Quarngesser S S. (1997, January). Remanufactured devices: Ensuring their safety and effectiveness. *Medical Device & Diagnostic Industry*, 19, 153−166.

Caterpillar. (n.d.). Remanufactured products. Retrieved February 9, 2010, from http://www.cat.com/parts/remanufactured-products

Eastman Kodak Company. (2004). *Health, safety, and environment: 2004 annual report*. Retrieved November 4, 2009, from http://www.kodak.com/US/plugins/acrobat/en/corp/environment/04CorpEnviroRpt/HSE2004AnnualReport.pdf

Ferrer Geraldo. (1997). The economics of tire remanufacturing. *Resources, Conservation and Recycling*, 19(4): 221−255.

King A, Miemczyk J, Bufton D. (2006). Photocopier remanufacturing at Xerox U. K.: A description of the process and consideration of future policy issues. Daniel Brissaud, Serge Tichkiewitch, & Peggy Zwolinski, *Innovation in life cycle engineering and sustainable development* (pp.173−186). Dordrecht, The Netherlands: Springer.

Lund Robert T. (1996). *The remanufacturing industry: Hidden giant* [Report]. Boston: Boston University Press.

Lund Robert T, Hauser William. (2003). *The remanufacturing industry: Anatomy of a giant, a view of remanufacturing in America based on a comprehensive survey across the industry* [Report]. Boston: Boston University Press.

Nasr Nabil. (2004). Remanufacturing from technology to applications. Gunther Seliger, Nabil Nasr, Bert

Bras, et al,. *Proceedings of the 3rd global conference on sustainable product development and life cycle engineering 2004*(25−28). Berlin: Uni-Edition.

Nasr Nabil. (2008). *Assessment of subassemblies and components for remanufacturability*. Rochester, NY: Rochester Institute of Technology.

National Center for Remanufacturing and Resource Recovery. (2008). *Characterizing the U.S. remanufacturing industry*. Rochester, NY: Rochester Institute of Technology.

President's Council on Sustainable Development (PCSD). (1999). *Towards a sustainable America: Advancing prosperity, opportunity, and healthy environment for the 21st century*. Retrieved November 4, 2009, from http://clinton2.nara.gov/PCSD/Publications/tsa.pdf

Production Engine Remanufacturers Association (PERA). (2009). Frequently asked questions. Retrieved November 4, 2009, from http://www.pera.org/faq.htm

United States Environmental Protection Agency (EPA). (2007). *EPA proposal for more stringent emissions standards for locomotives and marine compression-ignition engines* (EPA420−F−07−015). Retrieved November 4, 2009, from http://www.epa.gov/oms/regs/nonroad/420f07015.pdf

Risk Management

风险管理

风险管理包括企业竭尽所能地减少和控制其运营造成的危害。以前，量化风险的不确定性导致难以评估可感知的威胁，它们可能影响到公司的财务状况。但新的模式让企业更准确地衡量风险，甚至在以前认为风险太大在市场中取得竞争优势。

所有希望在现代市场上成功的企业都需要保持风险最小化和机会最大化的平衡。风险是指能够影响一个组织实施战略和完成目标能力的一些事件或动作。虽然企业不断面临着各种风险，比如从项目失败到工业事故，但是一些最复杂的风险与社会、环境和政治问题有关，而有效地管理这些风险的核心在于成功的可持续发展战略。

社会风险面临着社会关注的商业实践所带来的挑战。这些挑战可能包括缩短劳动力的疾病、在当地社区制造紧张局势或引发经济处罚的环境问题、损害公司声誉或导致诉讼的人权侵犯、由商业行为负面看法引起利益相关

者的反对意见（例如，公司的政策或行为直接或间接地影响个人或团体）。

环境风险通常被当作社会风险当中的一个项目，包括那些对公司产生影响的环境问题。这些问题关注气候变化和潜在的立法来减少企业的影响。它还可以包括由于生产和丢弃电脑和手机等产品带来的污染问题。公司可以因为在生产过程产生污染而被罚款，而且生命周期末期产品的适当处理也有专人负责。

政治风险是指运用政治权力来威胁公司的价值的方式。这包括国有化或强迫性伙伴关系的公司，比如在委内瑞拉、玻利维亚和其他的拉美和南美地区；它还包括2001年9月11日造成的国际政治格局改变，以及随后在伦敦、马德里和孟买的炸弹事件，这都对商业造成了影响。

社会和政治风险之间的区别往往是模糊的。不同部门在不同地点的各种经历问题可能带来不同的问题。比如气候变化的问题可

能导致一个地区通过立法来惩罚公司,进而刺激在其生产实践中创新,这也使得立法尚不到位的市场可以取得成功。

环境风险、社会风险、政治风险这些广泛使用的形式也称为地上风险(如矿业、石油和天然气行业)、非技术风险和非商业性风险。

风险和可持续性

政治腐败、童工、肥胖、全球恐怖主义、掠夺性的政府和环境污染等问题为商业既带来了挑战,也带来了机遇。事实上,设定环境的可持续性目标经常基于公司、行业或地区所面临的社会和政治风险而引起发现和抓住机遇的结果。企业的可持续发展战略和社会、政治风险管理之间也形影不离。

处理"领导地位"的公司将社会和环境问题的责任视为产生增长收入的资产,而不是仅仅关注与它们相关的负债成本。他们认为旨在确保强大的社会和环境绩效用的业务和系统的投资经常可以为改进流程、生产质量、效率、产量、声誉、盈利能力及较低的风险来支付股息。例如,丰田公司的领导人设想可能改变其工业和威胁未来的市场份额。他们在几十年前就开始关注气候变化,并最终在1993年召集团队创建了21世纪的第一大汽车公司。由于许多技术突破、生产创新和精心的营销,丰田公司的销量超过100万款普锐斯——1997年引入的电混合动力汽车。这是同类竞争者混合动力汽车的5倍。

风险管理现阶段的实践

风险管理包括机构用于减少或控制有害于实现其目标的所有活动。对商业来说,实行

或分析财政信息对不同选择和有效的决策带来最严格的评价。然而,公司不断通过各种有意义的方法将社会、环境和政治风险都整合在金融方程当中。如果在投资决策时不考虑这些风险将会在分配资源的过程中遗漏掉关键的要素。2007年,美国注册会计师协会(AICPA)的一项调查显示,84%的公司没有正式地将社会、环境和政治风险整合到金融计算当中。因此,企业在一般情况下对这些风险决策都基于个人偏见,或者他们在陌生的领域任意分配更高的风险溢价项目,他们并没有将管理的关注点放在降低风险上。缘何于此呢? 许多分析师错误地认为测量社会、环境和政治风险是不可能的。这些风险历史上也更多地被描述性的分析,而不是通过反映他们财务影响的方式。

公司历来采用两种方法来评价和管理社会和政治风险: 定性和定量的方法。但是,这两种方法都不允许公司使用相同的技术来评估其他类型的风险,如业务的连续性(灾难或其他意想不到的事件中断关键功能的风险)、信息安全或币值波动。

定性分析过程

20世纪70年代,提炼业和银行业的跨国公司开始创建内部团队来评估政治和社会风险。这些团队制作详细的简报来定性风险评估。这些简报概述世界各地开展业务所面临的挑战。20世纪80年代开始,公司常常雇佣顾问来撰写这类报道。这些报道对某些风险提供了良好的洞察力,比如政变的可能性或一

个国家的使用奴隶劳力的可能性,但是这些简报并没有明确地将这些风险与公司的底线相连接。如果不知道这些风险的成本,管理人员无法将信息整合到评估业务的其他量化数据当中。因此,这些简报中包含的重要见解有时被降级为公司商业计划的注解中。

量化分析过程

由于纯粹的定性方法存在缺陷,一些分析师开始量化政治和社会风险,使其对企业经理来说更有意义。许多方法被开发出来并投入使用。

记分卡

反映潜在的政治和社会风险的指标(如,司法独立、腐败和政权颠覆)被评估并被制定为一个数值。然后,将不同的指标汇总和赋予权重所得出的最终的"分数"用来计算一个国家的整体风险。这样的得分是有用的,因为它可以比较国与国之间的区别。但它不能被业务决策者直接使用,因为风险并未转换为货币的形式。

统计分析

电子数据表应用程序的出现(如"水晶球软件",一个自动生成方程获取不确定性的分析工具)可以定量地分析风险。这种软件的结果将最敏感并应该引起重视的问题(敏感度分析)或者用累计概率曲线将项目潜在经济效益展示给项目经理。但是,由这些计算提供的图表、图形和动态模型不能融入金融评估,因为他们不能生成投资回报率(ROI)的数据、政治或社会风险系数(金融计算用于比较单个公司风险和整体市场风险一个指标),或可以包含在金融计算的其他货币结果。

情景分析

风险绘图将各种风险的预期程度划分在图表当中,可能的频率设定为水平坐标,而预期的严重性为垂直坐标。这样的模型作为一个沟通工具非常有用,使得管理者能够直观地分配资源,模型成为衡量各种类型风险的一种方法。当前的风险绘图并不提供链接到对于比对竞争项目至关重要的财务报表当中。但是经过包括将所假设的后果赋予货币值等一些调整,风险地图上的轴点可以与财务数据相联系,并可整合到投资回报率的计算当中。

调整的贴现率和资本的成本

将社会和政治风险整合到金融模型的一个方法是创建一个关于折现率或资本成本并用于现金流预测的计算。这可以通过创建一个社会折现率来实现,该折现率采用加权平均的资本成本(WACC)和传统的资本资产定价模型(CAPM)(社会折现率是确定一个项目所提供捐献资金的价值,如学校、高速公路系统或环保项目等将在某种程度上造福社会)。在处理可能出现社会和政治风险特征的市场时,这种调整的WACC要考虑社会和政治因素。然而,这种调整风险系数的计算过去主要参照政治风险咨询公司的标准国别分析比率方法,它对实现所需的目标过于宽泛。虽然社会和政治风险对不同的公司及其声誉带来的影响不同,但是这些评级即使在同一个国家也不分行业的、项目或公司类别。

有效的风险管理

有效的风险管理包括判别可能的社会政治和企业环境风险,然后对这些风险进行测量和管理。以货币的形式汇报风险是将它们集成到财务规划和企业战略当中一个重要步骤。货币化和更好地管理这些非传统风险的方法之一是在略微改进的投资回报率计算中包含这些风险。管理者通常计算衡量投资的盈利能力的投资回报率来决定日常运营和资本投资的计划。投资回报率之所以是测量公司绩效最受欢迎的方法,是因为它是首席执行官们和首席财务官们最熟悉的方法。为了让这样的分析过程更加完整并改善对于运营和资本投资的决策,传统的政治和社会风险必须通过下面几个阶段计算投资回报率,这使得投资回报率在有效的风险管理当中更为明确和恰当。

第一步:生成选项。第一步是在包括企业的社会和政治风险修改的投资回报率计算中确定可能最小化风险的各种选项,比如在一些国家投资或在供应链中包括一些供应商。这种思想被称为"实物期权"。然而,实物期权计算方法与其复杂性在金融环境和股票期权计算以外并不能使用。这种类型的思想被用于金融战略规划阶段,而不是事后的过程当中。这有助于阐明风险和潜在的影响。

第二步:计算收益和成本。计算与每个可以产生社会和政治风险相关事件的收入和成本。例如,如果一个公司雇佣童工,收入的部分将计算儿童和成人之间的工资差异。通常来说,具有积极的价值利益问题将被视为收入。然后,将计算与童工风险相关的潜在成本,如公众发现这个事件后带来的销售损失。许多行业的声誉因为在他们的供应链中使用童工而受到严重的损坏,一些公司已经停止使用童工。2001年,巧克力行业的主要公司,如好时公司、吉百利公司和雀巢公司意识到在象牙海岸可可种植园绑架和强迫的童工会玷污他们的声誉并致使其销量减少。如果这个行业中的这些公司提前计算了这些成本,他们可能避免这些种植园采购来采取缓解策略。社会和政治风险的最大成本通常是由于消费者抵制和抗议所带来的名声和销售的损失。

第三步:估计概率。在计算每项风险的潜在成本后,粗略估计(以百分比的形式)每个风险发生和伤害公司的可能性,这就是估计的概率。为每项风险指定估计的概率值。

第四步:计算预期值。用估计成本乘以风险会发生估计概率来计算每项风险的预期值。

第五步:计算净现值(NPV)。计算每项风险的净现值。需要注意的是,每个事件在不同的时间出现都会带来风险。净现值计算社会和政治风险与计算传统净现值的方式相同。贴现的方法使用财务会计中的传统贴现率的方式计算每一项社会和政治因素带来的风险。

第六步:汇总社会和政治风险的净现值。各种社会风险和政治风险的净现值计算完成后,将社会风险净现值加在一起,再将政治风险的净现值汇总。

第七步:将结果整合到传统的投资回报率计算过程。将社会风险的净现值和政治风险的净现值融入常规的投资回报率计算过程，为每一个社会和政治风险提供显示计算的好处、成本、概率和预期值的时间表。这可以使高级经理同时看到他们将要面临的结果和流程。

防御型和创新型的风险管理

识别并衡量社会和政治风险，再将它们整合到投资回报率的计算，这个过程提供了实施全面风险管理策略的基础。虽然财务风险可以共享或转移（通过保险的形式影响合资伙伴或其他实体），但社会和政治风险通常是不可能与之类似。公司都与勇于承担或开展公司名下业务的供应商合作的条件下运行。

管理社会和政治风险包括制定政策和规划来识别、测量、监测、响应和报告问题产生的风险。

有 5 种方法来管理企业的风险：

- 为风险投保；
- 规避风险；
- 减小风险；
- 围绕风险进行创新；
- 上述方法的组合。

为风险投保是管理风险一种最传统的方法。然而，许多保险政策并不能完全覆盖政治和社会问题，这可能出现的一些最大的危机，如没收所有财产、强制企业与政府合作或被迫重新合同谈判。

规避一定的风险是遭遇社会和政治问题的另一个选择，最好是预先确定威胁并寻求替代方案。例如，为了避免潜在的政治风险，公司可以决定在　个低风险的地区开展业务。为了缓解如无偿加班等社会风险，可以在工厂实施工作时间监控系统来追踪其产品。

通过实施测量政治和社会风险的行为，公司变得善于识别、管理、甚至创新风险并创造新的商机。事实上，公司只关注下行风险会丢掉忽视提供重要的创新可能性和创造竞争优势的机会。

通用电气（GE）在 2005 年推出了"绿色创想"，它致力于解决环境挑战。公司在很多人只看到风险的领域找到了机会。

其他公司通过诉讼和宣传以避免环境影响的责任，而通用电气却投资于越来越受关注的环境问题，他们开发产品了节能灯泡和混合动力机车等产品。绿色创想成为推动该公司增长的一项商业战略——这个项目 2006 年的收入超过了 120 亿美元。通用电气并不是这个领域内唯一的公司，许多公司从传统上被视为风险太大的问题上发现了赚钱机会。

麦当劳公司是企业将风险转变为机会的另一个例子。在整个快餐行业因为导致肥胖受到攻击的背景下，麦当劳意识到客户的偏好发生了改变，公司的反应是制造更健康的食物。麦当劳公司开始提供更吸引人的沙拉，并与纽曼私传公司合作提供全天然的沙拉原料和优质咖啡。现在，麦当劳公司还在开心乐园餐提供切片苹果的服务。因此，在其他快餐连锁店正忙于应对肥胖的威胁诉讼和客户偏好的变化的时候，麦当劳的销售额和股价却不断上升。

对于那些意识并抓住他人视为风险的机遇的公司，创新是其核心。创新可以是一个突破性的想法；它也可以是在有风险或不可见市场当中的一个新模型。

对21世纪的展望

在一个日益全球化的世界里，企业越来越意识到他们需要更好地识别和管理社会、环境和政治风险。这些风险可以沿供应链在公司开展业务的地区中浮现。有时，这些风险与产品或生产方法及其对环境的影响有关。公司同时开始关注这些一度被单纯认为是威胁的风险，并制定策略来投资特有的可持续性问题：员工问题（解决童工和工人加班的策略）、消费者问题（解决肥胖和更健康饮食的策略）和环境问题（通过更好的生产方法和绿色产来解决减轻污染、全球变暖等策略）。为了实现这些利益，风险需要经过一个充分识别、量化和降低风险的系统进行评估和处理。日益强大的应对风险问题的方法使一些公司获得竞争优势的机会。随着这些成功的例子的广泛影响，社会、环境和政治问题也可能越来越普遍地以货币化的形式列入财务报告和项目计划当中。

塔玛拉·贝克菲（Tamara BEKEFI）
代达罗斯战略咨询事务所
马克·J. 爱泼斯坦（Marc J. EPSTEIN）
莱斯大学

参见：会计学；气候变化披露；金融服务业；人权；清洁科技投资；社会责任投资；领导力；市场营销；绩效指标；社会型企业；供应链管理；可持续价值创造；透明度。

拓展阅读

Bekefi Tamara, Epstein Marc J, et al., (2007). *Managing opportunities and risks.* New York: American Institute of Certified Public Accountants.

Bekefi Tamara, Epstein Marc J. (2006). *Integrating social and political risk into management decision-making.* New York: American Institute of Certified Public Accountants.

Birkbeck Kimberley. (1999). Forewarned is forearmed: Identification and measurement in integrated risk management. *The Conference Board of Canada Report 1999* (pp.249–299). Ottawa, Canada: Conference Board of Canada.

Campbell, Ashley, & Carment, David. (2002). *The private sector and conflict prevention mainstreaming: Risk analysis and conflict impact assessment tools for multinational corporations.* Ottawa, Canada: Carleton University Press.

Day George S, Schoemaker Paul J H. (2005, November). Scanning the periphery. Retrieved September 7, 2009, from http://custom.hbsp.harvard.edu/custom_pdfs/DSINTR0511H2005103154.pdf

Gale Bruce. (2009). Identifying, assessing and mitigating political risk. Retrieved September 7, 2009, from http://knowledge.insead.edu/politicalrisk080204.cfm

Kim W Chan, Mauborgne Renée. (2005). *Blue ocean strategy: How to create uncontested market space and make the competition irrelevant*. Boston: Harvard Business School Press.

McGee Kenneth. (2004). *Heads up: How to anticipate business surprises and seize opportunities first*. Boston: Harvard Business School Press.

Minor John. (2003, March). Mapping the new political risk. *Risk Management*. 50(3): 16–21.

Pricewaterhouse Coopers. (2005). Predicting the unpredictable: Protecting retail and consumer companies against reputation risk. Retrieved September 7, 2009, from http://www.pwc.com/en_TH/th/publications/assets/risk_whitepaper_v2c01.pdf

Slywotzky Adrian J, Weber Karl. (2007). *The upside: The seven strategies for turning big threats into growth breakthroughs*. New York: Crown Business.

Wood Duncan. (2009, May 1). Doing business in a volatile world. Retrieved October 5, 2009, from http://www.treasuryandrisk.com/Issues/2009/May%202009/Pages/Doing-Business-in-a-Volatile-World.aspx

Smart Growth

智慧增长

　　智慧增长通过创建更紧凑的生活区域来限制城市的扩张，它包含了日常生活的方方面面：住宅、商业、工业、娱乐、商店和娱乐。智慧增长是更可持续的，因为它理论上可以减少土地使用量，并且公共交通工具代替汽车的做法降低了温室气体的排放。

　　"智慧增长"一词是指为了解决环境、社会问题与城市扩张（不受控制的城市增长）的一种城市规划理论和政策。保守的来说，智慧增长是通过它影响的问题所定义的，在不同国家甚至不同城市中的形式和目的不尽相同。它使用一些可以相互转换的名称，如紧凑型城市、新都市或公共交通导向城市。例如，荷兰20世纪70年代以来集群城市化的政策。日本的城市复兴和在当地称为machi-zukuri的国家政策（字面意思是"城镇制造"）。美国促进适合步行的社区和城市复兴的智慧增长政策，它也被称为土地利用控制和成长管理。

　　城市扩张避免不了对土地的利用，但他们也需要投资大量新的基础设施，如道路、污水系统、电力、用于取暖和烹饪的天然气以及学校、消防站和警察局等基本公共服务设施。在低密度郊区发展这些资源和服务带来很重要的环境、经济和社会影响。对汽车的依赖在环境原因和社会原因两方面都存在问题。汽车带来了交通拥堵，消耗了大量的化石燃料，而且对于那些无法开车也没有公共交通的人来说，他们参与社会活动存在一定的障碍。在日本等老龄化极具增长和郊区的年长居民被排除在社会活动之外的国家来说，这将是一个不得不考虑的问题。如果他们没有汽车就难以开展简单的活动，比如不依靠家庭成员或外部援助的情况下去超市购物或拜访医生。

　　为了克服这些问题，智慧增长促进了城市增长随时间变化的方式。一般来说，城市开发过程中的金融问题和城市形态对社会和环境发展的影响具有相等的权重。

起源

为了构成理想化的城市，智慧增长带来了非常合理的变化。其概念的起源可以追溯到19世纪花园城市运动后期社会理论家埃比尼泽·霍华德（Ebenezer Howard）的灵感（Hall 2002：414–415；Hayden 2003：202）。霍华德在他的有生之年提倡在相当拥挤的工业城市里面创造自助型的服务社区，在那样的社区里，商业和居住环境可以共存在一个最能融合城市和乡村元素的环境中。绿地和土地的公共所有权在一定程度上保证社会公平并限制增长。不幸的是，他的设想很快地被转换成花园郊区，而不是城市，并且城市中心和周边的关系使得功能被隔离，而没有实现综合一体化。第一个花园城市莱奇沃斯（1903年建于英国）考虑到当地的劳动力的情况，在城市规划中甚至包含了一些工业因素，各种社会阶层的家庭被彼此分开。更值得注意的是，几年后建成的汉普斯特德花园郊区（1907年建于伦敦郊外）甚至没有包括工业和商贸。这意味着它从一开始就注定成为通勤郊区，并依赖于城市。智慧增长无一例外（特别是后续几十年中的美国）成为城市边缘的增长模式。

尽管如此，这一概念仍然非常有影响。最著名的是二战之后形成的英国新城项目，它对欧洲（甚至在20世纪60年代的美国）推动类似的项目产生了巨大影响（Hall 2002）。然而，这些尝试的确实现了霍华德精心策划的社区目标（居民在就业和住房上自给自足），他们从未增长到可以容纳大多数城市的增长需

求。二战期间，典型的做法是采用近郊住宅区的形式来远离就业和购物地点，并且对汽车的依赖逐渐增加。尽管汽车和卡车在各国都成为日常的交通工具，但上述情况在欧洲、日本和美国的确存在。

20世纪60—70年代，发达国家的城市增长模式开始发生彻底的改变。在郊区的影响下，城市被分散，而且商业和其他功能都跟随他们的劳动力和客户迁往城市的边缘。早期的对策在于管理和限制增长，但到了80年代，重点转为制定来适应它的计划。同时，环境意识也在增长，后来在1987年出版的第一个针对现代可持续性定义的报告里，提到"既满足了现代人的需求也没有在损害子孙后代的能力下去满足他们自己的需求"（WCED 1987）。

城市规划者和理论家们开始寻找对策，并且将允许他们创建一个可持续的城市形态，但是他们不确定如何将雄心壮志转化为实际的政策和计划。许多学者的研究项目开始测试可能性，他们最关注能源使用的角色与城市形态的关系。当时一个影响重大的典型研究是澳大利亚研究人员皮特·纽曼（Peter G. Newman）和杰弗里·肯沃西（Jeffrey R. Kenworthy）（1999）的全球项目，显示世界上最少的能源密集型城市是结合了相对较高的人口密度与以铁路为基本的公共交通。根据他们的标准，香港和东京最为典型。巴黎、阿姆斯特丹、哥本哈根和伦敦等欧洲城市表现良好；美国城市如休斯敦和凤凰城则似乎严重地浪费了能源和土地。基于类似的见解，20世

纪 80 年代的一些新理论说明，许多人恢复了霍华德对花园城市的想法。在美国，皮特·考尔索普（Peter Calthorpe）提出了行人口袋（也称为步行发展和公共交通导向发展）的想法，社区内结合了住房和商业的功能，400 米（1/4 英里）内的所有房屋都有公用交通停车站和商业区域。便利的公共交通使得社区更适合步行，这在日常生活当中可以限制汽车的使用。这个概念被萨克拉门托，加利福尼亚州等几个美国城市广泛接受和推广。

同时，伴随着海滨的发展，城市规划者安德里斯·杜厄尼（Andres Duany）和伊丽莎白·普拉特塞拜克（Elizabeth Plater-Zyberk）在佛罗里达于 1979 年推出了新城市规划专家运动（有时称为新传统发展）。新都市生活也使用相同高密度混合的土地利用和便捷的公共交通作为徒步社区的规划。此外，它倡导使用传统和清晰的城市结构，常常要求传统建筑的建筑风格和材料。海滨从某种意义上讲取得了是商业上的成功，新都市生活成为美国的发展模型。在欧洲，它同样被称为城市复兴的运动，由查尔斯王子强烈推荐。根据传统主义规划师查尔斯王子设计的总体规划，查尔斯王子提倡在英格兰的多塞特郡建造新的庞德柏里镇（1988 年开始）。类似的例子在欧洲也存在，包括巴黎郊区的欧洲谷（1995）、科尔希斯特费尔德（1993）及德国波茨坦郊区。

上面的示例被视为设计型的发展过程。由策略驱动的例子也同样存在。例如，20 世纪 80 年代开始，智慧增长政策正式被美国的几所城市所采用（尤其是佛罗里达州、新泽西州、俄勒冈州和马里兰州）。这些政策是多样化的，每个州或城市都倾向根据不同的优先级去工作，但都是基于促进紧凑发展、保护环境质量、提供交通方式、支持保障性住房和改善财政状况而进行的（Ingram et al. 2009）。

1966 年，荷兰将集中式的模式作为整个国家城市发展的基础。它开发相对密集的卫星城镇开发郊区，从而保护了绿地。这种早期政策的焦点并不是限制汽车的使用，也没有包含环境议程。随着可持续发展意识的增强，20 世纪 80 年代情况发生了改变，国家更加专注于创造紧凑城市的政策，从而能够处理环境问题，如减少汽车的使用量和增加公共交通。

正如之前提到的例子，紧凑城市有着共同的目标：高密度、使用混合土地、易于使用公共交通。在 20 世纪 90 年代，日本也将紧凑城市模型作为城市复兴政策的一部分。值得注意的是，这个计划的目的与人口老龄化的政策管理相关，但还不是管理城市增长主要的工具。

智慧增长如此广泛地被实施，这确保了建造可持续城市形态方面许多实验的发展。自 2000 年以来，研究人员一直关注那些模型的成功和失败，并提出替代品或修改模型。

智慧增长的特点

智慧增长有很多种，但多数版本具有以下特点：

（1）混合土地使用：住宅、商业、甚至鼓励使用附近的一些工业活动；

（2）交通工具的模态选择，公共和私人：公共交通，铁路或汽车的形式，提供了鼓励骑自行车和（或）散步的基础设施；

（3）住房和就业密度高：工作地点和家很近；

（4）连续紧凑发展：不允许跨越式发展；在现有社区增长，没有缺口。这可以确保社区之间的连通性，有助于保护开放空间、农田和其他自然资源；

（5）限制现有领域的增长和鼓励发展政策：支持城市重建旧网站或在城镇结合增长的边界设置物理限制；

（6）混合的社会经济团体：政策是用来鼓励混合住房类型的发展。

从就业、购物娱乐和社区上看，这些共同的元素是用来改善和达到日常生活的要求。区域规划的因素可能建立增长边界和限制土地的使用，进而协调城市解决可持续性问题。

另一种智慧增长是城市蔓延式的跨越发展（开发的过程非连续发生，经常从现有的城市开始发展），缺乏扩张的方向和形状，并通过严格的土地使用功能进行分离。这种模式是不可持续的。

智慧增长的好处

对所有机构和事件来说，智慧增长最终旨在让所有居民普遍利用的形式来鼓励城市发展。这包含了环境、社会和经济效益。

环境效益

研究表明，智慧增长可以减少城市居民旅行用的车辆里程。重要性在于它减少了人们对汽车的依赖（同时促进步行、骑自行车和公共交通），这种方式减少了能源的使用量并相应地降低排放温室气体的化石燃料的消耗。进一步来说，较高的开发密度可以显著减少基础设施和服务的成本，并缩减资源的消耗。有些支持者认为减少使用汽车并增加步行或骑自行车有利于健康。同时，开放空间和绿地，使森林和农田被保留。北美最著名的例子就是波特兰和俄勒冈州的智慧增长，它使用绿地来限制城市的发展，同时支持公共交通系统。更贴切的例子是德国的沃邦郊区社区（2006年完工），它在近处大多数街道和商店都禁止使用汽车和有轨电车。居民步行或骑自行车去商店、乘坐通勤铁路去工作成为生活方式，它尽量减少的能源或资源的使用量，并带来较少的污染。

经济效益

因为城市经济非常复杂，所以孤立的经济效益甚至一般的政策是很难应对的。然而，研究似乎显示在美国，地区和城市跟随智慧增长政策要比那些没有这样做的地方，在经济上可以执行得更好（Cervero 2000; Muro & Puentes 2004）。通过减少投资、降低对低效率基础设施和低密度区域的服务，城市极大程度地削减了成本。通过道路的成本、下水道和水管、废弃物收集、邮政服务和学校等因素都影响到土地利用模式和密度，可以给市政府施加压力来推动相关服务。一些学者认为易于商业贸易的地方（因为它们具有密切的关系）或者当地居民向往更高生活质量的地方更容易增加经济效益。

社会效益

智慧增长政策给不同国家所带来的社会影响是不同的。在美国和欧洲，为了一个区域的各种经济水平，智慧增长通过混合住房类型用来消除社会群体的种族隔离。日本则把重点放在确保老年居民即使不能开车的情况下也能够保持较高的生活质量。

问题

人们很难评估智能发展的影响。首先，因为这一概念是错综复杂的；第二，因为规划以外的空间可以对城市发展产生深远影响。单一的因素并不能产生直接的影响。研究结果都赞同智慧增长的说法。多数问题都已被发现，这可以被理解为目的和实践的影响存在差距。荷兰的例子表明，尽管规划者能够授权混合土地利用方式和提供公共交通的替代品，但是大量的荷兰人选择开车而不是骑自行车。公平地说，这一政策在许多方面是成功的：人口基本保持在城市中心、在城市边缘控制增长、住房的有序开发。尽管如此，管理条例无法停止就业中心沿高速公路的发展，现在许多居民需要驾车上班。同时，人口密度较低的住房增长需求对紧凑城市的目标是不利的，因为这往往会产生单一功能住房的地区（Bontje 2001）。这些证据表明了政策的失败，但它也提出在 20 世纪 80 年代之后这种模式实际上让荷兰公民的财富真正的大幅增加（Van der Burg & Dieleman 2004）。针对这些缺陷，荷兰政府在 2003 年扩大了城市规划政策的规模，并包含了城市网络中连接社区的交通走廊。虽然紧凑的城市仍然是规划目标，但是人们已经从区域化的角度已经承认了这方面的需求。

美国和欧洲可以找到类似的问题。具有讽刺意味的是，英国的新传统庞德伯里镇中的汽车使用率，在农村社区的使用率比紧凑城市更低（Watson et al. 2004）。英美两国的其他地方也发现了类似的结果，人们发现紧凑发展不符合现代家庭的结构，这在遥远城市一名成员以上的家庭中很常见，因此他们需要一辆以上的汽车（Jarvis 2003）。

智慧增长的未来

大量的研究都测量智慧增长政策对世界各地的影响（Bontje 2001；Ingram et al. 2009；Jenks & Dempsey 2005）。政策和理论无疑会影响结果。正如上面所提到的，荷兰关注的焦点已经从紧凑城市转向城市网络，这是为了更好地反映出国家城市居民的行为模式。

一些理论家认为，可持续发展的最好的方法是把智慧增长的土地使用政策与通过金融来限制使用汽车相结合，如增加汽油税和停车费。这些情况很可能发生。然而，这一领域研究的经验教训似乎是，无论世界什么地方的政策都需要变得更加灵活，从而能够适应行为模式的变化和每个社区的特殊需要。而毫无疑问的是，城市形态的影响具有可持续性，智慧增长模型的进化将持续下去。

威廉·加洛韦（William GALLOWAY）
早稻田大学建筑学部

参见：汽车产业；自行车产业；绿色建筑标准；水泥产业；城市发展；能源效率；设施管理；地方生活经济；大都市；房地产和建筑业；公共交通。

拓展阅读

Bogart William. (2006). *Don't call it sprawl: Metropolitan structure in the twentieth century*. New York: Cambridge University Press.

Bontje Marco. (2004). From suburbia to post-suburbia in the Netherlands: Potentials and threats for sustainable regional development. *Journal of Housing and the Built Environment*, 19(1): 25–47.

Bontje Marco. (2001). Idealism, realism, and the Dutch compact city. *Town and Country Planning*, 70(12): 36–37.

Bruegmann Richard. (2005). *Sprawl: A compact history*. Chicago: University of Chicago Press.

Burton Elizabeth. (2000). The compact city: Just or just compact? A preliminary analysis. *Urban Studies*, 37(11): 1969–2001.

Calthorpe Peter, Fulton William. (2001). *The regional city: Planning for the end of sprawl*. Washington, DC: Island Press.

Cervero Robert (2000). Efficient urbanization: Economic performance and the shape of the metropolis. Cambridge, MA: Lincoln Institute of Land Policy.

Duany Andres, Plater-Zyberk Elizabeth, Speck Jeff. (2001). *Suburban nation: The rise of sprawl and the decline of the American dream*. New York: North Point Press.

Fulton William, Pendall Rolf, Nguyen Mai et al., (2002). *Who sprawls most? How growth patterns differ across the U.S.* Washington, DC: Brookings Institution.

Hall Peter. (2002). *Cities of tomorrow: An intellectual history of urban planning and design in the twentieth century*. (3rd ed.) Oxford, U.K.: Blackwell.

Hayden Delores. (2003). *Building suburbia: Green fields and urban growth, 1820–2000*. New York: Pantheon Books.

Ingram Gregory K, Carbonell Armando, Hong, Yu-Hung, et al., (2009). *Smart growth policies: An evaluation of programs and outcomes*. Cambridge, MA: Lincoln Institute of Land Policy.

Jarvis Helen. (2003). Dispelling the myth that preference makes practice in residential location and transport behaviour. *Housing Studies*, 18(4): 587–606.

Jenks Mike, Dempsey Nicola. (2005). *Future forms and design for sustainable cities*. London: Architectural Press.

Muro Mark, Puentes Robert. (2004). *Smart growth is smart business: Boosting the bottom line and community prosperity*. Washington, DC: National Association of Local Government Environmental Professionals.

Nelson Arthur C, Peterman David R. (2000). Does growth management matter? The effect of growth management on economic performance. *Journal of Planning Education and Research*, 19(3): 277–285.

Neuman Michael (2005). The compact city fallacy. *Journal of Planning Education and Research*, 25(1): 11–26.

Newman Peter G, Kenworthy Jeffrey R. (1999). *Sustainability and cities: Overcoming automobile dependence.* Washington, DC: Island Press.

Porter Douglas. (2002). *Making smart growth work.* Washington, DC: Urban Land Institute.

Smart Growth Online. (2009). Retrieved September 1, 2009, from http://www.smartgrowth.org/Default. asp?res=1280

U.S. Environmental Protection Agency. (2009). Environmental benefits of smart growth. Retrieved September 1, 2009, from http://www.epa.gov/dced/topics/eb.htm

Van der Burg A J, Dieleman F M. (2004). Dutch urbanization policies: From "compact city" to "urban network." *Tijdschrift voor Economische en Sociale Geografie*, 204: 108–166.

Watson G, Bentley I, Roaf S, et al., (2004). *Learning from Poundbury, research for the West Dorset District Council and the Duchy of Cornwall.* Oxford Brookes University.

World Commission on Environment and Development (WCED). (1987). *Our common future.* Oxford, U.K.: Oxford University Press.

Ye Lin, Mandpe Sumedha, Meyer Peter. (2005). What is smart growth — really? *Journal of Planning Literature*, 19(3): 301–315.

Social Enterprise

社会型企业

社会型企业除了追求经济业务的投资回报率之外，还追求社会和环境的目标。由此产生的社会型企业并不局限于非盈利企业。事实上，目前还强调公共和私营部门的参与。不发达国家常常成为这些社会型企业现成的市场。

以正确的方式解决现阶段经济、能源和气候的危机将不但给未来提供解决方案，而且潜在市场解决方案的机会是惊人的。据估计，40亿人口的低收入消费者构成了世界人口的大多数群体，他们占据了（经济学上）高速增长的金字塔基层，或被称为BOP。逐渐增多的研究正在探索如何以市场为基础的方法"更好地满足他们的需求、提高他们的生产力和收入以及被正式的经济体准入"（Hammond et al. 2007：3）。BOP市场的规模不可限量。例如，估计数据显示亚洲（包括中东）的BOP市场由28.6亿人组成，带来的总收益为3.47万亿美元，而东欧的估计值4 580亿美元；拉丁美洲为5 090亿美元；非洲为4 290亿美元。

总的来说，这些市场的价值估计约为5万亿美元。

但主流商业、金融和政治领导人如何最好抓住这些新兴BOP的价值来创造趋势呢？答案有3个。首先，正如BOP的相关文献所建议的那样，他们可以尝试新的业务模式。其次，作为领先的商业思想家长期以来所争论的，一个"能行"的态度比"不想做"、"不打算做"或者"不能做"的心态更有可能获得成功。第三，以"能做"和"我们能找到如何做到的方法"的心态来从事研究和工作的创新者和企业家已经努力开发实际的解决方案。在这个过程中，我们需要定义形式，特别是社会型企业的形式。社会型企业的定义引自《伦敦社会型企业》（2009）的表述："企业的存在是为了解决社会或环境需要……而不是股东或所有者的利润最大化，利润再投资到社区或重新投入到商业活动中。"

2006年第七届社会型企业大会在哈佛大学举行会议时，主持人摩根（Caitrin Moran）

整合了这个领域内私人、公共和非营利部门。"社会问题比以往任何时候都需要被非营利组织解决,而且更需要所有部门和组织一起解决,"她说,"参与社会性质的企业并不局限于那些追求非营利事业的企业。它包括那些在大型公司、政府和非营利组织工作的人"(Harvard Bussiness School 2006)。

社会变革的商业模型

任何与全球可持续发展类似的事情在不设定业务和市场合约(激进的重组)时都难以实现。正如企业家和慈善家奥米戴尔(Pierre Omidyar)所说:"我意识到一旦你想产生全球影响,你就不能忽视商业。我不是指企业的责任项目,而是说引发社会变革的商业模式。"(Byrne 2006)。那么如何寻找这样的变化及其代理者呢? 经过一次又一次不同寻常的波动、中断和变化,寻找未来革命性的商业模式的线索就在于当前的越来越不正常的系统当中。《失控》(Out of Control)作为20世纪具有商业模式开创性的一本书,作者凯文·凯利(Kevin Kelly)说:"在经济、生态、进化和机构模型当中,一个健康的危机边缘的适应性增加了恢复力,它几乎总是创新的源泉。"(1994:468)

尽管有新的动力,但这并非一个新的调查领域。已经出版的书中有许多优秀作品,比如《如何改变世界》《利润与原则》《那些尚未开发的》(副标题为"在不发达市场中创造价值")。很明显世界上并不存在标准版本的企业,但对于企业家需要做什么却有一个合理的共识。通过实际开发新的想法,他们创办新企业来提供现有市场还不能提供的商品和服务。然而,近年来从纯粹的慈善到纯粹的商业范围的企业们已经被有越来越多地意识到这种观点的重要性。尽管社会和环境方面的企业家目前往往倾向于非营利组织(因为市场尚未成熟),但他们在经营过程中反其道而行之。

纯粹从慈善方面来看,"顾客"支付很少或不需要支付,就可以通过捐赠和资助的形式获取资金,劳动力在很大程度上由志愿者提供,而供应商进行实物捐赠。相比之下,在纯粹的商业方面,大多数交易发生在市场利率的条件下。然而有趣的是,现在许多最值得注意的实验发生在中间地带,这种形势下混合组织追求新形式的"综合价值"——结合社会、环境和经济价值——不富裕客户被富裕客户所补贴。

在这种背景下,所谓的社会型企业家在开发和经营新项目(社会性企业)时优先考虑社会投资回报率。他们思考的方式——测量的目标——衡量社会投资回报率(SROI)。他们通过改善边缘化人群的贫困、健康和教育来改善他们的生活质量。主流企业需要注意的一个关键原因在于,他们试图比传统的慈善事业和大多数非政府组织获得更高的资金杠杆,通常旨在转化制造或加剧主要社会经济、环境或政治问题的系统。

追求理想

企业家来自不同地域、文化、教育、宗教

背景，他们所分享的某些特征被更多的人所明显地认识。这些共同特征传递给他们的动机，并影响他们创办的各种组织。社会和环境方面的企业家名义上共享与所有企业家相同的特点，他们具有创新性、足智多谋、实用性和善于把握机会。他们喜欢制造出新的产品或服务，或者为他们现有的或未被发现的市场提供新方法。但激励社会和环境方面企业家并非做交易活动，而是实现理想。由于理想需要很长的时间来实现，这些企业家往往徘徊在一个长期的游戏当中，直到他们可以把公司卖给出价最高的人。

棘手的问题总是发生在这样的情境之下，尤其是当成功企业家遇到了成功的社会型企业家时被问道："你的动机是什么？"这个问题背后的含义在于如果你可以如此聪明地实现你的成就，那么为什么还没有凭借你的才能赚钱？在回答这个问题时，为创造了世界上穷人提供高质量的卫生技术的金融模型的杰出的天才企业家之一的戴维·格林（David Green）讽刺说：

"我的理由纯粹是自私的。我觉得我已经把地球上花费了非常短的时间。我可以用我的才能赚很多钱，但我在生命的尽头得到了什么呢？比起拥有数百万的财产，我宁愿由于为改善世界做出了巨大的贡献而被铭记。"（Elkington & Hartigan 2008：4）

随着试图解决世界上最伟大的社会、环境和治理挑战的兴趣日益增长，定义间（即不同领域之间的界限）的界限变得模糊。在这个过程中，社会型企业家的领域已经变为"各种各样的社会有益的活动可能都适合的一个真正巨大的帐篷"。正如两位斯克尔基金会（致力于支持社会型企业家）的董事会成员最近所谈到的一样——多伦多大学罗特曼商学院的院长罗杰·马丁和基金会的总裁兼CEO莎莉奥斯伯格。然而，他们认为可以真正地衡量社会型企业家的是"以令社会需求得到满足的方式制造具有范式的直接行动"（SustainAbility：1）。他们所做的事情实际上是在识别一个"不令人满意的平衡"（Martin & Osberg 2007：32）。

非理性人群

任何提议的解决方案似乎不大可能在当下对问题所有意图和目的以外的决议形成共识。因此，许多人不断地将世界领先的社会型企业家（以及在某种程度上为他们投资的人）视为不理性的人群。事实上，世界闻名的社会型企业家、著名的革命特质的格莱珉银行的创始人穆罕默德·尤努斯许多年前，挖苦地描述他自己为"70%的疯子"（格莱珉银行，或"乡村银行"，成立于1976年，在孟加拉国提供小额贷款来帮助贫困的人通过个体劳动实现经济独立；2008年1月在纽约市的皇后区开办了一家分店）。这些企业家频频被媒体、同事、朋友、甚至家人称为"疯子"。但是他们也众所周知非常狡猾。他们也经常在最不可能的地方寻找解决问题的方法（而且他们常常可以找到这些方法）。

许多人正在作为先驱者勾画着未来市场的蓝图，而大多数人都只看到这些市场噩梦般的问题和风险。按照这样的思路来看待问题：不管他们是怎么想的，这些企业家正在做21世纪一些关于市场机会方面最大的早期研究。但是，他们不能独自解决市场失灵问题。相反，他们的努力需要来自多方面的支持，包括各级政府、商业、金融市场，最重要的是公民社会组织及我们每一位普通公民。

约翰·埃尔金顿（John ELKINGTON）
可持续性战略咨询公司和Valans投资公司

感谢牛津大学赛德商学院斯克尔社会型企业家中心的帕梅拉·哈蒂根（Pamela Hartigan）主任。

参见：金字塔基层；企业社会责任和企业社会责任2.0；可持续发展；清洁科技投资；社会责任投资；自然资本主义；绩效指标；贫困；可持续价值创造；三重底线；联合国全球契约。

拓展阅读

Ashoka. (n.d.) Retrieved June 11, 2009, from http://www.ashoka.org/

Baderman James, Law Justine. (2006). *Everyday legends: The ordinary people changing our world, the stories of 20 great U.K. social entrepreneurs*. York, U.K.: WW Publishing.

Bornstein David. (2004). *How to change the world: Social entrepreneurs and the power of new ideas*. Oxford, U.K.: Oxford University Press.

Byrne Fergal. (2006, March 24). Dinner with the FT: Auction man. Retrieved November 10, 2009, from http://www.omidyar.com/about_us/news/2006/03/24/dinner-with-ft-auction-man

Dees J Gregory, Anderson Beth Battle. (2006). Framing a theory of social entrepreneurship: Building on two schools of practice and thought. Rachel Moser-Williams (Ed.), *Research on social entrepreneurship: Understanding and contributing to an emerging field* (pp.39–66). ARNOVA Occasional Paper series, Vol. 1, No.3. Washington, DC: The Aspen Institute.

Elkington John, Hartigan Pamela. (2008). *The power of unreasonable people: How social entrepreneurs create markets that change the world*. Boston: Harvard Business School Press.

Hammond Allen L, Kramer William J, Katz Robert S, et al., World Resources Institute; & International Finance Corporation. (2007). *The next 4 billion: Market size and business strategy at the base of the pyramid.* Retrieved November 10, 2009, from http://www.wri.org/publication/the-next-4–billion

Harvard Business School. (2006). 2006 Social Enterprise Conference: Convergence across sectors. Retrieved December 22, 2009, from http://www.hbs.edu/socialenterprise/newsletter_archives/2006spring_5.html

Kelly Kevin. (1994). *Out of control: The new biology of machines, social systems, and the economic world*. Reading, MA: Perseus Books.

Martin Roger, Osberg Sally. (2007, Spring). Social entrepreneurship: The case for definition. *Stanford Social Innovation Review, 28 39*. Retrieved June 12, 2009, from http://www.skollfoundation.org/media/skoll_docs/2007SP_feature_martinosberg.pdf

Schwab Foundation for Social Entrepreneurship. (n.d.) Retrieved June 11, 2009, from http://www.schwabfound.

org/sf/index.htm

Skoll Foundation. (n.d.). Retrieved June 11, 2009, from http://www.skollfoundation.org/

Social Enterprise London. (2009). Social enterprise: Definition. Retrieved December 22, 2009, from http://www.sel.org.uk/definition-of-se.aspx

Sustain Ability. (n.d.). The business case for engaging social entrepreneurs. Retrieved January 7, 2010, from http://www.sustainability.com/downloads_public/BusinessCaseforEngagingSocialEntrepreneurs.pdf

Weiser John, Kahane Michele, Rochlin Steve, et al., (2006). *Untapped: Creating value in underserved markets*. San Francisco: Berrett-Koehler.

Sporting Goods Industry

体育用品业

体育产业包含了大量的子行业,其中最大的子行业就是体育用品。主要制造商的可持续性在很大程度上都集中于改善生产方法。通过将可持续性标准纳入生产前的方法可能带来更大的影响,如研究和设计、沿着现在浪费很多资源的供应链建立可执行的标准。

体育产业涵盖了范围广泛的不同子行业,包括赛事、制造业、设施建设、零售、多媒体和广告等。虽然这些子行业的体育产业涉及许多重叠组合的项目,但是他们可以分成两个主要领域:体育服务和体育产品(体育用品)。据估计,全球体育和休闲行业2008年的价值超过5 000亿美元,并以每年约3%的速度持续增长(Hanna & Subic 2008)。

体育用品包括运动服装、鞋类和设备。这个领域多年来显著增长,并且不断努力满足全球对新增及升级体育产品需求的增加。市场研究人员显示,2006年全球的体育用品

消费者按照以下产品类别统计的话共花费了超过2 500亿美元:服装(45.45%),器材(33.93%),鞋类(20.62%)(全球行业分析师,2008)。全球体育用品市场非常巨大,而且在不断地发展壮大,但是其大部分的销售仍然源于经济最发达的国家,比如美国和欧洲,以及东欧、亚洲和南美等慢慢迎头赶上的新兴市场。

同其他以营利行业为目的的行业一样,体育产业的主要由商业机会所引导。新的体育产品快速被开发,并引入到市场以适应消费者不断变化的需求和个人喜好。时尚潮流和社会经济发展(如肥胖和人口老龄化)及气候变化也起到了一定作用。抓住这些增长的商业机会,体育产业进行多元化的发展并制造出与生活方式一致的产品,如高尔夫俱乐部和跑步鞋。它还鼓励和支持建立新的体育和休闲活动(如极限运动、交叉运动、健康活动),这些运动反过来又推动了对新类型产品的需求。这些措施包括滑翔、跳台滑雪、滑雪板以及室

内攀岩等。这一切导致体育用品的产量增加、体育产品生命周期的缩短以及消耗速度和废品的增加。

越来越多的证据表明，包括体育用品制造商在内的全球制造业也开始考虑以更系统的方式实施商业的可持续性标准（产品设计和开发、制造、供应链、回收/重用）。这主要取决于自然资源的减少、政府规定的增加、越来越多的消费者更加倾向于对社会和环境负责的产品。

可持续发展和企业责任

体育产品行业最大的环境影响与制造业相关联，而不是一些其他的过程，如汽车最大的影响是在使用阶段。事实上，阿迪达斯公司报道约95%对环境直接影响源自其产品的生产过程（Adidas 2008）。然而，体育产品与环境影响的相关问题比这复杂得多。首先，产品大约80%的环境负担来源于设计阶段。这时大多数的决策与生产流程中选择的材料和新产品有关，所以产品生命周期里的每个阶段的环境影响的在很大程度上是由设计造成的。其次，体育用品生产商的大部分承包商通过对原材料、能源和水的消费，在生产链上使用高达80%的资源（Nidumoluet，Prahalad，Rangaswami 2009）。所有这些资源都与最终产品的产量有关。随着体育产业严重依赖庞大的、由世界范围内制造商形成的供应链，尤其是在发展中国家（特别是在亚洲）对环境的影响在很大程度上取决于大型公司怎样有效地诱导其供应商采用可持续的技术和实践。

在整个行业内实现可持续框架需要一个战略方法，这个方法涵盖可持续发展所有的因素（经济、社会和环境），并根据这些特定的目标来制定完成进度表。例如，耐克公司使用这个框架成功地衡量出公司在多大程度上满足企业责任和业务增长（Nike 2007）。

同样，阿迪达斯公司也报告其企业责任的承诺，包括它的战略和相关目标（Aadidas 2008）。其重点的领域包括环境可持续性、供应链、利益相关者参与度和员工。环境策略集中在操作流程中管理和减少环境足迹，并且这个环境战略的核心领域是产品、产量和公司的网站。企业所特别关注的废品包括他们自身可控的流程和供应链中出现的废品。例如，耐克公司测算其2005—2006会计年度中全体供应链生产出的废品总量，这让公司可以计算出仅仅在鞋类产品的总废品成本达8.44亿美元（Nike 2007）。减少浪费及与这个废品相关的环境成本显然具有战略型的重要性。因此，耐克公司拥有特定的减少废品的企业责任目标（如鞋类浪费从2007年的基线减少了17%，相当于在2011年每双鞋减少155克的浪费）。

阿迪达斯公司（2008）基于以下主要指标报告了每双运动鞋的资源消耗量：能源使用量、废水和挥发性有机化合物（VOC）的平均值。通过计算资源消费量和确定潜在的节约和减少目标，公司可以确定其在产业链中运行及销售商中可以节约的成本。例如，环境效率较低锐步鞋工厂加入到阿迪达斯集团之后，使得阿迪达斯2007年公布的能源消耗量和平均VOC比2006年都有所增加（表1）。

表 1　阿迪达斯集团的平均资源消费量
（运动鞋的双数）

资　源	2007*	2006	2005
能源消耗量（kWh/双）	2.93	2.36	2.93
废水（m³/双）	0.034	0.045	0.057
平均VOC（g/双）	20.3	19.3	20.5

*第一次包含锐步公司的鞋工厂
资料来源：Adidas，2008.
　　阿迪达斯公司追溯其制造鞋子过程中的能源利用量、废水消费量、挥发性有机化合物（VOC）的平均值。低环境效率的锐步后工厂 2007 年加入阿迪达斯集团后，平均能源使用量用和释放挥发量有所增加。

　　彪马公司等其他大型企业也以类似的方式通过分析资源消耗量来测量他们的环境绩效（如能源和水）、废品创造量和二氧化碳排放量（Puma 2007）。这些公司定期测量使随着时间推移的关键性能数据来监控环境性能、识别相关趋势、设置基准并识别潜在的节约量。

　　主要的体育用品公司确定了可持续性和企业社会责任的方法来减少挥发性有机化合物的共同关注点。制造过程中的挥发溶剂发现的 VOC 引起了诸多关注，这是因为他们的毒性和致癌作用。VOC 的排放也导致的烟雾可引起呼吸困难和其他疾病。理想的目标在于消除体育用品中所有的挥发量。2006 年，由彪马供应商 Brucost 发起的试点项目用水性黏合剂完全代替了溶剂型胶粘剂生产出无 VOC 的运动鞋（Puma 2007）。2006 年 7 月和 8 月，绿色和平组织认识到这一点，将彪马公司的评级从"琥珀色"移动到"绿色"（Cobbing & Hojsik 2007：9）。虽然一小批 1 800 双无溶剂鞋于 2006 年投产，但是该行业尚未大量生产无溶剂产品。

　　体育用品公司还启动了其他的试点项目，旨在开发可持续的技术和实践，但其带来的影响有限。例如，耐克公司的终期鞋回收项目（Nike Reuse-A-Shose）成立于 1993 年，它回收旧运动鞋材料（废鞋子和制造业），并把它变成人工运动表面和其他低附加值的次要产品。自项目开始，耐克已经处理超过 1 800 万双旧鞋，这是只占其产量的一小部分。

　　体育用品企业尚未同意对自己和供应商采用行业的可持续性标准，但有证据表明在这个领域正确的策略和领导力开始出现。可持续发展发展为新的商业模式的平台，体育产业仍有许多挑战有待解决。投入到体育用品营销的资源比可持续的新产品、材料和过程的研究性投入更多。主要体育用品企业通常在研究和开发中投入其收益的 1.4%～2.4%（Hanna & Subic 2008）。如果可持续发展真正成为创新的动力，这需要一个根本性的转变。

挑战和机遇

　　虽然大公司已经建立了具有巨大环保责任的项目，他们的供应链中并不能始终实现同样的价值和实践。挑战来自企业与供应商紧密合作来使他们的价值链可持续。

　　体育产品在历史上的进步来自其性能需求和商业吸引力。体育产业需要使用现代方法将其可持续性标准融入产品设计和开发当中，如生命周期评价（LCAs 方法，从原材料开采到生产、使用和处置用于分析产品或服务对环境的影响）、产品生命周期成本（LCC）和可持续发展指数（PSI）（Subic 2007；Hanna，Subic 2008；Subic，Mouritz，Troynikov 2009）。

生命周期评价的解释可能导致持续性等领域的改进，比如产品设计和开发、政策制定和销售。经验表明，体育产品中使用的材料和流程通常对生命周期评价的结果影响最大。

可持续设计和开发可能是体育用品行业可持续发展的关键因素，它影响到产品的生命周期所有的阶段。生产体育产品材料和工艺的关键问题是其潜在的环境风险。以往的创新，如滑雪靴和运动服装用的聚氯乙烯（PVC）的材料、减震和气垫使用的石油中的溶剂和其他潜在有害的化合物如六氟化硫（SF6），这些都用于运动鞋（Subic 2007）。碳纤维增强聚合物等新型材料现在通常用于网球拍、曲棍球棒、滑雪板和其他体育器材，但不能以可接受的成本或价值被轻易回收（更大的困难在于其玻璃纤维）。虽然很多公司阐明其目标是增加产品中有机棉和其他天然材料的百分比，但是他们仍采用聚酯等合成材料作为体育服装的主要原料。用聚合物生产的合成纤维主要通过能源密集型的过程来实现其石油化学工艺。

体育用品行业面临的一个关键问题在于使用复合材料对环境造成的影响（Subic, Mouritz, Troynikov 2009）。使用能源密集型过程制造的复合材料排放了大量的温室气体（GHG）。他们正在使用不可再生资源进行生产，这需要使用对环境有害的化学药品和试剂。最重要的是，复合材料不易回收也不可降解，这是欧盟禁止在废弃物填埋场处理碳纤维复合材料的

原因之一。

复合材料的竞争优势使得它们成为体育用品行业最有价值的材料；复合材料的价值等同于聚合物近两倍的价值，或者几乎是金属价值的3倍。复合材料约占整个市场当前价值的50%，约为3.7亿美元。据预计，虽然新材料持续被开发出来，特别是高强度的聚合物，复合材料仍在多年来持有市场的主导地位。复合物的年增长率只占一个很小的百分比，主要是因为他们在高尔夫、网球和自行车等最大市场中的饱和度。纳米材料的使用（将纳米粒子添加到复合材料中来改善其力学性能）以显著的速度增长，这是由于他们在生产赛车、雪滑雪、棒球棒和其他运动器材领域的快速崛起。而复合材料、聚合物和金属等确定的材料的使用数量比例预计逐年增长，纳米粒子的年增长率在200%以 上（McWilliams 2006）。2007年，体育用品中的纳米材料占其1亿美元市场 的14%（Opportunities for Nano Material 2009）。这些材料在消费品中提高了对环境潜在的有害影响的期望。由美国国家科学基金会和美国环境保护署2003年共同开展的研讨会确定了纳米粒子可回收性和生物毒性风险的因素（Dreher 2004）。

全球纺织纤维及高性的需求随着运动服装的需求而增加。两种类型的纤维占据着市场：棉（自然生长）和聚酯（合成物）。合成纤维通常被认为对环境"不好的"，而

天然纤维是"好的",但是现实并非如此简单（Subic, Mouritz, Troynikov 2009）。生产合成纤维需要大量能源和不可再生资源,但棉花等天然纤维的种植和加工可以增加供水负担或通过杀虫剂受到污染。

行业趋势的分析表明,市场朝有机纤维的逐步转变。研究表明,使用有机棉将大大降低棉花产品在生命周期内的毒性（Allwood et al. 2006）。以耐克公司为例,它旨在 2010 年前在所有棉质原材料中含有至少 5% 的有机棉。

每年,纺织品和服装废品的总产量达数百万吨。美国每年处理 66 亿吨的纺织品和服装,其中只有 15% 可以重用或回收（Textiles, Clothing 2009：94）。然而,近年来专注于回收运动服装和服装总体上增加,主要原因在于废物处理成本上升、经济增长的环境立法以及更有效的大宗商品行业中的废物回收过程。

未来的趋势和研究方向

全球体育产业涉及复杂供应链在地理上分散,与他们的供应商有不同的功能和价值。

因此,未来体育用品行业主要的重点领域之一将是促进和发展可持续性标准和实践,可以沿着这些供应链来实现。这可能需要简化和简化供应链来确保更有效的绩效管理。

体育用品行业必须用生命周期的方法来设计和开发产品,并将可持续性标准融入产品设计和开发的系统当中。这需要研究和发展可持续的材料和流程的投资,能够满足绩效需求及整个产品生命周期中环境影响最小化两者的需求。

最后,体育用品行业将面临日益增加的内部压力（降低与资源消耗和废弃物相关的成本）和外部压力（遵守环境法规,并将消费者偏好转移到对社会和环境负责的产品）。面对这些压力,行业领导者需要发挥更为积极的作用,并将可持续性标准融入业务领域所有的商业模式当中,不但要合乎规定的要求,而且还要超越这些指标。

亚历山大・苏比克（Aleksandar SUBIC）
皇家墨尔本理工大学航空航天及
机械制造工程学院

参见：仿生；绿色化学；工业设计；消费者行为；生命周期评价；制造业实践；供应链管理；纺织业。

拓展阅读

Adidas. (2008). *2008 sustainability performance review*. Retrieved November 4, 2009, from http://www.adidas-group.com/en/SER2008

Allwood Julian M, Laursen Soren Ellebak, Malvido de Rodriguez, et al., (2006). *Well dressed? The present and future sustainability of clothing and textiles in the United Kingdom*. Retrieved January 10, 2010, from http://

www.ifm.eng.cam.ac.uk/sustainability/projects/mass/UK_textiles.pdf

Anastas Paul T, Lankey Rebecca L. (2000). Life cycle assessment and green chemistry: The yin and yang of industrial ecology. *Green Chemistry*, 2000(2): 289–295.

Baillie, Caroline. (2006). *Green composites: Polymer composites and the environment*. Cambridge, U.K.: CRC Press and Woodhead Publishing Limited.

Cobbing Madeleine, Hojsik Martin. (2007). *Cleaning up our chemical homes: Changing the market to supply toxic-free products*. (2nd ed.). Retrieved January 6, 2010, from www.greenpeace.org/raw/content/international/press/reports/chemical-home-company-progress.pdf

Cunliffe A M, Jones N, Williams P T. (2003). Pyrolysis of composite plastic waste. *Environmental Technology*, 24(5): 653–663.

Dewberry Emma. (1996). *Ecodesign: Present attitudes and future directions — Studies of U.K. company and design consultancy practice*. Unpublished doctoral dissertation, Technology Faculty, Open University.

Domina Tanya, Koch Kathy. (1997). The textile waste lifecycle. *Clothing and Textiles Research Journal*, 15(2): 96–102.

Dreher Kevin L. (2004). Health and environmental impact of nanotechnology: Toxicological assessment of manufacture nanoparticles. Retrieved January 7, 2010, from http://toxsci.oxfordjournals.org/cgi/content/full/77/1/3

Easterling K E. (1993). *Advanced materials for sports equipment: How advanced materials help optimize sporting performance and make sport safer*. London: Chapman and Hall.

Global Industry Analysts, Inc. (2008). *Sporting goods — A global outlook*. San Jose, CA: Global Industry Analysts, Inc.

Hanna R Keith, Subic Aleksandar. (2008). Towards sustainable design in the sports and leisure industry. *International Journal of Sustainable Design*, 1(1): 60–74.

Henshaw John M, Han Weijan, Owens Alan D. (1996). An overview of recycling issues for composite materials. *Journal of Thermoplastic Composite Materials*, 9(1): 4–20.

Henshaw John M. (2001). Recycling and disposal of polymer-matrix composites. D. B. Miracle, S. L. Donaldson, *ASM Handbook*, Vol. 21: Composite (pp.1006–1012). Materials Park, OH: ASM International.

Humblet, Catherine. (2006). *A system dynamics analysis of a Capilene supply loop*. Unpublished master's thesis, Sloan School of Management, Massachusetts Institute of Technology.

Jenkins Mike. (2003). *Materials in sports equipment*, Vol. 1. Cambridge, U.K.: Woodhead Publishing Limited.

Lee Shawming, Jonas Tom, DiSalvo Gail. (1991). The beneficial energy and environmental impact of composite materials — An unexpected bonus. *SAMPE Journal*, 27(March/April): 19–25.

Mayes J S. (2005). Recycling of fibre-reinforced plastics. *JEC Composites Magazine*, 42(17): 24–26.

McWilliams, Andrew. (2006). Materials and devices for high-performance sports products (Report code AVN053A). Wellesley, MA: bcc Research.

Morana R, Seuring Stefan. (2007). End-of-life returns of longlived products from end customer — Insights from an ideally set up closed-loop supply chain. *International Journal of Production Research*, 45(18–19): 4423–4437.

Nidumolu Ram, Prahalad C K, Rangaswami M R. (September 2009). Why sustainability is now the key driver of innovation. Retrieved February 18, 2010, from http://graphics8.nytimes.com/images/blogs/greeninc/harvardstudy.pdf

Nike. (2007). *Innovate for a better world: Nike FY05–06 corporate responsibility report*. Retrieved November 4, 2009, from http://www.nikebiz.com/nikeresponsibility/pdfs/color/Nike_FY05_06_CR_Report_C.pdf

Opportunities for nano materials in the sporting goods market, 2008–2013. (2009). Retrieved January 7, 2010, from http://www.reportlinker.com/p0169888/Opportunities-for-Nanomaterials-in-the-Sporting-Goods-Market–2008–2013–January–2009.html

Puma. (2007). *2005/2006 Sustainability report*. Retrieved November 4, 2009, from http://about.puma.com/downloads/79295672.pdf

Seuring Stefan, Muller Martin, Goldbach Maria et al., (2003). *Strategy and organization in supply chains*. New York: Physica-Verlag.

Simpson P. (2006). Global trends in fibre prices, production and consumption. *Textiles Outlook International*, 125: 82–106.

Spry W J, Klein A. (2001). Sports and recreation equipment applications. D B Miracle, S L Donaldson. *ASM Handbook*, Vol. 21: Composite (1071–1077). Materials Park, OH: ASM International.

Subic, Aleksandar. (2007). *Materials in sports equipment*, Vol. 2. Cambridge, U.K.: Woodhead Publishing Ltd and CRC Press.

Subic Aleksandar, Patterson Niall. (2008). Integrating design for environment approach in sports products development. F K Fuss, Aleksandar Subic, S Ujihashi. *The Impact of Technology on Sport* 2(25–37). London: Taylor & Francis.

Subic Aleksandar, Patterson Niall. (2006). Life cycle assessment and evaluation of environmental impact of sports equipment. Eckehard Fozzy Moritz, Steve Haake. *The Engineering of Sport 6*, Vol. 3: Developments for innovation (41–47). New York: Springer Science and Business Media.

Subic Aleksandar, Mouritz Adrian, Troynikov olga. (forthcoming 2009). Sustainable design and environmental impact of materials in sports products. *Sports Technology*, 2(3–4): 65–79.

Textiles and clothing: Opportunities for recycling. (2009). *Textile Outlook International*, 139: 94–113.

United Nations Environment Programme (UNEP). (2009). *Independent environmental assessment: Beijing 2008 Olympic Games*. Retrieved November 4, 2009, from http://www.unep.org/publications/UNEPeBooks/ BeijingReport_ebook.pdf

Williams P. (2003). Recycling of automotive composites — The pyrolysis process and its advantages. *Materials World*, 11(7): 24–26.

Wilson Adrian, Mowbray John. (2008). Eco-textile labelling: A guide for manufacturers, retailers and brands. Pontrefract, U.K.: Mowbray Communications.

Woolridge Anne C, Ward Gath D, Phillips Paul S, et al., (2006). Life cycle assessment for reuse/recycling of donated waste textiles compared to use of virgin material: An U.K. energy saving perspective. *Resources, Conservation and Recycling*, 46(1): 94–103.

X-Technology, Swiss R&D. (2009). X-Bionic: Turn sweat into energy. Retrieved August 25, 2009, from http:// www.x-bionic.com

Stakeholder Theory

利益相关者理论

利益相关者理论解决与企业目的相互产生影响的个人或团体的关系。根据这一理论,企业与多个利益相关者改善关系网络将提升他们的绩效和生存能力。这些利益相关者包括向企业施加压力来改善其可持续发展绩效的环境组织。

利益相关者理论这个词最初被从事商业管理方面研究的R. 爱德华·弗里曼(R. Edward Freeman)教授所推广,源自他的管理类著作《战略管理:利益相关者方法》(1984)。他使用并阐述了斯坦福研究所1962年提及的"利益相关者的观点"一词。正如弗里曼教授最近与杰弗里·哈里森(Jeffrey S. Harrison)和安德鲁·维克斯(Andrew C. Wicks)合著的《管理利益相关者:21世纪的企业》(2007)书中所表述的那样,文章的基本观点认为如果企业更加关注(那些影响企业或组织的行为或受企业或组织的行为影响的)利益相关者,那么他们会有更好的表现,并因此在长期实现可持续发展。弗里曼教授

战略方法的一部分就是考虑利益相关者。这种方法本质上是管理学范畴的:即在帮助企业提高他们的绩效和生存能力,并让影响这些绩效或受这些绩效影响的利益相关者在兴趣、要求和需要方面得到回应。从生态的可持续性角度来看,环保人士是企业必须要考虑到的最关键的利益相关者群体。环保人士从对气候变化、资源过度使用、物种损失及其他环境问题的担忧方面向企业施加越来越大的压力,促使企业改善其可持续性。

在《管理利益相关者》一书中,弗里曼、哈里森和维克斯将商业解释为利益相关者(即工人、投资者、客户、供应商和社区、政府和媒体等其他人)之间的互动,这些利益相关者们构成了企业本身并通过实施商业模型互动。利益相关者理论与企业的理论不同,如新古典经济学主要把具有选民身份的股民视为主要的利益相关者。随着时间的推移,利益相关者的概念已经发生了改变。其最初的概念为企业和利益相关者们之间的沟通,企业需要有足

够的力量，并且经常呈现轮辐状的模式结构（以企业为中心）。演变后的利益相关者理论发展是，企业要实现有效的管理，那么必须强化更多的互动或参与关系。

这种从一种绝对单向定位转变为更加互动的立场，这在理论和实践上带来了利益相关者参与问题的新术语。由于这种转变，企业有时愿意想办法在他们认为重要的选区里开拓给予和获得反馈活动。利益相关者互动的新概念为参与网络关系的组织指明了方向，这些关系网中一些是重要或主要的，而其他的为不直接或次要的。在生态可持续发展的领域里，这种转变意味着企业更频繁地与环保团体等外部利益相关者相联系，倾听他们的担忧和问题，提供反馈，有时会改变他们的商业行为。一些企业（比如曾经面临可持续方面很多强烈指责的主要化工企业）已经开始重视生态的可持续性问题并整合到他们的核心战略中。他们正将可持续发展融入为许多实践者所说的"企业的DNA"。

什么是利益相关者？

对于大多数企业和其他类型的组织来说，利益相关者主要分为两种类型：主要和次要的利益相关者。企业的主要利益相关者通常是员工、顾客、投资者和供应商。这些组织有效地构成了企业，产生直接影响或受企业直接影响（Clarkson 1995）。次要利益相关者是指那些与企业商业模式、决策和行动间接相互影响的团体和个人。次要利益相关者通常是社区、政府和非政府组织。比如，关心企业活

动和实践的外部人士和环保组织。一些受企业的行为影响较小的个人和团体，或对企业没有兴趣的个人和团体，可以被视为非利益相关者实体。对特定的组织来说，特定个人和团体的利益相关者具有不同组织类型，这些组织本身也具有不同的性质。

尽管环境不是生命体，不被视为实际意义上的利益相关者，但是我们通常也将其视为一个利益相关者，这是因为所有的机构都以某种方式来使用自然资源来完成他们的目标。萃取工业企业等依赖自然资源的组织把自然环境看作是主要的利益相关者，而以服务型的企业更多地将它作为次要利益相关者。从某种角度来看，"利益相关"可以视为利益相关者对企业运营或对其影响的某种话语权的声明，也可以被企业对其利益相关者话语权的声明。因此，企业可以声称员工因为他们被支付了智力资本而亏欠他们某些等级的绩效；而雇员至少在理论上可以声明对他们所忠诚的企业报以忠诚。客户可以要求某些与产品利益相关的利益，以及采购基于这些购买所带来的服务，他们的投入也可能影响这两个项目的性质和质量。这些声明有时是基于相关伦理原则的预期，比如权利（包括法律和道德上）、正义或公正；效用（成本-效益分析的一种形式）；或关照和特征的原则。环保机构和非政府组织等外部监管机构经常要求企业提高他们的环保作为。

从另一个角度来看，利益相关的含义是

指利益相关者采取某种形式的风险或者为他们预期收到回报的企业做一些投资。从这个意义上讲，利益相关者可能在某种程度上对一个有风险的组织产生兴趣或"相关利益"，这取决于组织的运行情况。因此，投资者们将金融资源投放在一个存在风险的企业里，他们可以合理地要求投资所带来的一些回报。员工将人力资本和知识资本(体力上或智力上的)投资给企业；客户把他们的信任投给了企业的产品和服务，并在遇到问题时会面临风险。供应商和社区可以专门为企业投资基础设施，这在企业选择离开或不使用这些资源时也面临风险。根据企业的业务情况，如果企业属于自然资源密集的用户，那么这些团体可以成为主要的利益相关者；如果该企业的核心业务并非生态要求，这些团体就成为次要的利益相关者。通常情况下，按照某种方式利用地球资源时，利益相关者的投资可以是有形的，但有时他们也可以是无形的，比如各种利益相关者和一个组织之间的情感盟约。无论基于那种情况，组织及其利益相关者之间的互惠性质正在逐渐被大众所承认。这种认识在利益相关者的参与过程中产生了新的活动和术语。这意味着该企业及其利益相关者之间存在着双向的互动，并不仅仅是企业角度的关系，而至少在某种程度上承认对双方有一定程度的影响或提供了力量。此外，企业经常认为利益相关者的参与属于一种学习他们在社会上面临的问题的手段，有时也作为洞察潜在新商业机会的机会。环保人士有时会质疑企业对自然资源的使用情况，这也为他们制造了一种自然环境的"声音"和参与可持续性发展问题的平台。

主要和次要利益相关者的概念表明，不同的利益相关者对既定的企业有着不同的优先等级。罗纳尔多·米歇尔(Ronald Mitchell)、布拉德利·艾格勒(Bradley Agle)和多纳·伍德(Donna Wood)(1997)基于利益相关者的 3 个核心变量(权利、合法性和紧迫性)开发了一个利益相关者优先顺序的模型，他们将主要利益相关者归为"限定的"利益相关者，原因在于他们拥有所有这 3 个属性。而当企业面临的问题时，其他缺少权力、合法性或紧迫性的利益相关者相对不那么得到企业的关注。如果企业希望成功地处理这些问题，则需要注意所有利益相关者和他们的需求、要求或利益。例如，如果一个企业有一个严重的、已经成为公众的关注并引起监管的环境问题，那么环境监管机构将成为一个限定的利益相关者。因为公众的注意和合法性使情况变得紧急，如果可能的违规监管行为存在的话，监管机构将体现出非常强大的能力。

建立利益相关者优先序的观点有利于提高利益相关者理论的核心问题。特别地，它提出了权力的问题，这在不同的选区和企业里并不相同；企业通常拥有更多的权力、资源和影响力。另一个核心问题是合法性，这既针对了企业，也针对了对企业的行动和决定感兴趣的利益相关者。与利益相关者的声明、风险和投资向对应，企业不得不既考虑利益相关者利益的合法性，而且要考虑企业本身的基本决定和正在考虑的对策在社会上是否具有合法性。例如，尽管企业的规模通常比多数的环保组织或非政府组织庞大，但是企业逐渐发现有必要回应利益相关者提出资源可持续性的有关的合法性事件。在更广泛的层面上，许多科学家和政府提出的气候变化问题使一些大型企业已经开发出综合性可持续发展项目，这些企业正尝试内部调整来处理来自利益相关者的压力。

利益相关者理论和经济理论

利益相关者理论（或者可以称之为利益相关者对企业的观点）与以弗里德曼为代表的新古典经济学等企业传统的经济观点不同。经济学的观点（或可能被称为股东理论）本质上认为企业的唯一目的是将其唯一利益相关者（股东）的财富最大化。相比之下，利益相关者的观点认为公平的投资回报率、声明、风险和多个利益相关者的债券共同促使企业综合考虑这些因素并好好表现。

利益相关者理论可以被看作传统经济学里股东理论的替代理论。作为企业的一个理论，利益相关者理论认为企业因为与利益相关者结合而运行良好，企业的表现直接关系到有效地构成了企业的网络关系、这些关系带来的价值，以及这些关系如何允许企业开展其业务模式。换言之，利益相关者理论承认多个利益相关者对企业绩效的贡献，而传统的经济理论在本质上只将这些贡献只限制在金融方面，从某种意义上让企业"去人性化"。

价值观、道德和利益相关者理论

尽管弗里曼最初的目的是在管理方法中隐含伦理的因素，但是利益相关者理论还是经常与道德有关。透过利益相关者的角度伦理、价值和利益相关者之间的联系被关注。对于一个给定的企业或组织来说，不同的利益相关者带来了不同的期望和价值。企业或组织对

他们的利益相关者回应的方式也不尽相同，这些回应反映出企业或组织对利益相关者群体可能起到作用的价值和预期。

从某种角度看，管理人员的决定和选择总是反映出他们自己或者所在机构的价值观。然而，纯粹基于经济或财政方面的因素来有限地考虑利益相关者的决策和基于更广泛的利益相关者利益的决策这两者有着显著的区别。例如，当只有经济因素起作用时，裁员似乎是"做正确的事"，但如果将维持员工的关系、忠诚和人力成本或生态成本考虑其中的话，企业也许会得出相反的结论。同样地，供应链关系可能涉及价格混乱、不断降价的压力，当企业将低成本设为目标时会带来剥削劳动力、童工和严重的环境问题。如果考虑到与非政府组织的关系、与供应商的关系和企业的声誉这些因素的话，企业可能会采取完全不同的决定，比如供应商可以接受什么样的工作条件，以及如何考虑环境因素。气候变化对人类的威胁已让许多企业将可持续性作为战略和实践的一项必要元素。

这些事例说明，利益相关者的想法提出了并不总能兼容的价值观和目标方面的难题。不断改善策略来关注人权价值观和生态的可持续性等目标基本价值方面，从根本上将利益相关者理论和道德的商业策略和实践整合在一起。

利益相关者参与、网络和社会资本

企业制定利益相关方参与的策略意味着企业与利益相关者们的互动并得到反馈。这些策略中的一部分是传统的商业实践，如员工意见箱、员工和客户调查和市场研究。许多企

业的参与策略包括多部门联盟等协作和合作性的事业，目的通常是解决社会问题，有时被称为公私一体、社会型或者多方参与的伙伴关系或合作关系。

与相关利益者开展多方对话是另一种越来越受欢迎的利益相关方参与形式。通常，政府、公民社会组织、非政府组织、教育或学术机构和企业等来自不同行业的利益相关者们针对共同的问题开展论坛活动。这类对话的一个主要焦点是气候变化及推动更可持续的企业；其他的议题还包括行业的具体问题，比如制药企业应该如何参与非洲的艾滋病危机、人类和劳工的权利及教育问题。

与利益相关者合作是许多企业一种与他们的利益相关者建立信任的重要方式，这有助于他们在工作地建立强大且受欢迎的网络。这种类型的合作也增强了网络中所有的参与者的社会资本参与。社会资本是一个系统中将个人和团体联合在一起并提供一定程度的凝聚力的一种社会"黏合剂"（Putnam 2000）。经济学家迈克尔·波特（Michael Porter）的研究（1998）分析了网络或被其他企业支持的相关产业"群体"中企业的发展历程和成功之处。他发现群体中的企业往往比其他企业做得更好，社会资本在企业

绩效的重要性也提供了强有力的支持，而且进一步支持企业与各种利益相关者构建关系的需求。同样地，不同行业的企业倾向于效仿领头企业。因此，例如当一个龙头领先的化学企业制定了全面可持续发展的项目时，其竞争对手追随他们类似实现可持续性的做法也显得十分重要。

利益相关者的责任

利益相关者和企业之间的关系是双向的，即利益相关者可以影响企业，企业也可以影响利益相关者。管理学研究人员杰夫·弗鲁曼（Jeff Frooman 1999）称利益相关者改变公司的战术为"利益相关者影响策略"。其中一些策略来自非政府组织等关键外部人员使用的策略，如抵制、写信活动和学生的参与，旨在呼吁人们关注他们所关心的问题。其他的策略可能有关投资者的策略，他们负责向股东提交管理方面特定的决议。

对企业和利益相关者这两个群体来说，这种互动联合了特定的情况与现有或预期关系的性质。利益相关者日益要求企业关注诸如责任、问责和透明度的问题，这些问题往往还围绕环境、员工、顾客和财务状况。企业之所以需要向利益相关者回应与诚信声誉及透明度的问题，是因为两个重要的原因。人们日益注重企业声誉，这是因为在 21 世纪里，企业的价值包含在无形资产里，比如商誉、人力资本和智力资本以及创新能力。企业花费了数百万美元开发产品和企业的品牌，而损害这些品牌声誉是非常重大的、昂贵并难以修复的。倾听利益相关者的意见为企业提供了一种主动避免声誉受损的重要机制，如果企

业明确地与利益相关者沟通，那么这种影响甚至是双向的。

企业之所以回应利益相关者的另一个主要原因在于日益增加的透明度（有时候是毫不知情的增加）。这种透明度通过电子通信技术来实现。比如，互联网和其他媒体。利益相关者有时要求企业对其决定、行动及这些决策的结果开放透明度。即使企业不希望某些事情被公开，特别是在主要的利益相关者关注企业行为的情况时，电子通信技术和媒体也使得遮盖这些事情变得越来越艰难。因此，无论企业自身是否有意变得透明，这透明度总会存在，这是因为观察人士更容易发现（并广泛传播）究竟发生了什么事情。目前，这种透明度被应用于实践，例如化学品泄漏或有毒物泄漏的例子，或观察者认为企业过度使用或滥用了自然资源。比如，维权分子在互联网上广泛公布可口可乐企业在印度使用有限的水资源；企业在压力下出台了综合性的、非常先进的水利政策。

无论利益相关者做了什么，他们在与企业互动时越来越认识到自己也需要承担道德责任、积极主动与诚实。企业们也意识到他们更好地了解利益相关者们的所需和所想，有些时候企业直接与利益相关者沟通可以帮助企业避免意外出现。随着现在气候变化和生态的可持续性的问题关注人类的长期健康和福利，许多先进的企业积极致力于将可持续发展融合到他们的产品、服务和运行当中。这些进步企业正在向社会和利益相关者回应这些群体所关注的可持续性，并为尚未应对那些这些问题的企业和其他类型的企业树立了榜样。

桑德拉·沃多克（Sandra WADDOCK）
波士顿大学卡罗尔管理学院

参见：非政府组织；企业公民权；企业社会责任和企业社会责任2.0；生态经济学；生态系统服务；商业教育；金融服务业；人权；社会责任投资；领导力；公私合作模式；绩效指标；风险管理；社会型企业；供应链管理；可持续价值创造；真实成本经济学。

拓展阅读

Andriof Jorg, Waddock Sandra. (2002). Unfolding stakeholder engagement. Jorg Andriof, Sandra Waddock, Bryan Husted, et al., *Unfolding stakeholder thinking* (pp.19–42). Sheffield U.K., Greenleaf

Andriof, Jorg Waddock Sandra et al., (2003). *Unfolding stakeholder thinking 2: Relationships, communication, reporting and performance*. Sheffield, U.K.: Greenleaf.

Clarkson, Max B. E. (1995). A stakeholder framework for analyzing and evaluating corporate social performance. *Academy of Management Review*, 20(1): 92–117.

Donaldson, Thomas, Preston Lee E. (1995). The stakeholder theory of the corporation: Concepts, evidence, and implications. *Academy of Management Review*, 20(1): 65–91.

Epstein Edwin M. (1987). The corporate social policy process: Beyond business ethics, corporate social responsibility, and corporate social responsiveness. *California Management Review*, 29(3): 99–114.

Epstein Edwin M. (1998). Business ethics and corporate social policy: Reflections on an intellectual journey, 1964–1996, and beyond. *Business and Society*, 37(1): 7–39.

Freeman R Edward. (1984). *Strategic management: A stakeholder approach.* Boston: Pitman/Ballinger.

Freeman R Edward. (1999). Divergent stakeholder theory. *Academy of Management Review*, 24(2): 233–236.

Freeman R Edward, Harrison Jeffrey, Wicks Andrew. (2007). *Managing for stakeholders: Business in the 21st century.* New Haven, CT: Yale University Press.

Frooman Jeff. (1999). Stakeholder influence strategies. *Academy of Management Review*, 42(2): 191–205.

Handy Charles. (2002), December. What's a business for? Retrieved February 1, 2010, from http://www. growthinternational.com/resources/Charles+Handy+HBR+Dec+02.pdf

Jones Thomas M. (1995). Instrumental stakeholder theory: A synthesis of ethics and economics. *Academy of Management Review*, 20(20): 404–437.

Jones Thomas M, Wicks Andrew C. (1999). Convergent stakeholder theory. *Academy of Management Review*, 24(2): 206–221.

Mitchell Ronald K, Agle Bradley R, Wood Donna J. (1997). Toward a theory of stakeholder identification and salience: Defining the principle of who and what really counts. *Academy of Management Review*, 22(4): 853–886.

Porter Michael E. (1998). Clusters and the new economics of competition. Retrieved February 1, 2010, from http://www.econ-pol.unisi.it/didattica/ecreti/Porter1998.pdf

Putnam Robert D. (2000). *Bowling alone: The collapse and revival of American community.* New York: Simon & Schuster.

Steel Industry

钢铁工业

钢铁工业占全球二氧化碳排放量的4%～5%，主要来自高炉炼铁；因为这是一个已经"成熟"的过程，将来需要进一步减少排放的突破性技术。钢铁拥有自然的可持续性优势：储量丰富和拥有高强度的重量比，它的生产过程需要较少的能量且在电弧炉中很容易回收。

钢是一种主要由铁组成的合金。它是现代社会的基础设施、交通、能源输送、住房和消费品中必不可少的组成部分。2008年，全球钢材的产量为13.27亿吨（World Steel Association 2009b）。发展中国家的钢材的使用量不断增长；2002—2008年，亚洲钢材使用量的平均年增长率为12%，而欧盟27国等发达地区同期的使用量只增长了2.4%；北美自由贸易协定（NAFTA）签约国的钢材使用量缩小了0.9%（WSA 2009b）。因此，钢铁的产量、使用量和可持续性问题在世界各地不尽相同。可持续性一个重要指标是二氧化碳的排放量；钢铁工业占全球温室气体排放的4%—5%（WSA, 2009a）。钢铁工业的可持续性问题集中在钢铁的生产和使用领域。

钢铁的生产

炼钢主要有两条生产路径。将回收的钢铁、铁矿石及焦炭（来自煤的固体产品）送入高炉铁使之变为液体，进而在氧气炉（BOF）中转化为钢液。在正常条件下，转炉可以使用20%—30%回收的废钢。第2种路径是电弧炉（EAF）炼铁——可以使用90%—100%的回收废钢。这个过程实际上是一个使用电力辅以天然气氧气燃烧器的熔化操作过程。

这两个过程中钢材需要经历将低品质的钢变为液态的一些操作过程，之后再浇铸成客户想要的条状、钢坯或板状的中间产品。资源的影响、能源消耗和环境排放等大多数问题都出现在浇铸以前的生产过程中。

显然，钢材以回收铁的形态在电弧炉内融化之前必须先经过综合路径。因此，依据铁水和废钢的相对成本和可用性,电弧炉炼钢和综合炼钢之间实现了平衡。2008年,全球范围内的综合炼钢和电弧炉炼钢的两种路径分别为67%和31%(WSA 2009b)(剩下的2%为过时的平炉炼钢法)。发展中国家因为缺少废料,所以这个平衡转向综合炼钢。例如,2008年,中国91%的钢铁是通过综合炼钢法制造的。另一方面,美国拥有丰富的废料,因此只有42%的钢铁采用综合路径。废料也可以在国际开展贸易(WSA 2009b)。

综合路径

铁矿石主要是赤铁矿(Fe_2O_3)和磁铁矿(Fe_3O_4),世界上钢铁工业广泛使用的是含铁30%以上等级的铁矿石。高档铁矿石(含铁62%—64%)在国际开展贸易。供应的年份通常以储量占当前消费率的比例来计算;照此计算,铁矿石的供应年份是60年(Norgate & Rankin 2002)(虽然有其他低品质或不易获得的矿体,但这个数字是指目前经济上可行的已探明储量)。然而,这种计算忽略了在前一部分中所详细讨论过的回收因素。回收因素将成为60年内铁矿石来源的主要途径。

碳可以容易地降低铁中的氧化物。高炉和转炉制造1千克钢锭所必需的能量是22兆焦。相比之下,铝锭的能量是每公斤210焦。因此,在高炉中使用碳作为还原介质(或还原剂)的方法已经演变为主要的炼铁过程。

高炉使用碳的形式为焦炭。焦炭的制作过程是由各种煤混合在一起,并通过无氧条件下用烤箱加热来实现。炼焦过程中,挥发性碳氢化合物经过淬火后就产生了焦炭,体积要比之前煤的尺寸大得多。焦炭强度和尺寸对高炉有效的运作至关重要。挥发性碳氢化合物通常被送到副产品车间除去焦油和油、酚钠、硫酸铵和萘之后作为天然气销售。剩下的天然气作为燃料用于加热焦炭烤箱及钢铁车间的其他进程。以前的钢厂炼焦操作是一个重要的污染源,这是因为对焦炉烤箱门的管理不善而造成的泄密,包括从副产品车间排放的空气和水。这些问题促使焦炭替代品的生产发展,这将在下文进行讨论。

几个世纪以来,高炉已经演变成将铁矿石有效变为液体铁水(碳饱和的铁含4%的溶解碳和其他杂质)、液态渣(副产品)和高炉煤气的一个过程。高炉是一种垂直的竖炉,铁矿石(块矿、颗粒或烧结矿的形式)和焦炭交替填充并在顶部通电。预热的空气通过鼓风机(水冷管道)围绕着熔炉的边缘被送至下部。因此,在焦炭和铁矿石下降的同时,炉气沿着熔炉上升;逆流导致传热和化学反应都十分高效。当风在炉底遇到热焦炭时,空气中的氧气转化为一氧化碳。这一过程会产生热量,所以碳作为燃料和还原剂的双重角色。之后,一氧化碳将铁的氧化物从赤铁矿(Fe_2O_3)降为磁铁矿(Fe_3O_4),再降为方铁矿(FeO),并下降为金属铁(Fe)。加热后,方铁矿变为液体或炉渣融合,铁也因为与焦炭在炉边进行了充分接触而变成液体并饱和碳。液态铁水和渣炉从炉底被取出。高炉顶部的气体仍含有大约1/10燃烧能量。因此,它用在辅助炉灶来预热鼓风和钢铁车间的其他加热工作。

焦炭比(生产每吨钢铁所需的焦炭重量,以千克/吨计算)是高炉效率的一个关键指标,并确定钢铁生产过程中二氧化碳排放量的主要因素。自20世纪60年代以来，通过改善原料、设备和装料方式，焦炭比已经从大约1 000千克/吨下降至270千克/吨。同期，通过鼓风机注射补充燃料已经变得非常流行(石油、天然气、煤粉以及最常见的塑料废品颗粒)。石油和天然气因价格上涨而被限制使用，但注入煤比焦炭的总体成本更低，这导致了喷煤方法的广泛使用。煤炭的最高注入率是210千克/吨，每吨铁的铁焦比为270千克焦炭，但注入煤粉法并未大幅减少总燃料的消耗率(Irons 2008)。现代高炉的效率正在接近极限水平。因此，进一步减少排放(特别是二氧化碳排放)将迎来技术性的突破。

高炉的铁水在转炉中转化为钢；金属的碳含量从大约4%降低到不足0.1%，硅和磷也会被去除。商业纯氧以超音速的速度被注入金属的表面。碳和其他元素的氧化过程放热，因此，这个过程不需要外部能源。事实上，20%—30%的废料以冷却液的形式被加入其中。废料通常比铁水成本更低。因此，调整的实践中最大限度地使用废料。在冶炼后期，钢被装在勺内(开口的圆柱形容器，用来称放和运输钢液)，之后再进行后续处理。

电弧炉路径

电弧炉生产从20世纪40年代有限的特定钢铁产量发展到现在的水平，原因在于它比综合路径在发达消费社会里的废材更实用和更便宜(能源、资本和运营)。炼钢在这种路径中所需的能量为7兆焦/千克，这大约只是综合路径所需要能量的1/3，这是因为它本质上是一个熔炼的操作，并不需要的能量来还原铁的氧化物。

电弧炉路径的过程和设备也更为简洁。各种等级的废钢通电并放入垂直圆状的电弧炉内。尽管一个或两个电极的直流(DC)炉也可以使用，但我们通常三相交流电(AC)操作将3个电极插穿容器顶部。电加热的部位在熔炉的中心，因此燃烧器的位置被放在侧壁以加速融化。一些国家多达50%的能源来自化学加热，比如欧盟的电费就非常昂贵。持续30—60分钟的加热过程结束后，钢铁被装在勺状容器内等待后续处理。

直接还原铁(DRI)是电弧炉的一种替代材料。直接还原铁利用天然气将铁矿石球团变为固态铁的过程。直接还原铁的产量(2008年生产6 600万吨)主要应用于天然气丰富的国家(World Steel Association 2009b)。

排放和副产品

发展中国家的钢铁厂和发达国家的现代工厂很好地控制了气体和水的排放。测量环境影响的生命周期的库存可用于测定所有的排放(这部分的主要内容将在后面讨论)。在许多情况下，潜在的排放被转化为副产品(国家可再生能源实验室，未注明日期)。

气体排放

在综合路径中，生产每吨钢铁大约排放

为 1.8—2.1 吨的二氧化碳,而在电弧炉路径中,根据发电产生二氧化碳的量不同,生产每吨钢铁排放 0.1—0.3 吨的二氧化碳(WSA 2009a)。

水排放

生产每吨钢的过程中,约 8.5 立方米的水用于工厂的冷却和化学过程;这其中许多都内部可回收。不回收处理的水经过处理就同当初注入时一样干净。

固体排放

每生产 1 吨铁大约制造出 300 千克的高炉矿渣。在大多数情况下,这些颗粒用作路基。综合路线和电弧炉路线分别产生约 100 千克和 80 千克的炼钢渣(AISE Steel Foundation, United States Steel Corporation, Fruehan 1998)。这些炉渣其实需要进一步处理,但它们通常被作为地基来使用。空气和水流中的粉尘和污泥通常都在工厂得以回收。电弧炉炼钢产生的废弃物通常由独立的公司通过产韦耳茨法或普里默斯便携式汽化炼油过程来回收铁和锌。

循环利用的钢铁

钢材是目前为止体积最大的可回收金属。2008 年,全世界 4.75 亿吨的废料制造了 13.27 亿吨的钢铁(WSA 2009b)。正如上面所述,由于废料的可获得性,电弧炉路径致力于回收并不断强化这方面的工作。钢铁在回收过程中具有固有的优点:带有磁性并易于与其他金属分离,可以无限循环而不损失特性,并且电弧炉炼钢所需能量较低。

一个重要的问题在于钢材中剩余的元素,比如铜和镍。这些元素在炼钢操作不能被氧化,因此它们往往在废流中积累。一些钢的等级对这些残余元素做了限制。因此,较低的废材和直接从矿石来的铁源(生铁、DRI 和热金属)被用于这些敏感的等级的钢材。

钢铁产量的发展

正如上面所讨论的那样,焦炭工厂的副产品通常可以回收。非回收烘炉、能量回收烘炉已作为替代品被开发出来。取代使其回收化学物质的做法,它们被燃烧用来产生电能,这部分电能可以用于钢铁厂或再卖回给电网。气体中需要去掉硫(作为石膏的副产品),但是大部分副产品工厂的成本和排放都尽量避免这种做法。非回收烘炉的另一个优点是它们运行时慢慢减压,所以烘炉中不会泄漏气体。

熔化还原过程已经有了很大的发展,这也在不使用煤的情况下逐渐取代低焦率的高炉。这也是很困难的决定,因为高炉非常之高效。Corex 和 Finex 相关的熔融还原炼铁工艺的流程已经完全商业化,但是他们比高炉的用煤率更高。这些过程产生剩余气体可以用来产生电力,进而抵消高煤率的效果。HIsmelt 过程在小生产能力时可操作,但也比高炉的用煤率高。

国际钢铁业团体都意识到高炉已经接近其极限效率,想要满足未来二氧化碳的排放要求的话,需要发展具有突破性的技术。在欧洲,《超低二氧化碳水平的炼钢过程 ULCOS》旨在减少超过 2 倍的二氧化碳排放量。ULCOS(2009)选择了今后研究中可以实现的 4 个过程,这些流程属于不同的发展阶段:

- 顶部带有碳捕获和收集装置的气体回收高炉（CCS）；
- 带气体回收高炉装置的ISARNA（用于减少冶炼过程，可以与HIsmelt合用）；
- 直接还原的高级气体回收高炉；
- 零二氧化碳电解。

钢材的用途

迄今为止，钢是世界上最常用的金属。它的主要优势是经过合金化和热处理后具有高强度、低成本（因为高等级矿石和低能源的生产成本）、耐高温强度高和可裁剪性（力度、延展性和蠕变性）。

钢的主要缺点是它的密度（7 000千克/立方米），与之相比，铝的密度是2 700千克/立方米，塑料大约900千克/立方米。最严重的问题是交通因素，因为燃油的效率直接与重量相关。大多数汽车的框架和外板钢具有低成本和高性能的特点，但是铝形成了竞争的关系（采购和制造铝的成本较高，因此小批量的铝用于制作外板）。钢铁工业一直积极在汽车行业减少重量，这项举措始于20世纪90年代的超轻型钢车身（ULSAB）项目。通过使用刚强度钢材和先进的制作技术，该项目不但改进了汽车的性能，还将车身重量减少了25%。将来的工作是继续攻克车辆轻量级其他方面的问题。

汽车应用领域还体现在先进的高强度钢（AHSS）的集中发展。钢材和其他大多数金属在强度和延性的特性方面有好有坏；强度高的钢通常更脆弱。AHSS方法可以特定的方法定做达到高强度和延性的钢材。因此，汽车车身所需的高等级成形性可以与硬度高、重量轻的零件得以实现。先进的高强度钢在强度重量比方面超过了汽车用铝合金。先进的高强度钢也可定做成动能吸收的性质，这在避免碰撞方面非常重要。

汽车用铝代替钢的一个问题在于铝的制造过程需要更多的能量（见上文关于综合路径的部分），这需要在汽车的寿命中必须用提升燃料的效率来抵消影响。生命周期分析可以量化分析钢铁工业和铝行业中总能源的消耗量和二氧化碳的总排放量，但也有人对结果存有异议，这是因为假设的前提和使用的方法不同。

长期的可持续发展

钢材在可持续性方面具有天然的优势：大量的矿石储量、较低的能源生产成本、无限使用和易回收性并且可以广泛利用的高机械强度。钢铁工业在减少对环境影响方面和使用钢铁产品的方面制定了雄心勃勃的发展规划。因此，钢铁在未来的可持续发展中仍然是最重要的工业金属。

戈登·艾伦斯（Gordon IRONS）
麦克马斯特大学

参见： 航空业；汽车产业；能源效率；能源工业——煤；能源工业——可再生能源行业概述；生命周期评价；制造业实践；采矿业；再制造业；供应链管理。

拓展阅读

AISE Steel Foundation; United States Steel Corporation, Fruehan, Richard J. (1998). *The making, shaping and treating of steel: Steelmaking and refining*. (11th ed). Pittsburgh, PA: United States Steel Corporation.

AISE Steel Foundation, United States Steel Corp, Wakelin David H. (1998). *The making, shaping and treating of steel: Ironmaking*. (11th ed). Pittsburgh, PA: United States Steel Corporation.

Algie Steve H. (2002). Global materials flows in mineral processing. *Proceedings of Green Processing 2002*: 39–48. Melbourne: Australasian Institute of Mining and Metallurgy.

Anameric B, Kawatra S Komar. (2009). Direct iron smelting reduction. *Mineral Processing and Extractive Metallurgy Review*, 30(1): 1–51.

Ashby, Michael F. (2009). *Materials and environment: Eco-informed material choice*. Burlington, MA: Butterworth-Heinemann.

Birat J P, Borlee J. (2008). Breakthrough solutions to the CO_2 challenge explored by the European steel industry: The ULCOS program. *Proceedings of SCANMET III: 3rd International Conference on Process Development in Iron and Steelmaking* (61–75). Lulea, Sweden: MEFOS.

Bleck Wolfgang, Kriangyut Phui-On. (2005). Microalloying of cold-formable multi phase steel grades. *Materials Science Forum*, 500–501, 97–114.

Irons Gordon A. (2008). *The challenges of coal injection in today's blast furnaces: Proceedings of 36th McMaster University Symposium on Iron and Steelmaking*. Hamilton, Canada: Steel Research Centre, McMaster University.

National Renewable Energy Laboratory. (n.d.) U.S. life-cycle inventory database. Retrieved August 24, 2009, from http://www.nrel.gov/lci/database/default.asp

Norgate Terry E, Rankin W John. (2002). The role of metals in sustainable development. *Proceedings of Green Processing 2002*(49–55). Melbourne: Australasian Institute of Mining and Metallurgy.

ULCOS. (2009). About ULCOS: Overview. Retrieved August 24, 2009, from http://www.ulcos.org/en/about_ulcos/home.php

WorldAutoSteel (n.d.). Ultralight steel auto body programme. Retrieved August 24, 2009, from http://www.worldautosteel.org/Projects/ULSAB/Programme-engineering-report.aspx

World Steel Association. (2009a). *2008 sustainability report of the world steel industry*. Retrieved August 24, 2009, from http://www.worldsteel.org/pictures/publicationfiles/Sustainability%20Report%202008_English.pdf

World Steel Association. (2009b). *World steel in figures 2009*. Retrieved August 24, 2009, from http://www.worldsteel.org/pictures/publicationfiles/WSIF09.pdf

Supply Chain Management

供应链管理

几乎所有的企业都依靠供应链将他们的产品从概念变为现实,即从A状态变为B状态。全球化、外包以及提高利益相关者的期望都要在长期考虑如何管理供应链可持续发展的问题。全面的产品生命周期管理过程可以帮助企业在发展中国家中保护工人权利的同时,减少供应链对环境发展的影响。

日益增加的全球竞争和国际采购突出了供应链管理(SCM)的重要性,使其成为主要制造业企业的核心竞争力。供应链越来越被视为战略性资产,公司将更加重视与供应商和客户的合作关系,他们称之为"商业生态系统"。供应链管理的范围扩大到包含了实现客户期望所涉及的所有业务流程,这个过程涵盖了产品开发到结束寿命的过程。因此,公司在跨职能团队中安排了供应链专家来管理这些业务流程。供应链管理的这个更广义的"价值链"不仅包括设施和车辆等实物资产,也包括知识和人际关系等无形元素。所以,供应链管理被定义为"整合了从原始供应商到最终用户的关键业务流程,包括提供产品、服务和信息进而为客户和其他利益相关者增加价值"(Lambert 2009: 2)。

从这样的广义角度来看,许多全球性的趋势强化了供应链管理当中可持续发展和企业责任的重要性。

全球化引起了诸多担忧,比如对富裕国家和贫穷国家之间不平等以及如能源消耗和温室气体排放等不良的环境影响(International Monetary Fund 2002)。经济机会同环境问题、社会问题之间的紧张关系可能阻碍全球化的发展,而不同的监管要求和文化障碍也使国际企业的并购和整合变得更加复杂化。

业务外包模糊了企业的边界,公司在确保其供应商和服务商遵守安全性和可持续发展预期时遇到了挑战。此外,业务外包可能带来环境负担,比如将碳排放转移到欠发达国家。腐败和污染的事件引起了公众的担忧,并提升了加强审计和关注供应商的呼声。企业披露了原材料和生产条件等更多关于产品源头的信息。

欧盟和其他地方政府呼吁在产品回收的过程中"扩大生产者的责任",通常称之为"产品回收"。例如，欧盟2000年颁布《报废车辆指令》的目的在于减少报废机动车所产生的废物，而2003年颁布的《欧盟报废电气和电子设备指令》需要回收电视机、计算机和移动电话等电子产品。这些政策刺激了"逆向物流"的使用（Guide, Van Wassenhove 2002），并促使相关整个供应链中产品开发实践的变化，这包括许多设计的改变，比如回收、重新利用或改造过时产品、组件、材料和包装。

"即时"补给等谨慎的生产方法使得全球供应链的业务更容易中断，这是因为他们的缓冲能力和储备能力被削弱。供应链容易受到各种各样的干扰。比如，故意威胁、技术故障和自然灾害。这些威胁呼吁企业增强意识和具备快速恢复功能；他们也为反应迅速的企业创造了渗透市场和成长的机遇。当前，先进的信息技术通过使用无线电频率识别（RFID）标签等技术可以跟踪全球资产和发货量的情况。监控市场波动的能力让供应商和客户之间进行无障碍沟通，也可以实时地控制产品和材料的流动，可以"适应地"来应对供应和需求模式的改变，从而减少资源的浪费并增加供应链的可恢复性弹性（Fiksel 2007）。

这些趋势扩大了企业对利益相关者期望的承诺，包括可持续性的重要性、社会责任、透明度和反应。除了减少供应链在环境中的痕迹，公司负责建设道德标准、尊重多样性，并显示其关心员工和社区的福祉。公司品牌的形象和声誉可以深深地受客户和其他利益相关

者的看法所影响，这种影响既可以是正面的，也可以是负面的。

可持续发展与商业价值的联系

采购、库存管理、仓储、物流和分布等供应链业务流程逐渐被视为提高商业竞争力的战略杠杆。道琼斯可持续发展指数和类似的评级方案帮助金融分析人士认识到，资本市场中股东价值和卓越的可持续性之间在社会责任和环境管理方面具有相关性。具体来说，商业价值创造与改进的可持续性能之间主要存在的两种联系。

避免成本和负债

环境、健康和安全管理的传统方法涉及遵守法规和标准、产品或流程相关风险的最小化和自然资源的管理工作。预防污染、减少有害物质的使用、降低废品率和改善原材料物流（如装托盘运输）等可持续的商业活动有效地降低了运营成本和资本成本。对社会责任和利益相关者满意度的关注也有助于保护公司的声誉，并避免高成本业务的中断。

为了避免成本和负债，公司开展了以下核心业务活动。

（1）规范化。让产品及其业务流程遵从法律、有关规定和行业标准。美国德州仪器公司通过开发一项系统程序来预期客户的需求，用来保证其遵守欧盟对于禁止和限制品的要求。

（2）风险最小化。通过保证产品及其整个供应链过程安全来实现风险最小化和维护业务的连续性。摩托罗拉的分销经理发现他们通过控制供应商木托盘的质量可以降低职业的伤害和固体废物的处理两个方面，估计每

年节省价值超过500万美元的时间成本和损失（GEMI 2004：9）。

（3）保持健康。通过负责的管理操作来维护员工及当地社区的健康和福祉。雅培公司通过将安全协议与自动化承包商绩效管理系统相结合，成功地将承包商的安全事故减少到低于行业的平均水平。

（4）保护环境。减少浪费、防治污染和生态管理等措施保护了公共健康和自然资源等环境。联邦快递公司重新设计了隔夜信封，使其100%利用再生纤维，在不影响产品性能或长期成本的情况下加强了其环境领导力。

创造经济价值

在跨职能团队中，提高环境经理和其他组织之间协作等级，这样更加综合的方法对价值创造的作用是显而易见的。工业供应链中的原材料利用率是运营成本（a），能源、水和其他所需资源的消耗（b）和产生的废品和排放（c）中最重要的驱动力。公司开展一些促进可持续供应链管理活动的重要业务，可以减少整体价值链中原材料的流动。集约化生产和微型反应器等新技术显示出提升产量和资本生产率的潜力。

公司可以采取许多措施来实现其社会收益和环境收益：

（1）提高生产效率：通过保护原材料、能源效率和将废品转化为副产品来提高生产效率。英特尔公司为生产和运输其微处理器的过程研发了轻量级塑料托盘，这项举措为他们每年节省了数百万美元（GEMI 2004：iii）。该公司还与客户合作并研发出重新利用托盘的闭环系统。

（2）鼓励合作：鼓励客户、供应商以其他影响供应链效率和许可的利益相关者之间开展合作。由惠普、英特尔和其他公司领衔的全球联盟为供应商创建了统一的电子行业代码。这个代码设定了来管理环境释放、工作场所的健康和安全、劳动力活动和商业道德的准则，还包括对供应商进行评估和审计的程序。

（3）支持创新：支持可以提高产品差异化、客户满意度和利益相关者信心的产品、服务和技术的创新。伊士曼柯达公司使用"环境设计"的原则在极大地提高数码相机性能的同时，还降低了产品的重量。

（4）能够发展：通过收购行为、增加市场份额或者进入新兴市场，这结合了市场的预期，如生态标签和ISO 14001注册。欧文斯科宁公司因其Atticat玻璃纤维绝缘得到快速增长，这是"摇篮到摇篮"注册商标的银级认证（"摇篮到摇篮认证"要求公司的生产流程和实践能够可持续发展并原材料的再循环和重新利用）。产品利用了60%的可回收材料，不含有毒化学黏合剂，具有高度可压缩的优质运输效率。

因此，可持续发展问题不会约束供应链，反而，环境和社会性能的改进往往符合行业对供应链速度、效率和有效性并获得持续的进步。

产品生命周期管理

对消费者来说，供应链的绝大多数环境影响（包括消耗资源和产生废物）都是无形产品。生命周期评价方法经常被用来量化"摇篮到摇篮"供应链流程中的环境负担。在供融入应链管理的过程中，公司有必要注重其产品的全生命周期,包括采购、生产、分配、使用和回收产品的所有供应链过程。在一个典型的产品生命周期中,大约95%的原材料产量以废弃物、污水和气体排放(主要是二氧化碳)的形式释放到环境当中。总体来说,美国每年大约产生200亿吨的工业废物,这其中超过1/3属于有危害的废物。这种水平相当于人均60吨左右,迄今在世界各国中数量最高(Fiksel 2009:5)。延续这些模式将造成生态系统的资源生产能力和废物吸收量方面的降低,同时也对全球气候、植被和农业构成了潜在威胁。

提升可持续性方面的意识引起评估生产链方面"环境痕迹"各种方法的发展。"痕迹"这个可能仅仅意味着一种度量标准,比如"碳足迹"或许代表不同环境负担的一组指标(如,能源使用、固体废物和空气排放)。估计生命周期的痕迹需要仔细定义其范围和界限。例如,原材料的痕迹可能只包括用于公司业务的原料和物资,可能包括的来自供应商及客户更广泛的活动,或者可能扩展为生态系统的物质和服务,如生物(木头和鱼)或淡水。虽然测量生态总体服务的消费量非常少,但是许多公司已经开始评估他们的水足迹。

根据世界可持续发展工商理事会(WBCSD)出版的《温室气体协议》(2004),最常见的碳足迹指标是衡量温室气体排放二氧化碳的等价物。但是,大多数的碳足迹估计过程只能量化公司以燃料或电力形式直接使用的能源。

如果一个典型的公司认为在供应链内消耗的所有能源用于提供购买商品和服务,其碳足迹的总量高达10—20倍。世界可持续发展

工商理事会、世界资源研究所和碳信托基金等许多机构针对产品生命周期会计和企业价值链会计方面启动了举措,并将在2010年颁布。

拥有环境足迹基线可以使公司调查关于减少碳足迹方面成本效益的机会。根据地理位置和设施的类型,供应链中的某些公司在实现能源和材料保护时可能比其他公司具有更好的地位。下文将列举这些机会的实例(Fiksel 2009)。

(1)减少采购足迹:许多公司已经开始检查供应商的环保措施,鼓励他们提高能源和材料的效率,因为这两项也会降低采购成本。美国联邦政府和许多州的政府已经推出了可以被私营部门决策者所使用的《环保采购指南》。

(2)减少可操作的资源足迹:很多公司通过加强能源管理实践(取暖、制冷和照明系统)和材料管理实践(维护、库存和废物管理)已经发现了大量"唾手可得的果实"(或容易实现的目标)。新设备被设计成运用可回收材料和先进的节能特性,原因在于"绿色建筑"已经迅速增长。但资源保护最大的收益来自重新设计生产流程以减少总产量并和安装更高效的设备。从2005—2007年,通用电气公司自发实施了一项"精益和能源"计划,取得了超过25万吨温室气体的减排,并节省了约7 000万美元的能源成本。

(3)降低运输需求:产品或组件在到达最终目的地之前普遍需要通过各种方式历经一些装运阶段。此外,这个过程也增加了供应链成本以及包装和能源消耗。提高运输效率的办法包括直接从供应商到最终客户的运输外包模块;用更多的时间来降低交通的紧迫

性；重新设计产品的几何形状来减少空间浪费、包装体积或叠加配置；减少温度需求或其他耗能的限制。

（4）减少运输容器的消费量：在许多供应链中，处理运输托盘等旧容器是固体废物的主要来源。使用可以回收和重新利用应用程序能够改进的容器所节约的成本和材料效率得以实现。容器可以在某些情况下被消除。杜克能源公司重新设计电缆存储和用于电力线路的处理系统。因此，木质托盘不再是必要的探索，以后每年将因此节省超过65万美元。

（5）减少产生浪费：供应链的总产量可以通过识别和最小化非产品支出而降低，如用托盘、溶剂、催化剂、废材料或工艺用水进行回收。精益流程的设计可以有助于减少不必要的库存，而这些需要额外的资源会导致产品的损坏和浪费。

（6）确保供应的完整性：原材料采购的全球化制造了许多产品在供应链中的漏洞，这有许多产品被有害物质污染的例子（例如，中国的三聚氰胺）。为了避免这类事件，制造商应当建立项目对他们的供应商进行筛选和审核，并确保所有产品的成分是来源可靠的。

（7）使用翻新的元件：耐用品可以用翻新组件来生产，从而降低成本并减少材料的消耗量，但是它经常与全新的产品组件具有相同的质量水平。在理想情况下，公司可以开发一个逆向的物流系统来回收用过的原材料和旧组件，这些零件可以被回收利用，经过再加工过程回收到他们所在的供应链。例如，卡特彼勒公司设立了一个赚钱的再制造部门，它负责将旧货翻新。

（8）产品寿命末期回收原材料：当拆卸产品时，材料和组件需要分为不同类别用于还原和回收；企业可以通过编码或标记来促进对材料的标识。随着回收技术和材料科学的进步，我们正在步入广泛使用可回收材料的时代。许多行业已经形成了联盟来帮助支持过时回收设备和包装物。

一般来说，产品生命周期管理需要平衡两种不同的供应链视角：上游和下游。上游的观点关注供应商，主要是关心操作效率最大化、预测安全风险、保证业务的连续性，并减少环境的资源利用率的足迹。下游的观点关注客户，主要关心的是确保产品安全使用、向客户提供价值，并在产品寿命终结时适当地进行管理。

未来的机遇

改善可持续性的最大的机会也许就是客户和供应商之间的合作，共同探索重新设计供应链的方法。合作创新可以使个人独立工作可能不完成的事得以解决。例如，电子设备制造商受限于可用材料和组件的性能特点，而芯片制造商受限于的技术设备的制造情况。通过挣脱束缚和综合智慧，人们可以开发出使整个增值链中受益的创新技术，如开发出减少化学溶剂使用量的制造新流程。

一项很有前景的做法是基于"工业生态学"的实践来模仿自然。自然系统几乎不产生废品；死掉的生物质为微生物提供了营养，进而变成了丰富的土壤。同样，工业系统可以将生产或消费活动中的废物转化为工业过程的"食物"。企业们取代丢弃废物的做法在于可以在自己的供应链或在其他行业中发现替代物，进而将这些废物转化为副产品。通过取代自身原始材料和能源投入的废物,公司不仅可以节约成本,还能减少他们在供应链中的足迹。在过去的10年中,美国可持续发展工商理事会(2009)刺激了这种方法(称之为"副产品共生效应")在美国大城市的应用,并且激发了英国的系统发展(被称为"国家产业共生项目")。

另一个越来越常见的协作的方式是许多公司在一个行业中共同形成可持续性方面的联合倡议。这种形式通常还包括直接的竞争对手。类似的例子包括饮料工业环境圆桌会议、电力可持续供应链联盟、药品供应链计划及上文提到的电子行业公民联盟。无论在哪种情况下,各方都认为联合其上游供应系统的环境管理和社会绩效工作更有意义。此外,许多公司和行业团体组建了行业中一直很重要的非政府组织。这些活动有助于促进关于潜在解决方案的创造性对话,使企业多样化地利用外部组织的能力和公信力。类似合作伙伴关系的例子包括环境保护基金会与美国庄臣父子公司、塞拉俱乐部与高乐氏公司以及世界野生动物基金会与可口可乐公司。

凯捷咨询全球商业计划的一项研究表明,供应链2016年起将按照供应链参与者之间的协作进行划分,包括共享信息、共享仓储和运输渠道等实物资产以及更有效地合并最终运输的货物。这种供应链设计的预期好处在于,即使在能源技术没有改进的情况下,每项运货托盘将减少30%的运输成本,其处理成本降低20%,交货时间减少40%,二氧化碳排放量减少25%,并将改善产品上架的可用性(Global Commerce Initiative/Capgemini,2008,42)。创造更有效的基础设施是值得称赞的,但是这些收益增量不足以抵消世界各地人口增长、经济发展和城市化过程中不断上升的需求。实现可持续的增长需要基础性的创新工作,比如将在供应链中的实体产品转化为知识性服务的"去物质化"。

约瑟夫·菲克塞尔(Joseph FIKSEL)
俄亥俄州立大学

参见:绿色化学;摇篮到摇篮;工业设计;能源效率;设施管理;集成产品开发;社会责任投资;生命周期评价;制造业实践;自然步骤框架;产品服务系统;再制造;风险管理;利益相关者理论;可持续价值创造;透明度。

拓展阅读

Fiksel Joseph. (2007). Sustainability and resilience: Toward a systems approach. *IEEE Management Review*, 35(3): 5–15.

Fiksel Joseph. (2009). *Design for environment: A guide to sustainable product development.* (2nd ed). New York: McGraw-Hill.

Fiksel Joseph, Low Jonathan, Thomas Jim. (2004). Linking sustainability to shareholder value. *Environmental Management*, 34(1): 19–25.

Fiksel Joseph, Lambert Douglas M, Artman Les B, et al,. (2004, July 1). Environmental excellence: The new supply chain edge. *Supply Chain Management Review*. Retrieved September 2, 2009, from http://www.scmr. com/article/CA629971.html

Guide V Daniel R, Jr Van Wassenhove, Luk N. (2002) The reverse supply chain. *Harvard Business Review*, 80(2): 25–26.

Global Commerce Initiative/Capgemini. (2008). *Future supply chain 2016: Serving consumers in a sustainable way*. Retrieved September 2, 2009, from http://gci-net.org/gci/content/e29/e5015/Documents5017/item_ d5641/2016_Future_Supply_Chain_Report-full.pdf

Global Environmental Management Initiative (GEMI). (2004). *Forging new links: Enhancing supply chain value through environmental excellence*. Retrieved September 19, 2009, from http://www.gemi.org/ resources/GEMI-ForgingNewLinks-June04.PDF

International Monetary Fund. (2002). Globalization: Threat or opportunity. Retrieved September 2, 2009, from http://www.imf.org/external/np/exr/ib/2000/041200to.htm

Lambert Douglas M, Cooper Martha C, Pagh Janus D. (1998). Supply chain management: Implementation issues and research opportunities. *The International Journal of Logistics Management*, 9(2): 1–20.

Lambert, Douglas M. (2009). *Supply chain management: Processes, partnerships, performance*. (2nd ed.) Sarasota FL. Supply Chain Management Institute.

U.S. Business Council for Sustainable Development. (2009). By-product synergy. Retrieved September 2, 2009, from http://www.usbcsd.org/byproductsynergy.asp

World Business Council for Sustainable Development. (2004). *The greenhouse gas protocol: A corporate accounting and reporting standard*. Rev ed. Retrieved September 2, 2009, from http://www.ghgprotocol. org/files/ghg-protocol-revised.pdf

Sustainable Value Creation

可持续价值创造

20世纪80年代以来，商业领域内可持续性的意义已经发生了改变。它最初旨在表明企业随着时间的推移来保持盈利的能力；现在还包括了社会、环境及经济的问题。全球化的背景已经发生了改变，其中许多大型企业起到了引领作用，促进可持续发展的企业必须实现对股东和利益相关者的责任。

长期以来，商业领域的可持续性一直与经济可行性相关。可持续发展能力通常是指维持股东回报率高于资本成本。可持续发展的企业在长期内是可盈利的。

长期以来商业领域的社会和生态问题一直与政府法规和企业在环境和社会责任方面的道德义务有关。他们为商业活动的必须成本。

这种背景下"环境和社会可持续性"的含义已经遭到业务经理的质疑甚至拒绝。世界各地的高层次管理人员都看重这点，但他们不了解这对他们企业有何意义，而且他们当然也不认为这是一种具有战略优势的来源。他们没有意识到日益增长的社会约束可以被加入首席执行官的议程。

然而，特别是对那些有正确的知识和能力的高管们而言，全球竞争环境已经改变并为环境和社会可持续性带来一个巨大的商业机遇。"可持续的价值"一词是由克里斯·拉兹洛在他2003年的著作《可持续发展的商业性》里创造的，它意味着企业可以解决"社会和环境方面的业务活动"（Laszlo 2008：119），并为股东和利益相关者创造价值。行业中领先的企业引领了可持续性的潮流：几个全球性的企业最近就做出了尝试，如杜邦、通用电气、沃尔玛、玛莎百货、丰田、联合利华、达能、美国铝业、飞利浦和摩根大通。他们不仅"利大于益"，而且他们还带来了更好的结果（Laszlo 2008）。

新的竞争环境

20世纪90年代以来，从各种非政府组织

和活动家到媒体和政府监管机构等各个方面，竞争格局内的大规模变化都增加了利益相关者的大范围影响（Assadourian 2005）。低成本的通信和信息的绝对可用性教育了公众，并增加人们对环境和社会问题的认识。博帕尔和安然的企业灾难带来了人们对大企业的不信任，而更严格的政府法规和新的环境法律提高了运营的要求（和成本）。企业发现越来越难隐瞒环境和社会方面的犯罪行为，即使在偏远市场也总能被发现（或之后由 YouTube 曝光）。

在这些趋势的影响下，利益相关者立即在全球范围内获取某个企业的信息，他们反对那些错误的行为，并增强那些做出积极改变的声誉。

作为股票价格组成部分之一的无形价值的崛起非常重要。经济学家巴鲁克·列夫（Baruch Lev）（2001）的研究表明作为资本市场驱动力的账面价值已经下降（从1900年的70%下降到2000年的30%），而商誉、知识、品牌价值和战略关系等无形资产因此却有所上升（Low & Kalafut 2002）。

越来越多的执行总裁们开始明白他们企业的环境、社会和政府影响其吸引和留住有才华员工、推动创新和提高企业声誉等方面的能力。这些无形的因素有助于区分企业的产品，并带来丰厚的利润和股价。目前，利益相关者制定战略商业的风险或机遇要求企业领导人重新考虑环境和社会可持续性因素所创造的价值。

可持续价值的框架

利益相关者的价值要求经理们思考让他们这些人"外部参与"到他们企业制定创造和维持竞争优势的战略中来。"外部参与"的思想从利益相关者的角度来看问题，它是管理者发现新的商业机会和风险的一个有力视角。同利益相关者互动并主动解决利益相关者问题的企业负责人可以更好地预测商业环境的变化，减少对新兴社会期望不足的风险。最后，利益相关者更加有力地保证大型企业通过创新发现来价值。

图1用两个坐标轴描述了企业的绩效：股东的价值和利益相关者的价值。股东的价值企业"所有者"增加股息和股票价格；利益相关者价值强调所有利益相关者（员工、客户、社区、股东级利益相关者）盈利能力的责任，而且"此责任发生于商业增加资本或福利的时候"（Laszlo 2008：120）。管理两个方面代表管理者如何看待绩效的一个根本性转变。在这个框架中，为股东带来价值、同时损害其他相关利益者价值的企业从根本上存在经营存在缺陷的业务模式，而那些为利益相关者创造额外价值的资源，并且这些价值可以培养未来的竞争优势。只有当企业积极为股东和相关利益者创造价值的时候，可持续发展的价值才可体现。

从图1的左上角开始向逆时针方向移动，需要考虑以下4种情况创造的价值。

左上角：当价值从利益相关者转移到股东时，利益相关者承担业务未来的风险。含铅油漆和石棉就是历史上相关的例子。目前，燃煤电厂排放的二氧化碳、化妆品当中的邻苯二甲酸酯、儿童玩具中的有毒添加剂，地毯胶粘剂和涂料中的挥发性有机化合物、织物染料中的重金属以及消费电子产品当中的铅焊料和溴化阻燃剂都是产品为员

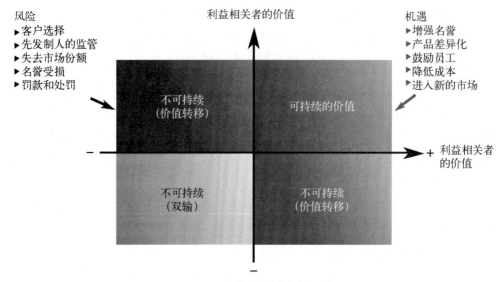

图1 可持续价值的框架

只有当股东和利益相关者的价值都体现在业务当中,可持续的价值(位于图中右上角)才得以体现,这也为各利益团体创造了积极的机会。善意的环保主义者采取的无重点慈善行动(导致企业破产的行为)属于图中右下角的部门。忽视社会或环境问题并向失去客户支付成本的业务属于左上角。对股东和利益相关者(最理想的情况)两者都不受益的行为属于左下角的部门。

工、客户、社会甚至股东带来风险例子。企业为在本国市场规避环境法规而出口到生产监管标准较低的国家,这样的行为也带来类似的风险。另外,此象限中的企业通过低成本战略创造股东价值,这种策略允许削减开支的行为,包括避免加班工资、员工的安全训练不足,或者歧视性别和种族。在这些情况下,股东的价值"决定于"一个或多个利益组织,从而代表价值的传递,而不是真正的创造价值。

左下角: 当股东和利益相关者的价值受到破坏时,这代表着两个团体的利益双亏的局面。孟山都企业及其欧洲竞争的对手安内特企业失去了大笔资金,低估了消费者和农民对他们的转基因作物(GMO)产品的抵抗。当安内特企业2001年将作物科技部门卖给拜耳企业之时,据估计其回购计划和转

基因玉米的其他相关成本损失了10亿美元,这种名为StarLink被批准用于动物的饲料由非政府组织发现含有许多污染人类食品的产品。

右下角: 当价值从股东转移给利益相关者时,股东们承担不利因素。通过损害利益相关者价值来创造股东价值的行为使企业的生存能力受到质疑。环保主义者常常无意中给这样的企业带来压力,他们也没有意识到所追求活动所产生的损失也是不可持续的。有趣的是,与商业利益无关的慈善事业也是属于这个象限。慈善事业是将企业股东的金融价值转移给一个或更多利益相关者们的一种含蓄的决定(Porter & Kramer 2002)。

右上角: 企业同时为利益相关者和股东创造价值时,股东可以成为隐藏的商业价值的

一个潜在来源。只有在这种情况下才可以创造可持续的价值。当企业设计更低成本的生产设施来建造和运行，并使用更少的能源取暖和照明的时候，这就创造了可持续的价值。当企业优化产品来减少包装废品，或添加环境智能产品使之更加可回收、可重复使用、可降解、低毒或更健康的行为的时候也是如此。企业寻找盈利的方法来实现未满足的社会需求的时候也可创造可持续的价值。例如，向穷人提供营养和干净的水。关键之处在于没有征求客户是否接受更高的价格或更糟糕的质量的前提下，企业向利益相关者提供环境和社会福利。全球行业领导者的企业不能要求客户支付以前专门收取他们产品的"绿色溢价"。只有对流程或产品的重新设计和创新才能让领先企业在没有消费者的权衡下创造新的商业福利和社会福利。

经理通过评估机遇来创造股东和相关利益者的价值（换言就是将企业进一步发展到图1右上方的机会），这需要采取行动来制造商业案例。在没有明确商业价值的清晰度的情况下，经理将无法获得对所需的资源的批准。下文当中所描述的6个层次的战略重点是一个用来应对用可持续价值框架的重要工具。

6个层次的战略重点

图2所示的6个层次的战略重点是管理者试图确定从可持续性项目找到商业价值的一个重要工具。6个级别代表一个部门中的不同类型的业务价值。

企业通过减少废品和改进能源效率取得了长足的进步，比如缓解遵循风险（级别1）和降低流程成本（级别2）。少数相对企业还基于产品或品牌的差异化（级别3和5）来关注首要价值（收入总值）的增长。更少的企业使

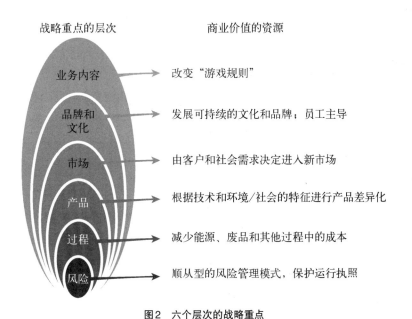

图2　六个层次的战略重点

实现6个类型业务价值是创造可持续价值的一个重要工具，这也适用于任何一种业务部门。

资料来源：Laszlo（2003，p.140）.

用利益相关者创造的价值来推动新市场和业务变化（级别4和6）。下面将更详细地描述各种水平的内容。

级别1：风险降低

企业为了符合政府法规和行业标准所采取的行动（最早的例子之一是化学品行业中美国化学委员会1988年通过的"责任护理"）一直被视为一种经济负担：他们属于做生意和维护运行许可证必要的成本。然而，有效的风险缓解策略为股东和利益相关者都能创造巨大的价值。它们包括避免罚款和罚款、减少法律费用及降低场地修复的成本。

级别2：流程成本降低

流程成本降低通常是企业采取的可持续性措施之一。减少能源消耗、减少浪费、降低材料的强度都是节省企业资金、减少对利益相关者在环境、健康和安全方面影响的措施。

级别3：产品产异化

将社会和环境属性作为重要准则的日益细分的消费者们为龙头企业们提供了价格和技术方面以外的一个机会。阿尔戈尔的电影《难以忽视的真相》（David & Guggenheim 2006）中的气候变化引起的政治意识变化有助于将可持续发展问题推向公众意识的前沿。在供应方面，沃尔玛和通用电气等主流企业正将单位成本与产品传统（非绿色的）相对物变得更加贴近大众。现在，人们可以在沃尔玛以与常规种植棉花大体相同的价格购买到有机棉衬衫。

当不要求消费者为环境和社会效益支付更多，且他们不被迫妥协于质量和性能，可持续性属性将成为一个"增加项"。联合利华、丰田、摩根大通和英杰华等龙头企业最近的经验表明，在消费者并非不得不放弃利益的情况下，他们更喜欢绿色产品和服务。

级别4：新兴市场

创造利益相关者价值的技术创新正在日益开辟新的市场。这方面的例子包括新兴市场发展中杜邦进军基于大豆的营养产品和宝洁的净水产品。作为世界上最大的保险企业之一，英杰华企业已经开始在印度的农村销售人寿保险，这些家庭中主要靠工资为生，而残疾或死亡对家庭来说可能是毁灭性的事件。塞拉尼斯企业充分利用其塑料聚合物的专长来发展高温膜电极（MEA）车载燃料电池，它本身就是与气候变化问题相关的新兴市场。法国材料业的巨头圣戈班企业发现柴油汽车中微粒过滤器的高性能材料在太阳能电池板组件和风车领域的新应用。

级别5：提升企业形象

杜邦、沃尔玛、联合利华、通用电气、美国铝业和许多其他大型企业发现，基于创造利益相关者价值的品牌或文化正迅速成为竞争优势的源泉。在其他的商业利益中，可持续性的形象吸引高收入的消费者，可以吸引和留用人才，并缓解与担心其行业带来影响的政府监管机构进行的谈判。它有助于企业在创新方面的形象——某些情况下是附加在单个产品之中，比如丰田的普锐斯——将给整个企业的声誉带来好处。

级别6：商业环境

企业在这个层次上试图塑造规则、实践和规则来方便开展他们的业务。美国气候行动伙伴关系（2007）就是其中的一个例子，它敦促美国总统乔治·W. 布什支持强制减少温室气体的排放量并提出联邦政府的减排目标。因为它不再是减缓、气候变化立法，所以行业领袖们非常鼓励这种做法。作为在未来碳排放受到限制世界里具备的竞争优势，这些企业看到自己在减少排放、减少能源使用量以及提供气候变化的解决方案等方面所做的努力。这些企业不想让油价跌回每桶20美元，因为他们相对于更节能、温室气体排放强度更高的竞争对手而言将失去这一优势。影响业务环境的因素不仅限于游说政府；增加一个行业中所有利益相关者的价值可以为整个行业创造商誉。相反而言，负面的利益相关者价值可以缩小潜在市场的规模，并降低企业在业内维持利润的能力。

企业可以通过可持续价值的框架从战略的角度来思考他们现有产品组合和服务。在这种框架内，管理者能够评估业务的价值，并获得与可持续发展措施相关的资源。然而，采取行动可能的最大障碍不是做项目的业务案例，而是形成把可持续性视为商业机会的领导者心态。

对领导力的挑战

与可持续相关的商机往往在企业内都管理不善，全球行业的领导者，甚至存在许多战略商机的企业都有类似的情况。一些因素可以导致这种情况的发生。一些不完整认识也存在，如对企业为利益相关者带来影响以及这些如何将可能反过来影响未来的商业价值。跨组织的社会和环境问题通常是分散的，且经常委托给核心管理团队以外的部门。经理们自然地专注与推动股东价值的增长，并将相关利益者的问题视为偏离其业务目标的事物。

这些因素通常是有效管理利益相关者方面（我们的精神模式）最关键的障碍。需要用新的领导心态来捕获企业及其社会环境之间的相互关系的系统。在这种思维模式下，目标是不仅在于与行业对手的竞争，而且还需要适应利益相关者们日益增长的期望和多样化的发展。

获取可持续价值需要首席执行官和领导人用盈亏（P&L）责任对待利益相关者的价值，并将其视为他们企业成长至关重要的增长点。自领导者采用利益相关者视角心态的主要障碍不是看其是否具有商业价值。心态可以理解为对个人、他人和世界所隐藏的信仰。就像计算机的操作系统只允许特定的软件应用程序来运行那样，我们的心态命令我们利用的一些可能性来解决问题（Senge 199）。例如，如果一位高管认为非政府组织主要的动机是使他或她的企业破产，他们的行动将会非常不同于如果高管认为两者都在解决一个共同问题的情况。

从历史经验来看，大型企业顶层的心态在创造价值的过程中与利益相关者的视角背道而驰。高管们往往将注意力狭隘地集中于最大化股东价值。他们的活动经常无意地将社会和环境影响外部化和负面化。他们权力职位上升的原因正是因为他们能够通过最"效率"的方法来创造股东价值的最大化，并将其他外部影响合法化。

将所有主要利益相关者价值的最大化的成功的商业想法不同于过去取得成功人士的做法。然而，现在全新的全球商业环境中利益相关者的实力变成了现实。未能采取新的思维模式的商业领袖们正把他们的企业和职业置于风险之中。

展望未来

经理以前经常被迫在两种视角下做出选择：社会性的道德责任，或股东委托的责任。那些坚信利润动机的人将道德问题看作是分散工作重心的因素。那些确信商业具有社会角色的人将只关注短期利益的行为视为不负责任的做法。

在新的全球商业环境中，企业可以同时追求两种视角。事实上，如果他们想要成功就必须如此。那些通过摧毁社会价值来为股东带来利润的企业需要承担责任；那些为环境和社会挑战提供解决方案的企业发现了巨大的获利机会。如果企业具备所需要的知识和能力，为善之路已成为其开展业务的明智之举。

克里斯·拉兹洛（Chris LASZLO）

凯斯西储大学可持续价值合作伙伴组织

皮特·怀特豪斯（Peter WHITEHOUSE）

凯斯西储大学

丹尼尔·乔治（Daniel GEORGE）

宾夕法尼亚州立大学医学院

参见：金字塔底层；企业公民权；企业社会责任和企业社会责任2.0；商业教育；赤道原则；金融服务业；领导力；自然资本主义；社会型企业；利益相关者理论；透明度；三重底线。

拓展阅读

Assadourian Erik. (2005). The role of stakeholders. Retrieved September 25, 2009, from http://www.worldwatch.org/node/585

David, Laurie (Producer) & Guggenheim, Davis (Director). (2006). *An Inconvenient Truth* [Motion picture]. United States: Paramount Home Entertainment.

Laszlo Chris. (2003). *The sustainable company: How to create lasting value through social and environmental performance*. Washington, DC: Island Press.

Laszlo Chris. (2008). *Sustainable value: How the world's leading companies are doing well by doing good*. Stanford, CA: Stanford University Press.

Lev Baruch. (2001). *Intangibles: Management, measurement, and reporting*. Washington, DC: The Brookings

Institution Press.

Low Jonathan, Kalafut Pam Cohen. (2002). *Invisible Advantage: How intangibles are driving business performance*. Cambridge MA: Perseus Publishing.

Porter Michael E, Kramer Mark R. (2002), December 1. The competitive advantage of corporate philanthropy. Retrieved September 26, 2009, from http://custom.hbsp.harvard.edu/b01/en/implicit/p.jhtml?login=FSGS03 0708S&pid=R0212D

Senge Peter M. (1994). *The fifth discipline: The art and practice of the learning organization* (Rev. ed.). New York: Doubleday Business.

U.S. Climate Action Partnership. (2007). *A call for action*. Retrieved September 25, 2009, from http://www.us-cap.org/USCAPCallForAction.pdf

T

Telecommunications Industry

电信业

快速扩张的电信业让人们能够远程工作而无须亲身前往,以此减少了温室气体排放,为可持续发展带来了美好的前景。但在现实中,电信系统给环境带来的好处受限于接入网络的网络运行设备和移动设备——如手机——的性能表现。

大家可能认为软件和其他虚拟产品是无须物资投入的。确实,在数字脉冲和二元数字世界里是无须物质投入的,但这个世界只可能通过计算机硬件才能实质构建起来。计算机和其他电子设备确实会对环境造成负担,比如通过消耗自然资源和能源的方式;在它们的制造过程中、也会才用一些有毒物质。电信是否会对可持续发展带来好处取决于网络、设备和设备提供的服务(比如,电话或电邮服务)。电信业是一个高增长的行业,在发展中国家尤其如此。2009年,全球总计售出30 890万部手机;智能手机(提供多媒体应用)的销售额到2010年预计增长48%。总的来说,手机的销售额会有5%～7%的增长(AFP 2009)。

气候变化方面的考虑

对包括有线和无线的所有通信网络来说,主要环境问题是气候变化。这主要是因为电消耗所带来的温室气体排放(Forster et al. 2009)。比如,当前信息通信技术(ICT)产生的全球温室气体排放量——不包括电视——估计在2%或8亿吨二氧化碳当量。该数字预计到2020年可增长到3%,或14亿吨二氧化碳当量。这些排放量中大约29%来自通信系统(Climate Group 2008)。这和航空业的排放量相当,不过两者有区别,通信行业更大,但航空业的排放更有害,因为它们是直接排放到大气平流层的(IATA 2009)。

一台普通数据服务器每年产生的温室气体排放量大概和一辆SUV一样多(Global Action Plan 2007)。由于信息通信技术应用于其他行业可以提高那些行业的能源使用效率,有些研究建议,即使信息通信技术的直接排放量是增加的,它们仍能减少总体排放量(Mckinsey 2008)。就电信业来说,手机网络的温室气体排放量非常大，这大部分归因于网络运行和手机生产产生的能源消耗（Forster et al. 2009）。移动数据传输对环境造成的影响中有25%—40%是由于处理无线通信的基站消耗了大量电力（Faist Emmenegger et al. 2003）。从环境影响来说，手机是电信系统中最重要的元素。两部手机之间的直接数据传输比固定网络的数据传输影响更大；两部手机之间传输10亿字节需要相当于燃烧原始化石能源产生的800兆焦，而从手机到固定电话只需640兆焦。手机与手机之间的数据传输能量消耗率比较高的原因在于手机生产对原材料和能源的大量消耗。相较于制造和分销环节，使用移动设备对环境造成的负担较低，但手机的产品生命周期较短，这个事实加剧了手机对环境的影响。对固定网络系统来说，其对环境的影响多与铜线和电话中心有关（Faist Emmenegger et al. 2003; Forster et al. 2009）。

由于通用移动通信系统（UMTS）具有较高的通信能力，通过它传输10亿字节的数据比通过全球移动通信系统（GSM）对环境更为有利——前者消耗0.94焦当量，后者消耗1.3焦当量。GSM是全世界移动数据传输的主要技术，传输能力为每秒钟9 600字节；USTM属于第3代技术，传输速率更快，达到每秒384千字节。尽管它的名字是叫通用移动通信系统，它并不是全球通用的（Faist Emmenegger et al. 2003）。手机技术的历史始于20世纪80年代采用模拟信号的"砖头手机"（第1代，或称1G；因为外形像砖头而得的绰号，1984年第1部手机的售价接近4 000美元）；2G采用GSM无线数字技术替代了1G模拟机；3G技术于2001年投放市场，数据传输更快，网络容量更大，提供的服务也更多；4G，预计2012年投放市场，将完全替代3G技术，并被视为手机技术的下一次进化——预示着更加快的数据速度和实时语音、数据以及高品质多媒体（Fendelman 2009）。

对数字地面电视（Digital Terrestrial TV, DTT）和类似设备来说，电视系统使用阶段的能量消耗比制造和安装要多得多；这是因为这类产品的生命周期相对较长——10—20年，所以其对环境的影响可以平均分摊掉。数字地面电视网络的能源使用效率比国内电视机高50—100倍，因为它采用效率更高的广播频谱信号。但如果模拟和数字系统同时运行的话，因为服务重复，这种优势就会被大幅削弱。这点对像智能手机之类的设备来说也是如此——如果一个结合多种应用的设备取代多个单独设备（即电脑、GPS设备、电话），这就会对环境形成有利的影响。由于数字地面电视系统采用了更为高效的广播频谱，同样多的频谱可以运行更多的系统。这实际上可以提高对环境的总体有利影响（Faist Emmenegger et al. 2003）。

卫星电视系统还没有完全评估过。英国的情况显示，从数字地面电视系统转到卫星电视系统对环境来说没有什么优势，主要因为：① 数字地面电视和卫星服务提供的服务是一样的（电视播放），因此重复基础设施建设会造成更高的环境成本；② 用卫星电视系统的住户目前比数字地面电视住户大约多消耗63%的能源,因为卫星接收设备的能源消耗更大,不过这在未来很可能发生重大改变(Forster et al. 2009)。和地面电视相比,卫星电视系统不需要太多的地面基础设施来把信号从地面传输到绕地卫星上。但我们缺少有关上传的能量消耗数据,还有总的卫星系统、系统维护、电视服务和其他无关服务所占的上传线数比例等数据。还有对警官的视觉效果影响,比如,装在寓所外的卫星盘式天线(Forster et al. 2009)。

光纤系统的环境影响主要和生产;电线、基础设施和消费者设备安装;使用时的网络能量消耗有关(Faist Emmenegger et al. 2003)。从老一代转换成新一代通信系统也会对环境产生影响。我们越早引入更高效的技术就越好。一旦模拟网络关闭,根据设定时间表实现的较短转换周期将减少通信系统的影响(Faist Emmenegger et al. 2003;Boardman et al 2005)。

原材料和制造

在产品层面,手机的生产对环境造成的负担最重,因为用于制造它们的集成电路、硅芯片、电容、印制电路板包含珍贵的金属,如金、银、铂等。开采这些金属的过程是能源密集型的,并会对环境造成极大的破坏,因为大量的泥土和岩石要被移走,才能提炼出很少一点点金属。比如,为获取1吨铂大约要挖出35万吨重的岩石和矿石(Douglas & Lawson 1997,1998)。

这些电子元件的制造也是能源密集型的。一般来说,在所有用于像手机这类产品的元件中,电子元件的碳足迹最高。由于多数电子制造地点在亚洲,消费者需求对时间非常敏感,飞机运输产生的排放量也很大(Faist

Emmenegger et al. 2003)。

手机对环境造成的负担最多有90%源于生产阶段。从这一点来说,手机应该用个10年再换(Frey 2002;Frey, Harrison & Billet 2006;Faist Emmenegger et al. 2003)。但实际上,手机每隔一两年就会被换掉(Faist Emmenegger et al. 2003;Forster et al. 2009)。而且虽然手机制造消耗的资源越来越少,但手机服务的注册新用户数量在急剧飙升。在1991—1996年间,手机的重量减轻了10倍,但用户数增长了8倍,抵消了产品重量减轻带来的好处(Jackson & Clift 1998)。对移动3G高数据传输率服务的需求还产生了扩张3G网络的压力(Forster et al 2009)。这是生态效率的一大难题:提高资源使用效率并不能自动导致对环境的保护,反而会加速资源枯竭,因为高效率带来的低价会带来消费者消费的增长。这就是大家所熟知的"反弹效应"(Jaccard 1991)。为了真正保护好能源和原材料,技术效率改善带来的正面影响一定不能小于增加的总体消费量所带来的负面影响;而且,必须伴以实际的资源保护行动(GUA 2000;Brezet, Bijma & Silvester 2000;Hinterberger et al. 1999),但这些行动到目前为止还没有实行(GFN & WWF 2007, 2008)。

如果金属和其他原材料不能以可持续方式开采,可能还会有其他环境、伦理和政治问题。比如,金属矿钶钽铁矿(Coltan)(铌铁矿-粗铁矿)是用于电容的珍稀金属——钽的矿石源。在刚果钶钽铁矿被从野生动物保护区非法开采,使得濒临灭绝的山地黑猩猩和Okapi非洲鹿进一步减少,结果导致了内战(WWW 2005)。必须实行全面而严格的供应链管理来确保负责人地开发原材料。

电子废物

和手机的生产及使用对环境的影响相比，电子产品的处置造成的影响要小一些，即使部分废弃物采取了焚毁的处置方式（Faist Emmenegger et al. 2003；Frey，Harrison & Billett 2006）。在欧洲，电子产品的循环利用受报废电子电器设备指令的法规约束；有害物质的存在受RoHS（限制在电子电气产品中使用有害物质的指令）和REACH（化学品注册、评估、授权、限制）法规的约束（REACH是欧盟的执行部门——欧共体的指令）。有害物质（比如，某些金属和阻燃剂）等有害性在手机的正常使用中并不会出现，但这些物质如果被散布到环境中，就会造成危害。这在那些对电子产品的生产和处置监管法规不太严格的国家可能是个问题，因为手机常常被随意丢弃（Muller et al. 2005）。虽然有些人担心手机的无线电波会对健康不利，但非离子辐射对生态和健康的影响在科学上还没有达成统一的意见。

更广泛的影响

大量消息源称电子办公可以减少对环境的影响。比如，世界野生动物基金会的研究（2008，2009a）发现，雇员的出差占到非制造型企业的碳足迹的至少50%；因此虚拟会议可以提高商业效率，减少成本以及温室气体。在一个2030年的"智慧世界"，电子办公可以避免10吨二氧化碳的排放——根据世界野生动物基金会所说："相当于目前英国和意大利加起来的总二氧化碳排放量，2050年达不到35吨——几乎

是欧盟的总二氧化碳排放量，或美国目前一半以上的二氧化碳排放量（WWW 2009b，7）"。

多项研究表明，在理想的电子办公情况下，如果停止使用不用的办公室空间和设备，并取消出差，可以节省80%的能源（Hop Associates 2002；Boardman 2005）。一份由思科系统公司2009年出具的对其世界范围内2 000名职员进行的调研报告中提到，诸如即时通信工具和电视会议等在线通信技术的推出，提高了生产率，从而让公司获得了27.7亿美元的收益，一年为公司节省了1 030万美元的燃料成本开支（电信的直接结果），减少与出差相关的碳排放47 320吨，并让雇员有了更高的工作满意度（BusinessGreen.com 2009）。2002年，英国工业联合会（CBI）指出，糟糕拥堵的运输基础设施给工业增添了极大的成本，并把电子办公指定为最好的解决方案之一（CBI 2002）。

欧洲电信网络运营商协会（ETNO）和世界野生动物基金会联合出具的一份报告收录了多项研究，它列出了以下几条结论：

（1）如果欧盟20%的商业差旅可以被电视会议代替的话，可以减少2 230万吨二氧化碳。

（2）如果50%的欧盟工人一年用一次电话会议替换一次会议，那么可以减少220吨二氧化碳。

（3）如果10%的欧盟劳动力成为"弹性工人"［随时待命雇员（on-call employee），享受全部福利，工作时间有保证］，可以减少2 217万吨二氧化碳。

（4）如果1亿顾客转成在线电话购物，可减少1 091亿吨二氧化碳。

（5）如果欧盟的居民使用在线纳税申报，可减少 1 950 亿吨二氧化碳。

未知

大家关心的一个问题是电子办公会如何改变出行模式及其相关的能量消耗（Boardman et al. 2005）。比如，我们还不清楚是否从长期来讲，信息和通信行业会鼓励人们居住在离工作地点较远的地方，这样一来，尽管减少了出行的频率，但会增加出行的距离。还有，如果原本用于上下班的车辆现在可以成为家庭中其他成员的交通方式，这是否会使这辆车的行驶里程数增加，而非减少？

全球垃圾邮件——现代生活真正的灾难——的碳足迹是每年33万亿瓦特，和美国240万户家庭所用的电力一样多（McAfee 2008）。为了抵御这场灾难，信息与通信技术行业在使用个人信息时应该遵循严格的数据保护标准和透明度，并让客户了解垃圾邮件和与接入宽带相关的安全风险。

前景

电视会议、"远程呈现（telepresence）"、IP合作和远程办公在过去几年中取得了很大进展，提供了价格可以承受，又简便可用的解决方案（远程呈现是指虽然有些人在别的地方，但给人以他们亲临现场的感觉的技术；电视会议和可视电话就是远程呈现的两种形式，后者采用的更多，因为声音和图像的保真度更高。IP合作是指一个组织通过网络把图像、声音和数据渠道整合在一起的网络合作）。在线银行、购物、学习、娱乐、电邮和电话会议也可以在某种程度上替代对实物的需求，如DVD、书籍、账

单、便笺、信、手册和公司通告等。共享电子文档，而非通过邮递方式把文档递送过去，可以使员工在工作中有更多的合作。它还能促进与供应商、承包商、雇员更好地交流，以及和其他沟通方式，如电子数据交换（EDI）——不同公司间的电子信息传输协议——之间的通信。

远程计算中心（为社区提供信息通信技术接口的中心）是基于这样的认知前提，即获取信息将有助于实现授权，而这最终将促使经济发展。这些社区技术和其他技术方面的努力帮助全世界的人们加入到"知识社会"中来。他们为最基本的基础设施提供ICT应用，覆盖医疗保健、当地经济发展、农村电子商务、教育、电子治理等领域，并可以延伸到最需要它们的人那里。远程计算中心现在几乎存在于所有国家，有时名称会有不同，如"乡村知识中心"、"信息中心"或"社区多媒体中心"（The Hindu Bussiness Line 2005；UNESCO 2004）。

结束语

一方面，目前信息通信业的排放量（其中电信占了最大的一部分）和航空业相当，而且可能很快就超过后者；但另一方面，信息通信业有可能减少温室气体排放，还可以降低其他行业的成本。因此，可以总体上可以为节省能源和资源（这和提高能源效率不是一回事）做出贡献。

另一个结论是技术本身是中性的——新技术是一把双刃剑，它可能会减少出行和能源消耗，也可能不会减少——同样的信息通信技术可以成为非常有吸引力的出行替代品，也可以增加出行；它可能帮助实现很神奇的无纸化办公，也可能增加打印量（Flexibility 2009；

Boardman et al. 2005；Mokhtarian 2007）。信息通信技术可以让一些事情变成现实，但有可持续的方式，也有不可持续的方式，要做好选择。

西比勒·弗雷（Sibylle FREY）

Giraffe创新有限公司

感谢Giraffe创新有限公司，让笔者有时间完成这篇文章，还感谢Giraffe创新有限公司的罗布·霍尔德威（Rob Holdway）主任和马克·道林（Mark Dowling）提供了有价值的评论。

参见：消费者行为；数据中心；能源效率；设施管理；信息与通信技术；采矿业；供应链管理。

拓展阅读

Agence France-Presse (AFP). (2009, November 12). Mobilephone sales rise in 3rd quarter: Study. Retrieved December 29,2009, from http://www.google.com/hostednews/afp/article/ALeqM5gcKHRLXCiHqeFjAQue ajwrX6EMng

Boardman Brenda, Darby Sarah, Killip Gavin, et al,. (2005). *40%house*. Retrieved December 29, 2009, from http://www.eci.ox.ac.uk/research/energy/downloads/40house/40house.pdf

Brezet Johan C, Bijma Arianne, Silvester S. (2000, September). *Innovative electronics as an opportunity for eco-efficient services*. Paper presented at the Electronics Goes Green Conference, Berlin.

BusinessGreen.com. (2009, June 30). Cisco touts home working's environmental and business benefits. Retrieved December 29, 2009,from http://www.businessgreen.com/business-green/news/2245040/cisco-touts-home-working

Climate Group. (2008). Smart 2020: Enabling the low carbon economy in the information age. Retrieved December 29, 2009, from http://www.gesi.org/LinkClick.aspx?fileticket=tbp5WRTHUoY%3D&tabid

Confederation of British Industry (CBI). (2002). EU transport white paper: A response from the CBI. Retrieved December 8, 2009 from www.cbi.org.uk/ndbs/positiondoc.nsf/1f08ec61711f29768025672a0055f7a8/a56c 65235983020880256cd000412c52/$FILE/transeuwhite.pdf

Douglas Ian, Lawson Nigel. (1997). An earth science approach to assessing the disturbance of the Earth's surface by mining. *Mining and Environmental Research Network Research Bulletin*. 1997 Special Edition, 11/12: 37–43.

Douglas Ian, Lawson Nigel. (1998). Problems associated with establishing reliable estimates of materials flows linked to extractive industries. René Kleijn, Stefan Bringezu, Marina Fischer-Kowalski, et al., *Ecologizing Societal Metabolism: Designing Scenarios for Sustainable Materials Management* (127–134). Retrieved January 29, 2010, from http://www.leidenuniv.nl/cml/ssp/publications/proc-con98.pdf

European Telecommunication Network Operators Association (ETNO)& the World Wildlife Fund (WWF). (n.d.). Saving the climate@the speed of light: First roadmap for reduced CO_2 emissions in the EU and beyond. Retrieved December 29, 2009, from www.etno.be/Portals/34/ETNO%20Documents/Sustainability/ Climate%20Change%20Road%20Map.pdf

EU Stand-by Initiative. (2008). EU code of conduct on data centres.Retrieved November 18, 2009, from http:// re.jrc.ec.europa.eu/energyefficiency/html/standby_initiative_data_centers.htm

Faist Emmenegger Mireille, Frischknecht Rolf, Stutz Markus, et al., (2003). Life cycle assessment of the mobile communication system UMTS: Towards eco-efficient systems. Retrieved December 28, 2009, from http:// www.esu-services.ch/download/faist–2005–umts.pdf

Fendelman Adam. (2009). Cell phone technologies: What is 1G vs.2G *vs* 2.5G vs. 3G vs. 4G? Retrieved January 9, 2010, from http://cellphones.about.com/b/2009/02/28/cell-phone-technologies-whatis-1g-vs-2g-vs-25g- vs-3g-vs-4g.htm

Flexibility. (2009). ICT & sustainability: Making work more environmentally-friendly and creating a better society. Retrieved January 21, 2010, from http://www.flexibility.co.uk/issues/sustainability/sustainability. htm

Forster Colin, Dickie Ian, Maile Graham, et al., (2009, April). Understanding the environmental impact of communication systems: Final report. Retrieved December 28,2009, from http://www.ofcom.org.uk/ research/technology/research/sectorstudies/environment/environ.pdf

Frey Sibylle. (2002). *Development of new ecological footprint techniques applicable to consumer electronics.* Doctoral dissertation, Brunel University, Faculty of Technology, London.

Frey Sibylle, Harrison David J, Billett Eric H. (2006). Ecological footprint analysis applied to mobile phones. *Journal of Industrial Ecology*, 10(1–2): 199–216.

Gesellschaft für umfassende Analysen (GUA). (2000). Analysis of the fundamental concepts of resource management. Retrieved December 29, 2009, from http://ec.europa.eu/environment/enveco/waste/pdf/ guaexecsum.pdf

Global Action Plan. (2007). Inefficient ICT sector's carbon emissions set to surpass aviation industry: December 2007. Retrieved January 21, 2010, from http://www.globalactionplan.org.uk/first-national- survey-reveals–60–businesses-are-lacking-supportsustainable-ict-strategies-december-

Global Footprint Network (GFN) & World Wildlife Fund (WWF). (2007). Europe 2007: Gross domestic product and ecological footprint. Retrieved December 29, 2009, from http://www.footprintnetwork.org/ images/uploads/europe_2007_gdp_and_ef.pdf

Global Footprint Network (GFN) and World Wildlife Fund (WWF).(2008). Living planet report 2008. Retrieved December 29, 2009, from http://www.panda.org/about_our_earth/all_publications/living_ planet_report/

The Hindu Business Line. (2005). Village knowledge centres vital for rural development. Retrieved December

29, 2009, from http://www.blonnet.com/2005/07/12/stories/2005071200770300.htm

Hinterberger Friedrich, Femia Aldo, Fischer Maria-Elisabeth, et al., (1999). Sustainable consumption: A research agenda. Jög Kohn, John Gowdy, Friedrich Hinterberger, Jan Van Der Straaten, *Sustainability in question: The search for a conceptual framework* (267–278). Cheltenham, U.K.: Edward Elgar.

Hop Associates. (2002, January). The impact of information and communications technologies on travel and freight distribution patterns: Review and assessment of literature. Retrieved January 29, 2010,from http://www.virtual-mobility.com/report.htm

International Air Transport Association (IATA). (2009). Fact sheet: Environment. Retrieved December 29, 2009, from http://www.iata.org/pressroom/facts_figures/fact_sheets/Environment. htm?WBCMODE=Presentation Unpublished

Jaccard Mark. (1991). Does the rebound effect offset the electricity savings of powersmart? (Discussion Paper for BC Hydro). Vancouver,Canada: BC Hydro.

Jackson Tim, Clift Roland. (1998). Where's the profit in industrial ecology? *Journal of Industrial Ecology*, 2(1): 3–5.

McAfee. (2008). The carbon footprint of email spam report. Retrieved December 29, 2009, from http://img. en25.com/Web/McAfee/CarbonFootprint_12pg_web_REV_NA.pdf

McKinsey. (2008). Data centers: How to cut carbon emissions and costs. Retrieved December 29, 2009, from www.mckinsey.com/clientservice/ccsi/pdf/Data_Centers.pdf

Mokhtarian, Patricia L. (2007). If telecommunication is such a good substitute for travel, why does congestion continue to get worse? Retrieved December 29, 2009, from http://www.citris-uc.org/event/RE-Sep–19#citris-presentation–5074

Müller Jutter, Schischke Karsten, Hagelüken Marcel, et al., (2005, June 3). Eine Einführung in Okodesign-Strategien — Wie, was und warum? (Presentation at EcoDesign 2005. Awareness Raising Campaign for Electrical & Electronic SMEs.Salzburg, Austria). Retrieved January 30, 2010, from http://www.ecodesignarc.info/servlet/is/518/DE-Einf%C3%BChrung%20EcoDesign%2002. pdf?command=downloadContent&filename=DE-Einf%FChrung%20EcoDesign%2002.pdf

United Nations Educational, Scientific and Cultural Organization (UNESCO). (2004). How to get started and keep going: A guide to CMCs. Retrieved December 29, 2009, from http://portal.unesco.org/ci/en/ev.php-URL_ID=15709&URL_DO=DO_TOPIC&URL_SECTION=201.html

World Wildlife Fund (WWF). (2005). Coltan mining in the Congo River Basin — Dial "m" for mining in the rainforest. Retrieved December 29, 2009, from http://www.panda.org/what_we_do/where_we_work/congo_basin_forests/problems/mining/coltan_mining/World Wildlife Fund (WWF). 2008. Becoming a winner in a low carbon economy: ICT solutions that help business and the planet.Retrieved December 29, 2009, from http://assets.panda.org/downloads/it_user_guide_a4.pdf

World Wildlife Fund (WWF). (2009a). Virtual meetings and climate innovation in the 21st Century. Retrieved December 29,2009, from http://www.worldwildlife.org/who/media/press/2009/WWFBinaryitem11938.pdf

World Wildlife Fund (WWF). (2009b). From workplace to anyplace: Assessing the opportunities to reduce greenhouse gas emissions with virtual meetings and telecommuting. Retrieved December 29, 2009, from http://www.worldwildlife.org/who/media/press/2009/WWFBinaryitem11939.pdf

Textiles Industry

纺织业

纺织生产和消费的扩张会对环境造成很大的负面影响，除非纺织和服装供应链上的所有企业都保证采取有利于环境可持续发展的实践方式和提供有利于环境可持续发展的产品。虽然法规对采用可持续工业流程的要求越来越高，但许多企业正在自愿采用绿色战略，如减少浪费，利用可再生能源和有机材料或循环原材料等。

纺织和服装供应链在各个阶段——从化纤生产到纺织废气品处理，再到消费者活动——都会影响环境。这种影响，或"生态足迹"，也代表着与生产和使用一定数量纺织品所需的土地量。如果不加控制，纺织品的生产和消费的扩张所产生的生态足迹其增长将导致空气和水的污染，化石燃料和原材料的枯竭，以及气候变化。

纺织品消费——及其对环境的影响——随着世界人口的增长也在增长。每人的消费量在1950年—2006年间的增长率已经是世界人口增长率的将近4倍（*Texttile Intelligence* 2009c）。两种最普通的纺织品，棉花和聚酯纤维，在其生产过程中都引起了严重的环境问题。棉花种植只占世界耕地面积2.4%，但消耗了诸如杀虫剂和化肥之类的农用化学品的约11%（Kooistra，Termorshuizen，Pyburn 2006：xi）。另外，棉花作物的灌溉会导致水资源的短缺和对环境的破坏，如乌兹别克斯坦咸海面积的急剧缩减——为支持棉花灌溉系统对它进行了河流改道工程，最终造成其面积急剧减少至原来的1/10（Micklin & Aladin 2008）。

聚酯纤维是最广为采用的人造纤维，由石油——一种不可再生资源——制造而得。该制造过程要求大量的能源投入，并会产生大量有毒的大气排放物。相对棉制品和聚酯纤维来说，其他对环境的影响极小的人造纤维只占世界纤维消费很小的百分比。

服装的生产是纺织品和服装供应

链商对环境最友好的阶段。但最近把这些制造转移到中国和其他亚洲国家使得能源的消耗量增加，因为还要把这些产品运输到像美国、欧盟和日本这样的大市场。

许多消费者相对来说还没有意识到纺织品和家居用品的制造对环境的严重影响。西方消费者继续在购买大量的"非环境友好型"服装制品和其他纺织品，发展中国家也有越来越多的人因为这些制品的价格不断降低从而大量采购。近年来，新服装价格的大幅下跌，加之再生纤维常常质量低劣，造成二手纺织品和服装制品的循环再利用一直处于比较低的水平。

自愿的"生态标签"

有些服装零售商自愿给服装加贴"生态标签"。这些标签向消费者说明，这些产品其制造过程已经达到了某项环境标准，或者该公司的制造工艺被授予"最佳实践"。虽然环境标准的种类和范围五花八门，但这些奖项如果是由一个信誉很好的第三方机构授予的，则极为重要。下面的每项标签都获得了市场一定程度的认可。

欧盟生态标签。它由欧盟生态标签委员会（EUEB）管理，表明在纤维制造过程中采用了极为有限的有毒物质，会引起过敏反应的风险很小，并保证该产品比一般产品更不易缩水或褪色。全球大约有70家公司，多数是欧洲公司，已经成功地将这个标志应用到其纺织品和服装上。

"环保制造"认证由Aitex创造。Aitex是一家西班牙的纺织技术研究所。该认证表明，该产品没有有毒物质，并且其制造厂家尊重环

境和工人的人权。

有些标签认证是评估纺织品或服装整个生命周期——或"从摇篮到坟墓"——的环境影响的。这常常包括某项产品生产的社会影响，如劳动力的工作条件、供应链上每个阶段的信息，包括原材料的加工、生产、分销、消费和维护，以及最终的处理等。举个例子，如"蓝色符号标准"（blue-sign standard），它由瑞士公司——蓝色符号技术公司（Bluesign Technologies）——于2000年推出。该认证对消费者安全、职业健康问题和覆盖纺织服装整条供应链的各环节对环境的影响进行调查。许多化工业、零售业和纤维生产领域的主要商家都支持该标准。

其他标签更多关注某一属性，如最初原材料的有机生产、劳动力的工作条件和生产设施。举个例子，如全球有机纺织品标准（GOTS），该认证由国际工作组（International Working Group）开发，于2008年5月引入市场。该纺织品标签表明，该产品符合两种有机分类的其中一种。第一种分类，"有机"或"转化有机品"（在最近才刚刚转化成有机方式生产的土地上种植的棉花），指的是95%或95%以上的纤维可以被认证为有机品或转化有机品的纺织品。剩余5%可以是非有机纤维（包括指定的再生或合成纤维，但不是混合纤维）。第2种分类，"由X%有机材料（或转化有机材料）制成"，指该产品中必须有70%—95%的纤维被认证为有机材料。剩余百分比由非有机纤维制造。

全球尽责生产认证（WRAP）公司是一家总部在美国的独立非营利组织，它专注于对全球的厂家进行伦理制造认证。这些厂家，许多

是品牌制造商和零售商的分包商，为它们生产符合2000年引入的"服装认证程序"（Apparel Certification Program）项下全球尽责生产认证原则和标准的服装。

国际Oko-Tex联盟开发了3种不同的纺织品认证程序：Oko-Tex 100，Oko-Tex 1000和Oko-Tex 100+。Oko-Tex 100认证表明该产品不含任何对人体健康有害的物质。Oko-Tex 1000设定对最终产品、完整的生产流程和环境管理系统的要求。Oko-Tex 100+认证表明该产品达到与人类健康和环境有关的某些标准。该认证只能颁发给那些已经获得了Oko-Tex 100和Oko-Tex 1000认证的企业。另外，Oko-Tex 100+认证表明该企业只选用已经符合Oko-Tex 100和Oko-Tex 1000认证标准的供应商。

法规和强制标签

欧盟的化学品注册、评估、授权、限制（REACH）立法要求所有在欧盟运营的企业必须在欧洲化学品管理局（ECHA）注册化学物质的生产、使用和进口。与之前的类似法规不同，REACH把安全使用化学品的责任放在企业身上而非政府部门，并包含了从制造上到零售商的整条供应链。要符合这些标准可能会对竞争力不利，特别是对中小型企业来说。但另一方面，REACH认证也可以让企业在不断增长的安全清洁产品的全球市场上获得竞争优势。

在美国自1976年开始，有害物质控制法（TSCA）就授权环境保护署对在本国生产或进口到本国的工业化学品进行跟踪。如果环境保护署科学家觉得某化学品对环境或人类健康有害，则他们会要求厂家提供对该化学品的详细报告，或禁止该化学品的制造和进口。

转向有机棉

自20世纪80年代初开始，有机棉纤维生产的增长速度惊人。要归类到"有机"项下，农作物必须是在至少在3年中没有喷洒过任何有毒杀虫剂和化肥的土壤里培育出来的。根据《纺织情报》（2008c），在2000—2005年间，有机棉纤维的生产年均增长41%（从6 480—25 394吨）。在2005—2007年间，它的年增长率为51%，在2007年达到了57 931吨。其产量在2007—2008年间翻了1倍还不止，达到了160 796吨。这种高速增长受到几个因素的驱动，包括消费者需求的增长、公众要求增加环境友好型纺织品的努力，以及一些特别合作发展项目等。

有机棉种植户面临的主要问题之一是其产量较低。由于农作物轮作的培育方式，加上不许使用合成化肥，使得有机棉的产量比非有机棉要低20%—50%。另外，在各个加工阶段产生的额外成本也都抬高了最终产品的价格，使许多消费者望而却步。

尽管价格较高，但有机棉制品（有些是由混合纤维制成的）的销售额在2007年达到了约35亿美元，有机交易所（Organic Exchange）预计，其销售额在2009年将冲到45亿美元，在2010年将达到68亿美元（Textiles Intelligences 2008）。由于许多知名的国际零售商和品牌——如沃尔玛、耐克和沃尔沃斯（Woolsorths）——的努力，有机棉已经为世人广为采用。

精选绿色战略

纺织和服装供应链上的许多企业，如染料厂、纤维制造厂、零售商、时装店，都宣布要采取绿色战略。由于缺乏一套统一的全球行业标准，我们很难评估这些企业是否真的属于绿色企业。另外，到各个零售商为止的供应链又长，又多样，很难衡量它们的活动对环境的总体影响。不管怎样，显然许多公司都在做出踏踏实实的努力，力图减少其运营对环境的不良影响。

美国的许多大型服装零售商都表示了要践行绿色战略的决心。美国成衣公司（American Apparel）十分夸耀其在可持续性的各个方面表现优异。该公司宣称，它支付的工资在该行业里是最高的，而且还给它的雇员提供全年工作保障。除此以外，它还在运营中采用高效且可再生的生产方法，包括使用国内生长的有机原材料。

根据非政府组织——Climate Counts 的报告，坐落在圣弗朗西斯科的 Gap 在减少碳足迹方面的努力仅次于耐克。2005 年，Gap 加入了优质棉花计划（Better Cotton Initiativbe，BCI），这是一个旨在促进可持续型棉花培育的全球合作计划。在 2003—2006 年间，Gap 的美国商店的能源使用减少了 8.7%（EPA，2009）。2007 年，它在北美的商店开始经营有机棉制成的成衣。

自 1985 年开始，服装和运动装制造商 Patagonia（2010）通过它的环境资助计划（Environmental Grants Program）向基层环保活动投资了价值 3 400 多万美元的现金和物资。1993 年，它建立了环境实习项目，允许其员工在领取全薪的同时为环境组织工作。

公司在 1993 年引进了由再循环饮料瓶制成的聚酯—羊毛服装。自此以后，已循环利用了 9 000 多万个饮料瓶，用来制造羊毛类服装。自 1996 年开始，它开始只用有机种植的棉花来制造运动系列服装。Patagonia 的目标是到 2010 年只制造可循环产品或由可循环原材料制造的产品。

在服装业之外的一些公司也因为它们的环境友好战略而知名。那些采取强大而有效的环境政策的企业中有一家叫英特飞的小方毯制造商。为回应顾客对环境的担忧，该公司发誓要根除英特飞的环境足迹。自 1996 年开始，它已经减少了 44% 的单位生产能源消耗量，72% 的水资源使用量和 67% 的垃圾填埋量，并因避免浪费节省了超过 4.05 亿美元（Interface 2009）。它自己规定自己在 2020 年以前必须达到环境可持续发展的目标——公司董事会主席雷·安德森（Ray Anderson）把它定义成"不取走任何地球上不能快速自然再生的东西，不伤害生物圈"——以此把自己和行业中的其他公司区分开来（Todd 2006）。

在印度蒂鲁普，针织衫制造公司 MaHan 正在建一家新厂来生产生态染料产品。MaHan 宣称，该工厂将是印度的第一家环境友好型染料厂，对水污染实行零容忍度。所有被污染的水都将被收集、清洁，并被用于另一个染色流程，这将节省 MaHan 所用全部水的 95%，并消除当地染料设施产生的总计 440 亿升被污染水中的一部分，这些被污染的水每年都在污染着地下水和农用地（MaHan Eco 2010）。

Rohner纺织公司坐落于瑞士的海尔布鲁格（Heerbrugg），是生产环境友好型高品质家居内饰品的生产商。1995年，它首次向市场投放了由羊毛和麻制成的Climatex Lifecycle组合内饰纤维制品。这些纤维制品对环境很有利，也通过了所有行业标准，但它们不符合防火规范。2000年，Rohner为其内饰纤维制品增加了防火性能，而且没有采用有危害的化学品。这些防火纤维制品被以Climatex LifeguardFR品名推向市场，其设计目的是达到公共建筑标准，以及空运、火车运输和水运的标准。

虽然零售巨人沃尔玛被一家总部坐落在瑞士的研究公司——Covalence——描述成在环境举措方面"被动的领袖"，但它在其整条供应链上实行绿色政策方面行为极为迅速。在成为由政客和商业出版物发起的众多重要宣传活动的目标之后，2005年沃尔玛宣布将全部依赖可再生能源，实现零废弃品，销售有利于沃尔玛的资源和环境可持续发展的商品。它还许诺只购买采取有机种植方式培育出的棉花，而且其他农作物的农民必须在棉花两轮的收获间歇种植。2006年，沃尔玛成为世界最大的有机棉购买商（Gunther 2006）。沃尔玛有机棉认证的一个直接而又意想不到的好处是供应链全程透明化，由此发现了消除中间环节的机会。以前沃尔玛都是从土耳其采购棉花，然后运到中国纺纱织布，接着运到危地马拉剪裁缝制。现在它取消了运输到中国这个环节，把所有加工都挪到危地马拉进行，以此节省了时间和资金。

前景

分析家和消费者普遍认为，全球经济必须走可持续发展的道路，企业应该受制于对不可持续的工业流程进行约束的法律和法规。政府可能会把税负从劳动力、收入和投资转向污染、废弃物和第一资源的消耗。

虽然企业在所有与纺织品相关的活动中采取并实施绿色政策是我们的共同利益，但"绿色"并不必然意味着能够"营利"。可能有些致力于此的公司会亏损或破产。但成功的那些会获得竞争优势。

为了改善产品，让它们变得更有益于环境的可持续发展，供应链上的所有行业都必须被纳入改善的范围，包括农作物及纤维生产、聚酯制造、纤维供应、纺纱、织布、印染、成衣制造、设计、零售和物流等。

消费者不太可能把潮流引导到绿色时尚上去。根据棉花公司2006年（Cotton Incorporated）做的一份《生命周期监测》调研报告，在购买服装时，30%的消费者会考虑环境友好，而87%的消费者会把价格作为最重要的考虑因素。事实上，环境友好的重要性自1995年开始就似乎在下降，一份类似的调研显示36%的消费者认为环境友好是最重要的考虑因素（Cotton Incorporated 2007）。

另外，抱有"丢掉"想法的消费者越来越多，这种思想促进了服装的消费和生产，导致更多的污染、不可再生资源的损耗和废弃物的处理问题。特别是年轻消费者，热衷于"快速时尚"——老海军（Old Navy）、普里马克（Primark）、Target和Zara之类的商店是这股潮流的先锋——因为这样让他们可以用较低的预算快速改变风格。对这个领域来说，最大的挑战之一是创建新的商业模式，鼓励可持续生产和消费。

　　根据由玛莎百货提供部分赞助的"最佳衣着"（Allwood et al. 2006）报告，服装——特别是快速时装——是全球变暖的主要贡献者，而且其占比越来越大，因为它的生产或处理方式不适环境友好型的。该报告建议，消费者应该购买更贵、更耐用的服装，以及可以租用服装，在月末或季度结束时归还。要让许多注重时尚而预算又低的消费者听取这种建议是不太可能的，特别是要在短期内实现不太可能。

《纺织情报》（Textile Intelligence）编辑部

　　这篇文章改编自报告"绿色化：促进服装的环境友好活动的政策"，《全球服装市场》第 2 期，2008 年第 2 季度，《纺织情报》，英国威尔姆斯洛。

　　参见：农业；消费者行为；生态标签；制造业实践；体育用品业；供应链管理；可持续价值创造；水资源的使用和权利；零废弃。

拓展阅读

Allwood Julian M, Laursen Søren Ellebæk, Malvido de Rodríguez, et al., (2006). *Well dressed? The present and future sustainability of clothing and textiles in the United Kingdom*.Retrieved January 10, 2010, from http://www.ifm.eng.cam.ac.uk/sustainability/projects/mass/UK_textiles.pdf

Big Room Inc. (2009). Ecolabelling.org: Who's deciding what's green? Retrieved July 23, 2009, from http://www.ecolabelling.org/

Cotton Incorporated. (2007). Environmentally friendly apparel: The consumer's perspective. Retrieved January 8, 2010, from http://www.cottoninc.com/TextileConsumer/Textile-Consumer-Vol-41/

Covalence SA. (2007, November 8). Marks & Spencer and Wal-Mart are leading the retail sector's green agenda. Retrieved January 8,2010, from http://www.covalence.ch/index.php/2007/11/08/marksspencer-and-wal-mart-are-leading-the-retail-sectors-green-agenda/

Environmental Protection Agency. (2009). Summary of the Toxic Substances Control Act. Retrieved July 23, 2009, from http://www.epa.gov/lawsregs/laws/tsca.html

Gunther, Marc. (2006, July 31). Organic for everyone, the Wal-Mart way. Retrieved January 8, 2010, from http://money.cnn.com/2006/07/25/news/companies/pluggedin_gunther_cotton.fortune/

Hawken Paul, Lovins Amory, Lovins L Hunter. (1999). Natural capitalism. London: Little, Brown.

Interface Inc. (2009, April 22). Interface reports annual Ecometrics. Retrieved January 8, 2010, from http://www.interfaceglobal.com/Ncwsroom/Press-Releases/Interface-Reports-Annual-Ecometrics™.aspx

Kooistra Karst, Termorshuizen Aad, Pyburn Rhiannon. (2006). *The sustainability of cotton: Consequences for man and environment* (Science Shop Wageningen University & Research Centre, Report No.223). Retrieved

January 8, 2010, from http://www.organicexchange.org/Farm/Reading%20and%20References/WUR%20 science%20shop%20Sustainability%20of%20Cotton%20Apr06%20(2).pdf

MaHan Eco. (2010). Environment management. Retrieved January 8, 2010, from http://www.mahaneco.com/en/ code-of-conduct/environment-management/

McDonough William, Braungart Michael. (2002). *Cradle to cradle: Remaking the way we make things.* New York: North Point Press.

Micklin Philip, Aladin Nikolay V. (2008, April). Reclaiming the Aral Sea. Retrieved January 7, 2010, from http://www.scientificamerican.com/article.cfm?id=reclaiming-the-aralsea&sc=rssOrganic exchange. 2009. Retrieved July 23, 2009, from http://www.organicexchange.org/index.htm

Patagonia. (2010). Environmentalism: What we do. Retrieved January 8, 2010, from http://www.patagonia.com/ web/us/patagonia.go?slc=en_US&sct=US&assetid=2329

Textiles Intelligence. (2005, May-June). Profile of Marks & Spencer: Focus on clothing. *Textile Outlook International, 117*. Subscription information retrieved January 8, 2010, from http://www.textilesintelligence. com

Textiles Intelligence. (2006, November-December). U.K. clothing retailer Marks & Spencer turns the corner. *Textile Outlook International*, 126. Subscription information retrieved January 10, 2010, from http://www. textilesintelligence.com

Textiles Intelligence. (2007, 2nd quarter). Huntsman textile effects: Prospects under new ownership. *Technical Textile Markets*, 69. Subscription information retrieved January 10, 2010, from http://www. texilesintelligence.com

Textiles Intelligence. (2008a, 1st quarter). Apparel business update. *Global Apparel Markets*, 1, 84. Subscription information retrieved January 10, 2010, from http://www.textilesintelligence.com

Textiles Intelligence. (2008b, 1st quarter). Organic cotton: Measures taken to encourage market growth. (2008, 1st quarter). *Global Apparel Markets, 1.* Subscription information retrieved January 8, 2010, from http:// www.textilesintelligence.com

Textiles Intelligence. (2008c, 2nd quarter). Going green: Policies to promote environmentally sound activities in apparel. *Global Apparel Markets, 2.* Subscription information retrieved January 8, 2010, from http://www. textilesintelligence.com

Todd Richard. (2006, November 1). The industrialist. Retrieved September 8, 2009, from http://www.inc.com/ magazine/20061101/green50_industrialist_Printer_Friendly.html

United States Environmental Protection Agency (EPA). (2009). Climate leaders. Retrieved January 7, 2010, from http://www.epa.gov/stateply/partners/partners/gapinc.html

Transparency

透明度

透明度与可持续性有关，要求披露信息。全球都越来越把透明度看成是让政府和私有企业为其行动的环境问题负责的必要组成部分。但有关这种披露是否能达到目标受众缺乏确定的研究支持，所以大家对把透明度作为维持可持续性的工具这一点存有疑问。

在寻找可持续发展的过程中，透明度这个想法受到越来越多的欢迎，被认为是达到预期结果的有效手段。它越来越被看成是让政府和私有企业负责的必要要素。透明度对许多人来说意思也很多——总体开放度、"秘密的反义词"（Florini 1998），更流畅的信息流等。在此它意味着信息披露，这是各种各样可持续举措中越来越核心的现象。

伴随着信息自由的立法，"知情权"运动在全球蔓延，这反映了人们对透明度的拥护（Florini 2007）。在工业化国家中，透明度是外国政策专家安·弗罗里尼（Ann Florini）（1998）所称的"披露式规制"的基石，用以解决诸如空

气污染、食品安全和车辆安全之类的问题。披露式法规最著名的例子是有毒物质排放清单（TRI），由美国《应急规划和社区知情权法案1988》建立的化学品排放登记制度。该法案要求企业公开其有毒物质排放量方面的信息，目标是告知有可能受到污染物排放威胁的社区，让企业承担起责任来，并最终减少排放。有毒物质排放清单得到了极大的褒奖，被认为是一项成功的可持续发展举措，促使污染物排放登记制度在全球推广开来，不仅在欧洲，还在墨西哥、韩国和中国（Fung, Graham, Weil 2007；Graham 2002；Stephan 2002；Weil et al. 2006）。

就全球可持续发展的情况，信息披露作为一种治理手段，包括国家制定的强制措施和私人领域自愿实行的举措（Gupta 2008；Langley 2001）。比如，由联合国欧洲经济委员会（UNECE）主持谈判达成的《信息获取、决策的公众参与和环境事务裁决信息获取协议（1998年6月）》其支撑依据就是相信透明度能够有效发挥效力，该协议旨在提高公民对

环境决策的知情权（Mason 2008）。透明度也是监管杀虫剂、有害废弃物和转基因生物之类贸易的各种多边协议的核心手段，比如《生物多样性协议》所辖的《Cartagena 生物安全协议》，对有害废弃物进行规制的《巴塞尔协议》。私人领域启动的对林业、渔业和有机食品的生态标签项目，如森林管理委员会和海洋管理委员会，也是把信息披露作为促进可持续发展方式和提高可持续资源利用的手段。促进企业的可持续发展的各种措施也是依赖信息披露和透明度。比如，全球报告倡议组织（Global Reporting Initiative）（要求私企汇报其可持续发展的执行情况）；碳披露项目（Carbon Disclosure Initiative）（要求披露碳排放数据）；企业公告付费联盟（Publish What You Pay）（要求披露石油、天然气和矿石这类开采业在资源丰富的发展中国家运作获得的收入）。

很显然，这许多例子说明，透明度可被借以用来帮助完成各种与可持续发展有关的目标。这还表明在全球和美国，透明度有多方面的支持者。比如，在私人领域，有些企业自愿提升透明度以进一步实现企业可持续发展的目标，改善其公众形象，并（或）避免政府干预；在公众领域，他们不断推进透明度以纠正与环境相关的决策方面各种已察觉到的不足和真实存在的不足，目标是确保政治问责制和更多的公民参与。因此隐藏在透明度背后有各种动机：从延伸国家的法规管辖范围到缩小其管辖领域；从推进道德方面的"知情权"（由此让政府和私人领域负起责任来）到促进个人的生活方式选择和基于市场的解决方案，不胜枚举。

对可持续发展的影响

考虑到部署透明度的各种不同原因，它作为可持续发展工具的有效性有多大？要回答这个问题需要对机遇透明度的可持续发展措施进行系统性的比较分析，这方面研究还远未完成（Gupta 2008）。

全球报告倡议组织提供了一个例子，或多或少地证明了透明度对企业可持续发展的影响。学者和企业负责可持续发展的实践者们等一直赞美全球报告倡议组织创建的可为私人企业所用的报告指南流程，称其全面而且以利益相关者为中心（Dingwerth 2007；Brown, de Jong & Levy 2009）。但就其有效性的最新研究显示，尽管花费了大量时间，消耗了很多资源来生成了大量数据并发布，但某些有争议的数据（比如，非故意推出转基因产品）并没有被披露。因此，永远都达不到它最初设定的受益。或者还存在一种情况，披露的信息到不了它最初设定的受益人那里，或与那些人无关，因此披露的信息基本上没有什么人用（Brown, de Long & Levy 2009）。

这些发现和基于透明度的报告制度的许

多因素有关。从信息披露的设计,如信息披露的方式(电子的还是其他方式),到披露信息的属性,如它是否标准化、全面和易于理解。那些另有目的的企业有时与透明度的初衷对着干,向当局和公众提供超量信息,这种做法被称为"淹没在披露信息中"(Gupta 2008;Mason 2008;Graham 2002;Fung,Graham,Weil 2007)。最后,新出现的透明度中介机构——披露信息的审计、审核和认证——都变得越来越重要,而且根据披露信息的潜在衍生性,他们的参与程度各有不同。这些中介组织有可能在通过透明度来影响可持续发展治理方面发挥越来越重大的作用(Langley 2001)。

前景展望:透明度方面的争议

　　许多透明度方面的分析家开始对它的前景非常乐观,但后来都指出,仅依赖透明度来实施可持续发展会面临各种重大风险(Mol 2008)。虽然多数人一致同意透明度不是实现可持续发展的灵丹妙药,但就透明度进行的讨论注定会在更广的社会矛盾层面上展开,特别是在全球框架下,南北在信息获取和使用上仍存在巨大差异。

　　这也和全球可持续发展方面的挑战有关,比如气候变化或生物技术的安全使用,这些挑战的特点都是在什么构成有效信息及谁的信息可信这类根本性问题上存在分歧。因此,在这些方面,要就什么构成"更多更优"信息,即就透明度的范围和内容,达成一致本身就是争议所在(Gupta 2008)。简而言之,我们可以得出的结论是,不管是对透明度的诉求,还是对透明度的争议,都可能影响未来透明度政治的特性。

阿拉蒂·古普塔(Aarti GUPTA)

瓦赫宁根大学环境政策组

　　参见:会计学;气候变化披露;企业公民权;金融服务业;全球报告倡议组织;绩效指标;真实成本经济学。

拓展阅读

Brown Halina Szejnwald, de Jong Martin, Levy David L. (2009). Building institutions based on information disclosure: Lessons from GRI's sustainability reporting. *Journal of Cleaner Production*, 17(6): 571−580.

Clapp Jennifer. (2007). Illegal GMO releases and corporate responsibility: Questioning the effectiveness of voluntary measures. *Ecological Economics*, 66(2−3): 348−358.

Dingwerth Klaus. (2007). *The new transnationalism: Transnational governance and democratic legitimacy.* Basingstoke, U.K.: Palgrave MacMillan.

Florini Ann. (1998, Summer). The end of secrecy. *Foreign Policy*, 111, 50−63. Florini, Ann. 2007. The right to know: Transparency for an open world. New York: Columbia University Press.

Fung Archon, Graham Mary, Weil David. (2007). *Full disclosure: The perils and promise of transparency.* Cambridge, U.K.: Cambridge University Press.

Graham Mary. (2002). *Democracy by disclosure: The rise of technopopulism*. Washington, DC: Brookings Institution Press.

Gupta Aarti. (2008). Transparency under scrutiny: Information disclosure in global environmental governance. *Global Environmental Politics*, 8(2): 1–7.

Kolk, Ans; Levy, David; & Pinkse, Jonatan. (2008). Corporate responses in an emerging climate regime: The institutionalization and commensuration of carbon disclosure. *European Accounting Review*, 17(4), 719–745.

Langley, Paul. (2001). Transparency in the making of global environmental governance. *Global Society*, 15(1), 73–92.

Mason, Michael. (2008). Transparency for whom? Information disclosure and power in global environmental governance. *Global Environmental Politics*, 8(2), 8–13.

Mol, Arthur. (2008). *Environmental reform in the Information Age: The contours of informational governance*. Cambridge, U.K.: Cambridge University Press.

Pattberg, Philipp, & Enechi, Okechukwu. (2009). The business of transnational climate governance: Legitimate, accountable, and transparent? *St Anthony's International Review*, 5(1), 76–98

Stephan, Mark. (2002). Environmental information disclosure programs: They work but why? *Social Science Quarterly*, 83(1), 190–205.

Weil, David; Fung, Archon; Graham, Mary; & Fagotto, Elena. (2006). The effectiveness of regulatory disclosure policies. *Journal of Policy Analysis and Management*, 25(1), 155–181.

Travel and Tourism Industry

旅游业

旅游业的可持续发展意识已经发展到可持续,旅游本身几乎成了一个产业。该产业的主要竞争者发现,他们可以通过重新设计系统,保护水资源和燃料,减少浪费,保护自然环境(自然环境本身常常是度假胜地吸引游客的重要因素)来削减成本,获得更多收入。

根据联合国世界旅游组织的介绍,旅游业是世界上最大的产业(UNWTO 1999)。其规模可见联合国世界旅游组织提供的以下统计数据:

(1)国际入境游客的数量从1950年的2 500万增加到了2005年的约8.06亿,年增长率为6.5%(2009 a:2)。

(2)2008年的数据显示,国际入境游客的人数达到了9.22亿(2009:2)。

(3)1950年国际旅游收入为21亿美元;2005年,该数字上升到约6 827亿美元;到2006年,该收入达到9 440亿美元(2009 b:3)。

(4)在其《旅游2020愿景报告》中,联合国世界旅游组织(n.d.)预测,到2020年,国际入境游客将达到16亿;其中约12亿将为区域间(在同一大陆)游客,3.78亿为长途旅客(大陆之间)。

据预测,国际旅游在全球的各个地区都将获得增长,亚洲增长最快。该预测还显示,欧洲将保持其拥有最多国际游客地区的地位,但它的市场份额将继续下降。来自世界旅游业委员会的数据(2009 b)进一步突显了旅游业对经济的重要性。据其估计,全球旅游业雇用了2.2亿雇员,占到了全球国内生产总值(GDP)的9.4%。

要准确衡量旅游业并不简单,任何与旅游相关的统计数据都可能会被质疑。这是因为许多国家的边界都部分开放(像欧洲),把当天来回的通勤者也算在旅游项下,或采用其他不同的方法来测算游客数量。不过这在国际层面上已经取得了一些进展,经联合国批准,旅游卫星会计方法已得到采用。旅游卫星账户可用于分析游客需要的商品和服务,并把它们和其他经济活动联系起来（UNSD 2008）。游客的独特性在于他们只是暂时置身于一个新的环境中，其原因与就业或居住无关。1993年，国民经济核算系统建议，因为游客和其他类型的消费者不同，应该接入卫星账户来处理这种情况（UNSD 2008）。然而，这种方法并不包括间接的和衍生旅游支出（如，导游获得了收入，他/她又把部分收入用于在旅游地外出就餐或其他生活开支），这可能让目的地旅游业的产值翻倍。此外，对于一个国家的居民来说，他们在假期里进行国内旅游比出国旅游更常见。据估计，全世界国内旅游支出是国际旅游支出的10倍（Cooper et al. 2008）。因此，我们应该认识到，旅游是一项边界比较模糊的活动，对其他经济部门会产生直接和间接的影响。

此外，全球旅游业带动的经济总量将3倍于只考虑旅游业直接影响的旅游业本身（Weaver 2006）[我们有必要指出，按照联合国世界旅游组织和世界旅游业理事会（WTTC）定义的旅游业包括商务旅行，它约占国际旅行的一半，其经济影响也占到一半，其特点是每日开支高，停留时间短]。国际航班的数量也增加了，因为每年为期两周的假期不再是常态；假期旅游者常常全年多次出行，每次国际旅行的时间都较短。由于旅游业对环境的最大影响来自飞行，这需要引起人们的关注。

可持续发展的旅游业

可持续旅游的概念源于人们认识到，人类行为会对自然环境产生正面和负面的影响。由于旅游业常常被视为发展经济的一种手段，因此它与可持续发展的联系非常强。就可持续旅游业展开的辩论中，一个主要思想体现在大家所称的《布伦特兰报告》中，它声称，可持续发展是"要在不损害子孙后代满足他们需求的基础上满足现有需求的发展"（WCED 1987：8）。

大家就可持续旅游业的概念仍存在争议。虽然没有公认的定义说明可持续旅游业这个术语究竟指什么，但旅游业的可持续发展议程早已有之。例如，《可持续旅游业》这本期刊创建于1993年，该领域的早期研究可以追溯到20世纪70年代（Bramwell & Lane 2008）。多数对旅游业进行研究的学者和从业者都赞同，可持续旅游业应该首先确认旅游对环境的影响。其次，要在认可其利益冲突的基础上尽量控制它的影响。除此之外还未达成一致协议。当然可持续旅游业在诸如UNWTO、WTTC、联合国环境规划署（UNEP）等超国家组织中已被制度化，世界自然基金会（WWF）——在美国和加拿大也被称为世界野生动物基金会——已经批准了这一概念，并尝试通过各种活动来给予支持。

旅游有时会产生不良后果，这一点并不总是被所有人认可。事实上，旅游业过去得益于"无烟产业"这一迷人的形象。旅游的负面影响（资源消耗、生物多样性的丧失和当地文化的改变）常常被忽视，而只注重其积极的方面（收入和创造就业）。这可以归因于学者贾法尔·贾法里（Jafar Jafari）所称的20世纪50、60年代旅游发展的"宣传平台"（2001）阶段，这表明旅游很大程度上是被看作一种经济活动，因为它带来了就业和基础设施建设诸如此类。社会福利通常来自经济影响方面的好处，如不断上升的生活水平、改善的医疗保健和教育。多数政府鼓励旅游业的发展，把它当作经济多样化的手段，很大程度上是因为它吸引了外资（对发展中国家来说尤其重要），比其他行业用更少的投资创造了更多的就业机会，很少管制，并有助于提升旅游目的地的形象（Cooper et al. 2008; de Kadt 1979）。

随着20世纪60、70年代环保意识的增强，旅游业的宣传平台遭到了警示平台的挑战，后者常常强调旅游业对目的地的负面影响，尤其是作为无规划而又迅速发展的结果（Jafari 2001）。旅游业常常往往依赖原始的、清洁的环境；出于维护旅游目的地自身的利益，它也应该保护自然和文化遗产，这样才能吸引游客。休闲旅游的地点通常是在未遭破坏的区域，有丰富的多样的生物，与旅游业有关的基础设施建设——宾馆、第二住所、港口、码头和综合娱乐场——都会对环境敏感地区造成不可逆转的破坏，取代原住民社区，阻碍通向珍稀自然资源的通路。例如，在西班牙科斯塔斯（Costas），大程度不受控制的迅速发展导致形象受损，随后游客数量下降（Amdrei, Bigne & Cooper 2001）。

旅游与气候变化

第2届气候变化国际会议2007年在瑞士达沃斯举行，会议明确气候是一项重要的旅游资源。因此，旅游业对气候变化高度敏感。为此，如果旅游业要获得可持续发展，必须对气候变化做出响应。

尽管可持续旅游业强调环境问题，它也考虑其经济和社会的影响。例如，游客的存在、外国人对旅游景点的所有权、外国工人都会产生负面的社会影响（Doxey 1975; Wall & Mathieson 2006）。主客行为的不同可能会引发冲突或导致当地人模仿外国人。土地价格的上升迫使社区让位给为富裕的外国人提供的第二居所，非本地工人也经常会对目的地采取短期功利主义行为。这些影响自二次世界大战后出现规模化旅游以来十分明显，但随着国际旅游的大幅增长，这些影响已经成为更为严重的问题。想一想，摩洛哥和埃及每个国家都计划增加30万张床位（在酒店和第二居所里），而且两个国家都在沙漠环境中。埃及和摩洛哥的旅游业发展计划提议，到2009年，合并酒店和别墅的开发，用第二居所的出售资金来资助整个房地产项目，而酒店作为满足第二居所的游客其居住需求的中心。这些开发项目的吸引力不在于其邻近当地文化景点和地理上的便利性，而在于本身的高价值，以及脱离偏远地区的炎热气候。

旅游业的长期影响，及由此衍生的可持续性，将取决于旅游设施的管理。比如，酒店对水和能源的消耗常常比它们周围本地居民社区的消费速度高许多。废弃物处理常常满足不了需求；排放未经处理的污水和垃圾填埋场的过度使用司空见惯。进口食品和商品也很常见，导致废弃物包装、燃料消耗和燃料排放的增加，也损害了本地供应商的潜在收益。反过来也一样。本地资源的开发（典型例子如鲜鱼之类的物产）会耗尽这些资源，并导致价格提高。为了鼓励经济增长和外商投资，发展中国家一般会免费或以折扣价提供土地资源，或以税收优惠和利润汇回（即允许外国投资者把利润汇回自己的国家）等激励措施补贴土地销售。对土地的使用总是会导致土地价格上升，从而影响当地人在好地段居住的能力，进一步造成强制迁移问题和在酒店综合区等区域农民工社区的产生。再加上季节性的波动，使得员工离职率非常高，工作保障极少。

住宿方面的影响

酒店和其他住宿提供商，再加上运输，构成旅游业中最大的子行业。单单洲际酒店集团（International Hotels Group）就管理着全球超过60万间客房。但绝大多数酒店是中小型的。例如，根据英国商务部、企业和监管改革部（BERR）的数据，2007年英国98.4%的酒店和餐馆其员工数不到50人，22.4%的根本没有员工，这意味着酒店的管理人员和工作人员都由业主一人担任（BERR 2007）。

在诸如国际酒店餐馆协会（IH&RA）等主流国际酒店协会中已建立起负责任酒店专属网络。同时也有小的专业协会致力于这个问题（如绿色酒店协会）。酒店行业最大的几家也常常设有企业社会责任项目。例如，酒店和全球服务行业领导者，雅高集团（Accor）就建有可持续发展项目。意识到通过更有效利用资源可以节省大量成本，这极大地推动了可持续酒店行业。这并不是说酒店业的社会责任概念完全集中于环境。较大的住宿提供商，如万豪大酒店，也同样关注其业务对它们所在社区的社会影响，如它设立的社会责任和社区参与项目。

航空业

航空业在有关可持续发展旅游方面得到了大量关注。对气候变化的担忧提高了大家就飞机对环境所产生影响的意识，但没有迹象表明对航班的需求将会减少。尽管人们普遍接受当前的全球变暖是大量人类活动造成的结果，但大气中温室气体的浓度（温室气体）在继续增长。旅游占二氧化碳排放量的约5%（Davos Declaration 2007）。运输占了旅游的约75%的份额，航空占到运输业总温室气体排放量的约40%（UNWTO & UNEP 2008）（这些数据根据来源不同会有所不同，这取决于对运输、旅游和航空这些词的定义及其所用衡量标准）。

虽然旅游业占全球温室气体排放5%的份额看起来不大，但预计国际旅游的发展趋势是继续增长，因此旅游将加剧对人为气候变化的影响。空客公司（2009）估计，乘客数量在2007—2026年间将会增长4.9%。亚洲旅游市场的发展和低成本航空公司的快速扩张，将在这次扩张中起到关键作用。

在如何减少航空公司排放方面存在不同意见。航空公司提出，技术的进步将提供替代燃料和提高飞机的燃油效率。国际航空运输协会（IATA）指出，燃油效率自1999年以来几乎增加了20%（IATA 2009a）和到2020年生产的新飞机预计将比被它们替代的飞机减少25%—35%的燃油油耗和碳排放量（IATA 2009b）。诸如世界自然基金会等环境组织对技术解决方案没有那么乐观，它们仍旧呼吁减少飞行。

邮轮航班

邮轮旅游是旅游业一个重要的、快速增长的部分。根据2009年的《油轮报告》，英国的邮轮乘客数量到2012年将达到200万人次（Carnival U.K. 2009）。这意味着乘客数量在短短8年中翻了1倍。2008年，尽管经济发展遭遇困难，但整个邮轮市场增长了12%，这进一步证明邮轮产业的发展实力。邮轮产业的负面影响与发展和升级地面设施和操作等方面有关，如排放燃料、固体废物和避免船只底部被藤壶吸附的防污涂料等。防船舶污染国际公约，也被称为MARPO（"海洋污染"英文的缩写），就废弃物的处理制定了规则；现在大多数固体废弃物都应该被丢弃在海岸上的接收设施里（尽管小加勒比群岛已经疲于应付这么大量的废弃物），但是邮轮仍然会把食物垃圾扔进海里。这个行业的变化非常缓慢，这和设计更现代的船只有关，因为构建和提高承载能力，而不是简单地取代旧的退役船只需要花费大量时间（Endresen et al. 2003；Johnson 2002）。邮轮产业已经意识到自身的影响，不管是正面的还是负面的，并开始着手处理其中一部分不太有益健康的事项。例如，商业环境领导力中心（CELB）和国际邮轮协会（CLIA）在2003年共同合作，推出了海洋保护和旅游业联盟（OCTA），它们采取联合行动来保护顶级邮轮旅游目的地的生物多样性，推行好的行业实践，使邮轮业对环境的影响减少到最小。

争议和挑战

碳补偿经常被提出用作减少旅游业碳足迹的一种手段。碳补偿是指购买和排放的二氧化碳同等数量的碳信用额度，或补偿额度。然后这些资金用于诸如水电站、脚踏水泵或重新造林计划等碳中和项目（IIED 2009；The Carbon Consultancy, n.d.）。但碳补偿的作用受到一些人的质疑，因此还存在争议。对它最多的批评可能在于，当我们面临许多人认为是当代最大的挑战时，碳补偿会导致一种自满的态度，因为从根本上说，二氧化碳的净排放量没有减少；一方在减少污染，而另一方则在增加污染。此外，碳计算器（通过计算碳排放量的方法）比较粗糙，它们之间存在差异，因此不同的碳计算器可能提供不同的估计数值。如果碳补偿是根据这些估计数值计算的，那么这种差异影响就很大了。

碳的"影子价格"也比一般一单位碳的计算价格高得多，因为它代表了碳排放对社会环境破坏的全部成本。例如，2009年9月，英国气候关注组织（ClimateCare U.K.）（J. P.摩根集团环境市场组的一家分支机构）计算得出的1吨二氧化碳抵消价格为8.64亿英镑（约14.07美元）。从伦敦希思罗机场到纽约肯尼迪国际机场的往返航班将产生人均1.53吨的二氧化碳，需要花费13.22英镑来抵消（约21.52美元）（J. P. Morgan & ClimateCare 2009）。但《斯特恩气候变化经济学综述》，该领域最长、最著名的报告，计算得出的每吨二氧化碳的碳影子价格为26.50英镑（44.25美元）(Stern 2006)。据此数字,到纽约的来回程航班其成本为40.55英镑(66.01美元),是 J. P. 摩根数据的3倍以上。

对碳补偿的另一批评是,它常常不把那些最受气候影响的社区包括在内,而且那种信贷会计法常常导致同一碳信用额度多次售卖（IIED 2009）。

可持续旅游业面临的另一个挑战是被称为"漂绿"的欺骗性手段,它使用"绿色"标签把本身不是环境友好型的产品、服务或体验当成环境友好型的来出售。它利用人们对体验式假期越来越强的兴趣,通过不恰当的、不符合法规管制的市场宣传来误导消费者。例如,酒店可能会宣传自己是一家"生态旅馆",这个术语表明其设施有助于其自然周边环境的健康,但这通常和真实情况相去甚远。

作为应对漂绿行为的手段,生态旅游或可持续性认证的概念已被推出。这方面由雨林联盟（Rainforest Alliance）领导,它们试图复制该手段在其他领域的成功。在联合国基金会的资助下,全世界各个地区都推出了可持续旅游标准,如可持续旅游标准全球合作联盟（GSTC Partnership）,它由超过40家组织组成。联合国基金会还提出认可可持续认证项目,并把这些项目包括到大旅行社的可持续供应链管理中。这些也将成为对消费者进行直接营销的品质标记（Rainforest Alliance 2010）。旅游业所面临的挑战是将为商品行业开发的实践转到服务行业中去,但认证费用相对于小企业的附加值来说可能太高,而且获得认证的标准对消费者来说也没有什么意义（Font 2007）。

可持续发展方面的创新

由于旅游业高度多样化的性质,各个机构在采纳可持续发展方面的创新措施上有很大差别,但有3项措施在这个行业特别典型。首先,酒店行业已经开发了生态高效系统,主要在能源和水资源管理方面,其次是对固体和液体废弃物的管理（Webster 2000）。这归因于这些控制措施对运营效率的重要性（这些是仅次于员工开支的第二大运营成本）。国际连锁酒店已经成功地进行了这方面的重大改进,改造了内部工程系统,为新建筑开发了设计指南,并设定内部标杆进行管理（Bohdanowicz & Martinac 2007）。虽然这些后台改进非常重要,但它们对消费者来说可能不像酒店提供体验式假期,强调尊重当地文化和习俗,促进负责任的旅行那样容易看得到,或有意义。

第二,专为旅游业和游客提供商品和服务的供应商对互联网的使用形成了被大家所称的"非中介化"(消除中介)和"再中介化"(引入中介)。结果是分销模式的完全改变,客户可以直接和世界各地的产品和服务供应商联系,同时也推动了各种产品专业供应商的发展。这对可持续旅游是好消息,有助于利基市场的成长,并鼓励旅游业形成更多的经验形式。例如,世界上许多欠发达地区现在能够通过互联网对旅游目的地进行直接宣传,同时对旅游类型和数量保留更多的控制。国际金融公司资助了一个在线零售平台,可以让以前不在线的小旅店进行实时、可预订的业务,并提供在线支付系统。这以前只有大酒店才能做到。比如,在瓦努阿图的分部已经让该国80%的旅店都拥有了在线业务（以前只有两家酒店有在线业务），它建立了与运营商和一系列辅助服务提供商的联系，帮助小旅店提高了入住率（GSTC Partnership 2009）。同时，互联网也使得分销渠道得以发展，如responsibletravel.com，一家环保型旅行社。

最后，正如住宿部门已经达到了生态效率（从希尔顿酒店欧洲分部未发表的数据显示，它们3年中通过对能源和水资源的管理，节省了2 000万美元，其中900万美元来自员工行为的改变）；邮轮和飞机设计方面技术的发展也使得以人均碳排放量衡量的航班燃油效率得到提高。皇家加勒比邮轮的新舰队和10年前建造的船舶相比，减少了50%的排放量（Telegraph.co.uk 2009）。国际航空运输协会称，新型飞机比40年前造的飞机燃油效率提高了70%，而且航空公司还打算到2005年再提高25%的燃料效率（与2005年的水平相比）（IATA 2009）。

成功

为提高人们在旅游的环境影响方面的认识，已经做了大量工作。例如，联合国世界旅游组织编写了《全球旅游道德规范》，指导旅游业的利益相关者。旅游事业协会（Tourism Concern）是一个总部位于伦敦的非营利组织，一直在为道德的旅游而努力。自2007年以来，世界旅游市场每年组织一次世界负责任旅游日，致力于提升大家进行负责任旅游的意识。尽管性旅游业持续增长，但像国际终止童妓组织（ECPAT）这样的组织一直在和强迫儿童进行性交易的行为做斗争，已经成功地提高了大家对此的意识，并坚持提交监控报告，并

游说进行法律改革。

旅行社联合会的"可持续型旅行生活"系统允许利益相关者通过互联网输入和获取旅游业在可持续发展方面的数据。尽管这为竞争的旅行社创建了一套标准，但其数据没有严格的审计，参与也没有强制性（Schwartz, Tapper & Font 2008）。到2009年夏天，自该系统启用后两年多来，超过9 000家国际酒店已经输入了它们的数据。

滑雪业经常遭到负面报道，因为在项目施工过程中要对山体进行清理和平整，还有要消耗能源和水用于在常规操作中人工造雪。这方面也有几个可持续发展的新举措，比如美国国家滑雪地区协会发布的《可持续山坡》文件，它是一份环境宪章，也是一个自我评估工具，为滑雪胜地如何减少自身对气候变化的影响提供了指导和建议。

高尔夫行业同样因为消耗大量水资源和对生态系统的影响遭到很多负面报道。高尔夫环境组织成立的目的是提高该行业的环保意识，并努力致力于在为大型联赛选择高尔夫球场时引入可持续发展标准。此外，生态假期旅游也是最近几年快速增长的一个小细分市场，它反映了人们对更多体验式假期的渴望。这方面的例子如哥斯达黎加的 Lapa Rios 公司，它保护了一大片雨林，并为员工提供资金，支持他们购买房地产或进行贷款收购；还有一家是危地马拉的 Uxlabil Atitlan 公司，着重于支持本地

供应商。这类公司的数量正在呈指数增长，推动可持续发展，把它作为度假体验的一个组成部分，这个思路也在蓬勃发展。

前景

　　该行业的前景比较复杂，因为许多因素和压力都在影响旅游及其发展。很明显，对旅游业负面影响的担心已经得到了广泛认可，可持续发展的议程越来越受人关注。航空公司、酒店和旅行社采取的提高其企业社会责任表现的举措都证明了这一点。但可以实现的还有很多。

　　虽然消费者需求发出的信息比较混杂，但消费者的作用显然是重要的。调查显示，大家对地球状况的关注急剧上升，并且也希望旅行更符合可持续发展的要求，但在调查结果和行为之间存在越来越大的差距。例如，气候变化旅游（参观由于气候变化正在迅速消失的地方，如冰川）越来越多。但消费者必须少飞，要么通过减少飞行次数同时拉长旅行时间，要么改变交通方式。他们需要更多地了解他们所要访问的地方，并理解当地的文化和习俗。他们应该问问旅行社他们在为他们所推销称作目的地的地方做些什么。

安德里亚斯·沃尔姆斯利（Andrea WALMSLEY），

哈维·丰（Xavier FONT）

利兹城市大学

　　参见：航空业；消费者行为；可持续发展；生态系统服务；能源效率；设施管理；漂绿；酒店业；房地产和建筑业。

拓展阅读

Accor. (2009). Sustainable Development. Retrieved September 5, 2009, from http://www.accor.com/en/sustainable-development.html

Airbus. (2009). Global market forecast 2009–2028. Retrieved September 2, 2009, from http://www.airbus.com/en/corporate/gmf

Andreu L, Bigné J E, Cooper C. (2001). Projected and perceived image of Spain as a tourist destination for British travellers. *Journal of Travel & Tourism Marketing*, 9(4): 47–67.

BERR (Department for Business Enterprise & Regulatory Reform). (2009). Enterprise directorate: Small and medium enterprise statistics for the U.K. and regions. Retrieved January 11, 2010, from http://stats.berr.gov.uk/ed/sme

Bohdanowicz Paulina, Martinac Ivo. (2007). Determinants and benchmarking of resource consumption in hotels — Case study of Hilton International and Scandic in Europe. *Energy & Buildings*, 39(1), 82–95.

Bramwell B, Lane B. (2008). Editorial: Priorities in sustainable tourism research. *Journal of Sustainable Tourism*, 16(1): 1–5.

The Carbon Consultancy. (n.d.). Retrieved October 9, 2009, from http://www.thecarbonconsultancy.co.uk

Carnival U.K. (2009). *The cruise report 2009: Trends and changes in the U.K. cruise market*. Retrieved October 9, 2009, from http://www.pocruises.com/pdf/The%20Cruise%20Report%202009.pdf

Cooper Chris, Fletcher John, Gilbert David, et al., (2008). *Tourism: Principles and practice* (4th ed.). Harlow, U.K.: Prentice Hall Financial Times.

Davos Declaration. (2007). *Climate change and tourism responding to global challenges*. Retrieved November 25, 2009 from http://www.unwto.org/pdf/pr071046.pdf

de Kadt, Emanuel. (1979). *Tourism: Passport to development?* New York: Oxford University Press.

Doxey G V. (1975). A causation theory of visitor-resident irritants: Methodology and research inferences. *The Impact of tourism, sixth annual conference proceedings of the Travel Research Association* (195–198). San Diego, CA: The Travel Research Association.

ECPAT International. (n.d.) Retrieved October 9, 2009, from http://www.ecpat.net/EI/index.asp

Endresen, Øyvind, Sørgård, Eirik, Sundet, et al., Isaksen Ivar S A, Berglen Torge F, Gravir Gjermund. (2003). Emission from international sea transportation and environmental impact. *Journal of Geophysical Research*, 108(D17): 45–60.

Font Xavier. (2007). Ecotourism certification: Potential and challenges. In James Higham (Ed.), *Critical issues in ecotourism* (386–405). Oxford, U.K.: Butterworth-Heinemann.

Global Partnership for Sustainable Tourism Criteria (GSTC Partnership). (2009). Retrieved January 28, 2010, from http://www.sustainabletourismcriteria.org/

International Air Transport Association (IATA). (2009a). Aviation environment. Retrieved September 12, 2009, from http://www.iata.org/whatwedo/environment/fuel_efficiency.htm

International Air Transport Association (IATA). (2009b). Technology roadmap. Retrieved September 12, 2009, from http://www.iata.org/ps/publications/technology-roadmap.htm

International Institute for Environment and Development (IIED). (2009). Retrieved October 9, 2009, from http://www.iied.org

Jafari, Jafar. (2001). The scientification of tourism. Valene L. Smith & Maryann Brent. *Hosts and guests revisited: Tourism issues of the 21st century* (28–41). Elmsford, NY: Cognizant Communication Corporation.

Johnson David. (2002). Environmentally sustainable cruise tourism: A reality check. *Marine Policy*, 26(4): 261–270.

Morgan ClimateCare. J P. (2009). Carbon calculator. Retrieved November 16, 2009, from http://climatecare-uat. jpmorgan.com/about/newsroom/

Marriott International. (2009). Green business practices: Marriott's environmentally friendly initiatives.

Retrieved September 5, 2009, from http://www.marriott.com/corporateinfo/social-responsibility/default.mi

Rainforest Alliance. (2010). Sustainable tourism. Retrieved January 11, 2010, from http://www.rainforest-alliance.org/tourism.cfm?id=council

Schwartz Karen, Tapper Richard, Font Xavier. (2008). A framework for sustainable supply chain management in tour operations. *Journal of Sustainable Tourism*, 16(3): 298¨C314.

Stern Nicholas. (2006). *Stern review on the economics of climate change*. London: HM Treasury and the Cabinet Office.

Telegraph.co.uk. (2009, November 11). The winners of the Virgin Holidays Responsible Tourism Awards 2009. Retrieved January 28, 2010, from http://www.telegraph.co.uk/travel/hubs/greentravel/6544048/The-winners-of-the-Virgin-Holidays-Responsible-Tourism-Awards−2009.html

Tourism Concern. (2009). Retrieved October 9, 2009, from www.tourismconcern.org

United Nations Statistics Division (UNSD); Statistical Office of European Communities; Organization for Economic Co-operation and Development; & United Nations World Tourism Organization. (2008). *2008 tourism satellite account: Recommended methodological framework* (TSA: RMF 2008). Retrieved October 9, 2009, from http://unstats.un.org/unsd/statcom/doc08/BG−TSA.pdf

United Nations World Tourism Organization (UNWTO). (1999). *Changes in leisure time: Impact on tourism*. Madrid, Spain: World Tourism Organization.

United Nations World Tourism Organization (UNWTO). (2006, November). Tourism market trends, 2006 edition. Retrieved August 28, 2009, from http://www.unwto.org/facts/eng/pdf/historical/ITR_1950_2005.pdf

United Nations World Tourism Organization (UNWTO). (2009a). *Tourism highlights: 2009 edition*. Retrieved August 29, 2009, from http://www.unwto.org/facts/menu.html

United Nations World Tourism Organization (UNWTO). (2009b, June). *UNWTO world tourism barometer, 7(2)*. Retrieved January 29, 2010, from http://www.unwto.org/facts/eng/pdf/barometer/UNWTO_Barom09_2_en.pdf

United Nations World Tourism Organization (UNWTO). (n.d.) Tourism 2020 vision. Retrieved January 29, 2010, from http://www.unwto.org/facts/eng/vision.htm

United Nations World Tourism Organization (UNWTO); United Nations Environment Programme (UNEP); & World Meteorological Organization (WMO). (2007, October). *Climate change and tourism: Responding to global challenges*. Retrieved October 9, 2009, from http://www.unwto.org/media/news/en/pdf/davos_rep_advan_summ_26_09.pdf

Wall Geoffrey, Mathieson Alister. (2006). *Tourism: Changes, impacts, and opportunities*. Harlow, U.K.: Prentice Hall.

Weaver David. (2006). *Sustainable tourism: Theory and practice*. Oxford, U.K.: Elsevier.

Webster Kathryn. (2000). *Environmental management in the hospitality industry: A guide for students and managers*. London: Cassell.

World Commission on Environment and Development (WCED). (1987). *Our common future*. Oxford, U.K.; New York: Oxford University Press.

World Tourism Organization (UNWTO) & United Nations Environment Programme (UNEP). (2008). *Climate change and tourism: Responding to global challenges*. Madrid, Spain: WTO and UNEP.

World Travel & Tourism Council. (2009a). About WTTC. Retrieved September 1, 2009, from www.wttc.org/eng/About_WTTC

World Travel & Tourism Council. (2009b). Tourism impact data and forecasts. Retrieved January 11, 2010, from http://www.wttc.org/eng/Tourism_Research/Tourism_Economic_Research/

WWF. (2008). *The living planet report*. Retrieved October 9, 2009, from http://assets.panda.org/downloads/living_planet_report_2008.pdf

Triple Bottom Line

三重底线

作为一种商业模式,三重底线法不仅计算投资回报率(传统的报告模型),还计算环境和社会的价值。它已经成为企业追求可持续发展的一种重要工具。

三重底线(TBL)的概念崛起于20世纪90年代末。三重底线强调企业和其他组织在多个维度上创造价值。鉴于现代会计的性质和关注点,财务的底线一般来说不足以(而且往往误导)表述总额。此外,三重底线的概念旨在帮助商务人士解决一个问题,即如何让企业应对经济、社会和环境的新型挑战(如腐败、人权和气候变化)中变得更加可持续。

三重底线和3P

"三重底线"这个术语源于约翰·埃尔金顿(John Elkington)1994年反对当时流行的"生态效率"观点存在的缺点,后者更注重经济和环境方面。与之相反,三重底线的思想由传统金融底线扩展到了社会和经济更广泛的方面。

三重底线的方法在《餐叉食人族》(Elkington 1997)一书中有更详细的表述,随后与其全球报告倡议相关的数以百计的公司报告和书籍中都对这一方法做了进一步的阐述。埃尔金顿也创造了一组相关联的词语:"人类、地球、利润"或者"人类、行星、繁荣"。壳牌公司在1995年的布兰特史帕尔钻井事件和尼日利亚危机等早期公共可持续性的报告中采用了这些词语。而被大众所熟知的"3P"成为荷兰等国家对可持续发展讨论的焦点。它引发了对双重底线的讨论(比如,社会型企业结合了社会绩效与金融绩效),并与道德和治理等问题这样的四、五重底线有所不同。

企业的生命周期

企业的平均寿命相对较短。20世纪70年代的石油危机关注化石燃料有限的特质,例如壳牌公司怀疑石油时代之后能否还有生活存在(至少是指工业生活)。它调查了其他寿命持久的公司如何解决早期市场不连续性的问题。在大多数情况下,公司会遭到淘汰或渐渐消失。这些公司最终互相合并、被接管或者破产。《金融时报》普通股票指数是伦敦股票交易所在 1935 年推出的一项股票价格指标,其最初的 30 个选民公司之中,到 20 世纪 90 年代末仅仅有 9 家得以存活。美国企业的死亡率则更高。《财富》杂志于 1983 年评选的 500 强企业当中,将近 40% 的公司已经消失,这些企业中的 20 家公司于 1900 年共建了道琼斯工业指数,但是仅有通用汽车(GE)一家因其可持续性得以存活(Visser et al. 2008)。

尽管企业的平均寿命可能持续 40—50 年,但是世界各地有几百家公司持续了 100—150 年。这种大众公司和少数几个历史悠久公司之间的不平衡都依赖许多因素,但也许其中最重要的因素是不能创造股东价值的公司在资本主义世界中因为缺乏资金而消亡。迄今为止,可持续性因素对资本可用性的影响很小,但是对其相关性联系的思想很可能正在快速传播。

企业可持续发展的挑战

纪律可以保证公司得以长期生存。与之相比,企业的可持续性可能没有被深刻的理解(尽管它应当是系统的一部分)。它成为一种思想和实践活动,并指导公司和其他商业组织延长生态系统及其自然资源的生命周期;支撑商业活动的社会、文化和社区;对企业竞争和生存提供治理方案的经济、金融和其他市场环境。人们通常对企业关注这么多的事件产生不同的见解,他们认为企业保证自身商业模型的有效性和适应性可以取得更好的表现。

关于企业可持续发展的议程,最近几十年,通过企业的等级制度,可持续发展的问题逐渐受到压力。他们出现在边缘领域,由专业人士处理(如果有的话),包括网站安全、公共关系和法律事务等领域。20 世纪 70 年代,随着环境评估技术方面新技术的发展,新的专业人员也参与其中(包括项目规划者、程序工程师和网站管理者)。之后,新产品的开发、设计、营销和对生命周期的管理在 20 世纪 80 年代末成为万众瞩目的焦点。随着可持续发展的三重底线议程发展到 20 世纪 90 年代,由于复杂性和政治影响、重要问题层出不穷,最高管理层和董事会推动了这方面的议程。在今后的发展中,除了那些已经参与的人们以外,首席财务官、投资银行家和风险资本家等新兴投机者也将加入其中。

随着时间的推移,可持续的议程得以深刻的显现,同时也带来了越来越多的挑战,如透明度、企业和全球治理、人权、贿赂和腐败以及全球贫困。该领域的关键问题反映在布伦特兰委员会 1987 年的报告《我们共同的未来》。它对可持续发展的定义成为人们如今广泛认可的观点。1994 年引入三重底线的概念引起了更大的关注,它随后被全球报告倡议等广泛地采用。这一概念也被龙头公司所采用,或许最引人注目的就是丹麦的诺和诺德制药公司(2009)。

随着可持续议程的演变,其他几个因素也增加了商业活动的挑战。首先,人们越来越希望商业做一些政府曾经做过的事情。其次,全球化的进程极大地扩展了地区和时间方面的广度,而外包和离岸的过程意味着企业价值链所应对的危机越来越广泛、复杂和脆弱,因此公司需要承担更多的责任(比如Nike和Gap两家公司)。第三,互联网的传播和谷歌等搜索引擎的引入也让商业开始应对不断增长的监督。

全球化的影响

TBL的议程融入激烈的全球化当中,但是也在全球层面缺乏治理和监管系统方面带来了越来越多的担忧。随着可持续性和企业公民精神化议程的发展,对商业化过程中时间和资源的呼吁几乎成倍地增加。1999年,时任联合国秘书长科菲·安南呼吁商界领袖"加入到联合国的进程当中"。他评论道,商业自身已经迈入一段全球化的旅程。届时,全球化就会像"自然力"一样,似乎"不可避免引领这样一个方向:日益密切的市场化、越来越大的经济规模、更丰厚的利润和更加繁荣的机会"(Annan 1999)。

然而,在西雅图反对世界贸易组织(WTO)的10个月前,秘书长也觉得有必要警告说全球化只会成为可持续发展的社会基础。"全球在担忧贫困、股本和边缘化",他强调道,"开始达到临界值"(Annan 1999)。尽管一些焦点在9·11、伊拉克战争及2004年马德里火车爆炸案之后(有人会说,这些都与解决贫困和不平等问题紧密相连)已经转移到政治和安全问题,但是当前贫困、股本和边缘化问题的重要性也毫不逊色。为了应对这样的挑战,商业必须更加注意通过新的形势来治理全球化的必要性。

20世纪90年代,"治理"成为一种时尚。

尽管"公司治理"不是一个新概念,但是它在1992年才开始被提上公共议程。例如,英国出版的吉百利报告。同年,联合国在里约热内卢举行的地球峰会上提出将全球的经济转变为更加可持续的发展形势,而世界银行发布了《报告治理和发展》的报告,将劣质发展背后的治理失败提上了议程。10年之后,那些寻求"负责任的全球化"的人们呼吁更加有意义的"全球治理"。

但这里也存在一种悖论,主要体现在以下两个方面。首先,在应对紧迫的环境、社区或人权问题上,自愿性的企业责任(CR)运动已经演变为一种务实的责任。公司被要求解决问题,甚至提供公共物品,原因是政府一直不能或不愿意这么做。第二,由于缺乏适当的治理系统,CR计划通常无法联通更广泛的框架。这带来结果就是在与面对的挑战相比,他们面临更大的风险。在最坏的情况下,长期的解决方案甚至可能被破坏。

进度报告

然而,已经取得了巨大的进展。从鼎盛时期政府驱动的防御性措施中,企业已经不断开始扩大到外部利益相关者的范围。这归功于企业重要的合法性角色。虽然那些持怀疑态度的人们仍然存在,但公民社会、政府和企业之间还是达成了新的共识,即原则上认可公司在实现可持续发展问题的解决办法中的重要作用。

此外,这其中还包括大量的发达跨国公司。例如,大约180家公司属于世界可持续发展工商理事会的成员。近1 000家公司使用全球报告倡议指导的一部分或全部指标来汇报其社会和环境绩效。作为一个关注CR的英国商业协会，"社区商业"的会员占英国私营部门员工的1/5，并且其全球的员工总数超过了1 570万人。同样，巴西社会研究所的成员超过其国民生产总值的1/4。一个关键的问题是：这种潜在的临界值究竟如何进一步带动可持续性的发展？

最后，大家对"商业案例"（及其限制）已经有了一个清晰的理解。商业案例显然在推动CR的规模化方面具有局限性，但是，商业和关键的利益相关者群体越来越认可CR商业案例的范围、声誉、风险管理、公司治理和管理质量投资价值（如，政府和投资组织）。

当然，这些反映出取得的进步和成就，独立的公司显著提升了绩效，但是CR活动的根本问题在于长期的解决可持续发展。总之，当前CR倡议将受到系统越来越多的限制。正如比尔·克林顿在世界经济论坛峰会上所说："世界面临的挑战说明这样的改变是不够的。"他说："相反，需要系统性的改变，也就是要改变系统本身。"

但是，这些问题并不新鲜。作为哈佛大学负责企业社会责任倡议和全球契约的关键架构师，约翰·鲁吉（John Ruggie）教授解释说："我们在工业化世界中正在缓慢地学习一堂课程，如果市场想要生存下来并茁壮成长，那么它必须做到更广泛的嵌到社会价值观和共享目标的框架之中。在实现这一点之前，人们一直在不断抗争，比如维多利亚时代全球化的崩溃、世界大战、俄罗斯的左翼革命力量崛起、德国和意大利的右翼革命力量以及经济大萧条。"当学完这些课程之后，鲁吉认为："我们对于这些新理解赋予不同的名字：新政、社

会主义市场经济和社会民主"（Ruggie 2004：2）。这些社会交易的基础是所有参与者都同意开放市场，但是他们也要同意"分享开放市场过程中不可避免产生的社会调整成本。"并且，政府在这一过程中扮演了重要的角色，"缓和跨境事务交通的波动并提供社会投资、安全网络和调整援助，但是同时也要敦促自由化的进程"（Ruggie 2004：2）。

近期最引人注目的趋势之一是新形式伙伴关系和联盟的形成，将企业、非政府组织和其他公民社会主体联系起来。但是如果企业和联盟未来的努力方向是填补"竞争—回应"的缺口，可伸缩性的问题需要更严肃、更有效地加以解决。另外，也需要考虑更多解决挑战尤为严重的问题。答案之一是改变市场环境来支持特定的结果，这是政府可以发挥关键作用之处。

这就是企业可持续发展中需要重视宣传和税收政策这两项额外挑战的原因。企业宣传方面，人们越来越担心公司每一个表面致力于可持续发展的行为经常（直接或间接的）在幕后放慢进展的步伐。这里的问题不仅在于如何使这样的宣传更加透明，而且还在于企业的宣传随着时间的推移可以支持旨在应对气候变化等重大问题的举措。其次，鉴于政府在21世纪初处理这么多商业挑战，真正的问题在于政府如何妥善提供资金。因此，公司在全球化世界中如何管理起税收负担的能力受到越来越大的关注。

4B

实现三重底线的过程已经表明，潜在的参与性和影响商业的思维、战略、投资和操作

过程存在许多要素。全球报告倡议(2009)和道琼斯可持续发展指数(2009)等三重底线性质的组织应用到了当前实践活动之中。与此同时,可持续性组织(2009)等企业组织表明,企业采用三重底线的一个强大的潜在方式是考虑4B模式。

最先提到的外部挑战是品牌(Brand),通常成为活动家、非政府组织和媒体的目标。很少事情比对品牌价值的威胁更能刺激企业加快行动,这样的结果是三重底线切断了品牌管理的世界。随着时间的推移,企业领导人鼓励调整管理、会计、信息披露、沟通和外部接触策略(Balance sheets)。一些公司可以应对这个层次的挑战,但是这些问题频繁地出现一个足够强大的政治回转,这使他们被迫设立一个展板(Boards)来交叉连接世界性的公司治理。如果这种压力持续,新形式的风险和机会就会出现,那么我们可能会看到公司调整自己的商业模式(Business models),如通用电气(上文已经提到,它是一个长期的企业幸存者)已经开始着手绿色创想型战略。通用电气成功倡议的这种循环模式把我们带回到对品牌的思考(2009)。

三重底线带来了更多的管理工具,包括审计和报告流程、融合不同维度价值所创造的新思考[例如,杰德·埃默森(Jed Emerson)等分析师的主张,他作为基金会基金经理,以推广一个组织的价值应当基于经济、社会和环境标准这一概念而闻名,详见融合价值(2009)的网页]。然而,结果很少有三重底线的解决方案。事实上,通用电气公司创始人托马斯爱迪生评论他通过长期的努力来找到合适的电动灯泡的好方法是进行实验,这同样适用于商业对可持续发展的追求。爱迪生说失败让他知道1万种材料并不适用。对于很有可能失败的复杂问题,一个解决方式就是希望三重底线和融合价值的心态会缩短与第10 001次成功的距离。

约翰·埃尔金顿(John ELKINGTON)
可持续性战略咨询公司和Valans投资公司

参见:企业公民权;企业社会责任和企业社会责任2.0;可持续发展;赤道原则;全球报告倡议组织;人权;社会责任投资;自然资本主义;社会型企业;利益相关者理论;真实成本经济学。

拓展阅读

Annan Kofi. (1999). Press release SG/SM/6881: Secretary-General proposes global compact on human rights, labour, environment, in address to World Economic Forum in Davos. Retrieved November 10, 2009, from http://www.un.org/News/Press/docs/1999/19990201.sgsm6881.html

Blended Value. (2009). Retrieved May 11, 2009, from http://www.blendedvalue.org

Dow Jones Sustainability Indexes. (2009). Retrieved May 11, 2009, from http://www.sustainability-index.com

Elkington John. (1997). *Cannibals with forks: The triple bottom line of 21st century business.* Oxford, U.K.: Capstone/John Wiley & Sons.

General Electric. (2009). Retrieved May 11, 2009, from http://www.ecomagination.com

Global Reporting Initiative. (2009). Retrieved May 11, 2009, from http://www.globalreporting.org

Henriques Adrian, Richardson Julie. (2004). *The triple bottom line: Does it all add up?* London: Earthscan.

Novo Nordisk. (2009). Retrieved May 11, 2009, from http://www.novonordisk.com

Ruggie John. (2004, March 15). *Creating public value: Everybody's business.* Address to Herrhausen Society, Frankfurt, Germany. Retrieved November 10, 2009, from http://www.unglobalcompact.org/docs/news_events/9.6/ruggie_160304.pdf

SustainAbility. (2009). Retrieved May 11, 2009, from http://www.sustainability.com

Visser Wayne, Matten Dirk, Pohl Manfred et al., (2008). *The A to Z of corporate social responsibility: A complete reference guide to concepts, codes and organizations.* Chichester, U.K.: John Wiley & Sons.

Volans. (2009). Retrieved May 11, 2009, from http://www.volans. com

True Cost Economics

真实成本经济学

传统的经济学并不考虑现行的商业手段对人类和生态系统的健康及人类幸福产生的附加损害。传统经济学的批评者认为自由市场的成本价格机制脱离了现实情况，从而破坏了可持续发展。真实成本经济学试图把对环境和健康的损害纳入到商品定价中，以这种新的定价方式来影响消费方式，并使成本承担也将更加合理。

正如反消费主义的非营利组织 AdBusters 在"真实成本经济学宣言"中所称："我们，所有署名者，做出如下控诉：新古典经济学的教师，及其所教授的毕业生，一直在向全世界散布一个弥天大谎"（Bauwens 2009）。这里所称的谎言包括，根据抽象理论，世界会一直进步，并获得无尽增长。这种假象掩盖了真实世界中持续加速的生态衰退和随处可见的人类不幸。警醒世人的一种可行的办法是通过真实成本经济学对现实情况进行检验。

关于真实成本经济学的理论争论已经文火慢炖了几十年，但现在已经开始沸腾。它的支持者认为，至少在过去50年间统治了世界的新古典（或新自由主义）经济学有着无可救药的缺陷。新古典的自由市场模型与社会的现实是脱节的。他们倨傲地凌驾于真实经济所依赖的生态、文化和道德背景之上，因此破坏了对可持续发展的追求。

新古典经济学家们历来满足于允许商品和服务的价格完全由供求规律决定。然而，在无管制的市场，只有直接生产成本（租金、劳动力、资源、资本等）反映到消费价格中。现行的成本价格体系并不考虑许多生产过程对生态系统、人类社会或公众健康造成的附加损害。这些外部（市场之外的）成本绝大部分是由第三方或整个社会——当然，还有生态圈——来承担的。由于负外部性代表着真实成本，产生这些成本的商品和服务得以以低于其真实生产成本的价格进入市场。这种过低定价导致了过度消费、低效的资源利用和污染——这都是市场失灵的典型症状。

真实成本定价

相反,在一个真实成本经济体系中,居民消费价格包括了生产对环境、健康和其他福利造成损害的成本。当价格真实反映了相关成本时,消费者会相应调整自己的消费方式,减少对高生态成本商品的购买。市场会更有效地运作,生产商将实施创新,采用更清洁的生产流程,生产/消费总量都会下降(这对于资源短缺的世界来说是件好事),污染和健康成本将会减少到几乎可以忽略不计的程度,并且第三方不再需要承担不公平的负担。

有了这么多的支持的理由,为什么真实成本经济学没有成为经济学的标准呢?正如我们将要看到的,答案非常复杂,但首先要考虑到真实成本法将导致今天许多即使是低收入群体都购买得起的商品和服务价格大幅度提高。例如,一些分析家指出,按目前的生产实践,真实成本经济学将使一辆普通车辆的价格提高数千美元。谁愿意给这样一项政策投赞成票呢?我们的全球消费文化已经习惯于用“更少”来换取“更多”。纠正市场失灵需要政府干预,而可能导致剧烈价格上涨的政策会给执政党选举带来毁灭性灾难。

基于激励措施

经济学家们长期以来都在争论如何才能最好地内生化难以控制的外部成本。到了20世纪60年代,围绕亚瑟·塞西尔·庇古(Arthur Cecil Pigou)和罗纳德·哈里·科斯(Ronald Harry Coase)两大相互竞争的理论的两个主要学派逐渐融合。

庇古税

英国经济学家庇古(1932)在《福利经济学》(于1920年首次出版)中指出,外部性的存在说明了政府管制的必要性。他主张对污染环境的活动征收排污费或排污税,以更好地反映其真实的社会成本并且降低相关商品的消费(庇古还建议,政府对产生正外部性的私人活动进行补贴。这将鼓励私人参与这些活动,总体上会提高社会的收益)。

机制很简单。想象一下这样一个经济体,众多污染严重的行业将未计入的“污染防控成本”(如空气处理和水处理的额外费用)强加于其他行业,同时将各种“福利损害成本”(例如,健康成本、美学损失以及丧失的娱乐机会)强加于大众。合理的公共政策目标是“内部化这些外部性成本”,同时要记住,在总社会成本框架下,如果强制污染方防止污染的成本大于其他企业和大众的预期收益(避免的成本),这种解决方案是没有效率的。

理论上,政府可以通过对每单位排出的污染物征收统一污染税实现这一目标。该税将迫使每家公司在处理污染和缴纳税款之间做出选择。如果企业行为是理性的,企业会选择把处理污染排放的量设定在增加的边际单位处理成本刚好等于税率。高于这个量,支付污染税将更为便宜。

由于不同的企业有不同的“边际处理成本”曲线,每家企业都会处理废物的比例会不同。然而,因为税率是统一的,各公司从处理污染转向支付污染税的边际成本将是相同的。这使得低处理成本的污染者来完成大部分的污染处理工作,使得总污染处理成本最小(效率最大化的必要条件）。

注意污染税使得企业在制定清除污染战略时最大限度地暴露了其内部信息。政府不需要知道受影响企业的内部流程和成本结构。税收本身也不需要额外的管理和实施费用。但有一个大问题：在缺乏完美信息的情况下，设定税率仅仅是一种据理推测。如果设置过低，污染税不会引发足够多的废物处理行为；如果过高，企业会过度处理污染排放，造成低效率（即边际处理成本超过边际福利收益）。对税收的后续纠错调整不管是在物质上——还是在政治上——都是昂贵的。

科斯定理

尽管有这些缺点，庇古税的逻辑还是让大多数经济学家为之痴迷，直到1960年，经济学家罗纳德·科斯对该理论提出了重大质疑。他认为，如果对资源的产权（包括碳吸收能力，或大自然吸收人类产出和废物的能力）界定明确，那么政府纠正外部性的干预就没有必要，社会也可以完全避免执行消除污染税带来的管理和实施成本。

当交易成本不大时，无论是谁拥有被争夺的资源，污染方和受影响的各方都有经济动机通过谈判来达到有效的解决方案。假设你——造纸商——有一条河流的所有权，因此享有污染这条河的权力，而这条河流是我作为食品加工商的水的来源。那么，我就有付给报酬让你处理污水的动机，只要这个报酬的成本比我处理汲取的污水的成本要小。同样，你也有接受支付的激励，因为你可以从你的废水处理过程中获利。

这是因为你净化相对浓缩的废水的边际成本小于我处理被稀释后的汲取水的边际成本。当然，更多的浓缩污水处理导致你的边际成本上升，最后达到这样一个均衡，这个均衡水平上我愿意自己处理污水。我们围绕这一均衡水平协商确定报酬额，从而你最大化自己的收益，我最小化防治污染的成本。

现在假设我拥有这条河流的所有权。只要我索取的单价低于你的边际污水处理成本，你作为造纸商就会有动机付钱给我食品厂，让我允许你污染；我会通过出售给你污染权获利，但最多只会到这种地步，即你的付款刚好抵消让我来处理污水的费用。因此与前面一样，在没有政府的参与情况下，我们仍然可以通过达成协议来内部化污水处理的成本。

如果有成千上万家竞争企业和无数个受谈判结果影响的其他社会实体会怎么样呢？在现实世界中，产权的初始分配确实很重要，而且总交易成本（用于研究和获取信息、谈判、管理等）会达到天文数字。此外，认为某种狭义定义的"效用最大化利己主义者"的组合将达成一个对自然或者大众最优的解决方案，这种想法是很幼稚的。生态经济学家赫尔曼·戴利（Herman Daly）一直提醒我们，我们最关心的"自我"，不是一个孤立的原子，而是由它的社会关系，以及受其影响的多种多样的生物物理联系所定义的，然而这种联系在经济交易中并未得到认可。这否定了通过私人谈判达成有效且高效解决方案的任何可能性——社区（或政府）必须参与其中。

总量控制与交易机制

政府确实有一个很好的政策选项,可以利用财务激励措施和竞争性市场高效的资源配置能力来去除污染定价中的猜测成分。所谓总量控制与交易机制还把固定排放量与可交易排污权结合起来,从而把可接受的环境质量标准这个公共政策问题和高效分配这个合理的经济学问题分离开来。美国清洁空气法案,部分建立在总量控制和排污权交易许可上,奥巴马政府早先提出的气候变化政策(瓦克斯曼-马基法案)也是如此。

在理想的总量控制与交易方案中,政府会征求科学的建议和公众意见来确立理想的环境质量目标,并对可允许排放量根据地区的自我净化能力设置一个严格的上限。可允许的排放量接着被分成固定数量的份额或者许可证,通过某种公平的方式分配给现有的环境污染企业。初次分配之后,后续的分配是由在开放市场上进行的交易来决定的。除了许可证供给量是固定的之外,每份许可的价格由通常的供给和需求规律决定。如果需求增加,价格上涨,引发市场参与者投资于更高效(更便宜)的生产和废物处理过程,并减少其对污染权的需求。新的企业或公司需要额外份额的时候,可以从那些用不完其全部污染份额的企业购买。效率低下的企业将被迫退出市场。

因此,从理论上讲,一个可交易的许可证制度可以利用多个公共和私人信息源来设置控制总量和价格,通过有效率的市场把以前的外部性成本内部化,这样就可以有把握地达成生态和社会目标。如果政府对初始分配的许可证征税或要求企业在随后的交易中缴纳特许权使用费(毕竟,环境吸纳污染的总容量是公共品),该系统将能自行支付其执行和监督费用。

无形和隐性成本

我们已经证明,尽管以上所述在理论上很诱人,在实际操作中,规范的庇古和科斯的方法有严重的弱点。现在,我们来考虑一个困扰真实成本经济学所有正规手段的根本问题——隐性和无形成本的识别和货币化。

直接生产成本和外部产权损害成本很容易从当前的市场价格来确定。但目前还没有市场能够确定与生态系统和社区有关的大量间接使用价值、不使用价值、选择价值和存在价值。比如说,一卡车木材的市场价格,并没有反映出在防洪、水净化、生物多样性、碳汇以及审美和因为森林被砍伐导致精神价值上的损失。这也是为什么消费者在购买一板英尺木材,或一板尺其他任何东西时,其支付价格远小于生产中的全部社会成本。

问题在于,赋予某种商品有效的货币价格需要将所有与该物相关联的价值压缩成一个单一的度量标准。阿里尔德·范(Arild Vatn)和丹尼尔·布罗姆利(Daniel Bromley)(1994)对环境(或社会)实体综合定价提出了三大理论障碍:

认知问题:在缺乏完备知识的情况下,这个问题始终存在,并且有个非常简单的事实,即物种和生态系统的许多重要功能是认知不了的。这种“功能的透明化”意味着失去生态系统的任何重要元素的成本在该元素被破坏前可能是不可知的。我们显然不能为我们无法了解的事物赋予价值。

不一致问题:当某种生态上很重要的物品和货币价值不一致或根本无法比较时,不一致问题就存在了。我们怎能将鸭胸肉的市场价格与见证一群绿头野鸭飞过沼泽地时的纯粹的美学冲击混为一谈呢？

组合问题：该问题的产生是因为在生态系统中的整体可以依赖于它的每一个基本组成部分。这意味着，任何单一组成部分（例如，一个种群或某种营养）都无法脱离整体价值获得独立的价值诠释。

所有这些及相关的障碍，意味着就复杂生态实体进行的精确、清晰的货币价值评估（如条件价值评估法）这种通行做法注定要失败——因为我们无法计算它的成本。我们假想自己有能力将大自然和基本生活需求全部商品化，这只是狂妄的谵语（而且在任何情况下，可能都不是个好主意）。

超越成本—收益分析

所有重要的决策都涉及对所虑各选项进行相对收益和损失的权衡。正如我们所看到的，排污费，一对一的谈判，总量控制与交易策略都迫使受影响的团体仔细计算其自身的成本收益比率，并以此为基础做出其内部废物管理的决定（"我们是处理我们的废物呢还是缴税呢？"）。

更全面的是正式的成本—收益分析（BCA），它的目的是对不同的发展方案的未来收益和成本贴现值进行全面比较。其目标是让收益减去损失之差最大化。由于其概念简明，又有理论支持，许多经济学家将成本—收益分析作为私人和公共政策决策的权威工具。因此，在理想世界里，成本—收益分析对真实成本经济学极为关键。

但是，这不是个理想的世界——完美的

理论总是伴随着实际生活中的瑕疵。缺失的数据和无法简化的约束条件再加上有限的资源和受意识形态影响的分析，打破了任何关于成本—收益分析能够得出最佳社会真实成本的说法。事实是，全面的真实成本经济学是超出我们的分析范围的。

这不是个小问题。长期以来，人们对重要的生态成本和社会成本的无视导致即使生态环境内部已经瘫痪，但现代社会仍偏向于追求无尽的经济增长。如果我们能够使全球经济接受有效成本—收益分析的评估，我们完全有可能发现，生态和社会增长的边际成本已超过了边际收益。我们或许已经进入了赫尔曼·戴利所说的"不经济的增长"——即增长使世界更加贫穷，而不是更加富裕。真实成本经济学很可能就意味着无增长经济学。世界上的富人和当权者攫取了经济增长带来的绝大多数好处，而穷人和全球的普通人却要承担大部分未计入的成本，这一事实无疑是当前政策瘫痪的原因之一。

这样的结论不应成为令人绝望的原因，而应该将社会从沉重的、错误的经济模型的专制中解放出来。各国政府，私人部门和非政府组织必须学会避开"脱离实际的教条"（crackpot rigor）。我们都共同拥有这一个星球，不能被错误的理论和空洞的分析所蒙蔽。成本—收益分析只可用于那些有形的，可以合理地赋予货币价值的东西。这会让我们更接近所期望的有效率的市场经济。但是，不管企业还是普通公民都必须认识到，这些结果本身并不是决策的充分依据。

最后，可持续发展主要是个政治目标，而不是分析目标。社会必须认识到，即使我们努力实践真实成本经济学,在做最关键的生态和社会选择时"不要价格,无须致歉"(Vatn & Bromley 1994,译者注:这句话选自他们的文章"Choices without Prices without Apologies",意思是估值是把各种相关信息压缩成一个维度的结果。但在此信息压缩的过程中,重要信息会缺失。因此,对于环境这种公共品,不根据具体定价做出的选择并不一定比建立在估值模型基础上的选择差)。考虑到问题的规模,多种冲突的价值观,总体分配的不平等,以及不断加深的不确定性,对公共品来说,除了根据充分信息进行谨慎务实的政治判断之外没有其他更好的办法。

威廉·E.里斯(William E. REES)
不列颠哥伦比亚大学

参见:会计学;消费者行为;可持续发展;生态标签;生态系统服务;能源效率;绿色GDP;人权;社会责任投资;自然资本主义;绩效指标;三重底线。

拓展阅读

Baumol William J, Oates Wallace E. (1988). *The theory of environmental policy*. (2nd ed.) New York: Cambridge University Press.

Bauwens Michel. (2009, August 9). True cost economics manifesto. Retrieved August 26, 2009, from http://blog.p2pfoundation.net/thetrue-cost-economics-manifesto/2009/08/09

Coase Ronald H. (1960). The problem of social cost. *Journal of Law and Economics*, 1(3): 1–44. Retrieved August 31, 2009, from http://www.sfu.ca/~allen/CoaseJLE1960.pdf

Dales John. (1968). *Pollution, property and prices: An essay in policy-making and economics*. Toronto: University of Toronto Press.

Daly Herman E. (1981). *Steady-state economics*. (2nd ed.) Washington, DC: Island Press.

Daly Herman E, Cobb John B Jr. (1989). *For the common good: Redirecting the economy toward community, the environment, and a sustainable future*. Boston: Beacon Press.

Daly Herman E, Farley Joshua. (2004). *Ecological economics: Principles and applications*. Washington, DC: Island Press.

Daly Herman E, Townsend Kenneth N. (1993). *Valuing the Earth: Economics, ecology, ethics*. Cambridge, MA: MIT Press

Hahn, Robert W. (1989). *A primer on environmental policy design*. Chur, Switzerland: Harwood Academic Publishers.

Jacobs Michael. (1991). *The green economy: Environment, sustainable development, and the politics of the future*. London: Pluto Press.

Lave Lester B, Gruenspecht Howard K. (1991). Increasing the efficiency and effectiveness of environmental decisions: Benefit-cost analysis and effluent fees — a critical analysis. *Journal of the Air and Waste Management Association*, 41(5), 680–693.

Manno Jack P. (2000). *Privileged goods: Commoditization and its impact on environment and society*. Boca Raton, FL: Lewis Publishers.

O'Neill John. (2006). *Markets, deliberation and environment*. London: Routledge.

O'Neill John, Holland Alan, Light Andrew. (2008). *Environmental values*. London: Routledge.

Pearce David W. (1993). *Economic values and the natural world*. Cambridge, MA: MIT Press.

Pigou Arthur C. (1932). *The economics of welfare*. (4th ed.). London: MacMillan

Prugh Thomas, Costanza Robert, Cumberland J H. et al. (1995). *Natural capital and human economic survival*. Solomons, MD: ISEE Press.

True cost economics (n.d.). Retrieved November 10, 2009, from http://www.investopedia.com/terms/t/truecosteconomics.asp

Themes Brendan. (2004, August 26). True cost economics. Retrieved August 26, 2009, from http://www.utne.com/2004–08–01/TrueCostEconomics.aspx

Vatn Arild, Bromley Daniel W. (1994). Choices without prices without apologies. *Journal of Environmental Economics and Management*, 26(2): 129–148.

Victor Peter A. (2008). *Managing without growth: Slower by design, not disaster*. Cheltenham, U.K.: Edward Elgar.

United Nations Global Compact

联合国全球契约

作为世界上最大的企业公民精神发起者，联合国全球契约像一个框架一样，通过强调人权、劳工标准、环境和反腐的十项原则作为核心，帮助公司调整战略和营运实践。它在2001年正式被推出，到2009年为止全球大约有6 000个国际企业签署。

在1999年，时任联合国秘书长的科菲·安南在瑞士达沃斯世界经济论坛发言。在那次发言中，安南呼吁商业中需要更多的企业公民精神：

"我希望你们和我一起，让我们的关系达到一个更高的境界。各位商业领袖们，我提议，和我们联合国发起一项拥有共同价值观和原则的全球协议，给全球市场人道的面貌。"

"全球化是一个不争的事实，但我相信我们低估了它的脆弱性。问题就是这样的。市场的蔓延速度超过了社会和其政治系统的调整能力，更不用说让社会和政治体系去引导这一进程。历史已经告诉我们这种经济、社会和

政治领域的不平衡不能持续很长时间。"

"我们必须在一个只被短期利益驱动的全球市场和一个有人道主义精神的全球市场中做一个选择，在一个谴责世界上有1/4人类处于饥饿和脏乱状态的世界和一个至少能为每个人提供一个健康环境和繁荣机会的世界中做一个选择，在一个我们忽视失败者命运的自私世界和一个强者、成功者承担责任、展现全球视野和领导力的世界中做一个选择。"

安南认识到了企业正面临一个变化的现实：企业公民精神（也被称为企业责任）正变得对企业自身越来越重要，特别是公众视野之下的大公司和那些公司会在经营中对其造成影响的利益相关者（和自然环境）。通过向企业发起挑战，让它们采取行动，安南为联合国全球契约这个世界上最大的企业公民精神的开拓者打下了良好的基础。

定义企业公民精神

企业公民精神能被定义为企业通过战略

部署和实际经营所表现的企业愿景和价值观。而通过企业公民精神，企业又能和社会、利益相关者和自然环境建立联系，将其作为企业商业模式的核心。另外，社会、利益相关者和自然环境作为其商业模式的核心因素。另外，企业公民精神的基本就是责任、责任、义务、透明和可持续的企业行为（流程、程序和政策）。企业公民精神包括但是超越了它的社会责任，因为社会责任是通过企业直接对社会、利益相关者和自然环境带来好处的那些行为所展示出来的。

这个定义认识到了企业社会责任和企业频繁地任意决定（Carroll，1979）有益于社会的行为之间是有内在联系的，而企业公民精神和公司商业模式和行为是有内在联系的，这两者之间存在区别，从而明确地把企业公民精神（或者责任）和企业社会责任区分开来了。它也认识到了要看企业的主要影响会有哪些，并不是看它对社会做了哪些有益的事情，而是要看它们如何执行自身的商业模式，从而会影响它对待主要利益相关者（比如，投资者，雇员、顾客、供应方）和第二利益相关者（包括社区、政府和其他受公司商业模式影响的相关方）的方式。

联合国全球契约的十大原则

联合国全球契约（UNGC），作为联合国旗下的一个实体，于2001年正式成立——科菲·安南在世界经济论坛发表演讲的2年之后。根据组织自己的估算，它现在是世界上最大的企业公民精神发起者。联合国全球契约将自己定义为一个用十大核心原则帮助公司处理战略和操作实践的框架。

全球契约让企业在它们的影响范围内接受、支持、制定在人权、劳工标准、环境和反腐领域的一系列核心价值。接下来出现的十项原则出现在UNGC的网站上（十项原则，未注明日期）。

人权

原则1：商业应该支持和尊重对国际声明的人权的保护。

原则2：确保它们和人权滥用是串通一气的。

劳工标准

原则3：商业应该鼓励支持联盟之的自由和有效确认劳资双方代表进行的谈判的权利。

原则4：消除所有形式的强制和被迫劳动。

原则5：有效废除使用童工。

原则6：消除不同职业和职位之间的歧视。

环境

原则7：商业应该有效支持对环境的考验、挑战的预防办法。

原则8：主动采取措施推动促进更大的环境责任。

原则9：鼓励环境友好技术的发展和扩散传播。

反腐

原则10：商业应该采取任何方式以反对腐败，包括敲诈勒索和行贿受贿。

推动企业公民精神

联合国全球契约是其网络组织的核心，

由签署国组成,并由联合国全球契约纽约办公室和6个联合国机构支持。这6家机构分别是:高级人权专员办事处、联合国环境规划署(UNEP)、国际劳工组织(ILO)、联合国开发计划署(UNDP)、联合国工业发展组织(UNIDO)和联合国毒品和犯罪问题办公室。

到2009年,联合国全球契约有将近6 000家来自全世界的企业签署,其中约5 200家是公司,无论大或小,都同意维护联合国全球契约的十项原则,并每年汇报。完全出于自愿的联合国全球契约,通过两个目标将企业公民意识的议程推前了:将主流的十项原则融入全球的商业活动中,并促进行动,支持更多的联合国目标,比如,千年发展目标(到2015年,要试图大幅度减少生活在极端贫困状态下的人数)。

联合国全球契约通过很多途径来达到它的目标,包括政策对话、学习、利用当地网络、合作伙伴项目等。政策对话都是围绕有关企业公民意识的具体问题的多方会议。学习包括了在联合国全球契约网站上分享最佳做法,包括深度案例学习研究,它有时也会被呈现在会议上。全球已经发展了超过70个当地网络,以此作为支持签署国,帮助他们做到十项原则。联合国全球契约也会组织各种研讨会,培训学员,定期开会,分享学习和最佳实践,它也鼓励公司和他们的利益相关者参加合作伙伴项目,特别是当他们和其他联合国目标有联系的时候。比如,千年发展目标、人权、劳工权利、可持续发展或者反腐败措施。

由于联合国全球契约是一项自愿倡议,它并没有权利去制裁那些没有遵守十项原则的签署国。从这个意义上讲,十项原则是期望的,它们设立了一个企业自愿同意去达到的标准。为了应付联合国全球契约缺少制裁能力的批判,它实施了完整的措施,包括限制联合国和联合国全球契约的标志和名称,只让授权的企业使用;除名那些不能定期汇报进程(这仅仅只是当时签署时需要达到的一个简单要求)的签署企业。

联合国全球契约确定了几项针对加入该契约企业的好处,包括和联合国的结盟,这能让企业拥有全球性的覆盖和召集力量。联合国全球契约认为签署契约展现了领导力,加强了负责任企业公民的精神。这种收获能让签署者针对全球化/可持续发展/责任问题(特别是很多利益相关者都参与进来的时候)制订出切实的解决方案。更进一步,加入联合国全球契约说明了签署者(无论公司还是国家)在重要事情上展现出了超前的姿态,从而管理风险,潜在地提高声誉,而这些对很多公司来说都是关键资源。

联合国全球契约已经成立了一个基金会来支持它的工作,帮助启动其他活动、项目,包括2007年瑞士日内瓦举行的3年一度的领导人峰会上发表的日内瓦宣言。由出席峰会的1 000位CEO和高管批准,日内瓦宣言确认了参与者对于在商业模式中遵守原则的承诺，包括鼓励其他商业伙伴（比如，供应商和分销商）维护全球契约的原则。1999年科菲·安南的"行动号召"企业界积极参与对社会有益的事情，2007年的日内瓦宣言与指遥相呼应，指出："如果根植于普遍原则，全球化有能力从根本上改善我们的世界——将经济和社会效益的好处带给各地的人、社区和市场。"

由联合国聚集的最大规模商业领袖群所签署的日内瓦宣言，在全球贫富差距加大的背景下（超过10亿人处于极度贫穷状态，每天靠小于1美元的钱生存；年轻人即将面临严重失业的预期）被批准了。日内瓦宣言还指出"通过遵守企业公民责任和联合国全球契约的原则，企业能不断在最广阔的空间中创造、传递价值。这样一来，全球化能作为全球普遍原则的扩散催化剂，创造一种以价值为本的"比赛看谁先到顶部"的竞争。

联合国全球契约认识到了管理教育对塑造能处理企业公民意识问题的领导人的重要作用，它也在2007年发起了负责任管理教育原则项目。这些原则由两个认证机构——总部在美国的高级商学院学院协会（AACSB）和欧洲管理发展基金会（EFMD）——以及很多管理教育项目批准。

企业公民意识和联合国全球契约

通过直接专注于商业模式，好的企业公民意识会要求公司关注并积极参与他们商业模式的实施工作，确保他们在社会中的角色是有利而非有害的，正如个人公民也会这么做。从这个角度来看，有两个企业公民需要注意的关键要点。

第一点就是要认识到在一定程度上的企业公民或者责任会通过一个公司的任何行动或者影响呈现，无论好坏，无论是否管理有效。观察公司影响的外界观察者能且经常会通过某些活动、事件做出关于公司责任水平的评论。

第二点就是会有担心和批评企业参与政治活动，这是一个隐含在"公民"这个术语中的概念。公司不像个体，它不是人类，不能参与民主化进程。而公司在某种程度上已经通过各种司法裁决被赋予了个体的权利；但是，公司规模和实力的现实状况（特别是对大型跨国企业而言，它们经常能通过活动捐款、游说和其他方式参与到政治进程中去）引起了评论家关于公司人格化对民主有帮助还是有坏处的质疑。另外，也有人批评联合国参与到公司中去，他们认为像联合国全球契约这种创新，为评论家所谓的"blue washing"（指公司尝试利用联合国的蓝旗标志让公司形象显得很好，同时正常地经营生意）提供了机会。

尽管有这些批评，联合国通过和公司一起参与到全球契约当中来，为很多公司提供了如何更好地践行自己的企业公民行为。联合国全球契约也为公司提供了很多机会，让公司和其他利益相关者更多地参与进来，处理公司之前很少面对过的问题（比如，如何在冲突情况下处理问题），这也推动了联合国文件中最普遍、最理想的公司责任（也即联合国全球契约十项原则的基石）的前进发展。

桑德拉·沃多克（Sandra WADDOCK）

波士顿大学卡罗尔管理学院

参见：企业公民权；企业社会责任和企业社会责任2.0；可持续发展；赤道原则；公平贸易；人权；利益相关者理论；社会型企业；透明度。

拓展阅读

Annan Kofi. (1999). Press Release SG/SM/6881: Secretary-General proposes global compact on human rights, labour, environment, in address to World Economic Forum in Davos. Retrieved November 10, 2009, from the United Nations Web site: http://www.un.org/News/Press/docs/1999/19990201.sgsm6881.html

Carroll Archie B. (1979). A three-dimensional conceptual model of corporate social performance. *Academy of Management Review*, 4(4): 497–505.

Geneva Declaration. (2007). Retrieved March 25, 2008, from http://www.unglobalcompact.org/docs/summit2007/GENEVA_DECLARATION.pdf

Principles for Responsible Investment. (2009). Retrieved July 2, 2009, from http://www.unpri.org

Principles for Responsible Management Education. (2009). Retrieved July 2, 2009, from http://www.unprme.org

Scherer, Andreas Georg, Palazzo Guido. (2008). *Handbook of research on global corporate citizenship*. Cheltenham, U.K: Edward Elgar.

The Ten Principles. (n.d.). Retrieved July 2, 2009, from http://www.unglobalcompact.org/AboutTheGC/TheTenPrinciples/index.html

United Nations Global Compact. (2009). Retrieved March 25, 2008, from http://www.unglobalcompact.org

Waddock Sandra. (2009). *Leading corporate citizens: Vision, values, value added*. (3rd ed.). New York: McGraw-Hill.

Water Use and Rights

水资源的使用和权利

联合国条约保障了人们有使用水的权利。虽然各国必须履行这个人权，企业也必须尊重政府的义务，世界上仍大概有9亿人口不能喝到安全的饮用水。尽管人们对公司应该可持续地使用水资源的意识加强，增加的全球人口和对水资源不相等的接近会制造矛盾，导致冲突。

所有人天生具有平等且不可剥夺的权利和义务。使用水的权利就是隐含在人类拥有获得足够生存的基本水准及身心健康可达到的最高水准的权利中的一部分。这两个权利都是由1966年联合国采用的《经济、社会和文化权利国际公约》来维护。人类用水权在两条联合国人权条约当中明确出现：一条是《消除对妇女一切形式歧视的条约》(1979)，另一条是《儿童权利公约》(1989)。《日内瓦公约》(1949,1977)保证了这个权利即使在武装冲突中也依然受保护。

联合国经济、社会和文化权利委员会(CESCR)监督《经济、社会和文化权利国际公约》的执行情况。在2002年，《经济、社会和文化权利国际公约》在用水权利的一般性意见15条中提到："给每个人的供水必须充足。"

大约有30个政府（包括南非、乌拉圭和厄瓜多尔）明确地在宪法或者国家法律确认了公民的用水权。这些陈述有3种义务（World Water Council 2005年）：

● 尊重：政府必须避免不公平地干预人们使用水的权利（例如，切断对他们的水供应）。

● 保护：政府必须保障人们不被其他人对他们自己的用水权造成干扰，也要为那些被剥夺这些权利的人提供补救措施（例如，当第三方设定了人们负担不起的水价时）。

● 履行：政府必须利用可用的资源采取所有可能措施来实现、保证人们的用水权利（例如，通过立法和实施方案，增加人们获得水的机会，并在朝这个目标努力的时候监控进度）。

因此，这些明确的表示是为了确保每个

人能有水资源,给最贫穷最受排斥的用水者一个发声音的机会,让政府承担起他们应有的责任和义务。根据世界卫生组织和联合国儿童基金(UNIVEF)联合监测计划(JMP),在2006年的时候,93%的南非人口能获得安全的饮水资源。与此同时,全球又有大约9亿人口目前没有享受到获得饮用水、个人卫生、衣物洗涤、食物准备或者个人、家庭卫生的权利(WHO & UNICEF JMP 2008)。

企业的作用

那些确认了人们有权利获得水资源的国家有义务确保每个人不受歧视地享受到了这种资源。虽然国家有全部的义务确保人们获得水资源的权利得到保护,但是每个国家决定了这种服务如何提供、管理或者被监管来履行它的义务。权利没有预先规定特殊的服务提供模式,公众和私营部门的角色或者公民社会的角色。

一个新兴的争论领域在于:当把水看作利润时,关于水资源是否是一种权利就存在着争议:当政府把水资源提供给私营企业时,谁能保证这项权利？当权利准备就绪并处于优先级时,政府是否做好了充足准备来监管它们？都柏林原则意识到,水在所有竞争性用途上都是有经济价值的,应该被当作一个经济商品(International Conference on Water and the Environment 1992)。世界卫生组织和联合国儿童基金会的成本-效

益分析表明,每花1美元在提高饮用水质量和卫生服务上,就能产生4—34美元的经济利益(2005,4)。把水当作经济商品看待,是有效、公平使用获得水资源、鼓励水资源的储存和保护的一种重要方式。

《经济、社会和文化权利国际公约》在用水权利的一般性意见15条中提到的人们有获得水资源的权利,但这并不意味着人们有免费获取水资源的权利,而是水资源必须:

- 安全(或者水质足够好);
- 可获得(在安全的物理可接触到的范围内,经济可负担);
- 足够(充足的,可连续供个人/家庭使用的水供应)。

一些私营水供应商,包括苏伊士环境组织(Suez environment),特别指明了对水的权利:"我们把让所有人都能获得清洁卫生的水资源方面的进步看作私营水资源经营商存在的理由之一"(Suez environment 2007: 1)。另外,百事可乐公司在2009年在国内外业务部门都采取了水人权(human-right-to-water)政策。该宣言承诺百事尊重人们获得到充分的干净水资源的权利,并且有权参与开发过程,确保他们能从社区获取水资源(PepsiCo Inc. 2009)。这种认知不仅仅是出于无私,它实际上也是公司打算长期可持续经营的明智之举。水资源使用和获得水的权利能降低公司在缺水地区的运营成本,增加利润率,缓和运营风险(包括社会、经济、监管和信誉风险),确保了社区群众给予公司社会许可,让其运营(Morikawa, Morrison & Gleick 2007)。

因此,公司有法律和道德上的义务按照

不会破坏政府尊重、保护、满足人权的方式来运营。约翰·鲁吉,联合国人权、跨国企业和其他企业业务特别代表,搭建了一个框架,它概括了政府保护和尊重人权的责任(Ruggie 2008;Morikawa,Morrison & Gleick 2007)。

提高对不可持续做法的意识

诸如虚拟水、水足迹、水抵消的概念已经发展到了讨论家庭、个人、环境、农业用水是如何对水资源造成压力或者对环境造成影响。

虚拟水(或蕴藏水)是计量一件物品或者服务的生产过程中总共用水量的方法。例如,一杯咖啡总共需要140升的水去种植、生产、包装、装运咖啡豆。这个用水量大约等于一个普通的英格兰人每日用于个人饮水和家庭用水的总量。这个概念的支出只认为如果用水者意识到了生产这些日常用品需要用多少水,那么总的用水量就会减少,从而用水的持续性就会增加。

而公司用的是水足迹这个指标——能反映个人或群落或企业生产产品或者服务所消耗的淡水总量——来更好地理解公司在日常运营和供应链中出现的水的可持续问题。例如,南非和捷克的SABMiller's 啤酒的水足迹指标是每升啤酒对应着155升水(SABMiller & WWF 2009)。

水中性或者水补偿概念(类似于碳中性或者碳补偿概念)要求个人和企业通过投资于节水技术、水白虎或者环境保护方法、污水处理、为穷人供应干净的水等方式让消耗水的活动是水中性的。这种开明的自我利益会在长期对公司经营做出贡献。比如,百事可乐(印度)正努力通过减少在制造工厂的用水,通过重新循环利用节约水,在生产设备上建设集雨装置,直接在旁遮普、拉贾斯坦邦、泰米尔纳德邦和卡纳塔克邦的稻田播种等项目,来取得正的水平衡。

像虚拟水、水足迹、水中性或者水补偿等概念可能对提升大家的意识有帮助——告知消费者多少水被用在了产品和服务中——但是从这些测量方式中得出的结论通常需要澄清。需要这个产品用了多少水和对其原产地的影响从这两方面去评估产品。例如,从一个干燥国家进口的高水分含量物品的情况会比来自水资源很丰富的同样高水分含量的物品更加差。如果标示产品,告诉消费者这个产品在生产过程中消耗的水量,这会导致贸易被抑制,给经济增长和减少贫困带来负面影响。仍有待观察这些工具是否是企业"蓝色洗涤"的尝试(相当于水和卫生部门的绿色洗涤)——或者关于可持续用水是否会是企业长期的担忧。

一种可能用来协助公司的机制——直接通过供应链——在发展、实施、披露水质可持续性及卫生政策和实践就是"CEO水之使命(CEO Water Mandate)"。这种公私合作是由联合国全球契约、瑞典政府和一群公司于2007年7月份发起的。截至2009年11月11日,已经有58个签署国了。"CEO水之使命"期望工业用水者承诺水资源管理,确保他们的活动对获取水资源这个权利是有好处的(比如,设立工厂前进行人权影响评估;确保获取信息并参与到社区中去;遵守相关法律法规和政策;确保污水和工业副产品经过处理,使它们对社区、水生态系统和水资源的影响最小化)。

争论

全球范围内，大约所有水资源的10%用于家庭用途，20%用于工业用途，70%用于农业。水资源的可用性变化肯定会影响所有用水者——农业、水力发电、水供应、卫生设施以及环境。

水短缺

虽然全球人口预计将会显著上升，但是可用淡水供应却不增加。水资源获取的不平等（这是供应服务和自然资源共同导致的）会导致水资源需求得不到满足，引起经济、社会和环境问题。另外，这也会引发一个国家内或者不同国家之间的冲突。例如，当水资源匮乏变得更加明显，由水资源获取问题引发的暴力冲突在全球范围内增加——比如，在中东地区（Zeitoun 2008），在达尔富尔地区的国家（Tearfund 2007），博帕尔的桑杰·格尔贫民窟，人们会因为在旱灾时钻洞用一根水管收集水而被愤怒的邻居（指责对方偷他们的水）杀害（Chamberlain 2009）。

撒哈拉以南的非洲地区相比其他地区更有面对水资源匮乏和压力的风险。在2006年，该地区只有58%的人口能获得干净的饮用水（JMP 2008）。联合国环境规划署估计，到2025年为止，多达25个非洲国家——将近非洲一般的国家——会受到更加严重的水资源匮乏和压力的夹击。专家推荐面临气候变化风险最大的国家需要在雨水收割和雨水储存上有巨大的投资：但是埃塞俄比亚只有人均43立方米的储存能力（World Bank 2009）。在肯尼亚，1997年和1998年的洪水摧毁了相当于它11%的国内生产总值，而1999年和2000年的旱灾则让其遭到了16%国民生产总值的损失。更好的水储存能力本能让肯尼亚经济免受旱灾的巨大影响（Malkiewicz 2008）。

工业和农业使用

没有足够的水资源，农业和工业就是不可能的。农业发展有推动经济增长的潜力，但在撒哈拉以南的非洲地区只有3.7%的耕地被灌溉（与之形成鲜明对比的是亚洲26%的比例）（UNECA 2003，2）。非洲委员会建议到2015年为止将这个比例翻倍，帮助贫穷的农民应对多变的变化，增加生产力（2005）。

相对于土壤、水和农业，评论员所指的蓝色水（blue water）是河流和溪流的水，而绿色水（green water）——占所有水供应的2/3——指的是土壤里能供给植物生长的水。因此，水资源的获取和使用权通常和土地分配是联系在一起的。然而，在很多社会中，这却是很多不平等的来源。十个就有九个住在农村地区的穷人是小农场主，依靠小于2公顷的土地来获取食物。虽然女性进行了全球范围内的大部分农业劳动，她们通常没有可保障的土地使用权，因为习惯法往往不让妇女继承土地。财产权、土地改革、小规模农业进步（比如滴灌）为水资源压力提供了一种解决方案，在确保人们能得到可靠的食物供应中起到了重要作用。

目前有关于发达国家使用世界上最干旱国家(通过像水足迹这种测量方法展现)的水资源的担心,最近也出现了关于农业殖民主义——缺水缺资源国家(比如,那些中东国家)为了确保自己国家的食物安全而获取水分充足的国家(比如,马达加斯和苏丹)的耕地和水——的警报。

同样地,饮料企业因为加剧了缺水地区的水短缺而遭到批评(Girard 2005)。为了软饮料和瓶装水的生产而抽取地下水,这和小农场主依赖水资源生存形成竞争关系,在某些情况下让他们不能灌溉土地,让他们本来就贫穷的家庭再面临失去生计的风险。也有人抱怨这些企业污染了地下水,更加耗尽了可用水资源的质量。

传统或习惯上的用水户

在农村地区和习惯法构成法律合法来源的国家,习惯法和惯例用水权对水资源管理也有着重要的作用。在缺水的地方,不平等分配水的使用权会引起群落压力。比如,通过政府许可监管取水和用水的官方机制会和习惯法形成冲突。更为严重的是,这种冲突可能导致安全饮用水供个人、家庭使用优先于农业使用的地方和定居和游牧牧民争夺水资源和放牧地。

水对人类和牲畜的生存很重要,它是很重要的资产,在一些群落中也经常是提供牵引力的收入来源,是让农作物生长的肥料,是为人们提供营养的牛奶和肉。在干旱的情况下,定居和游牧牧民会失去他们的牲畜和生计,导致他们没有财力去获取食物。

水、食物和能源的关系

将近70%的可用淡水被用于农业。根据联合国环境计划署(UNEP),大约20%的全球水资源用于工业(UNEP, 2002)。不断增加的人口会需要消耗更多的食物和电,这也就意味着世界上最大的两个用水户[农业用水和水力发电(占所有电力产品的19%,根据Walter Hauenstein 2005)的水储存]会存在一个潜在的竞争关系。在水电和灌溉上的投资在促进经济发展中发挥着明显的作用。然而,经济发展、工业化、人口增长和快速的城市化也会对可用水资源产生压力,也会制造出水资源怎么分配到新的城市和工业发展中的紧张局势。

社会文化活动

水在很多宗教和文化的仪式或信仰中扮演着重要角色(比如,基督教徒的洗礼仪式,印度教徒的*abhisheka*洗礼仪式,穆斯林的*ghusl*和*wudu*洗礼)。有些文化信奉万物有灵论——河水/湖泊和泉水是活的,拥有灵魂。但关于水在文化和宗教活动上的使用是如何在以权力为基础的方法中适用的问题,人们对此仍然只有有限的理解(Zenani & Mistri 2005)。

跨国界的水资源

在不同国家共享水资源的地区,比如尼罗河流域,水资源带来的冲突对食物和水安全问题有经济和政治意蕴。在公平分配水资源上越来越多的合作和投资会帮助减少水资源稀缺问题和冲突，并促进经济增长。然而，关于如何去规范/监管执行管理跨国界资源的条款仍然是个问题。

未来十年的展望

人类用水权的实现和实施仍然需要用提高发展中国家饮用水供应的程度来加以评估。研究需要确立权利是什么意思，它给获得水资源带来的不同，环境对权利实现和实施的影响。比如，联合国人权宣言25条（1948年通过）确认如下：人人都有权利让他自己和家庭享受、生活在足够健康的生活状态下，包括食物。然而2008年全球饥饿指数指出，全球有33个国家，大多数在非洲，面临着严重饥饿威胁。全球长期处于饥饿状态的人数从2007年的8.48亿增长到了2008年的9.23亿——大约1/6的世界人口（von Grebmer et al. 2008）。

获得基本卫生设施的权利

联合国千年发展目标（MDGs）的一个目标就是到2015年，让不能获得基本的卫生设施资源的人数减半——即防止人们与人的排泄物接触的基本卫生设施。在2006年，全球有25亿人没有基本的厕所（WHO & UNICEF JMP 2008：2）。根据目前在撒哈拉以南的非洲进度来看，这个目标即使再有一个世纪也无法实现。缺少卫生设施会对健康、尊严、教育和经济增长造成重大影响。

人们能获得基本的卫生设施会对经济有好处：研究表明每投入1美元在卫生设施上，得到的经济回报是9美元（WHO & UNICEF 2005）。缺少卫生设施会对个体企业造成直接的影响：没有为男性女性提供方便的、足够的、适当的、分开的卫生设施会妨碍他们有效工作，破坏他们在健康安全的工作环境中的权利。女性更是会受到缺乏卫生设施的影响，尤其是在经期和怀孕期间。

水资源的使用和气候变化

气候变化对水资源使用和用水权的影响也必须被考虑。经济气候变化的斯特恩报告（HM treasury 2006）和2007年出版的第4次政府间气候变化专门委员会（IPCC 2009）评估报告都指出，大多数气候变化造成的影响将经历过水的影响。到2025年，预计会有30亿人生活在水资源紧张的国家——仅仅在非洲就有7 500万到2.5亿人（UNDP 2006）。政府间气候变化专门委员会估计到2080年该数字又会新增加18亿人——占目前全世界人口的1/4——可能会因为过着没有足够水的生活，甚至垂死。在25年内，在喜马拉雅山脉的冰川（能为7 500万人提供水资源）就可能完全消失。另外，虽然厄尔尼诺现象的出现目前还不能明确地归因于气候变化，但是厄尔尼诺现象在最近的几十年里越来越常见，带来了干旱和导致洪水的暴雨。这种水资源短缺、干旱、洪水会对庄稼、牲畜、设施、家园的造成损害，增加旱地，减少生物多样性，降低水质，改变害虫和疾病的模式，减缓经济增长。

水资源短缺,再加上更低、更不稳定的降雨,会增加获得安全饮水资源和基本卫生设施的难度,特别是对于那些最穷最易受到伤害的人们来说。这对千年发展目标——到 2015 年把不能持续得到安全的饮水资源和基本卫生设施的人数减半——造成了严重影响。它对水资源使用和水资源权利的影响还需要进一步调查。

苏·卡维尔(Sue CAVILL)

M. 苏海尔(M. SOHAIL)

拉夫堡大学水工程发展中心

参见: 农业; 气候变化披露; 生态标签; 生态系统服务; 能源工业——水力发电; 能源工业——波浪和潮汐能; 健康、公众与环境; 人权; 公私合作模式; 联合国全球契约。

拓展阅读

Chamberlain Gethin. (2009, July 12). India prays for rain as water wars break out. Retrieved October 30, 2009, from http://www.guardian.co.uk/world/2009/jul/12/india-water-supply-bhopal

Commission for Africa. (2005). *Our common interest: Report of the Commission for Africa*. Retrieved October 30, 2009, from http://allafrica.com/sustainable/resources/view/00010595.pdf

Food and Agriculture Organization of the United Nations (FAO). (2009, June 19). 1.02 billion people hungry: One-sixth of humanity undernourished — more than ever before. Retrieved October 30, 2009, from http://www.fao.org/news/story/en/item/20568/icode

Girard Richard. (2005). *Corporate profile: Coca-Cola Company — inside the real thing*. Retrieved October 30, 2009, from http://www.polarisinstitute.org/files/Coke%20profile%20August%2018.pdf

Hauenstein Walter. (2005, November). Hydropower and climate change — A reciprocal relation. *Mountain Research and Development*, 25(4): 321-325. Retrieved January 5, 2010, from http://www.bioone.org/doi/pdf/10.1659/0276-4741(2005)025%5B0321: HACCRR%5D2.0.CO%3B2?

HM Treasury. (2006). Stern review final report. Retrieved October 30, 2009 from http://www.hm-treasury.gov.uk/sternreview_index.htm

Intergovernmental Panel on Climate Change (IPCC). (2009). The IPCC assessment reports. Retrieved October 30, 2009, from http://www.ipcc.ch/

International Conference on Water and the Environment (ICWE). (1992). The Dublin statement on water and sustainable development.Retrieved October 30, 2009, from http://www.un-documents.net/h2o-dub.htm

Malkiewicz, Tadeusz. (2008). Capacity building in developing countries as the aftermath of natural disasters: South-south support initiative. Retrieved October 30, 2009, from http://www.worldwatercongress2008.org/resource/authors/abs90_article.pdf

Morikawa Mari, Morrison Jason, Gleick Peter. (2007). Corporate reporting on water: A review of eleven global industries. Retrieved October 30, 2009, from http://www.pacinst.org/reports/water_reporting/corporate_reporting_on_water.pdf

PepsiCo Inc. (2009). Water. Retrieved October 30, 2009, from http://www.pepsico.com/Purpose/Environment/Water.html

Ruggie John. (2008). Protect, respect and remedy: A framework for business and human rights. Retrieved October 30, 2009, from http://www.reports-and-materials.org/Ruggie-report-7-Apr-2008.pdf

SABMiller, World Wildlife Fund (WWF). (2009). Water footprinting: Identifying & addressing water risks in the value chain. Retrieved October 30, 2009, from http://www.sabmiller.com/files/reports/water_footprinting_report.pdf

Suez Environment. (2007). *Human rights and access to drinking water and sanitation.* Retrieved October 30, 2009, from http://www2.ohchr.org/english/issues/water/contributions/PrivateSector/Suez.pdf

Tearfund. (2007). Darfur: Relief in a vulnerable environment. Retrieved October 30, 2009, from http://workplan.unsudanig.org/mande/assessments/docs/Relief%20in%20a%20vulnerable%20envirionment%20final.pdf

United Nations. (2009). The universal declaration of human rights. Retrieved October 30, 2009, from http://www.un.org/en/documents/udhr/

United Nations Committee on Economic, Social and Cultural Rights (CESCR). (2002). Substantive issues arising in the implementation of the international covenant on economic, social and cultural rights. General Comment No.15 (2002) The right to water (arts.11 and 12 of the International Covenant on Economic, Social and Cultural Rights). Retrieved October 30, 2009, from http://www.unhchr.ch/tbs/doc.nsf/0/a5458d1d1bbd713fc1256cc400389e94/$FILE/G0340229.pdf

United Nations Development Programme (UNDP). (2006). Human development report 2006: Beyond scarcity: Power, poverty and the global water crisis. Retrieved October 30, 2009, from http://hdr.undp.org/en/reports/global/hdr2006

United Nations Economic Commission for Africa (UNECA). (2003, September 17). The state of food security in Africa progress report 2003. Retrieved January 12, 2010, from http://www.uneca.org/csd/CSDIII_The%20State%20of%20Food%20Security%20in%20Africa%202003%20as%20sent%20for%20approval.doc

United Nations Environment Programme (UNEP). (2002). Vital water graphics. Retrieved January 5, 2010, from http://www.unep.org/dewa/assessments/ecosystems/water/vitalwater/15.htm

United Nations Global Compact. (n.d.). The CEO water mandate. Retrieved October 30, 2009, from http://www.unglobalcompact.org/Issues/Environment/CEO_Water_Mandate/

Von Grebmer, Klaus; Fritschel, Heidi; Nestorova, Bella; Olofinbiyi, Tolulope; Pandya-Lorch, Rajul; & Yohannes, Yisehac. (2008). *Global hunger index: The challenge of hunger 2008.* Retrieved October 30,

2009, from http://www.ifpri.org/sites/default/files/publications/ghi08.pdf

The World Bank. (2009). Shoring up water infrastructure: Waterstressed India needs to shore up its water infrastructure. Retrieved October 30, 2009, from http://go.worldbank.org/I7M6HR9BP0

World Health Organization (WHO) & United Nations Children's Fund (UNICEF). (2005). *Water for life: Making it happen*. Retrieved October 30, 2009, from http://www.who.int/water_sanitation_health/waterforlife.pdf

World Health Organization (WHO) & United Nations Children's Fund (UNICEF) Joint Monitoring Programme for Water Supply and Sanitation (JMP). (2008). *Progress on drinking water and sanitation: Special focus on sanitation*. Retrieved October 30, 2009, from http://www.wssinfo.org/en/40_MDG2008.html

World Water Council. (2005). Frequently asked questions: Which obligations for state parties? Retrieved October 30, 2009, from http://www.worldwatercouncil.org/index.php?id=1764&L=0target%253D_blank%22%20onfocus%3D%22blurLink%28this%29%3B

Zeitoun, Mark. (2008). *Power and water in the Middle East — The hidden politics of the Palestinian-Israeli water conflict*. London: I.B. Tauris.

Zenani, Vuyisile, & Mistri, Asha. (2005). *A desktop study on the cultural and religious uses of water: Using regional case studies from South Africa*. Retrieved October 30, 2009, from http://www.dwaf.gov.za/Documents/Other/RMP/SAADFCulturalWaterUseJun05.pdf

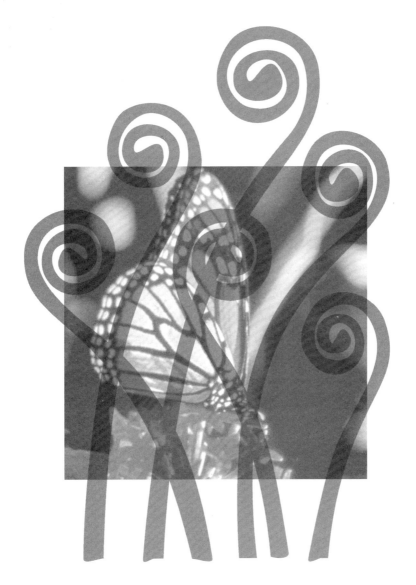

Zero Waste

零废弃

　　术语"零废弃"起源于20世纪70年代,当时加利福尼亚零污染公司的化学家们收集、清理并转售了微芯片和电子产品制造商使用过的化学品。1996年,澳大利亚堪培拉通过制定零废弃的法律来要求政府到2010年时达到零废弃的生产要求,这在世界上所有城市中还是第一次。正如其名,零废弃运动希望结合社区行动,以及基于市场的行动和立法,来践行其目标。

　　零废弃的原则认为,废物产生不是人类活动所固有的特性,许多形式的浪费——固体废物、有危险的废物、废料管理、效率的浪费、能源浪费、人力资源的浪费——都是可以从人类社会的生产过程中去除的。通常,术语"零废弃"适用于材料废物。例如,美国在2007年产生的2.54亿吨垃圾中,只有8 500万吨被回收利用(U.S. EPA 2008)。零废弃战略力图从一个需要解决废弃物处理问题的工业系统,转化成一个从进程开始到进程结束整个过程中都着重于有效资源管理的系统。用来消除材料废物产生的策略可能包括:更好的工业设计,对可回收或可再利用原材料的使用,减少包装,良心消费,材料再利用,堆肥或回收不能重复使用的材料。这种战略的成功需要供应商、制造商、经销商、消费者、直辖市、废物管理公司,以及回收商的参与。因为这个原因,许多零废弃宣传团体呼吁国会议员立即采取行动。

第4个R:责任

　　大多数人都熟悉三R原则——减少、再利用、再循环——但零排放的策略要求第4个R——责任。例如,在一个存在于美国大多数州的系统中,当一个产品到达零售商的时候,制造商的责任结束;对可回收品和垃圾进行分离时,个人责任便已终止;社会责任结束则以遵守法规进行垃圾填埋或焚烧为标志。在一个零废弃模型中,生产者的责任始于产品设计，并持续于整个产品生命周期中。个人和社区的责任也需要做类似的延伸。

产业的责任

零废弃战略要求产业追求3个重要的发展：可持续性设计、清洁生产、生产者责任延伸。

根据生态循环公司CEO埃里克·隆巴迪（Eric Lombardi）（2001）所说："回收利用只是一个在管道最末端的解决方案，而问题的起源在这个管道的最前端……在设计师的办公桌上。"减少产品或者产品包装中的组成材料可以将这些材料排除在生产周期之外；它也节省了本来用于对这些组成材料的生产，加工和回收的能源。产品可以用那些很容易再利用或回收（并使用已经被使用或回收的材料）来设计，并且它们可被设计成能持续更长的时间。一些制造商已经发现，通过回收和再利用其产品中的零件和材料，它们可以节省处理和生产成本。比如说，在欧洲的施乐公司，使用同样的卡车，带着自己的机器到16个不同国家收集旧机器。这些旧机器被带到荷兰的仓库中，在那里机器被拆卸和分解。2006年，该公司收回了96%设备材料作为可重复使用的部件或可回收材料；总的来说，施乐公司的再利用、再循环、再制造举措从废弃物填埋场转移了超过20亿磅的废物，并在1991年和2007年期间为公司节省了20亿美元（Environmental Leader 2007）。

在一个零废弃模型中，制造过程也将被重新设计，以消除未使用的原料或生产过程中使用材料（如化学品，清洁剂和水）的浪费。在20世纪70年代，在加州的一家零废弃系统公司（首次公开使用术语"零废弃"）的化学家们，从微芯片和电子产品制造商那里，收集了溶剂等"已使用"的化学物质，去除了其中的污染物质并转售了这些化学品。2008年，有43家通用汽车厂实现了"零垃圾填埋"，回收再利用了96%的已报废物资并实现了3%的能源转换；对报废金属的销售为汽车生产商带来了将近10亿美元的收益（Sustainable Life Media 2008）。在印第安纳州斯巴鲁工厂是第一家通过重复使用或回收利用99.3%的多余的材料实现"零垃圾填埋"的汽车组装厂。

有害物质的减少

零废弃的计划也要求制造商消除产品和工艺中的有害物质。这包括有毒金属，如铅、镉和汞（其没有已知的生物利用价值）；包含有难以处理的元素氯、溴和氟（也称为卤素）的化合物；以及空气污染物，例如二氧化碳、一氧化碳、二氧化硫和二氧化氮（作为生产活动中的副产物，通过化石燃料发电产生的）。例如，许多电子制造商，已经在他们的产品中使用了溴化阻燃剂（BFR）和塑料从聚氯乙烯（PVC），而这些物质可以生成致癌的二噁英和呋喃。当电子装置被焚化时，这些有毒化合物甚至更有可能形成。在2006年，苹果公司发出的对供应方的说明书中，限制溴和氯的浓度应<15份每百万份（ppm）（除了外部电源供应商），并从它的许多液晶显示器去除了水银；索尼爱立信产生的是99.9%的无卤素手机，并要求其供应商公布在其产品

（Nimpuno，McPherson & Sadique 2009）中使用的所有化合物。

延伸的生产者责任

延伸的生产者责任（EPR）或产品管理意味着制造商需要在其整个生命周期中负责，包括包装材料的产品责任和产品使用后的任何剩余材料处理。延伸的生产者责任可能以产品回收计划的形式出现，其中制造商从消费者那里收集多余的材料和使用过的产品并回收，再制造，或再利用。很多碳粉生产商，会提供一个标签，以便在同一包装中邮寄回顾客用过的换过粉墨的墨粉盒。这样的项目计划，无论是自愿还是由法律强制执行，鼓励了生产者设计产品和包装时将产品使用期结束时的处理考虑在内。

延伸的生产者责任政策的另一种形式要求产品的制造商支付产品的处置成本。这些政策让生产者有了为减少浪费而设计便于重复使用或回收利用产品的激励。比如说，加利福尼亚州的瓶子法案，要求饮料生产商支付一定的费用，该费用等于回收一个容器的成本和容器废料的价值之间的差额。因此，制造商可以通过使得瓶子罐子更易于回收来减少自己的成本。虽然这些政策将厂商成本和废物相关联，它们并不需要厂商开发用于处理消费后废弃材料的设施。

社区责任

社区责任始于源分离及门对门收集系统。这包括在旧金山的一周一次的3个容器的收集，以及在意大利一些城市的4个容器的使用——特定的容器收集发生在每周不同的日子。

在这些系统中一个容器用于厨房垃圾，一个或多个用于回收物料，另一个用于对剩余垃圾的收集。对有机物，尤其是厨房垃圾的容器，是最重要的划分。在大街上，有机材料会造成异味；在垃圾填埋场它们产生甲烷及渗滤液或有毒液体，并且从垃圾填埋场溢出。

或许收集清洁有机废物——堆肥——的最重要的原因是，农民需要它们以补充其土壤消耗的养分。对于焚烧而言，堆肥也有一个明显的优势。通过生产合成肥料和隔离（即分离以及储存）木材和其他纤维素纤维中的碳，从而延缓二氧化碳的释放，堆肥减少了全球变暖的趋势。通过焚化，纤维素和其他有机材料转化成二氧化碳则是即时的。

个人责任

产品回收计划和社区回收/堆肥计划，只有当消费者心甘情愿地参与时才会发挥最好的效果。不幸的是很多消费者已经习惯了将使用过的产品直接扔进在垃圾筒里的那种方便感；为确保广泛参与，零废弃方案必须，要么在消费者方面仅要求很少的额外行动，并对参与者提供奖励动机，或者是惩罚那些不参与的消费者。对参与者提供参与动机的法律，如饮料容器押金返还，效果特别好。在美国通过退瓶法案的11个州中7个发现垃圾总量至少30%的下降（Container Recycling Institute CRI

2009）。这应该表明，更多的瓶瓶罐罐都被回收了。一些社区已经开始对收集了超过规定量垃圾的家庭收取一定的费用。

焚烧与零废弃

焚烧将3～4吨的垃圾转换成没人想要的1吨灰。零废弃策略在实施后，将3吨垃圾转换成1吨堆肥物质和1吨可回收品。相对于焚烧炉发的电（焚化炉产生蒸汽，然后将其用于驱动涡轮机以产生电力）的能量，堆肥和再循环的组合节省了3—4倍甚至更多的能量。来自欧洲的一份报告表明，堆肥回收的组合和焚化炉发电比较，每吨废物少产生46倍的全球变暖的气体；这个数据随着材料的不同而不同。例如，回收PET塑料（常见于一次性水瓶）比焚烧它节省了26倍以上的能量（David Suzuki Foundation et al. 2005：1）。

对于本地的经济而言，零废弃的策略更加便宜，并且比焚烧策略带来更多的就业机会。此外，花在项目中的钱基本上留在当地社区了，而大量的花在焚烧员身上的钱则离开了社区。

可回收

根据零废弃策略，可回收材料收集到材料回收站，在世界各地有数百个成功的例子。它们的功能是分开纸张，纸板，玻璃，金属，塑料，以及将这些材料准备好以满足那些使用这些二级辅助材料来制造新产品的行业规范。其中一些工厂被设计成处理一个流的混合可回收品；另一些则处理两个流。例如，纸制品在一个流的工厂中被处理，瓶子在处理两个流的工厂中被处理。

因为它们的高就业需求和规模经济，这些工厂都位于大城市，并且通常出于方便考虑，选址于靠近那些可以使用二级辅助材料的工厂。这建立起了城乡之间的理想合作伙伴关系：城市出口其有机物到农村，农村的可回收物转移到城市。

再利用、维修和再培训中心

另一个重要的减排战略是建立再利用、维修和培训设施。有许多成功运行的营利性或非营利性机构的例子。前者的例子是在加州伯克利的城市矿石公司，已经运行了超过25年。它总共获利近300万美元，员工人数超过30名全职员工。该公司接受任何可重复使用的商品并且像在百货公司一样把它们陈列出来。该公司会支付有价值物品的捐赠者，但通常人们会很高兴地看到自己的二手家电又被投入使用而不是用简单的粉碎，送到垃圾填埋场或扔进焚烧炉被焚烧。

这种类型的措施之所以有效，是因为可重复使用的物品是有价值的。可回收资源是高容量和低价值；可重复使用的资源则是低容量，但高价值。只要还有谁喜欢寻找便宜货，重复使用和维修中心就会蓬勃发展。这个举措的一个非常有利可图的部分是部分预留建材（木材、砖、卫浴配件、门和窗），这些建材一般来自解构或翻新旧楼。越来越多的建设者减少回收的物料，而利用可重复使用的物品建造新房。

解构

和再利用和维修业务一起出现的是解构——而不是拆迁——旧楼。解构需要更长的时间,但会产生更多的就业机会及有价值的材料。在某些情况下,回收的材料,例如门和窗,可重复使用。在其他情况下的材料,如木材,可以用来制造新的项目,如家具。这刺激了其他业务的发展。一个例子是新斯科舍省哈利法克斯的"翻新者资源",主要销售漂亮的家具,制作材料包括从旧窗框到教堂长凳等。

从和废弃物斗争的概念中诞生了另一个小的行业,这个行业包括一些企业,提供由酒店和写字楼的装修产生的物品和材料的再利用和再循环服务。这样的装修经常会在楼外的垃圾箱里制造一堆垃圾。这些小公司认真地移除了这些废弃物以最小化损失和污染,从而不用建筑公司经理来处理这些材料废弃物。在去除可回收可堆肥物质,最大限度地减少废物,重新利用,维修和解构后,剩余部分仍然存在。目前在大多数社区的残余会被送去填埋或焚烧,但在未来的零浪费策略设想中,它们将被发送到一个"残留分离以及研究中心"(见下文)。但首先,必须做出更大的努力以减少该剩余部分。

减少残余

对清洁有机物和可出卖可回收物的分离有助于可持续发展,但是残余不能。残余是许多不必要的、不可回收物品——尤其是现代社会使用的包装。由于这些残余物在垃圾填埋场堆积如山,越来越多的政府和民营企业正在采取措施,以减少对这些残余物的使用和生产。

例如,在爱尔兰,政府在 2002 年开始对商场中使用的每个塑料购物袋征收 15% 的税。1 年之内,这一措施降低了这些塑料袋使用量的 92%,而另外 8% 的使用量则收入了 1 200 万欧元以投入到其他回收行动中(Rosenthal 2008)。在澳大利亚,已经有 80 个城市禁止使用塑料购物袋(Lowy 2004)。在意大利的一些超市中,分配系统允许客户重新使用他们自己的容器用于盛装各种液体产品(水、牛奶、酒、洗发水和洗涤剂),以及固体物品如谷物和玉米片。此外,在另一个这样的市场——托斯卡纳的卡帕诺里的 Effecorta(于2009 年开业),95% 商品是在离商店 70 千米以内的区域内生产的。

付费用袋制度

付费用袋制度通过惩罚对其余物品的生产来鼓励公民最大限度实现对商品的分离。通常情况下,可回收及可堆肥物质是以统一费率(有时是含在地方税中)免费领取的,但对其余产品则需支付额外费用。在一些社区,剩余的产品会被称重;在其他的一些社区,需要购买贴纸以标志在每个放在路边的袋子,或者必须购买特殊的塑料袋。这个简单的举措已经导致许多领域财务支出的显著减少。

剩余物品的分离和研究机构

在零废弃策略中,剩余物品被分送到残留分离和研究中心,而不是直接送到一个垃圾填埋场。在分离机构中,垃圾袋的物品被倾倒到传送带上,在那里更多的有机物,可回收物,以及有毒物质和剩余物品分离开。其余材料会被撕碎，以减少进入垃圾填埋场的总量（以及生物学稳定以防止甲烷的产生）。

在一个零废弃处理系统中，研究人员将收集有关共有的残余物的信息，以进一步推动产品设计的变革。在剩余物的筛选机构中加入研究机构将有几个优点。首先，它将为工业设计师提供关于废物的重要信息，连接前端——设计——和后端——废物产品生命周期中的处置。通过专注于减少废物，以及使产品更易于重复使用或回收，这样的研究将减少对焚烧等不理想的废物管理策略的依赖性。研究与残余物品分离的结合还将高等教育机构也纳入了这个过程，并将零废弃策略作为迈向可持续发展的一个重要的和可实现的一步。2010年2月，在特拉帕尼的西西里岛，剩余物品的分离和研究机构开始运行。2010年1月23日，卡帕诺里正式宣布零废弃研究中心成立。

传统的来解决由垃圾填埋场造成的问题的方法，一直在尝试应用更复杂的工程手段遏制气态和液态流出物（渗滤液）。这包括日常填埋、甲烷捕获和渗滤液收集系统。其目标一直是控制从填埋场出来的物质，而不去管理什么样的物质进入了填埋场；零废弃的方法则进一步控制哪些物质进去，随着这种筛选方法，新的垃圾填埋场会比原始垃圾填埋场小，比焚烧灰填埋场更安全。

实施零废弃的障碍

1996年，澳大利亚的堪培拉成为世界上首个制定零废弃法律的城市。该法律要求政府到2010年时实现"零废弃生产"。到2003年，已经实现了近70%的分流（澳大利亚政府2006年），但这个数字在很大程度上是受庭院垃圾和大型建筑垃圾的分流的影响。该方案建立了一个"资源回收园区"以安置那些生产分类材料的产品，以及那些可重复使用的营销产品的行业。

项目的后期却不幸遇到了一些挫折。2008年，分流率从上年同期的76%，下降到73%（Violante 2009）。这促使堪培拉的首席部长斯坦霍普·乔恩（Jon Sranhope）在2009年1月宣布，2010年的目标将"绝对不可能实现"（Violante 2009）；不断增加的人均填埋垃圾的数量可能可以解释这种失败。但是，新南威尔士州的环境及自然保护署的格里·吉莱斯皮（Gerry Gillespie）认为，问题可能来自废物管理行业——通过发送20万吨而不是10万吨的垃圾到垃圾填埋场，废弃物管理承包商的收入1年可以增加30万美元（Gillespie 2009）。

零浪费的举措也会受到经济发展缓慢的阻碍。从2008年底到2009年初，美国原材料价格急剧下降——例如，每吨纸价格在仅仅6个月中从105美元下跌到25美元（Szczepanski 2009）。这对依靠来自出售可回收材料获取收入的企业和自治市区是一个重大的打击。洛杉矶县卫生区被迫削减工作时间，这导致数千磅可回收物品被直接转移到垃圾填埋场（Szczepanski 2009）。尤里卡回收公司（Eureka Recycling），一家和明尼苏达州圣保罗市签约的非营利性的公司，要求追加 50 万美元的合同报酬。这家公司的职工表示,为使公司继续经营,这项资金投入是必要的(Smetanka 2009)。但这些可能是孤立的个案;与市政当局的严格的合同和对垃圾填埋的保证金能够阻止大多数承包商将可回收物品直接倾倒进垃圾填埋场(Szczepanski 2009)。

成功的"零废弃"措施

20 世纪 90 年代末,在新斯科舍省(Nova Scotia)的公民倡议下,通过了由来自西雅图的一家咨询公司策划的可回收物、有机物和残余物的来源分离和门对门收集计划。市民对原计划做了两个改变:首先,随处可见的书面用词"浪费"被他们修改为"资源";另外,因为先前对垃圾填埋场的体验很差,市民要求没有处理过的有机垃圾不得进入填埋场。这一改变推动了残留物筛选设施的建设。5 年后全省已实现了 50% 的分流率,成为加拿大第一个实现此目标的省份(Webb 2001)。在这个过程中,共创造了 1 000 个工作岗位,专门负责收集和处理废弃物(Greene 2001)。几乎所有被分离的材料都被新斯科舍省的自己的产业再利用。该计划已经接受了真实进步指标的分析——不像其他指标,如国民生产总值,真实进步指标包含了对社会效益的评估。这一分析的结果是非常积极的,很大程度上是因其带来了很多新的就业岗位。

其他加拿大的社区都已借鉴了新斯科舍省的经验。爱德华王子岛(Prince Edward Island)的每家每户有门对门可回收和可堆肥物质收集系统。万锦市(Markham)(多伦多北部)在 2 年内从垃圾处理场转移了 70% 的垃圾

(Flaherty 2009)。

在新西兰,超过 66% 的社区已经发布了一个零排放的策略,这项策略已经由国家政府批准(Zero Waste International Alliance 2008)。

在加州,国家法律要求社区在 2000 年前从垃圾填埋场转移 50% 的垃圾,上百个城镇和城市都取得并且很多已经超过了这一目标。城北(Del Norte)和阿尔梅达(Almeida)县已宣布了一项积极的零废弃策略(Zero Waste International Alliance 2008)。 到 2020 年,拥有约 85 万人口和非常小的空间的旧金山,将会成为达到零排放目标的城市之一。该市现已转移超过 72% 的垃圾;而它的目标是到 2010 年为止转移 75%(City and County of San Francisco 2009b)。厨房和其他有机废弃物被送到距离城市 60 英里的大型堆肥厂。该堆肥厂是由农田包围,当地农民使用肥料生产水果、蔬菜和酒,然后这些产品又被送回旧金山。旧金山的厨余垃圾中很大一部分来自餐馆和酒店,相应的有一批城市工作者教育厨房工作人员,以优化清洁材料的收集。饮食及酒店业有足够的动力做到这一点:截至 2009 年 10 月 21 日,旧金山顺利通过了通用回收和堆肥条例,这可能会导致对不分开堆肥、可回收物和垃圾的业主收取高达 1 000 美元的罚款(City and County of San Francisco 2009a)。

意大利是最先实行一些最具成

本-效益并且最快被应用的门对门收集系统的国家之一。该计划开始时,一些农民到位于米兰附近的帕可蒙扎(Parco Monza)的农业学校,问他们在哪里可以得到更多的有机物质以使自己的土壤更肥沃。他们发现,在生活垃圾流中有大量的有机物质,这些有机物质可能会产生能够用于农业生产的足够好的堆肥,唯一要做的是将它们从源头上分类收集起来。这使得门对门收集系统成为必需。因此,意大利开始了非常流行的PORTA-A-PORTA(意大利语:门对门)收集系统。

2007年2月,卢卡(Lucca)附近的卡潘诺(Capannori)成为意大利第一个正式宣布"零废弃"策略的社区。2009年,该城镇报道,回收利用率达82%,节省超过200万欧元的处置成本,并从废纸回收中获利340 000欧元(零废弃在卡潘诺, 2009)。瓦尔迪菲尔梅瓦利(Val di Fiemme)地区由11个坐落在意大利阿尔卑斯山区的村庄构成,2008年平均分流率达82%(Yepsen 2009:39)。市政府对剩余的18%进行了审计,发现一次性尿布占了剩余材料的最大部分。该社区已经开始给新生儿的父母发送可堆肥的湿巾和可重复使用的尿布。在皮埃蒙特(Piedmont)的维拉弗兰卡阿斯蒂(Villafrancod'Asti),一个3万人的社区已经达到了85%的处理率。

展望21世纪

零废弃社会是一个雄心勃勃的目标,但不是不可能达到的;这需要个人、社区、州、国家和企业的行动和态度的剧烈变化。零废弃的举措已经在一些社区和一些公司获得了成功,这些范例会鼓励更多的学习和采用。尽管堪培拉没有达到它的目标,全市分流率仍从1996年的22%上升到2008年的73%(Violante 2009),而它所遇到的困难可能会引导其他城市避免同样的错误。无论零废弃目标最终是否可以实现,将标准设置为"零"都会鼓励持续的改进,在这一观念下,任意量的废物都不应该被认为是可以接受的。

保罗·康奈特(Paul CONNETT)
圣劳伦斯大学荣誉项目——美国环境健康研究项目(AEHSP)编辑

改编自保罗·康奈特(Paul Connett)的文章《零废弃:通往可持续发展社会的关键行动》(*Zero Waste: A Key Move Towards a Sustainable Society*)2009年11月12日提取于http://www.americanhealthstudies.org/zerowaste.pdf.

参见:绿色化学;消费者行为;工业设计;能源效率;设施管理;生命周期评价;大都市;包装业;再制造业。

拓展阅读

Australian Government Department of the Environment, Water, Heritage and the Arts. (2006). State of the Environment 2006: Indicator HS-57: Amounts of solid waste recycled. Retrieved November 13, 2009, from http://www.environment.gov.au/soe/2006/publications/drs/indicator/350/index.html

California Product Stewardship Council. (2009). The solution — Producer responsibility. Retrieved November

11, 2009, from http://www.calpsc.org/solution/index.html

City and County of San Francisco SFEnvironment. (2009a). Just the facts: Universal recycling & composting ordinance. Retrieved November 13, 2009, from http://www.sfenvironment.org/our_programs/interests. html?ssi=3&ti=6&ii=236#what_the_ordinance_does

City and County of San Francisco SFEnvironment. (2009b). Our city's programs: Zero waste. Retrieved November 13, 2009, from http://www.sfenvironment.org/our_programs/program_info.html?ssi=3

Connett Paul. (n.d.). Zero waste: A key move towards a sustainable society. Retrieved November 12, 2009, from http://www.americanhealthstudies.org/zerowaste.pdf

Connett Paul, Sheehan Bill. (2001). Citizens agenda for zero waste: A North American perspective. Retrieved November 13, 2009, from http://www.grrn.org/zerowaste/community/activist/citizens_agenda_4_zw.html

Container Recycling Institute. (2009). Litter studies in seven bottle bill states. Retrieved November 13, 2009, from http://www.bottlebill.org/about/benefits/litter/7bbstates.htm

David Suzuki Foundation; Sierra Legal; the Pembina Institute; Canadian Environmental Law Association; & Great Lakes United. (2005). Incineration of municipal solid waste: A reasonable energy option? Fact sheet 3. Retrieved November 13, 2009, from http://www.durhamenvironmentwatch.org/Incinerator%20Files/ FS3energy.pdf

Flaherty Dennis. (2009, September 29). Markham receives Peter J. Marshall Award: Recognized for leadership in zero waste initiatives. Retrieved November 13, 2009, from http://www.markham.ca/Markham/ Departments/NewsCentre/News/090929_peterjmarshall.htm

Ganiaris George, Okun John. (2001). To riches from rags: profiting from waste reduction. Retrieved November 6, 2009, from http://www.epa.gov/region02/p2/textile.pdf

Gillespie Gerry. (2009, January 28). Zero marks for wasted effort. Retrieved November 13, 2009, from http://www.canberratimes.com.au/news/opinion/editorial/general/zero-marks-for-wastedeffort/1417858. aspx?storypage=0

Greene Lindsey A. (2001). A less trashy Nova Scotia. Environmental Health Perspectives, 109(9): A418.

Hawken Paul. (2005). *The ecology of commerce: A declaration of sustainablilty*. New York: Harper Collins Business

Leonard Annie. (n.d.). *The story of stuff* [Video]. Retrieved November 13, 2009, from http://www.storyofstuff.com/

Lombardi Eric. (2001), September. Beyond recycling — zero waste ... or darn near! Retrieved November 6, 2009, from http://www.grrn.org/zerowaste/articles/biocycle_zw_commentary.html

Lowy Joan. (2004, July 21). Plastic left holding the bag as environmental plague: Nations around world look at a ban. Retrieved November 13, 2009, from http://www.commondreams.org/headlines04/0721-04.htm

Nimpuno Nardono, McPherson Alexandra, Sadique Tanvir. (2009). Greening consumer electronics — Moving away from bromine and chlorine. Retrieved November 5, 2009, from http://www.cleanproduction.org/library/GreeningConsumerElectronics.pdf

Rosenthal Elizabeth. (2008, February 2). Motivated by a tax, Irish spurn plastic bags. Retrieved November 13, 2009, from http://www.nytimes.com/2008/02/02/world/europe/02bags.html

Smetanka Mary Jane. (2009, September 23). Recession in recycling: Hard times for pure recyclers such as Eureka could mean higher costs down the road for many cities in the metro area. Retrieved November 13, 2009, from http://www.startribune.com/local/west/60462907.html?page=1&c=y

Subaru of America, Inc. (2009). Environmental policy. Retrieved November 10, 2009, from http://www.subaru.com/company/environmental-policy.html#clp

Sustainable Life Media. (2009, September 8). Half of GM manufacturing plants pledge zero waste by 2010. Retrieved November 9, 2009, from http://www.sustainablelifemedia.com/content/story/strategy/half_of_gm_manufacturing_plants_pledge_zero_waste_by_2010

Szczepanski Carolyn. (2009, May 7). Recycling and recession: How more waste, less money and new layoffs are affecting waste management. Retrieved November 13, 2009, from http://www.motherearthnews.com/Nature-Community/Recycling-Waste-Recession-Landfill.aspx

United States Environmental Protection Agency (U.S. EPA). (2008). *Municipal solid waste generation, recycling, and disposal in the United States: Facts and figures for 2007*. Retrieved November 5, 2009, from http://www.epa.gov/osw/nonhaz/municipal/pubs/msw07-fs.pdf

Violante Victor. (2009, January 23). Call for new waste reduction target. Retrieved November 13, 2009, from http://www.canberratimes.com.au/news/local/news/general/call-for-new-waste-reductiontarget/1414484.aspx

Webb Michelle R. (2001, March 1). Nova Scotia leads waste diversion. Retrieved November 13, 2009, from http://wasteage.com/mag/waste_nova_scotia_leads/

Xerox Corporation. (2009). 2009 Report on global citizenship: Waste prevention. Retrieved November 6, 2009, from http://www.xerox.com/corporate-citizenship-2009/xerox-report/waste-prevention.html

Yepsen Rhodes. (2009). High diversion in the Alps (Italy). Retrieved November 13, 2009, from http://www.jgpress.com/archives/_free/001956.html

Zero Waste Alliance. (2009). Retrieved November 5, 2009, from http://www.zerowaste.org/index.htm

Zero waste in Capannori. (2009, June 4). Retrieved November 13, 2009, from http://www.theflorentine.net/articles/article-view.asp?issuetocId=4559

The Zero Waste Institute. (n.d.) History. Retrieved November 13, 2009, from http://zerowasteinstitute.org/zw-principles/history/

Zero Waste International Alliance. (2008). Zero waste communities. Retrieved November 13, 2009, from http://www.zwia.org/main/index.php?option=com_content&view=article&id=58&Itemid=59

索 引 （黑体字表示本卷的篇章条目）